Mikrobiologische Untersuchung von Lebensmitteln

Jürgen Baumgart • Barbara Becker

unter Mitarbeit von

Werner Back · Heinz Becker · Jochen Bockemühl
Rudolf Brinkmann · Matthias Ehrmann · Andreas Eidtmann
Ulrich Eigener · Peter Franke · Götz Hildebrandt
Ellen S. Hoekstra · Maritta Jacobs · Anselm Lehmacher
Ines Maeting · Erwin Märtlbauer · Robert A. Samson
Rudi F. Vogel · David Yarrow · Regina Zschaler

BEHR'S...VERLAG

Die Deutsche Bibliothek – CIP-Einheitsaufnahme
Mikrobiologische Untersuchung von Lebensmitteln / Jürgen Baumgart. Unter Mitarb. von Heinz Becker ... – 5., aktualisierte und erw. Aufl. – Hamburg : Behr, 2004
Auch als Losebl.-Ausg.
ISBN 3-89947-159-8

Tel. 00 49 / 40 / 22 70 08-0 • Fax 00 49 / 40 / 2 20 10 91
e-mail: info@behrs.de • homepage: http://www.behrs.de
5., aktualisierte und erw. Aufl., 2004
ISBN 3-89947-159-8

Satz: Jan Welberts, 22303 Hamburg
Druck und Weiterverarbeitung: VeBu Druck + Medien GmbH, 88427 Bad Schussenried

Die Autoren

Univ.-Prof. Dr.-Ing. Werner Back, Lehrstuhl für Technologie der Brauerei I, TU München/Freising-Weihenstephan, Weihenstephaner Steig 20, 85354 Freising-Weihenstephan

Prof. Dr. Jürgen Baumgart, TZL-MiTec GmbH i.d. FH Lippe und Höxter (Mikrobiologisch-Technologischer Beratungsdienst), Georg-Weerth-Straße 20, 32756 Detmold

Prof. Dr. Barbara Becker, Laboratorium Lebensmittel-Mikrobiologie im Fachbereich Lebensmitteltechnologie der Fachhochschule Lippe und Höxter, Liebigstraße 87, 32657 Lemgo

Dr. Heinz Becker, Institut für Hygiene und Technologie der Milch, Tierärztliche Fakultät der Ludwig-Maximilian-Universität, Veterinärstraße 13, 80539 München

Prof. Dr. Jochen Bockemühl, Hygiene-Institut Hamburg, Marckmannstr. 129a, 20539 Hamburg

Dipl.-Ing. Rudolf Brinkmann, Leiter des Referats Konformitätsbewertungsverfahren und der Begutachtungsstelle für Akkreditierungen bei der Forschungs- und Materialprüfungsanstalt (FMPA-BSA), Universität Stuttgart, Pfaffenwaldring 4, 70569 Stuttgart

Dr. Matthias Ehrmann, Lehrstuhl für Technische Mikrobiologie der Technischen Universität München, 85350 Freising-Weihenstephan

Dr. Andreas Eidtmann, Brauerei Beck & Co., Am Deich 18/19, 28199 Bremen

Dr. Ulrich Eigener, Beiersdorf AG, Qualitäts-Systeme/Mikrobiologie, Unnastraße 48, 20253 Hamburg

Dr. Peter Franke, LGA – Landesgewerbeanstalt Bayern, Tillystraße 2, 90431 Nürnberg

Univ.-Prof. Dr. Götz Hildebrandt, Institut für Lebensmittelhygiene der Freien Universität Berlin, Königsweg 69, 14163 Berlin

Dr. Ellen S. Hoekstra, Centraalbureau voor Schimmelcultures, 3508 AD Utrecht, NL

Dr. Maritta Jacobs, Fa. Pfeifer & Langen, Dürener Str. 40, 50189 Elsdorf

Dr. Anselm Lehmacher, Hygiene-Institut Hamburg, Marckmannstr. 129a, 20539 Hamburg

Dr. Ines Maeting, wiss. Mitarbeiterin an der Bundesanstalt für Getreide-, Kartoffel- und Fettforschung, Schützenberg 12, 32765 Detmold

Univ.-Prof. Dr. Erwin Märtlbauer, Lehrstuhl für Hygiene und Technologie der Milch, Tierärztliche Fakultät der Ludwig-Maximilian-Universität, Veterinärstr. 13, 80539 München

Dr. Robert A. Samson, Centraalbureau voor Schimmelcultures, 3508 AD Utrecht, NL

Prof. Dr. Rudi F. Vogel, Lehrstuhl für Technische Mikrobiologie der Technischen Universität München, 85350 Freising-Weihenstephan

Dr. David Yarrow, Centraalbureau voor Schimmelcultures, Yeast Department, Julianalaan 67A, 2628 BC Delft, NL

Dipl.-Biol. Regina Zschaler, Beraterin zu Fragen der Hygiene und Mikrobiologie, NATEC – Institut für naturwissenschaftlich-technische Dienste GmbH, Behringstraße 154, 22763 Hamburg

Inhaltsverzeichnis

I Die Kultur von Mikroorganismen und Untersuchungen der Morphologie

J. Baumgart

1 Laterorganisation, Verfahrensmanual und Sicherheit im Labor

1.1 Laterorganisation

In einem Organisationsplan ist der Ablauf der Arbeiten in einem mikrobiologischen Labor festzulegen. Der Plan soll informieren über:

- Methodische Vorschriften (Verfahrensmanual)
- Qualitätssicherungsmaßnahmen im Labor
- Sicherheit im Labor

Folgende Angaben sollten im Organisationsplan enthalten sein:

1.1.1 Einrichtung und Art der Nutzung des Labors

- Bezeichnung und Anschrift des Labors, Nennung des Laborleiters/der Laborleiterin.
- Klassifizierung des Labors:
  L1 Arbeiten mit apathogenen Mikroorganismen (Risikogruppe I),
  L2 Arbeiten mit Material, das unbekannte Mikroorganismen, auch pathogene enthalten kann (Risikogruppe II).
- Eine Trennung zwischen Labor und dem Bereich für Schreibarbeiten muss gegeben sein.
- Verantwortungsbereiche: Dabei sind ein Sicherheitsbeauftragter/eine Sicherheitsbeauftragte, die Personen, an die Verantwortung delegiert wurde, sowie deren Weisungsbefugnisse und Vertretung bei Krankheit, Urlaub o.a. Abwesenheit zu benennen.
- Räumlichkeiten: Beschreibung der Zutrittsvoraussetzungen, Kennzeichnung der Sicherheit und Fluchtwege.

1.1.2 Laborsicherheit

- Schutzkleidung je nach Raum und Tätigkeit (Handschuhe, Mund-Nasenschutz, Schuhwerk).
- Anweisungen für Notfälle: Erste Hilfe, Rufnummern für Feuerwehr und Polizei sowie Verletztentransport.

- Sicherheitsunterweisungen: Art und Umfang bei Neueinstellungen und laufenden Schulungen.
- Reinigungs- und Desinfektionsplan (Art der Mittel, Konzentration, Einsatz), Festlegung der Sterilisation.

1.1.3 Durchführung der Untersuchungen

- Untersuchungsmaterial: Annahme, Dokumentierung, Umgang mit Probenresten.
- Untersuchungsmethoden: Beschreibung der Methoden.
- Entsorgung: Hausmüll, Sondermüll, Überprüfung der Entsorgung.

1.1.4 Laborverzeichnisse

- Ausrüstungsverzeichnis: Inventarisierung der Geräte, Betriebsanleitungen, Wartung der Geräte, Angabe der Wartungsformen, Dokumentation der Wartung und der sicherheitstechnischen Überprüfung.
- Vorschriftenverzeichnisse: Angaben über zu beachtende Gesetze, Verordnungen, EG-Richtlinien, DIN-Normen.

1.1.5 Dokumentation

- Aufbewahrung von Untersuchungsaufträgen, Protokollen, Befunden, Gerätewartung, Unterweisungen, Schulungen (Namen, Datum, Art), Überprüfung und Aktualisierung des Organisationsplanes.

1.1.6 Prüfung

- Einsichtnahme in den Organisationsplan, Kontrolle der qualitätssichernden Maßnahmen, Dokumentation der Prüfung.

1.2 Verfahrensmanual

Das Verfahrensmanual ist Teil des Organisationsplanes. Die Beschreibungen im Manual sind besonders für das technische Personal bestimmt und dienen der Einarbeitung neuen Personals. Das Manual ist als Loseblattsammlung zu führen. Das Original sollte bei dem Laborleiter/der Laborleiterin liegen, Kopien in jedem Laborbereich.

Aufbau der Methodenbeschreibungen:

Auf der ersten Seite sind Monat und Jahr der Ausarbeitung der Beschreibung anzugeben sowie die Gesamtseitenzahl (wichtig bei Verlust von Blättern). Darunter folgt die Bezeichnung der Methode. Anzugeben sind:

- Prinzip der Methode: Kurze Darstellung der Grundlagen der Methode.

- Untersuchungsmaterial: Probenahme, Probemenge, Aufbereitung.
- Zubereitung der Medien: Art der Verdünnungsflüssigkeit und Medien, Angabe der Firma und Art.-Nr., der Herstellungsart, des Herstellungs- und Verfalldatums, der pH-Kontrolle.
- Qualitätskontrolle: Kontrolle der Sterilität und Art der Überprüfung der Medien mit Vergleichskulturen.
- Verfahrensgang: Genaue Beschreibung in Einzelschritten, Angabe der Temperatur, Zeit, Art der Färbung, biochemischen Identifizierung, Verwendung von Kontrollstämmen, Art der Gerätschaften und Sicherheitsvorkehrungen.

1.3 Sicherheit im Labor

In einem mikrobiologischen Labor besteht immer das Risiko einer Infektion. Neben den Risiken durch pathogene und toxinogene Mikroorganismen besteht das Risiko durch physikalisch oder chemisch bedingte Unfälle. Alle Mitarbeiter müssen mit den Vorschriften und Regeln zur Verhütung von Laborunfällen vertraut sein. Die Verantwortung für die Sicherheit im Labor trägt der Laborleiter/die Laborleiterin.

Folgende Hinweise sind besonders zu beachten:
- Tragen von Schutzkleidung. Beim Verlassen des Labortraktes sind die Kittel auszuziehen.
- Essen, Trinken und Rauchen sowie die Aufbewahrung persönlicher Gegenstände (Nahrungsmittel, Taschen) in den Laborräumen sind verboten.
- Die Beschriftung von Behältnissen und Gläsern (keine Behältnisse, in denen üblicherweise Lebensmittel aufbewahrt werden) sollte mit einem wasserfesten Farbstift oder mit selbstklebenden Etiketten erfolgen.
- Infizierte Gegenstände sind zu desinfizieren.
- Verschüttete Kulturen sind mit einer wirksamen Desinfektionslösung zu übergießen (Handelspräparate auf Aldehydbasis oder Chlor abspaltende Verbindungen; Alkohole wirken nur gegen vegetative Bakterien und Pilze, nicht gegen Sporen). Erst nach einer Einwirkungszeit von ca. 15 min ist die Flüssigkeit mit einem Papiertuch aufzusaugen (Tragen von Handschuhen!), das anschließend autoklaviert werden muss.
- Beim Umgang mit pathogenen Schimmelpilzen und bei Aerosolbildung müssen die Arbeiten in einer Reinen Werkbank der Sicherheitsstufe II ausgeführt werden.
- Für das Zentrifugieren keimhaltiger Flüssigkeiten sind verschließbare Rotoren und Röhrchen mit Schraubverschluss einzusetzen.
- Impfösen und -nadeln sind vor und nach der Verwendung in voller Länge bis zur Rotglut auszuglühen. Anhaftendes Material oder Flüssigkeit muss erst in der Sparflamme ausgeglüht werden (Verhinderung eines Verspritzens).

- Benutzte Pipetten, Objektträger und Deckgläser sind in ein Gefäß mit Desinfektionslösung zu geben. Bei Objektträgern ist das Deckglas vorher vom Objektträger mit der Öse abzuschieben.
- Das Pipettieren darf nur mit Pipettierhilfen erfolgen.
- Bei Verdacht auf Kontamination und vor dem Verlassen des Labors sind die Hände zu desinfizieren.

Tab. I.1-1: Allgemeine rechtliche Vorschriften für das Labor

Vorschriften	Regelungen	Quelle
Allgemeine rechtliche Vorschriften		
Mutterschutzgesetz	Beschäftigungsverbot, Arbeitsplatzgestaltung	Mutterschutzgesetz vom 18.4.1968
Jugendarbeitsschutzgesetz	Dauer und Tageszeit der Beschäftigung, Ruhepausen	Jugendarbeitsschutzgesetz vom 12.4.1976
Arbeitssicherheitsgesetz	Gewährleistung der Arbeitssicherheit durch den Sicherheitsbeauftragten	Arbeitssicherheitsgesetz vom 12.4.1976
Arbeitsschutzgesetz	– Pflichten des Arbeitgebers – Grundsätze des Arbeitsschutzes – Besondere Gefahren – Unterweisung der Beschäftigten – Verantwortliche Personen – Pflichten und Rechte der Beschäftigten	Arbeitsschutzgesetz vom 7.8.1996
Betriebssicherheitsverordnung – Verordnung über Sicherheit und Gesundheitsschutz bei der Bereitstellung von Arbeitsmitteln und deren Benutzung bei der Arbeit, über Sicherheit beim Betrieb überwachungsbedürftiger Anlagen und über die Organisation des betrieblichen Arbeitsschutzes (BetrSichV)	– Anforderungen an die Bereitstellung und Benutzung der Arbeitsmittel – Explosionsschutzdokument – Bereiche mit explosionsfähigen Atmosphären – Prüfung von Druckgeräten – Unfallanzeige	BetrSichV vom 27.9.2002

Tab. I.1-1: Allgemeine rechtliche Vorschriften für das Labor (Forts.)

Vorschriften	Regelungen	Quelle
Richtlinie für den Feuerwehreinsatz in Anlagen mit biologischen Arbeitsstoffen	– Einsatzstellen mit biologischen Arbeitsstoffen – Gefahren durch biologische Arbeitsstoffe – Kennzeichnung von Anlagen, Räumen und Transportbehältern, in denen sich biologische Arbeitsstoffe befinden – Kennzeichnungen zum Schutz der Einsatzkräfte (BIO I–III) – Fachkundige Personen – Feuerwehrpläne, Sonderausrüstung	Vereinigung zur Förderung des Deutschen Brandschutzes, Blumenstr. 34, 80331 München
Gerätesicherheitsgesetz	Beschaffenheit technischer Arbeitsmittel	Gerätesicherheitsgesetz vom 18.2.1986
Druckbehälterverordnung	Betrieb und Nutzung von Druckbehältern	Druckbehälter-VO vom 21.4.1989
Infektionsschutzgesetz	Arbeit mit Krankheitserregern	Infektionsschutzgesetz i. d. F. vom 20.7.2000
Abfallgesetz	Vermeidungspflicht, Art der Entsorgung	Abfallgesetz vom 27.8.1986
Gefahrstoffverordnung	Gefährliche Stoffe im Labor	Gefahrstoff-VO vom 26.8.1986
Biostoffverordnung „Verordnung über Sicherheit und Gesundheitsschutz mit biologischen Arbeitsstoffen“	– Information des Personals im Labor über biologische Gefahren – Verzeichnis über biologische Arbeitsstoffe – Risikogruppen und Sicherheitsmaßnahmen – Arbeitsmedizinische Vorsorge – Kennzeichnung der Laboratorien	Biostoffverordnung vom 27.1.1999 (Bundesgesetzblatt Teil I, Nr. 4, 29.1.1999, S. 49–61)

Tab. I.1-2: Zu beachtende Vorschriften und Anleitungen für das Labor

Vorschriften/Regelung	Quelle
Unfallverhütungsvorschrift	Richtlinien für Laboratorien des Hauptverbandes der gewerblichen Berufsgenossenschaften, 1993
Klassifizierung von Mikroorganismen nach dem Gefährdungspotenzial	Bundesgesundheitsblatt 24, Nr. 22, S. 347–358, 1981 und DIN 58956 (Beiblatt 1)
Klassifizierung, Abgrenzung der Arbeitsstätten, Räumlichkeiten – Sicherheitstechnische Anforderungen an medizinisch-mikrobiologische Laboratorien	DIN 58956 Teil 1
Anforderung an die Ausstattung medizinisch-mikrobiologischer Laboratorien	DIN 58956 Teil 2
Anforderungen an den Organisationsplan	DIN 58956 Teil 3
Sicherheitswerkbänke – Anforderungen und Prüfung	DIN 12950 Teil 10
Anforderungen an die Entsorgung in medizinisch-mikrobiologischen Laboratorien	DIN 58956 Teil 4
Anforderungen an den Hygieneplan in medizinisch-mikrobiologischen Laboratorien	DIN 58956 Teil 5
Sicherheitskennzeichnung im Labor	DIN 58956 Teil 10
Anforderungen an den Transport von infektiösem Untersuchungsgut	DIN 58959 Teil 2 und DIN 55515 Teil 1
Anforderungen an lichtmikroskopische Untersuchungen	DIN 58959 Teil 4
Anforderungen an Bakterien- und Pilzstämme, die als Kontrollstämme eingesetzt werden	DIN 58959 Teil 6

Literatur

1. BERNABEI, D.: Sicherheit Handbuch für das Labor, GIT Verlag, Darmstadt, 1991
2. BURKHARDT, F.: Mikrobiologische Diagnostik, Georg Thieme Verlag, Stuttgart, 1992
3. DEININGER, C.: Bewertung von Mikroorganismen am Arbeitsplatz, Bioforum 6, 385–389, 1998
4. EICHER, T., TIETZE, L.F.: Organisch-chemisches Grundpraktikum unter Berücksichtigung der Gefahrstoffverordnung, Georg Thieme Verlag, Stuttgart, 1993
5. FLEMING, D.O; RICHARDSON, J.H.; TULIS J.J.; VESLEY, D.: Laboratory safety principles and practices, sec. ed., American Society for Microbiology, Herndon, USA, 1994
6. FLOWERS, R.S.; GECAN, J.S.; PUSCH, D.J.: Laboratory quality assurance, in: Compendium of methods for the microbiological examination of foods, American Public Health Association, Wash. D.C, S. 1–23., 1992
7. FRIES, R.: Qualitätssicherung im bakteriologischen Labor durch einen Organisationsplan, Fleischw. 72, 1233–1238, 1992
8. HEILMANN, J.: Gefahrenstoffe am Arbeitsplatz, Basiskommentar Gefahrstoffverordnung, Bund-Verlag, Köln, 1989
9. MILLER, B.M.; GRÖSCHEL, D.H.M.; RICHARDSON, J.H.; VESLEY, D.; SONGER, J.R.; HOUSE-WRIGHT, R.D.; BARKLEY, W.E.: Laboratory safety: Principles and Practices, American Society for Microbiology, Washington, D.C., 1986
10. WEENK, G.H.; v.d.BRINK, J.; MEEUWISSEN, J.; VAN OUDENALLEN, A.; VAN SCHIE, M.; VAN RIJN, R.: A standard protocol for the quality control of microbiological media, Int. J. Food Microbiol. 17, 183–198, 1992
11. Pharmacopoeia of culture media for food microbiology, Int. J. Food Microbiol. 5, 187–299, 1987
12. Pharmacopoeia of culture media for food microbiology, additional monographs, Int. J. Food Microbiol. 9, 85–144, 1989
13. Pharmacopoeia of culture media for food microbiology, additional monographs (II), Int. J. Food Microbiol. 17, 201–266, 1993
14. DIN-Taschenbuch, Medizinische Mikrobiologie und Immunologie, Beuth Verlag, Berlin, Köln, 1992

2 Wichtige Voraussetzungen für das Arbeiten mit Mikroorganismen

(Unter Berücksichtigung folgender Normen:
- ISO 7218-rev:2002 „Microbiology of food and animal feeding stuffs – General rules for the microbiological examinations“
- ISO 11133-1:2000 „Microbiology of food and animal feeding stuffs – Guidelines on preparation and production of culture media – Part 1: General guidelines on quality assurance for the preparation of media in the laboratory“
- ISO 11133-2:2003 „Guidelines on quality assurance and performance testing of culture media – Part 2: Practical implementation of the general guidelines on quality assurance of culture media in the laboratory“)

2.1 Reinigung und Sterilisation im Laboratorium

2.1.1 Reinigung von Glaswaren

Neue Glaswaren wie Petrischalen, Pipetten und Gefäße werden vor der Sterilisation mit Leitungswasser gespült. Glaswaren, die Medien und Mikroorganismen enthalten, werden mindestens 30 min bei 121 °C im Autoklaven sterilisiert, geleert und mit Leitungswasser gespült. Anschließend werden die Glaswaren in warmem, mit einem Detergens versehenen Wasser mit der Bürste gewaschen. Das Detergens soll Eiweiße und Fette lösen, sich leicht durch Spülen entfernen lassen, nicht zu Verfärbungen des Materials führen und hautfreundlich sein.

Glaswaren, die Vaseline oder Paraffin enthalten, sollten gesondert gewaschen werden.
Das Nachspülen der gewaschenen Glaswaren erfolgt in warmem Wasser und anschließend in destilliertem oder entmineralisiertem Wasser. Das destillierte oder entmineralisierte Wasser ist mindestens zweimal zu wechseln. Die gewaschenen und gespülten Glaswaren werden im Trockenschrank getrocknet.

2.1.2 Sterilisation

Das mikrobiologische Arbeiten erfordert sterile Medien und sterile Instrumente.

Sterilisation durch trockene Hitze

Ösen und Nadeln werden in der Bunsenbrennerflamme bis zur Rotglut behandelt. Spatel, Skalpelle, Löffel usw. werden in Spiritus getaucht und abgeflammt. Sporen werden dadurch jedoch nicht in jedem Fall abgetötet. Sicherer ist aus diesem Grunde eine Sterilisation im Heißluftsterilisator bei 170–180 °C für mind. 1 h.

Glaswaren wie Pipetten, Petrischalen, Kolben werden im Heißluftsterilisator bei 160–180 °C für 2 h sterilisiert. Die Sterilisation der Pipetten erfolgt in Metallgefäßen. Kolben sind mit Stopfen oder mit Aluminiumfolie zu verschließen. Bei 160–180 °C dürfen Zellstoffe, Watte und Papier nicht mitsterilisiert werden.

Wasserfreie, hoch siedende Flüssigkeiten, wie z. B. Paraffinöl und Glycerin, werden 2 h bei 180 °C sterilisiert.

Sterilisation durch feuchte Hitze

Dampftopf

Kulturmedien, deren Inhaltsstoffe durch Temperaturen über 100 °C geschädigt werden, sind im Dampftopf bei 100 °C zu erhitzen. Es kann eine einmalige Erhitzung oder eine wiederholte Erhitzung für 30 min bei 100 °C an 3 aufeinander folgenden Tagen sein mit dazwischen liegender Bebrütung bei der Temperatur, bei der das Medium verwendet werden soll (Tyndallisation). Durch die einmalige Erhitzung werden nur die vegetativen Zellen abgetötet. Durch die Bebrütung zwischen den einzelnen Erhitzungen sollen die Sporen der Bakterien auskeimen.

Autoklav

Kulturmedien, soweit sie durch die Temperatur nicht geschädigt werden, sowie Instrumente werden bei 121 °C für 15 min autoklaviert. Die Sterilisationszeit hängt von der Art und Menge der Kulturflüssigkeit, dem Vorhandensein von Sporen, der Behältergröße und der Konsistenz des Sterilisiergutes ab. Der Autoklav darf erst geöffnet werden, wenn das Sterilisiergut auf ca. 80 °C abgekühlt ist. Die Sterilisationswirkung von Autoklaven kann mit Ampullen oder Papierstreifen, die Endosporen von *Bacillus stearothermophilus* enthalten, überprüft werden (z. B. Sterikon-Bioindikator, Merck). Medien, die Mikroorganismen enthalten, sind vor dem Reinigen der Röhrchen, Glaspetrischalen oder Kolben usw. mind. 30 min bei 121 °C zu autoklavieren.

Sterilisation durch Filtration

Die Sterilfiltration wird bei Lösungen und Flüssigkeiten eingesetzt, die durch Hitze geschädigt werden (z. B. Antibiotika, Vitamine, Zucker).

Membranfilter

Membranfilter sind poröse, etwa 0,1 mm dicke Schichten. Die Porengröße variiert von einigen Mikrometern bis zur Größenordnung von Molekülen. Zur Sterilisation von Flüssigkeiten wird eine Porengröße von 0,22 μm verwendet.

Die Filtration erfolgt in der Regel mit Unterdruck (Wasserstrahlpumpe, Vakuumpumpe) oder durch Überdruckfiltration. Medien, Zuckerlösungen und Seren werden am besten durch Überdruckfiltration sterilisiert. Sind kleine Mengen (1–10 ml) zu sterilisieren, wird eine Injektionsspritze mit Filteransatz oder eine DynaGard-Filterspitze (hydrophile Hohlfasermembran mit einer Porengröße von 0,20–0,45 μm, Fa. Tecnomara) verwendet.

2.2 Desinfektion im Laboratorium

Desinfektionsmittel werden eingesetzt zur Händedesinfektion, zur Desinfektion des Arbeitsplatzes und von Artikeln, die auf andere Weise nicht entkeimt werden können. Pipetten, Objektträger und Deckgläser, die Mikroorganismen enthalten, werden in ein geeignetes Desinfektionsmittel eingelegt oder eingestellt.

2.3 Überprüfung der Sterilität von Medien und Laborgeräten

Eine Überprüfung der Sterilität von Medien und Gerätschaften ist bei aseptischen Untersuchungen oder bei häufiger auftretenden Verunreinigungen unerlässlich.

Medien

Einige Petrischalen bzw. Kulturröhrchen (Stichproben) werden bei 30 °C (bei Untersuchungen auf thermophile Mikroorganismen bei 50 °C) für 48 h bebrütet.

Pipetten

Zwei Pipetten aus dem Vorratsgefäß werden mit Nährbouillon ausgespült. Die Bouillon wird bei 30 °C für 48 h bebrütet.

Verdünnungsflüssigkeit

2 ml Verdünnungsflüssigkeit werden mit ca. 15 ml auf 48 °C abgekühltem Nähragar in eine sterile Petrischale ausgegossen und bei 30 °C für 48 h bebrütet.

Reagenzgläser und Gefäße

Ausspülen mit steriler Nährbouillon, bebrütet bei 30 °C für 48 h.

Die Überprüfung mit Nährbouillon und Nähragar erfasst nur Mikroorganismen, die sich auch in bzw. auf diesen Medien vermehren. Gegebenenfalls sind spezielle Medien oder anaerobe Züchtungsverfahren notwendig.

3 Das Mikroskop und seine Anwendung

3.1 Aufbau des Mikroskops

So verschieden die einzelnen Mikroskope auch hinsichtlich ihrer Anwendung sind, ihre wesentlichen Bestandteile sind immer:

> Stativ und Objekttisch; Mikroskoptubus; Objektivwechlser; Optik, bestehend aus Objektiven, Okularen und Kondensor; Beleuchtung.

Die Auflagefläche des Objekttisches ist senkrecht zur optischen Achse justiert. Zum Fokussieren des mikroskopischen Bildes kann der Tisch mittels Grob- und Feinverstellung vertikal verstellt werden. Der Tubus bleibt dadurch stets in gleicher Höhenlage. Je nach Ausführung unterscheidet man folgende Objekttische: Einfach viereckige Objekttische, Kreuztische, Gleittische und Drehtische. Der Mikroskoptubus ist ein monokularer oder ein binokularer Schrägtubus.

Bei der Optik des Mikroskops unterscheidet man die beleuchtende und die abbildende Optik: Zur Beleuchtungsoptik zählen der Kondensor und die Beleuchtungsführung, wie Kollektor oder Spiegel. Zur Abbildung rechnen die Objektive, Okulare und Tubuslinsensysteme. Hinzu kommen Filter und Deckgläser. Bezüglich der Korrektion des Farbfehlers unterscheidet man Achromate, Fluoritsysteme und Apochromate, bezüglich der Korrektion der Bildfeldwölbung normale Objektive und Planobjektive. Der Korrekturzustand, soweit es sich nicht um Achromate handelt, ist den Objektiven aufgraviert, desgleichen die Bezeichnung „PL“ oder „NPL“ für Planobjektive. Sie sind besonders für die Mikrophotographie geeignet. Weiterhin stehen auf den Objektivfassungen folgende Gravierungen: Maßstabszahl, nummerische Apertur, Tubuslänge und Deckglasdicke. Immersionssysteme sind zusätzlich durch einen schwarzen Ring gekennzeichnet. Beispiel für eine Gravur: Apo Öl 100/1.25, 170/0,17 PL. Dabei bedeuten Apo = Apochromat, Öl = Ölimmersion, 100 = Abbildungsmaßstab, 1.25 = nummerische Apertur, 170 = Tubuslänge, 0,17 = maximale Deckglasdicke in mm und PL = Planobjektiv.

Das Okular wirkt als Lupe. Zur Bezeichnung der Vergrößerung wird das x-Zeichen graviert, z.B. 10 x.

Als Objektträger benutzt man farblose Plangläser, etwa 1,1 mm stark; das gebräuchlichste Format ist 76 mm x 26 mm.

Das Deckglas ist Bestandteil des abbildenden Systems, das meist für 0,17 mm Deckglasdecke korrigiert ist. Die Dicke ist bei Trockensystemen ab einer nummerischen Apertur von 0,40 aufwärts umso genauer einzuhalten, je größer die Ansprüche an die Abbildungsqualität sind.

Zur Beleuchtung zählen der Kondensor, die Leuchte und die Beleuchtungsführung im Stativ.

Der Kondensor hat die Aufgabe, das Objektfeld auszuleuchten. Außerdem soll durch ihn die Leuchtfeldblende in die Objektebene abgebildet werden. Für jede Beleuchtungsart wird ein besonderer Kondensor benutzt, so dass man im Durchlicht Kondensorsysteme für Hellfeld, Dunkelfeld, Phasenkontrast, Differenzial-Interferenzkontrast und Fluoreszenz unterscheidet. Bei den Leuchten unterscheidet man Ansatz- und Einbaubeleuchtungen.

3.2 Praktische Hinweise für das Mikroskopieren

3.2.1 Allgemeine Hinweise

- Der Raum soll hell sein und möglichst kein direktes Sonnenlicht erhalten.
- Das Mikroskop ist nach dem Gebrauch abzudecken, um es vor Staub zu schützen.
- Die Linsen sind nicht mit den Händen zu berühren.
- Zum Mikroskopieren wähle man einen festen, nicht zu hohen Arbeitstisch.
- Mikroskopieren sollte man nur im Sitzen. Es empfiehlt sich, einen in der Höhe verstellbaren Stuhl zu verwenden.
- Mit dem Grobtrieb vorsichtig Präparat und Objekt einander nähern. Von der Seite Abstand betrachten.
- Die genaue Scharfeinstellung erfolgt mit dem Feintrieb. Bei kontrastarmen Präparaten (Nativpräparaten) ist das Finden der Schärfenebene gelegentlich erschwert; es wird erleichtert, wenn man das Präparat zunächst mit dem Grobtrieb absucht, weil bewegte Strukturen leichter gesehen werden. Hilfreich ist auch die Einstellung des Tropfenrandes in der Mitte des Blickfeldes. Auch das Schließen der Kondensorblende kann helfen. Wenn die zu suchende Stelle in der Mitte des Blickfeldes liegt, kann das nächststärkere Objektiv durch Drehen des Revolvers eingestellt werden. Zur Scharfeinstellung benötigt man dann nur noch den Feintrieb.
- Wichtig ist das Mikroskopieren mit entspanntem Auge (bei einem monokularen Mikroskop beide Augen offen lassen).
- Beim Mikroskopieren mit dem Ölimmersionsobjektiv wird auf den Objektträger oder das Deckglas ein Tropfen Immersionsöl (Brechzahl 1,515) gebracht. Unter seitlicher Sichtkontrolle mit dem Grobtrieb solange vorsichtig drehen, bis die Frontlinse den Tropfen berührt. Erst dann in das Okular schauen und mit dem Feintrieb scharf einstellen.

3.2.2 Hinweise für das Einstellen einer optimalen Beleuchtung

Voraussetzung für eine gute mikroskopische Abbildung, besonders bei hohen Vergrößerungen, ist eine korrekte Einstellung des Beleuchtungsstrahlenganges und damit eine optimale Beleuchtung des Objektivs. Vorteile bietet die Beleuchtungsordnung nach KÖHLER:

- Präparat auf den Mikroskoptisch legen und Lampe einschalten.
- Leuchtfeldblende ganz öffnen.
- Kondensor genau nach oben stellen (Frontlinse und Hilfslinse einklappen).
- Schwaches Objektiv einschalten und Präparat scharf einstellen.
- Leuchtfeldblende im Mikroskopfuß schließen und Kondensor langsam absenken, bis das Bild der Leuchtfeldblende im Sehfeld des Okulars scharf erscheint.
- Mit den beiden Kondensorzentrierschrauben das Bild der Leuchtfeldblende in die Mitte des Sehfeldes rücken.
- Leuchtfeldblende öffnen, bis das ganze Sehfeld ausgeleuchtet ist.
- Bildkontrast mit der Aperturblende des Kondensors regeln. (Kontrolle: Ohne Okular in den Tubus blicken; die sichtbare Objektivöffnung sollte zu etwa $^2/_3$ bis $^3/_4$ ausgeleuchtet sein).
- Bildhelligkeit mit Lampenspannung oder Filter regeln, niemals mit der Kondensor-Aperturblende.
- Bei Objektivwechsel die Leuchtfeldblende dem Sehfeld anpassen und wenn notwendig den Kondensor nachzentrieren und die Kondensor-Aperturblende nachregeln.

3.2.3 Pflege und Reinigung des Mikroskops

Staub ist von den Linsen mit einem fettfreien Pinsel zu entfernen. Ölreste sind mit einem feinen Linsenpapier oder mit einem weichen Tuch und Alkohol zu beseitigen.

Literatur

1. BEYER, H.: Theorie und Praxis des Phasenkontrastverfahrens, Akademische Verlagsgesellschaft Geest u. Portig, Leipzig, 1969.
2. BEYER, H.; RIESENBERG, H.: Handbuch der Mikroskopie, VEB Verlag Technik, Berlin, 1988
3. BURKHARDT, F.: Standardisierung medizinisch-mikrobiologischer Untersuchungen, Notwendigkeit – Möglichkeiten – Grenzen, Forum Mikrobiologie 6, 146–152, 1983
4. DICKSCHEIT, R.: JANKE, A.: Handbuch der mikrobiologischen Laboratoriumstechnik, Verlag Theodor Steinkopf, Dresden, 1969
5. GERLACH, D.: Das Lichtmikroskop, Eine Einführung in Funktion und Anwendung in Biologie und Medizin, 2. überarb. Aufl., Georg Thieme Verlag, Stuttgart, 1985
6. GÖLKE, G.: Moderne Methoden der Lichtmikroskopie. Vom Durchlicht – Hellfeld – bis zum Lasermikroskop, Frank'sche Verlagsbuchhandlung W. Keller & Co., Stuttgart, 1988
7. MICHEL, K.: Die Grundzüge der Theorie des Mikroskops in elementarer Darstellung, Wissenschaftliche Verlagsgesellschaft, Stuttgart, 1964
8. TRAPP, L.: Das Mikroskop, Verlag B.G. Teubner, Stuttgart, 1967

4 Morphologische Untersuchungen

Die morphologische Untersuchung erfolgt mikroskopisch entweder an lebenden Zellen mit dem Hellfeld-, dem Phasenkontrast- oder Interferenzkontrastverfahren oder bei gefärbten Mikroorganismen mit Ölimmersion im Hellfeld.

4.1 Phasenkontrast- und Interferenzkontrastverfahren

Mit diesen Verfahren werden ungefärbte transparente Objekte kontrastreich dargestellt.

Zur Lebendbetrachtung wird mit der Öse ein Tropfen Bouillonkultur auf einen Objektträger vorsichtig suspendiert. Auf den Tropfen wird ein Deckglas gelegt. Auf das Deckglas kommt bei Verwendung eines Ölimmersionsobjektivs ein Tropfen Öl. Zur Beurteilung der Zellform und zum Nachweis von Sporen eignet sich besonders das Phasenkontrastverfahren.

4.2 Untersuchung gefärbter Mikroorganismen

Die Färbung ist erforderlich, wenn keine Phasenkontrast- oder Interferenzkontrasteinrichtungen vorhanden sind. Am häufigsten werden verwendet die Methylenblaufärbung, die Gramfärbung, die Ziehl-Neelsen-Färbung, die Sporenfärbung. Gefärbte Präparate können ohne Deckglas direkt mit Öl mikroskopiert werden.

4.2.1 Herstellung des Ausstrichpräparates

Ausstriche von Kulturen, die sich auf festen Medien befinden, werden auf sauberen, fettfreien Objektträgern wie folgt durchgeführt:

- Der Objektträger wird in einzelne Sektionen mit einem Fettstift oder Diamantstift geteilt. Auf jedem Teil erfolgt ein Ausstrich.
- Ein Tropfen steriler physiologischer Kochsalzlösung (0,85 %) wird auf den entsprechenden Teil des Objektträgers gesetzt.
- Mit der abgeflammten und abgekühlten Öse oder Nadel wird ein sehr geringer Teil der Kolonie entnommen.
- Die Kultur wird mit der Flüssigkeit vorsichtig unter kreisenden Bewegungen verrieben. Der Ausstrich soll sehr dünn sein. Getrocknete Ausstriche dürfen nicht grau aussehen.
- Die Öse oder Nadel wird abgeflammt. Der Objektträger ist an der Luft zu trocknen und in der Hitze zu fixieren, indem er dreimal mit dem Ausstrich

nach oben durch den heißen Teil der Flamme des Bunsenbrenners gezogen wird. Dadurch koaguliert das Eiweiß, die Mikroorganismen werden abgetötet und haften an dem Glas.

Ausstriche von flüssigen Kulturen werden in gleicher Weise angefertigt. Eine Verdünnung bzw. ein Verreiben mit Kochsalzlösung ist jedoch nicht erforderlich.

4.2.2 Übersichtsfärbung mit Methylenblau

Dieses Verfahren wird dann eingesetzt, wenn nachgewiesen werden soll, ob überhaupt Mikroorganismen vorhanden sind. Die auf dem Objektträger fixierten Mikroorganismen werden mit Löffler's Methylenblaulösung überdeckt. Nach einer Einwirkungszeit von 3 min wird die Farblösung mit Leitungswasser abgespült. Der Objektträger wird vorsichtig mit Filterpapier getrocknet.

4.2.3 Gramfärbung

Die Gramfärbung ergibt nur mit jungen Zellen (logarithmische Vermehrungsphase) bei genauer Einhaltung der Färbevorschriften reproduzierbare Ergebnisse. So muss z.B. der Ausstrich völlig lufttrocken sein, da sonst die noch feuchten Bakterien bei der Hitzefixierung quellen, wodurch chemische Veränderungen eintreten; grampositive Zellen werden gramnegativ. Auch bei der Alterung der Zellen kann sich das Färbeverhalten ändern. Alte grampositive Zellen können gramnegativ werden. Für die Gramfärbung sollten 24 h alte Kulturen verwendet werden.

Verfahren

- Ausstrich lufttrocknen, hitzefixieren und mit Kristallviolettlösung bedecken. Nach 1 min abkippen und Objektträger vorsichtig mit Leitungswasser abspülen (Wasser nur auftropfen lassen), Wasser abkippen.
- Objektträger mit Lugolscher Lösung bedecken, 1 min einwirken lassen, abkippen und abtropfen lassen.
- Objektträger kurz in Küvette I mit Alkohol (96 % Ethanol) tauchen oder besser mit Alkohol bedecken, 1–2 s danach in eine Küvette II tauchen oder abspülen bis Farbwolken verschwinden
- Objektträger gut mit Wasser abspülen.
- Gegenfärbung mit Karbolfuchsinlösung, 10–15 s.
- Abspülen mit Leitungswasser und Trocknen des Objektträgers mit Fließpapier. Restwasser über der Sparflamme des Bunsenbrenners verdunsten lassen.

Ergebnis

Grampositive Bakterien = blauviolett
Gramnegative Bakterien = rot

Alternative Verfahren

- Gramfärbung nach HUCKER, z. B. mit Färbeset Gram-color (Fa. Merck).
- Gramfärbung (Originalmethode) mit Karbolgentianaviolett, Lugolscher Lösung, Ziehl-Neelsen's Karbolfuchsin (Nährboden Handbuch Merck, 1987).
- Gramfärbung mit Stain Set der Fa. Difco.

Bei der Untersuchung unbekannter Bakterien ist es empfehlenswert, auf dem Objektträger neben dem Ausstrich des unbekannten Bakteriums Ausstriche von je einem bekannten gramnegativen und einem grampositiven Bakterium gleichzeitig mitzufärben. Vergleichend zur Gramfärbung können der KOH-Test und der Aminopeptidase-Test durchgeführt werden.

4.2.4 Färbung säurefester Bakterien nach ZIEHL-NEELSEN

Bakterien, z. B. der Genera *Mycobacterium* und *Norcardia*, können durch diese Färbung von anderen Genera getrennt werden. Bei diesem Verfahren werden die Organismen mit einer heißen, konzentrierten Farblösung behandelt. Die Zellen, die sich bei einer nachfolgenden Säurebehandlung nicht entfärben, werden als „säurefest" bezeichnet; sie sind rot im Gegensatz zu den nicht säurefesten Zellen.

Verfahren

- Luftgetrockneter, hitzefixierter Ausstrich wird mit Ziehl-Neelsen's Karbolfuchsinlösung bedeckt und von der Unterseite aus mit der Sparflamme des Bunsenbrenners bis zum Dampfen 5 min erhitzt. Die Lösung darf nicht kochen. Verdampfte Farblösung ist durch neue zu ersetzen.
- Farblösung mit Leitungswasser abwaschen.
- Entfärben mit Salzsäurealkohol 10–30 s.
- Abwaschen mit Leitungswasser.
- Gegenfärbung mit Löffler's Methylenblau 30–45 s.
- Abwaschen mit Leitungswasser.
- Farbe sorgfältig von der Rückseite des Objektträgers mit Papier entfernen. Objektträger trocknen lassen.

4.2.5 Sporenfärbung nach BARTHOLOMEW und MITTWER

Bakterien der Genera *Bacillus, Alicyclobacillus, Clostridium, Desulfotomaculum, Sporolactobacillus* und *Sporosarcina* bilden Sporen, die bei der Methylenblau- und Gramfärbung nur als helle ovale oder runde Zellen zu erkennen sind. Vielfach ist bei isoliert vorliegenden Sporen nur die Sporenhülle schwach angefärbt. Bei der Sporenfärbung sind die Sporen grün und die vegetativen Zellen rot.

Verfahren

- Luftgetrockneter Objektträgerausstrich wird intensiv hitzefixiert, ca. 20-mal durch die Bunsenbrennerflamme ziehen.
- Objektträger mit gesättigter Malachitgrünlösung bedecken und 10 min einwirken lassen.
- Abwaschen mit Leitungswasser.
- Gegenfärbung mit einer 0,25%igen Safraninlösung für 10 s.
- Vorsichtig abwaschen mit Leitungswasser und trocknen.

Alternatives Verfahren

- Kultur dünn ausstreichen, sehr gut lufttrocknen und hitzefixieren.
- Ausstrich mit Malachitgrünlösung (5%ige wässrige Lösung) bedecken und vorsichtig mit kleiner Flamme bis zum Dampfen erhitzen (nicht verkochen lassen, eventuell Farbe nachgießen). Farblösung 3 min einwirken lassen.
- Farbe sehr gut mit Wasser abspülen.
- Objektträger mit 0,5%iger wässriger Safraninlösung bedecken.
- Nach 30 s gut mit Wasser abspülen, trocknen und mikroskopieren.

5 Nachweis der Beweglichkeit von Bakterien

5.1 Beweglichkeitsnachweis auf dem Objektträger und im hängenden Tropfen

Die Lebendbeobachtung beweglicher Bakterien erfolgt an einer 18–24 h alten Kultur. Wird von der Agarkultur ausgegangen, so ist wenig Kultur mit einem Tropfen physiologischer Kochsalzlösung zu vermischen. Die Beobachtung erfolgt mit dem Phasenkontrastmikroskop, im Dunkelfeld oder im stark abgeblendeten Hellfeld. Die echte Beweglichkeit unterscheidet sich von Strömungserscheinungen zu Luftblasen oder anderen Unebenheiten dadurch, dass die Bakterien gegeneinander schwimmen können. Die Brown'sche Molekularbewegung, die auch bei unbeweglichen Mikroorganismen zu sehen ist, lässt keine Richtung erkennen.

Verfahren „hängender Tropfen" (Abb. I.5-1)

- Äußeren Rand des Hohlschliffobjektträgers mit Vaseline einfetten.
- Einen Tropfen der Bouillonkultur auf das Deckglas bringen.
- Hohlschliffobjektträger auf das Deckglas legen und Objektträger umdrehen.

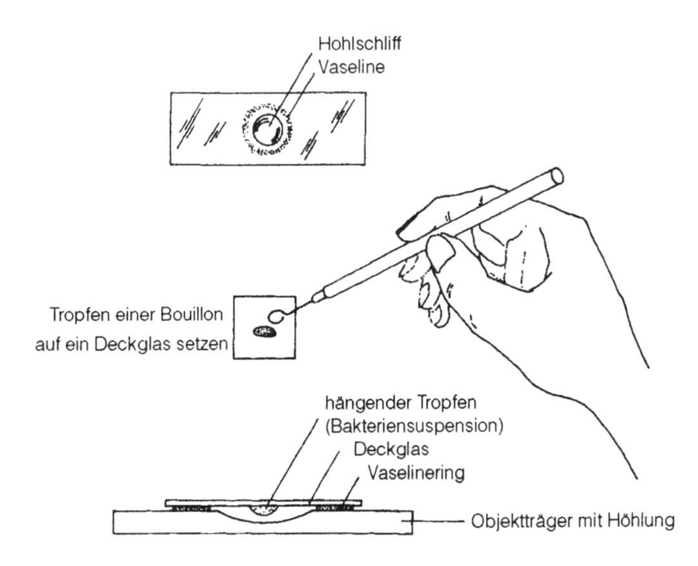

Abb. I.5-1: Nachweis der Beweglichkeit im hängenden Tropfen

- Mit dem kleinsten Trockenobjektiv Tropfenrand in die Mitte des Blickfeldes einstellen und abblenden.
- Nach Scharfeinstellung mit dem größten Trockenobjektiv Tropfenrand betrachten (wegen des höheren Sauerstoffanteils häufig bessere Beweglichkeit).

Alternatives Verfahren

- Einen Tropfen Öl auf einen Objektträger in der Größe eines Deckglases ausstreichen.
- Einen Tropfen der Kultur auf ein Deckglas geben, Objektträger auf das Deckglas legen, sanft andrücken, Objektträger umdrehen.
- Beweglichkeit unter Ölimmersion betrachten.

5.2 Nachweis der Beweglichkeit im Agar

Nährboden

SIM Nährboden oder andere optimale Medien für entsprechende Mikroorganismen mit 0,3–0,4 % Agaranteil.

Verfahren

- Das Röhrchen mit dem festweichen Medium wird mit der Nadel im Stich beimpft.
- Die Bebrütung erfolgt bei den für die entsprechenden Kulturen optimalen Bedingungen hinsichtlich Zeit und Temperatur.

Ergebnis

Bei beweglichen Kulturen ist der ganze Nährboden getrübt, bei unbeweglichen Kulturen nur der Stichkanal.

5.3 Geißelfärbung nach MAYFIELD und INNISS (1977)

Eine 24 h alte Schrägagarkultur (Nährboden) wird mit physiologischer Kochsalzlösung abgeschwemmt. Mit der Öse wird ein Tropfen der Abschwemmung auf einen Objektträger gegeben und mit einem Deckglas bedeckt. Nach 10 min werden 2 Tropfen Farblösung mit der Pasteurpipette an den Rand des Deckglases gesetzt. Mikroskopiert wird mit dem Phasenkontrastmikroskop bei 1000facher Vergrößerung. Die Farblösung muss vor der Färbung gemischt und durch eine 0,22 μm-Membran filtriert werden. Die Tanninlösung sollte immer frisch angesetzt werden, da bereits bei einer 4 Tage alten Lösung die Ergebnisse unbefriedigend sind.

6 Prinzipien des sterilen Arbeitens

(Siehe auch: ISO 7218-rev:2002 „Microbiology of food and animal feeding stuffs – General rules for the microbiological examinations")

Folgende Voraussetzungen sollten eingehalten werden:

- Rutschfeste Fußbodenoberflächen, leicht zu reinigen und zu desinfizieren.
- Arbeitsplatz und Umgebung (Tischflächen, Ablagen, Bodenflächen) häufig mit wirksamen Desinfektionslösungen abwischen oder über Nacht mit UV-Strahlen eine Verminderung der Keimzahl im Raum durchführen. Zur Desinfektion von Tischplatten und Geräten eignen sich auch 70%iger Alkohol oder Isopropanol gleicher Konzentration. Nach einer Einwirkungszeit von 2 bis 5 min verdampfen die Alkohole und hinterlassen keine Rückstände. In höheren Konzentrationen wirken Alkohole nicht so gut, da sie Koagulation an der Oberfläche bewirken und nicht tiefer eindringen. Regelmäßige Kontrolle des Keimgehaltes der Oberflächen mittels Agar-Kontakt-Verfahren.
- Dicht schließende Fenster und Türen, Vermeidung von Zugluft, Fenster und Türen geschlossen halten.
- Geringer Keimgehalt der Luft in Abhängigkeit vom Labortyp. Empfehlenswert sind Filtersysteme für Zu- und Abluft, wobei ein regelmäßiger Filterwechsel Voraussetzung ist. Die Sedimentation von Mikroorganismen aus der Luft am Arbeitsplatz wird vermindert, wenn durch Bunsenbrennerflammen Heißluft aufsteigt.
- Sicherheitskabinen (Sterile Werkbank Klasse II) sind auch beim Labortyp 2 (Risikogruppe L2) erforderlich. Beim Umgang mit pathogenen Mikroorganismen sollten sie benutzt werden. Die Gasbrenner sollten in der Werkbank nur mit kleiner Flamme eingesetzt werden, um die Luftströmung nicht zu beeinflussen. Empfehlenswerter ist die Verwendung steriler Instrumente bzw. steriler Einwegösen. Der maximal tolerierbare Partikelgehalt über 0,5 μm sollte 4.000/m^3 nicht überschreiten. Die Oberfläche der Werkbank ist regelmäßig zu desinfizieren und die Filter sind zu wechseln. Der Keimgehalt in der Werkbank ist durch ein Agar-Kontakt-Verfahren zu überprüfen bzw. Petrischalen mit Plate-Count-Agar sind geöffnet 30 min aufzustellen. Auch andere Verfahren sind möglich.
- Sprechen, Husten und Niesen vermeiden. Dabei können winzige Tröpfchen mit Mikroorganismen übertragen werden. In besonderen Fällen Mund- und Nasenschutz verwenden.
- Tragen von Schutzkleidung aus Baumwolle. Die das Knie bedeckenden Kittel mit verdeckter Knopfleiste sind unbedingt geschlossen zu tragen.

- Alle sterilen Gegenstände, wie z.B. Verschlusskappen, Stopfen, Pipetten und Impfösen, dürfen nicht auf den Tisch gelegt werden. Die entnommene Pipette ist in der Hand zu halten und vor dem Gebrauch kurz durch die Gasflamme zu ziehen. Nach Benutzung wird die Pipette in Desinfektionslösung eingestellt. Impfösen und Impfnadeln werden nach dem Übertragen von Mikroorganismen zunächst im unteren, kälteren Teil der Gasflamme oder in der Sparflamme getrocknet, um ein Verspritzen des infektiösen Materials zu verhindern. Danach wird die Öse oder Nadel in ihrer ganzen Länge bis zur Rotglut ausgeglüht.

  Beim Ausgießen steriler Medien ist auch der Glasrand abzuflammmen. Desgleichen werden Verschluss und Glasrand von Reagenzröhrchen beim Öffnen und Verschließen abgeflammt.
- Gefäße nur solange öffnen, wie unbedingt erforderlich ist. Dabei Gefäße möglichst schräg halten. Auch Petrischalen nur kurz öffnen.

7 Nährmedien

(Unter Berücksichtigung folgender Normen:
- ISO 11133-1:2000 „Guidelines on preparation and production of culture media – Part 1: General guidelines on quality assurance for the preparation of media in the laboratory“
- ISO 11133-2:2003 „Guidelines on quality assurance and performance testing of culture media – Part 2: Practical implementation of the general guidelines on quality assurance of culture media in the laboratory“)

7.1 Allgemeines

Für die Kultivierung von Mikroorganismen sind erforderlich:

- Wasser
- Stickstoffhaltige Verbindungen, wie Proteine, Aminosäuren, N-haltige anorganische Salze
- Kohlenstoff als Energiequelle, wie Kohlenhydrate und Proteine
- Wuchsstoffe, wie Vitamine und Mineralstoffe

Als Wasser wird für die Herstellung von Nährmedien Aqua dest. oder demineralisiertes Wasser verwendet. Stickstoff, Kohlenstoff und Wuchsstoffe werden in Form komplexer Verbindungen angeboten, als Fleischextrakt, Hefeextrakt, Malzextrakt und Pepton. Als Verfestigungsmittel dient Agar.

Fleischextrakt erhält man durch wässrige Extraktion des Fleisches und anschließende Einengung zu einer Paste oder durch Trocknung zu einem Pulver. Er ist reich an Stickstoffverbindungen.

Hefeextrakt ist eine durch Extraktion und Einengung bzw. Trocknung gewonnene Paste oder ein Pulver, das anstelle von Fleischextrakt, aber auch zusätzlich eingesetzt werden kann, da er reich an Wuchsstoffen ist.

Peptone werden aus eiweißhaltigen Rohstoffen mittels enzymatischer Hydrolyse hergestellt. Die Hydrolysate enthalten Polypeptide, Dipeptide und Aminosäuren. Sie bieten eine leicht assimilierbare, in Wasser lösliche Stickstoffquelle, die nicht bei Erhitzung koaguliert und die sich deshalb besonders für mikrobiologische Nährmedien eignet. Bevorzugt wird das tryptische Pepton, da es auf die Bakterienentwicklung günstiger wirkt als das peptische Pepton. Tryptische Peptone werden durch proteolytischen Abbau von Eiweißen mit Trypsin gewonnen, peptische Peptone durch Abbau von Eiweißen mit Pepsin.

Agar (auch Agar-Agar, malaiisch) ist ein polymeres Kohlenhydrat, das aus Rotalgen gewonnen wird. Man setzt ihn zu 1–3 % den Nährlösungen als Verfestigungsmittel zu. Die Qualität des Agars, d.h. seine Gelierfähigkeit, hängt vom Polymerisationsgrad ab. Häufige Temperaturbehandlung führt zur teilweisen Hydrolyse und damit zur Verminderung der Gelierfähigkeit. Agar schmilzt je nach Herkunft und Qualität bei 95–97 °C, und er erstarrt bei Temperaturen unter 45 °C. Nur wenige Mikroorganismen sind in der Lage, Agar bzw. seine hydrolytischen Spaltprodukte (D- bzw. L-Galaktose) zu nutzen.

Da die Nährstoffansprüche der einzelnen Mikroorganismen sehr unterschiedlich sind, gibt es kein Medium, das allen Mikroorganismen gleichermaßen die Vermehrung ermöglicht. Zahlreiche spezielle Medien sind in der Vergangenheit entwickelt worden (siehe auch: Handbook of Culture Media for Food Microbiology, ed. by J.E.L. Corry, G.D.W. Curtis, R.M. Baird, Elsevier Sci. B.V., Amsterdam, 2003), die sich nach Art und Verwendungszweck unterteilen lassen:

- Nach der Konsistenz in flüssige, halbfeste und feste Medien.
  Flüssige Medien werden zur Anreicherung von Mikroorganismen, zur Prüfung physiologischer Eigenschaften bei der Identifizierung von Reinkulturen, zur Gewinnung größerer Zellmengen, halbfeste zur Beweglichkeitsprüfung und Identifizierung, feste Nährböden zur Keimzahlbestimmung, Überprüfung und Aufbewahrung von Reinkulturen verwendet.
- Nach der Zusammensetzung in synthetische und komplexe Medien.
  Synthetische Medien sind in ihrer Zusammensetzung chemisch definiert (bekannte Molekülstruktur, Grad der Reinheit).
- Nach dem Verwendungszweck unterscheidet man **Universalnährböden**, die einer Vielzahl von Mikroorganismen eine gute Vermehrung ermöglichen (z.B. Standard-I-Nähragar oder Plate-Count-Agar), **Differenzialmedien**, die bestimmte Stoffwechselleistungen sichtbar machen (z.B. Kligler-Agar), **Selektivnährböden** oder **Elektivnährböden**, die das Wachstum einer Mikroorganismenart oder Mikroorganismengruppe begünstigen und das Wachstum unerwünschter Mikroorganismen hemmen (z.B. Baird-Parker-Agar). In flüssiger Form werden solche Medien als Anreicherungen eingesetzt. Weiterhin werden unterschieden: **Transportmedien** (z.B. Stuart's Transportmedium), die die Mikroorganismen für eine gewisse Zeit am Leben erhalten, aber eine Vermehrung verhindern, **Resuscitationsmedien**, die der Wiederherstellung des Stoffwechsels von gestressten Zellen dienen (nach Trocknungsprozessen oder nach dem Einfrieren), ohne dabei die Vermehrung zu fördern.

7.2 Trockenmedien

Die Verwendung von trockenen, standardisierten Medien wird bevorzugt. Das Trockenprodukt wird in frisch destilliertem Wasser aufgelöst und sterilisiert. Dabei sind die Vorschriften der Lieferfirmen zu beachten. Das Wasser muss frei sein von hemmenden Substanzen (z. B. Chlor), darf nur in Vorratsbehältern aus inertem Material (Glas, Polyethylen etc.) vorrätig gehalten werden und sollte einen Keimgehalt unter 1.000/ml aufweisen.

Besonders Wasser, das über Ionenaustauscher gewonnen wird, hat nicht selten einen hohen Keimgehalt. Dies besonders dann, wenn die Entnahme über Kunststoffschläuche erfolgt. Destilliertes Wasser sollte eine elektrische Leitfähigkeit von unter 25 μS/cm bei 25 °C haben (ISO 7218-rev:2002).

Der pH-Wert der Medien ist zu überprüfen und ggf. zu korrigieren.

7.3 Bestimmung des pH-Wertes der Medien

- **Kalibrierung der Messeinrichtung**

Der pH-Wert ist elektronisch mit einer Einstabmesselektrode zu bestimmen. Vor der Messung muss das pH-Meter mit einem Puffer pH 7,0 und pH 4,0 mit 0,1 bis 1 molarer HCl- und NaOH-Lösung kalibriert werden. Die Puffer sollten eine Temperatur von 20 °C haben. Verschmutzungen an Glasmembran und Diaphragma dürfen niemals mechanisch durch Abreiben mit einem Tuch beseitigt werden, sondern nur durch Abspülen. Fett und andere organische Verschmutzungen können durch Spülen mit Aceton oder 96%igem Ethanol entfernt werden. Nach allen Behandlungen muss die Elektrode mit destilliertem Wasser abgespült werden.

- **Messung des pH-Wertes der Medien**

Durch das Autoklavieren wird der pH-Wert des Mediums verändert. Gewöhnlich sinkt der pH-Wert um 0,2 bis 0,4 Einheiten. Besonders bei einem selbst zusammengesetzten Medium sollte vor der Sterilisation der pH-Wert entsprechend höher eingestellt werden. Bei Flüssigmedien erfolgt die pH-Kontrolle in einer genau abgemessenen Probenmenge (z. B. 50 ml) bei 20 °C. Nährböden kontrolliert man im noch flüssigen Zustand (abgemessene Probenmenge ca. 50 ml) bei 50 °C im Wasserbad (Temperaturkompensation der pH-Elektrode beachten). Falls notwendig, wird durch Umrechnung auf die Gesamtvolumen aseptisch die sterile HCl- oder NaOH-Lösung zugegeben. Bei weiteren Herstellungen erfolgt die pH-Korrektur vor dem Erhitzen.

Ausführliche Angaben zur Messung des pH-Wertes und zur Herstellung von Pufferlösungen siehe bei BAST (1999).

7.4 Hinweise zur Sterilisation von Medien, Gießen von Agarnährböden in Petrischalen und Röhrchen

- **Sterilisation**

- Gefäße maximal zu ¾ füllen, da sonst die Gefahr des Überkochens besteht.
- Medium mit Agaranteilen vor dem Sterilisieren aufkochen. Eine gleichmäßige Verteilung muss erreicht werden.
- Verschlüsse von Kulturmedienflaschen lose auflegen, um eine Luftveränderung durch Wasserdampf zu ermöglichen. Bei einer Sterilisation in mehreren Ebenen sollte die untere mit Aluminiumfolie abgedeckt werden, um einen Schutz vor Tropfwasser zu erreichen.
- Beschriftung in „autoklavfester" Form durchführen.
- Um sicherzustellen, dass auch das Innere des Sterilisiergutes während der gesamten Sterilisationszeit eine Temperatur von 121 °C erreicht hat, muss zu der eigentlichen Sterilisationszeit (15 min, 121 °C) eine Aufheizzeit hinzugerechnet werden. Man rechnet für Einzelvolumina mit folgenden Aufheizzeiten:

bis 50 ml	5 min
50 bis 100 ml	8 min
100 bis 500 ml	12 min
500 bis 1000 ml	20 min

- Möglichst nur Volumina gleicher Größenordnung in den Autoklav stellen. Da sich die Dauer der Erhitzung nach dem größten Volumen richtet, würden kleinere Volumina einer unnötigen Temperaturbelastung ausgesetzt werden.
- Nach Ablauf der Sterilisationszeit Druck langsam ablassen und für ausreichende Abkühlung sorgen, sonst beginnt die Flüssigkeit zu sieden, wobei die Verschlüsse nass oder sogar vom Gefäß geschleudert werden, besonders durch plötzlich einsetzenden Siedeverzug. Der Autoklav sollte erst dann geöffnet werden, wenn das Sterilisiergut auf etwa 80 °C abgekühlt ist.

- **Gießen von Agarnährböden**

Das sterilisierte, auf 47 ± 2 °C abgekühlte Agarmedium oder das im Wasserbad oder im Mikrowellengerät verflüssigte Agarmedium wird in Petrischalen ausgegossen. Für Schalen mit einem Durchmesser von 90 mm rechnet man 12–15 ml Agarmedium, so dass sich eine Schichtdicke von 2 mm ergibt.

Beim Gießen müssen Fenster und Türen geschlossen und Bewegungen von Personal in der näheren Umgebung vermieden werden. Während des Gießens den Deckel der Schale über dem Unterteil halten und ihn nicht auf den Tisch legen. Eventuelle im Agar entstandene Luftblasen durch kurzes Beflammen mit der Bunsenbrennerflamme entfernen (vorsichtig bei Kunststoffschalen). Nach dem Eingießen des Mediums Deckel auflegen und Medium in waagerechter Lage erstarren lassen.

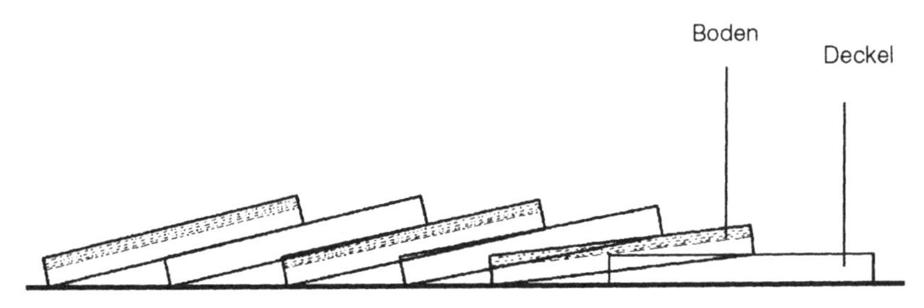

Abb. I.7-1: Trocknen von Agarplatten (Lagerung der Petrischalen im Brutschrank)

- **Trocknen von Agarplatten**

Auf feuchten Oberflächen wird die Bildung von Kolonien verhindert, da die Mikroorganismen im Flüssigkeitsfilm aktiv schwimmen oder fortgeschwemmt werden. Deshalb müssen feuchte Platten vor dem Beimpfen vorgetrocknet werden. Dieses geschieht in einem Brutschrank bei 30–50 °C für 15–120 min, je nach Feuchtigkeitsgehalt. Besonders wenn Bazillen erwartet werden, ist ein gutes Vortrocknen der Platten bei einer Oberflächenkultur für längere Zeit erforderlich. Unter- und Oberteile der Petrischalen werden getrennt mit der Innenseite nach unten schräg aufgestellt (Abb. I.7-1).

- **Schrägagar-Röhrchen**

In einem Reagenzglas mit Kappe werden etwa 7 ml Medium in schräger Lage zur Erstarrung gebracht. Hierzu wird das Röhrchen, solange der Agar noch flüssig ist, schräg auf eine Unterlage (z. B. Holz o. Schlauch) gelegt. Bei einem Röhrchen von 16 × 160 mm soll sich das Kulturmedium etwa 50 mm unterhalb der Oberkante des Röhrchen befinden (Abb. I.7-2).

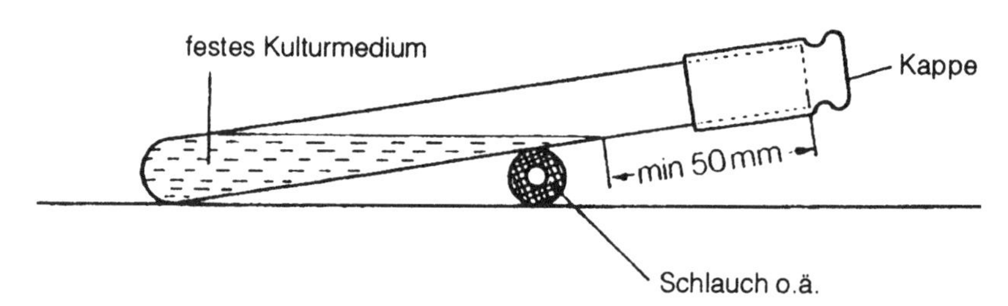

Abb. I.7-2: Schrägagar-Röhrchen

7.5 Aufbewahrung, Bebrütung und Überprüfung von Medien

- **Aufbewahrung**

Ein längerfristiges Aufbewahren von Medien ist nur in Flaschen möglich. Petrischalen trocknen schnell aus, sie sollten nicht länger als 7 Tage kühl (4 °C bis 12 °C, ISO 11133-1:2000) aufbewahrt werden, möglichst in dicht verschlossenen Behältern oder Kunststoff-Beuteln. Damit störende Kondenswasserbildung verhindert wird, müssen die Petrischalen vorher gut gekühlt sein. Die Oberfläche darf nicht feucht sein. Die Aufbewahrung sollte immer im Dunkeln erfolgen. Ein mehrmaliges Erhitzen von Medien ist zu vermeiden. Ein festes Medium im Kolben kann jedoch nach einer Vorratshaltung im Kühlschrank im Mikrowellengerät ohne Qualitätsverlust verflüssigt werden (LIANG und FUNG, 1988). Von Nährböden, die verderbliche Zusätze enthalten, sollte man nur das Basalmedium lagern und die Zusätze erst kurz vor Verwendung steril zumischen. Die Medien sind so zu beschriften, dass Art, Zeitpunkt der Herstellung, Chargenbezeichnung und Name des Herstellers nachvollziehbar sind. Vor der Oberflächenbeimpfung müssen die Medien je nach Feuchtigkeit bei 25 °C bis 50 °C im Brutschrank vorgetrocknet werden. Wassertröpfchen auf der Oberfläche dürfen nicht mehr vorhanden sein, eine zu lange Trocknung muss jedoch vermieden werden.

- **Bebrütung**

Im Brutschrank sollten nicht mehr als 6 Petrischalen übereinander gestapelt werden (ISO 11133-1:2000). Bei der Bebrütung flüssiger Medien ist im Hinblick auf die Bebrütungszeit das Volumen zu berücksichtigen. Größere Volumina sind vor der Beimpfung und einer Vorratshaltung im Kühlschrank auf Brutschranktemperatur zu bringen.

- **Überprüfung**

Vor der Verwendung sind die Medien bzw. Stichproben zu überprüfen:

a) Physikalisch (ISO 11133-1:2000)
   - pH-Wert, Messung bei 20 °C
   - Schichtdicke
   - Farbe
   - Klarheit, Gelstabilität, Oberflächenfeuchte

b) Biologisch (ISO 11133-2:2003)
   - Nachweis von Kontaminationen (Bebrütung von Stichproben)
   - Überpüfung der Produktivität und Selektivität mit Kontrollstämmen (halbquantitativ oder quantitativ, siehe ISO 11133-2:2003 und CORRY, CURTIS und BAIRD, 2003)

8 Kulturgefäße und Hilfsgeräte

Für mikrobiologische Arbeiten gibt es für spezielle Zwecke zahlreiche Kulturgefäße und Hilfsgeräte. Hier sollen nur die für den Routinebetrieb wichtigsten aufgeführt werden.

8.1 Kulturgefäße

Kulturröhrchen oder Reagenzröhrchen

Verwendet werden zweckmäßigerweise Gläser mit geradem Rand ohne oder mit Schraubverschluss von 160 mm Länge und 16 mm Durchmesser.

Gärröhrchen oder Durhamröhrchen

Es sind kleine Reagenzröhrchen, die zum Nachweis der Gasbildung in einer flüssigen Kultur verwendet werden.

Erlenmeyerkolben

Sie werden in verschiedener Größe, insbesondere zur Herstellung von Medien und für Stand- und Schüttelkulturen eingesetzt.

Steilbrustflaschen

Sie dienen zur Herstellung von Medien. Gegenüber den Erlenmeyerkolben sind sie jedoch ökonomischer, da sie bei gleichem Nutzinhalt eine geringere Bodenfläche aufweisen.

Petrischalen

Es sind Doppelschalen mit einem übergreifenden Deckel. Der Durchmesser beträgt meist ca. 90 mm. Petrischalen werden als Glasschalen oder als sterile Einwegschalen aus Kunststoff angeboten. Für die Züchtung von Anaerobiern sind Kunststoffschalen mit Nocken empfehlenswert.

8.2 Verschlüsse

Wattepfropfenverschluss

Entfettete Baumwolle ist der nicht entfetteten vorzuziehen. Anstelle von Watte wird auch Zellstoff benutzt. Die Verschlüsse können selbst gefertigt oder als Fertigprodukt in allen Größen im Laborhandel bezogen werden.

Aluminiumfolie

Sie wird zunehmend zum Verschluss von Kulturgefäßen eingesetzt. Werden die Gefäße jedoch mehrmals geöffnet, reißt die Folie leicht ein.

Kapsenberg- und Cap-O-Test-Kappen

Beide Metallkappen sind als Gefäßverschlüsse gut geeignet. Die Kapsenberg-Kappen sitzen durch einen Federkranz den Gefäßen fester an als die Cap-O-Test-Kappen. Sollen Gefäße oder Reagenzröhrchen längere Zeit aufbewahrt werden und ist eine Wasserverdunstung auszuschließen, muss auf Schraubverschlüsse, Gummistopfen oder zu paraffinierende Zellstoffstopfen zurückgegriffen werden.

Kappenverschlüsse aus Glas

Glaskappenverschlüsse eignen sich besonders für den Verschluss von Steilbrustflaschen bei der Herstellung von Nährmedien.

Gummistopfen

Sie sind besonders für die längere Aufbewahrung von Kulturen in Reagenzglasröhrchen zu verwenden.

Schraubkappenverschlüsse

Sterilisierbare Schraubkappenverschlüsse für Reagenzröhrchen und andere Kulturgefäße finden einen immer größeren Einsatz.

8.3 Hilfsgeräte

Pipetten

Es werden Messpipetten (1 ml und 10 ml) verwendet oder Einweghalme mit einstellbaren Spritzen. Die Glaspipetten müssen auf Auslauf geeicht sein. Zum Sterilisieren werden die Glaspipetten nach Volumen sortiert in Pipettenhülsen im Trockensterilisator bei 180 °C 2 h sterilisiert. Um eine Infektion beim Pipettieren zu vermeiden, werden Pipetten am oberen Ende mit einem etwa 2 cm langen Wattepfropf gestopft, oder es werden Pipettierhilfen benutzt.

Drigalskispatel

Dies ist ein Glas- oder Metallstab, dessen unteres Ende zu einem Dreieck oder rechten Winkel gebogen wurde. Der Drigalskispatel dient zum Verteilen von Verdünnungen auf der Oberfläche fester Medien.

Impfnadel und Impföse

Nadel oder Öse (Durchmesser ca. 3–4 mm) befinden sich in einem Halter (Kollehalter) aus Metall oder Glas.

Cornett-Pinzette

Sie wird zum Festhalten von Objektträgern bei der Färbung von Mikroorganismen oder der Hitzefixierung benutzt.

Färbeschalen und Färbebänke

Diese Geräte werden zum Färben von Mikroorganismen benötigt. Als Färbeschalen können alle größeren Glasgefäße benutzt werden. Als Färbebänke oder Färbebrücke dienen Metallgestelle, die speziell gebogen den Färbeschalen aufliegen. Färbetische mit Wasser- und Gasanschluss sind im Handel erhältlich.

9 Züchtung von Mikroorganismen

Identifizierungsmerkmale von Mikroorganismen werden durch Züchtung von Reinkulturen gewonnen.

9.1 Art der Kultur

Bouillonkultur

Züchtung im flüssigen Medium ohne Zugabe weiterer Nährstoffe während der Bebrütung.

Agarschrägkultur

Die Schrägfläche wird entweder mit der Öse beimpft oder mit der Nadel erfolgt zunächst eine Beimpfung des unteren Nährbodenteils im Stich und dann eine Beimpfung der Schrägfläche.

Stichkultur

Beimpfung eines festen oder halbfesten Mediums im Reagenzglas mit der Impfnadel.

Schüttelkultur

Beimpfung eines flüssigen Mediums, Bebrütung im Schüttelapparat.

Plattenkultur

Plattenausstrich

Auf dem festen Agarmedium wird mit einer Öse die Kultur nach einer bestimmten Technik ausgestrichen.

Gusskultur

Die Kultur wird mit flüssigem Agar-Medium (12–15 ml) vermischt und in eine sterile Petrischale ausgegossen (Schichtdicke 2 mm).

9.2 Bebrütung der Kulturen

Die Bebrütung erfolgt bei den für die entsprechenden Mikroorganismen optimalen Temperaturen. Bei der Bebrütung von Petrischalen muss der Deckel unten liegen, damit kein Kondenswasser auf die Kultur tropft.

Sollte es bei einem bestimmten Nachweisverfahren notwendig sein, dass die Petrischale mit dem Deckel nach oben bebrütet werden muss, so kann ein Auftropfen des Kondenswassers auf das Medium durch Einlegen eines Filterpapierblattes in den Deckel vermieden werden. Nur in Ausnahmefällen werden Kulturen im Licht bebrütet (z. B. um Pigmentbildung zu erreichen). In der Regel wird die Bebrütung im Dunkeln vorgenommen und zwar in Brutschränken, Bruträumen oder Wasserbädern.

9.2.1 Kultur unter aeroben Bedingungen

Eine aerobe Kultivierung ist im Gegensatz zur anaeroben Kultur einfach. Eine ausreichende Versorgung mit Sauerstoff wird erreicht durch:

- Züchtung auf der Oberfläche oder in geringer Tiefe von festen Medien.
- In flüssigen Medien, wobei die Schichthöhe im Verhältnis zur Oberfläche nicht so groß sein darf.

Eine gute Sauerstoffversorgung in größeren Volumina wird erreicht durch Rühren, Schütteln oder Einleiten filtrierter Luft.

9.2.2 Kultur unter anaeroben Bedingungen

Für die Züchtung von Anaerobiern muss das Redoxpotenzial niedrig gehalten werden (Eh-Wert unter –100 mV, abhängig von der Species). Ein niedriges Redoxpotenzial wird durch verschiedene Verfahren erzielt.

Kultur in hoher Schicht

Durch Kochen wird ein agarhaltiges Medium (0,1 % Agar) in einem Reagenzröhrchen sauerstofffrei gemacht. Bei ausreichend großer Schichthöhe herrschen in der Tiefe anaerobe Verhältnisse. Das Medium ist unmittelbar nach der Erhitzung und Abkühlung zu beimpfen.

Kultur unter Luftabschluss

Flüssige oder halbfeste Medien werden nach der Sauerstoffentfernung (durch 5–10-minütiges Kochen) abgekühlt, beimpft und mit sterilem Paraffinöl oder einer Mischung aus Hartparaffin und Vaseline (1:4) oder einem Paraffin-Paraffin-Gemisch (z.B. zwei Gewichtsteile Paraffin schüttfähig, Merck 7164, und ein Gewichtsteil Paraffin flüssig, Merck 7162) überschichtet, so dass eine Schicht von ca. 1 cm erhalten wird. Die Paraffin-Mischung ist in Portionen z.B. von 50 ml bei 160 °C im Heißluftsterilisator 3 h zu erhitzen.

Zusatz von reduzierenden Verbindungen zum Medium

Der Zusatz reduzierender Verbindungen bewirkt eine Erniedrigung des Redoxpotenzials (Tab. I.9-1). Nur solche Verbindungen sollten Medien zugesetzt werden, die einen Eh-Wert von –300 mV ergeben (COSTILOW, 1981), wenn obligate Anaerobier isoliert werden sollen. Die zugesetzte Menge darf nicht toxisch wirken.

Reduzierende Verbindungen sind auch in tierischen Geweben enthalten (Leber, Blut, Hirn, Herz).

Die reduzierenden Verbindungen werden meist den flüssigen und halbfesten Medien zugesetzt. Verwendung finden z.B. Cooked Meat Medium, Leberbrühe, DRCM-Bouillon u.a.

Tab. I.9-1: Reduzierende Verbindungen als Zusätze zu Kulturmedien (COSTILOW, 1981)

Verbindung	Eh in mV	Konzentration im Medium
Na-thioglycolat	<–100	0,05 %
Cystein HCl	–210	0,025 %
Dithiothreitol	–330	0,05 %

Kultur im sauerstofffreien Raum

a) Physikalische Verfahren der Sauerstoffentfernung

Durch Evakuierung und anschließendes Begasen mit einer Mischung aus 90 % Stickstoff und 10 % Kohlendioxid erfolgt eine Erniedrigung des Sauerstoffpartialdrucks.

Verwendung finden vakuumdichte Glas-, Metall- oder Kunststoffgefäße, in die die zu bebrütenden Platten eingestellt werden.

Petrischalen müssen mit dem Deckel nach oben in den Topf gelegt werden, weil sonst das Medium beim Evakuieren in den Deckel fällt. Kunststoffschalen müssen Nocken tragen, sonst kann es durch Kondenswasserbildung zwischen den Rändern der Schalen zu einem luftdichten Verschluss kommen. Beim Öffnen der Gefäße wird dann ein Druckausgleich verhindert und die Schalen zerspringen.

Nach dem Evakuieren wird mindestens zweimal mit dem Gasgemisch aus Stickstoff und Kohlendioxid gewaschen. Zur Kontrolle des anaeroben Milieus wird ein Redoxindikator in den Topf eingelegt. Die Bebrütung der Töpfe erfolgt mit dem Gasgemisch im Brutschrank. Evakuierbare Spezialbrutschränke eignen sich nur für größere Plattenserien.

b) Chemische Verfahren der Sauerstoffbindung

Hierbei werden die beimpften Nährmedien in einen Anaerobentopf gestellt. Neben die Platten mit Nocken wird ein Gasentwickler gestellt (z. B. GasPak, Fa. Becton Dickinson, AnaeroGen, Fa. Oxoid, Anaerocult-System, Fa. Merck, Gasgenerating Box System, bioMérieux). Nach Zugabe einer definierten Menge Wasser (bei den einzelnen Systemen unterschiedlich) entwickelt sich Wasserstoff aus Natriumborhydrid (GasPak) und unter dem Einfluss eines Katalysators wird Sauerstoff zu Wasser gebunden. Außerdem entsteht aus einer organischen Säure und Natriumbicarbonat 7–10 % Kohlendioxid.

Bei dem Anaerocult-System wird der Sauerstoff an Eisenpulver gebunden, wobei die Reaktion ohne Katalysator abläuft. Das Anaerocult-System kann auch für einzelne Petrischalen Anwendung finden. Besonders einfach ist das AnaeroGen™ System (Oxoid Unipath), bei dem nur ein Papierbeutel aus einer Folie zu entnehmen und in den Anaerobiertopf zu legen ist. Die Zugabe von Wasser entfällt – ein Katalysator wird nicht benötigt. Das System enthält u.a. Ascorbinsäure. Der Sauerstoffgehalt liegt nach Einsatz des Systems unter 1 %, eine CO_2-Konzentration von 10–11 % bietet gute Bedingungen für die Anaerobenzüchtung (BRAZIER und HALL, 1994). Zur Kontrolle des anaeroben Milieus ist ein Redoxindikator in den Topf zu legen, z. B.: Methylenblaustreifen (Merck) oder Resazurinpapier (Oxoid).

Methylenblau ist reduziert farblos (bei einem Eh-Wert von –49 mV) und oxidiert blau (bei einem Eh-Wert von +71 mV), wobei eine Abhängigkeit vom pH-Wert besteht. Resazurin ist bei pH 7,0 und einem Eh-Wert vom –100 mV farblos und im oxidierten Zustand rosafarben.

9.3 Aseptische Beimpfung der Medien

Zur Identifizierung von Mikroorganismen sind immer Reinkulturen erforderlich. Jede Verunreinigung muss vermieden werden. Das Übertragen der Kultur geschieht in der Regel mit einer Impföse oder einer Impfnadel. Vor jeder Benutzung werden Öse oder Nadel vertikal im heißen Teil der Bunsenbrennerflamme ausgeglüht. Nach einigen Sekunden der Abkühlung kann die Öse oder Nadel verwendet werden. Die Reagenzglaskappen werden vor und nach der Beimpfung abgeflammt, wie auch das obere Reagenzglasende. Niemals die Reagenzglaskappen auf den Arbeitstisch legen. Die Beimpfung hat grundsätzlich dicht an der Bunsenbrennerflamme zu erfolgen. Bei der Beimpfung der Petrischalen den Deckel nur kurzfristig abnehmen und nicht sprechen.

9.4 Konservierung von Reinkulturen im Laboratorium

Im Labor werden Referenzstämme, Stammkulturen und Gebrauchskulturen aufbewahrt. Referenzstämme sind von Kultursammlungen erhältliche katalogisierte Mikroorganismen. Stammkulturen sind Subkulturen eines Referenzstammes. Gebrauchskulturen sind Subkulturen einer Stammkultur.

Je nach Mikroorganismen sind verschiedene Aufbewahrungsmethoden einsetzbar.

Agarschrägkultur

Wegen der Gefahr der Austrocknung durch Wasserverdunstung sollten Röhrchen mit Schraubverschluss oder dicht sitzenden Gummistopfen verwendet werden.

Agarstichkultur

Anzüchtung im Agarmedium, Aufbewahrung unter Paraffinöl.

Bouillonkultur

Milchsäurebakterien können gut in flüssigen Medien aufbewahrt werden, z.B. Cooked Meat Medium.

Clostridien werden anaerob im Cooked Meat Medium kultiviert und aufbewahrt. Überschichtung des Mediums mit Vaseline-Paraffin (50:50) oder unter sterilem Paraffinöl (1–2 h bei 160 °C im Trockensterilisator sterilisiert).

Gefriertrocknung von Kulturen

Gefriergetrocknete Kulturen (z.B. in Ampullen oder Penicillinfläschchen) können über viele Jahre bei Zimmertemperatur oder im Kühlschrank aufbewahrt werden.

Einfrieren der Kulturen bei –80 °C bis –150 °C unter Zusatz eines Schutzmittels oder in flüssigem Stickstoff bei –196 °C

Das Einfrieren der Kulturen bei –80 °C ist eine geeignete Methode zur Langzeitaufbewahrung von Kulturen. Die Kultur wird in einer optimalen Bouillon gezüchtet und zentrifugiert (späte logarithmische Phase). Das Zentrifugat wird mit einer frischen sterilen Bouillon, die 10 % (V/V) Glycerin enthält, vermischt (Zusatz von 20 % Glycerin zur gleichen Menge Bouillon). Das Glycerin wird 15 min bei 121 °C sterilisiert. Schrägkulturen werden mit der entsprechenden Bouillon abgeschwemmt.

Einfrieren von an Perlen adsorbierten Mikroorganismen bei –80 °C

Die zu konservierenden Mikroorganismen werden auf einem optimalen festen Medium kultiviert, abgeschwemmt und an Perlen in einem Schutzmedium eingefroren (z.B. Microbank™, Pro-Lab Diagnostics, UK, Vertrieb: Fa. Mast Diagnostica, Deutschland und Merck, eurolab).

Für die Anzüchtung der Kultur wird eine Perle steril entnommen und auf einem festen Medium ausgerollt.

Referenzkulturen können von verschiedenen Kulturensammlungen bezogen werden:

- Bactrol/Microtrol-Plättchen (Bakterien): Difco Laboratories GmbH, Ulmer Str. 160a, 86156 Augsburg
- ATCC American Type Culture Collection, 12301 Parklawn Drive, Rockeville, Maryland 20852, USA (Bakterien, Pilze, Antiseren)
- CBS Centraalbureau voor Schimmelcultures, Uppsalalaan 8, NL-3584 Utrecht (Hefen, Schimmelpilze)

- DSM Deutsche Sammlung von Mikroorganismen (Gesellschaft für Biotechnologische Forschung mbH, Mascheroder Weg 1b, 38124 Braunschweig (Bakterien, Hefen, Pilze)
- NCTC National Collection of Type Culture, PHS Central Public Health Laboratory, 61 Colindale Avenue, London NW9 5HT, England (Bakterien)
- NCTC National Collection of Yeast Culture, Agricultural Research Council, Food Research Institute, Colney Lane, Norwich NR4 7UA, England (Hefen)

10 Morphologische und kulturelle Eigenschaften von Mikroorganismen

Für die Identifizierung von Mikroorganismen (Bakterien) sind bestimmte Eigenschaften nachzuweisen.

Morphologische Eigenschaften

Dazu gehören Gramverhalten, Form, Größe und Zellanordnung, Beweglichkeit, Anordnung der Geißeln, Vorhandensein einer Kapsel oder von Sporen.

Kulturelle Merkmale

Die Oberfläche der Kolonie, ihre Form und Größe sind Merkmale, die der Identifizierung dienen. Die Größe wird in mm oder im Vergleich zu bekannten Größen angegeben, wie erbsengroß, reiskorn- oder stecknadelkopfgroß. Kolonien unter 1 mm werden als „pin-points" bezeichnet. Weiterhin werden beurteilt die Pigmentbildung, das Profil der Kolonie (Erhebung über dem Nährboden), die Oberfläche der Kolonie, die Randbildung, die Konsistenz, der Geruch. Bei Bouillonkulturen werden Stärke der Vermehrung, Ring- oder Hautbildung, Trübung, Flockung und Bodensatzbildung für die Identifizierung herangezogen (Abb. I.10-1).

Kolonieformen

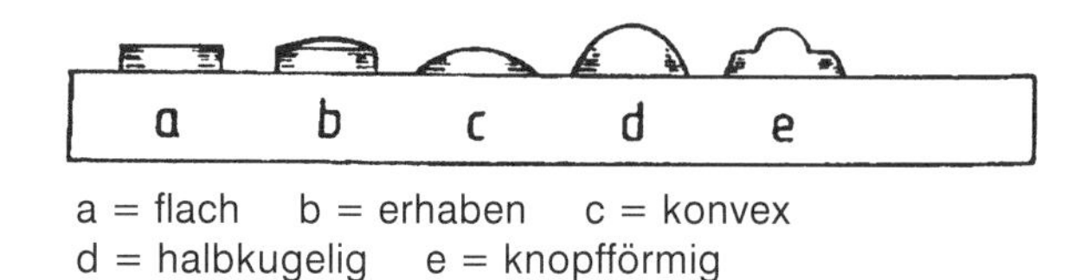

a = flach b = erhaben c = konvex
d = halbkugelig e = knopfförmig

Randbildungen

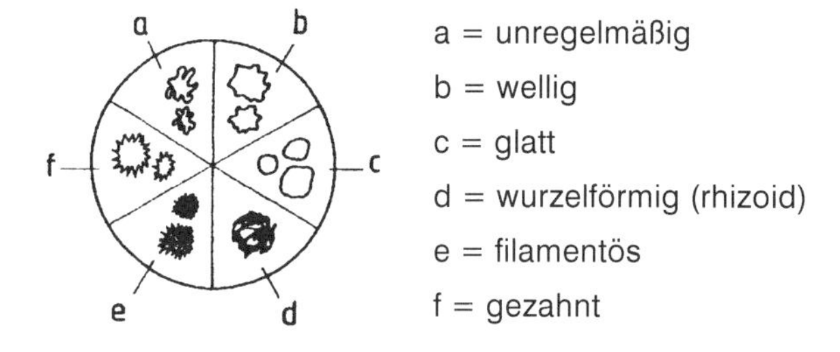

a = unregelmäßig
b = wellig
c = glatt
d = wurzelförmig (rhizoid)
e = filamentös
f = gezahnt

Wachstum in einer Bouillon

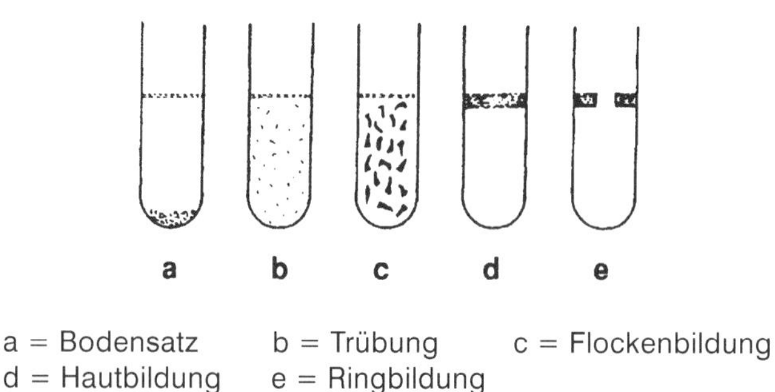

a = Bodensatz b = Trübung c = Flockenbildung
d = Hautbildung e = Ringbildung

Abb. I.10-1: Kolonieformen und Wachstumsarten

11 Gewinnung von Reinkulturen

Eine Reinkultur, die Voraussetzung für eine Identifizierung ist, besteht aus einer einzigen Species; sie ging aus einer Mikroorganismenzelle hervor. Häufig ist eine Vereinzelung der makroskopisch einheitlich aussehenden Kolonie durch einen Verdünnungsausstrich notwendig.

11.1 Vorbereitung der Medien für den Verdünnungsausstrich

Die Petrischalen müssen trocken sein. Frisch gegossene Platten werden bei 30 ° bis 50 °C für 15–120 min, je nach Feuchtigkeitsgehalt, im Brutschrank getrocknet.

11.2 Verdünnung im Impfstrich auf dem festen Medium

Mit der Öse wird aus der gewählten Kolonie oder der Keimmischung wenig Material entnommen und auf dem festen und vorgetrockneten Medium ausgestrichen. Verschiedene Verdünnungsausstriche sind möglich (Abb. I.11-1).

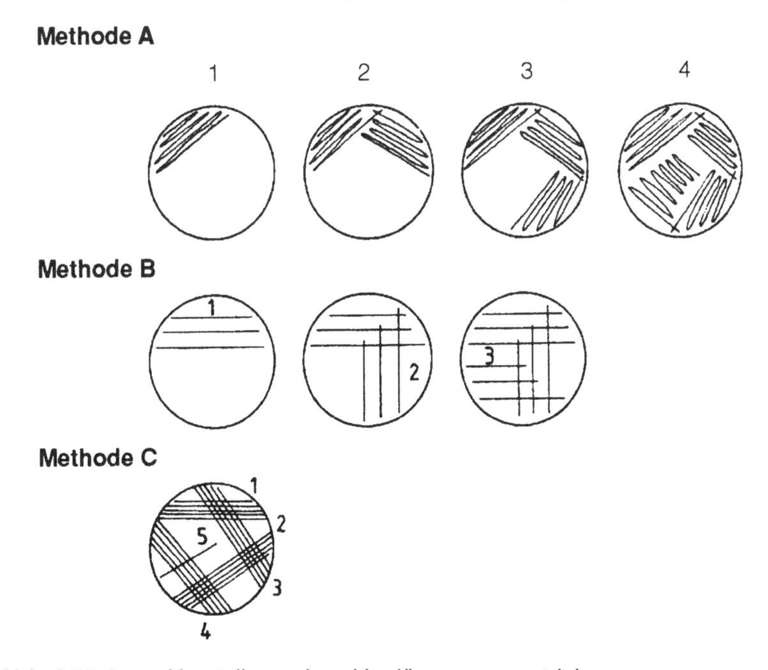

Abb. I.11-1: Herstellung eines Verdünnungsausstriches

Methode A

Nach jedem Impfstrich (1, 2, 3, 4) sollte die Öse abgeflammt werden. Die Impföse muss flach geführt werden, damit der Agar nicht „aufgepflügt“ wird.

Methode B

Auch beim Dreierausstrich erfolgt nach jedem Schritt (1, 2, 3) ein Ausglühen der Öse.

Methode C

Mit einer nicht zu scharfen Nadel oder Öse wird eine Kolonie ausgestrichen. Die Nadel oder Öse wird zwischen den Ausstrichen 1 und 2, 2 und 3, 3 und 4 sowie 4 und 5 abgeflammt. Es wird nach dem Abflammen kein neues Material entnommen.

11.3 Reinzüchtung von Hefen

Tröpfchenverfahren nach LINDNER

Mit dem Tröpfchenverfahren nach LINDNER ist eine Reinzüchtung von Hefen möglich, wenn keine Verunreinigungen mit Bakterien vorhanden sind. Die zu untersuchende Zellsuspension wird soweit verdünnt, dass ein kleiner Tropfen im Durchschnitt nur eine Zelle enthält. Von dieser Suspension werden mit einer sterilen Pasteurpipette, einer abgeflammten Zeichenfeder oder einer sterilen Blutzuckerpipette mehrere kleine Tropfen auf ein steriles Deckglas gegeben. Der Rand des Hohlschliffobjektträgers wird ganz leicht mit Vaseline eingefettet (Abb. I.11-2).

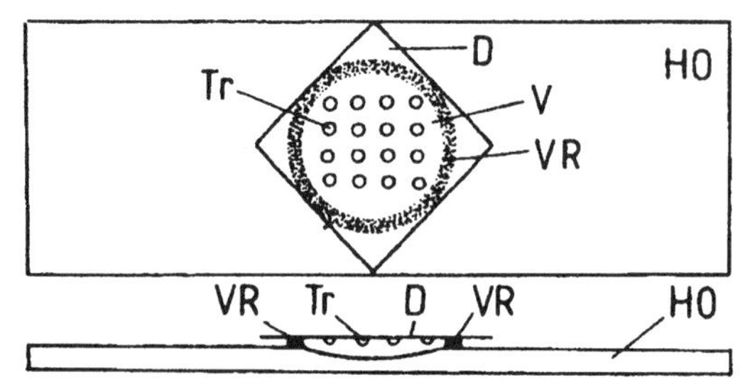

HO = hohler Objektträger
V = Vaseline
VR = Vaselinering
D = Deckglas
Tr = Tröpfchen

Abb. I.11-2: Lindnersches Tröpfchenverfahren

Mit dem Mikroskop wird bei schwacher Vergrößerung jeder Tropfen durchgemustert. Ein Tropfen, der nur eine Zelle enthält, wird mit sterilem Filterpapier, das mit einer abgeflammten Pinzette gehalten wird, aufgesaugt und in Malzextraktbouillon gegeben. Die Bouillon wird bei 25–30 °C für 24 bis 48 h bebrütet. Die bewachsene Bouillon wird mikroskopisch untersucht (Nativpräparat, Methylenblaufärbung).

Isolierung von Einzelkolonien nach EMEIS (1966)

Von der zu identifizierenden Kolonie wird eine Verdünnungsreihe hergestellt und diese auf Hefeextrakt-Glucose-Chloramphenicol-Agar ausgespatelt.

Die Bebrütung erfolgt bei 25 °C für 3–5 Tage. Von der Petrischale, auf der etwa 50 gut von einander getrennte Kolonien (Abstand größer als 1–2 mm) vorhanden sind, wird eine Kolonie zur Identifizierung zufällig ausgewählt. Die Wahrscheinlichkeit, dass es sich dann um eine Reinkultur handelt, beträgt 98,5 %.

Literatur

1. ANDERSON, K.L., FUNG, D.Y.C.: Anaerobic methods, techniques and principles for food bacteriology, A review, J. Food Protection 46, 811–822, 1983
2. BAST, E.: Mikrobiologische Methoden. Eine Einführung in grundlegende Arbeitstechniken, Spektrum Akademiker Verlag, Heidelberg, Berlin, 1999
3. BRAZIER, J.S., HALL, V.: A simple evaluation of the AnaeroGen^{TM} system for the growth of clinically significant anaerobic bacteria, Letters in Appl. Microbiol. 18, 56–58, 1994
4. BURKHARDT, F.: Medizinische Diagnostik, Thieme Verlag, Stuttgart, 1992
5. CORRY, J.E.L., CURTIS, G.D.W., BAIRD, R.M.: Handbook of culture media for food microbiology, Elsevier Verlag, Amsterdam, 2003
6. COSTILOW, R.N.: Biophysical factors in growth, in: Manual of methods for general bacteriology, American Society for Microbiology, Washington D.C., 66–78, 1981
7. COSTIN, J.D., FISCHER, W., KAPPNER, M., SCHMIDT, W., SCHUCHMANN, H.: Kultivierung von anaeroben Mikroorganismen: Eine neue Methode zur Erzeugung eines anaeroben Milieus, Forum Mikrobiologie 5, 246–248, 1982
8. EMEIS, C.C.: Isolierung von Einzelkulturen mit Hilfe der Plattenkultur, Mschr. Brauerei 19, 156–158, 1966
9. KIRSOP, B.E.; DOYLE, A.: Maintenance of microorganisms and cultured cells, A manual of laboratory methods, sec. ed., Academic Press, London, 1991
10. LIANG, C., FUNG, D.Y.C.: Performance of some heat-sensitive differential agars prepared and melted by microwave energy, J. Food Protection 51, 577–578, 1988
11. MAYFIELD, C.I., INNES, W.E.: A rapid method for staining bacterial flagella, Canadian Journal of Microbiology 23, 1311–1313, 1977
12. Anforderungen an Bakterien und Pilzstämme, die als Kontrollstämme eingesetzt werden, DIN 58959, Teil 6

13. Methoden zur Herstellung und Aufbewahrung von Mikroorganismen als Stammkulturen (Kontrollstämme) DIN 58959, Teil 6, Beiblatt 1
14. Methoden zur Herstellung und Aufbewahrung von Pilzstämmen als Stamm- und Gebrauchskulturen (Kontrollstämme) DIN 58959, Teil 6, Beiblatt 2
15. ISO 7218-rev:2002 „Microbiology of food and animal feeding stuffs – General rules for the microbiological examinations"
16. ISO 11133-1:2000 „Guidelines on preparation and production of culture media – Part 1: General guidelines on quality assurance for the preparation of media in the laboratory"
17. ISO 11133-2:2003 „Guidelines on quality assurance and performance testing of culture media – Part 2: Practical implementation of the general guidelines on quality assurance of culture media in the laboratory"

II Bestimmung der Keimzahl

J. Baumgart, G. Hildebrandt

1 Probenahme und Prüfpläne

1.1 Statistische Qualitätskontrolle

Auch wenn die Aussage, dass die statistische Qualitätskontrolle die einzige Form ist, „die derzeit noch Sinn macht“ (WODICKA, 1973) in ihrem Absolutheitsanspruch nicht mehr zutrifft, weil ein modernes Qualitätsmanagement auf die Beherrschung des Produktionsprozesses und weniger auf die Überprüfung des Produkts ausgerichtet ist, besitzen Stichprobenverfahren immer noch eine signifikante praktische Bedeutung. Leider besteht unter Wissenschaftlern und Praktikern eine große Scheu, sich mit derartigen Techniken inhaltlich auseinander zu setzen. Dabei sind „statistische Methoden nicht mehr als die Anwendung der Logik auf experimentelle Daten, formalisiert durch angewandte Mathematik“ (STEARMAN, 1955). Folglich sollte auch der „gesunde Menschenverstand“ ausreichen, um die wesentlichen Grundprinzipien zu verstehen.

Eine Großzahl statistischer Prüfpläne – selbst solche, die sich in Rechtsnormen befinden – sind jedoch nicht mathematisch exakt berechnet, sondern lediglich intuitiv zwischen den beteiligten Parteien ausgehandelt worden. Die bisherigen, oft willkürlich-pragmatischen Tests lassen sich zwar in der Überwachung einsetzen. Sie haben sich damit vordergründig „bewährt“. Diese Einschätzung gilt aber nur so lange, wie die Frage nach der Sicherheit vor Fehlentscheidungen nicht gestellt wird (HILDEBRANDT und WEISS, 1992a).

1.2 Totalerhebung und Stichprobenprüfung

Bei der produktbezogenen Qualitätskontrolle ist zwischen Totalerhebung und Stichprobenprüfung zu wählen. Die Totalerhebung geht von dem Postulat aus, dass jedes zu beanstandende Einzelstück erkannt und eliminiert werden soll. Dafür muss eine Kontrollinstanz die gesamte Produktion Stück für Stück durchmustern. Demgegenüber lassen sich fehlerhafte Einheiten im Rahmen einer Stichprobenprüfung nur unvollständig erfassen, man spricht von einem geringen Sortierwirkungsgrad. Somit würde die Forderung nach optimaler Qualitätssicherung für die Totalerhebung als einzig zuverlässiger Überwachungsstrategie sprechen. Bekannte Beispiele für dieses Vorgehen sind die Schlachttier- und Fleischuntersuchung oder die Bebrütung sämtlicher Packungen einer Charge bei der Sterilitätskontrolle.

Verlässt ein Qualitätsmanagement den Grundsatz der Totalerhebung und beschränkt sich auf die Auswahl repräsentativ ausgewählter Stichproben, dann können die Einzelstücke viel sorgfältiger und gewissenhafter untersucht werden. Flüchtigkeitsfehler und falsche Diagnosen reduzieren sich auf ein Minimum. Es darf daher nicht verwundern, wenn die Produktüberwachung auf Stichprobenbasis oft zuverlässigere Ergebnisse als die Gesamtuntersuchung bietet (MASING, 1980). Bei zerstörenden Prüfungen oder Merkmalen, die einen hohen analytischen Aufwand erfordern, verbietet sich die Totalerhebung ohnehin. Hierzu zählen auch die meisten mikrobiologischen Untersuchungen.

Jede Stichprobe soll ein unverzerrtes Abbild der Bezugsgesamtheit liefern, was eine echte Zufallsauswahl erfordert. Um eine repräsentative Probenziehung zu gewährleisten, stehen verschiedene Techniken wie Losen, Würfeln, tabellierte Zufallszahlen oder systematische Auswahl mit Zufallsstart zur Verfügung (HILDEBRANDT, 1996; ICMSF, 2002).

Sehr problematisch ist die Stichprobenprüfung bei der Suche nach Beanstandungsgründen, bei denen kein einziges Fehlstück unerkannt bleiben darf, mithin den sog. kritischen Fehlern. Weil die schließende Statistik nur Wahrscheinlichkeitsangaben erlaubt und folglich keine definitive Aussage zum konkreten Einzelfall gestattet, müssen hier andere Lösungen gesucht werden. Entweder wird zur Totalerhebung gegriffen oder – noch sicherer – es kommt prophylaktisch eine Technologie zum Einsatz, welche das Auftreten von Schlechtstücken ausschließt (z.B. Botulinum cook).

1.3 Stichprobenprüfung und HACCP

Schutzsysteme wie das HACCP-Konzept basieren auf der präventiven Ausschaltung oder Minimierung von Gefahren und sehen zwei Überwachungsebenen vor. Zum einen handelt es sich um das Monitoring, einer geplanten Sequenz von Messungen der Control-Parameter. Durch möglichst kontinuierliche Erfassung von Messdaten lässt sich ständig die Information abrufen, ob ein Critical Control Point fehlerfrei funktioniert und damit unter Kontrolle ist. Temperatur-Zeit-Kombinationen können beispielsweise optimal mit einem Temperaturschreiber plus Registrierung der Durchflussgeschwindigkeit aufgezeichnet und im Sinne eines Real-Time- oder On-Line-Prozesses genutzt werden. Obwohl sie nicht eindeutig in das HACCP-System passt, wäre auch die Totalerhebung bei der Schlachttieruntersuchung als Monitoring interpretierbar. Sofern die Messung nicht stetig nach Art einer fortwährenden Beobachtung (d.h. „auf dem Monitor ist immer ein aktuelles Bild zu sehen") erfolgen kann, muss die Häufigkeit der Datenerhebung auf jeden Fall zur Beherrschung und Lenkung der CCPs ausreichen. Bedauerlicher Weise eignen sich mikrobiologische Analysenergebnisse nur selten für ein Monitoring, da sie meist zu spät vorliegen, um rechtzeitig das Überschreiten der vorgegebenen Prozessparameter (= Critical Limits) anzuzeigen und sofortige Corrective Actions zu ermöglichen.

Hinsichtlich der Überwachungsebene der Verifizierung, auf der die Wirksamkeit der Elemente des HACCP-Plans überprüft wird, gelten solche bakteriologischen Daten dagegen als unverzichtbar. Gerade die Wirksamkeit bei der Eliminierung oder Minimierung von mikrobiologischen Agenzien muss durch den Einsatz direkter Nachweisverfahren abgesichert werden. Für diesen Zweck sind nicht nur geeignete Untersuchungsverfahren, sondern auch zahlreiche, z.T. sogar rechtsverbindliche Stichprobenpläne entwickelt worden.

Der Begriff „Monitoring" im HACCP-Konzept darf nicht mit anderen Monitoring-Programmen, wie dem Umwelt- oder Hygiene-Monitoring, verwechselt werden. Letztgenannte, oftmals stichprobenartige Erhebungen sollen die Verbreitung und ggf. Dynamik eines Agens erfassen und nicht das Funktionieren eines produktspezifischen Präventivsystems kontinuierlich überprüfen.

1.4 Kriterien eines Prüfplanes

Das Interesse an Stichprobenverfahren reduziert sich für die meisten Anwender auf die Frage, wie viele Elemente untersucht werden müssen, um eine Entscheidung absichern zu können. Hierauf muss der Statistiker zunächst erwidern, dass es keine allgemeingültige Antwort in Form eines „Einheitsplanes für alle Prüfsituationen“ gibt. Noch immer Gültigkeit besitzt demnach die Feststellung von SHIFMAN und KRONICK (1963): „Many administrators hope that they will be able to solve those problems by some formula which has universal applicability. This, of course, is a delusion...“.

Je nach Merkmalsausprägung sowie angestrebter Zuverlässigkeit der Kontrollmaßnahme schwankt die erforderliche Probenzahl außerordentlich. (Anmerkung: Gemäß DIN 55 350 Teil 14 definieren sich a. „Auswahleinheit“ als die für den Zweck der Probenahme gebildete und dabei unteilbare Einheit, b. „Stichprobeneinheit“ als in die Stichprobe (c) gelangte Auswahleinheit (a), c. „Stichprobe“ als eine oder mehrere Einheiten (b), die aus der Grundgesamtheit oder aus Teilgesamtheiten entnommen werden sowie d. „Stichprobenumfang“ als Anzahl der Auswahleinheiten (a) in der Stichprobe (c).)

Die Art der biometrischen Einflussgrößen, nämlich Trennschärfe, Sicherheit, Merkmalsausprägung sowie Auswahlsatz und ihre Bedeutung für den Stichprobenumfang lassen sich wie folgt darstellen:

1.4.1 Trennschärfe (kritische Differenz, „Genauigkeit“)

Kein Stichprobenverfahren gestattet es, Chargen oberhalb und unterhalb eines Grenzwertes ganz exakt voneinander zu trennen. Die Unterscheidung in gute und schlechte Gesamtheiten fällt umso schwerer, je mehr sich ihre Beschaffenheit dem Limit nähert. Unter Trennschärfe wird demnach das Ausmaß der Normabweichung verstanden, welches der statistische Test gerade noch erkennt. Geringere Grenzwertüberschreitungen bleiben dann oft unbemerkt.

Mit steigenden Anforderungen an die Trennschärfe nimmt der Stichprobenumfang zu. So ist es ohne weiteres plausibel, dass sich die Zahl der zu entnehmenden Stichprobeneinheiten verzehnfacht, wenn der zulässige Schlechtstückenanteil von 1 auf 0,1 % sinkt und folglich nicht mehr Gesamtheiten mit einem fehlerhaften Stück unter 100, sondern unter 1000 Elementen erkannt werden müssen.

In der Statistik spricht man in diesem Zusammenhang vom „Gesetz der großen Zahlen“. Danach fällt eine Schätzung im Durchschnitt umso genauer aus, je größer die Gesamtstichprobe ist, wenn der wahre, aber unbekannte Anteil einer Merkmalsausprägung in einer Grundgesamtheit anhand von Zufallsstichproben geschätzt werden soll.

1.4.2 Sicherheit

Jede Aussage, die aufgrund eines schließenden statistischen Tests getroffen wird, kann falsch sein. Je weniger Fehlentscheidungen auftreten, umso sicherer fällt eine Entscheidung aus. Es entspricht der Logik, dass der notwendige Probenumfang – konstante Trennschärfe vorausgesetzt – mit steigenden Forderungen an die Sicherheit zunimmt.

Bei fixem Stichprobenumfang besteht ein Gegensatz zwischen der Schärfe einer Aussage und der Sicherheit, welche sich in dieser Feststellung ausdrückt: Scharfe Aussagen sind unsicher, unscharfe Aussagen sind sicher. Bezogen auf den Schlechtstückanteil könnte eine 100 % sichere Feststellung nur lauten, dass die Ausschussquote zwischen 0–100 % liegt. Wird dagegen die Aussage getroffen, dass sich die Ausschussquote in der Bezugsgesamtheit exakt auf (z. B.) 0,0172 % beläuft, so ist die Sicherheit dieser Feststellung mit 0 % zu veranschlagen, es sei denn, man hat weit über eine Millionen Proben untersucht.

Da sich bei der Stichprobenprüfung keine 100%ige Sicherheit vor Irrtümern erreichen lässt, ist stets mit Fehlentscheidungen zu rechnen. Wird eine nicht zu beanstandende Charge aufgrund eines Stichprobenergebnisses dennoch abgelehnt, geht dieses Risiko zulasten des Herstellers (Produzentenrisiko, Fehler 1. Art; α-Fehler). Das Konsumentenrisiko (Fehler 2. Art; β-Fehler) hingegen bezeichnet den Fall, dass eine beanstandenswerte Gesamtheit akzeptiert wird. Das Ausmaß dieser beiden Risiken sollte für jede Prüfanweisung bekannt sein.

Bei den in der mikrobiologischen Qualitätskontrolle üblichen Signifikanztests wird nur einer der zwei Fehler fixiert, der andere lässt sich aber aus den Testvorgaben berechnen (vgl. 1.7 OC-Funktion). AQL (Acceptable Quality Level)-Strategien dienen dem Ziel, Chargen, die ein akzeptables Qualitätsniveau einhalten, auch mit hoher Sicherheit anzunehmen, mithin das Produzentenrisiko niedrig zu halten. Dagegen sind LTPD (Lot Tolerance Percent Defectives)-Konzepte auf einen höheren Ausschussanteil ausgerichtet, dessen Überschreiten mit großer Wahrscheinlichkeit (= geringem Konsumentenrisiko) zur Beanstandung führen soll. Erst ein Alternativtest mit der Formulierung von zwei Prüfhypothesen (Nullhypothese und Alternativhypothese mit zugeordneten Risiken) kann beide Aufgaben simultan erfüllen. Alle hier genannten Varianten gleichen sich aber insoweit, als Sicherheit und Trennschärfe durch die Wahl von Stichprobenumfang und Annahmezahl bereits festgelegt sind.

1.4.3 Merkmalsausprägung

Grundsätzlich lässt sich zwischen konstanten und variablen Merkmalen unterscheiden. Nur bei konstanten, d.h. unveränderlichen Merkmalen entspricht die Beschaffenheit einer Stichprobe exakt der Beschaffenheit der gesamten Charge (z.B. Deklaration). In allen anderen Fällen reicht eine Einzelstichprobe nicht aus, sondern es sollen möglichst mehrere Stichproben gezogen werden. Dabei gilt folgende plausible Regel: Je stärker ein Merkmal streut, umso höher muss bei konstanter Trennschärfe und Sicherheit der Stichprobenumfang angesetzt werden! Allerdings ist es ein Irrglaube, dass die Merkmalsstreuung mit steigender Probenzahl sinkt, vielmehr lässt sich auf diese Weise die Präzision jeder Schätzung (z.B. „Fehler des Mittelwertes") verbessern.

□ Streuung

Die Streuung steht mit der Art des Merkmals in ursächlichem Zusammenhang:

Qualitative Merkmale sind diskontinuierliche, diskrete Beobachtungen. Auch in der Mikrobiologie fallen häufig Merkmale an, die alternativ (attributiv) ausgeprägt sind und sich allgemein mit den Begriffen „gut" oder „schlecht" bzw. „vorhanden" oder „nicht vorhanden" verbinden. Bekanntestes Beispiel dürfte der Presence-Absence-Test sein, bei dem ein Keim (*Salmonella, E. coli* u.Ä.) in einem definierten Probenvolumen vorkommt oder fehlt (+/–).

Qualitative (alternative) Merkmale folgen oft dem Modell der POISSON- bzw. Binomial-Verteilung (NIEMELÄ, 1983). Hier ist die Streuung durch die Relation der Gut- und Schlechtstücke festgelegt, denn zwischen Varianz und Ereigniswahrscheinlichkeit besteht eine direkte mathematische Beziehung. Kennt man den Gutstückanteil, kennt man also auch die Varianz. Die Streuung besitzt im Fall der Binomialverteilung bei gleichen Prozentsätzen an Gut- und Schlechtstücken – d.h. jeweils 50 % – ihren Höchstwert und nimmt dann ab, je weiter sich die Anteile von 50 % entfernen (Gut- und Schlechtstückenanteil ergänzen sich stets zu 100 %). Bei POISSON-verteilten Merkmalen sind Streuung und Erwartungswert sogar identisch ($\sigma^2 = \lambda$).

Quantitative (stetige oder kontinuierliche) Merkmale können in einem bestimmten Bereich jeden beliebigen Wert annehmen. Dazu gehören fast alle Messdaten, so auch die Keimzahlen in Lebensmittelproben. Zumindest nach entsprechender Transformation folgen solche Zahlen meist einer Normalverteilung, zu deren Eigenschaften gehört, dass zwischen Mittelwert und Streuung keinerlei Beziehung besteht! Um einen Prüfplan konstruieren zu können, muss folglich die Varianz unabhängig vom Mittelwert erfasst werden. Sie wird entweder aus der Stichprobe selbst geschätzt oder ist aus Vorversuchen bekannt.

Allerdings vermindern geschätzte Streuungen die Trennschärfe/Sicherheit eines Stichprobenplans, weil sie im Gegensatz zu den Erfahrungswerten mit einer Art von „Sicherheitsfaktor" versehen werden. Für einen Stichprobenumfang $n = 5$ und eine Sicherheit $1-\alpha$ (zweiseitig) = 0,95 wird beispielsweise ein zusätzlicher Multiplikator von 1,42 eingeführt.

Mit dem Ziel, das Problem der unbekannten Merkmalsstreuung zu umgehen, werden manchmal quantitative in qualitative Daten umformuliert. So arbeiten viele bakteriologischen Prüfpläne nicht mit der ermittelten Keimzahl, vielmehr wird das Ergebnis in die alternative Beobachtung „Die Keimzahl liegt über dem Grenzwert" oder „Die Keimzahl liegt unter dem Grenzwert" überführt.

□ Streuung und Genauigkeit

Als variables Merkmal ist jedes mikrobiologische Analysenresultat mit Streuungen behaftet, die sich als Fehler manifestieren und die Genauigkeit des Ergebnisses vermindern. Beim Rückschluss von der Einzelprobe auf die Beschaffenheit der Bezugsgesamtheit (= Charge) entsteht ein Gesamtfehler, der sich aus folgenden Varianzkomponenten zusammensetzt (HILDEBRANDT et al., 1988; MÜLLER und HILDEBRANDT, 1989; ICMSF, 2000):

A. Streuung innerhalb der Einzelprobe

Aa) unvermeidbarer Zufalls- oder Stichprobenfehler, den man zumindest beim Koloniezählverfahren als „POISSON-Fehler" bezeichnen könnte, da sich hier das Verhalten des Stichprobenfehlers mit diesem Modell beschreiben lässt.

Ab) Zufällige und systematische Methodenfehler (Tab. II.1-1), wobei die ungerichtet-zufälligen Fehler stets varianzerhöhend und damit präzisionsmindernd wirken. Systematische Fehler beeinflussen zwar die Richtigkeit, stellen aber selbst Zufallsgrößen dar, die sich zusätzlich auf die Varianz auswirken.

B. Streuung zwischen den Einzelproben: Probenfehler

Ba) Nur bei frisch hergestellten, homogenisierten (flüssigen, pastösen und pulverförmigen) Gütern übersteigt die Streuung zwischen den Proben nicht den „POISSON"-Fehler. Heterogene Substratstruktur und/oder mikrobielle Vermehrung bzw. Absterbeprozesse erhöhen die Varianz, wobei eine auf diese Weise entstandene Wolken-, Klumpen- oder Schichtenbildung der Mikroorganismen meist eine ansteckende Verteilung mit Überdispersion (Streuung > Mittelwert) erzeugt (HEISTERKAMP et al., 1993; JARVIS, 1989). Die bekannteste kontagiöse Verteilung ist die negative Binomialverteilung. In solchen Fällen würde bei Anwendung von reinen Zufallsverteilungsmodellen der wahre Mittelwert in der Bezugsgesamtheit unterschätzt.

Tab. II.1-1: Methodologische Fehler der Koloniezahlbestimmung

Wägefehler*
Verdünnungs- und Pipettierfehler
Volumenabnahme beim Autoklavieren der Verdünnungsflüssigkeit
Zahl der Verdünnungsschritte*
Keimverschleppung durch Mehrfachgebrauch
Wandadsorption
Eichfehler*
Entleerungstechnik*
individueller Ablesefehler*
Homogenisierfehler*
Plattenfehler
Nährbodenrezeptur
Schichtdicke des Nährbodens
Trocknungsgrad des Nährbodens
Inokulationsvolumen
Luftkeime
Bebrütungsbedingungen (Zeit, Temperatur, Feuchte, etc.)
Bakteriensynergismus und -antagonismus
Subletale Schädigung der Keime
Zählfehler
individueller Zählfehler*
Überlappungseffekt

* zufällige (ungerichtete) Fehler bzw. Fehlerbestandteile

1.4.4 Auswahlsatz

Entgegen einem weit verbreiteten Missverständnis besteht meist keine Beziehung zwischen der Anzahl der Stichproben (n) und der Größe der Bezugsgesamtheit (N).

Die Güte der Prüfung mit ihren beiden Parametern Trennschärfe und Sicherheit hängt allein vom Stichprobenumfang ab. Nur bei den zumindest in der Praxis seltenen Fällen, in denen der Probenumfang 10 % der Bezugsgesamtheit überschreitet, verringert sich das Fehlentscheidungsrisiko für konstantes n mit sinkendem N. Statistisch spricht man dann vom Übergang der Binomialverteilung in die hypergeometrische Verteilung.

Viele Rechtsvorschriften und andere anerkannte Prüfpläne enthalten jedoch eine Verknüpfung von Chargen- und Stichprobenumfang, indem mit steigender Chargengröße immer mehr Proben gezogen werden. Solche Pläne bewirken, dass größere Chargen schärfer als kleine Sendungen kontrolliert werden. Dieses Vorgehen ist zumindest diskussions-, wenn nicht gar kritikwürdig, weil es zu Manipulationen an der Chargengröße verleitet.

1.4.5 Probenzahl

Die eingangs gestellte Frage nach der erforderlichen Probenzahl beantwortet sich dahingehend, dass sie eine Funktion von gewünschter Sicherheit und Trennschärfe sowie gegebener Merkmalsstreuung bildet. In mathematisch sicherlich unzulässiger Vereinfachung lässt sich die Beziehung folgendermaßen beschreiben:

$$\sqrt{\text{Probenzahl}} = \text{Sicherheit} \times \text{Trennschärfe} \times \text{Varianz}$$

Eine wesentliche Schlussfolgerung aus der Formel stellt die offensichtlich mangelnde Effizienz zunehmender Stichprobenzahlen dar. Sicherheit und Trennschärfe eines Tests können nur durch exponentielle Steigerung des Probenumfangs merklich verbessert werden. Deshalb bleibt oberhalb von $n = 5$ der Nutzen des Aufstockens von Stichproben oft gering.

Um eine Vorstellung über die Höhe mathematisch berechneter Stichprobenumfänge zu gewinnen, wird in Tab. II.1-2 der konkrete Einfluss von Sicherheit (1–ß) und maximal toleriertem Prozentsatz fehlerhafter Einheiten (RQL) auf die Probenzahl dargestellt. Es wird diejenige Mindeststichprobenzahl aufgeführt, bei der sich unter den vorgegebenen Bedingungen (RQL, ß) eine fehlerhafte Bezugsgesamtheit dadurch erkennen lässt, dass mindestens ein Element diesen Mangel aufweist (Annahmezahl $c = 0$, Rückweisezahl $d \geq 1$). Anders ausgedrückt: Ab welcher Stichprobenzahl kann mit vorgegebener Wahrscheinlichkeit gesagt werden, dass eine konkrete Defektquote unterschritten wird, weil keines der untersuchten Elemente diesen Mangel aufweist? Die Merkmalsvarianz muss nicht zusätzlich einbezogen zu werden, weil sie – entsprechend den

Modellvorstellungen bei alternativen Ausprägungen – durch den Gutstückenanteil bereits festgelegt ist. Beachtung verdienen die Stichprobenumfänge n = 60 und n = 300. Sie gestatten es, Schlechtstückenanteile von > 5 % bzw. > 1 % mit 95%iger Sicherheit zu erfassen, was der Forderung vieler Qualitätssicherungssysteme entspricht. Gleichzeitig wird deutlich, dass Stichprobenergebnisse nicht zugleich genau und sicher sein können. Ungefähr 60 Stichproben werden benötigt, um einen Schlechtstückenanteil von > 5 % mit 95%iger Sicherheit oder einen Schlechtstückenanteil von lediglich > 10 % mit 99,9%iger Sicherheit nachzuweisen.

Eklatant wird die geringe Aussagekraft niedriger Stichprobenzahlen bei den sog. Bestätigungsreaktionen, die einer alternativen Merkmalsausprägung folgen. Ein bekanntes Beispiel stellt die Frage dar, wie viele der *Listeria*-positiven Kolonien zur Spezies *Listeria monocytogenes* gehören. Üblicherweise werden 5 Kolonien entnommen und mikrobiologisch differenziert, um danach das Ergebnis auf sämtliche *Listeria*-Kolonien hochzurechnen. Beträgt in der Bezugsgesamtheit die Relation von *Listeria monocytogenes* zu den übrigen *Listeria*-Arten 1:1, so wird man nahezu in jedem fünften Fall den Anteil der *L.-monocytogenes*-Keime auf lediglich 20 % schätzen (SCHMITZ und WEISS, 2003).

Tab. II.1-2: Mindeststichprobenumfänge zur Beurteilung unendlich großer Grundgesamtheiten in Abhängigkeit vom tolerierten Schlechtstückenanteil sowie dem Fehlentscheidungsrisiko ß (Fehler 2. Art); Rückweisezahl d ≥ 1

RQL \ 1–ß	95	99	99,9
25	11	17	25
10	29	44	66
5	59	90	135
1	299	459	688
0,5	598	919	1379
0,2	1497	2301	3451
0,1	2995	4603	6905

Zeichenerklärung:
RQL: Anteil (%) fehlerhafter Einheiten, der in einem Los toleriert wird
1–ß: Sicherheit (%), mit der eine fehlerhafte Charge erkannt werden soll

1.4.6 Sammel- und Poolproben

Angesichts hoher Probenzahlen bietet es sich an, mit dem Ziel der Kostenminimierung sämtliche Elemente in einem Homogenisat zusammenzuführen und als „Durchschnittsmuster" zu untersuchen. Grundsätzlich wäre bei dieser Strategie zu bedenken, dass jede Information über die Variabilität des Merkmals verloren geht. Aus dem Analysenresultat geht nicht hervor, ob alle Elemente gleichmäßig kontaminiert sind, oder ob einzelne hoch kontaminierte Einheiten unter vielen negativen Einzelstichproben das Ergebnis prägen, wie es bei einigen biologischen Giften (z. B. biogene Amine, Mykotoxine) vorkommt.

Von „Poolen" spricht man, wenn die Stichprobeneinheiten ohne Reduktion des Volumens zu einem Homogenisat zusammengeführt werden. Bei dem in der Mikrobiologie gebräuchlichen Presence-Absence-Test empfiehlt sich dieses Vorgehen immer für den Fall, dass der Stichprobenumfang $n > 1$ und die Annahmezahl $c = 0$ betragen. So ist es beim Salmonellen-Nachweis durchaus üblich, die 25 g oder ml umfassenden Einzelproben zu vereinigen und gemeinsam in einem großen Gefäß (vor)anzureichern. Eine positive Poolprobe führt ebenso zur Ablehnung der Charge, wie es eine oder mehrere positive Einzelproben täten.

Diese an sich unkomplizierte Situation verliert augenblicklich an Transparenz, wenn nicht nur – wie bisher üblich – die Zahl der Unterproben der gewünschten Trennschärfe angepasst wird, sondern auch ihre Größe variiert (HILDEBRANDT u. BÖHMER, 1996). Während frühere, auf den FOSTER-Plänen (FOSTER, 1971) basierende Normen zur Überwachung der *Salmonella*-Kontamination die Untersuchung von bis zu 60 Teilmengen mit dem gebräuchlichen Gewicht von 25 g verlangen, setzen neuere Bestimmungen z. T. die Unterprobenmenge herab. Damit reduziert sich z. B. bei Hackfleisch das aufsummierte Probenvolumen von $5 \times 25 = 125$ g auf nunmehr $5 \times 10 = 50$ g. Weil die Empfindlichkeit des Salmonellen-Nachweises ausschließlich von der untersuchten Gesamtmenge abhängt, werden auf diese Weise die Erfassungsgrenze erniedrigt sowie das Konsumentenrisiko erhöht. Bei allen Stichprobenplänen mit Nulltoleranz ist die Unterprobengröße nahezu beliebig, denn die Trennschärfe richtet sich allein nach dem Gesamtumfang der Poolprobe.

Im Gegensatz zur Poolprobe wird bei der Sammelprobe aus dem Gesamthomogenisat lediglich eine repräsentative Teilmenge (= „Laborprobe") zur Untersuchung herangezogen. Diesem Vorgehen entsprechend eignet sich die Sammelprobe nur zur Bestimmung quantitativer Parameter. Hierbei wird niemand einen grundsätzlichen Unterschied darin sehen, ob zur Ermittlung der Koloniezahl die dezimale Verdünnungsreihe mit 1 ml oder 10 ml aus einer homogenen

1-l-Ursprungsprobe begonnen wird. Allerdings kann die Deutung der Ergebnisse Schwierigkeiten bereiten, denn die Sammelprobe lässt sich als arithmetisches Mittel interpretieren, das in diesem Fall nicht berechnet, sondern durch „Aufsummieren" von Teilproben und Entnahme eines Probenmusters nach dem Homogenisieren in praxi gewonnen wird (HILDEBRANDT, 2003). Unabhängig davon, ob mathematisch bestimmt oder durch Homogenisieren von Teilproben realiter erzeugt, ist das arithmetische Mittel anfällig gegen Extremwerte bzw. Ausreißer. Deshalb kommt die Sammelproben-Technik nur bei einer symmetrischen Verteilung der Keimzahlen in Betracht, wie sie sich – zumindest nach logarithmischer Transformation der Daten – bei vielen Lebensmitteln findet.

Für den Umgang mit stark asymmetrischen Merkmalen fehlt bisher eine übereinstimmende Strategie. Während zur Überwachung des Histamingehalts von Fischerzeugnissen die getrennte Analyse und Bewertung von 9 repräsentativ gezogenen Proben einer Charge verlangt werden, sieht eine amtliche Norm zur Beurteilung des Mykotoxingehaltes von Gewürzen die Untersuchung einer aus 100 Einzelproben bestehenden, insgesamt 10 kg schweren Sammelprobe vor.

1.4.7 Bezugsgesamtheit

Jedes Stichprobenergebnis gilt nur für die Bezugsgesamtheit (Grundgesamtheit, Charge, Los), aus der die Probe repräsentativ gezogen worden ist. Damit keine Verzerrungen entstehen, muss die Charge folgende Definitionsmerkmale erfüllen (FOSTER, 1971):

Ein Los (Product Lot) ist eine Herstellungsmenge, die

- abgrenzbar und tatsächlich abgegrenzt ist,
- von anderen Herstellungsmengen unterschieden werden kann,
- in einem festgelegten Zeitraum hergestellt und abgepackt wurde, d.h. ohne größere Unterbrechungen oder andere Änderungen (z.B. Rohstoffe verschiedener Herkunft), welche eine signifikante Abweichung bei einem Teil des Loses erwarten lassen,
- vollständig ist,
- zugänglich für eine Probenahme und Prüfung ist.

In die nächsthöhere Risikokategorie (vgl. Tab. II.1-4) wird das Lebensmittel eingestuft, wenn

- keine abgegrenzte Charge vorliegt,
- keine Eingangskontrolle der Rohstoffe stattfindet,
- eine angemessene innerbetriebliche Überwachung fehlt.

1.4.8 Auswahlkriterien für biometrisch definierte Stichprobenpläne

Für die Auswahl eines nach Sicherheit, Genauigkeit und Probenzahl optimierten statistischen Verfahrens sind verschiedene Kriterien maßgeblich. Ein Stichprobenplan muss zwar den biometrischen Ansprüchen genügen, doch als „Mittel zum Zweck" hat er in erster Linie sachdienlich und praktikabel zu sein. Aus diesem Grund soll der Stichprobenumfang in einer ökonomisch vertretbaren Größenordnung liegen, d. h. Untersuchungskosten und Zeitaufwand dürfen die Grenze der Wirtschaftlichkeit nicht überschreiten. Es gibt bereits statistische Modelle, welche den finanziellen Faktor einschließlich der Schadenskosten einbeziehen. Im Idealfall übersteigt der Qualitätsgewinn durch eine statistische Qualitätskontrolle die Ausgaben für diese Untersuchung.

Speziell in der mikrobiologischen Qualitätskontrolle wird die konkrete Ausgestaltung eines Stichprobenplans allerdings nach kaum monetarisierbaren Verbraucherschutzkriterien ausgerichtet. Auf der Basis einer sorgfältigen Risikobewertung verdienen folgende epidemiologische Faktoren (ICMSF, 1986, 2002) besondere Berücksichtigung:

a) Häufigkeit und Ausmaß der spezifischen Gefährdung, die von dem betreffenden Keim ausgehen.

b) Art der Behandlung, welche das Lebensmittel üblicherweise nach seiner Herstellung erfährt.

c) Verzehr des Lebensmittels durch Konsumentengruppen mit verminderter Resistenz.

Je nach Anzahl und Bedeutung der Risikofaktoren werden die Lebensmittel in Kategorien („cases"; Tab. II.1-4) eingeordnet, die sich wiederum mit bestimmten Stichprobenplänen verbinden.

1.5 Stichprobenpläne

Mit dem MIL-STD 105 D, der auch in die Anweisungen ABC-STD 105, ISO 2859-1974 (E) und DIN 40 080 einging, steht zwar ein sehr differenziertes, international anerkanntes Qualitätssicherungssystem zur Verfügung, das sich auch in der mikrobiologischen Qualitätskontrolle anwenden lässt, doch mindern oft unvertretbar hohe Stichprobenumfänge und eine schwer überschaubare Planvielfalt seine Einsatzfähigkeit. Es wurden daher spezifische, bakteriologischen Fragestellungen angepasste Prüfpläne entwickelt.

1.5.1 Attributive Zwei-Klassen-Pläne

Ein Zwei-Klassen-Plan für attributive Merkmale („gut/schlecht" bzw. „über/unter der Nachweisgrenze"; siehe 1.4.3) wird mithilfe von zwei Parametern fixiert, nämlich dem Stichprobenumfang n und der Annahmezahl c. Die Annahmezahl c besagt, wie viele Schlechtstücke in einer Stichprobe vom Umfang n auftreten dürfen, um die Bezugsgesamtheit noch annehmen zu können.

So bedeuten c = 2 und n = 10, dass unter 10 Proben höchstens 2 Schlechtstücke vorkommen dürfen, ohne dass eine Beanstandung ausgesprochen wird. Bei 3 und mehr Schlechtstücken erfolgt hingegen eine Zurückweisung der Bezugsgesamtheit.

Attributive Pläne werden nicht nur für a priori qualitative Ergebnisse eingesetzt, sondern auch für quantitative Resultate (z. B. Keimzahlergebnisse), die entsprechend umformuliert worden sind (vgl. 1.4.3). Eine solche Umwandlung läuft in zwei Stufen ab. Zunächst wird eine Grenzkeimzahl m festgelegt. Im zweiten Schritt erfolgt die eigentliche Transformation. Dabei wird das Untersuchungsresultat nach dem Kriterium gruppiert, ob es unter oder über diesem Limit liegt. Hieraus resultiert die angestrebte attributive +/– Struktur des Merkmals.

Die häufig geforderte Annahmezahl c = 0 bedeutet nicht, dass damit Nulltoleranz, d.h. absolute Fehlerfreiheit der gesamten Charge, garantiert ist. Auch wenn das Stichprobenkontingent kein Schlechtstück enthält, können in der Bezugsgesamtheit selbst durchaus Schlechtstücke vorkommen. Diese Situation tritt umso häufiger auf, je geringer Stichprobenumfang und wahrer Schlechtstückenanteil ausfallen (siehe Tab. II.1-2). Psychologisch bieten folglich Tests mit c = 0 die Gefahr einer falschen Sicherheit, indem Freiheit von fehlerhaften Elementen vermutet wird.

1.5.2 Attributive Drei-Klassen-Pläne

Um den Informationsgehalt von Keimzahlergebnissen besser als beim Zwei-Klassen-Plan auszuschöpfen, wurde von BRAY et al. (1973) der attributive Drei-Klassen-Plan konzipiert, für dessen weitere Verbreitung vorwiegend die ICMSF (1986) sorgte. Dieser Test lässt sich als Kombination von zwei attributiven Zwei-Klassen-Plänen interpretieren (Tab. II.1-3). Mit einer Stichprobe vom Umfang n wird gleichzeitig auf zwei mikrobiologische Limits geprüft. Es handelt sich zum einen um das Kriterium m, welches der Obergrenze für die Good Manufacturing Practice entspricht, und zum anderen um das Kriterium M, welches ggf. unter Berücksichtigung der Food Safety Objectives den Übergang zu einer nicht mehr akzeptablen Qualität charakterisiert. Dieser Plan kennt somit seinem Namen entsprechend drei Kontaminationsklassen, nämlich den akzeptablen Keimzahlbereich von 0 bis m, den tolerierbaren Bereich von m bis M und den „Defekt"-Bereich über M. Jedem der beiden Limits m und M ist eine Annahmezahl c zugeordnet, wobei der zu M gehörende Wert stets null beträgt (und deshalb die Annahmezahl $c_M = 0$ in konkreten Prüfanweisungen oft gar nicht angegeben wird). Eine Charge wird immer dann abgelehnt, wenn in einer Stichprobe eine Einheit das Limit M überschreitet und/oder mehr Einheiten oberhalb des Limits m liegen, als die Annahmezahl c (eigentlich c_m) gestattet.

Tab. II.1-3: Konzept der attributiven Zwei- und Drei-Klassen-Pläne

	Stichprobenumfang	mikrobiol. Limit	Annahmezahl
Zwei-Klassen-Plan	n = 5*	m	$c_m \geq 1$
weiterer Bereich		M	$c_M = 0$
Drei-Klassen-Plan	n = 5*	m M	$c_m \geq 1$ $c_M = 0$**

* meist wird ein Stichprobenumfang von n = 5 gewählt, doch sind auch andere Zahlen möglich
** da prinzipiell $c_M = 0$ beträgt, wird für den Drei-Klassen-Plan oft nur c_m angegeben und als c bezeichnet

Aufgrund von theoretischen Überlegungen wird den Drei-Klassen-Plänen eine robuste Arbeitsweise zugeschrieben (JARVIS und MALCOLM, 1986). Eine Prüfstrategie aus Zwei- und Drei-Klassen-Plänen ist von der ICMSF (1986) zur Praxisreife entwickelt worden. Tab. II.1-4 zeigt die gegenwärtige Fassung (ICMSF, 2002), wobei sich die Höhe der Grenzwerte m und M nach der Art der Lebensmittel sowie der zu erfassenden Mikroorganismen(-gruppe) richtet. In der Originaltabelle wird für jede Planvariante auch beispielhaft ein Acceptance Quality

Level (vgl. 1.4.2) berechnet. So wird bei einem Drei-Klassenplan mit n = 5 und c_m = 1 sowie exemplarisch m = 1000/g und M = 10000/g eine Charge (Standardabweichung der logarithmierten Keimzahlen σ = 0,8) mit 95%iger Wahrscheinlichkeit abgelehnt, wenn die durchschnittliche Keimzahl 1819 KbE/g überschreitet. Bei einer Annahmezahl c_m = 3 und sonst gleichen Bedingungen lautet die kritische Keimzahl 5128 KbE/g (LEGAN et al., 2001).

Umfangreiche Modellrechnungen (HILDEBRANDT et al. 1995) haben gezeigt, dass der Drei-Klassen-Plan wie ein „Zwei-Klassen-Plan mit Ausreißerfalle" arbeitet. Demnach kommt den extremen Einzelwerten große Bedeutung zu, wobei es sich nur schwer mit hygienischen oder gesundheitlichen Risiken begründen lässt, wenn eine ganze Charge wegen einer Einzelprobe mit einer Enterobakteriazeen- oder Gesamtkeimzahl über der oftmals willkürlichen Grenze M abgelehnt wird.

Damit im Fall apathogener Mikroorganismen die „outliers", die gerade bei lognormalverteilten Keimzahlen auftreten können, kein zu großes Gewicht bekommen, sollte die Differenz zwischen m und M nicht aufs Geratewohl, sondern unter Berücksichtigung der technologisch unvermeidbaren Merkmalsstreuung festgelegt werden. Nach der Formulierung von Rahmenbedingungen erbrachte die Berechnung mithilfe der Trinomialverteilung, dass der Abstand zwischen m und M mindestens das 1,85fache der GMP-Standardabweichung betragen muss, um das Risiko einer Beanstandung wegen unvermeidbarer Extremwerte auf ein vertretbares 5-%-Niveau zu reduzieren (DAHMS u. HILDEBRANDT, 1998). Bei homogenen Lebensmitteln ergibt sich ein Abstand zwischen m und M von ca. einer halben Zehnerpotenz, bei heterogenen Gütern von einer ganzen Zehnerpotenz. Diese Regel lässt sich auch auf Stichprobenpläne zur Überwachung von pathogenen und Index-Keimen übertragen, sofern als erster Schritt nicht m sondern M festgelegt wird.

Tab. II.1-4: Risikoklassen (Cases) und zugehörige Stichprobenpläne (ICMSF 2002) (3-KP = 3-Klassen-Plan; 2-KP = 2-Klassen-Plan)

Art des Risikos und der Gesundheitsgefahr	übliche Weiterbehandlung und Verzehrsform des Lebensmittels nach der Probenahme		
	vermindertes Risiko	unverändertes Risiko	gesteigertes Risiko
Beeinträchtigung der Brauchbarkeit (reduzierte Lagerfähigkeit, Verderb); keine Gesundheitsgefahr	Case 1; 3-KP (n = 5; c = 3)	Case 2; 3-KP (n = 5; c = 2)	Case 3; 3-KP (n = 5; c = 1)
geringe Gefahr, indirekt (Indikatorkeim)	Case 4; 3-KP (n = 5; c = 3)	Case 5; 3-KP (n = 5; c = 2)	Case 6; 3-KP (n = 5; c = 1)
mäßige Gefahr[1]	Case 7; 3-KP (n = 5; c = 2)	Case 8; 3-KP (n = 5; c = 1)	Case 9; 3-KP (n = 10; c = 1)
ernste Gefahr[2]	Case 10; 2-KP (n = 5; c = 0)	Case 11; 2-KP (n = 10; c = 0)	Case 12; 2-KP (n = 20; c = 0)
schwere Gefahr[3]	Case 13; 2-KP (n = 15; c = 0)	Case 14; 2-KP (n = 30; c = 0)	Case 15; 2-KP (n = 60; c = 0)

[1] mäßige, direkte Gefahr: nicht lebensbedrohend; ausnahmsweise Sequelae; kurze Krankheitsdauer; selbst limitierende Symptomatik; z.T. sehr unangenehme Beschwerden
[2] ernste (serious) Gefahr: Bettlägerigkeit ohne Lebensbedrohung; selten Sequelae; mäßige Krankheitsdauer
[3] schwere (severe) Gefahr für gesamte oder begrenzte Population: lebensbedrohende oder mit chronischen Folgeschäden verbundene oder lang dauernde Erkrankung

Für attributive Drei-Klassen-Pläne mit n = 5 und c_m = 2 erscheint eine weitere Modifikation angezeigt. Weil im Fall, dass Chargenmittel und m zusammenfallen, bei ausschließlicher Beurteilung mittels Annahmezahl c_m die Annahmewahrscheinlichkeit 50 % beträgt, kann man auch nach dem Kriterium bewerten, ob der Median oder das geometrische Mittel der 5 Stichprobenergebnisse über oder unter m liegen. Auf diese Weise lassen sich gute von schlechten Chargen etwas sicherer abgrenzen (vgl. 1.5.3).

Es wird mithin folgende Ausgestaltung des attributiven Drei-Klassen-Plans empfohlen:

Tab. II.1-5: Ausgestaltung attributiver Drei-Klassen-Pläne

Stichprobenumfang	Limit	Annahmezahl
n = 5	m	$c_m \Rightarrow \bar{x}_g \leq m$
	M*	$c_M = 0$

* [M–m] ≥ 1,85 × σ
(σ = maximale GMP-Standardabweichung)

1.5.3 Variablen-Pläne

Liegt das Ergebnis einer bakteriologischen Untersuchung in Form einer Keimzahl – mithin eines quantitativen Merkmals – vor, bedeutet der Einsatz von Attributiv-Plänen stets einen Verlust an Information, selbst wenn es sich um einen Drei-Klassen-Plan handelt. Nicht nur das Ausmaß der Grenzwertüber- bzw. Grenzwertunterschreitung bleibt unberücksichtigt, sondern auch die reale Merkmalsstreuung findet keinen Eingang in die Plankonstruktion (BUSSE, 1989; HILDEBRANDT und WEISS, 1992b; JARVIS, 1989).

Variablen-Pläne bieten die Möglichkeit, dass jedes Keimzahlergebnis – und folglich auch die reale Merkmalsstreuung – unmittelbar in den Test eingeht. Es wird dann geprüft, ob der Mittelwert oder ein bestimmter Prozentsatz der Charge die Grenzkeimzahl über- oder unterschreiten. Zunächst haben KILSBY (1982) und MALCOLM (1984) ausformulierte Variablen-Pläne vorgestellt. Einen Fortschritt bedeutet der Ansatz von SMELT und QUADT (1990), mit einer Erfahrungsvarianz statt einer aus der jeweiligen Stichprobe geschätzten Streuung zu arbeiten. Trotz unbestreitbarer Vorteile vermochten sich die Variablen-Pläne bis heute nicht durchzusetzen.

Die wichtigsten Eigenschaften qualitativer und quantitativer Merkmale sowie die sich daraus ergebenden Prüfungskonstellationen sind zusammenfassend in Abb. II.1-1 dargestellt.

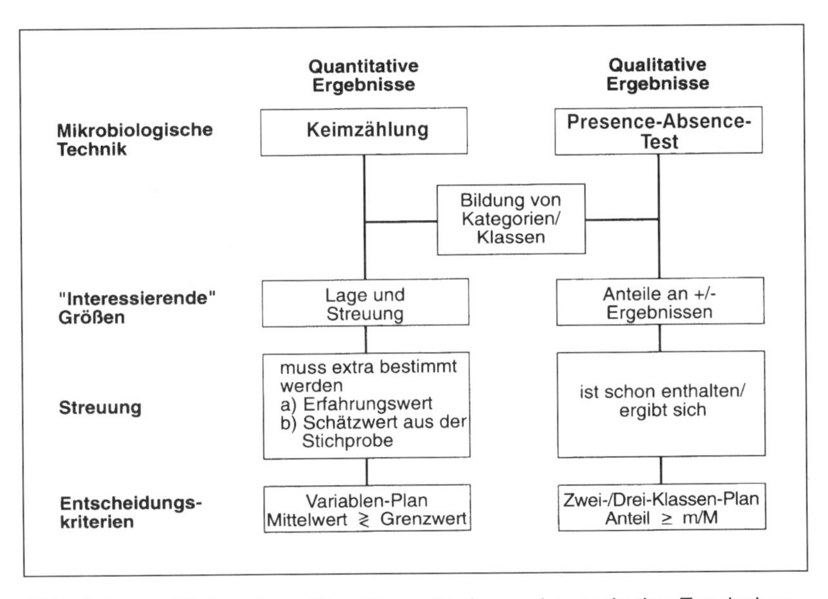

Abb. II.1-1: Stichprobenpläne für qualitative und quantitative Ergebnisse

1.6 Qualitätsregelkarten

Grundsätzlich lassen sich Stichprobenpläne zur Kontrolle von Chargen auch für die kontinuierliche Überwachung von Herstellungsgängen nutzen, wenn die Produktion in eine ständige Abfolge von Losen untergliedert wird. „Annahme" einer Bezugsgesamtheit würde bedeuten, dass der Fertigungsprozess unverändert weiterlaufen darf, während die „Rückweisung" sofortiges Eingreifen in die Fabrikation notwendig macht. Abgesehen von organisatorischen Problemen (uneingeschränkte Zufallsauswahl, Zugänglichkeit des gesamten Loses, Chargendefinition etc.) lassen sich mit chargenbezogenen Prüfplänen wesentliche Ziele des Qualitätsmanagements nicht realisieren, weil es sich mehr um ein passives als um ein aktives Verfahren handelt. Es fehlen verknüpfte Informationen über die Eigenschaften des Prozesses, insbesondere die durchschnittliche Qualität sowie deren unvermeidliche Schwankungen. Weiterhin muss der Sollzustand des Produktes möglichst auf Dauer eingehalten werden. Deshalb ist es besonders wichtig, Abweichungen vom Qualitätsstandard umgehend zu erkennen, damit kein Ausschuss in nennenswertem Umfang entsteht. Die Aufgabe der Chargenprüfung, ohne herstellerbezogene Vorinformation einzelne Produktionseinheiten anzunehmen oder abzulehnen, tritt dagegen in den Hintergrund.

Zur fortlaufenden Überwachung der „Übereinstimmung zwischen dem Vorbild und der wirklichen Ausführung" wird üblicherweise die Kontroll- oder Qualitätsregelkarte eingesetzt. Ihr wesentliches Merkmal bildet die kontinuierliche grafische Aufzeichnung des Qualitätszustandes der Fertigung unter Berücksichtigung vorgegebener Toleranzen. Jede Kontrollkarte, in welche die Stichprobenergebnisse ihrer zeitlichen Reihenfolge gemäß eingetragen werden, bedarf der Festlegung des Stichprobenumfangs ($n \geq 2$), des Probenahmetaktes, des zu erfassenden Merkmals, der kritischen Werte und einer Anweisung für den Fall der Ablehnung. Die meisten Kontrollkarten arbeiten mit einer Sicherheitswahrscheinlichkeit von 90–99 %. Oft fungieren die (ein- oder zweiseitigen) 95-%-Limits als Warngrenzen und die 99-%-Limits als Kontrollgrenzen, wobei einmaliges Überschreiten der Warngrenze – gleichsam als erste Alarmstufe – zu erhöhter Aufmerksamkeit zwingt, während ein Ergebnis außerhalb der Kontrollgrenze(n) Corrective Actions erfordert.

Die Konstruktion sachgerechter Qualitätsregelkarten setzt genaue Kenntnisse des Herstellungsganges und der Produktbeschaffenheit voraus, zumal es sich im Prinzip um nichts anderes als Signifikanztests handelt. Je nach erfasstem statistischen Parameter kann zwischen Attribut-, Mittelwert-, Spannweiten-, Streuungs-, Extremwert- und anderen Karten unterschieden werden. Zur Entscheidung dienen das jeweils letzte Ergebnis oder alle Werte (CUSUM-Karte) oder ein gleitender Durchschnitt (MORSUM-Karte).

Obgleich vielfach propagiert (vgl. ICMSF, 2002), wurden Qualitätsregelkarten bisher in der Überwachung mikrobiologischer Kriterien höchst selten eingesetzt (DURA et al., 1998; PARPAIOLA, 1989).

Die sog. „kontinuierlichen Stichprobenpläne" dienen im Gegensatz zu den eigentlichen Kontrollkarten mehr der Ausschussminimierung als der Visualisierung von Prozessschwankungen und sehen daher keine zwingenden Eingriffe vor. Im Prinzip findet ein Wechselspiel zwischen Stichproben- und Totalprüfung statt.

Den Gedanken, einen Prüfplan stetig nach den aktuellen bakteriologischen Befunden auszurichten, setzten GERHARDT und HILDEBRANDT (2000) in einen Vorschlag zur Aufwandsminimierung bei der mikrobiologischen Untersuchung von Hackfleisch um. So lange – bezogen auf die mesophile Gesamtkeimzahl und den rechtsverbindlichen Grenzwert 3m – innerhalb von 11 Tagen die Annahmezahl c = 2 (bei n = 5) an nicht mehr als 2 Tagen überschritten wird, dürfen die 5 Parallelproben zu einer Sammelprobe zusammengefasst werden. Damit ergibt sich die in Abb. II.1-2 dargestellte, weniger arbeits- und kostenintensive Prozedur.

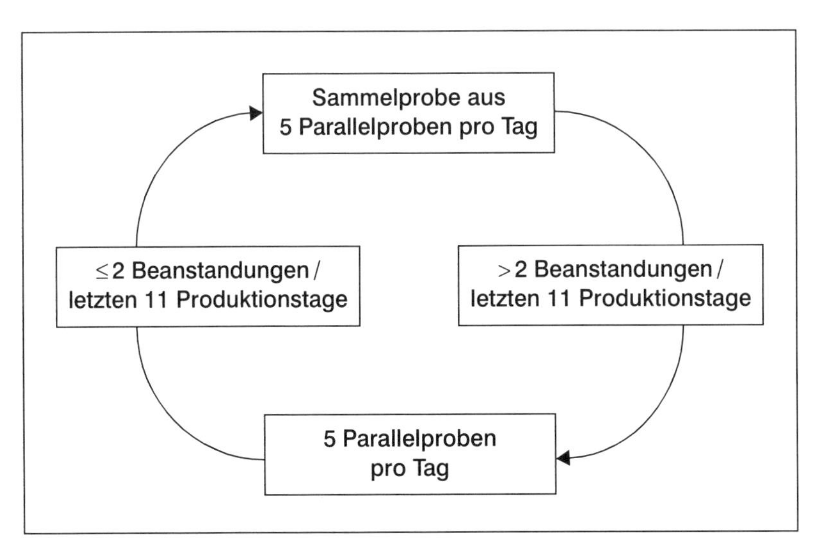

Abb. II.1-2: Vorschlag einer modifizierten Stichprobenanweisung hinsichtlich der Gesamtkeimzahl von Hackfleisch

1.7 OC-Funktion

Dem Anwender fällt es oftmals schwer, zwischen der Vielzahl angebotener Stichprobenpläne die für seine Problemstellung geeignete Modifikation auszuwählen (vgl. 1.4.8). Eine wichtige Entscheidungshilfe hierzu bietet die OC-Funktion (Operations-Characteristic, Annahme-Kennlinie).

Für einen definierten Stichprobenplan gibt sie die Wahrscheinlichkeit an, ein Stichprobenergebnis zu erhalten, welches nach der zugehörigen Entscheidungsregel zur Annahme der Charge führt (MESSER et al., 1992). Diese Annahmewahrscheinlichkeit (y-Achse) wird in Abhängigkeit von der wirklichen Beschaffenheit der Charge (x-Achse) dargestellt und nimmt zumeist einen S-förmigen Verlauf (Abb. II.1-3). Aus der OC-Funktion lässt sich folglich ablesen, welche Keimdichte (unter Berücksichtigung der Streuung) bzw. welchen Schlechtstückenanteil eine Bezugsgesamtheit haben darf, damit sie bei vorgegebenem Stichprobenplan noch mit ausreichender Sicherheit akzeptiert wird.

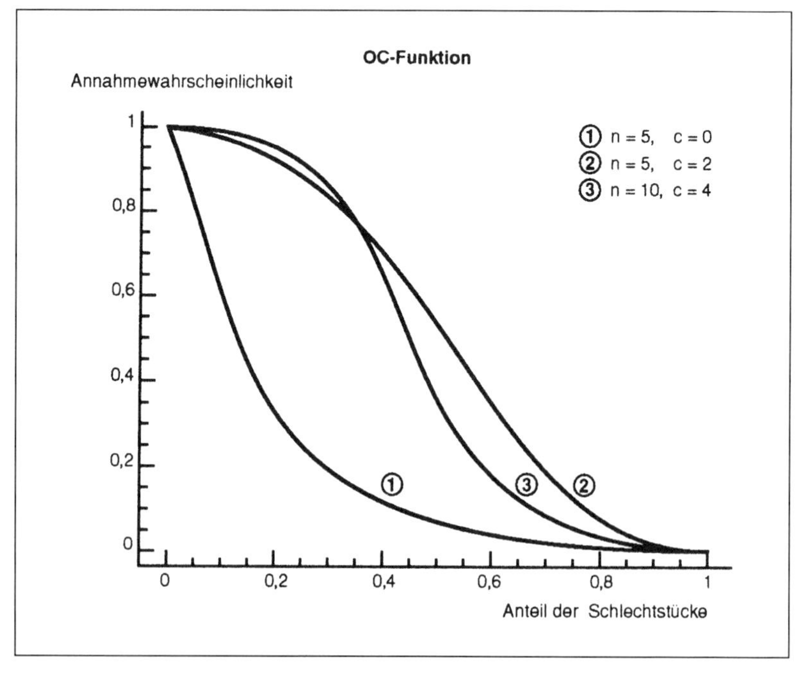

Abb. II.1-3: OC-Funktionen von drei attributiven Zwei-Klassen-Plänen

Mit anderen Worten: „Wie ändert sich die Wahrscheinlichkeit der Annahme einer Lieferung, wenn die Qualität dieser Lieferung, d.h. der prozentuale Anteil der Fehlanteile, geändert wird?" (SADOWY, 1970). Es können auch die Stellen für den α- und β-Fehler aufgesucht werden. Je steiler eine solche Annahme-Kennlinie abfällt, umso schärfer trennt der jeweilige Prüfplan gute von schlechten Chargen. Diese Trennschärfe nimmt mit steigendem Stichprobenumfang zu, wie der Vergleich der beiden attributiven Zwei-Klassen-Pläne mit n = 5 (und c = 2) sowie n = 10 (und c = 4) in Abb. II.1-3 verdeutlicht. Ohne Kenntnis der OC-Funktion lässt sich demnach die Arbeitsweise eines Qualitätssicherungssystems gar nicht verstehen.

1.8 Standardisierung und Überprüfung mikrobiologischer Untersuchungsverfahren

1.8.1 Standardisierung

Eine zuverlässige, sachlich und rechtlich abgesicherte Beurteilung von Lebensmitteln anhand mikrobiologischer Untersuchungsergebnisse setzt voraus, dass die Resultate mit einheitlichen Untersuchungstechniken gewonnen werden. Jedes Abweichen von diesen Normmethoden bedarf einer besonderen Begründung, im Fall einer erheblicher Modifikation sogar der eigenen Validierung (= Bestätigung durch Bereitstellen eines objektiven Nachweises, dass die Anforderungen für eine spezifische beabsichtigte Anwendung erfüllt sind). In Deutschland erfolgt seit 1974 im Rahmen der Amtlichen Methodensammlung § 35 LMBG die Standardisierung solcher Analysenverfahren durch Sachverständigengruppen des derzeitigen Bundesamtes für Verbraucherschutz und Lebensmittelsicherheit. Sämtliche Vorschriften werden abgestimmt mit dem Deutschen Institut für Normung e.V. (DIN), der Internationalen Organisation für Normung (ISO) und dem Europäischen Komitee für Normung (CEN). Wesentliche Informationen bieten auch die „Official Methods of Analysis" der AOAC International.

1.8.2 Ringversuche

Reproduzierbare Aussagen über die Eignung und Leistungsfähigkeit von Untersuchungsverfahren erhält man erst nach Durchführung von Ringversuchen und deren Auswertung unter Anwendung statistischer Methoden, wobei eine quantitative Einschätzung der Genauigkeit angestrebt wird.

Nach üblicher Nomenklatur setzt sich die Genauigkeit aus zwei Komponenten zusammen, nämlich der Richtigkeit (= Übereinstimmung von wahrem Wert und Durchschnittsergebnis bei unablässiger Wiederholung) einerseits und der Präzision (= Übereinstimmung von Beurteilungsergebnissen untereinander bei wiederholter Untersuchung) andererseits. Weil die wirkliche Keimzahl eines Substrates sich wegen des dynamischen Stoffwechsel-, Vermehrungs- und Absterbeverhaltens der Mikroorganismen schwerlich definieren lässt, dient bei mikrobiologischen Techniken überwiegend die Präzision als Beurteilungskriterium.

Die Präzision einer normierten Untersuchungsmethode wird gemeinhin durch die Wiederhol- und Vergleichsstandardabweichung bzw. durch die Wiederholbarkeit und Vergleichbarkeit ausgedrückt. Gemäß DIN 55 350 Teil 13 bedeutet

Wiederholbarkeit die Präzision bei der Gewinnung voneinander unabhängiger Ermittlungsergebnisse unter der Bedingung der wiederholten Anwendung des festgelegten Ermittlungsverfahrens am identischen Objekt durch denselben Beobachter in kurzen Zeitabständen mit derselben Ausrüstung am selben Ort. Die Vergleichbarkeit bezieht sich gleichfalls auf die Gewinnung voneinander unabhängiger Ermittlungsergebnisse mit einem festgelegten Ermittlungsverfahren am identischen Objekt, jedoch bestehen die weiteren Bedingungen in dem Einsatz verschiedener Beobachter und Geräteausrüstungen in verschiedenen Labors.

Wiederholbarkeit r und Vergleichbarkeit R sind in der konkreten Anwendung meist derjenige Wert, unterhalb dessen man die absolute Differenz zwischen zwei einzelnen Prüfergebnissen, die man unter den entsprechenden Bedingungen gewonnen hat, mit 95%iger Wahrscheinlichkeit erwarten darf. Die Aussagekraft beider Maßzahlen findet in der Mikrobiologie insoweit Grenzen, als die Streuung auch bei ideal homogenen Proben nicht nur von der Methode, sondern auch direkt von der Koloniezahl auf der auszuwertenden Platte abhängt. Ganz allgemein ist für den Fall, dass r und R sich konzentrationsabhängig verhalten, eine gesonderte Angabe der Werte unter Bezug auf den jeweiligen Konzentrationsbereich vorgesehen.

Mit diesen Definitionen von r und R verbindet sich jedoch keine konkrete Strategie zur Bestimmung der Präzision mikrobiologischer Techniken. Daher wurden für die Amtliche Sammlung § 35 LMBG Qualitätssicherungssysteme für die Keimzahlbestimmung entwickelt, die sich unter den Ziffern L 01-00 00 (Keimzahl in Milch, Gussverfahren) und L 06-00 00 (Keimzahl in Fleisch, Spatelverfahren) finden. Aufgrund des hierarchischen Versuchsaufbaus mit vier parallelen Verdünnungsreihen, die jeweils 12 duale Verdünnungsstufen mit je drei Parallelplatten umfassen, lassen sich methodische Fehlerkomponenten sehr gut erkennen und quantifizieren. Nach der statistischen Auswertung mittels zweier G^2-Tests sowie ggf. einer Varianzkomponentenschätzung ergeben sich drei alternative Bewertungen:

1. Achtung! Das Ergebnis ist „zu gut".
2. Labor arbeitet mit akzeptablem Standard.
3. Weitergehende Analysen der aufgetretenen zusätzlichen technischen Fehler sind notwendig, um über Schulungskurse eine erfolgreiche Wiederholung des Untersuchungsprogramms anzustreben.

Nachdem die Ringversuche zunächst zentral von amtlichen Stellen organisiert und interpretiert wurden, zeichnet sich nunmehr eine Verlagerung zu kommerziellen Anbietern von Qualitätssicherungsmaßnahmen ab, wobei das vollständig in den Untersuchungsablauf integrierte Computer-Programm „GLP Analyst" die biometrische Auswertung sehr erleichtert (BERG et al., 1994). Weiterhin ist eine Internet-gestützte Version in Vorbereitung (WEISS et al., 2001). Dieses Prinzip übertrugen die Standards ISO/DIN 14461-2 sowie IDF 169-2 auf die Auswertung zweier Parallelplatten bzw. zweier Verdünnungsstufen einer Probe.

An aufwändig konzipierten Ringversuchen kann ein Labor nur in größeren Zeitabständen teilnehmen, weshalb LIGHTFOOD et al. (1994) ein vereinfachtes Verfahren zur Überprüfung der Good Laboratory Practice (GLP) konzipierten. Dazu werden von einer Routine-Probe zwei Unterproben angelegt, sofern dies nicht ohnehin geschieht. Für das Koloniezählergebnis der ersten Probe lasst sich aus einer Tabelle das 95-%-Konfidenzintervall ablesen, innerhalb dessen das Resultat der Zweitprobe liegen sollte. Werden die Daten fortlaufend in eine Kontrollkarte eingetragen, ergeben sich wertvolle Hinweise auf die Präzision der ermittelten Koloniezahlen.

Das Einfügen solcher Qualitätssicherungssysteme in die Laborroutine wird immer mehr an Bedeutung gewinnen, da sie eine wesentliche Voraussetzung für die Akkreditierung bilden.

1.9 Schlussfolgerungen

Für die mikrobiologische Qualitätskontrolle wurden mit den attributiven Zwei- und Drei-Klassen-Plänen leicht verständliche und in der Anwendung unkomplizierte Verfahren entwickelt. Neben der Auswertung von Presence-Absence-Tests gilt diese Aussage auch für die Beurteilung von Keim- bzw. Koloniezahlen, wobei im Fall solcher variablen Merkmale jedoch Probenumfang und Trennschärfe in ungünstiger Relation zueinander stehen. Aufwandsminimales Vorgehen würde hier den Einsatz von Variablen-Plänen erfordern, für die aber ein von den Praktikern akzeptiertes Konzept derzeit fehlt. Auf jeden Fall müssten Rationalisierungsmöglichkeiten, wie sie die Entnahme von Sammelproben, zwei- und mehrstufiges Vorgehen oder Informationsverknüpfung durch Zeitreihenuntersuchung (Kontrollkarten) bieten, in Zukunft konsequent genutzt werden.

Literatur

1. BRAY, D.F.; LYON, C.A.; BURR, I.W.: Three class attributes plans in acceptance sampling. Technometrics 15, 575–585, 1973
2. BUSSE, M.: Über den Mißbrauch von Probenahmeplänen. Deutsche Molkerei Zeitung 43, 1370–1377, 1989
3. CODEX ALIMENTARIUS COMMISSION: General principles for the establishment and application of microbiological criteria for foods. Rep. 17, Session of the Codex Committee on Food Hygiene, Washington D.C., 17.–21. Nov. 80, Alinorm 81/13, Appendix II, Codex Alimentarius Commission, Rom, 1981
4. DAHMS, S.; HILDEBRANDT, G.: Some remarks on the design of three-class sampling plans. J. Food Protection 61, 757–761, 1998
5. DURA, U.; MEYER, K.; UNTERMANN, F.: Mikrobiologische Untersuchungen von Schlachttierkörpern als Vorlaufanalyse einer statistischen Prozeßlenkung im Rahmen betrieblicher Eigenkontrollen. Fleischwirtschaft 78, 1250–1253, 1998
6. FOSTER, E.M.: The control of Salmonellae in processed foods: A classification system and sampling plan. Journal of the AOAC 54, 259–266, 1971
7. GERHARDT, T.; HILDEBRANDT, G.: Ein Vorschlag zur Aufwandsminimierung bei der mikrobiologischen Untersuchung von Hackfleisch. Archiv f. Lebensmittelhygiene 51, 13–21, 2000
8. HEISTERKAMP, S.H. et al.: Statistical analysis of certification trials for microbiological reference material. Community Bureau of Reference, 1993
9. HILDEBRANDT, G.; MÜLLER, A.; HURKA, H.; ARNDT, G.: Die Fehlermöglichkeiten des Koloniezählverfahrens. Berliner und Münchener Tierärztliche Wochenschrift 101, 257–266, 1988
10. HILDEBRANDT, G.; WEISS, H.: Stichprobenpläne in der mikrobiologischen Qualitätssicherung, 1. Darstellung geläufiger Pläne. Fleischwirtschaft 72, 325–329, 1992a

11. HILDEBRANDT, G.; WEISS, H.: Stichprobenpläne in der mikrobiologischen Qualitätssicherung, 2. Kritik und Ausblick. Fleischwirtschaft 72, 768–776, 1992b
12. HILDEBRANDT, G.; BÖHMER, L.; DAHMS, S.: Three-class attributes plans in microbiological quality control: A contribution to the discussion. J. Food Protection 58, 784–790, 1995
13. HILDEBRANDT, G.: Auswahltechniken und -verfahren sowie Stichprobenpläne, in SINELL, H.-J.; MEYER, H.: HACCP in der Praxis. Behr's Verlag, 31–46, 1996
14. HILDEBRANDT, G.; BÖHMER, L.: Stichprobenpläne zur Beurteilung der Salmonellenkontamination. Fleischwirtschaft 76, 600–605, 1996
15. HILDEBRANDT, G.: Stichprobenpläne in der mikrobiologischen Qualitätssicherung. Fleischwirtschaft 83 (8), 91–97, 2003
16. INTERNATIONAL COMMISSION ON MICROBIOLOGICAL SPECIFICATIONS FOR FOODS (ICMSF): Microorganisms in foods 2: Sampling for microbiological analysis, Principles and specific applications. University of Toronto Press, 2. Auflage, 1986
17. INTERNATIONAL COMMISSION ON MICROBIOLOGICAL SPECIFICATIONS FOR FOODS (ICMSF): Microorganisms in foods 7: Microbiological testing in food safety management. Kluwer, N.Y., 2002
18. JARVIS, B.: Statistical aspects of the microbiological analysis of foods, Elsevier, Amsterdam, 1989
19. JARVIS, G.A.; MALCOM, S.A.: Comparison of three-class attributes sampling plans and variables sampling plans for lot acceptance sampling in food microbiology. J. Food Protection 49, 724–728, 1986
20. KILSBY, D.C.: Sampling schemes and limits, in BROWN, M.H.: Meat Microbiology. Applied Science Publishers Ltd., Ld. u. NY, 387–421, 1982
21. LEGAN, J.D.; VANDEVEN, M.H.; DAHMS, S.; COLE, M.B.: Determining the concentration of microorganisms controlled by attributes sampling plans. Food Control 12, 137–147, 2001
22. MALCOLM, S.A.: Note on the use of the non-central *t*-distribution in setting numerical microbiological specifications for foods. J. Applied Bacteriology 57, 175–177, 1984
23. MASING, W.: Handbuch der Qualitätssicherung, Carl Hauser Verlag, München Wien, 1980
24. MESSER, J.W.; MIDURA, T.F.; PEELER, J.T.: Sampling plans, sample collection, shipment, and preparation for analysis, in DOORES, S. et al.: Compendium for the microbiological examination for foods. 3. Auflage, APHA, Washington, 25–49, 1992
25. MÜLLER, A.; HILDEBRANDT, G.: Die Genauigkeit der kulturellen Keimzahlbestimmung I. Literaturübersicht. Fleischwirtschaft 69, 603–616, 1989
26. NIEMELÄ, S.: Statistical evaluation of results from qualitative microbiological examinations. Nordic Committee on Food Analysis, Report 1, 2nd ed., 1983
27. PARPAIOLA, D.: The realibility of microbiological quality control in the flour milling industry. Tecnica Moliteria 40, 681–691, 1989
28. SADOWY, M.: Industrielle Statistik mit Qualitätskontrolle. Vogel-Verlag, Würzburg, 1970

29. SCHMITZ, R.; WEISS, H.: Schätzprobleme beim quantitativen Listeriennachweis in Lebensmitteln. Fleischwirtschaft 83 (3), 156–159, 2003
30. SHIFMAN, M.; KRONICK, D.: The developement of microbiological standards for foods. J. Milk Food Technology 26, 110–114, 1963
31. SMELT, J.P.P.M.; QUADT, J.F.A.: A proposal for using previous experience in designing microbiological sampling plans based on variables. J. Applied Bacteriology 69, 504–511, 1990
32. STEARMAN, R.L.: Statistical concept in microbiology. Bact. Rev. 19, 160–215, 1955
33. WEISS, H.; DAHMS, S.; ARNDT, G.; GÖTTE, U.: Internet-gestützte Sicherung der Arbeitsqualität standardisierter mikrobiologischer Untersuchungstechniken in mikrobiologischen Routinelaboratorien. Arch. Lebensmittelhygiene 52, 94–97, 2001
34. WODICKA, V.O.: The food regulatory agencies and industrial quality control. Food Technology 27 (10), 52–58, 1973

2 Probenbehandlung

2.1 Entnahme der Proben außerhalb des Laboratoriums

Wenn möglich, sollte eine ungeöffnete Originalprobe zur Untersuchung eingesandt werden. Ist dies nicht möglich, muss eine ausreichend große Teilprobe (100–200 g oder ml) steril entnommen werden. Die dafür notwendigen Geräte sind vorher zu sterilisieren und in geeigneten Behältern steril aufzubewahren. Wenn eine Sterilisation der Geräte in Betrieben notwendig ist und ein Autoklav oder Heißluftsterilisator fehlen, kann eine Entkeimung erfolgen durch Abflammen, durch Eintauchen in Spiritus und Abflammen oder durch Eintauchen in ein Desinfektionsmittel, das z.B. 100 ppm verfügbares Chlor enthält, oder durch 2%ige Peressigsäure. Das Desinfektionsmittel muss mit sterilem Wasser abgespült und die Geräte mit einem sterilen Tuch getrocknet werden.

Den bruchsicher und wasserdicht verpackten Proben ist ein Bericht beizufügen, der folgende Angaben enthalten soll:

a) Ort, Datum und Zeit der Probeentnahme
b) Name des Probenehmers
c) Beschreibung der bei der Probeentnahme angewandten Methode
d) Art der Probe und Zahl der Einheiten, aus denen die Ware besteht
e) Identifizierungsnummer und Code-Zeichen der Charge, aus der die Probe entnommen wurde
f) Zusatz von Konservierungsmitteln (z.B. bei Milch), Lagerungsart, Lagerungstemperatur.

Die entnommene Probe muss unter Vermeidung einer Verunreinigung und unter Erhaltung des mikrobiologischen Ist-Zustandes in das Labor zur Untersuchung transportiert werden. Bis zur Untersuchung ist die Probe kühl zu lagern (0–5 °C). Tiefgefrorene Proben (z.B. Speiseeis, Gefriergerichte) müssen bei –18 °C oder darunter aufbewahrt werden, getrocknete Produkte bei Raumtemperatur (max. 25 °C). Frische und nicht gefrorene Lebensmittel dürfen nicht eingefroren werden.

Besonders wichtig ist dies auch, wenn auf *Clostridium perfringens* untersucht werden soll. Sollte nach der Probenahme innerhalb von 24 h keine Untersuchung möglich sein, so kann das Lebensmittel, das auf *Clostridium perfringens* zu untersuchen ist, im Verhältnis 1:1 (G/V) mit 20%igem Glycerin vermischt und unter Trockeneis gelagert werden.

2.2 Probenbehandlung im Laboratorium und Vorbereitung der Proben

Die folgenden Anleitungen sind allgemeiner Art. Bei einzelnen Lebensmitteln sind spezielle Vorschriften, die „Amtlichen Untersuchungsverfahren nach § 35 des Lebensmittel- und Bedarfsgegenständegesetzes“ sowie die DIN-Methoden (Deutsches Institut für Normung) zu beachten.

Im Laboratorium wird mit sterilen Geräten (z.B. Löffel, Spatel, Messer, Pinzette, Schere, Pipette) die Untersuchungsprobe entnommen. Gefrorene Lebensmittel werden bei einer Temperatur unter +5 °C nicht länger als 12 h aufgetaut. Bei großstückigen, gefrorenen Lebensmitteln erfolgt die Entnahme mit einem sterilen Bohrer.

Die entnommene Probe (ca. 200 g) wird vorzerkleinert, um eine homogene Durchmischung zu erzielen. Eine Vorzerkleinerung kann mit dem sterilen Fleischwolf (Lochscheibe max. 4 mm), mit dem Stomacher (dickere Beutel verwenden) oder anderen mechanischen Zerkleinerungsgeräten erfolgen. Bei flüssigen Lebensmitteln oder bereits vorzerkleinerten bzw. homogenen durchmischten Proben entfällt die Vorzerkleinerung. Flüssige Lebensmittel sind jedoch sorgfältig zu durchmischen. Die vorzerkleinerte Probe darf nicht länger als 1 h bei einer Temperatur zwischen ±0 °C und +5 °C aufbewahrt werden.

3 Herstellung von Verdünnungen

(EN ISO 6887-2:2004, EN ISO 6887-3:2003, EN ISO 6887-4:2003)

Die folgenden Angaben enthalten nur allgemeine Regelungen. Spezielle Hinweise zum Einsatz besonderer Verdünnungsflüssigkeiten oder notwendiger Verfahrensschritte bei der Herstellung der Erstverdünnung sind in den Kapiteln „Untersuchung von Lebensmitteln" und „Kosmetika und Bedarfsgegenstände" bei den entsprechenden Produkten aufgeführt.

3.1 Herstellung der Erstverdünnung

Nicht flüssige Lebensmittel

Einwaage und Erstverdünnung

Mindestens 10 g (±0,1 g) der Untersuchungsprobe werden in ein steriles, weithalsiges Glasgefäß (z.B. Babyflasche, Glas mit Schraub- oder Twist-Off-Verschluss) oder besser in einen sterilen Stomacherbeutel (vorzugsweise mit „Filterrohr") auf der oberschaligen Waage eingewogen.

Nach Zugabe des neunfachen Volumens an Verdünnungsflüssigkeit (Kochsalz-Peptonlösung; bei einer Einwaage von 10 g also 90 ml), wird die Probe homogenisiert. Empfehlenswert sind für das Einwiegen und Herstellen der Erstverdünnung Diluter-Dispenser-Systeme und für das Homogenisieren der Stomacher™ 400 (= Beutel-Walk-Gerät) oder Pulsifier™ (de BOER und BEUMER, 1999).

Das Homogenisieren mit dem Stomacher hat gegenüber dem Einsatz eines mechanischen Schneidmischgerätes (z.B. Waring Blender oder Ultra-Turrax) zahlreiche Vorteile:

- Beim Stomacher werden sterile Kunststoffbeutel eingesetzt, so dass eine aufwändige Reinigung und Sterilisation der Ultra-Turrax-Stäbe bzw. der Aufsätze für den Waring-Blender entfallen. Der Stomacher ist nach dem Dispergieren sofort wieder einsetzbar.
- Es entstehen während des Homogenisierens keine Aerosole, und es besteht keine Gefahr einer Infektion oder Intoxikation des Laborpersonals mit pathogenen Bakterien oder Toxinen oder einer Kontamination der Probe.

Zusammensetzung der Verdünnungsflüssigkeit

Caseinpepton 0,1 %, Kochsalz 0,85 %, pH-Wert nach dem Sterilisieren (bei 25 °C nach dem Sterilisieren gemessen) 7,0 ± 0,2. Beim Tropfplattenverfahren werden außerdem noch 0,08 % Agar zugesetzt. Bei stark fetthaltigen Lebensmitteln (Fett über 20 %) kann durch Zusatz von 1 g/l bis 10 g/l Sorbitol-Monooleat (Tween 80) in der Verdünnungsflüssigkeit die Emulsionsbildung bei der Herstellung der Suspension verbessert werden. Die Verdünnungsflüssigkeit sollte, abgesehen von speziellen Normen, Raumtemperatur aufweisen, um eine Schädigung bestimmter Mikroorganismen durch plötzliche Temperaturunterschiede zu vermeiden.

Absetzen von Partikeln in der Erstverdünnung

Sollten große Partikel vorhanden sein, so lässt man die Bestandteile 15 min absetzen und pipettiert ohne vorheriges Durchmischen zur Herstellung weiterer Verdünnungen aus dem Überstand.

Nachweis von Sporen

Zur quantitativen Bestimmung von Sporen wird die Erstverdünnung sofort nach ihrer Herstellung bei 80 °C 10 min im Wasserbad erhitzt und danach sofort abgekühlt.

Flüssige Lebensmittel

Bei flüssigen Lebensmitteln werden 1 ml zu 9 ml oder 10 ml zu 90 ml Verdünnungsflüssigkeit pipettiert. Die Pipette darf nicht weiter als 1 cm in die Erstverdünnung eintauchen und die sterile Verdünnungsflüssigkeit der weiteren Verdünnung (1:100) im Röhrchen nicht berühren, d.h. der Inhalt der Pipette aus der Erstverdünnung muss am Rande des Röhrchens oberhalb des Flüssigkeitsspiegels entlassen werden. Die Durchmischung wird auf dem Reagenzglasschüttler vorgenommen oder bei der Verdünnung von 10 ml zu 90 ml durch kräftiges Schütteln (10 sec, 25-mal, Schüttelweg 30 cm).

3.2 Anlegen der Dezimalverdünnungen

Aus der Erstverdünnung, die zum Sedimentieren grober Partikel nicht länger als 15 min stehen darf, werden aus der wässrigen Phase ohne vorheriges Durchmischen 1 ml entnommen und zu jeweils 9 bzw. 99 ml Verdünnungsflüssigkeit pipettiert oder 10 ml zu 90 ml. Die Pipette darf nicht weiter als 1 cm in die Erstverdünnung eintauchen. Nach Durchmischen auf dem Reagenzglasschüttler (5–10 s, Flüssigkeit 2–3 cm unterhalb des Glasrandes) oder durch kräftiges Schütteln (bei Flaschen) werden weitere Dezimalverdünnungen angelegt. Die

Verdünnung richtet sich nach der zu erwartenden Keimzahl. Für jede Verdünnungsstufe wird eine frische sterile Pipette verwendet. Die Pipetten dürfen nicht in die Flüssigkeit der Verdünnungsstufen getaucht werden, sondern nur die Gefäßwand berühren. Benutzte Pipetten werden in Desinfektionslösung eingestellt.

Zwischen dem Zeitpunkt, an dem die Erstverdünnung fertiggestellt ist, und dem Zeitpunkt, an dem das Inoculum mit dem Nährmedium in Kontakt kommt, dürfen nicht mehr als 45 min vergehen (EN ISO 6887-1, 1999).

3.3 Vorbereiten und Beschriften der Petrischalen

Für die Spatel- und Tropfkultur sind die Medien nach Frischegrad vor der Verwendung im Brutschrank bei 30–50 °C für 15–120 min vorzutrocknen. Die Beschriftung der Platten wird auf der Unterseite mit einem wasserfesten Farbstift vorgenommen, z.B. „1“ für die Verdünnung 10^{-1}, „2“ für die Verdünnung 10^{-2} usw. Bei allen Keimzählungen werden Doppelbestimmungen durchgeführt. Bei der Tropfkultur werden die Platten auf der Unterseite mit dem Farbstift in 3–6 Teile unterteilt.

4 Bestimmung der Keimzahl

4.1 Gusskultur

Prinzip und Anwendung

Das flüssige Lebensmittel und/oder die Verdünnungen des Lebensmittels werden mit einem geschmolzenen Nährboden (ca. 47 °C) vermischt. Das Verfahren ist bei der Untersuchung aller Lebensmittel anwendbar.

Durchführung

Die Verdünnungsstufen werden so ausgewählt, dass Petrischalen mit Koloniezahlen zwischen 10 und 200, höchstens 300 zu erwarten sind. 1 ml der Verdünnungsstufe 10^{-1} entspricht 0,1 g oder 0,1 ml der Probe. Mit einer sterilen Pipette werden in je 2 Petrischalen jeweils 1 ml Probe (bei verdünnten, flüssigen Proben) oder 1 ml der entsprechenden Verdünnungen pipettiert. Mit der höchsten Verdünnung ist zu beginnen, so dass mit einer Pipette gearbeitet werden kann. Beispiel: Bei einer Verdünnung von 10^{-2} bis 10^{-5} wird mit der Verdünnung 10^{-5} begonnen. Anschließend werden 12–15 ml des geschmolzenen und im Wasserbad auf etwa 45 °C abgekühlten Nährbodens in die Petrischale gegossen und mit der Probe bzw. den Verdünnungen gleichmäßig vermischt. Eine gleichmäßige Durchmischung kann erzielt werden, wenn die Schale 5-mal von rechts nach links, 5-mal im Uhrzeigersinn, 5-mal von oben nach unten und 5-mal entgegen dem Uhrzeigersinn bewegt wird (Abb. II.4-3). Die Zeit von der Herstellung der Erstverdünnung bis zur Beimpfung darf 30 min nicht überschreiten. Es muss darauf geachtet werden, dass das Medium nicht an den Petrischalendeckel spritzt. Bebrütungstemperatur und -zeit sind abhängig von den Ansprüchen der

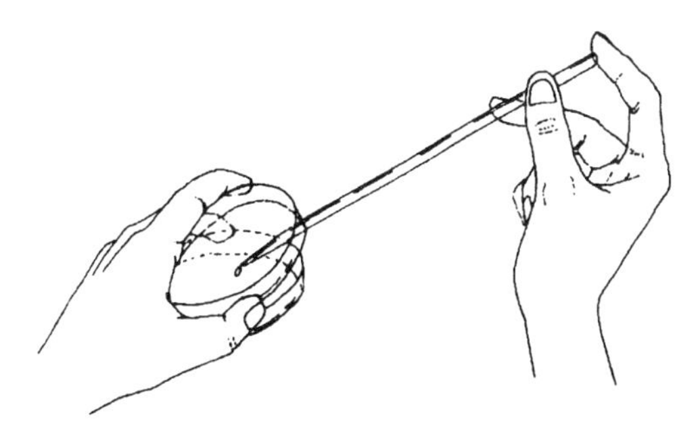

Abb. II.4-1: Einpipettieren der Probe

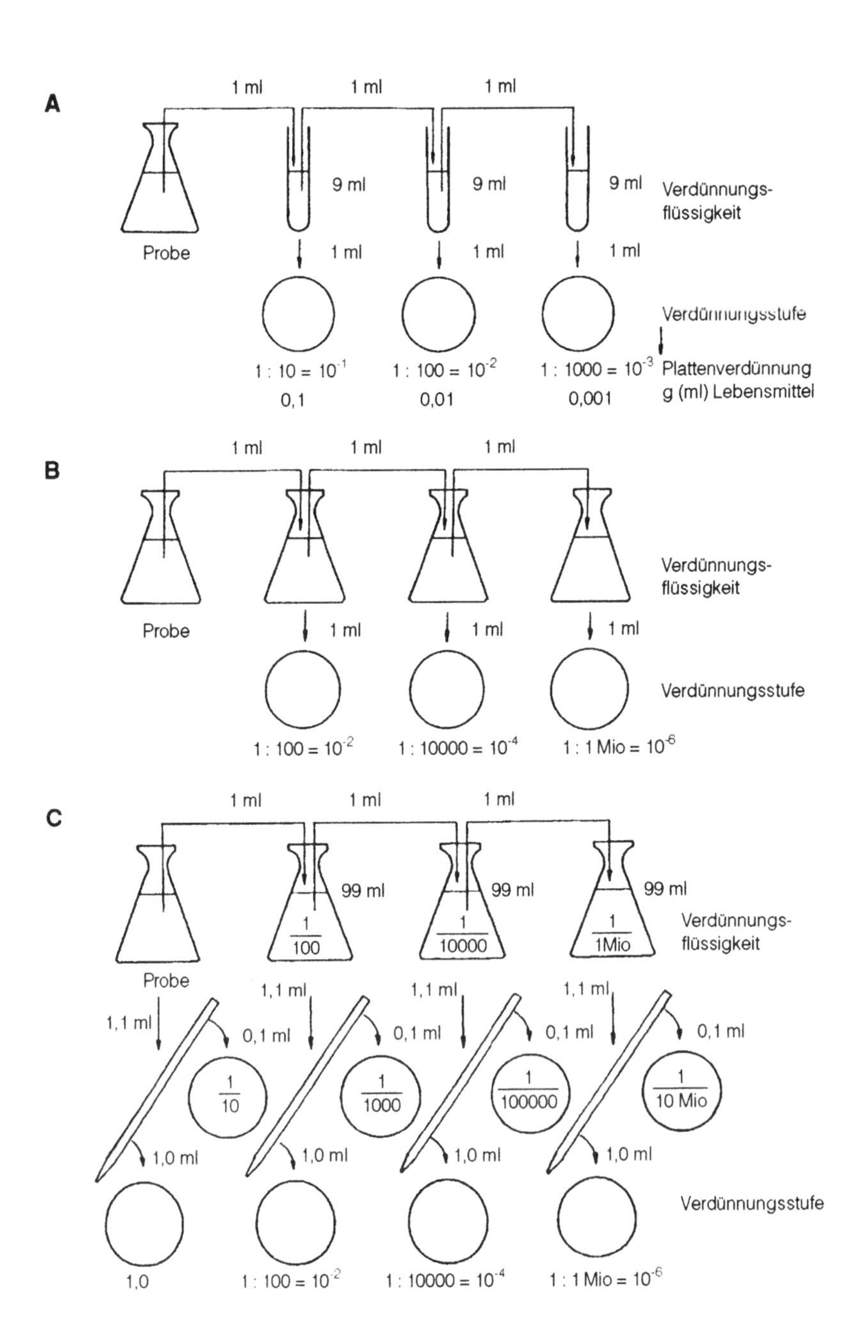
A
1 ml
1 ml
1 ml
9 ml
9 ml
9 ml
Verdünnungs-
flüssigkeit
Probe
1 ml
1 ml
1 ml
Verdünnungsstufe
Plattenverdünnung
g (ml) Lebensmittel
1 : 10 = 10^-1
1 : 100 = 10^-2
1 : 1000 = 10^-3
0,1
0,01
0,001
B
1 ml
1 ml
1 ml
Verdünnungs-
flüssigkeit
Probe
1 ml
1 ml
1 ml
Verdünnungsstufe
1 : 100 = 10^-2
1 : 10000 = 10^-4
1 : 1 Mio = 10^-6
C
1 ml
1 ml
1 ml
99 ml
99 ml
99 ml
1/100
1/10000
1/1Mio
Verdünnungs-
flüssigkeit
Probe
1,1 ml
1,1 ml
1,1 ml
1,1 ml
0,1 ml
0,1 ml
0,1 ml
0,1 ml
1/10
1/1000
1/100000
1/10 Mio
1,0 ml
1,0 ml
1,0 ml
1,0 ml
Verdünnungsstufe
1,0
1 : 100 = 10^-2
1 : 10000 = 10^-4
1 : 1 Mio = 10^-6

Legende zu Abb. II.4-2 vorige Seite

Abb. II.4-2: Schematische Darstellung zur Gusskultur
A = Verdünnung jeweils 1:10; B = Verdünnung jeweils 1:100; C = Verdünnung jeweils 1:100 und Verwendung von Demeterpipetten

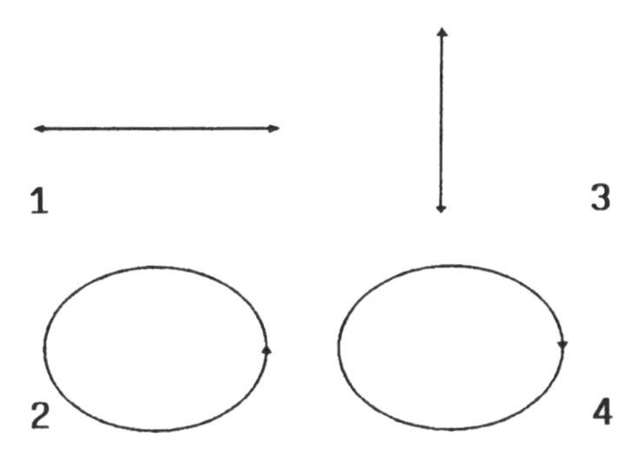

Abb. II.4-3: Gleichmäßige Durchmischung bei der Gusskultur

nachzuweisenden Mikroorganismen. Die Petrischalen sollten nicht auf den Boden oder an die Wand der Brutschränke gestellt werden (Heizschlangen).

Besonders bei stückigen Produkten, wie Fleisch und Fleischerzeugnissen, Feinkost-Salaten, Getränken mit Fruchtanteilen, Marzipan, Gewürzen und zahlreichen anderen Lebensmitteln sind in den Verdünnungen 10^{-1} und 10^{-2} vielfach noch Partikel enthalten, die das Pipettieren mit der 1 ml-Glaspipette erschweren. Für den Routinebetrieb sind deshalb 2 ml-„Dreiringspritzen" und weitlumige sterile Halme aus Kunststoff (Fa. Bionic, Niebüll, Fa. Barkey, Bielefeld) zu empfehlen (Abb. II.4-4).

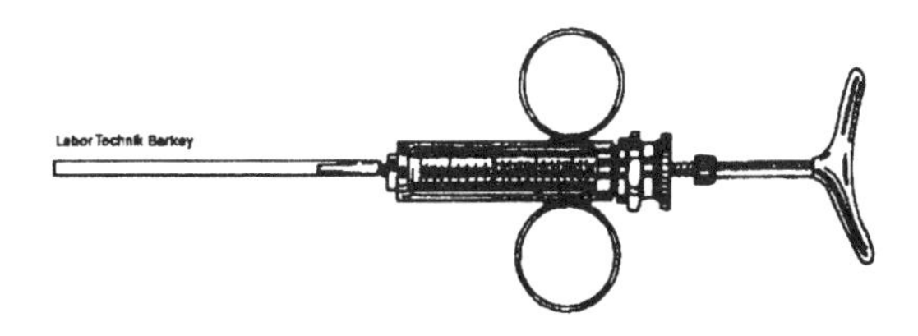

Abb. II.4-4: Dreiringspritze

4.2 Spatelverfahren

Prinzip und Anwendung (Abb. II.4-5)

Von der Probe bzw. den Verdünnungen werden 0,1 ml auf der Oberfläche eines festen Nährbodens ausgespatelt. Das Verfahren ist anwendbar bei der Untersuchung aller Lebensmittel.

Durchführung

Teilmengen von etwa 15 ml des geschmolzenen Nährbodens werden in sterile Petrischalen überführt und zum Verfestigen stehengelassen. Platten, die vorher hergestellt wurden, sollten nicht länger als 4 h bei Raumtemperatur oder einen Tag bei 5 °C aufbewahrt werden. Wenn die Platten gegen Austrocknung geschützt sind, können sie bei einer Aufbewahrung bei 5 °C bis zu 7 Tage verwendet werden. Unmittelbar vor der Verwendung werden die Platten mit der Agaroberfläche nach unten, schräg auf dem abgenommenen Deckel liegend, in einem Brutschrank ca. 30 min bei 50 °C getrocknet. Beginnend mit der höchsten Verdünnung werden je 0,1 ml auf je 2 Agarplatten gegeben. Mit einem sterilen Drigalski-Spatel wird die Menge gleichmäßig unter kreisenden Bewegungen verteilt. Für jede Platte ist ein steriler Spatel zu verwenden. Die Platten werden mit dem Boden nach oben bei der für die nachzuweisenden Mikroorganismen erforderlichen Temperatur und Zeit bebrütet.

4.3 Tropfplattenverfahren

Prinzip und Anwendung

Von der Probe bzw. den Verdünnungen werden je 0,05 ml oder 0,1 ml auf die Oberfläche von je 2 vorgetrockneten Nährböden pipettiert. Das Verfahren ist bei der Untersuchung aller Lebensmittel anwendbar, soweit nicht stark sich ausbreitende Mikroorganismen, Schleim bildende Zellen und Schimmelpilze vorhanden sind, die die einzelnen Sektoren überwuchern können. Empfehlenswert ist das Verfahren besonders für den Einsatz von Selektivmedien.

Durchführung

Von der Probe bzw. den Verdünnungen werden je 0,05 ml oder 0,1 ml jeweils im Doppelsatz (gleiche Verdünnungsstufe auf verschiedene Platten) auf die an der Unterseite der Petrischalen markierten Sektoren aufgetropft. Die Pipettenspitze berührt dabei die Nährbodenoberfläche, damit die Pipette auslaufen kann. Der Tropfen sollte mit der Pipettenspitze kreisförmig in einem Durchmesser von ca. 18–20 mm ausgezogen werden. Die Platten bleiben nach der Beimpfung so lange stehen, bis die verteilte Impfmenge angetrocknet ist. Erst danach werden die Schalen mit dem Boden nach oben bebrütet.

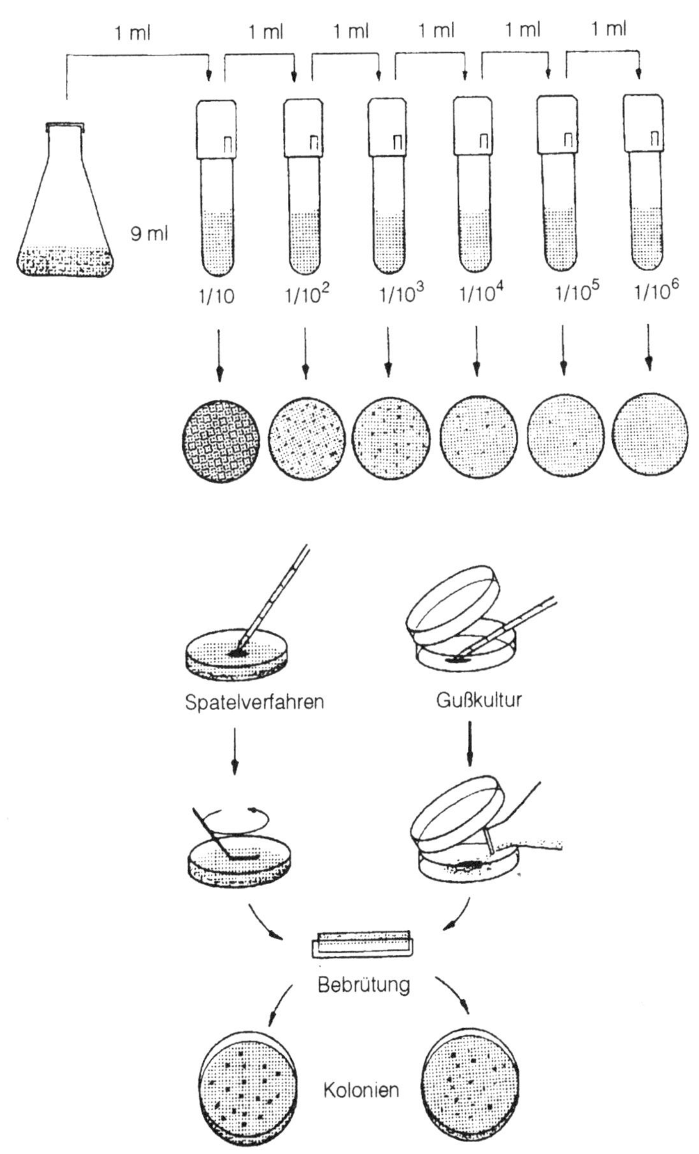

Abb. II.4-5: Schematische Darstellung des Spatelverfahrens und der Gusskultur

4.4 Auswertung und Berechnung der Koloniezahl

4.4.1 Gusskultur und Spatelverfahren

Nach Ende der Bebrütungszeit werden die Kolonien auf den zur Berechnung der Keimzahl heranzuziehenden Petrischalen gezählt, wobei jede Kolonie mit einem Farbstift zu markieren ist. Es ist empfehlenswert, Koloniezählgeräte zu verwenden. Laufkolonien werden als eine Kolonie gewertet. Petrischalen, bei denen mehr als 1/4 von Laufkolonien eingenommen wird, können nicht ausgezählt werden. Sonst wird jede Kolonie gezählt, die mit 6- bis 8facher Lupenvergrößerung erkennbar ist.

Aus der Koloniezahl der auswertbaren Verdünnungsstufen wird das gewogene arithmetische Mittel errechnet.

Gewogenes arithmetisches Mittel

Die Anzahl der Kolonien wird durch das gewogene arithmetische Mittel bestimmt. Dabei wird die Summe aller ausgezählten Kolonien dividiert durch die Summe der untersuchten Substratmengen. Die Anzahl der Mikroorganismen pro g oder ml wird nach folgender Zahlenwertgleichung berechnet:

$$\bar{c} = \frac{\Sigma c}{n_1 \cdot 1 + n_2 \cdot 0,1} \cdot d$$

Es bedeuten:

$\bar{c}$ gewogenes arithmetisches Mittel der Koloniezahlen

Σc Summe der Kolonien aller Petrischalen, die zur Berechnung herangezogen werden (niedrigste und nächst höhere auswertbare Verdünnungsstufe)

n_1 Anzahl der Petrischalen der niedrigsten auswertbaren Verdünnungsstufe

n_2 Anzahl der Petrischalen der nächst höheren Verdünnungsstufe

d Faktor der niedrigsten ausgewerteten Verdünnungsstufe; hierbei handelt es sich um die auf n_1 bezogene Verdünnungsstufe

Koloniezahlen werden nur mit einer Stelle nach dem Komma angegeben. Es wird nach den mathematischen Rundungsregeln auf- und abgerundet.

Sind auf den mit der größten Probemenge beimpften Platten (10^{-1}) weniger als 10 Kolonien vorhanden, so lautet das Ergebnis:

Beim Gussverfahren „Weniger als 1,0 x 10^2/g oder ml",

beim Spatelverfahren „Weniger als 1,0 x 10^3/g oder ml" (0,1 ml auf Verdünnung $10^{-1} = 10^{-2}$).

Wurde das homogenisierte oder durchmischte Material direkt untersucht (z.B. Saucen, Getränke), so lautet das Ergebnis:

Beim Gussverfahren „Weniger als 1,0 x 10^1/ml",

beim Spatelverfahren „Weniger als 1,0 x 10^2/ml".

Sind auf den mit der größten Probemenge beimpften Platten keine Kolonien vorhanden, so lautet das Ergebnis:

Bei unverdünnten, homogenisierten Proben (Gussverfahren) „Weniger als 1/ml", bei verdünnten, homogenisierten Proben „Weniger als 1,0 x 10^2/g" beim Oberflächenverfahren.

Falls nur eine Petrischale auswertbar ist, wird der Wert als betrachtet. Dieser Sachverhalt ist im Befund anzugeben.

4.4.2 Tropfplattenverfahren

Die Koloniezahl wird im Prinzip wie beim Guss- oder Spatelverfahren ausgewertet und berechnet.

Gewogenes arithmetisches Mittel

Aufgetropft werden nach DIN 0,05 ml, möglich sind auch 0,1 ml. Nur diejenigen Sektoren der Platten werden herangezogen, die 1–50 klar voneinander trennbare Kolonien aufweisen. Dabei muss mindestens eine Verdünnungsstufe vorhanden sein, auf der zwischen 5 und 50 Kolonien vorliegen. Sind die Kolonien klein und gut auszählbar, so können auch Sektoren mit bis zu 100 Kolonien berücksichtigt werden.

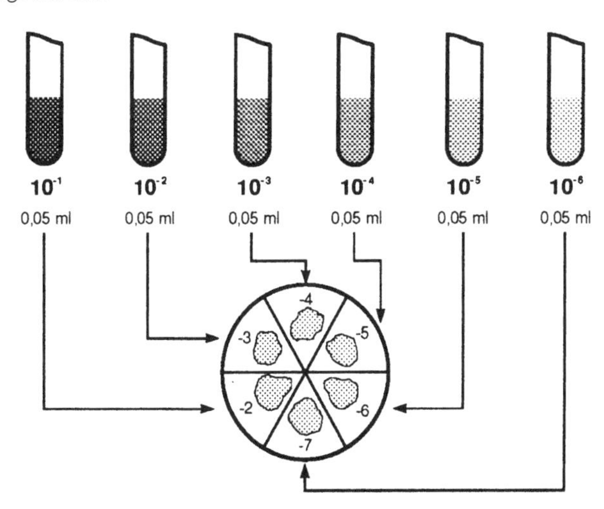

Abb. II.4-6: Schematische Darstellung des Tropfplattenverfahrens

Die Berechnung erfolgt nach der gleichen Formel wie beim Guss- und Spatelverfahren. Der Mittelwert $\bar{c}$ ist mit 20 zu multiplizieren, wenn von der Verdünnung 10^{-1} 0,05 ml auf die Platten getropft werden und auf der Platte die Verdünnungsstufe 10^{-1} vermerkt wird. Wird beim Auftropfen von 0,05 ml aus der Verdünnung 10^{-1} auf der Platte 10^{-2} (oder 2) angegeben, so ist die Zahl mit 2 zu multiplizieren.

Beispiel

Verdünnungsstufe

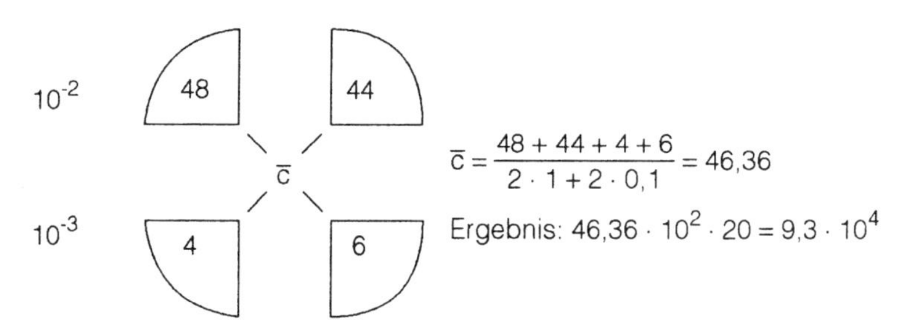

$$\bar{c} = \frac{48 + 44 + 4 + 6}{2 \cdot 1 + 2 \cdot 0{,}1} = 46{,}36$$

Ergebnis: $46{,}36 \cdot 10^2 \cdot 20 = 9{,}3 \cdot 10^4$

Falls nur ein Sektor auswertbar ist, wird der Wert als $\bar{c}$ betrachtet. Im Untersuchungsbefund ist dies zu vermerken.

Haben sich auf den mit der größten Probemenge beimpften Doppel-Sektoren jeweils weniger als 5 Kolonien gebildet, lautet das Ergebnis beim Auftropfen von 0,05 ml:

Bei unverdünnter, homogenisierter Probe „Weniger als $1{,}0 \times 10^2$/ml".

Beim Auftropfen von 0,1 ml „Weniger als $5{,}0 \times 10^1$/ml".

Bei unverdünnter, homogenisierter Probe „Weniger als $1{,}0 \times 10^3$/g".

Beim Auftropfen von 0,1 ml „Weniger als $5{,}0 \times 10^2$/g".

Sind keine Kolonien vorhanden, lautet das Ergebnis beim Auftropfen von 0,05 ml:

Bei unverdünnter, homogenisierter Probe „Weniger als $2{,}0 \times 10^1$/ml".

Beim Auftropfen von 0,1 ml „Weniger als $1{,}0 \times 10^1$/ml".

Bei unverdünnter, homogenisierter Probe „Weniger als $2{,}0 \times 10^2$/g".

Beim Auftropfen von 0,1 ml „Weniger als $1{,}0 \times 10^2$/g".

Berechnungsbeispiele für Gusskultur und Spatelverfahren

Beispiel 1
Verdünnungsstufe

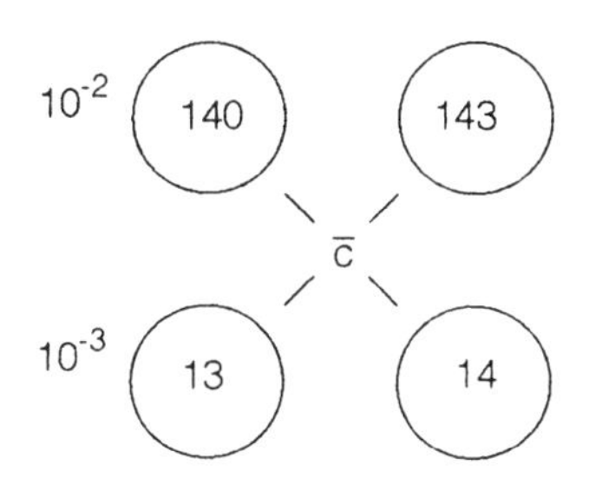

$$\bar{c} = \frac{140 + 143 + 13 + 14}{2 \cdot 1 + 2 \cdot 0{,}1} = \frac{310}{2{,}2} = 140{,}9$$

Ergebnis: $140{,}90 \cdot 10^2 = 1{,}4 \cdot 10^4$

Beispiel 2
Verdünnungsstufe

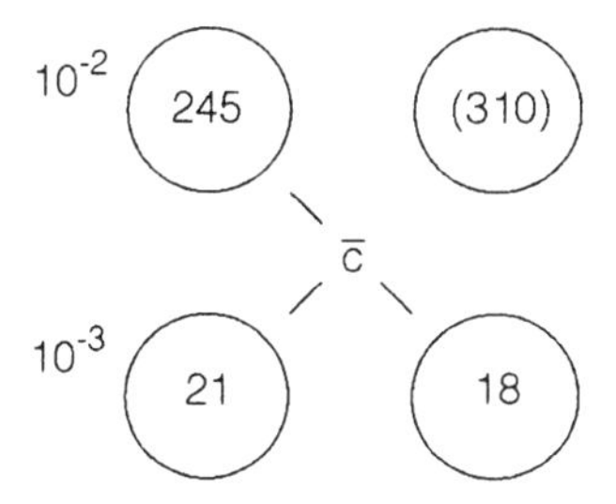

$$\bar{c} = \frac{245 + 21 + 18}{1 \cdot 1 + 2 \cdot 0{,}1} = \frac{284}{1{,}2} = 236{,}66$$

Ergebnis: $236{,}66 \cdot 10^2 = 2{,}4 \cdot 10^4$

Beispiel 3
Verdünnungsstufe

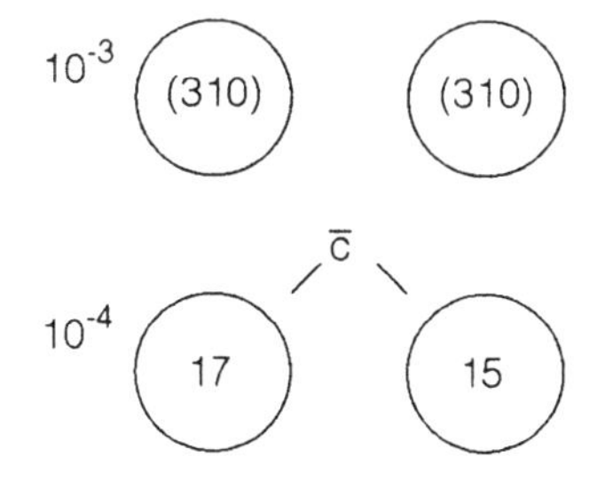

$$\bar{c} = \frac{17 + 15}{2 \cdot 1 + 0 \cdot 0{,}1} = \frac{32}{2} = 16$$

Ergebnis: $16 \cdot 10^4 = 1{,}6 \cdot 10^5$

Beispiel 4
Verdünnungsstufe

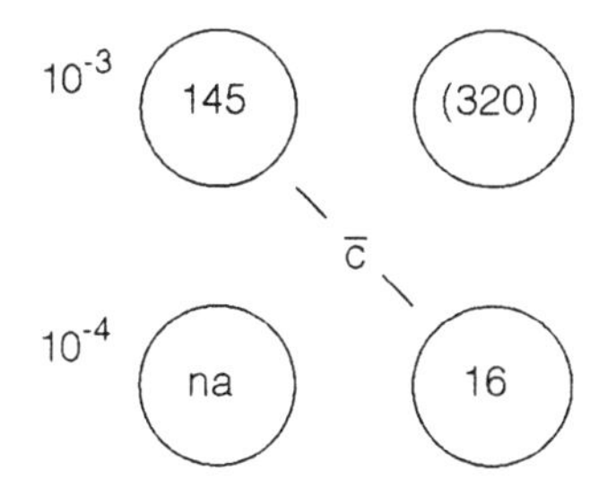

$$\bar{c} = \frac{145 + 16}{1 \cdot 1 + 1 \cdot 0{,}1} = \frac{161}{1{,}1} = 146{,}36$$

Ergebnis: $146{,}36 \cdot 10^3 = 1{,}5 \cdot 10^5$

na = nicht auswertbar

Berechnungsbeispiele für Tropfplattenverfahren

Beispiel 1
Verdünnungsstufe

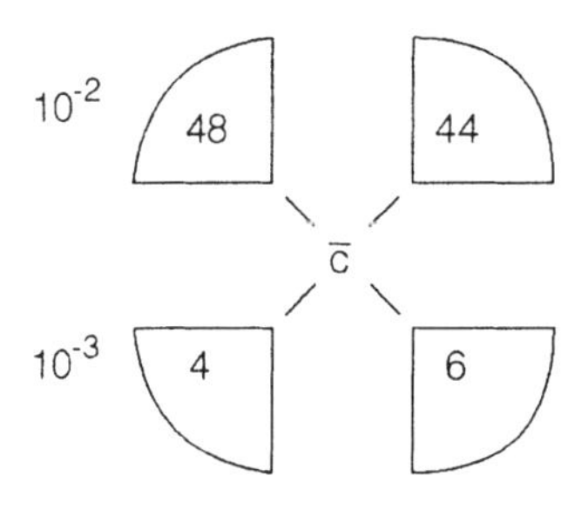

$$\bar{c} = \frac{48 + 44 + 4 + 6}{2 \cdot 1 + 2 \cdot 0{,}1} = 46{,}36$$

Ergebnis: $46{,}36 \cdot 10^2 = 4{,}6 \cdot 10^3$

Beispiel 2
Verdünnungsstufe

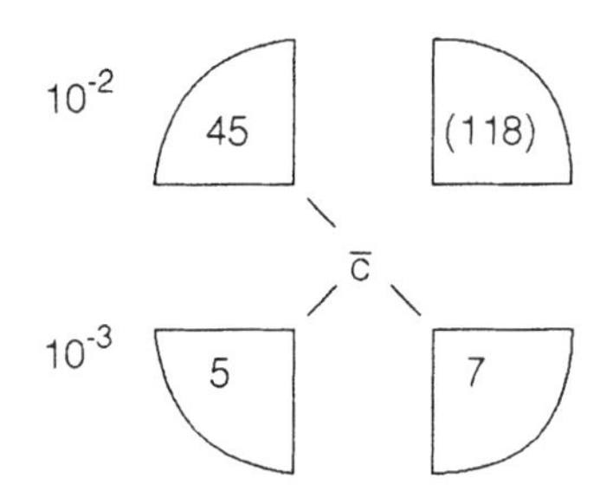

$$\bar{c} = \frac{45 + 5 + 7}{1 \cdot 1 + 2 \cdot 0{,}1} = 49{,}16$$

Ergebnis: $49{,}16 \cdot 10^2 = 4{,}9 \cdot 10^3$

Beispiel 3
Verdünnungsstufe

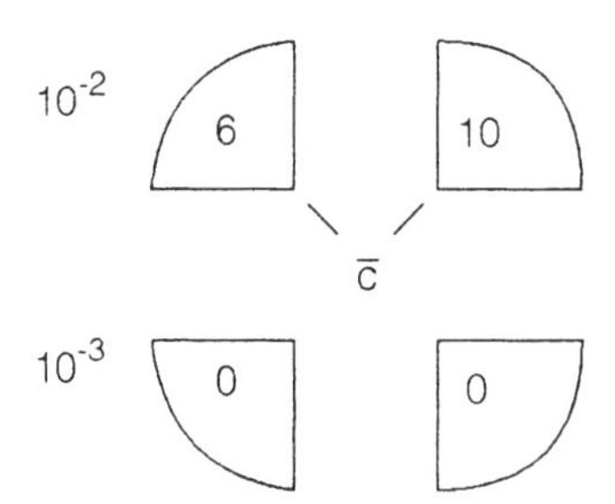

$$\bar{c} = \frac{6 + 10}{2 \cdot 1} = 8{,}0$$

Ergebnis: $8{,}0 \cdot 10^2$

Beispiel 4
Verdünnungsstufe

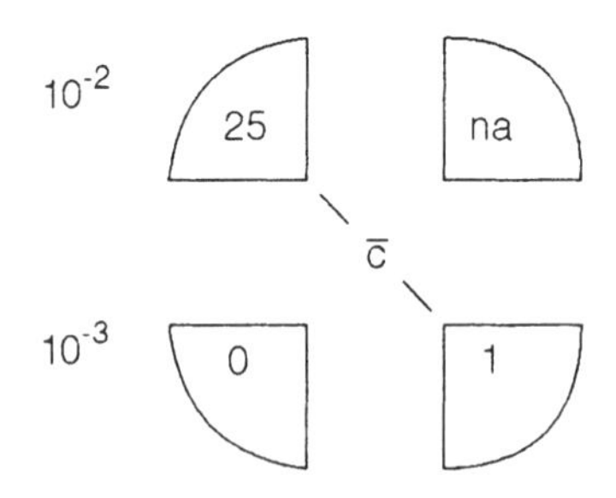

$$\bar{c} = \frac{25 + 1}{1 \cdot 1 + 1 \cdot 0{,}1} = \frac{26}{1{,}1} = 23{,}64$$

Ergebnis: $23{,}64 \cdot 10^2 = 2{,}4 \cdot 10^3$

na = nicht auswertbar

4.5 Untersuchungsbericht

Der Untersuchungsbericht kann folgendermaßen aussehen:

Datum	**Lebensmittel**	**Art der Untersuchung**	**Untersuchungsmenge**
19.4.1993	Kochschinken	Bestimmung der KBE/g	10 g
Verdünnungsflüssigkeit		**Zerkleinerungsverfahren**	**Verfahren**
Peptonwasser 0,1 % Kochsalz 0,85 %		Stomacher 400	Gusskultur
Medium		**Bebrütungszeit und -temperatur**	
Plate Count Agar		72 h bei 30 °C	
Verdünnungen		**Ergebnis**	
10^{-2} 10^{-3} 10^{-4} über 300 150 12 über 300 162 17		KBE/g 1,6 x 10^5	

Der Untersuchungsbericht muss mindestens enthalten:

- Art, Herkunft und Bezeichnung der Probe
- Art und Datum der Probenahme
- Eingangs- und Untersuchungsdatum
- Temperatur, bei der die Probe bis zur Untersuchung gelagert wurde
- Sensorischer Befund
- pH-Wert
- Zerkleinerungsverfahren
- Untersuchungsverfahren
- Art der Medien, Bebrütungszeit und -temperatur, Verdünnungsflüssigkeit
- Anzahl der Kolonien bei den entsprechenden Verdünnungen
- Keimzahl pro g oder ml (Art der Berechnung)
- Gegebenenfalls Abweichungen von festgelegten Verfahren

4.6 Membranfiltration

4.6.1 Prinzip und Anwendung

Eine flüssige Probe passiert eine Membran mit bekannten physikalischen Eigenschaften (Zusammensetzung, Porengröße). Die Mikroorganismen, deren Durchmesser größer ist als der Durchmesser der Poren, werden zurückgehalten und auf einem Medium nach Bebrütung als Kolonien nachgewiesen. Das Verfahren ist anwendbar bei allen filtrierbaren Lebensmitteln. Durch den Zusatz von Enzymen können zahlreiche Lebensmittel filtriert werden. Als besonders vorteilhaft haben sich hydrophobe Gittermembranen erwiesen. Das HGMF-Verfahren (Hydrophobic-Grid-Membran-Filter) vereinigt die Vorteile der Membranfiltration mit dem eines Most-Probable-Number(MPN-)Systems. Auch wird die automatische Auswertung erleichtert, da die Kolonien nicht zusammenwachsen und die Filterfläche größer ist als bei den üblichen Membranfiltern (SHARPE, 1989). Für den Nachweis von Mikroorganismen werden Porengrößen von 0,22 bis 0,45 μm verwendet.

4.6.2 Methodik der Membranfiltration

Membranfilter

Die Membranfilter sollten als Sterilfilter bezogen werden.

Sterilisation des Filtrationsgerätes

Es können Filtrationsgeräte aus Stahl oder Kunststoff verwendet werden. Das Filtrationsgerät kann zur Sterilisation mit eingelegtem Membranfilter bei 121 °C im Autoklaven 30 min erhitzt werden. Für Routineuntersuchungen ist dieser Weg allerdings zu umständlich. Zweckmäßig wird bei Routineuntersuchungen und der Verwendung eines Gerätes aus Stahl folgendermaßen verfahren: Das Unterteil des Gerätes wird mithilfe eines Stopfens auf die Saugflasche oder Mehrfachsaugvorrichtung gesetzt. Diese wird durch einen Vakuumschlauch und eine Woulffsche Flasche mit der Laborpumpe verbunden (bei Benutzung einer Wasserstrahlpumpe erübrigt sich eine Woulffsche Flasche). Der Hahn im Unterteil des Gerätes wird geöffnet und die Pumpe in Betrieb gesetzt. Mit dem Bunsenbrenner werden Filtriertisch und Metallfritte (vorher mit Spiritus abreiben) so abgeflammt, dass die Flamme auch in die Fritte gesaugt wird. Nach Verschwinden von Kondenswasser wird der Hahn geschlossen. Nun wird der Aufsatz mit der Hand gefasst, am Unterteil abgeflammt und auf den Filtriertisch gesetzt. Der Aufsatz wird mit einem Hebelverschluss am Unterteil befestigt. Abschließend wird der Aufsatz mit Spiritus ausgewischt und ausgeflammt. Durch Eingießen von sterilem destilliertem Wasser kann das Gerät gegebenenfalls ausgekühlt werden. Nach Absaugen des Wassers wird sofort der Deckel aufgesetzt. Bei mikrobiologischen Routineuntersuchungen geht der oben beschriebenen Sterilisationsmethode immer ein sorgfältiges Ausspülen des Aufsatzes und der Fritte mit Wasser voraus, um ein Anbrennen z. B. von Zuckerresten zu verhindern.

Filtration

Um eine Verunreinigung mit Luftkeimen zu verhindern, ist in einem Raum ohne Luftzug neben einer brennenden Bunsenbrennerflamme zu arbeiten. Vor der Filtration kohlensäurehaltiger Getränke, insbes. Bier, sollten einige Tropfen Antischaummittel (z. B. Silikonöl) in die Saugflasche gegeben werden, um ein heftiges Aufschäumen des Filtrats zu vermeiden. Mit einer sterilen Pinzette wird ein steriler Membranfilter nach Abnehmen des Aufsatzes auf den Filtertisch des Geräteunterteils gelegt.

Der Aufsatz wird sofort wieder aufgesetzt. Die zu untersuchende Probe wird nach Abnehmen des Deckels in den Aufsatz gegossen, der Deckel wieder aufgesetzt. Der Luftstutzen des Deckels ist bei Geräten aus Edelstahl mit Watte, bei solchen aus Polycarbonat mit einem aufsetzbaren Sterilfilter zu verschließen.

Die Membranfiltration beginnt mit dem Öffnen des Hahnes an der Unterseite des Gerätes. Die Beschreibung der Sterilisation des Filtrationsgerätes und der Filtration trifft zu für das Gerät aus Edelstahl für Unterdruckfiltration der Fa. Sartorius, Göttingen. Im Prinzip ist die Handhabung bei den Geräten anderer Hersteller jedoch ähnlich.

Die Untersuchungsmenge ist abhängig von der darin befindlichen Keimzahl. Um reproduzierbare Ergebnisse zu erreichen, ist es notwendig, immer bestimmte Probemengen zu filtrieren. Die Koloniezahl sollte zwischen 30 und 200 pro 12,5 cm^2 wirksamer Filtrationsflächen liegen. Die maximale Belegungsdichte sollte 200 Kolonien nicht überschreiten. Dies gilt für Filter von 47 und 50 mm Durchmesser. Bei höherer Keimzahl muss man die Probe verdünnen.

4.6.3 Kultivierung der Membranfilter

Nährkartonscheiben (NKS)

Vor Beginn der Filtration wird die Nährkartonscheibe mit einer sterilen Pinzette in eine Petrischale gelegt. In Petrischalen mit 50 mm Durchmesser wird vorher etwa 3,5 ml steriles destilliertes Wasser pipettiert. Nach der Filtration wird der Membranfilter mit einer sterilen Pinzette (Filter nur vorsichtig am Rand anfassen) dem Filtrationsgerät entnommen und auf die feuchte Nährkartonscheibe gelegt. Durch Abrollen des Membranfilters beim Auflegen erreicht man vollkommenen Kontakt zwischen Membranfilter und Nährkartonscheibe und vermeidet so einen Lufteinschluss.

Zahlreiche Nährkartonscheiben mit selektiven und chromogenen Medien sind verfügbar (Dr. Möller & Schmelz, Göttingen).

Verwendung von Agar-Nährböden

Beim Auflegen der Membranfilter auf feste Nährböden verfährt man in der gleichen Weise wie beim Auflegen auf Nährkartonscheiben.

Während man zur Bebrütung die Petrischalen mit Agarnährböden auf den Kopf stellt, um zu verhindern, dass Kondenswasser auf den Membranfilter tropft, werden die Petrischalen mit Nährkartonscheiben nicht umgedreht. Für die Verwendung von Agarnährböden im Rahmen der Membranfiltermethode sollten diese nur 1,0–1,5 % Agar enthalten, um günstige Diffusionsbedingungen zu schaffen.

Bebrütung der Membranfilter

Die Bebrütungsdauer und die Bebrütungstemperatur hängen von der Art der nachzuweisenden Mikroorganismen ab.

4.6.4 Membranfiltration mit dem Milliflex™-100 System

Der Zeit- und Arbeitsaufwand für die Membranfiltration können durch Verwendung des Milliflex™-100 Systems entscheidend verringert werden. Die gebrauchsfertigen Milliflex-Einheiten bestehen aus einem 100 ml-Trichter und einer 0,45 μm Membran mit Gitteraufdruck. Ein steriles Stützsieb sorgt für eine aseptische Trennung zwischen der Milliflex-Einheit und dem Aufnahmeflansch der Vakuumpumpe. Ist der Filtrationsschritt abgeschlossen, kann die Einheit über eine Medienkassette mit Nährboden zur Bebrütung versorgt werden.

4.7 Spiralplattenmethode

Bei der Spiralplattenmethode werden Flüssigkeiten direkt und bei festen Lebensmitteln die Erstverdünnung verwendet. Eine definierte Probemenge wird in Form einer Archimedesspirale auf eine sich drehende Petrischale entlassen. Die Keimzahl wird mit einer Schablone, einem Laser-Counter oder einem Bildanalysegerät ausgewertet. Das Verfahren ist geeignet für die Untersuchung von partikelfreien Flüssigkeiten. Bei festen Lebensmitteln muss die zu untersuchende Erstverdünnung von störenden Lebensmittelbestandteilen befreit werden.

4.8 Titerverfahren

Der so genannte „Keimtiter" gibt das kleinste Volumen der Probe an, in dem gerade noch ein Mikroorganismus durch seine Vermehrung nachweisbar ist (Dimension: ml).

Hierbei werden flüssige Nährmedien oder Selektivmedien mit jeweils abgewogenen oder abgemessenen Mengen des Lebensmittels oder des Homogenisates beschickt. Nach der Bebrütung wird überprüft, ob sich Mikroorganismen vermehrt haben. Ein einziger Keim kann durch Anreicherung in 100 g bis 1000 g nachgewiesen werden. Bestätigt wird die Vermehrung visuell (Trübung) oder mikroskopisch.

Es werden z. B. von einem Lebensmittel 100 g, 10 g, 1 g und 0,1 g in entsprechende Nährmedien eingebracht und bebrütet. Dann wird festgestellt, bei welcher Menge Lebensmittel die zu prüfenden Mikroorganismen noch nachgewiesen werden können. Danach lassen sich folgende Aussagen machen:

Mikroorganismen abwesend in 100 g = weniger als 1 Keim/100 g

Mikroorganismen abwesend in 10 g = weniger als 1 Keim/10 g

Mikroorganismen abwesend in 1 g = weniger als 1 Keim/1 g

Mikroorganismen abwesend in 0,1 g = weniger als 10 Keime/1 g

Mikroorganismen abwesend in 0,01 g = weniger als 100 Keime/1 g

Mikroorganismen abwesend in 0,001 g = weniger als 1000 Keime/1 g

Diese Titerzahlen werden in der Regel nur im Zusammenhang mit pathogenen oder toxinogenen Mikroorganismen oder Indikatororganismen wie *Escherichia coli*, coliforme Bakterien oder Enterobacteriaceen mithilfe von Selektivmedien ermittelt.

4.9 Wahrscheinlichste Keimzahl, MPN-Verfahren

Prinzip und Anwendung

Das MPN-Verfahren (MPN = Most Probable Number) versucht durch mehrfachen Ansatz der Einwaagen auf statistischem Wege die „wahrscheinlichste Keimzahl" zutreffend zu bestimmen. Dabei werden von jeder Einwaage mehrere

Röhrchen oder Kölbchen parallel nebeneinander beschickt. Das Verfahren wird eingesetzt, wenn Keimzahlen unter 100/g erfasst werden sollen. Je nach der vorhandenen Keimzahl ergibt sich in den unteren Verdünnungen eine bestimmte Verteilung positiver und negativer Röhrchen. Aufgrund statistischer Überlegungen lässt sich jeder der möglichen Verteilungen an bewachsenen und unbewachsenen Röhrchen innerhalb der Verdünnungsreihen eine wahrscheinliche Keimzahl zuordnen.

Es gibt Auswertungstabellen für MPN-Zählungen mit 3 Parallelröhrchen (s. Tab. II.4-1), 5 und 10 Parallelröhrchen. Mit steigender Zahl der Parallelen nimmt die Genauigkeit zu. Entscheidend ist immer, dass genügend weit verdünnt worden ist und eindeutig negative Ergebnisse vorliegen. Jedes positiv angesprochene Röhrchen oder Kölbchen muss kulturell bestätigt werden. Dies ist besonders wichtig bei der Verwendung von Selektivmedien. Mit der MPN-Methode kann auch in großen Lebensmittelmengen, z.B. 100 g, bei Verwendung entsprechend großer Gefäße eine niedrige Keimzahl erfasst werden.

3-3-3 Methode

Für Routineuntersuchungen werden im Allgemeinen 3 Verdünnungsreihen mit 3 Reagenzgläsern pro Ansatz empfohlen. Die erzielte Exaktheit lässt sich jedoch aus der MPN-Zahl allein nicht ablesen. Zur besseren Information sollte deshalb das Vertrauensintervall für den „wahren Keimgehalt" zusätzlich angegeben werden. Beim Anlegen der Verdünnungen muss soweit verdünnt werden, dass die höchstgewählte Verdünnung steril ist. Nach der Bebrütung werden alle Röhrchen ausgewertet. Aus der Anzahl der positiven Röhrchen ergibt sich die Stichzahl (significant number).

Beispiele:

a)

Verdünnungen	10^{-2}	10^{-3}	10^{-4}
positive Röhrchen	3	1	0
Stichzahl	310		
MPN/g	430		

Stichzahl: Anzahl der bewachsenen Röhrchen, in der Reihenfolge fortschreitender Verdünnung geschrieben.

Die wahrscheinlichste Keimzahl bei der Stichzahl 310 (Tab. II.4-1) beträgt 4,3. Nach Multiplikation mit dem Verdünnungsfaktor 10^2 ergibt sich die wahrscheinlichste Keimzahl von 430/g.

b)

Verdünnungen	10^{-1}	10^{-2}	10^{-3}	10^{-4}
positive Röhrchen	2	2	1	1
Stichzahl	211			
MPN/g	200			

c)

Verdünnungen	10^{-2}	10^{-3}	10^{-4}
positive Röhrchen	3	3	3
Stichzahl	333		
MPN/g	>11.000		

Erklärungen zu Tab. II.4-1 (nächste Seite):

Kategorie 1: Am wahrscheinlichsten vorkommende Röhrchenkombinationen. Andere Kombinationen ergeben sich mit einer Wahrscheinlichkeit von höchstens 5 %.

Kategorie 2: Weniger wahrscheinlich als in Kategorie 1 vorkommende Röhrchenkombinationen. Andere Kombinationen als in Kategorie 1 und 2 ergeben sich mit einer Wahrscheinlichkeit von höchstens 1 %.

Kategorie 3: Noch weniger wahrscheinlich als in Kategorie 2 vorkommende Röhrchenkombinationen. Andere Kombinationen als in Kategorie 1 bis 3 ergeben sich mit einer Wahrscheinlichkeit von höchstens 0,1 %.

Röhrchenkombinationen, die nach der Wahrscheinlichkeit ihres Vorkommens noch unterhalb der Grenze der Kategorie 3 liegen, sind in der Tabelle nicht angegeben. So weisen Röhrchenkombinationen wie 002, 003, 011, aber auch 303 und 123 auf eine fehlerhafte Methode oder einen ungeeigneten Einsatzbereich des MPN-Verfahrens hin. (Amtl. Sammlung § 35 LMBG, L 01.00 – 25. Juni 1987)

Tab. II.4-1: MPN-Tabelle für Verdünnungsreihen mit dreifachem Ansatz (Amtl. Sammlung § 35 LMBG, L 01.00-2, Dez. 1991)

Anzahl der Verdünnungsstufen	3		
Verdünnungen	1	0.1	0.01
Anzahl der Röhrchen	3	3	3

3 x 1.0	3 x 0.1	3 x 0.01 g (ml)			Vertrauensbereich	
Anzahl positive Ergebnisse			MPN	Kategorie	≥95 %	
0	0	0	<0.30		0.00	1.10
0	0	1	0.30	3	0.00	1.10
0	1	0	0.30	2	0.00	1.20
0	2	0	0.62	3	0.08	2.00
1	0	0	0.36	1	0.01	2.00
1	0	1	0.72	2	0.08	2.00
1	1	0	0.74	1	0.09	2.20
1	1	1	1.10	3	0.30	3.60
1	2	0	1.10	2	0.30	3.60
1	2	1	1.50	3	0.30	4.30
1	3	0	1.60	3	0.30	4.30
2	0	0	0.92	1	0.10	3.60
2	0	1	1.40	2	0.30	3.60
2	1	0	1.50	1	0.30	4.30
2	1	1	2.00	2	0.30	4.40
2	2	0	2.10	1	0.30	4.60
2	2	1	2.80	3	0.70	11.10
2	3	0	2.90	3	0.70	11.10
3	0	0	2.30	1	0.30	11.10
3	0	1	3.80	1	0.70	12.10
3	0	2	6.40	3	1.30	20.00
3	1	0	4.30	1	0.70	20.00
3	1	1	7.50	1	1.40	23.00
3	1	2	12.00	3	3.00	37.00
3	2	0	9.30	1	1.60	36.00
3	2	1	15.00	1	3.00	44.00
3	2	2	21.00	2	3.00	47.00
3	2	3	29.00	3	7.00	122.00
3	3	0	24.00	1	4.00	122.00
3	3	1	46.00	1	7.00	235.00
3	3	2	110.0	1	20.00	480.00
3	3	3	>110.0			

4.10 Direkte Bestimmung der Zellzahl (Gesamtkeimzahl)

4.10.1 Nachweis von Hefen mit der THOMA-Kammer

Die Zählkammer nach THOMA ist ein dicker, plangeschliffener Objektträger, in den in der Mitte ein von zwei Rinnen begrenzter Steg eingeschliffen ist. In den Steg ist ein Netzquadrat eingeätzt. Das Netzquadrat enthält bei der Thomakammer 400 Kleinquadrate mit je 0,05 mm Kantenlänge. 16 Kleinquadrate machen ein Großquadrat aus.

Fläche des Kleinquadrates = 0,0025 mm^2

Fläche des Großquadrates = 0,04 mm^2

Die Oberfläche des Steges liegt 0,1 mm unter der Objektträgeroberfläche, so dass bei Auflage eines plangeschliffenen Deckglases (Dicke etwa 0,2 mm) ein Hohlraum entsteht. Über jedem Kleinquadrat sind 0,00025 mm^3, über jedem Großquadrat sind 0,004 mm^3. Das Deckglas wird auf den Objektträger gelegt. Die Füllung der Kammer erfolgt mit einer Kapillarpipette vom Rande her. Nur der Raum über dem Steg sollte gerade gefüllt sein.

Ausgezählt wird unter dem Mikroskop (etwa 400fach). Die Zahl der Zellen pro Großquadrat sollte zwischen 50 und 80 liegen, andernfalls muss weiter verdünnt werden. Während des Zählens verändert man ständig mit einer Hand den Feintrieb der Höheneinstellung, weil die Tiefenschärfe nicht ausreicht, um alle Hefen über dem Zählnetz zu erfassen. Man zählt 4 Großquadrate in einer Diagonale und berechnet daraus die Zahl der Mikroorganismen pro ml = N.

$$N = \frac{\text{Zahl der Mikroorganismen pro Großquadrat} \cdot 10^6}{4}$$

Die Zählung muss mindestens einmal mit neu gefüllter Kammer wiederholt werden.

4.10.2 Nachweis von Bakterien

Zur Zählung von Bakterien sollten Zählkammern mit einer Tiefe von 0,02 mm verwendet werden, wie Zählkammer nach HELBER, PETROFF, HAUSER oder BÜRKER-TÜRK. Bei beweglichen Bakterien kann der Probensuspension Formalin zugesetzt werden. Es sollte unter dem Phasenkontrastmikroskop ausgezählt werden.

4.11 Bestimmung der Mikroorganismenkonzentration durch Trübungsmessung

Die Mikroorganismenkonzentration kann durch Lichtstreuungsmessung oder Trübungsmessung bestimmt werden.

Mikroorganismen, die in Wasser suspendiert sind und sich in ihrem Brechungsindex von dem umgebenden Medium unterscheiden, verursachen eine Trübung. Zur Trübung kommt es durch eine Streuung der durchfallenden Lichtstrahlen an der Grenzfläche Wasser/Partikel. Die Intensität des gestreuten Lichtes der Probe wird verringert. Gemessen werden kann entweder die Intensität des gestreuten Lichtes oder die Intensitätsschwächung des eingestrahlten Lichtes. Die Messungen können mit einem Trübungsmessgerät oder einem Photometer erfolgen (DREWS, 1983, BAST, 1999).

Die Trübung ist abhängig von der Teilchenkonzentration, der Größe und Form der Teilchen, dem Unterschied ihres Brechungsindex zu dem des Suspensionsmediums, von der Wellenlänge des Lichts und ebenso von der Länge des Lichtweges durch die Suspension.

Die Trübungsmessung ist eine einfach zu handhabende Methode zur Bestimmung einer notwendigen Zelldichte für Identifizierungen, Resistenzprüfungen, Vitaminbestimmungen und Desinfektionsmittelprüfungen.

Auch in Lebensmitteln können Mikroorganismen durch Trübungsmessungen bestimmt werden. Automatische Trübungsmessgeräte, bei denen die Lebensmittel automatisch in Tüpfelschalen dosiert, verdünnt, bebrütet, geschüttelt und gemessen werden (alle 10 min bei 620 nm), haben sich für die Untersuchung von Fleisch und Fleischerzeugnissen (Rohwurst, Hamburger, Hackfleisch) und Milch bewährt (MATTILA, 1987, JACOB et al., 1989). Die Nachweiszeit bei Fleischerzeugnissen betrug bei 10^2 Mikroorganismen pro Gramm 24 h, bei 10^4/g etwa 8 h. Um die Eigentrübung der Lebensmittelbestandteile auszuschließen, muss die Probe ausreichend verdünnt werden (Milch z.B. 1:100 bis 1:1000).

4.12 Petrifilmverfahren

Als Alternative zu agarhaltigen Medien in Petrischalen wurde in den USA eine Methode entwickelt, bei der Agar durch kaltquellendes, wasserlösliches Guar ersetzt wird. Die „Petrifilm™-Plates" bestehen aus einer Deck- und Unterfolie, die das getrocknete Medium und Guar enthalten (Aerobic Count Plates, E. coli and Coliform Plates, Yeast and Mold Plates). Von dem Lebensmittel bzw. den Verdünnungen wird 1 ml mit einem Stempel auf der Folie gleichmäßig verteilt. Die „Petrifilm-Plates" werden wie Petrischalen bebrütet und ausgezählt. Gute Übereinstimmungen zwischen der konventionell ermittelten Keimzahl bzw. den mit den „Petrifilm™-Plates“ ermittelten Keimzahlen wurden bei zahlreichen Lebensmitteln erzielt (CURIALE et al., 1997, KNIGHT et al., 1997, BÜLTE et al., 1998, de BOER und BEUMER, 1999).

Vorteile der Methode

- Einfache Handhabung.
- Keine Herstellung von Medien erforderlich.
- Lange Vorratshaltung (unangebrochene Packung bei +4 °C bis 2 Jahre).

Nachteile des Verfahrens

Die „Petrifilm™-Plates“ mit Standard-Medium (SM) zur Bestimmung der aeroben Koloniezahl sind nicht anwendbar, wenn bestimmte Bazillen (z.B. *Bacillus subtilis*) oder Schimmelpilze (z.B. *Aspergillus (A.) niger, A. oryzae*) vorhanden sind, die das Galaktomannan (Guar) durch Hemicellulasen abbauen und verflüssigen. In diesen Fällen waren Kolonien auf den „SM-Plates“ nicht auszählbar (GÖTZE und BAUMGART, 1990).

4.13 Tauchverfahren

Für dieses Verfahren gibt es Kunststoffträger, die auf einer oder beiden Seiten mit Medien beschichtet sind. Der beschichtete Träger wird kurz in das Lebensmittel oder in Verdünnungen getaucht. Den Überschuss lässt man ablaufen oder tupft ihn ab, indem man die Platte kurz auf ein Filterpapier setzt. Zur Bebrütung wird der beschichtete Träger im Röhrchen bebrütet. Die Koloniedichte wird durch Vergleich mit Standardvorlagen der verschiedenen Herstellerfirmen verglichen. Die Methode ist für Koloniezahlen ab etwa 10^3/ml geeignet (BÜLTE und REUTER, 1982). In Abwandlung des üblichen Einsatzes der Dip-Slides (Abklatschverfahren, Eintauchen in Verdünnungen homogenisierter Lebensmittel oder in Abschwemmungen von Oberflächen) wurden von SCHMIDT-LORENZ und Mitarb. (1982) die festen Lebensmittel direkt in einer Flasche einfach durch Schütteln „homogenisiert“ und anschließend die mit dem Deckel verbundenen Dip-Slides geflutet (Food Culture Bottle, FCB, Hoffman LaRoche). Die Methode ist einfach in der Handhabung, sie ist semiquantitativ und erlaubt eine Untersuchung unabhängig vom Laboratorium direkt an Ort und Stelle der Produktherstellung oder Lagerung.

4.14 Schnellnachweis von Mikroorganismen

Eine mikrobiologische Eigenkontrolle der Lebensmittelbetriebe ist mit den ISO- und DIN-Methoden oder jenen nach § 35 LMBG nur eingeschränkt möglich. Zahlreiche Verfahren sind für die betriebliche Praxis sogar ungeeignet, da die Ergebnisse erst nach 3–4 Tagen, in besonderen Fällen nach 8–10 Tagen vorliegen. Nicht nur die Nachweiszeiten sind zu lang, sondern auch der Arbeitsaufwand der konventionellen Methoden ist häufig zu hoch und die Laborleistung zu niedrig.

Seit Jahren wird nach schnelleren und alternativen Methoden gesucht. Zahlreiche Schnellmethoden bzw. alternative Verfahren werden bereits eingesetzt (Tab. II.4-2). Einige Methoden haben nur einen begrenzten Einsatzbereich, da sie nur die Gesamtzahl an Mikroorganismen bzw. die Biomasse oder nur die Zahl an gramnegativen Bakterien nachweisen, andere arbeiten auch selektiv. Bevor Schnellmethoden bzw. alternative Methoden eingesetzt werden, sollte vergleichend zur Standardmethode (Methode nach § 35 LMBG, ISO- oder DIN-Methode) die Sensitivität und Spezifität bestimmt werden, d.h. der Anteil an falsch-positiven und falsch-negativen Ergebnissen. Falsch-negative Ergebnisse sollten nicht vorkommen. Ein falsch-negatives Ergebnis liegt dann vor, wenn die Ziel-Organismen nicht ermittelt werden können, obwohl sie in der Probe vorhanden sind. Bei dem Nachweis pathogener Mikroorganismen wird eine hohe Sensitivität erwartet (Tab. II.4-3). Akzeptiert werden kann bei Schnellmethoden dagegen ein höherer Anteil an falsch-positiven Ergebnissen (de BOER und BEUMER, 1999).

$$\text{Die Sensitivität in \%} = \frac{\text{Anzahl der wahren positiven Ergebnisse (p)}}{\text{p + Anzahl der falsch-negativen Ergebnisse}} \times 100$$

Bei dem Nachweis pathogener Mikroorganismen sollte die Sensitivität 100% betragen.

$$\text{Die Spezifität in \%} = \frac{\text{Anzahl der wahren negativen Ergebnisse (n)}}{\text{n + Anzahl der falsch-positiven Ergebnisse}} \times 100$$

Ein falsch-positives Ergebnis vermindert den %-Satz der Spezifität.

Schnellmethoden bzw. alternative Verfahren müssen gegenüber Standard-Methoden validiert werden. Zu empfehlen ist die Überprüfung mit natürlich kontaminierten Proben, wobei der Gehalt an nachzuweisenden pathogenen Mikroorganismen im Produkt gering sein sollte. In den USA erfolgt eine Validierung durch die Association of Analytical Chemists (AOAC), in Frankreich durch die Association Française de Normalisation (AFNOR). Für die Europäische Union wurde das Projekt MICROVAL initiiert.

Tab. II.4-2: Schnellnachweis von Mikroorganismen

Verfahren	Art des Nachweises	Zeit
Biolumineszenz (ATP)	„Gesamtkeimzahl" Hygienekontrolle	10–30 min 1 min
DEFT	„Gesamtkeimzahl"	10 min–1,5 Std.
Colorimetrische Verfahren	„Gesamtkeimzahl" und selektiver Nachweis	7–24 Std.
Durchflusscytometrie	Bakterien, Hefen	15 min–24 Std.
Impedanz	Selektiver Nachweis	7–42 Std.
Immunologische Methoden	Mikroorganismen und Toxine	Minuten bis Stunden
Gensonden (DNA-DNA- oder DNA-RNA-Sonden)	Bakterien, Hefen, Schimmelpilze	1–2 Std.
PCR (Polymerase Chain Reaction)	Bakterien, Hefen, Schimmelpilze	bis 24 Std.
Bio- und Immunosensoren	Bakterien, Hefen, Schimmelpilze	Minuten bis Stunden
FT-IR-Spektroskopie	Identifizierung von Bakterien und Hefen	ca. 24 Std.
Automatische Typisierung der DNA/RNA z.B. RiboPrinter™	Identifizierung von Bakterien	ca. 8 Std.

Tab. II.4-3: Sensitivität und Spezifität von Schnellmethoden zum Nachweis von Listerien (de BOER und BEUMER, 1999)

Art der Methode	% Sensitivität	% Spezifität
Immunologische Methoden		
- VIDAS-LMO (bioMerieux)	93	100
- Listeria Rapid Test (Oxoid)	70	100
- Listeria Visual Immunoassay (Tecra)	97	100
Gensonden	100	100
- Gene-Trak		

Schnellmethoden bzw. alternative Verfahren müssen gegenüber Standard-Methoden validiert werden. Zu empfehlen ist die Überprüfung mit natürlich kontaminierten Proben, wobei der Gehalt an nachzuweisenden pathogenen Mikroorganismen im Produkt gering sein sollte. In den USA erfolgt eine Validierung durch die Association of Analytical Chemists (AOAC), in Frankreich durch die Association Française de Normalisation (AFNOR). Für die Europäische Union wurde das Projekt MICROVAL initiiert.

4.14.1 Nachweis von Adenosintriphosphat
(KYRIAKIDES und PATEL, 1994)

4.14.1.1 Prinzip des Verfahrens

Jede lebende Mikroorganismenzelle und somatische Zelle enthält Adenosintriphosphat (ATP) in nahezu konstanten Mengen. Über die quantitative Bestimmung des ATPs lässt sich somit indirekt die Zellzahl ermitteln. Der Nachweis des ATPs erfolgt mitttels Biolumineszenz. Bei Vorhandensein von ATP und Magnesiumionen sowie Luciferin und Luciferase kommt es zur Bildung eines Luciferin-Luciferase-AMP-Komplexes und der Freisetzung von Licht als Energie, die proportional der ATP-Konzentration ist:

Luciferin + Luciferase + ATP + Mg^{2+} → Luciferin-Luciferase-AMP + O_2 →
Oxiluciferin + Luciferase + AMP + CO_2 + **Licht**

Die Ergebnisse der Messung können als relative Lichteinheiten (RLU) angegeben werden oder in Femtogramm (fg) ATP (1 fg = 10^{-15} g). Die Messung in relativen Lichteinheiten bietet sich dann an, wenn geringe Interferenzen mit der Probenmatrix auftreten. Ein besserer Vergleich zwischen Messreihen und Laboratorien ist durch eine quantitative Bestimmung und Verwendung eines ATP-Standards gegeben. Mit einem ATP-Standard können darüber hinaus störende Faktoren, z.B. Salze, Verfärbungen der Probelösung, kompensiert werden.

4.14.1.2 Einsatzbereiche

A. Nachweis der Keimzahl

Bewährt hat sich der Nachweis von ATP als Screening-Methode:

- Bestimmung des Oberflächenkeimgehaltes von Frischfleisch (BAUMGART, 1993, ELLERBROEK et al., 1998, ZWARTKRUIS et al., 1999)
- Bestimmung des Oberflächenkeimgehaltes von Fisch (WARD et al., 1986)
- Nachweis von Bakterien in Milch (GRIFFITH und PHILLIPS, 1989, TARKKANEN, 1999)
- Nachweis von Bakterien im Eiscreme und Fruchtsaft (KYRIAKIDES und PATEL, 1994)
- Nachweis von Bakterien im Bier (SCHWILL-MIEDANER und EICHERT, 1998)
- Nachweis von Hefen im Wein (THOMAS und ACKERMAN, 1988)
- Sterilitätskontrolle von Pharmaka (BUSSEY und TSUJI, 1986) und Kosmetika (BAIRD und BLOOMFIELD, 1996)

Durch Verwendung von Mikrotiterplatten anstelle von Küvetten konnte der Nachweis automatisiert werden (TARKKANEN, 1999).

Für Getränkeuntersuchungen ist das MicroStarSystem bzw. das BevScreen™-System entwickelt worden (Fa. Millipore). Beim MicroStarSystem werden die Mikroorganismen durch Filtration gesammelt, die Testfilter entweder sofort verarbeitet (Hefen) oder kurz inkubiert (Bakterien) und anschließend mit Chemikalien für den Biolumineszenz-Nachweis behandelt. Aus den Zellen auf der Membran wird ATP freigesetzt. Die Biolumineszenz einer jeden Zelle oder Mikrokolonie (nach kurzer Bebrütung der Filter) wird verstärkt und die Signale mit einer Kamera erfasst. Ein hoch entwickelter Bildprozessor weist die Mikroorganismen nach, zeigt sie auf dem Bildschirm an und zählt sie aus.

Empfindlichkeit des ATP-Nachweises

Die Nachweisgrenze lag bei der Untersuchung von Geflügelhaut bei log 3,5 bis 4,5 KBE/cm^2 (ELLERBROEK et al., 1998) bzw. bei 500 Zellen/cm^2 bei der Untersuchung von Kälberschlacht-Tierkörpern (ZWARTKRUIS et al., 1999) und $>\log_{10}$ 2,0 bei Rinder- und 3,2 bei Schweineschlachttierkörpern (SIRAGUSA et al., 1995). Für den Nachweis von Hefen sind etwa 10^2 Zellen erforderlich (BETTS, 1994). Zahlreiche Messgeräte sind verfügbar. Bewährt haben sich u. a. die Geräte Biocounter M 1800 mit einem Biofiltrationssystem, Biocounter M 2500 (Celsis-Lumac) und CellScan™ (Transia).

Anmerkungen zur Keimzahlbestimmung durch Nachweis von ATP auf Fleischoberflächen

Die ATP-Messung ist bei Eingangskontrollen in Fleisch verarbeitenden Betrieben als betriebseigene Kontrolle empfehlenswert. Die große Streuung der Keimverteilung auf der Fleischoberfläche und methodische Unsicherheiten bedingen die Untersuchung einer größeren Anzahl von Proben aus einer Charge, um anhand von betriebsinternen Grenzwerten eine Qualitätsbeurteilung des Anlieferungsmaterials vorzunehmen.

B. Hygienekontrolle

Bewährt hat sich der ATP-Nachweis zur Hygienekontrolle nach erfolgter Reinigung und Desinfektion (BAUMGART, 1996a, KLEINER und MOTSCH, 1998), zur Bestimmung des Hygienestatus von Schankanlagen (SCHWILL-MIEDANER et al., 1997) und zur Untersuchung des Spülwassers in CIP-Einrichtungen.

Empfindlichkeit des Verfahrens

Nachweisen ließen sich unter 40 KBE/cm^2 (SEEGER und GRIFFITHS, 1994). Mit einem colorimetrischen ATP-Nachweis (SpotCheck™, Fa. Celsis) konnte die Empfindlichkeit gesteigert werden (EASTER, 1999). Es sei jedoch betont, dass das Ziel der Hygienekontrolle nicht allein der Nachweis von Mikroorganismen ist, sondern die Erfassung der gesamten Biomasse, also auch der somatischen Zellen. Zahlreiche geeignete und einfach zu bedienende Geräte werden in der Praxis eingesetzt, wie z.B CellScan™ (Transia), Checkmate™ (Celsis-Lumac), HY-LITE™ (Merck), Lightning™ (IDEXX, R-Biopharm), Uni-Lite XCEL™ (IUL), BioOrbit (Coring-System).

Anmerkungen zum Verfahren der ATP-Bestimmung und Fehlermöglichkeiten

- Mit der ATP-Biolumineszenz lassen sich sofort im Anschluss an die Reinigung und Desinfektion Kontrollen über die Wirksamkeit der Maßnahmen durchführen, dokumentieren und entsprechend den Ergebnissen Maßnahmen einleiten.
- Die ATP-Messung ist nur auf optisch sauberen Flächen sinnvoll, da Protein-, Blut- oder Fettreste sowie Lipidmembranen höhere Lichtwerte ergeben.
- Reste von Reinigungs- und Desinfektionsmitteln (Na-hypochlorid, Alkohol, quarternäre Ammoniumverbindungen, Peroxide, Jodverbindungen, Milchsäure, Alkohol) und niedrige pH-Werte ($<4{,}0$) sowie fehlende Temperaturkorrektur können die Messung beeinflussen, so dass eine Kontrolle mit einem ATP-Standard zu empfehlen ist (GREEN et al., 1999, CALVERT et al., 2000, LAPPALAINEN et al., 2000). Sollte dies aufgrund der Messapparatur nicht möglich sein, so sind Kontrollmessungen von gereinigten und desinfizierten Sterilflächen durchzuführen.

- Für die Bewertung sind produktabhängige und betriebsspezifische Richtwerte zu erstellen. Generelle Richtwerte zur Hygienekontrolle von Lebensmittelbetrieben sind dagegen nicht sinnvoll.
- Eine Abhängigkeit der Messergebnisse von der Materialart (Kunststoff, Metall) besteht insofern, als die Streuung auf glatten, gut zu reinigenden Oberflächen geringer ist.
- Für die Hygienekontrollen sollten definierte Stellen mit einer festgelegten Probenahmefläche gewählt werden.
- Der Nachweis von ATP ermöglicht keine Überwachung kritischer Kontrollpunkte im Sinne des HACCP-Konzeptes!

C. Schnellnachweis coliformer Bakterien (Presence-, Absence-Test)

Durch Kombination von Luciferin und Galactopyranosid (Nachweis der Galactosidase) können coliforme Bakterien innerhalb eines Tages nachgewiesen werden (MASUDA-NISHIMURA et al., 2000).

D. Schnellnachweis pathogener Mikroorganismen

Durch eine Kombination immunologischer Techniken mit dem ATP-Nachweis dürften in Zukunft auch pathogene Mikroorganismen schneller nachweisbar sein.

4.14.2 Direkte Epifluoreszenz Filtertechnik (DEFT)

Die Direkte Epifluoreszenz Filtertechnik wurde von PETTIPHER entwickelt (PETTIPHER et al., 1989).

A. DEFT und mikroskopische Auswertung

Prinzip der Methode

Die im Produkt vorhandenen Mikroorganismen werden nach Filtration flüssiger Proben oder von filtrierbar gemachten Lebensmittel-Homogenisaten (Tensid- und/oder Enzym-Vorbehandlung) durch Siebfilter vom Nucleopore-Typ nach Anfärbung mit Fluoreszenzfarbstoffen im Fluoreszenz-Mikroskop mit einem Bildanalysegerät gezählt. Ein gleichzeitiger Nachweis lebender und toter Mikroorganismen auf dem Filter ist durch Anfärbung mit Acridinorange (Bindung an DNA bzw. RNA) und eine zusätzliche Erfassung der respiratorischen Aktivität (Elektronentransportsystem) durch den Zusatz von INT (p-Iodonitrotetrazoliumviolett) möglich (DEIBL et al., 1998) oder durch die Verwendung des Fluorochroms 4,6-diamidino-2-phenylindol und Propidiumjodid. Der Nachweis lebender Mikroorganismen erfolgt durch Subtraktion der durch Propidiumjodid angefärbten lebenden Zellen (Färbung der DNA und RNA) von der Gesamtzahl der mit dem Fluorochrom gefärbten Mikroorganismen (KOPKE et al., 2000).

Nachweiszeit: 10 min bis 1,5 Stunden

Empfindlichkeit des Verfahrens: $5{,}0 \times 10^4$ KBE/g (DEIBL et al., 1998)

Anwendungsgebiete

Nachweis von:

- „Gesamtkeimzahl" in Milch und Milchprodukten (PETTIPHER, 1989)
- „Gesamtkeimzahl" in Frischfleisch (BAUMGART und STEFFEN, 1991, DEIBL et al., 1998)
- Milchsäurebakterien im Wein (COUTO und HOGG, 1999)
- Hefen in Süßwaren (PETTIPHER, 1987)
- Hefen in Getränken (KOCH et al., 1986)
- Hefen in Joghurt (ROWE und McCANN, 1990)

B. DEFT und Auswertung durch Laserstrahlen

Prinzip der Methode

Nach Filtration des Produktes erfolgt eine Fluoreszenzmarkierung und der automatische Nachweis auf dem Filter durch Laserstrahlen. Durch Verwendung von Antikörpern lassen sich Mikroorganismen auch selektiv nachweisen. Ein automatischer Nachweis mit dieser modifizierten Direkten Epifluoreszenz Filtertechnik ist mit dem ChemScan® RDI (Fa. Chemunex) möglich.

Nachweiszeit: ca. 90 min

Anwendungsgebiete

- Nachweis von Mikroorganismen in Getränken, Trinkwasser, Arzneimitteln
- Nachweis pathogener Mikroorganismen (in Verbindung mit immunomagnetischer Separation) oder coliformer Bakterien und *E. coli*

Grenzen und Chancen der DEFT

Entscheidend für den Einsatz der Methode ist, dass die Proben filtrierbar sind. Durch Anfärbung mit Acridinorange ergeben sich häufig intensiv fluoreszierende Bilder, die eine automatische Auswertung erschweren, so dass auch an den Einsatz anderer Fluorochrome wie z.B. Fluoresceinisothiocyanat oder Mithramycin gedacht werden kann. In Zukunft ist damit zu rechnen, dass durch den Einsatz fluoreszenzmarkierter Antikörper und die Einführung neuer fluoreszenzmarkierter rRNA- bzw. DNA-Sonden und durch Optimierungen bildgebender Verfahren die DEFT wesentlich verbessert werden kann.

4.14.3 Colorimetrische Verfahren

4.14.3.1 Änderung des pH-Wertes durch Bildung von Kohlendioxid und organischer Säuren

Mit dem BacT/Alert™-System (Fa. OrganonTeknika) ist ein vollautomatischer colorimetrischer Nachweis von Kohlendioxid oder im Stoffwechsel gebildeter organischer Säuren möglich. Die selektive permeable Membran in den Kulturflaschen wird besonders von den undissoziierten Säuren mit 1–5 C-Atomen passiert. Das System besteht aus einem Messgerät, einem Computersystem und verschiedenen Kulturflaschen, in denen ein colorimetrischer Sensor integriert ist. Dieser Sensor verändert seine Farbe von dunkelgrün nach gelb, wenn Kohlendioxid oder Säure von den Mikroorganismen gebildet wird. Das Messsystem inkubiert und schüttelt. Jede Messzelle enthält ihre eigene Detektionseinheit, die aus einer kleinen lichtemittierenden Diode und einer Photodiode besteht. Alle 10 Minuten wird ein Rotlichtstrahl auf die Kulturflasche gerichtet und das reflektierte Licht wird von der Photodiode gesammelt. Danach wird es zur weiteren Interpretation zum Computersystem weitergegeben. Selbst geringe Farbunterschiede werden vom System nachgewiesen. Das Computersystem zeichnet von jeder Kulturflasche eine Wachstumskurve auf. Eingesetzt wird das BacT/Alert-System bisher besonders in der Medizin zur Untersuchung von Blut. In den USA liegen jedoch auch einige Berichte über den Nachweis von Hefen und Laktobazillen in Tomatenketchup oder verschiedenen Puddingerzeugnissen vor.

In eigenen Untersuchungen wurde das BacT/Alert-System mit 120 Messplätzen zum Nachweis der Keimfreiheit von sterilisierter „Milupino Kindermilch“ und „Humana Baby Wasser“ zur Zubereitung von Säuglingsnahrung getestet. Das System erwies sich zur Kontrolle der Sterilität von flüssigen Produkten als effektiv, es erhöhte die Laborleistung und verkürzte die Nachweiszeit auf 24 Stunden.

4.14.3.2 Änderung des pH- und Eh-Wertes

Das Gerät MicroFoss (Fa. Foss Electric) nutzt spezielle, gebrauchsfertige Teströhrchen. Diese enthalten ein flüssiges Anreicherungsmedium sowie eine Agarzone. In der halbfesten Agarzone unterhalb des Anreicherungsmediums spiegelt sich die Farbe des flüssigen Mediums wider, so dass Probenpartikel die Messung nicht beeinflussen können. Gemessen werden photometrisch die durch pH-und Eh-Wert-Änderungen auftretenden Umschläge von Farbindikatoren (z.B. Bromkresolpurpur, Bromkresolgrün, Resazurin). Die Daten werden im PC gespeichert. Das MicroFoss-System ist als modularer Aufbau von einer 32 Proben-Einheit bis zu einer 128 Proben-Einheit mit 4 Inkubatoren erhältlich.

4.14.4 Limulus-Test

Beim *Limulus*-Test wird das Lipopolysaccharid gramnegativer Bakterien bestimmt. Durch diesen Test können innerhalb von 30 min bis 1 h quantitativ die Zellwandbestandteile der in einem Lebensmittel vorhandenen toten und lebenden gramnegativen Bakterien ermittelt werden (JAY, 1989). Der Nachweis erfolgt mit Lysaten der Amoebocyten der Pfeilschwanzkrabbe (*Limulus polyphemus*).

Prinzip des Nachweises

Das Blut der Pfeilschwanzkrabbe gerinnt bei einer Infektion mit gramnegativen Bakterien. Es kommt zu einer Gelbildung zwischen Zellwandbestandteilen (Lipopolysacchariden) dieser Bakterien und den Amoebocyten, den einzigen Blutkörperchen des *Limulus*-Blutes. Die Amoebocyten enthalten Proenzyme und Agglutinationsenzyme. Bei Anwesenheit von Lipopolysacchariden werden die Proenzyme aktiviert. Diese reagieren weiter mit den Agglutinationsenzymen unter Gelbildung. Der Nachweis von Endotoxinen erfolgt anhand der Gelbildung. Da zwischen der Endotoxinkonzentration und dem Keimgehalt an gramnegativen Bakterien eine lineare Korrelation besteht, kann aufgrund des ermittelten Endotoxingehaltes die Stärke der Verunreinigung mit gramnegativen Bakterien bestimmt werden. Dies ist insbesondere bei allen frischen und leicht verderblichen Lebensmitteln möglich, bei denen die Bakterienflora überwiegend aus gramnegativen Bakterien besteht (z.B. bei Rohmilch, Fisch, Fleisch und Ei).

Anwendungsbereiche

- Nachweis der mikrobiologischen Beschaffenheit von Milch und Milchprodukten (SÜDI und HEESCHEN, 1982).
- Bei verarbeiteten Lebensmitteln: Beurteilung der Belastung der Ausgangsmaterialien mit gramnegativen Bakterien, da ein Endotoxinnachweis auch bei toten Bakterien möglich ist.
- Beurteilung der hygienisch-bakteriologischen Qualität von Eiprodukten.
- Beurteilung der bakteriologischen Qualität von Hackfleisch und Fleischprodukten (STOLLE et al., 1994).
- Im medizinischen und pharmazeutischem Bereich: Überprüfung von Injektionslösungen und medizinischen Geräten auf Pyrogenfreiheit, Endproduktprüfung von Arzneimitteln, Inprozesskontrollen bei pharmazeutischen Herstellungsverfahren für Parenteralprodukte, Prüfung von Ausgangsstoffen zur Herstellung von Parenteralprodukten (JENSCH, 1993).

Eingesetzt werden Röhrchentests, Mikrotiter-Systeme und automatische Testsysteme (Trübungsmessung oder chromogene Verfahren).

4.14.5 Membranfilter-Mikrokolonie-Fluoreszenz-Methode (MMCF-Methode)

Das Verfahren hat sich bewährt zum selektiven Nachweis von Hefen und Schimmelpilzen (BAUMGART, 1991).

Prinzip des Verfahrens

Die Untersuchungsprobe wird entweder filtriert (bei Quark, Fruchtzubereitungen und Marzipan: Zusatz von Enzymen) und die Membran auf einem Selektivmedium (z.B. YGC-Agar) bebrütet oder die Probe wird auf der Membran, die auf dem Medium liegt, mit dem Spatel verteilt. Nach einer verkürzten Bebrütungszeit bei 25 °C werden Mikrokolonien mit einem Fluorochrom (8-Anilino-Naphthalin-1-Sulfonsäure) angefärbt und unter dem Auflicht-Fluoreszenz-Mikroskop bei 340–380 nm ausgezählt. Zu empfehlen ist der Einsatz eines Bildanalysegerätes.

Einsatzmöglichkeiten

- Selektiver Nachweis von Hefen in Quark, Feinkost, Fruchtzubereitungen und Getränken in 16–24 h
- Selektiver Nachweis osmotoleranter Hefen in Marzipan in 48 h

Anmerkungen zum Verfahren

Die Methode ist einfach; sie hat gegenüber der Direkten Epifluoreszenz Filtertechnik (DEFT) den Vorteil, dass nur lebende Zellen nachgewiesen werden. Auch die Erfassung geschädigter Zellen ist möglich, wenn die Membran zuerst kurzzeitig auf einem optimalen Medium bebrütet wird.

4.14.6 Impedanzmethode

Unter den elektrischen Messmethoden haben die Impedanz- und Konduktanz-Messungen eine Bedeutung (SILLEY und FORSYTHE, 1996, WAWERLA et al., 1998 und 1999, EDMISTON und RUSSELL, 2000). Eine DIN-Methode „Grundlagen des Nachweises und der Bestimmung von Mikroorganismen in Lebensmitteln mittels Impedanz-Verfahren" ist im April 1999 verabschiedet worden.

Prinzip des Verfahrens

Bei der Impedanz-Methode wird eine durch den Stoffwechsel von Mikroorganismen erfolgte Änderung der Leitfähigkeit bzw. des Widerstandes in einem Medium direkt oder indirekt gemessen. Je höher die Zellzahl, umso kürzer ist die Nachweiszeit. Eine Detektion erfolgt bei einem Keimgehalt in der Messzelle von $>10^5$/ml. Als Messgrößen finden die Impedanz Z, gemessen in der SI-Einheit Ohm (Ω) und die sich dazu reziprok verhaltende Admittanz Y, gemessen in der SI-Einheit Siemens (S) bzw. in den Untereinheiten Millisiemens und Mikrosiemens (mS und μS) Verwendung.

Je nach den verschiedenen Gerätetypen wird entweder die Impedanz Z oder die Leitfähigkeit Y = Konduktanz G gemessen (siehe auch DIN 10115). Die pauschalen Werte der Impedanz und Konduktanz setzen sich aus der Medienimpedanz und der Elektrodenimpedanz zusammen. Das Verfahren der Impedanz hat in den vergangenen Jahren einen breiten Einsatz in der mikrobiologischen Analytik gefunden (WAWERLA et al.,1998 und 1999, EDMISTON und RUSSELL, 1999). Eigene gute Erfahrungen liegen mit der Impedanz-Splitting-Methode (Gerät BacTrac, Fa. SY-LAB, Österreich) vor. Selektiv wurden mit dem BacTrac und dem Malthus-Gerät Hefen, Enterobacteriaceen, *E. coli*, *Listeria monocytogenes*, *Clostridium perfringens* und Salmonellen nachgewiesen (BAUMGART et al., 1994, BAUMGART, 1996b).

Gut geeignet erwies sich die Impedanz-Methode zum Nachweis von Enterobacteriaceen. Auch *E. coli* lässt sich selektiv nachweisen, wenn dem tryptophanhaltigen Medium Methylumumbelliferyl (MUG) zugesetzt wird. Röhrchen mit typischer Nachweiskurve, UV-Fluoreszenz bei 360 nm und positivem Indoltest sind als *E. coli* zu bewerten. Schon geringe Keimzahlen waren im Hackfleisch und in Gewürzen in kurzer Zeit nachweisbar (Hackfleisch: Keimzahl von 1/g in ca. 7 h, 10/g in 6 h, 100/g in 5 h; Gewürze: Keimzahl 1/g in 9 h, 10/g in 7 h, 100/g in 6 h; Anzahl untersuchter Proben Hackfleisch 86, Gewürze 234, r = 0,86–0,92). Außer zur Bestimmung der Enterobacteriaceen und von *Escherichia coli* eignet sich das Impedanz-Verfahren besonders zum Nachweis von Salmonellen (siehe auch DIN 10120 „Nachweis von Salmonellen mittels Impedanz-Verfahren"). Allerdings muss bei jeder verdächtigen Kurve eine Bestätigung erfolgen, da auch andere Enterobacteriaceen als Salmonellen, z.B. *Enterobacter* spp. oder besonders *Citrobacter* spp. ähnliche Kurven und Steigungen ergeben können. Verbessert werden kann die Sensitivität durch eine immunomagnetische Separation. In der Voranreicherung werden an Perlen, die einen Magnetkern enthalten, Antikörper gebunden. Diese binden das Antigen und der Komplex wird nach einem kurzen Waschvorgang im Selektivmedium inkubiert. Dadurch kommt es zu einem spezifischeren Nachweis und zu weniger falsch-positiven Proben. Eine Bestätigung ist direkt aus der Messzelle möglich mithilfe einer Gensonde oder eines Kapillar-Diffusionstestes. In vielen Fällen kann bereits auch eine Agglutination erfolgen, da bei positiver Detektion ausreichend Zellen (> 10^5 bis 10^6/ml) vorhanden sind. Als praktikabel erwies sich das Impedanz-Verfahren zum Nachweis von Salmonellen im Frischfleisch von Schwein und Rind. Nach einer Voranreicherungszeit von 6 h wurden vergleichend zur Methode nach § 35 LMBG keine falsch-negativen Ergebnisse ermittelt. Der Anteil an falsch-positiven Proben lag bei 3,6 % (n = 70), bei einer Voranreicherungszeit von 24 h dagegen bei 50 % (n= 199).

Auch zum Nachweis von Salmonellen in Gewürzen bewährte sich das Verfahren. Als vorteilhaft erwies sich dabei die Supplementierung der Voranreicherung mit Ferrioxamin E. Ferrioxamin ist ein Siderophor, das Eisen bindet. Obwohl Salmonellen selbst kein Ferrioxamin produzieren, besitzen sie ein hoch wirksames Aufnahme- und Verwertungssystem für das Siderophor. Dadurch werden sie mit dem zum Wachstum notwendigen Eisen als essenziellem Mikronährstoff versorgt. Dies führt in den Medien zur Verkürzung der lag-Phase und zur Wachstumsbeschleunigung, ein besonderer Vorteil für den Nachweis mit dem Impedanz-Verfahren. Gut lassen sich mit dem Impedanz-Verfahren auch Listerien und *Clostridium perfringens* nachweisen. Für den Nachweis von *L. monocytogenes* wurde eine LITMA-Bouillon entwickelt; die Bestätigung erfolgte mit einer Gensonde (AccuProbe, Fa. BioMerieux). Beim Nachweis von *Clostridium perfringens* wurde dem Medium (TSC-Bouillon) Saccharose und Phenolphthaleindiphosphat zugesetzt. Bestimmt wurde nach einer Inkubation bei 44 °C die Bildung der sauren Phosphatase.

Weitere Nachweismöglichkeiten

- Bestimmung der mikrobiellen Kontamination von Gemüse (ORSI et al., 1997)
- Nachweis des Bakteriengehaltes in der Milch (FELICE et al., 1999)
- Keimzahlbestimmung im Speiseeis (JÖCKEL, 1996)
- Nachweis der Sterilität von Lebensmitteln
- Nachweis von Mikroorganismen in Kosmetika
- Bestimmung von Hemmstoffen in Lebensmitteln

Der erfolgreiche Einsatz der Methode hängt entscheidend von der Selektivität des Mediums und von der Matrix ab. Die Impedanztechnik versagt zuweilen bei der Bestimmung der aeroben mesophilen Gesamtkeimzahl, wenn das Probenmaterial mikrobiell sehr heterogen beschaffen ist. So ließen sich einzelne Stämme der Gattungen *Micrococcus*, *Acinetobacter*, *Brochothrix* und *Bacillus* auch dann nicht nachweisen, wenn die Keimzahl oberhalb von 10^6/ml lag. Auch Pseudomonaden haben infolge einer langen lag-Phase nur eine schwache Impedanzwirksamkeit (SCHULENBURG und BERGANN, 2000). Spureninfektionen von bierschädlichen Bakterien ließen sich ebenfalls mit der Impedanztechnik (Malthus-Gerät) nicht erfassen (VOGEL und BOHAK, 1990).

4.14.7 Automatische Turbidimetrie

Die automatisch verdünnten Proben werden in einer selektiven oder optimalen Bouillon in einer Messapparatur bebrütet, nach jeweils 10 min geschüttelt und gemessen. Die Trübungsmessung erfolgt z. B. im Bioscreen-Gerät (Labsystems, Helsinki) bei 340–580 nm in Titerplatten. Je nach der Höhe des Anfangskeimgehaltes konnten selektiv Enterobacteriaceen, Staphylokokken und Mikrokokken, Enterokokken und Milchsäurebakterien in Hackfleisch, Mettwurst und Feinkostsalaten innerhalb eines Tages nachgewiesen werden (JAKOB et al., 1989).

4.14.8 Durchflusscytometrie

Bei der Durchflusscytometrie werden Mikroorganismen mit einem Fluorochrom angefärbt bzw. eine noch nicht fluoreszierende Vorstufe des Fluorochroms wird in der lebenden Zelle durch die Wirkung bestimmter Enzyme zum Fluorochrom. Analysiert wird eine Suspension von Einzelzellen. Bewährt hat sich das Verfahren Chemflow (Fa. Chemunex) zum selektiven Nachweis von Hefen in Getränken, Feinkost, Joghurt und Quark (BAUMGART, KÖTTER, 1992a, b). Die Empfindlichkeit des Nachweises wurde in den letzten Jahren durch die ChemScan-Technologie für filtrierbare Proben und durch den D-Count™-Vollautomaten für nicht-filtrierbare Produkte noch verbessert. In Verbindung mit der immunomagnetischen Separation (IMS) lassen sich auch pathogene Mikroorganismen, z.B. Salmonellen, mit der Durchflusscytometrie in kurzer Zeit nachweisen (WANG und SLAVIK, 1999).

4.14.9 Immunologische Verfahren

Die einmalige Spezifität und Affinität von Antikörpern ist die Grundlage für zahlreiche empfindliche Nachweismethoden von Mikroorganismen und den von ihnen gebildeten Toxinen. Ausführliche Angaben siehe Kapitel III.4.

4.14.10 Gensonden

Als Gensonden bezeichnet man ein einzelsträngiges DNA-Molekül, das sequenzspezifisch an einen zweiten Einzelstrang (Ziel-DNA/RNA) binden kann. Die Spezifität einer Gensonde basiert auf der Reihenfolge der Basen Adenin, Cytosin, Guanin und Thymin. Als Zielsequenzen können bestimmte Bereiche des Genoms genutzt werden. Ausführliche Angaben über molekularbiologische Methoden siehe Kapitel III.5.

Eingesetzt werden in der Routine besonders Kulturbestätigungssonden, die kommerziell erhältlich sind, z.B. Gene-Trak (colorimetrische DNA-RNA-Hybridisierung ribosomaler RNA, Vertrieb Fa. R-Biopharm) zum Nachweis von Salmonellen, *E. coli*, *Campylobacter*, *Listeria*, *Listeria monocytogenes*, *Staphylococcus aureus*, *Yersinia enterocolitica* oder Gene-Probe (Accuprobe, Fa. bioMerieux), eine chemilumineszenzmarkierte Sonde gegen ribosomale RNA (Nachweis u.a. von *Campylobacter*, *Listeria monocytogenes*, *Staphylococcus aureus*). Bewährt hat sich in eigenen Untersuchungen besonders die Accuprobe-Sonde, mit der vom Selektivmedium (PALCAM- und Oxford-Agar) *Listeria monocytogenes* schnell und sicher bestätigt werden kann, so dass die Diagnose von *L. m.* nach 3 Tagen vorliegt (BAUMGART und KLEMM, 1993).

4.14.11 Polymerase Kettenreaktion (PCR)

Die „**P**olymerase **C**hain **R**eaction" hat sich weltweit schnell und erfolgreich durchgesetzt. Viele Anwendungsmöglichkeiten sind publiziert (nähere Angaben siehe Kapitel III.5).

Die PCR ist eine in-vitro-Replikation mittels Starter-Oligonukleotide (Primer), Nukleotiden und einer DNA-Polymerase. Die wichtigsten Schritte der PCR Reaktion sind:

- Denaturierung = DNA-Doppelstränge werden durch Hitze (94 °C) in ihre beiden Einzelstränge gespalten
- Hybridisierung der Primer = Beim Abkühlen (z.B. 52 °C) hybridisieren die Primer mit jeweils komplementären Basensequenzen
- Synthese, Extension = Die Temperatur wird auf 72 °C erhöht und die zugegebene hitzestabile DNA-Polymerase synthetisiert das PCR-Produkt anhand der Vorlage des komplementären Stranges unter Verwendung der vier Nukleotide Adenin, Guanin, Cytosin und Thymin

Das Ergebnis ist ein exponentiell vermehrtes DNA-Fragment, das elektrophoretisch oder mit einer anderen Methode nachgewiesen wird.

Durch den Nachweis von mehreren spezifischen DNA-Fragmenten wird die Spezifität bei der Multiplex-PCR noch erhöht. Die Entwicklung schneller PCR-Cycler-Biosensoren/DNA-Chips hat zu einer Verkürzung der Nachweisreaktion geführt. Für die Routine-Diagnostik stehen kommerziell erhältliche Systeme u. a. zum Nachweis von Salmonellen, Listerien, *Listeria monocytogenes* und *E. coli* O157:H7 zur Verfügung, wie das BAX™-System (Fa. Qualicon), das TaqMan™-System (Perkin Elmer Applied Biosystems), der „Foodproof® PCR-ELISA Test-Kit" (Fa. Biotecon Diagnostics) und der PCR-Test-Kit PROBELIA™ der Fa. BIO-RAD Laboratories. Mit Letzterem wurden in eigenen Untersuchungen Salmonellen in Gewürzen nach 24-stündiger Voranreicherung sicher nachgewiesen (VOGT und BAUMGART, 2000). Bei diesem System erfolgt die Identifizierung photometrisch. Der PROBELIA-PCR-Test-Kit weist eine spezifische DNA-Sequenz (lagA Gen) von Salmonellen nach, die mithilfe zweier Primer vervielfältigt wird. Für die Bindung der Amplikons ist die Mikrotiterplatte mit dafür spezifischen Oligonukleotid-Sonden beschichtet. Gleichzeitig hybridisiert eine Peroxidase-markierte Indikatorsonde mit dem Amplikon. Zur Farbreaktion werden als Substrat Wasserstoffperoxid und Tetramethylbenzidin eingesetzt. Gemessen wird im ELISA-Reader.

Auch das BAX™-System ist zum Nachweis von Salmonellen zu empfehlen. Die Sensitivität und Spezifität lagen bei 100 % (HOORFAR et al., 1999). Immer ist jedoch eine Voranreicherung notwendig, da ca. 10^3 bis 10^4 Zellen/ml für den

Nachweis von Salmonellen notwendig sind. Auch die Typisierung vom Selektivmedium mit der PCR war der serologischen Typisierung überlegen, da auch serologisch nicht nachweisbare *Salmonella*-Serovare infolge fehlender O- oder H-Antigene identifiziert werden konnten, so dass dieses System zur Identifizierung von Salmonellen vom Selektivmedium unter Verzicht der Serologie empfohlen wird (HOORFAR et al., 1999).

4.14.12 Automatische DNA-Analyse

Durch Vergleich der Basensequenzen der DNA können mit dem RiboPrinter™ (Fa. Qualicon) in ca. 8 Stunden Bakterien identifiziert werden. Dabei werden die Reinkulturen durch Hitze inaktiviert, die DNA wird extrahiert, durch Gelelektrophorese separiert und nach einer Hybridisierung mit einer markierten DNA-Sonde nachgewiesen (Chemilumineszenz-Verfahren).

4.14.13 FT-IR-Spektroskopie

Die Fourier-Transform-Infrarot-Spektroskopie (FT-IR) beruht allgemein darauf, dass bei Zuführung von Energie, z.B. infrarotem Licht (IR), zu Molekülen, die Schwingungen von bestimmten Atomen und Atomgruppen gegeneinander angeregt werden. Aus den für diese Anregungen benötigten Frequenzen bzw. Frequenzbereichen kann man auf Zusammensetzung und Struktur der Moleküle schließen. Dem Verfahren liegt die Idee zugrunde, Mikroorganismen als Mischungen biochemischer Substanzen (Zellwände, Proteine, Lipide, Polysaccharide und Nukleinsäuren) aufzufassen und ihre Spektren als eindimensionale Abbildungen oder Muster dieser Mikroorganismen zu interpretieren. So ergeben unter standardisierten Bedingungen erstellte Suspensionen von Mikroorganismen unverwechselbare, reproduzierbare Infrarotspektren. Die Methode wurde erst Anfang der 90er Jahre, als Hochleistungsgeräte und neue Techniken wie z.B. schnelle und leistungsfähige Computer, Interferometer, Laser und Fourier-Transform-Algorithmen zur Verfügung standen, eingesetzt (NAUMANN et al., 1990, OBERREUTHER et al., 2000). Verglichen werden Spektren der zu identifizierenden Mikroorganismen mit Spektren von zahlreichen geprüften bekannten Organismen. Spektrenbibliotheken liegen für Hefen und Bazillen, coryneforme Bakterien, Mikrokokken, Milchsäurebakterien und Essigsäurebakterien vor (Prof. Dr. S. Scherer, Technische Universität München, Inst. für Mikrobiologie, Weihenstephaner Berg 3, 85354 Freising).

4.14.14 Bio- und Immunosensoren

Unter Sensoren werden allgemein Messfühler verstanden, die unmittelbar mit dem Probenmaterial in Kontakt kommen und wesentliche Inhaltsstoffe erfassen. Eine spezielle Kategorie sind die Biosensoren, bei denen ein Rezeptor oder Ligand biologischen Ursprungs, etwa Antikörper oder Enzyme, für die spezifische Erkennung des Zielobjektes verantwortlich sind. Das biologisch sensitive Element ist an einen Empfänger oder Messwandler (Transducer) gekoppelt. Als Empfänger sind neben Elektroden piezoelektronische Kristalle, Optoden sowie Thermistoren in Gebrauch (BERGANN und ABEL, 1998). Nachgewiesen wurden u.a. mit Bio- bzw. Immunosensoren *E. coli* O157:H7, und zwar 3–30 Zellen/ml in 20 min (DeMARCO et al., 1999) oder Staphylokokken-Enterotoxin A in Konzentrationen zwischen 10 und 100 ng/g in 4 min (RASOOLY und RASOOLY, 1999).

Literatur

1. BAST, E.: Mikrobiologische Methoden: Eine Einführung in grundlegende Arbeitstechniken, Spektrum Akademischer Verlag, Heidelberg, 1999
2. BAUMGART, J.: Schnellnachweis von Mikroorganismen im Betriebslabor, Mitt. Gebiete Lebensm. Hyg. 82, 579–588, 1991
3. BAUMGART, J.: Lebensmittelüberwachung und -qualitätssicherung: Mikrobiologisch-hygienische Schnellverfahren, Fleischw., 73, 392–396,1993
4. BAUMGART, J.: Möglichkeit und Grenzen moderner Schnellverfahren zur Prozeßkontrolle von Reinigungs- und Desinfektionsverfahren, Zbl. Hyg. 199, 366–375, 1996a
5. BAUMGART, J.: Schnellmethoden und Automatisierung in der Lebensmittelmikrobiologie, Fleischw. 76, 124–130, 1996b
6. BAUMGART, J., STEFFEN, H.: Schnellnachweis von Mikroorganismen im Hackfleisch mit der Direkten Epifluoreszenz-Filter-Technik (DEFT), Arch. Lebensmittelhyg. 42, 144–145, 1991
7. BAUMGART, J., KÖTTER, Chr.: Schnellnachweis von Hefen in Feinkostsalaten mit der Durchflußcytometrie, Fleischw. 72, 1109–1110, 1992a
8. BAUMGART, J., KÖTTER, Chr.: Durchflußcytometrie: Schnellnachweis von Hefen in alkoholfreien Getränken, Lebensmitteltechnik 24, 62–65, 1992b
9. BAUMGART, J., KLEMM, W.: Kulturbestätigung von Listeria monocytogenes mit der Gensonde „Accuprobe“, Fleischw. 73, 335–336, 1993
10. BAUMGART, J., SIEKER, S., VOGELSANG, B.: Listeria monocytogenes in Hackfleisch: Nachweis mit der Impedanz-Methode und einem neuen Selektivmedium, Fleischw. 74, 647–1648, 1994
11. BAIRD, R.M., BLOOMFIELD, S.F.: Microbial quality assurance in cosmetics, toletries and non-sterile pharmaceuticals,Taylor & Francis Ltd., London, 1996
12. BERGANN, T., ABEL, P.: Möglichkeiten und Grenzen der Biosensoranwendung im Rahmen der Qualitätskontrolle und Sicherung von Lebensmitteln, Arch. Lebensmittelhyg. 49, 39–42, 1998

13. BETTS, R.: The separation and rapid detection of microorganisms, in : Rapid methods and automation in microbiology and immunology, ed. by R.C. Spencer, E.P. Wright, S.W.B. Newsom, publ. by Intercept Ltd., Andover, Hampshire, England, 1016–1019, 1994

14. BUSSEY, D., TSUJI, K.: Bioluminescence for USP sterility testing of pharmaceutical suspension products, Appl. Environ. Microbiol. 51, 349–355, 1986

15. BÜLTE, M., HECKÖTTER, S., SCHOTT, W., KIRSCHFELDT, R., JÖCKEL, J.: Vergleichende Untersuchungen zur Einsatzfähigkeit des Petrifilm™-Verfahrens bei Lebensmitteln. 1. Ergebnisse bei Lebensmitteln tierischen Ursprungs, Fleischw. 78, 690–691, 1998

16. BÜLTE, M., REUTER, G.: Die Einsatzfähigkeit von Eintauchobjektträgern (Dip-Slides) zur Ermittlung des Oberflächenkeimgehaltes auf Schlachttierkörpern, Arch. Lebensmittelhyg. 33, 11–17, 1982

17. CALVERT, R.M., HOPKINS, H.C., REILLY, M.J., FORSYTHE, S.J.: Caged ATP – an internal calibration method for ATP bioluminescence assays, Letters in appl. Microbiol. 30, 223–227, 2000

18. COUTO, J.A., HOGG, T.: Evaluation of a commercial fluorochromic system for the rapid detection and estimation of wine lactic acid bacteria by DEFT, Letters in Appl. Microbiol. 28, 23–26, 1999

19. CURIALE, M.S., GANGAR, V., D'ONORIO, A., GAMBREL-LENARZ, S., McALLISTER, J.S.: High-sensitivity dry rehydratable film method for enumeration of coliforms in dairy products:Collaborative study, J. AOAC Int. 80, 505–516, 1997

20. DEIBL, J., PAULSEN, P., BAUER, F.: Die direkte Epifluoreszenz Filtertechnik als Methode der raschen Ermittlung der Gesamtkeimzahl in Fleisch und Fleischwaren, Wien. Tierärztl. Mschr. 85, 327–333, 1998

21. De BOER, E., BEUMER, R.R.: Methodology for detection and typing of food borne microorganisms, Int. J. Food Microbiol. 50, 119–130, 1999

22. DeMARCO, D.R., SAASKI, E.W., McCRAE, D.A., LIM, D.: Rapid detection of Escherichia coli O157:H7 in ground beef using a fiber-optic biosensor, J. Food Protection 62, 711–716, 1999

23. DeMAN, J.C.: MPN-tables, corrected, Eur. J. Appl. Microbiol. Biotechnol. 17, 301–305, 1983

24. DREWS, G.: Mikrobiologisches Praktikum, 4. Aufl., Springer Verlag Berlin, Heidelberg, 1983

25. EASTER, M.: A new rapid hygiene test for the Millenium, Vortrag HY-PRO 1999, 23.–25.11.1999 in Wiesbaden, VDE Verlag, Berlin, S. 151–158, 1999

26. EDMISTON, A.L., RUSSELL, S.M.: Specificity of a conductance assay for enumeration of Escherichia coli from broiler carcass rinse samples containing genetically similiar species, J. Food Protection 63, 264–267, 2000

27. ELLERBROEK, L., DAM-LU, N.-L., KRAUSE, P., WEISE, E.: Hygienekontrolle im Rahmen der Geflügelschlachtung – Anwendbarkeit des ATP-Biolumineszenzverfahrens, Fleischw. 78, 486–489, 1998

28. FELICE, C.J., MADRID, R.E., OLIVERA, J.M., ROTGER, V. I., VALENTINUZZI, M.E.: Impedance microbiology: quantification of bacterial content in milk by means of capacitance growth curves, J. of Microbiological Methods 35, 37–42, 1999

29. GÖTZE, H., BAUMGART, J.: Petrifilm™, ein einfaches mikrobiologisches Untersuchungssystem für das Betriebslabor: Nachweis der aeroben Koloniezahl und coliformer Bakterien in Trockenprodukten und tiefgefrorenen Lebensmitteln, Lebensmitteltechnik 22, 121–122, 1990
30. GRIFFITHS, M.W., PHILLIPS, J.D.: Rapid assessment of the bacterial content of milk by bioluminescent techniques, in: Rapid microbiological methods for foods, beverages and pharmaceuticals, ed. by C.J. Stannard, S.B. Petitt and F.A. Skinner, Blackwell Sci. Publ., 13–33, 1989
31. HOORFAR, J., BAGGESEN, D.L., PORTING, P.H.: A PCR-based strategy for simple and rapid identification of rough presumptive Salmonella isolates, J. Microbiological Methods 35, 77–84, 1999
32. JAKOB, R., LIPPERT, S., BAUMGART, J.: Automated turbidimetry for the rapid differentiation and enumeration of bacteria in food, Z. Lebensm. Unters. Forsch. 189, 147–148, 1989
33. JAY, J.M.: The limulus amoebocyte lysate (LAL) test, in: Rapid methods in food microbiology, ed. by M.R. Adams and C.F.A. Hope, Elsevier Verlag, Amsterdam, 1989, 101–119
34. JENSCH, U.-E.: Der Limulus-Test in der pharmazeutischen Qualitätskontrolle, Bioforum 16, 210–212, 1993
35. JÖCKEL, J.: Einsatz der Impedanzmethode in der amtlichen Lebensmittelüberwachung, Fleischw. 76, 945–950, 1996
36. KLEINER, U., MOTSCH, T.: Hygienekontrolle in Großküchen durch ATP-Biolumineszenzmessung, Fleischw. 78, 692–694, 1998
37. KNIGHT, M.T., NEWMAN, M.C., BENZINGER, M.J., NEUFANG, K.L., AGIN, J.R., McALLISTER, J.S., RAMOS, M.: Comparison of the Petrifilm dry rehydratable film and conventional culture methods for enumeration of yeasts and molds in foods: Collaborative study, J. AOAC International 80, 806–823, 1997
38. KOCH, H.A., BANDLER, R., GIBSON, R.B.: Fluorescence microscopy procedure for quantification of yeasts in beverages, Appl. Environ. Microbiol. 52, 599–601, 1986
39. KOPKE, C., CRISTOVAO, A., PRATA, A.M., PEREIRA, C.S., MARQUES, J.J.F., RAMAO, M.V.S.: Microbiological control of wine, the application of epifluorescence microscopy method as a rapid technique, Food Microbiol. 17, 2257–260, 2000
40. KYRIAKIDES, A.L., PATEL, P.D.: Luminescence techniques for microbiological analysis of foods, in : Rapid analysis techniques in food microbiology, ed. by P. Patel, Chapman & Hall, London, 1994, 196–231
41. LAPPALAINEN, J., LOIKKANEN, S., HAVANA, M., KARP, M., SJÖBERG, A-M., WIRTANEN, G.: Microbial testing methods for detection of residual cleaning agents and desinfectants-prevention of ATP bioluminescence measurement errors in the food industry, J. Food Protection 63, 210–215, 2000
42. MASUDA-NISHIMURA, I., FUKUDA, S., SANO, A., KASAI, K., TATSUMI, H.: Development of a rapid positive/absent test for coliforms using sensitive bioluminescence assay, Letters in appl. Microbiol. 30, 130–135, 2000
43. MATTILA, T.: Automated turbidimetry – a method for enumeration of bacteria in food samples, J. Food. Protection 50, 640–642, 1987
44. NAUMANN, D., HELM, D., LABISCHINSKI, H.: Einsatzmöglichkeiten der FT-IR-Spektroskopie in Diagnostik und Epidemiologie, Bundesgesundhbl. 33, 387–393, 1990

45. OBERREUTER, H., MERTENS, F., SEILER, H., SCHERER, S.: Quantification of microorganisms in binary mixed populations by Fourier transform infrared (FT-IR) spectroscopy, Letters in Appl. Microbiol. 30, 85–89, 2000
46. ORSI, C., TORIANI, S., BATTISTOTTI, ,VESCOVO, M.: Impedance measurements to assess microbial contamination of ready-to-use vegetables, Z. Lebensm Unters Forsch A 205, 248–250, 1997
47. PETTIPHER, G.L.: Detection of low numbers of osmophilic yeasts in creme fondant within 25 h using a pre-incubated DEFT count, Letters in Appl. Microbiol. 4, 95–98, 1987
48. PETTIPHER, G.L., KROLL, R.G., FARR, L.J., BETTS, R.P.: DEFT, Recent developments for foods and beverages, in: Rapid microbiological methods for foods, beverages and pharmaceuticals, ed. by C.J. Stannard, S.B. Petitt, F.A. Skinner, Blackwell Sci. Publ. Oxford, 33–45, 1989
49. RASOOLY, L., RASOOLY, A.: Real time biosensor analysis of staphylococcal enterotoxin A in food, Int. J. Food Microbiol. 49, 119–127, 1999
50. ROWE, M.T., McCANN, G.J.: A modified direct epifluorescent filter technique for the detection and enumeration of yeast in yoghurt, Letters in Appl. Microbiol. 11, 282–285, 1990
51. SCHMIDT-LORENZ, W., GUCKELBERGER, D., HOTZ, F.: Ein vereinfachtes Koloniezahl-Bestimmungsverfahren für mikrobiologische Stufenuntersuchungen bei der Herstellung von verzehrsfertigen Speisen, Alimenta 21, 145–163, 1982
52. SCHULENBURG, J., BERGANN, T.: Gesamtkeimzahlbestimmung mit der Impedanztechnik: Probleme und deren Ursachen, Fleischw. 80, 146–150, 2000
53. SEEGER, K., GRIFFITHS, M.W.: Adenosine triphosphate bioluminescence for hygiene monitoring in health care institutions, J. Food Protection 57, 509–512, 1994
54. SHARPE, A.N.: The hydrophobic grid-membrane filter, in: Rapid methods in food microbiology, ed. by M.R. Adams and C.F.A.-Hope, Elsevier Verlag, Amsterdam, 169–189, 1989
55. SILLEY, P., FORSYTHE, S.: A review: Impedance microbiology – a rapid change for microbiologists, J. Appl. Bacteriol. 80, 233–243, 1996
56. SIRAGUSA, G.R., CUTTER, C.N., DORSA, W.J., KOOHMARAIE, M.: Use of a rapid microbial ATP bioluminescence assay to detect contamination on beef and pork carcasses, J. Food Protection 58, 770–775, 1995
57. SCHWILL-MIEDANER, A., VOGEL, H., EICHERT, U., BOLDT, M.: Methoden zur Beurteilung des Hygienestatus in Schankanlagen, Brauwelt 137, 647–650, 1997
58. SCHWILL-MIEDANER, A., EICHERT, U.: Methodenentwicklung zur Beurteilung des Hygienestatus von Schankanlagen, Mschr. Brauwiss. 51,104–110, 1998
59. STOLLE, A., EISGRUBER, H., SCHNEIDER, J.: Der Limulus-Test: Schnellverfahren zur Beurteilung der hygienischen Qualität von Fleischerzeugnissen, Die Fleischerei 45, 15, 18–20, 1994
60. SÜDI, J., HEESCHEN, W.: Untersuchungen zur quantitativen Aussage des Limulus-Tests über die mikrobiologische Beschaffenheit von Milch und Milchprodukten, Arch. Lebensmittelhyg. 35, 32–35, 1986
61. TARKKANEN, V.: Validation of milk using automatic contamination monitoring, Vortrag HY-PRO, 23.–25.11.1999 in Wiesbaden, VDE Verlag, Berlin, S. 163–170, 1999

62. THOMAS, D.S., ACKERMAN, J.C.: A selective medium for detecting yeasts capable of spoiling wine, J. appl. Bact. 65, 299–308, 1988
63. VOGEL, H., BOHAK, I.: Schnellnachweismethoden für schädliche Mikroorganismen in der Brauerei, Brauwelt 4, 414–422, 1990
64. VOGT, N., BAUMGART, J.: Salmonellen in Gewürzen. Schnellnachweis mit dem PROBELIA™ PCR System, Fleischw. 80, 102–103, 2000
65. WANG, X., SLAVIK, M.F.: Rapid detection of Salmonella in chicken washes by immunomagnetic separation and flow cytometry, J. Food Protection 62, 717–723, 1999
66. WAWERLA, M., STOLLE, A., SCHALCH, B., EISGRUBER, H.: Review: Impedance microbiology: Applications in food hygiene, J. Food Protection 62, 1488–1496, 1999
67. WAWERLA, M., EISGRUBER, H., SCHALCH, B., STOLLE, A.: Zum Einsatz der Impedanzmesssung in der Lebensmittelmikrobiologie, Arch. Lebensmittelhyg. 49, 76–89, 1998
68. ZWARTKRUIS, E., BETTRAY, G., WILKE, T.: Schnelltest zur Bestimmung der mikrobiellen Oberflächenkontamination auf Kälberschlachttierkörpern mit ATP-Biolumineszenz, Fleischw. 79, 101–103, 1999
69. WARD, D.R., LaROCCO, K., HOPSON, D.J.: Adenosine triphosphate bioluminescent assay to enumerate bacterial numbers on fresh fish, J. Food Protection 49, 647–650, 1986

III Nachweis von Mikroorganismen

J. Baumgart, Barbara Becker, H. Becker, J. Bockemühl, M. Ehrmann, A. Lehmacher, E. Märtlbauer, R. F. Vogel

Allgemeines

Bei dem Nachweis von Mikroorganismen sind sowohl die vitalen als auch die geschädigten Zellen zu erfassen. Durch physikalische und chemische Einflussfaktoren (z.B. Gefrieren, Trocknen, Erhitzen, Konservierungsmittel, Desinfektionsmittel, Strahlen) kommt es zur Schädigung der Zellwand und der Zellmembran, zur Hemmung der DNA-Synthese, zur Schädigung der RNA und zur Störung der Proteinsynthese. Die geschädigten oder „gestressten" Zellen müssen durch optimale Medien und Kulturverfahren aktiviert werden, bevor sie auf selektiven Medien nachweisbar sind (ANDREW und RUSSELL, 1984).

1 Verderbsorganismen und technologisch erwünschte Mikroorganismen

1.1 Psychrotrophe Mikroorganismen

Definition für psychrotrophe Mikroorganismen
(JAY, 1987, COUSIN et al., 1992)

Alle Mikroorganismen, die bei +7 °C ±1 °C innerhalb von 7–10 Tagen auf festen Medien sichtbare Kolonien bilden oder in Flüssigkeiten zur Trübung führen (Optimum 20 °–30 °C) werden als psychrotroph bezeichnet.

Psychrotrophe Mikroorganismen sind mesophile Organismen, die auch bei Kühltemperaturen eine kurze Generationszeit haben. Zu ihnen zählen:

Bakterien: Species der Genera *Pseudomonas, Vibrio, Shewanella, Yersinia, Alcaligenes, Flavobacterium, Acinetobacter, Psychrobacter, Chromobacterium, Aeromonas, Brochothrix, Bacillus, Lactobacillus, Clostridium* u.a.

Hefen: Species der Genera *Candida, Hansenula, Kloeckera, Kluyveromyces, Saccharomyces* u.a.

Schimmelpilze: Species der Genera *Geotrichum, Botrytis, Sporotrichum, Cladosporium, Thamnidium* u.a.

Bedeutung

Psychrotrophe Mikroorganismen führen zum Verderb zahlreicher eiweißreicher Lebensmittel, wie z.B. Fisch, Geflügel, Milch, Fleisch (GOUNOT, 1991).

Jene Mikroorganismen, die sich bei 7 °C, nicht aber bei 40 °C vermehren, werden als stenopsychrotroph (gr. stenos = eng) und solche, die sich bei 7 °C und bei 40 °C vermehren als europsychrotroph (gr. eurys = weit) bezeichnet.

Definition für psychrophile Mikroorganismen (JAY und BUE, 1987)

Alle Mikroorganismen, die ihre maximale Vermehrungstemperatur bei ca. 15 °C haben, werden als psychrophil bezeichnet. Psychrophile Mikroorganismen sind als Verderbsorganismen bedeutungslos (Ausnahme bei Meerestieren).

Nachweis

Oberflächenkultur (Spatelverfahren oder Tropfplattenverfahren) oder Gusskultur, Caseinpepton-Sojamehlpepton-Agar (CASO-Agar).
Bebrütung: 7 °C ±1 °C für 7–10 Tage.

Literatur

1. ANDREW, M.H.E.; RUSSEL, A.D.: The revival of injured microbes, Academic Press, London, 1984
2. COUSIN, M.A.; JAY, J.M.; VASAVADA, P.C.: Psychrotrophic microorganisms, in: Compendium of methods for the microbiological examination of foods, ed. by C. VANDERZANT, D.F. SPLITTSTOESSER, 3rd ed., American Public Health Assoc., 153–168, 1992
3. GOUNOT, A.-M.: Bacterial life at low temperature, physiological aspects and biotechnological implications, J. appl. Bact. 71, 386–397, 1991
4. JAY, J.M.: The tentative recognition of psychrotropic Gram-negative bacteria in 48 h by their surface growth at 10 °C, Int. J. Food Microbiol. 4, 25–32, 1987
5. JAY, J.M.; BUE, M.E.: Ineffectiveness of crystal violet tetrazolium agar for determining psychrotropic Gram-negative bacteria, J. Food Protection, 50, 147–149, 1987

1.2 Lipolytische Mikroorganismen

Lipolyten sind Mikroorganismen, die zur Fettveränderung durch das Enzym *Lipase* führen. Da zwischen der *Tributyrinase* und der *Lipase* eine enge Beziehung besteht (MOUREY u. KILBERTUS, 1976), dient i.d.R. Tributyrin als Substrat für den Nachweis der Lipaseaktivität. Dabei ist allerdings zu berücksichtigen, dass Tributyrin auch durch Esterasen hydrolysiert wird (KOUKER und JAEGER, 1987).

Lipolytische Mikroorganismen

Bakterien: Species der Genera *Pseudomonas, Serratia, Micrococcus, Staphylococcus, Alcaligenes, Brevibacterium, Brochothrix thermosphacta, Lactobacillus curvatus*

Hefen: Species der Genera *Candida, Rhodotorula, Hansenula, Saccharomycopsis* u.a.

Schimmelpilze: Species der Genera *Aspergillus, Penicillium, Rhizopus, Cladosporium, Fusarium, Alternaria* u.a.

Bedeutung

Lipolyten führen zum Verderb von Butter, Margarine, Milch und fetthaltigen anderen Lebensmitteln.

Nachweis

Verschiedene Nachweismedien wurden empfohlen:

- Tributyrin-Agar
- Medien unter Zusatz von Tween 20–80 (SAMAD et al., 1989)
- Fleischextrakt-Hefeextrakt-Pepton-Tributyrin-Agar (BYPTA) nach MOUREY und KILBERTUS (1976)
- Butterfett-Agar nach SHELLEY et al., (1987) und HARRIS et al. (1990)
- Triolein-Rhodamin-B-Agar nach KOUKER und JAEGER (1987).

Bewährt hat sich auch in eigenen Untersuchungen der Triolein-Rhodamin-B-Agar, wobei das Grundmedium den Nährstoffansprüchen der nachzuweisenden Mikroorganismen angepasst wurde. Für gramnegative Mikroorganismen kann der Nähragar, für Hefen, Schimmelpilze und Milchsäurebakterien der MRS-Agar eingesetzt werden.

Verfahren

- Spatelverfahren: Bebrütung bei gramnegativen Bakterien 30 °C, 48–72 h, bei Milchsäurebakterien 30 °C, bei Hefen und Schimmelpilzen 25 °C, 3–5 Tage.
- Nachweis der Lipolyse unter dem UV-Licht (350 nm),
  positive Reaktion: orangefarbene, fluoreszierende Höfe.
- Nachweis der Lipolyse bei 7 °C bis 38 Tage (BRAUN et al., 2001)

Literatur

1. BRAUN, P.; BALZER, G.; FEHLHABER, K.: Activity of bacterial lipases at chilling temperatures, Food Microbiol. 18, 211-215, 2001
2. HARRIS, P.L.; CUPPETT, S.L.; BULLERMAN, L.B.: A technique comparison of isolation of lipolytic bacteria, J. Food Protection 53, 176–177, 1990
3. MOUREY, A.; KILBERTUS, G.: Simple media containing stabilized tributyrin for demonstrating lipolytic bacteria in food and soils, J. appl. Bact. 40, 47–51, 1976
4. INTERNATIONALER MILCHWISSENSCHAFTSVERBAND: Standardmethode für die Zählung lipolytischer Organismen, Internationaler Standard FIL-IDF 41, 1966, Milchwiss. 33, 298–299, 1968

5. KOUKER, G.; JAEGER, K.-E.: Specific and sensitive plate assay for bacterial lipases, Appl. Environ. Microbiol. 53, 211–213, 1987
6. PAPON, M.; TALON, R.: Cell location and partial characterization of Brochothrix thermosphacta and Lactobacillus curvatus lipases, J. appl. Bact. 66, 235–242, 1989
7. SAMAD, M.; RAZAK, C.N.A.; SALLEH, A.B.; YUNUS, W.M.Z.W.; AMPON, K.; BASRI, M.: A plate assay for primary screening of lipase activity, J. Microbiol. Methods 9, 51–56, 1989
8. SHELLEY, A.W.; DEETH, H.C.; MAC RAE; I.C.: A numerical taxonomic study of psychrotrophic bacteria associated with lipolytic spoilage of raw milk, J. appl. Bact. 62, 197–207, 1987
9. SMITH, J.L.; HAAS, M.J.: Lipolytic microorganisms, in: Compendium of methods for the microbiological examination of foods, 3rd ed., by C. VANDERZANT and D.F. SPLITTSTOESSER, American Public Health Assoc., 183–191, 1992

1.3 Proteolytische Mikroorganismen

Die traditionellen mikrobiologischen Nachweisverfahren für proteolytische Mikroorganismen in Lebensmitteln beruhen überwiegend auf dem Abbau von Casein oder Gelatine. Durch den Einsatz dieser Substanzen bei der Untersuchung der proteolytischen Aktivität von Mikroorganismen in Fleisch-, Ei- oder Fischprodukten wird es fraglich, ob ein Zusammenhang besteht zwischen der proteolytischen Aktivität beim Einsatz von Casein oder Gelatine und derjenigen im Fleisch- oder Fischeiweiß. Nach Untersuchungen von KARNOP (1982) zeigte sich, dass Fäulnisbakterien vom Seefisch sich gegenüber einzelnen Proteinen unterschiedlich verhalten, und dass der Abbau von Casein oder Gelatine in zahlreichen Fällen nichts mit dem Abbau von Fischeiweiß zu tun hat.

Proteolytische Mikroorganismen

Species der Genera *Shewanella, Aeromonas, Acinetobacter, Moraxella, Corynebacterium, Lactobacillus, Streptococcus, Micrococcus, Bacillus, Clostridium* u.a.

Bedeutung

Durch Hydrolyse Proteinabbau und somit Geruchs- und Geschmacksabweichungen bei eiweißreichen Lebensmitteln wie Fisch, Fleisch, Geflügel, Milch. Proteolyten können aber auch zur gewünschten Reifung und Aromabildung bei der Käseherstellung und Rohwurstreifung beitragen.

Nachweis

- Milch und Milchprodukte
  Medium: Calcium-Caseinat-Agar nach FRAZIER und RUPP, modifiziert
  Verfahren: Gusskultur oder Oberflächenverfahren
  Bebrütung: 30 °C für 48–72 h
  Auswertung: Auszählung der Kolonien mit Aufhellungshof
- Fleisch, Fisch und Eiprodukte
  Verwendung entsprechender Proteine in Anlehnung an KARNOP (1982).

Literatur

1. KARNOP, G.: Die Rolle der Proteolyten beim Fischverderb. I. Optimierung der Methodik des Proteolytennachweises, Arch. Lebensmittelhyg. 33, 57–61, 1982
2. LEE, J.S.; KRAFT, A.A.: Proteolytic microorganisms, in: Compendium of methods for the microbiological examination of foods, 3rd ed., ed. by C. VANDERZANT and D.F. SPLITTSTOESSER, American Public Health Assoc., 193–198, 1992
3. SINGH, J.; SHARMA, D.K.: Proteolytic breakdown of casein and its fractions by lactic acid bacteria, Milchwiss. 38, 148–149, 1983

1.4 Halophile Mikroorganismen

Halophile Mikroorganismen benötigen für die Vermehrung Kochsalz, einige darüber hinaus geringe Anteile an Kalium- und Magnesiumionen sowie andere Kationen und Anionen. Aufgrund der Vermehrung in bestimmten Kochsalzkonzentrationen lassen sich halophile Mikroorganismen einteilen in

schwach Halophile

Vermehrung bei 2–5 % Kochsalz. Hierzu gehören z.B. Species der Genera *Pseudomonas, Moraxella, Acinetobacter, Flavobacterium*;

mäßig Halophile

Vermehrung bei 5–20 % Kochsalz. Hierzu gehören z.B. Species der Genera *Bacillus und Micrococcus*;

stark Halophile

Vermehrung bei 20–30 % Kochsalz. Hierzu gehören Species der Genera *Halococcus* und *Halobacterium* (= Archaebakterien).

Darüber hinaus gibt es zahlreiche Halobakterien, die sich in Medien und Lebensmitteln ohne Kochsalz und in solchen mit bis zu 5 % Kochsalz vermehren.

Bedeutung

Verderb von gesalzenen Lebensmitteln, Farbstoffbildung durch *Halococcus und Halobacterium* (rote Farbstoffe) auf Salzfischen, gesalzenen Därmen.

Nachweis

Caseinpepton-Sojamehlpepton-Bouillon oder Caseinpepton-Sojamehlpepton-Agar mit Zusatz von 3 % Kochsalz.

Bebrütung bei 7 °C für 10 Tage oder 25 °C für 4 Tage.

Bei stark Halophilen Zusatz von 25 % Kochsalz zur Verdünnungsflüssigkeit und zum Medium. Bebrütung bei 30 °C für 10 Tage in einer feuchten Kammer.

Literatur

1. BAROSS, J.A.; LENOVICH, L.M.: Halophilic and osmophilic microorganisms, in: Compendium of methods for the microbiological examination of foods, 3rd ed., ed. by C. VANDERZANT and D.F. SPLITTSTOESSER, American Publiic Health Assoc., 199–212, 1992
2. GARDENER, G.A.; KITCHELL, A.G.: The microbiological examination of cured meats, in: BOARD, R.G., LOVELOCK, D.W., Sampling-Microbiological Monitoring of Environments, Academic Press, London, 1973
3. GIBBONS, N.E.: Isolation, growth and requirements of halophilic bacteria, in: NORRIS, J., R., RIBBONS, D. W., Methods in Microbiology, Academic Presse, London, Vol. 3B, 169–183, 1969

1.5 Osmotolerante Hefen

Hefen, die sich bei geringen a_w-Werten oder hohen Zuckerkonzentrationen vermehren, werden als osmophil (CHRISTIAN, 1963), osmotolerant (ANAND und BROWN, 1968), osmotroph (SAND, 1973), xerophil (PITT, 1975) oder xerotolerant (BROWN, 1976) bezeichnet. Da diese Hefen einen niedrigen a_w-Wert oder einen hohen osmotischen Druck besser tolerieren als nicht-osmotolerante Hefen, sollte nach TILBURY (1980) nur die Bezeichnung xerotolerant verwendet werden. Osmotolerante Hefen, die hohe Zuckerkonzentrationen bevorzugen, sind bisher nicht nachgewiesen worden. Deshalb ist die Bezeichnung osmotolerant besser. Verschiedene Definitionen wurden für osmotolerante (osmophile) Hefen vorgeschlagen (Tab. III.1-1).

Als osmotolerant werden im Folgenden solche Hefen angesehen, die sich bei einer Glucosekonzentration von 50 % (G/G) vermehren (JERMINI und SCHMIDT-LORENZ, 1987c).

Tab. III.1-1: Definitionen für osmotolerante (osmophile) Hefen

Vermehrung	Autor
a_w unter 0,85	CHRISTIAN (1963)
Glucose 60 % (G/G), entspricht a_w von etwa 0,85	VAN DER WALT (1970)
Fructose 75 % (G/V), entspricht etwa 58,8 % (G/G) Glucose	WINDISCH (1973)
a_w unter 0,85	PITT (1975)
gesättigte Saccharoselösung, entspricht a_w unter 0,85	TILBURY (1980)
Glucose 50 % (G/G), entspricht a_w 0,909	JERMINI, GEIGES, SCHMIDT-LORENZ (1987)

Osmotolerante Hefen

Die Osmotoleranz ist kein konstantes Artmerkmal. Osmotolerant sind besonders *Zygosaccharomyces (Z.) rouxii, Z. bailii, Z. bisporus, Z. mellis, Z. lentus,* Stämme von *Hansenula anomala, Saccharomyces cerevisiae, Debaryomyces hansenii, Torulaspora delbrueckii* (TOKUOKA et al., 1985, JERMINI et al., 1987). Die in zuckerreichen Lebensmitteln am häufigsten vorkommende Hefe ist jedoch *Zygosaccharomyces rouxii* (JERMINI et al., 1987a+b, TOKUOKA et al., 1985).

Bedeutung

Osmotolerante Hefen führen z. B. zum Verderb von Honig, Marzipan, Schokoladenerzeugnissen mit Füllung, Konfitüre, Pulpe, Fruchtsäften, Feinkosterzeugnissen, Kondensmilch, Trockenfrüchten.

Nachweis geringer Zellzahlen

Bei sehr geringer Zellzahl im Lebensmittel Presence-Absence-Test, MPN-Verfahren oder Membranfiltration (MMCF-Methode) bei Fruchtzubereitungen und Zucker.

□ Presence-Absence-Test

- 20 g oder 40 g bzw. ml werden mit 180 ml bzw. 360 ml Glucose-Bouillon 50 % (G/G), (GB 50) im Stomacher 1 min homogenisiert;
- Homogenisat in 1000 ml Erlenmeyer-Kolben bei 30 °C 2–10 Tage unter Schütteln (ca. 100 U/min) bebrüten;
- Vom 2. Tag an tägliche Untersuchung mikroskopisch (Phasenkontrast) und durch Ausstrich von 0,03 ml auf Glucose-Agar 50 % (G/G), (GA 50), der bei 30 °C 5–7 Tage bebrütet wird.

Beurteilung

Wenn nach 10-tägiger Bebrütung der Anreicherung keine Hefen nachweisbar sind, wird die Probe als „frei von osmotoleranten Hefen" bezeichnet. Meist sind bei Zellzahlen unter 10/g oder ml die osmotoleranten Hefen bereits nach 3–4 Tagen nachweisbar (JERMINI et al., 1987).

Anmerkung

Die optimale Vermehrungstemperatur osmotoleranter Hefen erhöht sich mit Verminderung der Wasseraktivität. Aus diesem Grunde sollte der Nachweis osmotoleranter Hefen nicht bei 25 °C, sondern bei 30–32 °C erfolgen. (JERMINI und SCHMIDT-LORENZ, 1987). Bei a_w-Werten über 0,99 betrug die optimale Vermehrungstemperatur für *Zygosaccharomyces (Z.) rouxii und Z. bisporus* 24–28,5 °C, bei a_w-Werten zwischen 0,922 und 0,868 lag sie zwischen 31 °C und 33 °C (JERMINI und SCHMIDT-LORENZ, 1987).

□ MPN-Verfahren

- 10 g Material werden mit 90 ml einer sterilen Glucose-Bouillon (GB 50) homogenisiert. Vom Homogenisat werden in 3 leere Röhrchen je 10 ml, in 3 Röhrchen mit 9 ml Glucose-Bouillon (GB 50) je 1 ml und in 3 Röhrchen mit 9,9 ml Glucose-Bouillon (GB 50) je 0,1 ml übertragen;
- Die Röhrchen werden mit Paraffin/Vaseline (1:4) überschichtet und bei 30 °C 2–10 Tage bebrütet. Deutliche Gasbildung zeigt Gärung und Vermehrung an. Die Berechnung der Keimzahl wird nach der MPN-Tabelle unter Berücksichtigung der Verdünnungsfaktoren vorgenommen.

Anmerkung

Verfahren, die auf dem Nachweis der Gasbildung beruhen, sind unsicher, da die Gasbildung erst bei einer Zellzahl von etwa 10^5/ml deutlich sichtbar ist (JERMINI, 1984). Bei dem Presence-Absence-Test sind sehr geringe Hefezahlen nachweisbar: 100 Zellen/ml Anreicherungskultur nach 3–4 Tagen, 10 Zellen nach ca. 8–10 Tagen und 1 Zelle/ml Anreicherung nach ca. 15 Tagen (JERMINI, 1984).

□ Membranfiltration

Für den Nachweis osmotoleranter Hefen in Kristall- und Flüssigzucker und in Fruchtzubereitungen hat sich die MMCF-Methode (BAUMGART und VIEREGGE, 1984) bewährt.

Auch „Hydrophobe Grid Membran Filter“ (HGMF) sind erfolgreich für den selektiven Nachweis von *Zygosaccharomyces bailii* eingesetzt worden (ERICKSON, 1993).

Nachweis hoher Zellzahlen (über 10^2/g oder ml)

Methode: Spatelverfahren

Homogenisation und dezimale Verdünnung in 30%iger Glucoselösung (G/G).

Medium: 50%iger Glucose-Agar (GA 50) oder Potato-Dextrose-Agar + 60 % Saccharose (G/V), pH 5,2 (RESTAINO et al., 1985).

Bebrütung der Platten bei 30 °C für 3–5 Tage.

Literatur

1. ANAND, J.C., BROWN, A.D.: Growth rate patterns of the so-called osmophilic and non-osmophilic yeasts in solutions of polyethylene glycol, J. gen. Microbiol. 52, 205–212, 1968
2. BAROSS, J.A., LENOVICH, L.M.: Halophilic and osmophilic microorganisms, in.: Compendium of methods for the microbiological examination of foods, 3rd ed., ed. by C. Vanderzant and D.F. Splittstoesser, American Public Health Assoc., 199–212, 1992
3. BAUMGART, J., VIEREGGE, B.: Schnellnachweis osmophiler Hefen im Marzipan, Süßwaren 28, 190–193, 1984
4. BROWN, A.D.: Microbial water stress, Bacteriological Reviews 40, 803–846, 1976
5. CHRISTIAN, J.H.B.: Water activity and the growth of microorganisms, in: Recent Advances in Food Science, ed. by J.M. Leitch, D.N. Rhodes, Vol. 3, 248–255, 1963
6. ERICKSON, J.P.: Hydrophobic membrane filtration method for the selective recovery and differentiation of *Zygosaccharomyces bailii* in acidified ingredients, J. Food Protection 56, 234–238, 1983
7. JERMINI, M.F.G., GEIGES, O., SCHMIDT-LORENZ, W.: Detection, isolation and identification of osmotolerant yeasts from high-sugar products, J. Food Protec. 50, 468–472, 1987a
8. JERMINI, M.F.G., SCHMIDT-LORENZ, W.: Cardinal temperatures for growth of osmotolerant yeasts in broths at different water activity values, J. Food Protec. 50, 473–478, 1987b
9. JERMINI, M.F.G., SCHMIDT-LORENZ, W.: Growth of osmotolerant yeasts at different water activity, J. Food Protec. 50, 404–410, 1987c
10. PITT, J.I.: Xerophilic fungi and the spoilage of food of plant origin, in: Water Relations of Foods, ed. by R.S. Duckworth, 273–307, Academic Press, London, 1975
11. RESTAINO, L., BILLS, S., LENOVICH, L.M.: Growth response of an osmotolerant, sorbate-resistant *Saccharomyces rouxii* strain, Evaluation of plating media, J. Food Protec. 48, 207–209, 1985
12. SAND, F.E.M.J.: Recent investigations on the microbiology of fruit juice concentrates, in: Technology of Fruit Juice Concentrates – Chemical Composition of Fruit Juices, vol. 13, 185–216, Vienna, International Federation of Fruit Juice Producers, Scientific Technical Commission, 1973
13. SCARR, M.P.: Selective media used in the microbiological examination of sugar products, Journal of the Science of Food and Agriculture 10, 678–681,1959
14. TILBURY, R.H.: Xerotolerant (osmophilic) yeasts, in: Biology and Activities of Yeasts, ed. by F.A. Skinner, S.M. Passmore, A.R. Davenport, 153–179, Academic Press, London, 1980
15. TOKUOKA, K., ISHITANI, T., GOTO, S., KOMAGATA, K.: Identification of yeasts isolated from high-sugar foods, J. gen. appl. Microbiol. 31, 411–427, 1985
16. Van der WALT, J.P.: Criteria and methods used in classification, in: The Yeasts – A Taxonomic Study, 2nd edition, ed. by Lodder, J., 34–113, Amsterdam North Holland, 1970
17. WINDISCH, S., NEUMANN-DUSCHA, I.: Hefe als Verderbniserreger von Süßwaren unter Berücksichtigung osmophiler Hefen, Schriftenreihe Schweizerische Gesellschaft für Lebensmittelhygiene (SGLH), 1, 18–20, 1973
18. ZIMMERLI, A.: Osmotolerante Hefen in Lebensmitteln, Chemische Rundschau 30, 15–23, 1977

1.6 Pseudomonaden und verwandte Gattungen

In den letzten Jahren hat die Gattung *Pseudomonas* zahlreiche Veränderungen erfahren (JAY, 2003, JEPPESEN und JEPPESEN, 2003). Neue Gattungen wurden eingeführt, wie u.a. *Burkholderia*, *Brevundimonas*, *Sphingomonas*, *Stenotrophomonas*, *Comamonas*, *Xanthomonas* und *Chryseomonas*. Dadurch änderte sich auch vielfach die Zuordnung der Arten. So gehört z.B. *Ps. cepacia* jetzt zu *Burkholderia cepacia*.

In diesem Kapitel steht die Bezeichnung *Pseudomonas* spp. auch für die in Lebensmitteln vorkommenden verwandten Arten des Genus *Pseudomonas*, soweit keine besonderen Gründe dem entgegenstehen und Abweichungen beim Nachweis vorkommen.

Pseudomonas spp. sind gramnegativ, Katalase-positiv, Oxidase-positiv oder -negativ, beweglich und obligat aerob. Vielfach kann allerdings Nitrat als Elektronenakzeptor im Stoffwechsel genutzt werden, so dass sie auch anaerob wachsen (z.B. vakuumverpacktes Frischfleisch). Die bedeutendsten Arten in eiweißhaltigen, frischen Lebensmitteln gehören zum Genus *Pseudomonas*.

Vorkommen

Pflanzen, Wasser, Lebensmittel, Kosmetika

Bedeutung

- Proteolytischer bzw. lipolytischer Verderb von Milch (hitzestabile Proteasen und Lipasen) und Milchprodukten, Fleisch, Fisch, Geflügel, Eier.
- Verderb von Kosmetika (Brechen der Emulsionen, *Burkholderia cepacia*).
- Wundinfektionen und bei Kindern nach oraler Aufnahme Brechdurchfall durch *Ps. aeruginosa*.
- Augeninfektion durch *Ps. aeruginosa* (Bildung einer Elastase).

Nachweis

Keimzahlbestimmung (JEPPESEN und JEPPESEN, 2003)

A. Fleisch und Fleischerzeugnisse (Methode nach § 35 LMBG, 1998) und andere Lebensmittel (ISO 13720, Entwurf 1999)

Verfahren: Oberflächenkultur, z.B. Spatel-Verfahren

Medium: Cetrimide-Fucidin-Cephaloridine-Medium (CFC-Medium), frisch hergestellt (nicht älter als 4 h bei Raumtemperatur oder 1 Tag bei 0 °C bis 5 °C vorrätighalten).

Da das Supplement Cephaloridine nicht mehr verfügbar ist, wird es von einigen Firmen durch Cephalothin ersetzt. Ergebnisse über gleiche Selektiviät liegen bisher nicht vor.

Empfehlung zur Überprüfung des Mediums:

- Produktivität: Teststamm *Pseudomonas fluorescens* o. *Ps. fragi*
- Selektivität: Teststamm *E. coli*

Bebrütung: 48 h bei 25 °C, aerob

Bestätigung: Auf dem Medium bilden sich pigmentierte und unpigmentierte Kolonien mit einem Durchmesser von 2–5 mm. Bestätigungsreaktionen sind gewöhnlich nicht notwendig, da CFC unerwünschte Bakterien unterdrückt (JEPPESEN und JEPPESEN, 2003). Nach dem ISO-Normentwurf sollen jedoch 5 Kolonien von jeder auszählbaren Platte (15–150) bestätigt werden. Diese erfolgt nach Subkultivierung auf Nähragar oder Plate-Count-Agar durch den Oxidase-Test, wobei mit einer Einweg-Öse oder Platin-Öse die Kolonie auf einem Teststreifen überprüft wird. Zu beachten ist allerdings, dass *Stenotrophomonas maltophilia*, *Burkholderia mallei* und *Chryseomonas luteola* Oxidase-negativ sind.

Bewährt hat sich auch das Überfluten des CPC-Agars mit Oxidase-Reagenz (1 % Tetramethyl-p-Phenylendiamin-dihydrochlorid). Innerhalb von 10 Sek. bilden positive Kolonien einen äußeren dunkel-purpurfarbenen Ring. Diese werden als *Pseudomonas* spp. ausgezählt (CORRY, CURTIS, BAIRD, S. 435, 2003).

Als weitere Bestätigungsreaktion wird die Glucosefermentation (Prüfung im Röhrchen als Stichkultur, Bebrütung für 24 h bei 37 °C) angegeben (ISO-Entwurf, 1999). *Pseudomonas* spp. fermentieren keine Glucose. Einige Arten oxidieren Glucose, so dass das Medium auf der Oberfläche gelb sein kann.

Zusammensetzung des Glucosemediums:

Caseinpepton trypt. 10,0 g; Hefeextrakt 1,5 g; NaCl 5,0 g;
Glucose 10,0 g; Bromkresolpurpur 0,015 g; Agar 15,0 g;
A. dest 1.000 ml; pH nach der Sterilisation 7,0 bei 25 °C;
Abfüllung in Röhrchen à 10,0 ml

B. Milch und Milchprodukte

Verfahren: Oberflächenkultur

Medium: Zum Nachweis der Gattungen *Pseudomonas* und *Aeromonas* eignet sich GSP-Agar nach Kielwein (Glutamat-Stärke-Phenolrot-Agar)

Bebrütung: 72 h bei 25 °C

Aeromonaden sind als gelbe, von einer gelben Zone umgebene Kolonien erkennbar, da sie Stärke unter Säurebildung abbauen und diese Reaktion durch Farbumschlag des Indikators Phenolrot nach gelb angezeigt wird. Pseudomonaden bilden keine Säure aus Stärke und bilden blauviolette Kolonien in einer rotvioletten Umgebung.

Literatur

1. CORRY, J.E.L., CURTIS, G.D.W., BAIRD, R.M.: Handbook of culture media for food microbiology, Elsevier Verlag, Amsterdam, 2003
2. JAY, J.M.: A review of recent taxonomic changes in seven genera of bacteria commonly found in foods, J. Food Protection 66, 1304–1309, 2003
3. JEPPESEN, C.: Media for *Aeromonas* spp., *Plesiomonas shigelloides* and *Pseudomonas* spp. from food and environment, Int. J. Food Microbiol. 26, 25–41, 1995
4. JEPPESEN, V.F., JEPPESEN, C.: Media for *Pseudomonas* spp. and related genera from food and environmental samples, in: Handbook of culture media for food microbiology, ed. by J.E.L. Corry, G.D.W. Curtis, R.M. Baird, Elsevier Verlag, Amsterdam, 345–354, 2003
5. N.N.: Untersuchung von Lebensmitteln, Zählung von *Pseudomonas* spp. in Fleisch und Fleischerzeugnissen, Amtl. Sammlung von Untersuchungsverfahren nach § 35 LMBG, 06.0043, 1998

1.7 Milchsäurebakterien

(WOOD und HOLZAPFEL, 1995, SALMINEN und von WRIGHT, 1998, SCHILLINGER und HOLZAPFEL, 2003)

Zu den Milchsäurebakterien zählen u.a. die Genera *Lactobacillus, Leuconostoc, Pediococcus, Streptococcus, Lactococcus, Enterococcus, Carnobacterium, Oenococcus, Tetragenococcus, Paralactobacillus* und *Weissella.*

Das zur Gruppe der Actinomyceten zählende Genus *Bifidobacterium* gehört nur aus physiologischen Gründen zur Gruppe der Milchsäurebakterien.

Vorkommen

Pflanzen, Darmkanal Mensch und Tier

Bedeutung

- Verderb zahlreicher Lebensmittel, wie Fleisch, Fleischerzeugnisse, Fisch und Fischerzeugnisse, Milch und Milchprodukte, Frucht- und Gemüseerzeugnisse, Bier, Feinkost u.a.
- Starterkulturen: Sauerteig, Rohwurst, Schinken, Käse, Oliven, Joghurt, Sauerkraut u.a.
- Bildung biogener Amine (z.B. *Tetragenococcus muriaticus*) in Fischsaucen oder Enterokokken und verschiedene Laktobazillen in Käse, Wein oder Sauerkraut, z.B. *L. plantarum, L. hilgardii*.

Tab. III.1-2: Bedeutung der wichtigsten Milchsäurebakterien in Lebensmitteln (nach LÜCKE, 1996, SCHILLINGER und HOLZAPFEL, 2003)

	Bedeutung	
Genus	Verderb	Fermentation
Lactobacillus	++	++
Leuconostoc	++	+
Pediococcus	+	+
Weissella	+	–
Carnobacterium	+	–
Streptococcus	–	+
Enterococcus	+	(+)
Lactococcus	–	++
Tetragenococcus	(+)	+
Oenococcus	(+)	+

Nachweis

Zahlreiche Medien sind zum Nachweis von Milchsäurebakterien beschrieben worden (REUTER, 1985, VANOS und COX, 1986, PELADAN et al. 1986, SCHILLINGER und HOLZAPFEL, 2003). Bewährt haben sich der MRS-Agar, pH-Wert 5,7 mit HCl (1 mol/l^{-1}) eingestellt (PELADAN et al., 1986) und das MRS-S-Medium (REUTER, 1985).

Bei Fleisch und Fleischerzeugnissen ist zu berücksichtigen, dass sich einige Stämme von *Brochothrix thermosphacta* auf dem MRS-Agar vermehren und Katalase-negativ sind, wodurch es zur Verwechslung mit Laktobazillen kommt. Eine Subkultivierung auf APT-Agar und eine erneute Katalaseprüfung sind notwendig (EGAN, 1983).

Bewährte Nachweisverfahren

□ Mesophile Milchsäurebakterien (außer *Carnobacterium* spp.)

(ISO 15214:1998)

- MRS-Bouillon pH 5,7 (eingestellt mit HCl, 1 mol/l^{-1}), Bebrütung bei 30 °C für 72 h.
- MRS-Agar (pH 5,7 eingestellt mit HCl, 1 mol/l^{-1}, End-pH der gegossenen Platten bei 25 °C kontrollieren), Guss- oder Oberflächenkultur, Bebrütung bei 30 °C für 72 h. Zur Hemmung von Hefen (z. B. Rohwurstuntersuchung) kann Sorbinsäure zugesetzt werden: 1,4 g Sorbinsäure in 10 ml NaOH-Lösung (1 mol/l) lösen, steril filtrieren und zu 1.000 ml sterilisiertem MRS-Agar bei 47 °C zusetzen (End-pH 5,7 ± 0,1 bei 25 °C). Die Gusskultur wird aerob bebrütet, die Oberflächenkultur anaerob. Handelsprodukte sind einsetzbar (z. B. GasPak, Fa. BBL; Anaerocult, Fa. Merck; Gasgenerating box „H_2 + CO_2", Fa. bioMérieux; AnaeroGen, Oxoid). Eine Identifizierung der Kolonien ist notwendig, wenn eine Unterscheidung der einzelnen Genera getroffen werden soll. Sie ist auch erforderlich, weil sich auf dem MRS-Agar (pH 5,7) und dem MRS-S-Medium (MRS-Sorbinsäure-Medium) nicht nur Milchsäurebakterien vermehren (Katalase-negativ, grampositiv).

□ Obligat heterofermentative Milchsäurebakterien

Eine MRS-Bouillon mit Durham-Röhrchen (MRS-Bouillon ohne Fleischextrakt und mit Zusatz von 2 % Glucose, pH 5,7) wird mit der Prüfkultur beimpft (oder MPN-Verfahren bei Produkten) und bei 25 °C 72 h bebrütet.

□ Peroxid bildende Milchsäurebakterien

Besonders bei Frischfleisch, Rohwurst und Brühwurstaufschnitt spielt die Vergrünung oder Vergrauung der Produkte durch Wasserstoffperoxid bildende Milchsäurebakterien eine Rolle (LEE und SIMARD, 1984, LÜCKE et al., 1986). Zur Vergrünung oder Vergrauung führen besonders: *Lactobacillus (L.) viridescens (= Weissella viridescens), L. fructivorans, L. helveticus, L. jensenii* (LEE und SIMARD, 1984), *L. curvatus, L. sakei, Leuconostoc* spp. (LÜCKE et al., 1986), *L. plantarum, L. lactis* (BERTHIER, 1993).

Nachweis

- MRS-Mangandioxid-Agar (LÜCKE et al., 1986)
  Nach 3-tägiger aerober Bebrütung sind Kolonien Peroxid bildender Milchsäurebakterien auf diesem Nährboden von Aufhellungszonen umgeben.

- ABTS-Peroxidase-Agar (MÜLLER, 1985)
  Kolonien Peroxid bildender Milchsäurebakterien sind nach zweitägiger anaerober und anschließender etwa sechsstündiger aerober Bebrütung von einem purpurfarbenen Hof umgeben.
- PTM-Medium (BERTHIER, 1993)
  Bei diesem Medium wurde das Chromogen ABTS durch Tetramethylbenzidin ersetzt und die Empfindlichkeit des Nachweises dadurch erhöht.
  Bebrütung anaerob 48 h bei 30 °C und 2 h aerob bei gleicher Temperatur.
  Positiv: violett bis grün
  Negativ: farblos

□ Carnobakterien

Die Spezies des Genus *Carnobacterium* (*C. divergens, C. piscicola*) vermehren sich nicht bei pH 4,5 und nicht auf Acetat-Medien mit einem pH-Wert von 5,4.

Vorkommen

Fleisch vom Rind, Schwein, Schaf, Fisch und Räucherfisch, besonders bei gekühlten, vakuumverpackten Produkten. Auch auf der Oberfläche von Käse (z. B. Brie) wurden *Carnobacterium piscicola* und *C. divergens* nachgewiesen (MILLIÈRE et al., 1994).

Nachweis

Cresolrot-Thalliumacetat-Saccharose-Agar (CTAS), pH 9,0, Bebrütung aerob bei 30 °C 24–48 h (WPCM, 1989).

Auswertung

C. piscicola bildet gelbliche bis rosafarbene Kolonien, metallisch glänzend (bes. Randzone), wobei das Medium sich nach gelb verfärbt. *C. divergens* führt dagegen häufig nicht zur Farbveränderung des Mediums und die Kolonien sind sehr klein (pin-points). Eine Abgrenzung von den Enterokokken durch Phasenkontrastmikroskopie ist notwendig. Auch einige Stämme des Genus *Leuconostoc* vermehren sich auf dem Medium.

□ Pediokokken

Pediokokken werden als Starterkulturen bei der Rohwurstherstellung eingesetzt, sie führen zur Fermentation zahlreicher Sauergemüsearten, aber auch zum Verderb von Lebensmitteln, wie z. B. Feinkostsalaten, Brühwurstaufschnitt und Getränken, besonders Bier. Da die Pediokokken sich auf den gleichen Medien vermehren wie die Laktobazillen und aufgrund ihrer Kolonieform nicht von diesen unterschieden werden können, sind Informationen über die Entwicklung und das Vorkommen von Pediokokken in Lebensmitteln bei Vorhandensein einer Mischkultur aus Milchsäurebakterien lückenhaft.

Für den selektiven Nachweis von Pediokokken eignet sich das Medium nach HOLLEY und MILLARD (1988), ein modifizierter MRS-Agar (MRSD-Medium), auf dem die Argininhydrolyse als Erkennungskriterium für *Pediococcus acidilactici* und *P. pentosaceus* verwendet wird. Während nach HOLLEY und MILLARD (1988) die Untersuchungsproben unter Verwendung der „Hydrophoben Grid Membran Filter" (QA Labs. Ltd., Toronto, Ontario, Canada) filtriert werden, ist nach eigenen Untersuchungen die Membranfilter-Methode nach ANDERSON und BAIRD-PARKER ebenso geeignet und praktikabler.

Nachweis von *P. acidilactici* und *P. pentosaceus*

- Eine Cellulose-Acetat-Membran (z.B. Nu Flow N 85/45, 0,45 µm) oder ein Hydrophober Grid Membran Filter (HGMF) wird auf das gut vorgetrocknete Selektivmedium (MRSD-Medium) gelegt.
- 1,0 ml der Probe oder der Verdünnungen wird vorsichtig auf der Membran ausgespatelt.
- Die Bebrütung des Mediums erfolgt unter anaeroben Bedingungen bei 25 °C für 48 h.
- Nach der Bebrütung wird die Membran bzw. der Filter (HGMF) auf ein Filterpapier (z.B. Whatman Nr. 3) gelegt, das mit einer 0,4%igen (G/V) Lösung von Bromkresolpurpur getränkt ist.
- Nach einer Kontaktzeit von 60 s wird die Membran wieder auf das Selektivmedium gelegt und die Koloniefarbe wird innerhalb einer Stunde beurteilt. Die Farbe bleibt bei 4 °C 48 h stabil.

Auswertung

Die Kolonien der Pediokokken *(P. acidilactici* und *P. pentosaceus)* sind blau, die der Laktobazillen grün. Nach HOLLEY und MILLARD (1988) bildet *Pediococcus parvulus* sehr kleine grüne Kolonien und *Streptococcus lactis* blaue, so dass besonders bei Produkten, in denen mit diesen Bakterien zu rechnen ist, eine mikroskopische Kontrolle (Nativpräparat) empfohlen wird.

Anmerkung

Auch einige Arten unter den hetero- und homofermentativen Laktobazillen, verschiedene Arten der Genera *Streptococcus* und *Lactococcus* sowie Carnobakterien bilden aus Arginin Ammoniak (Genus *Leuconostoc* negativ), so dass eine weitere Identifizierung besonders der Kokken notwendig ist.

□ *Bifidobacterium*

(SGORBATI, BIAVATI und PALENZONA, 1995, BALLONGUE, 1998, ROY, 2003)

Physiologisch gehören die Arten des Genus *Bifidobacterium* zu den Milchsäurebakterien, die als Endprodukte der Fermentation aus Lactose, Galactose oder Saccharose vorwiegend Acetat und Lactat bilden. Es sind grampositive pleomorphe, anaerobe, unbewegliche, Katalase-negative Stäbchen. Einige Arten tolerieren O_2 in Anwesenheit von CO_2. Die optimale Vermehrungstemperatur liegt zwischen 37 ° und 41 °C, die minimale zwischen 25 ° und 28 °C. Der optimale pH-Wert für die Vermehrung liegt zwischen 6,5 und 7,0; bei pH-Werten unterhalb 4,5–5,0 soll das Wachstum stark reduziert sein.

Vorkommen und Bedeutung

Faeces von Mensch und Tier, Mundflora; einige Arten kommen nur bei bestimmten Tieren vor. Im Dickdarm liegen die Keimzahlen bei 10^9 bis 10^{10}/g. Einige Arten werden in Milchprodukten als Starter und probiotische Kulturen eingesetzt (z. B. *Bifidobacterium longum, B. bifidum, B. breve,* teilweise in Kombination mit Laktobazillen, Laktokokken und *Leuconostoc*-Arten) oder als pharmazeutische Präparate nach Durchfallerkrankungen.

Nachweis

Zahlreiche Medien sind entwickelt worden, bewährt hat sich der TPY-Agar nach SCARDOVI (1986), der als Gusskultur anaerob bei 37 °C 72 h bebrütet wird. Da dieses Medium nicht selektiv ist, müssen die Kolonien morphologisch und biochemisch identifiziert werden (SGORBATI et al., 1995). Geschädigte Zellen (z. B. getrocknete, gefriergetrocknete oder tiefgefrorene Produkte) sollen durch Rollkultur mit dem Selektivmedium nach ARANI et al. (1995) besser nachzuweisen sein. Weitere Medien siehe bei BALLONGUE (1998). Ausführliche Angaben über zahlreiche selektive Medien siehe bei ROY (2003).

Literatur

1. ARANY, C.B., HACKNEY, C.R., DUNCAN, S.E., KATOR, H., WEBSTER, J., PIERSON, M., BOLING, J.W., EIGEL, W.N.: Improved recovery of stressed *Bifidobacterium* from water and frozen Yoghurt, J. Food Protection 58, 1142–1146, 1995
2. BALLONGUE, J.: Bifidobacteria and probiotic action, in: Lactic acid bacteria, ed. by Salminen und von Wright, Marcel Dekker Inc., New York, 1998
3. BAUMGART, J., MELLENTHIN, B.: Selektiver Nachweis von Pediokokken mit einem Membranverfahren, Fleischw. 70, 402, 405, 1990
4. BERTHIER, F.: On the screening of hydrogen peroxide-generating lactic acid bacteria, Letters in Appl. Microbiol. 16, 150–153, 1993

5. BETTMER, H.: Vorkommen und Bedeutung von *Lactobacillus divergens* bei vakuumverpacktem Bückling, Diplomarbeit FH Lippe, Lemgo, 1987

6. EGAN, A.F.: Lactic acid bacteria of meat and meat products, Antonie van Leeuwenhoek 49, 327–336, 1983

7. ENTIS, P., BOLESZCZUK, P.: Use of fast green FCF with tryptic soy agar for aerobic plate count by the hydrophobic grid membrane filter, J. Food Protection 49, 278–279, 1986

8. HOLLEY, R.A., MILLARD, G.E.: Use of MRSD medium and the hydrophobic grid membrane filter technique to differentiate between pediococci and lactobacilli in fermented meat and starter cultures, Int. J. Food Microbiol. 7, 87–102, 1988

9. LEE, B.H., SIMARD, R.E.: Evaluation of methods for detecting the production of H_2S, volatile sulfides and greening by lactobacilli, J. Food Sci. 49, 981–983, 1984

10. LÜCKE, F.-K.: Lactic acid bacteria involved in food fermentations and their present and future uses in food industry, in: Lactic acid bacteria. Current advances in metabolism, genetics and applications, ed. by T.F. Bozuglu and B. Ray, Springer, Berlin, 81–99, 1996

11. LÜCKE, F.-K., POPP, J., KREUTZER, R.: Bildung von Wasserstoffperoxid durch Laktobazillen aus Rohwurst und Brühwurstaufschnitt, Chem. Mikrobiol. Technol. Lebensm. 10, 78–81, 1986

12. MILLIÈRE, J. B., MICHEL, M., MATHIEU, F., LEFEBVRE, G.: Presence of *Carnobacterium* spp. in French surface mould-ripened soft-cheese, J. Appl. Bact. 76, 264–269, 1994

13. MÜLLER, H.E.: Detection of hydrogen peroxide produced by microorganisms on an ABTS peroxidase medium, Zbl. Bakt. Hyg. A 259, 151–154, 1985

14. PELADAN, F., ERBS, D., MOLL, M.: Practical aspects of the detection of lactic acid bacteria in beer, Food Microbiol. 3, 281–288, 1986

15. REUTER, G.: Elective and selective media for lactic acid bacteria, Int. J. Food Microbiol. 2, 55–68, 1985

16. ROY, D.: Review: Media for the isolation and enumeration of bifidobacteria in dairy products, Int. J. Food Microbiol. 69, 167–182, 2001

17. ROY, D.: Media for the detection and enumeration of bifidobacteria in food products, in: Handbook of culture media for food microbiology, ed. by J.E.L. Corry, G.D.W. Curtis, R.M. Baird, Elsevier Verlag, Amsterdam, 147–160, 2003

18. SALMINEN, S., von WRIGHT, A.: Lactic acid bacteria, microbiology and functional aspects, sec. ed., revised and expanded, Marcel Dekker Inc., New York, 1998

19. SCHILLINGER, U., HOLZAPFEL, W.H.: Culture media for lactic acid bacteria, in: Handbook of culture media for food microbiology, ed. by J.E.L. Corry, G.D.W. Curtis, R.M. Baird, Elsevier Verlag, Amsterdam, 127–140, 2003

20. SCHILLINGER, U., LÜCKE, F.-K.: Lactic acid bacteria on vacuum-packed meat and their influence on shelf life, Fleischw. 67, 1244–1248, 1987

21. SGORBATI, B., BIAVATI, B., PALENZONA, D.: The genus *Bifidobacterium*, in: The genera of lactic acid bacteria, ed. by B.J.B. Wood and W.H. Holzapfel, Chapman & Hall, London, 279–306, 1995

22. VANOS, V., COX, L.: Rapid routine method for the detection of lactic acid bacteria among competitive flora, Food Microbiol. 3, 223–234, 1986

23. VEDAMUTHU, E.R., RACCACH, M., GLATZ, B.A., SEITZ, E.W., REDDY, M.S.: Acid-producing microorganisms, in: Compendium of methods for the microbiological examination of foods, 3rd ed., ed. by C. Vanderzant and D.F. Splittstoesser, American Public Health Assoc., 225–228, 1992

24. WOOD, B.J.B., HOLZAPFEL, W.H.: The genera of lactic acid bacteria, Chapman & Hall, London, 1995

25. WPCM (Working Party on Culture Media): Cresol red thallium acetate sucrose (CTAS) agar, Int. J. Food Microbiol. 9, 129–131, 1989

1.8 Grampositive, Katalase-positive asporogene Bakterien: Micrococcaceae, *Brochothrix thermosphacta*, *Microbacterium*, *Kurthia*, *Brevibacterium*, *Propionibacterium*

Nicht selten ist die auf Optimalmedien nachgewiesene Mikroorganismenflora zahlenmäßig höher als die Summe der Mikroorganismen, die mit selektiven Medien nachgewiesen werden. Denn nicht für alle in Lebensmitteln bedeutende Bakterien stehen Selektivmedien zur Verfügung oder beschriebene wirken nicht ausreichend selektiv oder elektiv. Häufig handelt es sich dabei um Verderbsorganismen, die für die Beurteilung des Lebensmittels bedeutend sind. Meist werden diese Mikroorganismen auf Optimalmedien (z.B. Nähragar, Plate-Count-Agar, CASO-Agar) bei dem Nachweis der aeroben Koloniezahl miterfasst. Am besten eignet sich ein Medium folgender Zusammensetzung (g/l): Pepton (Oxoid L37; 10,0), Lab Lemco (Difco; 10,0), Hefeextrakt (2,0), NaCl (5,0), Glucose (1,9), Bebrütung bei 22 °C für 4 Tage (GARDNER, 2003). Eine Identifizierung ist dann notwendig, wenn die Art des Lebensmittels es erfordert, weil die Bakterien zur typischen Flora des Produktes gehören oder die aerobe Koloniezahl wesentlich höher ist als die Summe der mit selektiven Medien nachgewiesenen Bakterien. Ein einfaches Schema der groben Identifizierung ist in der Abb. III.1-1 aufgeführt.

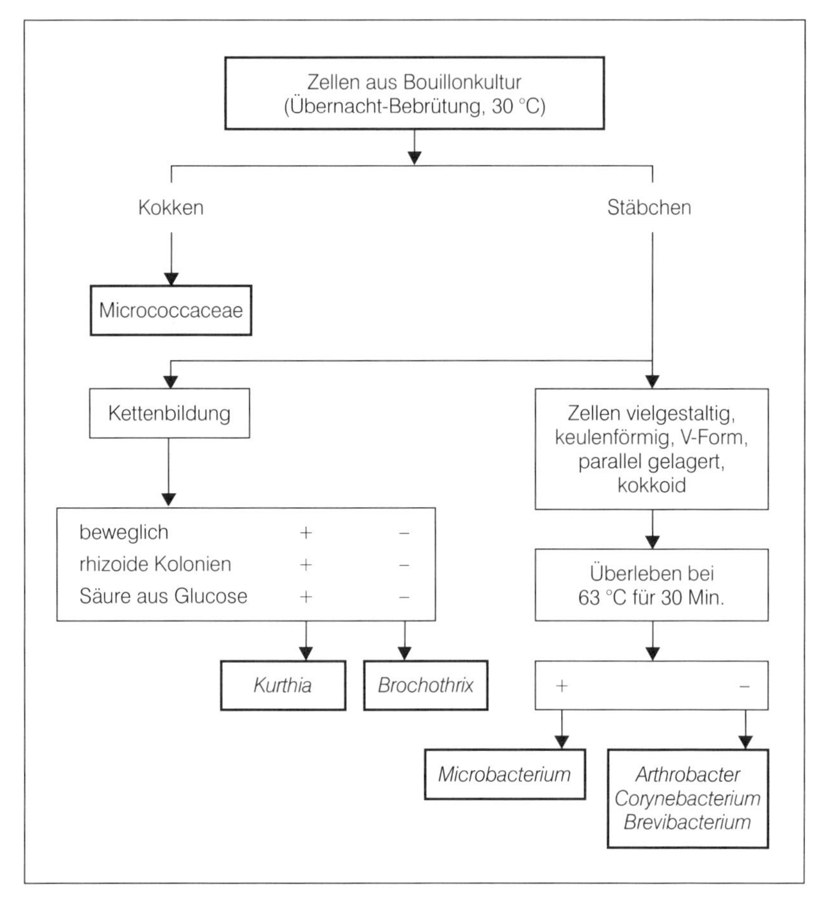

Abb. III.1-1: Vereinfachtes Schema zur Grob-Identifizierung grampositiver, Katalase-positiver asporogener Bakterien (in Anlehnung an GARDNER, 2003)

Micrococcaceae

Zur Familie Micrococcaceae gehören u.a. die Genera *Staphylococcus*, *Micrococcus*, *Kocuria* und *Macrococcus* (JAY, 2003).

Genus *Staphylococcus*

Species *Staphylococcus (St.) aureus, St. hyicus, St. intermedius, St. epidermidis, St. xylosus, St. carnosus, St. condimenti, St. schleiferi* u.a.

Vorkommen Erdboden, Haut und Schleimhaut von Mensch und Tier

Bedeutung
- Verderb von Lebensmitteln
- „Lebensmittelvergiftungen" durch Enterotoxin bildende Staphylokokken
- Starterkulturen für Rohwurst und Schinken *(St. carnosus, St. xylosus, St. equorum)*

Genus *Micrococcus*

Eine große Ähnlichkeit besteht zwischen dem Genus *Micrococcus* und dem Genus *Arthrobacter*. Einige Mikrokokken wurden auch dem Genus *Arthrobacter* zugeordnet. So ist die frühere Art *Micrococcus agilis* nunmehr *Arthrobacter agilis*.

Species *Micrococcus (M.) luteus* u.a.

Vorkommen Erdboden, Haut und Schleimhaut von Mensch und Tier

Bedeutung Verderb von Lebensmitteln

Genus *Kocuria*

Species *Kocuria (K.) rosea, K. varians, K. kristinae*

Vorkommen Erdboden, Haut

Bedeutung Starterkultur für Rohwurst (*K. varians*, ehemals *Micrococcus varians*)

Genus *Macrococcus*

Species *Macrococcus caseolyticus* u.a.

Eigenschaften Grampositive Kokken, meist in Paaren und Tetraden oder kurzen Ketten. Die Kokken sind größer als Staphylokokken

(2,5–4 × größer als z.B. *Staphylococcus* spp.). Makrokokken sind fakultativ anaerob, Koagulase-negativ, Katalase- und Oxidase-positiv.

Vorkommen Rohmilch, Frischfleisch, Fleischprodukte

Nachweis der Genera *Staphylococcus*, *Micrococcus*, *Kocuria* und *Macrococcus*:

Wachstum auf Optimalmedien wie Plate-Count-Agar oder Nähragar (30–37 °C, 48–72 h). Selektiver Nachweis von *Staphylococcus* und *Micrococcus* auf Baird-Parker-Agar und KRANEP-Agar (siehe Kap. III.3).

Genus *Brochothrix*

Species *Brochothrix (B.) thermosphacta, B. campestris*

Eigenschaften Diese grampositiven Stäbchen sind eng verwandt (16S rRNA) mit den Listerien und Laktobazillen. Sie bilden Stäbchen, ältere Kulturen sind kokkoid. *Brochothrix* spp. sind fakultativ anaerob, unbeweglich, Katalase-positiv. Der Glucoseabbau erfolgt fermentativ, jedoch ohne Gasbildung. Optimale Vermehrungstemperatur 20 °–25 °C, auch bei 0 °C ist eine Vermehrung möglich.

Vorkommen Frischfleisch von Schwein, Lamm, Rind, bes. vakuumverpackt

Bedeutung Verderb von Kühlfleisch (Bildung von Milch- und Essigsäure, flüchtige Fettsäuren, Acetoin)

Nachweis Selektiver Nachweis auf STAA-Agar (Brochothrix-Selektivnährboden), 25 °C, 48 h

Genus *Microbacterium*

Species *Microbacterium (M.) lacticum, M. liquefaciens* u.a.

Eigenschaften Grampositive Stäbchen, in älteren Kulturen auch Kokkenform, Lagerung der Zellen oft als V, Katalase-positiv, aerob, schwaches anaerobes Wachstum. Auf Hefeextrakt-Glucose-Agar sind die Kolonien glänzend und opaque, oft gelblich pigmentiert, Säurebildung aus Glucose. *M. lacticum* und *M. laevaniformans* überstehen eine Erhitzung bei 63 °C für 30 min.
Zahlreiche Species des früheren Genus *Aureobacterium* wurden dem Genus *Microbacterium* zugeordnet.

Vorkommen Milch und Milchprodukte

Nachweis Wachstum auf Optimalnährböden

Genus *Kurthia*

Species *Kurthia zopfii* u.a.

Eigenschaften Grampositive Stäbchen, lange Ketten, ältere Kulturen (3 Tage) kokkoid, obligat aerob, schwache Säurebildung aus Glucose, Katalase-positiv. Auf Hefeextrakt-Agar Kolonien rhizoid (ähnliches Koloniebild wie Bazillen). Ähnlichkeit auch *mit Brochothrix thermosphacta*. Das Genus *Brochothrix* ist jedoch fakultativ anaerob.

Vorkommen Geflügel, Fleisch, Milch

Nachweis Wachstum auf Optimalnährböden

Genus *Brevibacterium*

Species *Brevibacterium linens* u.a.

Eigenschaften Grampositive, unregelmäßig geformte Stäbchen (0,6–1,2 × 1,5–6 μm), ältere Kulturen (3–7 Tage) kokkoid, obligat aerob, Katalase-positiv, optimale Vermehrungstemperatur 20 °–35 °C. Casein und Gelatine werden hydrolysiert, keine oder schwache Säurebildung aus Glucose und anderen Kohlenhydraten. Die Kolonien sind gelb-orange oder purpurfarben.

Vorkommen Milchprodukte, menschliche Haut

Bedeutung Reifung von Käse, Aromabildung, Rotschmierekultur (z. B. Steinbuscher, Romadur)

Nachweis Wachstum auf Optimalnährböden

Genus *Propionibacterium*

Die Arten des Genus *Propionibacterium* (Typspecies *Propionibacterium freudenreichii)* sind grampositiv, gewöhnlich Katalase-positiv, unbeweglich und fakultativ anaerob. Charakterisiert sind sie als pleomorphe Stäbchen, teilweise kokkenähnlich, fadenförmig, gekrümmt bis V-förmig oder Y-förmig. Propionsäurebakterien wachsen im Temperaturbereich von 13 °C bis 43 °C; sie tolerieren bis 6 % Kochsalz. Ihr pH-Optimum liegt zwischen pH 6,0 und 7,0, bei pH 5,0 wachsen sie nur schwach.

Vorkommen

Pansen und Darmtrakt von Wiederkäuern, Milch und Milchprodukte, Mundhöhle, menschliche Haut

Bedeutung

- Starter für Käse (Emmentaler, Schweizer): *P. freudenreichii* (Bildung von Propionsäure und CO_2 aus Lactat). Neben *P. freudenreichii* subsp. *freudenreichii* und *P. freudenreichii* subsp. *shermanii* wurden im Käse (Emmentaler, Gruyere, Schweizer, Gouda, Edamer) zahlreiche andere Arten nachgewiesen, wie z.B. *P. acidipropionici* und *P. jensenii* (BRITZ und RIEDEL, 1991).
- Verderb (rote Flecken auf Käse): *P. thoenii*
- Verderb von Oliven
- Pathogene Hautorganismen: *P. acnes, P. granulosum*

Nachweis

- Lebensmittel
  Natrium-Lactat-Agar (HAMMER und BABEL, 1957) im Röhrchen zu 10 ml verflüssigen und nach Abkühlung auf ca. 48 °C mit 1 ml der entsprechenden Verdünnung beimpfen, vermischen und mit 3%igem Wasseragar überschichten. Bebrütung bei 30 °C für 8–9 Tage.
  Propionibakterien bilden 4–5 mm (Durchmesser) große, scheibenförmige Kolonien. Bei hoher Zelldichte ist die Koloniegröße kleiner; eine Unterscheidung von den ebenfalls wachsenden Streptokokken (1–2 mm) ist möglich. Die Kolonien müssen identifiziert werden.
- Hautuntersuchung (COVE und EADY, 1982)
  RCM-Agar + 1 % Agar + 6 µg/ml Furoxon (1-N-(5-nitro-2-furfuryliden)-3-amino-2-oxazolidon). Das Furoxon wird als Stammlösung hergestellt (500 µg/ml, gelöst in Aceton).
  Oberflächenkultur und anaerobe Bebrütung (90 % N_2, 10 % CO_2) für 7 Tage bei 37 °C. Mikrokokken und Staphylokokken werden gehemmt.

Literatur

1. BRITZ, T.J., RIEDEL, K.-H.J.: A numerical taxonomic study of *Propionibacterium* strains from dairy sources, J. appl. Bact. 71, 407–416, 1991
2. COVE, J.H., EADY, E.A.: A note on a selective medium for the isolation of cutaneous propionibacteria, J. appl. Bact. 53, 289–292, 1982
3. GARDNER, G.A.: Culture media for nonsporulating gram positive, catalase negative food spoilage bacteria, in: Handbook of culture media for food microbiology, ed. by J.E.L. Corry, G.D.W. Curtis, R.M. Baird, Elsevier Verlag, Amsterdam, 141–145, 2003
4. HAMMER, B.W., BABEL, F.J.: Dairy Bacteriology, John Wiley and Sons, Inc. New York, 1957
5. JAY, J.M.: A review of recent taxonomic changes in seven genera of bacteria commonly found in foods, J. Food Protection 66, 1304–1309, 2003

1.9 Essigsäurebakterien

Zu den Essigsäurebakterien der Familie Acetobacteraceae gehören folgende Genera: *Gluconobacter*, *Acetobacter*, *Gluconacetobacter* und *Acidomonas* (SCHÜLLER et al., 2000). Essigsäurebakterien sind gramnegative, obligat aerobe, Oxidase-negative Stäbchen. Die optimale Vermehrungstemperatur liegt bei 30 °C. Die meisten Species vermehren sich noch bei pH-Werten zwischen 2,2 und 3,0.

Species der verschiedenen Genera:

- *Acetobacter (A.) pomorum, A. aceti, A. pasteurianus*
- *Gluconobacter (G.) oxydans, G. asaii, G. frateurii*
- *Gluconacetobacter (Gl.) europaeus, Gl. xylinus, Gl. hansenii, Gl. entanii* u.a.
- *Acidomonas methanolica*

Vorkommen

Pflanzen

Bedeutung

- Verderb von Fruchtsäften, Wein, Bier, Ketchup (Essigsäurestich, Bildung von Gluconsäure durch Oxidation der Glucose durch einige Arten der Essigsäurebakterien, teilweise Oxidation der Essigsäure zu CO_2 und H_2O [z.B. *Acetobacter* spp. und *Gluconacetobacter europaeus*]).
- Herstellung von Essig (bes. *Gluconacetobacter europaeus*)
- Oxidation von D-Sorbit zu L-Sorbose bei der Produktion von L-Ascorbinsäure
- Fermentation von Kakaobohnen
- Methanolabbau
- Cellulosebiosynthese

Nachweis

- Anreicherung in Malzextrakt-Bouillon, Zusatz von 5 % Ethanol (96%ig). Zu 10 ml Bouillon (Röhrchen mit Schraubverschluss) werden 0,5 ml Ethanol (96%ig) gegeben und durch Schütteln gut verteilt. Nach Beimpfung mit 1 ml oder 1 g wird das Medium bei 25 °C 10 Tage bebrütet.
- Oberflächenkultur und Bebrütung der Medien bei 25 °C bis zu 14 Tage (ACM-Agar) oder 3–5 Tage (DSM-Agar).

Folgende Medien haben sich bewährt:

- ACM-Agar (SAND, 1976)
  Essigsäurebakterien führen zu Aufhellungshöfen, teilweise zu Pigmentbildung (rotbraun, dunkelbraun) und zur Kristallbildung (Calciumsalze der 5-Ketogluconsäure).
- Dextrose-Sorbit-Mannit-Agar (DSM-Agar) nach CIRIGLIANO (1982)
  Auf diesem Medium führt *Acetobacter* spp. zur Farbveränderung von grün (bei Zusatz von Brillantgrün als Hemmstoff gegenüber grampositiven Bakterien) über gelb nach purpur und bildet weiße Praecipitate aus Calciumcarbonat (häufig erst nach 6 Tagen erkennbar). *Gluconobacter* vermag Lactat nicht zu oxidieren, ein purpurfarbener Umschlag tritt nicht auf. Durch Essigsäurebildung sinkt der pH-Wert, das Medium wird gelb oder bleibt in der Farbe grünlich (bei Zusatz von Brillantgrün). Brillantgrün oder Desoxycholat und Cycloheximid werden dem Medium nur zugesetzt, wenn es als Selektivmedium eingesetzt wird. Zur Identifizierung *Acetobacter*/*Gluconobacter* wird ein Medium ohne Hemmstoffe verwendet. Als Hemmstoff gegenüber grampositiven Bakterien ist Brillantgrün dem Desoxycholat vorzuziehen, weil es Essigsäurebakterien weniger beeinflusst. Wird das Medium als Identifizierungsmedium zur Unterscheidung von *Gluconobacter* und *Acetobacter* verwendet, so wird der pH-Wert auf 4,8–5,0 eingestellt; dient das Medium als Selektivmedium, wird ein pH-Wert von 4,5 bevorzugt.
- Essigsäure-Agar nach ENTANI et al. (1985), modifiziert von SIEVERS und TEUBER (1995) sowie SOKOLLEK und HAMMES (1997) zum Nachweis von Arten des Genus *Acetobacter* (AE-Medium und RAE-Medium).
  Bebrütung bei 30 °C für 7–14 Tage bei rel. Feuchte von 90–96 %.
- Yeast Nitrogen Base (Difco) + 0,5 % Glucose, 3 % Ethanol, 4 % Essigsäure

Es ist zu beachten, dass sich nicht alle Species der einzelnen Genera auf allen Medien vermehren (SCHÜLLER et al., 2000, YAMADA, 2000). So wachsen z. B. nicht alle Arten des Genus *Acetobacter* auf Mannit-Agar (YAMADA, 2000) oder in Anwesenheit von 3 % (v/v) Ethanol (SCHÜLLER et al., 2000).

Literatur

1. ASAI, T.: Acetic acid bacteria, classification and biochemical activities, University of Tokio Press, Baltimore, 1968
2. CARR, J.G.: Methods for identifying acetic acid bacteria, in: Identification methods for microbiologists, Part B, ed. by B.M. Gibbs, A.A. Shapton, Academic Press, London, 1968
3. CIRIGLIANO, M.C.: A selective medium for the isolation and differentiation of *Gluconobacter* and *Acetobacter*, J. Food Sci. 47, 1038–1039, 1982

4. ENTANI, E., OHMORI, S., MASAI, H., SUZUKI, K.-J.: *Acetobacter polyoxogenes* sp. nov., a new species of an acetic acid bacterium useful for producing vinegar with high acidity, J. Gen. Appl. Microbiol. 31, 475–490, 1985
5. PASSMORE, S.M., CARR, J.G.: The ecology of the acetic acid bacteria with particular reference to cider manufacture, J. Appl. Bact. 38, 151–158, 1975
6. SAND, F.E.M.J.: *Gluconobacter*, kohlensäurefreies Getränk und Kunststoffverpackung, Das Erfrischungsgetränk 29, 476–484, 1976
7. SATTLER, K., BABEL, W., WÜNSCHE, L.: Essigsäurebakterien – eine Gruppe von Mikroorganismen mit bedeutender technologischer Tradition und Perspektive. Übersicht über einige neuere Aspekte, Zentralbl. Mikrobiol. 145, 55–562, 1990
8. SCHÜLLER, G., HERTEL, Ch., HAMMES, W.P.: *Gluconacetobacter entanii* sp. nov., isolated from submerged high-acid industrial vinegar fermentations, Int. J. Syst. Evol. Microbiol. 50, 2013–2020, 2000
9. SIEVERS, M., TEUBER, M.: The microbiology and taxonomy of *Acetobacter europaeus* in commercial vinegar production, J. Appl. Bact. Symposium Suppl. 79, 84S–95S, 1995
10. SOKOLLEK, S.J., HAMMES, W.P.: Description of a starter culture preparation for vinegar fermentation, System. Appl. Microbiol. 20, 481–491, 1997
11. SWINGS, J., GILLIS, M., KERSTERS, K.: Phenotypic identification of acetic acid bacteria, in: Identification methods in applied and environmental microbiology, ed. by R.G. Board, D. Jones, F.A. Skinner, Blackwell Sci. Publ., Oxford, 103–110, 1992
12. YAMADA, Y.: Transfer of *Acetobacter oboediens* Sokollek et al. 1998 and *Acetobacter intermedius* Boesch et al. 1998 to the genus *Gluconacetobacter* as *Gluconacetobacter oboediens* comb. nov. and *Gluconacetobacter intermedius* comb. nov., Int. J. Syst. Evol. Microbiol. 50, 2225–2227, 2000

1.10 Hefen und Schimmelpilze

(BEUCHAT, 2003, BOEKHOUT und ROBERT, 2003, DEAK, 2003, SAMSON et al., 1995)

Vorkommen

Erdboden, Pflanzen, Tiere, Lebensmittel, Haut

Bedeutung

Herstellung von Lebensmitteln, Verderb von Lebensmitteln, einige Hefen sind pathogen, zahlreiche Schimmelpilze bilden Mykotoxine.

Vorbemerkungen

Während der quantitative Nachweis von Hefen keine Schwierigkeiten bietet, ist die Bestimmung der KBE bei Schimmelpilzen problematisch. Die Pilzsporen und Konidien, die aneinander haften, und die Hyphen werden bei der Homogenisation in keimfähige Teile zerschlagen. Der Homogenisationsgrad beeinflusst somit die Koloniezahl. Je besser die Sporenhaufen und die Pilzhyphen zerschlagen werden, desto mehr Einzelkolonien bilden sich. Bei makroskopisch sichtbaren Schimmelpilzen ist eine Homogenisation wenig sinnvoll. Bei unsichtbarer Verschimmelung erfolgt der Nachweis der Schimmelpilze mit den Hefen, eine getrennte Erfassung ist nicht sicher möglich. Eine Unterscheidung zwischen Hefen und Schimmelpilzen ist aufgrund der Koloniebildung leicht durchführbar. Da Mykotoxine von den Hyphen gebildet werden, sollten Sporen und Hyphen getrennt erfasst werden. Dies ist beim kulturellen Verfahren nicht möglich. Bei Koloniezahlen über 1.000/g sollte deshalb eine mikroskopische Beurteilung vorgenommen werden, um den Hyphenanteil einer Verschimmelung abschätzen zu können (BLASER, 1978).

Nachweis

Aufbereitung

- Verdünnungsflüssigkeit 0,1 % Peptonwasser. Für den Nachweis osmotoleranter Hefen sollte die Verdünnungsflüssigkeit 20–30 % Glucose enthalten. Bei trockenen Produkten (z.B. Getreide, Nüsse) wird die Probe in der Verdünnungsflüssigkeit vor dem Homogenisieren 30 min im Kühlschrank eingeweicht.
- Zerkleinerung: Stomacher, Homogenisationszeit 2 min

Keimzahlbestimmung (Plattenverfahren)

- Spatelverfahren oder Membranfiltration (flüssige Produkte mit geringem Gehalt an Hefen) und Auflegen der Filter auf einem festen Medium.
- Bebrütung: 5 Tage bei 25 °C

□ Medien für den gleichzeitigen Nachweis von Hefen und Schimmelpilzen

Hefeextrakt-Glucose-Chloramphenicol-Agar (YGC) oder Dichloran-Bengalrot-Chloramphenicol-Agar (DRBC)

Anmerkungen

Medien mit Bengalrot bilden unter Lichteinfluss innerhalb von 2 Stunden hemmende Substanzen (SAMSON et al., 1995). Es ist deshalb wichtig, dass zwischen der Beimpfung bis zur Betrübung die Zeit kurz ist.

Da durch einen alleinigen Zusatz von 100 mg/l^{-1} Chloramphenicol Bakterien besonders bei Untersuchungen von Gemüse, Gewürzen und Frischfleisch nicht vollständig gehemmt werden, ist es besser, 50 mg/l^{-1} Chloramphenicol und 50 mg/l^{-1} Chlortetracyclin zuzusetzen. Während Chloramphenicol sterilisiert werden kann, muss Chlortetracyclin frisch hergestellt und steril filtriert werden. Der Zusatz erfolgt dann nach dem Autoklavieren bei ca. 50 °C. Die Lösung kann auch eingefroren werden.

Medien mit Antibiotika sind den sauren Medien vorzuziehen. Bei geringem Keimgehalt können auch jeweils 0,33 ml der 10^{-1} Verdünnung auf 3 Petrischalen ausgespatelt werden. Das Spatelverfahren ist der Gusskultur vorzuziehen (BEUCHAT, 2003, DEAK, 2003). Ein bewährtes Nachweisverfahren für Hefen und Schimmelpilze in einem Betriebslabor ist der Einsatz der Petrifilm-Methode unter Verwendung von Petrifilm™ YM (VLAEMYNCK, 1994, BEUCHAT, 2003).

□ Anreicherung von Hefen in flüssigen Medien

Bei geringem Hefegehalt im Produkt ist eine Anreicherung in einer Bouillon notwendig.

- Medium: Malzextrakt-Bouillon zur Hemmung von Bakterien, Zusatz von 100 mg/l Chloramphenicol
- Bebrütung: 5 Tage bei 25 °C

□ Nachweis osmotoleranter Hefen (DEAK, 2003)

Osmotolerante Hefen führen besonders zum Verderb von Lebensmitteln mit geringer Wasseraktivität (a_W 0,65–0,85). Zu ihnen zählen bes. *Zygosaccharomyces (Z.) rouxii* und *Z. mellis*.

- Medium: Malzextrakt-Agar (pH 4,5) mit 30 % Glucose oder DG 18-Agar (Dichloran 18 %-Glycerol-Agar). Zum Nachweis osmotoleranter Hefen (bei *Z. rouxii*) aus Fruchtsaft-Konzentraten eignet sich Plate-Count-Agar mit 52 % (G/E) Saccharose.
- Bebrütung: 5 Tage bei 25 °C

□ Nachweis von *Candida albicans* (WILLINGER et al., 1994, DEAK, 2003)

Ein selektiver Nachweis von *C. albicans* ist durch die Bestimmung des Enzyms N-Acetyl-D-Galactosaminidase (NAGase) möglich. Einige Stämme von *C. tropicalis* bilden ebenfalls dieses Enzym. Spezifisch für *C. albicans* ist auch die Bildung einer Hexosaminadase, die auf dem Albicans ID-Agar nachgewiesen wird.

- Medium: Albicans ID-Agar (bioMérieux), Fluoroplate Candida Agar (MERCK) oder CHROMagar Candida

- Bebrütung: 37 °C, 18–24 h (Bei der Auswertung sind die Angaben der Nährbodenhersteller zu beachten: Aufbewahrung der Medien, Koloniefarbe, Abtrennung von anderen Hefen.)

□ Nachweis Säure- und Konservierungsstoff-resistenter Hefen
(DEAK, 2003)

In stark sauren Lebensmitteln (pH <4,0) und in Produkten, die Konservierungsstoffe enthalten (Sorbate, Benzoate), führen besonders zum Verderb: *Pichia membranaefaciens* (anamorphe Form: *Candida valida*), *Issatchenkia orientalis* (anamorph: *Candida krusei*), *Schizosaccharomyces pombe* und Candida parapsilosis.

- Medium: Malzextrakt-Agar oder Trypton-Glucose-Hefeextrakt-Agar mit Essigsäure (bei 50 °C Zugabe von 5 ml/l Eisessig)
- Bebrütung: 5 Tage bei 25 °C

□ Nachweis „wilder" Hefen oder Fremdhefen

Als sog. wilde Hefen werden besonders in der Brauerei-Industrie fermentierende Hefen außer *Saccharomyces cerevisiae* und in einigen Fällen auch *Candida utilis* (anamorph: *Pichia jadinii*) und *Kluyveromyces lactis* bezeichnet (DEAK, 2003).

- Medium: Medien mit Zusätzen zur Hemmung von *Saccharomyces cerevisiae* (siehe auch Kapitel VII.15)

□ Nachweis xerophiler Schimmelpilze

Xerophile Schimmelpilze und osmophile Hefen können in Getreide, Mehl, Nüssen und Gewürzen nachgewiesen werden. Zu ihnen zählen z.B. *Aspergillus restrictus*, *Wallemia sebi*, *Zygosaccharomyces rouxii*, *Debaryomyces hansenii* und zahlreiche Species der Genera *Aspergillus*, *Penicillium* und *Eurotium* (BEUCHAT, 2003).

- Medium: Dichloran-Glycerol-(DG 18)-Agar. Mit diesem Medium können xerophile Pilze der Genera *Penicillium, Aspergillus, Wallemia sebi* und Arten des Genus *Eurotium* nachgewiesen werden.
- Bebrütung: 5 Tage bei 25 °C

□ Nachweis säureliebender Schimmelpilze

Einige Schimmelpilze, wie *Penicillium roqueforti, P. carneum, Monascus ruber* und *Paecilomyces varioti,* vermehren sich in Medien mit 0,5 % Essigsäure. Diese

Pilze spielen für den Verderb von Roggenbroten und Sauergemüse eine Rolle (SAMSON et al., 1995).

- Medium: Essigsäure-Dichloran-Hefeextrakt-Saccharose-Agar (ADYS)

□ Nachweis proteinophiler Schimmelpilze

Die meisten Schimmelpilze führen zum Verderb proteinhaltiger Lebensmittel, wie Fleisch, Käse, Nüsse oder nutzen als N-Quelle Kreatin (*Penicillium commune, P. solitum, P. crustosum, P. expansum, Aspergillus clavatus, A. versiculor* u.a.).

- Medium: Creatin-Saccharose-Dichloran-Agar (CREAD)

□ Nachweis von Schimmelpilzen des Genus *Fusarium*

- Medium: Czapek-Dox-Iprodione-Dichloran-Agar (CZID)
- Bebrütung: 7 Tage bei 25 °C

□ Nachweis von *Penicillium verrucosum*

P. verrucosum ist der Produzent von Ochratoxin A.

- Medium: Aspergillus flavus/parasiticus-Agar (AFP-Agar=AFPA)

□ Nachweis hitzeresistenter Schimmelpilze

Hitzeresistente Schimmelpilze führen häufiger zum Verderb von pasteurisierten Früchten und Fruchtprodukten. Es sind besonders Stämme von *Byssochlamys (B.) fulva*, *B. nivea*, *Neosartorya fischeri*, *Talaromyces (T.) flavus*, *T. bacillisporus* und *Eupenicillium brifeldianum* (BEUCHAT, 2003). Hitzeresistente Schimmelpilze bilden Ascosporen, die eine Temperatur von 75 °C für 30 min überleben (SAMSON et al., 1995).

Bedeutung

Verderb von Fruchtsäften und Konfitüren.

Hitzeresistenz

Neosartorya fischeri var. *fischeri*	$D_{85\,°C}$ = 6–10 min	z = 10 °C
Neosartorya fischeri var. *spinosa*	$D_{85\,°C}$ = 10–96 min	z = 5–7 °C
Neosartorya fischeri var. *glabra*	$D_{85\,°C}$ = 10–21 min	z = 12 °C
Neosartorya aureola	$D_{85\,°C}$ = 10 min	z = 12 °C

(NIELSEN und SAMSON, 1992)

Byssochlamys nivea (Medium Sahne, 10 % Fett (G/G)), (ENGEL und TEUBER, 1991)	$D_{92\,°C}$ =	1,9 min	z = 7 °C
Byssochlamys fulva Medium Fruchtsaft (CARTWRIGHT und HOCKING, 1984)	$D_{90\,°C}$ =	12 min	z = 7,8 °C
Talaromyces flavus Medium Fruchtsaft (SCOTT und BERNARD, 1987)	$D_{90,6\,°C}$ =	2,2 min	z = 5,2 °C
Eupenicillium spp. Medium Himbeerpulpe (SAMSON et al., 1992)	$D_{90\,°C}$ =	15 min	

Nachweisverfahren

100 g Produkt auf 75 °C 30 min erhitzen und mit der gleichen Menge doppelt konzentriertem Medium (Malzextrakt-Agar + 50 mg/l^{-1} Chloramphenicol und 50 mg/l^{-1} Chlortetracyclin) vermischen und in Platten gießen.

- Bebrütung: bei 30 °C bis 14 Tage

□ Auswahl von Medien nach zu untersuchenden Lebensmitteln

- Früchte, Gemüse, frische Kräuter und frische Cerealien: Dichloran-Bengalrot-Chloramphenicol-Agar (DRBC) und Czapek-Dox-Improdione-Dichloran-Agar (CZID)
- Lagergetreide, Gewürze, Nüsse: DG 18, DRYES und AFPA
- Milchprodukte, Fleisch und Brot: DG 18 und CREAD
- Konservierte und saure Produkte, Roggenbrot: DG 18, ADYS

□ Alternative Verfahren zum Nachweis von Hefen und Schimmelpilzen

- Petrifilm™ YM
- Howard Mold Count (bei Tomatenerzeugnissen)
- Bestimmung der Leitfähigkeit (indirektes Verfahren)
- Bestimmung von Ergosterol
- Immunologische Methoden
- Molekularbiologische Verfahren zur Identifizierung

Literatur

1. BEUCHAT, L.R.: Media for detecting and enumeration yeasts and moulds, in: Handbook of culture media for food microbiology, ed. by J.E.L. Corry, G.D.W. Curtis, R.M. Baird, Elsevier Verlag, Amsterdam, 369–385, 2003
2. BLASER, P.: Vergleichende Untersuchungen zur quantitativen Erfassung des Schimmelpilzbefalls bei Lebensmitteln, I. Mitteilung, Selektive Pilzfärbungen für den direktmikroskopischen Schimmelpilznachweis, Zbl. Bakt. Hyg., I. Abt. Orig. B. 166, 45–62, 1978
3. BOEKHOUT, T., ROBERT, V.: Yeasts in food – Benificial and detrimental aspects, B. Behr's Verlag, Hamburg, 2003
4. CARTWRIGHT, P., HOCKING, A.D.: *Byssochlamys* in fruit juices, Food Technology in Australia 36, 210–211, 1984
5. DEAK, T.: Detection, enumeration and isolation of yeasts, in: Yeasts in food – Benificial and detrimental aspects, ed. by T. Boekhout and V. Robert, B. Behr's Verlag, Hamburg, 39–68, 2003
6. DEAK, T., BEUCHAT, L.R.: Comparison of conductimetric and traditional plating techniques for detecting yeasts in fruit juices, J. Appl. Bact. 75, 546–550, 1993
7. ENGEL, G., TEUBER, M.: Heat resistance of ascospores of *Byssochlamys nivea* in milk and cream, Int. J. Food Microbiol. 12, 225–234, 1991
8. NIELSEN, P.V., SAMSON, R.A.: Differentiation of food-borne taxa of *Neosartorya*, in: Modern methods in food mycology, ed. by R.A. Samson, A.D. Hocking, J.I. Pitt, A.D. King, Elsevier Verlag, Amsterdam, 159–168, 1992
9. SAMSON, R.A., HOCKING, A.D., PITT, J.I., KING, A.D.: Modern methods in food mycology, Elsevier Verlag, Amsterdam, 1992
10. SAMSON, R.A., HOEKSTRA, E.S., FRISVAD, J.C., FILTENBORG, O.: Methods for the detection and isolation of food-borne fungi, in: Introduction to food-borne fungi, fourth edition, ed. by R.A. Samson, Ellen S. Hoekstra, J.C. Frisvad and O. Filtenborg, Centralbureau voor Schimmelcultures Baarn und Delft, P.O. Box 273, 3740 AG Baarn, Netherlands, 235–242, 1995
11. SCOTT, V.N., BERNARD, D.T.: Heat resistance of *Talaromyces flavus* and *Neosartorya fischeri* isolated from commercial fruit juices, J. Food Protection 50, 18–20, 1987
12. VLAEMYNCK, G.M.: Comparison of Petrifilm™ and plate count methods for enumerating molds and yeasts in cheese and yoghurt, J. Food Protection 57, 913–914, 1994
13. WILLINGER, B., MANAFI, M., ROTTER, M.L.: Comparison of rapid methods using flourogenic-chromogenic assays for detecting *Candida albicans*, Letters Appl. Microbiol. 18, 47–49, 1994

1.11 Bazillen

Genera *Bacillus, Geobacillus*, *Paenibacillus* und *Alicyclobacillus*
(BERKELEY und GOODFELLOW, 1981, ASH et al., 1993, SUTHERLAND und MURDOCK, 1994, LECHNER et al., 1998, NAZINA et al., 2001)

Bazillen sind aerobe, z.T. fakultativ anaerobe, grampositive bis gramvariable oder gramnegative Sporenbildner, wie z.B. *B. horti* (YUMOTO et al., 1998). Die Sporenbildung erfolgt unter aeroben Bedingungen und wird durch einen Zusatz von Mangansulfat (10 mg $MnSO_4/l^{-1}$) gefördert. Die in Lebensmitteln vorkommenden mesophilen Bazillen sind Katalase-positiv, bei dem thermophilen *Geobacillus (G.) stearothermophilus* können (NAZINA et al., 2001) Katalase-negative Stämme vorkommen.

Zur Gruppe der Bazillen gehören weiterhin die Genera *Brevibacillus* (*Br. brevis*), *Virgibacillus* (ehemals *B. pantothenicus*), *Halobacillus*, *Amphibacillus* und *Aneurinibacillus* (SHIDA et al., 1996).

1.11.1 Genus Bacillus und Genus Geobacillus

Zu diesem Genus zählen die **mesophilen** Species, wie z. B. *Bacillus* (*B.*) *subtilis*, *B. licheniformis*, *B. megaterium*, die **psychrotrophen** Bazillen, wie *B. weihenstephanensis* (Stämme der psychrotrophen Art *B. cereus*), *B. mycoides* und *B. thuringiensis* (LECHNER et al., 1998) sowie die **thermophilen** Bazillen *B. coagulans* und *B. stearothermophilus.*

Bedeutung

- Verderb durch verschiedene Enzyme (Proteasen, Pectinasen, Lipasen, Amylasen).
- Fleischerzeugnisse: Erweichung bei Brüh- und Kochwürsten, z.T. Bombage
- Milch (pasteurisiert, UHT): süße Gerinnung, bitterer Geschmack
- Reis und Pudding: Verflüssigung infolge Stärkeabbau durch Amylase
- Lebensmittelvergiftungen u.a. durch *B. cereus* und *B. weihenstephanensis* (= psychrotolerante Stämme von *B. cereus*)
- Herstellung von Antibiotika und verschiedener Enzyme.

□ Mesophile Bazillen

Anreicherung

Standard-I-Nährbouillon oder Caseinpepton-Sojamehlpepton-Bouillon (CASO-Bouillon) oder ähnlich zusammengesetzte Medien. Nach der Beimpfung mit dem Lebensmittel wird eine Bouillon bei 80 °C 10 min im Wasserbad erhitzt und danach schnell abgekühlt, eine zweite Bouillon bleibt unerhitzt.

Bebrütung bei 30 °C 48–72 h.

Identifizierung: Nach Subkultur aus CASO-Agar (30 °C, 72 h) Gramfärbung, Katalasereaktion und Sporennachweis durchführen. Mesophile Bazillen vermehren sich nicht bei +7 °C (Bouillon, Schüttelkultur).

Keimzahlbestimmung

Verfahren: Zunächst erfolgt die Untersuchung der unerhitzten Verdünnungen mit dem Spatelverfahren. Danach werden die gleichen Verdünnungen bei 80 °C 10 min im Wasserbad erhitzt, abgekühlt und in gleicher Weise untersucht.

Medium: Standard-I-Nähragar, Caseinpepton-Sojamehlpepton-Agar oder ähnlich zusammengesetzte Medien + 10 mg $MnSO_4/l^{-1}$

Bebrütung: 30 °C für 48–72 h

Auswertung: Eine Bestätigung ist notwendig (Gramfärbung, Sporenbildung, Katalase).

□ Psychrotrophe oder psychrotolerante Bazillen

Psychrotrophe Bazillen vermehren sich bei Kühltemperaturen (LECHNER et al., 1998).

Eine besondere Bedeutung besitzen *B. mycoides*, *B. thuringiensis* und *B. weihenstephanensis.*

Eine Unterscheidung ist aufgrund der Vermehrungstemperatur in einer Bouillon möglich. Zusammensetzung der Nährbouillon (g/l^{-1}): 5,0 Pepton, 2,5 Hefeextrakt, 1,0 Glucose, pH 7,0. Die Kultur wird als Schüttelkultur bis zu 14 Tage bebrütet.

Eigenschaften: *B. weihenstephanensis*: Vermehrung bei 4 °C und 7 °C, aber nicht bei 40 °C. *B. thuringiensis*: keine Vermehrung bei 7 °C, aber bei 10 °C und 40 °C. *B. mycoides*: vermehrt sich bei 7 °C und 10 °C, aber nicht bei 4 °C und 40 °C (LECHNER et al., 1998).

Vorkommen

Erdboden, Lebensmittel

Bedeutung

- Verderb von Milch und Milchprodukten sowie Fleischerzeugnissen durch Proteasen und Lipasen.
- Lebensmittelvergiftung durch *Bacillus weihenstephanensis* (= psychrotolerante Stämme von *B. cereus*).

Nachweis

- Medien: wie mesophile Bazillen
- Verfahren: Presence-Absence-Test oder MPN-Verfahren; Bouillon-Kultur
- Bebrütung: 14 Tage bei 10 °C (Schüttelkultur)

□ Thermophile Bazillen (Genera Bacillus und Geobacillus)

Zu den thermophilen Bazillen gehören z. B. *Geobacillus stearothermophilus* und *Bacillus coagulans, Alicyclobacillus (A.) acidocaldarius* und *A. acidoterrestris*. Die minimale Vermehrungstemperatur liegt bei *G. stearothermophilus* zwischen 30 °C und 45 °C und die maximale zwischen 65 °C und 76 °C. *B. coagulans* vermehrt sich bei 20 °C und 55 °C, einige Stämme haben ihr Maximum bei 60 °C. Die thermophilen Bazillen sind grampositiv bis gramvariabel und Katalase-positiv. Einige Stämme von *Geobacillus stearothermophilus* sind Katalase-negativ, spalten Nitrat und Nitrit, wobei Gas entsteht.

Vorkommen

Geobacillus stearothermophilus und *Bacillus coagulans:* Erdboden, Stärke, Zucker, Käse u. a. Lebensmittel

Bedeutung

B. coagulans und *G. stearothermophilus* führen zum „flat sour Verderb" (Säuerung ohne Gasbildung) insbesondere bei Gemüseprodukten, Ketchup, Saucen auf Ketchupgrundlage, Fruchtkonserven.

Durch *G. stearothermophilus* kann bei Vorhandensein von Nitrat und Nitrit auch Gas gebildet werden, so dass leichte Bombagen entstehen. Durch diese Katalase-negativen Stämme kam es zum Verderb von Rotkohl und Bohnen in Gläsern (BAUMGART et al., 1983).

Nachweis

- Anreicherung:
  Die Untersuchung wird wie bei den mesophilen Bazillen vorgenommen. Bebrütung bei 55 °C für 3 Tage.
- Keimzahlbestimmung:
  Die Untersuchung erfolgt aus der unerhitzten und aus der erhitzten (80 °C, 10 min) Verdünnungsreihe. Nach der Erhitzung ist eine schnelle Abkühlung notwendig.

  Medium: Dextrose-Caseinpepton-Agar oder Hefeextrakt-Pepton-Dextrose-Stärke-Agar (YPTD-S-Agar nach MALLIDIS und SCHOLEFIELD, 1986). Wichtig ist ein ausreichender Gehalt an

Ca^{2+} und Mg^{2+} (über 0,02 %), da sonst hitzegeschädigte Sporen von *Geobacillus stearothermophilus* nicht erfasst werden (SIKES et al., 1993). Der Gehalt an Calcium und Magnesium ist in den Agarsorten der verschiedenen Firmen unterschiedlich. Der Bacto-Agar (Difco) hat einen ausreichend hohen Anteil an Ca^{2+} und Mg^{2+}.

Bebrütung: 55 °C 3 Tage in feuchter Kammer. Die Bebrütung in einer feuchten Kammer ist unbedingt erforderlich, da bei 55 °C der Wasserverlust sonst bereits nach 24 h bei 25 % liegt (ALEXANDER und MARSHALL, 1982).
B. coagulans kann auch selektiv auf Thermoacidurans-Agar nachgewiesen werden. Auf diesem Medium vermehrt sich *Geobacillus stearothermophilus* nicht.

1.11.2 Genus Paenibacillus

Zum Genus *Paenibacillus* gehören u. a. die säuretoleranten Arten *Paenibacillus (P.) polymyxa* und *P. macerans* (ASH et al., 1991, 1993), die ehemals dem Genus *Bacillus* zugerechnet wurden. Sie vermehren sich noch bei pH-Werten bis 3,8.

Bedeutung

Verderb von sauren Produkten.

Nachweis

Das Verfahren ist das gleiche wie bei den mesophilen Bazillen.

1.11.3 Genus Alicyclobacillus
(CERNY et al., 1984, DEINHARD et al., 1987, WISOTZKEY et al., 1992, BAUMGART et al., 1997, BAUMGART, 2003)

Zum Genus *Alicyclobacillus* gehören die Species *Alicyclobacillus (A.) acidoterrestris, A. acidocaldarius, A. cycloheptanicus, A. hesperidum, A. mali* und *A. acidophilus* (WISOTZKEY et al., 1999, GOTO et al., 2002).

Eigenschaften

Die obligat aeroben heterotrophen, thermophilen und Katalase-positiven Sporenbildner vermehren sich im stark sauren Milieu (pH-Wert >2,0 bzw. >3,0–3,5 je nach Species). Sie bilden ω-Cyclohexyl- bzw. Cycloheptyl-Fettsäuren (DEINHARD et al., 1987) und können bis auf *A. acidoterrestris* kein Erythrol zu Säure verwerten. Eng verwandt ist das Genus *Alicyclobacillus* mit dem fakultativ autotrophen Genus *Sulfobacillus*.

Von den ebenfalls in einigen sauren Lebensmitteln vorkommenden acidotoleranten aeroben Sporenbildnern, wie *Paenibacillus macerans, Paenibacillus polymyxa, Bacillus coagulans* und *Bacillus licheniformis* unterscheiden sich die Species des Genus *Alicyclobacillus* dadurch, dass diese grampositiven Stäbchen sich nicht bei pH 7,0 auf Caseinpepton-Hefeextrakt-Dextrose-Agar (= Standard-I-Nähragar oder Plate-Count-Agar) vermehren. Außerdem bilden die Species des Genus *Bacillus* keine ω-Cyclohexyl- bzw. Cycloheptyl-Fettsäuren (DEINHARD und PORALLA, 1996).

Eine Bedeutung für die Fruchtsaftindustrie hat bisher allein *A. acidoterrestris* erlangt (CERNY et al., 1984, BAUMGART et al., 1996, BAUMGART und MENJE, 2000), obwohl in Rohstoffen und pasteurisierten Fruchtsäften teilweise auch *A. acidocaldarius* nachweisbar ist.

Die folgenden Ausführungen beziehen sich deshalb nur auf diese zwei Species und vorwiegend jedoch auf *A. acidoterrestris.*

Vorkommen

Alicyclobacillus acidoterrestris und *Alicyclobacillus acidocaldarius*: Erdboden, heiße Quellen, Früchte, Fruchtkonzentrate und Fruchtsäfte (bes. Apfel), Teegetränke mit Fruchtsaftzusatz.

Bedeutung

Isoliert wurde *A. acidoterrestris* aus zahlreichen Getränkerohstoffen und Getränken, wie z.B. Traubensaft, Citrussäften, Apfelsaft, Tomatensaft, Eistee mit Fruchtsaftanteil, Hagebutten- und Hibiskustee, in Deutschland aber vorwiegend aus Apfelsaftkonzentrat und aus gemischtem pasteurisierten Apfelsaft. *A. acidocaldarius* kann sich nur oberhalb von 45 °C vermehren, *A. acidoterrestris* in Abhängigkeit vom Produkt auch oberhalb von 16 °C bis 25 °C (BAUMGART et al., 1996). Der Verderb äußert sich in einem fremdartigen phenolischen Geruch. *Alicyclobacillus acidoterrestris* kann 2,6-Di-Bromphenol (BAUMGART et al., 1996, JENSEN et al., 2000) oder Guajakol bilden (YAMAZAKI et al., 1996). Beide Stoffwechselprodukte können jedoch auch gleichzeitig gebildet werden (BARRE, 2002). Die Voraussetzung für diese Bildung ist das Vorhandensein von Sauerstoff (ab etwa 3,2 mg/l) und eine Lagerungstemperatur über 25 °C. *A. acidoterrestris* bildet hitzeresistente Sporen (Tab. III.1-3), so dass auch in pasteurisierten Säften mit dem Vorkommen gerechnet werden kann. In alkoholhaltigen Getränken mit einem Alkoholgehalt von mindestens 6 % keimen die Sporen nicht aus (WALLS und CHUYATE, 1998).

Vermeidung des Verderbs durch *Alicyclobacillus acidoterrestris*

- Gründliches Waschen der Rohware mit sauberem Wasser (kein Umlaufverfahren

- Zusatz von Ascorbinsäure von ca. 150–200 mg/l (MILLER und Mitarb., 2001)
- Sterilfiltration (NISSEN, 2001)
- Lagerung der Säfte unterhalb von 25 °C

Nachweis (Abb. III.1-2)

I. Methode Lemgo

Presence-Absence-Test

Anreicherung von mindestens 10 g in 90 ml Würze-Bouillon (pH-Wert 3,7, eingestellt mit c(HCl = 1 mol/l)) oder Anreicherung des Membranfilters nach Filtration von Getränken oder Getränkerohstoffen. Die Bouillon sollte in einem Kolben mit großer Oberfläche abgefüllt werden (obligat aerobe Organismen!). Untersucht wird eine auf 80 °C für 10 min erhitzte Bouillon und eine unerhitzte Probe. Die Bebrütung erfolgt bei 46 °C für 3 Tage.

Bestätigung: Nach der Bebrütung erfolgt ein Ösenausstrich auf Würze-Agar (pH 3,7) und Plate-Count-Agar (pH 7,0). Die Petrischalen werden in der feuchten Kammer bei 46 °C (oder Einstellen einer Wasserschale in den Brutschrank) für 2 Tage bebrütet. Ausgewählte Kolonien werden identifiziert.

Nachweis aus der Anreicherung mit einer Gensonde

Mit dem VIT-Alicyclobacillus-Test der Fa. Vermicon, München, ist ein schneller Nachweis von *Alicyclobacillus acidoterrestris* möglich.

Tab. III.1-3: Hitzeresistenz von *A. acidoterrestris*

Autor	Produkt	pH	Temp. (°C)	D-Wert (in min)	z-Wert (°C)
CERNY et al. (1984)	Apfelnektar	3,2	90	15	–
SPLITTSTOESSER et al. (1994)	Apfelsaft	3,5	95	2,8 ± 0,7	–
	Traubensaft	3,3	95	2,4 ± 0,9	–
BAUMGART et al. (1997)	Diät-Orangenfruchtsaftgetränk	4,1	95	5,3	9,5
	Fruchtteegetränk	3,5	95	5,2	10,8
	Multivitamin-Diät-Fruchtnektar	3,5	95	5,1	9,6
EIROA et al. (1999)	Orangensaft	–	95	8,7	–
SILVA et al. (1999)	Orangensaft	3,5	85	65,6 ± 5,5	–

Erklärung: – = keine Angabe

Keimzahlbestimmung

Untersuchungsprobe: Verdünnung 1:10 unerhitzt und auf 80 °C 10 min erhitzt

Verfahren: Spatelverfahren (1 ml der Verdünnung 1:10) auf 2 Petrischalen ausspateln

Medium: Würze-Agar (pH 3,7, eingestellt mit c(HCl = 1 mol/l))

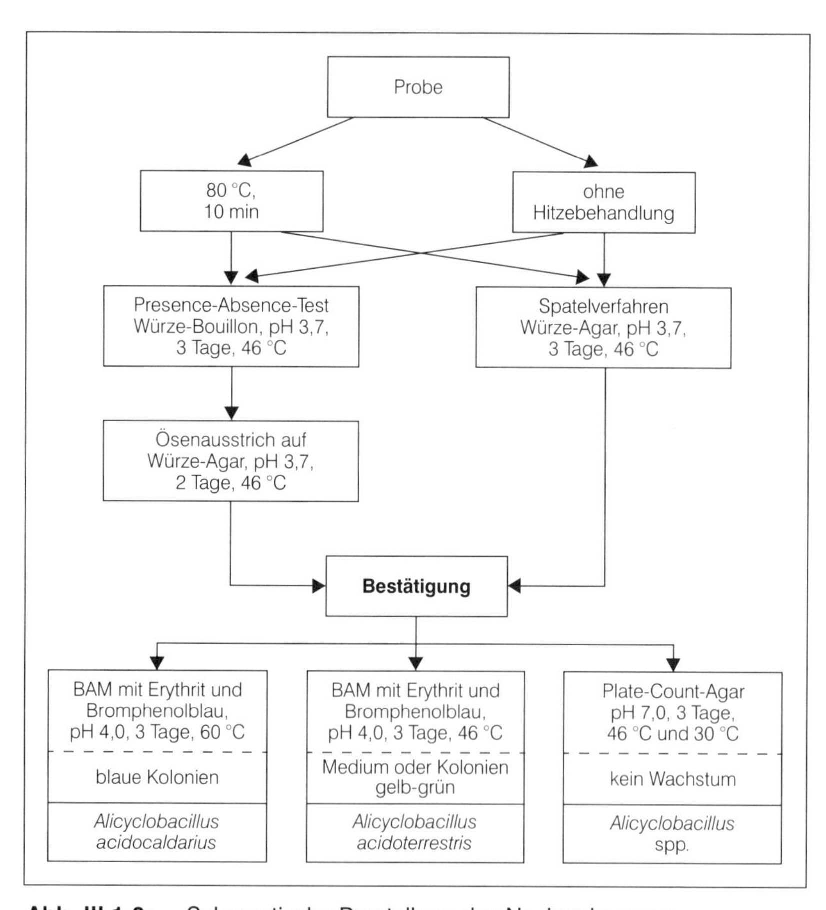

Abb. III.1-2: Schematische Darstellung des Nachweises von *Alicyclobacillus acidoterrestris* und *Alicyclobacillus acidocaldarius* (Methode Lemgo)

II. IFU-Methode (Methode Nr. 12 der Internationalen Fruchtsaft Union, Januar 2004)

Presence-Absence-Test

Anreicherung von mindestens 10 g Produkt im Verhältnis 1:10 in phys. NaCl-Lösung (Ansatz unerhitzt und 10 min bei 80 °C erhitzt, danach sofort abkühlen auf 45 °C). Filtrierbare Flüssigkeiten sollen erhitzt und unerhitzt membranfiltriert werden (Porendurchmesser 0,45 µm). Die Anreicherungen werden bei 45 °C 7 Tage bebrütet und danach auf BAT-Medium ausgestrichen, das bis zur Auswertung bei gleicher Temperatur 3–5 Tage inkubiert wird. Die Filtermembranen werden auf je ein BAT-Medium gelegt und bei 45 °C 7 Tage bebrütet.

Keimzahlbestimmung

Von den unerhitzten und erhitzten (10 min, 80 °C) 1:10-Verdünnungen der Probe in phys. Kochsalzlösung werden 0,1 ml auf BAT-Medium ausgespatelt und bei 45 °C 7 Tage bebrütet.

Bestätigung

- Mikroskopische Untersuchung
- Verdächtige Kolonien in phys. NaCl-Lösung suspendieren, auf Plate-Count-Agar (pH 7,0) sowie auf BAT-Medium ausstreichen. Bebrütung der Petrischalen bei 45 °C 3–5 Tage. Auf Plate-Count-Agar keine Vermehrung des Genus *Alicyclobacillus*.

BAT-Medium

Die Zusammensetzung des BAT-Mediums ist nahezu identisch mit dem BAM-Agar.

Zusammensetzung des BAT-Mediums

A.	$CaCl_2 \times H_2O$	0,25 g
	$MgSO_4 \times 7\,H_2O$	0,50 g
	$(NH_4)_2\,SO_4$	0,20 g
	KH_2PO_4	3,0 g
	Hefeextrakt	2,0 g
	Glucose	5,0 g
	Spurenelementlösung*	1,0 ml
	A. dest.	500 ml

pH-Wert auf 4,0 einstellen mit 1N H_2SO_4 oder 1N NaOH. Autoklavieren für 15 min bei 121 °C und abkühlen auf 50 °C.

* Spurenelementlösung

$CaCl_2 \times H_2O$	0,66 g
$ZnSO_4 \times 7\ H_2O$	0,18 g
$CuSO_4 \times 5\ H_2O$	0,16 g
$MnSO_4 \times H_2O$	0,15 g
$CoCl_2 \times 5\ H_2O$	0,18 g
H_3BO_3	0,10 g
$Na_2MoO_4 \times 2\ H_2O$	0,30 g
A. dest.	1.000 ml

Autoklavieren und im Kühlschrank aufbewahren.

B. Agar 15–20 g
A. dest. 500 ml

Autoklavieren (15 min bei 121 °C) und abkühlen auf 50 °C.

Aseptisch gleiche Volumina von A und B mischen (pH auf 4,0 einstellen, falls notwendig) und in Platten ausgießen. Vor Verwendung Oberfläche trocknen.

1.12 Genus Sporosarcina

Zu diesem Genus zählen u.a. *Sporosarcina globispora, Sporosarcina psychrophila* und *Sporosarcina* pasteurii (YOON et al., 2001)

Eigenschaften: Grampositive bis gramvariable, aerobe, fakultativ anaerobe Kokken oder kokkoide Katalase-positive Zellen, die Endosporen bilden.

Literatur

1. ALBUQUERQUE, L., RAINEY, F.A., CHUNG, A.P., SUNNA, A., NOBRE, M.F., GROTE, R., ANTRANIKIAN, G., DA COSTA, M.S.: *Alicyclobacillus hesperidum* sp. nov. and related genomic species from solfataric soils of São Miguel in the Azores, Int. J. Syst. Evol. Microbiol. 50, 451–457, 2000
2. ALEXANDER, R.N., MARSHALL, R.T.: Moisture loss from agar plates during incubation, J. Food Protection 45, 162–163, 1982
3. ASH, C., FARROW, J.A.E., WALLBANKS, S., COLLINS, M.D.: Phylogenetic heterogeneity of the genus *Bacillus* revealed by comparative analysis of small-subunit-ribosomal RNA sequences, Letters in Appl. Microbiol. 13, 202–206, 1991
4. ASH, C., PRIEST, F.G., COLLINS, M.D.: Molecular identification of rRNA group 3 bacilli (ASH, FARROW, WALLBANKS and COLLINS) using a PCR probe test, Antonie van Leeuenhoek 64, 253–260, 1993

5. BARRE, K.: *Alicyclobacillus acidoterrestris* und *Alicyclobacillus acidocaldarius*: Wachstumsverhalten und Keimreduzierung in Fruchtsäften und Fruchtsaftkonzentraten, Diplomarbeit im Bereich Mikrobiologie des Fachbereichs Lebensmitteltechnologie der Fachhochschule Lippe in Lemgo, 2001
6. BAUMGART, J., HINRICHS, M., WEBER, B., KÜPPER, A.: Bombagen von Bohnenkonserven durch *Bacillus stearothermophilus*, Chem. Mikrobiol. Technol. Lebensm. 8, 7–10, 1983
7. BAUMGART, J.: Media for the detection and enumeration of *Alicyclobacillus acidoterrestris* and *Alicyclobacillus acidocaldarius* in foods, in: Handbook of Culture Media for Food Microbiology, ed. by J.E.L. Corry, G.D.W. Curtis, R.M. Baird, Elsevier Verlag, Amsterdam, 161–166, 2003
8. BAUMGART, J., HUSEMANN, M., SCHMIDT, C.: *Alicyclobacillus*: Vorkommen, Bedeutung und Nachweis in Getränken und Getränkerohstoffen, Flüssiges Obst 64, 178–180, 1997
9. BAUMGART, J., MENJE, S.: The impact of *Alicyclobacillus acidoterrestris* on the quality of juices and soft drinks, Fruit Processing 7, 251–254, 2000
10. BERKELEY, R.C.W., GOODFELLOW, M.: The aerobic endospore-forming bacteria, classification and identification, Academic Press, London, 1981
11. CERNY, G., HENNLICH, W., PORALLA, K.: Fruchtsaftverderb durch Bazillen, Isolierung und Charakterisierung des Verderbserregers, Z. Lebens Unters Forsch 179, 224–227, 1984
12. DEINHARD, G., BLANZ, P., PORALLA, K., ALTAN, E.: *Bacillus acidoterrestris* sp. nov., a new thermotolerant acidophile isolated from different soils, Syst. Appl. Microbiol. 10, 47–53, 1987
13. DEINHARD, G., PORALLA, K.: Vorkommen, Biosynthese und Funktion ω-alicyclischer Fettsäuren bei Bakterien, Biospektrum 2, 40–46, 1996
14. EIROA, M.N.U., JUNQUEIRA, V.C.A., SCHMIDT, F.L.: *Alicyclobacillus* in orange juice: occurrence and heat resistance of spores, J. Food Protection 62, 883–886, 1999
15. GOTO, K., MATSUBARA, H., MOCHIDA, K., MATSUMARA, T., HARA, Y., YAMASTATO, K.: *Alicyclobacillus herbarius* sp. nov., a novel bacterium containing ω-cycloheptane fatty acids, isolated from herbal tea, Int. J. Syst. Evol. Microbiol. 52, 109–113, 2002
16. JENSEN, N.: *Alicyclobacillus* – a new challenge for the food industry, Food Australia 51, 33–36, 1999
17. LECHNER, S., MAYR, R., FRANCIS, K.P., PRÜß, B.M., KAPLAN, T., WIEßNER-GUNKEL, E., STEWART, G.S.A.B., SCHERER, S.: *Bacillus weihenstephanensis* sp. nov. is a new psychrotolerant species of the *Bacillus cereus* group, Int. J. System. Bacteriol. 48, 1373–1382, 1998
18. MALLIDIS, C.G., SCHOLEFIELD, J.: Evaluation of recovery media for heated spores of *Bacillus stearothermophilus*, J. appl. Bact. 61, 517–523, 1986
19. MILLER, S., HENNLICH, W., CERNY, G., DOUNG, H.-A.: *Alicyclobacillus acidoterrestris*: Ein thermophiler Fruchtsaftverderber – Untersuchungen zum Wachstum in Fruchtsäften in Abhängigkeit von Sauerstoff, Flüssiges Obst 68, 14–19, 2001

20. NAZINA, T.N., TOUROVA, T.P., POLTARAUS, A.B., NOVIKOVA, E.V., GRIGORYAN, A.A., IVANOVA, A.E., LYSENKO, A.M., PETRUNYAKA, V.V., OSIPOV, G.A., BELYAEV, S.S., IVANOV, M.V.: Taxonomic study of thermophilic bacilli: descriptions of *Geobacillus subterraneus* gen. nov. sp. nov. and *Geobacillus uzenensis* sp. nov. from petroleum reservoirs and transfer of *Bacillus stearothermophilus, Bacillus thermocatenulatus, Bacillus thermoleovorans, Bacillus kaustophilus, Bacillus thermoglucosidasius* and *Bacillus thermodenitrificans* to *Geobacillus* as a new combinations *G. stearothermophilus, G. thermocatenulatus, G. thermoleovorans, G. kaustophilus, G. thermoglucosidasius* and *G. thermodenitrificans*, Int. J. Syst. Evol. Microbiol. 51, 433–446, 2001

21. NISSEN, C.: *Alicyclobacillus acidoterrestris*: Ein thermophiler Fruchtsaftschädling – Sichere Entfernung durch den Einsatz von Tiefenfiltermodulen, Flüssiges Obst 68, 243–245, 2001

22. SHIDA, O., TAKAGI, H., KADOWAKI, K., KOMAGATA, K.: Proposal for two new genera, *Brevibacillus* gen. nov. and *Aneurinibacillus* gen. nov., Int. J. System. Bacteriol. 46, 939–946, 1996

23. SILVA, F.M., GIBBS, P., VIEIRA, C., SILVA, C.L.M.: Thermal inactivation of *Alicyclobacillus acidoterrestris* spores under different temperature, soluble solids and pH conditions for the design of fruit processes, Int. J. Food Microbiol. 51, 95–103, 1999

24. SPLITTSTOESSER, D.F., CHUREY, J.J., LEE, C.Y.: Growth characteristics of aciduric sporeforming bacilli isolated from fruit juices, J. Food Protection 57, 1080–1083, 1994

25. SUTHERLAND, A.D., MURDOCH, R.: Seasonal occurrence of psychrotrophic *Bacillus* species in raw milk, and studies on the interactions with mesophilic *Bacillus* sp., Int. J. Food Microbiol. 21, 279–292, 1994

26. WALLS, I., CHUYATE, R.: *Alicyclobacillus* – historical perspective and preliminary characterization study, Dairy Food and Environ. Sanitation 18, 499–503, 1998

27. WISOTZKEY, J.D., JURTSHUK, P., FOX, G.E., DEINHARD, G., PORALLA, K.: Comparative sequence analyses on the 16S rRNA (rDNA) of *Bacillus acidocaldarius, B. acidoterrestris* and *B. cycloheptanicus* and proposal for creation of a new genus, *Alicyclobacillus* gen. nov., Int. J. Syst. Bact. 42, 263–269, 1999

28. YAMAZAKI, K., TEDUKA, H., SHINANO, H.: Isolation and identification of *Alicyclobacillus acidoterrestris* from acidic beverages, Bioscience, Biotechnology, Biochemistry 60, 543–545, 1996

29. YOON, J.H., LEE, K-CH., WEISS, N., KHO, Y.H., KANG, K.H., PARK, Y-H.: *Sporosarcina aquimarinna* sp. nov., a Bacterium isolate from seawater in Korea, and transfer of *Bacillus globisporus* (Larkin and Stokes 1967), *Bacillus psychrophilus* (Nakamura 1984) and *Bacillus pasteurii* (Chester 1898) to the genus *Sporosarcina* as *Sporosarcina globispora* comb. nov., *Sporosarcina psychrophila* comb. nov. and *Sporosarcina pasteurii* comb. nov., and emended description of the genus *Sporosarcina*, Int. J. Syst. Evol. Microbiol. 51, 1079–1086, 2001

30. YUMOTO, I., YAMAZAKI, K., SAWABE, T., NAKANO, K., KAWASAKI, K., EZURA, Y., SHINANO, H.: *Bacillus horti* sp. nov., a new gram-negative alkaliphilic bacillus, Int. J. System. Bacteriol. 48, 565–571, 1998

1.13 Clostridien

Clostridien sind anaerobe, grampositive bis gramvariable, Katalase-negative Stäbchen, die unter anaeroben Bedingungen Sporen bilden. Clostridien vermehren sich bei pH-Werten oberhalb von 4,5, *Clostridium (C.) butyricum, C. saccharobutyricum, C. tyrobutyricum, C. acetobutylicum, C. pasteurianum* und *C. botulinum* Typ E auch unterhalb von pH 4,5. Entscheidender als der pH-Wert ist jedoch die Art der Säure, durch die in Lebensmitteln eine pH-Erniedrigung erzielt wird. So können sich *C. perfringens* und *C. barati* auch noch bei pH-Werten von 3,7 vermehren, wenn als Säure nur Citronensäure vorliegt (deJONG, 1989).

Vorkommen

Erdboden, Darmkanal von Mensch und Tier, zahlreiche Lebensmittel

Bedeutung

- Verderb von Lebensmitteln:
  Fleischerzeugnisse: Bombagen z.B. durch *C. sporogenes* u.a.
  Käse: Spättrieb durch *C. butyricum, C. tyrobutyricum* und *C. sporogenes*
  Pasteurisierte Feinkosterzeugnisse: Bombagen durch *C. sporogenes, C. butyricum, C. scatalogenes, C. felsineum*
  Frucht- und Gemüsekonserven: Verderb durch *C. pasteurianum, C. butyricum, C. tyrobutyricum, C. felsineum*
- Lebensmittelvergiftungen:
  C. botulinum A, B, E, F und *C. perfringens*

1.13.1 Nachweis mesophiler Clostridien

Anreicherung

- Beimpfung einer Hirn-Herz-Bouillon oder eines Cooked-Meat-Mediums mit 1 g oder 1 ml Produkt (Bouillon vor der Beimpfung 10 min kochen und abkühlen, ohne zu schütteln). Ein Röhrchen (ca. 6 ml) wird bei 70 °C 10 min erhitzt, ein weiteres bleibt unerhitzt. Beide Röhrchen werden mit Paraffin/Vaseline (1:4) oder Paraffin-Gemisch überschichtet (2 Gewichtsanteile Paraffin, schüttfähig, Erstarrungspunkt 56–58 °C, Merck 7164, und 1 Gewichtsanteil Paraffin flüssig, Merck 7162; Sterilisation des Gemisches im Heißluftsterilisator bei 180 °C 2 h).
  Eine Abtötung vegetativer Bakterien ist auch durch eine einstündige Einwirkung von 50%igem Ethanol unter leichtem Rühren bei Zimmertemperatur möglich (LAKE et al., 1985).
- Bebrütung: 30 °C, 72 h

- Bestätigung: Bei Gasbildung und/oder Trübung Ösenausstrich auf BHI- oder Plate-Count-Agar (mit aerober und anaerober Bebrütung). Clostridien: grampositive bis gramnegative Stäbchen mit oder ohne Sporen, anaerobe Vermehrung, Katalase-negativ. Unter strikt anaeroben Bedingungen kann auch bei Bazillen (fakultativ anaerob) eine negative Katalasereaktion auftreten (WEENK et al., 1991).

Keimzahlbestimmung

Verfahren:	Gusskultur
Medium:	Sulfit-Cycloserin-Azid-Agar, SCA-Agar (EISGRUBER und REUTER, 1991) oder DRCM-Agar
Bebrütung:	37 °C, 2–4 Tage, anaerob
Bestätigung:	Die schwarzen Kolonien sind verdächtige Clostridien, sie sind jedoch zu bestätigen. Eine Bestätigung ist auch bei den nicht schwarzen Kolonien notwendig. Hier kann es sich auch um Clostridien handeln. Auch einige Bazillen, wie z.B. *Bacillus licheniformis* und *B. pumilus* können nach einer Bebrütungszeit von mehr als 3 Tagen schwarze Kolonien bilden (WEENK et al., 1991). Dies ist auch der Fall bei *Bacteroides* spp. und einigen Arten der Familie Enterobacteriaceae, *Citrobacter freundii, Proteus vulgaris* sowie bei *Kurthia zopfii* (MEAD, 1992). Zur Bestätigung sind von der höchsten auswertbaren Verdünnung 5 schwarze und 5 helle Kolonien zu isolieren und auf BHI- oder Plate-Count-Agar mit der Öse auszustreichen. Die Bebrütung erfolgt aerob und anaerob 48 h bei 37 °C.

Clostridien

Grampositive bis gramvariable Stäbchen, anaerobe Vermehrung (aerob vereinzelt möglich), Katalase-negativ.

Bazillen

Grampositive bis gramvariable Stäbchen, aerobe und vielfach auch anaerobe Vermehrung. Katalasereaktion bei aerober Vermehrung positiv, bei anaerober Vermehrung vielfach negativ.

Anmerkung

Bei einer Säurebildung (zuckerhaltiges Lebensmittel) kann eine Schwärzung fehlen, da Eisensulfid im sauren Bereich nicht ausfällt. Befinden sich die Petrischalen nach der Bebrütung längere Zeit an der Luft, so verschwindet die Schwärzung durch Oxidation des Eisensulfids.

1.13.2 Nachweis thermophiler Clostridien

Thermophile Clostridien sind *C. thermosaccharolyticum* (= *Thermoanaerobacterium thermosaccharolyticum*) (Bildung von H_2 und CO_2) und *Desulfotomaculum nigrificans* (Bildung von H_2S).

Vorkommen

Gemüse

Bedeutung

Verderb von Gemüse

Nachweis

Cooked-Meat zum Nachweis von *Thermoanaerobacterium thermosaccharolyticum,* Sulfit-Eisen-Agar für den Nachweis von *Desulfotomaculum nigrificans.* Das beimpfte Cooked-Meat-Medium wird 10 min bei 100 °C erhitzt, abgekühlt, mit Paraffin/Vaseline (1:4) überschichtet und bei 55 °C 3 Tage bebrütet. Für den Nachweis von *D. nigrificans* werden die Röhrchen mit der Verdünnungsflüssigkeit auf 100 °C 10 min erhitzt. Die Untersuchung erfolgt mit einer Großkultur. Das Medium wird anaerob 3 Tage bei 55 °C bebrütet.

1.13.3 Nachweis psychrotropher Clostridien

Psychrotrophe Clostridien, wie *C. laramie,* führten zum Verderb vakuumverpackten Frischfleisches und von Roastbeef (Bildung von Buttersäure und Essigsäure, Proteolyse) bei einer Lagerungstemperatur von +1 ° bis +2 °C (KALCHAYANAND et al., 1993).

Eigenschaften von *C. laramie*

Bewegliche Stäbchen, minimaler pH-Wert 4,5. Vermehrungstemperatur −3 °C bis +21 °C, Optimum 15 °C, keine Vermehrung bei 25 °C in 14 Tagen

Nachweis

Fluid Thioglycolat Broth (Difco) + 0,1 % Haemin, 0,001 % Vitamin K_1. Bebrütung: 10 °C, 48 h, anaerob

Identifizierung

Bewegliche Stäbchen, Katalase-negativ, keine Vermehrung bei 25 °C in 14 Tagen.

Literatur

1. deJONG, J.: Spoilage of an acid food product by *Clostridium perfringens*, *C. barati* and *C. butyricum*, Int. J. Food Microbiol. 8, 121–132, 1989
2. EISGRUBER, H., REUTER, G.: SCA – ein Selektivnährmedium zum Nachweis mesophiler sulfitreduzierender Clostridien in Lebensmitteln, speziell für Fleisch und Fleischerzeugnisse, Arch. Lebensmittelhyg. 42, 125–129, 1991
3. KALCHAYANAND, N., RAY, B., FIELD, R.A.: Characteristics of psychrotrophic *Clostridium laramie* causing spoilage of vacuum-packaged refrigerated fresh and roasted beef, J. Food Protection 56, 13–17, 1993
4. LAKE, D.E., GRAVES, R.R., LESNIEWSKI, R.S., ANDERSON, J.E.: Post processing spoilage of low-acid canned foods by mesophilic anaerobic sporeformers, J. Food Protection 48, 221–226, 1985
5. MEAD, G.: Principles involved in the detection and enumeration of clostridia in foods, Int. J. Food Microbiol. 17, 135–143, 1992
6. WEENK, G.H., FITZMAURICE, E., MOSSEL, D.A.A.: Selective enumeration of spores of *Clostridium* in dried foods, J. Appl. Bact. 70, 135–143, 1991
7. WEENK, G.H., van den BRINK, J.A., STRUIJK, C.B., MOSSEL, D.A.A.: Modified methods for the enumeration of spores of mesophilic *Clostridium* species in dried foods, Int. J. Food Microbiol. 27, 185–200, 1995

2 Markerorganismen

Mikrobielle Verunreinigungen von Lebensmitteln sind unerwünscht. Um die Bedeutung einer Verunreinigung für den Konsumenten beurteilen zu können, werden Markerorganismen, wie *E. coli*, coliforme Bakterien, Enterobacteriaceen oder Enterokokken bestimmt. Diese Markerorganismen sind entweder Index-Organismen, die eine potenzielle Gesundheitsgefährdung anzeigen, oder Indikator-Organismen, die für eine unzureichende Verarbeitungs-, Betriebs- oder Distributions-Hygiene sprechen (SCHMIDT-LORENZ und SPILLMANN, 1988).

Bei Lebensmitteln ist *E. coli* der geeignetste Markerorganismus für eine potenzielle Gesundheitsgefährdung. Eine relativ unsichere Anzeige einer Gesundheitsgefährdung ergeben dagegen die Coliformen und Enterobacteriaceen (SCHMIDT-LORENZ und SPILLMANN; 1988). Da heute einfache und schnelle Nachweisverfahren für *E. coli* zur Verfügung stehen, ist auch die Bestimmung der thermophilen bzw. faekalen Coliformen überflüssig geworden (SCHMIDT-LORENZ und SPILLMANN, 1988). Der praktische Wert des Nachweises der coliformen Bakterien liegt in der Indikatorfunktion für Rekontaminationen und unzureichende Betriebshygiene bei der Weiterverarbeitung pasteurisierter Produkte. Dies gilt jedoch nur für Verarbeitungsstufen, in denen keine Mikroorganismenvermehrung stattfinden kann.

Aus der Vielzahl der veröffentlichten Nachweisverfahren wird nur auf einige Methoden eingegangen. Auch ist zu beachten, dass für bestimmte Lebensmittel vorgeschriebene Methoden existieren (z. B. Trinkwasser, Eiprodukte) und für andere Lebensmittel Untersuchungsverfahren nach § 35 LMBG (Lebensmittel- und Bedarfsgegenständegesetz) festgelegt sind.

2.1 Escherichia coli und coliforme Bakterien

(ANDREWS et al., 1995, HITCHINS et al., 1995)

2.1.1 Definition und Taxonomie

Die coliformen Bakterien sind eine heterogene Bakteriengruppe, die nicht durch taxonomische Merkmale definiert ist, sondern durch Nachweisverfahren. Es sind gramnegative, aerobe, fakultativ anaerobe Stäbchen, die Lactose unter Gas- und Säurebildung innerhalb von 48 Stunden bei Temperaturen zwischen 30 ° und 37 °C fermentieren. Zur Gruppe der Coliformen gehören folgende Genera der Familie Enterobacteriaceae: *Escherichia, Enterobacter, Klebsiella* und *Citrobacter.* Coliforme, die bei 44 °C bzw. 45,5 °C Gas aus Lactose bilden, werden auch als Fäkal-Coliforme, thermotrophe Coliforme oder präsumtive *E. coli* bezeichnet.

Der Wert einer Bestimmung von coliformen Bakterien ist umstritten. Taxonomisch sind die coliformen Bakterien schlecht und ungenau definiert. Der Nachweis coliformer Bakterien war historisch gesehen sinnvoll, als *E. coli* noch nicht schnell, einfach und sicher nachweisbar war. Coliforme Bakterien sind auch kein Indikator einer faekalen Verunreinigung und bei vielen Produkten (abgesehen von *E. coli*) gehören sie zur pflanzlichen Normalflora (z.B. bei Mischsalaten). Dies ist besonders für das Genus *Enterobacter* festzustellen (BRACKETT et al., Food Microbiology 18, 299–308, 2001). Weiterhin ist zu beachten, dass *Enterobacter agglomerans* (aktuelle Bezeichnung *Pantoea agglomerans*), der bei zahlreichen kühl gelagerten pflanzlichen und tierischen Erzeugnissen vorkommt, je nach Nachweismethode als coliformes Bakterium erfasst wird, aber entsprechend der Definition nicht zu den coliformen Bakterien gehört. Auch nach Meinung einer Expertenkommission der EU sollte auf den Nachweis coliformer Bakterien selbst bei Milchprodukten verzichtet werden (Opinion of the Scientific Committee on Veterinary Measures relating to Public Health on The evaluation of microbiological criteria for food products of animal origin for human consumption, European Commission Health and Consumer Protection, Directorate B, Unit B3, SC4, 23.9.1999).

Während der Aussagewert der Coliformen als Indikatororganismen für zahlreiche Lebensmittel umstritten ist, steht der Wert von *Escherichia coli* als Markerorganismus außer Frage.

E. coli ist nicht nur ein Kommensale des Dickdarms (10^5–10^9/g Stuhl), sondern auch einige invasive und Toxin bildende Stämme führen zu Durchfallerkrankungen.

Diese enterovirulenten *E. coli* (EEC) werden in verschiedene Subgruppen unterteilt:

Enterotoxin bildende *E. coli* (ETEC)

Enteropathogene *E. coli* (EPEC)

Enterohämorrhagische *E. coli* (EHEC)
Enteroinvasive *E. coli* (EIEC)
Enteroadhärente *E. coli* (EAEC)

Typische Stämme von *E. coli* zeigen einen Abbau von Glucose (mit Gasbildung), Lactose und Mannit, Indolbildung, eine negative Voges-Proskauer-(VP-)Reaktion und fehlende Citratverwertung. Es kommen jedoch auch Stämme vor, die nur schwach Lactose abbauen (verzögerte Spaltung) oder Lactose nicht nutzen. Etwa 94–97 % der *E. coli*-Stämme bilden das Enzym Glucuronidase und spalten die fluorogene Substanz 4-Methylumbelliferyl-ß-D-glucuronid (MUG) (FRAMPTON und RESTAINO, 1993). Mit der Ausnahme einer Studie, bei der 4 % humaner *E. coli* sich als Glucuronidase-negativ erwiesen (CHANG et al., 1989), lag bei allen anderen Untersuchungen der Anteil Glucuronidase-positiver *E. coli* immer oberhalb von 90 % (FRAMPTON und RESTAINO, 1993). Eine fehlende Glucuronidaseaktivität zeigt allerdings *E. coli* O157:H7 (Verotoxinbildner).

Eine positive ß-D-Glucuronidaseaktivität wurde auch bei einzelnen Stämmen und Serovaren anderer Mikroorganismen festgestellt, z. B. bei folgenden Genera und Species (FRAMPTON und RESTAINO, 1993):

- *Salmonella, Shigella, Yersinia*
- *Enterobacter (E.) cloacae, E. aerogenes, E. agglomerans (= Pantoea agglomerans)*
- *Hafnia alvei, Citrobacter* sp.
- *Pseudomonas testosteroni*
- *Flavobacterium multivorum*
- *Staphylococcus (St.) xylosus, St. simulans, St. haemolyticus, St. cohnii, St. warneri*
- Streptokokken, nicht jedoch D-Streptokokken

Escherichia coli ist dagegen das einzige gramnegative Stäbchen unter den Enterobacteriaceen, das auch eine positive Indolreaktion zeigt. Der Indoltest ist deshalb zur Bestätigung von *E. coli* notwendig.

2.1.2 Nachweis

Zahlreiche Nachweisverfahren existieren, konventionelle Methoden und neuere Verfahren unter Einsatz fluorogener Substanzen (MUG) und chromogener Stoffe (X-GAL). Der Laboraufwand ist bei den einzelnen Verfahren unterschiedlich, wie auch die Spezifität und Sensitivität verschieden sind.

Bei allen technologisch verarbeiteten Lebensmitteln (Trocknung, Erhitzung, Säuren, Konservierungsstoffe, Gefrieren usw.) sollten kurzzeitige Vorbebrütungen in nichtselektiven Medien zur Regeneration subletal geschädigter Zellen (Membranschädigungen, Inaktivierung von Enzymen) vor der Überführung in Selektivmedien erfolgen (Resuscitation = Wiederbelebung).

Bei Lebensmitteln, die z.B. nach der Pasteurisation verunreinigt werden und in denen sich Enterobakterien vermehren (z.B. Weichkäse), sind Resuscitations-Maßnahmen dagegen nicht erforderlich (SCHMIDT-LORENZ und SPILLMANN, 1988).

2.1.2.1 Konventionelle Verfahren

A. Nachweis in flüssigen Medien

□ Coliforme Bakterien

Titer-Verfahren

- Beimpfung von 3 Röhrchen LST-Bouillon + Durham-Röhrchen (jeweils 10 ml) mit 1 g, 0,1 g (1 ml der Verdünnung 10^{-1}) und 0,01 g (1 ml der Verdünnung 10^{-2}) bzw. ml der Probe.
- Bebrütung bei 30 °C für 24 Std (bei negativer Gasbildung nach 24 Std. Bebrütung bis 48 Std.).
- Röhrchen mit Gasbildung sind zu bestätigen durch Überimpfung mit der Öse in LST-Bouillon + Durham-Röhrchen.
- Bei positiver Gasbildung nach 24–48 Std. bei 30 °C gelten coliforme Bakterien als nachgewiesen. Diese Methode hat einen mehr orientierenden Charakter. Titerverfahren ergeben im Allgemeinen ungenauere Ergebnisse als Koloniezählverfahren.

□ *Escherichia coli*

Das Verfahren weist präsumtive (verdächtige) *E. coli* nach, die zu bestätigen sind. Einige Stämme von *E. coli* spalten Lactose langsam oder gar nicht. Sie sind mit diesem Verfahren nicht nachweisbar.

Titerverfahren

- Beimpfung von 3 Röhrchen LST-Bouillon mit Durham-Röhrchen (jeweils 10 ml) mit 1 g, 0,1 g (= 1 ml der Verdünnung 10^{-1}) und 0,01 g (= 1 ml der Verdünnung 10^{-2}) bzw. ml der Probe.
- Bebrütung bei 30 °C für 24 Std. (bei negativer Gasbildung weitere 24 Std.)
- Aus den Röhrchen mit positiver Gasbildung wird eine Öse Bouillon in EC-Bouillon überimpft.
- Bebrütung der EC-Bouillon bei 44 °C 24 Std. (bei negativer Gasbildung weitere 24 Std.)
- Auf jede Bouillon mit Gasbildung werden 3–4 Tropfen Indolreagenz nach KOVACS getropft.

– Positive Röhrchen (Rotfärbung) gelten als präsumtive *E. coli*. Eine Bestätigung kann biochemisch nach Reinzüchtung erfolgen.

B. Nachweis auf festen Medien

□ Coliforme Bakterien ohne Resuscitation

Verfahren: Gusskultur mit VRB-Agar. Nach dem Erstarren des Mediums wird dieses mit ca. 5 ml VRB-Agar überschichtet.

Bebrütung: 30 °C, 24 h

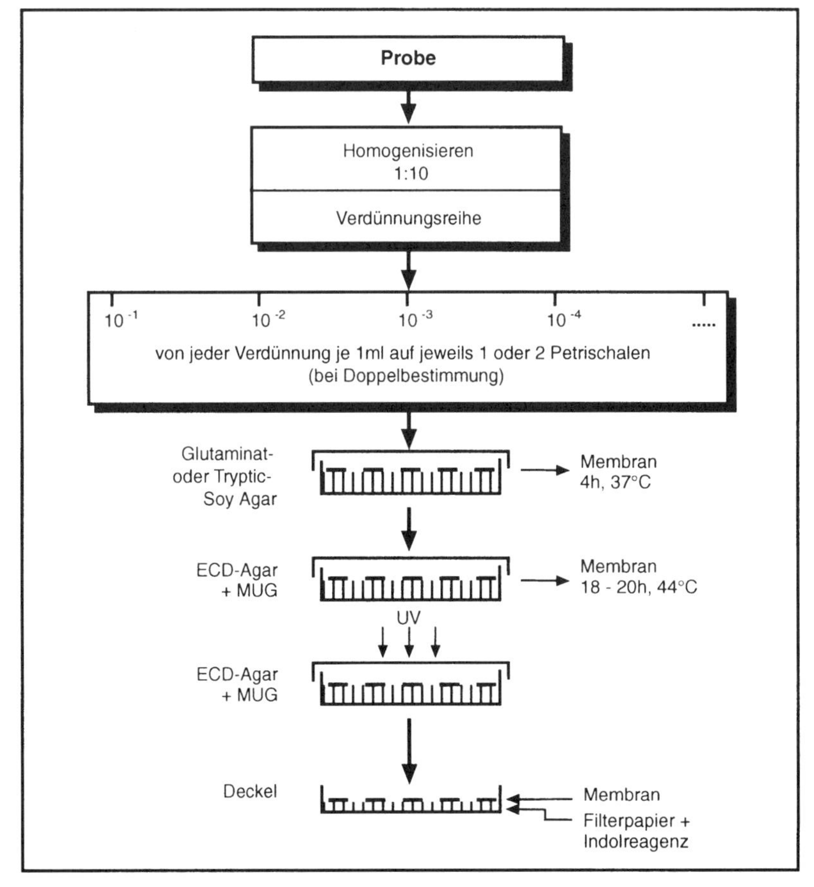

Abb. III.2-1: Direkter Nachweis von *E. coli* mit dem Membranfilter-Verfahren

Auswertung: Nach dem Bebrüten werden die typischen dunkelroten Kolonien (0,5 mm und größer) gezählt. Die optimale Anzahl zu zählender Kolonien liegt zwischen 30 und 150.

Bestätigung: Einige typische Kolonien aus der höchsten Verdünnung werden bestätigt durch Überimpfung in LST-Bouillon + Durham-Röhrchen und Prüfung der Gasbildung nach 24 h bei 30 °C, bei negativer Gasbildung nach 48 h.

Beurteilung: Röhrchen mit Gasbildung = coliforme Bakterien

☐ *E. coli* und coliforme Bakterien ohne Resuscitation

Verfahren: Nach Gusskultur mit VRB-Agar, Überschichten mit ca. 5 ml VRB-Agar + MUG (100 µg MUG pro ml).

Bebrütung: 35 °–37 °C, 24 h

Auswertung: Zählung der unter dem UV-Licht (360–366 nm) blau aufleuchtenden Kolonien = verdächtige *E. coli*.

Bestätigung der coliformen Bakterien wie unter B.

Bestätigung von *E. coli* biochemisch nach Reinzüchtung auf Plate Count Agar.

E. coli weist folgende Reaktion auf:

Cytochromoxidase	–
Gas aus Lactose bei 44 °–45,5 °C	+
Indol	+
Methylrot	+
Acetoin	–
Citrat	–

☐ Coliforme Bakterien mit Resuscitation

Verfahren: Gusskultur mit Tryptic Soy Agar oder CASO-Agar (10 ml) und Bebrütung bei Raumtemperatur (ca. 22 °C) für 2 h. Danach Überschichten der Platte mit 8–10 ml VRB-Agar.

Bebrütung: 30 °C, 24 h

Auswertung und Bestätigung wie unter B.

☐ *E. coli* und coliforme Bakterien mit Resuscitation

Verfahren: Gusskultur mit Tryptic Soy Agar oder CASO-Agar (10 ml) und Bebrütung bei Raumtemperatur (ca. 22 °C) für 2 h. Danach Überschichten der Platte mit 8–10 ml VRB-Agar + MUG.

Bebrütung: 35 °–37 °C, 24 h

Auswertung: Zählung unter dem UV-Licht (360–366 nm), blau aufleuchtende Kolonien = verdächtige *E. coli*. Bestätigung von *E. coli* biochemisch nach Reinzüchtung auf Plate Count Agar.

2.1.2.2 Schnellere Nachweisverfahren

A. *Escherichia coli* und coliforme Bakterien

Verfahren: Titerbestimmung oder MPN-Verfahren

Medium: LMX-Bouillon (Fluorocult LMX-Bouillon)

Bebrütung: 35 °–37 °C, 24–48 h

Auswertung: Farbumschlag nach blaugrün (Gesamtcoliforme), Fluoreszenz positiv und Indol positiv (*E. coli*).

Mit der LMX-Bouillon (Laurylsulfat-Methylumbelliferyl-ß-D-glucuronid-X-GAL-Bouillon) ist ein gleichzeitiger Nachweis der Gesamtcoliformen und *E. coli* möglich. Der simultane Nachweis wird möglich durch das chromogene Substrat 5-Brom-4-Chlor-3-indolyl-ß-D-galactopyronosid (X-GAL), das von Coliformen gespalten wird und einen Farbumschlag der Bouillon nach blaugrün bewirkt (Bromochloroindigo). Das fluorogene Substrat 4-Methylumbelliferyl-ß-D-glucuronid (MUG) wird durch die Glucuronidase von *E. coli* gespalten und in langwelligem UV-Licht sichtbar gemacht. Der Gehalt an Tryptophan ermöglicht die zusätzliche Bestätigung von *E. coli* durch die Indolreaktion. Auf einen Zusatz von Gärröhrchen und den Nachweis der Gasbildung wird verzichtet. Praktikabel ist auch der Zusatz von Blättchen zur Laurylsulfat-Trypton-Bouillon (LST), die mit MUG und X-Gal beschichtet sind (ColiComplete® Discs, Fa. Bicontrol). Auch bei dieser Methode können coliforme Bakterien in maximal zwei Tagen und *E. coli* in 30 ± 2 Stunden in allen Lebensmitteln nachgewiesen werden (FELDSINE et al., 1994).

B. Gleichzeitiger Nachweis von Gesamtcoliformen und *E. coli*

Durch einen Zusatz von chromogenen bzw. chromogenen und fluorogenen Substanzen sowie durch den Nachweis der ß-D-Galactosidase (positiv bei coliformen Bakterien) und der ß-D-Glucoronidase (positiv bei *E. coli*) auf dem Selektivmedium wird ein gleichzeitiger Nachweis von coliformen Bakterien und *E. coli* möglich (JERMINI et al., 1994).

Nachweis

Medium: Chromocult® Coliformen Agar (Merck) oder C-EC Agar (Biolife) oder COLI ID (bioMerieux) oder CHROMagar® ECC (Mast Diagnostica)

Verfahren: Spatelverfahren, Großkultur oder Membranfilterverfahren

Bebrütung: 37 °C 24–48 Std. (bessere Auswertung nach 48 Std.)

C. Direkter Nachweis von *Escherichia coli* mit dem Membranfilter-Verfahren (Abb. III.2-1)

Das von ANDERSON und BAIRD-PARKER (1975) und HOLBROOK et al. (1980) entwickelte Membranfilter-Verfahren für den direkten Nachweis von *E. coli* hat sich in seiner modifizierten Form bewährt, bei der die Membran auf ein Medium + MUG gelegt und die Probe ausgespatelt wird.

Der Wiederbelebungsschritt – Auflegen der Membran auf Glutaminat- oder Tryptic-Soy-Agar für 4 h – ist nur notwendig, wenn die zu untersuchenden Proben erhitzt, getrocknet, chemisch konserviert oder tiefgefroren sind. Das Verfahren dient nicht dem Nachweis pathogener Arten. Stämme von *E. coli*, die sich bei 44 °C nicht vermehren, wie z.B. *E. coli* O157:H7, werden nicht erfasst.

Verfahren

- 1 ml des Lebensmittels oder der Verdünnungen wird auf einer Celluloseacetat- oder Cellulosenitrat-Membran (Durchmesser 85 mm, Porengröße 0,45 μm), die auf einem gut vorgetrockneten Glutaminat-Agar oder Tryptic-Soy-Agar liegt, mit dem Spatel gleichmäßig verteilt (Membran mit der sterilen Pinzette so auflegen, dass keine Luftblasen entstehen). Ein schmaler Rand von etwa 0,5 cm sollte beim Spateln ausgelassen werden.
- Nach Aufnahme der Flüssigkeit (etwa 15 min bei Zimmertemperatur) werden die Platten bei 37 °C 4 h mit dem Deckel nach oben bebrütet.
- Nach der 4-stündigen Bebrütung wird die Membran mit der sterilen Pinzette auf ECD-Agar + MUG (Fluorocult-ECD-Agar) übertragen. Dabei ist darauf zu achten, dass zwischen Nährbodenfläche und Filter keine Luftblasen entstehen.
- Die ECD-Platten werden bei 44 °C für 18–24 h bebrütet.
- Unter der UV-Lampe wird die Fluoreszenz bei einer Wellenlänge von 360 nm geprüft. Fluoreszierende Kolonien werden auf dem Deckel mit einem Farbstift markiert.
- Nach dem Auszählen der Kolonien wird auf jede fluoreszierende Kolonie ein Tropfen Indolreagenz nach VRACKO und SHERRIS (1963) aufgetropft. Bei diesem Verfahren können die Kolonien jedoch abschwemmen, so dass es besser ist, die Membran auf eine mit Indolreagenz getränkte Kartonscheibe oder ein Filterpapier zu legen. Indolbildung wird spätestens nach 5 min durch Rosafärbung der Kolonie angezeigt.
  Da durch das Indol-Reagenz die Mikroorganismen abgetötet werden und Bestätigungsreaktionen so nicht mehr möglich sind, können auch Prüfkolonien (bis 5 pro Verdünnung) in Mikrotiterplatten auf Indolbildung geprüft werden.

Entsprechend der Anzahl der Prüfkolonien werden die Plattenvertiefungen mit Tryptophan-Bouillon beschickt und mit der Kolonie beimpft. Nach einer Bebrütung bei 37 °C für 4 h erfolgt nach Zugabe des Reagenz nach VRACKO und SHERRIS die Ablesung. Rotfärbung innerhalb von 2–10 sec zeigt Indolbildung an.

Auswertung

Alle Kolonien, die blau fluoreszieren und im Indoltest positiv sind, werden als *E. coli* ausgezählt. Besondere Bestätigungsreaktionen sind in der Regel nicht notwendig. Zu beachten ist jedoch, dass gerade bei Frischfleisch Indol-positive *Klebsiella oxytoca* und *Providencia*-Arten vorkommen.

Auf folgende Fehlermöglichkeiten des „MUG-Testes" ist zu achten:

- Autofluoreszenz bestimmter Glassorten. Die Reagenzgläser sind vorher zu prüfen oder müssen bei vorhandener Fluoreszenz in einer 5%igen Nitratlösung gekocht werden (ANDREWS et al., 1987).
- Endogene Glucuronidasen bei bestimmten Lebensmitteln, wie Schalentieren (z.B. Austern, Muscheln, Krabben).
- Der pH-Wert in den Medien mit MUG darf nicht unter 5,0 liegen. Darauf ist besonders bei Bouillonkulturen zu achten, die bei einer Säurebildung zu alkalisieren sind.

Die Auswertung der Fluoreszenz sollte im Dunkeln erfolgen. Als Lichtquelle reicht eine 6-Watt-Lampe. Bei stärkeren Lampen (15 Watt) müssen Schutzgläser verwendet werden.

2.1.2.3 Weitere Nachweisverfahren

- Petrifilm-Verfahren: Diese Methode ist als Routineverfahren geeignet (BREDIE und DE BOER, 1992).
- Impedanz-Verfahren: In Kombination mit MUG können 100 *E. coli*/g in ca. 7–8 h nachgewiesen werden (BAUMGART, 1993).

Empfehlungen

Als Nachweisverfahren in der Routine werden empfohlen:

- Coliforme Bakterien und *E. coli*, Keimzahlen unter 100/g oder ml: Titerbestimmung oder MPN-Verfahren mit Fluorocult LMX-Bouillon (siehe unter „Schnellere Nachweisverfahren").
- Coliforme Bakterien und *E. coli*, Keimzahlen über 100/g oder ml: Spatelverfahren, Chromocult® Coliformen Agar, C-EC Agar oder COLI ID o.a. (siehe unter „Schnellere Nachweisverfahren").
- *E. coli:* Membranfilter-Verfahren (siehe unter „Schnellere Nachweisverfahren").

Literatur

1. ANDERSON, J.M., BAIRD-PARKER, A.C., A rapid direct plate method for enumerating Escherichia coli Biotype I in food, J. appl. Bact. 39, 111-117, 1975
2. ANDREWS, W.H., WILSON, C.R., POELMA, P.L., Glucuronidase assay in a rapid MPN determination for recovery of Escherichia coli from selected foods, J. Assoc. Off. Anal. Chem. 70, 31-34, 1987
3. ANDREWS, K. et al., Manual of microbiological methods for the food and drinks industry, Technical manual No. 43, 1995, Campden & Chorleywood Food Research Association, Chipping Campden Gloucestershire GL55 6LD UK
4. BAUMGART, J., Lebensmittelüberwachung und -qualitätssicherung, Mikrobiologisch-hygienische Schnellverfahren, Fleischw. 73, 392-396, 1993
5. BLOOD, R.M., CURTIS, G.D.W., Media for „total" Enterobacteriaceae, coliforms and Escherichia coli, Int. J. Food Microbiol. 26, 93-115, 1995
6. BREDIE, W.L.P., deBOER, E., Evaluation of the MPN, Anderson-Baird-Parker, Petrifilm E. coli and fluorocult ECD method for enumeration of Escherichia coli in foods of animal origin, Int. J. Food Microbiol. 16, 197-208, 1992
7. FELDSINE, Ph.T., FALBO-NELSON, M.T., HUSTEAD, D.L., ColiComplete® substrate-supporting disc method for confirmed detection of total coliforms and Escherichia coli in all foods: comparative study, J. AOAC International 77, 58-63, 1994
8. FRAMPTON, E.W., RESTAINO, L., Methods for Escherichia coli identification in food, water and clinical samples based on beta-glucuronidase detection, A review, J. appl. Bact. 74, 223-233, 1993
9. HITCHINS, S., FENG, P., WATKINS, W.D., RIPPEY, S.R., CHANDLER; L.A., Escherichia coli and the coliform bacteria, in: Bacteriological Analytical Manual, Food and Drug Administration, 8th ed., AOAC International, 481 North Frederick Avenue, Suite 500, Gaithersburg, MD 20877, USA, 4.01-4.29, 1995
10. HOLBROOK, R., ANDERSON, J. M., BAIRD-PARKER, A.C., Modified direct plate method for counting Escherichia coli in food, Food Technology in Australia 32, 78-83, 1980
11. JERMINI, M., DOMENICONI, F., JÄGGLI, M., Evaluation of C-EC-Agar, a modified mFC-agar for the simultaneus enumeration of faecal colifoms and Escherichia coli in water samples, Letters Appl. Microbiol. 19, 332-335, 1994
12. SCHMIDT-LORENZ, W., SPILLMANN, H., Kritische Überlegungen zum Aussagewert von E. coli, Coliformen und Enterobacteriaceen in Lebensmitteln, Arch. Lebensmittelhyg. 39, 3-15, 1988
13. VRACKO, R., SHERRIS, J.C., Indole spot test in bacteriology, Am. J. Clin. Pathol. 39, 429-432, 1963

2.2 Enterobacteriaceen

(HOLT et al., 1994)

Die Species der Familie Enterobacteriaceae sind gramnegative, Oxidase-negative Stäbchen; sie fermentieren Glucose und reduzieren Nitrat zu Nitrit.

Zur Familie Enterobacteriaceae gehören zahlreiche Genera (HOLT et al., 1994): *Citrobacter, Edwardsiella, Enterobacter, Erwinia, Escherichia, Hafnia, Klebsiella, Kluyvera, Morganella, Obesumbacterium, Pantoea, Proteus, Providencia, Salmonella, Serratia, Shigella, Yersinia.*

Der Nachweis der Enterobacteriaceen ist insbesondere deswegen bedeutend, da durch ihn auch Stämme von *E. coli* nachgewiesen werden, die zur Lebensmittelvergiftung führen, aber sehr langsam Lactose fermentieren. Beim Nachweis der Enterobacteriaceen können sie durch die schnelle Fermentation der Glucose erkannt werden. Da *E. coli* weniger resistent ist gegenüber Behandlungsverfahren als einige pathogene Enterobacteriaceen (Bestrahlung, milde Erhitzung, Gefrieren, Trocknen), ist der Nachweis der Enterobacteriaceen auch aus diesem Grunde wichtig und ein Indikator für eine unzureichende Behandlung. Die Bestimmung der Gesamt-Enterobacteriaceen ist für sehr viele Lebensmittel besonders im Hinblick auf ihre Indikatorfunktion weit besser geeignet als der Coliformen-Nachweis (SCHMIDT-LORENZ und SPILLMANN, 1988).

Keimzahlbestimmung

Unter den nachzuweisenden Enterobacteriaceen sind Mikroorganismen zu verstehen, die Glucose fermentieren und eine negative Oxidase-Reaktion zeigen.

Medium: Kristallviolett-Neutralrot-Galle-Dextrose-Agar (VRBD-Agar)

Methode: Gusskultur, Spatel- oder Tropfplatten-Verfahren

Gusskultur

Je 1 ml der Probe oder der entsprechenden dezimalen Verdünnungen in Petrischalen geben und mit 15 ml auf 45 °C abgekühltem VRBD-Agar vermischen und nach dem Erstarren des Agars mit gleichem Medium überschichten (Overlay).

Bebrütung: 24 h bei 37 °C
Zur Erfassung der psychrotrophen Enterobacteriaceen, besonders in Fleisch- und Fleischerzeugnissen, Geflügel, Fisch und Milch, ist eine Bebrütungstemperatur von 30 °C und eine Bebrütungszeit von 48 h zu bevorzugen.

Auswertung: Enterobacteriaceen bilden dunkelrote bis rotviolette oder rosafarbene Kolonien. Kolonien von weniger als 0,5 mm (Bebrütungszeit 24–30 h) oder unter 1 mm (Bebrütungszeit 48 h) sowie Pinpoint-Kolonien sind gewöhnlich keine Enterobacteriaceen. Sie werden nicht berücksichtigt. In Zweifelsfällen (mögliche Vermehrung von *Pseudomonas* spp., *Aeromonas* spp., Hefen) ist eine Bestätigung notwendig. Diese Bestätigung ist in jedem Fall vorzunehmen, wenn die ermittelte Koloniezahl zu einer Beanstandung der betreffenden Probe führen würde.

Bestätigung: Mindestens 10 verdächtige Kolonien (verschiedene Erscheinungsformen sind anteilmäßig zu berücksichtigen) werden auf Tryptic-Soy-Agar ausgestrichen und 24 h bei 30 °C bebrütet. Von der reinen Kolonie erfolgt der Oxidase-Test und der Nachweis der Glucosefermentation (OF-Test).
Der Oxidase-Test ist unzuverlässig, wenn er direkt auf den VRBD-Platten oder direkt mit Material von Kolonien, die auf VRBD-Agar gewachsen sind, ausgeführt wird. Verwendet werden können Oxidase-Teststreifen. Die Prüfkolonie sollte mit einem Glasstab oder einer Plastiköse und nicht mit einer Öse aus Chrom-Nickel aufgerieben werden.

Spatel- oder Tropfplattenverfahren

Medium: VRBD-Agar

Bebrütung: 24 h bei 37 °C, zur Erfassung psychrotropher Enterobacteriaceen 48 h bei 30 °C.

Auswertung: Nach Ablauf der Bebrütung wird die Anzahl der roten Kolonien mit Präzipitationshöfen bestimmt. Es können auch Enterobacteriaceen-Kolonien vorkommen, die rosa sind und/oder keine Präzipitationshöfe aufweisen. Auch diese sind mitzuzählen. Bei anaerober Bebrütung vermehren sich fast ausschließlich Enterobacteriaceen. Sollten Pseudomonaden auftreten, sind diese Kolonien kleiner als die Enterobacteriaceen (Durchmesser unter 1 mm).

Zur Abgrenzung gegen andere Organismen, besonders *Pseudomonas*- und *Aeromonas*-Arten, kann eine repräsentative Anzahl der ausgezählten Kolonien bestätigt werden (Oxidase-Test). Diese Bestätigung ist in jedem Fall dann vorzunehmen, wenn die ermittelte Koloniezahl zu einer Beanstandung der betreffenden Probe führen würde. Bestätigung: Mindestens 10 verdächtige Kolonien (verschiedene Erscheinungsformen sind anteilmäßig zu berücksichtigen) werden auf Tryptic-Soy- oder CASO-Agar ausgestrichen und 24 h bei 30 °C bebrütet. Von der reinen Kolonie erfolgt der Oxidase-Test und der Nachweis der Glucosefermentation (OF-Testnährboden + 1 % Glucose). Der Oxidase-Test ist unzuverlässig, wenn er direkt auf den VRBD-Platten oder mit Material von Kolonien der VRBD-Platten ausgeführt wird.

Anreicherungsverfahren (Presence-Absence-Test)

- 1 g Material zu 10 ml (Verhältnis 1:10) Voranreicherung (gepuffertes Peptonwasser), Bebrütung bei 37 °C für 16–20 h.
- 1 ml der Voranreicherung zu 10 ml Anreicherung (EE-Bouillon), Bebrütung bei 37 °C für 18–24 h.
- Ösenausstrich auf VRBD-Agar, Bebrütung bei 37 °C für 24 h.
- Auswertung: 5 typische (rot mit Hof) oder untypische Kolonien werden auf Nähragar ausgestrichen, bei 37 °C 24 h bebrütet und bestätigt. Als Enterobacteriaceen gelten alle Kolonien, die Oxidase-negativ sind und aus Glucose Säure und Gas bilden (Fermentation). Die Glucosefermentation wird im Röhrchen (Glucose-Agar) geprüft, Bebrütung bei 37 °C.

Alternative Verfahren

Petrifilm™ Enterobacteriaceae-Count-Platte

Literatur

1. HOLT, J.G., KRIEG, N.R., SNEATH, P.H.A., STALEY, J.T., WILLIAMS, S.T., Bergey's Manual of Determinative Bacterioloy, 9th. ed., Williams & Wilkins, Baltimore, 1994
2. SCHMIDT-LORENZ, W., SPILLMANN, H., Kritische Überlegungen zum Aussagewert von E. coli, Coliformen und Enterobacteriaceen in Lebensmitteln, Arch. Lebensmittelhyg. 39, 3–15, 1988

2.3 Enterokokken

(FRANZ et al., 1999, HARTMANN et al., 2001, MÜLLER et al., 2001)

Von den Streptokokken der serologischen Gruppe D sind als Lebensmittelkeime allein die Enterokokken *Enterococcus faecalis* und *Enterococcus faecium* von Bedeutung.

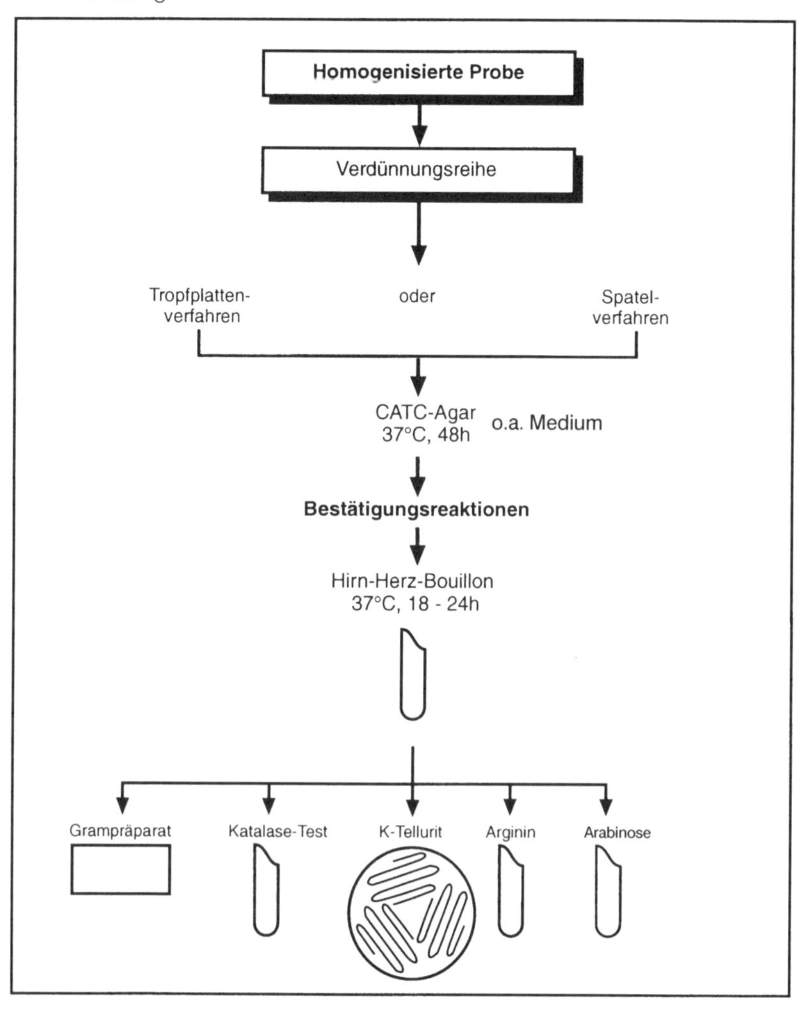

Abb. III.2-2: Nachweis von Enterokokken

Viele Jahre wurden Streptokokken, die zur serologischen Gruppe D gehörten, als Enterokokken eingestuft. Mit dem D-Antiserum reagieren jedoch auch *Streptococcus bovis* und *Streptococcus suis* sowie einige Stämme der Genera *Lactococcus, Pediococcus* und *Leuconostoc.* Aufgrund molekularbiologischer Merkmale und Nachweise (16S rRNA, DNA-DNA- sowie DNA-rRNA-Hybridisierung) und biochemischer Eigenschaften werden zum Genus *Enterococcus* verschiedene Gruppen mit zahlreichen Species gerechnet, wie u.a. *Enterococcus (E.) faecium, E. durans, E. avium, E. casseliflavus, E. gallinarum, E. faecalis* (nähere Angaben siehe bei FRANZ et al., 1999 und VANCANNEYT et al., 2001). All diese Bakterien vermehren sich bei 45 °C, in einer Bouillon mit 6,5 % NaCl und bei pH 9,6.

Vorkommen

Darm von Mensch und Tier. Besonders *E. faecalis, E. faecium* und *E. durans* sind im Darm des Menschen in hoher Zahl enthalten, *E. faecalis* 10^5 bis 10^7/g, *E. faecium* 10^4 bis 10^5/g (FRANZ et al., 1999). Aber auch auf Pflanzen kommen Enterokokken wie *E. faecalis, E. faecium, E. casseliflavus und E. sulfureus* vor (MÜLLER et al., 2001).

In zahlreichen Lebensmitteln, wie Frischfleisch, Rohwurst, Pökelwaren, Sauermilchkäse, gehören Enterokokken zur Normalflora.

Bedeutung

- Verderb von Brühwurst- und Kochschinkenaufschnitt in Vakuumverpackung: Vergrauung, Vergrünung (Ursache: Verunreinigung beim Aufschneiden oder zu geringe Erhitzung)
- Faekalindikator in Trinkwasser (dort als „Faekalstreptokokken“ bezeichnet)
- Starterkulturen für Fetakäse und andere Käseprodukte (Diacetylbildung)
- Bacteriocinbildung auch durch *E. faecalis* und *E. faecium* (Enterocin)
- Einsatz als Probiotica (z.B. Stämme von *E. faecalis* und *E. faecium*)
- Hospitalinfektionen durch *E. faecalis* und *E. faecium* wie Endocarditis, Bakteraemie, Infektion des Harntraktes (FRANZ et al., 1999). Meist kommt es zur Infektion in Krankenhäusern von Mensch zu Mensch, durch Verunreinigung über Stuhl oder verschmutztes Gerät. Vermehrt wird über ein erhöhte Antibioticaresistenz der Enterokokken berichtet, einer Resistenz besonders gegenüber Cephalosporin, ß-Lactame, Sulfonamide, Vancomycin u.a. (FRANZ et al., 1999), so dass auch eine Übertragung besonders Vancomycin-resistenter Enterokokken über das Lebensmittel (Fleischprodukte) nicht ausgeschlossen ist (FRANZ et al., 1999).

Im Lebensmittelbereich haben *Enterococcus faecalis* und *Enterococcus faecium* die größte Bedeutung.

Eigenschaften von *Enterococcus faecalis* und *Enterococcus faecium*

Grampositive Katalase-negative Kokken, Vermehrung in MRS-Bouillon mit 6,5 % NaCl, Wachstum bei pH 9,6, Vermehrung bei 10 °C und 45 °C, Ammoniakbildung aus Arginin, Reduktion von Tetrazoliumchlorid zu Formazan (rot, rosa), Bildung einer Aminopeptidase (PYR-Test = Hydrolyse von Pyrrolidonyl-ß-naphthylamid, erhältlich bei Fa. Oxoid). Weitere Eigenschaften auch für andere Enterokokken siehe bei MANERO und BLANCH (1999), MÜLLER et al. (2001) und HARTMANN et al. (2001).

Nachweis

Methode: Spatel- oder Tropfplattenverfahren

Medium: m-Enterococcus-Agar, KF-Streptococcus-Agar, CATC-Agar oder Kanamycin-Äsculin-Azid-Agar oder Medium nach Slanetz und Bartley

Bebrütung: 37 °C für 48–72 h

Auswertung: Ausgezählt werden rote und rosafarbene Kolonien bzw. auf dem Kanamycin-Äsculin-Azid-Agar schwarze Kolonien.

Bestätigung: 5 bis 10 typische Kolonien von der höchsten auswertbaren Verdünnung werden isoliert, in Hirn-Herz-Bouillon geimpft und bei 37 °C für 18–24 h bebrütet; von der Bouillon wird ein Grampräparat angefertigt (grampositive runde bis ovale Zellen in Paaren oder kurzen Ketten); 3 ml der gut bewachsenen Bouillonkultur werden in ein leeres Röhrchen überführt und mit 0,5 ml H_2O_2 (3%ig) gemischt. Enterokokken sind Katalase-negativ, es zeigt sich kein Gasbläschen.

Tab. III.2-1: Typische biochemische Merkmale von Enterokokken

Merkmale	*E. faecalis*	*E. faecium*
Reduktion von Kaliumtellurit	+	v
Reduktion von Tetrazoliumchlorid	+	v
Ammoniak aus Arginin	+	+
Säure aus Arabinose	–	+

Erklärungen
v = unterschiedliche Reaktion (+ oder –)
Reduktion von Tetrazoliumchlorid zu Formazan (Kolonien z. B. auf m-Enterococcus-Agar oder CATC-Agar rot bzw. rosafarben)

Literatur

1. FRANZ, CH. M.A.P., HOLZAPFEL, W.H.; STILES, M.: Enterococci at the crossroads of food safety? Review, Int. J. Food Microbiol. 47, 1-24, 1999
2. HARTMANN, P.A., DEIBEL, R.H., SIEVERDING, LINDA M., Enterococci, in: Compendium of methods for the microbiological examination of foods, 4th Ed., ed. by F.P. DOWNES and K. ITO, American Public Health Association, Washington D.C., 83-87, 2001
3. MANERO, A., BLANCH, A.R.: Identification of Enterococcus spp. with a biochemical key, Appl. Environ. Microbiol. 65, 4425-4430, 1999
4. MÜLLER, T., ULRICH, E.-M., MÜLLER, M.: Identification of plant-associated enterococci, J. Appl. Microbiol. 91, 268-278, 2001
5. VANCANNEYT, M., SNAUWAERT, C., CLEENWERK, I., BAELE, M., DESCHEEMAEKER, P., GOOSSENS, H., POT, B., VANDAMME, P., SWINGS, J., HAESEBROUK, F., DEVRIESE, L.A.: Enterococcus villorum sp. nov., an enteroadherent bacterium associated with diarhoe in piglets, Int. J. Syst. Evol. Microbiology 51, 393-400, 2001

3 Nachweis von pathogenen und toxinogenen Mikroorganismen

Mikrobiell bedingte Erkrankungen durch Lebensmittel und Übertragung von Infektionskrankheiten durch das Lebensmittel, umgangssprachlich als Lebensmittelvergiftung bezeichnet, stellen auch in Europa ein Problem dar. Nach den Infektionen der Atemwege werden sie als zweitwichtigste Krankheitsursache angesehen.

Zahlreiche Mikroorganismen bzw. deren Stoffwechselprodukte können zur Erkrankung führen. Nur wenige von ihnen spielen jedoch eine besondere Rolle, wie z.B. die Salmonellen, *Staphylococcus aureus, Clostridium perfringens, Bacillus cereus, Clostridium botulinum,* enterovirulente *Escherichia coli, Campylobacter jejuni* und *Listeria monocytogenes*. Andere wie *Yersinia enterocolitica*, Toxin bildende Stämme von *Citrobacter freundii, Plesiomonas shigelloides, Aeromonas hydrophila, Pseudomonas aeruginosa,* Vibrionen, *Enterococcus faecalis* und *Enterococcus faecium* kommen nur gelegentlich vor. Einige von ihnen sind als Ursache von Erkrankungen noch umstritten.

Die pathogenen und toxinogenen Mikroorganismen werden nach taxonomischen Gesichtspunkten aufgeführt.

3.1 Gramnegative Bakterien

3.1.1 Salmonellen

Die Gruppe der Salmonellen umfasst mehr als 2500 Serovare. Dabei gliedert sich die Gattung *Salmonella* in lediglich zwei Arten, *S. enterica* und *S. bongori*, sowie in mehrere Subspecies oder Unterarten (*enterica, salamae, arizonae, diarizonae, houtenae, indica*) auf.

Die korrekte Bezeichnung der Serovar *typhimurium* müsste heißen: *S. enterica* subsp. *enterica* Serovar *typhimurium*. Da derartige Bezeichnungen in der Praxis missverständlich sein können, werden die Stämme der Subspecies *enterica* wie bisher üblich benannt, jedoch mit großen Anfangsbuchstaben und nicht kursiv, z.B. *Salmonella* Typhimurium (LE MINOR und POPOFF, 1987). Stämme der übrigen Subspecies werden mit der Kurzbezeichnung und der Antigenformel angegeben, z.B. *Salmonella* IIIb 53:r:z23 (BOCKEMÜHL und SEELIGER, 1985).

Die Angabe 53 (Beispiel: *Salmonella* IIIb 53:r:z23) kennzeichnet das O-Antigen, die Bezeichnung r und z zwei Phasen des H-Antigens. Beide Antigene werden durch Objektträger-Agglutination mittels Antiseren nachgewiesen. Die Einteilung der Serovare erfolgt nach dem Antigenschema von KAUFFMANN-WHITE.

Tab. III.3-1: Klassifikation des Genus *Salmonella* (POPOFF et al., 1992, 2000)

Taxon	Bezeichnung	Serovare im Jahr 2000
Genus	*Salmonella*	2501
Species	*S. enterica*	2481
Subspecies	*S. enterica* subsp. *enterica*	1477
	S. enterica subsp. *salamae*	498
	S. enterica subsp. *arizonae*	94
	S. enterica subsp. *diarizonae*	327
	S. enterica subsp. *houtenae*	71
	S. enterica subsp. *indica*	12
Species	*S. bongori*	21

Eigenschaften

Tab. III.3-2: Charakteristische Eigenschaften von Salmonellen

Gramverhalten	Gramnegative Stäbchen
Oxidase	–
Katalase	+
Säure aus Lactose	–
Indol	–
Urease	–
H_2S (TSI-Agar)	+
Citrat als einzige C-Quelle[a)]	+
Methylrot	+
Voges-Proskauer	–
Lysindecarboxylase	+
Ornithindecarboxylase	+

Erklärungen: + = positive Reaktion
– = negative Reaktion
a) = Ausnahme *S.* Typhi

Vermehrungstemperatur (D'AOUST et al., 2001)

Optimum: 35 °–45 °C
Maximum: 46 °–54 °C (bestimmte Mutanten)
Minimum: 2 °C (*S.* Typhimurium im Hackfleisch in 24 h, natürlich verunreinigt)
4 °C (*S.* Enteritidis auf feuchter Eischale in 10 Tagen)

Meist kommt es in oder auf Lebensmitteln unter sonst optimalen Bedingungen erst zu einer Vermehrung bei einer Lagerungstemperatur ≥7 °C. Bei Temperaturen unterhalb von 15 °C ist die Vermehrung eingeschränkt (ICMSF, 1996).

Minimaler pH-Wert für die Vermehrung (JAY, 1996)
(geprüft in Trypton-Hefeextrakt-Glucose-Bouillon mit *S.* Anatum, *S.* Tennessee, *S.* Senftenberg unter sonst optimalen Bedingungen)

Salzsäure	4,05
Citronensäure	4,05
Weinsäure	4,1
Äpfelsäure	4,3
Milchsäure	4,4
Essigsäure	5,4

Minimaler a_W-Wert: 0,93–0,94
(D'AOUST et al., 2001, BELL und KYRIAKIDES, 2002)

Hitzeresistenz

$D_{63\,°C} = 1{,}75 \pm 0{,}53$ min
(*S.* Typhimurium DT 104 in Rindfleisch mit 7 % Fett, JUNEJA und EBLEN, 2000)

$D_{60\,°C} = 0{,}55–9{,}5$ min
(*Salmonella* spp., abhängig vom Serovar und pH-Wert, BELL et al., 2002)

$D_{70\,°C} = 816$ min
(*S.* Typhimurium in Milchschokolade, z = 19 °C, FARKAS, 2001)

Die z-Werte schwanken in Abhängigkeit von den Serovaren und den Lebensmitteln, die erhitzt wurden. Meist liegen sie zwischen 4 °C und 6 °C.

Erkrankungen

Die größte Bedeutung haben die Enteritis erregenden Salmonellen, wie z. B. *S.* Typhimurium, *S.* Enteritidis u. a., die zur Entzündung der Darmschleimhaut mit Brechdurchfällen, häufig auch Fieber, führen (Gastroenteritiden). Die Inkubationszeit beträgt 12–36 h (extrem 7–72 h). Neben den enteritischen Salmonellen werden auch *S.* Typhi und *S.* Paratyphi durch Wasser und Lebensmittel übertragen. Dass Paratyphusausbrüche in Industrieländern epidemiologische Bedeutung erlangen können, zeigt eine durch Räucherfisch in Deutschland aufgetretene „Lebensmittelvergiftung" (KÜHN et al., 1994).

Minimale infektiöse Dosis

Im Regelfall liegt die krankheitsauslösende Dosis oberhalb von 10^5, bei Kindern, älteren Personen, Immungeschwächten mit 1–10 deutlich darunter (D'AOUST et al., 2001).

Pathogenitätsfaktoren von enteritischen Salmonellen

Gastroenteritische Salmonellen verfügen über eine Vielzahl sog. Pathogenitätsfaktoren. Zunächst kommt es nach Aufnahme der Salmonellen durch die Bildung von Adhäsinen (= Proteine) zur Anhaftung an die Epithelzellen des Darmes. Nach dieser Kolonisation dringen die Salmonellen über gebildete Invasine in die Zellen ein. Pathogenitätsmechanismen und Virulenzfaktoren sind bekannt (D'AOUST et al., 2001).

Antibiotikaresistenz von Salmonellen

In den letzten Jahren hat weltweit die Verbreitung von Salmonellen zugenommen, die gegenüber mehreren Antibiotika resistent sind, wie z.B. *S.* Typhimurium DT 104 (Definite Type), resistent gegenüber Ampicillin, Chloramphenicol, Streptomycin, Sulfonamide und Tetracyclin (D'AOUST et al., 2001).

Vorkommen Enteritis erregender Salmonellen

Vorwiegend kommen Salmonellen im Darmtrakt zahlreicher Tiere vor (Schwein, Rind, Kalb, Geflügel, Wild, Taube, Möwen, Muscheln, Fische, Nager, Insekten). Neben tierischen Produkten können über Verunreinigungen auch pflanzliche Lebensmittel und Futtermittel Salmonellen enthalten.

Nachweis

Alle Salmonellen gelten als pathogen, so dass eine Keimzahlbestimmung entfällt. Bei allen Nachweisverfahren erfolgt zunächst eine Voranreicherung, gefolgt von einer Anreicherung, einer selektiven Kultivierung bis schließlich verdächtige Kulturen identifiziert werden. Die zahlreichen Nachweisverfahren unterscheiden sich besonders in den verwendeten Medien.

I. **Europäische Norm EN ISO 6579:2002,** die auch den Status einer Deutschen Norm hat.

1. Probenmenge

In der Regel werden 25 g oder 25 ml untersucht. Bei größerer Probenmenge ist das Volumen des Voranreicherungsmediums so zu wählen, dass sich ein Verhältnis von 1/10 ergibt (Masse zu Volumen). Proben können auch gepoolt und als Sammelprobe untersucht werden. Sollen z.B. 10 Proben von jeweils 25 g geprüft werden, so kann die Einheit von 10 Proben zu 250 g vereinigt und in 2,25 Liter Voranreicherungsmedium bebrütet werden. In diesem Fall dürfen 0,1 ml der Voranreicherung in 100 ml RVS-Bouillon und 1 ml in 100 ml MKTTn-Bouillon angereichert werden.

2. Voranreicherung

In der Regel werden 25 g bzw. 25 ml in 225 ml gepuffertem Peptonwasser 18 ± 2 h bei 37 °C bebrütet. Die Probe sollte durch Schütteln gut verteilt oder im Stomacher zerkleinert werden. Die Voranreicherung sollte auf 37 °C, bei gekühlten und tiefgefrorenen Produkten auf 42 °C vorgewärmt werden.

Zusammensetzung der Voranreicherung nach DIN EN ISO 6579 vom Dez. 2002: Casein, enzymatisch verdaut 10,0 g; NaCl 5,0 g; Dinatriumhydrogenphosphat-Dodekahydrat (Na_2HPO_4 x 12 H_2O) 9,0 g; Kaliumdihydrogenphosphat (KH_2PO_4) 1,5 g; pH-Wert nach dem Sterilisieren (15 min bei 121 °C) 7,0 ± 0,2 bei 25 °C.

Die Zusammensetzung handelsüblicher Voranreicherungen ist nahezu identisch. Unterschiedlich ist jedoch die Peptonart oder der Gehalt an Phosphatsalzen. Wichtig bei der Herstellung im Labor ist die Einhaltung der Erhitzungstemperatur und -zeit. Für den Nachweis hitzegeschädigter Salmonellen hat sich das Produkt von Oxoid CM 509 besonders bewährt (BAYLIS et al., 2000).

Spezielle Voranreicherungen
(nach DIN EN ISO 6579 vom Dez. 2002)

- Kakao und Produkte, die Kakao enthalten (z.B. mehr als 20 %)

  Bei starker Verunreinigung mit grampositiver Flora sind dem Peptonwasser 50 g/l Casein (kein saures Casein) oder 100 g/l steriles Magermilchpulver hinzuzugeben. Nach etwa 2 h Bebrütung werden 0,018 g/l Brillantgrün hinzugefügt.

- Saure und ansäuernde Lebensmittel

  Der pH-Wert darf während der Bebrütung nicht unter 4,5 absinken. Der pH-Wert von sauren und ansäuernden Produkten ist stabiler bei Verwendung von doppelt konzentriertem gepuffertem Peptonwasser.

Spezielle Voranreicherungen
(AMAGUAÑA et al., 1998, ANDREWS et al., 1998)

- Trockeneiprodukte, Milch, Feinbackwaren (frisch und tiefgefroren), trockene Kindernährmittel

  Die tiefgefrorenen Produkte bei 40 °C innerhalb von ca. 15 min oder bei 5 °C in 18 h auftauen. 25 g des Produktes steril in einem Erlenmeyerkolben einwiegen und 225 ml sterile Lactose-Bouillon zugeben, lösen bzw. suspendieren. Den Ansatz 60 min bei Raumtemperatur stehen lassen, mischen und den pH-Wert mit Indikatorpapier kontrollieren. Falls notwendig, ist der pH-Wert auf 6,8 ± 0,2 mit steriler 1 mol/l^{-1} NaOH oder 1 mol/l^{-1} HCl einzustellen. Die Bebrütung erfolgt bei 37 °C für 18–20 h.

- Flüssigei

  25 g Produkt werden in einem 500 ml Erlenmeyerkolben mit 225 ml Tryptic Soy Broth (TSB) oder gepuffertem Peptonwasser (siehe unter Eiprodukte) vermischt und bei 37 °C 18–20 h bebrütet.

- Magermilchpulver

  25 g Pulver mit 225 ml Brillantgrünwasser (auf 1000 ml A. dest. 2 ml einer 1%igen Brillantgrünlösung) vermischen, 60 min bei Zimmertemperatur stehen lassen und danach bei 37 °C 24 h bebrüten. Vielfach werden mindestens 375 g Milchpulver untersucht (JAY, 1997).

- Nudeln (Eiware), Käse, Feinkostsalate, Trockenfrüchte, Gemüse, Nusserzeugnisse, Shrimps, Garnelen, Fischprodukte

  25 g Produkt mit 225 ml Lactose-Bouillon in einem 500 ml Kolben vermischen, möglichst homogenisieren. Die Suspension bleibt 60 min bei Zimmertemperatur stehen. Nach gutem Vermischen wird der pH-Wert mit Indikatorpapier kontrolliert. Der pH-Wert sollte bei 6,8 ± 0,2 liegen. Bebrütung bei 37 °C für 24 h.

- Gewürze (Pfeffer, Sellerie, Chili, Paprika, Rosmarin, Sesamsaat, Thymian) und Gemüseflocken

  25 g in einem Kolben einwiegen und mit 225 ml Tryptic Soy Broth (TSB) vermischen. Die Suspension 60 min bei Zimmertemperatur stehen lassen, vermischen und den pH-Wert mit Indikatorpapier kontrollieren bzw. einstellen. Der pH-Wert sollte 6,8 ± 0,2 betragen. Bebrütung bei 37 °C für 24 h.

- Gewürze (Zwiebeln und Knoblauch)

  25 g in einem Kolben mit 225 ml Tryptic Soy Broth + 0,5 % Kaliumsulfit (K_2SO_3) vermischen und bei Zimmertemperatur 60 min stehen lassen. Nach Durchmischung der Probe wird der pH-Wert kontrolliert (pH 6,8 ± 0,2). Die Bebrütung erfolgt bei 37 °C für 24 h. Das Kaliumsulfit wird mit der Tryptic Soy Broth autoklaviert (15 min bei 121 °C).

  Bewährt hat sich auch der Zusatz von Natriumpyruvat (0,2 mg/ml) und Ferrioxamin E (50 ng/ml) zum gepufferten Peptonwasser (SCHMOLL et al., 1996) und ein Verdünnungsverhältnis von 1:100.

- Gewürze (Piment, Zimt, Gewürznelke, Oregano)

  Da die hemmenden Substanzen in diesen Gewürzen nicht bekannt sind, sollten Piment, Zimt und Oregano im Verhältnis 1:100 (Probe/Tryptic Soy Broth) und Nelke im Verhältnis 1:1000 vermischt werden. Die weitere Untersuchung erfolgt wie beim Pfeffer.

- Süßwaren, Schokolade, Kakao

  25 g Produkt werden mit 225 ml steriler fettarmer H-Milch homogenisiert. Die Suspension wird in einen 500 ml Kolben überführt und bleibt bei Zimmertemperatur 60 min stehen. Nach sorgfältigem Durchmischen wird der pH-Wert gemessen. Er sollte 6,8 ± 0,2 betragen. Der Suspension wird 0,45 ml einer 1%igen wässrigen Brillantgrünlösung zugesetzt. Nach einer Vermischung der Lösung in der Suspension wird die Voranreicherung bei 37 °C 24 h bebrütet.

- Gelatine

  25 g Produkt + 225 ml Lactose-Bouillon (500 ml Kolben) + 5 ml einer 5%igen wässrigen Gelatinaselösung. Die Voranreicherung bleibt zunächst 60 min bei Zimmertemperatur stehen. Nach einer sorgfältigen Durchmischung wird der pH-Wert kontrolliert (pH 6,8 ± 0,2). Die Bebrütung erfolgt bei 37 °C für 24 h. Empfehlenswert ist auch die Zugabe einer 0,1%igen Papain-Lösung (AMAGUAÑA et al., 1998)

- Guar

  225 ml Lactose-Bouillon und 2,25 ml einer 1%igen wässrigen Cellulase-Lösung (1 g Cellulase in 99 ml A. dest. lösen und steril filtrieren, Membranfiltration, Porengröße 0,45 μm) werden in einem sterilen 500 ml Kolben auf dem Magnetrührer vermischt. Der Mischung werden langsam 25 g Guar zugegeben. Die Mischung bleibt bei Zimmertemperatur 60 min stehen und wird danach bei 37 °C 24 h bebrütet.

3. Selektive Anreicherung nach DIN EN ISO 6579 vom Dez. 2002

Von der Voranreicherung werden 0,1 ml zu 10 ml RVS-Bouillon und 1 ml zu 10 ml MKTTn-Bouillon pipettiert. Die beimpfte RVS-Bouillon wird 24 ± 3 h bei 41,5 ± 1 °C bebrütet, die beimpfte MKTTn-Bouillon 24 ± 3 h bei 37 ± 1 °C.

4. Isolierung

Von der RVS-Bouillon erfolgt mit der gleichen Impföse (Durchmesser etwa 3 mm) ein Verdünnungsausstrich auf zwei Petrischalen (Durchmesser 90–100 mm) oder auf einer großen Petrischale (Durchmesser 140 mm). Als Selektivmedien werden XLD-Agar und ein zweites Medium eigener Wahl eingesetzt. Das XLD-Medium wird bei 37 °C 24 ± 3 h bebrütet, das Medium eigener Wahl entsprechend den Angaben des Herstellers.

5. Identifizierung

Typische auf XLD-Agar gewachsene Salmonellen-Kolonien haben ein schwarzes Koloniezentrum und eine leicht rötlich gefärbte transparente Zone durch den Indikatorumschlag. Die H_2S-negativen Varianten (z.B. *S.* Paratyphi A) wachsen auf XLD-Agar rosa mit einem dunklerem rosarotem Zentrum. Lactose-positive Salmonellen bilden auf dem XLD-Agar gelbe Kolonien mit oder ohne Schwärzung.

Das zweite Selektivmedium eigener Wahl wird bei geeigneter Temperatur und Zeit auf Anwesenheit charakteristischer Kolonien, die als präsumtive (verdächtige) Salmonellen betrachtet werden, geprüft.

6. Bestätigung

„Zur Bestätigung werden von jeder Petrischale (zwei kleine oder eine große Schale) mindestens eine verdächtig aussehende Kolonie und vier weitere Kolonien, wenn die erste negativ ist, entnommen. Die ausgewählten Kolonien werden auf Nähragar ausgestrichen, 24 h bei 37 °C bebrütet. Für die biochemische und serologische Identifizierung sind Reinkulturen zu verwenden."

Bewährt hat sich auch folgendes Vorgehen: Eine verdächtige Kolonie wird mit einem geprüftem *Salmonella*-Antiserum agglutiniert. Ist die Agglutination negativ, werden weitere vier verdächtige Kolonien geprüft. Die positive Kultur (Rest der Kolonie) wird auf Nähragar ausgestrichen und 24 h bei 37 °C bebrütet. Von der Reinkultur erfolgt die serologische und biochemische Bestätigung. Kommerzielle Testkits können für die biochemische Bestätigung eingesetzt werden. Immer sollten positive und negative Kontrollstämme vergleichend geprüft werden. Vielfach erfolgt auch nur eine biochemische Bestätigung und die serologische wird in einem Speziallabor vorgenommen. Für den Nachweis der Serovare sind die verdächtigen Salmonellen Speziallaboratorien zu übergeben, die eine Bestätigung mit O- und H-Antiseren durchführen.

Anmerkungen (siehe auch BECKER und MÄRTLBAUER, 2002)

- Als Medium eigener Wahl können zahlreiche Selektivmedien eingesetzt werden, wobei solche zu bevorzugen sind, mit denen gute Erfahrungen vorliegen: MLCB-Agar, XLT 4 oder verschiedene chromogene Medien, wie AES *Salmonella* Agar (ASAP) oder Rambach-Agar (Merck), bzw. andere chromogene Medien verschiedener Hersteller (Becton Dickinson, Oxoid, Biosynth, Heipha).
- Die Nachweismethode DIN EN ISO 6579:2002 weist einige Änderungen auf, die kritisch zu betrachten sind:

Ersetzt wurden die Selenit-Cystin-Bouillon durch die Muller-Kauffmann-Tetrathionat-Novobiocin-Bouillon (MKTTn), die bei 37 °C bebrütet wird und der BPLS-Agar durch den XLD-Agar. Bei einer Bebrütung der MKTTn-Bouillon bei 37 °C ist die Selektivität vermindert und es kommt auf den Selektivmedien zum starken Wachstum der Begleitflora und ggf. zum Überwuchern von Salmonellen.

Auch die Verkürzung der Bebrütungszeit der Selektivmedien auf 24 h kann besonders beim RV-Medium zur geringeren Isolierungsrate an Salmonellen führen (BIS et al., 1995).

Ersetzt wurde der BPLS-Agar durch den XLD-Agar. Dieses Medium hat bei Säure bildender Begleitflora den Nachteil, dass die typische Schwärzung nicht stabil ist. Bei der Untersuchung von 54 mit Salmonellen kontaminierten Käseproben wurden von BECKER mit dem RV-Medium und BPLS-Agar in allen Proben auch Salmonellen nachgewiesen. Beim Einsatz des XLD-Agars nur in 40 Proben. Wurde die selektive MKTTn-Bouillon und BPLS-Agar verwendet, so waren 29 Proben positiv, auf XLD-Agar 26 (BECKER und MÄRTLBAUER, 2002).

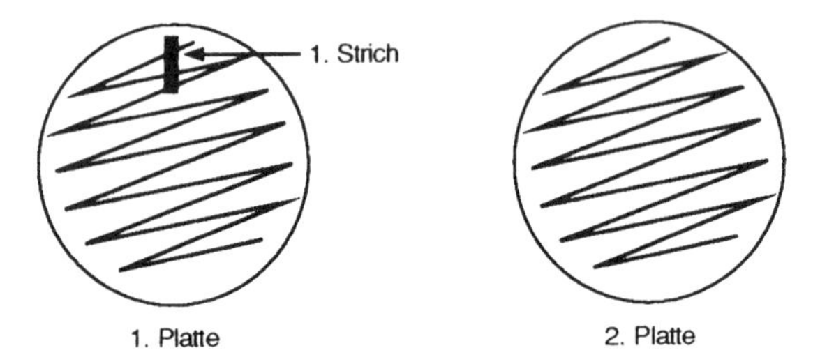

Abb. III.3-1: Ösenausstrich aus einer Anreicherung auf zwei Petrischalen mit einem Durchmesser von 90–100 mm

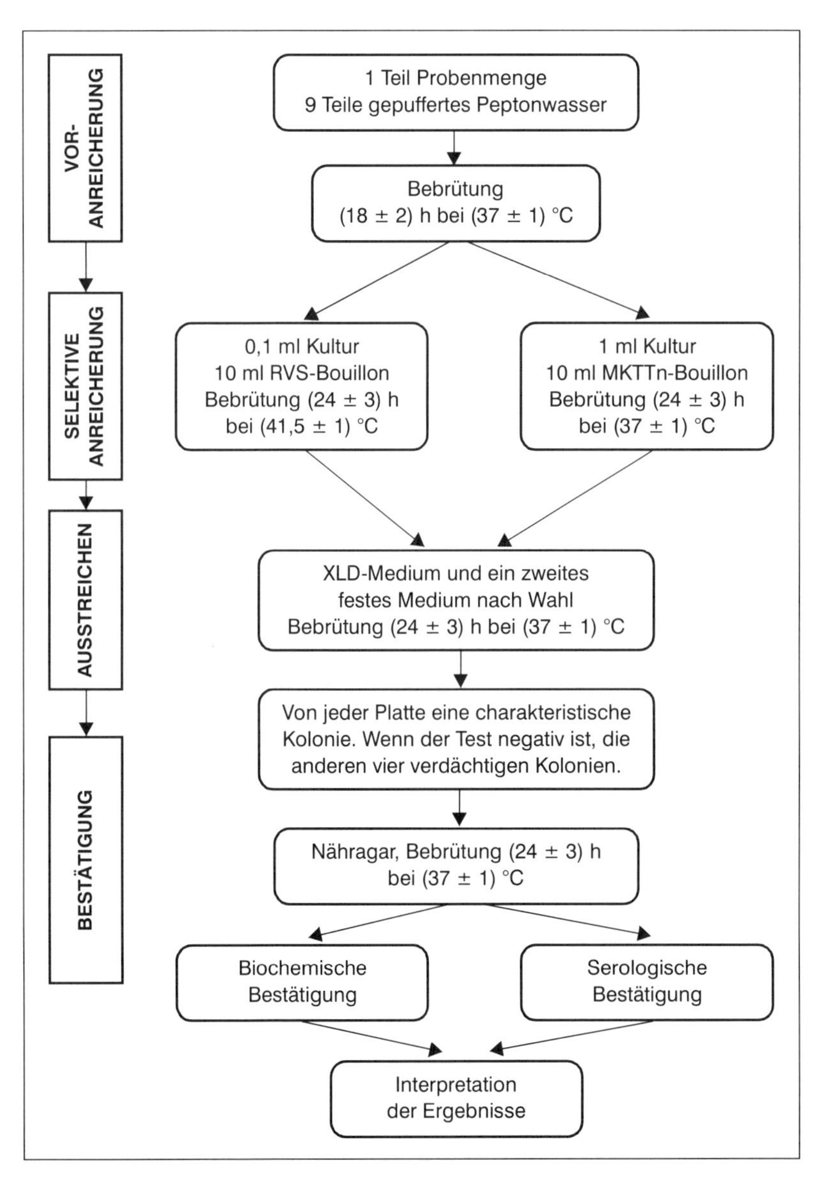

Abb. III.3-2: Schematische Darstellung des Nachweises von Salmonellen: Methode DIN EN ISO 6579:2002

II. Methode nach § 35 LMBG (L 00.00-20, Sept. 1998 = DIN EN 12824 vom Febr. 1998)

Die Methode nach § 35 LMBG erfordert vier aufeinander folgende Schritte:

- Voranreicherung in gepuffertem Peptonwasser für 16–20 h bei 37 °C.
- Anreicherung von 0,1 ml der Voranreicherung in 10 ml RV-Medium und 10 ml der Voranreicherung in 100 ml Selenit-Cystin-Medium für 24 h bis 48 h bei 42 °C (RV-Bouillon) und 37 °C (Selenit-Cystin-Bouillon).
- Ausstreichen der Anreicherung nach 24 h und 48 h auf Brillantgrün-Phenolrot-Lactose-Saccharose-Agar und ein Medium eigener Wahl.
- Bestätigung salmonellenverdächtiger Kolonien mit geeigneten biochemischen und serologischen Tests. Dafür werden von jeder Platte mindestens 5 typische oder verdächtige Kolonien entnommen, auf Nähragar 24 h bei 37 °C bebrütet und als Reinkultur biochemisch und serologisch identifiziert. Sind weniger als 5 typische oder verdächtige Kolonien vorhanden, werden alle typischen oder verdächtigen Kolonien zur Bestätigung verwendet.

Anmerkungen (siehe auch BECKER und MÄRTLBAUER, 2002)

Die Verwendung des BPLS-Agars ist aufgrund der Zusammensetzung und des Indikatorsystems vorteilhaft beim Nachweis der hauptsächlich vorkommenden Lactose-negativen Salmonellen. In Milch und Milchprodukten kommen jedoch auch Lactose-positive Salmonellen vor. In diesen Fällen haben andere Medien, wie z. B. der Mannit-Lysin-Kristallviolett-Brillantgrün-Agar (MLCB) Vorteile.

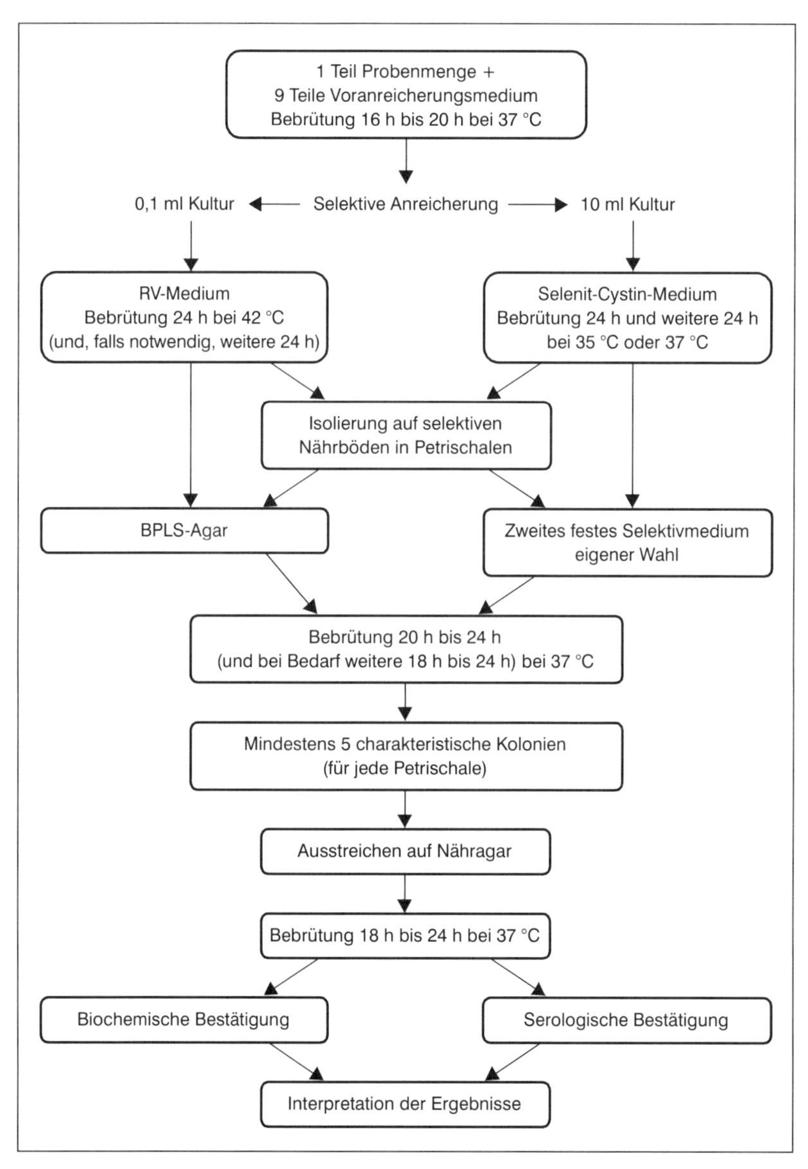

Abb. III.3-3: Schematische Darstellung des Nachweises von Salmonellen: Methode nach § 35 LMBG (L 00.00-20, Sept. 1998)

III. Schnellere und alternative Nachweisverfahren
(BECKER und MÄRTLBAUER, 2002)

- ***Salmonella* Rapid Test** (SRT oder OSRT, Fa. Oxoid)

Außer der konventionellen Nachweismethode werden in der Industrie auch schnellere Verfahren eingesetzt, wie z.B. die Methode nach HOLBROOK et al. (1989), der sog. *Salmonella* Rapid Test (OSRT oder SRT, Fa. Oxoid) und der Nachweis mit einem modifizierten halbfesten Rappaport-Vassiliadis-Medium (DE ZUTTER et al., 1991). Der Nachweis mit dem *Salmonella* Rapid Test (SRT) dauert ca. 42–44 h.

- **MSRV-Medium** (**M**odified **S**emisolid **R**appaport **V**assiliadis Medium)

Der von De SMEDT et al. (1986) und De SMEDT und BOLDEDIJK (1987) entwickelte Test basiert auf dem Nachweis der Beweglichkeit der Salmonellen (weniger als 1 % sind unbeweglich) auf einem halbfesten Rappaport-Vassiliadis-Medium. Dabei werden bei der direkten Methode aus der Voranreicherung 3 Tropfen auf das MSRV-Medium getropft, das mit dem Deckel nach oben bei 42 °C ± 0,5 °C 24 h ± 2 h bebrütet wird. Während der Bebrütung bewegen sich die Salmonellen in dem halbfesten Medium und bilden einen weißen bzw. trüben Hof um den Tropfen. Es kommt zur Entfärbung des Malachitgrüns, wobei das Malachitgrün an Proteine der Probenmatrix gebunden wird (FARGHALY et al., 2001). Jedoch ist die Beweglichkeit nicht aller Salmonellen nach einer Bebrütungszeit von 24 h ausgeprägt, besonders wenn es sich um gestresste Zellen handelt. Die Empfindlichkeit des Nachweises wird durch eine 48-stündige Bebrütung erhöht (WORCMAN-BARNIKA et al., 2001). Die Beweglichkeit anderer Bakterien wird gehemmt durch die Selektivstoffe im Medium. Die Bestätigung erfolgt serologisch durch Agglutination mit anerkannten Antiseren oder biochemisch nach Reinzüchtung auf Nähragar von der Reinkultur. Bei der Agglutination können Agarpartikel stören, wenn vom Rand der Schwärmzone Material entnommen wird. Bei zweifelhafter Reaktion sollte die Öse in 1 ml Brain Heart Infusion Broth (BHI, z.B. Oxoid CM 225) inokuliert werden. Nach einer Bebrütung von ca. 4 h bei 37 °C erfolgt dann aus der Bouillon die Agglutination. Bei negativem Ergebnis kann die Bouillon zentrifugiert werden und die Agglutination wird nach dem Dekantieren mit dem Zentrifugat durchgeführt (WIBERG und NORBERG, 1996).

Das MSRV-Medium ist kommerziell erhältlich (z.B. Heipha, Merck, Oxoid). Wichtig ist, dass das Medium immer frisch zubereitet wird. Bewährt hat sich das Verfahren außer bei der Untersuchung von Milchprodukten, Kakao und Schokolade auch bei dem Nachweis von Salmonellen beim Geflügel und Hackfleisch (SCHALCH und EISGRUBER, 1997). Die Methode ist als offizielle Methode der AOAC anerkannt für Milchpulver (AOAC Official Method 995.07:1998) und für Kakao und Schokolade (AOAC Official Method 993.07:1996).

• **Diasalm-Medium** (Merck, Darmstadt) ist ebenfalls ein halbfestes Medium zum Nachweis von Salmonellen. In diesem Medium ist die selektive Beweglichkeitsprüfung (ähnlich MSRV) mit einem Differenzierungssystem zur Zuckerverwertung (Laktose und Saccharose) und Schwefelwasserstoffbildung kombiniert. Diasalm ermöglicht aufgrund der integrierten Erfassung von H_2S-Bildnern auch den Nachweis unbeweglicher Salmonellen. Im positiven Fall kommt es zu einer ausgeprägten opaken violetten Schwärmzone und gelegentlich zu einer klaren purpurfarbenen Diffusionszone. Im Vergleich zum MSRV-Medium konnten bei der Untersuchung verschiedener Fleischarten (Frischfleisch vom Geflügel, Schwein, Rind) und unterschiedlicher Fleischprodukte keine Unterschiede festgestellt werden (FARGHALY et al., 2001).

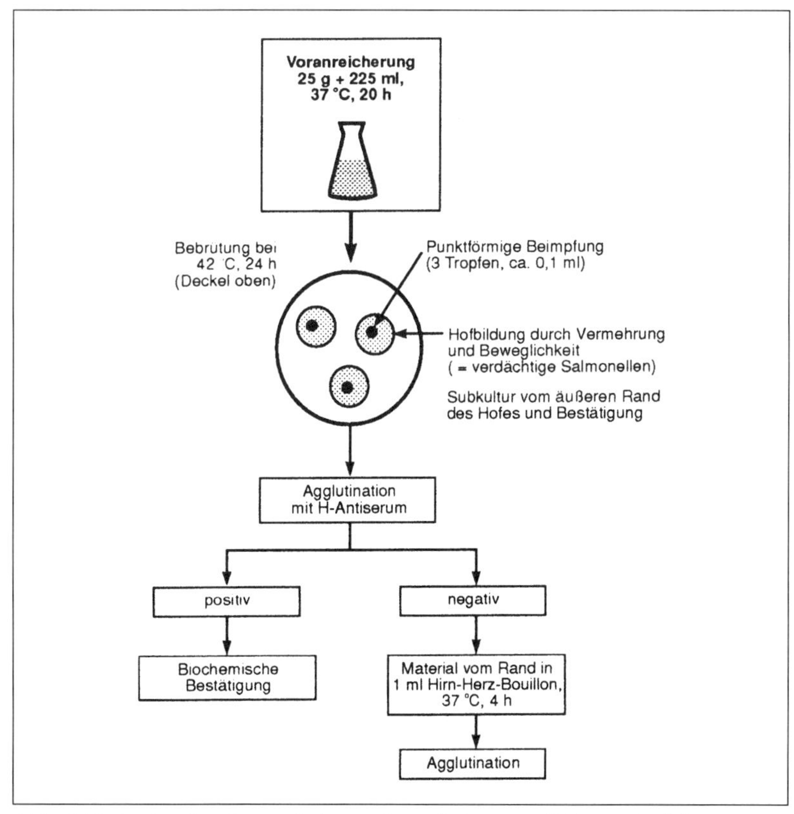

Abb. III.3-4: Nachweis von Salmonellen mit dem modifizierten halbfesten Rappaport-Vassiliadis Medium (MSRV-Medium): Direkte Methode

- ***Salmonella* 1-2 Test** (BioControl, Vertrieb: Fa. Coring-System, Gernsheim)

Der Nachweis erfolgt in zwei Röhrchen, die miteinander verbunden sind. Der eine Schenkel des U-Röhrchens enthält Tetrathionat-Brillantgrün-Serin-Bouillon und wird aus der Voranreicherung beimpft. Während der Bebrütung wandern die beweglichen Salmonellen in den anderen Teil des U-Röhrchens, der ein nichtselektives Medium enthält und dem ein H-*Salmonella*-Antiserum zugegeben wird. Im positiven Fall kommt es nach 14–30 h zu einer Agglutinationsreaktion, die mit bloßem Auge als Trübungszone erkennbar ist. Als offizielle Methode der AOAC konnte das Verfahren nicht akzeptiert werden, da im Vergleich zum Referenzverfahren auch falsch-negative Ergebnisse auftraten. So untersuchten WARBURTON et al. (1995) 612 Proben Geflügelfleisch, Schrimps und Tiermehl vergleichend mit einem Referenzverfahren und dem *Salmonella* 1-2 Test. Mit dem 1-2 Test waren 25 Proben falsch-negativ.

- **Impedanz-Verfahren**

Unter den elektrischen Messmethoden haben die Impedanz- und Konduktanz-Messungen eine Bedeutung auch für den Nachweis von Salmonellen erlangt (DIN 10120 vom Juli 2001 und Methode nach § 35 LMBG „Nachweis von Salmonellen in Lebensmitteln mittels Impedanz-Verfahren“, L 00.00-67, Mai 2002).

Prinzip des Verfahrens

Bei der Impedanz-Methode wird eine durch den Stoffwechsel von Mikroorganismen erfolgte Änderung der Leitfähigkeit bzw. des Widerstandes in einem Medium direkt oder indirekt gemessen. Je höher die Zellzahl, umso kürzer ist die Nachweiszeit. Eine Detektion erfolgt bei einem Keimgehalt in der Messzelle von $>10^5$/ml. Als Messgrößen finden die Impedanz Z, gemessen in der SI-Einheit Ohm (Ω) und die sich dazu reziprok verhaltende Admittanz Y, gemessen in der SI-Einheit Siemens (S) bzw. in den Untereinheiten Millisiemens und Mikrosiemens (mS und μS) Verwendung.

Je nach den verschiedenen Gerätetypen wird entweder die Impedanz Z oder die Leitfähigkeit Y = Konduktanz G gemessen (siehe auch DIN 10115). Die pauschalen Werte der Impedanz und Konduktanz setzen sich aus der Medienimpedanz und der Elektrodenimpedanz zusammen.

Eigene gute Erfahrungen liegen mit der Impedanz-Splitting-Methode (Gerät BacTrac, Fa. SY-LAB, Österreich) vor.

Neben den BacTrac-Geräten werden die Systeme Malthus 2000 (Vertrieb: Fa. IUL, Königswinter) und das RABIT-System (Don Whitley, Vertrieb: Fa. Meintrup, Lähden-Holte) eingesetzt.

Bei jeder verdächtigen Kurve muss eine Bestätigung erfolgen, da auch andere Enterobacteriaceen als Salmonellen, z. B. *Enterobacter* spp. oder besonders *Citrobacter* spp. ähnliche Kurven und Steigungen ergeben können. Verbessert werden kann die Sensitivität durch eine immuno-magnetische Separation. In der Voranreicherung werden an Perlen, die einen Magnetkern enthalten, Antikörper gebunden. Diese binden das Antigen und der Komplex wird nach einem kurzen Waschvorgang im Selektivmedium inkubiert. Dadurch kommt es zu einem spezifischeren Nachweis und zu weniger falsch-positiven Proben. Eine Bestätigung ist direkt aus der Messzelle möglich mithilfe einer Gensonde oder eines Kapillar-Diffusionstestes. In vielen Fällen kann bereits auch eine Agglutination erfolgen, da bei positiver Detektion ausreichend Zellen ($>10^5$ bis 10^6/ml) vorhanden sind. Als praktikabel erwies sich das Impedanz-Verfahren zum Nachweis von Salmonellen im Frischfleisch von Schwein und Rind. Nach einer Voranreicherungszeit von 6 h wurden vergleichend zur Methode nach § 35 LMBG keine falsch-negativen Ergebnisse ermittelt. Der Anteil an falsch-positiven Proben lag bei 3,6 % (n = 70), bei einer Voranreicherungszeit von 24 h dagegen bei 50 % (n = 199).

Auch zum Nachweis von Salmonellen in Gewürzen bewährte sich das Verfahren. Als vorteilhaft erwies sich dabei die Supplementierung der Voranreicherung mit Ferrioxamin E. Ferrioxamin ist ein Siderophor, das Eisen bindet. Obwohl Salmonellen selbst kein Ferrioxamin produzieren, besitzen sie ein hoch wirksames Aufnahme- und Verwertungssystem für das Siderophor. Dadurch werden sie mit dem zum Wachstum notwendigen Eisen als essenziellem Mikronährstoff versorgt. Dies führt in den Medien zur Verkürzung der lag-Phase und zur Wachstumsbeschleunigung, ein besonderer Vorteil für den Nachweis mit dem Impedanz-Verfahren.

- **Molekularbiologische Verfahren**

Unter den molekularbiologischen Methoden werden heute im Wesentlichen solche zusammengefasst, die auf der DNA-Analytik beruhen. Die Vorteile gegenüber konventionellen Methoden liegen in ihrer Unabhängigkeit von kulturellen Bedingungen. Die Methoden sind schnell, sehr empfindlich, genau und auch automatisierbar. In der Praxis werden zum Nachweis von Salmonellen Gensonden und die Polymerasekettenreaktion (PCR) eingesetzt.

– Gensonden
  Nach Voranreicherung in gepuffertem Peptonwasser für 24 h/37 °C erfolgt eine Anreicherung für 6 h/37 °C in Tetrathionat- und Selenit-Bouillon und eine abschließende Anreicherung in einer GN-Bouillon (Gramnegativ Broth) für 12–18 h bei 37 °C. In der GN-Bouillon wird dann der Nachweis mit der Sonde

Gene-Trak *Salmonella* geführt (Fa. Neogen, Vertrieb: Fa. R-Biopharm, Darmstadt). Die Methode wurde von der AOAC als offizielle Methode in den USA anerkannt (AOAC Official Method 990.13:1996).

- Polymerasekettenreaktion (PCR = Polymerase Chain Reaction)
  Die Nachweisempfindlichkeit gegenüber herkömmlichen Gensonden kann durch eine Methode, mit der DNA-Moleküle in vitro vermehrt werden können, um ein Vielfaches gesteigert werden, wodurch die Anreicherungszeit wesentlich verkürzt wird und der Nachweis schneller erfolgt.

  Kommerziell erhältlich sind verschiedene Systeme und Kits, u.a.:
  - TaqMan *Salmonella* PCR Amplification/Detection Kit (PE Applied Biosystems, Weiterstadt)
    Die TaqMan-PCR basiert auf dem sehr spezifischen und empfindlichen 5'-Nuclease-Assay, was durch Primer und eine fluorogene Sonde gewährleistet wird. Die Amplifikation und der Nachweis des PCR-Produktes erfolgen im selben Reaktionsgefäß durch die Detektion eines Fluoreszenzsignals in Echtzeit („Real-Time PCR"), ohne das die Reaktionsgefäße geöffnet werden müssen. Der ABI PRISM 7700 Sequence Detector von Applied Biosystems erlaubt einen hohen Probendurchsatz durch Verwendung von 96-Well Mikrotiterplatten. Amplifikation und Detektion sind innerhalb von ca. 3 Stunden abgeschlossen. Dabei wird das Lebensmittel vorher jedoch 16–24 h in gepuffertem Peptonwasser angereichert.
  - Bax Pathogen Detection System-Screening *Salmonella* (DuPont Qualicon, Vertrieb: Fa. Oxoid, Wesel)
    Bei diesem System erfolgt der Nachweis der amplifizierten DNA-Fragmente im Agarosegel.
  - Foodproof PCR-ELISA *Salmonella* (Fa. Biotecon, Potsdam)
    Nach der Amplifikation wird der Nachweis immunologisch geführt. Positive, negative und Standardkontrollen sind in das System integriert.
  - Probelia PCR System (Sanofi Pasteur, Vertrieb: Fa. Bio-Rad, München)
    Der Nachweis des PCR-Produktes erfolgt photometrisch an enzymgebundenen Gensonden in Mikrotiterplatten.

In der DIN-Methode 19135:1999-11 wird der Nachweis von Salmonellen im Lebensmittel beschrieben.

- **Immunologische Methoden**

Immunologische Verfahren beruhen auf der Fähigkeit von Antikörpern, dreidimensionale Strukturen zu erkennen. Verschiedene Antigen-Antikörper-Reaktionen werden zum Nachweis von Salmonellen genutzt:

- Agglutinationsreaktion: Antigene werden durch Antikörper agglutiniert, d.h. sichtbar verklumpt. Üblicherweise werden solche Reaktionen mit Partikeln durchgeführt, an die Antikörper gebunden sind, z.B. Latex-Agglutination.
- Enzymimmunoassay (EIA) oder Enzyme Linked Immunosorbent Assay (ELISA), als Sandwich-ELISA, die auch kommerziell als Schnelltests (Dipstick- oder Teststreifen) verfügbar sind.

Ausführliche Angaben über die Testsysteme sind von BECKER beschrieben (Kapitel III.4).

Literatur

1. AMAGUAÑA, R.N., HAMMACK, T.S., ANDREWS, W.H., Methods for the recovery of *Salmonella* spp. from carboxymethylcellulose gum, gum ghatti, and gelatin, J. AOAC International 81, 721-726, 1998
2. ANDREWS, W.H. JUNE, G.A., SHERROD, P.S., HAMMACK, T.S., AMAGUAÑA, R.M., *Salmonella*, in: FDA Bacteriological Analytical Manual, 8th ed., Revision A, publ. by AOAC International, 481 North Frederick Avenue, Suite 500, Gaithersburg, MD 20877, USA, 1998
3. BAYLIS, C.L., MacPHEE, S., BETTS, R.P., Comparison of two commercial preparations of buffered peptone water for the recovery and growth of *Salmonella* bacteria from foods, J. Appl. Microbiol. 89, 501-510, 2000
4. BECKER, H., MÄRTLBAUER, E., Conventional and commercially-available alternative methods in food microbiology for the detection of selected pathogens and toxins, Biotest Bulletin 6, 265-319, 2002
5. BELL, C., KYRIAKIDES, A., *Salmonella*, in: Foodborne pathogens: Hazards, risk analysis and control, ed. by Clive de W. Blackburn and Peter J. McClure, CRC Press, Boca Raton, USA, 307–335, 2002
6. BIS, F., BECKER, H., TERPLAN, G., Kultureller Nachweis von Salmonellen in Rohmilch. Teil 2: Eigene Untersuchungen, Arch. Lebensmittelhyg. 46, 51-60, 1995
7. BOCKEMÜHL, J., SEELIGER, H.P.R., Die Auswirkungen neuer taxonomischer Erkenntnisse auf die Nomenklatur von bakteriellen Seuchenerregern, BGesBl. 28, 65-69, 1985
8. D'AOUST, J.-Y., *Salmonella* species, in: Food Microbiology – Fundamentals and Frontiers, 2nd ed., ed. by M.P. Doyle, L.R. Beuchat, T.J. Montville, ASM Press, Washington D.C., 141-178, 2001
9. De SMEDT, J.M., BOLDERDIJK, R., RAPPOLD, H., LAUTENSCHLAEGER, D., Rapid *Salmonella* detection in foods by motility enrichment on modified semisolid Rappaport-Vassiliadis medium, J. Food Protection 49, 510-514, 1986

10. De SMEDT, J.M., BOLDERDIJK, R., Dynamics of *Salmonella* isolation with modified semisolid Rappaport-Vassiliadis medium, J. Food Protection 50, 658-661, 1987
11. De ZUTTER, L., De SMEDT, J.M., ABRAMS, R., BECKERS, H., CATTEAU, M., De BORCHGRAVE, J., DEBEVERE, J., HOEKSTRA, J., JONKERS, F., LENGES, J., NOTERMANS, S., VAN DAMME, L., VANDERMEERSCH, R., VERBRAECKEN, R., WAES, G., Collaborative study on the use of motility enrichment on modified semisolid Rappaport-Vassiliadis medium for the detection of *Salmonella* from food, Int. J. Food Microbiol. 13, 11-20, 1991
12. FARGHALY, R., PAULSEN, P., SMULDERS, F.J.M., Zum Nachweis von Salmonellen in Fleisch und Fleischwaren, Fleischw. 81, 69-71, 2001
13. FARKAS, J., Physical methods of food preservation, in: Food Microbiology – Fundamentals and Frontiers, 2nd ed., ed. by M.P. Doyle, L.R. Beuchat, Th.J. Montville, ASM Press American Society of Microbiology, Washington D.C., 567-591, 2001
14. HOLBROOK, R., ANDERSON, J.M., BAIRD-PARKER, A.C., DOODS, L.M., SWAHNEY, D., STUCHBURY, S.H., SWAINE, D., Rapid detection of *Salmonella* in foods – a convenient two-day procedure, Letters in Appl. Microbiol. 8, 139-142, 1989
15. ICMSF (International Commission on Microbiological Specifications for Foods), Microorganisms in foods – Microbiological Specifications of food pathogens, Chapman & Hall, London, 1996
16. JAY, J.M., Modern Food Microbiology, Chapman and Hall, London, 1996
17. JUNEJA, V.K., EBLEN, B.S., Heat inactivation of *Salmonella* Typhimurium DT 104 in beef as affected by fat content, Letters in Appl. Microbiol. 30, 461-467, 2000
18. KÜHN, H., WONDE, B., RABSCH, W., REISSBRODT, R., Evaluation of Rambach agar for detection of *Salmonella* subspecies I to IV, Appl. Environ. Microbiol. 60, 749-751, 1994
19. LE MINOR, L., POPOFF, M.Y., Designation of *Salmonella* enterica sp. nov. rom. rev., as the type and only species of the genus *Salmonella*, Int. J. System. Bacteriol. 37, 465-468, 1987
20. POPOFF, M.Y., BOCKEMÜHL, J., McWHORTER-MURLIN, A., Supplement 1991 (no. 35) to the Kauffmann-White scheme, Res. Microbiol. 143, 807-811, 1992
21. POPOFF, M.Y., BOCKEMÜHL, J., BRENNER, F.W., GHEESLING, L.L., Supplement 2000 (no. 44) to the Kauffmann-White scheme, Res. Microbiol. 152, 907-909, 2000
22. SCHALCH, B., EISGRUBER, H., Nachweis von Salmonellen mittels MSRV-Medium. Ein einfaches, schnelles und kostensparendes Kultivierungsverfahren, Fleischw. 77, 344-347, 1997
23. WARBURTON, D.W., FELDSINE, P.T., FALBO-NELSON, M.T., Modified immunodiffusion method for detection of *Salmonella* in raw flesh and highly contaminated foods: collaborative study, J. AOAC Int. 78, 59-68, 1995
24. WIBERG, CH., NORBERG, P., Comparison between a cultural procedure using Rappaport-Vassiliadis broth and motility enrichments on modified semisolid Rappaport-Vassiliadis medium for *Salmonella* detection from food and feed, Int. J. Food Microbiol. 29, 353-360, 1996
25. WORCMAN-BARNIKA, D., DESTRO, M.T., FERNANDES, S.A., LANDGRAF, M., Evaluation of motility enrichment on modified semi-solid Rappaport-Vassiliadis medium (MSRV) for the detection of *Salmonella* in foods, Int. J. Food Microbiol. 64, 387-393, 2001

3.1.2 Shigellen

(ALTWEGG und BOCKEMÜHL, 1998; JANDA und ABBOTT, 1998; MAURELLI und LAMPEL, 1997; WACHSMUTH und MORRIS, 1989)

Aufgrund des verursachten Krankheitsbildes wird *Shigella* trotz der engen Verwandtschaft zu *Escherichia* (*E.*) *coli* als eigenständige Gattung der Familie *Enterobacteriaceae* geführt. Die 4 Arten *Shigella* (*S.*) *dysenteriae*, *S. flexneri*, *S. boydii* und *S. sonnei* werden häufig als Subgruppen A, B, C und D bezeichnet. Sie besitzen jeweils mehrere Serovare und unterschiedliche Kombinationen biochemischer Reaktionen.

Eigenschaften

Gramnegative Stäbchen, unbeweglich, fakultativ anaerob, Katalase-positiv, Oxidase-negativ, Fermentation von Kohlenhydraten praktisch stets ohne Gasbildung, keine Decarboxylierung von L-Lysin, keine Hydrolyse von L-Arginin. Shigellen sterben bei pH-Werten unterhalb von 4,5 ab, in schwach sauren Lebensmitteln können sie jedoch lange Zeit überleben und tolerieren einen pH von 2,5 über mehrere Stunden. Shigellen überdauern über viele Monate in trockenen und gefrorenen Lebensmitteln (MITSCHERLICH und MARTH, 1984). Sie werden aber durch eine einstündige Behandlung bei 55 °C abgetötet.

Vorkommen

Shigellen kommen im Darmtrakt des Menschen, in kontaminierten Lebensmitteln und Wasser vor. In Deutschland sind nur *S. flexneri* und *S. sonnei* endemisch. Die beiden übrigen Arten werden durch Reiseerkrankungen aus wärmeren Ländern importiert.

Krankheitserscheinungen

Nach einer Inkubationszeit von 2–7 Tagen kommt es zu Bauchschmerzen, Fieber und blutigem Durchfall. Die Krankheitserscheinungen werden durch die Zellinvasion in die Epithelzellen der Darmschleimhaut, wozu ein 120–140 MDa Virulenzplasmid erforderlich ist, und die Toxine der Shigellen hervorgerufen. Neben dem Shigella-Enterotoxin 2, das von den meisten Shigellen und den nahe verwandten enteroinvasiven *E. coli* produziert wird (NATARO et al., 1995), lässt sich das Shigella-Enterotoxin 1 fast nur bei *S. flexneri* nachweisen. Das zytotoxische Shigatoxin wird von *S. dysenteriae* Serotyp 1 sowie von wenigen *S. flexneri*- und *S. sonnei*-Stämmen gebildet.

Übertragung

Der Mensch gilt als einziger Wirt und Erregerreservoir. Da schon sehr geringe Keimzahlen (10–100 Shigellen) Erkrankungen beim Menschen auslösen, erfolgt die Übertragung primär durch Schmierinfektionen von Mensch zu Mensch. Besonders in warmen Ländern kommen Verunreinigung von Lebensmitteln und Wasser durch den Menschen hinzu.

Nachweis

Der Nachweis geringer Zahlen von Shigellen ist schwierig, weil sie wegen ihrer längeren Generationszeiten von der Begleitflora überdeckt werden und durch deren Säurebildung im Wachstum gehemmt werden. Im Normentwurf DIN EN ISO 21567 wird daher in Anlehnung an die von der FDA empfohlenen Nachweismethode (ANDREWS et al., 1995) die Anreicherung in einem Kohlenhydratarmen Medium in anaerober Atmosphäre, bei erhöhter Temperatur und unter Zusatz des Antibiotikums Novobiocin beschrieben. Die von der FDA empfohlene Anreicherungsmethode erwies sich jedoch für *S. sonnei* in rohem Hackfleisch und Austern als wenig sensitiv (JUNE et al., 1993).

Zusätzlich wird die Identifizierung der Shigellen durch ihre biochemische Inaktivität und serologische Kreuzreaktionen mit anderen *Enterobacteriaceae*, insbesondere den nahe verwandten *E. coli*, erschwert.

Anreicherung (DIN EN ISO 21567-Normentwurf, 2002)

- 25 g Probe + 225 ml Shigella-Bouillon (20 g Casein enzymatisch verdaut, 2 g K_2HPO_4, 2 g KH_2PO_4, 5 g NaCl, 1 g Glucose und 1,5 ml Tween 80 in 1 l destilliertem Wasser autoklavieren) mit 0,5 μg Novobiocin (Sigma)/ml. Falls erforderlich pH aseptisch auf 7,0 einstellen.
- Anaerobe Bebrütung für 16–20 h bei 41,5 °C.

Selektive Kultivierung nach 16–20 h

- Ösenausstriche auf einer Kombination von Agarplatten unterschiedlicher Selektivität: MacConkey-Agar (niedrige Selektivität; Difco), XLD-Agar (moderate Selektivität; Difco), Hektoen-Enteric (höhere Selektivität; Difco) und darüber hinaus eine hemmstofffreie Platte wie Blut-Agar (Oxoid) oder Bromthymolblau-Lactose-Agar (Merck), da einzelne Stämme unter Umständen nur auf einem dieser Nährböden wachsen.
- Bebrütung bei 37 °C für 20–24 h.

Molekularbiologischer Nachweis

PCRs zum Nachweis von Shigellen und des eng verwandten Pathotyps der enteroinvasiven *E. coli* sind für mehrere Virulenzloci sowie spezifischen Zielorten auf dem Virulenzplasmid und dem Insertionselement IS*630* beschrieben worden. Zur Steigerung der Sensitivität der PCR empfiehlt sich 1. eine nichtselektive

Inkubation von 25 g Probe in 225 ml Hirn-Herz-Glukose-Bouillon (Difco) oder Caseinpepton-Sojamehlpepton-Bouillon (Difco) für 6 h unter Schütteln mit 120 U/min bei 37 °C und 2. die Auswahl eines genetisch stabilen Zielortes der PCR wie *ipaH* (SETHABUTR et al., 1993), von dem mehrere Kopien im *Shigella*-Genom vorhanden sind.

Biochemische Identifizierung

- Typische Kolonien (auf MacConkey-Agar farblos bis blassrosa und transparent oder trüb; auf XLD-Agar durchscheinend mit kirschrotem Zentrum; auf Hektoen-Enteric-Agar grün und feucht; auf Blut-Agar grauweiß, flach, nicht hämolysierend, mit glattem oder gezacktem Rand; auf Bromthymolbau-Lactose-Agar grün bis blau) werden mit polyvalentem *Shigella*-Antiserum probeweise agglutiniert, bei Agglutination isoliert und weiter charakterisiert.
- Ein bewährtes Nachweis- und Identifizierungsverfahren wird von ANDREWS et al. (1995) empfohlen: Shigellen sind gramnegative Stäbchen; unbeweglich; negativ für H_2S, Urease, L-Lysindecarboxylase, L-Arginindihydrolase, L-Phenylalanindeaminase, Gasbildung aus D-Glucose, Saccharose (2 Tage), Lactose (2 Tage), Adonit, myo-Inosit, Malonat, Citrat, Acetat, Mucat, Salicin, KCN und Voges-Proskauer-Reaktion; positiv mit Methylrot. Zur weiteren biochemischen Differenzierung von *Shigella*-Spezies und zur Unterscheidung von biochemisch inaktiven *E. coli* sei hier auf ANDREWS et al. (1995), BOUVET et al. (1995), ALTWEGG und BOCKEMÜHL (1998) und DIN EN ISO 21567-Normentwurf (2002) verwiesen.

Literatur

1. ALTWEGG, M., BOCKEMÜHL, J.: *Escherichia* and *Shigella*, in: Topley & Wilson's Microbiology and Microbial Infections, 9th Edition, Volume 2: Systematic Bacteriology, BALOWS, A., DUERDEN, B.I., volume editors, Arnold, London, 935-967, 1998
2. ANDREWS, W.H., JUNE, G.A., SHERROD, P.S.: *Shigella*, in: Bacteriological Analytical Manual, Food and Drug Administration, publ. by AOAC International, Arlington, USA, 6.01–6.06, 1995
3. BOUVET, O.M.M., LENORMAND, P., GUIBERT, V., GRIMONT, P.A.D.: Differentiation of *Shigella* species from *Escherichia coli* by glycerol dehydrogenase activity. Res. Microbiol. 146, 787-790, 1995
4. DIN EN ISO 21567 (Norm-Entwurf): Mikrobiologie von Lebensmitteln und Futtermitteln – Horizontales Verfahren zum Nachweis von *Shigella* spp., Beuth Verlag, Berlin, 2002
5. JANDA, J.M., ABBOTT, S.L.: The Genus *Shigella*, in: The Enterobacteria, Lippincott-Raven Publishers, Philadelphia, 66-79, 1998

6. JUNE, G.A., SHERROD, P.S., AMAGUANA, R.M., ANDREWS, W.H., HAMMACK, T.S.: Effectiveness of the Bacteriological Analytical Manual culture method for the recovery of *Shigella sonnei* from selected foods, J. AOAC Int. 76, 1240-1248, 1993
7. MAURELLI, A.T., LAMPEL, K.A.: *Shigella* Species, in: Food Microbiology, ed. by DOYLE, M.P., BEUCHAT, L.R., MONTVILLE, T.J., ASM Press, Washington D.C., 216-227, 1997
8. MITSCHERLICH, E., MARTH, E.H.: Microbial Survival in the Environment, Springer Verlag, Berlin, 446-460, 1984
9. NATARO, J.P., SERIWATANA, J., FASANO, A., MANEVAL, D.R., GUERS, L.D., NORIEGA, F., DUBROVSKY, F., LEVINE, M.M., MORRIS Jr., J.G.: Identification and cloning of a novel plasmid-encoded enterotoxin of enteroinvasive *Escherichia coli* and *Shigella* strains, Inf. Immun. 63, 4721-4728, 1995
10. SETHABUTR, O., VENKATESAN, M., MURPHY, G.S., EAMPOKALAP, B., HOGE, C.W., ECHEVERRIA, P.: Detection of shigellae and enteroinvasive *Escherichia coli* by amplification of the invasion plasmid antigen H DNA sequence in patients with dysentery, J. Inf. Dis. 167, 458-461, 1993
11. WACHSMUTH, K., MORRIS, G.K.: *Shigella*, in: Foodborne Bacterial Pathogens, ed. by DOYLE, M.P., Marcel Dekker Inc., Basel, 447-459, 1989

3.1.3 Yersinia enterocolitica und Yersinia pseudotuberculosis

(ALEKSIC und BOCKEMÜHL, 1990; ISO 10273, 1994; WEAGANT et al., 1995; ICMSF, 1996; BOCKEMÜHL und WONG, im Druck)

Yersinia pseudotuberculosis (*Y. pt.*) und bestimmte Bio-Serovare von *Yersinia enterocolitica* (*Y. ent.*) sind Erreger intestinaler Yersiniosen des Menschen. Bakteriologisch gehören sie zur Familie der *Enterobacteriaceae*.

Eigenschaften

Yersinien sind gramnegative, peritrich begeißelte, kapsellose Stäbchenbakterien von 1 bis 3 µm Länge und 0,5 bis 0,8 µm Breite. Geißeln werden optimal bei Temperaturen unter 30 °C ausgebildet. Die *Yersinia*-Arten sind psychrotroph, kulturell anspruchslos und wachsen unter aeroben und anaeroben Kulturbedingungen. Die optimale Vermehrungstemperatur liegt zwischen 25 °C und 35 °C, die Anzucht sollte bei etwa 28 °C erfolgen. Die Wachstumsbereiche bzw. Vermehrungsgrenzen sind in Tab. III.3-3 zusammengefasst.

Tab. III.3-3: Wachstumsbereiche, Vermehrungsgrenzen und Hitzeempfindlichkeit von *Yersinia* (nach ICMFS, 1996)

Temperatur	–1,3 °C bis 42 °C
pH [1]	pH 4,2–pH 9,6
untere Vermehrungsgrenze [1]	
Salzsäure	ca. pH 4,2
Milchsäure	ca. pH 4,8
Zitronensäure	ca. pH 4,2
Essigsäure	ca. pH 5,2
unterer a_W-Wert	ca. 0,97
NaCl (Gew. %)	ca. 5 %; kein Wachstum bei 7 %
Hitzeempfindlichkeit in	
Wasser	$D_{58\,°C}$ = 1,4–1,8 min.; $D_{62\,°C}$ = 12 sec
Milch	$D_{62,8\,°C}$ = 0,7–17,8 sec.; $D_{68,3\,°C}$ = 5,4 sec

[1] Untersuchungen als Reinkulturen in Bouillon (TSB). Grenzwerte abhängig von Bebrütungsdauer und -temperatur.

Während alle *Y. pt.* als potenziell pathogen angesehen werden können, kommen bei *Y. ent.* pathogene neben apathogenen Stämmen vor (Tab. III.3-4). Pathogene *Y. ent.* gehören zu einer kleinen Zahl von Serogruppen, die durch ein unterschiedliches biochemisches Verhalten bestimmten Biovaren zugeordnet werden können. Dieses sind in Deutschland praktisch ausschließlich die Serogruppen O:3 (Biovar 4; vgl. Tab. III.3-5), O:9 (Biovar 2 oder 3) und O:5,27 (Biovar 2 oder 3); im Jahr 2000 wurden sie am Nationalen Referenzzentrum für bakterielle

Tab. III.3-4: Biochemische Differenzierung der *Yersinia*-Spezies (nach ALEKSIC und BOCKEMÜHL,1990)

Spezies	Beweglichkeit (28 °C)	Harn-stoff	Indol	Voges-Proskauer (28 °C)[3]	Citrat (Simmons)	ODC	Saccha-rose	Cello-biose	Meli-biose	Rham-nose	Sor-bose	PYZ
Y. pestis	–	–	–	–	–	–	–	–	d	–	–	–
Y. pseudotuberc.	+	+	–	–	–	–	–	–	+	+	–	–
Y. enterocolitica Biovare 1–4	+	+	d	d	–	+	+	+	–	–	d	d[4]
Y. enterocolitica Biovar 5[1]	+	+	–	+	–	d	d	+	–	–	d	–
Y. intermedia	+	+	+	+	+	+	+	+	–	+	+	+
Y. frederiksenii	+	+	+	d	d	+	+	+	–	+	+	+
Y. kristensenii	+	+	d	–	–	+	–	+	–	–	+	+
Y. aldovae	+	+	–	+	d	+	–	–	–	+	+	+
Y. rohdei	+	d	–	–	+	+	+	+	d	–	+	+
Y. mollaretii	+	+	–	–	–	+	+	+	–	–	+	+
Y. bercovieri	+	+	–	–	–	+	+	+	–	–	–	+
'*Y. ruckeri*'[2]	+	–	–	–	–	+	–	–	–	–	–	NT

Inkubation bei 22–29 °C, 48 h
+ = >90 % positiv
d = 10–90 % positiv
– = <10 % positiv
NT = nicht getestet
ODC = Ornithindecarboxylase; PYZ = Pyrazinamidase
[1] *Y. enterocolitica* Biovar 5: Trehalose –, Nitrat –
[2] Die Zugehörigkeit von '*Y. ruckeri*' zur Gattung *Yersinia* ist fraglich.
[3] VP bei 37 °C fast immer negativ
[4] *Y. enterocolitica* Biovare 1B, 2, 3, 4 und 5: PYZ – (pathogen); Biovar 1A: PYZ + (apathogen)

Enteritiserreger in Hamburg mit folgender Häufigkeit bestimmt: O:3 = 59 %, O:9 = 33,3 %, O:5,27 = 7,7 %. Der in den USA endemische Serovar O:8 (Biovar 1B) wurde in Europa bisher nur in Einzelfällen isoliert; die anderen, als „American strains“ bezeichneten Erreger des Biovar 1B (O:13a,b; O:18; O:20; O:21), wurden hier bisher noch nicht nachgewiesen. Stämme des *Y. ent.*-Biovars 1A sind apathogen; sie sind ebenso wie die übrigen in Tab. III.3-4 aufgeführten *Yersinia*-Arten in der Umwelt weit verbreitet und werden dementsprechend häufig auch in Lebensmitteln und Umweltmaterialien nachgewiesen. Sie haben keine pathogene oder lebensmittelrechtliche Bedeutung; ihre Unterscheidung von pathogenen *Y. ent.*-Stämmen ist deshalb, vergleichbar den Listerien, für die Praxis wichtig. *Yersinia pestis*, der Erreger der Pest, kommt in Lebensmitteln oder Umweltmaterial grundsätzlich nicht vor.

Tab. III.3-5: Biotypisierung von *Y. enterocolitica*-Stämmen (modifiziert nach WAUTERS et al., 1987)

Test	Biovar 1A	1B	2	3	4	5
Lipase (Tween-Esterase)	+	+	–	–	–	–
Eskulin	+	–	–	–	–	–
Salicin	+	–	–	–	–	–
Indol	+	+	(+)	–	–	–
Xylose	+	+	+	+	–	d
Trehalose	+	+	+	+	+	–
$NO_3 \rightarrow NO_2$	+	+	+	+	+	–
DNAse	–	–	–	–	+	+
Pyrazinamidase	+	–	–	–	–	–

Inkubation bei 28 °C, 48 h
+ = >90 % positiv
(+) = schwach positive Reaktion
d = 10–90 % positiv
– = <10 % positiv
Biovar 1A, apathogen; Biovare 1B, 2, 3, 4, 5 pathogen

Die Virulenz enteropathogener *Yersinia*-Stämme ist überwiegend plasmid- und z.T. chromosomal kodiert. Das Virulenzplasmid (70–75 kb) enthält u.a. das Strukturgen für das Membranprotein YadA (Adhäsin), das nur bei 37 °C exprimiert wird und Grundlage für den zur Bestätigung pathogener Stämme einsetzbaren Autoagglutinationstest ist (s.u.). Weitere plasmidkodierte Virulenzfaktoren sind sezernierte Proteine (YOPs) mit antiphagozytären Eigenschaften, bei deren Expression das für den molekularen Nachweis pathogener Yersinien geeignete *vir*F-Gen beteiligt ist (Tab. III.3-6).

Zur vollen Ausprägung der Virulenz sind zusätzlich chromosomal lokalisierte Gene notwendig. Hierzu gehören die Gene *inv*A und *ail*, die für zwei Adhäsine kodieren und ebenfalls als Zielgene für den molekularen Nachweis pathogener *Y. pt.* und *Y. ent.* herangezogen werden können (Tab. III.3-6). Die Bedeutung eines chromosomal-kodierten hitzestabilen Enterotoxins (Yst) von *Y. ent.*, das auch bei apathogenen *Y. ent.* vorkommt, ist bisher nicht restlos geklärt. In vivo scheint es den Schweregrad der Darmerkrankung zu verstärken, allerdings wird dieses Toxin in vitro nur bei Temperaturen unter 30 °C gebildet. Ungeklärt ist die Frage, ob dieses hitze- und säureresistente Peptid ggf. von pathogenen *Y. ent.* im Lebensmittel gebildet wird und, analog zu den *Staphylococcus aureus*-Enterotoxinen, nach Aufnahme mit der Nahrung zur Intoxikation des Menschen führen kann.

Vorkommen

Y. pt. ist bei freilebenden (Vögel, Nager, Wild), domestizierten (Schweine, Schafe, Ziegen, Hunde, Katzen) und in Gefangenschaft gehaltenen, warmblütigen Tieren (Stubenvögel, Zootiere, Pelztiere) verbreitet. Als Übertragungsweg auf den Menschen wird der direkte Kontakt mit Tieren und ihren Ausscheidungen und selten auch durch kontaminierte Lebensmittel und Wasser angenommen. *Y. ent.* kommt weltweit, überwiegend in den gemäßigten Klimazonen, bei warmblütigen Wild-, Nutz- und Heimtieren sowie bei Reptilien, im Erdboden und Oberflächenwasser vor. Wichtigstes Erregerreservoir für die menschliche Infektion sind klinisch gesunde Schweine, die humanpathogene *Y. ent.*-Stämme vor allem auf den Tonsillen und im Rachenring tragen. Rinder sind selten mit pathogenen *Y. ent.* infiziert, obwohl sekundär kontaminierte Milch wiederholt als Ursache für Erkrankungen des Menschen nachgewiesen wurde. Insgesamt treten *Yersinia*-Infektionen des Menschen als sporadische Fälle in Erscheinung; Ausbrüche sind weltweit selten nachgewiesen worden. Während in Lebensmitteln gelegentlich mit *Y. ent.* gerechnet werden kann, ist die Anwesenheit von *Y. pt.* die Ausnahme.

Krankheitserscheinungen

Erkrankungen des Menschen mit *Y. pt.* sind selten. Betroffen sind meist Kinder und Jugendliche, bei denen eine Entzündung der mesenterialen Lymphknoten (Pseudoappendizitis) mit kolikartigen Bauchschmerzen, aber fehlendem Durchfall, im Vordergrund steht. *Y. ent.*-Infektionen sind häufiger (nachweisbar bei ca. 1 % untersuchter Enteritispatienten) und führen primär zur wässrigen, selten auch wässrig-blutigen Durchfallerkrankung mit kolikartigen Bauchschmerzen. Die Krankheit kann bei allen Altersgruppen auftreten, aber Kinder und Jugendliche sind bevorzugt befallen. Patienten mit Resistenzminderung (Immunschwäche), zehrenden Grundkrankheiten (Krebsleiden, Diabetes mellitus, Lebererkrankungen u.a.) oder hämolytischen Erkrankungen (Auflösung der Erythrozyten mit Freisetzung von Bluteisen) können an einer lebensbedrohenden Septikämie erkranken. Bei beiden Erregern kommt es gelegentlich nach Abklingen der Darmsymptome zu rheumaähnlichen entzündlichen Gelenkerkrankungen (Infektarthritis), die erst nach Wochen oder Monaten, seltener auch erst nach Jahren abheilen.

Nachweis

Wichtigste Lebensmittel, bei denen mit pathogenen Yersinien zu rechnen ist, sind Schweinefleisch, Schweinezungen und hiervon hergestellte, nicht erhitzte Produkte. Besondere Beachtung muss deshalb der Möglichkeit von Kreuzkontaminationen bei der Verarbeitung von Schweinefleisch in Küchen und Produktionsstätten gegeben werden. Auch Milch, Milchgetränke (Kakaomilch) und andere, nicht gesäuerte oder erhitzte milchhaltige Speisen wurden wiederholt als Infektionsursache nachgewiesen. Kontamination von Lebensmitteln über Waschwasser ist in den USA beschrieben worden (Sojabohnen, Tofu). Nachweise pathogener Yersinien in Salaten scheinen selten zu sein, trotzdem sollte der Erdverschmutzung von frischem Gemüse, Salat oder Krautgewürzen Aufmerksamkeit geschenkt werden. Bei pflanzlichen Trockenprodukten wie Gewürzen, Tees, Trockenpilzen etc. sind bisher keine Nachweise beschrieben worden.

Isolierung: Das klassische und sensitive Anreicherungsverfahren in der Kälte (4 °C) in nicht-selektiver, phosphatgepufferter 0,85 % NaCl-Lösung mit Zusatz von 1 % Pepton (25 g Probe in 225 ml) über 21 Tage (vgl. ALEKSIC und BOCKEMÜHL, 1990) ist sowohl für die betriebsinterne Qualitätskontrolle als auch für die amtliche Überwachung zu langwierig. Ein weiterer Nachteil dieser Methode ist die relativ stärkere Zunahme apathogener *Yersinia*-Stämme, die den Nachweis geringer Zahlen von pathogenen Yersinien erschweren.

Als einzige offizielle Untersuchungsmethode steht ISO 10273 (1994) für *Y. ent.* zur Verfügung, sie wird hier zugrunde gelegt. Da jedoch eine einzige Methode zur Isolierung aller pathogenen *Yersinia*-Stämme bisher nicht zur Verfügung steht, werden neben der ISO-Methode auch modifizierte Verfahren, die von erfahrenen Arbeitsgruppen für *Y. ent.* beschrieben worden sind, angegeben und kommentiert.

(1) Methode nach ISO 10273 (1994) für *Y. enterocolitica*

ISO 10273 schreibt zwei parallele Anreicherungen vor.

- Die zu untersuchende Menge, in der Regel 25 g, wird in der 10fachen Menge Peptone Sorbitol Bile Broth (PSBB) aufgenommen und homogenisiert. Der Ansatz wird 48–72 h bei 22 °C bis 25 °C unter Schütteln, alternativ 5 Tage ohne Schütteln, inkubiert (vgl. WEAGANT et al., 1995). Vor der Subkultur auf feste Nährböden erfolgt eine Alkali-Behandlung nach AULISIO et al. (1980; s. u.). Subkultur auf CIN-Agar (s. u.).
- Parallel wird die gleiche Menge Untersuchungsmaterial im Verhältnis 1:100 in Irgasan Ticarcillin Chlorate Broth (ITCB) aufgenommen und nach Homogenisieren für 48 h bei 25 °C bebrütet (vgl. WAUTERS et al., 1988). Subkultur auf SSDC-Agar (s. u.).

(2) Zweischritt-Anreicherung für *Y. enterocolitica* nach SCHIEMANN (1982), WALKER und GILMOUR (1986)

Voranreicherung: 25 g (ml) Probe in 225 ml Trypticase Soy Broth (TSB) homogenisieren, Bebrütung 24 h bei Raumtemperatur (22 °C).

Selektive Anreicherung: 1 ml der bebrüteten Voranreicherung in 100 ml Bile Oxalate Sorbose Broth (BOS), Bebrütung 5 Tage bei Raumtemperatur (22 °C). Subkultur auf CIN-Agar.

(3) Anreicherung nach WEAGANT et al. (1995) für *Y. enterocolitica*

Diese von der FDA im Bacteriological Analytical Manual (8th Edition, 1995) publizierte Methode entspricht in etwa der PSBB-Anreicherung nach ISO 10273.

25 g (ml) Probe werden in 225 ml Peptone Sorbitol Bile Broth (PSBB) homogenisiert, Bebrütung 10 Tage bei 10 °C.

(4) Alkali-Behandlung der Anreicherungskultur nach AULISIO et al. (1980) für *Y. pseudotuberculosis* und *Y. enterocolitica*

Vor der Subkultur auf feste Selektivnährböden 0,5 ml der Anreicherung in 4,5 ml wässrige 0,5 % KOH - 0,5 % NaCl-Lösung geben, 5–10 sec mischen und sofort auf feste Selektivnährböden ausimpfen. Nach ISO 10273 wird die Behandlung in 0,25 % KOH - 0,85 % NaCl-Lösung mit 20 sec Einwirkungszeit durchgeführt. Wegen unterschiedlicher Alkaliresistenz der *Yersinia*-Stämme muss parallel auch eine Subkultur ohne Alkali-Behandlung angelegt werden.

(5) Feste Selektivnährböden

- MacConkey-Agar. Dieser Nährboden wird nicht zur Isolierung von *Yersinia* empfohlen. Nach 24 h bei ca. 28 °C Wachstum kleiner (≤1 mm) farbloser, flacher Kolonien von *Y. pt.* und *Y. ent.*
- *Salmonella-Shigella*-Agar und Desoxycholat-Citrat-Agar. Diese Nährböden erlauben die Isolierung von *Y. ent.*, die nach 24 h bei ca. 28 °C als kleine (≤1 mm) farblose, flache Kolonien wachsen. Wie auch bei MacConkey-Agar ist die Koloniefom mit der von Enterokokken zu verwechseln. *Y. pt.* wächst auf diesen Nährböden nicht.
- *Salmonella-Shigella*-Desoxycholat-Calciumchlorid-Agar (SSDC). Dieser von ISO 10273 zur Subkultur nach ITC-Anreicherung empfohlene Nährboden ist sehr selektiv und wurde von WAUTERS et al. (1988) zur Isolierung der in Europa vorherrschenden Serogruppe O:3 (Biovar 4) beschrieben. Andere pathogene Stämme von *Y. ent.* können gehemmt werden, *Y. pt.* wächst auf diesem Nährboden nicht.
- Cefsulodin-Irgasan-Novobiocin-Agar (CIN, *Yersinia*-Selektivagar). Dieser Nährboden ist sowohl im Hinblick auf seine Selektivität als auch auf die Ablesbarkeit der beste zur Verfügung stehende *Yersinia*-Selektivagar. Er ist im Handel mit unterschiedlichen Cefsulodin-Konzentrationen erhältlich (4 mg/l bis 15 mg/l). Wir bevorzugen die geringere Konzentration, die typisches Wachstum schneller und besser erkennen lässt und auch gutes Wachstum von *Y. pt.* ermöglicht. *Y. ent.* wächst nach 24–48 h bei ca. 28 °C mit 1–2 mm großen Kolonien mit rotem Zentrum und klarem, farblosem Rand („Kuhauge"). Bei *Y. pt.* fehlt der farblose Rand und die Kolonien können rau aussehen. Cave! *Aeromonas*-Arten wachsen mit gleicher Morphologie wie *Y. ent.*

(6) Nachweis pathogener *Y. pseudotuberculosis* und *Y. enterocolitica* mittels Kolonieblot-Hybridisierung oder PCR

Zum Nachweis pathogener Yersinien im Direktausstrich oder nach Anreicherungskultur sind inzwischen verschiedene molekulare Verfahren überwiegend mittels PCR beschrieben worden. Zielgene sind die plasmidkodierten Gene *vir*F und *yad*A sowie die chromosomalen Gene *inv*A, *ail* und *yst*. Ihre Funktionen und Eigenschaften sowie Referenzen für ihre Anwendung sind in Tab. III.3-6 zusammengefasst.

Tab. III.3-6: Virulenzgene von *Y. enterocolitica* und *Y. pseudotuberculosis* mit diagnostischer Bedeutung

Gene	Genetische Lokalisation	Genprodukt und Funktion	Expression	Diagnostische Anwendung (Referenz)
*yad*A	Virulenz-plasmid	Membranprotein; Adhäsion an Zellen und extrazellulären Matrixproteinen	37 °C	Autoagglutinationstest; PCR zum Nachweis pathogener Yersinien (KAPPERUD et al., 1993; LANTZ et al., 1998)
*vir*F	Virulenz-plasmid	VirF Protein; transkriptionaler Aktivator der YOP-Expression	37 °C	PCR zum Nachweis pathogener Yersinien (BHADURI et al., 1997)
yop Gene	Virulenz-plasmid	„Yersinia outer proteins", antiphagozytär	37 °C	Beim Patienten diagnostischer Nachweis von YOP-Antikörpern
*inv*A	Chromosom	Invasin Protein; Adhäsin	26 °C (pH 8) 37 °C (niedriger pH)	PCR zum Nachweis pathogener Yersinien (NAKAJIMA et al., 1992)
ail	Chromosom	„Attachment-Invasion-Locus" Protein; Adhäsin	37 °C	PCR zum Nachweis pathogener Yersinien (BHADURI et al., 1997; LAMBERTZ et al., 2000)
yst	Chromosom	Hitzestabiles Enterotoxin, nur bei *Y. enterocolitica*	26 °C	Kolonieblothybridisierung zum Nachweis von *Y. ent.*, Spezies-spezifisch (DURISIN et al., 1998)

Identifizierung: Die Stoffwechselaktivität ist bei Yersinien unter 30 °C am größten; biochemische Reaktionen zur Identifizierung sollten optimal bei 28–29 °C durchgeführt werden.

Leitreaktionen für Yersinien sind Ureasebildung sowie die Beweglichkeit, die unter 30 °C positiv, bei 37 °C negativ ist. Alle Yersinien sind negativ in folgenden Reaktionen: Phenylalanindeaminase, Lysindecarboxylase, Arginindihydrolase. Reaktionen zur Differenzierung pathogener und apathogener Arten sind aus Tab. III.3-4 ersichtlich. Bei Verwendung käuflicher Identifizierungssysteme kann es zu Fehldiagnosen kommen, da die Auswertung auf einer Bebrütungstemperatur von 35–37 °C beruht, bei der Yersinien weniger stoffwechselaktiv sind. Pathogene *Y. ent.* gehören zu den Biovaren 1B, 2, 3 und 4; Stämme des Biovar 1A sind grundsätzlich apathogen (Tab. III.3-5). Die chromosomal kodierte Pyrazinamidase-Bildung ist bei *Y. pt.* und pathogenen *Y. ent.* negativ. Seren zur

Objektglasagglutination pathogener *Y. ent.*-Stämme sind im Handel erhältlich (z.B. Sifin, Berlin); benötigt werden Antiseren gegen die Gruppen O:3, O:9 und O:5,27 von *Y. ent.*

Ein verlässlicher indirekter Test zum Nachweis des Virulenzplasmids ist der Autoagglutinationstest. Hierzu werden zwei Röhrchen VP-Medium (Difco) mit dem zu prüfenden Stamm beimpft und über Nacht parallel bei Raumtemperatur (22 °C) und bei 37 °C bebrütet. Bei Virulenzplasmid-haltigen Stämmen wachsen die Erreger bei 22 °C mit homogener Trübung, bei 37 °C dagegen mit klebrigem, feinflockigem Sediment und klarem Überstand (vgl. BOCKEMÜHL und WONG, im Druck).

Zu beachten ist, dass das Virulenzplasmid bei wiederholten Kulturpassagen, besonders bei Temperaturen über 30 °C, schnell verloren geht; deshalb sollte zur Durchführung von Virulenztests auf die Originalkultur zurückgegriffen oder die Primärisolate als Abschwemmung unter Zusatz von 20 % Glycerin bei –20 °C eingefroren werden.

Yersinia-Stämme können zur Überprüfung an das Nationale Referenzzentrum für Salmonellosen und andere bakterielle Enteritiserreger des RKI, Hygiene Institut Hamburg, Marckmannstr. 129a, 20539 Hamburg, gesandt werden.

Schlussfolgerung

Im Gegensatz zu *Y. ent.* dürfte mit *Y. pt.* in Lebensmitteln nur ausnahmsweise zu rechnen sein. Deshalb sind in der Literatur beschriebene Verfahren primär zum Nachweis von *Y. ent.* entwickelt worden, obwohl mit den meisten auch *Y. pt.* miterfasst werden kann. Eine einzige Methode zur Isolierung von pathogenen Yersinien steht allerdings bisher nicht zur Verfügung. Deshalb fordert ISO 10273 den parallelen Ansatz von zwei verschiedenen Anreicherungen mit Subkultur auf zwei verschiedenen festen Nährböden. Die Anreicherung in PSBB mit Subkultur auf CIN-Agar entspricht der von der FDA angegebenen Methode, die zweite Anreicherung in ITCB mit Subkultur auf SSDC-Agar dient wegen der selektiven Zusätze zu den Medien nur dem Nachweis von pathogenen *Y. ent.* der Serogruppe O:3 (Biovar 4). Sofern der Erreger unbekannt ist und möglichst empfindliche Verfahren zur Isolierung pathogener *Y. ent.* notwendig sind, kann anstelle der ITCB-Anreicherung die Zweischritt-Anreicherung nach SCHIEMANN (1982) bzw. WALKER und GILMOUR (1986) in TSB und BOS angewandt werden. Dieses Verfahren wird auch von der ICMSF (1996) empfohlen.

Molekulare Methoden mittels PCR sind inzwischen für verschiedene Zielgene beschrieben worden (Tab. III.3-6), darunter eine von der FDA angegebene (HILL et al., 1995). Eine einheitliche und zu empfehlende validierte Methode hat sich allerdings bisher noch nicht durchgesetzt. Der interessierte Leser sollte deshalb an Hand der Originalliteratur prüfen, welches Verfahren für seine Anforderungen und Bedingungen geeignet erscheint.

Literatur

1. ALEKSIC, S.; BOCKEMÜHL, J.: Mikrobiologie und Epidemiologie der Yersiniosen, Immun. Infekt. 18, 178-185, 1990
2. AULISIO, C.C.G.; MEHLMANN, I.J.; SANDERS, A.C.: Alkali method for rapid recovery of *Yersinia enterocolitica* and *Yersinia pseudotuberculosis* from foods, Appl. Environm. Microbiol. 39, 135-140, 1980
3. BHADURI, S.; COTTRELL, B.; PICKARD, A.R.: Use of a single procedure for selective enrichment, isolation, and identification of plasmid-bearing virulent *Yersinia enterocolitica* of various serotypes from pork samples, Appl. Environm. Microbiol. 63, 1657-1660, 1997
4. BOCKEMÜHL, J.; WONG, J.: *Yersinia*. In: Manual of Clinical Microbiology, 8th Edition. American Society for Microbiology, ASM Press, Washington (im Druck)
5. DURISIN, M.D.; IBRAHIM, A.; GRIFFITH, M.W.: Detection of pathogenic *Yersinia enterocolitica* using a digoxigenin labelled probe targeting the *yst* gene, J. Appl. Microbiol. 84, 285-292, 1998
6. HILL, W.E.; DATTA, A.R.; FENG, P.; LAMPEL, K.A.; PAYNE, W.L.: Identification of foodborne bacterial pathogens by gene probes, in: FDA Bacteriological Analytical Manual, 8th ed., publ. by AOAC International, Gaithersburg, 24.01-24.33, 1995
7. ICMSF: Microorganisms in Foods, Vol. 5, Characteristics of microbial pathogens, Blackie Academic & Professional, London (1996)
8. ISO: Microbiology – General guidance for the detection of presumptive pathogenic *Yersinia enterocolitica*, ISO 10723:1994 (E), Geneva (1994)
9. KAPPERUD, G.; VARDUND, T.; SKJERVE, E.; HORNES, E.; MICHAELSEN, T.E.: Detection of pathogenic *Yersinia enterocolitica* in foods and water by immunomagnetic separation, nested polymerase chain reaction, and colorimetric detection of amplified DNA, Appl. Environm. Microbiol. 59, 2938-2944, 1993
10. LAMBERTZ, S.T.; LINDQVIST, R.; BALLAGI-PORDANY, A.; DANIELSSON-THAM, M.L.: A combined culture and PCR method for the detection of pathogenic *Yersinia enterocolitica* in food, Int. J. Food Microbiol. 57, 63-73, 2000
11. LANTZ, P.G.; KNUTSSON, R.; BLIXT, Y.; AL-SOUD, W.A.; BORCH, E.; RADSTRÖM, P.: Detection of pathogenic *Yersinia enterocolitica* in enrichment media and pork by a multiplex PCR: a study of sample preparation and PCR-inhibitory components, Int. J. Food Microbiol. 45, 93-105, 1998

12. NAKAJIMA, H.; INOUE, M.; MORI, T.; ITOH, K.I.; ARAKAWA, E.; WATANBE, H.: Detection and identification of *Yersinia pseudotuberculosis* and pathogenic *Yersinia enterocolitica* by an improved polymerase chain reaction, J. Clin. Microbiol. 30, 2484-2486, 1992
13. SCHIEMANN, D.A.: Development of a two-step enrichment procedure for recovery of *Yersinia enterocolitica* from food, Appl. Environm. Microbiol. 43, 14-27, 1982
14. WALKER, S.J.; GILMOUR, A.: A comparison of media and methods for the recovery of *Yersinia enterocolitica* and *Yersinia enterocolitica*-like bacteria from milk containing simulated raw milk microfloras, J. appl. Bact. 60, 175-183, 1986
15. WAUTERS, G.; KANDOLO, K.; JANSSENS, M.: Revised biogrouping scheme of *Yersinia enterocolitica*, Contrib. Microbiol. Immunol. 9, 14-21, 1987
16. WAUTERS, G.; GOOSENS, V.; JANSSENS, M.; VANDEPITTE, J.: New enrichment method for pathogenic *Yersinia enterocolitica* serogroup O:3 from pork, Appl. Environm. Microbiol. 54, 851-854, 1988
17. WEAGANT, S.D.; FENG, P.; STANFIELD, J.T.: *Yersinia enterocolitica* and *Yersinia pseudotuberculosis*, in: FDA Bacteriological Analytical Manual, 8th Ed., publ. by AOAC International, Gaithersburg, 8.01-8.13, 1995

Anhang: Nährböden

Bile Oxalate Sorbose (BOS) Broth

$Na_2HPO_4 \cdot 7H_2O$	17,25 g
Na-Oxalat	5 g
Gallensalze (Difco)	2 g
NaCl	1 g
$MgSO_4 \cdot 7H_2O$	0,01 g
Aqua demin.	659 ml

Auf pH 7,6 einstellen, 15 min bei 121 °C sterilisieren.

Nach Abkühlen folgende steril filtrierte Lösungen hinzugeben:

Sorbose, 10 %	100 ml
Asparagin, 1 %	100 ml
Methionin, 1 %	100 ml
Metanil Gelb, 2,5 mg/ml	10 ml
Hefeextrakt, 2,5 mg/ml	10 ml
Na-Pyruvat, 0,5 %	10 ml
Irgasan DP 300 (Ciba-Geigy, 0,4 % in 95 % Ethanol)	1 ml

Am Tag der Beimpfung des Nährbodens 10 ml Na-Furadantin (1 mg/ml, Stammlösung bei –70 °C aufbewahren) steril hinzugeben.

Irgasan Ticarcillin Chlorate Broth (ITCB)

Trypton	10	g
Hefeextrakt	1	g
$MgCl_2 \cdot 6H_2O$	60	g
NaCl	5	g
Malachitgrün, 0,2 % (wässrig)	5	ml
Aqua demin.	1000	ml

Auf pH 6,9 ± 0,2 einstellen, 15 min bei 121 °C sterilisieren. Nach Abkühlung steril 10 ml Kaliumchlorat (1 g/10 ml Wasser), 1 ml Ticarcillin (1 mg/ml Wasser) und 1 ml Irgasan DP 300 (Ciba-Geigy, 1 mg/ml Ethanol) zugeben.

Peptone Sorbitol Bile Broth (PSBB)

Na_2HPO_4	8,23	g
$NaH_2PO_4 \cdot H_2O$	1,2	g
Gallensalze No. 3	1,5	g
NaCl	5	g
Sorbit	10	g
Pepton	5	g
Aqua demin.	1000	ml

Auf pH 7,6 ± 0,2 einstellen, 15 min bei 121 °C sterilisieren.

Pyrazinamidase Test

Trypticase Soy Agar (Difco)	30	g
Hefeextrakt	3	g
Pyrazincarboxamid (Merck)	1	g
Tris-Maleat-Puffer (0,2 M, pH 6)	ad 1000	ml

5 ml Medium in Röhrchen füllen (160 x 16 mm), 15 min bei 121 °C sterilisieren, als Schrägagar erstarren lassen.

Schrägfläche beimpfen und nach 48 h bei 28 °C mit frischer 1 % Eisen(II)ammonsulfatlösung überfluten. Rosafärbung nach 15 min zeigt positives Ergebnis an.

3.1.4 Enterovirulente *Escherichia coli*

(DOYLE und PADHYE, 1989; BELL und KYRIAKIDES, 1998; NATARO und KAPER, 1998; KAPER und O'BRIEN, 1998)

Eigenschaften

Gramnegative, fakultativ anaerobe, Oxidase-negative Stäbchen der Familie *Enterobacteriaceae.*

Vermehrungstemperatur

Optimum	37 °C
Maximum	45 °C
Minimum	8 °C (manche STEC wachsen ab 4 °C)
Minimaler pH-Wert	5,0 (*E. coli* O157:H7 überleben 3 h bei pH 1,5)
Minimaler a_W-Wert	0,95 (*E. coli* O157:H7 wächst langsam bei 6,5 % NaCl und überlebt 56 Tage in trocknendem Rinderkot bis zu einem a_W-Wert von 0,36)
Hitzeresistenz	$D_{60\,°C\,(E.\,coli\,O157:H7)} = 45$ sec (rohes Hackfleisch) z-Wert (*E. coli* O157:H7) = 4,4–4,8 °C

Gefrierlagerung von Fleisch (–20 °C): Keine Zellzahlminderung von *E. coli* O157:H7 während 9 Monaten (CHAPMAN, 1995).

Neben den *E. coli* der Normalflora des Darmes führen einige Stämme zu intestinalen Erkrankungen. Zu diesen enterovirulenten *E. coli* gehören:

- Shigatoxin bildende *E. coli* (STEC) oft auch als enterohämorrhagische *E. coli* (EHEC) oder verotoxinogene *E. coli* (VTEC) bezeichnet
- Enterotoxin bildende *E. coli* (ETEC)
- enteroinvasive *E. coli* (EIEC)
- enteropathogene (säuglingspathogene) *E. coli* (EPEC)
- enteroaggregative *E. coli* (EAEC oder EAggEC)
- diffus-adhärente *E. coli* (DAEC, früher oft unter Klasse II EPEC geführt)

Vorkommen

Darm von Mensch und Tier

Krankheitserscheinungen

- STEC: Blutiger, häufiger aber wässriger Durchfall. Die Infektion kann zu Komplikationen führen wie das hämolytisch-urämische Syndrom (HUS) oder zur thrombotisch-thrombozytopenischen Purpura. Als Virulenzfaktoren werden insbesondere die zytotoxischen Shigatoxine 1 und 2 (Stx1 und 2; *stx*-Toxingene sind phagenkodiert) und deren Varianten angesehen. Fast alle vom Menschen isolierte STEC bilden ein plasmidkodiertes Hämolysin. Als weitere Virulenzfaktoren werden ein Typ III-Proteinsekretionssystem (zur Umstellung des Wirtszellenstoffwechsels) mit Intiminbildung (zur Anheftung an Zellen des Darmepithels) und das Toxin Lymphostatin (zur Blockierung der Lymphozytenaktivierung) angesehen, die in STEC-Isolaten von HUS-Patienten und der häufigsten STEC-O-Serogruppen nachzuweisen sind. Aufgrund ihrer Virulenz spielen *E. coli* der Serogruppe O157 (Serovare O157:H7 und O157:H–) in der STEC-Epidemiologie eine besondere Rolle. So repräsentiert diese O-Serogruppe zurzeit in Deutschland 65 % aller STECs, die von HUS-Patienten isoliert werden, und rund 30 % aller STECs, die bei Enteritisfällen nachgewiesen werden (BOCKEMÜHL et al., 1998). Von den Enteritispatienten wurden STEC mit allen *stx*-Varianten, häufig ohne Intimin-Gen und seltener auch ohne Hämolysin-Gen isoliert. Dagegen werden von HUS-Patienten in der Regel STEC mit definierten *stx*-Varianten, Intimin- und Hämolysin-Gen charakterisiert.

- ETEC: Wässrige Durchfälle als Reisediarrhö bei Erwachsenen und als Säuglingsenteritis in den Tropen. Als Ursache des Wasserverlustes gelten das hitzelabile (LT) und das hitzestabile Enterotoxin (ST), von deren bekannten zwei Klassen nur jeweils die Klassen I (LT I und ST I) eine Bedeutung für den Menschen besitzen und von Plasmiden (ca. 30 MDa) kodiert werden. Spezifische Fimbrien-Antigene vermitteln die Adhärenz an Zellen des Darmepithels.
- EIEC: Das Krankheitsbild entspricht mit wässrigen und blutigen, oft schleimigen Durchfällen dem der eng verwandten Shigellen. Verursacht werden sie durch die Invasion von Zellen des Dickdarmepithels, wozu ein 120–140 MDa Virulenzplasmid erforderlich ist. Zusätzlich wird das *Shigella*-Enterotoxin 2 in EIECs nachgewiesen, das wässrige Diarrhöen hervorrufen soll.
- EPEC: Verursacht Durchfall bei Säuglingen. Bei der Anheftung an das Darmepithel wirken die Virulenzfaktoren EPEC-Intimin und ein auf dem 50–70 MDa Virulenzplasmid kodiertes, Bündel formendes Pilin mit. Wie bei vielen STEC, sind für die Virulenz von EPECs neben dem Intimin ein Typ III-Proteinsekretionssystem und das Toxin Lymphostatin von Bedeutung.
- EAEC: Sie verursachen persistente Durchfälle und Mangelernährung bei Kindern insbesondere in den Tropen. Auch unter Erwachsenen sind sie an Reisediarrhöen bei Fernreisen, Lebensmittelinfektionen in gemäßigten Breiten und an Durchfällen von HIV-Patienten beteiligt. EAEC aggregieren in der Kultur an HEp-2-Zellen. Das Vorhandensein eines definierten Bereichs des 60 MDa Virulenzplasmids korreliert mit der Aggregation. Die Adhärenzfimbrien AAF/II treten nur bei krankheitsauslösenden EAEC auf.

- DAEC: Neuere Ergebnisse zeigen, dass sie persistente Durchfälle bei Kindern verursachen. DAEC adhärieren diffus in der Kultur an HEp-2-Zellen. Es wurden zwei Adhäsine und eine DNA-Probe eines Adhäsin-Gens beschrieben, deren Vorhandensein aber nur zu 75 % mit dem positiven Zellkulturtest korreliert.

Übertragung

Die Übertragung erfolgt direkt von Mensch zu Mensch, durch Tierkontakt oder durch kontaminierte Lebensmittel und Wasser. Mit Ausnahme von STEC sind aus industrialisierten Ländern gemäßigten Klimas nur wenige Ausbrüche der oben erwähnten *E. coli*-Pathotypen auf Lebensmittel zurückgeführt worden. STEC-Ausbrüche wurden insbesondere durch rohes oder zu schwach erhitztes Rinderhackfleisch verursacht. Daneben sind auch Rohmilch und rohes Fleisch anderer Nutztierarten von Bedeutung. Die zur Infektion erforderliche Dosis wurde aus Ausbrüchen von STEC mit unter 100 Keimen bestimmt. Dagegen wurden aus Lebensmittelinfektionen und in Freiwilligenversuchen mit ETEC, EIEC, EPEC und EAEC 10^{6}–10^{10} Keime als infektiös beschrieben.

Nachweis

1. Überblick:

Da die Virulenzfaktoren der *E. coli*-Pathotypen häufig durch Plasmide oder Phagen übertragen werden und daher leicht durch Subkultivierung besonders in Bouillon verloren gehen, sollten, falls vorhanden, mindestens 100 verdächtige Kolonien untersucht werden.

- STEC: Die bedeutsamen *E. coli* O157:H7 fermentieren meist kein Sorbit in 24 h und zeigen keine β-D-Glucuronidase-Aktivität. Daher lassen sie sich von Sorbit-MacConkey- (SMAC) (Oxoid), fluorogenen und chromogenen Agarplatten wie Fluorocult *E. coli* O157:H7-Agar (Merck), Rainbow Agar O157 (Biolog), BCM *E. coli* O157:H7(+) Medium (Biosynth) und O157:H7 ID (bioMérieux) isolieren. Dagegen sind die genannten Nährböden für die Isolierung aller anderen STEC, auch der Serogruppe O157:H–, von geringem Wert, da sie Sorbit und β-D-Glucuronide in der Regel prompt umsetzen. Die Selektivität der chromogenen Nährböden lässt sich durch die Zugabe von 10 mg Novobiocin/l Agar steigern (REISSBRODT et al., 1998). Dagegen sollten keiner der oft empfohlenen Nährböden und Anreicherungsbouillons mit mehr als 10 mg Novobiocin/l oder 20 µg Cefixim/l (LEHMACHER et al., 1998) und 0,2 mg Kaliumtellurit/l (REISSBRODT et al., 1998) zur Isolierung von STEC verwendet werden, da sie einige dieser Keime im Wachstum hemmen. Die Anreicherung von STECs der Serogruppe O157 lässt sich durch immunomagnetische Trennung (L 00.00-68, 2002) trotz möglicher Kreuzreaktionen mit anderen bakteriellen Antigenen deutlich verbessern (Direktnachweisgrenze ca. 100 Keime/g oder ml). Da sich die STEC-Epidemiologie jedoch wandelt und neben O157 auch andere O-Serogruppen wie z.B. O145, O111, O103, O91 und O26 an Bedeutung gewinnen sowie laufend weitere O-Serogruppen hinzukommen, wird das Spektrum der biochemischen und serologischen Reaktionen der STECs immer vielfältiger. Allerdings konnten auf Blutplatten mit Antibiotikasupplement 93 % aller vom Menschen isolierten STEC durch ihre Hämolysinbildung erkannt werden (LEHMACHER et al., 1998). Aufgrund der epidemiologischen Situation in Zentraleuropa ist für den Nachweis von STEC die Identifizierung Stx-kodierender Gene mittels PCR (BASTIAN et al., 1998; LEHMACHER et al., 1998; RÜSSMANN et al., 1994) bzw. Hybridisierung (L 07.18-1, 2002; NEWLAND und NEILL, 1988) oder die Detektion von Stx selbst durch Immunoblot (DIN-Entwurf 10118, 2003), EIA (Alexon, HiSS, Meridian, Merlin, Microtest, R-Biopharm, Virotech) oder Latex-Agglutination (Oxoid) zu empfehlen. Der immunologische Nachweis von Shigatoxin verläuft eindeutig, wenn die Toxinbildung in einem stark belüfteten und Mitomycin C-haltigen Anreicherungsmedium erfolgt (REISSBRODT, 1998).

- ETEC: Die Serotypisierung ist zum Nachweis von ETECs wenig geeignet. In der Praxis haben sich daher der direkte Enterotoxin-Nachweis von LT I und ST I mittels Latex-Agglutination (Oxoid) sowie deren DNA-Nachweis mittels PCR oder Hybridisierung (STACY-PHIPPS et al., 1995; ABE et al., 1992) bewährt.

- EIEC: Wie die eng verwandten Shigellen fermentieren EIECs in der Regel Lactose nicht oder nur spät, decarboxylieren kein L-Lysin und sind überwiegend unbeweglich. Sie zählen hauptsächlich zu *E. coli*-Serogruppen, die identisch oder verwandt mit *Shigella*-Antigenen sind. Zur weiteren biochemischen und serologischen Differenzierung von EIEC und *Shigella* sei hier auf ANDREWS et al. (1995) sowie ALTWEGG und BOCKEMÜHL (1998) verwiesen. Auch die Gene, die für die Invasivität kodieren, zeigen eine hohe Homologie zu *Shigella* und sind daher in der gleichen PCR oder Hybridisierung nachzuweisen (SETHABUTR et al., 1993; VENKATESAN et al., 1989).

- EPEC: Stämme dieses Pathotyps sind in der Regel auf wenige O-Serogruppen beschränkt und können so zunächst probeweise mit polyvalenten OK-Antiseren agglutiniert werden, um nach positiver Reaktion den Serotyp mit gekochtem Antigen zu ermitteln (ALTWEGG und BOCKEMÜHL, 1998). Die Antiseren sind u.a. bei Sifin, Sanofi Pasteur und Denka Seiken (über Labor Diagnostika GmbH) erhältlich. Der schnelle Nachweis der Virulenzfaktoren gelingt mittels PCR der Gene des Intimins und des bündelformenden Pilins (BfpA) sowie für die DNA-Region des EPEC-Adhärenzfaktors (EAF) (FRANKE et al., 1994; SCHMIDT et al., 1994; GUNZBURG et al., 1995). In Europa überwiegen so genannte atypische EPEC, die neben dem Intimin nicht wie die klassischen EPEC noch für das BfpA und den EAF kodieren.

- EAEC: Häufig zeigen EAEC durch Autoaggregation eine Hautbildung auf der Oberfläche von Müller-Hinton-Bouillon (ALBERT et al., 1993) und sind mittels PCR und Hybridisierung zu identifizieren (SCHMIDT et al., 1995; BAUDRY et al., 1990). Standardmethode ist jedoch der laborintensive Adhärenztest mit HEp-2-Zellen.
- DAEC: Obwohl ein DNA-Nachweis mittels Hybridisierung beschrieben wurde (BILGE et al., 1989), bleibt der Adhärenztest mit HEp-2-Zellen die Methode der Wahl.

2. Nachweis von EHEC in Lebensmitteln:

Anreicherungsverfahren

25 g der zu untersuchenden Probe werden zu 225 ml TSB (Difco) mit 10 mg/l Novobiocin (Sigma) gegeben und 6 h bei 37 °C mit 150 U/min geschüttelt. Bei länger gereiften, getrockneten und sauren Lebensmitteln wie Rohwürsten und Säften entfällt im Gegensatz zu frischen Lebensmitteln wie Hackfleisch und Milch die Zugabe von Novobiocin und die Kultur wird 18–24 h geschüttelt um vorgeschädigte STEC wiederzubeleben. Von der ersten Kultur werden 0,1 ml der bebrüteten Bouillon auf BNC-Agar ausgestrichen und über Nacht bei 37 °C bebrütet. Für den Stx-Nachweis mittels EIA wird statt der weiteren Anreicherung auf dem Agar 1 ml der bebrüteten Kultur in 4 ml sterile TSB mit 10 mg Novobiocin und 50 μg Mitomycin C/l oder 4,5 ml EHEC-Direkt-Medium (heipha) gegeben und 16 h im 50- oder 100-ml-Erlenmeyerkolben geschüttelt.

Zubereitung des BNC-Agars: Tryptose Blood Agar Base (Difco) 33 g, Tryptose (Difco) 5 g, lösliche Stärke (Merck) 5 g, Calciumchlorid x $2H_2O$ (Merck) 441 mg und Agar (Difco) 3 g werden mit 970 ml dest. Wasser versetzt, mit 1N HCl auf pH 7,0 eingestellt und im Dampfschrank 1 h inkubiert. Danach wird der 50 °C warme Agar mit 30 ml frischem, defibriniertem, mit steriler physiologischer Kochsalzlösung gewaschenem Schafsblut und mit steril filtrierten Antibiotikalösungen versetzt: 1 ml Novobiocin-Lösung (Sigma; 10 mg/ml) und 1 ml Cefsulodin-Lösung (Sigma; 6 mg/ml).

Immunmagnetische Anreicherung und Isolierung von *E. coli* O157

Die immunmagnetische Anreicherung von *E. coli* O157 erfolgt aus der bebrüteten TSB mit oder ohne Novobiocin (siehe Anreicherungsverfahren) für 10 min mit immunmagnetischen Partikeln (Denka Seiken, Dynal) nach der Methode L 00.00-68 (2002) aus der amtlichen Sammlung von Untersuchungsverfahren nach § 35 LMBG und DIN EN ISO 16654 (2001). Die beladenen immunmagnetischen Partikel werden nach der Anreicherung fraktioniert auf SMAC-Platten

(Oxoid) oder den beschriebenen chromogenen Nährböden zur Isolierung von *E. coli* O157 ausgestrichen. Zusätzlich wird eine BNC-Platte beimpft, um neben *E. coli* O157:H7 auch die Mehrzahl der *E. coli* O157:H– nachweisen zu können. Denka Seiken vertreibt neben Anti-O157- auch Anti-O111- und Anti-O26-immunmagnetische Partikel.

Nachweis der Shigatoxin-Gene (*stx*) und der Shigatoxine

Die beiden PCRs zum Nachweis für stx_1 und stx_2 werden nach RÜSSMANN et al. (1994) respektive LEHMACHER et al. (1998) durchgeführt. BASTIAN et al. (1998) beschreiben eine PCR-Methode, die im Vergleich häufig verwendeter Primerpaare alle Typen von Shigatoxinen identifiziert und differenziert aber noch nicht für Lebensmitteluntersuchungen validiert wurde. Als Proben werden 10 min gekochte Saline-Abschwemmungen von verdächtigen Einzelkolonien oder des gesamten Bakterienwachstums von der BNC- respektive SMAC- oder chromogenen Platte verwendet. Mittlerweile stehen auch erste real-time PCRs für ein breites Spektrum von STEC zur Verfügung (BELLIN et al., 2001; BELANGER et al., 2002; REISCHL et al., 2002), die jedoch noch nicht für Lebensmitteluntersuchungen validiert wurden. Alternativ zur PCR können STEC mittels Toxin-EIA (Alexon, HiSS, Meridian, Merlin, Microtest, R-Biopharm, Virotech) und Latex-Agglutination (Oxoid) nachgewiesen werden.

stx-positive Einzelkolonien werden nach der PCR direkt biochemisch und serologisch charakterisiert. Von *stx*-positiven Abschwemmungen des Bakterienrasens oder Shigatoxin-haltigen TSB mit Novobiocin und Mitomycin C werden STEC-Einzelkolonien durch anschließende *stx*-Koloniehybridisierung oder Stx-Immunoblot gewonnen.

Isolierung und Identifizierung von STEC-Einzelkolonien

Die *stx*-Koloniehybridisierung wird von mindestens 100 präsumtiven *E. coli*-Kolonien der MacConkey-Platten mit Digoxigenin-markierten *stx*-Proben nach der Methode L 07.18-1 (2002) aus der amtlichen Sammlung von Untersuchungsverfahren nach § 35 LMBG durchgeführt. Die Detektion *stx*-positiver Kolonien erfolgt mit dem Digoxigenin-Nachweiskit (Roche Diagnostics) nach den Angaben des Herstellers. Alternativ zur *stx*-Koloniehybridisierung können STEC-Einzelkolonien nach dem im DIN-Entwurf 10118 (2003) beschriebenen Immunoblot (Sifin) gewonnen werden.

Alle isolierten *stx*-positiven Einzelkolonien werden abschließend biochemisch als *E. coli* identifiziert (z.B. mit API 20E von bioMérieux), wobei beachtet werden sollte, dass auch Shigatoxin bildende *Citrobacter freundii*, *Enterobacter cloacae* und *Shigella dysenteriae* Serotyp 1, *S. flexneri* und *S. sonnei* bekannt sind. O- und H-Antigene der STEC werden mit Antiseren (Denka Seiken über Labor Diagnostika GmbH) wie für EPECs beschrieben ermittelt.

Zur lebensmittelrechtlichen Beurteilung von STEC hat das BgVV 2001 festgehalten, dass der Nachweis des Shigatoxins bzw. seiner kodierenden Gene und der kulturelle Nachweis des STEC erforderlich ist. Es gelten vorbehaltlich neuer Erkenntnisse alle Shigatoxin bildenden *E. coli*, unabhängig von zusätzlichen Virulenzfaktoren wie z.B. dem Intimin, als potenziell humanpathogen. Die aus dem Nachweis von STEC resultierende Beurteilung „geeignet, die Gesundheit zu schädigen" sollte sich auf verzehrsfertige Lebensmittel beschränken. Zusätzlich sind je nach Situation Verfolgsuntersuchungen durchzuführen.

Aufgrund der Virulenz der STEC werden nach der Biostoffverordnung seit dem 1.4.1999 gezielte Tätigkeiten wie die Isolierung von STEC aus Shigatoxin-positiven Proben sowie deren Bio- und Serotypisierung in Laboratorien der Sicherheitsklasse 3** durchgeführt.

Literatur

1. ABE, A., OBATA, H., MATSUSHITA, S., YAMADA, S., KUDOH, Y., BANGTRAKULNONTH, A., RATCHTRACHENCHAT, O.-A., DANBARA, H.: A sensitive method for the detection of enterotoxigenic *Escherichia coli* by the polymerase chain reaction using multiple primer pairs, Zbl. Bakt. 277, 170-178, 1992
2. ALBERT, M.J., QADRI, F., HAQUE, A., BHUIYAN, N.A.: Bacterial clump formation at the surface of liquid culture as a rapid test for identification of enteroaggregative *Escherichia coli*, J. Clin. Microbiol. 31, 1397-1399, 1993
3. ALTWEGG, M., BOCKEMÜHL, J.: *Escherichia* and *Shigella*, in: Topley & Wilson's Microbiology and Microbial Infections, 9th Edition, Volume 2: Systematic Bacteriology, BALOWS, A., DUERDEN, B.I., volume editors, Arnold, London, 935-967, 1998
4. ANDREWS, W.H., JUNE, G.A., SHERROD, P.S.: *Shigella*, in: Bacteriological Analytical Manual, Food and Drug Administration, publ. by AOAC International, Arlington, USA, 6.01-6.06, 1995
5. BASTIAN, S.N., CARLE, I., GRIMONT, F.: Comparison of 14 PCR systems for the detection and subtyping of stx genes in Shiga-toxin-producing *Escherichia coli*, Res. Microbiol. 149, 457-472, 1998
6. BAUDRY, B., SAVARINO, S.J., VIAL, P., KAPER, J.B., LEVINE, M.M.: A sensitive and specific DNA probe to identify enteroaggregative *Escherichia coli*, a recently discovered diarrheal pathogen, J. Inf. Dis. 161, 1249-1251, 1990
7. BELANGER, S.D., BOISSINOT, M., MENARD, C., PICARD, F.J., BERGERON, M.G.: Rapid detection of Shiga toxin-producing bacteria in feces by multiplex PCR with molecular beacons on the smart cycler, J. Clin. Microbiol. 40, 1436-1440, 2002
8. BELL, C., KYRIAKIDES, A.: *E. coli*: A practical approach to the organism and its control in foods, Blackie Academic & Professional, London, 1998
9. BELLIN, T., PULZ, M., MATUSSEK, A., HEMPEN, H.G., GUNZER, F.: Rapid detection of enterohemorrhagic *Escherichia coli* by real-time PCR with fluorescent hybridization probes, J. Clin. Microbiol. 39, 370-374, 2001
10. BILGE, S.S., CLAUSEN, C.R., LAU, W., MOSELEY, S.: Molecular characterization of a fimbrial adhesin, F1845, mediating diffuse adherence of diarrhea-associated *Escherichia coli* to HEp-2 cells, J. Bacteriol. 171, 4281-4289, 1989
11. BOCKEMÜHL, J., KARCH, H., TSCHÄPE, H.: Zur Situation der Infektionen des Menschen durch enterohämorrhagische *Escherichia coli* (EHEC) in Deutschland 1997, Bundesgesundheitsbl., 41, Oktober-Sonderheft, 2-5, 1998

12. CHAPMAN, P.A.: Verocytotoxin-producing *Escherichia coli*: an overview with emphasis on the epidemiology and prospects for control of *E. coli* O157, Food Control, 6, 187-193, 1995
13. DIN EN ISO 16654: Horizontales Verfahren für den Nachweis von *Escherichia coli* O157, Beuth Verlag, Berlin, 1-14, 2003
14. DIN 10118 (Entwurf): Nachweis von Verotoxin-bildenden *Escherichia* (*E.*) *coli*-Stämmen (VTEC), Beuth Verlag, Berlin, 1-22, 2003
15. DOYLE, M.P., PADHYE, V.V.: *Escherichia coli*, in: Foodborne Bacterial Pathogens, ed. by DOYLE, M.P., Marcel Dekker Inc., Basel, 235-281, 1989
16. FRANKE, J., FRANKE, S., SCHMIDT, H., SCHWARZKOPF, A., WIELER, L.H., BALJER, G., BEUTIN, L., KARCH, H.: Nucleotide sequence analysis of enteropathogenic *Escherichia coli* (EPEC) adherence factor probe and development of PCR for rapid detection of EPEC harboring virulence plasmids, J. Clin. Microbiol. 32, 2460-2463, 1994
17. GUNZBURG, S.T., TORNIEPORTH, N.G., RILEY, L.W.: Identification of enteropathogenic *Escherichia coli* by PCR-based detection of the bundle-forming pilus gene, J. Clin. Microbiol. 33, 1375-1377, 1995
18. KAPER, J.B., O'BRIEN, A.D.: *Escherichia coli* O157:H7 and other Shiga toxin-producing *E. coli* strains, ASM Press, Washington, 1998
19. L 00.00-68, Horizontales Verfahren für den Nachweis von *Escherichia coli* O157 in Lebensmitteln, Beuth Verlag, Berlin, 1-14, 2002
20. L 07.18-1, Nachweis, Isolierung und Charakterisierung Verotoxin-bildender *Escherichia coli* (VTEC) in Hackfleisch mittels PCR- und DNA-Hybridisierungstechnik, Beuth Verlag, Berlin, 1-12, 2002
21. LEHMACHER, A., MEIER, H., ALEKSIC, S., BOCKEMÜHL, J.: Detection of hemolysin variants of Shiga toxin-producing *Escherichia coli* by PCR and culture on vancomycin-cefixime-cefsulodin blood agar, Appl. Environ. Microbiol. 64, 2449-2453, 1998
22. NATARO, J.P., KAPER, J.B.: Diarrheagenic *Escherichia coli*, Clin. Microbiol. Reviews 11, 142-201, 1998
23. NEWLAND, J.W., NEILL, R.J.: DNA probes for shiga-like toxin I and II and for toxin-converting bacteriophages, J. Clin. Microbiol. 26, 1292-1297, 1988
24. REISCHL, U., YOUSSEF, M.T., KILWINSKI, J., LEHN, N., ZHANG, W.L., KARCH, H., STROCKBINE, N.A.: Real-time fluorescence PCR assays for detection of Shiga toxin, intimin, and enterohemolysin genes from Shiga toxin-producing *Escherichia coli*, J. Clin. Microbiol. 40, 2555-2565, 2002
25. REISSBRODT, R.: Isolation and characterization of enterohemorrhagic *Escherichia coli*, Klinicka mikrobiologie 2, 344-351, 1998
26. REISSBRODT, R., SACHSE, U., STEINRÜCK, H., TSCHÄPE, H.: Charakterisierung chromogener Nährmedien von *E. coli* O157:H7/H–, Bundesgesundheitsbl., 41, Oktober-Sonderheft, 36-39, 1998
27. RÜSSMANN, H., SCHMIDT, H., HEESEMANN, J., CAPRIOLI, A., KARCH, H.: Variants of Shiga-like toxin II constitute a major toxin component in *Escherichia coli* O157 strains from patients with a haemolytic uraemic syndrome, J. Med. Microbiol. 40, 338-343, 1994
28. SCHMIDT, H., KNOP, C., FRANKE, S., ALEKSIC, S., HEESEMANN, J., KARCH, H.: Development of PCR for screening of enteroaggregative *Escherichia coli*, J. Clin. Microbiol. 33, 701-705, 1995
29. SCHMIDT, H., RÜSSMANN, H., SCHWARZKOPF, A., ALEKSIC, S., HEESEMANN, J., KARCH, H.: Prevalence of attaching and effacing *Escherichia coli* in stool samples from patients and controls, Zbl. Bakt. 281, 201-213, 1994

30. SETHABUTR, O., VENKATESAN, M., MURPHY, G.S., EAMPOKALAP, B., HOGE, C.W., ECHEVERRIA, P.: Detection of shigellae and enteroinvasive *Escherichia coli* by amplification of the invasion plasmid antigen H DNA sequence in patients with dysentery, J. Inf. Dis. 167, 458-461, 1993
31. STACY-PHIPPS, S., MECCA, J.J., WEISS, J.B.: Multiplex PCR assay and simple preparation method for stool specimens detect enterotoxigenic *Escherichia coli* DNA during course of infection, J. Clin. Microbiol. 33, 1054-1059, 1995
32. VENKATESAN, M.M., BUYSSE, J.M., KOPECKO, D.J.: Use of *Shigella flexneri ipaC* and *ipaH* gene sequences for the general identification of *Shigella* spp. and enteroinvasive *Escherichia coli*, J. Clin. Microbiol. 27, 2687-2691, 1989

3.1.5 Andere Enterobacteriaceen und so genannte Opportunisten
(STILES, 1989, BOCKEMÜHL, 1992)

Gelegentlich sind in Fällen von Erkrankungen nach dem Verzehr von Lebensmitteln Arten der Genera *Proteus, Providencia, Citrobacter, Klebsiella, Enterobacter* und *Edwardsiella* isoliert worden. Diese Erkrankungen traten bisher begrenzt auf, und es waren immer nur einzelne Stämme der Erreger, die unter ganz bestimmten Bedingungen pathogen waren. Solche Bakterien werden in der medizinischen Mikrobiologie als „opportunistische“ Bakterien bezeichnet. In den letzten Jahren kam es besonders durch einzelne Stämme von *Citrobacter freundii* zu Erkrankungen.

□ *Citrobacter freundii*

Stämme der Gattung *Citrobacter* sind normale Darmbewohner des Menschen sowie warm- und kaltblütiger Tiere. Unterschieden werden die Arten *C. freundii, C. diversus* (syn. *koseri*), *C. amalonaticus, C. farmeri, C. braakii, C. werkmanii, C. sedlakii* und *C. youngae* (BRENNER et al., 1993). Nur einzelne Stämme von *C. freundii* sind in früheren Studien bereits wiederholt als Durchfallerreger beschrieben worden (SCHMIDT et al., 1993, JANDA et al., 1994, THURM und GERICKE, 1994). Aus rohem Rinderhack und Patientenstühlen wurden *C. freundii*-Stämme isoliert, die eine Variante des bei enterohämorrhagischen *E. coli* (EHEC) vorkommenden Shiga-like Toxins II (SLT II = Stx2) produzierten (SCHMIDT et al., 1993). Zu einem größeren Ausbruch durch Shiga-like Toxin produzierende *C. freundii* kam es 1993 in einem Kindergarten in der Nähe von Wernigerode, bei dem von 36 Infizierten 9 Kinder an einem hämolytisch-urämischen Syndrom (HUS) erkrankten, ein Kind verstarb. Ursache der Infektion war Butter, die frische Petersilie enthielt. Die Petersilie war mit Schweinegülle gedüngt worden (TSCHÄPE et al., 1995). Aufgrund der bisherigen Kenntnisse führen nur bestimmte Stämme von *C. freundii* zur „Lebensmittelvergiftung“. Allein der Nachweis von *C. freundii* rechtfertigt keine Ablehnung der Produkte, nachzuweisen ist immer die Bildung von Toxinen.

Nachweis von *Citrobacter freundii*

- Kulturell und biochemisch
  C. freundii wächst auf allen in der *Enterobacteriaceae*-Diagnostik üblichen Nährböden und wird häufiger auch beim Nachweis der Salmonellen festgestellt (auch Agglutination mit omnivalenten/polyvalenten Salmonella-Antiseren). Eine Identifizierung erfolgt biochemisch (z. B. API 20E).
- Nachweis über Zellkulturen, immunologisch, Gensonde, PCR (SCHMIDT et al., 1993)

Literatur

1. BOCKEMÜHL, J.: Gattung *Citrobacter*, in: Mikrobiologische Diagnostik, herausgegeben von BURKHARDT, F., Georg Thieme Verlag Stuttgart, 145, 1992
2. BRENNER, D.J., GRIMONT, P.A., STEIGERWALT, A.G., FANNING, G.R., AGERON, E., RIDDLE, C.F.: Classification of *Citrobacter* by DNA hybridization; Designation of *Citrobacter farmeri* sp. nov., *Citrobacter youngae* sp. nov., *Citrobacter braakii* sp. nov., *Citrobacter werkmanii* sp. nov., *Citrobacter sedlakii* sp. nov., and three unnamed *Citrobacter genomospecies*, Int. J. Syst. Bacteriol. 43, 645–658, 1993
3. JANDA, J.M., ABBOTT, S.L., CHEUNG, W.K.W., HANSON, D.F.: Biochemical identification of *Citrobacter* in the clinical laboratory, J. Clin. Microbiol. 32, 1850–1854, 1994
4. SCHMIDT, H., MONTAG, M., BOCKEMÜHL, J., HEESEMANN, J., KARCH, H.: Shiga-like toxin II-related cytotoxins in *Citrobacter freundii* strains from humans and beef samples, Infect. Immun. 61, 534–543, 1993
5. STILES, M.E.: Less recognized or presumptive foodborne pathogenic bacteria, in: Foodborne bacterial pathogens, ed. by M.P. Doyle, Marcel Dekker, Inc., Basel, 673–733, 1989
6. THURM, V., GERICKE, B.: Identification of infant food as a vehicle in a nosocomial outbreak of *Citrobacter freundii*: epidemiological subtyping by allozyme, whole-cell protein and antibiotic resistance, J. Appl. Bacteriol. 76, 553–558, 1994
7. TSCHÄPE, H., PRAGER, R., STRECKEL, W., FRUTH, A., TIETZE, E., BÖHME, G.: Verotoxinogenic *Citrobacter freundii* associated with severe gastroenteritis and cases of haemolytic uraemic syndrome in a nursery school: green butter as the infection source, Epidemiol. Infect. 114, 441–450, 1995

3.1.6 Vibrio-Spezies

(ELLIOT et al., 1995, ICSMF, 1996, OLIVER und KAPER, 1997, VENKATESWARAN, 1999, EUROPEAN COMMISSION, 2001, FARMER et al., 2003)

Eigenschaften

Zur Gattung *Vibrio* werden mehr als 30 Arten gezählt, von denen 12 als obligat oder fakultativ pathogen für den Menschen angesehen werden (Tab. III.3-7). Die größte Bedeutung haben *V. cholerae* O1 und O139, die Erreger der Cholera, sowie weiter *V. parahaemolyticus* und *V. vulnificus*. Lebensmittel oder Trinkwasser kommen als Überträger für *V. cholerae*, *V. parahaemolyticus*, *V. vulnificus*, *V. mimicus*, *V. fluvialis*, *V. furnissii*, *V. hollisae*, *V. metschnikovii* und *V. cincinnatiensis* in Frage. *V. alginolyticus* führt gelegentlich zu Wundinfektionen bei Badenden in salzhaltigen Gewässern, ebenso wie sehr selten *V. damsela* und *V. carchariae* (= *V. harveyii*). Der Bedeutung als lebensmittelübertragene Krankheitserreger entsprechend werden in diesem Kapitel schwerpunktmäßig die Arten *V. cholerae*, *V. parahaemolyticus* und *V. vulnificus* behandelt.

Tab. III.3-7: *Vibrio*-Spezies mit pathogener Bedeutung für den Menschen (nach OLIVER und KAPER, 1997)

Spezies	Krankheitsbilder	Übertragung
V. cholerae O1, O139	Cholera, akute wässrige Gastroenteritis	Trinkwasser, Lebensmittel
V. cholerae non-O1, non-O139	generell apathogen, selten Enteritis, Wundinfektionen, Sepsis bei Immungeschwächten	Trinkwasser, Lebensmittel, Badeinfektionen
V. parahaemolyticus	wässrige Gastroenteritis, aber nur pathogene Stämme!	Lebensmittel
V. vulnificus	Sepsis, primäre und sekundäre Muskelnekrosen, selten Durchfall	Austern, Wundinfektionen
V. mimicus	selten Gastroenteritis, Wundinfektionen	Lebensmittel
V. fluvialis	selten Gastroenteritis	Lebensmittel
V. furnissii	Gastroenteritis?, fraglich	Lebensmittel
V. hollisae	selten Gastroenteritis	Lebensmittel
V. alginolyticus	Wundinfektionen	Badeinfektionen

Tab. III.3-7: *Vibrio*-Spezies mit pathogener Bedeutung für den Menschen (nach OLIVER und KAPER, 1997) (Forts.)

Spezies	Krankheitsbilder	Übertragung
V. damsela	Wundinfektionen	Badeinfektionen
V. metschnikovii	sehr fragliche Bedeutung bei Immunsupprimierten: Sepsis, Enteritis	Lebensmittel?
V. cincinnatiensis	sehr fragliche Bedeutung bei Immunsupprimierten: Sepsis, Enteritis	Lebensmittel?
V. carchariae (= *V. harveyii*)	Wundinfektionen	Badeinfektionen

Vibrionen sind gramnegative kokkoide bis ausgeprägte Stäbchenbakterien (Länge 1,4–2,6 μm, Breite 0,5–0,8 μm), gelegentlich leicht gebogen („Kommabakterien"). Sie sind fakultativ anaerob, Oxidase-positiv (Ausnahme *V. metschnikovii*) und beweglich mit überwiegend polarer Begeißelung. Glukose wird ohne oder bei *V. furnissii* mit wenig Gasbildung fermentiert. Nur *V. cholerae* und *V. mimicus* vermögen sich in Medien ohne NaCl zu vermehren; im Übrigen ist ein Salzgehalt von 0,5–3 % NaCl notwendig zum Wachstum und förderlich für das Überleben der Keime am natürlichen Standort. Die Hitzeinaktivierung erfolgt bei 60 °C über 15–30 min bzw. bei 100 °C über 5 min; die Hitzeempfindlichkeit kann aber je nach Art des Lebensmittels und Kochsalzgehalt variieren. Für die Lebensmittelmikrobiologie wichtige Wachstumsparameter sind in Tab. III.3-8 zusammengefasst.

Tab. III.3-8: Wachstumsbereiche von *V. cholerae*, *V. parahaemolyticus* und *V. vulnificus* (nach ICMFS, 1996, EUROPEAN COMMISSION, 2001)

	V. cholerae		*V. parahaemolyticus, V. vulnificus*	
	Optimum	Toleranz	Optimum	Toleranz
Temperatur (°C)	37	10–43	37	(5–)10–43
pH	7,6	5,0–9,6	7,5–8,5	4,8–10,0
a_W-Wert	0,984	0,970–0,998	0,981	0,940–0,996
Atmosphäre	aerob	anaerob-aerob	aerob	anaerob-aerob
NaCl (%)	0,5	0–4,0	3	0,5–5,0 (*V.p.* 10,0)

Vorkommen

Vibrionen haben ihren natürlichen Standort im aquatischen Milieu. Mit Ausnahme der nicht halophilen Spezies *V. cholerae* und *V. mimicus* kommen die übrigen Arten wegen ihres NaCl-Bedürfnisses in Brack- und Meerwasser vor, insbesondere in den mit organischer Materie angereicherten Mündungstrichtern der Flüsse, in Lagunen und Nehrungen, oder in den Küstengewässern. Optimal für alle *Vibrio*-Arten ist ein Salzgehalt von ≥1 % NaCl. Vibrionen leben meist in Gemeinschaft mit Zooplankton (kleine Krustazeenarten), deren Darm und Oberfläche sie besiedeln. Bei sinkenden Wassertemperaturen (unter 10 °C) verschwinden Vibrionen aus der Wassersäule und sind bei weiter sinkenden Temperaturen auch nach Anreicherung größerer Wassermengen nicht mehr nachweisbar. Sie gehen dann in einen Ruhezustand über, in dem sie im Sediment oder auf Zooplankton die kalte Jahreszeit überleben, jedoch nicht mehr anzüchtbar sind („Viable but non-culturable", VBNC). Bei steigenden Wassertemperaturen und Zunahme ihrer Wirte erscheinen sie wieder und sind ab Temperaturen von etwa 20 °C meist reichlich im Oberflächenwasser nachweisbar. So entsteht eine Saisonalität, die durch die Faktoren NaCl-Gehalt und Wassertemperatur beeinflusst wird. Während in den gemäßigten Klimazonen die kältere Jahreszeit zum Verschwinden der Vibrionen an ihren Standorten beiträgt, sind es in den tropischen Gebieten häufig die Monsunregen mit einem deutlichen Rückgang des NaCl-Gehaltes in den Lagunengewässern.

Vibrio cholerae

V. cholerae (und *V. mimicus*) unterscheiden sich von den halophilen *Vibrio*-Spezies u. a. dadurch, dass sie nicht auf NaCl zum Wachstum angewiesen sind und dementsprechend auch im Süßwasser natürlicherweise vorkommen. Sie sind biochemisch sehr nahe verwandt; *V. mimicus* fermentiert keine Saccharose und bildet meist kein Acetoin aus Glukose in der Voges-Proskauer-Reaktion (vgl. Tab. III.3-9).

V. cholerae ist weltweit in Süß- und Brackwasser verbreitet und nur wenige Stämme sind als Krankheitserreger einzustufen, von denen die wichtigsten die Erreger der Cholera sind.

Choleraerreger gehören zu zwei distinkten serologischen O-Gruppen von *V. cholerae*, den Gruppen O1 und O139. Die Bestimmung erfolgt durch Objektglasagglutination; die diagnostischen Seren sind im Handel erhältlich (siehe Anhang). Allerdings sind nicht alle Umweltisolate von *V. cholerae* O1 Toxinbildner und andererseits können verschiedene Pathogenitätsfaktoren der Choleraerreger auch bei Isolaten vorkommen, die nicht zu den Gruppen O1 und O139 gehören. Deshalb sollten Stämme, die serologisch als *V. cholerae* O1 oder O139 bestimmt worden sind oder sonstige, aus epidemiologischen Gründen verdächtige Isolate von *V. cholerae* an einem Referenzzentrum zusätzlich auf Fähigkeit zur Bildung von Choleratoxin (Ctx) oder Anwesenheit der *ctx*-Gene untersucht werden. Eine weitere Unterscheidung von Choleraerregern in die Biotypen Cholerae und Eltor bzw. die serologische Unterteilung der O-Gruppe 1 in die Serotypen Inaba, Ogawa und Hikojima hat epidemiologisches Interesse, ist aber nicht für die pathogenetische Bewertung eines Isolates von Bedeutung.

Die Pathogenität der Choleraerreger ist eine erworbene Eigenschaft, bei der in komplexer Weise verschiedene, durch temperente Phagen induzierte Virulenzfaktoren zusammenwirken. Wichtigster Faktor ist das Choleraenterotoxin (Ctx), dessen Gene auf einem im Chromosom integrierten filamentösen Bakteriophagen (CTXΦ) gelegen sind. Rezeptor für diesen Phagen ist auf der Bakterienoberfläche der Toxin-Coregulierte Pilus (CTP), der wiederum Teil eines zweiten, eine große Pathogenitätsinsel (VPI) kodierenden temperenten Phagen ist. Das bedeutet, dass alle Virulenzfaktoren auf mobilen genetischen Elementen kodiert sind und damit in der Umwelt auch *V. cholerae*-Stämme gefunden werden, die nur einzelne oder inkomplett exprimierte Virulenzfaktoren besitzen. Dies erklärt weiterhin, warum gelegentlich sporadische Erkrankungen oder Ausbrüche diagnostiziert werden, bei denen keine typischen Choleraerreger beteiligt sind. Alle Stämme von *V. cholerae*, die epidemische oder pandemische Ausbreitung gezeigt haben, besitzen aber sowohl die Pathogenitätsinsel VPI als auch den Choleratoxin-kodierenden Phagen CTXΦ, und sie gehören serologisch zu den Gruppen O1 oder O139.

Die Unterscheidung, ob es sich um pathogene (Toxin bildende) oder apathogene Stämme von V. cholerae handelt, ist also grundsätzlich bei der Beurteilung von Isolaten aus Lebensmitteln oder Trinkwasser zu treffen!

Krankheitserscheinungen: Die Inkubationszeit der Cholera beträgt 2–5 Tage. Nach Aufnahme der Choleravibrionen mit Trinkwasser oder Lebensmitteln adhärieren die Erreger an der Dünndarmschleimhaut. Sie dringen nicht in die Darmwand ein. Choleratoxin und evtl. weitere Toxine unterbrechen den Ionentransport durch die Darmepithelzellen; hierbei kommt es in den sekretorischen Darmkrypten zur gesteigerten Ausschleusung von Chloridionen und im Bereich der Villusspitzen zur Hemmung der Absorption von Cl^-- und Na^+-Ionen. Der Verlust an Elektrolyten hat aus osmotischen Gründen einen zusätzlichen enormen Wasserverlust zur Folge. Die Cholera ist somit klinisch gekennzeichnet durch einen profusen wässrigen Durchfall mit Erbrechen und Exsikkose des Patienten. Fieber fehlt stets. Die Therapie besteht im Ersatz der Flüssigkeits- und Elektrolytverluste durch Infusion oder orale Trinklösungen, kombiniert mit Antibiotikamedikation (Tetrazyklin, Ciprofloxacin).

Vibrio parahaemolyticus

V. parahaemolyticus gehört zu den halophilen Vibrionen und benötigt 1–3 % NaCl zum Wachstum und längeren Überleben. Seinem natürlichen Vorkommen in salzhaltigem Wasser vor allem der Küstenregionen entsprechend erfolgt die Übertragung überwiegend durch Krustazeen, Muscheln und Fische, die vor dem Verzehr unzureichend erhitzt oder nach dem Erhitzen rekontaminiert wurden. Entsprechend dem Wärmebedürfnis der Vibrionen treten Infektionen in den warmen Klimazonen häufiger auf als in gemäßigten Zonen, in denen sie meist eine ausgesprochene Saisonalität zeigen. In Japan ist *V. parahaemolyticus* in vielen Jahren der häufigste bakterielle Enteritiserreger. Auch in deutschen Gewässern werden die Keime im Sommer nachgewiesen, so an der Nordseeküste, in der Ostsee und in dem den Gezeiten unterworfenen Unterlauf der Elbe zwischen Hamburg und der Mündung.

V. parahaemolyticus-Isolate von Patienten besitzen in über 90 % eine hämolysierende Eigenschaft, die bereits in den 1960er Jahren auf einem Spezialagar, dem Wagatsuma-Agar nachgewiesen und als Kanagawa-Phänomen (KP^+) bezeichnet wurde. Während die Korrelation von > 90 % KP^+-Stämmen bei Patienten im Gegensatz zu < 1 % KP^+ bei Umweltisolaten in allen Teilen der Welt bestätigt werden konnte, gab es bei der Aufklärung der Pathogenese erst in den letzten Jahren Fortschritte, aber noch keinen Abschluss.

V. parahaemolyticus hat mindestens 4 hämolysierende Komponenten, von denen jedoch nur das TDH (Thermostable Direct Hemolysin) sowie ein diesem Protein verwandtes Hämolysin TRH (TDA-related Hemolysin) als Virulenzfaktoren für die Durchfallerkrankung als gesichert gelten können; sie stimulieren die Sekretion von Chloridionen in das Darmlumen mit gleichzeitigem Flüssigkeitsverlust. TDH, nicht aber TRH, verursacht phänotypisch das Kanagawa-Phänomen (K^+); beide kommen nur selten gemeinsam in einem Stamm vor. Der Nachweis der Hämolysine erfolgt durch Nachweis der Gene *tdh* und *trh* mittels PCR; zum Nachweis des TDH ist auch ein kommerzieller Test erhältlich (siehe Anhang).

Da auch weitere Virulenzfaktoren am Zustandekommen der Durchfallerkrankung beteiligt sein können und die Pathogenese nicht restlos geklärt ist, besteht Unsicherheit bezüglich der Bewertung von Nachweisen von *V. parahaemolyticus* in Lebensmitteln. In den USA wurde für Fischerei-Fertigprodukte im Anhang 5 der FDA und EPA Guidance Levels (Stand: Januar 1998) ein Toleranzwert von 10^4/g *V. parahaemolyticus* (K^+ **und** K^-) festgelegt (Fish and Fishery Products Hazards and Control Guide); die von der ICSMF (1986), Großbritannien und den Niederlanden angegebenen Richtwerte für verschiedene Fischereiprodukte liegen bei ≤100 *V. parahaemolyticus*/g mit Grenzwerten bei 10^3/g (EUROPEAN COMMISSION, 2001).

Solange für Europa keine verbindlichen Standards festgelegt sind, sollte in Übereinstimmung mit Empfehlungen der Europäischen Kommission (2001) sowie dem Beschluss der 51. Arbeitstagung des Arbeitskreises Lebensmittelhygienischer Tierärztlicher Sachverständiger (1998) gefordert werden, dass beim Nachweis von V. parahaemolyticus auf TDH und TRH zu untersuchen ist und keine TDH/TRH-positiven Stämme nachweisbar sein dürfen.

Die typische Erkrankung durch *V. parahaemolyticus* ist gekennzeichnet durch eine Gastroenteritis mit wässrigem Durchfall, Darmkrämpfen, Erbrechen und ggf. Fieber. Die Inkubationszeit liegt zwischen 4 Stunden und 4 Tagen. Hierzulande erworbene Infektionen sind offensichtlich extrem selten; den Autoren ist nur ein einziger solcher Enteritisfall bekannt.

Vibrio vulnificus

Auch *V. vulnificus* ist ein halophiler *Vibrio* mit ähnlichen ökologischen und bakteriologischen Eigenschaften wie *V. parahaemolyticus*. Orale Infektionen erfolgen fast stets über Muscheln, insbesondere rohe Austern; andere Fischereiprodukte sind von geringer Bedeutung. Mit biochemischen Tests können drei Biogruppen unterschieden werden, von denen Stämme der Biogruppe 1 die meisten Infektionen beim Menschen verursachen. Biogruppe 2 ist vor allem fischpathogen und führt zu Verlusten in Aalkulturen. Stämme der Biogruppe 3 sind bisher nur in Israel nachgewiesen worden und haben dort bei Arbeitern in Fischkulturen zu Wundinfektionen und Bakteriämie geführt (Tab. III.3-12).

Im Gegensatz zu *V. cholerae* und *V. parahaemolyticus* führt *V. vulnificus* nur ausnahmsweise zur Darmerkrankung, sondern er ist primär ein invasiver Keim, der Sepsis und Wundinfektionen verursacht. Primäre septikämische Verläufe sind mit einer Letalität von etwa 50 % belastet; sie treten innerhalb von 24 Std. nach Genuss kontaminierter Austern und Muscheln auf und betreffen in erster Linie immunkompromittierte oder durch schwere Grundleiden (vor allem Leberzirrhose, Virushepatitis) resistenzgeminderte Patienten oder Personen mit erhöhten Eisenwerten im Blut. Bei Badeverletzungen im Meer oder beim Umgang mit kontaminierten Muscheln kann es zu Wundinfektionen kommen, die unterschiedliche Schweregrade erreichen können, von der oberflächlichen Infektion bis hin zum ödematösen und nekrotisierenden Verlauf, der chirurgischer Behandlung bedarf.

V. vulnificus produziert eine Reihe gewebezerstörender Proteine und Exoenzyme, vor allem ein extrazelluläres Hämolysin/Zytolysin. Er besitzt weiterhin Eisentransportsysteme (Siderophore) und Zellwand-Polysaccharide mit ausgeprägter endotoxischer Wirkung. Untersuchungen an Isolaten aus der Umwelt bzw. von Patienten haben keine wesentlichen Unterschiede bezüglich der Anwesenheit der bekannten Virulenzfaktoren gezeigt, so dass jedes Isolat aus

Lebensmitteln oder Umweltmaterial als potenziell pathogen angesehen werden muss. *V. vulnificus* bildet allerdings eine Kapsel aus sauren Polysacchariden, die die Erreger bei der Infektion vor der Phagozytose durch polymorphkernige Leukozyten schützt. Kapsel tragende Zellen mutieren spontan in unbekapselte Formen, die als avirulent angesehen werden. Bekapselte Zellen bilden in der Kultur milchige, undurchsichtige („opake") Kolonien, während unbekapselte Zellen zu flachen, durchsichtigen Kolonien auswachsen. Bei der primären Anzucht zeigt sich häufig eine Mischung beider Kolonieformen, die nicht mit einer Mischkultur oder Verunreinigung verwechselt werden darf.

Isolierung

Vorbemerkung

Die einzige existierende internationale Norm betreffend den Nachweis von Vibrionen in Lebensmitteln ist ISO 8914 aus dem Jahre 1990 (General guidance for the detection of *Vibrio parahaemolyticus*), die der Überarbeitung bedarf. Eine ISO-Arbeitsgruppe (ISO/TC34/SC9) befasst sich mit diesem Thema. Ergebnisse zur Publikation liegen noch nicht vor, allerdings wird von der Tendenz her die in Abb. III.3-6 dargestellte zweistufige Anreicherung favorisiert. Standard-Arbeitsanweisungen wurden von der FDA (ELLIOT et al. 1995) und vom Nordic Committee on Food Analysis (1997) publiziert. In der vorliegenden Arbeit wird versucht, unter Berücksichtigung der Fachliteratur sowie publizierter Arbeitsanweisungen und Empfehlungen ein *für das Routinelabor praktikables Vorgehen* zum Nachweis und zur Identifizierung von Vibrionen in Lebensmitteln zu beschreiben.

Probenvorbereitung

Geeignet sind bei Fischen Haut, Darm und Kiemen, bei Krustazeen das ganze Tier oder der zentrale Teil mit Kopf, Kiemen und Darm, und bei Muscheln mehrere Tiere ohne Schalen. Große Probenstücke werden zerkleinert. Zum qualitativen Nachweis werden 25 g in einen Stomacherbeutel oder ein Gefäß zum Homogenisieren eingewogen und nach Zugabe von 225 ml ASPW (s. u.) für 2 min homogenisiert. Zur Untersuchung **frischer** Austern soll eine Probenmenge von 50 g vorbereitet werden, da die nachfolgende Anreicherung bei zwei Temperaturen (37 °C und 42 °C) erfolgt.

Zur quantitativen Untersuchung auf *V. cholerae, V. parahaemolyticus* und *V. vulnificus* werden nach FDA (1995) 50-g-Mengen in 450 ml phosphatgepufferter NaCl-Lösung (PBS) homogenisiert. Wenn Behälter in dieser Größe nicht zur Verfügung stehen, kann in zwei Schritten vorgegangen werden: zunächst 50 g Probenmenge in 50 ml PBS homogenisieren (1:2) und anschließend hiervon 20 g in 80 ml PBS geben (1:5; Gesamtverdünnung 1:10).

Anreicherung (nach FDA [ELLIOT et al., 1995])

Zur Anreicherung pathogener Vibrionen eignet sich Alkalisches Salinisches Peptonwasser (pH 8,5 ± 0,2; ASPW). Bei tiefgefrorenen oder gekühlten Proben sollte der Ansatz vor der Bebrütung zunächst für ca. 1 Std. bei Raumtemperatur gehalten werden. Zum qualitativen Nachweis werden die Anreicherungskulturen bei 37 °C bebrütet. Subkulturen auf feste Nährböden werden nach 6–8 Std. sowie nach 16–24 Std. angelegt (vgl. Abb. III.3-5). Frische Austern werden in zwei Parallelansätzen bei 37 °C und 42 °C bebrütet.

Zur quantitativen Untersuchung auf *V. parahaemolyticus* und *V. vulnificus* wird nach FDA (1995) eine Verdünnungsreihe (10^{-2}, 10^{-3} ...) der 1:10-Probenverdünnung in PBS angelegt und hiervon werden pro Verdünnungsstufe je 1 ml in 3 Röhrchen mit 9 ml ASPW pipettiert (MPN). Die Kulturen werden 16–24 Std. bei 37 °C bebrütet. Zur quantitativen Untersuchung auf *V. cholerae* kann analog verfahren werden. Anschließend erfolgt die Subkultur auf feste Nährböden. Zur Bestimmung der Gesamtzahl an Vibrionen können pro Verdünnungsstufe 0,1-ml-Mengen auf je 3 Platten TCBS-Agar ausgespatelt werden.

Als Selektivnährboden für Vibrionen eignet sich Thiosulfate-Citrate-Bile salts-Sucrose-Agar (TCBS). Bei gezielter, vor allem bei quantitativer Untersuchung auf *V. vulnificus* sollte modifizierter Cellobiose-Polymyxin B-Colistin-Agar (mCPC) verwendet werden.

Anreicherung im zweistufigen Verfahren (Vorschlag ISO)

Nach dem derzeitigen Stand der Empfehlungen des ISO/TC34/SC9 N566 (Stand: 28.08.2002) werden frische Produkte für 6 Std. ± 30 min bei 41,5 °C ± 1 °C bzw. tiefgefrorene Produkte bei 37 °C ± 1 °C bebrütet. Nach dieser Bebrütung erfolgt eine Subkultur auf je eine Platte TCBS-Agar und ein zusätzliches Selektivmedium. Gleichzeitig wird 1 Öse Anreicherungskultur von der Oberfläche entnommen und in 10 ml ASPW geimpft. Die 2. Anreicherungskultur wird 18 Std. ± 1 Std. bei 37 °C bebrütet mit anschließender Subkultur auf feste Selektivnährböden.

Kommentar der Autoren: Der Begriff „frische“ Produkte ist noch nicht definiert. Wegen der Kälteempfindlichkeit von Vibrionen halten wir es für angebracht, auch längere Zeit gekühlte Produkte den tiefgefrorenen gleichzusetzen und bei 37 °C anzureichern. Bei tiefgefrorenen Produkten sollte die Anreicherungskultur vor der Bebrütung für ca. 1 Std. bei Raumtemperatur gehalten werden, um kältegestresste Vibrionen langsam an Vermehrungstemperaturen zu gewöhnen.

Mit der zweistufigen Anreicherung hat der Erstautor seit 30 Jahren gute Erfahrungen bei Stuhl-, Wasser- und Lebensmittelproben gemacht. Wir empfehlen jedoch statt 1 Öse ein Volumen von 0,1 ml von der Oberfläche der Erstanreicherung zu entnehmen und in 10 ml ASPW (Zweitanreicherung) zu pipettieren (1:100).

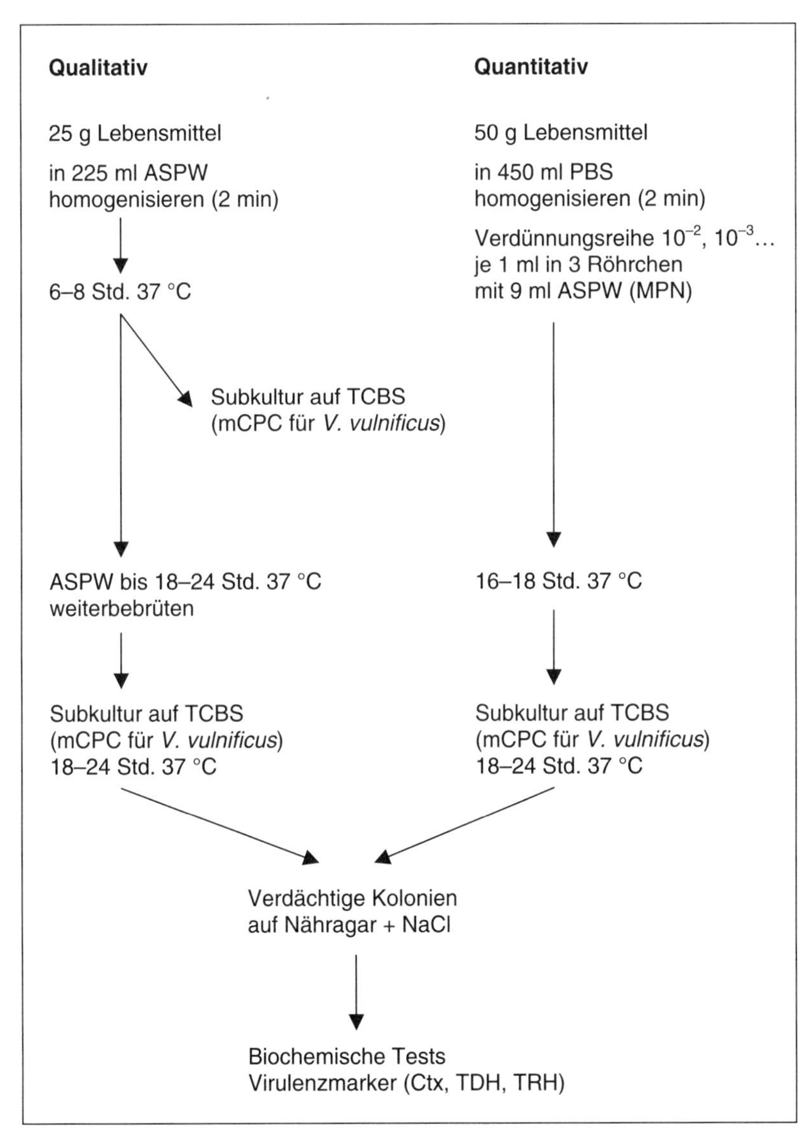

Abb. III.3-5: Untersuchung von Lebensmitteln auf *V. cholerae*, *V. parahaemolyticus* und *V. vulnificus* (nach FDA [ELLIOT et al., 1995])

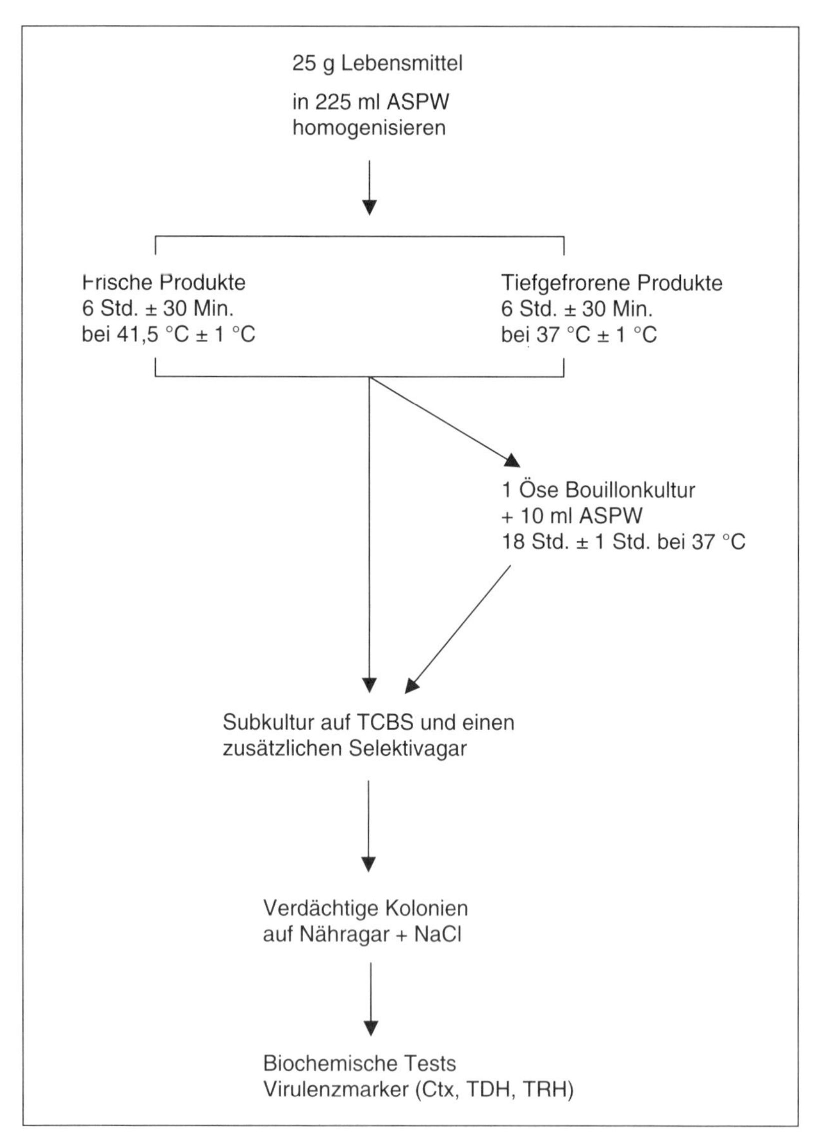

Abb. III.3-6: Qualitative Untersuchung von Lebensmitteln auf *V. cholerae, V. parahaemolyticus* und *V. vulnificus* mit zweistufiger Anreicherung

Identifizierung

Je nach der Fähigkeit zur Saccharoseverwertung wachsen Vibrionen auf TCBS-Agar mit gelben oder grünen Kolonien. *V. hollisae, V. damsela, V. metschnikovii* und *V. cincinnatiensis* zeigen ein sehr verzögertes, schwaches Wachstum oder entwickeln sich gar nicht. Der TCBS-Agar verschiedener Hersteller kann sehr unterschiedliche Selektivität aufweisen und damit das Wachstum von Vibrionen im Hinblick auf Zahl und Größe der Kolonien stark beeinflussen (Tab. III.3-10).

Auf mCPC-Agar wächst *V. vulnificus* mit flachen, gelben (Cellobiose-positiv) Kolonien, die ein opakes Zentrum und durchscheinende Ränder haben. Auch *V. cholerae* kann auf diesem Nährboden angezüchtet werden, allerdings ist das Wachstum u. U. gehemmt; die Kolonien haben eine violette Farbe (Cellobiose-negativ). Für die übrigen *Vibrio*-Spezies ist der Nährboden wegen des Antibiotikagehalts ungeeignet; sie werden stark gehemmt oder wachsen gar nicht.

TCBS- und mCPC-Agar eignen sich nicht gut für die Prüfung der Oxidasereaktion; sie ist bei gelben Kolonien (Säurebildung) negativ. Auch die Objektglasagglutination mit *V. cholerae*-Seren ist u. U. schwierig zu beurteilen. Zur weiteren Untersuchung und zur Prüfung der Reinheit sollte deshalb eine Subkultur auf nicht selektivem Nähragar mit ≥ 0,5 % (optimal 3 %) NaCl angelegt werden.

Die Speziesdifferenzierung erfolgt mit biochemischen Tests. Hierbei ist zu beachten, dass automatisierte Systeme u. U. nicht alle Vibrionenarten in ihrer Datenbank berücksichtigt haben. Außerdem müssen Suspensionen zur Beimpfung der Systeme mit 0,85 % NaCl (*V. cholerae, V. mimicus*), besser mit 2 % NaCl-Zusatz (alle Vibrionenarten) hergestellt werden.

Nach FARMER et al. (2003) können Vibrionen orientierend mit den in Tab. III.3-11 angegebenen Reaktionen bestimmten Speziesgruppen zugeordnet werden. Eine endgültige Differenzierung erfolgt mit den in Tab. III.3-9 aufgelisteten Tests.

Zum Nachweis der Virulenzfaktoren kommen phänotypische und genotypische Verfahren in Frage, die in Tab. III.3-13 mit Angabe kommerzieller Anbieter bzw. der Literaturstelle zusammengefasst sind.

Tab. III.3-9: Differenzierung der 12 medizinisch relevanten *Vibrio*-Spezies (gekürzt nach FDA, 1995, FARMER et al., 2003)

Test/*Vibrio*	*cholerae*	*mim*	*metsch*	*cincinn*	*hollisae*	*dams*	*fluv*	*furn*	*algi*	*para*	*vul*	*harv*
Oxidase	+	+	–	+	+	+	+	+	+	+	+	+
L-Lysin	+	+	d	d	–	d	–	–	+	+	+	+
L-Ornithin	+	+	–	–	–	–	–	–	d	+	d	–
L-Arginin	–	–	d	–	–	+	+	+	–	–	–	–
Wachstum in Bouillon mit												
0 % NaCl	+	+	–	–	–	–	–	–	–	–	–	–
3 % NaCl	+	+	+	+	+	+	+	+	+	+	+	+
7 % NaCl	d	d	d	+	d	+	+	+	+	+	d	+
10 % NaCl	–	–	–	–	–	–	–	–	d	–	–	–
Glukose	+	+	+	+	+	+	+	+	+	+	+	+
Gas	–	–	–	–	–	–	–	+	–	–	–	–
Laktose	–	d	d	–	–	–	–	–	–	–	(+)	–
Saccharose	+	–	+	+	–	–	+	+	+	–	d	d
L-Arabinose	–	–	–	+	+	–	+	+	–	(+)	–	–
Cellobiose	–	–	–	+	–	–	d	–	–	–	+	d
D-Mannit	+	+	+	+	–	–	+	+	+	+	d	d
Salicin	–	–	–	+	–	–	–	–	–	–	+	–
ONPG	+	+	d	(+)	–	–	d	d	–	–	(+)	–
Indol	+	+	d	–	+	–	d	–	(+)	+	+	+
Voges-Proskauer	(+)	–	+	–	–	+	–	–	+	–	–	d
Wachstum bei 42 °C	+	+	d	–	?	–	d	–	+	+	+	d
Sensitivität gegen O/129												
10 µg	S	S	S	R	?	S	R	R	R	R	S	R
150 µg	S	S	S	S	?	S	S	S	S	S	S	S

+ = ≥90 % positiv; (+) = 75–89 % positiv; d = 11–74 % positiv; – = ≤10 % positiv;
S = sensibel; R = resistent; ? = nicht bekannt
Voges-Proskauer-Reaktion: Bebrütung bis 3 Tage bei Raumtemperatur; Methode nach BARRIT
Lysin, Ornithin, Arginin: ggf Methode nach SMITH & BHAT-FERNANDEZ verwenden (siehe Anhang)

Tab. III.3-10: Wachstum von *Vibrio*-Spezies auf TCBS-Agar (nach FARMER et al., 2003)

Spezies	Koloniefarbe	Wachstum
V. cholerae	gelb	+++
V. mimicus	grün	+++
V. parahaemolyticus	grün	+++
V. vulnificus	grün	+++
V. alginolyticus	gelb	+++
V. fluvialis	gelb	+++
V. furnissii	gelb	+++
V. hollisae	grün	(+), –
V. carchariae (*V. harveyii*)	gelb	+++
V. damsela	grün	(+), –
V. metschnikovii	gelb	(+)
V. cincinnatiensis	gelb	(+), –
Marine Vibrionen	variabel	variabel
Aeromonas, Enterobacteriaceae		(+), –

+++ = gutes Wachstum; (+) = sehr schwaches und verzögertes Wachstum; – = kein Wachstum

Tab. III.3-11: Reaktionen zur Zuordnung von *Vibrio*-Spezies in 6 Gruppen (modifiziert nach FARMER et al., 2003)

Test	Gruppe 1		Gruppe 2	Gruppe 3	Gruppe 4	Gruppe 5			Gruppe 6			
Vibrio	*chol*	*mim*	*metsch*	*cincinn*	*hollisae*	*dams*	*fluv*	*furn*	*algi*	*para*	*vul*	*harv*
Wachstum in Bouillon mit												
0 % NaCl	+	+	–	–	–	–	–	–	–	–	–	–
3 % NaCl	+	+	+	+	+	+	+	+	+	+	+	+
Oxidase			–	+	+	+	+	+	+	+	+	+
Nitratase			–	+	+	+	+	+	+	+	+	+
Inosit			v	+	–	–	–	–	–	–	–	–
L-Arginin					–	+	+	+	–	–	–	–
L-Lysin					–				+	+	+	+
L-Ornithin					–							

v = variabel

Die markierten Reaktionen (Kästen) sind Leitreaktionen der betreffenden Gruppen.

Tab. III.3-12: Differenzierung der 3 Biogruppen von *V. vulnificus* (nach FARMER et al., 2003)

Test	Biogruppe 1	Biogruppe 2	Biogruppe 3
Ornithindekarboxylase	d	–	+
Indol	+	–	+
Mannit	d	–	–
Sorbit	–	+	–
Zitrat (Simmons)	(+)	+	–
Salicin	+	+	–
Cellobiose	+	+	–
Laktose	(+)	+	–
ONPG	(+)	+	–

+ = ≥90 % der Stämme positiv; (+) = 75–89 % positiv; d = 11–74 % positiv; – = ≤10 % positiv

Tab. III.3-13: Nachweis von Virulenzfaktoren pathogener *Vibrio*-Spezies (Angaben nach FDA, 1995, FARMER et al., 2003) sowie kommerzielle Testsysteme

Spezies	Virulenzfaktor	Test	Hersteller bzw. Referenz
V. cholerae	Choleratoxin (Ctx)	Reverse passive latex agglutination (RPLA)	Denka Seiken Co., Tokyo; Oxoid, Wesel
	ctx	PCR	KOCH et al., 1993; FDA (1995, Chapter 28)
V. parahaemolyticus	TDH	Reverse passive latex agglutination (RPLA)	Denka Seiken Co., Tokyo
	tdh, trh	PCR	TADA et al., 1992; LEE et al., 1993; BEJ et al., 1999
V. vulnificus	Hämolysin/ Zytolysin	PCR	HILL et al., 1991

Anhang

Nährböden

Hier werden nur die nicht im Handel erhältlichen Nährböden beschrieben.

Alkalisches Salinisches Peptonwasser (ASPW; FDA, 1995)

Pepton	10,0 g
NaCl	30,0 g
Dest. Wasser	1.000 ml

Bestandteile lösen, pH auf 8,5 ± 0,2 einstellen, Sterilisation 10 min bei 121 °C

Modifizierter Cellobiose-Polymyxin B-Colistin-Agar (mCPC; FDA, 1995) für *Vibrio vulnificus*

Lösung 1

Pepton	10,0 g
Fleischextrakt	5,0 g
NaCl	20,0 g
Farbstoff-Stammlösung	1,0 ml
Agar	15,0 g
Dest. Wasser	900 ml

Unter Erhitzen lösen, abkühlen auf 48–55 °C, pH 7,6

Farbstoff-Stammlösung

Bromthymolblau	4,0 g
Kresolrot	4,0 g
Ethanol, 95 %	100 ml

Lösung 2

Cellobiose	10,0 g
Colistin	400.000 E
Polymyxin B	100.000 E
Dest. Wasser	100 ml

Cellobiose unter vorsichtigem Erhitzen lösen, abkühlen. Antibiotika zugeben und lösen. Lösung 2 zur heruntergekühlten Lösung 1 hinzugeben, mischen, Nährboden in Petrischalen gießen.

Der Nährboden ist sehr selektiv und braucht nicht autoklaviert zu werden. Der fertige mCPC hat eine dunkelgrüne bis grün-braune Farbe.

Modifiziertes Dekarboxylase-Dihydrolase-Medium nach SMITH und BHAT-FERNANDES (1973)

Die Prüfung von halophilen Vibrionen in üblichem Dekarboxylase-Dihydrolase-Medium nach Moeller bereitet öfters Schwierigkeiten, da die Stämme z.T. nicht oder schlecht wachsen und da häufig nach 24 Std. Bebrütung der Farbstoff entfärbt wird. Das nachfolgend beschriebene Medium hat sich im Labor der Autoren über viele Jahre als besser geeignet für den Dekarboxylase-Dihydrolase-Nachweis bei Vibrionen und Aeromonaden erwiesen.

Trypticase oder vergleichbares Pepton	10,0 g
NaCl	10,0 g
Glukose	0,5 g
Phenolrot	0,05 g
Dest. Wasser	1.000 ml

Unter Erwärmen lösen und in 4 Portionen je 250 ml aufteilen. In je eine Portion 2,5 g (1 %) L-Lysinmonohydrochlorid, L-Ornithinmonohydrochlorid und L-Arginin geben und lösen; die 4. Portion dient als Kontrolle. Den pH-Wert auf 6,5 einstellen und in Röhrchen abfüllen (ca. 3 ml). Sterilisation für 10 min bei 121 °C. Die Nährböden können mindestens 30 Tage bei 4 °C aufbewahrt werden.

Zum Test werden pro Stamm die 4 Röhrchen beimpft und mit sterilem flüssigem Paraffin überschichtet. Bebrütung bei 37 °C bis zu 4 Tagen, täglich ablesen.

Vibrionen und Aeromonaden als fermentierende Keime bewirken im Kontrollröhrchen eine Säuerung mit Farbumschlag (gelb), Pseudomonaden und andere Nonfermenter führen dagegen zu keiner Farbänderung und werden nicht weiter berücksichtigt. Positive Dekarboxylierung von Lysin und Ornithin und vor allem Dihydrolysierung von Arginin führen zur Alkalisierung mit rötlicher bis roter Verfärbung der Bouillon, die sich deutlich von der Gelbfärbung im Kontrollröhrchen unterscheiden muss. Gleiche Färbung von Kontrollröhrchen und Teströhrchen bedeutet negatives Ergebnis.

Kommerzielle Reagenzien und Testsysteme

Diagnostisches Antiserum für *Vibrio cholerae* O1 (teilweise auch Typseren für die Serotypen Inaba und Ogawa) ist erhältlich bei:

- Bio-Rad Laboratories GmbH, Heidemannstr. 164, 80939 München, http://www.bio-rad.com
- Innogenetics GmbH, Postfach 1251, 46356 Heiden/Westfalen, http://www.innogenetics.de
- Denka Seiken Co., Ltd, 3-4-2, Nihonbashi, Kayaba-cho, Chuo-ku, Tokyo 103-0025, Japan, http://www.denka-seiken.co.jp/english

Diagnostisches Antiserum für *Vibrio cholerae* O139 ist erhältlich bei Innogenetics GmbH, Heiden/Westfalen.

Testblättchen mit Vibriostatikum O/129 sind erhältlich bei Bio-Rad Laboratories GmbH, München.

Literatur

1. BEJ, A.K., PATTERSON, D.P., BRASHER, C.W., VICKERY, M.C.L., JONES, D.D., KAYSNER, C.: Detection of total and hemolysin-producing *Vibrio parahaemolyticus* in shellfish using multiplex PCR amplification of *tl*, *tdh*, and *trh*, J. Microbiol. Methods 36, 215–225, 1999
2. ELLIOT, E.L., KAYSNER, C.A., JACKSON, L., TAMPLIN, M.L.: *Vibrio cholerae, V. parahaemolyticus, V. vulnificus*, and other *Vibrio* spp., in: FDA Bacteriological Analytical Manual, 8th Ed., Chapter 9, AOAC International, Gaithersburg, MD, 1995
3. EUROPEAN COMMISSION, Health & Consumer Protection Directorate-General, Directorate C: Opinion of the Scientific Committee on veterinary measures relating to public health on *Vibrio vulnificus* and *Vibrio parahaemolyticus* (in raw and undercooked seafood), Brussels, 2001

4. FARMER, J.J., JANDA, J.M., BIRKHEAD, K.: *Vibrio*, in: Manual of Clinical Microbiology, ed. by P.R. Murray, E.J. Baron, J.H. Jorgensen, M.A. Pfaller, R.H. Yolken, 8th Ed., Vol. 1, ASM Press, Washington D.C., 706–718, 2003
5. HILL, W.E., KEASLER, S.P., TRUCKSESS, M.W., FENG, P., KAYSNER, C.A., LAMPEL, K.A.: Polymerase chain reaction identification of *Vibrio vulnificus* in artificially contaminated oysters, Appl. Environm. Microbiol. 57, 707–711, 1991
6. ICMSF: Microorganisms in Foods, Vol. 5, Characteristics of microbial pathogens, Blackie Academic & Professional, London, 414–439, 1996
7. KOCH, W.H., PAYNE, W.L., WENTZ, B.A., CEBULA, T.A.: Rapid polymerase chain reaction method for detection of *Vibrio cholerae* in foods, Appl. Environm. Microbiol. 59, 556–560, 1993
8. LEE, C.Y., PAN, S.F.: Rapid and specific detection of the thermostable direct hemolysin gene in *Vibrio parahaemolyticus*, J. Gen. Microbiol. 139, 3225–3231, 1993
9. NORDIC COMMITTEE ON FOOD ANALYSIS (NMKL): Annex Q, Pathogenic *Vibrio* species. Detection and enumeration in foods, no. 156, 2nd Ed. (UDC 576.851), 1997
10. OLIVER, J.D., KAPER, J.B.: *Vibrio* species, in: Food Microbiology – Fundamentals and Frontiers, ed. by M.P. Doyle, L.R. Beuchat, T.J. Montville, ASM Press, Washington D.C., 228–264, 1997
11. SMITH, H., BHAT-FERNANDES, P.: Modified decarboxylase-dihydrolase medium, Appl. Microbiol. 26, 620–621, 1973
12. TADA, J., OHASHI, T., NISHIMURA, N., SHIRASAKI, Y., OZAKI, H., FUKUSHIMA, S., TAKANO, J., NISHIBUCHI, M., TAKEDA, Y.: Detection of the thermostable direct hemolysin gene (*tdh*) and the thermostable direct hemolysin-related hemolysin gene (*trh*) of *Vibrio parahaemolyticus* by polymerase chain reaction, Mol. Cell. Probes 6, 477–487, 1992
13. VENKATESWARAN, K.: Standard cultural methods and molecular detection techniques in foods – The genus *Vibrio*, in: Encyclopaedia of Food Microbiology, ed. by R.K. Robinson, Vol. 3, Academic Press, San Diego – London, 2248–2258, 1999

3.1.7 Aeromonaden

(SCHUBERT, 1992, HOLT et al., 1994, MERINO et al., 1995, ICMSF, 1996, ISONHOOD und DRAKE, 2002)

Das Genus *Aeromonas* gehört zur Familie *Aeromonadaceae* (ISONHOOD und DRAKE, 2002) und umfasst z.Zt. 14 Arten: *A. allosaccharophila, A. hydrophila, A. bestiarum, A. caviae, A. encheleia, A. eucrinophila, A. jandaei, A. popoffii, A. media, A. salmonicida, A. schubertii, A. sobria, A. veronii* und *A. trota*. Aus klinischem Material wurden isoliert: *A. hydrophila, A. caviae, A. jandaei, A. media, A. schubertii, A. veronii* und *A. trota* (ISONHOOD und DRAKE, 2002).

Eigenschaften

Aeromonaden sind gramnegative, Oxidase-positive, fakultativ anaerobe Stäbchen, die meist beweglich sind. Sie fermentieren Glucose, Fructose, Maltose und Trehalose zu Säure oder zu Säure und Gas. Weiterhin können sie Stärke, Dextrin und Glycerol hydrolysieren. Eine pektinolytische Aktivität wurde bei einer neuen Subspecies nachgewiesen, bei *A. salmonicida* subsp. *pectinolytica* (PAVAN et al., 2000). Die meisten Aeromonaden vermehren sich bei pH-Werten zwischen 5,5 und 9,0, jedoch nicht unter 5,0 und einer Kochsalzkonzentration über 3,5 % (ISONHOOD und DRAKE, 2002). Sie bilden auf Nähragar innerhalb von 24 Stunden bei optimaler Temperatur 1–3 mm große konvexe, glatte weißliche bis durchsichtige Kolonien, die nach längerer Bebrütung eine beige Farbe annehmen. Wie Vibrionen können auch Aeromonaden lebensfähig bleiben, ohne kultivierbar zu sein (viable but non culturable). Auf Glucose enthaltenden Medien kommt es vor, dass sie innerhalb von 12–18 Stunden absterben. Die Vermehrungstemperatur schwankt zwischen 1 und 42 °C, die optimale Temperatur beträgt 28 °C. Viele Stämme vermehren sich bei <5 °C in Lebensmitteln. Die Hitzeresistenz ist gering: $D_{51\,°C} = 2{,}3$ min.

Vorkommen

Wasser (Süß- und Salzwasser, Trinkwasser), frisches Gemüse, Meerestiere, Süßwasserfische, Rohmilch, Rohmilchkäse, Frischfleisch (Rotfleisch), Geflügel.

Krankheitserscheinungen

Seit 1984 gilt *A. hydrophila* als potenziell pathogen. Obwohl die Pathogenität immer noch kontrovers diskutiert wird, gibt es zahlreiche Berichte über Durchfallerkrankungen durch *Aeromonas hydrophila, A. sobria* und *A. caviae* (ISONHOOD und DRAKE, 2002). Gut dokumentiert ist z.B. eine Gastroenteritis eines

38 Jahre alten Mannes, der Cocktail-Shrimps gegessen hatte. Molekularbiologisch (RNA-Typisierung) wurde im Lebensmittel und im Stuhl der identische Stamm von *A. hydrophila* nachgewiesen (JANDA und ABBOTT, 1999). Als Virulenzfaktoren wurden u. a. verschiedene Hämolysine, hitzelabile und hitzestabile Cytotoxine, eine Phospholipase, Kapsel-Polysaccharide und Adhäsine nachgewiesen. Eine genaue Charakterisierung der Pathogenitätsmechanismen steht jedoch noch aus.

Minimale Infektiöse Dosis

Die minimale infektiöse Dosis ist unbekannt, dürfte jedoch oberhalb von 10^6–10^8 liegen (GRANUM et al., 1995).

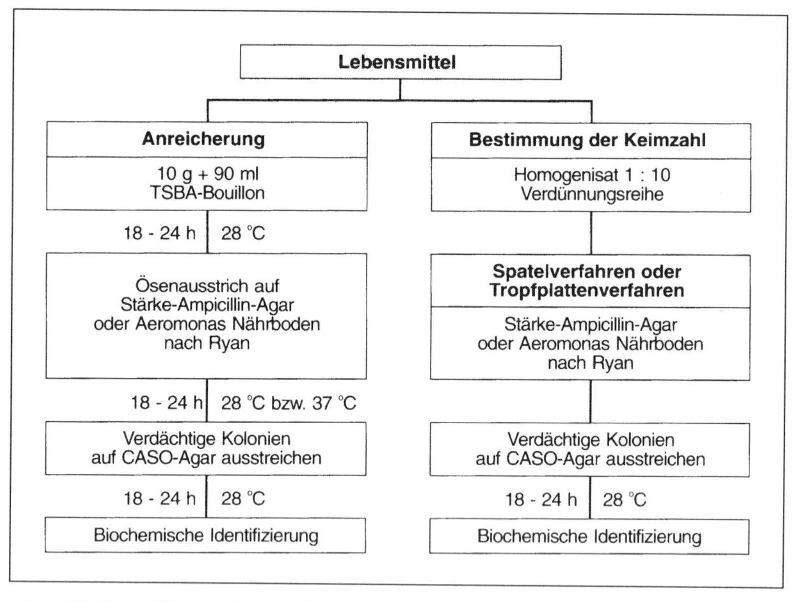

Abb. III.3-7: Nachweis von *Aeromonas* spp.

Nachweis

(OGDEN et al., 1994, GOBAT und JEMMI, 1995, JEPPESEN, 1995)

Der Nachweis von Aeromonaden aufgrund der Amylaseaktivität und Ampicillin-Resistenz wird überwiegend bei der Untersuchung von Lebensmitteln eingesetzt, jedoch vermehren sich nicht alle Stämme auf den Selektivmedien wie

Stärke-Ampicillin-Agar oder Ampicillin-Dextrin-Agar. Dies trifft zu auf Stämme von *A. veronii, A. schubertii* und *A. sobria* (GAVRIEL und LAMB, 1995).

Bestimmung der Keimzahl oder direkter Nachweis auf einem festen Medium

- 10 g Lebensmittel + 90 ml Verdünnungsflüssigkeit
- Spatel- oder Tropfplattenverfahren auf Stärke-Ampicillin-Agar bei 28 °C für 24 h. Typische Kolonien sind honiggelb und haben einen Durchmesser von ca. 2–3 mm. Nur wenige aus Lebensmitteln stammende Bakterien, wie das Genus *Aeromonas* und die meisten Arten des Genus *Vibrio*, bilden eine Amylase. Durch Überfluten mit Lugol'scher Lösung sind die Amylase-positiven Bakterien durch einen Aufhellungshof zu erkennen.
- Typische Kolonien werden auf ein kohlenhydratfreies Medium (z.B. CASO-Agar) überimpft und bei 28 °C 24 h bebrütet. Oxidase-positive Kolonien werden biochemisch identifiziert (z.B. API 20NE).

Literatur

1. BEUCHAT, L.R.: Behavior of *Aeromonas* species at refrigeration temperature, Int. J. Food Microbiol. 13, 217–224, 1991
2. GAVRIEL, A., LAMB, A.J.: Assessment of media used for selective isolation of *Aeromonas* spp., Lett. Appl. Microbiol. 21, 313–315, 1995
3. GOBAT, P.-F., JEMMI, T.: Comparison of seven selective media for the isolation of mesophilic *Aeromonas* species in fish and meat, Int. J. Food Microbiol. 24, 375–384, 1995
4. GRAM, L.: Inhibition of mesophilic spoilage *Aeromonas* spp. on fish by salt, potassium sorbate, liquid smoke and chilling, J. Food Protection 54, 436–442, 1991
5. GRANUM, P.E., TOMAS, J.M., ALOUF, J.E.: A survey of bacterial toxins involved in food poisoning: a suggestion for bacterial food poisoning toxin nomenclature, Int. J. Food Microbiol. 28, 129–144, 1995
6. HOLT, J.G., KRIEG, N.R., SNEATH, P.H.A., STALEY, J.T., WILLIAMS, ST.T.: Bergey's Manual of Determinative Bacteriology, 9th. ed., Williams & Wilkins, Baltimore, 1994
7. ICMSF (International Commission on Microbiological Specifications for Foods): Microorganisms in foods-microbiological specifications of food pathogens, Chapman & Hall, London, 1996
8. ISONHOOD, J.H., DRAKE, M.: *Aeromonas* species in foods, Review, J. Food Protection 65, 575–582, 2002
9. JANDA, J.M., ABBOTT, S.L.: Unusual food-borne pathogens, Food-Borne Disease 19, 553–582, 1999
10. JEPPESEN, C.: Media for *Aeromonas* spp., *Plesiomonas shigelloides* and *Pseudomonas* spp. from food environment, Int J. Food Microbiol. 26, 25–41, 1995
11. KIROV, S.M.: Review – The public health significance of *Aeromonas* spp. in foods, Int. J. Food Microbiol. 20, 179–198, 1993

12. KROVACEK, K., FARIS, A., MANSON, I.: Growth of and toxin production by *Aeromonas hydrophila* and *Aeromonas sobria* at low temperatures, Int. J. Food Microbiol. 13, 165–176, 1991
13. MAJEED, K.N., MacRAE, I.C.: Experimental evidence for toxin production by *Aeromonas hydrophila* and *Aeromonas sobria* in a meat extract at low temperatures, Int. J. Food Microbiol. 12, 181–188, 1991
14. MERINO, S., RUBIRES, X., KNÖCHEL, S., THOMAS, J.M.: Emerging pathogens: *Aeromonas* spp., Int. J. Food Microbiol. 28, 157–168, 1995
15. OGDEN, I.D., MILLAR, I.G., WATT, A.J., WOOD, L.: A comparison of three identification kits for the confirmation of *Aeromonas* spp., Letters in Appl. Microbiol. 18, 97–99, 1994
16. PALUMBO, S.A., WILLIAMS, A.C., BUCHANAN, R.L., PHILLIPS, J.G.: Thermal resistance of *Aeromonas hydrophila*, J. Food Protection 50, 761–764, 1987
17. PAVAN, M.E., ABBOTT, S.L., ZORZOPULOS, J., JANDA, J.M.: *Aeromonas salmonicida* subsp. *pectinolytica* subsp. nov., a new pectinase positive subspecies isolated from a heavily polluted river, Int. J. Syst. Evol. Microbiol. 50, 1119–1124, 2000
18. SCHUBERT, R.: *Aeromonas* und *Plesiomonas*, in: Mikrobiologische Diagnostik, herausgegeben von F. Burkhardt, Georg Thieme Verlag, Stuttgart, 109–111, 1992
19. WADSTRÖM, T., LJUNGH, Å.: *Aeromonas* and *Plesiomonas* as food- and waterborne pathogens, Int. J. Food Microbiol. 12, 303–312, 1991
20. WILCOX, M.H., COOK, A.M., ELEY, A., SPENCER, R.C.: *Aeromonas* spp. as a potential cause of diarrhoe in children, J. Clin. Pathol. 45, 959–963, 1992

3.1.8 Plesiomonas shigelloides

(KOBURGER, 1989, WADSTRÖM und LJUNGH, 1991, HOLT et al., 1994, ICMSF, 1996)

Plesiomonas shigelloides führt zu Darminfektionen mit schleimig-blutigem Stuhl. Die Krankheitserscheinungen sind einer Infektion mit Shigellen und enteroinvasiven *E. coli* ähnlich (WADSTRÖM und LJUNGH, 1991). Über die Toxinbildung von *Pl. shigelloides* liegen bisher keine gesicherten Erkenntnisse vor.

Eigenschaften

Pl. shigelloides ist ein gramnegatives, fakultativ anaerobes, bewegliches Oxidase-positives Stäbchenbakterium, das trotz seiner Oxidase-Aktivität neuerdings wegen seiner genetischen Verwandtschaft zur Familie *Enterobacteriaceae* gezählt wird.

Vermehrungstemperatur

Optimum	30–37	°C
Minimum	8–10	°C (*Aeromonas* spp. unter 8 °C)

Minimaler pH-Wert 4,0

Vorkommen

Süß- und Salzwasser, Schlamm; nachgewiesen in Muscheln, Austern, Fischen, Kot von Rind, Geflügel, Schwein, Schaf.

Nachweis (JEPPESEN, 1995)

Verfahren: Oberflächenkultur oder Gusskultur

Medium: Plesiomonas-Agar (PL-Agar) oder Inositol-Brillantgrün-Gallesalz-(IBG-)-Agar. Der PL-Agar ist weniger selektiv als der IBG-Agar und somit besonders geeignet zur Untersuchung trockener oder gefrorener Lebensmittel.

Bebrütung: 37 °C 24 h (PL-Agar) oder 48 h (IBG-Agar)

Auswertung: Auf dem IBG-Agar bildet *P. shigelloides* rote bis rosafarbene Kolonien (Fermentation von Inositol), auf dem PL-Agar sind die Kolonien rosafarben und von einem roten Hof umgeben. Das gleichzeitige Wachstum von Pseudomonaden auf dem Medium kann zu Schwierigkeiten bei der Auswertung führen, da diese ebenfalls rosafarbene Kolonien bilden.

Identifizierung: Typische Kolonien werden isoliert (CASO-Agar). Oxidase-positive Kulturen werden identifiziert.

Tab. III.3-14: Unterscheidung zwischen den Genera *Aeromonas, Vibrio* und *Plesiomonas*

Reaktion	*Aeromonas*	*Vibrio*	*Plesiomonas*
Oxidase	+	+	+
Empfindlichkeit gegenüber dem Vibriostatikum 0/129 (150 µg/Blättchen)	r	e	e
Säure aus Inosit	–	–	+

Erklärungen: e = empfindlich; r = resistent

Literatur

1. HOLT, J.G., KRIEG, N.R., SNEATH, P.H.A., STALEY, J.T., WILLIAMS, ST.T., Bergey's Manual of Determinative Bacteriology, 9th. ed., Williams & Wilkins, Baltimore, 1994
2. ICMSF (International Commission on Microbiological Specifications for Foods), Microorganisms in foods – microbiological specifications of food pathogens, Chapman and Hall, London, 1996

3. JEPPESEN, C., Media for *Aeromonas* spp., *Plesiomonas shigelloides* and *Pseudomonas* spp. from food and environment, Int. J. Food Microbiol. 26., 25-41, 1995
4. KOBURGER, J.A., *Plesiomonas shigelloides*, in: Foodborne Bacterial Pathogens, ed. by M.P. Doyle, Marcel Dekker, Inc., Basel, 311-325, 1989
5. WADSTRÖM, T., LJUNGH, Å., *Aeromonas* and *Plesiomonas* as food and waterborne pathogens, Int. J. Food Microbiol. 12, 303-312, 1991

3.1.9 Genus Campylobacter

(BRYAN und DOYLE, 1986, N.N., 1994, CORRY et al., 1995, PHILLIPS, 1995, UYTTENDAELE und DEBEVERE, 1996, ICMSF, 1996, NACHAMKIN, 1997, WALLACE, 1997, HUNT et al., 1998)

Zum Genus *Campylobacter* gehören 16 Arten und 6 Unterarten (ON, 2002). Am häufigsten wurden bei einer *Campylobacter*-Enteritis isoliert: *Campylobacter (C.) jejuni* subsp. *jejuni*, *C. jejuni* subsp. *doylei, C. coli*, *C. lari, C. upsaliensis* und *C. helveticus.* Die größte Bedeutung für *Campylobacter*-bedingte Durchfallerkrankungen beim Menschen hat *C. jejuni.* Nur etwa 5–10 % der Erkrankungen beim Menschen werden durch andere Arten, z.B. *C. coli, C. lari, C. hyointestinales* u.a. verursacht (COKER et al., 2002, WITTENBRINK, 2002). Taxonomisch bestehen beim Genus *Campylobacter* allerdings immer noch Unsicherheiten. So werden bei *Campylobacter lari* drei phänotypische Varianten aufgeführt (ON, 2002): der klassische Nalidixinsäure-resistente Biotyp, eine Nalidixinsäure-empfindliche Variante und eine Urease-positive Variante.

Eigenschaften

Bakterien des Genus *Campylobacter* sind gramnegative, gebogene oder spiralig gewundene, schlanke bewegliche Stäbchen. Die Zellen sind Katalase- und Oxidase-positiv und Urease-negativ (Ausnahme: eine Urease-positive Variante von *C. lari*). *Campylobacter* sind mikroaerophil und werden kultiviert in einer Atmosphäre aus 5–10 % (v/v) Sauerstoff und 5–10 % (v/v) Kohlendioxid. Das Optimum sind 5 % Sauerstoff, 10 % Kohlendioxid und 85 % Stickstoff. Während der Kultivierung können die Zellen infolge eines zu hohen Sauerstoffanteils im Medium oder anderer Stressfaktoren (VLIET und LETLEY, 2002) sich morphologisch verändern und von der spiraligen Form in eine kokkoide übergehen (KELLY, 2002, PARK, 2002). Diese morphologische Veränderung soll einhergehen mit fehlender Kultivierbarkeit (viable but non culturable). Ob die kokkoide, nicht kultivierbare Form wieder in die spiralige übergeht, wird kontrovers diskutiert und ist umstritten (KELLY, 2002). Die enteropathogenen *Campylobacter*-Arten beim Menschen werden aufgrund ihrer Fähigkeit, sich bei 42 °C zu vermehren (kein Wachstum bei 25 °C), als thermophile *Campylobacter* bezeichnet. So wachsen *C. jejuni* und *C. coli* bei 34–44 °C mit einer optimalen Temperatur bei 42 °C (VAN VLIET und KETLEY, 2002); sie sind an die Bluttemperatur warmblütiger Vögel adaptiert.

Weitere Eigenschaften:

Minimaler pH-Wert: 4,9 (abhängig von der Säureart)

Minimaler a_w-Wert: 0,98

Kochsalzresistenz: 2 %

Hitzeresistenz $D_{55\,°C}$ = 1,3 min in Magermilch, z-Wert = 5 °C
$D_{60\,°C}$ = 12–16 sec in Lammfleisch
$D_{57\,°C}$ = 0,8 min in Geflügelfleisch
(BLANKENSHIP und CRAVEN, 1982)

Tab. III.3-15: Eigenschaften pathogener Species des Genus *Campylobacter*

Eigenschaften	*C. jejuni*	*C. coli*	*C. lari*	*C. upsaliensis*
Nalidixinsäure-Resistenz	e	e	r	e
Hydrolyse von Hippurat	+	–	–	–
Cephalotin-Resistenz	r	r	r	e

Erklärungen: e = empfindlich, r = resistent, + = positiv, – = negativ

Vorkommen

Campylobacter jejuni und *Campylobacter coli* kommen weit verbreitet besonders im Darm von Geflügel (CORRY und ATABAY, 2002), aber auch beim Rind, Schaf, Schwein, Hund, Katze (Risiko: Kontakt mit Hoftieren, jungen Hunden) und im Abwasser vor. Beim Geflügel und Schaf schwankt das Vorkommen zwischen etwa 30–100 % (JONES, 2002). Das häufige Vorkommen bei landwirtschaftlichen Nutztieren führt beim Schlachtprozess zur Verunreinigung des Frischfleisches und/oder der Innereien. Als wichtigstes Risikomaterial ist ungenügend erhitztes Geflügelfleisch (auf der Geflügelhaut bis 100.000 Zellen/g, SVOBODA und JÄGGI, 2002), Geflügelleber sowie Rohmilch anzusehen. Tiefgefrorenes Geflügelfleisch stellt für den Menschen ein mindestens genauso hohes Infektionsrisiko dar, wie frisches Geflügelfleisch. Nach KULLMANN und HÄGER (2002) waren 54 % der tiefgekühlten Geflügelfleischproben positiv und 50 % der frischen (Suppenhühner, Hähnchen und Hühnerteile). Bei der Untersuchung der ganzen Tierkörper fanden JORGENSEN et al. (2002) in 83 % der untersuchten Proben *Campylobacter*. Nicht selten treten Erkrankungen im Haushalt und in Restaurants durch Kreuzkontaminationen in der Küche beim Zubereiten der Mahlzeiten auf, wenn Oberflächen, auf denen z.B. Geflügel zubereitet wurde, nicht ausreichend gereinigt wurden (FROST, 2002, HUMPHREY et al., 2002). Dabei ist die Gefahr einer Kreuzkontamination umso höher, je mehr Zellen sich auf dem Tierkörper oder dem Fleischteil befinden (JORGENSEN et al., 2002). Die Verwendung eines Detergens und Seife reichen nicht aus, um *Campylobacter* auf Oberflächen abzutöten. Nur ein chlorhaltiges Desinfektionsmittel führte zur signifikanten Verminderung der Zellzahl auf Küchenoberflächen (COGAN, 1999, RAYMOND, 2002). Das gehäufte Vorkommen von *C. jejuni* und *C. coli* im Kot (10^6/g Feuchtkot nicht außergewöhnlich, SVOBODA und JÄGGI, 2002), geht häufig einher mit dem gleichzeitigen Nachweis von Indikatororganismen, wie *E. coli*, Enterokokken und *Clostridium perfringens*, obgleich ein signifikanter Zusammenhang nicht immer nachgewiesen werden konnte (JONES, 2002). Dies war besonders der Fall bei der Untersuchung von Fluss- und Seenwasser (Literatur siehe bei JONES, 2002). Eine Erklärung dafür könnte sein, dass gerade im Wasser lebende, aber nicht kultivierbare Zellen von *Campylobacter* (viable but non culturable = VBNC) häufiger vorkommen. Auch die VBNC werden als bedeutende Ursache einer Infektion betrachtet (CAPPELIER et al., 1999).

Krankheitserscheinungen

Gewöhnlich kommt es zum Durchfall, Erbrechen und Fieber. Das klinische Bild ist von akuten infektiös bedingten Enteritiden anderer Ursache, z.B. der Salmonellosen, nicht zu unterscheiden. Die Inkubationszeit beträgt in der Regel 2–7 Tage, in Einzelfällen 1–10 Tage. Die häufigsten Symptome sind anfangs wässriger, später mitunter auch blutiger Durchfall und Bauchschmerzen. Die Krankheitsdauer schwankt zwischen 1 und 7 Tagen. In der Regel kommt es zur Selbstheilung. Patienten ohne antibiotische Behandlung können den Erreger über einen Zeitraum von 2 bis 4 Wochen ausscheiden. Komplikationen in Form einer Arthritis können auftreten. Eine seltene Nachkrankheit der *Campylobacter*-Enteritis ist das Guillan-Barré-Syndrom (COKER et al., 2002), eine Polyneuropathie. Bei der Enteritis, als der häufigsten Form der Erkrankung, kommt es nach Aufnahme der Zellen und einer Kolonisation im Darm zur Haftung an Epithelzellen (Bildung eines Proteins = Adhäsin) und zur Invasion in die Epithelzellen. Der Mechanismus der Krankheitsentstehung ist noch nicht voll geklärt (PARK, 2002). Obwohl verschiedene Toxine, wie ein Cytotoxin und ein Enterotoxin nachgewiesen wurden (WASSENAAR, 1997), konnten bisher keine dafür verantwortlichen Gene gefunden werden (VAN VLIET und KETLEY, 2002).

Minimale infektiöse Dosis

Als minimale infektiöse Dosis werden Zahlen genannt, die zwischen 500 und 10^4 liegen (HUNT et al., 1998). Nach BLACK et al. (1992) führten nach oraler Aufnahme beim Menschen 800 Zellen zur Erkrankung. Nicht bei allen Personen traten jedoch bei dieser Zellzahl auch typische klinische Symptome auf.

Nachweis

Es gibt zahlreiche Vorschläge für den Nachweis, jedoch noch kein genormtes Verfahren (DIN/ISO oder § 35 LMBG). Aufgeführt ist ein bewährtes Nachweisverfahren.

Presence-/Absence-Test = Anreicherungsverfahren von Lebensmitteln

- Untersuchungsprobe und Verdünnung

  10 bzw. 25 g Material + 90 bzw. 225 ml (Verhältnis 1:10, Masse zu Volumen oder Volumen zu Volumen) *Campylobacter*-Selektiv-Anreicherungs-Bouillon nach BOLTON im Stomacherbeutel mit Filterrohr möglichst durch Quetschen mit der Hand zerdrücken. Eine Zerkleinerung im Stomacher ist ebenfalls möglich und wird von einigen Autoren empfohlen (HUNT et al., 1995, BAYLIS et al., 2000). Die Bolton-Bouillon war bei der Untersuchung natürlich verunreinigter Lebensmittel besser als die Preston-Bouillon (BAYLIS et al., 2000). Bei der Untersuchung von Organproben (z.B. Leber) wird die Oberfläche abgespült (BARTELT, 2001) und die Spülprobe untersucht, da bei einer Anreicherung der Leber es aufgrund der hohen Begleitflora zu einer Übersäuerung kommen würde. Bei sauren Lebensmitteln muss der pH-Wert der Anreicherung kontrolliert und ggf. mit 1 N Natronlauge auf pH 7,5 eingestellt werden (Kontrolle mit pH-Indikatorpapier). Wasser wird filtriert und die Membran angereichert. Milch sollte zentrifugiert werden (40 min bei 20.000 g). Untersucht wird der Bodensatz. Bei ganzen Geflügelkörpern kann die Haut des Halses untersucht werden. Noch höhere Isolierungsraten erbrachte die Untersuchung der Spülflüssigkeit des ganzen Tierkörpers und der Haut des Halses (JORGENSEN et al., 2002). Untersuchungsproben sollten nach der Entnahme nicht eingefroren werden, auch muss eine Abtrocknung von Oberflächen verhindert werden, da die Zellen sonst schnell absterben. Aufbewahrt wird die Untersuchungsprobe im Kühlschrank. Bis zu 14 Tage blieben *Campylobacter*-Zellen im Frischfleisch lebensfähig, wenn zur Probe die gleiche Menge eines Erhaltungsmediums, z.B. Cary-Blair-Verdünnungsflüssigkeit (Zusammensetzung des Mediums siehe DOWNES und ITO, 2001, S. 611), zugegeben wurde und die Lagerung bei 4 °C erfolgte (STERN et al., 2001).

- Anreicherungsmedium und Bebrütung

  Als Anreicherungsbouillon wird Bolton-Bouillon eingesetzt. Eine höhere Isolierungsrate wird erreicht, wenn sowohl die Preston- als auch die Bolton-Bouillon parallel verwendet werden (BAYLIS et al., 2000). Für die Routine bedeutet dies allerdings einen zu großen Aufwand. Das homogenisierte Material wird in eine Glasflasche pipettiert, wobei nur ein sehr geringer Kopfraum (nicht größer als 2 cm) verbleiben sollte. Die Bebrütung des Homogenisats in der Anreicherungsbouillon erfolgt unter mikroaerophilen Bedingungen (z.B. CampyGen, Anaerocult C oder mikroaerophile Bebrütung in der Arbeitsstation MAKS VA 500 von Don Whitley Sci. Ltd.), wobei die Glasflasche mit nicht zugeschraubtem Deckel für 24 Std. bei 42 °C inkubiert wird. Die Bolton-Bouillon sollte zunächst 4 Std. bei 37 °C (Wiederbelebung subletal geschädigter Zellen) und dann 42–44 Std. bei 42 °C mikroaerophil bebrütet werden. Möglich ist auch eine Bebrütung im Stomacher-Beutel.

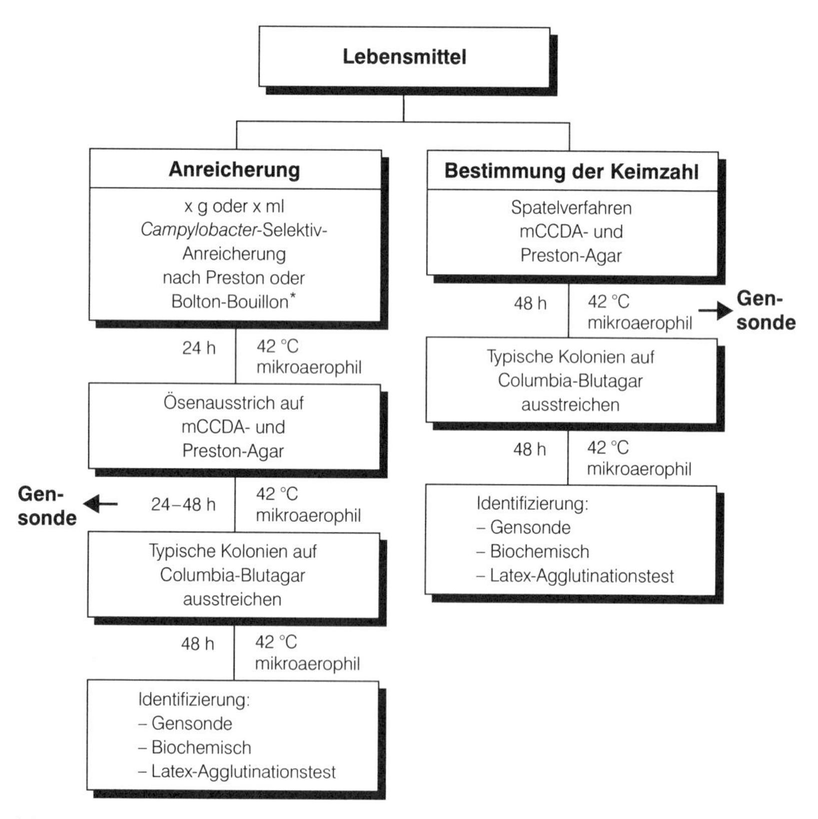

Abb. III.3-8: Nachweis thermophiler *Campylobacter*-Arten

- Kultivierung und Isolierung

  Unter der Flüssigkeitsoberfläche der Anreicherungsbouillon wird mittels Öse an mehreren Stellen Material entnommen und auf mCCDA-Agar (modified CCDA-Preston, z.B. Oxoid) und *Campylobacter*-Selektiv-Agar nach Preston (Preston-Agar) ausgestrichen. Gute Ergebnisse liefert auch der Karmali-Agar. Die Medien werden mikroaerophil bei 42 °C 24 bis 48 Std. bebrütet (bis 5 Tage, falls nach 48 Std. negativ).

  Typische Kolonien (3–5) werden nach Reinzüchtung auf Blutagar (Columbia-Blut-Agar) biochemisch identifiziert (apiCampy, bioMérieux) oder empfehlenswerter und schneller mit einer Gensonde (ACCUPROBE, bioMérieux) direkt vom Selektivmedium (ohne Reinzüchtung) identifiziert. Mit der Gensonde ACCUPROBE können jedoch nur *C. jejuni, C. coli* und *C. lari* nachgewiesen werden. Die Identifizierung mit einer Gensonde ist verlässlicher, schneller und einfacher als die biochemische Identifizierung (RAYMOND, 2002), bei der die Ablesung der Farbreaktionen und Trübungen subjektiv ist. Besonders die Trübung im zweiten Streifen ist nicht immer eindeutig zu beurteilen und die Unterscheidung zwischen hellblau (negativ) und türkis (positiv) für die Esterase-Reaktion und zwischen hellrosa (negativ) und rosa/rot (positiv) für die Reduktion von Tetrazoliumchlorid stoßen auf Schwierigkeiten und führen zu Unsicherheiten.

Untersuchung von Tupfer- bzw. Wischerproben

Für die Probenahme auf dem Schlachthof am Tierkörper oder von Oberflächen sind die Baumwollwatte-Wischer in einem Transport-Medium aufzubewahren und darin bei 37 °C für 24 Std. mikroaerophil zu bebrüten (Transportmedium = Preston-Bouillon + FBP-Supplement, HUMPHREY et al., 2002).

Zusammensetzung von FBP (HUNT et al., 1998): 6,25 g Na-Pyruvat in 20 ml A. dest in einem 100 ml Kolben lösen und danach 6,25 g Eisensulfat und 6,25 g Na-Metabisulfit zusetzen, auf 100 ml mit A. dest. auffüllen und die Lösung steril filtrieren (10 ml können filtriert werden, 0,22 μm Membran). Portionen zu 5 ml können bei –70 °C eingefroren und ca. 3 Monate aufbewahrt werden. Die Lösung ist sehr lichtempfindlich und adsorbiert schnell Sauerstoff.

4 ml FBP-Supplement werden zu 1 Liter Bouillon zugesetzt.

Keimzahlbestimmung auf festen Medien

- Spatelverfahren
- Medium: mCCDA und ein bluthaltiges Selektivmedium (Preston-Agar)

- Bebrütung: mikroaerophil, 42 °C, 48 Std. (bis zu 5 Tagen, falls nach 48 Std. negativ)
- Typische Kolonien werden isoliert und nach Reinzüchtung auf Columbia-Blutagar identifiziert (biochemisch oder serologisch oder molekularbiologisch).

Anmerkungen:

Bei vergleichenden Untersuchungen einer Bebrütung der Medien im Topf unter mikroaerophilen Bedingungen und der in einer mikroaerophilen Kammer (MAKS = Modulare Atmosphere Controlled System), war das MAKS-System der Bebrütung im Topf überlegen. Die Züchtung gelang besonders bei geschädigten Zellen schneller und die Kolonien waren immer größer (RAYMOND, 2002).

Die Identifizierung kann biochemisch (apiCampy-System) erfolgen (es können jedoch Schwierigkeiten bei der Ablesung der Farbreaktionen und der Trübung auftreten). Empfehlenswerter ist ein serologischer Nachweis (Latex-Agglutination, z.B. MicroScreen *Campylobacter*, Fa. Neogen oder BBL Campyslide). Gut geeignet ist auch ein Kapillar-Migrations-Test, z.B. das Lateral-Flow-System (Merck). Bewährt hat sich in der Routine die Identifizierung mit einer Gensonde (z.B. ACCUPROBE-*Campylobacter*, Fa. bioMérieux), bei der keine Reinzüchtung der Kultur notwendig ist. Identifiziert werden können jedoch mit dieser Sonde nur *C. jejuni, C. coli* und *C. lari.*

Filtermethode

Ein bewährtes Verfahren ist auch die Filter-Methode (STEELE und McDERMOTT, 1984). Dabei werden von der bebrüteten Anreicherung 300 μl auf einem Filter vorsichtig mit dem Spatel (Durchmesser etwa 35 mm, Ausstrichbreite 30 mm, Kanten geglättet) verteilt. Der Filter muss blasenfrei auf dem Selektivagar liegen (Filter Type DA, Porengröße 0,65 μm, Fa. Millipore, Kat.-Nr. DAW PO 4700). Die Petrischale mit dem Filter wird eine Stunde bei Zimmertemperatur inkubiert. Anschließend wird der Filter entfernt und das Selektivmedium weiter bei 42 °C unter mikroaerophilen Bedingungen 48 h bebrütet.

Das Verfahren führt nur dann zum Erfolg, wenn durch Anreicherung 10^4 bis 10^5 Zellen/ml erreicht werden (MORENO et al., 1993).

Wegen der Empfindlichkeit der thermophilen *Campylobacter*-Arten gegenüber Sauerstoff wird auch aufgrund eigener guter Erfahrungen empfohlen, die Aufbereitung, Züchtung und Identifizierung in einer mikroaerophilen Kammer durchzuführen (z.B. MACS VA 500 Microaerophilic Workstation, Fa. Don Whitley, UK, Vertrieb: Fa. Meintrup, Lähden).

Schnellere Nachweisverfahren

- Polymerase Kettenreaktion (PCR)
- Vidas-Campylobacter (ELFA, bioMérieux)

Aufbewahrung von Kulturen

Die *Campylobacter*-Kulturen werden in einem halbfesten Brucella-Medium (0,15 % Agar) 24 Std. bei 42 °C mikroaerophil angezüchtet und danach mikroaerophil oder unter Vakuum bis zu 1 Monat bei 4 °C aufbewahrt (STERN et al., 2001). Möglich ist auch die Konservierung an Perlen (z. B. Microbank™, Vertrieb Fa. Mast).

Literatur

1. BARTELT, E., Bedeutung und Nachweis von *Campylobacter* und *Arcobacter*, Vortrag auf dem Symposium Schnellmethoden und Automatisierung in der Lebensmittel-Mikrobiologie, 4.–6.7.2001 in Lemgo
2. BAYLIS, C.L., MacPHEE, S., MARTIN, K.W., HUMPHREY, T.J., BETTS, R.P., Comparison of three enrichment media for the isolation of *Campylobacter* spp. from foods, J. Appl. Microbiol. 89, 884-891, 2000
3. BLACK, R.E., PERLMAN, D., CLEMENTS, M.L., LEVINE, M.M.L, BLASER, M.J., Human volunteer studies with *Campylobacter jejuni*, in: *Campylobacter jejuni*, Current status and future trends, eds. NACHAMKIN, I., BLASER, M.J., TOMPKINS, L.S., ASM Press, Washington, 207-215, 1992
4. BLANKENSHIP, L.C., CRAVEN, S.E., *Campylobacter jejuni* survival in chicken meat as a function of temperature, Applied and Environmental Microbiology 44, 88-92, 1982
5. CAPPELIER, J.M., MINET, J., MAGRAS, C. COLWELL, R.R., FEDERIGHI, M., Recovery in embryonated eggs viable but nonculturable *C. jejuni* cells and maintenance of ability to adhere to HeLa cells after resuscitation, Applied and Environmental Microbiology 65, 51-54, 1999
6. COGAN, T.A., BLOOMFIELD, S.F., HUMPHREY, T.J., The effectiveness of hygiene procedures for prevention of cross-contamination from chicken carcases in the domestic kitchen, Letters in Applied Microbiology 29, 354-358, 1999
7. COKER, A.O., ISOKPEHI, R.D., THOMAS, B.N., AMISU, K.O., OBI, C.L., Human campylobacteriosis in developing countries, Emerging Infectious Diseases 8, 237-243, 2002
8. CORRY, J.E.L., ATABAY, H.I., Poultry as a source of *Campylobacter* and related organism, in: *Campylobacter, Helicobacter* and *Arcobacter*, ed. by J.G. COOTE, C. THOMAS and D.E.S. STEWART-TULL, Supplement to Journal of Applied Microbiology 90, 96S-114S, 2002

9. DOWNES, F.P., ITO, K., Compendium of methods for the microbiological examination of foods, 4th ed., American Public Health Association, Wash. DC, 2001

10. FROST, J.A., Current epidemiological issues in human campylobacteriosis, in: *Campylobacter, Helicobacter* and *Arcobacter*, ed. by J.G. COOTE, C. THOMAS and D.E.S. STEWART-TULL, Supplement to Journal of Applied Microbiology 90, 85S-95S, 2002

11. HUMPHREY, T.J., MARTIN, K.W., SLADER, J., DURHAM, K., *Campylobacter* spp. in the kitchen: spread and persistence, in: *Campylobacter, Helicobacter* and *Arcobacter*, ed. by J.G. COOTE, C. THOMAS and D.E.S. STEWART-TULL, Supplement to Journal of Applied Microbiology 90, 115S-120S, 2002

12. HUNT, J.M., ABEYTA, C., TRAN, T., *Campylobacter*, in: Bacteriological Analytical Manual, 8th ed., Rev. A, publ. by AOAC International, Gaithersburg, MD 20877 USA, 1998

13. JONES, K., Campylobacters in water, sewage and the environment, in: *Campylobacter, Helicobacter* and *Arcobacter*, ed. by J.G. COOTE, C. THOMAS and D.E.S. STEWART-TULL, Supplement to Journal of Applied Microbiology 90, 68S-79S, 2002

14. JORGENSEN, F., BAILEY, R., WILLIAMS, S., HENDERSON, P., WAREING, D.R.A., BOLTON, F.J., FROST, J.A., WARD, L., HUMPHREY, T.J., Prevalence and numbers of *Salmonella* and *Campylobacter* spp. on raw, whole chickens in relation to sampling methods, Int. J. Food Microbiol. 76, 151-164, 2002

15. KELLY, D.J., The physiology and metabolism of *Campylobacter jejuni* and *Helicobacter pylori*, in: *Campylobacter, Helicobacter* and *Arcobacter*, ed. by J.G. COOTE, C. THOMAS and D.E.S. STEWART-TULL, Supplement to Journal of Applied Microbiology 90, 16S-24S, 2002

16. KULLMANN, Y., HÄGER, O., Untersuchungen zum Nachweis von *Campylobacter jejuni* und *Campylobacter coli* in Lebensmitteln, Arch. Lebensmittelhy. 53, 76-78, 2002

17. MORENO, G.S., GRIFFITHS, P.L., CONNERTON, I.F., PARK, R.W.A., Occurrence of campylobacters in small domestic and laboratory animals, J. Appl. Bacteriol. 75, 49-54, 1993

18. ON, S.L.W., Taxonomy of *Campylobacter, Arcobacter, Helicobacter* and related bacteria: current status, future prospects and immediate concerns, in: *Campylobacter, Helicobacter* and *Arcobacter*, ed. by J.G. COOTE, C. THOMAS and D.E.S. STEWART-TULL, Supplement to Journal of Applied Microbiology 90, 1S-15S, 2002

19. PARK, S.F., The physiology of *Campylobacter* species and its relevance to their role as foodborne pathogens, Int. J. Food Microbiol. 74, 177-188, 2002

20. RAYMOND, A., Qualitativer und quantitativer Nachweis von *Campylobacter* in Lebensmitteln, Diplomarbeit an der FH Lippe in Lemgo, 2002

21. STEELE, T.W., McDERMOTT, S.N., Technical note: The use of membrane filters applied directly to the surface of agar plates for the isolation of *Campylobacter jejuni* from feces, Pathology 16, 263-265, 1984

22. STERN, N.J., LINE, J.E., CHEN, Hui-Cheng, *Campylobacter*, in: Compendium of methods for the microbiological examination of foods, 4th ed., ed. by FRANCES POUCH DOWNES and KEITH ITO, American Public Health Association, Wash. DC, 301-310, 2001

23. SVOBODA, P., JÄGGI, N., Untersuchungen zum Vorkommen von *Campylobacter* spp. in verschiedenen Lebensmitteln, Mitteilungen aus Lebensmitteluntersuchung und Hygiene 93, 32-43, 2002

24. VAN VLIET, A.H.M., KETLEY, J.M., Pathogenesis of enteric *Campylobacter* infection, in: *Campylobacter, Helicobacter* and *Arcobacter*, ed. by J.G. COOTE, C. THOMAS and D.E.S. STEWART-TULL, Supplement to Journal of Applied Microbiology 90, 45S-56S, 2002

25. WASSENAAR, T.M., Toxin production by *Campylobacter*, Clinical Microbiology Reviews 10, 466-476, 1997

26. WITTENBRINK, M.M., *Campylobacter*: Vorkommen und pathogene Bedeutung bei Mensch und Tier, Mitteilungen aus Lebensmitteluntersuchung und Hygiene 93, 4-8, 2002

3.1.10 Genus Arcobacter

(VANDAMME und GOOSSENS, 1992, VANDAMME et al., 1992a, b, COLLINS et al., 1996, de BOER et al., 1996, WESLEY, 1996, 1997, NACHAMKIN, 1997, ON, 2002)

Species des Genus *Arcobacter* gehörten bisher zum Genus *Campylobacter* (VANDAMME et al., 1992b). Die Arten des Genus *Arcobacter* (*A. skirrowii, A. cryaerophilus, A. butzleri, A. nitrofigilis*) vermehren sich im Gegensatz zu den Arten des Genus *Campylobacter* unter aeroben Bedingungen bei 15 °C–30 °C (ON, 2002).

Vorkommen

Darm von Mensch und Tier, verunreinigte Lebensmittel, bes. Geflügel- und Schweinefleisch bei schlechter Schlachthygiene. *A. nitrofigilis* wurde bisher nur bei Pflanzen nachgewiesen.

Krankheitserscheinungen durch A. butzleri und A. cryaerophilus

Bauchschmerzen, Durchfall, teilweise Erbrechen und Fieber. Krankheitsdauer 1–8 Tage (VANDAMME et al., 1992a, LERNER et al., 1994). Erkrankungen durch verunreinigtes Wasser, Kontaktinfektionen durch Haustiere.

Nachweis

(de BOER et al., 1996, COLLINS et al., 1996, ATABAY und CORRY, 1998)

Presence/Absence-Test

1. Anreicherung

a) 20 g Produkt mit 180 ml physiologischer Kochsalz-Lösung homogenisieren und 1 ml dieser Suspension zu 10 ml Arcobacter Selective Broth (ASB) pipettieren. Die Bouillon wird bei 25 °C 24–48 h bebrütet.

b) 20 g Produkt zu 100 ml Arcobacter Medium (Oxoid), Bebrütung bei 25 °C für 48–72 h.

Die Methoden stellen Alternativen dar.

2. Züchtung

Von der Anreicherung Ösenausstrich auf Arcobacter Selective Medium (ASM), Bebrütung bei 25 °C für 48–72 h.

Quantitativer Nachweis

Bestimmung der Keimzahl auf Arcobacter Medium mit der Filtermethode (siehe unter Nachweis von *Campylobacter*) oder Spatelverfahren, Bebrütung bei 25 °C für 48–72 h.

Bestätigung

Identifizierung nach Angaben von LIOR und WOODWARD (1993) und ON et al. (1996). Mit dem System API Campy sind Species des Genus *Arcobacter* nicht sicher identifizierbar (ATABAY, CORRY und ON, 1998).

Literatur

1. ATABAY, H.I., CORRY, J.E.L., Evaluation of a new arcobacter enrichment medium and comparison with two media developed for enrichment of *Campylobacter* spp., Int. J. Food Microbiol. 41, 53-58, 1998
2. ATABAY, H.I., CORRY, J.E.L., ON, S.L.W., Diversity and prevalence of *Arcobacter* spp. in broiler chickens, J. Appl. Microbiol. 84, 1007-1016, 1998
3. de BOER, E., TILBURG, J.J. H.C., WOODWARD, D.L., LIOR, H., JOHNSON, W.M., A selective medium for the isolation of *Arcobacter* from meats, Letters in Appl. Microbiol. 23, 64-66, 1996
4. COLLINS, C.I., WESLEY, I.V., MURANO, E.A., Detection of *Arcobacter* spp. in ground pork by modified plating methods, J. Food Protection 59, 448-452, 1996
5. LERNER, J., BRUMBERGER, V., PREAC-MURSIC, V., Severe diarrhea associated with *Arcobacter butzleri*, Eur. J. Clin. Infect. Dis. 13, 660-662, 1994

6. LIOR, H., WOODWARD, D.L., *Arcobacter butzleri*: a biotyping scheme, Acta Gastro-Enterologica Belgica 6, 28, 1993

7. NACHAMKIN, I., *Campylobacter jejuni*, in: Food Microbiology Fundamentals and Frontiers, ed. by M.P. Doyle, L.R. Beuchat und T.J. Montville, ASM Press, Washington D.C., 159-170, 1997

8. ON, S.L.W., HOLMES, B., SACKIN, M.J., A probability matrix for the identification of campylobacters, helicobacters and allied taxa, J. appl. Bacteriol. 81, 435-442, 1996

9. ON, S.L.W., Taxonomy of *Campylobacter, Arcobacter, Helicobacter* and related bacteria: current status, future prospects and immediate concerns, in: *Campylobacter, Helicobacter* and *Arcobacter*, ed. by J.G. COOTE, C. THOMAS and D.E.S. STEWART-TULL, Supplement to Journal of Applied Microbiology 90, 1S-15S, 2002

10. VANDAMME, P., GOOSSENS, H., Taxonomy of *Campylobacter, Arcobacter,* and *Helicobacter*: A Review, Zbl. Bakt. 276, 447-472, 1992

11. VANDAMME, P., PUGINA, P., VAN ETTERIJK, R., VLAES, L., KERSTERS, K., BUTZLER, J.-P., LIOR, H., LAUWERS, S., Outbreak of recurrent abdominal cramps associated with *Arcobacter butzleri* in an italian school, J. Clin. Microbiol. 30, 2335-2337, 1992a

12. VANDAMME, P., VANCANNEYT, M., POT, B., MELS, L., HOSTE, B., DEWETTINCK, D., VLAES, L., VAN DEN BORRE, C., HIGGINS, R., HOMMEZ, J., KERSTERS, K., BUTZLER, J-P., GOOSSENS, H., Polyphasic taxonomic study of the emended genus *Arcobacter* with *Arcobacter butzleri* comb. nov. and *Arcobacter skirrowii* sp. nov., an aerotolerant bacterium isolated from veterinary specimens, Int. J. System. Bacteriol. 42, 344-356, 1992b

13. WESLEY, I.V., *Helicobacter* and *Arcobacter* species: Risks for foods and beverages, J. Food Protection 59, 1127-1132, 1996

14. WESLEY, I.V., *Helicobacter* and *Arcobacter*: Potential human foodborne pathogens? Trends in Food Science & Technology 8, 293-299, 1997

3.1.11 Pseudomonas aeruginosa

(ØGAARD et al., 1985, IGLEWSKI, 1989, 1991)

Eigenschaften

Ps. aeruginosa ist ein gramnegatives, psychrotrophes, obligat aerobes, Oxidase-positives Stäbchen. *Ps. aeruginosa* vermehrt sich in Medien, in denen Acetat als C-Quelle und Ammoniumsulfat als N-Quelle ausreichen. Bei möglicher anaerober Vermehrung wird Nitrat als Elektronenakzeptor genutzt. Bildung verschiedener Enzyme und Toxine in Abhängigkeit vom Stamm, wie Protease (auch Elastase), Lipase, Phospholipase C, Leucocidin (Cytotoxin), Toxin A (Protein) und Hämolysin.

Vorkommen

Wasser, eiweißreiche Lebensmittel (Fisch, Fleisch, Milch, Ei), Haut, Kosmetika

Bedeutung

Bei epidemischen Durchfallerkrankungen aus Lebensmitteln und Patientenstühlen isoliert. Die Pathogenese ist jedoch ungeklärt. *Ps. aeruginosa* zählt zu den sog. „opportunistischen" Bakterien. Bei Kosmetika (Elastasebildung) Infektion der Hornhaut möglich.

Nachweis

Anreicherung

- 10 g Produkt + 90 ml CASO- oder Tryptone Soya Bouillon, schütteln oder im Stomacher 30 sec homogenisieren.
- Bebrütung bei 37 °C, 24–48 h
- Ösenausstrich auf Cetrimid-Agar, Bebrütung bei 42 °C, 24–48 h
- Bestätigung der Kolonien durch Oxidase- und OF-Test, API 20NE oder andere geeignete Testsysteme.

Keimzahlbestimmung

- Oberflächenkultur (Spatel- oder Tropfplattenverfahren) auf Cetrimid-Agar
- Bebrütung bei 42 °C 24–48 h und biochemische Bestätigung verdächtiger Kolonien.

Literatur

1. ØGAARD, A., CRYZ, S.J. Jr., BERDAL, B.P., Exotoxin A from various *Pseudomonas* cultures, in: vitro activity measured by enzyme-linked immunosorbent assay (ELISA), Acta Path. Microbiol. Immunol. Scand. Sect. B. 93, 217-223, 1985
2. IGLEWSKI, B.H., Probing *Pseudomonas aeruginosa*, an opportunistic pathogen, ASM News 55, 303-307, 1989
3. IGLEWSKI, B.H., *Pseudomonas*, in: Medical Microbiology, ed. by Samuel Baron and Paula M. Jennings, Churchill Livingstone, New York, 3rd. ed., 389-396, 1991

3.1.12 Burkholderia cocovenenans
(COX et al., 1997)

Eigenschaften

Burkholderia (B.) cocovenenans (früher *Pseudomonas cocovenenans*) ist ein obligat aerobes (Vermehrung auch anaerob unter Nutzung von Nitrat als Elektronenakzeptor), gramnegatives, bewegliches, Oxidase-negatives Stäbchen (Kovac's-Methode). Die Oxidase-Reaktion kann auch schwach positiv ausfallen. *B. cocovenenans* vermehrt sich bei 30 °C, nicht jedoch bei 4 °C oder 45 °C. Einige Merkmale entsprechen denen von *Pseudomonas aeruginosa* und *Burkholderia cepacia* (früher *Pseudomonas cepacia*). Ein Biovar von *B. cocovenenans*, *Burkholderia farinofermentans* (früher *Flavobacterium farinofermentans*) wurde beschrieben (ZHAO et al., 1995).

Vorkommen

Kokosnuss, fermentierte Produkte aus Kokosnuss, fermentierte Sojaprodukte mit Kokosnuss.

Krankheitserscheinungen

Erkrankungen besonders auf Java durch Bildung von „Bonkrek acid" und Toxoflavin. Nach einer Inkubationszeit von 4–6 h kommt es zu Bauchschmerzen, Unwohlsein, Schwindelgefühlen, Schweißausbrüchen und Müdigkeit.

Nachweis

Es gibt keine Selektivmedien; ein guter Nachweis ist möglich, wenn Kokosnuss als Grundlage eines Mediums eingesetzt wird.

Literatur

1. COX, J., KARTADARMA, E., BUCKLE, K., Burkholderia cocovenenans, in: Foodborne Microorganisms of Public Health Significance, 5th ed., edited by A.D. Hocking, G. Arnold, J. Jenson, K. Newton, P. Sutherland, AIFST (NSW Branch) Food Microbiology Group, Australian Institute of Food Science and Technology, P.O. Box 1493, North Sydney, NSW 2059, 521-530, 1997
2. ZHAO, N., QU, C., WANG, E., CHEN, W., Phylogenetic evidence for the transfer of Pseudomonas cocovenenans (van Damme et al., 1969) to the genus Burkholderia as Burkholderia cocovenenans (van Damme et al., 1969) comb. nov., Int. J. Syst. Bacteriol. 45, 600-603, 1995

3.2 Grampositive Bakterien

3.2.1 Staphylococcus aureus

(HOLT, 1994, BENNETT, 1996, 1998, ICMSF, 1996, ASH, 1997, JABLONSKI und BOHACH, 1997, BENNETT und LANCETTE, 1998, BAIRD-PARKER, 2001, LANCETTE und BENNETT, 2001)

Eigenschaften

Staphylococcus (S.) aureus ist ein grampositiver, unbeweglicher, Koagulase-positiver *Coccus*, der meist auch eine Phospholipase C (= Lecithinase) auf eigelbhaltigen Medien bildet (eigelbpositiv). Dabei ist der Anteil der eigelbpositiven Staphylokokken bei *S. aureus* humaner Herkunft höher als bei boviner Herkunft (MATOS et al., 1995). Entscheidend für die Identifizierung von *S. aureus* ist deshalb der Nachweis der Koagulase mit Kaninchenplasma und der Nachweis des „Clumping factors" (Klumpungsfaktor). Während beim Nachweis der Koagulase mit Kaninchenplasma die in der Zelle gebildete „freie Koagulase" nachgewiesen wird, ist die Koagulase beim „Clumping factor" an der Zellwand gebunden. Neben *S. aureus* sind jedoch auch noch einige andere Arten Koagulase-positiv (Tab. III.3-16). Eine Identifizierung von *S. aureus* ist auch mit einer Gensonde möglich, z.B. Accuprobe® (FRENEY et al., 1993).

Tab. III.3-16: Koagulase-Reaktionen

Species	Koagulase mit Kaninchenplasma	„clumping factor"	Acetoin
S. aureus	+	+	+
S. delphini	+	–	–
S. schleiferi subsp. *coagulans*	+	–	+
S. schleiferi subsp. *schleiferi*	–	+	+
S. hyicus	v	–	–
S. intermedius	+	v	–

Als Koagulase-positiv wurde auch *Staphylococcus chromogenes* beschrieben (INGHAM et al., J. Food Protection 66, 2151–2155, 2003).

Weitere Eigenschaften von *S. aureus* (BERGDOLL, 1989, ADAMS und MOSS, 1995, GRANUM et al., 1995, ICMSF, 1996, ASH, 1997, BAIRD-PARKER, 2001)

Thermonuclease		positiv
Vermehrungsbedingungen		+7 °C bis +48 °C
Toxinbildung		+10 °C bis +48 °C
Minimaler a_w-Wert:	Vermehrung (aerob, Kochsalz)	0,86
	Vermehrung (anaerob)	0,90
	Toxinbildung (Toxin A)	0,87
	(Toxin B)	0,97
Minimaler pH-Wert (Vermehrung, aerob, Fleisch)		4,0
Minimaler pH-Wert (Vermehrung, anaerob, Fleisch)		4,7
Minimaler pH-Wert (Toxinbildung A, B, C, D im Lebensmittel)		4,9–5,1

Hitzeresistenz

Vegetative Zellen	$D_{60\,°C}$ = 3,1–3,4 min,	z = 5 °C (Magermilch)
	$D_{60\,°C}$ = 0,34 min,	z = 8,2 °C (Vollei)
	$D_{85\,°C}$ = 1,0 min,	z = 9,5 °C (Sojaöl)

Enterotoxin
Inaktivierung in Abhängigkeit vom Lebensmittel, pH-Wert, Art des Toxins bei Temperaturen oberhalb von 100 °C bis 120 °C, $D_{120\,°C}$ = ca. 20 min, z = 24 °C (BAIRD-PARKER, 2001).

Die angegebenen Resistenzdaten sind abhängig von den übrigen Einflussfaktoren (pH, a_w-Wert, Temperatur, Sauerstoff, Nährstoffe, Art der Säuren, Art der Stoffe, mit denen die Wasseraktivität vermindert wurde usw.).

Toxinbildung

Bestimmte Stämme von *S. aureus* bilden toxische, auf den Darm wirkende Gifte, sog. Enterotoxine. Bekannt sind die Toxine A, B, C_1, C_2, C_3, D, E, G, H, I und J (SU und WONG, 1995, STEPHAN et al., 2001).

Das Toxin F führt zum Schocksyndrom und wird deshalb als „Toxic-Shock-Syndrom-Toxin" (TSST-1) bezeichnet.

Obwohl Lebensmittelvergiftungen bisher überwiegend durch Enterotoxine des *S. aureus* ausgelöst wurden, sollte die Bedeutung anderer Staphylokokken, die Enterotoxine bilden, nicht unterschätzt werden. So wurde u. a. bei *S. intermedius* das Enterotoxin A und C nachgewiesen. Auch liegen Berichte über eine Toxinbildung von *S. haemolyticus, S. cohnii* und *S. xylosus* vor (BAUTISTA, 1988). Die Bildung von Enterotoxin E wurde bei Stämmen von *S. simulans, S. xylosus,*

S. equorum, S. lentus und *S. capitis* nachgewiesen (VERNOZY-ROZAND et al., 1996). Die Anzahl der geprüften Stämme ist jedoch sehr gering, so dass Bestätigungen dieser Untersuchungen noch abzuwarten sind. Zu beachten ist auch, dass eigelbnegative Staphylokokken sowie auch Koagulase-negative Stämme Enterotoxine bilden können (BENNETT, 1996, MIWA et al., 2001).

Vorkommen von *S. aureus*

Haut, Schleimhaut des Nasen-Rachenraumes, Stuhl, Kot, Abzesse, Pusteln. Etwa die Hälfte aller gesunden Menschen hat im Nasen-Rachenraum *S. aureus*; 20 % der dabei isolierten Stämme bildeten Enterotoxine.

Erkrankungen durch invasive Prozesse

Bedingt durch extrazelluläre Enzyme kommt es in Abhängigkeit von der Virulenz des Erregers zu lokal-oberflächlichen Entzündungen der Haut oder zu Abzessen, Endocarditis, Sepsis oder zu Gefäßverschlüssen (Koagulation des Fibrius).

Erkrankungen durch Enterotoxine

Die Bildung der Enterotoxine erfolgt im Lebensmittel. Es kommt zum Erbrechen und Durchfall. Am stärksten wirkt Enterotoxin A mit einer emetischen Dosis von unter 1 μg (Enterotoxin B 20–25 μg). Bereits 0,1–0,2 μg Enterotoxin führen zur Lebensmittelvergiftung (GRANUM, 1995). Die Enterotoxine sind Polypeptide. Am besten bekannt ist das Enterotoxin B, das ein Mol.Gew. von 29366 Dalton hat und aus einer einzelnen Polypeptidkette mit 239 Aminosäuren besteht, unter denen Asparaginsäure und Lysin besonders stark vertreten sind. Die Aminosäuresequenz könnte für die toxische Wirkung verantwortlich sein (BERGDOLL, 1990).

Toxic-Shock-Syndrom-Toxin (TSST-1): Kein Durchfall beim Rhesusaffen, Lungenödem, endotheliale Zelldegenerationen, Nierenversagen, Schock.

Inkubationszeit

2–4 h (0,5–7 h)

Lebensmittel, die zur Erkrankung führten

Voraussetzung für die Entstehung einer Lebensmittelvergiftung durch *S. aureus* ist, dass sich der Erreger im Produkt vermehrt und Zellzahlen von über 10^6/g oder ml erreicht.

Lebensmittel, die u. a. an Erkrankungen beteiligt waren: Fertige Fleischgerichte, Pasteten, gekochter Schinken, Rohschinken, Milch und Milcherzeugnisse, eihaltige Zubereitungen, Salate, Cremes, Kuchenfüllungen, Speiseeis, Teigwaren.

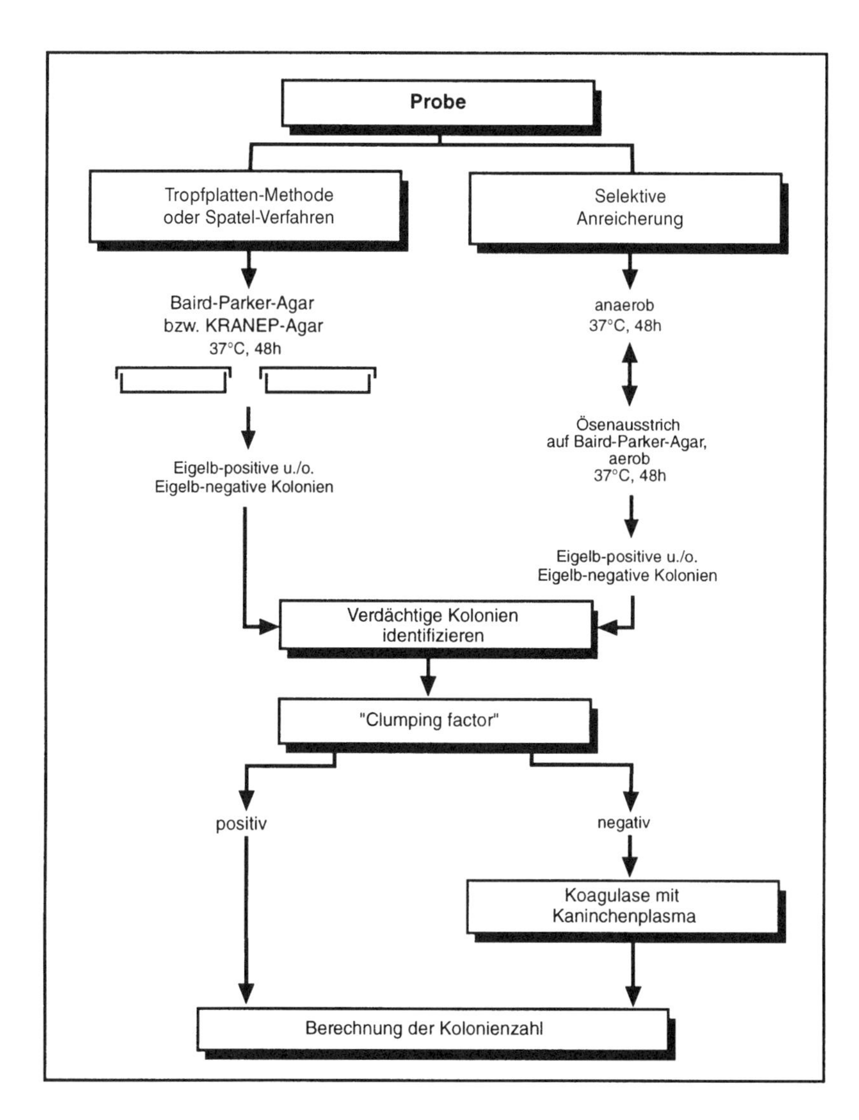

Abb. III.3-9: Nachweis Koagulase-positiver Staphylokokken (Routine-Verfahren)

Nachweis (BENNETT und LANCETTE, 1998, LANCETTE und BENNETT, 2001)

Da der Enterotoxinnachweis immer noch schwieriger durchzuführen ist als der Nachweis von *S. aureus*, beschränkt man sich in der Routineuntersuchung von Lebensmitteln auf den kulturellen Nachweis und auf die Bestätigung verdächtiger Isolate sowie auf die Durchführung des Thermonuclease-Tests in Lebensmitteln. Bei der kulturellen Untersuchung wird dem Medium entweder Eigelb oder Plasma zugesetzt. In der Regel wird die Eigelbreaktion (Phospholipase C) auf dem Nachweismedium beurteilt.

Zur Bestätigung sollten mindestens 5 eigelbpositive und 5 eigelbnegative Kolonien mithilfe des Koagulasetests überprüft werden (Röhrchentest oder Schnellverfahren, bei denen der „Clumping factor" nachgewiesen wird). Bei negativer oder zweifelhafter Reaktion muss die Überprüfung im Röhrchentest mit Kaninchenplasma erfolgen.

Zusammenhänge zwischen Enterotoxigenität, Eigelbreaktion und Koagulase existieren jedoch nicht (BENNETT et al., 1986), so dass bei Beanstandungsfällen und einem Verdacht auf Lebensmittelvergiftungen ein Toxinnachweis notwendig ist (z.B. Bommeli-Kit, TECRA-Kit, VIDAS-Kit, RPLA-Test).

- ☐ **Bestimmung Koagulase-positiver Staphylokokken (*Staphylococcus aureus* u.a. Species) mit dem Tropfplatten-Verfahren** (Routineverfahren)

Verfahren

10 g oder ml des Produktes werden mit 90 ml der Verdünnungsflüssigkeit homogenisiert. Von der homogenisierten Probe oder der Erstverdünnung und den weiteren Verdünnungen werden 0,05 ml oder 0,1 ml im Doppelansatz auf die entsprechenden Sektoren eines ETGPA-Nährbodens nach BAIRD-PARKER oder KRANEP-Agar getropft und mit der Pipettenspitze ausgezogen (gleiche Verdünnungsstufe auf verschiedene Platten). Eine Platte wird für maximal 4 Verdünnungsstufen verwendet. Die Bebrütung erfolgt bei 37 °C 48 h.

Auswertung

Nach 48-stündiger Bebrütung werden die charakteristischen Kolonien (zwischen 1 und 50) ausgezählt (Berechnung siehe unter Tropfplattenverfahren). Staphylokokken, die aus tiefgefrorenen und getrockneten Produkten isoliert werden, haben häufig kein typisches Koloniebild. Sie sind auf dem Baird-Parker-Agar weniger schwarz, trocken und bilden raue Kolonien. Wenn neben den typischen Kolonien (auf Baird-Parker-Agar rund, glatt, konvex, schwarz bis grau-schwarz und Hofbildung) atypische Staphylokokken vorkommen, so sind diese getrennt auszuzählen.

Auch PEREIRA et al. (1996) fanden Enterotoxin H bildende *S. aureus,* die auf dem Baird-Parker-Agar zwar schwarze Kolonien bildeten, jedoch keine Eigelbreaktion zeigten und ein schleimiges Koloniebild aufwiesen.

Bestätigung

Mindestens 5 charakteristische und/oder 5 Kolonien ohne Hofbildung werden im Koagulase-Test (Klumpungsfaktor) bestätigt. Im negativen Fall ist die Koagulasereaktion im Röhrchen mit Kaninchenplasma durchzuführen.

□ **Bestimmung Koagulase-positiver Staphylokokken (*Staphylococcus aureus* u.a. Species) mit dem Spatelverfahren** (EN ISO 6888-1: 1999 und 2002)

Anwendungsbereich

Alle Lebensmittel, außer Rohmilchkäse oder bestimmte rohe Fleischerzeugnisse, bei denen eine starke Hintergrundflora die gesuchten Staphylokokken überwuchern kann oder zahlreiche atypische Staphylokokken auftreten.

Verfahren

Jeweils 0,1 ml der Probe oder Verdünnung werden auf 2 Petrischalen pipettiert. (Doppelansatz) und mit dem Spatel verteilt. Bebrütung bei 37 °C für insgesamt 2 x 24 h. Medium: ETGPA-Nährboden nach BAIRD-PARKER.

Auswertung

Typische und atypische Kolonien werden getrennt ausgezählt. Dabei werden nur Platten berücksichtigt, die nicht mehr als 150 Kolonien aufweisen.

Bestätigung

Koagulase-Test in Röhrchen. Der Test ist positiv, wenn nach 4–6-stündiger Bebrütung bei 37 °C das Volumen des Koagulats mehr als die Hälfte des Ausgangsvolumens der Flüssigkeit einnimmt.

□ **Bestimmung Koagulase-positiver Staphylokokken (*Staphylococcus aureus* u.a. Species) mit Kaninchenplasma-Fibrinogen-Agar** (EN ISO 6888-2: 1999 und 2002)

Anwendungsbereich

Produkte, die wahrscheinlich verunreinigt sind mit Staphylokokken, die auf Baird-Parker-Agar atypische Kolonien bilden oder eine Hintergrundflora aufweisen, die die gesuchten Kolonien überdecken, z.B. Rohmilchkäse oder bestimmte rohe Fleischerzeugnisse.

Verfahren

Gusskultur mit Kaninchenplasma-Fibrinogen-Agar im Doppelansatz.

Bebrütung: 18–24 h oder, wenn erforderlich, weitere 24 h bei 37 °C.

Auswertung

Auszählung der Kolonien mit Hofbildung und Berechnung der Koagulase-positiven Staphylokokken pro g oder ml.

Anmerkungen

Das Medium hat den Vorteil, dass die Koagulasereaktion durch Bildung eines Trübungshofes von ausgefälltem Fibrin um die Kolonie direkt abgelesen werden kann. In der Schweiz ist dieses Verfahren im Schweizerischen Lebensmittelbuch (1988) festgelegt. In Deutschland hat sich das Verfahren bisher deshalb nicht durchgesetzt, weil kommerziell erhältliche Supplemente bis vor Jahren nicht erhältlich waren oder mit ihnen die Koagulasereaktion nicht optimal erfassbar war. Nunmehr wird jedoch von mehreren Firmen das Grundmedium mit entsprechenden Supplementen angeboten, wie von den Firmen Oxoid, bioMérieux oder Biokar Diagnostics (de BUYSER et al., 1998, ZANGERL, 1999).

Die Erkennbarkeit der Fibrinausfällung ist abhängig von der Qualität des Supplements.

☐ **Bestimmung Koagulase-positiver Staphylokokken (*Staphylococcus aureus* u.a. Species) mit dem MPN-Verfahren** (EN ISO 6888-3: 2001)

Anwendungsbereich

Nachweis sehr niedriger Zahlen Koagulase-positiver Staphylokokken bzw. bei der Untersuchung von behandelten Produkten (gestresste Zellen).

Verfahren

- Medium
  a) Giolitti-Cantoni-Bouillon (kommerziell erhältliches Basismedium), pH 6,9 ± 0,2, abgefüllt zu 10 ml, 121 °C, 15 min
  b) Aseptischer Zusatz (44–47 °C) von 0,1 ml Kaliumtelluritlösung zu 10 ml Basismedium (einfach konzentrierte Bouillon) oder 0,2 ml bei doppelt konzentrierter Giolitti-Cantoni-Bouillon

     Herstellung der Kaliumtelluritlösung: 1,0 g Kaliumtellurit in 100 ml Wasser lösen und steril filtrieren, 0,22 µm Membran (Aufbewahrung bei 3–5 °C max. 1 Monat)
- 3 Röhrchen doppelt konzentrierter Bouillon werden mit 10 ml der flüssigen Probe oder 10 ml der Erstverdünnung (= 1 g Produkt) beimpft
- Von den weiteren Verdünnungen werden jeweils 1 ml zu 10 ml einfach konzentrierter Bouillon pipettiert
- Überschichtung der Röhrchen mit flüssigem Agar (44–47 °C)
- Bebrütung: 37 °C für 24 h

Auswertung

Von positiven Röhrchen (Schwarzfärbung) erfolgt ein Ösenausstrich auf Baird-Parker-Agar oder Kaninchenplasma-Fibrinogen-Agar mit Überprüfung der Koagulase und Bestimmung der Zellzahl entsprechend der MPN-Tabelle nach de MAN (1983), siehe auch unter Bestimmung der Keimzahl (MPN-Verfahren).

☐ Bestimmung Koagulase-positiver Staphylokokken (*Staphylococcus aureus* u.a. Species) nach selektiver Anreicherung (Routineverfahren)

Anwendungsbereich

Trockenmilcherzeugnisse, Speiseeispulver, Säuglings- und Kleinkindernahrung auf Milchbasis, pulverig, Schmelzkäse und Schmelzkäsezubereitungen.

Verfahren

Ein selektives Anreicherungsmedium (Anreicherung nach Baird oder Giolitti-Cantoni-Bouillon) wird mit 1 ml der Ausgangsverdünnung bzw. weiterer Verdünnungen beimpft. Nach 48 h Bebrütung bei 37 °C unter anaeroben Bedingungen wird auf Agarplatten mit ETGPA-Nährboden nach BAIRD-PARKER ausgestrichen. Bei 37 °C wird unter aeroben Bedingungen insgesamt 48 h bebrütet. Typische und atypische Kolonien werden zur Bestätigung mit dem Koagulase-Test geprüft. Aus der Anzahl der positiven Ausstriche wird der Titer bzw. bei Verwendung von jeweils 3 Röhrchen pro Verdünnung die wahrscheinlichste Anzahl Koagulase-positiver Staphylokokken nach der MPN-Tabelle bestimmt.

Koagulase-Test und Nachweis des Klumpungsfaktors

- Koagulase-Test: Röhrchen mit 0,3 ml Kaninchenplasma + EDTA werden mit 0,1 ml einer Bouillonkultur des zu testenden Stammes vermischt und im Wasserbad bis zu 24 h bei 37 °C bebrütet. Abgelesen wird nach 4 und 6 h, im negativen Fall nochmals nach 24 h (Abb. III.3-10). Bestimmt wird die freie Koagulase.
- Klumpungsfaktor: Der konventionelle Nachweis des Klumpungsfaktors erfolgt durch Verreiben einer Kolonie in einem Tropfen Kaninchenplasma mit anschließender Beurteilung der Klumpenbildung. Als Alternativen zum konventionellen Test können kommerziell vertriebene Tests eingesetzt werden, z. B. Slidex Staph Kit (bioMérieux), Dryspot Staphytect Plus (Oxoid), Staphyslide (Becton Dickinson), Bactident-Staph (Merck).

Alle Schnelltests werden auf dem Objektträger ausgeführt. Da eine Übereinstimmung zwischen dem Koagulase-Test im Röhrchen und dem Nachweis des Klumpungsfaktors nicht gegeben ist (bei bovinen Staphylokokken lag nach BECKER et al., 1987, die Übereinstimmung bei 83,5 %), sollte bei einem negativen Schnelltest eine Nachprüfung im Röhrchentest mit Kaninchenplasma (Zusatz von EDTA) erfolgen.

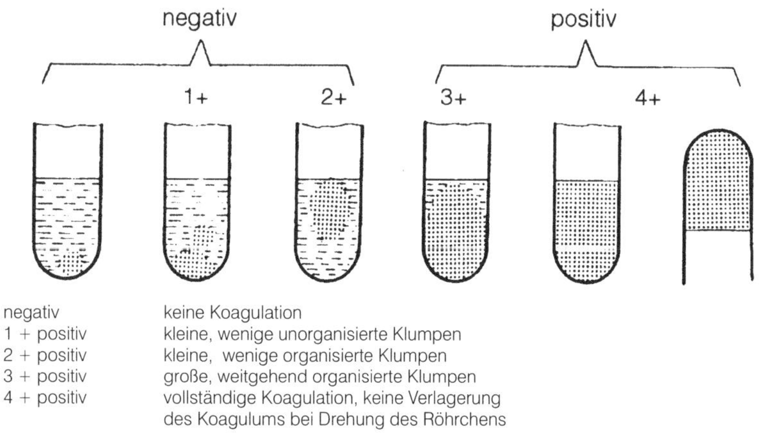

Abb. III.3-10: Bewertung der Koagulation (Röhrchentest)

□ Nachweis der Thermonuclease

Der routinemäßige Nachweis von Staphylokokken-Enterotoxinen ist zeit- und kostenaufwändig. Der Nachweis der vegetativen Staphylokokken ist besonders bei fermentierten und hitzebehandelten Lebensmitteln sowie bei solchen Produkten, in denen Staphylokokken durch die Entwicklung einer säuretoleranten Flora gehemmt werden (z.B. in Feinkosterzeugnissen mit pH-Werten oberhalb von 4,8) als Kriterium für An- oder Abwesenheit von Toxinen ohne Wert. Die Thermonuclease dagegen kann bei zahlreichen Erzeugnissen darauf hinweisen, dass sich pathogene Staphylokokken vermehrt haben (über 10^5/g) und im Falle eines Enterotoxinbildungsvermögens von diesen Mikroorganismen bei geeigneten Einflussfaktoren (z.B. Temperatur, Säuregrad, Wasseraktivität) ausreichend Enterotoxin gebildet wurde.

Ein positiver Thermonuclease-Test besagt jedoch nicht, dass Enterotoxine vorhanden sind, da Enterotoxinbildung und Thermonuclease nicht miteinander korrelieren. Außerdem können auch einige Streptokokken und Bazillen Nucleasen bilden.

□ Nachweis der Thermonuclease im Lebensmittel

(PARK et al., 1979, SÜDI et al., 1986)

- 20 g Lebensmittel werden mit 5 g thermonucleasefreiem Magermilchpulver und 50 ml A. dest. homogenisiert. Bei flüssigen Lebensmitteln wird zu 100 ml ebenfalls 5 g Magermilchpulver gegeben.
- Einstellung des pH-Wertes auf 3,8 mit Salzsäure, c (HCl) = 2 mol/l.

- Zentrifugieren 20 min bei 4 °C (20000–25000 g).
- Dem Überstand wird die 0,05fache Menge kalter Trichloressigsäure c (CCl_3–COOH) = 3 mol/l zugesetzt. Nach einer Standzeit von 30 min bei 4 °C wird zentrifugiert (15 min) und danach dekantiert.
- Das Sediment wird mit 1 ml Tris-Puffer gelöst, mit Natronlauge, c (NaOH) = 2 mol/l auf pH 8,5 eingestellt und mit Tris-Puffer auf 2 ml aufgefüllt. Der Extrakt wird bei 100 °C 15 min erhitzt.
- Der Nachweis der Thermonuclease erfolgt in einem Toluidin-O-DNA-Agar. Dazu werden in den Agar mit einem Hohlzylinder (Durchmesser 2 mm) zwei bis zehn Löcher gestanzt. In die Löcher werden ca. 7 μl Extrakt (positive und negative Kontrolle einsetzen) pipettiert. Die Bebrütung erfolgt mit dem Deckel nach oben 4 h bei 37 °C. Bei negativem Testausfall ist die Platte weiter zu bebrüten und nach 24 h zu beurteilen.

Auswertung

Der Test ist positiv, wenn um das mit dem erhitzten Extrakt beschickte Loch eine rosarote Zone zu erkennen ist, die mindestens 1 mm breit ist. Im positiven Fall sollte ein Enterotoxinnachweis durchgeführt werden.

□ Nachweis von Staphylokokken-Enterotoxinen

(BECKER et al., 1994, BENNETT und McCLURE, 1994, PARK et al., 1996a, b, BENNETT, 1996, ASH, 1997, PIMBLEY und PATEL, 1998)

Kommerzielle Test-Kits sind verfügbar (siehe Kapitel III.4):

- SET-EI A-D, E (Bommeli, Vertrieb: Riedel-de Haën)
- Sandwich-ELISA (Vertrieb: Riedel-de Haën, Transia)
- VIDAS Staph. Enterotoxin (bioMérieux), ohne Differenzierung der Enterotoxintypen
- Ridascreen SET A, B, C, D, E (R-Biopharm)
- Enterotoxin-Reversed Passive Latex Agglutination, SET-RPLA für Enterotoxine A, B, C und D (Oxoid)

Literatur

1. ASH, M., Staphylococcus aureus and staphylococcal enterotoxins, in: Foodborne Microorganisms of Public Health Significance, 5th ed., edited by A.D. Hocking, G. Arnold, J. Jenson, K. Newton, P. Sutherland, AIFST (NSW Branch) Food Microbiology Group, Australian Institute of Food Science and Technology, P.O. Box 1493, North Sydney, NSW 2059, 313-332, 1997
2. ADAMS, M.R., MOSS, M.O., Food Microbiology, The Royal Society of Chemistry, Cambridge, 1995
3. BAIRD-PARKER, T.C., Staphylococcus aureus in: The Microbiological Safety and Quality of Food, Vol. II, ed. by B.M. Lund, T.C. Baird-Parker, G.W. Gould, Aspen Publ. Inc., Gaithersburg, Maryland, USA, 1317-1335, 2000

4. BAUTISTA, L.P., GAYA, M., MEDINA, M., NUNENZ, A quantitative study of enterotoxin production by sheep milk staphylococci, Appl. Environ. Microbiol. 54, 566-569, 1988
5. BECKER, H., ZAADHOF, K.-J., TERPLAN, G., Charakterisierung von Staphylococcus aureus-Stämmen des Rindes unter besonderer Berücksichtigung des Klumpungsfaktors, Arch. Lebensmittelhyg. 38, 12-19, 1987
6. BECKER, H., SCHALLER, G., MÄRTLBAUER, E., Nachweis von Staphylococcus-aureus-Enterotoxinen in Lebensmitteln mit kommerziellen Enzymimmuntests, Arch. Lebensmittelhyg. 45, 27-31, 1994
7. BENNETT, R.W., YETERIAN, M., SMITH, W., COLES, C.M., SASSAMAN, M., MC-CLURE, F., Staphylococcus aureus identification characteristics and enterotoxigenicity, J. Food Sci. 51, 1337-1339, 1986
8. BENNET, R.W., McCLURE, F., Visual screening with enzyme immunoassay for staphylococcal enterotoxins in foods: Collaborative study, J. of AOAC International 77, 357-364, 1994
9. BENNETT, R.W., LANCETTE, G.A., Staphylococcus aureus, in: Bacteriological Analytical Manual, Food and Drug Administration, publ. by AOAC International, Gaithersburg, MD 20877 USA, Revision A, 1998
10. BENNETT, R.W., Atypical toxigenic Staphylococcus and Non-Staphylococcus aureus species on the horizon? An update, J. Food Protection 59, 1123-1126, 1996
11. BENNETT, R.W., Staphylococcus Enterotoxins, in: FDA Bacteriological Analytical Manual, 8th ed. (Revision A), publ. by AOAC International, 481 North Frederick Avenue, Suite 500, Gaithersburg, MD 20877, USA, 1998
12. BERGDOLL, M.S., Staphylococcus aureus, in: Foodborne Bacterial Pathogens, ed. by M. P. Doyle, Marcel Dekker, Inc., Basel, 463-532, 1989
13. BERGDOLL, M.S., Analytical methods for Staphylococcus aureus, Int. J. Food Microbiol. 10, 91-100, 1990
14. De BUYSER, M.L., AUDINET, N., DELBART, M.O., MAIRE, M., FRANCOISE, F., Comparison of selective culture media to enumerate coagulase-positive staphylococci in cheeses made from raw milk, Food Microbiol. 15, 339-346, 1998
15. FRENEY, J., MEUGNIER, H., BES, M., FLEURETTE, J.: Identification of Staphylococcus aureus using a DNA probe: Accuprobe®, Ann Biol Clin 51, 637-639, 1993
16. GRANUM, P.E., TOMAS, J.M., ALOUF, J.E., A survey of bacterial toxins involved in food poisoning: a suggestion for bacterial food poisoning nomenclature, Int. J. Food Microbol. 28, 129-144, 1995
17. HOLT, G.H.J., KRIEG, N.R., SNEATH, P.H.A., STALEY, J.T., WILLIAMS, ST.T., Bergey's Manual of Determinative Bacteriology, 9th ed., Williams & Wilkins, Baltimore, 1994
18. ICMSF (International Commission on Microbiological Specifications for Foods), Microorganisms in foods – 5 – Microbiological specifications of food pathogens, Chapman & Hall, London, 1996
19. JABLONSKI, L.M., BOHACH, G.A., Staphylococcus aureus, in: Food Microbiology Fundamentals and Frontiers, ed. by M.P. Doyle, L.R. Beuchat, T.J. Montville, ASM Press, Washington D.C., 353-375, 1997
20. LANCETTE, G.A., BENNETT, R.W.: Staphylococcus aureus and staphylococcal enterotoxins, in: Compendium of methods for the microbiological examination of foods, ed. by F.P. Downes and K. Jto, 4th ed., American Public Health Assoc., Washington DC, 387-403, 2001
21. MATOS, J.E.S., HARMON, R.J., LANGLOIS, B.E., Lecithinase reaction of Staphylococcus aureus strains of different origin on Baird-Parker medium, Letters in Appl. Microbiol. 21, 334-335, 1995

22. MIWA, N., KAWAMURA, A., MASUDA, T., AKIYAMA, M., An outbreak of food poisoning due to egg-yolk-reaction-negative Staphylococcus aureus, Int. J. Food Microbiol. 64, 361-366, 2001
23. PARK, C.E., EL DEREA, H.B., RAYMANN, M.K., Effect of non-fat dry milk of staphylococcal thermonuclease from foods, Can. J. Microbiol. 25, 44-46, 1979
24. PARK, C.E., WARBURTON, D., LAFFEY, P.J., A collaborative study on the detection of staphylococcal enterotoxins in foods with an enzyme immunoassay kit (TECRA), J. Food Protection 59, 390-397, 1996a
25. PARK, C.E., WARBURTON, D., LAFFEY, P.J., A collaborative study on the detection of staphylococcal enterotoxins in foods by an enzyme immunoassay kit (RIDASCREEN), Int. J. Food Microbiol. 29, 281-295, 1996b
26. PEREIRA, M.L., DO CARMO, L.S., DOS SANTOS, E.J., PEREIRA, J.L., BERGDOLL, M.S., Enterotoxin H in staphylococcal food poisoning, J. Food Protection 59, 559-561, 1996
27. PIMBLEY, D.W., PATEL, P.D., A review of analytical methods for the detection of bacterial toxins, J. Appl. Bacteriol. Symposium Supplement 84, 98S-109S, 1998
28. STEPHAN, R., SENCZEK, D., DORIGON, V.: Enterotoxin production and other characteristics of Staphylococcus aureus strains isolated from human nasal carriers, Arch. Lebensmittelhyg. 52, 7-9, 2001
29. SU, YI-CHENG, LEE WONG, A.C., Identification and purification of a new staphylococcal enterotoxin, H, Appl. Environ. Microbiol. 61, 1438-1443, 1995
30. SÜDI, J., RITTER, G., HEESCHEN, W., HAHN, G., Untersuchungen zum Nachweis der Thermonuclease als Suchtest auf Staphylokokken-Enterotoxine in verschiedenen Substraten, Kieler Milchw. Forschungsberichte 38, 247-254, 1986
31. VERNOZY-ROZAND, C., MAZUY, C., PREVOST, G., LAPEYRE, C., BES, M., BRUN, Y., FLEURETTE, J., Enterotoxin production by coagulase-negative staphylococci isolated from goats, milk and cheese, Int. J. Food Microbiol. 30, 271-280, 1996
32. ZANGERL, P., Vergleich von Baird-Parker-Agar und Kaninchenplasma-Fibrinogen-Medium zum Nachweis von Staphylococcus aureus in Rohmilch und Rohmilchprodukten, Arch. Lebensmittelhyg. 50, 4-9, 1999

3.2.2 Enterococcus faecalis und Enterococcus faecium

Die Rolle von *E. faecalis* und *E. faecium* als Ursache von Lebensmittelvergiftungen ist immer noch umstritten. Über durch Enterokokken ausgelöste Lebensmittelvergiftungen wurde immer wieder berichtet (KARLA et al., 1987), der Beweis für ihre alleinige Ursache konnte jedoch bisher nicht sicher geführt werden. Auch der Nachweis eines Enterotoxins bei *E. faecalis* und *E. faecium* durch KARLA et al. (1987) bedarf noch der Bestätigung. Das alleinige Vorhandensein von Enterokokken im Lebensmittel und das Auftreten von Krankheitserscheinungen lässt keinen Rückschluss auf die ätiologische Bedeutung zu, wenn nicht andere Ursachen, wie z.B. Staphylokokken-Enterotoxine oder biogene Amine, sicher ausgeschlossen werden. Besonders die biogenen Amine Histamin und Tyramin könnten für das Bild einer Enterokokken-Erkrankung verantwortlich sein, da viele Bakterien diese Amine bilden.

Zahlreich sind jedoch Berichte über Infektionen durch Enterokokken, wobei nicht nur *E. faecalis* und *E. faecium* eine Rolle spielen (MORRISON et al., 1997). Besonders zugenommen hat die Resistenz der Enterokokken gegenüber bestimmten Antibiotica, u. a. auch gegenüber Vancomycin.

Eigenschaften von *E. faecalis* und *E. faecium*

Grampositive, Katalase-negative, fakultativ anaerobe Kokken

Vermehrung bei pH 9,6 und einem Kochsalzgehalt von 6,5 %; Vermehrung auf Medien mit 0,1 % Thalliumacetat.

E. faecalis reduziert Tetrazoliumchlorid (TTC) schnell zu Formazan (Bildung roter Kolonien), während *E. faecium* TTC nicht reduziert oder nur schwach rosafarbene Kolonien bildet.

Minimale Vermehrungstemperatur 6 °C–10 °C

Minimaler a_w-Wert 0,93

Hitzeresistenz

Enterococcus faecalis

$D_{67,5\,°C}$ = 16–20 min, z = 13,1 °C, Brühwurst (CAMPANINI et al.; 1984)

$D_{66\,°C}$ = 1,39 min, z = 6,85 °C, Kochschinken, (MAGNUS et al., 1988)

Enterococcus faecium

$D_{66\,°C}$ = 29,04 min, z = 7,46 °C, Kochschinken (MAGNUS et al., 1988)

$D_{65\,°C}$ = 5,3 – 6,3 min, z = 8,3–10,3 °C, pH 7,0 und 2,5 % Kochsalz (SIMPSON et al., 1994)

Vorkommen

Stuhl und Kot, Pflanzen

Nachweis

(siehe unter Enterokokken)

Literatur

1. CAMPANINI, M., MUSSATO, G., BARBUTI, S., CASOLARI, A., Resistenza termica di streptococci isolati da mortadelle alterate, Industria Conserve 59, 298-301, 1984
2. KARLA, M.S., KAUR, G., SINGH, A., KAHLON, R.S., Studies in Streptococcus faecalis enterotoxin, Acta Microbiologica Polonica 36, 83-92, 1987

3. MAGNUS, C.A., McCURDY, A.R., INGLEDEW, W.M., Further studies in the thermal resistance of Streptococcus faecium and Streptococcus faecalis in pasteurized ham, Can. Inst. Food Sci. Technol. 21, 209-212, 1988
4. MORRISON, D., WOODFORD, N., COOKSON, B., Enterococci as emerging pathogens of humans, J. Appl. Microbiol. Symposium Supplement 83, 89S-99S, 1997
5. SIMPSON, M.V., SMITH, J.P., RAMAS-WAMY, B.K., GHAZALA, S., Thermal resistance of Streptococcus faecium as influenced by pH and salt, Food Res. International 27, 349-353, 1994

3.2.3 Listeria monocytogenes

(ICMSF, 1996, ROCOURT und COSSART, 1997, SUTHERLAND und PORRITT, 1997)

Zum Genus *Listeria* gehören 6 Arten: *L. grayi*, *L. innocua, L. ivanovii, L. monocytogenes, L. seeligeri* und *L. welshimeri*.

Listerien sind grampositive kurze Stäbchen, in älteren Kulturen können sich die Zellen aneinander legen und lange Fäden bilden. Die Zellen sind beweglich (25 °C), fakultativ anaerob, Katalase-positiv und Oxidase-negativ. *L. monocytogenes* und *L. seeligeri* bilden ein Hämolysin, das rote Blutkörperchen auflöst (CAMP-Test mit *S. aureus* positiv). Pathogen für Menschen ist *L. monocytogenes*. *Listeria ivanovii*, *L. seeligeri* und *L. welshimeri* sind nur bei wenigen Erkrankungen nachgewiesen worden. Die dominierende pathogene Species ist *L. monocytogenes*. Die weiteren Ausführungen berücksichtigen deshalb nur *L. monocytogenes*.

Spezielle Eigenschaften von *L. monocytogenes*

(EL-SHENAWY und MARTH, 1988a, b, SORELLS et al., 1989, CARLIER et al., 1996, SUTHERLAND und PORRITT, 1997)

Vermehrungstemperatur

Maximum	45 °C
Optimum	37 °C
Minimum	1–3 °C (in Milch –0,1 bis –0,4 °C)

Vermehrung unter Vakuum und modifizierter Atmosphäre
Durch Vakuum keine Beeinflussung, unter CO_2-Atmosphäre Vermehrung bis 40 % unbeeinflusst; bis 75 % Vermehrung, wenn 5 % O_2 vorhanden sind (SUTHERLAND und PORRITT, 1997).

Generationszeit (Milch)	4 °C: 1,2–1,7 Tage
	8 °C: 8,7–14,6 h
Minimaler pH-Wert	4,4–4,6

D-Werte für organische Säuren bei 13 °C in h

Essigsäure	(0,3 %) 132,	(0,5 %) 104
Milchsäure	(0,3 %) 187,	(0,5 %) 129
Zitronensäure	(0,3 %) 206,	(0,5 %) 142

Minimaler a_W-Wert 0,92 (Kochsalz)

Einfluss von Kaliumsorbat

Hemmung bei pH 5,0 und 13 °C durch 0,2 % K-Sorbat

Einfluss von Natriumbenzoat

Hemmung bei pH 5,0 und 13 °C durch 0,1 % Na-Benzoat

Hitzeresistenz		
	$D_{71,7\,°C}$ = 2,7–4,1 sec,	z = 8 °C (Vollmilch)
	$D_{62,8\,°C}$ = 2,56 min (Fleisch)	
	$D_{60\,°C}$ = 1,88–4,12 min,	z = 6,74 °C
	$D_{62,8\,°C}$ = 1,1 min,	z = 6,2 °C (Leberwurst)
	$D_{66\,°C}$ = 0,2 min,	z = 7,2 °C (Vollei)

Vorkommen

Erdboden, Stuhl, Kot zahlreicher Tiere, Pflanzen, Silage, Abwasser, besonders in Gullies von Lebensmittel verarbeitenden Betrieben; Übertragung auf zahlreiche Lebensmittel möglich und nachgewiesen (Geflügel, Frischfleisch, Milch, Käse, Gemüse, Früchte, Fisch).

Humanmedizinische Bedeutung

Von der Listeriose werden besonders Schwangere, ungeborene Kinder sowie Neugeborene und immungeschwächte Personen betroffen. Die Erscheinungen können vielfältig sein: Gehirnhautentzündung, Hautveränderungen (kutane Listeriose), chronisch-septische Listeriose, glanduläre Listeriose (Lymphknotenschwellungen). Über den Mechanismus der Pathogenität ist wenig bekannt. Nicht alle Stämme von *L. monocytogenes* sind pathogen, aber alle pathogenen Stämme bilden ein Hämolysin.

Minimale Infektiöse Dosis (MID)

In der Literatur werden sehr unterschiedliche Werte angegeben. Käse, der zur Erkrankung geführt hatte, enthielt pro Gramm 10^3–10^4 *L. monocytogenes*. Für gesunde Personen wird eine MID von 10^4 Keimen/g, für Hochrisikogruppen, wie z.B. Schwangere, eine von 10 Keimen/g angegeben (KRÄMER, 1999).

Inkubationszeit: 2 Tage bis 6 Wochen

Lebensmittel, die zur Erkrankung geführt haben

Krautsalat, Labkäse ohne Säuerungskulturen, Rotschmiere-Weichkäse, Paté, Frankfurter aus Putenfleisch, „Chicken Nuggets", Kochschinken (vakuumverpackt), Schweinezunge in Gelee, Hot Dogs, Mettwurst u. a.

Nachweis

Zahlreiche Verfahren sind in den letzten Jahren beschrieben worden:

- Nachweis von *Listeria monocytogenes* in Lebensmitteln (US Department of Agriculture, USDA, KORNACKI et al., 1993)
- Nachweis von *Listeria monocytogenes* in Milch und Milchprodukten (International Dairy Federation, IDF, TWEDT und HITCHINS, 1994)
- Nachweis von *Listeria monocytogenes* in Lebensmitteln (Campden & Chorleywood Food Research Association, 1995)
- Standard-Methode Australien und Neuseeland (SUTHERLAND und PORRITT, 1997)
- Nachweis von *Listeria monocytogenes*, An-/Abwesenheitsprüfung (Methode Food and Drug Administration, FDA, USA, HITCHINS, 1998)
- Horizontales Verfahren für den Nachweis und die Zählung von *Listeria monocytogenes,* Teil 1: Nachweisverfahren (Amtliche Sammlung von Untersuchungsverfahren nach § 35 LMBG, 00.00 32, Sept. 1998)
- Horizontales Verfahren für den Nachweis und die Zählung von *Listeria monocytogenes*, Teil 2: Zählverfahren, Verfahren nach § 35 LMBG 00.0022, Nov. 1999

□ Horizontales Verfahren für den Nachweis von *Listeria monocytogenes* (An-/Abwesenheitsprüfung), Methode nach § 35 LMBG, 1998 (= DIN EN ISO 11290-1, 1997)

1. Erste Anreicherung in einem selektiven flüssigen Anreicherungsmedium mit verminderten Konzentrationen an selektiven Stoffen. 25 g oder 25 ml zu 225 ml (oder andere Untersuchungsmengen im Verhältnis 1:10) ½ **Fraser-Bouillon**, Bebrütung der Anreicherung bei 30 °C für 24 h.

2. Zweite Anreicherung in einem selektiven flüssigen Anreicherungsmedium mit vollständigen Konzentrationen an selektiven Stoffen (**Fraser-Bouillon**). Aus der ersten Anreicherung werden 0,1 ml zu 10 ml Fraser-Bouillon pipettiert. Bebrütung bei 37 °C für 48 h.

3. Ausstreichen auf Nährböden und Identifizieren

Aus der 1. Anreicherung (½ Fraser) und der 2. Anreicherung (Fraser-Bouillon) werden ungeachtet der Verfärbung der Anreicherung zwei Selektivmedien beimpft:

- Oxford-Agar
- PALCAM-Agar

Die festen Medien werden bei 30 °C oder 37 °C 24 h bis 48 h bebrütet. Der PALCAM-Agar wird entweder mikroaerob (5–12 % Kohlendioxid, 5–15 % Sauerstoff und 75 % Stickstoff) oder aerob bebrütet. Die Bebrütung des Oxford-Agars bei 30 °C ist für solche Produkte mit geringer Begleitflora geeignet, die bei 37 °C für solche mit hoher Begleitflora. Verdächtige Kolonien werden nach Reinzüchtung identifiziert.

Verdächtige Kolonien auf dem Oxford-Agar nach 24-stündiger Bebrütung: Kleine (ca. 1 mm) Kolonien, gräulich-schwarz, umgeben von Schwärzungshöfen. Nach einer Bebrütungszeit von 48 h sind die Kolonien ca. 2 mm groß, dunkler, teilweise mit grünem Schimmer, Schwärzungshöfen und eingesunkenem Zentrum.

Verdächtige Kolonien auf dem PALCAM-Agar: Kolonien gräulich-grün, manchmal mit schwarzem Zentrum, aber immer mit Schwärzungshöfen, nach 48 h mit eingesunkenem Zentrum und Schwärzungshöfen.

4. Bestätigung von *Listeria* spp.

Zur Bestätigung werden von jeder Platte 5 verdächtige Kolonien genommen, wenn weniger vorhanden sind, alle verdächtigen Kolonien. Die Kolonien werden auf Trypton-Soja-Hefeextrakt-Agar (TSYEA) ausgestrichen und 18–24 h bei 37 °C bebrütet.

Von den Reinkulturen werden folgende Bestätigungsreaktionen ausgeführt:

- Katalase-Reaktion (positiv)
- Gramfärbung (grampositive dünne kurze Stäbchen)

Falls notwendig, Beweglichkeitsprüfung nach Anzüchtung (8 h bei 25 °C) in TSYEB auf dem Objektträger (torkelnde Bewegung) und Beobachtung im schrägen Durchlicht nach HENRY (erlaubt, aber nicht zwingend vorgegeben).

5. Bestätigung von *Listeria monocytogenes*

5.1 Hämolyse

Beimpfung von Schafblut-Agar (5–7 % defibriniertes Schafblut). Die verdächtigen Kolonien werden mit der Nadel in die Fläche gestochen. Gleichzeitig werden positive (*L. monocytogenes*) und negative Kontrollkulturen (*L. innocua*) eingestochen. Die Bebrütung erfolgt bei 37 °C für 24 h. *Listeria monocytogenes* zeigt enge, klare Zonen (β-Hämolyse) um den Einstich. (Anmerkung: Empfehlenswert ist die Verwendung von 5 % gewaschenen Hammelerythrocyten.)

5.2 Kohlenhydratabbau

Geprüft wird der Abbau von Rhamnose und Xylose in einer Proteose-Pepton-Bouillon (Zusammensetzung g/l: Proteose-Pepton 10, Fleischextrakt 1, Natriumchlorid 5, Bromkresolpurpur 0,02, Wasser 1000 ml). Das Medium wird bei 121 °C 15 min sterilisiert und zu 9 ml in Röhrchen abgefüllt. L-Rhamnose und D-Xylose werden in 0,5%iger wässriger Lösung hergestellt und steril filtriert. 1 ml der Zuckerlösung werden zu 9 ml Grundmedium pipettiert. Die Bouillon wird bis zu 5 Tage bei 37 °C bebrütet. Säurebildung wird durch Gelbfärbung angezeigt.

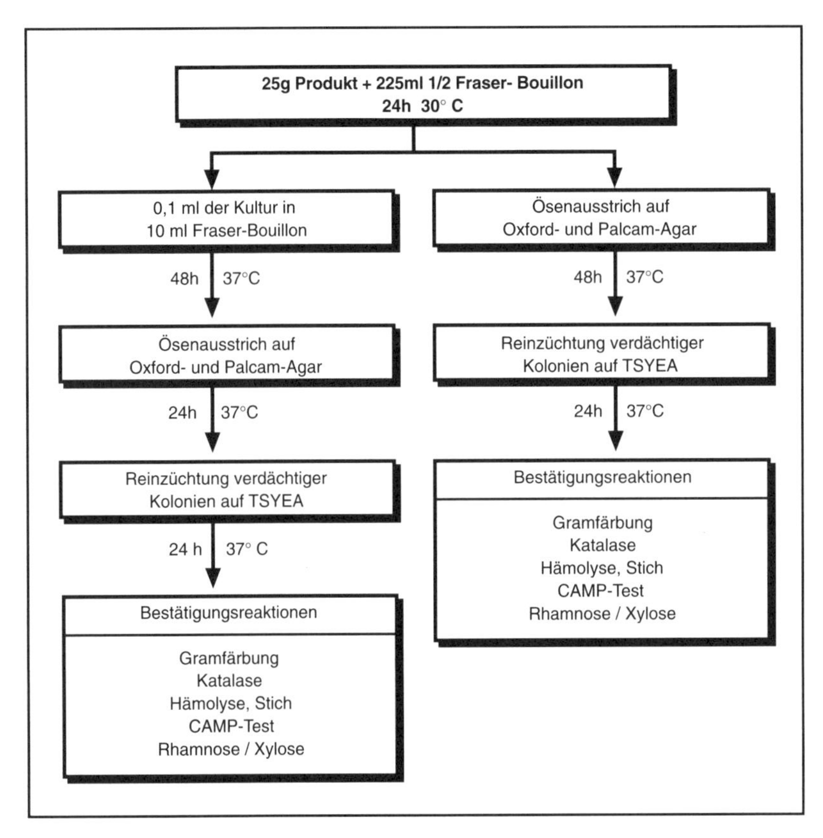

Abb. III.3-11: Nachweis von *Listeria monocytogenes* (Methode nach § 35 LMBG, Sept.1998)

Anmerkung: Es wird empfohlen, die ½ Fraser-Bouillon auf 30 °C und die Fraser-Bouillon auf 37 °C vorzuwärmen. Der CAMP-Test ist nicht immer eindeutig abzulesen, da die Haemolyse sehr schwach ausfallen kann (VANEECHOUTTE et al., 1998). Auch der in den Normen nach § 35 LMBG und ISO/DIN aufgeführte zusätzliche Test mit *Rhodococcus equi* ist entscheidend vom Teststamm abhängig und wird nicht in allen Laboratorien akzeptiert. Da auch die biochemische Identifizierung, z.B. mit API Listeria (bioMérieux) vielfach auf Schwierigkeiten stößt (fehlende eindeutige Farbumschläge der biochemischen Reaktionen, besonders der Arylamidase-DIM), sind für die Identifizierung molekularbiologische Methoden vorzuziehen (VANEECHOUTTE et al. 1998).

5.3 CAMP-Test

Kulturen von *Staphylococcus aureus* und *Rhodococcus equi* werden in einzelnen Linien auf der Schafblutagarplatte parallel ausgestrichen. Die Prüfstämme werden im rechten Winkel zu diesen Kulturen ausgestrichen; sie dürfen die Kulturen von *S. aureus* und *Streptococcus equi* nicht berühren. Gleichzeitig sind Kontrollen von *L. monocytogenes* und *L. innocua* und *L. ivanovii* zu prüfen. Die Blut-Platten werden 18–24 h bei 37 °C bebrütet.

□ Verfahren für den Nachweis und die Zählung von *Listeria monocytogenes*, Amtl. Sammlung von Untersuchungsverfahren nach § 35 LMBG 00.0022, Teil 2: Zählverfahren, Nov. 1999

1. Einwaage, Ausgangssuspension und Verdünnungen

Für die Herstellung der Ausgangssuspension wird gepuffertes Peptonwasser oder ½ Fraser-Bouillon verwendet. Die Ausgangssuspension wird 1 h ± 5 min bei 20 °C ± 2 °C zur Wiederbelebung geschädigter Zellen stehen gelassen. Wird eine Verdünnungsreihe hergestellt, so wird diese nach der Wiederbelebung hergestellt.

2. Beimpfung und Bebrütung

- Verfahren: Spatelkultur
- Medium: PALCAM-Agar
- Bebrütungszeit, -temperatur: 24 h bis 48 h bei 37 °C, aerob oder mikroaerob

3. Zählung charakteristischer Kolonien und Bestätigung

Von jeder Platte werden 5 verdächtige Kolonien ausgewählt und auf TSYEA ausgestrichen. Sind weniger vorhanden, werden alle Kolonien geprüft. Nach einer Bebrütung für 18 h bis 24 h bei 37 °C auf dem TSYEA erfolgt eine Bestätigung in der gleichen Weise, wie sie für die An-/Abwesenheitsprüfung beschrieben wurde.

□ Routine-Verfahren

An-/Abwesenheitsprüfung

(Methode des Campden Food Research Institute, N.N., 1995, SUTHERLAND und PORRITT, 1997)

1. Anreicherung

- 25 g bzw. 25 ml zu 225 ml (oder 1 g zu 9 ml) selektive Voranreicherung (½ Fraser-Bouillon = Fraser-Anreicherungsbouillon-Basis + Fraser-Selektiv-Supplement, halbkonzentriert, auf 30 °C vorgewärmt), Bebrütung bei 30 °C 24 ± 2 h.
- 0,1 ml der Voranreicherung zu 10 ml Fraser-Anreicherungsbouillon (konzentriert) pipettieren und bei 37 °C 48 h bebrüten. Die Bouillon sollte auf 37 °C vorgewärmt werden.

2. Isolierung

- Ösenausstrich auf PALCAM-Agar, Bebrütung des Mediums bei 37 °C für 24 h. Nach 24 h und falls negativ nach 48 h auf Anwesenheit typischer Kolonien untersuchen.
- Mindestens 3–5 typische Kolonien werden auf Trypton-Soja-Hefeextrakt-Agar (TSYEA) ausgestrichen (Bebrütung 24 h bei 37 °C) und identifiziert. Reinkulturen werden in Trypton-Soja-Yeast-Extrakt-Bouillon (TSYEB) 4 h bei 37 °C bebrütet. Für die Fermentation von Rhamnose und Xylose sowie die Überprüfung der Hämolyse erfolgt die Beimpfung der Medien aus der Trypton-Soja-Yeast-Extrakt-Bouillon.

3. Identifizierung

Gramfärbung (Kolonie von TSYEA)
Katalasereaktion (Kolonie vom TSYEA)
CAMP-Test, Säure aus Rhamnose (+) und Xylose (–)

4. Alternative Verfahren zur Identifizierung

Verwendung einer Gensonde (Accuprobe *Listeria monocytogenes* = Kulturbestätigungssonde – bioMérieux) und biochemische Prüfung mit API Listeria (bioMérieux). Beim API Listeria könnte der CAMP-Test entfallen, da eine Unterscheidung zwischen *L. monocytogenes* und *L. innocua* durch den Nachweis der Arylamidase getroffen wird (DIM-Reaktion = Differenzierung Innocua Monocytogenes). Allerdings weist die Hämolyse auf virulente Stämme von *L. monocytogenes* hin (McKELLAR, 1994b). Bei negativer Hämolyse oder nicht erkannter Hämolyse (nur unter der Kolonie), einer positiven Fermentation von Rhamnose und negativer Xylosefermentation kommt es zur Identifizierung von *L. innocua*. Da in der Praxis die Hämolysereaktion nicht immer eindeutig ist, wird für eine schnellere, aber auch sichere Identifizierung die Gensonde Accuprobe zur Kulturbestätigung empfohlen (BAUMGART und KLEMM, 1993). Auch nach BEUMER et al. (1996) sind die Gensonden Accuprobe und Gene-Trak sehr spezifisch. Beim Einsatz der Gensonde muss keine Reinkultur vorliegen.

□ Routine-Methode

Quantitativer Nachweis

(Standard-Methode Australien und Neuseeland, SUTHERLAND und PORRITT, 1997)

- 10 g Produkt + 90 ml Verdünnungsflüssigkeit im Stomacher homogenisieren und Herstellen einer weiteren Verdünnungsstufe (10^{-2}).
- Jeweils 0,1 ml der Verdünnung auf PALCAM-Agar ausspateln, Bebrütung bei 37 °C für 48 h.
- Charakteristische Kolonien auszählen und mindestens 5 Kolonien der entsprechenden Verdünnungsstufe bestätigen.

Nachweis der Hämolyse und Listeria CAMP-Test

(McKELLAR, 1994a, b)

- 15 ml Columbia-Agar-Basis ohne Blut in eine Petrischale gießen. Nach der Verfestigung des Mediums 8 ml des gleichen Mediums mit 5 % Schafblut auf das Basismedium gießen (Overlay). Nach FUJISAWA und MORI (1994) sind Erythrozyten vom Pferd besser geeignet als die vom Schaf.
- Kultur von *Staphylococcus aureus* (schwach ß-Hämolysin bildend, z. B. DSM 1104) über die Mitte der Blut-Agar-Platte ausstreichen. Der Prüfstamm und Kontrollen (*L. monocytogenes, L. innocua* und *L. ivanovii*) werden im rechten Winkel zu diesen Kulturen so ausgestrichen, dass sie sich nicht berühren (etwa 1–2 mm voneinander entfernt).
- Gleichzeitig erfolgt in der nicht beimpften Zone eine Stichbeimpfung mit den gleichen Kulturen.
- Bebrütung bei 37 °C für 24 h

Listeria CAMP-Test

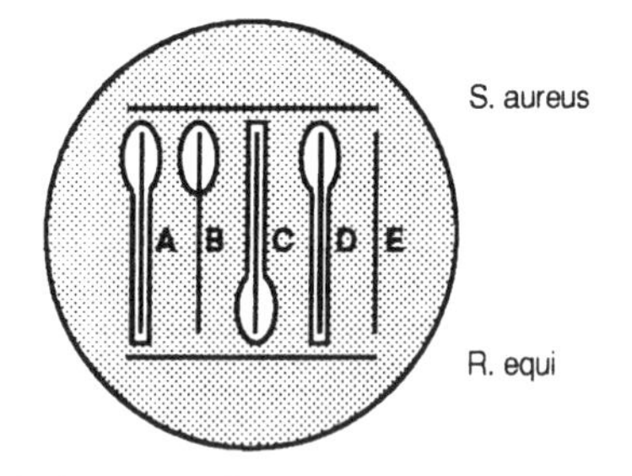

Abb. III.3-12: Listeria CAMP-Test

Erklärung: Die weiße Zone im dunklen Kreis zeigt die ß-Hämolyse, die verstärkt wird durch die Hämolyse von *Rhodococcus (R.) equi* und *Staphylococcus (S.) aureus*.
A = *L. monocytogenes* (typisch), B = *L. monocytogenes* (atypisch), C = *L. ivanovii*, D = *L. seeligeri*, E = *L. innocua*.

Ausführung des CAMP-Tests:
Senkrecht zu den Impfstrichen von *S. aureus* und *R. equi* werden die Prüfkulturen bis zum Abstand von etwa 1 mm ausgestrichen; Medium: Columbia-Agar (1000 ml, 50 °C) + 50 ml gewaschene Erythrozyten (Hammel oder Rind) oder defibriniertes Blut (Prüfung, ob Antikörper im Serum Hämolyse beeinflussen). Bebrütung bei 37 °C für 24 h.
S. aureus bildet eine Sphingomyelincholin-Phosphohydrolase, die das Sphingomyelin der Erythrozyten-Membran auflöst, die Erythrocyten jedoch nicht lysiert. Erst das Hämolysin der Listerien führt zur Verstärkung der Hämolyse (COX et al., 1991).

Tab. III.3-17: Identifizierungs-Reaktionen für *Listeria* spp.

Species	Säurebildung		CAMP-Test		Hämolyse
	Rhamnose	Xylose	*S. aureus*	R. equi	
L. monocytogenes	+	–	+	–	+
L. innocua	v	–	–	–	–
L. ivanovii	–	+	–	+	+
L. seeligeri	–	+	(+)	–	(+)
L. welshimeri	v	+	–	–	–
L. grayi	v	–	–	–	–

v = verschiedene Reaktionen + = positive Reaktion
(+) = schwache Reaktion – = negative Reaktion

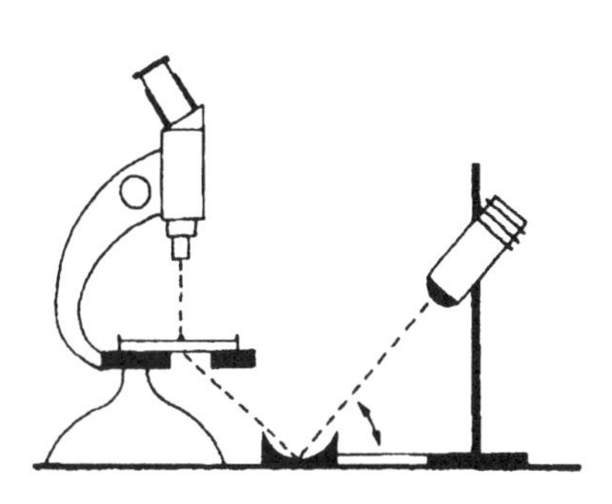
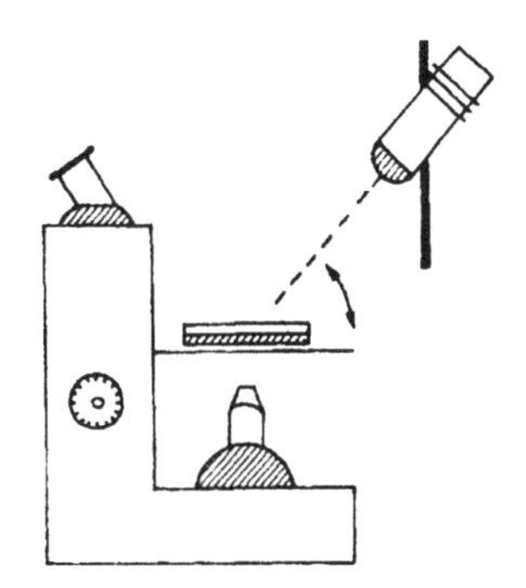

Abb. III.3-13: Mikroskopischer Nachweis von Listerien
links: Beleuchtung nach HENRY
rechts: umgekehrtes Durchlicht-Mikroskop

Weitere Verfahren und Screening-Methoden (siehe Kap. III.4 und III.5)

- Impedanz-Methode
- ELISA, ELFA (minVidas)
- Polymerase Kettenreaktion (PCR) (siehe Empfehlung BgVV (2002))

Literatur

1. BAUMGART, J., KLEMM, W., Kulturbestätigung von Listeria monocytogenes mit der Gensonde „Accuprobe", Fleischw. 73, 335-336, 1993
2. BEUMER, R.R., te GIFFEL, M.C., KOK, M.T.C., ROMBOUTS, F.M., Confirmation and identification of Listeria spp., Letters in Appl. Microbiol. 22, 448-452, 1996
3. BgVV, Nachweis von Listeria monocytogenes in Lebensmitteln mit der Polymerase-Kettenreaktion (PCR), Bundesgesundheitsblatt – Gesundheitsforschung – Gesundheitsschutz 45, 59-66, 2002
4. CARLIER, V., AUGUSTIN, J.C., ROZIER, J., Heat resistance of Listeria monocytogenes (Phagovar 2389/2425/3274/2671/47/108/340): D-and z-values in ham, J. Food Protection 59, 588-591, 1996
5. COX, L.J. SIEBENGA, A., PEDRAZZINI, C., MORETON, J., Enhanced Hemolysis agar (EHA) – an improved selective and differential medium for isolation of Listeria monocytogenes, Food Microbiol. 8, 37-49, 1991
6. EL-SHENAWY, M.A., MARTH, E.H., Sodium benzoate inhibits growth of or inactivates Listeria monocytogenes, J. Food Protection 51, 525-530, 1988 a
7. EL-SHENAWY, M.A., MARTH, E.H., Inhibition and inactivation of Listeria monocytogenes by sorbic acid, J. Food Protection 51, 842-847, 1988 b
8. HITCHINS, A.D., Listeria monocytogenes, in: Bacteriological Analytical Manual, Food and Drug Administration, 8th. ed., publ. by AOAC International, Gaithersburg, USA, 1998
9. ICMSF (International Commission on Microbiological Specifications for Foods), Microorganisms in foods – Microbiological specifications of food pathogens, Chapman and Hall, London, 1996

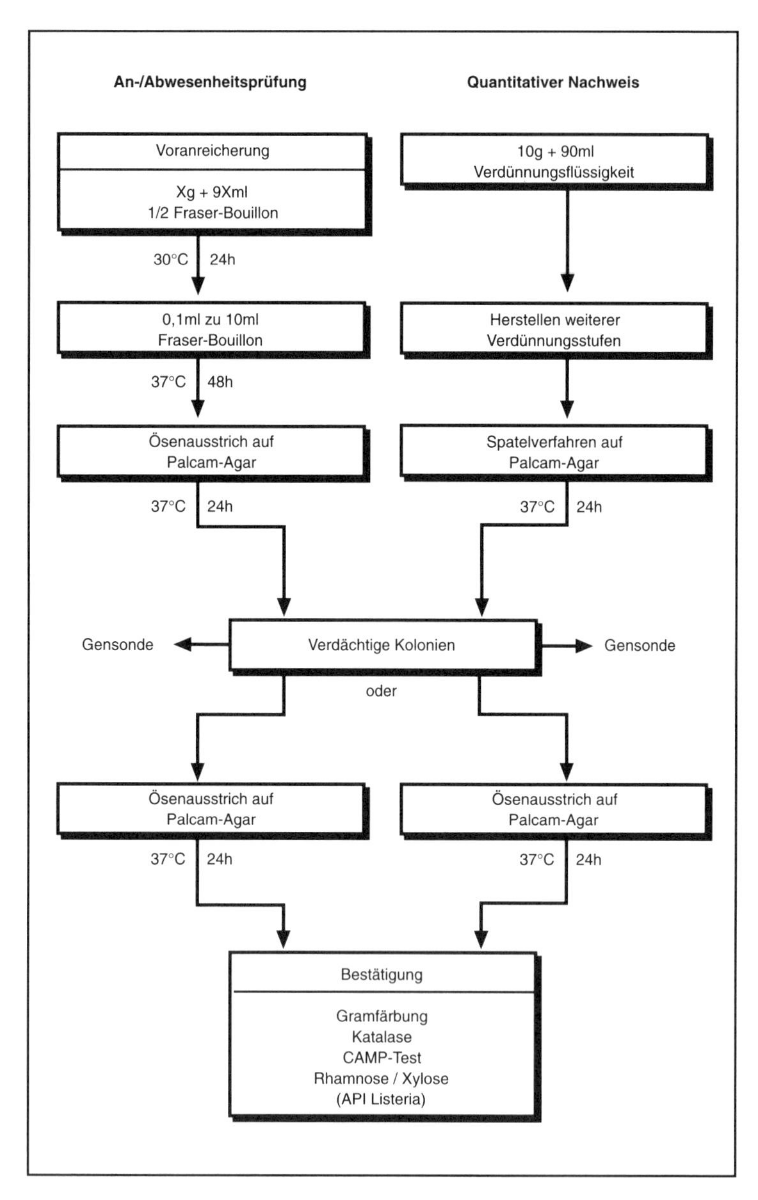

Abb. III.3-14: Nachweis von *Listeria monocytogenes* – Routine-Methode

10. KORNACKI, J.L., EVANSON, D.J., REID, W., ROWE, K., FLOWERS, R.S., Evaluation of the USDA protocol for detection of *Listeria monocytogenes*, J. Food Protection 56, 441-443, 1993
11. KRÄMER, J., Bewertung von *Listeria monocytogenes* in Lebensmitteln, Vortrag auf der Sitzung des Wiss. Beirates des BLL am 8.5.1999 in Bonn
12. McKELLAR, R.C., Use of CAMP test for identification of *Listeria monocytogenes*, Appl. Environ. Microbiol. 60, 4219-4225, 1994 a
13. McKELLAR, R.C., Identification of the *Listeria monocytogenes* virulence factors involved in the CAMP reaction, Letters in Appl. Microbiol. 18, 79-81, 1994 b
14. N.N., Detection of *Listeria* species, in: Manual of Microbiological Methods for the Food and Drinks Industry, Campden & Chorleywood Food Research Association, CCFRA, Chipping Campden Gloucestersshire GL55 6LD UK, 1995
15. ROCOURT, J., COSSART, P., *Listeria monocytogenes*, in: Food Microbiology Fundamentals and Frontiers, ed. by M.P. Doyle, L.R. Beuchat, T.J. Montville, ASM Press, Washington D.C., 337-352, 1997
16. SORRELS, K.M., ENIGEL, D.C., HATFIELD, J.R., Effect of pH, acidulant, time, and temperature on the growth and survival of *Listeria monocytogenes*, J. Food Protection 52, 571-573, 1989
17. SUTHERLAND, P.S., PORRITT, R., *Listeria monocytogenes*, in: Foodborne Microorganisms of Public Health Significance, 5th ed., edited by A.D. Hocking, G. Arnold, J. Jenson, K. Newton, P. Sutherland, AIFST (NSW Branch) Food Microbiology Group, Australian Institute of Food Science and Technology, P.O. Box 1493, North Sydney, NSW 2059, 333-378, 1997
18. TWEDT, R.M., HITCHINS, A., Determination of the presence of *Listeria monocytogenes* in milk and dairy products: IDF collaborative study, J. of AOAC International 77, 395-402, 1994
19. VANEECHOUTTE, M., BOERLIN, P., TICHY, H-V., BANNERMANN, E., JÄGER, B., BILLE, J., Comparison of PCR-based DNA fingerprinting techniques for the identification of *Listeria* species and their use for atypical *Listeria* isolates, Int. J. Syst. Bacteriol. 48, 127-139, 1998

3.2.4 Bacillus cereus, andere Bazillen und Paenibacillus larvae

(ICMSF, 1996, GRANUM, 1997, BEUTLING und BÖTTCHER, 1998, NOTERMANS und BATT, 1998, RHODEHAMEL und HARMON, 1998, GRANUM und BAIRD-PARKER, 2000, RAJKOWSKI und SMITH, 2001)

3.2.4.1 Bacillus cereus

Eigenschaften

Grampositives, aerobes, fakultativ anaerobes Stäbchen. Die ovalen Endosporen werden zentral oder subterminal ohne Anschwellen der Mutterzelle gebildet. Die Kolonien sind matt, flach und zeigen einen welligen Rand. *Bacillus cereus* bildet häufig eine Phospholipase C = Lecithinase. Es kommen jedoch auch Toxin bildende Stämme vor, die diese Reaktion nicht zeigen (PHELPS und McKILLIP, 2002). Nach den Untersuchungen von PIRTTJARVI et al. (1999) waren von 186 geprüften Toxin bildenden Stämmen von *B. cereus* 20 % Lecithinase-negativ. Wiederum wurde eine positive Eigelb-Reaktion (Phospholipase C) auch nachgewiesen bei Stämmen von *B. amyloliquefaciens, B. circulans, B. pasteurii* und *B. thuringiensis* (PHELPS und McKILLIP, 2002). Von *Bacillus cereus* werden mehrere Toxine gebildet.

Erkrankungen durch *Bacillus cereus* sind gekennzeichnet durch Diarrhö (Durchfall) bzw. Erbrechen. Der Durchfall („Diarrheal Syndrome") wird durch mindestens zwei Enterotoxine hervorgerufen, die im Dünndarm durch vegetative Zellen gebildet werden. Auch im Lebensmittel ist eine Bildung möglich. Da die minimale toxische Dosis jedoch erst bei einer Zelldichte von ca. 10^6/g oder ml erreicht ist, wird das Lebensmittel vielfach bei dieser Keimkonzentration schon verdorben sein. Des Weiteren ist zu bedenken, dass die im Produkt gebildete Toxinkonzentration durch die Salzsäure im Magen und proteolytische Enzyme des Dünndarms stark reduziert wird, so dass bei einer Erkrankung die Bildung des Toxins im Darm wahrscheinlicher ist (GRANUM und BAIRD-PARKER, 2000). Die Enterotoxine sind Proteine mit einem Molekulargewicht von etwa 40 kDa. Es handelt sich um hitzelabile Substanzen. Die Toxinkonzentration wird bei 80 °C in 10 min stark vermindert oder bereits vollständig inaktiviert (RAJKOWSKI und SMITH, 2001).

Das Toxin, das durch Bindung an Rezeptoren des Vagus-Nervs zum Erbrechen führt („Emetic Syndrome"), ist ein cyclisches Peptid, das als Cereulid bezeichnet wird. Es wird im Lebensmittel wahrscheinlich enzymatisch in den vegetativen Zellen synthetisiert. Dieses Toxin mit einem Molekulargewicht von 1,2 kDa verliert selbst bei einer Erhitzung auf 121 °C für 90 min nicht die Aktivität (RAJKOWSKI und SMITH, 2001). Aufgrund des geringen Molekulargewichts wirkt das Toxin nicht als Antigen.

Weitere Eigenschaften:

- Minimale Vermehrungstemperatur (psychrotrophe Stämme = *Bacillus weihenstephanensis* [LECHNER et al., 1998]) 4 °C
- Toxinbildung bei 8 °C in Milch möglich
- Generationszeit in Milch bei 6 °C 17 h, in gekochtem Reis bei 30 °C 26–57 min

Optimale Vermehrungstemperatur	30–40 °C
Minimaler pH-Wert für Vermehrung	4,4–4,9 (meist 5,0)
Minimaler a_w-Wert	0,91–0,93
Hitzeresistenz der Sporen	
$D_{100\,°C}$ = 2,7–3,1 min (Magermilch),	z = 6,1–9,2 °C
$D_{121\,°C}$ = 17,5–30,0 min (Pflanzenöl)	

Vorkommen

Erdboden, Wasser, zahlreiche Lebensmittel, bes. Cerealien, Milch und Milcherzeugnisse, Gewürze, Gemüseerzeugnisse, Fleischprodukte, pasteurisiertes Eigelb

Bedeutung

- Verderb von Lebensmitteln (Bildung von Proteasen, Lipasen, Amylasen)
- Erkrankungen durch Toxine

Krankheitserscheinungen

Diarrhoe-Toxine (= Enterotoxine): Übelkeit, wässriger Stuhl, selten Erbrechen
„Emetic-Toxin": Übelkeit und Erbrechen, selten Durchfälle

Inkubationszeit

Diarrhoe-Toxine: 8–16 h, meist 12–13 h
Erbrechens-Toxin: 1–6 h, meist 2–5 h
Minimale infektiöse Dosis: 10^5/g (GRANUM et al., 1995, GRANUM und BAIRD-PARKER, 2000)

Lebensmittel, die zur Erkrankung führten

Diarrhoe-Toxine: Gemüse, Kartoffelbrei, Fleisch, Leberwurst, Milch, Suppen, Puddings u. a.
„Emetic-Toxin": Gekochter und gebratener Reis, Sahne, Nudeln, Kartoffelbrei u. a.

Nachweis

1. Methode nach § 35 LMBG (00.00 33, Sept. 1998)

- Medium: Mannit-Eigelb-Polymyxin-Agar (MYP) nach MOSSEL et al. (1967)
- Verfahren: Oberflächenkultivierung, Spatelverfahren
- Bebrütungstemperatur und -zeit: 30 °C für 18 h bis 48 h
- Bestätigungsreaktionen:

• MYP-Agar (Bildung rosa gefärbter Kolonien, umgeben von Präzipitalhöfen.)

Der Nachweis beruht auf dem Medium auf der Eigelbreaktion und der fehlenden Mannitspaltung. Diese Nachweisreaktionen haben jedoch folgende Nachteile:

a) Es gibt auch *Bacillus cereus*-Stämme, die keine Phospholipase (Lecithinase) bilden.
b) Auch *B. thuringiensis* und einzelne Stämme von *B. laterosporus* sind Lecithinase-positiv.
c) Wenn *Bacillus cereus* nur in geringer Zahl vorkommt und eine hohe Begleitflora vorhanden ist, wird die typische Farbe von *Bacillus cereus* auf dem Selektivmedium unterdrückt.

• Säurebildung aus Glucose (Glucose wird fermentiert)
• Voges-Proskauer-Reaktion (Acetylmethylcarbinol [Acetoin]) wird gebildet
  Anmerkung: Diese Reaktion ist nicht geeignet für die Identifizierung von *Bacillus cereus*.
• Reduzierung von Nitrat (Nitrat wird zu Nitrit reduziert)

2. Routine-Methode

- Medium: Polymyxin-Eigelb-Mannit-Bromthymolblau-Agar (PEMBA) nach HOLBROOK und ANDERSON (1980). *B. cereus* bildet türkis- bis pfauenblaue Kolonien.
- Verfahren: Spatelverfahren
  Wenn bei bestimmten Produkten verlangt wird, geringe Keimzahlen zu erfassen, kann die Nachweisgrenze um den Faktor 10 erhöht werden, indem

bei flüssigen Proben 1 ml und bei festen Proben 1 ml der Verdünnung 1:10 auf drei Petrischalen ausgespatelt wird.

- Bebrütungstemperatur und -zeit: 30 °C für 48 h
  Bei der von HOLBROOK und ANDERSON (1980) vorgeschlagenen Bebrütungstemperatur von 37 °C konnten psychrotrophe Stämme von *Bacillus cereus* aus Milchpulver nicht isoliert werden, jedoch auf MYP-Agar bei 30 °C (SCHULTEN et al., 2000).
- Bestätigungsreaktionen (siehe auch Tab. III.3-18 und III.3-19):

• Säurebildung aus Glucose (positiv), Xylose und Arabinose (negativ)
- Medium nach HUGH und LEIFSON
- Zusammensetzung (g/l^{-1}): Pepton 2,0, NaCl 5,0, K_2HPO_4 0,3, Bromthymolblaulösung (0,2%ig) 15,0 ml, Glucose 20,0, Agar 15,0, A. dest 1000 ml, Sterilisation bei 121 °C für 15 min, pH-Wert des fertigen Mediums 7,0 ± 0,2 (bei 25 °C). Verwendet werden können auch Fertigmedien, wie z.B. OF-Testnährboden (Merck) oder Bacto OF-Basal-Medium (Difco). Im Falle der Prüfung von Arabinose und Xylose werden diese Zucker in 2%iger Konzentration dem Medium zugesetzt.
- Beimpfung der Petrischalen (Prüfung nicht im Röhrchen) mit mehreren Stämmen als Stichkultur (mit der Nadel), Bebrütung bei 30 °C für 24–48 h. Bei Säurebildung Gelbfärbung.

• Reduzierung von Nitrat zu Nitrit (positiv)
- Medium: Nitrat-Bouillon abgefüllt zu 5 ml, Bebrütung bei 30 °C für 24 h
- Auswertung: Zusatz mehrerer Tropfen Nitrit-Reagenz (Griess-Ilosvay's Reagenz). Bei Anwesenheit von Nitrit erscheint innerhalb von ca. einer Minute eine intensive rote Farbe. Bei starken Nitritbildnern schlägt die anfangs rote Farbe nach gelb um. Eine negative Reaktion besagt, dass entweder kein Nitratabbau erfolgt oder bis zum Stickstoff bzw. Ammoniak reduziert wurde. Mithilfe des „Zinkstaub-Tests" wird anschließend geprüft, ob diese Reaktion abgelaufen ist. In die Röhrchen mit negativ verlaufendem Griess-Ilosvay-Test gibt man pro 5 ml Kulturflüssigkeit eine pfefferkorngroße Menge an Zinkstaub und lässt ohne zu schütteln sedimentieren. Bei Anwesenheit von Nitrat erscheint innerhalb von 1–2 min in der Nähe des Zinkstaubes eine rosa Färbung. Nitrat wurde zu Nitrit reduziert, welches nun mit dem Griess-Ilosvay-Reagenz reagiert. Positiver Zinkstaub-Test bedeutet „kein Nitratabbau", negativer Zinkstaub-Test bedeutet „erfolgter Nitratabbau".

• Alternative Methode zur Bestätigung: API 50CHB

Das Medium PEMBA ist eine Alternative zum MYP-Agar. Bei vergleichenden Untersuchungen zwischen 20 Laboratorien konnten zwischen dem PEMBA (Bebrütung bei 37 °C für 24–48 h) und dem MYP-Agar (Bebrütung bei 30 °C für 24–48 h) keine Unterschiede festgestellt werden, soweit es sich um beimpftes Hackfleisch, Frischkäse und Milchpulver handelte. Nur bei Tomatenpulver war der Gehalt auf MYP-Agar geringfügig höher und auf PEMBA waren psychrotrophe Stämme bei 37 °C nicht vollständig nachweisbar (SCHULTEN et al., 2000).

Tab. III.3-18: Kriterien zur Identifizierung von Bazillen mit ähnlichen Eigenschaften (GRANUM und BAIRD-PARKER, 2000)

Species	Hämolyse	Beweglichkeit	Penicillinempfindlichkeit
B. cereus	+	+	–
B. anthracis	–	–	+
B. thuringiensis	+	+	–
B. mycoides	(+)	–	–

Tab. III.3-19: Biochemische Tests zum Nachweis von *Bacillus cereus*

Species	Nitratreduktion	Nutzung von Kohlenhydraten			
		Glucose	Mannit	Arabinose	Xylose
B. megaterium	±	+	±	±	±
B. cereus	+	+	–	–	–
B. thuringiensis	+	+	–	–	–
B. anthracis	+	+	–	–	–
B. mycoides	+	+	–	–	–
B. subtilus	+	+	+	+	+
B. licheniformis	+	+	+	+	+
B. polymyxa	+	+	+	+	+
B. alvei	–	+	–	+	+
B. circulans	±	+	+	+	+
B. brevis	±	+	±	–	–

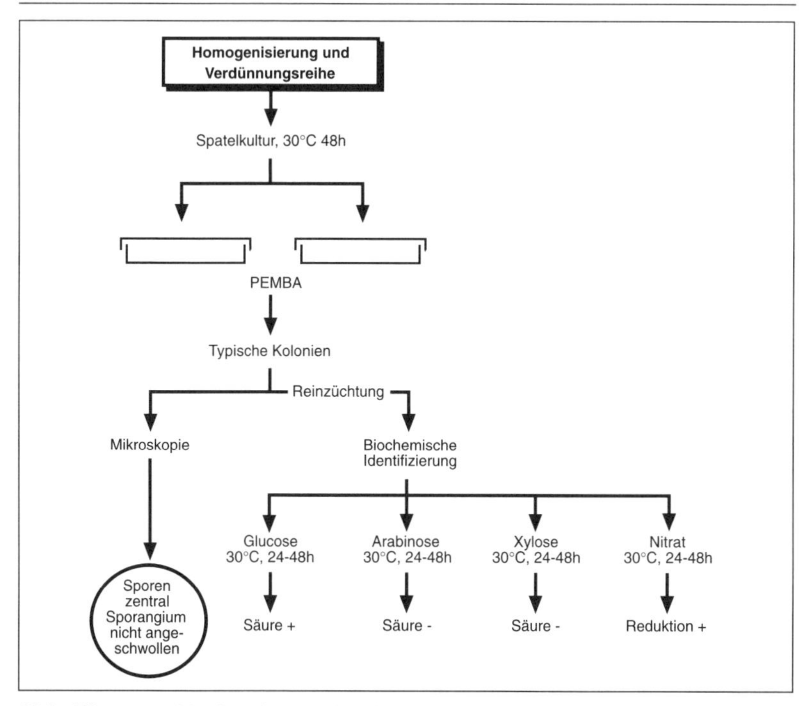

Abb. III.3-15: Nachweis von *Bacillus cereus,* Routinemethode

Toxinnachweis
(BRETT, 1998, PIMBLEY und PATEL, 1998 und Kap. III.4)

Zurzeit befinden sich nur zwei Testkits zum Nachweis von hitzelabilem *B. cereus*-Toxin im Handel:

- Reverse Passive Latex Agglutination (RPLA), RPLA-Kit (Oxoid)
- ELISA, z.B. TECRA *Bacillus cereus* Diarrhoeal Enterotoxin Visual Immunoassay (Bioenterprises, Australien, Vertrieb: Riedel-de Haën)

3.2.4.2 Andere Bazillen

Berichte, dass andere Bazillen als *B. cereus* zur „Lebensmittelvergiftung" führen, liegen vor (NICHOLS et al., 1999, GRANUM und BAIRD-PARKER, 2000). Meist sind es *Bacillus subtilis* und *Bacillus licheniformis*, in seltenen Fällen *Bacillus pumilus*. Die Keimzahlen, die in den zur Erkrankung führenden Lebensmitteln nachgewiesen wurden, lagen zwischen 10^6 und 10^8 pro Gramm. Der Mechanismus der Pathogenität ist unklar.

Enterotoxinbildung und eine Genexpression für die Toxinbildung wurden bei verschiedenen Bazillen nachgewiesen, wie *B. amyloliquefaciens, B. circulans, B. lentimorbus, B. pasteurii, B. thuringiensis* subsp. *kurstaki* (PHELPS und McKILLIP, 2002). Bis auf *B. lentimorbus* zeigten alle Stämme eine positive Lecithinasereaktion auf einem Eigelb-Polymyxin B-Agar, aber keine beta-Haemolyse auf 5%igem Schafblutagar.

3.2.4.3 Paenibacillus larvae (ehemals Bacillus larvae)

Paenibacillus larvae ssp. *larvae* (HEYNDRICKX et al., 1996) ist der Erreger der Amerikanischen oder bösartigen Faulbrut der Bienen. Es ist eine der wenigen Bienenkrankheiten, die ganze Bienenvölker vernichten und den Imkern schwere ökonomische Schäden zufügen. Da die Endosporen der Bazillen sehr hitzeresistent sind, können die Sporen sowohl im kalt geschleuderten als auch im pasteurisierten Honig vorkommen. *Paenibacillus larvae* ssp. *larvae* ist ausschließlich insektenpathogen. Für den Menschen sind die Sporen absolut harmlos. Belasteter Honig jedoch, der als Bienenfutter eingesetzt wird, kann als Überträger der Krankheit dienen. Prävention und Kontrolle der bösartigen Faulbrut erfordern auch den Nachweis von *Paenibacillus larvae* ssp. *larvae* im Honig.

Eigenschaften

Paenibacillus larvae ssp. *larvae* ist ein Endosporen bildendes, grampositives, peritrich begeißeltes Stäbchen. Es ist 2,5–5,0 μm lang und bildet oft Ketten.

Außerhalb seines Wirtes, der Larve der Honigbiene, überlebt *P. larvae* ssp. *larvae* nur als Spore. Diese Sporen sind sehr hitzeresistent. Sie überleben 100 °C im Honig (HANSEN und RASMUSSEN, 1991). *Paenibacillus larvae* ssp. *larvae* metabolisiert Glucose, Trehalose und Glycerol unter Säurebildung, bildet Lipasen und Proteasen, jedoch keine Amylase und Katalase.

Nachweis

Aufbereitung und Kultivierung

Neben den anderen insektenpathogenen Bazillen *B. lentimorbus*, *B. popilliae*, *Paenibacillus larvae* ssp. *pulvifaciens* ist *P. larvae* ssp. *larvae* nur sehr schwierig aus Honig zu isolieren (VON MOSNANG, 1996).

Beschrieben wurden mehrere Verfahren:

- Verdünnen des Honigs mit anschließender Dialyse, Zentrifugation und Hitzebehandlung und kultureller Nachweis (SHIMANUKI und KNOX, 1988).
- Verdünnen des Honigs, Zentrifugation, Hitzebehandlung des Sediments und Kultur auf Schafblutagar mit Nalidixinsäure (HORNITZKY und CLARK, 1991).
- Verdünnen des Honigs 1:1 mit phys. Kochsalzlösung, Erhitzen auf 90 °C für 5 min und Ausspateln auf MYPGP-Agar (RITTER und KIEFER, 1993). Der MYPGP-Agar wurde von DINMAN und STAHLY (1983) empfohlen.
- Verdünnen des Honigs 1:1 mit phys. Kochsalzlösung, Erhitzen auf 90 °C für 5 min, Zentrifugation der Probe bei 3000 bis 4000 g, Ausspateln von 0,1 ml auf MYPGP-Agar + Nalidixinsäure (= MYPGPN-Agar), mikroaerophile Bebrütung bei 37 °C für 3–4 Tage (VON MOSNANG, 1996).

Empfohlenes Verfahren

Bewährt hat sich auch aufgrund eigener Untersuchungen die Methode nach VON MOSNANG (1996):

- Honig auf 40 °C erwärmen, 5 g in Zentrifugenröhrchen abfüllen, mit 5 ml warmer (40 °C) physiologischer Kochsalzlösung vermischen und mittels Vortex o. a. mischen.
- Honigprobe im Wasserbad auf 90 °C 5 min erhitzen und anschließend bei 3000 g zentrifugieren.
- Vom Grund des Röhrchens mit der Pipette vorsichtig wenig aufpipettieren, Verdünnungsreihe anlegen und jeweils 0,1 ml auf einem MYPGPN-Agar ausspateln.
- Platten unter mikroaerophilen Bedingungen bei 37 °C 3–4 Tage bebrüten.

Die Nachweisgrenze des Verfahrens liegt bei etwa 100 Sporen/g Honig (VON MOSNANG, 1996). Häufig ist auch trotz Zusatz von Nalidixinsäure ein Überwachsen der Kolonien der Paenibazillen festzustellen.

Isolierung verdächtiger Kolonien und Reinzüchtung

Typische Kolonien (Tab. III.3-21) auf dem MYPGPN-Agar sind nach 4-tägiger mikroaerophiler Bebrütung bei 37 °C 1–2 mm klein, rund mit winzigen Ausläufern. Die isolierten Kolonien werden auf Standard-I-Nähragar reingezüchtet und identifiziert.

Biochemische Identifizierung

Eine biochemische Identifizierung kann zur Verdachtsdiagnose führen, sie sollte durch eine molekularbiologische Identifizierung bestätigt werden. Einige morphologische und biochemische Daten sind in den Tab. III.3-20 bzw. III.3-21 aufgeführt.

Der Katalasetest schränkt den Anteil verdächtiger Kolonien ein. Neben *Paenibacillus (P.) larvae* ssp. *larvae* und *P. larvae* ssp. *pulvifaciens* sind auch *Bacillus (B.) popilliae* und *B. lentimorbus* Katalase-negativ (SNEATH, 1986). *B. stearothermophilus*, bei dem es Katalase-negative Stämme gibt, wächst bei einer Bebrütungstemperatur von 37 °C nur schlecht.

Molekularbiologische Identifizierung

Auch eine vergleichende Analyse der 16S rRNA zeigt eine enge Verwandtschaft von *Paenibacillus larvae* ssp. *larvae* und *Paenibacillus larvae* ssp. *pulvifaciens* (ASH et al., 1991). Auch eigene Untersuchungen Kanadischer Honige (MiTec GmbH, Detmold, 2003)[1)] bestätigen dies. Bei dem Nachweis der isolierten Bazillen durch die DSMZ (Deutsche Sammlung von Mikroorganismen und Zellkulturen in Braunschweig, 2003) lag die prozentuale Ähnlichkeit der 16S rRNA-Gensequenzen zwischen *Paenibacillus larvae* ssp. *larvae* und *Paenibacillus larvae* ssp. *pulvifaciens* bei 97–98 %.

MYPGPN-Agar

- Hefeextrakt (Oxoid, L21) 15 g; Müller-Hinton-Bouillon (Oxoid, CM) 10 g; Glucose 2 g; K_2HPO_4 3 g; Natriumpyruvat (Oxoid, L11) 15 g.
- Auf 1000 ml auffüllen mit A. dest., pH-Wert 7,4 ± 0,2. Bis zum völligen Auflösen im Dampftopf kochen, danach bei 121 °C 10 min autoklavieren.
- Zugabe von Nalidixinsäure: 30 mg Nalidixinsäure (Fluka, 70162) in 10 ml 1 Mol/l warmer Natronlauge lösen und 1 ml dem autoklavierten MYPGP zugeben (= 3 µg/ml), pH-Wert auf 7,4 ± 0,2 korrigieren.

---

1) TZL-MiTec GmbH (Mikrobiologisch-Technologischer Beratungsdienst, Georg-Weerth-Str. 20, 32756 Detmold)

Tab. III.3-20: Morphologische und biochemische Daten für im Honig möglicherweise vorkommende Bazillen, zusammengefasst aus SNEATH (1986)

Charakteristika	*P. larv.*	*B. alv.*	*B. pop.*	*B. sub.*	*B. cer.*	*B. lich.*	*B. meg.*	*B. pum.*	*B. sph.*	*B. thu.*	*P. pul.*	*B. lat.*
Zelldicke > 1,0 µm	–	–	–	–	+	–	+	–	–	+	–	–
Sporen rund	–	–	–	–	–	–	v	–	+	–	–	–
Sporangium dick	+	+	+	–	–	–	–	–	+	–	+	+
Parasporalkristalle	–	–	+	–	–	–	–	–	–	d	–	–
Katalase	–	+	–	+	+	+	+	+	+	+	–	+
Gelatineabbau	+	+	–	+	+	+	+	+	d	+	+	d
Caseinabbau	+	+	–	+	+	+	+	+	d	+	+	+
Stärkeabbau	–	+	–	+	+	+	+	–	–	+	–	–
Indol	–	+	–	–	–	–	–	–	–	–	–	d
Nitratreduktion	d	–	–	+	+	+	d	–	–	+	+	+
Voges-Proskauer	–	+	–	+	+	+	–	+	–	d	–	–

Abkürzungen:

B. = *Bacillus*; *P.* = *Paenibacillus*; *P. larv.* = *P. larvae* ssp. *larvae*; *B. alv.* = *B. alvei*; *B. pop.* = *B. popilliae*; *B. sub.* = *B. subtilis*; *B. cer.* = *B. cereus*; *B. lich.* = *B. licheniformis*; *B. meg.* = *B. megaterium*; *B. pum.* = *B. pumilus*; *B. sph.* = *B. sphaericus*; *B. thu.* = *B. thuringiensis*; *P. pul.* = *P. larvae* ssp. *pulvifaciens*; *B. lat.* = *B. laterosporus*

Symbole:

– bzw. + = über 90 % der Stämme sind – bzw. +; d = 11–89 % der Stämme sind positiv; v = Stämme sind instabil

Tab. III.3-21: Morphologische Kriterien

Wachstum auf MYPGPN-Agar nach 4 Tagen Bebrütung bei 37 °C:

P. larvae ssp. *larvae*	Kolonien sind 1–2 mm klein, rund mit winzigen Ausläufern, gräulich granuliert, später milchig. Wachstum beginnt erst nach 48 Stunden.
B. cereus	Ca. 1 cm große, weiße, in der Mitte gelbliche, erhabene Kolonien, gegen den ausgefransten Rand strahlenförmig, granuliert. Kolonien zerfließen.
B. thuringiensis	Morphologisch nicht von *B. cereus*-Kolonien unterscheidbar.
B. pumilus	Kolonien sind bis 1 cm groß, etwas gebuchtet, ansonsten ziemlich rund, weiß, gegen innen leicht orange gefärbt.
B. megaterium	Ca. 7 mm große, runde, glänzende Kolonien, kugelförmig erhaben. Mit Nalidixinsäure geschrumpft und zum Teil kleiner.
B. licheniformis	Kolonien sind einem ca. 7 mm breiten, erhabenen, rosaroten, rauen Knopf ähnlich, mit einem ausgefransten Rand. Sie enthalten Schleim. Zum Teil sind auch Ausläufer vorhanden.
B. subtilis	Kolonien sind ca. 1 cm groß, rund, leicht gezahnt, weißlich mit oranglich-bräunlichem Ring. Mit Nalidixinsäure erheblich vermindertes Wachstum.
B. laterosporus	1–4 mm große, weiße, gezahnte Kolonien.
B. sphaericus	Kolonien sind rund, leicht gezahnt, glänzend mit orangem Pigment und ca. 3–5 mm groß.
P. larvae ssp. *pulvifaciens*	1–2 mm kleine, runde, gezahnte, granulierte Kolonien, sehr ähnlich zu *P. larvae* ssp. *larvae*, beinhalten aber oranges Pigment in der Mitte der Kolonie.
B. popilliae	Durchsichtig scheinende, sehr kleine Kolonien, bis 1 mm Durchmesser.
B. gordonae	1–2 mm, weißlich bis gräulich, glänzend.
B. alvei	Kein Wachstum auf MYPGP-Agar mit Nalidixinsäure. Ohne Nalidixinsäure ist die Platte überschwärmt.

Abkürzungen:
B. = Bacillus; P. = Paenibacillus

Literatur

1. ASH, C., FARROW, J.A.E., WALLBANKS, S., COLLINS, M.D., Phylogenetic heterogeneity of the genus *Bacillus* revealed by comparative analysis of small-subunit-ribosomal RNA sequences, Appl. Microbiol. 13, 202-206, 1991
2. BRETT, M.M., Kits for the detection of some bacterial food poisoning toxins: problems, pitfalls and benefits, J. Appl. Microbiol. Symposium Supplement 84, 110S-118S, 1998
3. BEUTLING, D., BÖTTCHER, C., *Bacillus cereus* – ein Risikofaktor in Lebensmitteln, Arch. Lebensmittelhyg. 49, 90-96, 1998
4. DINMAN, D.W., STAHLY, D.P., Medium promoting sporulation of *Bacillus larvae* and metabolism of medium components, Appl. Environ. Microbiol. 46, 860-869, 1983
5. GRANUM, P.E., TOMAS, J.M., ALOUFF, J.E., A survey of bacterial toxins involved in food poisoning: a suggestion for bacterial food poisoning toxin nomenclature, Int. J. Food Microbiol. 28, 129-144, 1995
6. GRANUM, P.E., *Bacillus cereus*, in: Food Microbiology Fundamentals and Frontiers, ed. by M.P. Doyle, L.R. Beuchat, T.J. Montville, ASM Press, Washington D.C., 327-336, 1997
7. GRANUM, P.E., BAIRD-PARKER, T.C., *Bacillus* species, in: The microbiological safety and quality of food, ed. by Barbara M. Lund, T.C. Baird-Parker, G.W. Gould, Aspen Publ. Gaithersburg, Maryland, USA, 1029-1039, 2000
8. HANSEN, H., RASMUSSEN, B., The sensitiveness of the foulbrood bacterium *Bacillus larvae* to heat treatment, Proceedings of the International Symposium on Recent Research on Bee Pathology, Sept. 5.–7.1990, Ghent, Belgium, zit. nach 22
9. HEYNDRICKX, M., VANDEMEULEBROECKE, K., HOSTE, B., JANSSEN, P., KERSTERS, K., DE VOS, P., LOGAN, N.A., BERKELEY, R.C.W., Reclassification of *Paenibacillus* (formerly *Bacillus*) *pulvifaciens* (Nakamura 1984) Ash et al. 1994, a later subjective synonym of *Paenibacillus* (formerly *Bacillus*) *larvae* (White 1906) Ash et al. 1994, as a subspecies of *P. larvae* as *P. larvae* subsp. *larvae*, with emended descriptions of *P. larvae* as *P. larvae* subsp. *larvae* and *P. larvae* subsp. *pulvifaciens*, Int. J. Syst. Bacteriol. 46, 270-279, 1996
10. HOLBROOK, R., ANDERSON, J.M., An improved selective and diagnostic medium for the isolation and enumeration of *Bacillus cereus* in foods, Can. J. Microbiol. 26, 753-759, 1980
11. HORNITZKY, M.A.Z., CLARK, S., Culture of *Bacillus larvae* from bulk honey samples for the detection of american foulbrood, J. Apic. Res. 30, 13-16, 1991
12. ICMSF (International Commission on Microbiological Specifications for Foods), Microorganisms in foods – 5 – Microbiological Specifications of food pathogens, Chapman & Hall, London, 1996
13. LECHNER, S., MAYR, R., FRANCIS, K.P., PRÜß, B.M., KAPLAN, T., WIEßNER-GUNKEL, E., STEWART, G.S.A.B., SCHERER, S., *Bacillus weihenstephanensis* sp. nov. is a new psychrotolerant species of the *Bacillus cereus* group, Int. J. System. Bacteriol. 48, 1373–1382, 1998
14. MOSSEL, D.A.A., KOOPMANN, M.J., JONGERIUS, E., Enumeration of *Bacillus cereus* in foods, Appl. Microbiol. 15, 650-653, 1967

15. NICHOLS, G.L., LITTLE, C.L., MITHANI, V., DE LOUVOIS, J., The microbiological quality of cooked rice from restaurants and take-away premises in the United Kingdom, J. Food Protection 62, 877-882, 1999
16. NOTERMANS, S., BATT, C.A., A risk assessment approach for food-borne *Bacillus cereus* and its toxin, J. Appl. Microbiol. Symposium Supplement 84, 51S-61S, 1998
17. PHELPS, R.J., McKILLIP, J.L., Enterotoxin production in natural isolates of *Bacillaceae* outside the *Bacillus cereus* group, Appl. Environ. Microbiol. 68, 3147-3151, 2002
18. PIMBLEY, D.W., PATEL, P.D., A review of analytical methods for the detection of bacterial toxins, J. Appl. Microbiol. Symposium Supplement 84, 98S-109S, 1998
19. PIRTTIJARVI, T.S.M., ANDERSON, M.A., SCOGING, A.C., SALKINOJA-SALONEN, M.S., Evaluation of methods for recognizing strains of *Bacillus cereus* group with food poisoning potential among industrial and environmental contaminants, Syst. Appl. Microbiol. 65, 5436-5442, 1999
20. RAJKOWSKI, K.T., SMITH, J., Update: Food poisoning and other diseases induced by *Bacillus cereus*, in: Foodborne Disease Handbook, sec. ed., Vol. 1: Bacterial Pathogens, ed. by Y.H. Hui, Merle D. Pierson, J.R. Gorham, Marcel Dekker, Inc., New York, 61-76, 2001
21. RHODEHAMEL, E.J., HARMON, S.M., *Bacillus cereus*, in: Bacteriological Manual, Food and Drug Administration, 8th ed. (Revision A), ed. by AOAC International, Gaithersburg, MD 20877, USA, 1998
22. RITTER, W., KIEFER, B., Eine Methode zum Nachweis von *Bacillus larvae* in Honigproben, Tierärztliche Umschau 48, 806-811, 1993
23. SCHULTEN, S.M., in't VELD, P.H., NAGELKERKE, N.J.D., SCOTTER, S., de BUYSER, M.L., ROLLIER, P., LAHELLEC, C., Evaluation of the ISO 7932 standard for the enumeration of *Bacillus cereus* in foods, Int. J. Food Microbiol. 57, 53-61, 2000
24. SHIMANUKI, H., KNOX, D.A., Improved method for the detection of *Bacillus larvae* spores in honey, Am. Bee J. 128, 353-354, 1988
25. SNEATH, P.H.A., Endospore-forming gram-positive rods and cocci, in: Bergey's Manual of Systematic Bacteriology, Vol. 2, Williams & Williams, Baltimore, 1121-1126, 1986
26. VON MOSNANG, Ruth Ferraro, Ein Beitrag zum Nachweis von *Bacillus larvae*, dem Erreger der Amerikanischen Faulbrut bei der Honigbiene, Inaug. Diss. Universität Bern, 1996

3.2.5 Clostridium perfringens

(ANDERSSON et al., 1995, EISGRUBER, 1996, ICMSF, 1996, BATES, 1997, McCLANE, 1997, RHODEHAMEL und HARMON, 1998)

Eigenschaften

Clostridium (C.) perfringens ist ein anaerobes, grampositives, Katalase-negatives, unbewegliches Stäbchen. Wegen der Bildung verschiedener Toxine (Proteine) unterscheidet man 5 Typen, nämlich A bis E. Die Typen A und C haben die größere Bedeutung für den Menschen.

Optimale Vermehrungstemperatur	43 °–47 °C	
Maximale Vermehrungstemperatur	50 °C	
Minimale Vermehrungstemperatur (bei einzelnen Stämmen unterschiedlich)	12 °C	
Minimaler pH-Wert für Vermehrung	5,0–5,5	
Optimaler pH-Wert für Vermehrung	6,0–7,5	
Minimaler a_w-Wert für Vermehrung	0,95	(eingestellt mit NaCl oder Saccharose)
	0,95–0,97	(eingestellt mit Glycerin)
Hitzeresistenz vegetativer Zellen	$D_{60\,°C}$ = wenige min (Fleisch)	
Hitzeresistenz der Sporen	$D_{110\,°C}$ = 0,5 min (Fleischsaft)	

Die vegetativen Zellen von *C. perfringens* sind gegenüber Gefriertemperaturen sehr empfindlich. Das zu untersuchende Lebensmittel darf deshalb nicht eingefroren werden. Es wird mit 10%igem Glycerin (1:1 [G/V]) vermischt und bis zur Untersuchung unterhalb von 5 °C gelagert.

Vorkommen

Erdboden, Intestinaltrakt Mensch und Tier (normal ca. 10^2–10^4/g), Fleischprodukte, z.B. Roastbeef

Krankheitserscheinungen

Heftige Bauchschmerzen und starke Durchfälle durch die Bildung des Toxins A. Das Toxin C führt zur Enteritis necroticans. In Europa und den USA ist nur die durch den Typ A ausgelöste Lebensmittelvergiftung bedeutend. Das Toxin (Enterotoxin), das von *C. perfringens* Typ A gebildet wird, ist ein Protein (Molekulargewicht 36000 Dalton) und wird bei 60 °C in 10 min inaktiviert. Gebildet wird das Toxin durch die sporulierenden Zellen im Darm. Durch Lysis des Sporangiums wird das Toxin freigesetzt. Voraussetzung für eine Erkrankung ist also, dass *C. perfringens* sich im Lebensmittel vermehrt und Zahlen oberhalb von 10^6/g erreicht. Das Enterotoxin wirkt cytotoxisch und zerstört die Membranen der Epithelzellen (McCLANE, 1994).

Inkubationszeit

12 h (6–24 h)

Nachweis (Routine-Methode)

A. Quantitativer Nachweis

Verfahren

Gusskultur

Medium

Trypton Sulfit Cycloserin Agar (TSC-Agar)

Bebrütung

37 °C für 20 h, anaerob

Auswertung

Alle schwarzen Kolonien werden ausgezählt. Die Keimzahl präsumtiver (= verdächtiger) *C. perfringens* pro g oder ml wird berechnet.

Bestätigung

(GEPPERT und EISGRUBER, 1995, RHODEHAMEL und HARMON, 1998, N.N., 1995, SCHALCH et al., 1996)

Eine Bestätigung der schwarzen Kolonien ist notwendig, da auch andere Clostridien als *C. perfringens* schwarze Kolonien bilden, wie z.B. *C. bifermentans, C. sphenoides, C. fallax* (NEUT et al., 1985).

Für die Bestätigung von *C. perfringens* werden folgende Reaktionen empfohlen bzw. sind in internationalen Vorschriften (Methode § 35 LMBG, Methode Food and Drug Administration, USA, ISO-Methode) aufgeführt (RHODEHAMEL und HARMON, 1998, SCHALCH et al., 1996):

Beweglichkeitsprüfung (unbeweglich)

Nitratabbau (positiv)

Laktosevergärung (positiv)

Gelatineverflüssigung (positiv)

Reverse-CAMP-Test
(positiv = typische Pfeilspitzenform mit *Streptococcus agalactiae*)

Dabei ist zu beachten, dass auch Clostridien-Stämme isoliert wurden, die die gleichen Schlüsselreaktionen aufweisen, z.B. *C. sardiniensis* und *C. absonum*. Auch über variable Nitratreduktionen bei Stämmen von *C. perfringens* und „gelatinasenegative" Stämme von *C. perfringens* wurde berichtet (siehe Literatur bei SCHALCH et al., 1996). Am besten eignen sich zur Bestätigung von *C. perfringens* (SCHALCH et al., 1996):

Beweglichkeitsprüfung
Lactosevergärung
Reverse-CAMP-Test
Saure Phosphatase

Verfahren für Bestätigung

- Mindestens 3 Kolonien von der höchsten auswertbaren Verdünnung sind zu bestätigen (Beweglichkeitsprüfung, Reverse-CAMP-Test und saure Phosphatase). Die Kolonien werden auf CASO-Agar ausgestrichen, bei 37 °C 24 h bebrütet und auf Reinheit mikroskopisch (Gramfärbung) überprüft. Gleichzeitig werden die Beweglichkeit im hängenden Tropfen und die Katalasereaktion geprüft.
- Reverse-CAMP-Test: *Streptococcus agalactiae* wird auf einem Columbia-Agar (Oxoid) mit 5 % defibriniertem Schafblut in der Mitte der Petrischale als durchgehender Impfstrich aufgetragen. Im Abstand von 1 mm zu diesem Impfstrich werden beidseitig im rechten Winkel parallele Impfstriche der zu prüfenden Kulturen aufgetragen. Die Parallelausstriche sollten nicht näher als 2 cm beieinander liegen. Die Platte wird bei 37 °C 24 h anaerob bebrütet. Als *C. perfringens* gelten die geprüften Kolonien, die eine pfeilspitzenförmige Aufhellung (ß-Hämolyse) im Bereich der im rechten Winkel zusammenführenden Impfstriche ausgebildet haben.
- Saure Phosphatase (GEPPERT und EISGRUBER, 1995): Einige Tropfen des Phosphatase-Reagenzes (vorher auf 37 °C angewärmt) werden auf die Kolonien des Columbia-Blut-Agars getropft. Eine braunviolette Verfärbung der Kolonien innerhalb von 3 min zeigt eine positive Reaktion an.
  Herstellung des Phosphatase-Reagenzes (GEPPERT und EISGRUBER, 1995): Das Phosphatasereagenz wird durch Zugabe von 0,2 g 1-Naphthylphosphat (Merck 6815) und 0,4 g Echtblausalz D (= Diazonium-o-dianisin, Merck 3191) zu 10 ml 0,2 mol/l^{-1} Natriumcitratpuffer (pH 4,5) hergestellt, eine Stunde bei +4 °C stehen gelassen, dann filtriert (Membranfiltration) und bei +4 °C bis zu 3 Wochen gelagert. Der Natriumcitratpuffer, der 2 Monate haltbar ist, wird wie folgt hergestellt: 9,882 g Trinatriumcitrat x 2 H_2O in 20,0 ml c (NaOH) = 1,0 mol/l^{-1} lösen, ad 100,0 ml auffüllen und 2:1 mit c (HCl) = 1,0 mol/l^{-1} mischen.

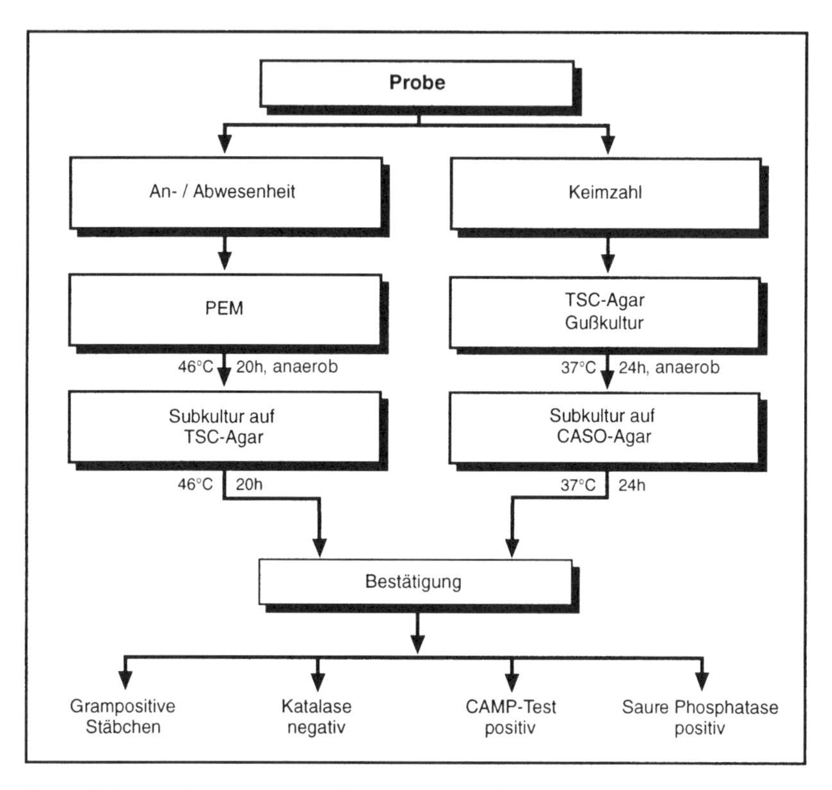

Abb. III.3-16: Nachweis von *Clostridium perfringens*

B. An-/Abwesenheitsprüfung (Routine-Methode)

Medium

Perfringens Enrichment Medium (PEM = Fluid Thioglycollate Medium ohne Dextrose + 400 μg D-Cycloserin/ml, DEBEVERE, 1979)

Verfahren

Beimpfung von 10 ml PEM mit 1 g bzw. 1 ml Produkt, Bebrütung bei 46 °C für 20 h, anaerob

Subkultur auf TSC-Agar, Bebrütung bei 46 °C für 20 h und **Bestätigung** verdächtiger schwarzer Kolonien (siehe unter A).

C. Nachweis von *C. perfringens* in 24 Stunden durch Bestimmung der sauren Phosphatase

(BAUMGART et al., 1990, STRAUCH et al., 1994)

Medium

TSC-Agar (TSC-Agar + Saccharose + Phenolphthaleindiphosphat = TSC-SP-Agar)

Bebrütung

44 °C, anaerob für 18–24 h

Verfahren

Spatelverfahren

Bestätigung

Nach der Bebrütung wird auf die Kolonien mit der Pinzette ein Rundfilter (z. B. aschefreier Rundfilter MN 640, Macherey und Nagel) gelegt. Durch vorsichtiges Andrücken mit der Pinzette erfolgt ein Abdruck der Kolonien. Zu empfehlen ist eine Markierung am Rand der Petrischale und auf dem Filter mit dem Farbstift zur späteren Bestätigung von *C. perfringens* (Katalase, Beweglichkeit, Mikroskopie). Nach einer Kontaktzeit von ca. 1–5 min wird der Filter mit dem Abdruck nach oben in den Deckel der Petrischale gelegt, in die vorher ca. 1,0 ml c (NaOH) = 1,0 mol/l^{-1} pipettiert wurden (Benetzung des Bodens). Alle Kolonien, die sich innerhalb von 30 sec rot färben, werden als *C. perfringens* gewertet. Die Natronlauge kann auch direkt auf die Kolonien getropft werden.

Bemerkungen zum Nachweisverfahren

Durch den Zusatz von Saccharose und Phenolphthaleindiphosphat zum bewährten Selektivmedium TSC-Agar konnte bei einer Bebrütungstemperatur von 44 °C und durch die Oberflächenkultivierung (Spatelverfahren) der selektive Nachweis von *C. perfringens* optimiert und die Phosphataseaktivität anderer Clostridien gehemmt werden.

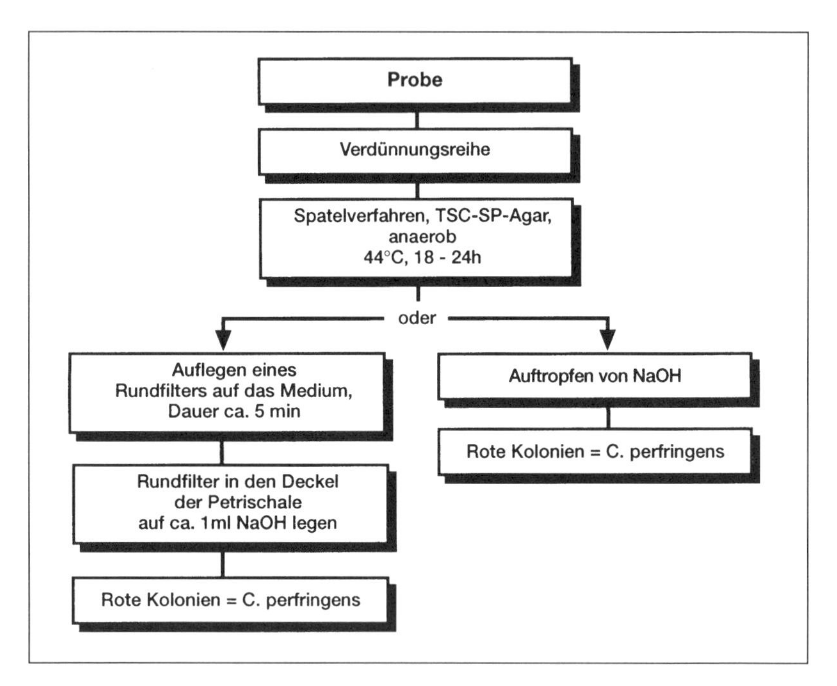

Abb. III.3-17: Nachweis von *C. perfringens* in 24 h durch Bestimmung der sauren Phosphatase

D. Nachweis von *C. perfringens* in 24 Stunden durch einen fluoreszenzoptischen Nachweis der sauren Phosphatase

Medium

TSC-Agar + MUP (4-Methylumbelliferylphosphat), Merck

Verfahren

Gusskultur oder Oberflächenverfahren

Bebrütung

44 °C, anaerob, 18–24 h

Nachweis

Hellblau fluoreszierende Kolonien (360 nm) zeigen *C. perfringens*

E. Screening-Methode

Impedanz-Methode (STRAUCH et al., 1994, SCHALCH et al., 1995)
Mit dieser Methode ist ein schneller Nachweis von *C. perfringens* möglich; 10^2 Zellen pro g konnten in 7 h nachgewiesen und bestätigt werden (STRAUCH et al., 1994).

Literatur

1. ANDERSSON, A., RÖNNER, U., GRANUM, P.E., What problems does the food industry have with sporeforming pathogens *Bacillus cereus* and *Clostridium perfringens*?, Int. J. Food Microbiol. 28, 145-155, 1995
2. BATES, J.R., *Clostridium perfringens*, in: Foodborne Microorganisms of Public Health Significance, 5th ed., edited by A.D. Hocking, G. Arnold, J. Jenson, K. Newton, P. Sutherland, AIFST (NSW Branch) Food Microbiology Group, Australian Institute of Food Science and Technology, P.O. Box 1493, North Sydney, NSW 2059, 407-427, 1997
3. BAUMGART, J., BAUM, O., LIPPERT, S., Schneller und direkter Nachweis von *Clostridium perfringens*, Fleischw. 70, 1010-1014, 1990
4. DEBEVERE, J.M., A simple method for the isolation and determination of *Clostridium perfringens*, European J. Appl. Microbiol. 6, 409-414, 1979
5. EISGRUBER, H., Zur lebensmittelhygienischen Bedeutung von *Clostridium perfringens*, Arch. Lebensmittelhyg. 47, 57-80, 1996
6. GEPPERT, P., EISGRUBER, H., Zum Nachweis der Phosphatase von *Clostridium perfringens*, Arch. Lebensmittelhyg. 46, 30-35, 1995
7. ICMSF (International Commission on Microbiological Specifications for Foods), Microorganisms in foods – Microbiological specifications of food pathogens, Chapman and Hall, London, 1996
8. McCLANE, B.A., *Clostridium perfringens* enterotoxin acts by producing small molecule permeability alternations in plasma membranes, Toxicology 87, 43-67, 1994
9. McCLANE, B.A., *Clostridium perfringens*, in: Food Microbiology Fundamentals and Frontiers, ed. by M.P. Doyle, L.R. Beuchat, T.J. Montville, ASM Press, Washington D.C., 305-326, 1997
10. NEUT, CH., PATHAK, J., ROMOND, CH., BEERENS, H., Rapid detection of *Clostridium perfringens*: Comparison of lactose sulfite broth with tryptose-sulfite-cycloserine agar, J. Assoc. Off. Anal. Chem. 68, 881-883, 1985
11. N.N., Enumeration of *Clostridium perfringens* colony technique, Manual of Microbiological Methods for the Food and Drinks Industry, 2nd. ed., Campden & Chorleywood Food Research Association, Campden Gloucestershire, UK, 1995
12. RHODEHAMEL, E.J., HARMON, S.M., *Clostridium perfringens*, in: Bacteriological Analytical Manual, Food and Drug Administration, 8th. ed. (Revision A), edited by AOAC International, Gaithersburg, MD 20877 USA, 1998
13. SCHALCH, B., EISGRUBER, H., STOLLE, A., Einsatz der Impedanz-Splitting-Methode zum quantitativen Nachweis von *Clostridium perfringens* in Hackfleisch, Fleischw. 75, 1018-1021, 1995

14. SCHALCH, B., EISGRUBER, H., GEPPERT, P., STOLLE, A., Vergleich von vier Routineverfahren zur Bestätigung von *Clostridium perfringens* aus Lebensmitteln, Arch. Lebensmittelhyg. 47, 27-30, 1996

15. STRAUCH, B., MEYER, B., BAUMGART, J., Nachweis von *Clostridium perfringens* mit der Impedanz-Methode, Fleischw. 74, 1107-1108, 1994

3.2.6 Clostridium botulinum

(RÖNNER und STACKEBRANDT, 1994, ICMSF, 1996, DODDS und AUSTIN, 1997, SZABO und GIBSON, 1997, SOLOMON und LILLY, 1998, WICTOME und SHONE, 1998)

Eigenschaften

Bisher wird *C. botulinum* aufgrund der Bildung verschiedener Toxine in die Typen A bis F unterteilt. Während die Typen A, B, E und F Botulismus beim Menschen hervorrufen, wird der Botulismus bei Tieren durch die Typen C und D ausgelöst. Neuere molekularbiologische Untersuchungen haben allerdings gezeigt, dass die Art *C. botulinum* schlecht definiert ist (RÖNNER und STACKEBRANDT, 1994). Dies gilt besonders für die nichtproteolytischen Typen B, E und F, die wahrscheinlich einer neuen Art zugeordnet werden müssen (RÖNNER und STACKEBRANDT, 1994), wie dies bereits für den Typ G von *C. botulinum* geschah, der nunmehr als *C. argentinense* bezeichnet wird (SUEN et al., 1988).

Vorkommen

Erdboden, Meeresboden, Sediment von Teichen, Darmkanal von Fischen (bes. Typ E), Gemüse- und Fleischerzeugnisse (bes. Typen A und B)

Krankheitserscheinungen

Das im Lebensmittel gebildete Toxin führt nach Aufnahme zur Übelkeit, Erbrechen, Magen-Darm-Störungen, Doppeltsehen, Lähmungen der Zungen- und Schlundmuskulatur, Atemlähmung. Das Neurotoxin ist ein Protein, es besteht aus einer einzigen Polypeptidkette mit einem Molekulargewicht von etwa 150 MDa. Durch die Wirkung endogener Proteasen proteolytischer Stämme (A, B, F) oder durch exogene Proteasen nicht-proteolytischer Stämme (B, E, F) wird das Toxin in zwei Ketten gespalten und die Toxizität gesteigert. Das Toxin wird durch kurzes Aufkochen inaktiviert.

Eine eigenständige Erkrankung ist der Säuglings-Botulismus, bei dem es durch Aufnahme von Clostridiensporen zur Toxinbildung im Darm kommt. Solche Erkrankungen traten in den USA, England und in Japan ausschließlich durch *Clostridium botulinum* A und B auf, deren Sporen mit Honig aufgenommen wurden (DELMAS et al., 1994, NAKANO et al., 1994). In den Niederlanden erkrankte ein 2,5 Monate alter Säugling durch Honig (Newsletter 67, März 2001).

Inkubationszeit

12–36 h (4 h–4 Tage)

Minimale toxische Dosis

Für das Toxin A wird die letale Dosis für den Menschen bei oraler Aufnahme auf 0,1–1,0 µg geschätzt.

Lebensmittel, die zur Erkrankung führten

Hausgemachte schwach saure Gemüsekonserven (Typ A und B), hausgemachte Kochwurstkonserven (Typ A und B), Rohschinken (Typ B), marinierte, fermentierte und geräucherte Fische (Typ E, B), Leberwurstkonserven, Pökelfleisch (Typ F), Mascarpone

Nachweis

Der Nachweis von *C. botulinum* erfolgt durch die Bestimmung des gebildeten Toxins in der Bouillon oder im Lebensmittel im Tierversuch (Toxin-Neutralisationstest mit weißen Mäusen).

Tab. III.3-22: Eigenschaften von *C. botulinum*

Eigenschaften	Proteolytische Stämme Typ A, best. Stämme der Typen B+F	Nichtproteolytische Stämme von B und F sowie Typ E
Minimale Vermehrungstemperatur	10 °C	3,3–4,0 °C
Minimaler pH-Wert*)	4,5	4,5
Minimaler a_w-Wert[1)]	0,94–0,96	0,97 Typ E
Hitzeresistenz	Typ A, B $D_{121\,°C}$ = 0,2 min (PP7) z = 10 °C Typ A $D_{115\,°C}$ = 0,3 min[2)] Typ F $D_{121\,°C}$ = 0,17 min[3)]	Typ E $D_{80\,°C}$ = 1,6–4,3 min (WF) z = 7,3–7,6 °C $D_{82,2\,°C}$ = 1,2 min (Surimi) z = 9,78 °C

Erklärungen

*) Entscheidend ist die Säureart. Toxinbildung erfolgte bei pH 4,3 (Zitronensäure, 10^4 Sporen/ml, Proteinanteil 1 %, WONG et al., 1988)

1) a_w-Wert mit Kochsalz eingestellt

2) Tomatensauce Bologneser Art, pH 4,8; a_w 0,98, Zitronensäure 1,3 g/l, Essigsäure 0,17 g/l, Weinsäure 0,7 g/l (BAUMGART, 1988)

3) Krabbenfleisch; PP = Phosphatpuffer pH 7,0; WF = Weißfisch

Durch die Entwicklung monoklonaler Antikörper wird in Zukunft der serologische Toxinnachweis den Tierversuch ersetzen können, wie auch Gensonden oder die Polymerase-Kettenreaktion (PCR) eingesetzt werden können (FACH et al., 1995, FERREIRA und HAMDY, 1995, WICTOME und SHONE, 1998).

Nachweis von *Clostridium botulinum* im Honig (SUGIYAMA et al., 1978)

- Honig erwärmen auf 45 °C und gut vermischen.
- 25 g Honig mit 20 ml sterilem A. dest. im Becher vermischen und in einen Dialysierschlauch (Durchmesser ca. 44 mm, Länge 45 cm) füllen, nachspülen mit jeweils 5 ml A. dest., bis Dialysierschlauch gefüllt ist.
- Dialyse gegen A. dest. bei 4 °C für 24 h. Wasserwechsel nach 2, 4 und 15 Stunden bis zur Einengung auf etwa 140 ml.
- Inhalt des Schlauches in ein 300 ml Gefäß geben, das etwa 5 g Cooked Meat enthält (vorher mit etwas Wasser bei 121 °C 15 min sterilisieren).
- Den Dialysierschlauch zweimal mit 60 ml doppelt konzentrierter TPGY-Bouillon ausspülen und auffüllen auf 300 ml mit der gleichen Bouillon.
- Erhitzung im Wasserbad bei 80 °C für 25 min und Bebrütung bei 37 °C für 4 Tage.
- Bouillon zentrifugieren und Toxinnachweis durchführen.

Literatur

1. BAUMGART, J., Hemmung von *Clostridium botulinum* in Saucen mit unterschiedlichen pH-Werten, 1988, unveröffentlicht
2. DELMAS, C., VIDON, D.J.-M., SEBALD, M., Survey of honey for *Clostridium botulinum* spores in eastern France, Food Microbiol. 11, 515-518, 1994
3. DODDS, K.L., AUSTIN, J.W., *Clostridium botulinum*, in: Food Microbiology Fundamentals and Frontiers, ed. by M.P. Doyle, L.R. Beuchat, T.J. Montville, ASM Press, Washington D.C., 228-304, 1997
4. FACH, P., GIBERT, M., GRIFFAIS, R., GUILLOU, J.P., POPOFF, M.R., PCR and gene probe identification of botulinum neurotoxin A-, B-, E-, F- and G-producing *Clostridium* spp. and evaluation in food samples, Appl. Environ. Microbiol. 61, 389-392, 1995
5. FERREIRA, J.L., HAMDY, M.K., Detection of botulinal toxin genes: Types A and E or B and F using the multiplex polymerase chain reaction, J. of Rapid Methods and Automation in Microbiol. 3, 177-183, 1995
6. ICMSF (International Commission on Microbiological Specifications for Foods), Microorganisms in foods – Microbiological specifications of food pathogens, Chapman and Hall, London, 1996

7. NAKANO, H., KIZAKI, H., SAKAGUCHI, G., Multiplication of *Clostridium botulinum* in dead honey-bees and bee pupae, a likely source of honey, Int. J. Food Microbiol. 21, 247-252, 1994
8. RÖNNER, S.G.E., STACKEBRANDT, E., Further evidence for the genetic heterogeneity of *Clostridium botulinum* determined by 23S rDNA oligonucleotide probing, System. Appl. Microbiol. 17, 180-188, 1994
9. SOLOMON, H.M., LILLY, T., *Clostridium botulinum*, in: Bacteriological Analytical Manual, Food and Drug Administration, 8th ed. (Revision A), edited by AOAC International, Gaithersburg, MD 20877 USA, 1998
10. SUEN, J.C., HATHEWAY, C.L., STEIGERWALT, A.G., BRENNER, D.J., *Clostridium argentinense* sp. nov.: a genetically homogeneous group composed of all strains of *Clostridium botulium* toxin type G and some nontoxic strains previously identified as *Clostridium subterminale* or *Clostridium hastiforme*, Int. J. Syst. Bacteriol. 38, 375-381, 1988
11. SUGIYAMA, H., MILLS, D.C., KUO, L.-J.C., Number of *Clostridium botulinum* spores in honey, J. Food Protection 41, 848-850, 1978
12. SZABO, E.A., GIBSON, A.M., *Clostridium botulinum*, in: Foodborne Microorganisms of Public Health Significance, 5th ed., edited by A.D. Hocking, G. Arnold, J. Jenson, K. Newton, P. Sutherland, AIFST (NSW Branch) Food Microbiology Group, Australian Institute of Food Science and Technology, P.O. Box 1493, North Sydney, NSW 2059, 429-464, 1997
13. WICTOME, M., SHONE, C.C., Botulinum neurotoxins: mode of action and detection, J. Appl. Microbiology Symposium Supplement 84, 87S-97S, 1998
14. WONG, D.M., YOUNG-PERKINS, K.E., MERSON, R.L., Factors influencing *Clostridium botulinum* spore germination, outgrowth and toxin formation in acidified media, Appl. Environ. Microbiol. 54, 1446-1450, 1988

4 Immunologischer Nachweis von Mikroorganismen und Toxinen

4.1 Grundlagen

4.1.1 Einleitung

(BECKER et al., 1992; FUKAL und KAS, 1989; LÜTHY und WINDEMANN, 1987; MÄRTLBAUER et al., 1991; NEWSOME, 1986)

Immunologische Nachweisverfahren basieren auf der Fähigkeit von Antikörpern, dreidimensionale Strukturen zu erkennen und spielen seit langem eine Rolle als diagnostische Reagenzien vor allem in der medizinischen Mikrobiologie. Auch in der Lebensmitteluntersuchung gehören serologische Methoden seit jeher zum analytischen Repertoire, insbesondere im Rahmen der Eiweißdifferenzierung. In den letzten zehn Jahren haben methodische Verbesserungen und zahlreiche Neuentwicklungen dazu beigetragen, dass neben diesem klassischen Anwendungsgebiet auch in anderen Bereichen der Lebensmittelanalytik immunologischen Testsystemen immer größere Bedeutung zukommt. Insbesondere gilt dies auch für den Nachweis von Mikroorganismen und deren Stoffwechselprodukten, wie Mykotoxinen oder Bakterientoxinen.

Ähnlich wie bei den klassischen mikrobiologischen Methoden liegt beim Immuntest das know-how in der Entwicklung selektiver Reagenzien, d.h. in der Produktion spezifischer Antikörper. Zum Nachweis niedermolekularer Rückstände (z.B. Mykotoxine) spielen nach wie vor **polyklonale Antiseren** eine große Rolle. Der Hauptanwendungsbereich **monoklonaler Antikörper** ist dagegen der Nachweis von Mikroorganismen und mikrobiellen Toxinen, da hier die Möglichkeit, Antikörper mit exakt definierter Spezifität zu selektieren, von entscheidender Bedeutung ist.

4.1.2 Testprinzipien

(BUCHANAN und SCHULZ, 1992; ENGVALL und PERLMANN, 1971; KAUFFMANN, 1966; VAN WEEMEN und SCHUURS, 1971; WIENECKE und GILBERT, 1987)

Für immunchemische Verfahren wird die Fähigkeit von Antikörpern, Substanzen spezifisch zu binden, ausgenutzt. Es gibt verschiedene Möglichkeiten, Antigen-Antikörper-Reaktionen sichtbar bzw. messbar zu machen, von denen jedoch nur die in der Lebensmittelanalytik wichtigsten Verfahren besprochen werden sollen. Während in der Medizin sowohl Antigen- als auch Antikörperbestimmungen bei der Ermittlung von Krankheitszuständen etc. angewandt werden, wird bei der Untersuchung von Lebensmitteln praktisch ausschließlich mit bekannten Antikörpern ein gesuchtes Antigen nachgewiesen.

Am längsten bekannt sind Verfahren, bei denen die Antigen-Antikörper-Reaktion direkt sichtbare Effekte hervorruft. Diese **Agglutinationsreaktionen** beruhen darauf, dass Antigene durch Antikörper agglutiniert (sichtbar verklumpt) werden. Dieses Reaktionsprinzip wird zum spezifischen Nachweis bestimmter Bakterien verwendet (z. B. Salmonellendiagnostik). Üblicherweise werden Agglutinationsverfahren heute mit Partikeln (Erythrozyten, Latexpartikel) durchgeführt, z. B. **Latex-Agglutinationstest.** Bei Lebensmitteluntersuchungen wird insbesondere die **Reverse Passive Latexagglutination (RPLA)** eingesetzt: Zum Probenextrakt werden mit dem spezifischen Antikörper beschichtete Partikel (deshalb „revers" im Gegensatz zu den Agglutinationsreaktionen, bei denen lösliche Antikörper Antigenpartikel vernetzen) zugesetzt. Ist das gesuchte Antigen in der Probe vorhanden, bindet es an die Antikörper, und es kommt zur Vernetzung der Partikel, die bei der Immunreaktion nur eine passive Rolle spielen.

Der Nachweis von Antigen-Antikörper-Reaktionen mit enzymmarkierten Reagenzien (Enzymimmunoassay, **EIA,** oder Enzyme Linked Immunosorbent Assay, **ELISA**) brachte – im Vergleich zu den oben genannten Methoden – eine Steigerung der Nachweisempfindlichkeit um 2–3 Zehnerpotenzen. Diese in zunehmendem Maß in der Lebensmittelanalytik zum Nachweis von Antigenen verwendeten Verfahren können in zwei grundlegend verschiedene Systeme eingeteilt werden:

Sandwich-ELISA

Mit dem Sandwich-ELISA (nicht-kompetitiver Immuntest) können nur Moleküle mit einer gewissen Mindestgröße bestimmt werden, da mindestens zwei Antikörperbindungsstellen (Epitope) im Molekül vorhanden sein müssen, die sterisch so positioniert sind, dass das Molekül von zwei unterschiedlichen Antikörpern gebunden werden kann.

Für den ersten immunchemischen Schritt benötigt man substanzspezifische Antikörper, die absorptiv oder kovalent an eine Festphase (s. u.) gebunden werden. Fügt man zu solch einem System eine Probe mit dem korrespondierenden Antigen (z. B. nachzuweisender Keim) hinzu, so wird der immunchemische Reaktionspartner vom Antikörper gebunden. Es wird umso mehr Antigen gebunden, je mehr davon in einer Probe bzw. Standardlösung enthalten ist. Nach einem Waschschritt wird ein zweiter Antikörper, an den Enzym kovalent gebunden ist, zugegeben. Es wird umso mehr enzymmarkierter Antikörper an das bereits an die Festphase gebundene Antigen angelagert, je mehr Antigen im Untersuchungsgut bzw. in der Standardlösung vorhanden war. Für die Qualität des

Sandwich-Tests ist die Auswahl der Epitop-Spezifität der Antikörper von ausschlaggebender Bedeutung. Das nachzuweisende Antigen und die beiden Antikörper bilden einen so genannten Sandwich-Komplex, in dem das Antigen von zwei Seiten eingeschlossen wird. Nach einer testspezifischen Inkubationszeit wird der nicht gebundene Anteil enzymmarkierter Antikörper durch Waschen entfernt. Nach Abschluss dieser immunchemischen Reaktion werden durch die Enzym-Substrat-Reaktion Immunkomplexe sichtbar bzw. messbar gemacht. Die Enzym-Substrat-Reaktion, deren Intensität **direkt proportional** zu der Menge des gebundenen Antigens ist, kann nach unterschiedlichen physikalischen Prinzipien, wie z. B. der Photometrie, Fluorometrie oder der Lumineszenz, gemessen werden (Tab. III.4-1).

Tab. III.4-1: In Enzymimmuntests verwendete Enzyme und Substrate

Enzyme	Analytisches Prinzip	Substrat	Testbeispiel
Alkalische Phosphatase	Photometrie	4-Nitrophenol	ELISA
	Fluorometrie	4-Methylumbelliferon	ELFA
Peroxidase	Photometrie	H_2O_2 (+ Chromogen)	ELISA
	Fluorometrie	H_2O_2 (+ Hydroxyphenolpropionsäure)	ELFA
	Luminometrie	H_2O_2 (+ Luminol)	LIA
ß-D-Galactosidase	Photometrie	2-Nitrophenyl-Galactopyranosid	ELISA
	Fluorometrie	Methylumbelliferyl-ß-D-Galactopyranosid	ELFA
Glucoseoxidase	Fluorometrie	Homovanillinsäure	ELFA
Luciferase	Luminometrie	Luminol	LIA

ELISA: Enzyme Linked Immunosorbent Assay
ELFA: Enzyme Linked Fluorescent Immunoassay
LIA: Luminescent Immunoassay

Kompetitiver ELISA

Der kompetitive ELISA wird hauptsächlich für den Nachweis niedermolekularer Substanzen, die nur eine Antikörperbindungsstelle besitzen, verwendet.

Die Ausgangssituation für den ersten immunchemischen Reaktionsschritt ist identisch mit der des Sandwich-Tests, d. h., die antigen-spezifischen Antikörper sind an die Festphase gebunden. Die eigentliche Antigen-Antikörper-Reaktion läuft nun im Sinne einer Konkurrenz-Reaktion ab. Dies bedeutet, dass das Antigen aus einer Untersuchungsprobe simultan mit einem enzymmarkierten Antigen um die immobilisierten Antikörperbindungsstellen konkurriert. Bei diesem Verfahren wird umso weniger enzymmarkiertes Antigen gebunden, je mehr nachzuweisendes Antigen in der Probe vorhanden ist. Das hat zur Folge, dass nach einem Waschschritt und der daran anschließenden Enzym-Substrat-Reaktion der Substratumsatz umso geringer ist, je mehr Antigenmoleküle in der Probe sind und damit in Konkurrenz zum enzymmarkierten Antigen treten können. Das Testergebnis verhält sich also **umgekehrt proportional** zu der Konzentration des gesuchten Antigens.

Blot-ELISA

Die Keime werden nach dem Wachstum auf einem geeigneten Nährboden auf eine Membran ubertragen. Der Nachweis erfolgt anschließend mit einem enzymmarkierten Antikörper unter Verwendung geeigneter Substrat-/Chromogenlösungen.

4.1.3 Testsysteme

Mittlerweile gibt es, basierend auf den vorher erwähnten Grundlagen, eine Vielzahl von sehr unterschiedlichen Systemen mit teilweise komplexem Aufbau. Die meisten kompetitiven und nicht-kompetitiven Mikrotiterplatten-Verfahren verwenden Enzyme wie Meerrettichperoxidase oder Alkalische Phosphatase als Markersubstanzen (Tab. III.4-1). Bei Schnelltests dagegen werden häufig aber auch Partikel (Gold- oder Farbkolloide, Latexpartikel etc.) zur Markierung von Antigen oder Antikörper eingesetzt.

Als **Festphase** werden bei Immuntests Membranen aus Zellulose, Nitrozellulose, Glasfiber, Nylon u. a. m., aber auch verschiedene Plastikmaterialien verwendet. In diese Festphasen werden dann je nach Testprinzip ein oder mehrere Reagenzien integriert.

4.1.3.1 Röhrchen- und Mikrotiterplattentests

Die klassischen Verfahren sind die sog. Röhrchen- oder Mikrotiterplattentests, bei denen in der Regel der spezifische Antikörper an das Plastikmaterial adsorbiert ist. Die Testdauer beträgt meist 2–3 h, einige Röhrchentests benötigen allerdings nur wenige Minuten.

4.1.3.2 Schnelltestsysteme (SCHNEIDER, 1991)

Schnelltests für die Lebensmittelhygiene wurden bis jetzt nach verschiedenen Systemen entwickelt, wobei Dipstick-, Immunfiltrations- und Kapillarmigrationstests die Hauptrolle spielen.

Die **Dipstick- oder Teststreifen-Form** stellt eine der klassischen Formen immunchemischer Schnelltests dar. Im Allgemeinen wird dabei die Festphase mit den spezifischen Antikörpern in verschiedenen Lösungen inkubiert. Die Teststreifen werden mit spezifischen Antikörpern beschichtet. Zum eigentlichen Testablauf werden die Teststreifen dann in die Probenlösung, anschließend in die entsprechende Antigen-Enzym-Konjugat- bzw. Antikörper-Enzymkonjugat-Lösung beim Sandwich-ELISA gegeben. Dabei findet die kompetitive Immunreaktion oder die Bildung des Sandwich-Komplexes statt. Nach einer gewissen Inkubationszeit erfolgt ein Waschschritt, bei dem ungebundene Reagenzien und Probenbestandteile entfernt werden. Anschließend werden die Streifen in die Entwicklerlösung getaucht, die das Enzymsubstrat enthält, woraufhin die Farbentwicklung stattfindet. Beim kompetitiven Test führen negative Proben zur Farbentwicklung, bei positiven ist sie reduziert oder bleibt ganz aus. Beim Sandwich-ELISA zeigen dagegen die positiven Proben eine Farbentwicklung, während negative Proben farblos bleiben. Dipstick-Tests können in den verschiedensten Variationen, wie z.B. als einfache Teststreifen, als Kämme oder vierflügelige Plastiksticks vorliegen.

Beim **Immunfiltrationstest** werden immunchemische und Filtrationsvorgänge miteinander kombiniert. In einem Plastikgehäuse wird die immunologisch wirksame Festphase (z.B. Nylonmembran), auf der die Antikörper gebunden sind, auf einem Absorbenskissen fixiert. Eventuell wird dazwischen noch eine Lage Filterpapier eingefügt. Die einzelnen Reagenzlösungen werden dann nacheinander durch die Öffnung im Plastikdeckel auf die Membran getropft. Alle ungebundenen Reaktionspartner werden von der unter der Membran liegenden saugfähigen Schicht absorbiert und dadurch entfernt. Aufgrund der schnellen Bindung der Testreagenzien an die Antikörper der Festphase ist die Testdauer sehr kurz. Sie liegt im Allgemeinen bei 5–15 min.

Immunfiltrationstests werden bislang hauptsächlich als kompetitive Verfahren zum Nachweis von Mykotoxinen eingesetzt. Zuerst erfolgt das Auftropfen der Probenlösung, dabei bindet sich das Probenantigen an die Antikörper der Festphase. Im nächsten Schritt wird das Antigen-Enzym-Konjugat aufgetropft, welches sich an die restlichen Antikörper bindet. Nach einem Waschschritt erfolgt die Zugabe der Enzymsubstratlösungen, worauf die Farbentwicklung stattfindet.

Tests nach dem Prinzip der **Kapillarmigration** werden seit einigen Jahren in der Lebensmittelhygiene eingesetzt: Von einer Probenaufnahme-Fläche aus wandern Probenlösung und gelöste Reagenzien durch Kapillarmigration in verschiedene Reagenzzonen und nehmen dabei weitere Reagenzien mit. Die spezifischen Antikörper sind in einer bestimmten Zone immobilisiert, in der dann der Antigen-Antikörper-Enzymkonjugat-Komplex gebunden wird. Die ungebundene

Enzymkonjugat-Fraktion wird durch Kapillarmigration aus dieser Zone heraustransportiert, in der schließlich auch die Farbreaktion stattfindet. Diese Tests sind in Bezug auf ihre Anwenderfreundlichkeit am weitesten entwickelt. So genügt meistens nur das einfache Auftropfen der Probe auf ein Testmodul oder Eintauchen des Teststreifens oder -stabes in die Probe, um in ca. 5 Minuten das Ergebnis zu erhalten.

4.2 Spezielle Nachweisverfahren

(NOTERMANS und WERNARS, 1991; SAMARAJEEWA et al., 1991; VASAVADA, 1993; MITCHELL et al., 1998; DE BOER und BEUMER, 1999)

Im Folgenden werden nur solche Verfahren besprochen, die sich zurzeit in der Bundesrepublik Deutschland im Handel befinden. Der Leser wird daher einige früher in diesem Handbuch erwähnte Testkits vermissen. Andererseits wurde in den letzten Jahren eine derartige Menge an Testkits entwickelt, dass es nicht mehr möglich ist, alle zu erfassen. Auf die in den Tabellen genannten Testprinzipien wird nicht mehr näher eingegangen, da ihre Besprechung bereits im allgemeinen Teil (4.1) erfolgte. Eine Wertung der einzelnen Testkits wird nicht vorgenommen. Allgemeine Hinweise zu den besprochenen Erregern bzw. Toxinen kann der Leser der jeweils einleitend genannten Literatur entnehmen. Hier finden sich auch, soweit vorhanden, Beurteilungen der Leistungsfähigkeit der Verfahren. Leider werden nicht von allen Herstellern Angaben zur Empfindlichkeit des jeweiligen Testkits gemacht. Nach eigenen Erfahrungen liegen aber die durch die Anreicherungen zu erzielenden Mindestkeimzahlen für eine sichere Durchführung des immunologischen Nachweises bei mindesten 10^6/ml.

4.2.1 Nachweis von Salmonellen

(BECKER et al., 1992; BECKER et al., 1998a; BIRD et al., 1999; BLACKBURN et al., 1994; BRINKMAN et al., 1995; D'AOUST et al., 1991; FELDSINE et al., 2000a; FELDSINE et al., 2000b; FENG, 1992; GANGAR et al., 1998; GROISMAN und OCHMAN, 1997; HUGHES et al., 1999; JUNE, 1992; KÄSBOHRER et al., 1995; KRUSELL und SKOVGAARD, 1993; OLSVIK et al., 1994; RICHTER et al., 2000; SELBITZ et al., 1995; SKJERVE und OLSVIK, 1991; UGELSTAD et al., 1993; VAN BEURDEN und MACKINTOSH, 1994)

Der konventionelle kulturelle Nachweis von Salmonellen, in Abb. III.4-1 am Beispiel der Methode der Amtlichen Sammlung von Untersuchungsverfahren nach § 35 LMBG dargestellt, läuft in den Schritten Voranreicherung, Selektivanreicherung, Nachweis und Bestätigung ab. (Es sei darauf hingewiesen, dass sich das Verfahren wie in der Abbildung dargestellt, zurzeit bei ISO TC 34/SC 9 in Überarbeitung befindet und gravierende Änderungen geplant sind. Insbesondere sollen Ausstriche aus den beiden flüssigen Selektivmedien nur noch nach 24 h, nicht mehr zusätzlich auch nach 48 h angelegt werden; das Selenit Cystin Medium soll durch ein Medium auf Tetrathionatbasis und der BPLS-Agar durch XLD-Agar ersetzt werden.) Die Voranreicherung in einem nicht selektiven

Medium dient in erster Linie der Wiederbelebung (Resuscitation) subletal geschädigter Salmonellen, hat aber darüber hinaus noch den Vorteil, dass geringe Zahlen an Salmonellen vermehrt und eventuell im Untersuchungsmaterial vorhandene, den Keimen abträgliche Substanzen (z.B. originäre Hemmstoffe in Rohmilch) verdünnt werden. Auf diesen Schritt wird dementsprechend bei keinem der in Tab. III.4-2 genannten Tests verzichtet. Die meisten der in der Tabelle aufgeführten Verfahren setzen darüber hinaus auch die Selektivanreicherung sowie eine zusätzliche, bei der konventionellen kulturellen Methode nicht vorgesehene „postselektive Anreicherung" meist in der die Geißelbildung fördernden, nicht selektiven Mannose-Bouillon (M Broth) voraus. Auf diese Weise sollen die für einen sicheren immunologischen Nachweis notwendigen, relativ hohen Salmonellenzahlen von 10^5 bis 10^7/ml (Tab. III.4-2) erreicht werden. Letztlich ersetzt bei den oben genannten Testkits der auf die Anreicherungsschritte folgende immunologische Nachweis, der je nach Verfahren wenige Minuten bis wenige Stunden dauert, die Isolierung des Erregers auf festen Nährböden (18 bis 48 h, Abb. III.4-1) und hier ergibt sich dementsprechend auch ein Zeitvorteil.

Zwei der in Tab. III.4-2 aufgelisteten Verfahren (EiaFoss und TECRA Unique) umgehen die Selektivanreicherung (die Voranreicherung ist obligatorisch). Der EiaFoss bedient sich hierzu der **Immunomagnetischen Separation (IMS)**. Bei dieser Technik werden durch paramagnetische, antikörperbeschichtete Perlen die gesuchten Keime mithilfe eines Magneten fixiert, gewaschen (u.a. Entfernung der Begleitflora), konzentriert und weiterverarbeitet. Dem Untersucher stehen hierzu verschiedene Möglichkeiten offen. So kann er mit den keimbeladenen Perlen Ausstriche auf festen Nährböden und Übertragungen in flüssige Medien vornehmen oder immunologische bzw. molekularbiologische Tests anschließen. Die IMS wird z. B. von der Fa. Dynal, Hamburg für den Nachweis von Salmonellen (Dynabeads anti-*Salmonella*), Listerien (Dynabeads anti-*Listeria*) und *Escherichia coli* O157 (Dynabeads anti-*E. coli* O157) angeboten.

Der TECRA Unique Test verwendet antikörperbeschichteter Plastikträger (Dipsticks), mit denen die Salmonellen aus der Voranreicherung herausgefangen werden (**Immunocapture-Verfahren**). Der die Salmonellen tragende Dipstick wird in M Broth (s.o.) übergeführt, in der eine weitere Vermehrung der Keime stattfindet. Die Detektion erfolgt durch Zugabe eines Antikörper-Enzymkonjugates und wird mithilfe einer Farbreaktion am Kunststoffträger sichtbar gemacht.

Inzwischen bietet bioMérieux ein weiteres Konzentrierungsverfahren für Salmonellen, mit dem die Selektivanreicherung umgangen werden kann, an. Bei dieser **Immunoconcentration** werden die Erreger mit einer Antikörper tragenden Pipettenspitze aus der Voranreicherung in einen Reaktionsriegel übertragen. Die Weiterverarbeitung erfolgt vollautomatisch in einem VIDAS-Gerät.

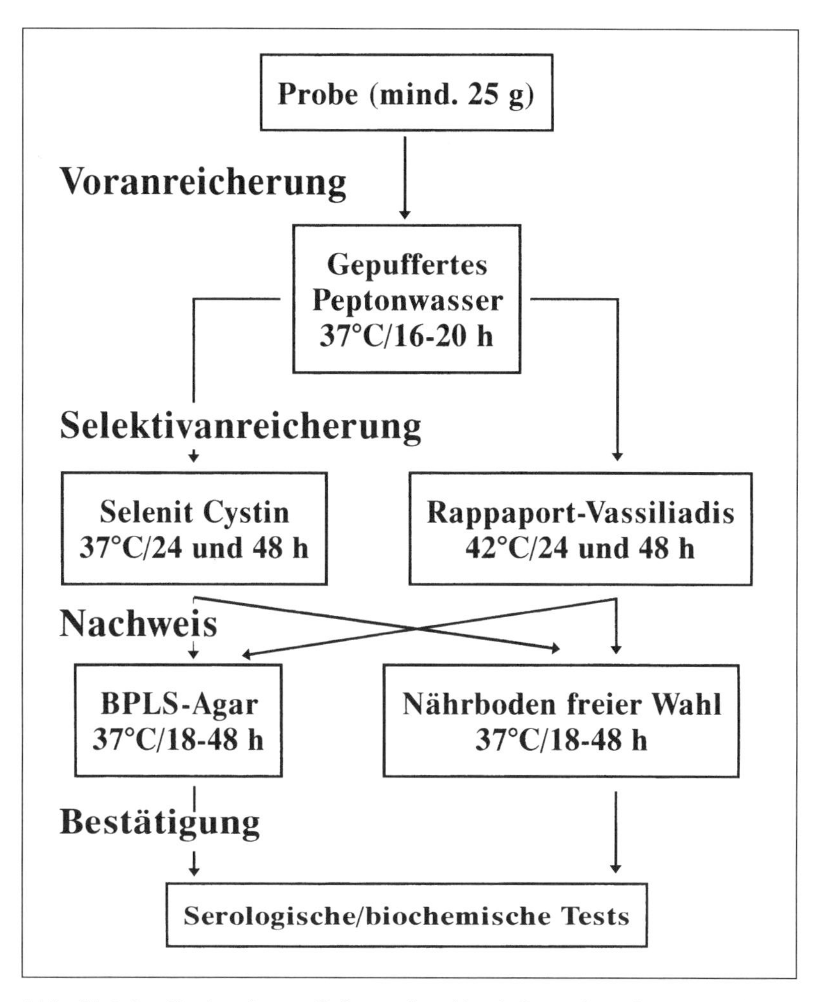

Abb. III.4-1: Nachweis von Salmonellen (Amtl. Sammlung L 00.00-20)

Tab. III.4-2: Testkits zum Nachweis von Salmonellen

Testkit	Testprinzip	Empfindlichkeit[1]	Testdauer[1,2]	Hersteller	Vertrieb
Alert *Salmonella*	Sandwich-ELISA in der Mikrotiterplatte	Keine Angaben	21 h	Neogen, USA	BAG, Lich
Assurance Gold *Salmonella* EIA	Sandwich-ELISA in der Mikrotiterplatte	Keine Angaben	30–54 h	BioControl, USA	R-Biopharm, Darmstadt
Assurance *Salmonella* EIA	Sandwich-ELISA in der Mikrotiterplatte	Keine Angaben	47–59 h	BioControl, USA	R-Biopharm, Darmstadt
EiaFoss *Salmonella*	Vollautomatischer Sandwich-ELISA mit paramagnetischen Perlen als Festphase	$\geq 10^5$ Salmonellen/ml	24 h	Foss Electric, Dänemark	Foss Electric, Hamburg
Locate ELISA Test *Salmonella*	Sandwich-ELISA in der Mikrotiterplatte	10^5–10^6 Salmonellen/ml	42–52 h	Rhone-Diagnostics, England	Coring-System, Gernsheim
Path-stik Rapid *Salmonella* Test	Kapillarmigrationstest	$>10^5$ Salmonellen/ml	38–56 h	Celsis, UK	Celsis, Herzogenrath
Reveal *Salmonella*	Kapillarmigrationstest	Keine Angaben	20,5 h	Neogen, USA	BAG, Lich
Spectate *Salmonella* Test	Latex-Agglutinationstest	$\geq 10^7$ Salmonellen/ml	48 h	Rhone-Diagnostics, England	Coring-System, Gernsheim
TECRA Unique *Salmonella*	Dipstick-ELISA mit Plastikträger als Festphase	Keine Angaben	22 h	Bioenterprises, Australien	Riedel-de Haën, Seelze
TECRA *Salmonella* Visual Immunoassay	Sandwich-ELISA in der Mikrotiterplatte	Keine Angaben	42–52 h	Bioenterprises, Australien	Riedel-de Haën, Seelze
Transia Card *Salmonella*	Kapillarmigrationstest	10^5–10^7 Salmonellen/ml	48 h	Diffchamb, Frankreich	Transia, Ober-Mörlen
Transia Plate *Salmonella*	Sandwich-ELISA in der Mikrotiterplatte	10^5–10^7 Salmonellen/ml	48 h	Diffchamb, Frankreich	Transia, Ober-Mörlen
VIDAS *Salmonella* (SLM)	Vollautomatischer Enzyme-linked fluorescent immunoassay (ELFA) mit Pipettenspitze als Festphase	Keine Angaben	43–45 h	bioMérieux, Frankreich	bioMérieux, Nürtingen
VIP for *Salmonella*	Kapillarmigrationstest	Keine Angaben	28–58 h	BioControl, USA	R-Biopharm, Darmstadt

[1] nach Angaben des Herstellers
[2] einschließlich Anreicherung

Von den in Tab. III.4-2 aufgeführten Verfahren beinhalten EiaFoss und VIDAS den geringsten Arbeitsaufwand. Das angereicherte Probenmaterial wird in entsprechende Vorrichtungen eines Gerätes verbracht, in dem die weitere Untersuchung vollautomatisch abläuft. Wenig arbeitsaufwändig sind auch die Kapillarmigrationstests, bei denen der Teststreifen mit dem angereicherten Probenmaterial in Kontakt gebracht und nach einer kurzen Reaktionszeit abgelesen wird. Beim TECRA Unique werden alle Reaktions- und Waschschritte mit den an den Dipstick gebundenen Salmonellen in einem Testmodul durchgeführt. Die in der Mikrotiterplatte vorgenommenen Tests sind demgegenüber etwas umständlicher in der Handhabung, da pipettiert werden muss. Der Spectate Latex-Agglutinationstest kann sowohl mit einer Anreicherungskultur als auch mit Koloniematerial von festen Nährböden vorgenommen werden. Die Kultur wird auf einem speziellen Objektträger mit der Latex-Suspension vermischt und nach einigen Minuten das Ergebnis abgelesen. Auch hier ist die Handhabung demnach unkompliziert.

Inzwischen wurde beim Deutschen Institut für Normung (DIN) ein Verfahren zum „Nachweis von Salmonellen in Lebensmitteln mittels enzymgebundenem Fluoreszenzimmunoassay" DIN 10121:2000-08 herausgegeben.

4.2.2 Nachweis von Listerien

(BECKER et al., 1992; BECKER et al., 1998b; BHUNIA; 1997; DALET, 1990; DEVER et al., 1993; GANGAR et al., 2000; MARTIN und KATZ, 1993; ROBERTS, 1994; ROCOUR, 1994; TERPLAN et. al., 1990; WALKER et al., 1990)

Während die Untersuchung von Lebensmitteln auf Salmonellen heute international weitgehend nach dem in Abb. III.4-1 skizzierten Schema durchgeführt wird, existieren für den Nachweis von Listerien verschiedene standardisierte Verfahren, die alle mindestens eine, in der Regel zwei aufeinander folgende Anreicherungen beinhalten. Als Beispiel wird in Abb. III.4-2 das Verfahren der Amtl. Sammlung L 00.00-32 wiedergegeben. Auch bei der Untersuchung mit den in Tab. III.4-3 genannten Testkits werden, je nach Untersuchungsmaterial, ein bis zwei selektive Anreicherungsschritte vorgenommen (die nicht selektive Voranreicherung, wie sie beim Nachweis von Salmonellen in Lebensmitteln üblich ist, hat sich in der Listerienuntersuchung wegen der höheren Empfindlichkeit gegenüber antagonistischen Einflüssen der Begleitflora nicht bewährt). Ähnlich wie bereits bei den Salmonellen beschrieben, ersetzt auch in der Listeriendiagnostik der immunologische Test den zeitaufwändigeren Nachweis auf einem festen Nährboden, der 24 bis 48 h in Anspruch nimmt. Wie Tab. III.4-3 zu entnehmen, existieren verschiedene Testkits zum Listeriennachweis. Während die acht erstgenannten nicht zwischen den einzelnen Listerienspecies differenzieren, sondern eine Identifizierung auf Gattungsebene vornehmen, wird mit dem Pathalert *Listeria monocytogenes*, dem Transia Plate *Listeria monocytogenes* und dem VIDAS LMO *Listeria monocytogenes* nachgewiesen. Dies kann bei bestimmten Fragestellungen, z. B. epidemiologischen Untersuchungen, von Vorteil sein. Beim Nachweis von Listerien im Zusammenhang mit der Betriebs- oder Endproduktkontrolle ist es dagegen oft interessant, auch einen Überblick zum Vorkommen anderer Species, vor allem *L. innocua*, zu bekommen. Der Anwender sollte also abwägen, welchem Verfahren er im jeweiligen konkreten Fall den Vorzug geben will.

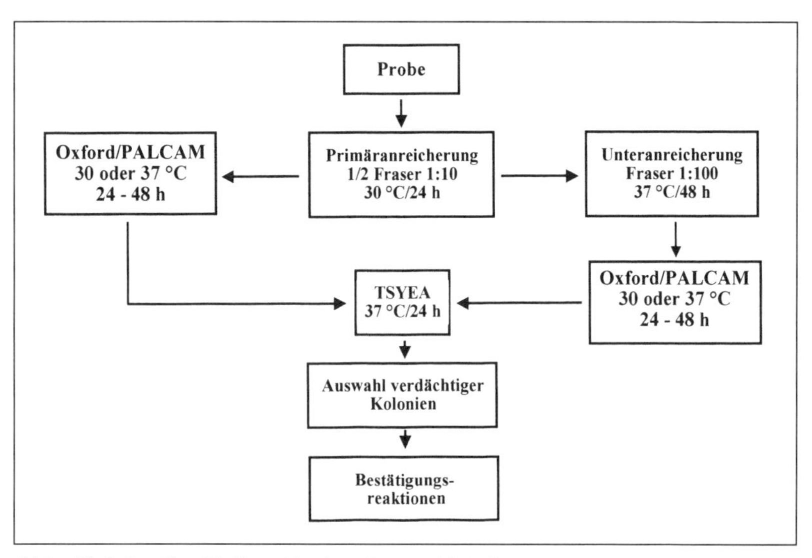

Abb. III.4-2: Qualitativer Nachweis von *Listeria monocytogenes* (Amtl. Sammlung L 00.00-32)

Auch unter dem Aspekt der Handhabung unterscheiden sich die in Tab. III.4-3 genannten Verfahren. Während Assurance, Pathalert, TECRA und Transia als Sandwich-ELISA in der Mikrotiterplatte konzipiert wurden, laufen Oxoid Rapid Test und VIP als Kapillarmigrationstest bzw. EiaFoss und die VIDAS Testkits vollautomatisch ab und sind daher weniger arbeitsaufwändig.

Tab. III.4-3: Testkits zum Nachweis von Listerien

Testkit	Testprinzip	Empfindlichkeit[1]	Testdauer[1,2]	Hersteller	Vertrieb
Assurance *Listeria* EIA	Sandwich-ELISA in der Mikrotiterplatte	Keine Angaben	55 h	BioControl, USA	R-Biopharm, Darmstadt
EiaFoss *Listeria*	Vollautomatischer Sandwich-ELISA mit paramagnetischen Perlen als Festphase	$\geq 10^6$ Listerien/ml	48 h	Foss Electric, Dänemark	Foss Electric, Hamburg
Oxoid *Listeria* Rapid Test	Kapillarmigrationstest	$\geq 10^5$ Listerien/ml	43 h	Oxoid, England	Oxoid, Wesel
Pathalert *Listeria*	Sandwich-ELISA in der Mikrotiterplatte	10^5–10^7 Listerien/ml	48 h	Merck, Darmstadt	Merck, Darmstadt
TECRA *Listeria* Visual Immunoassay	Sandwich-ELISA in der Mikrotiterplatte	10^3–10^5 Listerien/ml	48–50 h	Bioenterprises, Australien	Riedel-de Haën, Seelze
Transia Plate *Listeria*	Sandwich-ELISA in der Mikrotiterplatte	$\geq 10^5$ Listerien/ml	48–72 h	Diffchamb, Frankreich	Transia, Ober-Mörlen
VIP for *Listeria*	Kapillarmigrationstest	Keine Angaben	52 h	BioControl, USA	R-Biopharm, Darmstadt
VIDAS *Listeria* (LIS)	Vollautomatischer Enzyme-linked fluorescent immunoassay (ELFA) mit Pipettenspitze als Festphase	Keine Angaben	48 h	bioMérieux, Frankreich	bioMérieux, Nürtingen
Pathalert *Listeria monocytogenes*	Sandwich-ELISA in der Mikrotiterplatte	10^5–10^7 *L. monocytogenes*/ml	48 h	Merck, Darmstadt	Merck, Darmstadt
Transia Plate *Listeria monocytogenes*	Sandwich-ELISA in der Mikrotiterplatte	10^6–10^7 *L. monocytogenes*/ml	48 h	Diffchamb, Frankreich	Transia, Ober-Mörlen
VIDAS *Listeria monocytogenes* (LMO)	Vollautomatischer Enzyme-linked fluorescent immunoassay (ELFA) mit Pipettenspitze als Festphase	Keine Angaben	48 h	bioMérieux, Frankreich	bioMérieux, Nürtingen

[1] nach Angaben des Herstellers
[2] einschließlich Anreicherung

4.2.3 Nachweis von *Escherichia coli* O157

(ACHESON et al., 1994; BENNETT et al., 1995; BEUTIN et al., 1996; BEUTIN et al., 1998; FELDSINE et al., 1997; FLINT und HARTLEY, 1995; FRUTH et al., 2000; KARCH et al., 1993; KARCH et al., 1997; KARMALI, 1989; KLIE et al., 1997; KUNTZE et al., 1996; LEVINE, 1987; MACKENZIE et al., 1998; NATARO und KAPER, 1998; NOËL und BOEDEKER, 1997; OKREND et al., 1990; OKREND et al., 1992; PARK und JAFIR, 1997; RKI, 2000; PATON und PATON, 1998; SCHALCH und STOLLE, 2000; SERNOWSKI und INGHAM, 1992; SMITH und SCOTLAND, 1993; VERNOZY-ROZAND et al., 1997; WRIGHT et al., 1994)

Verotoxin (Shiga Toxin – Stx) bildende Stämme von *E. coli* sind in den letzten Jahren vermehrt in die Diskussion gekommen, da sie neben unblutigen Durchfällen auch zu der Hämorrhagischen Colitis (HC) und gefährlichen Komplikationen im Krankheitsverlauf, wie dem Hämorrhagisch-urämischen Syndrom (HUS) oder der Thrombotisch-thrombozytopenischen Purpura (TTP) Anlass geben können. Vor allem die enterohämorrhagische *E. coli*-Serovar O157 ist im Zusammenhang mit derartigen Erkrankungen zu nennen, und es ist daher verständlich, dass mehrere Testkits (Tab. III.4-4) zum Nachweis von *E. coli* O157 im Handel erhältlich sind. Alle in der Tabelle genannten Verfahren setzen eine Anreicherung voraus (beim Singlepath *E. coli* O157:H7 wird hierzu auch die IMS empfohlen), im Anschluss daran werden mit verschiedenen Methoden, eventuell auch quantitativ (Petrifilm), die Erreger identifiziert. Während dieser quantitative Test etwas kompliziert und arbeitsaufwändig erscheint, sind die übrigen Verfahren, vor allem der vollautomatische VIDAS und die Kapillarmigrationstests sehr einfach durchzuführen.

Es sei nochmals betont, dass sich die in Tab. III.4-4 genannten Testkits nur zum Nachweis der Serovar O157 eignen. Die übrigen Verotoxinbildner können mit diesen Verfahren nicht erfasst werden. Es existieren allerdings Testkits (Tab. III.4-8), mit deren Hilfe Verotoxine in Lebensmitteln, Kulturen oder Stuhlproben zu detektieren sind, und somit ein indirekter Nachweis der Erreger möglich ist. Auf diese Verfahren wird an entsprechender Stelle (4.2.8) noch eingegangen.

Tab. III.4-4: Testkits zum Nachweis von *Escherichia coli* O157

Testkit	Testprinzip	Empfindlichkeit[1]	Testdauer[1,2]	Hersteller	Vertrieb
Alert *E. coli* O157	Sandwich-ELISA in der Mikrotiterplatte	Keine Angaben	8,5–20,5 h	Neogen, USA	BAG, Lich
Assurance EHEC EIA	Sandwich-ELISA in der Mikrotiterplatte	Keine Angaben	21–28 h	BioControl, USA	R-Biopharm, Darmstadt
EiaFoss *E. coli* O157:H7	Vollautomatischer Sandwich-ELISA mit paramagnetischen Perlen als Festphase	$\geq 10^5$ *E. coli*/ml	24 h	Foss Electric, Dänemark	Foss Electric, Hamburg
Path-stik Rapid *E. coli* O157 Test	Kapillarmigrationstest	$> 10^5$ *E. coli*/ml	16–24 h	Celsis, UK	Celsis, Herzogenrath
Petrifilm Test Kit-HEC	Direct-Blot-ELISA	Quantitatives Verfahren, direkt oder nach Anreicherung	25–33 h	3M, USA	Transia, Ober-Mörlen
Reveal *E. coli* O157	Kapillarmigrationstest	Keine Angaben	8,5–20,5 h	Neogen, USA	BAG, Lich
Singlepath *E. coli* O157:H7	Kapillarmigrationstest	Keine Angaben	21–42 h	Merck, Darmstadt	Merck, Darmstadt
TECRA *E. coli* O157 Visual Immunoassay	Sandwich-ELISA in der Mikrotiterplatte	Keine Angaben	20 h	Bioenterprises, Australien	Riedel-de Haën, Seelze
Transia Card *E. coli* O157	Kapillarmigrationstest	10^4–10^6 *E. coli*/ml	24 h	Diffchamb, Frankreich	Transia, Ober-Mörlen
VIDAS *E. coli* O157 (ECO)	Vollautomatischer Enzyme-linked fluorescent immunoassay (ELFA) mit Pipettenspitze als Festphase	Keine Angaben	25 h	bioMérieux, Frankreich	bioMérieux, Nürtingen
Visual Immunoprecipitate Assay (VIP) EHEC	Kapillarmigrationstest	Keine Angaben	18–28 h	BioControl, USA	R-Biopharm, Darmstadt

[1] nach Angaben des Herstellers
[2] einschließlich Anreicherung

Tab. III.4-5: Testkits zum Nachweis verschiedener Mikroorganismen

Mikroorganismen	Testkit	Testprinzip	Empfindlichkeit[1]	Testdauer[1,2]	Hersteller	Vertrieb
Campylobacter	Alert *Campylobacter*	Sandwich-ELISA in der Mikrotiterplatte	Keine Angaben	50 min (nach Anreicherung)	Neogen, USA	BAG, Lich
Campylobacter jejuni, coli	EiaFoss *Campylobacter*	Vollautomatischer Sandwich-ELISA mit paramagnetischen Perlen als Festphase	$\geq 10^5$ *Campylobacter*/ml	48 h	Foss Electric, Dänemark	Foss Electric, Hamburg
Campylobacter jejuni, coli, lari	VIDAS *Campylobacter* (CAM)	Vollautomatischer Enzyme-linked fluorescent immunoassay (ELFA) mit Pipettenspitze als Festphase	Keine Angaben	25–48 h	bioMérieux, Frankreich	bioMérieux, Nürtingen
Clostridium tyrobutyricum	*Clostridium tyrobutyricum*	Sandwich-ELISA in der Mikrotiterplatte	Keine Angaben	72 h	Diffchamb, Frankreich	Transia, Ober-Mörlen
Enterobacteriaceae	*Enterobacteriaceae* – Enterobacterial Common Antigen (ECA)	Sandwich-ELISA in der Mikrotiterplatte	$\geq 5{,}0 \times 10^5$ Keime/ml	24 h	Riedel-de Haën, Seelze	Riedel-de Haën, Seelze

[1] nach Angaben des Herstellers
[2] einschließlich Anreicherung

4.2.4 Nachweis enteropathogener *Campylobacter* spp.

(KETLEY, 1997; NATIONAL ADVISORY COMMITTEE ON MICROBIOLOGICAL CRITERIA FOR FOODS, 1995; RKI, 1999; ON, 1996; THURM und DINGER, 1998)

Die thermophilen *Campylobacter* spp., insbesondere *C. jejuni*, gelten als häufige, in einigen Ländern sogar häufigste, Erreger bakteriell bedingter Gastroenteritiden. Der Nachweis ist wegen der hohen Empfindlichkeit der Keime (antagonistische Begleitflora, mikroaerobes Wachstum u. a. m.) auch mit kulturellen Verfahren nicht immer problemlos zu führen. Wie aus Tab. III.4-5 hervorgeht, sind einige enzymimmunologische Tests im Handel, die entsprechende Anreicherungstechniken voraussetzen.

4.2.5 Nachweis von *Clostridium tyrobutyricum*

(FRYER und HALLIGAN, 1976; HALLIGAN und FRYER, 1976; KLIJN et al., 1995; KUCHENBECKER und DIEHL, 1995)

C. tyrobutyricum ist ein gefürchteter Schädling in der Hart- und Schnittkäserei, der schon bei geringen Sporenzahlen in der Käsereimilch zur Spätblähung der Käse mit Buttersäuregärung Anlass geben kann. Der kulturelle Nachweis des Erregers ist sehr zeitaufwändig, so dass Bedarf nach einem rascheren Verfahren besteht. Der in Tab. III.4-5 genannte Testkit zum Nachweis des Keimes ist als Sandwich-ELISA in der Mikrotiterplatte konzipiert und erlaubt die Detektion innerhalb von 72 h.

4.2.6 Nachweis von *Enterobacteriaceae*

(KUHN et al., 1984; MÄKELÄ und MAYER, 1976; MÄNNEL und MAYER, 1978)

Mit dem in Tab. III.4-5 genannten Test auf das Enterobacterial Common Antigen (ECA) soll nach den Intentionen des Herstellers die Trinkwasseruntersuchung beschleunigt, vereinfacht und sicherer gemacht werden. Das ECA ist als Bestandteil der äußeren Zellmembran ein allen *Enterobacteriaceae* gemeinsames Antigen, dessen Vorkommen auf diese Familie beschränkt ist. Wie aus der Tabelle hervorgeht, liegt das Untersuchungsergebnis bereits nach 24 h vor. Die Methode wurde als Vornorm DIN 38 411-9 (1993) innerhalb der Gruppe K der Deutschen Einheitsverfahren zur Wasser-, Abwasser- und Schlammuntersuchung, Mikrobiologische Verfahren veröffentlicht.

4.2.7 Nachweis von Staphylokokken-Enterotoxinen (SE)

(AKHTAR et al., 1996; BALABAN und RASOOLY, 2000; BECKER et al., 1984; BECKER und MÄRTLBAUER, 1995; BECKER et al., 1994; BERGDOLL, 1989; DINGES et al., 2000; LAPEYRE et al., 1996; PARK et al., 1996a; PARK et al., 1996b; PEREIRA et al, 1996; SU und WONG, 1997; ULRICH, 2000; ZAADHOF, 1992)

Die weltweit zu den häufigsten bakteriell bedingten und durch Lebensmittel übertragenen Erkrankungen gehörenden Staphylokokken-Intoxikationen werden insbesondere durch Stämme von *Staphylococcus aureus* ausgelöst, die als Enterotoxine bezeichnete Gifte produzieren können. Zurzeit sind elf serologisch differenzierbare SE-Typen bekannt (A, B, C_1, C_2, C_3, D, E, G, H, I, J). Die SE werden bei der Vermehrung der Staphylokokken in das Lebensmittel sezerniert und sind, anders als die Erreger selbst, gegen widrige Milieueinflüsse (Erhitzung, Säuerung etc.) resistent und können demnach ihre toxische Wirkung nach der Aufnahme in den Verdauungskanal auch noch entfalten, wenn die Staphylokokken selbst bereits abgestorben sind. Insbesondere bei einem Erhitzungsprozess unterzogenen Lebensmitteln genügt zur Risikoabschätzung somit der Staphylokokkennachweis allein nicht, sondern es muss eine entsprechende Untersuchung auf SE durchgeführt werden. Wie der Tab. III.4-6 zu entnehmen, sind hierzu einige Testkits im Handel. Bei eigenen Untersuchungen und bei einer Sichtung des Schrifttums mussten wir allerdings feststellen, dass mit den Tests sowohl falsch-positive als auch falsch-negative oder fragliche, das heißt nicht eindeutig zu interpretierende Ergebnisse auftreten können. Während bei der Untersuchung auf Bakterien mit immunologischen Tests zumindest eine Bestätigung positiver bzw. fraglicher Ergebnisse mit einem entsprechenden kulturellen Referenzverfahren möglich ist, weist im Fall der SE das konventionelle Verfahren (modifizierter Ouchterlony-Test: „Microslide") eine geringere Empfindlichkeit auf als die immunologischen Tests und ist somit für den genannten Zweck nicht geeignet. Man ist daher gezwungen, ergänzende Untersuchungen durchzuführen. Insbesondere bei unerhitzten und keinem andereren, den Keimen abträglichen Herstellungsverfahren unterzogenen Lebensmitteln (z. B. Hackfleisch), sollte ergänzend stets der Staphylokokkennachweis vorgenommen werden. Um eine für den Menschen toxische Dosis an SE zu produzieren, müssen mindestens 10^5 bis 10^6 Staphylokokken/g vorliegen. Wird Material untersucht, bei dem damit zu rechnen ist, dass die Erreger abgetötet wurden, so kann der **Thermonukleasetest** (Nachweis hitzestabiler Nuklease von Koagulase-positiven Staphylokokken, kommerziell vertrieben durch R-Biopharm, Darmstadt, als Standardverfahren L 01.00-33 in der Amtl. Sammlung bzw. aktualisiert als International IDF Standard 83A:1998; die genannten Verfahren sind für die Untersuchung aller Lebensmittel geeignet) ergänzend durchgeführt werden. Dieser Test gibt

Aufschluss darüber, ob zu irgendeinem Zeitpunkt hohe Zahlen an Staphylokokken (>10^5/g oder ml) vorgelegen haben. Ist somit der Thermonukleasetest positiv, kann, falls es sich bei den Staphylokokken um SE-Bildner handelte und falls diese unter den spezifischen in dem betroffenen Lebensmittel herrschenden Bedingungen überhaupt in der Lage waren Toxin zu produzieren, nicht ausgeschlossen werden, dass nach dem Verzehr beim Konsumenten eine Erkrankung auftritt.

Zum Ausschluss falsch-positiver Ergebnisse bei der Untersuchung auf SE hat sich nach unseren Erfahrungen mit Hackfleisch und Käse auch eine Erhitzung des im SE-Test positiv reagierenden Probenextrakts (2 min/80 °C) bewährt. Da es sich, soweit heute bekannt, bei den unspezifisch im Test reagierenden Lebensmittelinhaltsstoffen häufig um hitzelabile, bei den SE dagegen um hitzestabile Substanzen handelt, tritt nach einer derartigen Behandlung nur ein tatsächlich positives Ergebnis erneut auf. Bevor man in der Praxis eine Erhitzung vornimmt, empfiehlt es sich allerdings, zu prüfen, ob das jeweilige Lebensmittel für eine derartige Behandlung geeignet ist. So konnten bei der Untersuchung von Speck unspezifische Reaktionen durch Erhitzen nicht eliminiert werden, aber durch eine Behandlung mit n-Heptan. Eventuell wäre auch zu prüfen, welcher der im Handel befindlichen Testkits für das zu untersuchende Lebensmittel am besten geeignet ist. Eine Zusammenstellung empfohlener Extraktionsverfahren, in der die oben genannten Probleme berücksichtigt wurden, findet sich in Tab. III.4-7.

Hinsichtlich der Empfindlichkeit, insbesondere aber der Dauer bestehen z.T. Unterschiede zwischen den einzelnen Testkits (Tab. III.4-6). Wesentlicher erscheint die Tatsache, dass nur einige der Verfahren (Ridascreen, TECRA-Identifikation und unter Einschränkung SET-RPLA) in der Lage sind, einzelne Toxintypen (SEA – SEE) zu differenzieren, was eventuell forensisch bedeutsam sein könnte (der SET-EIA, „Bommeli-Test“, mit dem ebenfalls die einzelnen SE-Typen nachgewiesen werden konnten, wird nicht mehr hergestellt). Die übrigen Tests sind demnach nur als Screeningverfahren anzusehen und müssten mit einem der differenzierenden Testkits weiter bearbeitet werden. Keiner der Testkits ist in der Lage, SEG, SEH, SEI und SEJ nachzuweisen. Inwieweit diese Toxintypen für die Entstehung von Erkrankungen relevant sind, ist zurzeit nicht klar. Allerdings wurde aus Brasilien über Intoxikationen durch SEH berichtet. Auch aus diesem Grund ist es sinnvoll, vor dem Enterotoxinnachweis bei unbehandelten Produkten stets eine quantitative Untersuchung auf Staphylokokken, bei behandelten eine solche auf Thermonuklease vorzunehmen. Sind diese Tests negativ, erübrigt sich im Allgemeinen eine Untersuchung auf SE. Ist unter bestimmten Fragestellung die Toxinuntersuchung unumgänglich, so sollten der Staphylokokkennachweis bzw. der Thermonukleasetest in jedem Fall parallel durchgeführt werden.

Tab. III.4-6: Testkits zum Nachweis von Staphylokokken-Enterotoxinen

Testkit	Testprinzip	Empfindlichkeit[1]	Testdauer[1,2]	Hersteller	Vertrieb
RIDASCREEN SET A, B, C, D, E	Sandwich-ELISA in der Mikrotiterplatte	0,2–0,7 ng/ml	2,5 h	R-Biopharm, Darmstadt	R-Biopharm, Darmstadt
Staphylokokken-Enterotoxin (SET) Identifikation TECRA	Sandwich-ELISA in der Mikrotiterplatte	1 ng/ml	4 h	Bioenterprises, Australien	Riedel-de Haën, Seelze
Staphylokokken-Enterotoxin SET-RPLA	Reversed passive latex agglutination (RPLA)	0,5 ng/ml	20–24 h	Oxoid, England	Oxoid, Wesel
Staphylokokken-Enterotoxin (SET A–E) TECRA	Sandwich-ELISA in der Mikrotiterplatte	1 ng/ml	4 h	Bioenterprises, Australien	Riedel-de Haën, Seelze
Transia Tube Staphylokokken-Enterotoxine A, B, C, D, E	Sandwich-ELISA mit Röhrchen als Festphase	0,1 ng/ml	1 h	Diffchamb, Frankreich	Transia, Ober-Mörlen
Transia Plate Staphylokokken-Enterotoxine A, B, C, D, E	Sandwich-ELISA in der Mikrotiterplatte	0,1 ng/ml	2 h	Diffchamb, Frankreich	Transia, Ober-Mörlen
VIDAS Staph-Enterotoxin (SET)	Vollautomatischer Enzyme-linked fluorescent immuno-assay (ELFA) mit Pipetten-spitze als Festphase	1 ng/ml	80 min	bioMérieux, Frankreich	bioMérieux, Nürtingen

[1] nach Angaben des Herstellers
[2] ohne Probenvorbereitung

Tab. III.4-7: Probenvorbereitung für den SE-Nachweis

Allgemein:
Probe mit Extraktionspuffer (1:2) homogenisieren und in einem Zentrifugations-/Filtrationsröhrchen zentrifugieren.
Eiweißreiche Lebensmittel:
Probe mit Wasser homogenisieren (1:3). pH-Wert auf 4,5 einstellen und zentrifugieren. Überstand neutralisieren und in einem Zentrifugations-/Filtrationsröhrchen zentrifugieren.
Fettreiche Lebensmittel:
Allgemeine Behandlung der Probe. Filtrat mit n-Heptan mischen (1:2) und zentrifugieren.
Rohmilch und Erzeugnisse aus Rohmilch:
Allgemeine Behandlung der Probe. Filtrat 2 min/80 °C erhitzen – Inaktivierung endogener alkalischer Phosphatase.
Allgemeine Behandlung der Probe. Filtrat mit Natriumazid (Endkonzentration 6 % w/v). Inaktivierung endogener Peroxidase (SE-Verluste?).
Konserven:
Behandlung mit Harnstoff (6 mol/l) zur Reaktivierung (Erfolg fraglich).

4.2.8 Nachweis von *Escherichia coli*-Toxinen

(Literatur unter 4.2.3)

Neben den bereits oben erwähnten Verotoxinbildnern (VTEC) gibt es unter den *E. coli*-Pathogruppen auch **Enterotoxinogene *E. coli* (ETEC)**, die u.a. als Erreger von Reisediarrhöen in tropischen und subtropischen Ländern eine ganz erhebliche Rolle spielen. Es ist bekannt, dass ETEC hitzelabile, dem *Vibrio-cholerae*-Toxin verwandte Toxine (LT) sowie hitzestabile Toxine (ST) bilden. Wie aus Tab. III.4-8 hervorgeht, werden für beide Toxintypen Nachweissysteme angeboten, wobei eines auf der RPLA-Technik beruht, das andere als kompetitiver ELISA in der Mikrotiterplatte konzipiert wurde.

Zurzeit existieren keine kulturellen Nachweisverfahren für nicht der Serovar *E. coli* O157 zugehörige Verotoxinbildner. Man ist daher auf den Nachweis der Toxine oder der entsprechenden Gene nach einer Anreicherung des Erregers im Probenmaterial angewiesen. Bei einem positiven Testergebnis müssen die Toxinbildner aus dieser Anreicherung isoliert und anschließend identifiziert werden. Für den **Verotoxinnachweis** werden verschiedene Testkits angeboten, mit denen Untersuchungen von Lebensmitteln, Stuhlproben oder Kulturmaterial vorgenommen werden können (Tab. III.4-8).

4.2.9 Nachweis von *Bacillus cereus*-Toxin

(ANONYMUS, 1992; BECKER et al., 1994; BUCHANAN und SCHULZ, 1994; DAY et al., 1994; DROBNIEWSKI, 1993; GRANUM, 1994; GRANUM und LUND, 1997; JACKSON, 1991; NOTERMANS und TATINI, 1993; TURNBULL, 1986; WEERKAMP und STADHOUDERS, 1993)

Wie aus Tab. III.4-9 hervorgeht, befinden sich zurzeit zwei Testkits zum Nachweis von hitzelabilem *B. cereus*-Toxin (Enterotoxin, Diarrhoetoxin) im Handel. Während ihre Empfindlichkeit nur unwesentlich differiert, dauert die Untersuchung mit dem RPLA 20 bis 24 h, mit dem TECRA nur etwa 3,5 h. Untersuchungen haben gezeigt, dass beide Tests nicht den vollständigen Enterotoxin-Komplex sondern nur jeweils ein singuläres, atoxisches Protein nachweisen. Sie sind daher als Screening Tests anzusehen. Ein Testkit für das hitzestabile Toxin (emetisches Toxin) ist zurzeit nicht verfügbar.

4.2.10 Nachweis von *Clostridium perfringens*- und *Vibrio cholerae*-Toxin

(BERRY et al., 1988; HARMON und KAUTTER, 1986; LABBE, 1991; MADDEN et al., 1989)

Beide Testkits basieren auf der RPLA-Technik (Tab. III.4-9). Der Test für das *V. cholerae*-Toxin ist identisch mit dem bereits in Tab. III.4-8 vorgestellten VET-RPLA zum Nachweis des hitzelabilen *E. coli*-Toxins.

Tab. III.4-8: Testkits zum Nachweis von *Escherichia coli*-Toxinen

Toxin	Testkit	Testprinzip	Empfindlichkeit[1]	Testdauer[1,2]	Hersteller	Vertrieb
EHEC: Verotoxin	Novitec Verotoxin 1 und 2[3]	Sandwich-ELISA in der Mikrotiterplatte	Keine Angaben	40 min	Alexon-Trend, USA	HiSS, Freiburg
	Optimun S Verotoxin 1+2 Antigen Test[4]	Sandwich-ELISA in der Mikrotiterplatte	Keine Angaben	1 h	Keine Angaben	Merlin, Bornheim-Hersel
	Premier EHEC[5]	Sandwich-ELISA in der Mikrotiterplatte	VT1: 7 pg VT2: 15 pg	2,5 h	Meridian, USA	Gull, Bad Homburg
	ProSpecT Shiga Toxin Microplate Assay[6]	Sandwich-ELISA in der Mikrotiterplatte	62 pg/ml Stx1 126 pg/ml Stx2	1 h 40 min	Alexon-Trend, USA	Genzyme Virotech, Rüsselsheim
	RIDASCREEN Verotoxin VT1 und 2[7]	Sandwich-ELISA in der Mikrotiterplatte	Keine Angaben	2 h	R-Biopharm, Darmstadt	R-Biopharm, Darmstadt
	VTEC-RPLA[8]	Reversed passive latex agglutination (RPLA)	1–2 ng/ml	20–24 h	Oxoid, England	Oxoid, Wesel
ETEC: Hitzelabiles Toxin (LT)	VET-RPLA	Reversed passive latex agglutination (RPLA)	1–2 ng/ml	20–24 h	Oxoid, England	Oxoid, Wesel
ETEC: Hitzestabiles Toxin (ST_A)	*E. coli* ST EIA	Kompetitiver ELISA in der Mikrotiterplatte	10 ng/ml	2,5 h	Oxoid, England	Oxoid, Wesel

[1] nach Angaben des Herstellers
[2] ohne Probenvorbereitung
[3] Lebensmittel, Kotproben vom Tier
[4] Stuhlproben
[5] Milchproben, Kotproben vom Tier
[6] Stuhlproben, Anreicherungsmedien, Kulturisolate
[7] Lebensmittel, Stuhlproben (2 verschiedene Testkits)
[8] Lebensmittel, klinisches Material

Tab. III.4-9: Testkits zum Nachweis verschiedener Bakterientoxine

Mikroorganismus	Testkit	Testprinzip	Empfindlichkeit[1]	Testdauer[1,2]	Hersteller	Vertrieb
Bacillus cereus (Hitzelabiles Toxin)	BCET-RPLA	Reversed passive latex agglutination (RPLA)	2 ng/ml	20–24 h	Oxoid, England	Oxoid, Wesel
	TECRA *Bacillus cereus* Diarrhoeal Enterotoxin Visual Immunoassay	Sandwich-ELISA in der Mikrotiterplatte	1 ng/ml	3,5 h	Bioenterprises, Australien	Riedel-de Haën, Seelze
Clostridium perfringens	PET-RPLA	Reversed passive latex agglutination (RPLA)	2 ng/ml	20–24 h	Oxoid, England	Oxoid, Wesel
Vibrio cholerae	VET-RPLA	Reversed passive latex agglutination (RPLA)	1–2 ng/ml	20–24 h	Oxoid, England	Oxoid, Wesel

[1] nach Angaben des Herstellers
[2] ohne Probenvorbereitung

4.2.11 Nachweis von Mykotoxinen

(BAUER und GAREIS, 1987; FRIES und ROTHER, 1991; LEPSCHY-V. GLEISSENTHAL et al., 1989; MÄRTLBAUER et al., 1991; MAJERUS et al., 1989; NIESSEN et al., 1991; OTTENEDER und MAJERUS, 1993; RANFFT et al., 1992; REISS, 1981; SUNDLOF und STRICKLAND, 1986; VAN EGMOND, 1989; WEDDELING et al., 1994)

Die Kontamination von Lebensmitteln mit Mykotoxinen kann direkt durch das Wachstum von Toxin bildenden Schimmelpilzen auf Nahrungsmitteln oder indirekt durch Übergang (Carry-over) von Mykotoxinen aus Futtermitteln in den tierischen Organismus erfolgen. Mykotoxine, für die eine indirekte Kontamination von Lebensmitteln – wie Milch, Eier oder Fleisch – nachgewiesen wurde, sind Aflatoxine, Ochratoxin A und einige *Fusarium*-Toxine. Zum Schutz des Verbrauchers wurden deshalb von vielen Ländern Höchstmengen für Aflatoxine, zum Teil aber auch für Ochratoxin A und andere Mykotoxine festgesetzt. In Deutschland existieren derzeit nur Höchstmengen für Aflatoxine (Aflatoxin B_1, B_2, G_1, G_2 und M_1) in Lebensmitteln. Für M_1 gilt nach der Aflatoxin-Verordnung bei Milch ein Wert von 0,05 µg/kg, nach der Diätverordnung bei diätetischen Lebensmitteln für Säuglinge und Kleinkinder für M_1 ein Wert von 0,01 µg/kg und für B_1, B_2, G_1 und G_2 einzeln oder insgesamt von 0,05 µg/kg. Nach der Aflatoxin-Verordnung darf die Höchstmenge an B_1 in Lebensmitteln 2,0 µg/kg, die der Summe von B_1, B_2, G_1 und G_2 4 µg/kg nicht überschreiten. Bei Enzymen und Enzymzubereitungen, die zur Lebensmittelgewinnung dienen, ist die Höchstgrenze für die vier Aflatoxine 0,05 µg/kg. Auf der Basis einer umfangreichen nationalen Studie zur Belastung von Lebensmitteln und der Verbraucher (siehe Archiv für Lebensmittelhygiene Heft 4/5, 2000) mit Ochratoxin A werden derzeit Grenzwerte für dieses Mykotoxin diskutiert.

Die Nachweisgrenzen der quantitativen Mikrotiterplatten-Verfahren liegen meist im unteren µg/kg-Bereich (Tab. III.4-10) und ermöglichen so die Kontrolle der o.a. Grenzwerte. Die durchschnittlichen Wiederfindungsraten liegen zwischen 70 und 90 %. Besonders einfach ist die Analyse flüssiger Proben wie Milch, da diese in der Regel direkt angesetzt werden können. Für die Untersuchung fester Proben wird meist ein methanolischer Extrakt hergestellt und in Abhängigkeit von der Probenmatrix weiter gereinigt oder nach ausreichender Verdünnung unmittelbar angesetzt. Trotz dieser einfachen Probenaufbereitung werden in der Regel Ergebnisse erzielt, die mit den Resultaten physikalisch-chemischer Methoden gut korrelieren. In manchen Fällen liefert der im Prinzip quantitative immunchemische Test allerdings nur ein semiquantitatives Ergebnis bzw. er hat nur eine Screening-Funktion, da bei der Probenaufbereitung weitgehend auf eine selektive Anreicherung der nachzuweisenden Substanz verzichtet wird und sowohl polyklonale als auch monoklonale Antikörper mit strukturähnlichen Substanzen kreuzreagieren. Die Testdauer (ohne Probenaufarbeitung) liegt zwischen 1 und 3 Stunden.

Tab. III.4-10: Mikrotiterplatten-Testkits zum Nachweis von Mykotoxinen (kompetitive ELISA-Tests)

Toxin	Testkit	Substrate	Nachweisgrenze (ppb)[1]	Hersteller	Vertrieb
Aflatoxin M_1	Ridascreen[4]	Milch, Käse	0,005–0,1	R-Biopharm, Darmstadt	R-Biopharm, Darmstadt
	ELISA-Systems	Milch	0,005	Riedel de-Haën, Seelze	Riedel de-Haën, Seelze
Aflatoxin B_1	Ridascreen[4]	Getreide, Futtermittel	0,625	R-Biopharm, Darmstadt	R-Biopharm, Darmstadt
	ELISA-Systems	"	0,4	Riedel de-Haën, Seelze	Riedel de-Haën, Seelze
	–	"	0,055 (0,1)[2]	Diffchamb, Frankreich	Transia, Ober-Mörlen
Aflatoxin B_1, B_2, G_1, G_2	Ridascreen[4]	Getreide, Futtermittel	1,75	R-Biopharm, Darmstadt	R-Biopharm, Darmstadt
	Biokit	Getreide	0,016	Cortecs, Großbritannien	Transia, Ober-Mörlen
Ochratoxin A	Ridascreen[4]	Lebens- und Futtermittel	0,1–0,4	R-Biopharm, Darmstadt	R-Biopharm, Darmstadt
	ELISA-Systems	Lebens- und Futtermittel	0,17–0,33	Riedel de-Haën, Seelze	Riedel de-Haën, Seelze
	Biokit	Getreide	0,05	Cortecs, Großbritannien	Transia, Ober-Mörlen
Zearalenon	Ridascreen[4]	Getreide, Futtermittel,	0,125	R-Biopharm, Darmstadt	R-Biopharm, Darmstadt
		Bier	0,25		
		Serum, Harn	0,05		
T-2 Toxin	Ridascreen[4]	Getreide, Futtermittel	3,5	R-Biopharm, Darmstadt	R-Biopharm, Darmstadt
DON[3]	Ridascreen[4]	Getreide, Bier, Futtermittel	1,25	R-Biopharm, Darmstadt	R-Biopharm, Darmstadt
DON[3] (direkt)	Ridascreen[4]	Getreide, Futtermittel	111	R-Biopharm, Darmstadt	R-Biopharm, Darmstadt
Fumonisin	Ridascreen[4]	Mais	9	R-Biopharm, Darmstadt	R-Biopharm, Darmstadt
Citrinin	Ridascreen Fast	Getreide, Futtermittel	15	R-Biopharm, Darmstadt	R-Biopharm, Darmstadt

[1] nach Angaben des Herstellers
[2] Röhrchentest
[3] Deoxynivalenol, Nachweis nach Acetylierung
[4] Tests werden auch in einer „Fast"-Version, mit stark verkürzter Inkubationszeit und z.T. anderer Nachweisgrenze angeboten

Tab. III.4-11: Schnelltests zum Nachweis von Mykotoxinen

Toxin	Testkit	Testprinzip	Substrate	Nachweisgrenze (ppb)[1]	Hersteller	Vertrieb
Aflatoxine B_1, B_2, G_1	AflaCup	Immunfiltration	Mais, Baumwollsaat, Erdnüsse, Erdnussbutter, Futtermittel	10/20[2]	Romer Labs, Union, USA	Alltech, Unterhaching
	EZ-Screen	Immunfiltration	Getreide, Nüsse, Soja	5/20[3]	Diagnostix (Editek), Mississauga, CAN	R-Biopharm, Darmstadt
	Cite Probe	Immunfiltration	Mais	5/20[3]	Idexx, Westbrook, USA	Idexx, Wörrstadt
Aflatoxin B_1, G_1	Agri-Screen Field Kit	Röhrchentest	Mais, Baumwollsaat, Erdnüsse, Futtermittel	15	Neogen, Lansing, USA	Labor Diagnostika, Heiden
Aflatoxin M_1	Cite	Immunfiltration	Milch	0,5	Idexx, Wörrstadt	Idexx, Wörrstadt
T-2 Toxin	EZ-Screen	Immunfiltration	Getreide	50	Diagnostix (Editek), Mississauga, CAN	R-Biopharm, Darmstadt
Ochratoxin A	EZ-Screen	Immunfiltration	Getreide	20	Diagnostix (Editek), Mississauga, CAN	R-Biopharm, Darmstadt
Zearalenon	EZ-Screen	Immunfiltration	Getreide	100	Diagnostix (Editek), Mississauga, CAN	R-Biopharm, Darmstadt

[1] nach Angaben des Herstellers
[2] abhängig vom Versuchsprotokoll
[3] wird vom Hersteller in zwei Variationen angeboten

Weniger zufrieden stellend ist die Situation im Hinblick auf die enzymimmunchemischen Schnelltests (Tab. III.4-11). Die Tests wurden alle in den USA entwickelt und sind demzufolge auf den amerikanischen Markt zugeschnitten. Für die Anwendung in Deutschland bzw. Europa bedeutet dies, dass mit diesen Tests die gesetzlich festgelegten Höchstmengen für Aflatoxine nicht kontrolliert werden können. Der Einsatz der Schnelltests zum Nachweis von T-2 Toxin, Ochratoxin A und Zearalenon kann jedoch bei bestimmten Produkten sinnvoll sein. Die Aufarbeitung der Proben entspricht im Wesentlichen der für die Mikrotiterplattentests. Allerdings sind die entsprechenden Mikrotiterplattentests deutlich empfindlicher. Der Vorteil der Verfahren liegt in der kurzen Testdauer (ca. 10 min), das Ergebnis ist allerdings meist nur qualitativ oder semiquantitativ.

Literatur

1. ACHESON, D.W.K.; DE BREUCKER, S.; DONOHUE-ROLFE, A.; KOZAK, K.; YI, A.; KEUSCH, G.T.: Development of a clinically useful diagnostic enzyme immunoassay for enterohemorrhagic *Escherichia coli* infection. In: M.A. KARMALI, A.G. GOGLIO (eds.): Recent advances in verotoxin-producing *Escherichia coli* infection, p. 109–112. Elsevier Science B.V., 1994
2. AKHTAR, M.; PARK, C.E.; RAYMAN, K.: Effect of urea treatment on recovery of staphylococcal enterotoxin A from heat-processed foods. Appl. Environ. Microbiol. 62, 3274–3276, 1996
3. ANONYMUS: *Bacillus cereus* in milk and milk products. Bulletin of the International Dairy Federation No. 275/1992, Brüssel, Belgium, 1992
4. BALABAN, N.; RASOOLY, A.: Staphylococcal enterotoxins. Int. J. Food Microbiol. 61, 1–10, 2000
5. BAUER, J.; GAREIS, M.: Ochratoxin A in der Nahrungsmittelkette. J. Vet. Med. B 34, 613–627, 1987
6. BECKER, H.; MÄRTLBAUER, E.: Probleme beim Nachweis von Staphylokokken-Enterotoxinen mit enzymimmunologischen Verfahren. dmz Lebensmittelind. Milchwirtsch. 116, 446–451, 1995
7. BECKER, H.; SCHALLER, G.; MÄRTLBAUER, E.: Nachweis von *Staphylococcus-aureus*-Enterotoxinen in Lebensmitteln mit kommerziellen Enzymtests. Arch. Lebensmittelhyg. 45, 27–32, 1994
8. BECKER, H.; SCHALLER, G.; TERPLAN, G.: Konventionelle und alternative Verfahren zum Nachweis verschiedener pathogener Mikroorganismen in Milch und Milchprodukten. dmz Lebensmittelind. Milchwirtsch. 113, 956–968, 1992
9. BECKER, H.; EL-BASSIONY, T.A.; TERPLAN, G.: Zur Abgrenzung der *Staphylococcus aureus*-Thermonuclease von hitzestabilen Nucleasen anderer Bakterien. Arch. Lebensmittelhyg. 35, 114–118, 1984
10. BECKER, H.; SCHALLER, G.; VON WIESE, W.; TERPLAN, G.: *Bacillus cereus* in infant foods and dried milk products. Int. J. Food Microbiol. 23, 1–15, 1994

11. BECKER, H.; SCHALLER, G.; FAROUQ, M.; MÄRTLBAUER, E.: Nachweis einiger pathogener Mikroorganismen in Lebensmitteln mit kommerziellen Testkits. Teil 1: Nachweis von Salmonellen. Arch. Lebensmittelhyg. 49, 10–13, 1998a
12. BECKER, H.; SCHALLER, G.; FAROUQ, M.; MÄRTLBAUER, E.: Nachweis einiger pathogener Mikroorganismen in Lebensmitteln mit kommerziellen Testkits. Teil 2: Nachweis von Listerien. Arch. Lebensmittelhyg. 49, 30–34, 1998b
13. BENNETT, A.R.; MACPHEE, S.; BETTS, R.P.: Evaluation of methods for the isolation and detection of *Escherichia coli* O157 in minced meat. Letters Appl. Microbiol. 20, 375–379, 1995
14. BERGDOLL, M.S.: *Staphylococcus aureus*. In: M.P. DOYLE (ed.) Foodborne bacterial pathogens, p. 463–523. Marcel Dekker, Inc. New York and Basel, 1989
15. BERRY, P.R.; RODHOUSE, J.C.; HUGHES, S.; BARTHOLOMEW, B.A.; GILBERT, R.J.: Evaluation of ELISA, RPLA, and Vero cell assays for detecting *Clostridium perfringens* enterotoxin in faecal specimens. J. Clin. Pathol. 41, 458–461, 1988
16. BEUTIN, L.; ZIMMERMANN, S.; GLEIER, K.: Human infections with shiga toxin-producing *Escherichia coli* other than serogroup O157 in Germany. Emerg. Infect. Dis. 4, 635–639, 1998
17. BEUTIN, L.; ZIMMERMANN, S.; GLEIER, K.: Rapid detection and isolation of shiga-like toxin (verocytotoxin)-producing *Escherichia coli* by direct testing of individual enterohemolytic colonies from washed sheep blood agar plates in the VTEC-RPLA assay. J. Clin. Microbiol. 34, 2812–2814, 1996
18. BHUNIA, A.K.: Antibodies to *Listeria monocytogenes*. CRC Crit. Rev. Microbiol. 23, 77–107, 1997
19. BIRD, C.B.; MILLER, R.L.; MILLER, B.M.; SCHNEIDER, K.; RODRICK, G.: Reveal for *Salmonella* test system. J. AOAC Int. 82, 625–633, 1999
20. BLACKBURN, C.D.W.; CURTIS, L.M.; HUMPHESON, L.; PETIT, S.B.: Evaluation of the Vitek immunodiagnostic assay system (VIDAS) for the detection of *Salmonella* in foods. Letters Appl. Microbiol. 19, 32–36, 1994
21. BRINKMAN, E.; VAN BEURDEN, B.; MACKINTOSH, R.; BEUMER, R.: Evaluation of a new dip-stick test for the rapid detection of *Salmonella* in food. J. Food Prot. 58, 1023–1027, 1995
22. BUCHANAN, R.L.; SCHULTZ, F.J.: Comparison of the Tecra VIA kit, Oxoid BCET-RPLA kit and CHO cell culture assay for the detection of *Bacillus cereus* diarrhoeal enterotoxin. Letters Appl. Microbiol. 19, 353–356, 1994
23. BUCHANAN, R.L.; SCHULTZ, F.J.: Evaluation of the BCET-RPLA kit for the detection of *Bacillus cereus* diarrheal enterotoxin as compared to cell culture cytotonicity. J. Food Prot. 55, 440–443, 1992
24. D'AOUST, J.-Y.; SEWELL, A.M.; GRECO, P.: Commercial latex agglutination kits for the detection of foodborne *Salmonella*. J. Food Prot. 54, 725–730, 1991
25. DALET, C.: L' évolution du diagnostic de listeria dans l' agro-alimentaire. Utilisation de sonde nucléiques. Sci. Technique Technol. Heft 12, 21–25, 1990
26. DAY, T.L.; TATINI, S.R.; NOTERMANS, S.; BENNETT, R.W.: A comparison of ELISA and RPLA for detection of *Bacillus cereus* diarrhoeal enterotoxin. J. appl. Bact. 77, 9–13, 1994
27. DE BOER, E.; BEUMER, R.R.: Methodology for detection and typing of foodborne microorganisms. Int. J. Food Microbiol. 50, 119–130, 1999

28. DEVER, F.P.; SCHAFFNER, D.W.; SLADE, P.J.: Methods for the detection of foodborne *Listeria monocytogenes* in the U.S. J. Food Safety 13, 263–292, 1993
29. DINGES, M.M.; ORWIN, P.M.; SCHLIEVERT, P.M.: Exotoxins of *Staphylococcus aureus*. Clin. Microbiol. Rev. 13, 16–34, 2000
30. DROBNIEWSKI, F.A.: *Bacillus cereus* and related species. Clin. Microbiol. Rev. 6, 324–338, 1993
31. ENGVALL, E.; PERLMANN, P.: Enzyme-linked immunosorbent assay (ELISA). Quantitative assay of immunoglobulin G. Immunochemistry 8, 871–874, 1971
32. FELDSINE, P.T.; FALBO-NELSON, M.T.; BRUNELLE, S.L.; FORGEY, R.L.: Visual Immunoprecipitate Assay (VIP) for detection of enterohemorrhagic *Escherichia coli* (EHEC) O157:H7 in selected foods: collaborative study. J. AOAC Int. 80, 517–529, 1997
33. FELDSINE, P.T.; MUI, L.A.; FORGEY, R.L.; KERR, D.R.: Equivalence of Assurance Gold Enzyme Immunoassay for visual or instrumental detection of motile and nonmotile *Salmonella* in all food to AOAC culture method: collaborative study. J. AOAC Int. 83, 871–887, 2000a
34. FELDSINE, P.T.; MUI, L.A.; FORGEY, R.L.; KERR, D.R.: Equivalence of Visual Immunoprecipitate Assay (VIP) for *Salmonella* for the detection of motile and nonmotile *Salmonella* in all food to AOAC culture method: collaborative study. J. AOAC Int. 83, 888–902, 2000b
35. FENG, P.: Commercial assay systems for detecting foodborne *Salmonella* – a review. J. Food Prot. 55, 927–934, 1992
36. FLINT, S.H.; HARTLEY, N.J.: Evaluation of the TECRA *Escherichia coli* O157 visual immunoassay for tests on dairy products. Letters Appl. Microbiol. 21, 79–82, 1995
37. FRIES, A.; ROTHER, K.: Biomek 1000, Laborautomat für ELISA Tests in der Lebens- und Futtermittelanalytik. Lebensmitteltechnik 5, 253–256, 1991
38. FRUTH, A.; RICHTER, H.; TIMM, M.; STRECKEL, W.; KLIE, H.; PRAGER, R.; REISSBROTH, R.; GALLIEN, P.; SKIEBE, E.; RIENÄCKER, I.; KARCH, H.; BOCKEMÜHL, J.; PERLBERG, K.W.; TSCHÄPE, H.: Zur Verbesserung der gegenwärtigen bakteriologischen Diagnostik von enterohämorrhagischen *Escherichia coli* (EHEC). Bundesgesundheitsbl. Gesundheitsforsch. Gesundheitsschutz, 310–317, 2000
39. FRYER, T.F.; HALLIGAN, A.C.: The detection of *Clostridium tyrobutyricum* in milk. N. Z. J. Dairy Sci. Technol. 11, 132, 1976
40. FUKAL, L.; KAS, J.: The advantages of immunoassay in food analysis. Trends Anal. Chem. 8, 112–116, 1989
41. GANGAR, V.; CURIALE, M.S.; D' ONORIO, A.; DONNELLY, C.; DUNNIGAN, P.: LOCATE enzyme-linked immunosorbent assay for detection of *Salmonella* in food: collaborative study. J. AOAC Int. 81, 419–437, 1998
42. GANGAR, V.; CURIALE, M.S.; D' ONORIO, A.; SCHULTZ, A.; JOHNSON, R.L.; ATRACHE, V.: VIDAS enzyme-linked immunofluorescent assay for detection of *Listeria* in foods: collaborative study. J. AOAC Int. 83, 903–918, 2000
43. GRANUM, P.E.: *Bacillus cereus* and its toxins. J. Appl. Bacteriol. Symp. Suppl. 76, 61S–66S, 1994
44. GRANUM, P.E.; LUND, T.: *Bacillus cereus* and its food poisioning toxins. FEMS Microbiol. Lett. 157, 223–228, 1997

45. GROISMAN, E.A.; OCHMAN, H.: How *Salmonella* became a pathogen. Trends Microbiol. 5, 343–348, 1997
46. HALLIGAN, A.C.; FRYER, T.F.: The development of a method for detecting spores of *Clostridium tyrobutyricum* in milk. N. Z. J. Dairy Sci. Technol. 11, 100–106, 1976
47. HARMON, S.M.; KAUTTER, D.A.: Evaluation of reversed passive latex agglutination test kit for *Clostridium perfringens* enterotoxin. J. Food Prot. 49, 523–525, 1986
48. HUGHES, D.; DAILIANIS, A.E.; HILL, L.; CURIALE, M.S.; GANGAR, V.: *Salmonella* in foods – a new enrichment procedure for use with the TECRA *Salmonella* visual immunoassay: collaborative study. J. AOAC Int. 82, 634–647, 1999
49. JACKSON, S.G.: *Bacillus cereus*. J. Assoc. Off. Anal. Chem. 74, 704–706, 1991
50. JUNE, G.E.; SHERROD, P.S.; ANDREWS, W.H.: Comparison of two enzyme immunoassays for recovery of *Salmonella* spp. from four low-moisture foods. J. Food Prot. 55, 601–604, 1992
51. KARCH, H.; HUPPERTZ, H.-I.; BOCKEMÜHL, J.; SCHMIDT, H.; SCHWARZKOPF, A.; LISSNER, R.: Shiga toxin-producing *Escherichia coli* infections in Germany. J. Food Prot. 60, 1454–1457, 1997
52. KARCH, H.; GUNZER, F.; SCHWARZKOPF, A.; SCHMIDT, H.; BITZAN, M.: Molekularbiologische und pathogenetische Bedeutung von Shiga- und Shiga-like Toxinen. BioEngineering 9, Heft 3, 39–45, 1993
53. KARMALI, M.A.: Infection by verocytotoxin-producing *Escherichia coli*. Clin. Microbiol. Rev. 2, 15–38, 1989
54. KÄSBOHRER, A.; MÜLLER, K.; SPIESS, H.-H.; BLAHA, T.: Einsatz und Bewertung eines ELISA zur Optimierung des routinemäßigen Nachweises für Salmonellen in Proben aus Geflügelfleischproduktionslinien. Tierärztl. Umsch. 50, 601–610, 1995
55. KAUFFMANN, F.: The bacteriology of enterobacteriaceae, Munksgaard, Kopenhagen, 1966
56. KETLEY, J.M.: Pathogenesis of enteric infection by *Campylobacter*. Microbiology 143, 5–21, 1997
57. KLIE, H.; TIMM, M.; RICHTER, H.; GALLIEN, P.; PERLBERG, K.-W.; STEINRÜCK, H.: Nachweis und Vorkommen von Verotoxin- bzw. Shigatoxin-bildenden *Escherichia coli* (VTEC bzw. STEC) in Milch. Berl. Münch. Tierärztl. Wschr. 110, 337–341, 1997
58. KLIJN, N.; NIEUWENHOF, F.F.J.; HOOLWERF, J.D.; VAN DER WAALS, C.B.; WEERKAMP, A.H.: Identification of *Clostridium tyrobutyricum* as the causative agent of late blowing in cheese by species-specific PCR amplification Appl. Environ. Microbiol. 61, 2919–2924, 1995
59. KRUSELL, L.; SKOVGAARD, N.: Evaluation of a new semi-automated screening method for the detection of *Salmonella* in foods within 24 h. Int. J. Food Microbiol. 20, 123–130, 1993
60. KUCHENBECKER, R.; DIEHL, Y.: Überprüfung der NIZO-Ede-Methode hinsichtlich Ihrer Aussagekraft auf das Vorhandensein von *Clostridium tyrobutyricum* mittels ELISA. Deut. Milchwirtsch. 46, 954–957, 1995
61. KUHN, H.-M.; MEIER, U.; MAYER, H.: ECA, das gemeinsame Antigen der *Enterobacteriaceae* – Stiefkind der Mikrobiologie. Forum Microbiol. 7, 274–285, 1984
62. KUNTZE, U.; BECKER, H.; MÄRTLBAUER, M.; BAUMANN, C.; BUROW, H.: Nachweis von verotoxinbildenden *E. coli*-Stämmen in Rohmilch und Rohmilchkäse. Arch. Lebensmittelhyg. 47, 141–144, 1996

63. LABBE, R.G.: *Clostridium perfringens*. J. Assoc. Off. Anal. Chem. 74, 711–714, 1991

64. LAPEYRE, C.; DE SOLAN, M.-N.; DROUET, X.: Immunoenzymatic detection of staphylococcal enterotoxins: international interlaboratory study. J. AOAC Int. 79, 1095–1101, 1996

65. LEPSCHY-V. GLEISSENTHAL, J.; DIETRICH, R.; MÄRTLBAUER, E.; SCHUSTER, M.; SÜSS, A.; TERPLAN, G.: A survey on the occurrence of *Fusarium* mycotoxins in Bavarian cereals from the 1987 harvest. Z. Lebensm. Forsch. 188, 521–526, 1989

66. LEVINE, M.M.: *Escherichia coli* that cause diarrhea: enterotoxigenic, enteropathogenic, enteroinvasive, enterohemorrhagic, and enteroadherent. J. Infect. Dis. 155, 377–389, 1987

67. LÜTHY, J.; WINDEMANN, H.: Immunchemische Methoden in der Lebensmittelanalytik. Mitt. Gebiete Lebensm. Hyg. 78, 147–167, 1987

68. MACKENZIE, A.M.R.; LEBEL, P.; ORRBINE, E.; ROWE, P.C.; HYDE, L.; CHAN, F.; JOHNSON, W.; McLAINE, P.N.; THE SYNORB PK STUDY INVESTIGATORS: Sensitivities and Specifities of Premier *E. coli* O157 and Premier EHEC enzyme immunoassay for diagnosis of infection with verotoxin (shiga-like toxin)-producing *Escherichia coli*. J. Clin. Microbiol. 36, 1608–1611, 1998

69. MADDEN, J.M.; McCARDELL, B.A.; MORRIS Jr., J.G.: *Vibrio cholerae*. In: M.P. DOYLE (ed.) Foodborne bacterial pathogens, p. 525–542. Marcel Dekker, Inc. New York and Basel, 1989

70. MAJERUS, P.; OTTENEDER, H.; HOWER, C.: Beitrag zum Vorkommen von Ochratoxin A in Schweineblutserum. Dtsch. Lebensmittel-Rundschau 85, 307–313, 1989

71. MÄKELÄ, P.H.; MAYER, H.: Enterobacterial common antigen. Bacteriol. Rev. 40, 591–632, 1976

72. MÄNNEL, D.; MAYER, H.: Isolation and chemical characterization of the Enterobacterial Common Antigen. Eur. J. Biochem. 86, 362–370, 1978

73. MARTIN, A.; KATZ, S.E.: Rapid determination of *Listeria monocytogenes* in foods using a resuscitation/selection/kit system detection. J. AOAC Int. 76, 632–636, 1993

74. MÄRTLBAUER, E.; DIETRICH, R.; TERPLAN, G.: Erfahrungen bei der Anwendung von Immunoassays zum Nachweis von Mykotoxinen in Lebensmitteln. Arch. Lebensmittelhyg. 42, 3–6, 1991

75. MITCHELL, T.J.; GODFREE, A.F.; STEWART-TULL, D.E.S. (ed.): Toxins. Soc. Appl. Microbiol. Symp. Series No. 27; Suppl. J. Appl. Microbiol. 84, 1998

76. NATARO, J.P.; KAPER, J.B.: Diarrheagenic *Escherichia coli*. Clin. Microbiol. Rev. 11, 142–201, 1998

77. NATIONAL ADVISORY COMMITTEE ON MICROBIOLOGICAL CRITERIA FOR FOODS: *Campylobacter jejuni/coli*. Dairy Food Environ. San. 15, 133–153, 1995

78. NEWSOME, W.H.: Potential and advantages of immunochemical methods for analysis of foods. J. Assoc. Off. Anal. Chem. 69, 919–922, 1986

79. NIESSEN, L.; DONHAUSER, S.; VOGEL, H.: Zur Problematik von Mykotoxinen in der Brauerei. Brauwelt 36, 1510–1518, 1991

80. NOËL, J.M.; BOEDEKER, E.C.: Enterohemorrhagic *Escherichia coli*: a family of emerging pathogens. Dig. Dis. 15, 67–91, 1997

81. NOTERMANS, S.; WERNARS, K.: Immunological methods for detection of foodborne pathogens and their toxins. Int. J. Food Microbiol. 12, 91–102, 1991

82. NOTERMANS, S.; TATINI, S.: Characterization of *Bacillus cereus* in relation to toxin production. Neth. Milk Dairy J. 47, 71–74, 1993

83. OKREND, A.J.G.; ROSE, B.E.; LATTUADA, C.P.: Isolation of *Escherichia coli* O157:H7 using O157 specific antibody coated magnetic beads. J. Food Prot. 55, 214–217, 1992

84. OKREND, A.J.G.; ROSE, B.E.; MATNER, R.: An improved screening method for the detection and isolation of *Escherichia coli* O157:H7 from meat, incorporating the 3M Petrifilm TM Test KIT – HEC for hemorrhagic Escherichia coli O157:H7. J. Food Prot. 53, 936–940, 1990

85. OLSVIK, Ø.; POPOVIC, T.; SKJERVE, E.; CUDJOE, K.S.; HORNES, E.; UGELSTAD, J.; UHLEN, M.: Magnetic separation techniques in diagnostic microbiology. Clin. Microbiol. Rev. 7, 43–54, 1994

86. ON, S.L.W.: Identification methods for campylobacters, helicobacters, and related organisms. Clin. Microbiol. Rev. 9, 405–422, 1996

87. OTTENEDER, H.; MAJERUS, P.: Mykotoxinuntersuchungen in der amtlichen Lebensmittelüberwachung. Bundesgesundhbl. 11, 451–455, 1993

88. PATON, J.C.; PATON, A.W.: Pathogenesis and diagnosis of Shiga toxin-producing *Escherichia coli* infections. Clin. Microbiol. Rev. 11, 450–479, 1997

89. PARK, C.H.; JAFIR, A.: Evaluation of the LMD ELISA for detection of shiga-like toxin of *Escherichia coli*. 3rd International Symposium and Workshop on shiga toxin (verocytotoxin)-producing *Escherichia coli* infections. Section VI. 22. –26. June, Baltimore, USA, 1997

90. PARK, C.E.; WARBURTON, D.; LAFFEY, P.J.: A collaborative study on the detection of staphylococcal enterotoxins in foods with an enzyme immunoassay kit (TECRA). J. Food. Prot. 59, 390–397, 1996a

91. PARK, C.E.; WARBURTON, D.; LAFFEY, P.J.: A collaborative study on the detection of staphylococcal enterotoxins in foods with an enzyme immunoassay kit (RIDASCREEN). Int. J. Food Microbiol. 29, 281–295, 1996b

92. PEREIRA, M.L.; SIMEAO DO CARMO, L.; JOSÉ DOS SANTOS, E.; PEREIRA, J.L.; BERGDOLL, M.S.: Enterotoxin H in staphylococcal food poisoning. J. Food Prot. 59, 559–561, 1996

93. POHL, J.; BECKER, H.: Entwicklung eines enzymimmunologischen Verfahrens zum Nachweis von *Staphylococcus-aureus*-Thermonuklease in Lebensmitteln. Arch. Lebensmittelhyg. 43, 32–33, 1992

94. RANFFT, K.; DANIER, H.-J.; GERSTL, R.; ARAMAYO-SCHENK, V.: ELISA – ein alternatives Verfahren zur Aflatoxin B_1-Bestimmung in Getreide und Mischfuttermitteln. Agribiol. Res. 45, 169–176, 1992

95. REISS, J.: Mykotoxine in Lebensmitteln. Gustav Fischer-Verlag, Stuttgart, 1981

96. RICHTER, J.; BECKER, H.; MÄRTLBAUER, E.: Untersuchungen zur Optimierung des Salmonellennachweises in Milch und Milcherzeugnissen. Arch. Lebensmittelhyg. 51, 53–56, 2000

97. RKI – Robert Koch-Institut: *Campylobacter*-Infektionen. Epidemiol. Bull. Heft 35, 259–261, 1999

98. RKI – Robert Koch-Institut: Enterohämorrhagische *Escherichia-coli*-Infektionen (EHEC). Epidemiol. Bull. Heft 34, 271–275, 2000

99. ROBERTS, P.: An improved cultural/immunoassay for the detection of *Listeria* species in foods and environmental samples. Microbiology Europe 2, 18–21, 1994

100. ROCOURT, J.: *Listeria monocytogenes*: the state of the science. Dairy Food Environ. San. 14, 70–82, 1994

101. SAMARAJEEWA, U.; WEI, C.I. ; HUANG, T.S.; MARSHALL, M.R.: Application of immunoassay in the food industry. CRC Crit. Rev. Food Nutr. 29, 403–434, 1991

102. SCHALCH, B.; STOLLE, A.: Einsatz des EiaFoss-Gerätes. Schnelle Untersuchung von rohem Fleisch auf das Vorliegen von *E. coli* O157. Fleischwirtsch. 80, 94–95, 2000

103. SCHNEIDER, E.: Entwicklung und Anwendung von enzymImmunologischen Teststreifen-Verfahren zum Nachweis von niedermolekularen Rückständen (Mykotoxine, Chloramphenicol). Diss. med. vet., München, 1991

104. SELBITZ, H.-J.; SINELL, H.-J.; SZIEGOLEIT, A.: Das Salmonellenproblem. Salmonellen als Erreger von Tierseuchen und Zoonosen. Gustav Fischer Verlag. Jena, Stuttgart, 1995

105. SERNOWSKI, L.P.; INGHAM, S.C.: Low specifity of the HEC O157 TM ELISA in screening ground beef for *Escherichia coli* O157:H7. J. Food Prot. 55, 545–547, 1992

106. SKJERVE, F.; OLSVIK, Ø.: Immunomagnetic separation of *Salmonella* from foods. Int. J. Food Microbiol. 14, 11–18, 1991

107. SMITH, H.R.; SCOTLAND, S.M.: Isolation and identification methods for *Escherichia coli* O157 and other verocytotoxin producing strains. J. Clin. Pathol. 46, 10–17, 1993

108. SU, Y.-C.; WONG, A.C.L.: Current perspectives on detection of staphylococcal enterotoxins. J. Food. Prot. 60, 195–202, 1997

109. SUNDLOF, S.F.; STRICKLAND, C.: Zearalenone and zeranol: potential residue problems in livestock. Vet. Hum. Toxicol. 28, 242–249, 1986

110. TERPLAN, G.; STEINMEYER, S.; BECKER, H.; FRIEDRICH, K.: Nachweis von Listerien in Milch und Milchprodukten – Ein Beitrag zum Stand 1990. Arch. Lebensmittelhyg. 41, 102–107, 1990

111. THURM, V.; DINGER, E.: Lebensmittelbedingte Campylobacterinfektionen – infektionsepidemiologische Aspekte der Ursachenermittlung, Überwachung und Prävention bei Ausbrüchen durch *Campylobacter jejuni*. Infektionsepidem. Forsch. II/98, 6–10, 1998

112. TURNBULL, P.C.B.: *Bacillus cereus* toxins. In: F. DORNER, J. DREWS (eds.) Pharmacology of bacterial toxins, p. 397–448. Pergamon Press, Oxford, 1986

113. UGELSTAD, J.; OLSVIK, Ø.; SCHMID, R.; BERGE, A.; FUNDERUD, S.; NUSTAD, K.: Immunoaffinity separation of cells using monosized magnetic polymer beads. In: T.T. NGO (ed.), Molecular interactions in bioseparations, p. 230–244. New York, Plenum Press, 1993

114. ULRICH, R.G.: Evolving superantigens of *Staphylococcus aureus*. FEMS Immunol. Med. Microbiol. 27, 1–7, 2000

115. VAN BEURDEN, R.; MACKINTOSH, R.: New developments in rapid microbiology using immunoassays. Food Agricultur. Immunol. 6, 209–214, 1994

116. VAN EGMOND, H.P.: Current situation on regulations for mycotoxins. Overview of tolerances and status of standard methods of sampling and analysis. Food Addit. Contam. 6, 139–188, 1989

117. VAN WEEMEN, B.K.; SCHURRS, A.H.W.M.: Immunoassay using antigen-enzyme conjugates. FEBS Lett. 15, 232–236, 1971
118. VASAVADA, P.C.: Rapid methods and automation in dairy microbiology. J. Dairy Sci. 76, 3101–3113, 1993
119. VERNOZY-ROZAND, C.; MAZUY, C.; RAY-GUENIOT, S.; BOUTRAND-LOEÏ, S.; MEYRAND, A.; RICHARD, Y.: Detection of *Escherichia coli* O157 in French food samples using an immunomagnetic separation method and the VIDAS *E. coli* O157. Letters Appl. Microbiol. 25, 442–446, 1997
120. WALKER, S.J.; ARCHER, P.; APPLEYARD, J.: Comparison of the *Listeria*-Tek ELISA kit with cultural procedures for the detection of *Listeria* species in foods. Food Microbiol. 7, 335–342, 1990
121. WEDDELING, K.; BÄSSLER, H.M.S.; DOERK, H.; BARON, G.: Orientierende Versuche zur Anwendbarkeit enzymimmunologischer Verfahren zum Nachweis von Deoxynivalenol, Ochratoxin A und Zearalenon in Braugerste, Malz und Bier. Mschr. Brauwissensch., 94–98, 1994
122. WEERKAMP, A.H.; STADHOUDERS, J.: Proceedings of the seminar on *Bacillus cereus* in milk und milk products. 13.–14. October 1992. Ede, The Netherlands, 1993
123. WIENECKE, A.A.; GILBERT, R.J.: Comparison of four methods for the detection of staphylococcal enterotoxins in foods from outbreaks of food poisoning. Int. J. Food Microbiol. 4, 135–143, 1987
124. WRIGHT, D.J.; CHAPMAN, P.A.; SIDDONS, C.A.: Immunomagnetic separation as a sensitive method for isolating *Escherichia coli* O157 from food samples. Epidemiol. Infect. 113, 31–39, 1994
125. ZAADHOF, K.-J.: Nachweis von Staphylokokken-Enterotoxinen in Lebensmittel. Arch. Lebensmittelhyg. 43, 28–30, 1992

5 Molekularbiologische Methoden

5.1 Einleitung

Ein Nachweis von Mikroorganismen mittels molekularbiologischer Methoden basiert im Gegensatz zu kulturellen Methoden nicht auf der Gesamtheit eines Organismus und seiner physiologischen Leistung, sondern auf der Charakterisierung bestimmter Zellkomponenten. Dazu haben sich die verschiedensten biochemischen Methoden etabliert, die sich z.B. mit typischen Eigenschaften und Unterschieden der Zellproteine, Fettsäuren und Nukleinsäuren beschäftigen. Heute werden in der Regel unter dem Begriff molekularbiologischer Methoden diejenigen zusammengefasst, die sich im Wesentlichen auf DNS-Analytik konzentrieren. Letztere sind längst nicht mehr nur auf rein medizinische Aspekte beschränkt, sondern gewinnen in zunehmendem Maße auch in der Lebensmittelmikrobiologie zum Nachweis und zur Identifizierung relevanter Mikroorganismen an Bedeutung. Die Vorteile gegenüber konventionellen, meist kulturellen Methoden liegen in ihrer Unabhängigkeit von kulturellen Bedingungen – auch unkultivierbare Mikroorganismen können nachgewiesen werden – sowie einer anderweitig unerreichbar hohen Spezifität, die zudem je nach Anforderungen eingestellt werden kann. Einmal entwickelt und an den nachzuweisenden Organismus adaptiert, sind diese Methoden schnell, sensitiv und zeigen darüber hinaus ein hohes Potenzial zur Automatisierbarkeit.

Der auf DNS basierende Nachweis von Bakterien im Lebensmittelbereich wird bereits in vielen Fällen erfolgreich durchgeführt. Oft sind es Kombinationen kultureller und molekularbiologischer Methoden, die aber im Gegensatz zu rein klassischen Methoden bereits deutlich schneller zum gewünschten Ziel führen. So ist z.B. die Anreicherungskultur (noch) oft notwendige Voraussetzung für die ausreichende Sensitivität einer Methode. Das angestrebte Ziel der Molekularbiologen jedoch ist es, auf sämtliche Kultivierungsschritte zu verzichten und Organismen direkt im Lebensmittel nachzuweisen.

Die bisher gezeigten Einsatzmöglichkeiten molekularbiologischer Methoden sind bereits vielfältig und bei weitem nicht auf den bloßen Nachweis und die Identifizierung von relevanten Verderbs- bzw. Starterorganismen beschränkt. Ihr hohes Potenzial und der unbedingte Bedarf zeigt sich dann, wenn es darum geht, z.B. das Vorhandensein potenzieller Toxinbildner d.h. einer Enzymausstattung ohne dass bereits Produkte exprimiert sein müssen, zu erfassen. Eine zuverlässige Identifizierung von gentechnisch modifizierten Mikroorganismen ist ohne DNS-Analytik nicht möglich. Eine Wertung der im Folgenden erwähnten Testkits wird nicht vorgenommen. Ein Anspruch auf Vollständigkeit der Tabellen kann angesichts der schnell fortschreitenden Entwicklung nicht erhoben werden.

5.2 Grundlagen

5.2.1 Was sind Gensonden?

Alle auf Nukleinsäure-Analytik basierenden Verfahren nutzen die natürliche Eigenschaft von Nukleinsäuren zur spezifischen Paarung zweier komplementärer Stränge aus. Als Gensonde bezeichnet man ein einzelsträngiges DNS-Molekül, das sequenzspezifisch an einen zweiten Einzelstrang (Ziel-DNS/RNS) binden kann. Die Spezifität einer Gensonde basiert auf der Reihenfolge der vier in der DNS vorkommenden Basen Adenin, Cytosin, Guanin und Thymin. Unter der Voraussetzung, dass alle Basen mit der gleichen Häufigkeit auf einer beliebigen DNS-Sequenz vorhanden sind, kommt eine Folge von z.B. nur 18 Nukleotiden statistisch nach jedem 4^{18} Basenpaar vor. Unter Berücksichtigung einer durchschnittlichen bakteriellen Genomgröße von 4 x 10^6 Basenpaaren wird der enorme Grad an erreichbarer Spezifität von Gensonden deutlich. Die Länge einer Gensonde kann wenige Nukleotide (Oligonukleotid/Primer) bis hin zu mehreren Tausend Nukleotiden (Polynukleotid) betragen.

Als Zielsequenzen können je nach Fragestellung kodierende und nicht kodierende Bereiche des Genoms dienen. In der Analytik von lebensmittel-relevanten Organismen werden bestimmte Gene wie z.B. Toxin, Schlüsselenzym, Pathogenitätsfaktoren oder ribosomale RNS kodierende Gene genutzt.

5.2.1.1 Prinzip der Hybridisierung

Die Bindung zweier einzelsträngiger Nukleinsäuren wird als Hybridisierung, der entstandene Doppelstrang als Hybrid bezeichnet. Die Reaktion ist eine Gleichgewichtsreaktion. Die Reaktionsgeschwindigkeit und Stabilität der Bindung hängt im Wesentlichen von den Faktoren Temperatur, Ionenstärke, Sequenz und Länge der Sonde ab. Die Schmelztemperatur T_m ist ein Maß für die thermische Stabilität des Hybrids. Der T_m eines Oligonukleotids ist definiert als die Temperatur bei der unter gegebenen Bedingungen noch 50 % der möglichen Doppelstränge als Einzelstränge vorliegen. Durch falsch gepaarte Basen wird dieser Wert herabgesetzt. Bereits 1 % Fehlpaarungen innerhalb eines Hybrids führen zu einer Reduktion des T_m um 0,5 bis 1,4 °C (ANDERSON und YOUNG, 1991). Einen dramatischen Einfluss hat hierbei auch die Verteilung eventueller Fehlpaarungen innerhalb der Sondensequenz. Mit zunehmender Ionenstärke steigt auch die Reaktionsgeschwindigkeit an. Dieser Effekt ist bei niedrigen Salzkonzentrationen (<0,1 M Na^+) besonders ausgeprägt. Ein Anstieg um den Faktor 2 lässt die Rate um das 5 bis 10fache ansteigen. Hybridisierungslösungen enthalten deshalb in der Regel 2 bis 6 x SSC (1 x SSC ist 0,15 M NaCl, 0,015 M

Trinatrium-Citrat). Die gebildeten Hybride werden durch hohe Salzkonzentrationen stabilisiert. Durch Anpassung der Sondenlänge, der Ionenstärke der Hybridisierungslösung, Hybridisierungstemperatur und den T_m verändernder Zusätze (z.B. Formamid) kann die Spezifität einer Sonde variiert werden.

T_m ist nicht gleichzusetzen mit der Dissoziationstemperatur T_d. Letztere ist die Temperatur bei der 50 % korrekt gepaarter Hybride in einer bestimmten Zeit als Einzelstränge freigesetzt werden und ist relevant beim Waschen von nicht oder unspezifisch gebundenen Sondenmolekülen nach einer Festphasenhybridisierung. Während T_m in hohem Maße von der Konzentration der Sonde abhängig ist, ist T_d zeitabhängig und nicht konzentrationsabhängig.

5.2.1.2 Nachweis der Hybride

Damit Gensonden nach erfolgter Hybridisierung an ihr Zielmolekül detektierbar sind, tragen diese Markierungen (Label), die unterschiedlicher Art sein können. Dabei ist seit einigen Jahren eine Wende weg von Markierungen durch radioaktive Isotope wie ^{32}P, ^{125}J oder ^{3}H hin zu nicht radioaktiven Systemen zu verfolgen. Bei Letzteren lassen sich grundsätzlich zwei Anordnungen unterscheiden: (1) bei der direkten Markierung ist die Sonde kovalent mit der signalgebenden Einheit (Reporter) verknüpft wie z.B. Fluoreszenz-Farbstoffe (Fluorescein und Rhodamin, siehe auch *in situ*-Hybridisierung) oder Markerenzymen wie alkalischer Phosphatase (AP) oder Meerrettich-Peroxidase (HRP), die ihrerseits chromogene oder chemiluminogene Substrate umsetzen. (2) Die signalgebende Einheit ist nicht direkt an die Sonde gekoppelt, sondern an einen zusätzlichen Reaktionspartner mit spezifischer Affinität zu einem an die Sonde gekoppelten Reaktanten. Die Bindung dieses Reaktionspartners an den Reaktanten ist spezifisch und nicht kovalent. Als Bindungspaare werden häufig Biotin-Streptavidin oder Hapten-Antikörper verwendet. Solche Systeme können universeller eingesetzt werden, da sie nur ein Detektionssystem für verschiedene Sonden erfordern. Sie sind seit einiger Zeit kommerziell erhältlich und sind den radioaktiven Markierungen bezüglich Sensitivität vergleichbar. Einen guten Überblick über nicht radioaktive Techniken gibt KESSLER (1992).

5.2.1.3 Hybridisierungstechniken

Die Bindung einer Gensonde an ihr Zielmolekül kann erfolgen, indem sich beide in Lösung befinden oder einer von beiden an einem festen Träger (Nylon-Membran, Microtiterplatte oder Teststäbchen) gebunden ist. In beiden Fällen ist es nach erfolgter Hybridisierung notwendig, nicht gebundene oder unspezifisch gebundene Sondenmoleküle von spezifisch gebundenen Sondenmolekülen zu trennen (Tab. III.5-1).

Tab. III.5-1: Beispiele zum Nachweis von lebensmittelrelevanten Organismen durch Gensonden

Organismus	Zielmolekül	Bemerkung	Referenz
Salmonella genus	IS 200	0,3 kb-Sonde	CANO et al., 1992
Salmonella spec.	random fragment	Oligonukleotid-Sonde	OLSEN et al., 1995
E. coli (ETEC)	Enterotoxin LT1	Oligonukleotid-Sonde	OLSVIK et al., 1991
E. coli (EPEC)	adherence factor	Oligonukleotid-Sonde	JERSE et al., 1990
E. coli (VTEC)	Toxin VT1	Oligonukleotid-Sonde	THOMAS et al., 1991
Listeria spec.	HlyA-Gen	reverse Dot-Blot	BSAT und BATT, 1993
Listeria monocytogenes	iap-Gen	Oligonukleotid-Sonde	KIM, 1991
Listeria monocytogenes	iap-mRNS	*in situ*-Hybridisierung	WAGNER et al., 1998
Campylobacter jejuni	16S rRNS	Oligonukleotid-Sonde	ROMANIUK, 1987
Campylobacter fetus	16S rRNS	Oligonukleotid-Sonde	WESLEY, 1991
Clostridium perfringens	Enterotoxin	Oligonukleotid-Sonde	VAN DAMME-JONGSTEN, 1990
Streptococcus thermophilus	23S rRNS	Oligonukleotid-Sonde	EHRMANN, 1994
Lactobacillus curvatus	23S rRNS	Oligonukleotid-Sonde	HERTEL, 1991
Lactobacillus sake	23S rRNS	Oligonukleotid-Sonde	HERTEL, 1991
Lactococcus, Enterococcus, Streptococcus	23S rRNS	*in situ*-Hybridisierung	BEIMFOHR, 1993
Lactococcus lactis	Proteinase-Gen	gentechnisch modifiziert	BROCKMANN, 1996

5.2.1.3.1 Dot-Blot-Hybridisierung

Bei diesem Verfahren werden Nukleinsäuren (RNS und/oder DNS) auf Membranen punkt- oder strichförmig aufgebracht und irreversibel fixiert. Durch Hybridisierung mit einer entsprechenden Gensonde können so viele unterschiedliche Isolate gleichzeitig untersucht werden. Eine Membran kann nach Entfernung der Sonde mehrmals Verwendung finden. Eine Voraussetzung bei dieser Methode ist es jedoch, dass alle zu identifizierenden Organismen als Reinkultur vorliegen. Falsch-negative Ergebnisse werden in der Regel durch eine Kontrollhybridisierung mit einer Universal-Sonde ausgeschlossen.

5.2.1.3.2 Reverse Dot-Blot-Hybridisierung

Im Gegensatz zu Dot-Blot-Verfahren werden hier die Gensonden auf der festen Phase fixiert. Als feste Phase können hierbei Nylonmembranen oder die Vertiefungen in Mikrotiterplatten dienen. Zur Hybridisierung werden durch PCR vermehrte und markierte Nukleinsäuren aus Reinkulturen oder auch Mischkulturen verwendet. Der Vorteil dieser Anordnung liegt darin, dass in einem Schritt mehrere Organismen gleichzeitig anhand beliebig vieler Gensonden nachgewiesen werden können. Auch hier sollte eine der Sonden als Universal-Sonde fungieren (Abb. III.5-1).

5.2.1.3.3 Kolonie-Hybridisierung

Während bei den oben genannten Dot-Blot-Verfahren eine mehr oder weniger gründliche Nukleinsäureisolierung notwendig ist, kann diese durch eine Koloniehybridisierung umgangen werden. Bakterien können ausgehend von einem Lebensmittel oder einer Anreicherungskultur direkt auf Nylonmembranen, die ihrerseits auf Nährböden liegen, kultiviert werden. Die Ziel-DNS wird nach ausreichendem Wachstum der Kolonien freigesetzt und einer Hybridisierung der Gensonde zugänglich gemacht. Die Lysebedingungen müssen jedoch in der Regel für die nachzuweisenden Organismen für jeden Einzelfall neu ausgetestet und optimiert werden. Mit diesem System ist neben einer Identifizierung auch eine Quantifizierung der Lebendkeimzahl möglich.

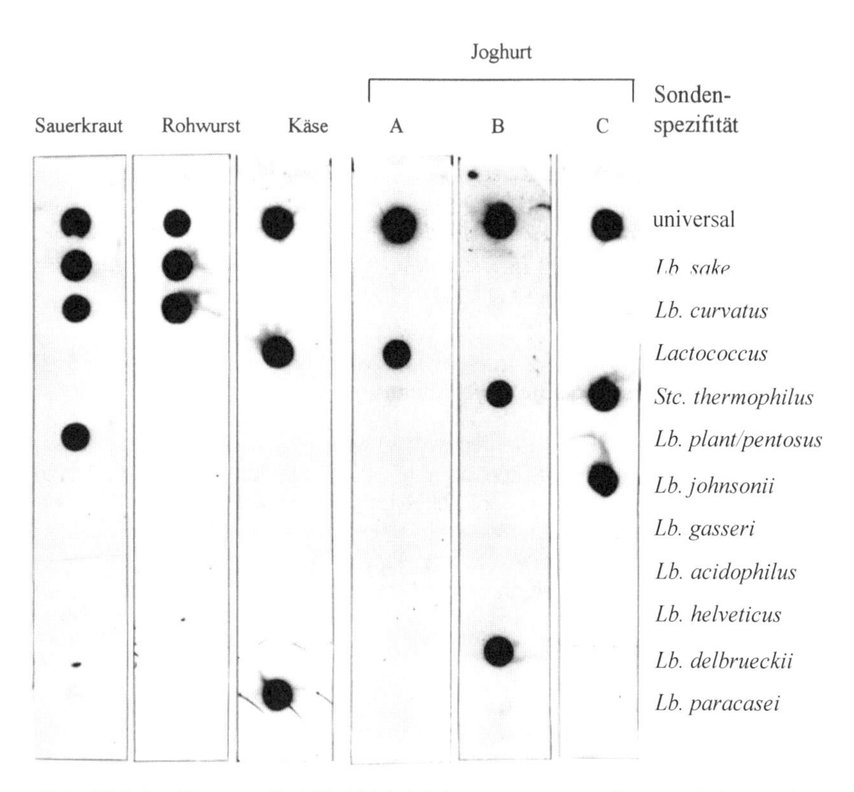

Abb. III.5-1: Reverse Dot-Blot-Hybridisierung von aus diversen Lebensmitteln isolierter DNS. Teilsequenzen der ribosomalen 16S RNS wurden durch PCR amplifiziert und mit membrangebundenen Sonden unterschiedlicher Spezifität hybridisiert

5.2.1.3.4 *In situ*-Hybridisierung

Diese Art der Nutzung von Gensonden kommt der Idealvorstellung eines direkten Nachweissystems am nächsten, ist jedoch bis zum jetzigen Zeitpunkt nur vereinzelt für die Routinediagnostik verfügbar. Bei der Fluoreszenz *in situ*-Hybridisierung (FISH) oder auch Einzelzellhybridisierung werden die Organismen durch entsprechende Behandlung mit para-Formaldehyd und/oder Ethanol auf einem Objektträger fixiert und deren Zellwände für die Gensonden durchlässig

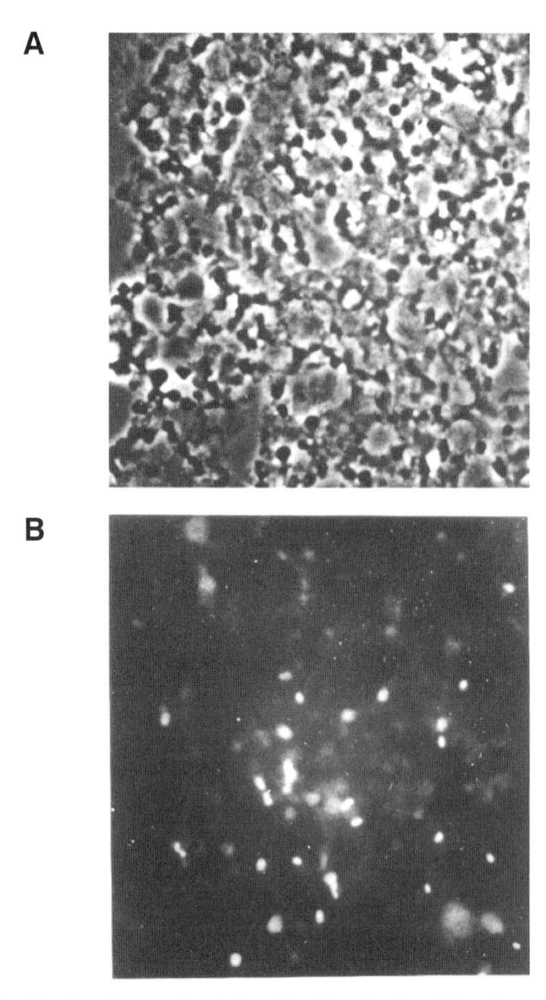

Abb. III.5-2: Nachweis von *Lactobacillus brevis* durch *in situ*-Hybridisierung mit einer rRNS-spezifischen Gensonde. Oberes Bild: Phasenkontrastaufnahme einer Weißbierprobe aus dem Unfiltratbereich, die 12 h in NBB-Medium vorkultiviert wurde (Vergrößerung: 1000fach). Unteres Bild: Fluoreszenzaufnahme des selben Feldes; nur Zellen von *Lactobacillus brevis* fluoreszieren. (mit freundlicher Genehmigung der Vermicon AG, München)

gemacht. Die mit verschiedenfarbigen Fluoreszenz-Farbstoffen markierten Sonden sind dann im Epifluoreszenzmikroskop sichtbar (Abb. III.5-2). Da jedoch hier keine Signalamplifikation durch Voranreicherung oder Amplifikation der Ziel-DNS (siehe PCR) vorgeschaltet ist, müssen diese von Natur aus in hoher Kopienzahl in der Zelle vorhanden sein. Aus diesem Grund finden hierfür derzeit nur Sonden, die gegen ribosomale RNS gerichtet sind, Anwendung (SCHLEIFER et al., 1993, AMANN et al., 1995, WAGNER et al., 1998).

5.2.2 PCR-gestützte Verfahren

Die Nachweisempfindlichkeit gegenüber der herkömmlichen Sondentechnik kann durch eine Methode, mit der DNS-Moleküle *in vitro* vermehrt werden können, um ein Vielfaches gesteigert werden. Diese Methode, die als Polymerase-Kettenreaktion, PCR (polymerase chain reaction) bezeichnet wird, wurde seit ihrer erstmaligen Veröffentlichung 1988 (SAIKI et al., 1988) immer mehr verfeinert und den jeweiligen Erfordernissen auf vielfältige Weise abgewandelt. Das der Reaktion zugrunde liegende Prinzip ist in Abb. III-5.3 dargestellt. Zwei als Primer bezeichnete Oligonukleotide von ca. 15 bis 25 Nukleotiden werden so gewählt, dass sie den zu amplifizierenden Sequenzbereich flankieren. Nach einer sequenzspezifischen Hybridisierung der Primer an die Zielsequenz dienen deren jeweilige 3'-OH-Enden als Startpunkte für die Synthese eines neuen komplementären Stranges durch die DNS-Polymerase. Da die in der Reaktion vorhandenen Primer zu den neu entstandenen Produkten komplementär sind, erfolgt nach kurzer Hitze-Denaturierung der Produkte erneut eine Hybridisierung und Strangverlängerung. Durch Verwendung einer hitzestabilen Polymerase, am weitesten verbreitet ist zurzeit die aus *Thermus aquaticus* isolierte Taq-Polymerase, können so bis zu 35 Zyklen aneinander gereiht werden.

Die Reaktionen werden typischer Weise in Volumina von 10 bis 100 μl durchgeführt. Benötigt werden neben den entsprechenden Chemikalien und der Polymerase ein sog. Thermocycler, der es zulässt, die für die drei Teilschritte (1) Denaturierung, (2) Primer-Hybridisierung und (3) Strangverlängerung erforderlichen Temperaturen und Zeiten zu programmieren.

5.2.2.1 Detektion der Amplifikationsprodukte

Die amplifizierten Produkte werden im einfachsten Fall nach elektrophoretischer Auftrennung im Agarosegel durch Anfärben mit Ethidiumbromid oder durch Hybridisierung mit einer für das entstandene DNS-Fragment spezifischen Gensonde sichtbar gemacht. Eine Reihe neuerer Methoden, die automatisierbar sind und die Analysenzeit verkürzen, bedienen sich nachgeschalteter ELISAs, der Messung von entstehenden Fluoreszenzsignalen bzw. deren Löschungen (post hybridisation capture, AmpliSensor, TaqMan-PCR).

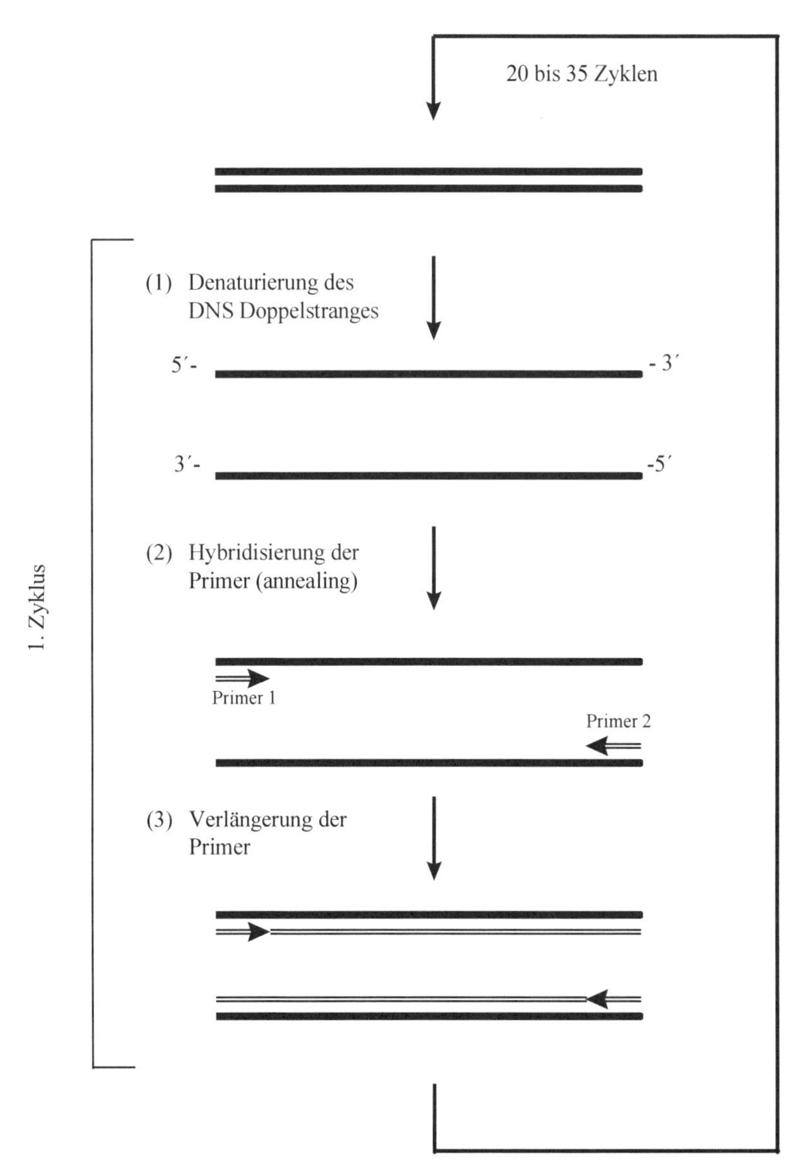

Abb. III.5-3: Schematische Darstellung der Polymerase-Kettenreaktion (PCR)

5.2.2.2 Nachweisverfahren mittels PCR

In zahlreichen Veröffentlichungen wurden bereits organismenspezifische Primersequenzen untersucht (Tab. III.5-2). Im Vordergrund steht hierbei meist der Nachweis von pathogenen Organismen der Gattungen *Listeria, Salmonella, Campylobacter, Staphylococcus* oder *Escherichia*. Als Voraussetzung eines solchen Systems dient wie bei der Anwendung von Gensonden immer die bekannte DNS-Sequenz der zu amplifizierenden Ziel-DNS. Geeignete Zielmoleküle sind auch hier wie bei der Sondentechnik organismen- und/oder stoffwechselspezifische Gen(abschnitte).

Als typisches Beispiel eines PCR-gestützten Nachweissystems ist im Folgenden eine zur Identifizierung des Mycotoxinbildners *Fusarium graminearum* geeignete Methode beschrieben. Als Primer dienen hierbei Oligonukleotide, die für das Gen der Galaktose-Oxidase aus *Fusarium graminearum* spezifisch sind (NIESSEN et al., 1997):

Die PCR-Reaktion wird in einem Gesamtvolumen von 50 μl durchgeführt:

Reaktionsansatz:	0,1–200 ng DNS	
	je 25 pmol Vorwärts- und Rückwärtsprimer	
	2,5 U Taq Polymerase	
	200 nM dNTP	
	Reaktionspuffer (10 mM Tris-HCl, 1 mM $MgCl_2$, 50 mM KCl, 0,25 % (v/v) Glycerin, 0,4 % (v/v) DMSO, pH 9,2)	
PCR-Bedingungen:	1 Zyklus:	96 °C für 5 min
	5 Zyklen:	96 °C für 1 min
		45 °C für 2 min
		75 °C für 3 min
	30 Zyklen:	96 °C für 30 sec
		45 °C für 30 sec
		75 °C für 1 min
	1 Zyklus:	72 °C für 10 min

Die entstandenen Amplifikationsprodukte werden im Agarosegel elektrophoretisch getrennt und analysiert.

5.2.2.3 Nested-PCR

Unter nested-PCR versteht man die Kombination zweier aufeinander folgender PCR-Reaktionen. Durch die zweite Reaktion, in der mindestens einer der beiden Primer innerhalb des in der ersten Reaktion amplifizierten Fragmentes bindet, kann eine enorme Steigerung der Sensitivität erreicht werden. Das zugrunde liegende Prinzip ist in Abb. III.5-4 dargestellt.

Tab. III.5-2: Beispiele zum Nachweis von lebensmittelrelevanten Bakterien mittels PCR

Organismus	Primer-Sequenzen (5' → 3')	Zielmolekül	Sensitivität	Bemerkung	Referenz
E. coli ETEC	LT1: GAGACCGGTATTACAGAAATC LT2: GAGGTGCATGATGAATCCAG	Enterotoxin Gen (LT)	keine Angabe	ohne DNS-Isolierung	VICTOR, 1991
Campylobacter	CF03: GCTCAAAGTGGTTCTATGCNATGG CF04: GCTGCGGATTCATTCTAAGACC CF02: AAGCAAGAAGTGTCCAAGTTT	Flagellin Gene A und B intergenic region	≤10 cfu	nested-PCR	WEGMÜLLER, 1993
Clostridium botulinum	P136: AGTTGCTATGTGTAAGAGGG P137: GAACGGTTAGAACCTTATTCGC	Typ A Toxin-Gen	12,5 fg DNS $10–10^3$	Detektion durch Sonde	FACH, 1993
Salmonella spp.	SHIMA1: CGTGCTCTGGAAAACGGTGAG SHIMAR: CGTGCTGTAATAGGAATATCTTCA	himA-Gen	1 bis 10	Voranreicherung	BEJ, 1994
Listeria monocytogenes	LA1: CCTGATGCAACAAAAGGGAC LB1: TGATAAAGTTGAGCAGCGGC	random Sequenz	10^3 cfu/0,5 g		MAKINO, 1995
Listeria monocytogenes	α-1: CCTAAGACGCCAATCGAAAAGAAA β-1: TAGTTCTACATCACCTGAGACAGA hlyA1: RATGCAGQGACAAATGTGCCGCCAA	Hämolysin (hlyA)	50 cfu	Taqman-PCR	BASSLER, 1995
Bacillus cereus	CB-1: CTGTAGCGAATCGTACGTATC CB-2: TACTGCTCCAGCCACATTAC	Hämolysin-Gen	500 cfu		WANG, 1997
Lactococcus lactis	PCL2: GATTGGTAAACGTAAGTT PCL3: CCACCTTCCCAACATTT	Protease-Gen	keine Angabe	gentechnisch modifiziert	HERTEL et al., 1992

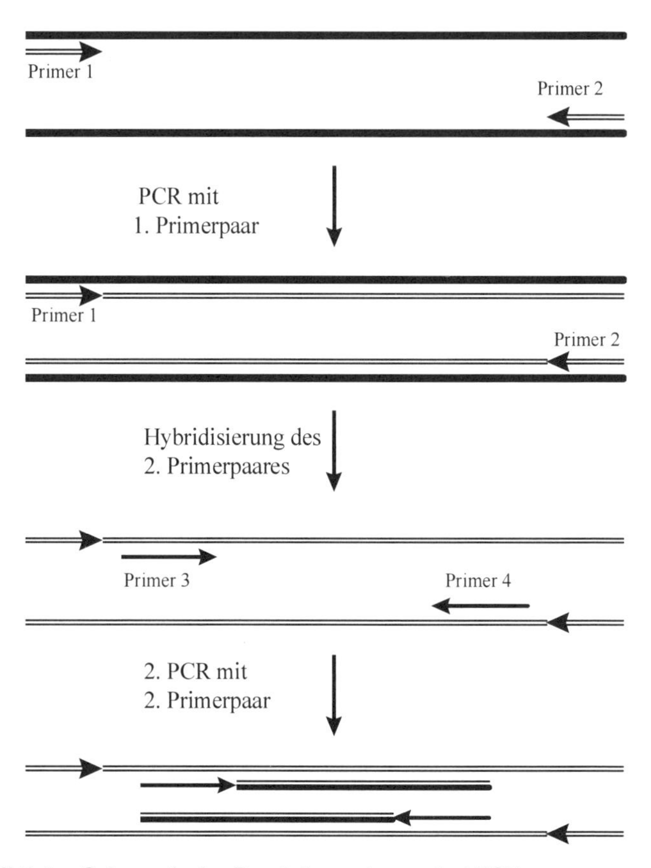

Abb. III.5-4: Schematische Darstellung der nested-PCR

5.2.2.4 Multiplex-PCR

Dieses Verfahren ermöglicht den Nachweis verschiedener Zielsequenzen-Sequenzen in einer Reaktion durch Anwendung mehrerer Primerpaare. Dieser Ansatz ist z.B. sinnvoll, um falsch-negative Ergebnisse, die durch PCR-hemmende Substanzen verursacht sein können, auszuschließen oder um anhand einer Co-Amplifikation interner Standards quantitative Ergebnisse zu bekommen. Auf der anderen Seite ermöglicht diese Methode durch geschickte Auswahl unterschiedlich spezifischer Primer, z.B. taxonspezifischer Primer in Kombination mit stoffwechselspezifischen Primern, die Klärung verschiedener Fragestellungen. So wurde bereits gezeigt, dass es möglich ist durch den simultanen Einsatz entsprechender Primerpaare zwischen Shiga-like-Toxin I und II produzierenden *E. coli*-Stämmen zu unterscheiden (GANNON et al., 1992).

5.2.2.5 Lightcycler-Anwendungen

Eine Weiterentwicklung der „klassischen" PCR ist die PCR mittels LightCycler™. Dieses System ermöglicht es, die Analysezeiten von einigen Stunden auf eine Stunde zu verkürzen. Die Thermocycler-Einheit ist direkt mit einem Fluorimeter verbunden. Letzteres erlaubt die online-Erfassung entstehender Amplifikate. Dieses erfolgt entweder durch zwei fluorophore Gruppen, die an zwei sequenzspezifische Oligonukleotid-Sonden gekoppelt sind oder durch einen Fluoreszenzfarbstoff (z.B. SYBR Green), der sich sequenzunabhängig in Doppelstrang-DNS einlagert. Im ersten Fall trägt ein Oligonukleotid am 3'-OH-Terminus eine Fluorescein-Gruppe (Donor) und das zweite Nukleotid ist am 5'-Terminus mit Lightcycler-Red 640™ (Akzeptor) markiert. Nach Hybridisierung beider Nukleotide an das entstehende Amplifikat kann nach Bestrahlung des Donor-Fluorophors mit Licht bestimmter Wellenlänge durch Energietransfer (Fluorescence Resonance Energy Transfer, FRET) das Akzeptorfluorophor angeregt werden. Das vom Akzeptor emittierte Licht kann dann detektiert und quantifiziert werden. Die Intensität des Signals entspricht der Menge an gebildetem Amplifikat bzw. der eingesetzten Ziel-DNS. Die zweite Möglichkeit, die Menge des entstehenden Amplifikats zu verfolgen, besteht in der Zugabe eines Fluoreszenzfarbstoffs, der sich in Doppelstrang-DNS einlagert.

Nachweis- und Screening-Kits, die auf diesem System aufbauen, werden bereits für pathogene Organismen wie *Salmonella* und *Listeria* oder auch zum Nachweis von bierschädlichen Bakterien kommerziell angeboten (z.B. „Foodproof" von Biotecon Diagnostics). Das Spektrum der nachweisbaren Mikroorganismen wird kontinuierlich erweitert.

5.2.2.6 Charakterisierung von PCR-Produkten durch Schmelzkurvenanalyse

Das Lightcycler-System ermöglicht auch die Untersuchung von PCR-Produkten durch Schmelzkurvenanalyse. Hierbei wird durch langsame Temperaturerhöhung das Aufschmelzen des DNS-Doppelstranges verfolgt. Da das Aufschmelzverhalten stark von der spezifischen DNS-Sequenz abhängig ist, ermöglicht diese Methode die Unterscheidung von verschiedenen PCR-Produkten.

5.2.2.7 Taqman-PCR

Ein vielversprechender Ansatz zur Verbesserung der Sensitivität sowie zu Automatisierbarkeit und Quantifizierbarkeit eines entstandenen PCR-Produkts stellt die so genannte Taqman-PCR dar. Zusätzlich zu dem für die Amplifikation benötigten Primerpaar, wird der Reaktion ein kurzes Oligonukleotid zugesetzt, das als Gensonde spezifisch an das entstehende PCR-Produkt binden kann. Dieses als Taqman-Sonde bezeichnete Oligonukleotid ist zugleich mit einem Fluoreszenzfarbstoff und in unmittelbarer Nähe zu diesem mit einer die Fluoreszenz löschenden Verbindung (Quencher) verknüpft. Im Falle vorhandener Ziel-DNS verlängert nun die Taq-Polymerase die spezifisch gebundenen PCR-Primer und stößt dabei auf die ebenfalls spezifisch gebundene Taqman-Sonde, die aufgrund der 5'-3'-Nuklease-Aktivität der Taq-Polymerase abgebaut wird. Die dadurch eintretende räumliche Trennung von Fluoreszenzfarbstoff und Quencher führt in Abhängigkeit des entstehenden PCR-Produktes zu einem messbaren Fluoreszenzsignal.

Kits zum Nachweis einzelner Problemkeime werden in zunehmenden Maße von einschlägigen Herstellern angeboten.

5.2.3 Alternative Amplifikationsmethoden

Neben den Nachweisverfahren, die auf PCR beruhen und zweifelsfrei zurzeit den größten Anteil an Forschungsanstrengungen auf sich ziehen, gibt es einige vielversprechende alternative Strategien, deren Vor- und Nachteile im Folgenden nur kurz erwähnt werden können.

5.2.3.1 NASBA^R

Eine alternative Amplifikationsmethode zur spezifischen Vermehrung von RNS ist NASBA (nucleic acid sequence-based amplification). Eine isotherme Amplifikation wird durch das Zusammenspiel der Enzyme AMV Reverse Transkriptase (RT), T7-Polymerase und RNAse H erreicht. Die Reaktion startet mit einer nichtzyklischen Phase, in der der stromabwärts (downstream) liegende Primer, der eine T7-Promotor-Sequenz enthält, an die einzelsträngige Ziel-RNS bindet (annealing). Durch die Aktivität der AMV-RT wird diese in cDNA umgeschrieben. Das Enzym RNAse H hydrolysiert nun den RNS-Strang des entstandenen DNS-RNS-Hybrides. Ein zweiter Primer bindet an den neuen DNS-Strang und dient als Startpunkt für die Synthese eines komplementären DNS-Stranges durch die DNS-Polymerase-Aktivität der AMV-RT. Dieser Strang trägt nun die T7-Promotor-

Sequenz des ersten Primers, die dafür verantwortlich ist, dass die T7-RNS-Polymerase 100 bis 1000 einzelsträngige RNS-Kopien polymerisiert. Diese fungieren in der sich anschließenden zyklischen Phase als Template für die weitere Vervielfachung. Abgesehen von der Tatsache, dass eine exponentielle Amplifikation der nachzuweisenden RNS in ca. 1,5 bis 2 Stunden erreicht werden kann, hat dieses System den Vorteil, bei nur einer Temperatur durchgeführt zu werden, so dass auf einen relativ teuren Thermocycler verzichtet werden kann (Abb. III.5-5).

Anwendungen dieser sensitiven Methode sind insbesondere dann von Vorteil bzw. unumgänglich, wenn niedrigste Keimzahlen nachgewiesen werden sollen, z.B. für *Campylobacter jejuni* (UYTTENDAELE, 1995a) und *Listeria monocytogenes* (UYTTENDAELE, 1994, 1995b). Auch für den Nachweis von Mycobakterien (VAN DER VLIET, 1993) und RNS-Viren (VANDAMME, 1995) wurden Methoden entwickelt.

5.2.3.2 Strand-Displacement Amplification

Strand-Displacement Amplification (SDA) ist ein isothermes Verfahren zur *in vitro*-Vermehrung von DNS für diagnostische Zwecke. In Verbindung mit der Messung der Fluoreszenz-Polarisation, mit deren Hilfe sich gebundene von nicht gebundener Fluoreszenz markierter Sondenmolekülen unterscheiden lässt, wird ein hoher Grad an Sensitivität erreicht (WALKER et al., 1996). Der Vorteil dieser Methode liegt in der Möglichkeit, die Amplifikation in Real-Zeit zu verfolgen. Darüber hinaus erfolgt Amplifikation und Signal-Detektion im selben Reaktionsgefäß ohne zusätzliche Pipettierschritte (closed-tube formate).

5.2.4 DNS-Arrays

Die Biochip-Analyse stellt zurzeit die fortschrittlichste Methode der Nukleinsäure- bzw. Biomolekül-Analytik dar. Es handelt sich dabei um eine Hybridisierungstechnik, bei der durch konsequente Miniaturisierung eine Vielzahl von DNS-Gensonden oder anderen Biomolekülen unterschiedlicher Spezifität zur gleichen Zeit angewandt werden können. Auf der Oberfläche eines Biochips können sich einige hundert bis mehrere tausend Punkte mit z.B. Gensonden („dots“, Radius: 40–150 μm) befinden. Diese werden mit einem Nanoprint-System in Form eines Rasters angelegt. Diese besondere Matrize aus Biomolekülen bildet den DNA-Array, das sensitive Zentrum des Biochips. Eine Signaldetektion wird meistens über Fluoreszenzfarbstoffe erreicht. Diese Methode erhielt durch die fortschreitende Anzahl von abgeschlossenen bzw. noch laufenden Genomanalysen großen Rückenwind.

Erste integrierte Analysensysteme auf der Basis von DNA-Microarrays zum schnellen und sensitiven Nachweis von bakteriellen Verunreinigungen in Lebensmitteln sind bereits verfügbar. Die simultane Detektion von *Campylobacter* spec., *Listeria monocytogenes*, *Escherichia coli*, *Salmonella* spec. und *Shigella* spec. wird durch das Verfahren der Firma Genescan (NUTRI®Chip) ermöglicht.

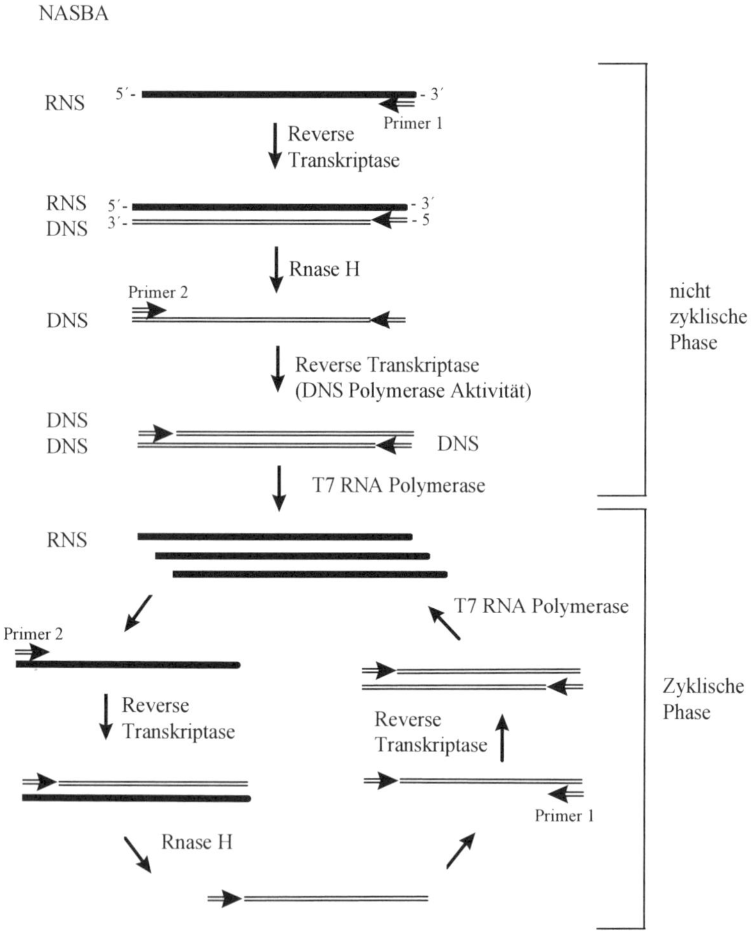

Abb. III.5-5: Schematische Darstellung des isothermen Amplifikationsverfahrens NASBA (nucleic acid sequence-based amplification)

5.2.5 Welche Gene werden nachgewiesen?

Häufig werden die ribosomale RNS bzw. deren kodierende Gene als Zielmoleküle verwendet. Als Bestandteil der Ribosomen sind 16S- und 23S-rRNS in sehr hoher Kopienzahl (10^4 bis 10^5 pro Zelle) vorhanden, was die erreichbare Nachweisgrenze herabsetzt. Darüber hinaus finden sich innerhalb der ribosomalen RNS unterschiedlich stark konservierte Sequenzbereiche, die eine weitgehende Variabilität in der Sondenspezifität zulassen.

Beim Nachweis von pathogenen Organismen werden oftmals Gene bevorzugt, deren Produkte selbst Toxine sind, oder die an deren Synthese beteiligt sind. Aber auch andere, die Pathogenität determinierende Faktoren wie Listeriolysin O (*hly*A) aus *Listeria monocytogenes* oder Thermonuklease aus *Staphylococcus aureus* können als Ziel-DNS dienen.

Bei den Hefen der Gattungen *Saccharomyces* und *Zygossacharomyces* wurden bereits erfolgreich stamm-spezifische Plasmide genutzt (PEARSON and McKEE, 1992).

5.2.6 Erreichbare Spezifität und Sensitivität

Oftmals wurde demonstriert, dass durch PCR schon eine einzelne Kopie eines Gens nachweisbar ist. Dies ist jedoch nur dann erreichbar, wenn zum einen von isolierter DNA aus Reinkulturen oder wenig komplexen Matrices ausgegangen wird oder aus entsprechenden Verdünnungen die theoretisch erreichte Sensitivität errechnet wird. In komplexen Matrices (realen Lebensmitteln) liegt jedoch zurzeit das Detektionslimit für Bakterien bei 1000 Molekülen (bzw. Zellen pro Gramm) und variiert sehr stark in Abhängigkeit der Zusammensetzung des jeweiligen Lebensmittels, des nachzuweisenden Organismus sowie der meist störenden Begleitflora.

5.3 Typingverfahren

Mithilfe molekulargenetischer Methoden ist es möglich, genetische Fingerabdrücke zu erstellen, die je nach angewandter Methode auf unterschiedlicher, taxonomischer Ebene für die zu untersuchenden Organismen spezifisch sind. Dies kann für epidemiologische Studien ebenso von Bedeutung sein wie für die Verfolgung von Starterorganismen in Lebensmittelfermentationen. Wie die Gensonden-Technik, basieren diese Methoden ebenfalls auf der Charakterisierung des Genotyps und sind somit vom physiologischen Zustand der Zelle, welche aufgrund variierender Kulturbedingungen naturgemäß größeren Schwankungen unterliegt, unabhängig. Diese Verfahren basieren in der Regel auf Längenunterschieden, die sich nach dem Schneiden genomischer DNS mit ausgewählten Restriktionsenzymen ergeben. Hierbei werden nicht nur fehlende oder neue Erkennungsstellen der schneidenden Enzyme, sondern auch Insertionen und Deletionen zwischen diesen Erkennungsstellen berücksichtigt. Die Unterschiede in der Länge der Fragmente (Restriktions-Fragment-Längen-Polymorphismen) werden anschließend entweder durch bloßes Anfärben mit Ethidiumbromid, Hybridisierung mit Gensonden (RFLP) oder Amplifikation durch PCR (AFLP) sichtbar gemacht.

Durch Erstellen von Datenbanken lassen sich diese Muster zur schnellen Differenzierung und je nach Reproduzierbarkeit auch zur Identifizierung von Organismen heranziehen (z.B. Riboprinter RFLP). Eine PCR-gestützte Schnellmethode zur Unterscheidung von Organismen bis hin zur Stammunterscheidung ist RAPD (random amplified polymorphic DNA). Ein zufällig ausgewählter Primer bindet an verschiedenen Stellen innerhalb des Genoms und generiert, indem er zugleich als Vorwärts- und Rückwärtsprimer fungiert, DNA-Fragmente unterschiedlicher Länge und Intensität. Diese Methoden können zur Florenanalyse, zum Aufspüren von Kontaminationsquellen und Wiedererkennen von Organismen bis hin zur Stammebene angewandt werden.

Ein typisches Protokoll für eine Florenanalyse mittels RAPD mit dem Universal Primer M13 (5'-GTTTTCCCAGTCACGACGTTG-3') ist im Folgenden dargestellt.

PCR-Reaktionsansatz: (Gesamtvolumen 50 μl)	0,1–200 ng DNS 20 pmol Primer 1,5 U Taq Polymerase 200 nM dNTP Reaktionspuffer (10 mM Tris-HCl, 5 mM $MgCl_2$, 50 mM KCl, pH 8,3)	
PCR-Bedingungen:	3 Zyklen:	94 °C für 3 min 40 °C für 5 min 72 °C für 5 min
	32 Zyklen:	94 °C für 1 min 60 °C für 2 min 72 °C für 3 min

Eine unter diesen Bedingungen durchgeführte Analyse der mikrobiellen Flora eines Milchproduktes ist in Abb. III.5-6 gezeigt.

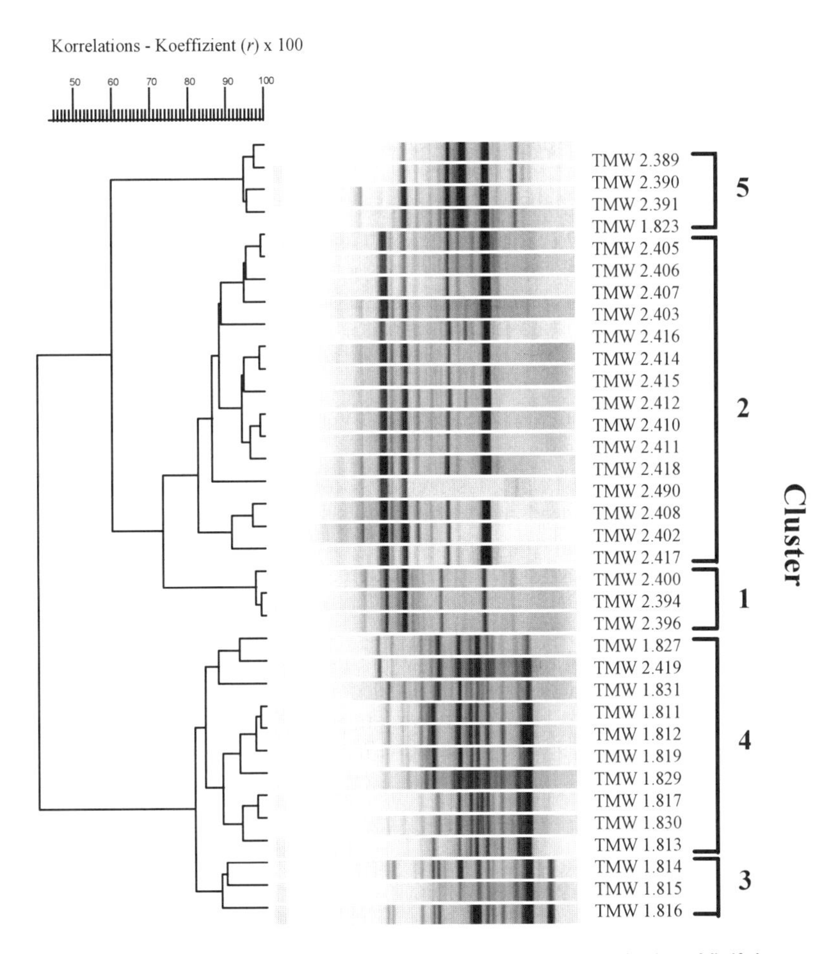

Abb. III.5-6: Clusteranalyse zur Untersuchung der genetischen Vielfalt verschiedener Milchsäurebakterien anhand ihrer durch RAPD (random amplified polymorphic DNA) erzeugten Muster

5.4 Isolierung von Nukleinsäuren

Voraussetzung jeglicher DNS-Analytik ist das Vorhandensein von ausreichenden Mengen DNS möglichst hoher Qualität, d.h. rein und hochmolekular. Gerade die PCR ist gegenüber Verunreinigungen sehr empfindlich. Liegt der zu untersuchende Organismus bereits in Reinkultur vor, so ist es kein Problem, hochreine Nukleinsäuren zu isolieren. Dies wird in der Regel durch spezifisch an den zu betrachtenden Organismus angepasste Methoden erreicht. Zahlreiche Protokolle und auch kommerziell erhältliche Systeme garantieren in den meisten Fällen die erforderliche Menge in ausreichender Qualität.

Ein erst teilweise gelöstes Problem ist die Isolierung von Nukleinsäuren aus komplexen Matrices wie dies Lebensmittel unterschiedlichster Art darstellen. Vielfach wurde bereits berichtet, dass Störsubstanzen aus Lebensmitteln die Effektivität der PCR beeinflussen und somit die Sensitivität erheblich herabsetzen. Es stellt sich das Problem, die DNS einer einzelnen Bakterienzelle zuverlässig und reproduzierbar aus 10 g oder gar 100 g eines Lebensmittels in einem, für molekularbiologische Zwecke geeignetem, Volumen von 10 bis 100 μl zu isolieren.

Der grundsätzliche Ablauf einer Nukleinsäure-Isolierung ist in Abb. III.5-7 dargestellt. Dieser lässt sich grundsätzlich in die Teilschritte (1) Zellaufschluss, (2) Abtrennung von Zellbestandteilen, Proteinen, Fetten und Kohlenhydraten und (3) Reinigung und Konzentrierung der DNS gliedern. Eine spezifische Anreicherung der nachzuweisenden DNS kann hierbei an unterschiedlichen Stellen erfolgen und muss an die jeweilige Probe bzw. an das angeschlossene Nachweisverfahren angepasst werden. Durch so genannte Fang-Sonden (capture-probes) kann bereits im Produkt selbst die Ziel-DNS spezifisch „herausgefischt“ und anschließend identifiziert werden. Durch dieses Verfahren wird vermieden, dass unnötig Nukleinsäuren pflanzlichen oder tierischen Ursprungs mit gereinigt werden und die Sensitivität herabsetzen (Tab. III.5-3).

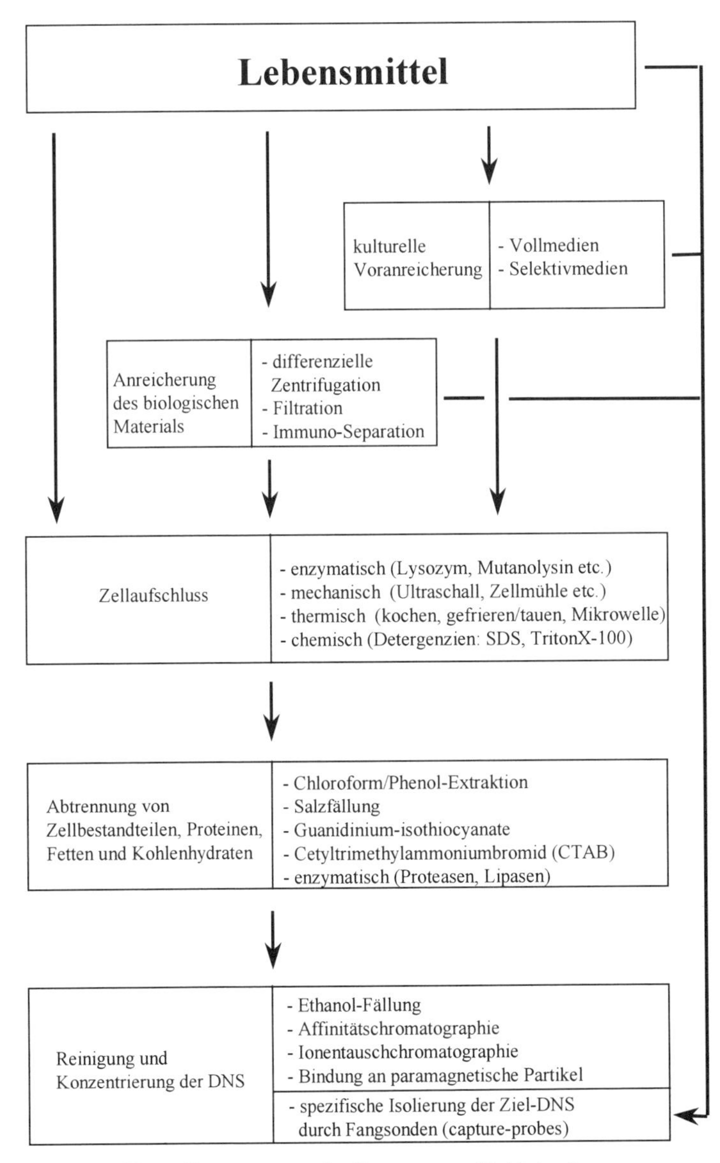

Abb. III.5-7: Flussdiagramm zur Isolierung von Nukleinsäuren aus Lebensmitteln

Tab. III.5-3: Beispiele möglicher Methoden zur Isolierung bakterieller Nukleinsäuren aus Lebensmitteln

Lebensmittel	Organismus	Methode	Referenz
Pasteurisierte Milch	*Listeria monocytogenes*	Zentrifugation der Bakterien, Lyse mit Lysozym und Proteinase K	FURRER et al., 1991
Weichkäse	*Escherichia coli*	Homogenisation in Puffer, Pronase, Zentrifugation, Lyse durch Lysozym/Proteinase K oder kochen	MEYER et al., 1991
Fleisch	*Brochothrix thermosphacta*	Anreicherung der DNS durch Lectin-coated paramagnetische Partikel, Lyse durch kochen	WANG et al., 1993
Joghurt, Sauerteig	Milchsäurebakterien	kochen mit Detergenzien, Reinigung durch Bindung der DNS an Silicagel	EHRMANN et al., 1994
Geflügel, Fleisch, Milch	*Salmonella* spec.	Homogenisierung von 25 g Probe, Voranreicherung in Peptonwasser, Lyse in Enviro-Amp DNA extraction reagent (Perkin-Elmer), Isopropanolfällung	CHEN, 1997
Fisch, Muscheln, Schalentiere	*Escherichia, Salmonella, Bacillus*	Voranreicherung in TSBYE-Medium, Lyse durch Triton X-100 und 5 min kochen	WANG et al. 1997
Milchprodukte	*Campylobacter*	Homogenisierung von 2 g Probe, Behandlung mit Pronase, Lyse durch Lysozym und Proteinase K	WEGMÜLLER, 1993
Diverse	*Clostridium*	Homogenisierung in TYG, Voranreicherung über Nacht, 10 min kochen oder direkt PCR	FACH, 1993
Austern	*Salmonella*	Homogenisierung mit Guanidinium-isothiocyanat, 5 min kochen, Chloroform-Extraktion, Ethanol-Fällung	BEJ, 1993
Käse	*Listeria monocytogenes*	homogenisieren, zentrifugieren (1) 15 min kochen (2) SDS, Proteinase K, Phenol-Extraktion (3) Proteinase K, Zugabe von NaJ und Isopropanol	MAKINO, 1995

5.5 Besondere Aspekte

5.5.1 Lebend- oder tot-Unterscheidung

Werden beim kulturellen Nachweisverfahren grundsätzlich nur lebende Organismen erfasst, weisen auf Nukleinsäuren gestützte Verfahren Sequenzabschnitte bzw. Gene nach, die aus lebenden, aber auch von toten Zellen stammen können. Dieser vermeintliche Nachteil kann zum Vorteil werden, wenn man den Nachweis subletal-geschädigter oder unkultivierbarer Organismen ins Auge fasst, die Befallsgeschichte einer Probe bestimmen möchte, oder einen Hinweis auf das Vorhandensein (toter) Toxinbildner und damit deren Toxine bekommen möchte. Das Problem der lebend-tot-Unterscheidung kann umgangen werden, indem die Expression bestimmter Gene durch das Vorhandensein von mRNS gezeigt werden kann. Neben den (bisher nicht praxisreifen) Untersuchungen zum Nachweis von mRNS wurden auch andere Wege zum Nachweis lebender Mikroorganismen beschritten, die auf der intakten Makromolekül-Biosynthese einer lebenden Zelle beruhen, hier jedoch nicht ausführlich diskutiert werden können. Ein Beispiel für solche Entwicklungen sind gentechnisch veränderte Bakteriophagen, die durch Einbringen eines *lux*-Gens in *Listeria*-Zellen diese zum „Leuchten" bringen (LOESSNER et al., 1997).

5.5.2 Möglichkeiten zur Quantifizierung

Eine exakte Bestimmung der Keimzahl über DNS-Analytik ist bis heute nur bedingt möglich. Unter bestimmten Voraussetzungen erlauben die Menge eines gebildeten PCR-Produktes oder die Signalstärke eines Hybridisierungssignals einen Rückschluss auf die Menge des ursprünglich eingesetzten Templates und somit auf die Gesamtkeimzahl. Ist die DNS-Isolierung annähernd quantitativ und verläuft die Amplifikation template-abhängig, so können mit geeigneten Auswerteverfahren entsprechende Daten gewonnen werden. Bisher entwickelte Verfahren bedienen sich z.B. der Co-Amplifikation interner Standards (siehe Multiplex-PCR), MPN-PCR, Limited-Dilution-PCR (LDP) oder Competitive-PCR, in der Ziel-DNS und Standard-DNS um ein Primerpaar konkurrieren (Tab. III.5-4).

Tab. III.5-4: Beispiele für Nukleinsäure-gestützte Nachweissysteme für lebensmittelrelevante Mikroorganismen, die kommerziell erhältlich sind

Organismen	Methode	Bemerkung	Hersteller
Salmonella, E. coli, Campylobacter, Listeria, Staphylococcus	colorimetrische DNS-RNS-Hybridisierung ribosomaler RNS	seit 1989 „first action"-Status des AOAC	GeneTrak Systems
Campylobacter, Listeria, Enterococcus, Streptococcus, Staphylococcus u.a.	Chemilumlnescence-markierte Sonden gegen ribosomale RNS		Gene-Probe
Salmonella, Listeria, E. coli O157:H7	BAX™ pathogen detection system PCR	Detektions-Limit 10^3 bis 10^4/ml seit 1998 Anerkennung AOAC	Qualicon, USA
beliebige Bakterien	automatisierte Anlage zur Herstellung von RFLP-Fingerprints	Datenbank notwendig	Qualicon, USA
Salmonella, Listeria	Lightcycler-PCR		Biotecon Diagnostics
bierschädliche Bakterien	Lightcycler-PCR		Pica
bierschädliche Bakterien, *Salmonella* spec, *Staphylococcus, Enterobacteriaceae, Pseudomonas*	Taqman-PCR	Detektionsbreite: 5 KBE (20 fg genomische DNA) und mehr als 2,5 x 10^6 KBE	GeneScan Europe AG
Salmonella, Campylobacter, Listeria, Shigella, Escherichia	DNS-Array		GeneScan Europe AG
bierschädliche Bakterien, *Salmonella* spec.	FISH ribosomaler RNS, VIT®-Bier, Vit®-*Salmonella*	aus Vorkultur bzw. Direktnachweis (3 h)	Vermicon AG, München
Legionella, Pseudomonas, E. coli	FISH ribosomaler RNS, VIT®-*Legionella*, VIT®-*Pseudomonas*, Vit®-*Escherichia*	zur Trinkwasseranalyse geeignet	Vermicon AG, München

5.6 Zukünftige Entwicklung

Molekularbiologische Methoden zur Erkennung von Mikroorganismen werden zukünftig in der Lebensmittelüberwachung an Bedeutung gewinnen. Die Geschwindigkeit dieser Entwicklung hängt unmittelbar von der Akzeptanz und Validierung der verwendeten Methoden ab. Hierbei lassen sich drei Bereiche unterscheiden:

(1) Der direkte Nachweis lebender, pathogener Stämme in Lebensmitteln ist zumindest derzeit ohne Kultivierungsschritt nicht möglich. Hier ist der kulturelle Nachweis zumindest als Voranreicherung notwendig. Trotz vielseitiger Bemühungen ist bei einem direkten, d.h. DNS-gestützten Nachweis immer mit falschpositiven Nachweisreaktionen zu rechnen, da in der Regel immer auch DNS toter Organismen vorhanden ist. Da deren Anzahl hoch sein kann, gelangt man zu keiner sicheren Aussage. Andererseits lässt sich hierdurch die mikrobiologische Geschichte einer Probe ermitteln, aus der sich Hinweise auf das Vorhandensein von Toxinen ableiten lassen, die auch nach einem Absterben ihrer Produzenten vorhanden sein können.

(2) Nach einer Voranreicherung treten die klassischen Nachweis- und Identifizierungsmethoden in Konkurrenz mit der Molekularbiologie. Hier ist bereits jetzt häufig die Molekularbiologie z.B. beim „Screenen" überlegen. Es bestehen bereits für *Salmonella* und *Listeria* offizielle „First Action"-Methoden des AOAC (Association of Official Analytical Chemists), die auf Hybridisierung mit spezifischen Sonden beruhen. Dennoch müssen positive Befunde bisher i.d.R. kulturell bestätigt werden.

(3) In anderen Fällen ist die Molekularbiologie klar überlegen und kann nicht oder nicht ohne weiteres durch andere Methoden ersetzt werden. Dies ist dann der Fall, wenn sich pathogene Stämme nur in sehr wenigen Merkmalen (Genen) von ihren harmlosen Artverwandten unterscheiden. Beispiele hierfür sind EHEC, die mit in klassischer Weise nicht erreichbarer Spezifität anhand typischer Pathogenitätsmerkmale mit molekularbiologischen Methoden nachweisbar sind. Ein ebenso wichtiges Gebiet ist der Nachweis rekombinater DNS in Lebensmitteln, die ganz oder teilweise unter Verwendung gentechnischer Methoden hergestellt wurden. Hier gibt es keine Alternative zu molekularbiologischen Nachweisverfahren.

Die jüngste Entwicklung schneller PCR-Cycler-Biosensoren/ DNA-Chip-Technologie erlaubt eine Verkürzung entsprechender Nachweisreaktionen von bisher 2–3 Stunden auf ca. 20 min. Bei einem gleichzeitigen *in situ*-Nachweis entstehender PCR-Produkte, z.B. durch Fluoreszenz-Reaktionen, scheint hier ein Quantensprung in der Nachweiszeit in greifbarer Nähe zu sein. Andererseits erlauben PCR-Verfahren in Mikrotiterplatten eine (Teil-)Automatisierung und

Quantifizierung. Diese Entwicklung unterstützt den Vormarsch molekularbiologischer Methoden. Auch wenn diese nicht alle klassischen Verfahren ablösen können, werden sie als leistungsfähige Werkzeuge mit spezifischen Vorteilen zunehmend aus den reinen Forschungslabors in Routinelabors einziehen.

Glossar

Agarosegel: Agarose aus Meeresalgen ist ein hochpolymeres Kohlenhydrat, das eine feste, elektrisch neutrale Gelmatrix bildet

Annealing (engl.): Anlagerung zweier Einzelstränge zu einem maximal stabilen Doppelstrang

Basenpaar: Nukleotidpaar, das durch Wasserstoffbrückenbildung zusammengehalten wird

Blunt end: glattes Ende eines doppelsträngigen DNS-Moleküls

Codon: für eine Aminosäure kodierendes Basentriplett

Denaturierung: Trennung eines Nukleinsäure-Doppelstranges in Einzelstränge z.B. durch Temperaturerhöhung oder stark alkalische Bedingungen

DNA-Polymerase: Enzym, das DNS als Matrize benutzt und Desoxynucleosidtriphosphate kondensiert

DNTP: Abkürzung für alle vier natürlich vorkommenden Nukleotidtriphosphate

FISH: Fluoreszenz *in situ*-Hybridisierung

Gensonde: einzelsträngige DNS unterschiedlicher Länge, die sequenzspezifisch an einzelsträngige DNS als Zielmolekül hybridisiert

Hybridisierung: Bildung von doppelsträngiger DNS aus Einzelsträngen

NASBA^R (engl.): nucleic acid sequence based amplification, isothermes Verfahren zur Amplifikation von RNS

nested-PCR: zweite Runde einer PCR, bei der mindestens ein neuer Primer eingesetzt wird, der innerhalb eines in der ersten Runde amplifizierten DNS-Fragmentes bindet

Nukleotid: Baustein der DNS → dNTP

Oligonukleotid: kurzes, meist synthetisch hergestelltes DNS-Fragment

Primer: synthetisches Oligonukleotid, das als Synthesestartpunkt für Polymerasen dient

ribosomale RNS: einzelsträngige RNS, die Hauptbestandteil von Ribosomen ist

RNAse H: Enzym, das doppelsträngige RNS oder DNS/RNS-Hybride abbaut.

Taq-Polymerase: DNS-Polymerase, die aus *Thermus aquaticus* isoliert wurde. Sie ist hitzestabil und wird in PCR-Reaktionen verwendet.

Template (engl.): einzelsträngige DNS, die als Matrize für die Synthese des komplementären Stranges durch Polymerasen dient

3'-OH Ende: Bezeichnung für das Ende eines Nukleinsäurestranges

Literatur

1. AMANN, R.; LUDWIG, W.; SCHLEIFER, K.-H.: Phylogenetic identification and *in situ* detection of individual microbial cells without cultivation. Microbiol. Rev. 59, 143-169, 1995
2. BASSLER, A.A.; FLOOD, S.J.A.; LIVAK, K.J.; MARMARO, J.; KNORR, R.; BATT, C.: Use of fluorogenic probe in a pcr-based assay for the detection of *Listeria monocytogenes*. Appl. Environ. Microbiol. 61, 3724-3728, 1995
3. BEIMFOHR, C.; KRAUSE, A.; AMANN R.; LUDWIG, W.; SCHLEIFER, K.-H.: *In situ* identification of lactococci, enterococci and streptococci. Syst. Appl. Microbiol. 16, 450-456, 1993
4. BEJ, A.K.; MAHBUBANI, M.H.; BOYCE, M.J.; ATLAS, R.M.: Detection of *Salmonella* spp. in oysters by PCR. Appl. Environ. Microbiol. 60, 368-373, 1994
5. BROCKMANN, E.; JACOBSEN, B.L.; HERTEL. C.; LUDWIG, W.; SCHLEIFER, K.-H.: Monitoring of genetically modified *Lactococcus lactis* in gnotobiotic and conventional rats by using antibiotic resistance markers and specific probe or primer based methods. Syst. Appl. Microbiol. 19, 203-212, 1996
6. CANO, R.J.; TORRES, M.J.; KLEMM, R.E.; PALOMARES, J.C.; CASADESUS J.: Detection of *Salmonella* by DNA hybridization with a fluorescent alkaline phosphatase substrate. J. Appl. Bacteriol. 66, 385-391, 1992
7. CHEN, S.; YEE, A.; GRIFFITHS, M.; WU, K.Y.; WANG, C.N.; RAHN, K.; DE GRANDIS, S.A.: A rapid, sensitive and automated method for detection of *Salmonella* species in foods using AG-9600 AmpliSensor Analyzer. J. Appl. Microbiol. 83, 314-321, 1997
8. EHRMANN, M.A.; LUDWIG, W.; SCHLEIFER, K.-H.: Species specific oligonucleotide probe for the identification of *Streptococcus thermophilus*. Syst. Appl., Microbiol. 15, 453-455, 1994
9. FACH, P.; HAUSER, D.; GUILOU, J.P.; POPOFF, M.R.: Polymerase chain reaction for the rapid identification of *Clostridium botulinum* type A strains and detection in food samples. J. Appl. Bacteriol. 75, 234-239, 1993
10. FURRER, B.; CANDRIAN, U.; HOEFELEIN, C.; LUETHL, Y.J.: Detection and Identification of *Listeria monocytogenes* in cooked sausage products and in milk by *in vitro* amplification of haemolysin gene fragments. J. Appl. Bacteriol. 70, 372-379, 1991
11. GANNON, V.P.J.; KING, R.K.; KIM, J.Y.; GOLSTEYN, T.E.J.: Rapid and sensitive Method for detection of shiga-like toxin-producing *Escherichia coli* in ground beef using the polymerase chain reaction. Appl. Environ. Microbiol., 58, 3809, 1992

12. HERTEL, C.; LUDWIG, W.; SCHLEIFER, K.-H.: Introduction of silent mutations in a proteinase gene of *Lactococcus lactis* as a useful marker for monitoring studies. Syst. Appl. Microbiol. 15, 447-452, 1992
13. HERTEL, C.; LUDWIG, W.; OBST, M.; VOGEL, R.F.; HAMMES, W.P.; SCHLEIFER, K.-H.: 23S rRNA targeted oligonucleotide probes for the rapid identification of meat lactobacilli. Syst. Appl. Microbiol. 14, 173-177, 1991
14. JERSE, A.E.; MARTIN, W.C.; GALEN, J.E.; KAPER, J.B.: Oligonucleotide probe for detection of the enteropathogenic *Escherichia coli* (EPEC) adherence factor of localized adherent EPEC. J. Clin. Microbiol. 28, 2842-2844, 1990
15. KESSLER, C. (Hrsg.). Non radioactive labeling and detection of biomolecules. Springer Verlag, Berlin, 1992
16. KIM, C.; SWAMINATHAN, B.; CASSADAY, P.K.; MAYER, L.W.; HOLLOWAY, B.P.: Rapid confirmation of *Listeria monocytogenes* isolated from foods by a colony blot assay using a digoxygenin-labeled synthetic oligonucleotide probe. Appl. Environ. Microbiol. 57, 1609-1614, 1991
17. LOESSNER, M.; RUDOLF, J.M.; SCHERER, S.: Evaluation of Luciferase Reporter Bacteriophage A511:luxAB for detection of *Listeria monocytogenes* in contaminated foods. Appl. Environ. Microbiol. 63, 2961-2965, 1997
18. MAKINO, S., OKADA, Y., MARUYAMA, T.: A new method for the detection of *Listeria monocytogenes* from food by pcr. Appl. Environ. Microbiol. 61, 4745-4747, 1995
19. OLSEN, J.E.; AABO, S.; ROSSEN, L.: Oligonucleotide probe for specific detection of *Salmonella* and *Salm. typhimurium*. Lett. Appl. Microbiol. 20, 160-163, 1995
20. OLSVIK, O.; WASTESON, Y.; LUND, A.; HORNES, E.: Pathogenic *Escherichia coli* found in food. Int. J. Food. Microbiol. 12, 103-114, 1991
21. PEARSON, B.; MCKEE, R.: Rapid identification of *Saccharomyces cerevisiae, Zygosaccharomyces bailii* and *Zygosaccharomyces rouxii*. Int. J. Food Microbiol. 16, 63, 1992
22. ROMANIUK, P.J.; TRUST, T.J.: Rapid identification of *Campylobacter* species using oligonucleotide probes to 16S ribosomal RNA. Mol. Cell. Probes 3, 133-142, 1989
23. SAIKI, R.K.; GELFAND, D.H.; STOFFEL, S.; SCHARF, S.J.; HIGUCHI, R.; HORN, G.T.; MULLIS, K.B.; ERLICH, H.A.: Primer-directed enzymatic amplification of DNA with a thermostable DNA polymerase. Science 293, 487-491, 1988
24. SCHLEIFER, K.-H.; LUDWIG, W.; AMANN, R. Nucleic acid probes. In: Goodfellow, M. and McDonnell, O. (eds) Handbook of new bacterial systematics, pp 463-510, Academic Press, London – New York, 1993
25. THOMAS, E.J.G.; KING, R.K.; BURCHAK, J.; GANNON, V.P.J.: Sensitive and specific detection of *Listeria monocytogenes* in milk and ground beef with the polymerase chain reaction. Appl. Environ. Microbiol. 57, 2576-2580, 1991
26. UYTTENDAELE, M.; SCHUKKINK, R.; VAN GEMEN, B.; DEBEVERE, J.: Development of NASBA, a nucleic acid amplification system, for identification of *Listeria monocytogenes* and comparison to ELISA and a modified FDA method. Int. J. of Food Microbiology 27, 77-89, 1995b
27. UYTTENDAELE, M.; SCHUKKINK, R.; VAN GEMEN, B.; DEBEVERE, J.: Detection of *Campylobacter jejuni* Added to Foods by Using a Combined Selective Enrichment and Nucleic Acid Sequence-Based Amplification (NASBA). Applied and Environmental Microbiology 61, 1341-1347, 1995a

28. UYTTENDAELE, M.R.; SCHUKKINK, R.; VAN GEMEN, B.; DEBEVERE, J.: Identification of *Campylobacter jejuni, Campylobacter coli* and *Campylobacter lari* by the nucleic acid amplification system NASBA^R. J. Appl. Bacteriol. 77, 694-701, 1994
29. VAN DAMME-JONGSTEN, M.; RODHOUSE, J.; GILBERT, R.J.; NOTERMANS, S.: Synthetic DNA probes for detection of enterotoxigenic *Clostridium perfringens* strains isolated from outbreaks of food poisoning. J. Cli. Microbiol. 28, 131-133, 1990
30. VAN DER VLIET, G.M.E.; SCHUKKINK, R.A.F.; VAN GEMEN, B.; SCHEPERS, P.; KLASTER, P.R.: Nucleic acid sequence-based amplification (NASBA) for the identification of mycobacteria. J. Gen. Microbiol. 139, 2423-2429, 1993
31. VANDAMME, A.M.; VAN-DOOREN, S.; KOK, W.; GOUBAU, P.; FRANSEN, K.; KIEVITS, T., SCHMIT, J.C., DECLERCQ, E.: Detection of HIV-1 RNA in plasma and serum samples using the NASBA amplification system compared to RNA-PCR. J. Virological Methods 52 (1-2), 121-132, 1995
32. WAGNER, M.; SCHMID, M.; JURETSCHKO, S.; TREBESIUS, K.-H.; BUBERT, A.; GOEBEL, W.; SCHLEIFER, K.-H.: *In situ* detection of a virulence factor mRNA and 16S rRNA in *Listeria monocytogenes*. FEMS Microbiol. Lett. 160, 159-168, 1998
33. WANG, R.F.; CAO, W.W.; CERNIGLIA, C.E.: A universal protokol for PCR-detection of 13 species of foodborne pathogens in foods. J. Appl. Microbiol. 83, 727-736, 1997
34. WEGMÜLLER, B.; LÜTHY, L.; CANDRIAN, U.: Direct polymerase chain reaction detection of *Campylobacter jejuni* and *Campylobacter coli* in Raw milk and dairy products. Appl. Environ. Microbiol. 59, 2161-2165, 1993
35. WESLEY, I.V.; WESLEY, R.D.; CARDELLA, M.; DEWRIST, F.E.; PASTER, B.J.: Oligodesoxynucleotide probes for *Campylobacter fetus* and *Campylobacter hyointestinalis* based on 16S rRNA sequences. J. Clin. Microbiol. 29, 1812-1817, 1991

6 Protozoen

Cryptosporidium, Giardia und Cyclospora

Cryptosporidium, *Giardia* und *Cyclospora* sind weltweit verbreitete einzellige Darmparasiten, die zu heftigen Durchfällen und unspezifischen Allgemeinbeschwerden beim Menschen führen. Sie können durch Wasser und Lebensmittel übertragen werden.

6.1 Cryptosporidium

Taxonomie

Taxonomisch wird die Gattung *Cryptosporidium* innerhalb der Protozoa dem Stamm der Apicomplexa, der Ordnung der Eucoccidiorida und der Familie Cryptosporidiidae zugeordnet. Die Spezies *Cryptosporidium parvum* scheint für den Menschen und alle anderen Säugetiere infektiös zu sein. Innerhalb des Taxon *Cryptosporidium parvum* gibt es verschiedene Isolate, die sich u. a. in ihrer Antigenstruktur voneinander unterscheiden.

Vorkommen

In Fäzes von Mensch und Tier, Stallmist, Gülle, Wasser (Abwasser, Oberflächengewässer, Bäche, Seen), Lebensmitteln, die nicht abgekocht oder ausreichend lang erhitzt wurden.

Entwicklung und Übertragung

Cryptosporidium parvum ist ein einzelliger Darmparasit, der seinen vollständigen Entwicklungszyklus innerhalb eines einzigen Wirtes abschließt. Bei der Excystierung treten die infektiösen Sporozoiten aus den Oocysten aus. Ausscheider übertragen die Oocysten. *Cryptosporidium* wird von Mensch und Tier durch die Aufnahme der mit dem Fäzes ausgeschiedenen Oocysten übertragen. Die Übertragung erfolgt von Tier zu Mensch, Mensch zu Tier und Mensch zu Mensch. Des Weiteren kann eine Übertragung durch fäkale Kontaminationen von Lebensmitteln, Oberflächen und Geräten sowie Trink- bzw. Waschwasser erfolgen.

Lebensmittelassoziierte *Cryptosporidium*-Infektionen wurden bislang nur selten dokumentiert. Zu den Lebensmitteln, die mit den Ausbrüchen in Verbindung standen, zählen Milch (Kuh- und Ziegenmilch), Salat, Wurst und Apfelcider. Nach GELLETLIE et al. (1997) kann die Milch bei unzureichender Euterhygiene kontaminiert werden. Da die Parasiten eine ordnungsgemäße Pasteurisation nicht überdauern, geht die Gefährdung hauptsächlich von Rohmilch oder nicht ausreichend pasteurisierter Milch aus (HARP et al., 1996).

MONGE und CHINCHILLA (1995) untersuchten in Costa Rica 640 Proben von frischem Gemüse auf Cryptosporidien. 5 % der Korianderblätter-, 8,7 % der Korianderwurzel-, 2,5 % der Kopfsalat- und 1,2 % der anderen Gemüseproben (Rettich, Tomaten, Gurken, Karotten) waren kontaminiert. Während der Regenzeit erhöhte sich die Anzahl der *Cryptosporidium*-positiven Proben. ORTEGA et al. (1997) wiesen bei einer Untersuchung von Gemüse, das auf Märkten einer südlichen Vorstadt von Lima gekauft wurde, *Cryptosporidium parvum* auf Kohl, Salat, Petersilie, grünen Zwiebeln und Lauch nach und konnte zeigen, dass durch Waschen des Gemüses ein Großteil der Parasiten nicht entfernt werden kann.

Eigenschaften

Oocysten werden durch Abkochen abgetötet, sind jedoch sowohl gegen Umweltbedingungen als auch gegen Desinfektionsmittel resistent. So reichen die im Rahmen der Trinkwasseraufbereitung ggf. zur Desinfektion eingesetzten Chlorkonzentrationen (0,3 mg Cl_2/Liter) zur Inaktivierung nicht aus. HARP et al. (1996) belegten in einer Studie, dass das Verfahren der Pasteurisation ausreichend ist, um *Cryptosporidium parvum*-Oocysten in Wasser und Milch abzutöten. DENG und CLIVER (1999) gingen der Frage nach, ob *Cryptosporidium parvum*-Oocysten bei der Herstellung von Joghurt und Eiscreme inaktiviert werden und kamen zu dem Ergebnis, dass die Oocysten den Joghurtherstellungsprozess und die Lagerung überdauern können, derweil sie im Rahmen der Eiscremeherstellung abgetötet werden. Schockgefrieren hat einen wesentlich stärkeren Abtötungseffekt auf *Cryptosporidium*-Oocysten als langsames Einfrieren. Auch der a_W-Wert hat einen Einfluss auf das Überleben der *Cryptosporidium*-Oocysten in Lebensmitteln. In Produkten mit einem a_W-Wert von $<0{,}95$, die bei Raumtemperatur gelagert werden, sind nach 3 Wochen 99,9 % der Oocysten nicht mehr infektiös (SLIFKO et al., 1997).

Krankheitsbild

Die Inkubationszeit beträgt 7–14 Tage. Die Ausscheidung der Oocysten beginnt durchschnittlich nach 7 Tagen und kann auch nach Abklingen der Krankheitserscheinungen über ein bis zwei Wochen, in Einzelfällen bis zu zwei Monaten, anhalten. Das klinische Bild der Cryptosporidiosis wird sowohl bei immunkompetenten als auch bei immunsupprimierten Personen bestimmt durch die Diarrhö. Seltener treten Abdominalbeschwerden, Übelkeit, Erbrechen, geringgradiges Fieber auf. Bei schwerer Immundefizienz, wie bei Patienten mit AIDS, kann die Letalität bis zu 80 % betragen.

Nachweis von Cryptosporidium in Wasser und Lebensmitteln

Die Diskussionen um zulässige Grenzwerte sind z.Zt. noch nicht abgeschlossen. Ein „Aktionslevel" von 10–30 Oocysten in 100 Liter ist vorgeschlagen. Der Nachweis von Cryptosporidien in Wasser oder Lebensmittelproben basiert auf einer Aufkonzentrierung mittels Filtration (*Cryptosporidium* in Water by Filtration/IMS/FA; EPA Method 1622). 100–500 l Frischwasser oder 10–50 l Abwasser werden filtriert. An die Filtration kann sich eine Flotation, eine Zentrifugation oder immunomagnetische Separation anschließen. Die abschließende Detektion erfolgt fluoreszenzmikroskopisch oder durchflusscytometrisch. Aus Früchten und Gemüse wurden *Cryptosporidium*, *Giardia* und *Cyclospora*-Oocysten mithilfe einer Immunomagnetischen Separation (IMS) isoliert (ROBERTSON und GJERDE, 2000; ROBERTSON et al., 2000).

Meldepflicht und Krankheitsausbrüche

Der direkte und indirekte Nachweis von *Cryptosporidium parvum* ist nach Seuchenrechtsneuordnungsgesetz meldepflichtig, soweit der Nachweis auf eine akute Infektion hinweist. Durch kontaminierte Lebensmittel wurden in den USA in der Zeit von 1993–1997 vier Ausbrüche mit insgesamt ca. 250 Erkrankungsfällen ausgelöst. Die Übertragung des Erregers erfolgte durch Apfelcider, Geflügelsalat und grüne Zwiebeln. Zahlreiche Erkrankungen durch Cryptosporidien wurden nach dem Verzehr von unpasteurisierter Milch in England beobachtet. 5 Kinder erkrankten in St. Petersburg (Russland) nach dem Verzehr von Kefir an einer Cryptosporidiose. Durch Cryptosporidien im Wasser erkrankten 1993 403000 Personen in Milwaukee (USA).

6.2 Giardia

Taxonomie

Taxonomisch wird *Giardia* innerhalb der Protozoa dem Stamm der Sarcomastigophora, Unterstamm Mastigophora (Flagellata), Ordnung Diplomonadida, zugeordnet. Die Bezeichnung Diplomonadina als Namensträger der Gattung beruht darauf, dass die Arten alle Organellentypen mindestens zweifach besitzen. Assoziiert mit Infektionen des Menschen ist die Gattung *Giardia*, in älterer Literatur als *G. lamblia* bezeichnet, heute definiert als *G. intestinalis* oder *G. duodenalis*. Die durch asexuelle Reproduktion entstandenen, äußerst widerstandsfähigen Cysten werden als das infektiöse Stadium des Lebenszyklus bezeichnet. Jede Cyste gibt nach der Magenpassage zwei Trophozoiten frei, die die Darmwand besiedeln und dort sich asexuell stark vermehren.

Vorkommen

In sehr hoher Konzentration in Fäzes infizierter Menschen und Nutztiere (Rinder, *G. bovis*) und damit auch in Abwässern. Auf Feldfrüchten (Salat) und Beeren (Johannisbeeren), die mit unzureichend gefiltertem Brauchwasser bewässert oder gewaschen wurden. In Oberflächen- und Trinkwasser, wenn es durch Abwässer belastet ist, jedoch nicht im tiefen Grundwasser vorkommend.

Entwicklung und Übertragung

Giardia ist ein einzelliger Parasit, in seiner vegetativen Form mit Geiseln ausgestattet, der sich im Darm seines Wirtes durch Zweiteilung vermehrt. Je nach Art werden unterschiedliche Darmabschnitte bevorzugt. In der Darmlumenseite und an den Mikrovilli der Darmepithelzellen verankert, wird auf Darminhalt phagozytiert. Durch einen Exocytose-Vorgang wird von der Oberfläche des Parasiten eine Cyste (8–19 μm Durchmesser) abgeschieden und mit dem Fäzes ausgeschieden. Die Übertragung von einem Wirt zum anderen erfolgt durch die Cysten. Im Darm des neuen Wirtes löst sich die Cystenwand auf, wodurch zwei noch junge Parasitenstadien, die Trophozoiten, frei werden und das Darmepithel besiedeln. Durch mit Cysten belasteten Fäzes ist eine Übertragung von Mensch zu Mensch möglich. Fäkal kontaminierte Oberflächen stellen ebenfalls eine Gefahr dar. Eine direkte Infektionsgefahr besteht ebenso durch fäkal verunreinigtes Badewasser und Trinkwasser. Indirekt können die Cysten nach ungenügender Händereinigung, sowie durch kontaminiertes Brauch- oder Oberflächenwasser auf Lebensmittel übertragen werden.

Eigenschaften

Giardia-Cysten sind resistenter als die meisten Bakterien. UV-Strahlung führt erst oberhalb einer Dosis von 80 mJ/cm^2 zu einer 99%igen Inaktivierung. Dies wird auch erreicht nach einer mind. einminütigen Einwirkzeit von Desinfektionsmitteln auf Phenol- oder Ammoniak-Basis. Zur Filtration wird eine mind. 1 μm Porenweite des Membranfilters vom CDC empfohlen. Kühle Temperaturen und hohe Feuchtigkeit erhalten die Cysten für mehrere Monate lebensfähig.

Krankheitsbild

Die Inkubationszeit zur Ausbildung einer Giardiasis (Lambliasis) beträgt 12–20 Tage. Die Infektion verläuft meist asymptomatisch und nur bei ausgeprägtem Befall des Dünndarms treten verschiedene abdominelle Symptome auf, wie Krämpfe und meist explosionsartige Diarrhöen. Die akute Phase beträgt nur wenige Tage, kann bei Kindern aber bis einige Monate anhalten. Nach 2–3 Wochen kommt es meist spontan zur Ausheilung. Bei chronischem Verlauf kann eine andauernde Schädigung des Dünndarmepithels resultieren.

Nachweis von Giardia

In Stuhlproben erfolgt der direkte Nachweis anhand der Trophozoiten und/oder Cysten oder Nachweis der Vegetativform im Duodenalsaft (ggf. Biopsie), der indirekte Nachweis durch kommerzielle Testsysteme (EIA, ColorPAC). Der Erregernachweis im Lebensmittel oder Wasser erfolgt nach Anreicherung durch Filtration großer Volumina mittels immunomagnetischer Separation (IMS) und anschließender Fluoreszenzmikroskopie oder Durchflusscytometrie.

Meldepflicht und Krankheitsausbrüche

Der direkte und indirekte Nachweis von *Giardia lamblia* ist nach Seuchenrechtsneuordnungsgesetz meldepflichtig, soweit der Nachweis auf eine akute Infektion hinweist. In der Zeit von 1979–1990 wurden in den USA sieben Krankheitsausbrüche beobachtet. Der Erreger wurde übertragen durch Lachs, Nudelsalat, Fruchtsalat, Sandwiches, Salat, Eis und geschnittenes rohes Gemüse.

6.3 Cyclospora

Taxonomie

Taxonomisch wird *Cylospora* innerhalb der Protozoa der Unterklasse Coccidiasina, Ordnung Eucoccidiorida, Familie Eimeriidae, zugeordnet.

Vorkommen

Der Erreger kommt vor in fäkalkontaminiertem Trinkwasser, Klär- u. Abwasser, sowie kontaminiertem Oberflächenwasser, nicht jedoch im tiefen Grundwasser.

Entwicklung und Übertragung

Cyclospora (*C. cayetanensis*) ist ein Darmparasit des Menschen. Ein Tierreservoir ist nicht bekannt. Durch Fäzes werden hohe Konzentrationen der noch unreifen Oocysten in die Umwelt eingebracht und durchlaufen dort ein Stadium der Sporulation bis hin zur infektiösen Form.

Eigenschaften

Bei niedrigen Temperaturen sind die Oocysten in der Umwelt über längere Zeit lebensfähig, auch wenn sie noch nicht das Reifungsstadium durchlaufen haben. Eine jahreszeitbedingte Häufung von Erkrankungen scheint mit einem Anstieg der mittleren Tagestemperaturen auf 20 °C zu korrelieren. Daten zur Widerstandsfähigkeit der Oocysten gegenüber extremen Temperaturen liegen noch nicht vor, scheinen jedoch vergleichbar mit *Cryptosporidium* zu sein.

Krankheitsbild

Als erste Anzeichen (3–25 Tage) treten abdominale Krämpfe auf, die von Fieber und Erbrechen begleitet werden können.

Nachweis von Cyclospora

Die Oocysten werden in Fäzes aufgrund ihrer Größe (8–10 μm) mikroskopisch mit Cryptosporidien-Oocysten verwechselt. Im Phasenkontrast zeigt sich eine morula-ähnliche Struktur im frischen Untersuchungsmaterial. Kennzeichnend ist die starke Autofluoreszenz erkennbar bei Epiillumination (Ex 365 nm, Em 450–490 nm). Ein Nachweis mittels PCR wurde beschrieben.

Krankheitsausbrüche

Nachweislich führte der Erreger zu Erkrankungen nach Übertragung durch Leitungswasser aus einem lokalen Trinkwasserreservoir, durch Beeren, die mit kontaminiertem Wasser bewässert wurden, Salat und Kräuter oder nicht ausreichend durcherhitzte Speisen und Milch, die zuvor mit kontaminiertem Wasser zubereitet wurden.

Literatur

1. DENG, M.Q.; CLIVER, D.O.: *Cryptosporidium parvum* studies with dairy products. Int. J. of Food Microbiol. 46, 113–121, 1999
2. Division of Parasitic Diseases: Giardiasis Infection Fact Sheet, http://www.cdc.gov/ncidod/dpd/parasites/giardiasis/factsht_giardia.htm
3. FDA/CFSAN: Bad Bug Book *Giardia lamblia*, http://vm.ctsan.tda.gov/~mov/chap22.html
4. GELLETLIE, R.; STUART, J.; SOLTANPOOR, N.; ARMSTRONG, R.; NICHOLS, G.: Cryptosporidiosis associated with school milk. The Lancet 350, 1005–1006, 1997
5. HARP, J.A.; FAYER, R.; PESCH, B.A.; JACKSON, G.J.: Effect of Pasteurization on *Cryptosporidium parvum* Oocysts in Water and Milk. Appl. Environ. Microbiol. 62, 2866–2868, 1996
6. LABERGE, I.; GRIFFITHS, M.W.: Prevalence, detection and control of *Cryptosporidium parvum* in food. Int. J. Food Microbiol. 31, 1–26, 1996
7. MONGE, R.; CHINCHILLA, M.: Presence of *Cryptosporidium* Oocysts in Fresh Vegetables. J. Food Protec. 59, 202–203, 1995
8. ORTEGA, Y.R.; ROXAS, C.R.; GILMAN, R.H.: Isolation of *Cryptosporidium parvum* and *Cyclospora cayetanensis* from vegetables collected in markets of an endemic region in Peru. Am. J. Tro. Med. Hyg. 57, 683–686, 1997
9. ROBERTSON, L.J.; GJERDE, B.: Isolation and enumeration of *Giardia* cysts, *Cryptosporidium* oocysts and *Ascaris* eggs from fruits and vegetables. J. Food Protec. 63, 775–778, 2000
10. ROBERTSON, L.J.; GJERDE, B.; CAMPBELL, A.T.: Isolation of *Cyclospora* oocysts from fruits and vegetables using lectin-coated paramagnetic beads. J. Food Protec. 63, 1410–1414, 2000
11. ROSE, J.B.; SLIFKO, T.R.: *Giardia*, *Cryptosporidium*, and *Cyclospora* and their Impact on Food: A Review. J. Food Protec. 62, 1059–1070, 1999
12. SCHOENEN, D.; BOTZENHART, K.; EXNER, M.; FEUERPFEIL, I.; HOYER, O.; SACRÉ, C.; SZEWZYK, R.: Vermeidung einer Übertragung von Cryptosporidien und Giardien mit dem Wasser. Bundesgesundheitsblatt 12, 466–474, 1997
13. SCHOENEN, D.; BOTZENHART, K.; EXNER, M.; FEUERPFEIL, I.; HOYER, O.; SACRÉ, C.; SZEWZYK, R.: Cryptosporidiosis. Bundesgesundheitsblatt 12, 475–484, 1997
14. SLIFKO, T.R.; FRIEDMAN, D.E.; ROSE, J.B.; FRASER, J.A.; SWANSON, K.M.J.: Water Activity Effects on the survival of *Cryptosporidium parvum* in Food Products. 97th General Meeting ASM: Miami Beach, Florida, 1997
15. STERLING, C.R.; ORTEGA, Y.R.: *Cyclospora*: An Enigma Worth Unraveling. http://www.cdc.gov/ncidod/_vti_bin/shtmt.dll/EID/vol5no1/sterling.htm/map
16. United States Environmental Protection Agency, Office of Water: *Cryptosporidium* in Water by Filtration/IMS/FA, Method 1622. Washington, DC 20460, EPA-821-R-99-001, 1999

7 Humanpathogene Viren, die durch Lebensmittel übertragen werden

Viren benötigen zur Vermehrung physiologisch intakte Zellen. Sie bedienen sich dabei des Proteinsyntheseapparates und der Energie bildenden Stoffwechselsysteme der Wirtszelle und modifizieren so die zellulären Prozesse in Hinblick auf einen optimalen Ablauf ihrer Vermehrung. Viren sind somit *intrazelluläre Parasiten* und können sich in Lebensmitteln nicht vermehren. Viren können jedoch im Lebensmittel überdauern und durch Lebensmittel übertragen werden. Zahlreiche Berichte belegen, dass viruskontaminierte Lebensmittel zu epidemischen Krankheitsausbrüchen führten. Daraus ergeben sich neue Anforderungen sowohl an die Lebensmitteltechnologie als auch an die Lebensmitteluntersuchung und -hygiene.

Lebensmittelübertragbare humanpathogene Viren gehören den Familien der Picornaviridae, Caliciviridae, Reoviridae, Astroviridae und Adenoviridae an.

Tab. III.7-1: Taxonomie humanpathogener Viren, die durch Lebensmittel übertragen werden können

Familie	Genus*	Typ Spezies/Spezies*
Picornaviridae	Enterovirus	Poliovirus
	Hepatovirus	Hepatitis A Virus
Caliciviridae	„Norwalk-like viruses“	Norwalk Virus
		Desert Shield Virus
		Lordsdale Virus
		Mexico Virus
		Norwalk Virus
		Hawaii Virus
		Snow Mountain Virus
		Southhampton Virus
	„Sapporo-like viruses“	Sapporo Virus
		Houston/86
		Houston/90
		London 29845
		Manchester Virus
		Parkville Virus
		Sapporo Virus
Familie nicht zugeordnet	„Hepatitis E-like viruses“	Hepatitis E Virus
Reoviridae	Rotavirus	Rotavirus A
Astroviridae	Astrovirus	Humanes Astrovirus
Adenoviridae	Mastadenovirus	Humanes Adenovirus

* Es sind nur die Genera und Spezies der jeweiligen Familien aufgeführt, die durch Lebensmittel übertragen werden und epidemische Krankheitsausbrüche auslösen (van REGENMORTEL et al., 2000).

7.1 Picornaviridae

Die Familie der Picornaviridae umfasst ikosaedrische, unbehüllte, ssRNA (Plusstrang) Viren mit einer durchschnittlichen Größe von 22–30 nm. Das Capsid besteht aus 60 Proteinuntereinheiten (Capsomere). Picornaviridae verfügen weder über Lipide noch über Kohlenhydrate. Die Replikation der viralen RNA erfolgt in Komplexen, die mit der Cytoplasmamembran der Wirtszelle assoziiert sind.

7.1.1 Poliovirus

Charakterisierung

Poliovirus gehört zur Familie Picornaviridae und zum Genus Enterovirus. Das Capsid des Poliovirus hat einen Durchmesser von 27 nm. Die ssRNA weist eine Länge von ca. 7,4 kb (Kilobasen) auf (MODROW und FALKE, 1997). Die Virusnukleinsäure ist infektiös. Es werden 3 Serotypen (Typ I, II und III) unterschieden. Davon verursacht Poliovirus Typ I 85 % der Erkrankungen (BAUMEISTER, 1996).

Übertragung und Verbreitung

Die Übertragung der Polioviren erfolgt über Aerosole, fäkal-oral über Schmutz- und Schmierinfektion sowie über verunreinigtes Trinkwasser und Lebensmittel. Ein erster Ausbruch von Poliomyelitis in Europa durch kontaminierte Rohmilch ist datiert aus dem Jahr 1914 (CLIVER, 1990). Bis zum Jahr 1949 kam es in Europa noch zu zehn weiteren Krankheitsausbrüchen, bei denen Lebensmittel als Überträger des Virus identifiziert werden konnten. Rohmilch war in den meisten Fällen die ätiologische Quelle (CLIVER, 1990). Die konsequente Durchführung von Impfungen führte dazu, dass durch Lebensmittel oder Wasser übertragene Polioviren als Verursacher von Erkrankungen seit den fünfziger Jahren in Mitteleuropa praktisch keine Bedeutung mehr haben (BLOCK und SCHWARZBROD, 1989).

Physikalische und chemische Eigenschaften

Polioviren sind gegenüber Umwelteinflüssen sehr stabil. Sie sind im sauren pH-Bereich auch noch nach Einwirkzeiten von 3 Std. infektiös. In wässrigen Suspensionen wird Poliovirus durch 30-minütiges Erhitzen auf 50–55 °C zerstört. Milch und Sahne üben einen schützenden Effekt gegenüber thermischer Inaktivierung aus, so dass in Milch oder Milchprodukten suspendierte Viren um ca. 5 °C höhere Temperaturen überdauern als im Wasser. Eine nach den Richtlinien der Milchverarbeitung durchgeführte Pasteurisation zerstört die Erreger. UV-Licht inaktiviert Poliovirus. Auch durch Chlor wird Poliovirus zerstört. Durch

Alkohol werden Polioviren nur sehr langsam inaktiviert. Deshalb sind Desinfektionsmittel auf Alkoholbasis gegen Poliovirus nur sehr eingeschränkt wirkungsvoll (BAUMEISTER, 1996).

Krankheitsbild

Die Eintrittspforte der Polioviren in den Organismus ist der Verdauungstrakt. Die Inkubationszeit nach oraler Aufnahme des Virus beträgt 7–14 Tage. Im Verlauf der Erkrankung kann es zu Magen- und Darmbeschwerden kommen, denen grippeähnliche Symptome wie Fieber, Kopfschmerzen, Abgeschlagenheit und Gliederschmerzen folgen. Kommt es zur Ausbreitung der Viren im Zentralnervensystem, treten Symptome einer aseptischen Meningitis auf. Lähmungen wurden nur bei 0,1 % der infizierten Kinder und 1 % der infizierten Erwachsenen beobachtet.

Nachweis und Meldepflicht

Die medizinisch diagnostischen Methoden sind vielfältig. Virusanreicherung mittels Zellkultur mit anschließender Typisierung unter Zuhilfenahme monoklonaler Antikörper oder molekularbiologischer Methoden wie Hybridisierung oder PCR werden zum Nachweis eingeschleppter Wildvirusinfektionen oder bei Verdacht auf Impfzwischenfälle eingesetzt. Durch das konsequente Schutzimpfungsprogamm gilt das Virus weltweit als ausgerottet.

Der direkte Nachweis von Poliovirus in Lebensmitteln wird nicht durchgeführt. Poliovirus ist jedoch ein Objekt von Untersuchungen geblieben. Wegen des bestehenden Impfschutzes ist es relativ sicher in der Handhabung und wird deshalb als Modellvirus im Rahmen von Entwicklungsarbeiten eingesetzt (LEES et al., 1994). So erlauben Studien mit Poliovirus Aussagen darüber, wie sich Picornaviren im Lebensmittel oder im Verlauf der Lebensmittelproduktion verhalten. Der Einfluss lebensmittelspezifischer Schutzmechanismen auf die Virusstabilität, die Ermittlung von Inaktivierungsparametern im Rahmen der Risikoanalyse, aber auch die Weiterentwicklung von Methoden zum Nachweis von Viren in Lebensmitteln kann mithilfe von Poliovirus gezielt untersucht werden (BECKER et al., 1997).

Nach § 7 des Infektionsschutzgesetzes ist der direkte oder indirekte Nachweis von Poliovirus meldepflichtig, soweit der Nachweis auf eine akute Infektion hinweist.

7.1.2 Hepatitis A Virus

Charakterisierung

Das Hepatitis A Virus (HAV) gehört innerhalb der Familie Picornaviridae zum Genus Hepatovirus. Das nicht umhüllte, ikosaedrische Virus weist einen Durchmesser von 27 nm auf. Die lineare ssRNA verfügt über 7,48 kb und liegt als Plusstrang vor. Das Capsid des Virus besteht aus 32 Capsomeren und wird aus 4 verschiedenen Proteinen aufgebaut. Molekulare Charakterisierungen von HAV aus verschiedenen Teilen der Welt zeigen keine wesentlichen Strukturunterschiede. Alle humanen HAV-Typen sind vom gleichen Serotyp (MEISEL, 1996).

Übertragung und Verbreitung

Geographisch besteht für die Häufigkeit von HAV-Infektionen ein ausgeprägtes Süd-Nord-Gefälle. Während HAV-Infektionen in tropischen und subtropischen Ländern endemisch-epidemisch auftreten und nahezu 100 % der Bevölkerung betreffen, sind sie in Mittel- und Nordeuropa selten. So stellt die HAV-Infektion in Deutschland auch in erster Linie eine Reiseerkrankung dar (WEIGEL et al., 1996). Bis November 2001 wurden in der Bundesrepublik 1800 HAV-Erkrankungen gemeldet (Epidemiologisches Bulletin, 2001). Experten schätzen jedoch die Dunkelziffer auf das Drei- bis Vierfache.

Die Übertragung erfolgt fäkal-oral über kontaminierte Lebensmittel wie Wasser, Milch, Fisch und Weichtiere, seltener als Schmutz- und Schmierinfektion. Mangelhafte Hygiene und Wasseraufbereitung fördern die Verbreitung der Viren. Besonders Muscheln können die hitze- und säurestabilen Viren konzentrieren. So war 1988 eine der größten Hepatitis A-Epidemien mit einigen hunderttausend Erkrankungsfällen in China auf den Verzehr von Muscheln zurückzuführen, in deren Kiemen und Verdauungstrakt das Virus nachgewiesen wurde. In seltenen Fällen kann die Infektion auch durch Blut oder Speichel von Erkrankten übertragen werden. Von besonderer Bedeutung für die Hygiene in allen Bereichen der Lebensmittelproduktion und -verarbeitung insbesondere jedoch an Orten der Gemeinschaftsverpflegung (Kindergärten, Altenheime, Ferienanlagen, gastronomische Einrichtungen) ist, dass infizierte Personen infektiöse Viren schon vor dem Auftreten und noch nach dem Abklingen der Krankheitssymptome ausscheiden. Konzentrationen von 10^7 bis 10^9 infektiösen Virionen pro Gramm Stuhl erklären die hohe Infektiosität und machen deutlich, wie wichtig Hygieneschulungen der Mitarbeiter in der Lebensmittelindustrie sind. Mangelhafte Händehygiene des Personals in Cafeterien, Restaurants und Bäckereien war nachweislich Ursache zahlreicher HAV-Ausbrüche (CLIVER, 1983; BECKER et al., 1996). Die exakte Einhaltung der Hygienevorschriften und der Ausschluss erkrankter Personen von der Lebensmittelbereitung ist besonders wichtig.

Zu den mit HAV kontaminierten Lebensmitteln, die in den USA besonders häufig zu Krankheitsausbrüchen führten, zählen: Austern, Muscheln (u.a. Herz- und Miesmuscheln), Blattsalate, Sandwiches, Früchte, Fruchtsäfte sowie Milchprodukte.

Physikalische und chemische Eigenschaften

HAV ist sehr beständig gegen niedrige pH-Werte. HAV toleriert pH 1,0 bei einer Temperatur von 38 °C für 90 Minuten (SCHOLZ et al., 1989). Darüber hinaus ist es außerordentlich hitzestabil. Selbst ein Erhitzen von 60 °C für eine Stunde überdauern Hepatitis A-Viren ohne Infektiositätseinbuße. Eine Inaktivierung wird erreicht durch Kochen (>5 Min.) oder durch chemische Substanzen wie Formaldehyd, Hypochlorid und Chloramin.

Krankheitsbild

Eine Infektion mit HAV hat je nach Alter des Betroffenen unterschiedliche Folgen. Bei Kindern verläuft sie meist symptomlos. Zu beachten ist jedoch, dass auch symptomlose Infizierte infektiöse Viren mit dem Stuhl ausscheiden! Bei infizierten Erwachsenen kommt es nach einer Inkubationszeit von 21–28 Tagen zunächst zu grippeähnlichen Symptomen einhergehend mit Durchfall, Übelkeit, Erbrechen, Muskel- und Kopfschmerzen. Im weiteren Verlauf kommt es zur Gelbsucht. Normalerweise klingt die Krankheit nach 4–6 Wochen ab. Hinsichtlich der Prophylaxe besteht die Möglichkeit der Impfung. *In vitro* gezüchtete, formalininaktivierte Hepatitis A-Viren verleihen nach 2–3 Impfungen einen sehr guten Schutz. Wie lange der Impfschutz anhält, kann bisher noch nicht abgeschätzt werden.

Nachweis und Meldepflicht

HAV konnte 1973 erstmalig aus dem Stuhl eines Erkrankten isoliert und elektronenmikroskopisch dargestellt werden. In der medizinischen Diagnostik kann der Nachweis von HAV-Antigenen im Stuhl erfolgen. Der Nachweis viraler Nukleinsäure im Blut mittels PCR hat sich jedoch als zuverlässigere Methode erwiesen, da sowohl eine akute HAV-Infektion nachgewiesen, als auch potenzielle Ausscheider im Stadium vor dem Auftreten der Krankheitssymptome ermittelt werden können, und damit rechtzeitig die Einleitung geeigneter prophylaktischer Hygienemaßnahmen erfolgen kann (WEIGEL et al., 1996).

Der Nachweis von Hepatitis A Viren in Lebensmitteln ist keine Routinemethode in der Lebensmitteluntersuchung. MING beschrieb 1994 für HAV die Antigen-Capture PCR. Diese Methode ermöglicht durch den Einsatz von antikörperbeschichteten magnetischen beads im ersten Schritt eine Konzentrierung der Viruspartikel, und mithilfe der sich daran anschließenden PCR einen sensitiven und spezifischen Nachweis. Da Viren in den Lebensmitteln oftmals nur in geringer Zahl vorkommen (10–100 Viruspartikel pro g Lebensmittel) und eine Virusanreicherung nur in Zellkultur möglich ist, ist die Aufkonzentrierung durch magnetische beads durchaus angezeigt.

Nach § 7 des Infektionsschutzgesetzes ist der direkte oder indirekte Nachweis von HAV meldepflichtig, soweit der Nachweis auf eine akute Infektion hinweist.

7.2 Caliciviridae

Ähnlich wie die Picornaviridae besitzen die Vertreter der Familie der Caliciviridae ein nicht umhülltes, ikosaedrisches Capsid und ein Plusstrang RNA Genom. Ihr Name leitet sich von *calix* (lat. Tasse) ab und weist auf die im elektronenmikroskopischen Bild sichtbaren, tassenförmig vertieften Strukturen der Ikosaederseitenflächen hin. Aus der Familie der Caliciviridae sind Vertreter zweier Genera als lebensmittelübertragbare humanpathogene Viren bekannt: „Norwalk-like viruses" und „Sapporo-like viruses" (van REGENMORTEL, 2000).

7.2.1 „Norwalk-Like Viruses"

Charakterisierung

Das Norwalk Virus ist der Prototyp (Typ Spezies) einer Gruppe von gastroenteritisauslösenden Einzelstrang (Plusstrang) RNA Viren, deren Vertreter sich genetisch und serologisch unterscheiden. Sie gehören zur Familie der Caliciviridae und werden zu den „small round structure viruses" (SRSV) gezählt. Das Virus ist ikosaedrisch und 27–32 nm im Durchmesser, mit einem Genom von 7,5 kb. Das Genus verfügt über mehrere serologisch unterscheidbare Spezies, die benannt wurden nach dem Ort, an dem erstmals ein Krankheitsausbruch beobachtet wurde, z. B. Norwalk Virus, Hawaii Virus oder Southhampton Virus (FDA/CFSAN Bad Bug Book, 2001). „Norwalk-like viruses" (NLVs) können in 3 Genogruppen GI, GII und GIII unterschieden werden. GI und GII sind humanpathogen. Der GI-Gruppe gehören z. B. Norwalk Virus und Southhampton Virus an, zur GII-Gruppe zählen u. a. Hawaii Virus und Snow-Mountain Virus.

Übertragung und Verbreitung

NLVs werden fäkal-oral übertragen. Nach einem im Jahr 2001 veröffentlichten Report (Morbidity and Mortality Weekly Report, 2001) zum Thema „Norwalk-like viruses" wurden im Zeitraum von Januar 1996 bis November 2000 bei

348 Krankheitsausbrüchen NLVs in 39 % durch Lebensmittel, 12 % durch Personen und 3 % durch Wasser übertragen. Einige Lebensmittel, wie z. B. Austern und Muscheln sind besonders häufig mit NLVs kontaminiert. Die Anzahl der durch Norwalk Virus bzw. „Norwalk-like viruses" verursachten Gastroenteritiden in Deutschland ist nicht bekannt.

Die Übertragung erfolgt fäkal-oral über kontaminiertes Wasser oder Lebensmittel. Eine Übertragung von Mensch zu Mensch wurde ebenfalls beschrieben (BECKER, 2000). Bei der Übertragung durch Lebensmittel sind besonders häufig Krankheitsausbrüche nach dem Verzehr von Schalentieren und Blattsalaten beschrieben worden. Ebenso wurden Muscheln und Austern häufiger als Verursacher identifiziert. Die Kontamination von verarbeiteten Lebensmitteln und Speisen ist in der Regel auf eine Kontamination durch erkranktes Personal zurückzuführen. Nicht erhitzte Speisen, wie z.B. Salate und Sandwiches, sind besonders risikoreich. Eine effektive Maßnahme der Prävention ist das häufige Händewaschen mit Seife unter fließendem Wasser. Dabei müssen die Hände mindestens 10 Sekunden mit Seife gereinigt und danach unter fließendem Wasser ausgiebig abgewaschen und mit Einmalhandtüchern getrocknet werden. Bei akuten Krankheitsausbrüchen in Einrichtungen der Gemeinschaftsverpflegung, wie z.B. Kindertagesstätten, Altenpflegeheimen, Krankenhäusern, sind unverzüglich umfangreiche Hygienemaßnahmen einzuleiten.

Physikalische und chemische Eigenschaften

NLVs sind relativ stabil gegenüber Säure, Äther, Chlor und überdauern ein Erhitzen von 60 °C für 30 Minuten. Krankheitsausbrüche ausgelöst durch NLVs in gefrorenem Fisch erlauben den Rückschluss, dass das Virus durch Einfrieren nicht inaktiviert wird.

Krankheitsbild

Die Inkubationszeit liegt zwischen 12 und 60 Stunden. Symptome wie Durchfall und Erbrechen können bis zu 4 Tage andauern. Nach Abklingen der gastrointestinalen Beschwerden kann eine Ausscheidung der Viren im Stuhl noch bis zu 3 Wochen beobachtet werden. Die Infektionsdosis ist nicht bekannt, es ist jedoch davon auszugehen, dass bereits 10–100 Virionen eine Infektion verursachen können.

Nachweis und Meldepflicht

Der Nachweis im Stuhl erkrankter Personen erfolgt elektronenmikroskopisch oder mittels Immunoassays. Die Nachweisgrenze der elektronenmikroskopischen Untersuchung liegt bei 10^6–10^7 Viren/ml. Der Nachweis von NLVs in Muscheln und Austern wurde mittels Radioimmunoassay durchgeführt. Die

Nachweisgrenze im ELISA liegt allgemein bei 10^4–10^6 Virionen/ml. Damit sind beide Methoden zum Nachweis von NLVs in kontaminierten Lebensmitteln und Wasser nicht geeignet. Bei zu erwartenden Kontaminationen von 10^1–10^3 Virionen/ml Lebensmittel/Wasser ist nur die RT-PCR Technik erfolgreich einsetzbar. Nach Entschlüsselung des Norwalk Virus-Genoms sind Gene Probes und PCR Amplifikationstechniken zum Nachweis von Norwalk Virus in klinischem Material und Lebensmittel in der Entwicklung.

Nach Infektionsschutzgesetz § 7 besteht Meldepflicht für „Norwalk-like viruses" beim direkten Nachweis aus Stuhl. Bis November 2001 wurden in Deutschland 7400 Infektionen gemeldet (Epidemiologisches Bulletin, 2001).

7.3 „Hepatitis E-Like Viruses"

Das Genus „Hepatitis E-like viruses" mit der Typ Spezies Hepatitis E Virus (HEV) wurde bisher keiner Familie eindeutig zugeordnet. Morphologisch ähnelt HEV dem Norwalk Virus, einem Vertreter der Familie Caliciviridae. Einige Proteine sind jedoch homolog denen des Rötelnvirus (Rubella Virus), das zur Gattung Rubivirus in der Familie Togaviridae zählt (WHO/CSR Website, 2001).

Charakterisierung

HEV ist ikosaedrisch, unbehüllt und 27–34 nm im Durchmesser. Das Virusgenom besteht aus einer linearen, einzelsträngigen, Plusstrang RNA von ca. 7,5 kb. Das Virus ist sehr labil (WHO/CSR Website, 2001).

Übertragung und Verbreitung

HEV wird in den häufigsten Fällen durch fäkal kontaminiertes Trinkwasser übertragen. Eine Übertragung durch kontaminierte Nahrungsmittel ist selten. Während die Infektion von Mensch zu Mensch auch durch Tröpfchen erfolgen kann, ist die Übertragung durch Kontaktinfektionen selten. Im Gegensatz zu HAV kommt HEV im Stuhl nur in geringer Konzentration vor.

Da immer wieder eine an Wasser gebundene Verbreitung des Virus auftrat, wurden HEV Erkrankungen lange Zeit als „waterborn" oder „epidemische non A non B Hepatitis" bezeichnet. Alle bisher beobachteten HEV Epidemien, an denen vor allem in Indien, Pakistan, Afrika, Mittelamerika und Mexiko Tausende von Menschen erkrankten, nahmen allgemein einen gutartigen Verlauf ohne Übergang in den chronischen Zustand. In Deutschland und den USA spielt HEV nur eine sehr untergeordnete Rolle, obwohl es weltweit betrachtet der häufigste Verursacher akuter viraler Hepatitiden ist.

Physikalische und chemische Eigenschaften

Das Virus ist im Gegensatz zu HAV sehr instabil insbesondere gegenüber hohen Salzkonzentrationen. Es gibt Hinweise darauf, dass auch eine Säureempfindlichkeit vorliegt.

Krankheitsbild

Die Inkubationszeit beträgt 15–60 Tage (durchschnittlich 40 Tage). Die klinischen Symptome der Hepatitis E- ähneln denen der Hepatitis A-Infektion. Es treten grippeähnliche Symptome, Erbrechen, Fieber, Gelenk- und Kopfschmerzen, sowie eine Gelbsucht auf. Es handelt sich zumeist um eine leichte Erkrankung. Auffällig ist jedoch eine hohe Letalität bei schwangeren Frauen (SCHARSCHMIDT, 1995). Die Infektionsdosis ist, ebenso wie die Dauer der Infektiosität nach einer akuten Infektion, bisher unbekannt. Eine HEV Ausscheidung wird jedoch bis zu 14 Tagen nach Krankheitsbeginn beobachtet. Zur Prävention steht kein Impfstoff zur Verfügung (HÖHNE und SCHREIER, 2000). Eine gute Betriebs-, Produktions- und Personalhygiene ist die beste Prävention.

Nachweis und Meldepflicht

HEV wurde bisher nicht aus Lebensmitteln isoliert und es ist keine Methode zum Nachweis von HEV in Lebensmitteln etabliert. Nach § 7 des Infektionsschutzgesetzes ist der direkte oder indirekte Nachweis von HEV meldepflichtig, soweit der Nachweis auf eine akute Infektion hinweist.

7.4 Reoviridae

Die Familie der Reoviridae wird in 9 Gattungen unterteilt. Reoviridae sind die einzigen Viren, die ein segmentiertes, doppelsträngiges RNA Genom besitzen. Zu den humanpathogenen Reoviridae zählt die Gattung Rotavirus. Rotaviren der Subgruppe A sind weltweit verbreitet und die häufigsten Erreger von Durchfallerkrankungen bei Kindern.

7.4.1 Rotavirus

Charakterisierung

Der Name Rotavirus leitet sich von *rota* (lat. Rad) ab, da sich das Virus im elektronenmikroskopischen Bild wie ein Rad darstellt (MODROW und FALKE, 1997). Rotaviren sind ikosaedrische Partikel mit einem Durchmesser von 70–80 nm. Das Capsid ist dreischichtig; es besteht aus einer inneren Corestruktur sowie einem inneren und einem äußeren Capsid. Das Virion ist nicht umhüllt. Die doppelsträngige RNA besteht aus 11 Segmenten. Das Genom des Rotavirus, Subgruppe A, verfügt insgesamt über 18–19 kb. Die Viruspartikel werden durch „budding" im endoplasmatischen Retikulum gebildet. Reife Viren werden durch Lyse der infizierten Zellen freigesetzt.

Übertragung und Verbreitung

Humanpathogene Rotaviren wurden 1973 erstmalig aus dem Stuhl erkrankter Kinder isoliert. Rotaviren verursachen schwere Gastroenteritiden, vor allem bei Kindern im Alter von 3 Monaten bis 2 Jahren. Humanpathogen sind die Subgruppen A–C. Die größte Bedeutung bei den in Europa epidemisch auftretenden Rotavirus-Infektionen haben die Serotypen 1–4 aus der Subgruppe A (SIMON, 1999). Die Übertragung erfolgt fäkal-oral überwiegend durch Schmierinfektionen von Mensch zu Mensch sowie über Trink- und Badewasser, Lebensmittel oder kontaminierte Gegenstände. Das Übertragungsrisiko durch Lebensmittel wird mit <1 % als niedrig eingeschätzt (MEAD, P.S. et al., 1999). Auch Fliegen können Rotaviren übertragen, wenn Sie mit infektiösem Stuhl in Kontakt gekommen sind. Die Infektionsdosis beträgt 10–100 infektiöse Partikel. Rotaviren sind außerordentlich stabil und bleiben auch außerhalb des Körpers lange infektiös. In einer Studie konnten infektiöse Rotaviren auch noch nach mehreren Tagen Lagerung bei 20 °C an Gemüse nachgewiesen werden. Es wird geschätzt, dass in den Entwicklungsländern jährlich ca. 1 Millionen Kinder an Rotavirusinfektionen sterben.

Physikalische und chemische Eigenschaften

Rotaviren sind sehr resistent gegen Austrocknen. Die Viren sind vermehrungsfähig im pH-Bereich von 3,5–10,0. Es wurde beobachtet, dass Rotaviren auf der menschlichen Haut mindestens 4 Stunden infektiös bleiben und resistent sind gegenüber einer Reihe von Handwaschmitteln. In Fäkalien ist die Stabilität der Viren gegenüber Umwelteinflüssen und Desinfektionsmitteln besonders hoch. Im wässrigen Milieu bleibt das Virus mehrere Wochen infektiös.

Krankheitsbild

Die Inkubationszeit beträgt ein bis drei Tage. Krankheitssymptome sind Fieber, Erbrechen, Bauchschmerzen und wässrige Durchfälle. Während der akuten Phase enthält der Stuhl der Patienten mehr als 10^{10} Virionen pro ml. Rotaviren vermehren sich in den Dünndarmzotten. Die Infektiosität der Erkrankten ist nicht auf den Zeitraum der Symptome beschränkt. Viren werden bereits vor dem Auftreten der Symptome und auch noch bis zu einer Woche nach deren Abklingen ausgeschieden. Nach einer Erkrankung besteht keine dauerhafte Immunität.

Nachweis und Meldepflicht

Der Virusnachweis im Stuhl erkrankter Personen erfolgt elektronenmikroskopisch, mittels Enzymimmunoassay, PCR oder Antigen-Capture-ELISA-Test. Der Nachweis mittels Zellkultur ist langwierig und hat in der Diagnostik keine Relevanz.

Ein Erregernachweis in Lebensmitteln ist in der Routineuntersuchung nicht etabliert. Ein nebenwirkungsfreier Impfstoff ist z. Zt. nicht verfügbar.

Nach § 7 des Infektionsschutzgesetzes ist der direkte oder indirekte Nachweis von Rotavirus meldepflichtig, soweit der Nachweis auf eine akute Infektion hinweist. Bis November 2001 wurden in Deutschland 42800 Rotavirus-Infektionen gemeldet.

7.5 Astroviridae

Astrovirus ist das einzige Genus innerhalb der Familie der Astroviridae. In der Typ Spezies lassen sich acht „Human Astrovirus"-Serotypen unterscheiden. Der Serotyp 1 ist weltweit mit 58 % bis 92 % als Infektionsverursacher vorherrschend (HÖHNE und SCHREIER, 2000).

7.5.1 Astrovirus

Charakterisierung

Astroviren sind unbehüllte, ikosaedrische Viren mit einem Durchmesser von 27–30 nm. Das Virusgenom, eine einzelsträngige, Plusstrang RNA besteht aus 6,8 kb. Im elektronenmikroskopischen Bild erscheint das Virus sternförmig (The Big Picture Book of Viruses, 2001).

Übertragung und Verbreitung

Die Übertragung erfolgt fäkal-oral überwiegend von Mensch zu Mensch, aber auch kontaminierte Lebensmittel und Wasser sind als Infektionsquelle bekannt. Krankheitsausbrüche werden jedoch nur zu 1 % durch kontaminierte Lebensmittel bedingt (MEAD, 1999).

Physikalische und chemische Eigenschaften

Astroviren sind säurestabil, überdauern Erhitzen von 60 °C für einige Minuten und sind gegenüber Alkohol in Desinfektionsmitteln resistent.

Krankheitsbild

Die Inkubationszeit beträgt 3–4 Tage. Der Krankheitsverlauf ähnelt der einer Rotavirus-Infektion mit Durchfall, Erbrechen, abdominalen Schmerzen und geringem Fieber.

Nachweis und Meldepflicht

Astroviren können in verschiedenen Ziellinien kultiviert werden. Der Nachweis in Stuhlproben erfolgte lange Zeit elektronenmikroskopisch. Erst durch die Entwicklung der Antigen-Enzym-Immunoassays konnte gezeigt werden, dass Astrovirus-Infektionen für bis zu 16,5 % der Durchfallerkrankungen im Kindesalter verantwortlich sind (HÖHNE und SCHREIER, 2000). Für den Nachweis von Astroviren im Stuhl stehen kommerzielle Enzym-Immunoassays sowie PCR-Methoden zur Verfügung.

Untersuchungen auf Astroviren in Lebensmittel und Trinkwasser werden im Rahmen der Routinelebensmitteluntersuchung nicht durchgeführt.

Der direkte oder indirekte Nachweis von Astrovirus ist nach Infektionsschutzgesetz nicht meldepflichtig.

7.6 Adenoviridae

Die Typ Spezies der humanen Adenoviren gehört der Gattung Mastadenovirus an.

7.6.1 Humane Adenoviren

Charakterisierung

Weit mehr als 40 humane Adenovirustypen sind bekannt, die Erkrankungen der Atemwege, der Bindehaut des Auges und des gastrointestinalen Bereiches verursachen. Adenoviren sind unbehüllte, ikosaedrische Viren mit einem Durchmesser von 80–110 nm. Das Capsid ist aus 252 Capsomeren aufgebaut. Die an den 12 Ecken des Ikosaeders angeordneten Capsomere besitzen antennenähnliche Fortsätze und verleihen damit dem Virus ein unverwechselbares Aussehen. Das Virusgenom, eine doppelsträngige, lineare, infektiöse DNA, besteht aus 36–38 kb (MODROW und FALKE, 1997).

Übertragung und Verbreitung

Adenoviren der Subgenera A und F wurden vor allem bei gastrointestinalen Infektionen von Säuglingen und Kleinkindern gefunden. Die Übertragung von

Adenoviren erfolgt direkt oral und durch Aerosole, indirekt über Hände, kontaminierte Gegenstände (z.B. Handtücher) und Lebensmittel. Bei Infektionen des Gastrointestinaltraktes in Verbindung mit schlechten hygienischen Verhältnissen, z.B. in Kliniken oder Haushalten, ist die fäkal-orale Übertragung ebenfalls möglich.

Physikalische und chemische Eigenschaften

Adenoviren sind außergewöhnlich stabil gegenüber physikalischen und chemischen Einflüssen und dadurch bedingt auch außerhalb des Körpers lange infektiös.

Krankheitsbild

Infektionen des Gastrointestinaltraktes gehen mit Übelkeit, Erbrechen und Durchfällen einher und werden oft begleitet von respiratorischen Symptomen. Die Inkubationszeit beträgt 3–7 Tage. Infektiöse Viren können über einen längeren Zeitraum mit dem Stuhl ausgeschieden werden.

Nachweis und Meldepflicht

Der direkte Virusnachweis ist mittels Elektronenmikroskopie und Anreicherung in der Zellkultur möglich. Der Antigennachweis kann zudem mittels ELISA und PCR erfolgen.

Der Nachweis in Lebensmitteln wird nicht geführt.

Der Nachweis von Adenoviren im Stuhl ist nach Infektionsschutzgesetz nicht meldepflichtig.

Literatur

1. BAUMEISTER, H.G.: Poliomyelitisviren In: Diagnostische Bibliothek Virusdiagnostik, T. Porstmann (Hrsg.), Backwell-Wiss.-Verl., Berlin, Wien, 1996
2. BECKER, B., PRÖMSE, B., KRÄMER, J., EXNER, M.: Übertragung humanpathogener Viren durch Lebensmittel: Hepatitis A-Epidemie ausgelöst durch Backwaren im Kreis Euskirchen (NRW), Das Gesundheitswesen 58, 339-340, 1996
3. BECKER, B., FINKEN, S., KRÄMER, J.: Nachweis von Poliovirus Typ 1, Stamm Sabin in experimentell kontaminierten Lebensmitteln wie Milch und Austernextrakt mittels nested PCR, Archiv für Lebensmittelhygiene 48, 136-137, 1997
4. BECKER, K.M., MOE, C.L., SOUTHWICK, K.L., NEWTON MacCORMACK, J.: Transmission of Norwalk Virus during a Football Game, The New England Journal of Medicine 343, 1223-1227, 2000
5. BLOCK, J.C., SCHWARTZBROD, L: Viruses in water systems – Detection and Identification, 1st edition, VCH Publishers, Inc., New York, 1989
6. CLIVER, D.O.: Manual of Food Virology, World Health Organisation, 1983

7. CLIVER, D.O.: Viruses. In: Cliver, D.O. (ed), Foodborne diseases, Academic Press, Inc., San Diego, 275-292, 1990
8. Epidemiologisches Bulletin, Nr. 46, Robert Koch Institut, 2001
9. FDA/CFSAN Bad Bug Book, The Norwalk virus family, http://vm.cfsan.fda.gov/mow/chap34.html, 5/2001
10. HÖHNE, M., SCHREIER, E.: Lebensmittelassoziierte Virusinfektionen, Bundesgesundheitsblatt – Gesundheitsforschung – Gesundheitsschutz 43, 770-776, 2000
11. LEES, D.N., HENSHILWOOD, K., DORÉ, W.J.: Development of a Method for Detection of Enterovirus in Shellfish by PCR with Poliovirus as a Model, Appl. Environ. Microbiol. 60, 2999-3005, 1994
12. MEAD, P.S., SLUTSKER, L., DIETZ, V., McCAIG, L.F., BRESEE, J.S., SHAPIRO, C., GRIFFIN, P.M., TAUXE, R.V.: Food-Related Illness and Death in the United States, Emerging Infectious Diseases 5, 607-625, 1999
13. MEISEL, H.: Hepatitis A-Virus. In: Diagnostische Bibliothek Virusdiagnostik, T. Porstmann (Hrsg.), Blackwell-Wiss.-Verl., Berlin, Wien, 1996
14. MING, Y.D., STEPHEN, D.P., CLIVER, D.O.: Detection of Hepatitis A Virus in Environmental Samples by Antigen-Capture PCR, Appl. Environ. Microbiol. 60, 1927-1933, 1994
15. MODROW, S., FALKE, D.: Molekulare Virologie, Spektrum Akad. Verl., Heidelberg, Berlin, Oxford, 1997
16. Morbidity and Mortality Weekly Report: „Norwalk-Like Viruses“ Public Health Consequences and Outbreak Management, Centers for Disease Control and Prevention (CDC), Atlanta, USA, Vol. 50, 1-17, 6/2001
17. SCHARSCHMIDT, B.F.: Hepatitis E: a virus is waiting. Lancet 346, 519-520, 1995
18. SCHOLZ, E., HEINRICY, U., FLEHMIG, B.: Acid stability of hepatitis A virus, Journal of General Virology 70, 2481-2485, 1989
19. The Big Picture Book of Viruses: Astrovirus, http://www.virology.net/Big_Virology/BVRNAastro.html
20. van REGENMORTEL, M.H., FAUQUET, C.M., BISHOP, D.H.L. et al. (eds): Virus Taxonomy, Reports of the International Committee on Taxonomy of Viruses, Seventh Report, Academic Press, San Diego, Wien, New York, 2000
21. SIMON, A.: Nosokomiale Rotavirus-Infektionen in der Pädiatrie, Abteilung für allgemeine Pädiatrie und Poliklinik der Universität Bonn, http://www.meb.uni-bonn.de/kinder/hyg/ROTA.html, 2001
22. WEIGEL, Th., SCHRÖDER, U., NICKEL, R., SANDKAMP, M., KRÖVARY, P.M. (Hrsg.): Virus-Hepatitiden, Westermayer Verlag München, 1996
23. WHO/CSR Website, Hepatitis E, http://www.who.int/emc, 2001
24. Gesetz zur Neuordnung seuchenrechtlicher Vorschriften (Seuchenrechtsneuordnungsgesetz – SeuchRNeuG) vom 20. Juli 2000, Artikel 1 Gesetz zur Verhütung und Bekämpfung von Infektionskrankheiten beim Menschen (Infektionsschutzgesetz – (IfSG)), Bundesgesetzblatt, Teil 1, Nr. 33, 2000

IV Identifizierung von Bakterien

J. Baumgart

1 Allgemeines

Aufgrund unterschiedlicher Merkmale lassen sich Bakterien identifizieren und in ein System einordnen. Diese Einordnung ist umso sicherer, je mehr Merkmale vorhanden sind. Bestimmt werden morphologische Merkmale, wie Form, Anordnung der Zellen, Vorhandensein von Kapseln und Geißeln, Endosporen, Färbeverhalten sowie stoffwechselphysiologische Eigenschaften, wie Sauerstoffbedarf, Pigmentbildung, Enzymleistungen, Nährstoffbedarf und pathogene Eigenschaften. Schließlich dienen auch immunologische Eigenschaften oder der Nachweis von Bakteriophagen und die Zusammensetzung der DNA und der Zellwand, Ergebnisse von DNA-DNA-, DNA-rRNA-Hybridisationen sowie vergleichende Sequenzanalysen der RNA der Charakterisierung eines Bakteriums. Nach ihren Eigenschaften werden die Bakterien stufenweise in Einheiten und Gruppen geordnet. Die Grundeinheit, die Reinkultur eines Bakteriums, ist der „Stamm". Stämme werden zu Arten (species), Letztere zu Gattungen (genus, Plural genera) und diese zu Familien (Endung -aceae) zusammengefasst. Das bekannteste und am häufigsten verwendete künstliche Klassifizierungsschema ist Bergey's Manual of Systematic Bacteriology. Es enthält Namen, Beschreibungen der Bakterien sowie Angaben zur Bestimmung von Bakterien. Für ein Routinelabor ist es in der Regel ausreichend, bis zur Familie oder bis zum Genus zu differenzieren. Nur in seltenen Fällen erfolgt eine Speciesdiagnose, die bei einigen Familien und Genera mit Multitest-Systemen (z.B. Enterotube, Oxi-Fermtube, API-System, Micro-ID-System, BBL Crystal ID System u.a.) möglich ist.

Da jedoch nicht in jedem Routinelabor Typstämme als Kontrollen zur Verfügung stehen, sollte eine Speciesdiagnose Speziallaboratorien überlassen bleiben. Im Folgenden werden Identifizierungsmöglichkeiten für das Routinelabor angegeben. Die gewählten Schemata basieren auf wenigen Merkmalen, wodurch eine sichere Diagnose erschwert wird. Auch wurden nur Mikroorganismen berücksichtigt, die für die Lebensmitteltechnologie und -hygiene eine besondere Bedeutung haben.

Grundsätzlich ist bei jeder Identifizierung von einer Reinkultur auszugehen. Die direkte Beimpfung von einem Selektivmedium in ein nicht selektives Medium sollte vermieden werden. Es ist durchaus möglich, dass in einer oder um eine Kolonie sich optisch nicht wahrnehmbare andere Mikroorganismen befinden, die bei der Überimpfung in ein nicht selektives Medium zur Entwicklung kommen und das Reaktionsbild bei der biochemischen Identifizierung stören. Die erforderliche Reproduzierbarkeit eines biochemischen Tests hängt auch von der Impfmenge ab. Eine nahezu gleich bleibende Impfmenge kann durch Bestimmung des Trübungswertes einer gewaschenen Kultur oder durch die genaue Festlegung der Tropfenzahl erreicht werden. Die für die einzelnen biochemischen Reaktionen angegebenen Bebrütungstemperaturen und -zeiten müssen eingehalten werden.

2 Methodik zur Isolierung und Identifizierung von Bakterien

Eine sachgerechte Produktbeurteilung erfordert die Bestimmung der Keimzahl. Der Einsatz von Selektiv- oder Elektivmedien erleichtert dabei den Nachweis der Mikroorganismen, die zum Produktverderb oder zur Erkrankung führen bzw. produktspezifisch sind. Eine weitere Identifizierung ist allerdings auch hier notwendig. Für zahlreiche Mikroorganismen stehen keine geeigneten Selektivmedien zur Verfügung, so dass aus dem Gesamtkollektiv der Kolonien eine Identifizierung erfolgen muss. Isolierungs- und identifizierungsfähige Kolonien können bei der Untersuchung von Lebensmitteln nur über Verdünnungsreihen und anschließende Kultivierung auf einem festen Medium gewonnen werden. Dadurch werden in geringen Anteilen vorkommende Mikroorganismen „herausverdünnt". Im Routinelabor ist die in Abbildung IV.2-1 gezeigte Methode anwendbar.

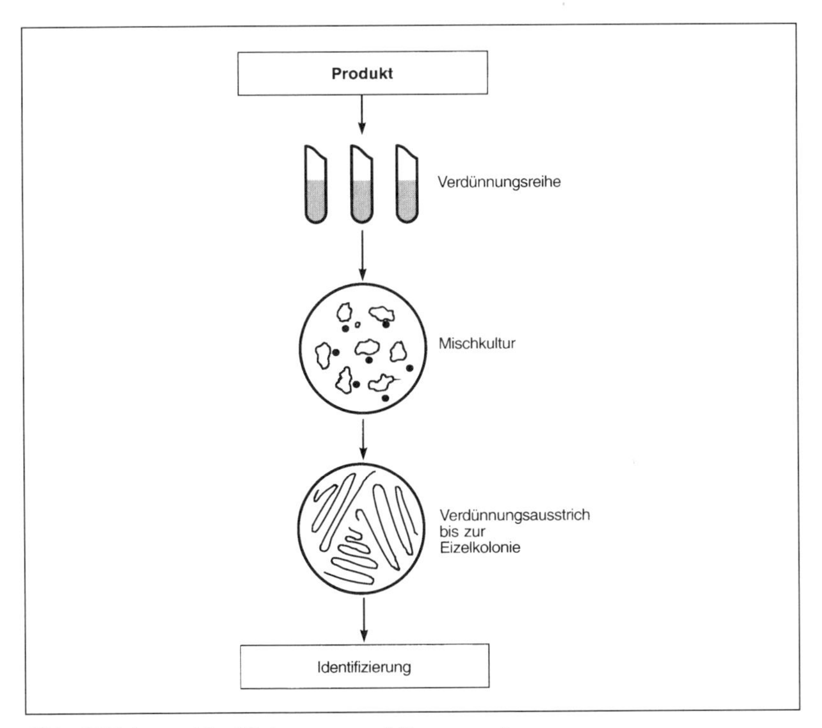

Abb. IV.2-1: Identifizierung von Mikroorganismen

Vom homogenisierten Lebensmittel erfolgt eine Verdünnung in Zehnerpotenzen und eine Bestimmung der Keimzahl. Von den zu identifizierenden Mischkulturen werden Verdünnungsausstriche angefertigt und die einzeln liegenden Kolonien auf Reinheit überprüft, z. B. durch Gramfärbung, Mikroskopie, Katalase. Eine Einzelkolonie wird in Kochsalzlösung oder Aqua dest. aufgeschwemmt und identifiziert, oder die Identifizierung erfolgt direkt von der reinen Kolonie.

Von den auszählbaren Verdünnungen werden die morphologisch unterschiedlichen Kolonien getrennt ausgezählt, reingezüchtet und identifiziert. Die Keimzahl der nachgewiesenen Genera oder Species wird angegeben.

Beispiel

Verdünnung 10^{-4} A) 7 Kolonien stecknadelkopfgroß, gewölbt und weiß

B) 14 Kolonien senfkorngroß, flach, grauweiß, gelappter Rand

Verdünnung 10^{-3} C) 8 goldgelbe, gewölbte, reiskorngroße Kolonien

Jeweils eine Kolonie von A, B und C wird reingezüchtet. Ergibt die Identifizierung von A das Genus *Lactobacillus*, von B das Genus *Bacillus* und von C das Genus *Staphylococcus*, so erfolgt diese Angabe:

7,0 x 10^4/g Lactobazillen

1,4 x 10^3/g Bazillen

8,0 x 10^3/g Staphylokokken

3 Schlüssel zur Identifizierung gramnegativer Bakterien

Es wurden nur Bakterien berücksichtigt, die für Lebensmittel, Kosmetika und Bedarfsgegenstände eine besondere Bedeutung haben.

KOH-Test und Aminopeptidase-Test meist positiv.
In den Bestimmungsschlüsseln werden jeweils mehrere Möglichkeiten zur Auswahl angeboten. Nach Entscheidung über Zutreffen bzw. Nicht-Zutreffen verweist eine Zahlenkennzeichnung am rechten Rand des Schlüssels auf weitere Identifizierungsmerkmale. Auf diese Weise wird die mögliche Einordnung Schritt für Schritt eingeengt, bis sich der richtige Platz (Gruppe, Familie oder Genus) ergibt.

1. Strikt anaerobe Vermehrung
   Kokken . . . . Genus *Megasphaera*
   Stäbchen . . . . Genus *Pectinatus*
   Aerobe bzw. fakultativ anaerobe Vermehrung 2
2. Kokken . . . . Genus *Paracoccus*
   Stäbchen 3
3. Farbstoffbildung auf Medium ohne Indikator: **Gruppe A**
   Keine Farbstoffbildung 4
4. Oxidase-negativ 5
   Oxidase-positiv 6
5. OF-Test (Glucose) O positiv / F positiv **Gruppe B-1**

   Familie *Enterobacteriaceae*
   Genus *Zymomonas*
   Genus *Photobacterium*

   O positiv / F negativ **Gruppe B-2**

   Genus *Acinetobacter*
   Genus *Acetobacter*
   Genus *Gluconobacter*
   Genus *Gluconacetobacter*

6. OF-Test (Glucose) O positiv oder negativ / F positiv **Gruppe B-3**

   Genus *Plesiomonas*
   Genus *Aeromonas*
   Genus *Vibrio*
   Genus *Halomonas*

OF-Test (Glucose) O positiv oder negativ / F negativ **Gruppe B-4****

Genus *Pseudomonas* Genus *Burkholderia* Genus *Comamonas* Genus *Brevundimonas* Genus *Alcaligenes* Genus *Moraxella* Genus *Psychrobacter* Genus *Shewanella* Genera der Familie Flavobacteriaceae

Weitere Unterscheidungsmöglichkeiten innerhalb der Gruppe A

Identifizierung Farbstoff bildender gramnegativer Stäbchen

1. Farbstoff blauviolett
   Vermehrung bei +4 °C .... Genus *Janthinobacterium*
   keine Vermehrung bei +4 °C .... Genus *Chromobacterium**)
2. Farbstoff rot .... Genus *Serratia*
3. Farbstoff gelb, gelbgrün, rosa, orange, rötlich-braun 4
4. Oxidase-positiv 5
   Oxidase-negativ 6
5. OF-Test (Glucose) O positiv **Gruppe A-1**

Genus *Pseudomonas* Genus *Burkholderia* Genus *Halomonas* Genus *Brevundimonas* Genus *Shewanella* Genera der Familie Flavobacteriaceae****

*) Ausnahme: *Chromobacterium fluviatile* (Vermehrung bei +4 °C). Unpigmentierte Stämme von *Chromobacterium violaceum* können vorkommen.

Anmerkungen:
* Die Prüfung der Oxidase auf einem Teststreifen sollte mit einer Kunststofföse erfolgen.
** Die Identifizierung der Bakterien der Gruppe B-4 erfolgt mit dem System API 20 NE oder anderen geeigneten Systemen.
*** Bei der Durchführung des OF-Testes ist bei der Kolonieentnahme von der Petrischale darauf zu achten, dass der Nährboden nicht berührt wird, da besonders bei den Genera *Acetobacter* und *Gluconobacter* Spuren von Essigsäure die Reaktion verfälschen können.
**** z. B. *Flavobacterium*, *Chryseobacterium*, *Empedobacter*, *Weeksella*

	OF-Test (Glucose) F positiv	**Gruppe A-2** Genus *Aeromonas* Genus *Vibrio*
6.	Vermehrung bei pH 4,5	Genus *Acetobacter* Genus *Gluconobacter* Genus *Gluconacetobacter* (siehe auch Gruppe B-2)
	keine Vermehrung bei pH 4,5	7
7.	OF-Test (Glucose) F positiv	**Gruppe A-3** Genus *Erwinia* Genus *Enterobacter* Genus *Pantoea* Genus *Escherichia*
	OF-Test (Glucose) O positiv (Oxidase manchmal schwach positiv)	**Gruppe A-4** Genus *Xanthomonas* Genus *Stenothrophomonas*

Abkürzungen im Identifizierungsschlüssel

O	= Oxidativ
F	= Fermentativ
OF-Test	= Oxidations-Fermentationstest nach HUGH und LEIFSON
+	= 90 % oder mehr positiv
–	= 90 % oder mehr negativ
v	= variable Reaktion
(+)	= 76–89 % positiv

Gruppe A-1

Eine Identifizierung der verschiedenen Genera ist mit dem System API 20 NE oder anderen geeigneten Multitest-Systemen möglich.

Gruppe A-2

Tab. IV.3-1: Unterscheidung zwischen Genus Aeromonas und Genus Vibrio

Merkmal	Genus *Aeromonas*	Genus *Vibrio*
Resistenz gegenüber 0/129 150 µg/Blättchen	resistent	sensibel

Gruppe A-3

Gelbe Farbstoffe bilden *Erwina (E.) ananas, E. stewartii, E. uredevora, Halomonas elongata* sowie *Enterobacter sakazakii, Pantoea agglomerans* (ehemals *Enterobacter agglomerans*), einige Stämme von *Pantoea dispersa* sowie *Escherichia hermanii* (GAVINI et al., 1989). Eine Unterscheidung der Genera ist mit wenigen Reaktionen nicht möglich. Empfohlen werden zur Differenzierung Multitest-Systeme wie API 20 E, API 50 CHE oder andere geeignete Systeme.

Gruppe A-4

Eine Differenzierung ist möglich mit dem Multitest-System ID 32 GN (bioMérieux).

Weitere Unterscheidungsmöglichkeiten innerhalb der Gruppe B

Gruppe B-1

Tab. IV.3-2: Unterscheidung der Familie Enterobacteriaceae und der Genera Zymomonas und Photobacterium

Merkmale	Familie *Enterobacteriaceae*	Genus *Zymomonas*	Genus *Photobacterium*
Oxidase	–	–	v
Resistenz gegenüber 0/129 150 µg/Blättchen	–	–	+
Vermehrung bei pH 4,0 (Milchsäure)	–	+	–
Na^+ für Vermehrung erforderlich	–	–	+
Vermehrung auf Standard-I-Nähr-Agar	+	+	–

v = variable Reaktion

Zur Identifizierung von Bakterien der Familie *Enterobacteriaceae* stehen zahlreiche Multitest-Systeme zur Verfügung, z.B. Enterotube, API 20 E, Micro ID u.a.

Gruppe B-2

Keine Vermehrung bei pH 4,5	Genus *Acinetobacter*
Vermehrung bei pH 4,5	Genus *Acetobacter*
	Genus *Gluconobacter*
	Genus *Gluconacetobacter*

Gruppe B-3

Tab. IV.3-3: Unterscheidung der Genera Plesiomonas, Aeromonas, Vibrio

		Genera	
Merkmale	*Plesiomonas*	*Aeromonas*	*Vibrio*
D-Mannitabbau	–	+	+
Arginindihydrolase	+	+	–*
Resistenz gegenüber 0/129 150 µg/Blättchen	sensibel	resistent	sensibel

* *V. damsela, V. fluvialis, V. furnissii und V. metschnikovii* variabel

Gruppe B-4

Die Identifizierung der Bakterien der Gruppe B-4 erfolgt mit dem System API 20 NE oder anderen geeigneten Multitest-Systemen.

4 Methoden, Medien und Reaktionen für die Identifizierung gramnegativer Bakterien

Aminopeptidase-Test

Bakterien enthalten ein breites Spektrum an Aminopeptidasen, die unterschiedliche Substratspezifitäten zeigen. Die *L-Alanin-Aminopeptidase* ist fast ausschließlich nur bei den gramnegativen Bakterien vorhanden. Jedoch nicht alle gramnegativen Bakterien sind auch Aminopeptidase-positiv. So zeigen Kulturen von *Bacteroides* sp. *und Campylobacter jejuni* keine Aktivität. Im Routinelabor kann die Peptidaseaktivität mit Teststreifen (z.B. Bactident Aminopeptidase-Teststreifen, Merck) nachgewiesen werden.

Ausführung

Eine gut gewachsene Einzelkolonie (ca. 2 mm Durchmesser) wird von einem farbstofffreien Nährboden in 0,2 ml Aqua dest. suspendiert. Der Aminopeptidase-Teststreifen wird so in das Reagenzröhrchen eingebracht, dass die Reaktionszone völlig in die Bakteriensuspension eintaucht. Die Bebrütung des Reagenzröhrchens erfolgt bei +37 °C für 10 bis maximal 30 min.

Beurteilung

positive Reaktion: hellgelb = schwach positiv
gelb = positiv
sattgelb = stark positiv

Prinzip

L-Alanin-4-nitroanilid (farblos) —*Aminopeptidase*→ L-Alanin und 4-Nitroanilid (gelb)

KOH-Test

Der KOH-Test soll und kann nicht die Gramfärbung ersetzen; er ist bei zweifelhaften Gramfärbungen eine zusätzliche Hilfe.

Ausführung

1 Tropfen 3%iger KOH-Lösung auf einem Objektträger mit einer Kolonie verreiben. Nach 5–10 s Öse oder Nadel vorsichtig vom Tropfen abheben. Kommt es zu Fadenziehen oder zur Schleimbildung, so liegt eine positive Reaktion vor. Die Kolonie ist gramnegativ oder verdächtig gramnegativ. Der KOH-Test ist nicht sicher. Von 1435 grampositiven Stämmen der Milch waren 95,5 % KOH-negativ, von 220 gramnegativen Bakterien waren 175 (79,6 %) KOH-positiv (OTTE et al.,

1979a+b). Besonders bei älteren, grampositiven Kulturen und bei Bazillen (häufig gramnegatives Verhalten) kann der KOH-Test von Wert sein. Dies trifft auch für Essigsäurebakterien zu. Für den KOH-Test muss allerdings ausreichend Koloniematerial zur Verfügung stehen. Bei kleinen Kolonien (stichgroß) versagt der Test.

Oxidase-Nachweis

Die (Cytochrom-) Oxidase katalysiert in Anwesenheit von Sauerstoff die Oxidation der reduzierten Cytochrome.

Für die Oxidasereaktion werden verschiedene Verfahren eingesetzt. Bewährt haben sich kommerzielle Testsysteme, z. B. Teststreifen oder Testblättchen.

Ausführung

Die Prüfkultur (möglichst nicht älter als 24 Std.) wird mit einer Platinöse oder einer Kunststofföse (Eisenösen können falsch-positive Reaktionen auslösen) auf das Blättchen oder die Prüfzone des Streifens gerieben. Innerhalb von 30 s kommt es im positiven Fall zur Blaufärbung.

Prinzip

$$\text{Dimethyl-p-phenylendiamin} + \text{Alpha-Naphthol} \xrightarrow[O_2]{\text{Cytochrom c}} \text{Indophenolblau}$$

Wichtig: Die Oxidase-Reaktion soll nur von Medien ausgeführt werden, die keine Kohlenhydrate enthalten. Auch der Nachweis von farbstoffhaltigen Medien kann zu falschen Reaktionen führen. Gut geeignet sind Trypticase-Soy-Agar oder CASO-Agar.

Oxidations-Fermentations-Test (OF-Test) nach HUGH und LEIFSON

Anwendung und Auswertung

Für jeden Prüfstamm werden 2 Röhrchen OF-Medium im Stich beimpft. Ein Röhrchen wird mit Paraffin/Vaseline (1:4, V/V) überschichtet. Die Bebrütung erfolgt bei der optimalen Temperatur für mindestens 48 h. Im positiven Fall schlägt der Indikator Bromthymolblau durch Säurebildung nach gelb (pH 6,0) um.

Reaktion	verschlossene Röhrchen	offene Röhrchen
oxidative Glucosespaltung	grün-blaugrün	gelb
fermentative Glucosespaltung	gelb	gelb

Pigmentbildung

Die Pigmentbildung ist abhängig von der Zusammensetzung des Mediums, der Bebrütungstemperatur, der Bebrütungszeit und dem Lichteinfluss. Sie wird gefördert durch den Zusatz von Magermilch zum Nähragar, durch Lichteinfluss nach der Bebrütung oder durch kühle Lagerung (+7 °C) für mehrere Tage.

Vermehrung bei pH 4,5

Malzextrakt-Agar + 1 % Hefeextrakt, pH-Wert mit Milchsäure einstellen.

Resistenz gegenüber O/129

Filterpapierblättchen (Whatman AA, 3 mm Durchmesser) werden mit 20 µl einer Lösung getränkt, die aus 2,4-Diamino-6,7-di-isopropylpteridinphosphat (Serva) besteht. 1 ml der Lösung enthält 7500 µg dieses Stoffes, so dass pro Blättchen 150 µg vorhanden sind. Die Blättchen werden getrocknet und nach der Beimpfung auf die Mitte der Platte gelegt. Bebrütet wird bei 30 °C für 48 h. Die Beimpfung des Standard-I-Nähragars oder Plate-Count-Agars erfolgt durch Ausspateln der Prüfkolonie. Da einige Photobakterien sich schlecht auf Standard-I-Nähragar vermehren, sollte zusätzlich auf einem Nähragar + 2 % Kochsalz geprüft werden. Handelsprodukte (Fa. Oxoid) mit 150 µg/Blättchen können verwendet werden.

Vermehrung bei pH 4,0 auf MYGP-Agar

Gas aus Glucose

Medium nach HUGH und LEIFSON (OF-Testnährboden)

Oxidation von Essigsäure

Medium	Hefeextrakt-Ethanol-Bromkresolgrün-Agar
Durchführung	Beimpfung der Schrägfläche
Bebrütung	Bei 28 °C für 48–72 h

Ergebnis
Gluconobacter spp. = Schrägfläche bleibt gelb
Acetobacter spp. = Gelbe Schrägfläche wird wieder blaugrün
(Abbau von Essigsäure zu CO_2 und Wasser und Erhöhung des pH-Wertes)

Säurebildung aus Kohlenhydraten (z.B. Glucose, Mannit, Inosit, Sorbit, Rhamnose, Saccharose, Melibiose, Amygdalin, Arabinose)

Prinzip	Nachweis der Säurebildung durch Indikatoren z.B. Bromthymolblau (blaugrün –, gelb +) oder Neutralrot (rot –, gelb +).

Gelatineabbau

Medium Standard-I-Nährbouillon + Kohle-Gelatine-Scheiben (z.B. Oxoid)

Prinzip Durch das Enzym Gelatinase kommt es zur Bildung von Polypeptiden, die durch Peptidasen bis zu Aminosäuren hydrolysiert werden. Durch die Hydrolyse der Gelatine sinkt die Kohle auf den Boden des Röhrchens.

Indolbildung

Medium Tryptonwasser oder Tryptophanbouillon

Prinzip Trypton enthält einen hohen Anteil an Tryptophan. Durch das Enzym Tryptophanase wird die Aminosäure in Indol, Brenztraubensäure und Ammoniak gespalten. Das Indol reagiert mit dem p-Dimethylaminobenzaldehyd des Kovacs-Reagenz zu Rosindol (rote Farbe).

Reduktion von Nitrat

Medium Nitrat-Bouillon

Prinzip Reduktion von Nitrat (NO_3) zum Nitrit (NO_2) oder N_2. Vielfach erfolgt der Nachweis durch Zugabe von Griess-Ilosvay-Reagenz, bestehend aus Sulfanilsäure, Alpha-Naphthylamin und Essigsäure. Bei Anwesenheit von Nitrit entsteht ein roter Azofarbstoff. Bei starken Nitritbildnern schlägt die anfangs rote Farbe in gelb um. Eine negative Reaktion besagt, dass entweder kein Nitrat abgebaut oder bis zum Stickoxid denitrifiziert wurde. Mithilfe des Zinkstaubtests muss in diesem Falle geprüft werden, welche Reaktion abgelaufen ist. Nach der Zugabe von Zinkstaub tritt bei Anwesenheit von Nitrat eine rosa Färbung auf. Das Nitrat wurde durch das Zink zum Nitrit reduziert. Ein positiver Zinkstaubtest bedeutet einen negativen Nitratabbau, ein negativer Zinkstaubtest einen positiven Nitratabbau.

Citratnutzung

Medium Simmons' Citratagar bzw. Medium nach CHRISTENSEN (Citrat-Agar nach CHRISTENSEN)

Prinzip Citrat wird als einzige Kohlenstoffquelle angeboten. Mikroorganismen, die sich vermehren und das Citrat nutzen, führen zu einer Alkalisierung und zum Farbumschlag des Indikators Bromthymolblau nach tiefblau. Bei der Beimpfung ist sorgfältig darauf zu achten, dass vom Medium keine Kohlenstoffquellen übertragen werden (Beimpfung mit der Nadel).

Voges Proskauer (VP)

Prinzip — Der VP-Test beruht auf dem Nachweis von Acetylmethylcarbinol (Acetoin), einem Endprodukt des Kohlenhydratstoffwechsels (positiv = rote Farbe).

ONPG-Test

Prinzip — Es wird die Anwesenheit oder das Fehlen der ß-Galactosidase geprüft, die in der Lage ist, die glycosidische Bindung der Lactose zu spalten. Als Substrat wird o-Nitrophenyl-ß-galactopyranosid (ONPG) eingesetzt. Bei Anwesenheit der ß-Galactosidase entstehen Galactose und o-Nitrophenol (gelbe Farbe).

Tryptophandeaminase

Prinzip — Die Tryptophandeaminase bildet aus Tryptophan Indolbrenztraubensäure. Bei Anwesenheit von Eisen(III)-chlorid ruft Indolbrenztraubensäure eine bräunliche Farbe hervor.

Urease

Prinzip — Durch das Enzym Urease wird Harnstoff in Ammoniak, Kohlendioxid und Wasser gespalten. Der Anstieg des pH-Wertes wird durch einen Indikator sichtbar gemacht.

Malonatnutzung

Prinzip — Es wird geprüft, ob Mikroorganismen Natriummalonat als Kohlenstoffquelle nutzen.

L-Pyrrolidonylpeptidase

Der Nachweis der Pyrrolidonylpeptidase (PYR) wird zur Differenzierung innerhalb der Familie *Enterobacteriaceae* eingesetzt, z. B. zur Unterscheidung der Genera *Salmonella* und *Citrobacter* (INOUE et al., 1996). Häufig kommt es bei der Agglutination H_2S-positiver Kolonien von Selektivmedien (z.B. XLD, XLT4) auch zur Agglutination von *Citrobacter*-Arten. Mit dem PYR-Test kann innerhalb von 10 min eine Unterscheidung getroffen werden, da *Citrobacter* spp. eine positive Reaktion zeigen und Salmonellen negativ sind.

Ausführung — Der Test kann mit dem kolorimetrischen Schnelltest zur Bestimmung der PYRase-Aktivität von Streptokokken (Oxoid) erfolgen.

5 Merkmale gramnegativer Bakterien

5.1 Genus Acetobacter

(ähnliche Eigenschaften hat das Genus *Gluconacetobacter* [YAMADA et al., 1997, YAMADA, 2000])

Species *Acetobacter (A.) aceti, A. pasteurianus, A. pomorum*

Eigenschaften Kokkoide Form bis Stäbchen, Oxidase-negativ, Katalase-positiv, gramnegativ, ältere Kulturen gramvariabel (KOH-Test empfehlenswert neben Gramfärbung), strikt aerob. Ethanol wird zu Essigsäure, Acetat und Lactat werden zu CO_2 und Wasser oxidiert. Glucose wird als Kohlenstoffquelle genutzt, jedoch nicht Lactose und Stärke.

Vermehrung 5 °–42 °C, Optimum 25 °–30 °C

pH-Bereich Optimum 5,4–6,3, Minimum 4,0

Vorkommen Blüten, Früchte, Getränke, Flüssigzucker

Bedeutung
- Verderb von Getränken (Bier, Wein, alkoholfreie stille Erfrischungsgetränke)
- Herstellung von Essig
- Herstellung von L-Ascorbinsäure, Oxidation von D-Sorbit zu L-Sorbose

5.2 Genus Acinetobacter

Species *Acinetobacter calcoaceticus* u.a.

Eigenschaften Gramnegative Stäbchen, plump bis kokkoid, strikt aerob, unbeweglich, Oxidase-negativ, Katalase-positiv

Vermehrung Optimum bei 20 °–30 °C, Vermehrung auch bei +1 °C möglich

pH-Bereich Keine Vermehrung bei pH unter 5,7

Vorkommen Wasser, Fleisch, Fisch, Ei

Bedeutung Verderb eiweißreicher Lebensmittel (Proteolyse, Lipolyse)

5.3 Genus Aeromonas

Species *Aeromonas (A.) hydrophila, A. sobria, A. salmonicida, A. caviae, A. schubertii*

Eigenschaften Gramnegative Stäbchen, fakultativ anaerob, Oxidase- und Katalase-positiv

Vorkommen Wasser, Fleisch, Fisch, Milch

Bedeutung – Verderb eiweißreicher Lebensmittel
– *A. hydrophila* ist pathogen

5.4 Genus Alcaligenes

Species *Alcaligenes (A.) denitrificans, A. faecalis* subsp. *faecalis* u.a.

Eigenschaften Bewegliche Stäbchen, Geißeln peritrich, strikt aerob, einige Stäbchen auch fakultativ anaerob bei Anwesenheit von Nitrat (*A. denitrificans*) oder Nitrit (*A. faecalis*), Oxidase- und Katalase-positiv

Vermehrung Optimum 20 °–37 °C, jedoch auch bei Kühltemperaturen

Vorkommen Milch, Milchprodukte, Fleisch

Bedeutung Verderb, bei Milch und Milchprodukten bitterer Geschmack

5.5 Genus Brevundimonas (SEGERS et al., 1994)

Species *Brevundimonas (B.) diminuta, B. vesicularis* (früher *Pseudomonas diminuta* und *Ps. vesicularis*)

Eigenschaften *B. vesicularis* zeigt eine schwache Oxidasereaktion und bildet gelbe bis orangefarbene Pigmente. Bei *B. diminuta* ist diese Pigmentbildung nicht vorhanden.

Vorkommen Wasser, Nasszonen

5.6 Genus Burkholderia (VIALLARD et al., 1998)

Species *Burkholderia (B.) cepacia* (früher *Pseudomonas cepacia*) u.a.

Eigenschaften *B. cepacia* (von lat. *cepa* = Zwiebel; wegen ursächlicher Bedeutung bei Zwiebelfäule) bildet je nach Art des Mediums gelbe, grüne, rote oder purpurfarbene Pigmente.

Vorkommen Wasser, Gemüse, Rohmilch, Frischfleisch (bedeutend für Verderb), Fisch, Kosmetika

5.7 Genus Chromobacterium

Gruppe der fakultativ anaeroben gramnegativen Stäbchen

Species *Chromobacterium violaceum*

Eigenschaften Bewegliche, fakultativ anaerobe Stäbchen, Bildung violetter Farbstoffe, Oxidase- und Katalase-positiv

Vermehrung Optimum 30 °–35 °C, Minimum 10 °C

pH-Bereich Keine Vermehrung bei pH unter 5,0

Vorkommen Wasser

Nicht pigmentierte Stämme können vorkommen. Sie würden nach vorliegendem Identifizierungssystem als *Vibrio* oder *Aeromonas* eingeordnet werden.

5.8 Genus Chryseobacterium

(HOLMES, 1997, JOOSTE und HUGO, 2000)

Species *Chryseobacterium indologenes* u. a. (früher Genus *Flavobacterium*)

5.9 Genus Comamonas

Species *Comamonas (C.) acidovorans, C. testosteroni* (früher Genus *Pseudomonas*)

Eigenschaften Die Kolonien beider Arten bilden keine Farbstoffe, jedoch ist das umgebende Medium gelegentlich braun gefärbt. Glucose wird von beiden Arten nicht oxidiert.

Vorkommen Nasszonen

5.10 Familie Enterobacteriaceae

Die Familie *Enterobacteriaceae* besteht aus gramnegativen, fakultativ anaeroben Stäbchen. Sie sind Oxidase-negativ und reduzieren fast stets Nitrat zu Nitrit. *Enterobacteriaceae* kommen als normale Bewohner oder Krankheitserreger im Darm von Mensch und Tier sowie in der Außenwelt vor.

Genus Escherichia

Die Gattung *Escherichia* umfasst z. Zt. 5 Arten. Wichtigste Species ist *E. coli.*

Eigenschaften von *E. coli*

Gramnegative Stäbchen, teilweise kokkoid, Indol positiv, Methylrot positiv, Citrat (Simmons'-Citrat-Agar) negativ, H_2S (TSI-Agar) negativ, H_2S positive Stämme können vorkommen, Lactose positiv (37 ° und 44 °C). Ein Teil der Stämme von *E. coli.* (ca. 5 %) spalten Lactose langsam oder gar nicht. Auch bilden ca. 1 % von *E. coli* aus Tryptophan kein Indol.

Als Faekalindikator gilt *E. coli* mit folgenden Reaktionen:

I (Indol), 44 °C	+
M (Methylrot)	+
V (Voges Proskauer)	–
E (Eijkman-Test, Lactose 37 °C u. 44 °C)	+
C (Citrat)	–

Aufgrund der Lipopolysaccharide (O-Antigen), der Polysaccharide (K-Antigen) und der Geißelproteine (H-Antigen) lassen sich die Stämme von *E. coli* in verschiedene Serovare (= Serotypen) einteilen.

Vorkommen Darmkanal von Mensch und Tier

Bedeutung
- Verderb von Lebensmitteln
- Hygieneindikator
- „Lebensmittelvergiftungen" durch verschiedene Serovare

Genus Salmonella

Species Aufgrund verschiedener O- und H-Antigene werden über 2000 verschiedene Serovare unterschieden.

Eigenschaften Gramnegative Stäbchen, beweglich (*S. gallinarum/pullorum* unbeweglich), Säure und Gas aus Glucose, Mannit, Maltose; Lactose negativ, Methylrot positiv, Citrat (Simmons) positiv, H_2S aus Thiosulfat. Verwechselt werden wegen biochemischer Reaktionen häufig die Genera *Hafnia, Citrobacter, Proteus mirabilis* und *Shewanella putrefaciens* mit dem Genus *Salmonella*. Eine sichere Diagnose ist biochemisch, serologisch und molekularbiologisch möglich.

Vorkommen Darmkanal von Mensch und Tier

Bedeutung
- Infektion (*Salmonella typhi* u. *S. paratyphi*)
- „Lebensmittelvergiftung"

Genus Shigella

Species *Shigella (Sh.) dysenteriae, Sh. flexneri, Sh. boydii, Sh. sonnei*

Eigenschaften Gramnegative Stäbchen, H_2S (TSI-Agar) negativ, Urease und Citrat (Simmons) negativ, Lysindecarboxylase negativ, Indol verschieden, Methylrot positiv, Voges Proskauer negativ, Lactose negativ, Gas aus Glucose positiv oder negativ, Säure aus Glucose positiv.

Vorkommen Darmkanal von Mensch und Tier

Bedeutung Durchfallerkrankungen

Genus Citrobacter

Species *Citrobacter (C.) freundii, C. amalonaticus, C. koseri*

Vorkommen Darmkanal von Mensch und Tier

Bedeutung Durchfallerkrankungen (Verotoxinbildung) durch *C. freundii* sind beschrieben worden. Nicht alle Stämme sind pathogen.

Genus Klebsiella

Species *Klebsiella (K.) pneumoniae, K. oxytoca* u.a.

Eigenschaften Indol negativ (*K. oxytoca* positiv)

Vorkommen Darmkanal von Mensch und Tier

Bedeutung
- Verderb von Lebensmitteln
- *Klebsiella pneumoniae* ist pathogen

Genus Enterobacter

Species *Enterobacter (E.) aerogenes, E. cloacae, E. sakazakii* u.a.

Vorkommen Pflanzen

Bedeutung Verderb von Lebensmitteln

Genus Pantoea (GAVINI et al., 1989)

Species *Pantoea (P.) agglomerans* (ehemals *Enterobacter agglomerans*), *P. dispersa*

Vorkommen Weit verbreitet in der Natur

Bedeutung *P. agglomerans* vermehrt sich bei +4 °C und führt zum Verderb von Frischfleisch

Genus Erwinia

Species *Erwinia (E.) carotovora, E. amylovora*

Vorkommen Pflanzen

Bedeutung
- Verderb pflanzlicher Lebensmittel durch Pectinabbau
- Pflanzenkrankheiten (Blockade des Wasserleitungssystems)

Genus Serratia

Species *Serratia (S.) marcescens* u.a.

Eigenschaften Gramnegative Stäbchen, Kolonien weiß, rosafarben oder rot. *S. marcescens* bildet aerob ein rotes Pigment (Prodigiosin) bei einer Vermehrungstemperatur zwischen 12 ° und 36 °C.

Vorkommen Pflanzen, Erdboden, Darmkanal oder Insekten

Bedeutung Verderb tierischer Lebensmittel

Genus Hafnia

Species *Hafnia alvei*

Vorkommen Darmkanal, Erdboden, Wasser

Bedeutung Verderb eiweißreicher Lebensmittel, Histaminbildung bei Fischen

Genus Edwardsiella

Species *Edwardsiella (E.) tarda, E. hoshinae* u.a.

Eigenschaften Indol und Methylrot positiv, (*E. ictaluri* negativ), Voges Proskauer und Citrat (Simmons) negativ, H_2S (TSI-Agar) positiv (*E. ictaluri* negativ), Lactose negativ

Vorkommen Darmkanal

Bedeutung *E. tarda* soll zum Durchfall führen

Genus Proteus

Species *Proteus (P.) vulgaris, P. mirabilis, P. myxofaciens, P. penneri* u.a.

Eigenschaften Gramnegative Stäbchen, Lactose negativ, H_2S (TSI-Agar) positiv (*P. myxofaciens* nach 3–4 Tagen), Methylrot positiv, Lysindecarboxylase negativ, Arginindihydrolase negativ, Urease positiv

Vorkommen Erdboden, Wasser, Darmkanal

Bedeutung Verderb eiweißreicher Lebensmittel (Bildung von Ammoniak u. Ketosäuren durch oxidative Desaminierung von Aminosäuren)

Genus Providencia

Species *Providencia (P.) alcalifaciens, P. stuartii* u.a.

Eigenschaften Indol positiv, Methylrot positiv, ß-Galactosidase (ONPG) negativ, H_2S (TSI-Agar) negativ

Vorkommen Erdboden, Wasser, Darmkanal

Bedeutung Verderb eiweißreicher Lebensmittel

Genus Morganella

Species *Morganella morganii*

Eigenschaften Indol positiv, Urease positiv, Phenylalanindeaminase positiv

Vorkommen Erdboden, Wasser, Darmkanal

Bedeutung Verderb eiweißreicher Lebensmittel

Genus Yersinia

Species *Yersinia (Y.) enterocolitica, Y. pseudotuberculosis, Y. pestis* u.a.

Eigenschaften von *Y. enterocolitica*

Urease positiv, Ornithindecarboxylase positiv, Lysindecarboxylase negativ, Phenylalanindeaminase negativ, Citrat (Simmons)

negativ, Indol verschieden, Voges Proskauer (22 °C) positiv, (37 °C) negativ.

Vorkommen Darmkanal

Bedeutung „Lebensmittelvergiftung“ durch *Y. enterocolitica*

Weitere Genera der Familie Enterobacteriaceae

Genus *Androcidium*, Genus *Budvicia*, Genus *Butteauxella*, Genus *Cedecea*, Genus *Ewingella*, Genus *Kluyvera*, Genus *Leclercia*, Genus *Moellera*, Genus *Obesumbacterium*, Genus *Pragia*, Genus *Rahnella*, Genus *Tatumella*, Genus *Xenorhabdus*, Genus *Yokenella*.

Bedeutung für Lebensmittel

Obesumbacterium proteus kann zum Verderb von Bierwürze führen; Beschlag von Hefe

5.11 Genus Empedobacter (HOLMES, 1997)

Species *Empedobacter brevis* (früher *Flavobacterium brevis*)

5.12 Genus Flavobacterium

Species *Flavobacterium (F.) johnsoniae, F. pectinovorum* u.a. (ehemals Genus *Cytophaga*)

Flavobakterien sind charakterisiert durch die Bildung gelber bis roter Farbstoffe. Sie kommen auf Pflanzen vor. Einige Arten sind mesophil, andere psychrotroph. Sie sind beteiligt am Verderb gekühlter pflanzlicher und tierischer Lebensmittel. Das Genus *Flavobacterium* ist neu geordnet worden (VANDAMME et al., 1994, HOLMES, 1997). Neuere Genera wurden geschaffen, die wie das Genus *Flavobacterium* zur Familie Flavobacteriaceae gehören (JOOSTE und HUGO, 2000): ***Weeksella, Chryseobacterium, Empedobacter*** und ***Bergeyella.*** Sie sind jedoch für den Verderb von Lebensmitteln bedeutungslos.

Eigenschaften des Genus *Flavobacterium*

Bildung karotinoider Pigmente, kein Wachstum auf MacConkey-Agar, keine Vermehrung bei 37 °C, Säurebildung aus Glucose und Saccharose, Katalase-positiv, Oxidase-positiv.

5.13 Genus Gluconobacter und Genus Gluconacetobacter

Species *Gluconobacter (G.) oxydans, G. frateurii, G. asaii* u.a.
Gluconacetobacter (Gl.) europaeus, Gl. xylinus, Gl. entanii u.a. (SCHÜLLER et al., 2000)

Eigenschaften Gramnegative Stäbchen, ältere Kulturen schwach grampositiv (KOH-Test positiv), Katalase-positiv, Oxidase-negativ, Säure aus Glucose positiv, Ethanol wird zu Essigsäure oxidiert. Species des Genus *Acetobacter* und *Gluconacetobacter europaeus* oxidieren Essigsäure zu CO_2 und H_2O.

Vorkommen Früchte, Getränke

Bedeutung
- Verderb alkoholischer und kohlenhydratreicher Getränke
- Herstellung von Essig

5.14 Genus Janthinobacterium

Species *Janthinobacterium lividum*

Eigenschaften Gramnegative obligat aerobe Stäbchen, Bildung violetter Farbstoffe (Violacein), Stämme ohne Farbstoffbildung kommen vor.

Vermehrung 2 °–32 °C, Optimum 25 °C, keine Vermehrung bei pH unter 5,0

Vorkommen Wasser, Pflanzen

5.15 Genus Megasphaera

Species *Megasphaera (M.) elsdenii, M. cerevisiae*

Eigenschaften Gramnegative Kokken, strikt anaerob, unbeweglich, Glucose wird fermentiert mit Gasbildung, Katalase-negativ

Vermehrung Zwischen 15 °C und 40 °C; pH-Bereich 4,4–8,5

Vorkommen Erdboden

Bedeutung Verderb von Bier

5.16 Genus Moraxella

Species *Moraxella lacunata* u.a.

Eigenschaften Gramnegative Stäbchen (= Subgenus *Moraxella*) oder gramnegative Kokken (= Subgenus *Branhamella*). Zellen sind unbeweglich, Oxidase- und Katalase-positiv, strikt aerob (einige Stämme vermehren sich unter anaeroben Verhältnissen), keine Säure aus Kohlenhydraten.

Vorkommen Mensch und Tier

Bedeutung Verderb von Fleisch, Fisch, Garnelen

5.17 Genus Paracoccus (HARKER et al., 1998, RAINEY et al., 1999)

Species *Paracoccus (P.) denitrificans* (= Typspecies), *P. pantotrophus, P. versatus* u.a.

Eigenschaften Arten der Gattung *Paracoccus* sind gramnegative Kokken, die einzeln, in Paaren oder Haufen liegen. Sie sind Katalase- und Oxidase-positiv. Einige Arten bilden Farbstoffe (z.B. *P. marcusii* bildet carotinoide Pigmente).

Vorkommen Erdboden

Bedeutung Abbau von Nitrat in Gemüsesäften durch *P. denitrificans*

5.18 Genus Pectinatus

Species *Pectinatus cerevisiiphilus* (cerevisia = Bier, phileîn = lieben); *P. frisingensis*

Eigenschaften Gramnegative anaerobe Stäbchen (auf festen Medien), in Bouillonkultur (z.B. MRS-Bouillon) Vermehrung auch aerob, beweglich (junge Kulturen), Geißeln nur an der Längsseite. Bildung von Essig-, Propion-, Bernstein- und Milchsäure aus Glucose.

Vermehrung Optimum 30 °–32 °C, Minimum 15 °C, pH-Bereich > 4,0

Vorkommen Bier

Bedeutung Verderb von Bier

5.19 Genus Photobacterium

Species *Photobacterium phosphoreum* u.a.

Eigenschaften Gramnegative Stäbchen, beweglich (polar), Oxidase-positiv oder -negativ, fakultativ anaerob, Fermentierung von Glucose, einige Stämme bilden Gas, Lumineszenz.

Vermehrung bei +4 °C, nicht aber bei +40 °C

Vorkommen Wasser

Bedeutung Verderb von Fisch (ca. 30 % der Flora auf frischen Fischen sind Bakterien des Genus *Photobacterium*).

5.20 Genus Plesiomonas

Species *Plesiomonas shigelloides*

Eigenschaften Gramnegative Stäbchen, fakultativ anaerob, Oxidase-positiv, Katalase-positiv, Indol und Methylrot positiv, Voges Proskauer negativ, Citrat (Simmons) negativ, H_2S negativ. Gutes Wachstum auf VRB-Agar und Selektivmedien für Salmonellen (Salmonella-Shigella-Agar, Desoxycholat-Citrat-Agar). Stämme, die Lactose fermentieren, bilden auf VRB-Agar rote Kolonien. Schwierigkeiten kann die Unterscheidung zum Genus *Vibrio* und den anaerogenen Aeromonaden geben.

Vorkommen Geflügel

Bedeutung „Lebensmittelvergiftungen“ (Durchfall)

5.21 Genus Pseudomonas

Species *Pseudomonas (P.) aeruginosa, P. fluorescens, P. fragi, P. alcaligenes* u.a.

Eigenschaften Gramnegative Stäbchen, beweglich, polare Geißeln, strikt aerob, Oxidase-positiv oder -negativ, Katalase-positiv, keine Vermehrung bei pH unter 4,5

Einige Pseudomonaden bilden Pigmente. Species, die wasserlösliche, gelb-grüne, fluoreszierende Pigmente bilden: *P. aeruginosa, P. putida, P. fluorescens, P. syringae, P. cichorii. P. aeruginosa* bildet darüber hinaus ein blau-grünes Phenazin-Pigment (Pyocyanin) und *P. chlororaphis* ein grünes Phenazin (Chlororaphin). Die Pigmentbildung ist bei Tageslicht erkennbar, besser allerdings unter dem UV-Licht und wird durch Eisen in den Medien verstärkt.

Vorkommen Wasser, eiweißreiche, gekühlte Lebensmittel

Bedeutung Verderb von Fleisch, Milch, Geflügel, Fisch, Ei

5.22 Genus Psychrobacter

Species *Psychrobacter immobilis*

Eigenschaften Gramnegative, unbewegliche, aerobe Stäbchen, teilweise kokkoid, enge Verwandschaft zwischen *Moraxella, Acinetobacter* und *Psychrobacter,* Oxidase-positiv, Vermehrung bei 5 °–30 °C, keine Vermehrung bei 35 °C. Säure unter aeroben Bedingungen aus Glucose, Mannose, Galactose, Arabinose, Xylose und Rhamnose, aber nicht aus Fructose, Maltose oder Saccharose, Indol und H_2S negativ, Stärke und Gelatine werden nicht hydrolysiert.

Vorkommen: Seewasser, Frischfisch, Frischfleisch, Geflügel

Bedeutung: Verderb (10 % der Mikroflora bei verdorbenem Fisch und Geflügel, SHAW und LATTY, 1988)

5.23 Genus Shewanella (ZIEMKE et al., 1998)

Species: *Shewanella (Sh.) putrefaciens, Sh. baltica, Sh. alga*

Eigenschaften: Gramnegative Stäbchen, beweglich, Oxidase- und Katalase-positiv, OF-Test (Glucose) negativ oder Alkalisierung, einige Stämme oxidativ positiv, Bildung von H_2S, Bildung von Trimethylamin oder Trimethylaminoxid, Gelatinase positiv.

Vermehrung: Optimum 20 °–25 °C, Vermehrung auch bei 0 °C

Vorkommen: Fleisch, Ei, Milch, besonders Fisch

Bedeutung: Verderb eiweißreicher Lebensmittel

5.24 Genus Stenothrophomonas (PALLERONI und BRADBURY, 1993)

Species: *Stenothrophomonas maltophila* (früher *Xanthomonas maltophila*)

5.25 Genus Vibrio

Species: Vibrio (V.) cholerae, V. alginolyticus, V. parahaemolyticus V. fluvialis, V. *furnissii* u.a.

Eigenschaften: Gramnegative, bewegliche, fakultativ anaerobe Stäbchen. Oxidase- und Katalase-positiv, OF-Test (Glucose) fermentativ, kein Wachstum in Peptonwasser ohne Kochsalz (nur *V. cholerae*)

Vorkommen: Salzwasser, Fisch, Muscheln u.a. Meerestiere

Bedeutung:
- Pökelflora (*V. alginolyticus*)
- „Lebensmittelvergiftungen" durch *V. parahaemolyticus, V. cholerae, V. vulnificus, V. mimicus*

5.26 Genus Xanthomonas

Species *Xanthomonas campestris* u.a.

Eigenschaften Gramnegative Stäbchen, beweglich (1 polare Geißel), strikt aerob, OF-Test (Glucose) oxidativ, Katalase-positiv, Oxidase-negativ oder spät positiv, gelbe Pigmente auf Nähragar. Die meisten Stämme hydrolysieren Gelatine und Stärke.

Vorkommen Pflanzen

Bedeutung
- Vorkommen in pflanzlichen Lebensmitteln
- Pflanzenpathogene Stämme
- Herstellung von Polysacchariden, wie z.B. Xanthan

5.27 Genus Zymomonas

Species *Zymomonas (Z.) mobilis* subsp. *mobilis, Z. mobilis* subsp. *pomaceae*

Eigenschaften Gramnegative Stäbchen, mikroaerophil, Oxidase-negativ, Katalase-positiv, Bildung von Ethanol nur aus Glucose und Fructose.

Vermehrung Optimum 30 °C, viele Stämme vermehren sich noch bei 10 % Ethanol. Gutes Wachstum auf Nähragar + 2 % Glucose (G/V) und 0,5 % Hefeextrakt.

pH-Bereich Optimum 4,5 bis 6,5, schwaches Wachstum bei 3,5

Vorkommen Bier (nicht nach dem Reinheitsgebot gebraut), Wein (besonders Fruchtweine, Cidre)

Bedeutung Verderb von Wein (Acetaldehydbildung, Beeinflussung des Aromas)

6 Schlüssel zur Identifizierung grampositiver Bakterien

> Es wurden nur Bakterien berücksichtigt, die für Lebensmittel, Kosmetika und Bedarfsgegenstände eine besondere Bedeutung haben.

KOH-Test und Aminopeptidase-Test meist negativ

Nr.	Merkmal	→	Gruppe
1.	Luft- und/oder Substratmycel, verzweigte nicht septierte Hyphen. Lufthyphen mit Sporen. Substrat- und Luftmycel kann in Stäbchen oder kokkenförmige Zellen zerfallen. Kolonien können dem Agar fest anhaften.	**A**	Nocardioforme Actinomyceten
	Kein Mycel, keine Hyphen	2	
2.	Säurefeste Bakterien	**B**	Genus *Mycobacterium*
	Nicht säurefeste Bakterien	3	
3.	Stäbchen mit Endosporen	4	
	Kokken bzw. Stäbchen ohne Endosporen	5	
4.	Katalase-positiv, aerob	**C**	Genus *Bacillus* Genus *Brevibacillus* Genus *Paenibacillus* Genus *Alicyclobacillus* Genus *Aneurinibacillus*
	Katalase-negativ, anaerob	**D**	Genus *Clostridium*
5.	Katalase-positiv	6	
	Katalase-negativ	9	
6.	Zellen rund, meist in Haufen oder Paketen von 4 oder mehr Zellen, aerob und fakultativ anaerob	**E**	Genus *Staphylococcus* Genus *Micrococcus* Genus *Kocuria*, *Macrococcus* u.a. (siehe unter Merkmale Gruppe E)
	Zellen stäbchenförmig oder kokkoid	7	

7.	Sporenbildung auf einem Medium mit Mangansulfat	**C**	Genus *Bacillus* Genus *Alicyclobacillus* Genus *Paenibacillus* Genus *Brevibacillus* Genus *Aneurinibacillus*
	Keine Sporenbildung auf einem Medium mit Mangansulfat 8		
8.	Gruppe unregelmäßig und regelmäßig geformter Katalase-positiver Stäbchen	**F1, F2**	Genus *Arthrobacter* u. a.
9.	Aerob, mikroaerophil, fakultativ anaerob 10		
	Anaerob, Stäbchen	**D**	Genus *Clostridium*
	Anaerob, Kokken	**G**	Genus *Peptococcus* Genus *Peptostrepto-coccus* Genus *Sarcina* u.a.
10.	Zellen rund oder kokkoid	**H**	Genus *Streptococcus* Genus *Lactococcus* Genus *Enterococcus* Genus *Leuconostoc* Genus *Oenococcus* Genus *Weissella* Genus *Pediococcus* Genus *Tetragenococcus*
	Zellen stäbchenförmig	**I**	Genus *Lactobacillus* Genus *Paralactobacillus* Genus *Carnobacterium*

Weitere Identifizierung	
Gruppe C:	API 50 CHB
Gruppe D:	API 20 A
Gruppe E:	ID 32 Staph, API Staph
Gruppe F:	API Coryne
Gruppe H:	API 20 Strep, API 50 CHL, Rapid ID 32 Strep
Gruppe I:	API 50 CHL

Andere geeignete Multitest-Systeme können ebenfalls eingesetzt werden.

7 Methoden, Medien und Reaktionen für die Identifizierung grampositiver Bakterien

Nachweis säurefester Bakterien

Färbung nach Ziehl-Neelsen

Endosporenbildung

Sporenfärbung oder Nativpräparat und Nachweis im Phasenkontrastmikroskop.

Förderung der Endosporenbildung

Beimpfung eines Standard-I-Nähragars oder Plate Count Agars unter Zusatz von 50 mg/l $MnSO_4$. In besonderen Fällen ist ein weiterer Zusatz von 100 mg $CaCl_2 \times 2\ H_2O$/l und 50 mg $MgSO_4$/l empfehlenswert. Bebrütung bei 30 °C bzw. 54 °C für 72 h.

Katalase-Reaktion

Kultur auf einem Objektträger zu einem kleinen Fleck verreiben, dann 1 Tropfen H_2O_2 (3 %) auftropfen, ohne diesen in die Bakterien einzurühren.

Reaktion

$$2H_2O_2 \longrightarrow 2H_2O + O_2$$

Katalase ist ein Enzym, das Haematin als prosthetische Gruppe enthält, so dass der Test nicht von bluthaltigen Medien durchgeführt werden kann. Auch durch eine Pseudokatalase kann es zu Fehlreaktionen kommen. Für den Katalasetest werden Kulturen geprüft, die von Medien stammen, welche 1 % Glucose enthalten. Durch eine Säurebildung wird die Pseudokatalase gehemmt. Auf Selektivmedien ist häufig das Enzym Katalase nicht nachweisbar. Die Reaktion fällt besonders bei Kulturen negativ aus, die älter als 24 h sind. Die H_2O_2-Lösung sollte bei 4 °C aufbewahrt und wöchentlich aus einer 30%igen Lösung frisch hergestellt werden.

8 Merkmale grampositiver Bakterien und weitere Identifizierung

8.1 A. Nocardioforme Actinomycetes

Die Bakterien dieser Gruppe sind grampositiv und wachsen mycelartig. Sie kommen im Erdboden vor und lassen sich auf einfachen Nährböden gut kultivieren. Erkennbar sind sie an der Bildung von Substratmycel. Einige Arten bilden auch ein Luftmycel aus. Zu dieser Gruppe gehören z.B. die Familien *Streptomycetaceae, Nocardiaceae, Nocardioidaceae, Streptosporangiaceae* sowie verschiedene nicht zu Familien zählende Genera.

Bedeutung Herstellung von Antibiotica, Enzymen, Aromen, Vitamin B_{12}

8.2 B. Genus Mycobacterium

Mycobakterien sind säurefeste bzw. teilweise säurefeste aerobe, Katalase-positive, schwach grampositive Stäbchen. Häufig sind sie filamentös oder mycelartig und zerfallen in Stäbchen oder Kokken.

Vorkommen Erdboden, Wasser

Bedeutung Einige Arten sind pathogen (z. B. *M. tuberculosis, M. leprae*), die meisten apathogen

8.3 C. Genus Bacillus, Genus Brevibacillus, Genus Paenibacillus, Genus Alicyclobacillus, Genus Aneurinibacillus

Genus Bacillus

Species *Bacillus (B.) subtilis, B. licheniformis, B. cereus, B. megaterium, B. firmus, B. stearothermophilus, B. coagulans , B. sporothermodurans* u.a.

Thermophile Bazillen
B. coagulans, B. stearothermophilus, B. licheniformis (Vermehrung bei 30 °C bis 55 °C)

Mesophile Bazillen
B. cereus, B. subtilis, B. pumilus u.a.

Psychrothrophe Bazillen
Stämme von *B. cereus, B. pumilus* u.a. (SUTHERLAND und MURDOCH, 1994)

Eigenschaften Grampositive bis gramvariable, meist Katalase-positive Stäbchen (teilweise schwach positiv), beweglich, aerob bis fakultativ anaerob. Die Sporenbildung kann bei Bazillen verspätet auftreten und Schwierigkeiten bei der Identifizierung bereiten. Empfehlenswert ist deshalb ein Zusatz von Mangansulfat zum Medium (Zusammensetzung in g/l: Pepton 5,0, Fleischextrakt 3,0, $MnSO_4$ 50 mg, Agar 15,0).

Bedeutung
- Verderb von Lebensmitteln, bes. von pasteurisierten und sterilisierten Produkten. *Bacillus sporothermodurans* bildet hoch hitzeresistente Sporen, die eine Ultra-Hocherhitzung der H-Milch überleben. Nach Auskeimung der Sporen kommt es zur Vermehrung bis ca. 10^5/ml, ohne dass ein Verderb auftritt.
- „Lebensmittelvergiftung" durch *B. cereus*
- Herstellung von Enzymen und Polypeptid-Antibiotica
- Schadinsektenbekämpfung in der Landwirtschaft

Genus Brevibacillus (SHIDA et al., 1996)

Species *Brevibacillus (Br.) brevis, Br. laterosporus* (früher Genus *Bacillus*)

Genus Paenibacillus

Species *Paenibacillus (P.) macerans* und *P. polymyxa* u.a.

Vorkommen Erdboden

Eigenschaften *P. macerans* und *P. polymyxa*: Säure und Gas aus Glucose, fakultativ anaerob, Vermehrung im stark sauren Bereich > pH 3,8

Bedeutung Verderb von Lebensmitteln

Genus Alicyclobacillus

Species *Alicyclobacillus (A.) acidocaldarius, A. acidoterrestris* u.a.

Vorkommen Erdboden (ca. 100–1000 Sporen/g, bes. in sauren Böden)

Eigenschaften *A. acidoterrestris* vermehrt sich bei Temperaturen zwischen 25 °C und über 55 °C, *A. acidocaldarius* bei Temperaturen zwischen 45 °C und 70 °C, jedoch nicht bei 35 °C. Beide Arten wachsen bei pH-Werten zwischen 2,0 und 6,0 (WISOTZKEY et al., 1992). Die Hitzeresistenz der Endosporen von *A. acidoterrestris* beträgt im Orangensaftgetränk (pH 4,1, 5,3° Brix) $D_{95\,°C}$ = 5,3 min, z-Wert 9,5 °C (BAUMGART et al., 1997, BAUMGART und MENJE, 2000).

Bedeutung Verderb pasteurisierter Fruchtsäfte, besonders von Apfelsaft und Orangensaft (Bildung von 2,6-Di-Bromphenol).

Tab. IV.8-1: Unterscheidung zwischen den Genera Bacillus, Paenibacillus und Alicyclobacillus*

Merkmale	Genus *Bacillus* Genus *Brevibacillus*	*P. macerans*, *P. polymyxa*	*A. acidoterrestris*, *A. acidocaldarius*
Vermehrung bei pH 3,0, aerob in Orangenserumbouillon	–	–	+
Vermehrung auf Standard-I-Nähragar, pH 7,0, aerob	+	+	–
Vermehrung auf Standard-I-Nähragar, pH 3,8, anaerob, 20 °C	–	+	–

* Da zu den Genera *Bacillus* und *Paenibacillus* zahlreiche Arten gehören, ist eine sichere phänotypische Differenzierung nur durch Prüfung zahlreicher Merkmale möglich, z.B. durch Einsatz des API-Systems (API 50 CHB) oder anderer geeigneter Differenzierungssysteme.

Genus Aneurinibacillus

Species *Aneurinibacillus (A.) aneurinolyticus, A. migulanus* (SHIDA et al., 1996)

Eigenschaften Grampositive, bewegliche Stäbchen mit angeschwollenen Sporangien. Die Kolonien sind flach und gelb-grau auf Nähragar. *Aneurinibacillus* spp. sind strikt aerob, Katalase-positiv, Eigelb-positiv, Vermehrung bei pH-Werten > 5,0 und Temperaturen zwischen 20 ° und 50 °C. Nitrat wird zu Nitrit reduziert, die Vermehrung wird gehemmt bei NaCl-Konzentrationen von 5 %.

8.4 D. Genus Clostridium

Die zahlreichen anaeroben Sporen bildenden Species des Genus *Clostridium* sind in der Natur weit verbreitet. Das Genus enthält einige Arten, die zur Erkrankung führen *(Cl. perfringens, Cl. botulinum)* und zahlreiche psychrothrophe, mesophile und thermophile Arten, die Ursache des Verderbs von Lebensmitteln sind.

Das Genus *Clostridium* ist taxonomisch neu geordnet worden (COLLINS et al., 1994). Eingeführt wurden neben dem **Genus *Clostridium*** die **Genera *Caloramater, Filifactor, Moorella, Oxobacter*** und ***Oxalophagus***. In Lebensmitteln hat nur das Genus *Clostridium* eine Bedeutung.

Wichtige Species des Genus *Clostridium*

- Proteolytische Arten: *C. putrifaciens, C. histolyticum* u.a.
- Proteolytische und saccharolytische Arten: *C. perfringens, C. sporogenes* u.a.
- Saccharolytische Arten: *C. butyricum*, *C. tyrobutyricum, C. pasteurianum* u.a.

Vorkommen Erdboden

Eigenschaften Grampositive Stäbchen, anaerob (Eh unter +150 mV). Für die meisten Arten ist der pH-Wert von 6,5–7,0 und die Temperatur zwischen 30 ° und 37 °C optimal.

Bedeutung
- Verderb pasteurisierter und sterilisierter Lebensmittel
- „Lebensmittelvergiftungen“ durch *C. perfringens* und *C. botulinum*

8.5 E. Genus Staphylococcus, Genus Micrococcus, Genus Kocuria, Genus Macrococcus u.a.

(STACKEBRANDT et al., 1995, PROBST et al., 1998)

Alle Kokken dieser Gruppe sind grampositiv und Katalase-positiv. Eine Differenzierung ist möglich mit den Multitest-Systemen API Staph und ID 32 Staph (bioMérieux). Bakterien des Genus *Micrococcus* sind resistent gegenüber Lysostaphin, während Bakterien des Genus *Staphylococcus* diese Resistenz nicht aufweisen. Der Lysostaphin-Test kann mit einem Testkit durchgeführt werden (Fa. Creatogen BioSciences).

Genus Staphylococcus

Species *Staphylococcus (St.) aureus, St. hyicus, St. intermedius, St. epidermidis, St. xylosus, St. carnosus*, *St. condimenti, St. schleiferi* u.a.

Vorkommen Erdboden, Haut und Schleimhaut von Mensch und Tier

Bedeutung
- Verderb von Lebensmitteln
- „Lebensmittelvergiftungen“ durch Enterotoxin bildende Staphylokokken
- Starterkulturen für Rohwurst und Schinken *(St. carnosus, St. xylosus)*

Genus Micrococcus

Das Genus *Micrococcus* wurde neu geordnet. Neben dem Genus *Micrococcus* wurden eingeführt die **Genera *Dermacoccus, Kocuria, Kytococcus, Nesterenkonia*** und ***Stomatococcus*** (STACKEBRANDT et al., 1995).

Eine große Ähnlichkeit besteht zwischen dem Genus *Micrococcus* und dem Genus *Arthrobacter*. Einige Mikrokokken wurden auch dem Genus *Arthrobacter* zugeordnet. So ist die frühere Art *Micrococcus agilis* nunmehr *Arthrobacter agilis*.

Species	*Micrococcus (M.) luteus* u.a.
Vorkommen	Erdboden, Haut und Schleimhaut von Mensch und Tier
Bedeutung	Verderb von Lebensmitteln

Genus Kocuria

Species	*Kocuria (K.) rosea, K. varians, K. kristinae*
Vorkommen	Erdboden, Haut
Bedeutung	Starterkultur für Rohwurst (*K. varians*, ehemals *Micrococcus varians*)

Genus Macrococcus

Species	*Macrococcus caseolyticus* u.a. (KLOOS et al., 1998)
Eigenschaften	Grampositive Kokken, meist in Paaren und Tetraden oder kurzen Ketten. Die Kokken sind größer als Staphylokokken (2,5–4 x größer als z.B. *Staphylococcus* spp.). Makrokokken sind fakultativ anaerob, Koagulase-negativ, Katalase- und Oxidase-positiv.
Vorkommen	Rohmilch, Frischfleisch, Fleischprodukte

Die Genera *Kytococcus, Dermacoccus, Nesterenkonia und Stomatococcus* haben in Lebensmitteln keine Bedeutung.

8.6 F1. Gruppe unregelmäßig geformter Katalase-positiver Stäbchen

Die Einordnung der verschiedenen Genera in diese Gruppe folgt ausschließlich praktischen Gesichtspunkten. Die Mehrzahl der Bakterien dieser Gruppe bildet unregelmäßig geformte grampositive Stäbchen, einige zeigen ein gramnegatives Farbverhalten. Nur die wesentlichen Genera sind nachfolgend aufgeführt. Nähere Angaben zur Differenzierung innerhalb der Genera siehe in „Bergey's Manual of Determinative Bacteriology", 9th ed., S. 571–596, 1994.

Genus Arthrobacter

Species *Arthrobacter globiformis* u.a.

Eigenschaften Zellen junger Kulturen bilden unregelmäßig geformte Stäbchen, oft in V-Form, in älteren Kulturen (2–7 Tage) Bildung großer kokkoider Zellen (Verwechslung mit Mikrokokken). Der Zyklus Stäbchen–Kokken ist typisch. Die Zellen sind strikt aerob und Katalase-positiv. Aus Glucose wird wenig oder keine Säure und Gas gebildet. Optimale Vermehrungstemperatur 25 °–30 °C.

Vorkommen Erdboden

Bedeutung Schleimbildung auf Frischfisch, Teil der Flora von Schinken

Genus Brevibacterium

Species *Brevibacterium linens* u.a.

Eigenschaften Grampositive, unregelmäßig geformte Stäbchen (0,6–1,2 x 1,5–6 μm), ältere Kulturen (3–7 Tage) kokkoid, obligat aerob, Katalase-positiv, optimale Vermehrungstemperatur 20 °–35 °C. Casein und Gelatine werden hydrolysiert, keine oder schwache Säurebildung aus Glucose und anderen Kohlenhydraten. Die Kolonien sind gelb-orange oder purpurfarben.

Vorkommen Milchprodukte, menschliche Haut

Bedeutung Reifung von Käse, Aromabildung, Rotschmierekultur (z.B. Steinbuscher, Romadur)

Genus Cellulomonas

Species *Cellulomonas flavigena* u.a.

Eigenschaften Junge Kulturen (24 h) gramnegative Stäbchen, ältere grampositiv bis gramvariabel (schnelles Entfärben bei der Alkoholbehandlung). Stäbchen sind unregelmäßig geformt, V-Bildung, kurze Stäbchen bis Kokkenform, fakultativ anaerob, Katalase-positiv, Bildung gelber Kolonien, optimale Temperatur 30 °C.

Vorkommen Erdboden, zersetztes pflanzliches Material

Bedeutung Verderb von Oliven

Genus Corynebacterium

Species *Corynebacterium (C.) diphtheriae, C. bovis, C. glutamicum* u.a.

Eigenschaften Grampositive, keulenförmig angeschwollene Stäbchen, oft in V-Form oder parallel gelagert, häufig Granula in den Zellen,

	unbeweglich, fakultativ anaerob, Katalase-positiv, Säure aus Glucose.
Vorkommen	Erdboden, Haut, Milchprodukte
Bedeutung	– Saprophytische Flora – *C. glutamicum* zur Herstellung von Glutaminsäure

Genus Curtobacterium

Species	*Curtobacterium (C.) citreum, C. luteum, C. plantarum* u.a.
Eigenschaften	Grampositive Stäbchen in jungen Kulturen, ältere (7 Tage bei 25 °C) sind kokkoid, oft V-Form, obligat aerob, Kolonien gewöhnlich gelb oder orange, Katalase-positiv.

Genus Microbacterium (TAKEUCHI und HATANO, 1998)

Species	*Microbacterium (M.) lacticum, M. liquefaciens* u.a.
Eigenschaften	Grampositive Stäbchen, in älteren Kulturen auch Kokkenform, Lagerung der Zellen oft als V, Katalase-positiv, aerob, schwaches anaerobes Wachstum. Auf Hefeextrakt-Glucose-Agar sind die Kolonien glänzend und opaque, oft gelblich pigmentiert, Säurebildung aus Glucose. *M. lacticum* und *M. laevaniformans* überstehen eine Erhitzung bei 63 °C für 30 min. Zahlreiche Species des früheren Genus *Aureobacterium* wurden dem Genus *Microbacterium* zugeordnet.
Vorkommen	Milch und Milchprodukte

Genus Propionibacterium

Species	„Klassische Propionibakterien": *Propionibacterium (P.) freudenreichii, P. jensenii, P. thoenii, P. acidipropionici*. Propionibakterien der Haut: *P. acnes, P. granulosum*.
Eigenschaften	Grampositive, unbewegliche, Katalase-positive, pleomorphe (fadenförmig, kokkenähnlich, gekrümmt bis V-förmig, Y-förmig durch Verzweigung) grampositive anaerobe bis aerotolerante Stäbchen. Die Kolonien sind cremefarben, gelb, orange oder rot. Aus Lactat Bildung von Essigsäure, Propionsäure und Kohlendioxid.
Vorkommen	– „Klassische Propionibakterien" im Käse – Haut *(P. acnes, P. granulosum)*
Bedeutung	– Käserei, Lochbildung und Reifungsflora im Käse (Emmentaler) – Beteiligt an der Akne der Haut

F2. Gruppe regelmäßig geformter Katalase-positiver Stäbchen

Genus Brochothrix

Species *Brochothrix (B.) thermosphacta, B. campestris*

Eigenschaften Diese grampositiven Stäbchen sind eng verwandt (16S rRNA) mit den Listerien und Laktobazillen. Sie bilden Stäbchen, ältere Kulturen sind kokkoid. *Brochothrix* spp. sind fakultativ anaerob, unbeweglich, Katalase-positiv. Der Glucoseabbau erfolgt fermentativ, jedoch ohne Gasbildung. Optimale Vermehrungstemperatur 20 °–25 °C, auch bei 0 °C ist eine Vermehrung möglich. Selektiver Nachweis auf STA-Agar oder SIN-Agar.

Vorkommen Frischfleisch von Schwein, Lamm, Rind, bes. vakuumverpackt

Bedeutung Verderb von Kühlfleisch (Bildung von Milch- und Essigsäure, flüchtige Fettsäuren, Acetoin)

Genus Kurthia

Species *Kurthia zopfii* u.a.

Eigenschaften Grampositive Stäbchen, lange Ketten, ältere Kulturen (3 Tage) kokkoid, obligat aerob, schwache Säurebildung aus Glucose, Katalase-positiv. Auf Hefeextrakt-Agar Kolonien rhizoid (ähnliches Koloniebild wie Bazillen). Ähnlichkeit auch *mit Brochothrix thermosphacta*. Das Genus *Brochothrix* ist jedoch fakultativ anaerob.

Vorkommen Geflügel, Fleisch, Milch

Genus Listeria

Eigenschaften siehe unter pathogene Bakterien

8.7 G. Obligat anaerobe, grampositive Kokken

Genus Peptococcus, Genus Peptostreptococcus, Genus Sarcina u. a.

Vorkommen Schleimhaut, Haut, Erdboden

Eigenschaften Katalase-negative Kokken, Lagerung in Paaren, Ketten oder Paketen

Bedeutung Saprophytäre Flora ohne Bedeutung für den Verderb von Produkten

8.8 H. Genus Streptococcus, Genus Enterococcus, Genus Lactococcus, Genus Leuconostoc, Genus Oenococcus, Genus Weissella, Genus Pediococcus, Genus Tetragenococcus

(WOOD und HOLZAPFEL, 1995, SALMINEN und von WRIGHT, 1998)

Genus Streptococcus
(SCHLEIFER und LUDWIG, 1995, HARDIE und WHILEY, 1995)

Zum Genus *Streptococcus* gehören mehrere Gruppen und zahlreiche Arten, pyogene Streptokokken (z.B. *S. pyogenes, S. agalactiae*) und orale Streptokokken (z.B. *S. mutans*-Gruppe mit *S. mutans, S. sobrinus* u.a., *S. salivarius*-Gruppe mit *S. salivarius, S. thermophilus* u.a., *S. anginosus*-Gruppe mit *S. anginosus* und *S. intermedius* u.a., *S. oralis*-Gruppe mit *S. oralis, S. pneumoniae* u.a.)

Eigenschaften Grampositive Kokken, teilweise ovale Zellen, unbeweglich, fakultativ anaerob, Katalase-negativ (genauere Identifizierungsmerkmale siehe „Bergey's Manual of Determinative Bacteriology", 9th ed., S. 555–558, 1994).

Bedeutung
- Medizinische Bedeutung (z.B. Pharyngitis, Entzündungen des Respirationstraktes, Endocarditis)
- *S. thermophilus* (optimale Temperatur 40–43 °C, Bildung von L(+)-Milchsäure, homofermentativ) als Starter für Joghurt, Emmentaler, Harzer

Genus Enterococcus (DEVRIESE und POT, 1995, LECLERC et al., 1996)

Species Zum Genus *Enterococcus* gehören zahlreiche Arten, die wichtigsten sind *E. faecalis* und *E. faecium*

Vorkommen von *E. faecalis* und *E. faecium*
Darmkanal von Mensch und Tier, Pflanzen

Eigenschaften Grampositive runde bis ovale Zellen, fakultativ anaerob, Katalase-negativ, Reduzierung von 2,3,5-Triphenyl-Tetrazolium-Chlorid (TTC) zu rotem Formazan. Nicht alle Stämme von *E. faecium* reduzieren jedoch TTC (DEVRIESE et al., 1995). Differenzierung der Enterokokken z.B. mit API Rapid Strep System.

Bedeutung
- „Faekalstreptokokken" in Trinkwasser
- Bildung biogener Amine (z.B. aus Tyrosin Tyramin)
- Reifungsflora im Käse *(E. faecalis, E. durans)*, Abbau von Proteinen, Aromabildung

Genus Lactococcus (TEUBER, 1995)

Species	*L. lactis, L. lactis* subsp. *lactis, L. lactis* subsp. *cremoris, L. lactis* subsp. *hordniae, L. raffinolactis, L. plantarum, L. garvieae, L. piscium*
Vorkommen	Pflanzen, pflanzliche Lebensmittel, Rohmilch, Milchprodukte
Eigenschaften	Grampositive runde oder ovale Zellen, in Paaren oder kurzen Ketten, fakultativ anaerob, hauptsächlich Bildung von L(+)-Milchsäure aus Kohlenhydraten, keine Gasbildung. Katalase-negativ, optimale Temperatur 30 °C, Vermehrung auch bei 10 °C. *L. lactis* subsp. *lactis* bildet γ-Aminobuttersäure, *L. lactis* subsp. *cremoris* bildet diese nicht (NOMURA et al., 1999).
Bedeutung	Starter für Milchprodukte

Tab. IV.8-2: Laktokokken als Starterkulturen für Milchprodukte

Art der Produkte	Starterkultur
Cheddar, Camembert, Tilsiter	*Lactococcus (L.) lactis* subsp. *cremoris* *L. lactis* subsp. *lactis*
Quark, Hüttenkäse, Edamer	*L. lactis* subsp. *cremoris, Leuconostoc mesenteroides* subsp. *cremoris*
Buttermilch, Gouda	*L. lactis* subsp. *cremoris* *Leuconostoc mesenteroides* subsp. *cremoris* *Candida kefir, Lactobacillus kefir,* *L. lactis* subsp. *lactis*

Genus Leuconostoc (DELLAGLIO et al., 1995)

Species	*Leuconostoc (Lc.) mesenteroides* subsp. *mesenteroides, Lc. mesenteroides* subsp. *dextranicum, Lc. mesenteroides* subsp. *cremoris, Lc. paramesenteroides* (neuer Name *Weissella paramesenteroides*), *Lc. lactis, Lc. oenos* (neuer Name *Oenococcus oeni*), *Lc. carnosum* , *Lc. gelidum* u.a.
Vorkommen	Pflanzen, Milchprodukte, pflanzliche Produkte, Fleischprodukte
Eigenschaften	Grampositive runde bis ovale Zellen, auf festen Medien kurze Stäbchen (Verwechslungsmöglichkeit mit Laktobazillen), Katalase-negativ, fakultativ anaerob. Glucose wird fermentiert, Säure- und gewöhnlich Gasbildung. Hauptfermentationsprodukte sind Ethanol und D(–)-Laktat. Optimale Temperatur 20–30 °C. *Lc. carnosum* und *Lc. gelidum* vermehren sich auch bei 1 °C.

Bedeutung
- Verderb von Feinkosterzeugnissen, Flüssigzucker (Dextranbildung), Getränken
- Verderb vakuumverpackten Frischfleisches oder von vakuumverpackter Brühwurst durch *Lc. carnosum, Lc. gelidum* und *Lc. citreum*
- Fermentation von Wein *(Oenococcus oeni),* biologischer Säureabbau
- Sauerkrautherstellung
- Starterkultur für Milchprodukte (Dickmilch, Sauerrahmbutter [Diacetylbildung])
- Herstellung von Dextranen

Genus Oenococcus (AXELSSON, 1998)

Species *Oenococcus oeni* (früher *Leuconostoc oenos*)

Vorkommen Weinbeeren

Bedeutung Abbau von Äpfelsäure zu Weinsäure

Genus Weissella (COLLINS et al., 1993)

Species *Weissella (W.) kandleri* (ehemals *Lactobacillus kandleri), W. confusa* (ehemals *Lactobacillus confusus), W. viridescens* (ehemals *Lactobacillus viridescens), W. paramesenteroides* (ehemals *Leuconostoc paramesenteroides*) u.a.

Eigenschaften Grampositive kurze Stäbchen oder kokkoide Zellen, einzeln, in Paaren oder kurze Ketten bildend, Katalase-negativ, heterofermentativ. Die Differenzierung des Genus *Weissella* vom Genus *Leuconostoc* erfordert den Nachweis zahlreicher Merkmale. *W. confusa, W. halotolerans, W. kandleri* und *W. minor* hydrolysieren im Gegensatz zum Genus *Leuconostoc* Arginin und bilden daraus Ammoniak. *W. paramesenteroides, W. hellenica* und *W. viridescens* vermögen Arginin nicht zu hydrolysieren. Eine Unterscheidung ist jedoch biochemisch möglich (COLLINS et al., 1993, System API 50 CHL oder andere geeignete Testsysteme).

Bedeutung Verderb von Lebensmitteln, z.B. Frischfleisch und Brühwurst (vakuumverpackt) durch *W. paramesenteroides*

Genus Pediococcus (SIMPSON und TAGUCHI, 1995)

Species *P. damnosus, P. acidilactici, P. pentosaceus* u.a.

Eigenschaften Grampositive runde Zellen (nicht kokkoid), oft Bildung von Tetraden, fakultativ anaerob, Glucose wird ohne Gasbildung fermentiert (homofermentativ), Katalase-negativ, Schlüssel zur Identifizierung von Pediokokken siehe SIMPSON und TAGUCHI, 1995, S. 155 ff.

Vorkommen Pflanzen, pflanzliche und tierische Lebensmittel

Bedeutung
- Verderb von Bier (Bildung von Diacetyl) und Wein
- Verderb von Fleischerzeugnissen, Feinkostprodukten
- Starterkultur für Rohwurst *(P. acidilactici, P. pentosaceus)*

Differenzierung der Genera Streptococcus, Enterococcus, Lactococcus, Leuconostoc, Pediococcus und Tetragenococcus

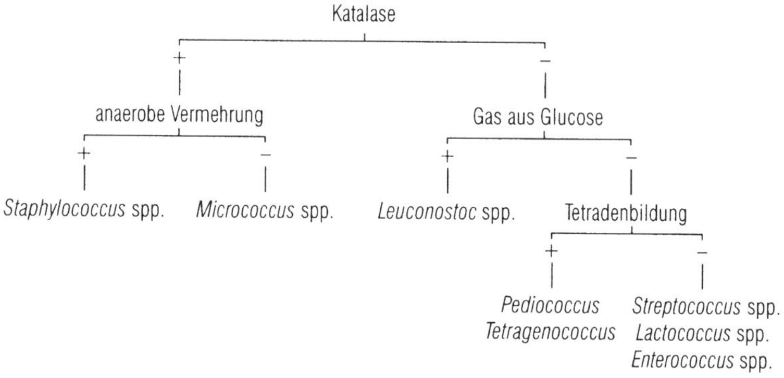

Katalase
- \+ anaerobe Vermehrung
  - \+ *Staphylococcus* spp.
  - – *Micrococcus* spp.
- – Gas aus Glucose
  - \+ *Leuconostoc* spp.
  - – Tetradenbildung
    - \+ *Pediococcus*, *Tetragenococcus*
    - – *Streptococcus* spp., *Lactococcus* spp., *Enterococcus* spp.

Abb. IV.8-1: Schlüssel zur Differenzierung grampositiver Kokken

Anmerkungen: Die Zellform (Tetradenbildung) sollte aus einer Bouillonkultur im Nativpräparat (Phasenkontrast), die Gasbildung aus Glucose in der MRS-Bouillon mit Durham-Röhrchen geprüft werden. Die Züchtung der Milchsäurebakterien sollte anaerob erfolgen. Bei vollem Sauerstoffpartialdruck der Luft kommt es zur Anreicherung von Peroxid und damit zur Wachstumshemmung. Es entstehen kleinere Kolonien, und die Zellen wachsen wegen der Hemmung der Querwandbildung zu langen Fäden; kokkoide Zellen können zu stäbchenartigen Zellen werden. Genauere Differenzierung aufgrund zahlreicher biochemischer Merkmale (z.B. API 20 Strep, Bergey's Manual, 9th ed., 1994).

Tab. IV.8-3: Unterscheidungsmöglichkeiten zwischen den Genera Streptococcus, Enterococcus und Lactococcus

Merkmale	Genera *Streptococcus*	 *Enterococcus*	 *Lactococcus*
Vermehrung bei +10 °C	meist –	+	+
Vermehrung bei pH 9,6	–	+	–

Tab. IV.8-4: Identifizierung von Enterococcus faecalis und E. faecium

Merkmal	*E. faecalis*	*E. faecium*
Reduktion von 2,3,5-Triphenyltetrazoliumchlorid (2,3,5-TTC) zu Formazan (roter Farbstoff)	Kolonien rot, z.B. auf m-Enterococcus-Agar, CATC-Agar oder Barnes-Agar	Kolonien rosafarben oder weiß auf m-Enterococcus-Agar, CATC-Agar oder Barnes-Agar
Säure aus:		
Melezitose	(+)	–
Sorbit	(+)	–

Genus Tetragenococcus (AXELSSON, 1998, GÜRTLER et al., 1998)

Tetragenococcus halophilus (früher *Pediococcus halophilus*) benötigt für die Vermehrung 5 % NaCl (Toleranz bis 18 %) und ist bedeutend für die Milchsäurefermentation von Soja-Soße. Wie bei Arten der Genera *Pediococcus* und *Aerococcus* treten die Kokken als Tetraden auf.

8.9 I. Genus Lactobacillus, Genus Paralactobacillus und Genus Carnobacterium (HAMMES und VOGEL, 1995, SCHILLINGER und HOLZAPFEL, 1995, STILES und HOLZAPFEL, 1997, SALMINEN und von WRIGHT, 1998, LEISNER et al., 2000)

Genus Lactobacillus

Eigenschaften Grampositive kurze bis lange Stäbchen, häufig auch kokkoide Zellen, die zur Verwechslung mit dem Genus *Leuconostoc* und dem Genus *Streptococcus* führen können. Einige Stämme und Species bilden Ketten (abhängig vom pH-Wert und der Zusammensetzung des Mediums). Kokkoide Formen kommen unter den obligat heterofermentativen Laktobazillen und bei *L. sakè* vor. Laktobazillen sind mikroaerophil, einige anaerob. Das

Oberflächenwachstum wird bei reduzierter Sauerstoffspannung und einem CO_2-Gehalt von 5–10 % gefördert. Einige Stämme bilden bipolare Körper und Granula, die bei der Gram- und Methylblaufärbung erkennbar sind. Der Stoffwechsel ist fermentativ. Laktobazillen sind obligat saccharolytisch, Katalase-negativ. Sehr eng verwandt mit dem Genus *Lactobacillus*, und speziell dem obligat homofermentativen Arten, ist das Genus *Paralactobacillus* (LEISNER et al., 2000).

Vermehrungstemperatur

+2 °C bis 55 °C, Optimum 30 °– 40 °C. *L. algidus* (Verderb von Frischfleisch) vermehrt sich bei 0 °C bis 25 °C, nicht bei 30 °C (KATO et al., 2000). Optimaler pH-Bereich 5,5–6,2, Vermehrung bis etwa pH 3,6 (Bereich 3,6 bis 7,2), *L. suebicus* vermehrt sich bei pH 2,8 und 14 vol% Alkohol

Vorkommen Pflanzen, Mundhöhle, Darm und zahlreiche Lebensmittel

Einteilung der Laktobazillen

- Obligat homofermentative Laktobazillen (Hexosen werden zu Milchsäure fermentiert, Pentosen werden nicht fermentiert): *L. delbrueckii* subsp. *bulgaricus, L. helveticus* u.a.
- Fakultativ heterofermentative Laktobazillen (Hexosen werden zu Milchsäure oder zu Milchsäure, Essigsäure, Ethanol, Ameisensäure fermentiert, Pentosen zu Milchsäure und Essigsäure, kein CO_2 aus Glucose): *L. plantarum, L. zeae (= L. casei)* (DICKS et al., 1996), *L. sakei, L. curvatus* u.a.
- Obligat heterofermentative Laktobazillen (Hexosen werden zu Milchsäure, Essigsäure, Ethanol und CO_2, Pentosen zu Milchsäure und Essigsäure fermentiert): *L. kefir, L. buchneri, L. brevis, L. reuteri* u.a.

Bedeutung

- Herstellung von Lebensmitteln (Fermentationen)
  Sauerkraut (*L. brevis, L. plantarum* u.a.), Oliven, Pickles
  Sauerteig (*L. fermentum, L. plantarum, L. sanfrancisco* u.a.)
  Joghurt (*L. delbrueckii* subsp. *bulgaricus und Streptococcus thermophilus*)
  Kefir (Kefirkörner: *Candida kefir, Leuconostoc sp., Lactococcus sp., Lactobacillus (L.) kefir, L. kefiranofaciens*)
  Acidophilusmilch (*Lactobacillus acidophilus*)
  Käse, z.B. Gryere, Gorgonzola, Mozarella (*Lactobacillus helveticus, L. delbrueckii* subsp. *lactis* und subsp. *bulgaricus*)
  Cheddar (*L. casei, L. plantarum, L. brevis, L. buchneri*)
- Rohwurst (*Lactobacillus sakei, L. curvatus, L. plantarum*)

- Probiotische Kulturen (*L. acidophilus, L. rhamnosus, L. johnsonii, L. casei* bzw. *L. zeae* [SCHILLING, 1999])
- Verderb von Lebensmitteln (Getränke, Feinkosterzeugnisse, Milch und Milchprodukte, Fleisch und Fleischerzeugnisse, Gemüseprodukte, Bier; Abbau von Stärke durch *L. amylovorus*, *L. amylophilus*, Stämme von *L. plantarum*, *L. manihotivorans* [MORLON-GUYOT et al., 1998])
- Herstellung von Milchsäure
- Bildung von Bacteriocinen

Genus Paralactobacillus (LEISNER et al., 2000)

Species *Paralactobacillus selangorensis*

Eigenschaften Grampositive Stäbchen, einzeln, in Paaren, bei älteren Kulturen kurze Ketten, homofermentativ, Katalase-negativ, Bildung von L(+)-Milchsäure aus Glucose, kein Gas aus Glucose, Säure aus Mannose, Salicin, Lactose, Melibiose, Raffinose, Ribose oder Xylose. Vermehrung auf Acetat-Agar, Säurebildung bis pH $<4{,}1$. Eine Unterscheidung vom Genus *Lactobacillus* ist durch zahlreiche biochemische Merkmale möglich. Von den obligat homofermentativen Laktobazillen unterscheidet sich das Genus *Paralactobacillus* in der 16S-rRNA.

Genus Carnobacterium

Species *Carnobacterium (C.) divergens, C. gallinarum, C. mobile, C. piscicola* u.a.

Eigenschaften Grampositive Stäbchen, Vermehrung bei 0 °C, nicht jedoch bei 45 °C, vorwiegend Bildung von L(+)-Milchsäure aus Glucose, Katalase-negativ, keine Vermehrung auf Medien mit Acetat bei pH-Werten unterhalb von 6,0 und auf MRS-Agar (pH 5,7). Kultivierung auf CASO-Agar + 0,3 % Hefeextrakt, Tryptic-Soy-Agar + 0,3 % Hefeextrakt oder APT-Medium (pH 7,0) bei 25 °C für 24–48 h aerob oder schwach reduzierter Atmosphäre.

Vorkommen Frischfleisch (besonders bei höherem pH-Wert auf Fascien und Vakuumverpackung), Fisch

Bedeutung Teil der Verderbsflora bei Frischfleisch, Geflügel und Frischfisch. Nachgewiesen auch bei vakuumverpacktem Räucherfisch nach Verunreinigung bei der Verpackung. D-Wert im Bücklingsfleisch $D_{60\,°C} = 0{,}76$ min (BETTMER, 1987)

Tab. IV.8-5: Unterscheidungsmöglichkeiten zwischen den Genera Lactobacillus, Paralactobacillus und Carnobacterium

Genera	Vermehrung auf Medien mit Acetat (z.B. MRS-Agar, pH 5,4, eingestellt mit Essigsäure, aerobe Bebrütung)	Vermehrung bei	
		pH 9,0	pH 4,5
Lactobacillus	+	–	+
Paralactobacillus	+	n.n.	+
Carnobacterium	–	+	–

n.n. = nicht nachgewiesen

Literatur

1. AXELSSON, L., Lactic acid bacteria: Classification and physiology, in: Lactic acid bacteria, ed. by S. Salminen and A. von Wright, Marcel Dekker Inc., 1-72, 1998
2. BAUMGART, J., HUSEMANN, M., SCHMIDT, C., *Alicyclobacillus acidoterrestris*: Vorkommen, Bedeutung und Nachweis in Getränken und Getränkegrundstoffen, Flüssiges Obst 64, 178-180, 1997
3. BAUMGART, J., MENJE, S., The impact of *Alicyclobacillus acidoterrestris* on the quality of juices and soft drinks, Fruit Processing 10, 251-254, 2000
4. Bergey's Manual of Determinative Bacteriology, 9th ed., Williams & Wilkins, Baltimore, 1994
5. BETTMER, H., Vorkommen und Bedeutung von *Lactobacillus divergens* bei vakuumverpacktem Bückling, Diplomarbeit, FH Lippe, Lemgo, 1987
6. COLLINS, M.D., SAMELIS, J., METAXOPOULOS, J., WALLBANKS, S., Taxonomic studies on some leuconostoc-like organisms from fermented sausages: description of a new genus *Weissella* for the *Leuconostoc paramesenteroides* group of species, J. appl. Bacteriol. 75, 595-603, 1993
7. COLLINS, M.D., LAWSON, P.A., WILLEMS, A., CORDOBA, J.J., FERNANDEZ-GARAYZABAL, J., GARCIA, P., CAI, J., HIPPE, H., FARROW, J.A., The phylogeny of the genus *Clostridium*: Proposal of five new genera and eleven new species combinations, Int. J. System. Bacteriol. 44, 812-826, 1994
8. DELLAGLIO, F., DICKS, L.M.T., TORRIANI, S., The genus *Leuconostoc*, in: The Lactic Acid Bacteria, Vol. 2, ed. by B.J.B. WOOD and W.H. HOLZAPFEL, Chapman & Hall, London, 235-278, 1995
9. DEVRIESE, L.A., POT, B., VANDAMME, L., KERSTERS, K., HAESEBROUK, F., Identification of *Enterococcus* species isolated from foods of animal origin, Int. J. Food Microbiol. 26, 187-197, 1995
10. DEVRIESE, L.A., POT, B., The genus *Enterococcus*, in: The Lactic Acid Bacteria, Vol. 2, ed. by B.J.B. WOOD and W.H. HOLZAPFEL, Chapman & Hall, London, 327-367, 1995

11. DICKS, L.M.T., DU PLESSIS, E.M., DELLAGLIO, F., LAUER, E., Reclassification of *Lactobacillus casei* ATCC 393 and *Lactobacillus rhamnosus* ATCC 15820 as *Lactobacillus zeae* nom. rev., designation of ATCC 334 as the neotype of *L. casei* subsp. *casei*, and rejection of the name *Lactobacillus paracasei*, Int. J. Syst. Bacteriol. 46, 337-340, 1996
12. GAVINI, F., MERGAERT, J., BEJI, A., MIELCAREK, CH., IZARD, D., KERSTERS, K., DE LEY, J., Transfer of *Enterobacter agglomerans* (Beijerinck 1888) Ewing and Fife 1972 to *Pantoea* gen. nov. as *Pantoea agglomerans* comb. nov. and description of *Pantoea dispersa* sp. nov., Int. J. Syst. Bacteriol. 39, 337-345, 1989
13. GÜRTLER, M., GÄNZLE, M.G., WOLF, G., HAMMES, W.P., Physiological diversity among strains of *Tetragenococcus halophilus*, Syst. Appl. Microbiol. 21, 107-112, 1998
14. HAMMES, W.P., VOGEL, R.F., The genus *Lactobacillus*, in: The Lactic Acid Bacteria, Vol. 2, ed. by B.J. B. WOOD and W.H. HOLZAPFEL, Chapman & Hall, London, 19-54, 1995
15. HARDIE, J.M., WHILEY, R.A., The genus *Streptococcus*, in: The Lactic Acid Bacteria, Vol. 2, ed. by B.J.B. WOOD and W.H. HOLZAPFEL, Chapman & Hall, London, 55-124, 1995
16. HARKER, M., HIRSCHBERG, J., OREN, A., *Paracoccus marcusii* sp. nov., an orange gram-negative coccus, Int. J. Syst. Bacteriol. 48, 543-548, 1998
17. HOLMES, B., International committee on systematic bacteriology, subcommittee on the taxonomy of *Flavobacterium* and Cytophaga-like bacteria, Int. J. Syst. Bacteriol. 47, 593-594, 1997
18. INOUE, K., MIKI, K., TAMURA, K., SAKAZAKI, R., Evaluation of L-pyrrolidonyl peptidase paper strip test for differentiation of members of the family Enterobacteriaceae, particulary *Salmonella* spp., J. Clinical Microbiol. 34, 1811-1812, 1996
19. JOOSTE, P.J., HUGO, C.J., Review: The taxonomy, ecology and cultivation of bacterial genera belonging to the family Flavobacteriaceae, Int. J. Food Microbiol. 53, 81-94, 1999
20. KATO, Y., SAKALA, R.M., HAYASHIDANI, H., KIUCHI, A., KANEUCHI, C., OGAWA, M., *Lactobacillus algidus* sp. nov., a psychrophilic lactic acid bacterium isolated from vacuum-packaged refrigerated beef, Int. J. Syst. Evol. Microbiol. 50, 1143-1149, 2000
21. KLOOS, W.E., BALLARD, D.N., GEORGE, C.G., WEBSTER, J.A., HUBNER, R.J., LUDWIG, W., SCHLEIFER, K.H., FIEDLER, F., SCHUBERT, K., Delimiting the genus *Staphylococcus* through description of *Macrococcus caseolyticus* gen. nov., comb. nov. and *Macrococcus equipercicus* sp. nov., *Macrococcus bovicus* sp. nov. and *Macrococcus carouselicus* sp. nov., Int. J. Syst. Bacteriol. 48, 859-877, 1998
22. LECLERC, H., DEVRIESE, L.A., MOSSEL, D.A.A., Taxonomical changes in intestinal (faecal) enterococci and streptococci: consequences on their use as indicators of faecal contamination in drinking water, J. appl. Bact. 81, 459-466, 1996
23. LEISNER, J.J., VANCANNEYT, M., GORIS, J., CHRISTENSEN, H., RUSUL, G., Description of *Paralactobacillus selangorensis* gen. nov., sp. nov., a new lactic acid bacterium isolated from chili bo, a Malaysian food ingredient, Int. J. Syst. Evol. Microbiol. 50, 19-24, 2000
24. LOGAN, N.A., Bacterial systematics, Blackwell Wissenschafts-Verlag, Düsseldorf, 1994

25. MORLON-GUYOT, J., GUYOT, J.P., POT, B., DE HAUT, I.J., RAIMBAULT, M., *Lactobacillus manihotivorans* sp. nov., a new starch-hydrolysing lactic acid bacterium isolated during cassava sour starch fermentation, Int. J. Syst. Bacteriol. 48, 1001-1009, 1998
26. NOMURA, M., KIMOTO, H., SOMEYA, Y., SUZUKI, I., Novel characteristic for distinguishing *Lactococcus lactis* subsp. *lactis* from subsp. *cremoris*, Int. J. Syst. Bacteriol. 49, 163-166, 1999
27. OTTE, I., TOLLE. A., SUHREN, G., Zur Analyse der Mikroflora von Milch und Milchprodukten, 1. Zur Anzüchtung der Bakterienflora und Isolierung zu identifizierender Kolonien, Milchwiss. 34, 85-88, 1979a
28. OTTE, I., TOLLE, A., HAHN, G., Zur Analyse der Mikroflora von Milch und Milchprodukten, 2. Miniaturisierte Primärtests zur Bestimmung der Gattung, Milchwiss. 34, 152-156, 1979b
29. PALLERONI, N.J., BRADBURY, J.F., *Stenotrophomonas*, a new bacterial genus for *Xanthomonas* (Hugh 1980) Swings et al. 1983, Int. J. Syst. Bacteriol. 43, 606-609, 1993
30. PROBST, A.J., HERTEL, Ch., RICHTER, L., WASSILL, L., LUDWIG, W., HAMMES, W.P., *Staphylococcus condimenti* sp. nov., from soy sauce mash, and *Staphylococcus carnosus* (Schleifer and Fischer 1982) subsp. *utilis* subsp. nov., Int. J. Syst. Bacteriol. 48, 651-658, 1998
31. RAINEY, F.A., KELLY, D.P., STACKEBRANDT, E., BURGHARDT, J., HIRAISHI, A., KATAYAMA, Y., WOOD, A.P., A re-evaluation of the taxonomy of *Paracoccus denitrificans* and proposal for the combination *Paracoccus pantotrophus* comb. nov., Int. J. Syst. Bacteriol. 49, 645-651, 1999
32. SALMINEN, S., von WRIGHT, A., Lactic acid bacteria – Microbiology and functional aspects, Marcel Dekker, Inc., New York und Basel, 1998
33. SCHILLINGER, U., Isolation and identification of lactobacilli from novel-type probiotic and mild yoghurts and their stability during refrigerated storage, Int. J. Food Microbiol. 47, 79-87, 1999
34. SCHILLINGER, U., HOLZAPFEL, W.H., The genus *Carnobacterium*, in: The Lactic Acid Bacteria, Vol. 2, ed. by B.J.B. WOOD and W.H. HOLZAPFEL, Chapman & Hall, London, 307-326, 1995
35. SCHLEIFER, K.H., LUDWIG, W., Phylogenetic relationships of lactic acid bacteria, in: The Lactic Acid Bacteria, Vol. 2, ed. by B.J.B. WOOD and W.H. HOLZAPFEL, Chapman & Hall, London, 7-18, 1995
36. SCHÜLLER, G., HERTEL, Ch., HAMMES, W.P., *Gluconacetobacter entanii* sp. nov., isolated from submerged high-acid industrial vinegar fermentations, Int. J. Syst. Evol. Microbiol. 50, 2013-2020, 2000
37. SEGERS, P., VANCANNEYT, M., POT, B., TORCK, U., HOSTE, B., DEWETTINCK, D., FALSEN, E., KERSTERS, K., DE VOS, P., Classification of *Pseudomonas diminuta* Leifson and Hugh 1954 and *Pseudomonas vesicularis* Büsing, Döll, and Freytag 1953 in *Brevundimonas* gen. nov. as *Brevundimonas diminuta* comb. nov. and *Brevundimonas vesicularis* comb. nov., respectively, Int. J. Syst. Bacteriol. 44, 499-510, 1994
38. SHAW, B.G., LATTY, J.B., A numerical taxonomic study of non-motile non fermentative gram-negative bacteria from foods, J. appl. Bact. 65, 7-21, 1988
39. SHIDA, O., TAKAGI, H., KADOWAKI, K. et al., Proposal for two new genera, *Brevibacillus* gen. nov. and *Aneurinbacillus* gen. nov., Int. J. Syst. Bacteriol. 46, 939-946,1996

40. SIMPSON, W.J., TAGUCHI, The genus *Pediococcus* with notes on the genera *Tetratogenococcus* and *Aerococcus*, in: The Lactic Acid Bacteria, Vol. 2, ed. by B.J.B. WOOD and W.H. HOLZAPFEL, Chapman & Hall, London, 125-172, 1995
41. STACKEBRANDT, E., KOCH, C., GVOZDIAK, O., SCHUMANN,P., Taxonomic dissection of the genus *Micrococcus*: *Kocuria* gen. nov., *Nesterenkonia* gen. nov., *Kytococcus* gen. nov., *Dermacoccus* gen. nov., and *Micrococcus* Cohn 1872 gen. emend., Int. J. System. Bacteriol. 45, 682-692, 1995
42. STILES, M.E., HOLZAPFEL, W.H., Review article: Lactic acid bacteria of foods and their current taxonomy, Int. J. Food Microbiol. 36, 1-29, 1997
43. SUTHERLAND, A.D., MURDOCH, R., Seasonal occurrence of psychrotrophic *Bacillus* species in raw milk, and studies on the interactions with mesophilic *Bacillus* sp., Int. J. Food Microbiol. 21, 279-292, 1994
44. TAKEUCHI, M., HATANO, K., Union of the genera *Microbacterium* Orla-Jensen and *Aureobacterium* Collins et al. in redefined genus *Microbacterium*, Int. J. Syst. Bacteriol. 48, 739-747, 1998
45. TEUBER, M., The genus *Lactococcus*, in: The Lactic Acid Bacteria, Vol. 2, ed. by B.J.B. WOOD and W.H. HOLZAPFEL, Chapman & Hall, London, 173-234, 1995
46. VANDAMME, P., BERNARDET, J.-F., SEGERS, P., KERSTERS, K., HOLMES, B., New perspectives in the classification of the Flavobacteria: Description of *Chryseobacterium* gen. nov., *Bergeyella* gen. nov., and *Empedobacter* nom. rev., Int. J. System. Bacteriol. 44, 827-831, 1994
47. VIALLARD, V., POIRIER, I., COURNOYER, B., HAURAT, J., WIEBKIN, S., OPHEL-KELLER, K., BALANDREAU, J., *Burkholderia graminis* sp. nov., a rhizospheric *Burkholderia* species, and reassessment of [*Pseudomonas*] *phenazinium*, [*Pseudomonas*] *pyrrocinia* and [*Pseudomonas*] *glathei* as *Burkholderia*, Int. J. Syst. Bacteriol. 48, 549-563, 1998
48. WISOTZKY, J.D., JURTSCHUK, P., FOX, G.E., DEINHARD, G., PORALLA, K., Comparative sequence analysis of the 16 rRNA (rDNA) of *Bacillus acidocaldarius*, *Bacillus acidoterrestris* and *Bacillus cycloheptanicus* and proposal for creation of a new genus, *Alicyclobacillus* gen. nov., Int. J. System. Bacteriol. 42, 263-269, 1992
49. WOOD, B.J.B., HOLZAPFEL, W.H., The genera of lactic acid bacteria, Chapman & Hall, 1995
50. YAMADA, Y., Transfer of *Acetobacter oboediens* Sokollek et al. 1998 and *Acetobacter intermedius* Boesch et al. 1998 to the genus *Gluconacetobacter* as *Gluconacetobacter oboediens* comb. nov. and *Gluconacetobacter intermedius* comb. nov., Int. J. Syst. Evol. Microbiol. 50, 2225-2227, 2000
51. YAMADA, Y., HOSHINO, K., ISHIKAWA, T., The phylogeny of acetic acid bacteria based on the partial sequences of 16S ribosomal RNA: The elevation of the subgenus *Gluconobacter* to the generic level, Biosci. Biotech. Biochem. 61, 1244-1251, 1997
52. ZIEMKE, F., HÖFLE, M., LALUCAT, J., ROSELLO-MORA, Reclassification of *Shewanella putrefaciens* Owen's genomic group II as *Shewanella baltica* sp. nov., Int. J. Syst. Bacteriol. 48, 179-186, 1998

V Identifizierung von Hefen in Lebensmitteln

D. Yarrow, R. A. Samson

1 Einleitung

Die Identifizierung gehört zu den Routineaufgaben in jedem lebensmittelmikrobiologischen Labor. Dazu wird das unbekannte Isolat einer Reihe von Tests und Beobachtungen unterzogen, um schließlich auf Grundlage der Ergebnisse einer bekannten taxonomischen Gruppe zugeordnet zu werden. Diese taxonomische Einordnung ist durch vorausgegangene Untersuchungen definiert, wobei die Organismen in Gruppen, in der Regel nach Genera, Species und Varietät, klassifiziert wurden. Für solche Untersuchungen werden oft Methoden eingesetzt, die für das Routinelabor technisch zu anspruchsvoll, zu zeitaufwändig oder zu teuer sind. Dazu gehören beispielsweise die klassischen und die molekulargenetischen Techniken oder Beobachtungen der Feinstruktur unter dem Elektronenmikroskop.

Üblicherweise werden Ergebnisse der Identifizierungstests und Beobachtungen berücksichtigt, um einem dichotomen Schlüssel, wie er am Ende dieses Kapitels und bei DEAK (1992) und DEAK und BEUCHAT (1996) aufgezeigt ist, zu folgen. Allerdings hat die Verwendung solcher Schlüssel auch einige Nachteile. Für einige Schlüssel muss zunächst das Genus mithilfe der Untersuchung bestimmter Eigenschaften, wie Anwesenheit und Form von Ascosporen, festgestellt werden. Erst danach kann man im Schlüssel für die Species weitergehen, was sehr Zeit raubend sein kann. BARNETT et al. (1990) entwickelten einen Schlüssel, der direkt zur Species führt. Er basiert auf ausschließlich physiologischen Untersuchungen oder auf einer Kombination von physiologischen und morphologischen und sexuellen Eigenschaften. Ein weiterer Nachteil der Schlüssel liegt darin, dass sie nur eine Auswahl derjenigen Species treffen, von denen der Autor des Schlüssels annimmt, sie kämen unter bestimmten Umständen am wahrscheinlichsten vor. Ein Isolat, das nicht zu dieser Auswahl gehört, wird entweder falsch identifiziert oder kann mithilfe dieses Schlüssels nicht identifiziert werden. Andererseits ist ein Schlüssel, der alle Hefen umfasst, sehr lang und erfordert die Durchführung vieler Tests (siehe BARNETT et al., 1990, Seite 699; der dort angegebene Schlüssel für alle 590 Species umfasst bis zu 69 Tests). Für jeden Schlüssel müssen alle notwendigen Untersuchungen abgeschlossen sein, damit das Isolat identifiziert werden kann. Wird etwa ein falsches Ergebnis für einen Test aufgezeichnet oder unterläuft ein Fehler beim Ablesen des Schlüssels, so dass man an einen falschen Punkt gelangt, ist entweder die Identifizierung falsch oder aber der Organismus wird als nicht identifizierbar eingestuft.

Durch die Anwendung von Computerprogrammen, wie der von BARNETT et al. (1994), können viele der Nachteile dieser Schlüssel behoben werden. Das Programm vergleicht die Muster der Ergebnisse mit den Eigenschaften der Species in seiner Datenmatrix. Selbst wenn unzureichende Untersuchungen durchgeführt wurden, kann eine genaue Identifizierung möglich sein, denn man erhält eine Liste der möglichen Species und eine Auflistung der Tests, die zur Vervollständigung der Identifizierung verlangt werden. Außerdem erlaubt das Programm dem Anwender eine gewisse Fehlertoleranz während des Vergleichsvorgangs bei den Testergebnissen oder der Eingabe der Ergebnisse.

Für die handelsüblichen Identifizierungskits gibt es entsprechende Computerprogramme, mit deren Hilfe die erreichten Ergebnisse verarbeitet werden. Dazu gehören die API 20 C und API YEAST-IDENT®-Kits. Diese Produkte wurden von KING und TÖRÖK (1992) überprüft. Biolog Inc. (USA) entwickelt derzeit ein System für Hefen, das auf einem der Systeme basiert, die zurzeit für Bakterien im Handel erhältlich sind. Für dieses System wird eine Standard-Mikrotiterplatte mit 96 Vertiefungen verwendet. Damit können gleichzeitig 95 Kohlenstoffquellen und eine Blindkontrolle getestet werden. Es gibt Computerprogramme, die eine manuelle oder automatische Ablesung und Eingabe der Ergebnisse mit einem Photometer ermöglichen, bevor die Daten verarbeitet und gespeichert werden (BOCHNER, 1989). Das System wurde evaluiert von PRAPHAILONG et al. (1997). Ähnliche, jedoch mehr detaillierte Systeme sind in der Entwicklung.

DEAK (1992) und DEAK und BEUCHAT (1996) schlugen ein vereinfachtes Identifizierungsschema für Hefen vor, die in Lebensmitteln vorkommen. Das Schema umfasst 76 Spezies und benötigt weniger als 20 physiologische Tests und morphologische Untersuchungen.

2 Isolierung von Hefen

Hefen kommen selten ohne Schimmelpilze oder Bakterien vor. Anreicherungstechniken sollten deshalb das Wachstum von Schimmelpilzen und Bakterien unterdrücken. Die Selektivität der Anreicherungsmedien beruht darauf, dass Hefen grundsätzlich in der Lage sind, bei pH-Werten und Wasseraktivitäten zu wachsen, bei denen die Vermehrung von Bakterien unterdrückt oder inhibiert wird. Auch Antibiotika können zur Unterdrückung von Bakterien eingesetzt werden. Fungistatische Substanzen zur Hemmung von Schimmelpilzen sollten jedoch mit Vorsicht eingesetzt werden, denn solche Verbindungen können auch ein Hefewachstum inhibieren.

Medien zum allgemeinen Nachweis von Hefen

Zur Isolierung von Hefen aus Lebensmitteln können viele Medien eingesetzt werden (DEAK, 1992) und DEAK und BEUCHAT (1996). Der *Second International Workshop for the Standardization of Methods for the Mycological Examination of Foods* (SAMSON et al., 1992) empfiehlt für Getränke, in denen die Hefen in der Regel vorherrschend sind, die Verwendung nicht selektiver Medien, wie Malzextrakt-Agar oder Trypton-Glucose-Hefeextrakt-Agar (TGY) mit Zusatz von Chloramphenicol oder Oxytetracyclin (100 mg/l). Bei Produkten, aus denen Hefen in Anwesenheit von Schimmelpilzen bestimmt werden müssen, ist der Dichloran-Bengalrot-Chloramphenicol-Agar (DRBC) vorzuziehen (KING et al., 1979).

Bei der Auswahl der Medien und der Inkubationstemperaturen sollte man das Substrat und die Herstellungs- oder Lagerbedingungen mit berücksichtigen. Zur Isolierung aus Marmelade oder ähnlichen Produkten sollte beispielsweise ein Medium mit einem hohen Zuckergehalt verwendet werden, denn die Hefen, die sich an solch eine hohe Konzentration angepasst haben, können zunächst nicht oder nur schlecht auf einem Medium wachsen, das nur 2 oder 4 % Zucker enthält. Medien mit 1 % Essigsäure sind zum Nachweis konservierungsstoffresistenter Hefen (*Zygosaccharomyes bailii, Pichia membranaefaciens* und *Schizosaccharomyces pombe*) in Säften, Saftgetränken, Saucen und essigsauren Gemüsen geeignet.

Viele Hefen sind mesophil; die Kulturen werden daher gewöhnlich bei 20 °–25 °C inkubiert. Niedrigere Temperaturen zwischen 4 ° und 15 °C sind für psychrophile Mikroorganismen notwendig. Die mikroskopische Untersuchung repräsentativer Kolonien ist wichtig, um sicherzustellen, dass man es wirklich mit einer Hefe zu tun hat.

Einzelheiten über die Isolierung von Hefen aus natürlichen Substraten sind den Veröffentlichungen von DAVENPORT (1980) und DEAK und BEUCHAT (1996) zu entnehmen.

Isolierung mit sauren Medien (pH 3,5–5,0)

Zur Ansäuerung von Medien wird entweder Salzsäure oder Phosphorsäure bevorzugt. Für eine allgemeine Isolierung ist der Einsatz organischer Säuren wie Essigsäure nicht empfehlenswert. Allerdings ist Essigsäure zur Isolierung von konservierungsstoff-resistenten Hefen hilfreich (siehe selektive Medien). Bei einem pH-Wert von 3,5 bis 4,0 dissoziieren organische Säuren nur wenig, und die hohe Konzentration nicht dissoziierter Säuren wirkt auf die meisten Hefen hemmend. Eine Ausnahme bilden *Zygosaccharomyces bailii, Z. bisporus, Schizosaccharomyces pombe* und einige Stämme von *Pichia membranaefaciens* und Species, die diesen Arten sehr ähnlich sind.

Direktisolierung mit festen Medien

Kommen Hefen in großen Mengen vor, können sie durch direktes Aufbringen des Materials oder einer Suspension des Materials (Herstellen einer Verdünnungsreihe) auf entweder angesäuerte Medien oder Medien, die Antibiotika enthalten, isoliert werden. Da Agar mit geringen pH-Werten beim Autoklavieren hydrolisiert, wird für angesäuerte Medien 1 M Salzsäure dem sterilisierten, geschmolzenen Agar bei einer Temperatur von 48 °C zugesetzt. Die Petrischalen werden sofort nach dem Mischen gegossen. In der Regel erreicht man durch den Zusatz von etwa 0,7 Vol % 1 M Salzsäure zu Glucose-Pepton-Hefeextrakt (GPY) und Hefe-Malz-Pepton (YM) den erwünschten pH-Wert von 3,7–3,8. Für quantitative Untersuchungen wird eine Verdünnungsreihe hergestellt. Für die Bestimmung von Hefen in Lebensmitteln und Getränken mit einem hohen a_w-Wert wird häufig 0,1 % Pepton als Verdünnungsmittel gewählt. Für Konzentrate, Sirupe und andere Proben mit niedrigem a_w-Wert wird ein Zusatz von 20–30 % Glucose (G/V) zum Peptonwasser (0,1 % Pepton) empfohlen.

Membranfiltration

Hefen können aus flüssigen Substraten und aus festen Substraten (Abspülen der Oberfläche) isoliert werden, indem man die Flüssigkeit membranfiltriert (MULVANY, 1969). Daran schließt sich eine Bebrütung der Filter auf der Oberfläche eines selektiven Agars an. Diese Methode ist besonders dann hilfreich, wenn Hefen in geringen Konzentrationen vorkommen.

Anreicherung mit flüssigen Medien

Wenn nur wenige Hefezellen vorhanden sind, ist eine Anreicherung erforderlich. In diesen Fällen wird das Material in ein flüssiges Medium gegeben, wobei der pH-Wert durch Zugabe von Salz- oder Phosphorsäure auf 3,7–3,8 eingestellt wurde. Die Entwicklung von Schimmelpilzen kann eingeschränkt werden, wenn man eine ca. 1 cm dicke Schicht steriles pharmazeutisches Paraffin über das Medium gießt. Dieses Verfahren kommt der Entwicklung fermentativer Species entgegen, kann aber bei der Gewinnung aerober Mikroorganismen versagen. Ein alternatives und bevorzugtes Verfahren ist die Züchtung in Kolben und eine Bebrütung in einem Schüttelapparat (WICKERHAM, 1951). Die Sporulierung der Schimmelpilze wird verhindert; sie sammeln sich in Klümpchen und können von den Hefen überwachsen werden. Die Hefen können von den Schimmelpilzen getrennt werden, indem man für einige Minuten die Klümpchen absetzen lässt. Auch durch eine aseptische Filtration (sterile Glaswolle) ist eine Abtrennung möglich. Sowohl fermentative als auch nicht fermentative Species werden mit dieser Methode gezüchtet.

Auch wenn sich die meisten Hefen bei einem pH-Wert von 3,7 vermehren, so gibt es doch einige Species, besonders die des Genus *Schizosaccharomyces,* die von sehr sauren Medien gehemmt werden. Solche Hefen werden am besten auf einem schwach sauren Medium mit einem pH-Wert im Bereich 4,5 bis 5,0 isoliert. Um das Wachstum von Bakterien zu unterdrücken, sollte der Zuckergehalt auf 40 % (G/V) erhöht werden.

Selektive Medien zum Nachweis bestimmter Hefen

Für die Isolierung von Hefen wurden verschiedene Medien beschrieben, die Antibiotika enthalten (DAVENPORT, 1980). Solche Medien wurden für die Isolierung eines bestimmten Genus, einer Art oder einer Hefe mit bestimmten Eigenschaften entwickelt. Diese Methoden beruhen auf der Verwendung von Antibiotika und anderen Inhibitoren oder selektiven Kohlenstoff- und Stickstoffquellen. Beispielsweise beschreiben VAN DER WALT und VAN DER KERKEN (1961) die Isolierung der Species *Dekkera* mithilfe eines Mediums, das Cycloheximid und Sorbinsäure enthält und einen pH-Wert von 4,8 besitzt. BEECH et al. (1980) untersuchten die Verwendung von Antibiotika wie Cycloheximid, Aureomycin, Chloramphenicol und Penicillin in Medien zur Isolierung von Hefen.

Medien mit niedriger Wasseraktivität

Die meisten Hefen können bei Zuckerkonzentrationen wachsen, die so hoch sind, dass das Wachstum vieler Bakterien gehemmt wird. Ein Medium wie z. B. GPY- oder YM-Agar mit einem Glucosegehalt von 30–50 % kann für die Gewinnung osmophiler und osmotoleranter Hefen aus Lebensmitteln und Saftkonzentraten mit geringer Wasseraktivität eingesetzt werden. Die Selektivität dieser Medien kann durch eine Erniedrigung des pH-Wertes auf etwa 4,5 verbessert werden. Osmotolerante Hefen, die auf diese Weise isoliert werden, können anschließend mit Erfolg auf Medien mit 30 %, 10 % und 2 % Glucose subkultiviert werden.

Eine Anreicherung von Hefen in Glucose-Pepton-Hefeextrakt-Bouillon (GPY) und Hefe-Malz-Pepton-Bouillon (YM) mit einem Glucosegehalt von 30–50 % ist ebenfalls möglich. Da aber osmotolerante Schimmelpilze von diesen Zuckerkonzentrationen nicht gehemmt werden, ist es ratsam, die Kulturen in einem Schüttelapparat zu bebrüten.

Nachweis konservierungsstoff-resistenter Hefen

Ein wirksames Medium zum Nachweis von Hefen, die gegenüber Konservierungsstoffen resistent sind, ist ein Malzextrat-Agar mit einem Zusatz von 0,5 % Essigsäure, die direkt vor dem Ausgießen zugegeben wird (PITT und HOCKING, 1997). Andere essigsäurehaltige Medien sind ebenso möglich. Für das Wachstum einiger Stämme ist ein Zusatz von 10 % (G/V) Glucose notwendig.

3 Reinzüchtung und Aufbewahrung von Hefekulturen

Reinkulturen erhält man aus Anreicherungskulturen. Diese werden auf einem geeigneten Medium, wie GPY- und YM-Agar ausgestrichen. Eine Kontamination mit Bakterien ist zu verhindern, wenn die Medien angesäuert oder ihnen Antibiotika zugesetzt werden. Die sich auf diesen Petrischalen entwickelnden Kolonien werden vorzugsweise mit geringer Auflösung mikroskopisch auf verschiedene Kolonieformen hin untersucht. Von jeder Kolonieform werden einzelne, gut abgetrennte Kolonien ausgewählt und auf einer weiteren Petrischale ausgestrichen. Im Allgemeinen sind zwei Ausstriche ausreichend, um Reinkulturen zu bekommen; in einigen Fällen können es aber auch mehr sein. Zu bedenken ist, dass in Fällen, in denen nach dem Ausstrich einer gut abgetrennten Kolonie ständig mehrere Formen vorkommen, diese morphologische oder sexuelle Varianten einer Einzelhefe darstellen können.

Im Allgemeinen stellen Hefen keine hohen Ansprüche an die Ernährung. Sie können leicht auf einer Vielzahl von Medien kultiviert werden. Glucose-Hefeextrakt-Pepton, Hefeextrakt-Malzextrakt-Pepton-Glucose, Malzextrakt und Kartoffel-Glucose in flüssiger Form oder mit Agar verfestigt sind allgemein gebräuchliche Medien. Reinkulturen von Hefen können auf Glucose-Hefeextrakt-Pepton-Agar kultiviert und im Kühlschrank bei Temperaturen von 3 °–4 °C mehrere Wochen aufbewahrt werden.

4 Morphologie der Hefen

Vegetative Vermehrung (Abb. V.4-1)

Allgemein sind Hefen als einzellige Pilze definiert, die sich, von wenigen Ausnahmen abgesehen, vegetativ durch Sprossung vermehren. Die Species des Genus *Schizosaccharomyces* bilden eine Ausnahme, sie vermehren sich durch Teilung; die Species der Genera *Sterigmatomyces* und *Fellomyces* bilden Sprossen an kurzen Stielen.

Sprossung

Eine Sprossung geschieht durch Bildung und Wachstum einer Ausstülpung der Zellwand. Diese kann sich entweder schon von der Mutterzelle trennen, wenn sie noch klein ist, oder aber dort verbleiben, bis beide Zellen annähernd die gleiche Größe haben. Manchmal hängen auch mehrere Sprossen aneinander und bilden einen Klumpen oder eine Zellkette. Bei einigen Hefen werden die Sprossen an beliebiger Stelle der Zelle gebildet (multilaterale Sprossung), bei anderen an beiden Polen der Zelle (bipolare Sprossung). Das Genus *Malassezia,* das bei Menschen und Tieren vorkommt, bildet alle Sprossen nur an einer Stelle der Zelle (monopolare Sprossung).

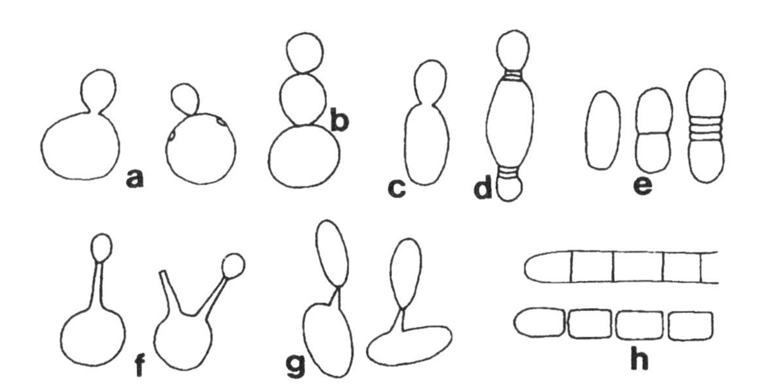

Abb. V.4-1: Vegetative Vermehrung von Hefen
a. multilaterale Sprossung, b. Sprossung in Ketten, c. monopolare und d. bipolare Sprossung, e. Teilung, f. Sprossung an kurzen Stielen, g. Ballistokonidien, h. Arthrokonidien

Teilung

Species des Genus *Schizosaccharomyces* vermehren sich durch Teilung. Eine Zelle wird durch eine oder mehrere Querwände unterteilt und jedes abgetrennte Teil spaltet sich ab und wird zu einer einzelnen Zelle.

Stiele

Die Species der Genera *Sterigmatomyces* und *Fellomyces* bilden Sprossen an kurzen Stielen (Abb. V.4-1). Die Sprossen trennen sich ab, wenn der Stiel entweder in der Mitte oder in der Nähe der Sprosse bricht. Die genaue Bruchstelle hängt vom Genus ab. *Sterigmatomyces*-Species wurden in Frankreich aus Käse, Mehl und der Umgebung von Bäckereien isoliert. Sie kommen aber auf Lebensmitteln so selten vor, dass sie hier nicht weiter berücksichtigt werden.

Hyphen

Viele Hefen produzieren unter bestimmten Bedingungen Fäden. Diese Fähigkeit ist bei einigen Species ausgeprägter als bei anderen und manchmal auch von Stamm zu Stamm verschieden. Diese Hyphen können septiert sein oder als Pseudohyphen auftreten. Septierte Hyphen wachsen durch Verlängerung der Spitze mit nachfolgender Bildung einer Querwand, die als Septum bekannt ist. Die Bildung dieser Septen bleibt etwas hinter dem Wachstum zurück, so dass die Zelle an der Spitze immer etwas länger ist als die nachfolgenden Zellen. Die Hyphen sind in der Regel an der Stelle des Septums nicht eingeengt.

Pseudohyphen sind Fäden, die aus der Sprossung verlängerter Zellen entstehen, die sich jedoch nicht trennen. Die Zelle an der Spitze ist kürzer als die nachfolgenden Zellen. An der Stelle der Septen, wo die Zellen miteinander verbunden sind, entsteht eine Einengung.

Arthrokonidien

Arthrokonidien entstehen in septierten Hyphen, wenn die Septen dicht aufeinander folgen. Es bildet sich eine Reihe eckig erscheinender Zellen, die zunächst noch in Kettenform lose aneinander hängen. Arthrokonidien kommen bei den Genera *Geotrichum* und *Trichosporon* vor.

Ballistokonidien

Ballistokonidien sind fast kugelförmige, ovale oder nierenförmig ausgebildete Zellen, die aus einer kleinen Ausbuchtung an einer Hefezelle entstehen. Sie werden mithilfe eines Tröpfchenmechanismus gewaltsam entleert, wenn sie ausgereift sind. Das Vorkommen von Ballistokonidien ist eine Eigenschaft der Genera *Sporobolomyces* und *Bullera*.

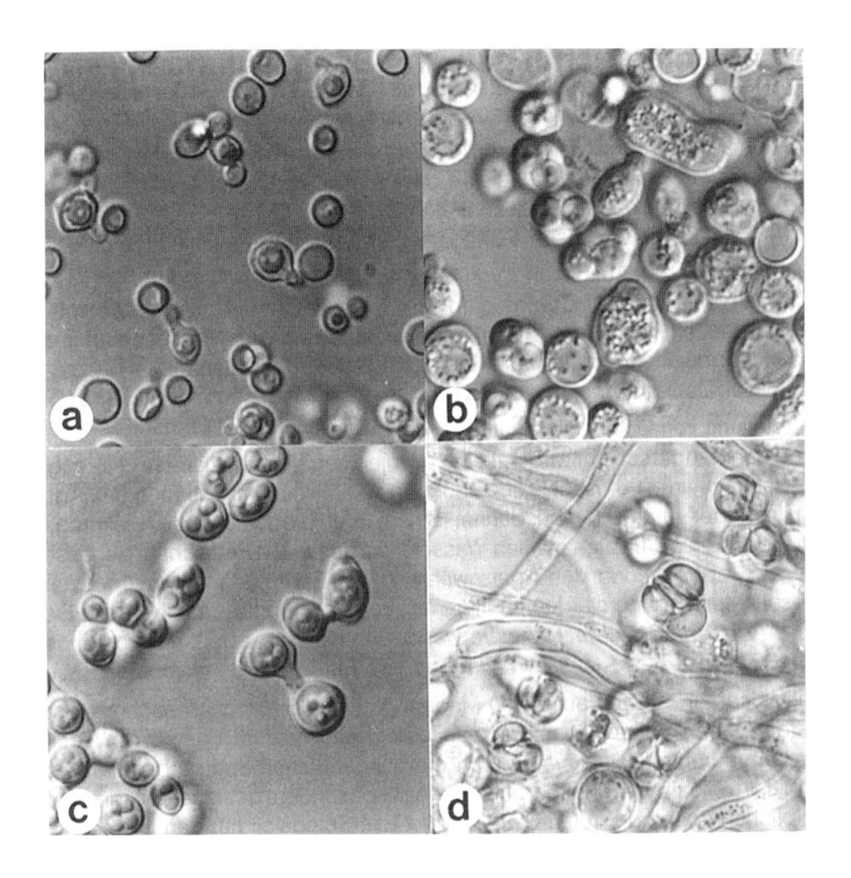

Abb. V.4-2: Bildung von Ascosporen in einigen Hefen
a. rauwandige, kugelförmige Ascosporen von *Debaryomyces hansenii;*
b. glattwandige, kugelförmige Ascosporen von *Saccharomyces cerevisiae;*
c. glattwandige, kugelförmige Ascosporen in Konjugationszellen von *Zygosaccharomyces baillii;*
d. hutförmige Ascosporen von *Endomyces fibuliger*
(alle Vergrößerungen 1280-fach)

Sexuelle Vermehrung

Einige Hefen sind in der Lage, sich sexuell zu vermehren. Bei den meisten geschieht dies mithilfe von Ascosporen in einem Ascus (Ascomyceten).

Asci können auf drei verschiedene Arten gebildet werden:

1. durch direkte Transformation einer vegetativen Zelle (= nicht konjugierter Ascus)
2. durch Konjugation der „Mutterzellen-Sprosse“

oder

3. durch Konjugation zwischen unabhängigen Einzelzellen.

Ascosporen werden im Ascus gebildet. Die Struktur und Form der Ascosporen ist unterschiedlich. Sie können glatt oder rau sein, kugelförmig, hutförmig oder nierenförmig.

Einige Hefen vermehren sich sexuell mithilfe von Teliosporen, einige wenige durch Basidien. Die Basidiomyceten in Lebensmitteln werden nur sehr selten gefunden und daher hier nicht weiter berücksichtigt.

5 Untersuchungen und Beobachtungen

Morphologie

Die Größe und Form der Zellen, die Art der Vermehrung durch Sprossung, Teilung oder durch Stielbildung wird bestimmt. In der Regel werden Morphologie-Agar oder Glucose-Hefeextrakt-Pepton-Agar zur Kultivierung verwendet. Ein Teil der Zellen wird nach 1–3-tägiger Bebrütung untersucht.

Die Fähigkeit zur Ausbildung von Hyphen wird nach 7–14-tätiger Bebrütung einer Objektträgerkultur unter dem Mikroskop untersucht (Art der Hyphen, Vorhandensein von Arthrosporen). Möglicherweise können Ascosporen in der Objektträgerkultur nachgewiesen werden. Diese findet man häufiger nahe dem Rand des Deckgläschens.

Herstellung von Objektträgerkulturen

Eine dünne Agarschicht wird auf einem Objektträger, der auf einem U-förmigen Glasstab in einer Petrischale liegt, ausgegossen. Nach Verfestigung des Agars wird mit der Impfnadel ein dünner Strich über die Mitte des Objektträgers gezogen. Einige Tropfen sterilen Wassers werden in die Petrischale gegossen, um die Austrocknung des Agars während der Bebrütung zu verzögern. Für diese Untersuchung werden im Allgemeinen Morphologie-Agar, Kartoffel-Dextrose-Agar und Corn-Meal-Agar verwendet.

Ballistosporen

Ballistosporen werden auf vielen Medien gebildet. Sie können nachgewiesen werden, wenn man sich das Spiegelbild der Kultur ansieht, das sich im Deckel der umgedrehten Petrischale durch die ausgetretenen Sporen bildet. Hierfür sind Corn-Meal-Agar und Morphologie-Agar besonders geeignete Medien. Alle gelblichen, rosa oder roten Stämme, die kein Spiegelbild in den Deckeln der Petrischalen bilden, auf denen sie isoliert wurden, sollten auf diesen Medien untersucht werden.

Ascosporen

Ascosporen werden manchmal reichlich in frischen Isolaten gefunden. Allerdings ist es in der Regel sehr zeitaufwändig, Ascosporen von Kulturen nachzuweisen, auch wenn sie bis zu drei oder vier Wochen bebrütet wurden. Verwendet man herkömmliche Identifizierungsschlüssel, wie z.B. die von KREGER-VAN RIJ (1984) und KURTZMAN und FELL (1998), die auf sexuellen und morphologischen Eigenschaften basieren, ist es notwendig, das Vorhandensein oder Fehlen von Ascosporen nachzuweisen. Bei anderen Schlüsseln sind dagegen die sexuellen Eigenschaften weniger wichtig. Werden trotzdem sexuelle Sporen nachgewiesen, dann sollten Form und Struktur der Sporen, das Vorhandensein von Asci und eine Konjugation beachtet werden.

Fermentation

Die Fermentation wird mit Durham-Röhrchen nachgewiesen. Das Reagenzglas mit dem Durham-Röhrchen enthält 6 ml einer 2%igen Lösung des Testzuckers, der einer 1%igen Hefeextraktlösung zugegeben wird. Die Hefeextraktlösung wird autoklaviert und die Zuckerlösung sterilfiltriert nach dem Autoklavieren zugesetzt. Eine mögliche Gasbildung wird bis zu 3 Wochen beobachtet. Einige Labors verwenden McCartney- oder Bijou-Flaschen mit einem Einsatz anstelle der Reagenzgläser.

Assimilation

Verschiedenen Substanzen werden als einzige Kohlenstoff- oder Stickstoffquelle geprüft. Die Fähigkeit des Wachstums wird entweder mit flüssigen oder festen Medien untersucht („Assimilationstests"). Die auxanographische Methode mit festen Medien ist für Kohlenstoffquellen nicht so zuverlässig wie die Verwendung flüssiger Medien. Sie ist jedoch schneller, und Kontaminanten werden eher entdeckt. Dies ist für die Routineidentifizierung vieler Isolate ein Vorteil. Diese Methode kann als Schnellmethode zur Eingruppierung zahlreicher Isolate dienen.

Bis zu 44 Kohlenstoffverbindungen werden zur Beschreibung jeder Species verwendet: Galaktose, L-Sorbose, Cellobiose, Lactose, Maltose, Melibiose, Saccharose, Trehalose, Melezitose, Raffinose, Inulin, lösliche Stärke, D-Arabinose, L-Arabinose, D-Ribose, L-Rhamnose, D-Xylose, L-Arabit, Erythrit, Galactit, D-Glucit, Glycerin, Inosit, D-Mannit, Ribit, Xylit, Ethanol, Methanol, Zitronensäure, DL-Milchsäure, Bernsteinsäure, D-Gluconat, α-Methyl-D-Glucosid, Salizin, Arbutin, D-Glucosaminhydrochlorid, N-Acetylglucosamin, 2-keto-D-gluconat, 5-keto-D-Gluconat, Saccharat, D-Glucuronat, D-Galacturonat, Propan-1,2-diol und Butan–2,3-diol.

Bis zu neun Stickstoffverbindungen werden verwendet: Nitrat, Nitrit, Ethylamin, L-Lysin, Cadaverin, Kreatin, Kreatinin, Glucosamin und Imidazol.

Es muss betont werden, dass nur hochreine Chemikalien (analysenrein) geprüft werden sollen. Verunreinigungen können besonders als D-Glucose in Maltose und D-Galactose in L-Arabinose enthalten sein.

Prüfung der Assimilation auf festen Medien

Die auxanographische Methode von BEIJERINCK, bei der Hefen mit Agar in Petrischalen suspendiert und die Testzucker in Abständen am Außenrand aufgebracht werden, ist immer noch weit verbreitet. Röhrchen mit Stickstoff-Grundstoffagar* (für Kohlenstoffwachstumstests) und Kohlenstoff-Grundstoff-

* Medium für Kohlenstoff-Auxanogramm (g/l^{-1}): $(NH_4)SO_4$ 5,0; KH_2PO_4 1,0; $MgSO_3 \times 7\ H_2O$ 0,5; Agar 20,0; A. dest. 1000,0 ml; 121 °C, 15 min
Medium für Stickstoff-Auxanogramm (g/l^{-1}): KH_2PO_4 1,0; $MgSO_4 \times 7\ H_2O$ 0,5; Glucose 20,0; Agar 20,0; A. dest. 1000,0 ml, 121 °C, 15 min

agar (für Stickstoffwachstumstests) werden erwärmt, damit der Agar schmilzt, und dann im Wasserbad auf 45 °C abgekühlt. Einige wenige Milliliter einer Suspension der Testhefe in Wasser wird in eine sterile Petrischale gegossen und der entsprechende Agar aus einem Röhrchen zugegeben. Die Schale wird leicht geschwenkt, um eine gute Durchmischung zu erreichen. Nachdem der Agar fest geworden ist, werden kleine Mengen der Testsubstanz an 4–6 Stellen (je nach Größe der verwendeten Platte) nahe dem Schalenrand aufgebracht. In den meisten Fällen werden pulverförmige oder kristalline Chemikalien verwendet, die mithilfe eines kleinen Spatels übertragen werden. Für Ethylamin und Nitrit wird die Spitze einer Impfnadel in die gesättigte Lösung dieser Substanz getaucht und dann leicht auf die Oberfläche des Agars aufgebracht. Damit vermeidet man eine Überdosierung im toxischen Bereich bei diesen Substanzen.

Die Petrischalen werden 4 Tage lang täglich auf ein opaques Wachstum rund um die Stelle, an der die einzelnen Stickstoff- oder Kohlenstoffverbindungen aufgebracht wurden, untersucht.

Prüfung der Assimilation in flüssigen Medien

Die Methode, bei der Reagenzgläser mit flüssigem Medium verwendet werden, wurde von WICKHAM und BURTON beschrieben. Die Untersuchungen werden in randlosen Reagenzgläsern (180 mm x 16 mm) ausgeführt, die entweder mit Stopfen oder Kappen verschlossen werden können. Jedes Glas enthält 5 ml eines flüssigen Hefe-Stickstoffgrundstoff-Mediums mit einem Testsubstrat. Den Kontrollröhrchen fehlt die Kohlenstoffquelle.

Zur Beimpfung der mit dem Untersuchungsmedium gefüllten Röhrchen werden Zellsuspensionen von jungen, aktiv wachsenden Kulturen verwendet. Zu diesem Zweck wird die Hefe auf einem geeigneten Medium, wie z. B. Glucose-Hefeextrakt-Pepton-Agar 24–48 Stunden kultiviert. Bei langsam wachsenden Hefen etwas länger, und zwar bei einer Temperatur, bei der die Hefen gut wachsen. Mit einer sterilen Platinnadel oder -öse wird unter aseptischen Bedingungen etwas Material von dieser Kultur entnommen und in etwa 3 ml Flüssigkeit suspensiert, wobei darauf geachtet werden muss, dass kein Nährmedium mit übertragen wird. Einige Labors stellen Suspensionen in sterilem, destilliertem (oder entmineralisiertem) Wasser her, andere verwenden einen sterilen Hefe-Stickstoff-Grundstoff. Eine weiße Karte, auf der schwarze Linien im Abstand von etwa 0,75 mm aufgetragen wurden, wird hinter das Röhrchen gehalten. Die Suspension wird so lange aseptisch verdünnt, bis die Linien auf der weißen Karte als dunkle Bänder durch das Röhrchen hindurch erkennbar sind. Jedes Röhrchen, das die verschiedenen im Grundmedium gelösten Kohlenstoffquellen enthält, wird dann mit 0,1 ml der Suspension beimpft. In einigen Labors werden die Testzucker in entmineralisiertem Wasser gelöst anstatt im Grundmedium; dann werden jeweils 4,5 ml dieser Lösung in die Reagenzgläser gegeben.

In diesem Falle werden 2,5 ml der Hefesuspension im Stickstoffgrundstoff aseptisch in 25 ml des Grundmediums pipettiert. Jedes Röhrchen wird dann mit 0,5 ml der sich daraus ergebenden Suspension beimpft.

Die Röhrchen mit den beimpften Testmedien werden in der Regel für 3 Wochen, manchmal auch für 4 Wochen, entweder bei 25 °C oder bei 28 °C bebrütet. Bei diesen Temperaturen können Stämme bestimmter Species schlecht wachsen. Diese psychrophilen Hefen sind bei 15 °C zu bebrüten. In einigen Labors werden die Röhrchen leicht geneigt bebrütet, um die Belüftung durch den Luftkontakt mit einer größeren Oberfläche zu verbessern. Eine bessere Belüftung und Vermischung wird allerdings erreicht, wenn die Röhrchen bewegt werden. Das führt zu zuverlässigeren und schnelleren Ergebnissen. Dies gelingt, in dem man die Röhrchen in einen Schüttelapparat oder einen Rollenschüttler stellt, oder – noch besser – sie schaukelt. Der Winkel der Schaukelbewegung sollte so groß wie möglich sein, ohne dass die Stopfen oder Kappen benetzt werden.

Die Ergebnisse werden nach einer und nach drei Wochen abgelesen, in einigen Labors auch nach 2 Wochen. Das Ausmaß des Wachstums wird visuell beurteilt, in dem man die Röhrchen zwecks Dispersion der Hefen gut schüttelt und dann gegen eine linierte Karte hält. Sind die Linien vollständig unklar, wird das Ergebnis mit 3+ bezeichnet; erscheinen die Linien als diffuses Band, ist das Ergebnis 2+; können die Linien unterschieden werden und zeigen nur verschwommene Ränder, wird das Ergebnis mit 1+ notiert. Können die Linien klar erkannt werden, ist das Ergebnis negativ. Die Wertungen 3+ und 2+ sind als positives Ergebnis zu interpretieren, das Ergebnis ist schwach und unklar bei Wertungen von 1+. In Fällen, bei denen das Ergebnis zweifelhaft ist, kann das Wachstum überprüft werden, in dem man 0,1 ml der Kultur in ein Röhrchen mit frischem Testmedium überimpft. Nach dem endgültigen Ablesen werden mehrere Röhrchen der Kultur auf ihre Stärkereaktion hin getestet. Dazu gibt man einige Tropfen Lugolscher Lösung hinzu. Wird die Kultur blau, ist der Test als positiv zu werten.

Die Ergebnisse werden wie folgt kodiert:

+ positiv, entweder 2+ oder 3+ nach einer Woche

D positiv langsam oder verzögert, entweder 2+ oder 3+ nach mehr als einer Woche

W schwach positiv

– negativ

Wachstum auf Medien, die Cycloheximid enthalten

Konzentrationen von 0,01 % und 0,1 % Cycloheximid werden in dem gleichen flüssigen Medium wie für das Stickstoff-Auxanogramm getestet. Der Glucosegehalt beträgt jedoch 0,5 %. Die Röhrchen werden bis zu 7 Tage lang auf Wachstum untersucht, bevor sie als negativ eingestuft werden.

Resistenz gegenüber 1 % Essigsäure

Zellen des zu untersuchenden Stammes werden auf Petrischalen ausgestrichen, in denen sich ein Medium befindet, das 1 % Essigsäure enthält. Die Schalen werden 6 Tage lang regelmäßig untersucht. Es können mehrere Stämme auf einer Schale getestet werden.

Wachstum bei 60 % D-Glucose

Eine Schrägkultur, die 60 % Glucose (G/G), Hefeextrakt und Agar enthält, wird mit Zellen aus einer jungen Kultur beimpft. Die Bebrütung findet bei 25 °C statt. Nach 1 und 2 Wochen wird auf Wachstum untersucht.

Harnstofftest

Aus einer 24–48 Stunden alten Kultur wird eine Öse entnommen, in Harnstoff-Bouillon suspendiert und bei 37 °C bebrütet (auch psychrophile Mikroorganismen und Stämme, die bei dieser Temperatur nicht wachsen). Die Röhrchen sind in etwa halbstündigen Abständen auf roten Farbumschlag zu kontrollierten. Dieser Farbumschlag zeigt an, dass Harnstoff hydrolysiert wurde. Bei den meisten Harnstoff-positiven Hefen zeigt sich der Farbumschlag innerhalb einer halben Stunde, bei der Mehrzahl dauert es nicht länger als 2 Stunden, niemals jedoch länger als 4 Stunden.

Verbreitet in Lebensmitteln vorkommende Hefen, die in den Schlüssel aufgenommen wurden:

1. *Candida intermedia* (Ciferri & Ashford) Langeron & Guerra
2. *Candida sake* (Saito & Oda) van Uden & Buckley
3. *Candida zeylanoides* (Castellani) Langeron & Guerra
4. *Cryptococcus albidus* (Saito) Skinner
5. *Cryptococcus laurentii* (Kufferath) Skinner
6. *Debaromyces hansenii* (Zopf) van der Walt & Johannsen (anamorphe Form: *Candida famata* (Harrison) Meyer & Yarrow)
7. *Endomyces fibuliger* Lindner
8. *Galactomyces geotrichum* (anamorph: *Geotrichum candidum* Link)
9. *Geotrichum klebahnii* (Stautz) Morenz
10. *Issatchenkia orientalis Kudryavtsev* (anamorphe Form: *Candida krusei* (Castellani) Berkhout)
11. *Kluyveromyces lactis* (Dombrowski) van der Walt (anamorphe Form: *Candida sphaerica* (Hammer & Cordes) Meyer & Yarrow

12. *Kluyveromyces marxianus* (Hansen) van der Walt (anamorphe Form: *Candida kefyr* (Beijerinck) van Uden & Buckley)
13. *Pichia anomala* (Sydow & Sydow) Kurtzman (anamorphe Form: *Candida pelliculosa* Redaelli)
14. *Pichia fermentans* Lodder (anamorph: *Candida lambica* (Lindner & Genoud) van Uden & Buckely)
15. *Pichia guilliermondii* Wickerham (anamorphe Form: *Candida guilliermondii* (Castellani) Langeron & Guerra)
16. *Pichia membranaefaciens* (Hansen) Hansen (anamorphe Form: *Candida valida* (Leberle) van Uden & Buckley)
17. *Rhodotorula mucilaginosa* (Jörgensen) Harrison
18. *Saccharomyces cerevisiae* Meyen ex Hansen (anamorphe Form: *Candida robusta* Diddens & Lodder)
19. *Saccharomyces exiguus* Reess ex Hansen (anamorphe Form: *Candida holmii* (Jörgensen) Meyer & Yarrow)
20. *Torulaspora delbrueckii* (Lindner) Lindner (anamorphe Form: *Candida colliculosa* (Hartmann) Meyer & Yarrow)
21. *Trichosporon asahii* Akugi ex Sugita et al.
22. *Trichosporon pullulans* (Lindner) Diddens & Lodder
23. *Yarrowia lipolytica* (Wickerham et al.) van der Walt und von Arx (anamorphe Form: *Candida lipolytica* (Harrison) Diddens und Lodder)
24. *Zygosaccharomyces bailii* (Lindner) Guilliermond
25. *Zygosaccharomyces rouxii* (Boutroux) Yarrow

Anmerkung: anamorph = asexuelle Form

Untersuchungen und Beobachtungen für den Schlüssel

1. D-Xylose-Wachstum
2. Maltose-Wachstum
3. Raffinose-Wachstum
4. L-Arabinitol-Wachstum
5. D-Mannitol-Wachstum
6. 2-keto-D-Gluconat-Wachstum
7. D-Glucuronat-Wachstum
8. DL-Lactat-Wachstum
9. Citrat-Wachstum
10. Nitrat-Wachstum

11. Cadaverin-Wachstum
12. 1 % Essigsäure-Wachstum
13. 60 % D-Glucose-Wachstum
14. Harnstoffhydrolyse
15. Zellteilung
16. Glucose-Fermentation
17. Pseudohyphen

Schlüssel für Hefen, die häufig in Lebensmitteln vorkommen

1(0)	Harnstoffhydrolyse negativ	2
	Harnstoffhydrolyse positiv	36
2(1)	Cadaverin-Wachstum negativ	3
	Cadaverin-Wachstum positiv	8
3(2)	2-keto-D-Gluconat-Wachstum negativ	4
	2-keto-D-Gluconat-Wachstum positiv	6
4(3)	D-Xylose-Wachstum negativ	5
	D-Xylose-Wachstum positiv	*Galactomyces geotrichum*
5(4)	D-Glucuronat-Wachstum negativ	*Saccharomyces cerevisiae*
		Saccharomyces exiguus
	D-Glucuronat-Wachstum positiv	*Endomyces fibuliger*
6(3)	D-Glucuronat-Wachstum negativ	7
	D-Glucuronat-Wachstum positiv	*Endomyces fibuliger*
7(6)	Citrat-Wachstum negativ	*Torulaspora delbrueckii*
	Citrat-Wachstum positiv	*Candida zeylanoides*
8(2)	2-keto-{D-Gluconat-Wachstum negativ	9
	2-keto-{D-Gluconat-Wachstum positiv	25
9(8)	{D-Xylose-Wachstum negativ	10
	{D-Xylose-Wachstum positiv	19

10(9) Maltose-Wachstum negativ 11
Maltose-Wachstum positiv 16

11(10) DL-Lactat-Wachstum negativ 12
DL-Lactat-Wachstum positiv 14

12(11) 1 % Essigsäure-Wachstum negativ 13
1 % Essigsäure-Wachstum positiv . . . . *Zygosaccharomyces bailii*

13(12) D-Mannit-Wachstum negativ . . . . *Pichia membranaefaciens*
D-Mannit-Wachstum positiv . . . . *Zygosaccharomyces rouxii*

14(11) Raffinose-Wachstum negativ 15
Raffinose-Wachstum positiv . . . . *Kluyveromyces marxianus*

15(14) Glucose-Fermentation negativ
oder schwach positiv . . . . *Pichia membranaefaciens*
Glucose-Fermentation positiv . . . . *Issatchenkia orientalis*

16(10) DL-Lactat-Wachstum negativ 17
DL-Lactat-Wachstum positiv 18

17(16) D-Glucuronat-Wachstum negativ . . . . *Zygosaccharomyces rouxii*
D-Glucuronat-Wachstum positiv . . . . *Endomyces fibuliger*

18(16) Nitrat-Wachstum negativ . . . . *Kluyveromyces lactis*
Nitrat-Wachstum positiv . . . . *Pichia anomala*

19(9) Maltose-Wachstum negativ 20
Maltose-Wachstum positiv 24

20(19) Raffinose-Wachstum negativ 21
Raffinose-Wachstum positiv . . . . *Kluyveromyces marxianus*

21(20) Keine Zellabtrennung 22
Zellen trennen sich ab . . . . *Geotrichum klebahnii*

22(21) D-Mannit-Wachstum negativ 23
D-Mannit-Wachstum positiv . . . . *Galactomyces geotrichum*

23(22) Citrat-Wachstum negativ . . . . *Pichia membranaefaciens*
Citrat-Wachstum positiv. . . . . *Pichia fermentans*

24(19) Nitrat-Wachstum negativ . . . . *Kluyveromyces lactis*
Nitrat-Wachstum positiv. . . . . *Pichia anomala*

25(8) Maltose-Wachstum negativ 26
Maltose-Wachstum positiv. 28

26(25) Citrat-Wachstum negativ 27
Citrat-Wachstum positiv. . . . . *Candida zeylanoides*

27(26) 1 % Essigsäure-Wachstum negativ. . . . . *Zygosaccharomyces rouxii*
1 % Essigsäure-Wachstum positiv. . . . . *Zygosaccharomyces bailii*

28(25) Raffinose-Wachstum negativ. 29
Raffinose-Wachstum positiv 32

29(28) 60 % Glucose-Wachstum negativ 30
60 % Glucose-Wachstum positiv. 31

30(29) D-Glucuronat-Wachstum negativ . . . . *Candida sake*
D-Glucuronat-Wachstum positiv . . . . *Endomyces fibuliger*

31(29) D-Glucuronat-Wachstum negativ . . . . *Zygosaccharomyces rouxii*
D-Glucuronat-Wachstum positiv . . . . *Endomyces fibuliger*

32(28) D-Glucuronat-Wachstum negativ 33
D-Glucuronat-Wachstum positiv 35

33(32) L-Arabinitol-Wachstum negativ . . . . *Candida intermedia*
. . . . *Debaryomyces hansenii*
L-Arabinitol-Wachstum positiv 34

34(33) Pseudohyphen gut ausgebildet. . . . . *Pichia guilliermondii*
Keine Pseudohyphen oder nur
kurze Zellketten . . . . *Debaryomyces hansenii*

35(32) D-Xylose-Wachstum negativ . . . . *Endomyces fibuliger*
D-Xylose-Wachstum positiv . . . . *Debaryomyces hansenii*

36(1) Keine Zellabtrennung 37
Zellen trennen sich ab 42

37(36) D-Xylose-Wachstum negativ . . . . *Yarrowia lipolytica*
D-Xylose-Wachstum positiv 38

38(37) D-Glucuronat-Wachstum negativ 39
D-Glucuronat-Wachstum positiv 40

39(38) Raffinose-Wachstum negativ . . . . *Galactomyces geotrichum*
Raffinose-Wachstum positiv. . . . . *Rhodotorula mucilaginosa*

40(38) Nitrat-Wachstum negativ 41
Nitrat-Wachstum positiv . . . . *Cryptococcus albidus*

41(40) Maltose-Wachstum negativ . . . . *Galactomyces geotrichum*
Maltose-Wachstum positiv . . . . *Cryptococcus laurentii*

42(36) Nitrat-Wachstum negativ . . . . *Trichosporon asahii*
Nitrat-wachstum positiv . . . . *Trichosporon pullulans*

Dank

Dieser Schlüssel wurde von R. W. PAYNE vom *Statistics Department of Rothamsted Experimental Station* mithilfe des Computerprogramms Genkey Mk 4.01 A anhand der in „The Yeasts: Characteristics and Identification“ von BARNETT et al. (1990) veröffentlichten Ergebnisse erstellt. Die Autoren sind für diese Zusammenarbeit dankbar.

Literatur

1. BARNETT, J.A., PAYNE, R.W. & YARROW, D., The Yeasts: Characteristics and Identification, Cambridge University Press, Cambridge, 1990
2. BARNETT, J.A., PAYNE, R.W. & YARROW, D., Yeasts Identification PC Program, Version 3, Cambridge, 1994
3. BEECH, F.W. et al., Media and methods for growing yeasts: proceedings of a discussion meeting. In: Biology and activities of yeasts (Hrsg. SKINNER, F.A., PASSMORE, S.M. & DAVENPORT, R.R.), Academic Press, London, 259-293, 1980

4. BOCHNER, B., „Breathprints“ at the microbial level, ASM news 55, 536-539, 1989
5. DAVENPORT, R.R., An outline guide to media and methods for studying yeasts and yeast-like organisms. In: Biology and activities of yeasts (Hrsg. SKINNER, F.A., PASSMORE, S.M. & DAVENPORT, R.R), Academic Press, London, 261-263, 1980
6. DEAK, T., Media for enumerating spoilage yeasts – a collaborative study. In: Modern methods in food mycology, Hrsg. SAMSON, R.A., HOCKING, A.D., PITT, J.I. & KING, A.D., Elsevier, Amsterdam, 31-38, 1992
7. DEAK, T., Experiences with and further improvements to the Deak and Beuchat simplyfied identification scheme for food-borne yeasts. In: Modern methods in food mycology, Hrsg. SAMSON, R.A., HOCKING, A.D., PITT, J.I. & KING, A.D., Elsevier, Amsterdam, 47-54, 1992
8. DEAK, T. & BEUCHAT, L.R., Handbook of Food Spoilage Yeasts, CRC Press, Boca Raton, 1996
9. KING, A.D. & TOROK, T., Comparison of yeast identifcation methods. In: Modern methods in food mycology, Hrsg. SAMSON, R.A., HOCKING, A.D., PITT, J.I. & KING, A.D., Elsevier, Amsterdam, 39-46, 1992
10. KING, A.D., HOCKING, A.D. & PITT, J.I., Dichloran-rose bengal medium for enumeration of moulds from foods, Appl. Environ. Microbiol. 37, 959-964, 1979
11. KREGER-VAN RIJ, N.J.W. (Hrsg.), The Yeasts, a taxonomic study, Elsevier Scientific, Amsterdam, 1984
12. KURTZMAN, C.P. & FELL, J.W. (Hrsg.), The Yeasts, a taxonomic study, Fourth Edition, Elsevier, Amsterdam, 1998
13. MULVANY, J.G., Membrane-filter techniques in microbiology. In: Methods in microbiology, Vol. 1 (Hrsg. NORRIS, J.R. & RIBBONS, D.W.), Academic Press, London & New York, 205-253, 1969
14. PITT, J.I. & HOCKING, A.D., Fungi and food spoilage, Blackie Academic & Professional, London, 1997
15. PRAPHAILONG, W., VAN GESTEL, M., FLEET, G.H. & HEARD, G.M., Evaluation of the biolog system for the identification of food and beverage yeasts, Lett. Appl. Microbiol. 24, 455-459, 1997
16. SAMSON, R.A., HOCKING, A.D., PITT, J.I. & KING, A.D. (Hrsg.), Modern methods in food mycology, Elsevier, Amsterdam, 1992
17. WICKERHAM, L.J., Taxonomy of yeasts, United States Department of Agriculture, technical bulletin no. 1029, Washington, 1951
18. VAN DER WALT, J.P. & VAN KERKEN, A.E., The wine yeasts of the Cape, part V: Studies on the occurrence of Brettanomyces intermedius and Brettanomyces schanderlii, Antonie van Leeuwenhoek 27, 81-90, 1961

VI Isolierung und Identifizierung von Schimmelpilzen in Lebensmitteln

R. A. Samson, Ellen S. Hoekstra

1 Einleitung

Die Bedeutung der Schimmelpilze in Lebensmitteln und Futtermitteln ist allgemein anerkannt (SAMSON, 1989). Eine Kontamination mit Schimmelpilzen kann sowohl in Rohstoffen, wie Getreide und Obst, als auch in den Endprodukten festgestellt werden. Neben dem Verderb von Lebensmitteln, den Schimmelpilze hervorrufen können, produzieren einige dieser Mikroorganismen Mykotoxine. Dies sind relativ kleine Moleküle mit verschiedenen chemischen Strukturen. Es wurde bereits von etwa 350–400 verschiedenen als toxinogen eingestuften Stoffwechselprodukten berichtet (COLE und COX, 1981). Neue Verbindungen werden dieser Liste hinzugefügt. Von den bekannten Mykotoxinen sind die Aflatoxine, die *Fusarium*-Toxine (Trichothecene, Fumonisine usw.) und Ochratoxin die wichtigsten. Einige Verbindungen rufen vor Eintritt des Todes nur wenige Symptome hervor, andere wiederum sind in der Lage, schwere Beschwerden einschließlich Hautnekrose, Leukopenie und Immunosuppression auszulösen (SMITH und MOSS, 1985; DVORACKOVA, 1988; BETINA, 1989; CHAMP et al., 1991; PITT, 1993).

Die Schimmelpilzflora ist vielfach von den Bedingungen der Umgebung abhängig. Viele Species kommen weltweit vor, einige bevorzugen wärmere Gebiete und besondere Substrate, wieder andere sind oft in kälteren Klimazonen auf einer Vielzahl von Substraten anzutreffen. Xerophile Schimmelpilze mit einer Präferenz für Substrate mit geringer Wasseraktivität (z.B. Species der Genera *Eurotium, Wallemia, Xeromyces*) spielen in der Lebensmittelmykologie eine wichtige Rolle. Hitzeresistente Schimmelpilze können den Verderb von Fruchtsäften, Marmeladen usw. nach der Pasteurisation verursachen (z.B. Species von *Byssochlamys, Neosartorya, Eupenicillium* und *Talaromyces*). Einzelheiten zur Ökologie einschließlich der Zusammensetzung der Substrate, Temperaturanforderungen, Wasseraktivität, pH-Wert, mikrobiologische Konkurrenz, Faktoren des Verderbs und der Verarbeitung findet der interessierte Leser bei ARORA et al. (1991), FRISVAD und SAMSON (1991) und DIJKSTERHUIS und SAMSON (2002).

Seit kurzem wird auch die Bedeutung von in der Luft vorkommenden Schimmelpilzen als Kontaminanten von Lebensmitteln hervorgehoben. Die Untersuchung der Umgebungsluft ist nicht nur nützlich, um die Ursache von Pilzkontamination zur erkennen, sondern dient auch der Überwachung der Hygieneverhältnisse im Betrieb (SAMSON und HOEKSTRA, 1994; FLANNIGAN et al., 2001).

Die korrekte Identifizierung der Schimmelpilze ist wichtig. Die Methoden basieren in der Hauptsache auf morphologischen Kriterien; meistens ist eine Kultivierung der Schimmelpilzisolate auf speziellen Medien erforderlich. Da Lebensmittelprodukte in Europa teilweise bestrahlt oder wärmebehandelt sein können, sind auch Nachweismethoden für nicht lebensfähige Keime notwendig. Für einige moderne Schnellmethoden, z.B. immunologische Methoden (ELISA), wurden Profile für Sekundärstoffwechselprodukte entwickelt. Eine aktuelle Übersicht über die Fortschritte dieser Methoden auf dem Gebiet der Lebensmittelmykologie geben SAMSON et al. (2004).

In diesem Kapitel werden die heutigen Methoden der Isolierung und Kultivierung lebensfähiger, filamentöser Schimmelpilze beschrieben. Für die Identifizierung der wichtigsten Schimmelpilzflora auf Lebensmitteln werden ein Schlüssel und eine Liste der allgemein vorkommenden Genera angegeben. Detaillierte Literatur über Schimmelpilze auf Lebensmitteln findet der Leser bei ARORA et al. (1991), SAMSON et al. (1992), PITT und HOCKING (1997) und SAMSON et al. (2004).

2 Isolierung von Schimmelpilzen

Ein Nasspräparat des Substrates wird unter dem Mikroskop direkt untersucht und gibt Hinweise auf die vorhandene Schimmelpilzflora. Aus diesen Beobachtungen kann zusammen mit den Eigenschaften des Produktes (z. B. a_W-Wert) ein geeignetes Medium für die Isolierung ausgesucht werden. Oft sind verschiedene Medien nötig.

Direktausstrich

Häufig wird ein Direktausstrich vom schimmeligen Substrat auf einem geeigneten Medium angefertigt. Dazu wird das Material in die Petrischalen gegeben oder ausgestrichen.

Es wird empfohlen, die Oberfläche von Getreide und Nüssen zu desinfizieren, um ein Übermaß an Oberflächenkontaminanten zu entfernen. Die Schimmelpilze, die sich innerhalb des pflanzlichen Gewebes befinden oder die bis in den Kern vorgedrungen sind, können so nachgewiesen werden. Die Oberflächendesinfektion kann durch zweiminütiges Eintauchen in 0,3–0,4 % NaOCl oder $Ca(OCl)_2$-Lösung oder in 0,4 % Chlor (Haushaltsbleiche, 1:10 verdünnt) und nachfolgendes Spülen mit sterilem Wasser erfolgen.

Quantitativer Nachweis

Eine Keimzahlbestimmung wird für flüssige Lebensmittel und Pulver empfohlen ebenso wie für stückige Lebensmittel, bei denen die gesamte Mykoflora von Bedeutung ist. Dazu werden die folgenden Verfahren empfohlen (SAMSON et al., 1992): Das Probenstück sollte so groß wie möglich sein. Die Ausgangsverdünnung beträgt 1:10 in 0,1 % Peptonlösung. Zur Homogenisierung ist ein Stomacher dem Schütteln vorzuziehen. Beim Stomacher wird eine Homogenisierdauer von 2 Minuten empfohlen. Wird ein Mixer verwendet, sollte die Homogenisierdauer kürzer sein (ca. 30–60 Sek.). Die weiteren Verdünnungen werden alle im Verhältnis 1:10 mit 0,1 % Peptonlösung angesetzt. Die Suspensionen werden auf Petrischalen ausgespatelt, wobei eine Beimpfungsmenge von 0,1 ml pro Schale verwendet wird. Die Schalen sollten mit dem Deckel nach oben 5 Tage lang bei 25 °C bebrütet werden.

Nachweis hitzeresistenter Schimmelpilze

Für die Isolierung hitzeresistenter Schimmelpilze empfehlen PITT et al. (1992) folgendes Verfahren: 100 g des Produktes wird, vorzugsweise in 2 Teilen zu jeweils 50 ml, für 30 Minuten auf 75 °C erhitzt. Dann wird mit der gleichen Menge doppelt konzentriertem Malzextrakt-Agar oder einem anderen Nähragar gemischt und in Schalen gegossen. Dazu eignen sich große Petrischalen (Durchmesser 150 mm) am besten. Die Bebrütung findet bei 30 °C statt, wodurch die Entwicklung von *Byssochlamys, Neosartorya* und *Talaromyces*-Asci sichergestellt wird. Nach 7 Tagen Bebrütung werden die Schalen untersucht. Falls noch kein Wachstum festzustellen ist, kann bis zu 4 Wochen gewartet werden. Konzentrierte Proben (mit einem Brix-Wert von über 35) sollten vor dem Erhitzen im Verhältnis 1:1 mit 0,1 % Peptonwasser verdünnt werden. Sehr saure Proben sollten vor dem Erhitzen mit NaOH auf einen pH- Wert von 3,5 bis 4,0 angehoben werden (siehe auch HOCKING und PITT, 1984; SAMSON et al., 2004).

Medien zum allgemeinen Nachweis von Schimmelpilzen

Dichloran-Bengalrot-Chloramphenicol-Agar (DRBC) (KING et al., 1979) und Dichloran-18 %-Glycerol-(DG 18)-Agar (HOCKING und PITT, 1980) werden als allgemeine Isolierungs- und Nachweismedien für Lebensmittel empfohlen. Es muss festgehalten werden, dass sich der DG 18-Agar weniger für die Isolierung von Schimmelpilzen aus frischen Früchten und Gemüsen eignet. Vorkommende Hefen können sich ebenfalls auch in geringer Keimzahl auf DG 18-Agar entwickeln. Auch vermehren sich die Species *Fusarium* und *Scopulariopsis* nicht optimal. Medien, die Rose-Bengal enthalten, sind lichtempfindlich. Schon nach kurzer Zeit im Licht werden Hemmstoffe produziert. Darum sollten fertiggestellte Medien bis zur Benutzung und bei der Inkubation dunkel aufbewahrt werden.

Sabourand-Agar ist für den Nachweis von Schimmelpilzen in Lebensmitteln nicht geeignet.

Die Medien sollten in etwa einen neutralen pH-Wert haben und geeignete Antibiotika enthalten. Allgemein üblich ist die Verwendung von Chloramphenicol, denn es ist hitzestabil und kann somit vor dem Autoklavieren zugegeben werden. Es wird in Konzentrationen von 100 mg/kg (ppm) verwendet. Stellt ein übermäßiges bakterielles Wachstum ein Problem dar (z. B. in frischem Fleisch), wird Chloramphenicol (50 mg/kg) in Kombination mit Chlortetracyclin (50 mg/kg) empfohlen. Chlortetracyclin ist instabil und muss nach dem Autoklavieren sterilfiltriert dem Medium zugesetzt werden. Gentamycin wird nicht empfohlen, denn es hemmt das Wachstum einiger Hefen.

Medien zum selektiven Nachweis von Schimmelpilzen

Xerophile Schimmelpilze

DG 18-Agar mit einem a_W-Wert von 0,955 ist das zurzeit beste Medium zum Nachweis der meisten xerophilen Schimmelpilze in Lebensmitteln (BEUCHAT und HOCKING, 1990; HOCKING, 1991). Es eignet sich gut zum Nachweis von *Wallemia sebi*, einem weit verbreiteten Xerophilem. Das Wachstum von *Eurotium*-Species auf DG 18-Agar ist allerdings sehr schnell. Die Kolonien haben keine scharfen Ränder. Zur Isolierung extremer Xerophiler, z. B. *Xeromyces bisporus, Eremascus*-Species, xerophiler *Chrysosporium*-Species wird Malzextrakt-Hefeextrakt-Glucose-Agar (MY50G; a_W = 0,89; PITT und HOCKING, 1997) empfohlen, wobei eine direkte Beimpfung erfolgen sollte. Die Bebrütung geschieht bei 25 °C. Nach 7 Tagen wird untersucht; hat noch kein Wachstum stattgefunden, wird bis zu insgesamt 21 Tagen weiter inkubiert.

Toxigene Schimmelpilze

Für den Nachweis einiger toxigener *Penicillium*-Species (insbesondere nephrotoxigener Species) des Subgenus *Penicillium* kann Dichloran-Rose-Bengal-Hefeextrakt-Saccharose-Agar (DRYES; FRISVAD, 1983) eingesetzt werden. Die aflatoxigenen Species *Aspergillus flavus* und *A. parasiticus* können mit AFPA-agar (PITT et al., 1983) nachgewiesen werden. Für die Isolierung von *Fusarium*-Species können verschiedene Medien eingesetzt werden: Czapek-Dox-Iprodion-Dichloran-Agar (CZID; ABILDGREN et al., 1987), Dichloran-Chloramphenicol-Pepton-Agar (DCPA; ANDREWS und PITT, 1986) und Pentachlor-Nitrobenzen-Pepton-Agar (PCPA; BURGESS et al., 1988).

Hefen

Für Produkte wie z.B. Getränke, in denen Hefen in der Regel dominieren, werden nicht-selektive Medien wie Malzextrakt-Agar (PITT und HOCKING, 1985) oder Trypton-Glucose-Hefeextrakt-Agar (TGY) mit Zusatz von Chloramphenicol oder Oxytetracyclin (100 mg/kg) eingesetzt. Für Produkte, bei denen Hefen in Anwesenheit von Schimmelpilzen nachgewiesen werden sollen, wird DRBC empfohlen. Ein wirksames Medium zum Nachweis Konservierungsstoff resistenter Hefen ist essigsaurer Malz-Agar (Malzextrakt-Agar + 0,5 % Essigsäure). Die Essigsäure wird direkt vor dem Ausgießen zugesetzt (PITT und HOCKING, 1997). Andere Medien, die 0,5 % Essigsäure enthalten, sind ebenso wirkungsvoll. Der Zusatz von 10 % (G/V) Glucose kann hilfreich sein.

Kultivierung zur Identifizierung

Zur Ausbildung von typischen Wachstumsmerkmalen und Sporulation ist es wichtig, dass jede Species auf einem geeigneten Medium kultiviert wird. Malzextrakt-Agar (MEA) und/oder Hafermehl-Agar (OA) sind geeignete Identifizierungsmedien für die meisten Species. Einige Species erfordern spezielle Medien wie Kartoffel-Karotten-Agar (PCA); Czapek-Hefe-Autolysat-Agar (CYA), Nelkenblatt-Agar (CLA) usw.

Die meisten Schimmelpilze können in diffusem Licht oder im Dunkeln bei 25 °C bebrütet und nach 5–10 Tagen identifiziert werden. *Fusarium, Trichoderma* und *Epicoccum* zeigen im diffusen Tageslicht typische Sporulation. Für Pilze wie *Phoma* sollte die Kultivierung in Dunkelheit beginnen, gefolgt von einem Zeitraum mit abwechselnd Dunkelheit/diffusem (Tages)Licht. Um die Sporulation anzuregen, kann eine Bestrahlung mit Nah-UV („schwarzes" Licht: größte Wirkung bei 310 nm bei einer maximalen Emission bei etwa 360 nm) helfen.

3 Identifizierung von Schimmelpilzen

Obwohl sich neue Methoden in der Entwicklung befinden, sind die morphologischen immer noch die Basis für die Identifizierung der Schimmelpilze. Bei einigen Genera jedoch, wie z. B. *Trichoderma* und *Fusarium*, führten DNA-Sequenzanalysen bereits zur Änderung der Specieszuordnung, so dass hier eine morphologische Identifizierung zunehmend schwieriger wird. Für das Genus *Penicillium* kann eine Kombination verschiedener Methoden zur Identifizierung genutzt werden, wie konventionelle Wachstumstests (einschließlich einer automatischen Ablesung von Mikroplatten), Morphologie und DNA-Daten (siehe auch SAMSON und FRISVAD, 2004; http://www.cbs.knaw.nl/penicillium.htm).

Makroskopische Untersuchung

Die Anwesenheit von Schimmelpilzen auf oder in Lebensmittelprodukten oder in einer Petrischale wird durch Prüfung mit dem bloßen Auge und nachfolgend mit dem Mikroskop untersucht. Etwas Gewebe der Schimmelpilze (Mycel, Fruchtkörper, Sporen bildende Teile) kann mit einer metallenen Präparationsnadel oder einer Glasnadel entnommen werden. Glasnadeln eignen sich besonders gut. Sie können aus einem Glasstab hergestellt werden, der erhitzt und dann in Form einer Nadel ausgezogen wird.

Herstellung von Nasspräparaten

Ein Teil eines Schimmelpilzes wird in einen Tropfen Wasser oder Einbettungsflüssigkeit auf einem Objektträger übertragen und mit einem Deckglas abgedeckt. Es müssen immer saubere Objektträger, Deckgläschen und in der Flamme sterilisierte Nadeln verwendet werden. Die Fruchtkörper müssen zunächst zerdrückt werden; Hyphen müssen oft mit zwei Nadeln ausgezogen werden. Es kann helfen, wenn man sporulierende Teile einschließlich etwas Agar aus den jüngeren Bereichen der Kolonie entnimmt. Der Agar kann sanft über der Sparflamme geschmolzen werden (nicht kochen!).

Schimmelpilzkulturen, die auf einem durchsichtigen Agar in einer Petrischale gewachsen sind, können in Viereckform ausgeschnitten und auf den Objektträger gelegt werden. Dann wird ein Tropfen Wasser zugegeben und mit einem Deckglas abgedeckt. Der Objektträger wird nachfolgend unter dem Mikroskop untersucht. Diese Methode ist besonders geeignet bei einigen Schimmelpilzen, die sehr zerbrechliche sporulierende Strukturen bilden, oder um die Bildung von Ketten oder Schleimköpfen in den Deuteromyceten (beispielsweise bei *Fusarium*) zu beobachten. Handelt es sich um ein Genus, das trockene Ketten produziert, wie *Penicillium* und *Aspergillus*, können die überschüssigen Konidien mit einem Tropfen Alkohol entfernt werden.

Klebebandtechnik

Für einige Species mit sehr zerbrechlichen und komplexen sporulierenden Strukturen (z. B. *Cladosporium, Botrytis*) kann die Klebebandtechnik für die Herstellung eines Objektträgerpräparates hilfreich sein. Die Kolonien werden vorsichtig mit der klebenden Seite des Klebebandes berührt. Das Klebeband wird dann mit einem Tropfen Flüssigkeit auf einen Objektträger gelegt. Diese Art der Präparation eignet sich für die Untersuchung mit 100–400facher Vergrößerung, aber nicht für Ölimmersion. Die Klebebandmethode kann auch benutzt werden, um Oberflächenkontaminationen durch Schimmelpilze zu untersuchen. Sie ermöglicht nicht nur den Nachweis von Schimmelpilzen, sondern liefert auch andere ökologische Informationen, wie z. B. die Anwesenheit anderer Mikroorganismen oder Milben.

Präparierflüssigkeit

Das erste Präparat wird mit Wasser hergestellt. Darin behält der Schimmelpilz seine natürliche Form und Größe (keine Schrumpfung) und die Pigmentation kann am besten beobachtet werden. Zygomyceten, Coelomyceten, *Fusarium* spp. und Hefen sollten immer in einem Wasserpräparat untersucht werden. Produziert der Schimmelpilz viele trockene Konidien (z. B. *Penicillium*), kann ein Netzmittel oder Ethanol zugegeben werden. Der Nachteil eines Wasserpräparates ist die schnelle Austrocknung. Deuteromyceten und Ascomyceten können in Milchsäure mit und ohne Farbstoff präpariert werden. Dieses Präparationsmedium wird hergestellt, indem man 1 g Baumwollblau (Anilinblau) auf 1 l DL-Milchsäure (ca. 85 %) gibt. Zur Entfernung von Sporen oder Luftblasen kann man einen kleinen Tropfen Alkohol zugeben oder den Objektträger sehr vorsichtig erwärmen. Eine andere, allgemein verwendete Präparationsflüssigkeit ist die nach SHEAR: 3 g Kaliumacetat, 150 ml Wasser, 60 ml Glycerin, 90 ml Ethanol (95 %). Dieses Medium eignet sich besonders für die Mikrofotografie.

Ein Objektträger, der mit Milchsäure präpariert wurde, kann (halb)permanent gemacht werden, indem man das Deckglas mit Glycerin-Gelatine umgibt. Überschüssige Flüssigkeit sollte entfernt werden, und die Ränder des Deckglases müssen mit Alkohol gereinigt sein, bevor Glycerin-Gelatine aufgebracht wird. Nach dem Trocken über ein bis mehrere Tage kann eine Schicht Nagellack aufgetragen werden, die die Glycerin-Gelatine-Schicht vollständig bedeckt.

4 Genera von Schimmelpilzen in Lebens- und Futtermitteln

Allgemeine Eigenschaften

Die Genera von Schimmelpilzen, die allgemein in Lebensmitteln und Futtermitteln vorkommen, sind im Folgenden aufgezählt. Man sollte jedoch beachten, dass bei speziellen Lebensmitteln und Futtermitteln ein Genus oder eine Species überwiegen kann, abhängig von den Wachstumsbedingungen oder den zur Verfügung stehenden Nährstoffen. In einigen Fällen kann die Schimmelpilzflora erheblich von den allgemein bekannten taxonomischen Gruppen in Lebensmitteln abweichen. Die meisten in Lebensmitteln vorkommenden Pilze können anhand der Angaben von PITT und HOCKING (1997) und SAMSON et al. (2004) identifiziert werden. Andere hilfreiche Bücher zur Identifizierung sind die von ELLIS (1971, 1976), SUTTON (1980), CARMICHAEL et al. (1980), DOMSCH et al. (1980) und VON ARX (1981).

4.1 Zygomyceten

Allgemeine Eigenschaften

Diese Gruppe wird durch ein zoenozytisches Mycel charakterisiert. Die einzige Querwand (Septum) bildet getrennte spezielle Organe wie Sporangien und Zygosporen aus. Septen treten manchmal in den reifen Teilen des Mycels auf.

Die geschlechtliche Vermehrung findet durch Verschmelzung von zwei multinuclearen Gametangien und Bildung von dickwandigen, gelben, braunen oder schwarzen Zygosporen statt, die häufig mit Dornen oder anderen Auswüchsen bedeckt sind. Die beiden Hyphenteile an jedem Ende der Zygosporen werden Suspensoren genannt. Die Suspensoren können sich gleichen oder aber auch in Form und Größe unterschiedlich sein. Manchmal bilden die Suspensoren Anhängsel (z.B. einige Species von *Absidia*). Zygosporen kommen in der Regel nicht bei den in Lebensmitteln üblichen Zygomyceten vor und müssen durch Paarung mit + und – Stämmen ausgelöst werden.

Die ungeschlechtliche Vermehrung findet mithilfe von unbeweglichen Sporangiosporen (einzellige Aplanosporen) statt, die endogen als kugel- oder birnenförmige Sporangien mit und ohne Columella (Bläschen oder Innenteil innerhalb eines Sporangiums ohne Unterbrechung zur Sporangiophore) oder als Merosporangien (zylindrisches Sporangium, das in eine Reihe von Merosporen aufbricht) produziert werden. Ein Merosporangium hat keine Columella. Sporangiolen (kleine, kugelförmige Sporangien mit einer oder wenigen Sporen und verkleinerter oder keiner Columella) werden bei den Familien Thamnidiaceae,

Cunninghamellaceae und Choanephoraceae gefunden. Einige Gattungen werden durch eine Apophyse (eine Verbreiterung der Sporangiophore gerade unterhalb des Sporangiums) gekennzeichnet. Stolone können auch vorkommen; dies sind spezialisierte Hyphen, die sich über die Oberfläche ziehen und Sporangiophoren bilden. Diese Stolone können an dem Substrat mithilfe von Rhizoiden (wurzelähnliche Strukturen) anhaften. Einige Species produzieren Chlamydosporen (dickwandige Zellen) oder Oidien (dünnwandige Zellen, die oft im Substratmycel vorkommen und in der Regel kugelförmig sind). Diese können endständig oder zwischenständig einzeln oder in Ketten vorliegen. Sporangiosporen, Chlamydosporen und Oidia können keimen und neues Mycel produzieren.

Habitat: Die meisten Mitglieder dieser Gruppe sind saprophytisch, allerdings können einige für andere Pilze, Menschen, Tiere oder Pflanzen pathogen sein. Einige Species wie *Rhizopus* und *Absidia* sind auf Lagergetreide, Obst und Gemüse, in der Luft oder in Kompost weit verbreitet. Einige Species wie *Mucor*

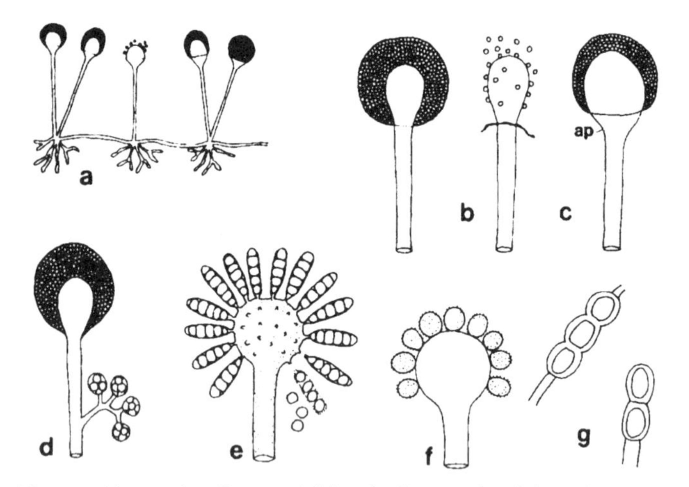

Abb. VI.4-1: Vegetative Sporen bildende Organe in einigen in Lebensmitteln vorkommenden Zygomyceten

a. Sporangien an Stolonen und Rhizoiden
b. mehrsporiges Sporangium (links) und Columella (rechts) bei *Mucor*
c. Sporangium mit Apophyse (ap) wie in *Absidia*
d. Sporangium und Sporangiolen in *Thamnidium*
e. Merosporangien in *Syncephalastrum*
f. Sporen (einsporige Sporangiolen) in *Cunninghamella*
g. Chlamydosporen (häufig im Submersmycelium produziert)

und *Rhizopus* sind wichtig bei der Verwendung in orientalischen, fermentierten Lebensmitteln und zur Herstellung organischer Säuren. Sie können aber auch Fäulnis in reifen und geernteten Früchten und Gemüse hervorrufen.

Schlüssel zur Identifizierung häufiger vorkommender Zygomyceten

1. Merosporangien* oder Sporangiolen werden gleichzeitig an Vesikeln gebildet 2
   Sporangien, Sporangiolen werden nicht gleichzeitig an Vesikeln gebildet 3

2. Merosporangien brechen auf eine Reihe glattwandiger Sporangiosporen . . . . *Syncephalastrum*
   Sporangiolen, einsporig, in der Regel rauwandig . . . . . *Cunninghamella*

3. Hauptachse mit endständigem Sporangium, an den Seitenzweigen Sporangiolen oder Sporen, dichotome Verzweigung der Sporangiophoren. . . . . *Thamnidium*
   Sporangien mit vielen Sporen gefüllt, keine Sporangiolen vorhanden 4

4. Sporangien ohne Apophyse (Schwellung unterhalb des Sporangiums) 5
   Sporangien mit Apophyse 6

5. Rhizoide und Stolone vorhanden, thermophil . . . . *Rhizomucor*
   Keine Rhizoide und Stolone, nicht thermophil. . . . . *Mucor*

6. Pigmentierte Sporangiophore, entspringen in Gruppen gegenüber von Rhizoiden, Sporangiosporen gewöhnlich gestreift. . . . . *Rhizopus*
   Sporangiosporen durchscheinend oder fast durchscheinend, entspringen aus Stolonen, Sporangiosporen nicht gestreift . . . . *Absidia*

---

* Anmerkung: Merosporangien = Sporangien zylindrisch und Sporen einreihig angeordnet

Legende Abb. VI.4-2 nächste Seite:

a. *Mucor racemosus*: Spitze einer Sporangiophore mit Sporangium (x360)
b. *Mucor circinelloides*: Sporangiophore mit Columella und Resten der Sporangiumwand nach dem Aufbrechen (x360)
c. *Rhizopus stolonifer*: Sporangiophoren mit Sporangien und Rhizoiden (x10)
d. Rhizopus microsporus var. *oligosporus*: Sporangium mit Apophyse, Columella und Sporen (x400)
e. *Absidia corymbifera*: Spitze einer Sporangiophore mit Apophyse und Columella (x210)
f. *Rhizomucor pussillus*: Spitzen von Sporangiophoren mit Sporangien und Columellen (x300)
g. *Syncephalastrum racemosum*: Spitze einer Sporangiophore mit Merosporangien, die am Zellbläschen entstehen (x335)
h. *Thamnidium elegans*: Teile einer Sporangiophore mit dichotomen Verästelungen, die einige sporende Sporangiolen tragen (x430)
i. *Cunninghamella elegans*: Sporangiophore mit einsporigen Sporangiolen (x245)

Absidia van Tieghem (etwa 20 Taxa), am häufigsten vorkommende Species *A. corymbifera.*

Amylomyces Calmette (monotypisch). *A. rouxii* wird häufig mit orientalisch fermentierten Lebensmitteln in Verbindung gebracht.

Cunninghamella Thaxter (7 Taxa). *C. echinulata* und *C. elegans* werden manchmal auf Nüssen oder anderen tropischen Lebensmittelprodukten nachgewiesen.

Mucor Mich. (45–50 Taxa). Auf Lebensmitteln kommen vor: *M. plumbeus, M. hiemalis, M. racemosus* und *M. circinelloides*. Ein detaillierter Schlüssel findet sich bei SCHIPPER (1973, 1975, 1976, 1978).

Rhizomucor (3 Taxa). Thermophile Species, *R. pusillus* und *R. miehei,* eng mit *Mucor* verwandt (SCHIPPER, 1978).

Rhizopus Ehrenb. (etwa 10 Taxa). Weit verbreitete Species: *R. oryzae, R. stolonifer* und *R. microsporus* (SCHIPPER, 1984; SCHIPPER und STALPERS, 1984).

Syncephalastrum Schroeter (1 Taxon oder 2 Taxa). Die einzige weit verbreitete Species ist *S. racemosum Cohn.*

Thamnidium Link (monotypisch). Manchmal tritt *T. elegans* auf.

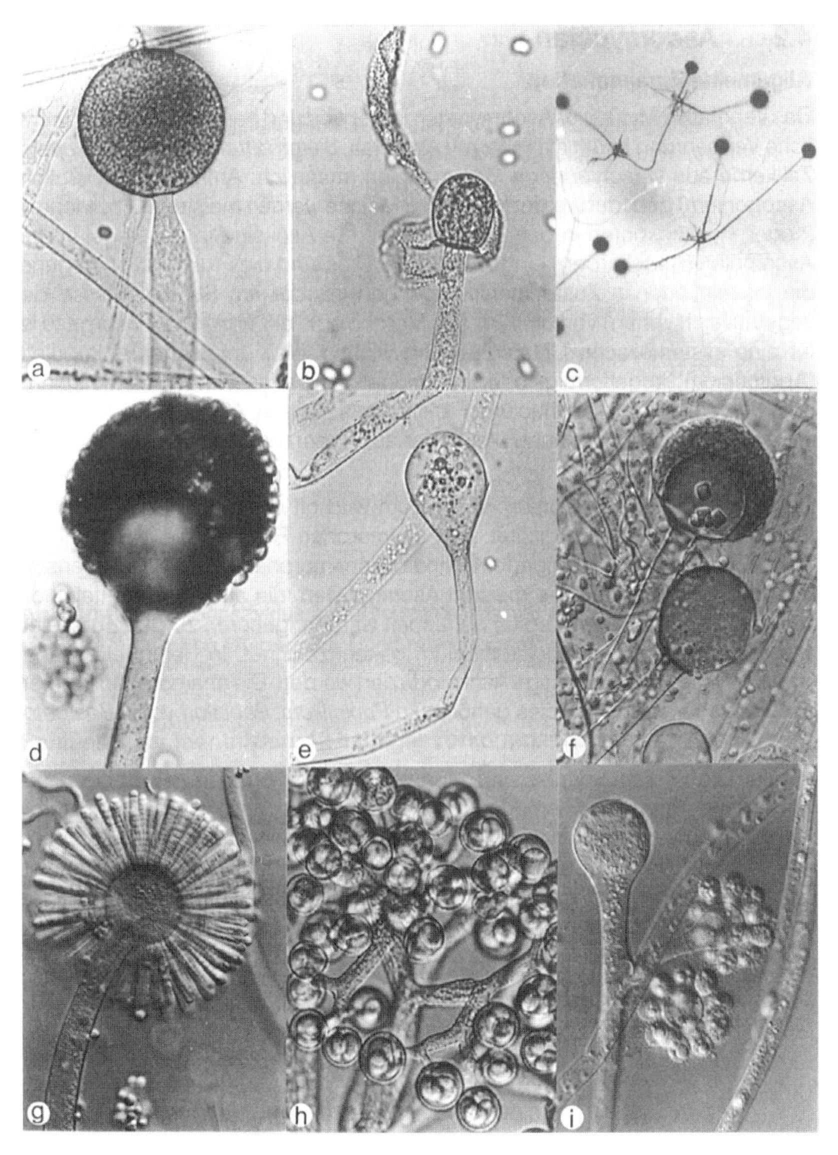

Abb. VI.4-2: Legende siehe vorige Seite

4.2 Ascomyceten

Allgemeine Eigenschaften

Das vegetative Mycel der Ascomyceten ist septiert und haploid. Die geschlechtliche Vermehrung findet mithilfe von Asci statt, die oft durch Karyogamie zweier Zellkerne aus verschiedenen Gametangien (männlich: Antheridium, weiblich: Ascogonium) gebildet werden. Nach der Meiose werden meistens 8 (manchmal 2 oder 4) Ascosporen in den Asci gebildet. Die Asci sind in der Regel in den Ascomaten (Ascokarpen) eingeschlossen. Dies sind die Fruktifikationsorgane, die einzeln oder in Zusammenklumpungen in oder am Stroma (Masse der vegetativen Hyphen) vorkommen. Die Morphologie der Fruktifikationsorgane ist für eine systematische Unterscheidung wichtig. Man unterscheidet kupulate (Apothecium), kugelförmige oder nicht-kugelige, nicht-ostiolate (Cleistothecium) oder kolbenförmige (Perithecium) Fruktifikationsorgane. Asci können sich auch in Spalten der Stromate entwickeln oder aus kissenförmigen Strukturen (Pseudothecium) entstehen.

Das ascogene oder teleomorphe Stadium wird oft von einem oder mehreren reproduktiven Stadien begleitet, den anamorphen Formen. Die Mehrzahl der Deuteromyceten (Fungi imperfecti) sind die anamorphen Formen im Lebenszyklus der Ascomyceten. Die meisten Ascomyceten, die auf Lebensmitteln vorkommen und in diesem Kapitel behandelt werden, gehören zu den Eurotialen und werden durch ein Cleistothecium gekennzeichnet, in dem viele kleine, kugelförmige oder kugelartige Asci produziert werden. Die anamorphen Formen der hier behandelten Species gehören zu *Penicillium, Paecilomyces, Basipetospora* und *Aspergillus*.

Habitat: Die meisten Species sind saprophytisch; sie kommen im Erdboden, auf verderbendem pflanzlichem Material und auf Lebensmitteln vor. Die Gattung *Eurotium* kann auf Trockenprodukten weit verbreitet sein und sich als Schimmelpilz während der Lagerung entwickeln (z.B. Getreide, Nüsse). Die Species *Talaromyces, Byssochlamys* und *Neosartorya* sind als hitzeresistente Species bekannt, die in hitzebehandelten Fruchtsäften und anderen Fruchtprodukten auftreten.

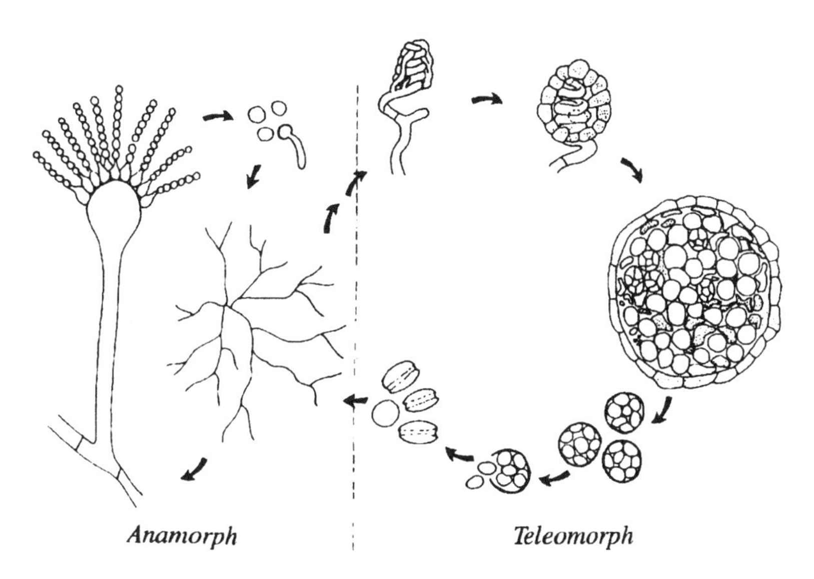

Abb. VI.4-3: Lebenszyklus von Ascomyceten, hier am Beispiel einer anamorphen *(Aspergillus)* und telemorphen *(Eurotium)* Verbindung

Schlüssel zur Identifizierung häufiger vorkommender Ascomyceten

1 Ascomata perithecia, mit seitlichen und/oder endständigen Haaren . . . . *Chaetomium*
Ascomata cleistothecia 2

2 Ascomata deutlich gestielt oder fast ungestielt; anamorph *Basipetospora* 3
Ascomata nicht gestielt, anamorphe Formen von *Penicillium, Paecilomyces* oder *Aspergillus* 4

3 Ascomata deutlich gestielt. Asci enthalten mehr als zwei ellipsenförmige Ascosporen. Nicht xerophil . . . . *Monascus*
Ascomata fast ungestielt. Asci enthalten zwei nierenförmige Ascosporen, xerophil . . . . *Xeromyces*

Abb. VI.4-4 nächste Seite

a. *Byssochlamys nivea:* Asci mit Ascosporen (x680)

b. *Eurotium:* Konidienstruktur der *Aspergillus glaucus* Gruppe (x370)

c. *Eurotium herbariorum:* Asci und Ascosporen (x610)

d. *Emericella nidulans:* Hülle-Zellen (x730)

e. *Emericella nidulans:* Ascosporen mit zwei äquatorialen Flügeln (x915)

f. *Talaromyces:* Asci mit Ascosporen (x490)

g. *Neosartorya fischeri:* Asci mit Ascosporen (x1010)

h. *Monascus ruber:* Gestieltes Ascomata mit Ascosporen (x550)

i. *Xeromyces bisporus:* aus nierenförmigen Ascosporen freigesetzte Ascomata (x430)

---

4 Ascomata ohne erkennbare Wand oder sehr dünn.
Anamorphe Formen von *Paecilomyces* oder *Penicillium* 5
Ascomata mit Wand. Anamorphe Formen von *Aspergillus* oder *Penicillium, Paecilomyces* 6

5 Anamorphe Form: *Paecilomyces*. . . . .*Byssochlamys*
Anamorphe Form: *Penicillium* . . . . *Hamigera*

6 Ascomata sclerotinoid oder mit erkennbarer Hyphenwand. Anamorphe Formen von *Penicillium* oder *Paecilomyces*. 7
Ascomata mit einer ein- bis mehrschichtigen Wand, manchmal mit Hülle-Zellen bedeckt. Anamorphe Formen von *Aspergillus* 8

7 Ascomata sclerotinoid, gewöhnlich sehr hart.
Anamorphe Form von *Penicillium* . . . . *Eupenicillium*
Ascomata nicht sclerotinoid, anamorphe Formen von *Penicillium* oder *Paecilomyces* . . . . *Talaromyces*

8 Ascomata mit dickwandigen Hülle-Zellen umgeben.
Anamorphe Form der *Aspergillus nidulans*-Gruppe . . . . *Emericella*
Wände der Ascomata nicht von Hülle-Zellen umgeben 9

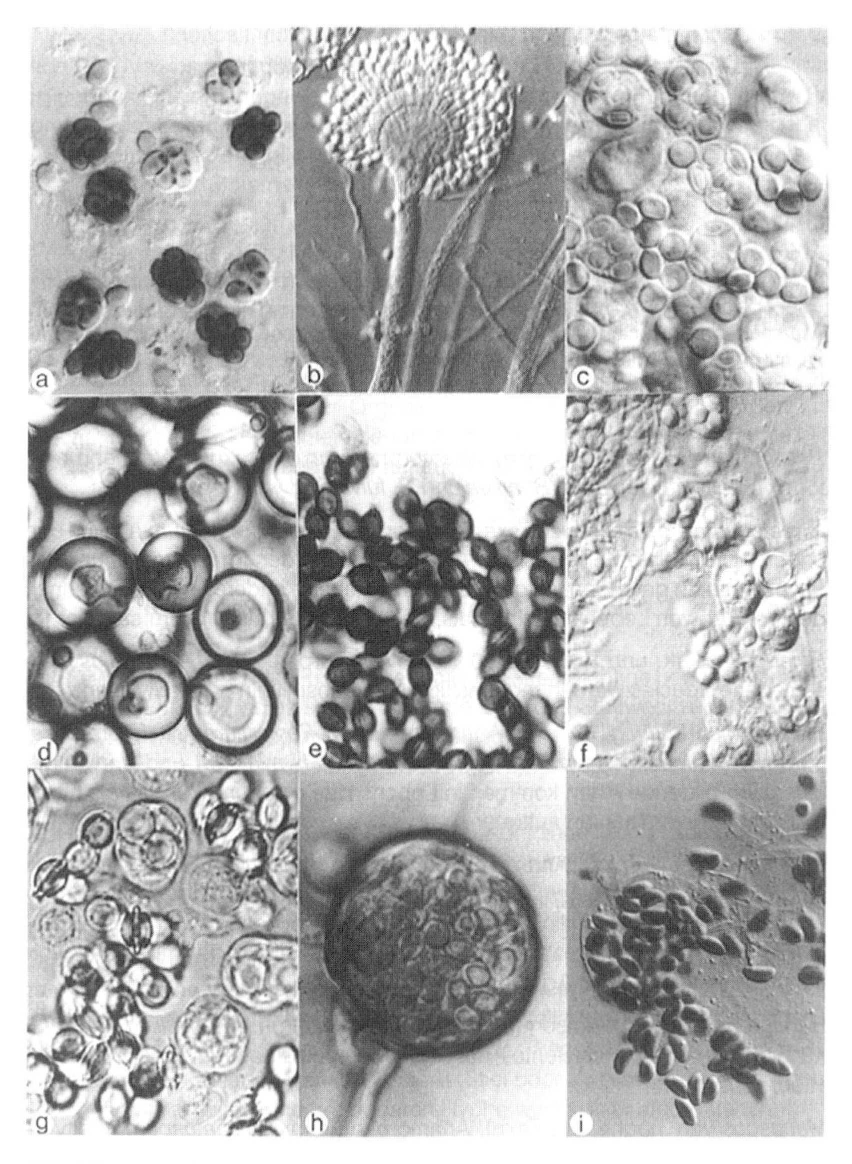

Abb. VI.4-4: Legende siehe vorige Seite

9 Ascomata gelb, Wand besteht aus einer Schicht flacher Zellen, anamorphe Formen der *Aspergillus glaucus*-Gruppe. Xerophil . . . . *Eurotium*
Ascomata weiß bis cremig, Wand besteht aus mehreren Schichten flacher Zellen. Anamorphe Formen der *Aspergillus fumigatus*-Gruppe. Nicht xerophil . . . . *Neosartorya*

Anmerkungen:
Ascoma (pl. Ascomata) = Fruchtkörper
Ascomata perithecia = flaschenförmige oder kugelige, oft mit einem Mündungsporus oder einem Hals versehene Fruchtkörper.
Ascomata cleistothecia = völlig geschlossene, mündungslose Fruchtkörper
anamorph = asexuelle Fruktifikation o. Nebenfruchtform
Sklerotien = Geflechte bestehend aus Mycel, steril, meistens hart

Byssochlamys Westling (4 Taxa). Anamorphe Form (= asexuelle Vermehrungsform): *Paecilomyces* Bain. *B. nivea* und *B. fulva* sind weit verbreitet.

Chaetomium Kunze (etwa 20 Taxa). Anamorphe Form: *Acremonium*-ähnlich und andere. Die meisten Species von *Chaetomium* werden im Erdboden und auf Pflanzenresten gefunden. *C. globosum* und mehrere andere Mitglieder können den Verderb von Lebensmitteln (Mais, Reis) und Futtermitteln verursachen.

Emericella Berk. und Br. (etwa 20 Taxa). Anamorphe Form: *Aspergillus*. Verschiedene Species werden regelmäßig auf Lebensmitteln nachgewiesen.

Eupenicillium Ludwig (33 Taxa). Anamorphe Form: *Penicillium* Link. *E. brefeldianum, E. ochrosalmoneum, E. euglaucum* (= *E. hirayamae*) und verwandte Sklerotien bildende Arten kommen in Lebensmitteln vor und können als hitzeresistente Kontaminanten auftreten.

Eurotium Link (19 Taxa). Anamorphe Form: *Aspergillus*. In Lebensmitteln weit verbreitet sind: *E. chevalieri, E. amstelodami* und *E. herbariorum*. Die teleomorphe Form (= geschlechtliche Vermehrungsform) bildet sich am besten auf Medien mit geringer Wasseraktivität (MEA oder Czapek-Agar mit Zusatz von Saccharose oder DG 18-Agar).

Hamigera Stolk und Samson (3 Taxa). Anamorphe Form: *Penicillium/Raperia*. Es wurden hitzeresistente Arten in Himbeerpulpe nachgewiesen (SAMSON et al., 1992).

Monascus van Tieghem (3 Taxa). Anamorphe Form: *Basipetospora*. Weit verbreitet sind *M. purpurea* und *M. ruber* (HAWKSWORTH und PITT, 1983).

Neosartorya Malloch und Cain (7 Taxa). Anamorphe Form: *Aspergillus. N. fischeri* var. *spinosa* und *glaber* in hitzebehandelten Produkten weit verbreitet (z.B. pasteurisierte Fruchtsäfte).

Neurospora Shear und Dodge (etwa 12 Taxa). Anamorphe Form: *Chrysonilia* von Arx. *Neurospora sitophilia, N. crassa* und *N. intermedia* werden manchmal in Lebensmitteln nachgewiesen. Oft wird die anamorphe Form *Chrysonilia* in großen Mengen auf Lebensmittelprodukten (Bäckereierzeugnissen) gebildet. Die teleomorphe Form bildet sich in älteren Kulturen oder kann nach Kreuzung heterothallischer Stämme gewonnen werden.

Talaromyces C.R. Benjamin (18 Taxa). Anamorphe Formen: *Penicillium* Link oder *Paecilomyces* Bain. Wird häufig in unzureichend wärmebehandelten Produkten (z.B. pasteurisierten Fruchtsäften) gefunden. Ein weit verbreiteter hitzeresistenter Organismus ist *T. macrosporus*.

Xeromyces Fraser (Monotyp). *X. bisporus (= Monascus bisporus* (Fraser) von Arx) ist ein obligat xerophiler Organismus und wird oft übersehen, denn er wächst nicht auf den allgemein benutzten Isolationsmedien. Der Schimmelpilz wächst extrem langsam und kann auf trockenen Produkten (z.B. Tabak, Süßigkeiten usw.) gefunden werden.

4.3 Deuteromyceten

Allgemeine Eigenschaften

Die Deuteromyceten oder Fungi imperfecti umfassen wichtige Lebensmittelkontaminanten. Viele Species sind in der Lage, toxische Stoffwechselprodukte zu bilden. Die meisten Species, die auf Lebensmitteln vorkommen, gehören, mit Ausnahme von *Phoma* (Spaeropsidales) *und Epicoccum* (Melanconiales), zu den Moniliales.

Bei den Deuteromyceten ist der Modus der Konidienbildung (Konidiogenese) für die Klassifizierung wichtig (COLE und SAMSON, 1979).

Die Vermehrung der Deuteromyceten erfolgt mithilfe von Konidien (speziellen unbeweglichen, asexuellen Sporen, die nicht durch Spaltung wie bei den Sporangiosporen gebildet werden). Konidien kommen in verschiedenen Formen und Farben vor; sie können einzeln, synchron, in Ketten oder in Köpfchen gebildet werden. Sie entstehen aus einer spezialisierten Zelle (konidiogene Zelle). Die Zelle kann direkt in oder an einer vegetativen Hyphe oder an besonders strukturierten Konidienträgern (Stiel oder Zweige) gebildet werden. Das gesamte Gebilde einer fruchtbaren Hyphe wird Konidiophore genannt.

Konidien können in akropetalen Ketten gebildet werden: ein oder mehrere neue konidiogene Orte (die Stellen, an denen Konidien entstehen) werden an der Spitze jedes Konidiums gebildet. Das jüngste Konidium wird als oberstes produziert. Akropetale Ketten sind in der Regel verzweigt. Konidien können auch in basipetalen Serien gebildet werden. Dann wird das jüngste Konidium

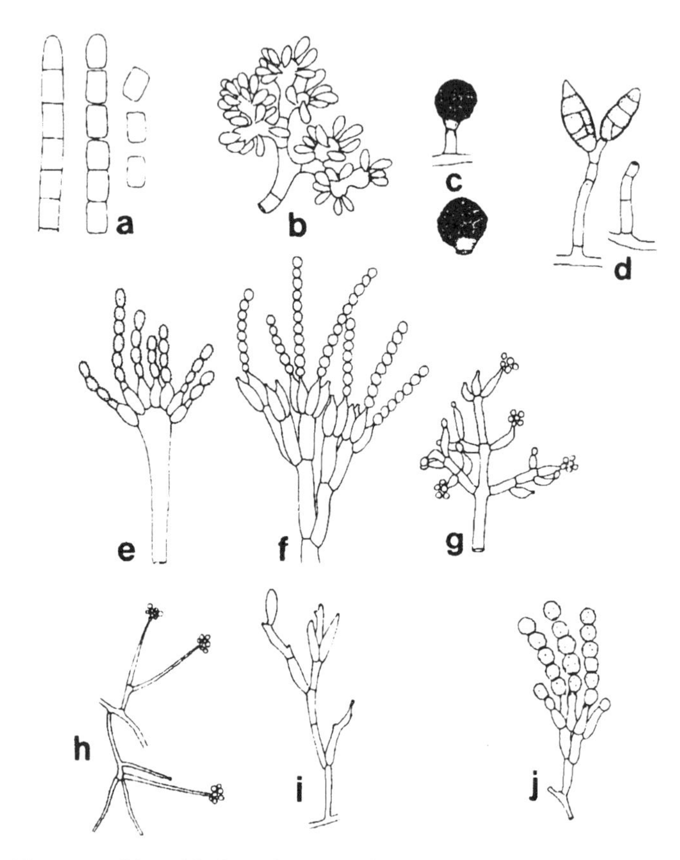

Abb. VI.4-5: Verschiedene Arten der Konidienbildung einiger in Lebensmitteln vorkommender Deuteromyceten

a. thallische Entwicklung in *Geotrichum*
b. solitäre, blastische, synchrone Entwicklung in *Botrytis*
c. solitäre, blastische Entwicklung in *Epicoccum* mit Konidien mit breitem Fuß
d. Porokonidien in *Alternaria*
e–i. phialidische Entwicklung
e. trockene Konidienketten in *Aspergillus*
f. trockene Konidienketten in *Penicillium*
g. schleimige Konidienköpfe in *Trichoderma*
h. schleimige Konidienköpfe in *Acremonium*
i. Polyphialiden in *Fusarium*
j. annellidische Entwicklung in *Scopulariopsis*

an der Basis gebildet, und die vorher entstandenen Konidien oder Ketten bleiben im Köpfchen. Basipetale Ketten sind nie verzweigt.

Die Konidienbildung kann hauptsächlich auf zwei Arten stattfinden:

Thallokonidien werden einzeln oder in Ketten aus einem Teil der Hyphe gebildet (Arthrokonidien). Die Zellen trennen sich durch Querwände und werden in Konidien umgeformt, z. B. *Geotrichum*. Einige Genera (z. B. *Moniliella*) bilden sowohl Thallo- als auch Blastokonidien.

Wenn die Wand der Konidien bildenden Zelle an der Spitze elastisch wird und sich ausstülpt, werden Blastokonidien gebildet. Sie können einzeln, synchron (z. B. *Botrytis, Aureobasidium*) oder in akropetalen Ketten (z. B. *Cladosporium*) produziert werden. Sie können eine schmale (z. B. *Botrytis*) oder eine breite (z. B. *Epicoccum*) Basis haben.

Einige Gattungen werden durch eine porokonidische oder tretische Entwicklung gekennzeichnet (Bildung von Porokonidien). Diese Art der Konidiogenese ist der blastischen ähnlich, unterscheidet sich aber darin, dass die Konidien bildenden Zellen dunkel sind und eine apikal stark pigmentierte Wandverdickung haben. Aus porenförmigen Stellen der dickwandigen Mutterzelle gehen die Konidien hervor (z. B. *Alternia, Ulocladium*).

Konidien können auch in basipetaler Folge aus der Öffnung einer speziellen Zelle (Phialide) entstehen. Die Phialiden können die Form einer Flasche, eines Pfriems oder andere Formen annehmen, oft zeigen sie eine Art Kragen (tassenförmige Struktur an der Spitze). Konidien werden in Ketten produziert (z. B. *Penicillium, Aspergillus, Paecilomyces*) oder klumpen in Köpfchen zusammen (z. B. *Trichoderma, Phialophora, Fusarium, Stachybotrys, Acremonium, Verticillium*).

Einige Genera haben Konidien, die aus einer Reihe kurzer mittiger Wucherungen (Annellationen) der Konidien tragenden Zelle (Annellid) gebildet werden. Ein Annellid ist häufig schwer unter dem Lichtmikroskop zu erkennen, kann aber anhand der Zunahme der konidiogenen Spitze (annellierte Zone während der folgenden Sporulation) unterschieden werden. Eine typische mikroskopische Eigenschaft ist auch die breite Basis der Konidie (z. B. *Scopulariopsis*).

Anmerkung:
Phialiden sind offene, flaschenförmige oder zylindrische Zellen, die Konidien bilden.

Schlüssel für die Identifizierung häufiger vorkommender Deuteromyceten

1 Konidien entstehen in Pyknidien 2
Konidien entstehen nicht in Pyknidien 4

2 Pyknidien klumpen sich zu Haufen zusammen, Konidien bei Reife pigmentiert (dunkelbraun) mit Längsstreifen, einmal septiert . . . . *Lasiodiplodia*
Pyknidien gewöhnlich nicht verklumpt, Konidien durchscheinend 3

3 Konidien üblicherweise einzellig (selten zweizellig) . . . . *Phoma*
Konidien üblicherweise zweizellig . . . . *Ascochyta*

4 Konidien entstehen in Acervuli (in Petrischalen ähnlich wie Sporodochien) . . . . *Colletotrichum*
Konidien entstehen nicht aus Acervuli oder Fruchtkörpern, sondern an Hyphen, Konidiophoren, Sporodochien, Synnemata 5

5 Konidienbildung basauxisch; Konidiophoren gehen von der Basis aus und produzieren linsenförmige, dunkelgefärbte Konidien mit einem Keimspalt . . . . *Arthrinium*
Andere Konidienbildung als oben beschrieben 6

6 Konidien entstehen in basipetaler Folge aus speziellen Konidien tragenden Zellen (Phialiden, Annelliden usw.) in Ketten oder Köpfchen 7
Konidien entstehen nicht in basipetaler Folge sondern akropetal oder durch Abtrennung der fruchtbaren Hyphe oder einzeln 18

7 Konidien in trockenen Ketten 8
Konidien in Köpfchen 13

8 Konidien gewöhnlich zweizellig, entstehend aus fadenförmigen, Konidien tragenden Zellen, mehr oder weniger schief ineinander gesteckt, angeordnet wie eine Ähre. Kolonien rosafarben . . . . *Trichothecium*

Konidien immer einzellig, entstehend aus flaschenförmigen, Konidien tragenden Zellen in geraden Reihen, Kolonien in verschiedenen Farben 9

9 Kolonien streng eingegrenzt, rot-braun. Konidien werden (im Quartett) durch Teilung einer zylindrischen, rauwandigen, meristemen Hyphe gebildet, würfelförmig, wird (fast) kugelförmig, xerophil . . . . *Wallemia*
Kolonien in der Regel nicht begrenzt (Ausnahme: xerophile *Aspergillus*-Species), nicht rot-braun, Konidien entstehen nicht durch Teilung einer meristemen Hyphe 10

10 Konidiophoren mit typischen apikalen Schwellungen. . . . . . *Aspergillus*
Konidiophoren ohne typische apikale Schwellungen 11

11 Konidien bildende Zellen annellidisch. Konidien mit breiter Basis . . . . *Scopulariopsis*
Konidien bildende Zellen phialidisch. Konidien ohne breite Basis 12

12 Kolonien gelb bis braun, nie grün (einige Species weiß, rosafarben). Konidiophoren bilden keinen typischen Pinsel, aber Phialiden mit einem langen Hals in unregelmäßigen Wirteln entlang der Konidiophore . . . . *Paecilomyces*
Kolonien in verschiedenen Grüntönen (einige Species bleiben weiß). Konidiophoren bilden typische Pinsel. Phialiden mit kurzem Hals . . . . *Penicillium*

13 Phialiden lang, pfriemförmig, keine Polyphialiden. 14
Phialiden mehr oder weniger flaschenförmig und/oder Polyphialiden vorhanden 15

14 Phialiden einzeln oder an verzweigten Konidiophoren, Verzweigungen nur nahe des Fußes, gewöhnlich nicht in Wirteln . . . . *Acremonium*
Phialiden in Wirteln an ausgeprägten, vertikal verzweigten Konidiophoren. . . . .*Verticillium*

15 Kolonien in der Regel grün (wenn unter Licht gewachsen) . . . . *Trichoderma*
Kolonien weißlich, gelb, rot-violett, rosa, braun oder schwärzlich 16

16 Kolonien weiß, gelblich-rosa, dunkelrötlich, manchmal grünlich. Septierte bananenförmige Makrokonidien in der Regel vorhanden. . . . . *Fusarium*
Kolonien schwarz, manchmal rötlich. Konidien nicht septiert. 17

17 Phialiden einzeln oder in lockeren Wirteln, flaschenförmig mit einer Art Kragen, Konidiophoren nicht erkennbar . . . .*Phialophora*
Phialiden am Ende der Konidiophoren dicht angeordnet, am breitesten an der Spitze . . . . *Stachybotrys*

18 Schnell wachsende Kolonien, bedecken die Petrischale innerhalb weniger Tage, locker, flockig, orange . . . . *Chrysonilia*
Kolonien nicht orange, bedecken die Petrischale nicht innerhalb weniger Tage 19

19 Nur Arthrokonidien 20
Arthrokonidien und Blastokonidien oder nur Blastokonidien 21

20 Arthrokonidien endständig und lateral gebildet manchmal in der Hyphe, Konidien sind auch vorhanden . . . . *Chrysosporium*
Arthrokonidien in Ketten, gebildet von den Hyphen, fassförmige oder zylindrische Konidien. . . . . *Geotrichum*

21 Konidien bildende Strukturen bestehend aus Arthrokonidien und Blastokonidien (vergleiche *Trichosporon* in Hefen und die dickwandigen, braunen, arthrokonidien-ähnlichen Hyphenzellen in *Aureobasidium*) . . . . *Moniliella*

	Konidien bildende Strukturen bestehen nur aus Blastokonidien	22
22	Blastokonidien, entstehen gleichzeitig an Hyphen oder an geschwollenen Zellen oder Verzweigungen	23
	Blastokonidien, entstehen nicht synchron an Hyphen oder an geschwollenen Zellen oder Verzweigungen	24
23	Konidien entstehen auf Dentikeln (= Zähnchen) an endständig geschwollenen Konidien bildenden Zellen. Konidiophoren aufrecht, oben oder an der Spitze verzweigt (baumartig), Kolonien dünn, grau-braun	*Botrytis*
	Konidien entstehen aus Hyphen oder Verzweigungen. Kolonien hefeähnlich, cremig-gelb bis hellbraun, rötlich-orange oder schwärzlich-grün	*Aureobasidium*
24	Konidien einzeln gebildet an nicht ausgeprägten Konidiophoren, in Haufen oder in Kolonien als schwarze Punkte zu erkennen	*Epicoccum*
	Konidien einzeln oder in Ketten gebildet, ausgeprägte Konidiophoren, wenn vorhanden, nicht in Gruppen	25
25	Konidien in Ketten, glatte Wände. Kolonien in der Regel zunächst cremefarben, werden mit zunehmendem Alter dunkler	*Moniliella*
	Konidien in Ketten oder einzeln, in der Regel rauwandig. Kolonien in grünlich-schwarzen oder grünlich-braunen Farbschattierungen, gräulich	26
26	Konidien aus einer Zelle bestehend oder nur mit Querseptierung	27
	Konidien sowohl mit Längs- als auch mit Querseptierung (muriform)	28
27	Konidien in akropetalen Ketten, meist aus 1 Zelle bestehend, untere Konidie oft septiert (euseptiert)	*Cladosporium*
	Konidien einzeln, mit Querseptierung (distoseptiert), Konidien oft gebogen, im Mittelteil dicker	*Curvularia*

Abb. VI.4-6 nächste Seite

a. *Aspergillus*: Konidienträger mit Konidien (x610)

b. *Aspergillus flavus*: Konidienträger mit Phialiden und Konidien (x430)

c. *Paecilomyces variotii:* Konidiophore (x610)

d. *Penicillum glabrum*: Monoverticillate Konidiophore (x400)

e. *Penicillium roqueforti*: Terverticillate Konidiophore (x385)

f. *Penicillium rugulosum*: Biverticillate Konidiophore (x500)

g. *Fusarium culmorum*: Konidiophoren und Makrokonidien (x500)

h. *Fusarium culmorum*: Makrokonidien (x500)

i. *Fusarium sporotrichioides*: Konidiophoren mit sympodial proliferierenden Phialiden (x550)

---

28 Junge Konidien an der Basis gerundet, reife Konidien ketten- und/oder schnabelförmig .... *Alternaria*
Junge Konidien an der Basis spitz, reife Konidien einzeln oder in „falschen" kurzen Ketten................ *Ulocladium*

Anmerkungen:
Pyknidien: Konidien entstehen im Inneren von Fruchtkörpern, sog. Pyknidien
Acervuli: Fruchtkörper, die sich mit zunehmender Reife öffnen
Sporodochien: polsterförmige, pustelförmig hervorbrechende, mit dicht stehenden Trägern besetzte Hyphengeflechte
Synnemata: gebündelte Konidiophoren
basauxisch: die erste Konidie entsteht am Ende der Hyphe, die folgenden sprossen seitlich hervor
Annelliden oder Annellophoren: Zellen mit einer geringelten, Konidien bildenden Zone
Phialiden: apikal offene Träger- oder Sporenmutterzellen
Polyphialiden: Zellen, die aus mehreren Öffnungen in basipetaler Reihenfolge Konidien bilden
Arthrokonidien: Konidien entstehen aus bestehenden Hyphenteilen und durch Spaltung
Blastokonidien: Konidien entstehen als Neubildungen durch Ausstülpung (Sprossung)

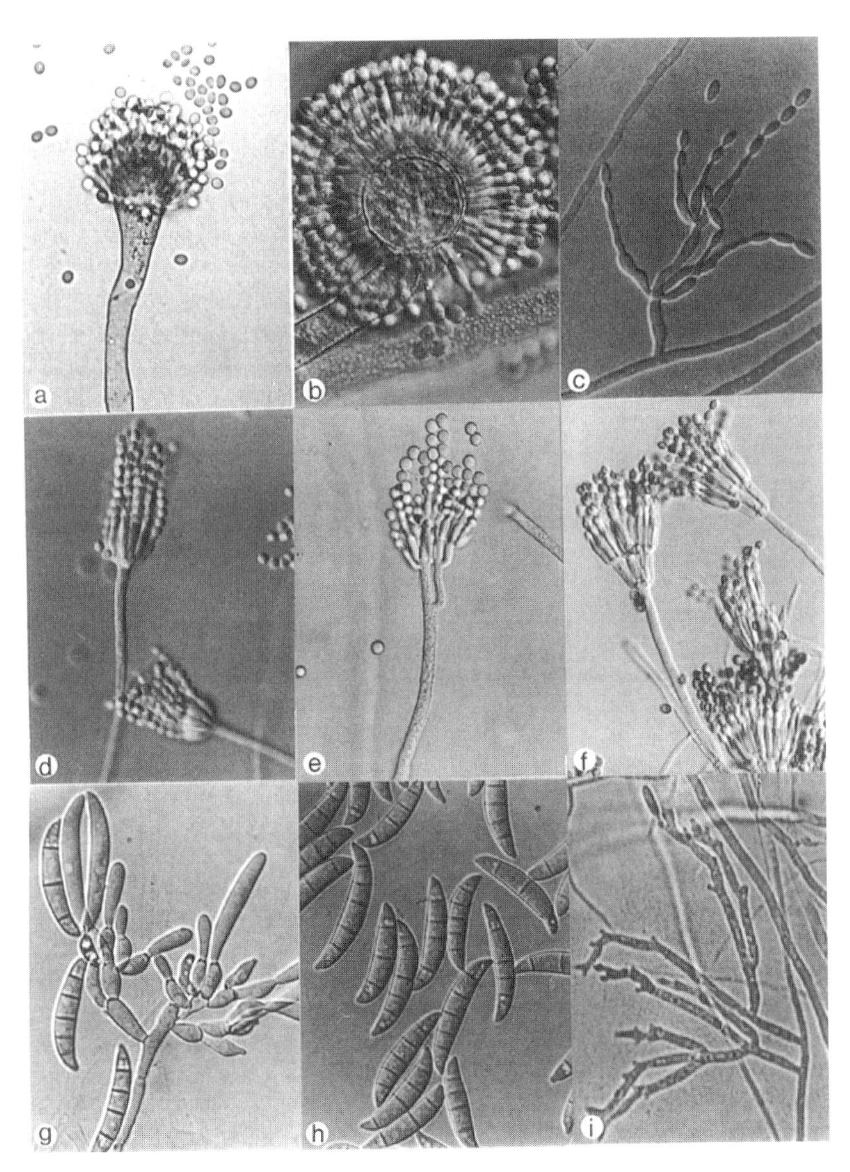

Abb. VI.4-6: Legende siehe vorige Seite

Abb. VI.4-7 rechte Seite

a. *Acremonium* species: Konidiophoren mit pfriemförmigen Phialiden und Konidien (x430)
b. *Phialophora fastigiata*: Konidiophore und Phialiden mit tellerförmigen Krägelchen (x1040)
c. *Trichoderma harzianum*: Konidiophore (x370)
d. *Wallemia sebi*: Konidiophore mit einer apicalen fertilen Hyphe, die sich in vier Konidien teilt (x820)
e. *Verticillium lecanii:* Konidiophoren mit Quirlen aus Phialiden (x400)
f. *Stachybotrys chartarum*: Konidiophore mit apikalen Haufen ellipsoider Phialiden (x436)
g. *Scopulariopsis fusca*: Annellidische konidiogene Zellen mit Konidien in Kettenform (x1000)
h. *Aureobasidium pullulans*: Fertile Hyphen mit Konidien (x305)
i. *Phoma glomerata*: Ostiolate Pyknidien und Dictyochlamydosporen (ähneln Konidien in *Alternia*) (x90)

Angaben zu den Genera

Acremonium Link (etwa 100 Taxa). Die meisten Arten sind saprophytisch und werden aus totem pflanzlichem Material und aus dem Erdboden isoliert. Einige Species sind für Pflanzen und Menschen pathogen. Die Gattung ist weltweit verbreitet.

Alternaria Nees (etwa 45 Taxa). *A. alternata* ist weniger verbreitet als ursprünglich angenommen. Häufiger anzutreffen bei Lebensmitteln und in Betriebsräumen sind Species der Gruppen *A. arborescens, A. infectoria* und *A. tenuissima.* Für ausführliche Beschreibungen zu *A. alternata* und weiteren Species siehe SIMMONS und ROBERTS (1993), SIMMONS (1999) und ANDERSEN et al. (2002).

Arthrinium Kunze (etwa 20 Taxa). *A. apiospermum* wird manchmal in Lebensmitteln gefunden.

Ascochyta Lib. Es sind viele verschiedene Species bekannt, die aber in oder auf Lebensmitteln selten vorkommen.

Aspergillus Mich. (etwa 185 Taxa). Teleomorphe Formen: *Eurotium, Emericella, Neosartorya* und andere (SAMSON, 1992, 1994a und 1994b). Ein allgemeiner Schlüssel ist bei RAPER und FENNELL (1965) zu finden. Schlüssel für die häufigsten in Lebensmitteln vorkommenden Aspergilli sind von KLICH und PITT (1988), PITT und HOCKING (1997), KLICH (2002) und SAMSON et al. (2004) veröffentlicht worden.

Aureobasidium Viala und Boyer (15 Taxa), *A. pullulans* ist weit verbreitet.

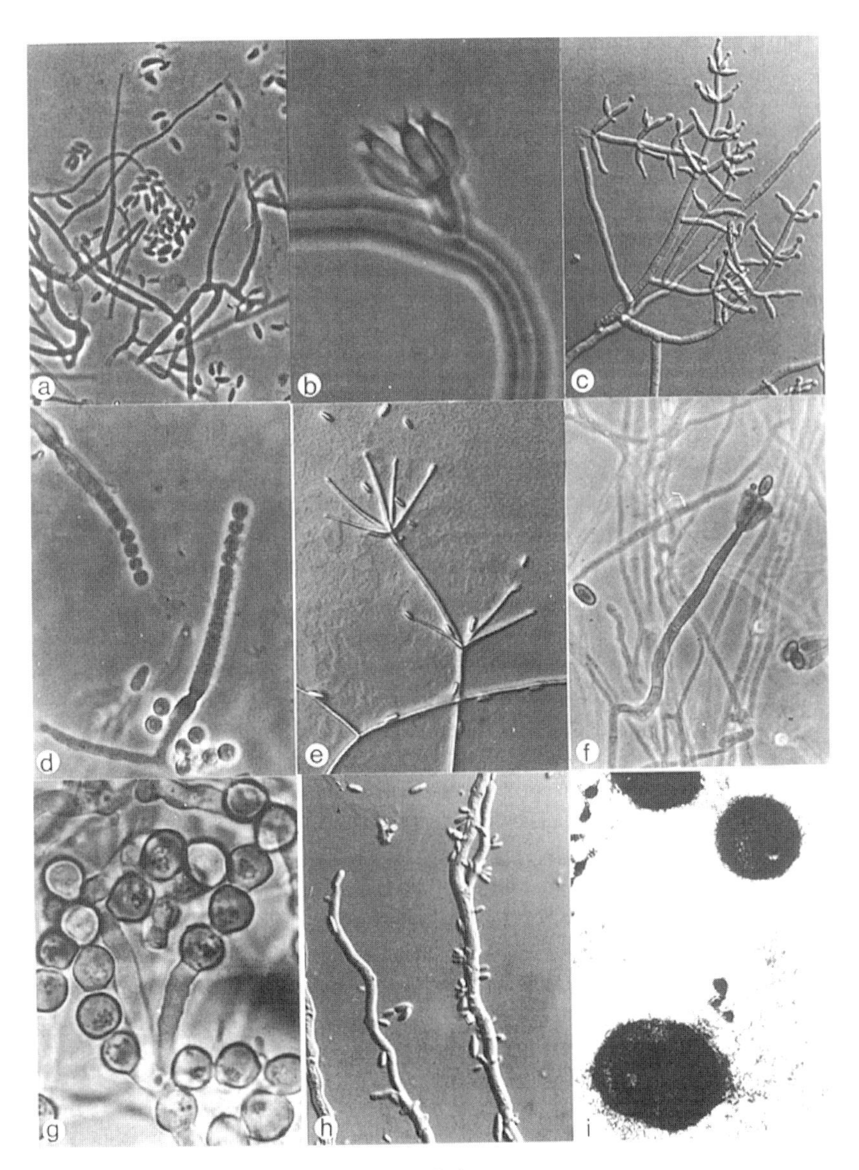

Abb. VI.4-7: Legende siehe vorige Seite

Abb. VI.4-8 nächste Seite

a. *Botrytis cinerea*: Spitze einer Konidiophore mit Konidien, die gleichzeitig in geschwollenen konidiogenen Zellen hergestellt werden (x244)
b. *Chrysonilia sitophila*: Verzweigte Konidiophoren, die in Konidien aufbrechen (x488)
c. *Trichothecium roseum*: Konidiophoren mit Konidien, die basipetal in Zick-Zack-Ketten gebildet werden (x396)
d. *Geotrichum candidum*: Thallische Konidien, die in Ketten gebildet werden (x458)
e. *Moniliella suaveolens* var. *suaveolens*: Acropetale Kette von Konidien (x458)
f. *Epicoccum nigrum*: In Sporodochien gehäufte Konidiophoren, die mehrzellige Konidien bilden (x427)
g. *Cladosporium macrocarpum*: Konidiophore und Konidien in akropetalen Ketten (x458)
h. *Ulocladium chartarum*: Geniculate Konidiophoren mit muriformen Konidien (x305)
i. *Alternaria alternata*: Konidiophore mit schnabelförmigen, septierten Konidien (x305)

Bipolaris Shoemaker, teleomorphe Form: *Cochliobolus* (etwa 45 Taxa). Diese Gattung ist der Gattung *Drechslera* ähnlich.

Botrytis Mich. (etwa 25 Taxa). Teleomorphe Form: *Botryotinia* (= *Sclerotinia* Fuckel). Das Genus ist auf Pflanzen und Fruchtmaterial weit verbreitet und umfasst auch wichtige Pflanzenpathogene mit weltweiter Verbreitung.

Chrysonilia von Arx. Teleomorphe Form: *Neurospora*. Es sind zwei oder drei Species bekannt, die die anamorphe Form von *Neurospora* darstellen. In der westlichen Welt sind die Species als Verderbsorganismen bekannt, während der Pilz im Osten manchmal zur Lebensmittelfermentation verwendet wird. In der Literatur oft als *Monilia* bezeichnet.

Chrysosporium Corda. (20 Taxa). Die meisten Species werden aus dem Erdboden oder menschlichem und tierischem Gewebe isoliert. Einige Species, z.B: *C. xerophilum, C. sulfureum* und *C. farinicola*, sind jedoch auf getrockneten Lebensmitteln vorhanden.

Cladosporium Link. (40–50 Taxa). Teleomorphe Form: *Mycosphaerella* Johanson. Eine weltweit verbreitete Gattung. Verschiedene Species sind Pflanzenpathogene oder saprophytisch und mehr oder weniger wirtsspezifisch auf altem oder totem Pflanzenmaterial. Häufigste Species sind *C. cladosporioides, C. herbarum, C. macrocarpum* und *C. sphaerospermum.*

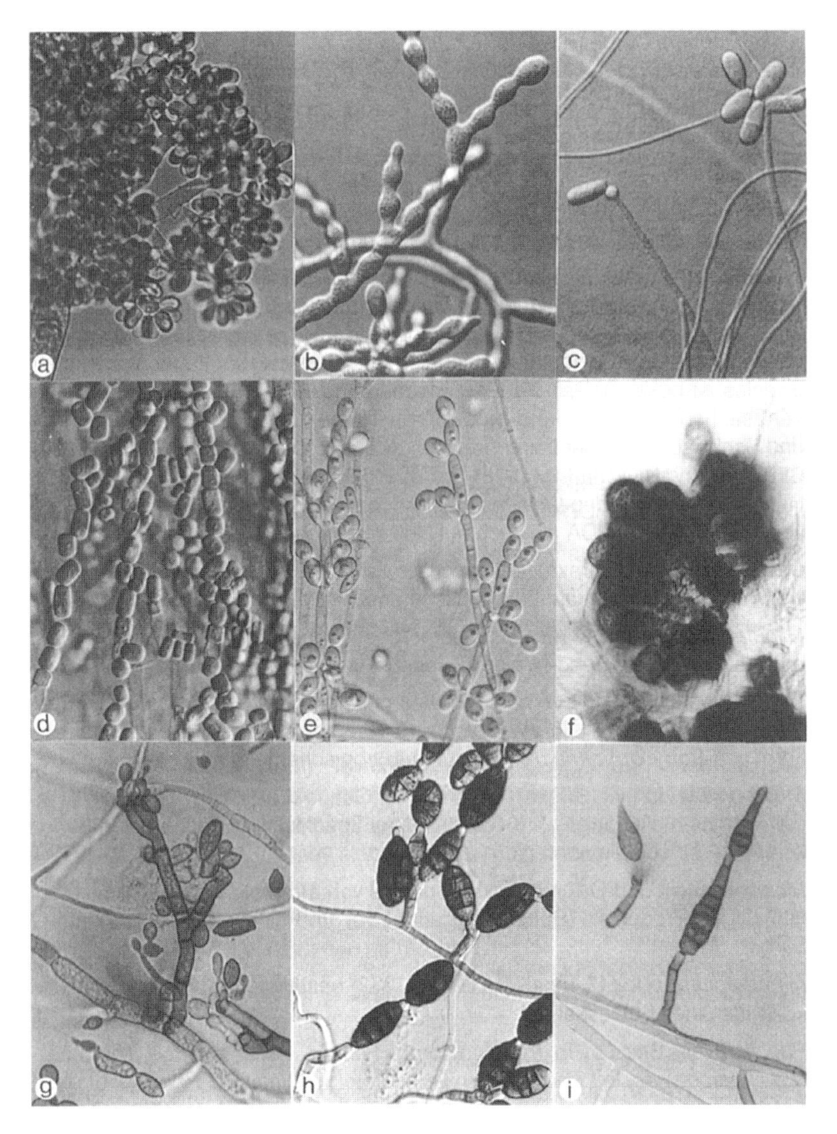

Abb. VI.4-8: Legende siehe vorige Seite

Colletotrichum Corda (etwa 20 Taxa). *C. gloeosporioides (= Glomerella cingulata)* ist als pathogene Art oder Verderbniserreger tropischer Früchte verbreitet.

Curvularia Boedijn. Teleomorphe Form: *Pseudocochliobolus*. Etwa 30 Species, auf Lebensmitteln weniger verbreitet.

Drechslera Ito. Teleomorphe Form: *Pyrenophora*. Es gibt etwa 20 Species, die meisten kommen auf Gräsern vor.

Epicoccum Link (2 Taxa) *E. nigrum (= E. purpurascens)* ist weit verbreitet.

Fusarium Link (etwa 50 Taxa). Teleomorphe Formen: *Nectria* Fr., *Plectosphaerella* Kleb. und andere. Die meisten *Fusarium* spp. sind Schimmelpilze aus dem Erdboden und weltweit verbreitet. Einige sind Pflanzenparasiten und verursachen Wurzel- und Stengelfäule, Gefäßermattung und Fruchtfäule. Von einigen Species ist bekannt, dass sie für Menschen und Tiere pathogen sind, andere verursachen Lagerfäule und produzieren Toxine. Detaillierte Beschreibungen und Schlüssel findet der Leser bei NELSON et al. (1983), MARASAS et al. (1984), GERLACH und NIRENBERG (1988) und BURGESS und LIDDELL (1988). Zur Identifizierung wird von den Wissenschaftlern, die mit *Fusarium* arbeiten, die Kultivierung sowohl auf PDA als auch auf Nelkenblatt-Agar (CLA) sehr empfohlen. Die Taxonomie der Gattung *Fusarium* auf der Grundlage von DNA-Sequenzen verändert sich fortlaufend. Zahlreiche Species, wie *F. graminearum* und *F. oxysporum*, werden in Gruppen zusammengefasst.

Geotrichum Link (23 Taxa). Teleomorphe Form: *Dipodascus. G. candidum* ist weit verbreitet und bekannt als „Maschinenschimmel" (DE HOOG et al. 1986).

Gliocladium Corda (13 Taxa). Teleomorphe Formen: *Nectria, Hypocrea* und andere. Verbreitete Species sind *G. roseum* und *G. viride.*

Lasiodiplodia Ellis und Everhart. Teleomorphe Form: *Botryosphaeria* (eine Species) *L. theobromae (– Botryodiplodia theobromae)* wird häufig als anamorphe Form von *Botryosphaeria rhodina* auf (sub)tropischem Material gefunden.

Memnoniella Höhnel (3 Taxa). Ein ähnlicher Genus wie *Stachybotrys*, die Konidien kommen allerdings als Ketten vor. Drei Species sind bekannt, von denen kommt *M. echinata* manchmal in Lebensmitteln vor.

Moniliella Stolk und Dakin (3 Taxa). Species von *Moniliella* kommen häufig auf fetthaltigen Produkten (Butter, Margarine) vor und sind resistent gegenüber Sorbat.

Myrothecium Tode (13 Taxa). TULLOCH (1972) bestätigte 8 Species und stellte für diese einen Schlüssel auf.

Paecilomyces Bain (31 Taxa). Teleomorphe Formen: *Byssochlamys, Thermoascus, Talaromyces*. In Lebensmitteln verbreitete Species sind *P. variotii* und die anamorphen Formen der *Byssochlamys* spp. Isolate von *P. variotii* wurden als sorbat-resistente Kontaminanten nachgewiesen. *Paecilomyces variotii* kann als hitzeresistenter Pilz auftreten und zusammen mit den Ascosporen von *Byssochlamys spectabilis* dickwandige Chlamydosporen und Hyphen bilden.

Penicillium Link (90–150 Taxa). Teleomorphe Formen: *Eupenicillium, Talaromyces* und andere. Viele Species von *Penicillium* sind verbreitete Kontaminanten auf verschiedenen Substraten und bekannt als mögliche Produzenten von Mykotoxin. Daher ist für eine möglicherweise festgestellte *Penicillium*-Kontamination eine genaue Identifizierung wichtig. Verbreitete Taxa in Lebensmitteln und Schlüssel für die üblichsten Species sind bei PITT (1988), PITT und HOCKING (1985) und SAMSON et al. (2004) zu finden. Die von SAMSON und FRISVAD (2004) veröffentlichte Monographie über *Penicillium* subgenus *Penicillium* enthält umfassende Beschreibungen und Farbtafeln. Die meisten Species stammen aus Lebensmitteln und aus der Luft.

Phialophora Medlar (12 Taxa). Teleomorphe Formen: *Pyrenopeziza, Coniochaeta* und andere. *Phialophora*-Species wurden von absterbendem Holz, Lebensmitteln (z.B. Butter, Margarine, Äpfeln), Erdboden, verstorbenem menschlichem und tierischem Gewebe isoliert. Dieser Organismus kommt auch als Parasit oder Saprophyt in pflanzlichem Material vor.

Phoma Sacc. (etwa 40 Taxa). Teleomorphe Formen: *Pleospora, Leptosphaeria* und andere. *P. exigua* und *P. herbarum* sind weit verbreitete Species.

Pithomyces Berk. und Br. (9 Taxa). Es gibt etwa 15 Species. Eine gut bekannte Art, die Toxine produziert, ist *P. chartarum*. Sie wird aber nicht häufig in Lebensmitteln angetroffen.

Scopulariopsis Bain (12 Taxa). Teleomorphe Form: *Microascus*. Verbreitete Species sind *S. brevicaulis, S. fusca* und *S. candida* (MORTON und SMITH, 1963).

Sporendonema Desmazieres (2 Taxa). *S. casei* kann auf Käse gefunden werden. Dieser Organismus ist psychrophil, wächst und sporuliert gut bei 8 °C.

Stachybotrys Corda (etwa 15 Taxa). *S. chartarum* kann in Lebensmitteln verbreitet vorkommen. Größere Bedeutung hat diese Species in Betriebsräumen, wo sie zu gesundheitlichen Beeinträchtigungen führen kann.

Stemphylium Wallr. (20 Taxa). Teleomorphe Form: *Pleospora*. Etwa sechs Species werden mit pflanzlichem Material in Verbindung gebracht.

Trichoderma Pers. (9 Taxa). Teleomorphe Form: *Hypocrea* (in den meisten Species, wird nicht in Kulturen gebildet). Sehr verbreiteter Genus, besonders in Erdboden und absterbendem Holz. *Gliocladium* (mit streng convergenten Phialiden) und *Verticillium* (mit geraden und mittelmäßig divergenten Phialiden) sind enge Verwandte.

Trichothecium Link. Die einzige Species dieses Genus *T. roseum* kann manchmal in Lebensmitteln vorkommen.

Ulocladium Preuss. (9 Taxa). *U. atrum* und *U. consortiale* können in Lebensmitteln vorkommen.

Verticillium Nees (35–40 Taxa). Teleomorphe Formen: *Nectria* und verwandte Genera. Einige verbreitete Species sind von DOMSCH et al. (1980) beschrieben.

Wallemia Johan-Olsen (ein Taxon). *W. sebi* ist ein sehr verbreiteter xerophiler Pilz. Dieser Schimmelpilz ist auch unter den Namen *Sporendonema epizoum, Hemispora stellata* und *Sporendonema sebi* bekannt.

Literatur

1. ABILDGREN, M.P.; LUND, F.; THRANE, U.; ELMHOLT, S.: Czapek-Dox agar containing iprodione and dichloran as a selective medium for the isolation of *Fusarium* species, Lett. Appl. Microbiol. 5, 83-86, 1987
2. ANDERSEN, B.; KRØGER, E.; ROBERTS, R.G.: Chemical and morphological segregation of *Alternaria arborescens, A. infectoria* and *A. tenuissima* species-groups, Mycol. Res. 106, 170-182, 2002
3. ANDREWS, S.; PITT, J.I.: Selective medium for the isolation of *Fusarium* species and dematiaceous hyphomycetes from cereals, Appl. Environ. Microbiol. 51, 1235-1238, 1986
4. ARORA, D.; MUKERJI, K.; MARTH, E. (Hrgs.): Handbook of Applied Mycology, vol. 3, Foods and feeds, Marcel Dekker, New York, 1991
5. VON ARX, J.A.: The Genera of Fungi sporulating in pure culture, 3rd. ed., J. Cramer Verlag, Vaduz, 1981
6. BETINA, V.: Mycotoxins. Chemical, biological and environmental aspects, Elsevier, Amsterdam, 1989
7. BEUCHAT, L.R.; HOCKING, A.D.: Some considerations when analyzing foods for the presence of xerophilic fungi, J. Food Protect. 53, 984-989, 1990
8. BURGESS, L.W.; LIDDELL, C.M.; SUMMERELL, B.A.: Laboratory Manual for *Fusarium* Research, 2nd ed. University of Sydney, Sydney, 1988
9. CARMICHAEL, J.W.; KENDRICK, W.B.; CONNERS, I.L.; SIGLER, L.: Genera of Hyphomycetes, University of Alberta Press, Edmonton, 1980
10. CHAMP, B.R.; HIGHLEY, E.; HOCKING, A.D.; PITT, J.I.: Fungi and mycotoxins in stored products, proceedings of an international conference, Bangkok, Thailand, 23.–26. April 1991, Canberra ACIAR Proceedings no. 36, 1991
11. COLE, G.T.; SAMSON, R.A.: Patterns of Development in Conidial Fungi, Pitman Press, London, 1979
12. COLE, R.A.; COX, R.H.: Handbook of toxic fungal metabolites, New York Academic Press, 1981
13. DE HOOG, G.S.; SMITH, M.T.; GUEHO, E.A.: A revision of the Genus *Geotrichium* and its teleomorphs, Stud. mycol., Baarn 29, 1-131, 1986

14. DIJKSTERHUIS, J.; SAMSON, R.A.: Food and crop spoilage on storage, in: KEMPKEN, F. (ed.): The Mycota, vol. XI, Agricultural Applications, Springer-Verlag, Berlin, Heidelberg, 39-52, 2002
15. DOMSCH, K.H.; GAMS, W.; ANDERSON, T.H.: Compendium of Soil Fungi, Vol. I und II, Academic Press, London, 1980, Reprint IHW Verlag, Eching, 1993
16. DVORACKOVA, I.: Aflatoxins und human health, CRC Press, Boca Raton, Florida, USA, 1988
17. ELLIS, M.B.: Dematiaceous Hyphomycetes, Kew, Surrey, Commonwealth Mycological Institute, 1971
18. ELLIS, M.B.: More Dematiaceous Hyphomycetes, Kew, Surrey, Commonwealth Mycological Institute, 1976
19. FLANNIGAN B.; SAMSON, R.A.; MILLER, J.D.: Microorganisms in home and indoor work environments. Diversity, Health Impacts, Investigation and Control, Taylor & Francis, London, 2001
20. FRISVAD, J.C.: A selective and indicative medium for groups of *Penicillium viridicatum* producing different mycotoxins in cereals, J. Appl. Bacteriol. 54, 409-416, 1983
21. FRISVAD, J.C.; SAMSON, R.A.: Filamentous fungi in foods and feeds, ecology, spoilage and mycotoxin production, in: Handbook of Applied Mycology, vol. 3, Foods and Feeds, eds. ARORA, D.K.; MUKERJI, K.G.; MARTH, E.H., Marcel Dekker, New York, 31-68, 1991
22. GERLACH, W.; NIRENBERG, G.H.: The genus *Fusarium*. A pictorial Atlas, Mitt. Biol. Bundesanst. Land. u. Forstwissensch., Berlin-Dahlem, 1988
23. HAWKSWORTH, D.L.; PITT, J.I.: A new taxonomy for *Monascus* species based on cultural and microscopical characters, Australian J. Bot. 31, 51-61, 1983
24. HOCKING, A.D.: Xerophilic fungi in intermediate and low moisture foods, in: Handbook of Applied Mycology, vol. 3, Foods and Feeds, eds. ARORA, D.K.; MUKERJI, K.G.; MARTH, E.H., Marcel Dekker, New York, 69-97, 1991
25. HOCKING, A.D.; PITT, J.I.: Dichloran-glycerol medium for enumeration of xerophilic fungi from low-moisture foods, Appl. Environ. Microbiol. 39, 488-492, 1980
26. HOCKING, A.D.; PITT, J.I.: Food spoilage II, Heat-resistant fungi, CSIRO Food research Quarterly 44, 73-82, 1984
27. KING, A.D.; HOCKING, A.D.; PITT, J.I.: Dichloran-rose bengal medium for enumeration and isolation of moulds from foods, Appl. Environ. Microbiol., 37, 959-964, 1979
28. KLICH, M.A.; PITT, J.I.: A laboratory guide to common *Aspergillus* species and their teleomorphs, North Ryde, CSIRO Division of Food Processing, 1988
29. KLICH, M.A.: Identification of common *Aspergillus* species, Utrecht: Centraalbureau voor Schimmelcultures, 116 pp., 2002
30. MARASAS, W.F.O.; NELSON, P.E.; TOUSSOUN, T.A.: Toxigenic *Fusarium* species, Identity and Mycotoxicology, University Park and London, Pennsylvania State University Press, 1984
31. MORTON, F.J.; SMITH, G.: The Genera *Scopulariopsis* Bainier, *Microascus* Zukal, and *Doramycetes* Corda, Mycol. Pap. 86, 1-96, 1963
32. NELSON, P.E.; TOUSSON, T.A.; MARASAS, W.F.O.: *Fusarium* species. An illustrated manual for identification, University Park and London, Pennsylvania State University Press, 1983

33. PITT, J.I.: A Laboratory Guide to Common *Penicillium* species, 2nd. ed. North Ryde, CSIRO Division of Food Processing, 1988
34. PITT, J.I.: The most significant toxigenic fungi, in: Toxigenic microorganisms, volume 5 (eds. ICMSF), Blackwell Publishers, 1993
35. PITT, J.I.; HOCKING, A.D.: Fungi and Food spoilage, Second Edition, Blackie Academic & Professional, London, 1997
36. PITT, J.I.; HOCKING, A.D.; GLENN, D.R.: An improved medium for the detection of *Aspergillus flavus* and *A. parasiticus*, J. Appl. Bacteriol. 54, 109-114, 1983
37. RAPER, K.B.; FENNELL, D.I.: The genus *Aspergillus*, Baltimore, Williams and Wilkins, 1965
38. SAMSON, R.A.: Filamentous fungi in food and feed, J. Appl. Bact. Symp. Suppl. 27S-35S, 1989
39. SAMSON, R.A.: Current taxonomic schemes of the genus *Aspergillus* and its teleomorphs, in: *Aspergillus*: The biology and industrial applications, ed. by BENNETT, J.W.; KLICH, M.A., Butterworth Publishers, 353-388, 1992
40. SAMSON, R.A.: Taxonomy – Current concepts in *Aspergillus*, in: Biotechnology Handbooks: *Aspergillus* (SMITH, J.E., ed.), Plenum Publishing Co., 1-22, 1994a
41. SAMSON, R.A.: Current Systematics of the genus *Aspergillus*, in: The genus *Aspergillus*: From Taxonomy and Genetics to Industrial Application (POWELL, K.A.; RENWICK, A.; PEBERDY, J.F., eds.), Plenum Press, London, 261-276, 1994b
42. SAMSON, R.A.; FRISVAD, J.C.: *Penicillium* subgenus *Penicillium*; new taxonomic schemes, mycotoxins and other extrolites, Studies in Mycology 49, 1-253, 2004
43. SAMSON, R.A.; HOCKING, A.D.; PITT, J.I.; KING, A.D. (eds.): Modern Methods in Food Mycology, Elsevier, Amsterdam, 1992
44. SAMSON, R.A.; HOEKSTRA, E.S.: Common fungi occurring in indoor environments, in: Health Implications Of Fungi In Indoor Environments (eds. SAMSON, R.A. et al.), Elsevier, Amsterdam, 541-587, 1994
45. SAMSON, R.A.; HOEKSTRA, E.S.; FRISVAD, J.C.: Introduction to food-borne fungi. Seventh edition. Centraalbureau voor Schimmelcultures, 389 pp., 2004
46. SAMSON, R.A.; VAN REENEN-HOEKSTRA, E.S.; HARTOG, B.: Influence of the pretreatment of raspberry pulp on the detection of heat-resistant fungi, in: SAMSON, R.A.; HOCKING, A.D.; PITT, J.I.; KING, A.D. (eds.): Modern Methods in Food Mycology, Elsevier, Amsterdam, 155-158, 1992
47. SCHIPPER, M.A.A.: A study on variability in *Mucor hiemalis* and related species, Stud. Mycol., Baarn 4, 1-40, 1973
48. SCHIPPER, M.A.A.: On *Mucor mucedo, Mucor flavus* and related species, Stud. Mycol., Baarn 10, 1-43, 1975
49. SCHIPPER, M.A.A.: On *Mucor circinelloides, Mucor racemosus* and related species, Stud. Mycol., Baarn 12, 1-40, 1976
50. SCHIPPER, M.A.A.: 1. On certain species of *Mucor* with a key to all accepted species, 2. On the genera *Rhizomucor* and *Parasitella*, Stud. Mycol., Baarn 17, 1-19, 1978
51. SCHIPPER, M.A.A.: A revision of the genus *Rhizopus*. I. The *Rh. stolonifer*-group and *Rh. oryzae*, Stud. Mycol., Baarn, 25, 1-19, 1984
52. SCHIPPER, M.A.A.; STALPERS, J.A.: A revision of the genus *Rhizopus*. II. The *Rhizopus microsporus*-group, Stud. Mycol., Baarn, 25, 19-34, 1984

53. SIMMONS, E.G.: *Alternaria* Themes and Variations (236-243): Host-Specific Toxin Producers, Mycotaxon 70, 325-369, 1999
54. SIMMONS, E.G.; ROBERTS, R.G: *Alternaria* Themes and Variations (73), Mycotaxon 48, 109-140, 1993
55. SMITH, J.E.; MOSS, M.O.: Mycotoxins, formation, anaylsis and significance, John Wiley, Chichester, 1985
56. SUTTON, B.C.: The Coelomycetes, Fungi Imperfecti with Pycnidia, Acervuli and Stromata, Kew, Surrey, Commonwealth Mycological Institute, Press, 1980
57. TULLOCH, M.: The genus *Myrothecium*, Mycol. Pap. 130, 1-42, 1972

VII Untersuchung von Lebensmitteln

W. Back, J. Baumgart, Barbara Becker, A. Eidtmann, Maritta Jacobs, Ines Maeting, Regina Zschaler

1 Vorschriften für die Untersuchung und mikrobiologische Normen

Übergreifende Untersuchungsmethoden für alle Lebensmittel liegen nur vereinzelt vor. Die Vorschläge für die Untersuchung von Lebensmitteln gelten fast ausschließlich für Einzelprodukte. Folgende Ausführungen sollen in kurzer Form bewährte Möglichkeiten der Untersuchung aufführen. Ausführliche Angaben sind enthalten in:

- ISO-Methoden (International Organisation for Standardization)
- DIN-Methoden (Deutsches Institut für Normung e.V.)
- Amtliche Sammlung von Untersuchungsmethoden nach § 35 LMBG
- Vorschriften der AOAC (Association of Official Analytical Chemists, USA)
- Compendium of Methods for the Microbiological Examination of Foods (American Public Health Association, Washington D.C.)
- Bacteriological Analytical Manual (Food and Drug Administration, USA)
- Manual of Microbiological Methods for the Food and Drinks Industry, Campden & Chorleywood Food Research Association, UK

Bei einzelnen Produkten sind mikrobiologische Kriterien angegeben. Folgende Kriterien werden unterschieden:

Grenzwert, Höchstwert („M")

Der Grenzwert oder Höchstwert bezeichnet die Menge von Mikroorganismen oder Stoffwechselprodukten, bei deren Überschreiten ein Produkt nicht ausreichend oder nicht zufrieden stellend ist. Keine Probe darf den Wert M überschreiten (siehe z.B. Fleischhygiene-Verordnung und Milch-Verordnung). Nach den Bestimmungen der Schweizerischen „Verordnung über die hygienisch-mikrobiologischen Anforderungen an Lebensmittel, Gebrauchs- und Verbrauchsgegenstände" ist ein Produkt bei Überschreiten des Wertes M gesundheitsgefährdend, verdorben oder unbrauchbar.

Richtwert, Schwellenwert („m")

Proben mit Keimgehalten gleich dem Richtwert (m) sind stets zufrieden stellend (Fleischhygiene-Verordnung) bzw. ausreichend (Milch-Verordnung), wenn die Werte jeder einzelnen Probe den Wert „m" nicht überschreiten. Die Werte sind annehmbar, wenn nicht mehr als die vorgesehene Zahl „c“ der Proben zwischen m und M liegt und der Grenzwert M von keiner Probe überschritten wird (Fleischhygiene-Verordnung).

Warnwert

Der Warnwert gibt den Keimgehalt an, bei dessen Überschreitung die amtliche Lebensmittelüberwachung die erforderlichen lebensmittelrechtlichen Maßnahmen unter Wahrung der Verhältnismäßigkeit der Mittel ergreift. Der Warnwert ist dem Wert „M“ analog (GRÄF et al., 1988).

Toleranzwert

Der Toleranzwert bezeichnet eine Menge an Mikroorganismen, die in einem Produkt bei sorgfältiger Auswahl der Rohstoffe, guter Herstellungspraxis (GMP) und sachgerechter Aufbewahrung erfahrungsgemäß nicht überschritten wird. Wird der Toleranzwert überschritten, so ist der Gebrauchswert eines Produktes wegen der hohen Keimbelastung und der eingeschränkten Haltbarkeit und Verwendungsmöglichkeit stark vermindert (Verordnung über die hygienisch-mikrobiologischen Anforderungen an Lebensmittel, Gebrauchs- und Verbrauchsgegenstände, Schweiz).

Spezifikation oder „Guideline“

Die Werte in Spezifikationen werden z. B. von einer Firma oder zwischen Handelspartnern festgelegt. Sie haben keinen offiziellen Kontrollcharakter (ICMSF, 1986).

Die mikrobiologischen Kriterien sind abhängig vom Risiko für den Verbraucher. Die Grundlage für eine risikogerechte Bewertung bilden dabei die Zwei-Klassen-Pläne und die Drei-Klassen-Pläne (ICMSF, 1986, SMOOT und PIERSON, 1997), wobei folgende Symbole verwendet werden (siehe auch Kapitel II.1):

n = Anzahl der zu untersuchenden Proben, die von einem Los, einer Charge, einer Partie oder einer Produktionseinheit zu entnehmen sind

c = Zahl der Proben, die Werte zwischen „m“ und „M“ aufweisen dürfen

m = Richtwert, bis zu dem alle Ergebnisse als zufrieden stellend anzusehen sind

M = Keimzahlgrenze, die von keiner Probe überschritten werden darf.

Literatur

1. Compendium of Methods for the Microbiological Examination of Foods, 3rd ed., ed. by Carl Vanderzant, D.F. Splittstoesser, American Public Health Association, Washington D.C. 1992
2. Food and Drug Administration (FDA): Bacteriological Analytical Manual, 8th ed., publ. by AOAC International, Gaithersburg, MD 20877, USA, 1995
3. GRÄF, W.; HAMMES, W.; HENNLICH, G.; KRÄMER, J.; PÖLERT, W.; RIETHMÜLLER, V.; RUSCHKE, R.; SCHUBERT, R.; SINELL, H.-J.; STEUER, W.; ZSCHALER, R.: Mikrobiologische Richt- und Warnwerte zur Beurteilung von Lebensmitteln, Bundesgesundhbl. 31, 93–94, 1988
4. International Commission on Microbiological Specifications for Foods (ICMSF), Vol. 2, Sampling for Microbiological Analysis: Principles and specific applications, University of Toronto Press, Toronto, 1986
5. Manual of Microbiological Methods for the Food and Drinks Industry, 2nd ed., Campden & Chorleywood Food Research Association, Chipping Campden Gloucestershire, UK, 1995
6. SMOOT, L.M.; PIERSON, M.D.: Indicator organisms and microbiological criteria, in: Food Microbiology Fundamentals and Frontiers, ed. by M.P. Doyle, L.R. Beuchat, T.J. Montville, ASM Press, Washington D.C.,1997, 66–80
7. Verordnung zur Änderung der Fleischhygiene-Verordnung und der Einfuhruntersuchungs-Verordnung vom 19.12.1996, Bundesgesetzbl. 1996 Teil I, Nr. 69, 30.12.1996
8. Verordnung über Hygiene- und Qualitätsanforderungen an Milch und Erzeugnisse auf Milchbasis (Milchverordnung vom 24.4.1995), Bundesgesetzbl. 1995 Teil I, 544–576
9. Verordnung über die hygienisch-mikrobiologischen Anforderungen an Lebensmittel, Gebrauchs- und Verbrauchsgegenstände, Schweiz, 1.1.1993

2 Fleisch und Fleischerzeugnisse

2.1 Frischfleisch und Zubereitungen aus rohem Fleisch (VARNAM und SUTHERLAND, 1995, BELL, 1996, BORCH et al., 1996, BÜLTE, 1996, HOLZAPFEL, 1996, REUTER, 1996, JACKSON et al., 1997, ICMSF, 1998, KOTULA und KOTULA, 2000)

2.1.1 Definitionen

Frisches Fleisch ist keiner Behandlung unterzogen. Die natürliche Struktur ist erhalten. Zum frischen Fleisch zählen gekühltes, tiefgekühltes und gereiftes Fleisch.

Zubereitungen aus rohem Fleisch (siehe Definition in der Fleischhygiene-VO vom 19.12.1996) sind z.B. Geschnetzeltes, nicht erhitzte Buletten, Ćevapčići oder Bratklopse.

2.1.2 Häufiger vorkommende Mikroorganismen

Enterobacteriaceen, *Shewanella putrefaciens, Brochothrix thermosphacta,* Arten der Genera *Alcaligenes, Flavobacterium, Acinetobacter, Moraxella, Psychrobacter, Lactobacillus, Lactococcus, Pediococcus, Leuconostoc, Weissella, Carnobacterium, Streptococcus, Enterococcus, Micrococcus, Kocuria, Staphylococcus, Bacillus* und *Clostridium* sowie Hefen und Schimmelpilze.

Der Keimgehalt auf schlachtfrischem Fleisch liegt meist zwischen 10^3 und $10^5/cm^2$ (REUTER, 1996).

2.1.3 Verderbsorganismen

- Fleisch, nicht vakuumverpackt

  Enterobacteriaceen, *Shewanella putrefaciens, Brochothrix thermosphacta,* Arten der Genera *Aeromonas, Pseudomonas, Acinetobacter, Moraxella, Psychrobacter, Lactobacillus, Carnobacterium, Leuconostoc.* **Dominierende Mikroorganismen:** Pseudomonaden (Vermehrung bei pH-Werten von 7,0–5,5) und Enterobacteriaceen.

- Fleisch, vakuumverpackt (Schutzgas)

  In Abhängigkeit vom Vakuum und der Sauerstoffdurchlässigkeit der Folie sowie der Konzentration von CO_2: Enterobacteriaceen, *Shewanella putrefaciens* (keine anaerobe Vermehrung bei pH $< 6{,}0$), *Brochothrix thermosphacta* (keine anaerobe Vermehrung bei pH <5,8), Arten der Genera *Pseudomonas, Lactobacillus, Carnobacterium, Leuconostoc* und *Clostridium* (psychrotrophe Arten, wie *C. estertheticum, C. gasigenes, C. algidicarnis* – Vermehrung nur bei ≤26 °C [KALINOWSKI und TOMPKIN, 1999, BRODA et al., 2000]). **Dominierende Mikroorganismen:** Milchsäurebakterien (*Carnobacterium (C.) divergens, C. piscicola, Lactobacillus (L.) sakei, L. curvatus, Leuconostoc (Lc.) gelidum, Lc. carnosum, Lactococcus piscium* [SAKALA et al., 2002]), auch psychrophile Milchsäurebakterien (*Lactobacillus algidus* [KATO et al., 2000]) und *Brochothrix thermosphacta.*

2.1.4 Art des Verderbs

Ein Verderb von Frischfleisch (a_w-Wert etwa 0,99) tritt meist bei Keimzahlen oberhalb $10^7/cm^2$ auf. Bei Keimzahlen von $10^8/cm^2$ ist die Oberfläche meist schon klebrig, schleimig (Bildung von Polysacchariden). Das Fleisch wird weiterhin faul, sauer oder es kommt zu einer grauen oder grünlichen Verfärbung.

Zusammensetzung der Verderbsflora

Fäulnis	Enterobacteriaceen, *Pseudomonas* spp., *Brochothrix thermosphacta*
Säuerung	Milchsäurebakterien, *Carnobacterium* spp., *Brochothrix thermosphacta*
Vergrauung/ Vergrünung	*Shewanella putrefaciens* (H_2S-Bildung → Sulfmyoglobin), *Weissella viridescens*, Laktobazillen, *Enterococcus faecalis, Enterococcus faecium*

Schimmelbildung (Fleisch mit abgetrockneter Oberfläche, a_w 0,85 bis 0,93 oder <0,85)

Genera *Thamnidium, Mucor, Rhizopus, Cladosporium, Sporotrichum, Penicillium* (bei abgetrockneter Oberfläche a_w 0,85–0,93 und <0,85)

Seltener ist ein Verderb bei vakuumverpacktem Frischfleisch (starke Gasbildung) durch psychrotrophe Clostridien, wie *C. estertheticum, C. algidicarnis, C. gasigenes* (Vermehrung und Sporenbildung bei 2 °C, Züchtung z.B. in Thioglycolat-Bouillon, 10 Tage bei 15 °C).

2.1.5 Pathogene und toxinogene Mikroorganismen

Salmonellen, *Yersinia enterocolitica, Campylobacter jejuni, Staphylococcus aureus, Listeria monocytogenes, Bacillus cereus, Clostridium perfringens* und enterovirulente *E. coli* (besonders beim Rind- und Schaffleisch Verotoxin bildende *E. coli*-Stämme, insbes. EHEC). Die enterohämorrhagischen Stämme (EHEC) bilden eine Untergruppe der Verotoxin bildenden *E. coli*-Stämme (VTEC), die neuerdings auch als Shiga-Toxine (STX oder Stx) bezeichnet werden.

2.2 Hackfleisch

Hackfleisch stellt eine Sammelbezeichnung dar. Zu dieser Produktgruppe zählen u.a. Schabefleisch, Rinder- und Schweinehackfleisch, Tatar, Schweinemett, Schweinegehacktes, gemischtes Hackfleisch, Hamburger, Beefburger.

2.2.1 Verderbsorganismen

Innerhalb der Hackfleischmikroflora dominieren psychrotrophe Bakterien aus der Gruppe der Pseudomonaden, Enterobacteriaceen sowie Arten der Gattungen *Moraxella* und *Acinetobacter.* Bei Verwendung frisch geschlachteten Fleisches werden weiterhin die Gattungen *Flavobacterium*, *Alcaligenes* sowie Mikrokokken, Bazillen und *Brochothrix thermosphacta* nachgewiesen. Bei Verwendung von nicht schlachtfrischem Fleisch ist der Anteil an Pseudomonaden, Laktobazillen und *Brochothrix thermosphacta* erhöht (BÜLTE, 1996).

2.2.2 Pathogene und toxinogene Bakterien

Da die Erzeugnisse häufig roh verzehrt werden, haben gesundheitlich bedenkliche Bakterien, wie Salmonellen und enterovirulente *E. coli* (insbes. EHEC) eine besondere Bedeutung.

2.3 Zubereitungen aus rohem Fleisch

Zu dieser Gruppe (unveränderte Frischfleischstruktur im Kern = frisches Fleisch) zählen z.B. Döner Kebab, Ćevapčići, marinierte geschnetzelte Erzeugnisse wie Pfannengerichte und gyrosähnliche Erzeugnisse. Die Keimflora entspricht je nach Art der hygienischen Gewinnung rohem Verarbeitungsfleisch bzw. Hackfleisch.

2.4 Essbare Schlachtnebenprodukte

Es handelt sich im Wesentlichen um die inneren Organe der Schlachttiere (z.B. Herz, Leber, Nieren), um Blut und Därme. Die vorkommenden Mikroorganismen entsprechen denen des Frischfleisches. Der Tiefenkeimgehalt bei den inneren Organen liegt je nach Frischegrad bei etwa 10^5 bis 10^7/g, beim Blut zwischen 10^5 bis 10^6/ml (REUTER, 1996). Naturdärme, die unter hygienischen Bedingungen bearbeitet worden sind, haben i.d.R. einen Keimgehalt unter 10^6/g.

2.5 Geflügelfleisch und Geflügelerzeugnisse

(BELL, 1996, WEISE, 1996, JACKSON et al., 1997)

2.5.1 Geflügelfleisch

2.5.1.1 Verderbsorganismen

Die Mikrobiologie ist ähnlich der des Fleisches von Säugetieren (pH-Werte der Brustmuskulatur ca. 5,7–5,9, Schenkelmuskulatur ca. 6,4–6,7). Bei kühl gelagertem Geflügelfleisch dominieren die Pseudomonaden, *Brochothrix thermosphacta, Shewanella putrefaciens,* Arten der Genera *Acinetobacter, Moraxella* und *Psychrobacter,* sowie bei reduzierter O_2-Spannung (Verpackung) Laktobazillen und verschiedene Genera der Familie *Enterobacteriaceae*. Verderbserscheinungen liegen meist vor, wenn der Keimgehalt oberhalb von $10^7/cm^2$ Haut liegt.

2.5.1.2 Pathogene und toxinogene Bakterien

Salmonellen (bes. Serovare *S. Enteritidis, S. Typhimurium, S. Hadar, S. Infantis, S. Virchow*), *Campylobacter* (meist *C. jejuni,* seltener *C. coli*), *Listeria monocytogenes, Aeromonas hydrophila, Staphylococcus aureus, Clostridium perfringens* und enterovirulente *E. coli* (insbes. EHEC). *E. coli* O157:H7 wurde vereinzelt im Geflügelfleisch (auch Putenfleisch im Teigmantel) nachgewiesen, so dass frisches Geflügelfleisch als Reservoir in Betracht kommt.

2.5.2 Geflügelerzeugnisse

Es sind vorwiegend rohe oder vorgegarte Teile oder Gemenge, die von einer Panade umgeben sind („coated products"), wie panierte Hähnchenbrustfilets, Hähnchen-Nuggets, Hähnchentaler „Wiener Art" aus zerkleinertem Geflügelfleisch. Die Mikroflora bei diesen Produkten wird bestimmt durch das Rohmaterial, die Panade und die Hygiene bei der Herstellung.

2.6 Fleischerzeugnisse

2.6.1 Brüh- und Kochwursterzeugnisse (FRIES, 1996)

Häufiger vorkommende Mikroorganismen

Stückware	Bazillen und Clostridien
Aufschnittware	Enterobacteriaceen, Arten der Genera *Lactobacillus, Streptococcus, Leuconostoc, Pediococcus, Lactobacillus, Micrococcus, Kocuria, Staphylococcus*

Verderbsorganismen

Stückware	Bazillen und Clostridien (Erweichung, Fäulnis)
Aufschnittware	Enterobacteriaceen (Fäulnis), *Lactobacillus* spp., *Weissella* spp., Enterokokken (Säuerung, Vergrauung, Vergrünung), *Lactobacillus* spp., *Weissella* spp., *Brochothrix thermosphacta* (Schleimbildung), Gasbildung (*Leuconostoc* spp., *Weissella* spp., obligat heterofermentative Lactobazillen)

2.6.2 Kochpökelwaren (BÖHMER und HILDEBRANDT, 1996)

Kochpökelwaren sind umgerötete und gegärte, zum Teil geräucherte, meist stückige Fleischerzeugnisse. Zu dieser Gruppe gehört z.B. Kochschinken. Bei einem erreichten F-Wert von $F_{70\,°C}$ von 30 bis 50 min überleben nur Sporen der Bazillen und Clostridien und mitunter Enterokokken. Letztere führen zur Säuerung, Gelatineverflüssigung und zur Vergrünung. Bei Aufschnittware kommt es bei einer Verunreinigung durch Enterokokken und Laktobazillen zu gleichen Erscheinungen. Oftmals führt *Brochothrix thermosphacta* zu einem käsigen, stechenden Geruch.

2.6.3 Rohpökelwaren (GEHLEN, 1996)

Hierzu zählen u.a. Knochenschinken, verschiedene Arten von Schinken, Schinkenspeck, Lachsschinken, Bündner Fleisch.

Häufiger vorkommende Mikroorganismen

Arten der Gattungen *Micrococcus, Staphylococcus* und *Lactobacillus* sowie Hefen (z.B. Species der Genera *Hansenula, Cryptococcus, Debaryomyces*).

Außerhalb der Kühlung kommt es besonders bei aufgeschnittener Rohpökelware, wie Bauchspeck (hoher pH-Wert, hohe Wasseraktivität), zur Vermehrung von Laktobazillen und Katalase-positiven Kokken, auch von *Staph. aureus.* Damit die Staphylokokkenwerte unterhalb von 10^4/g und die Laktobazillen unter 10^7/g bleiben, sollte dieses Erzeugnis nur gekühlt gehandelt werden.

2.6.4 Rohwurst (KNAUF, 1996, WEBER, 1996, LÜCKE, 2000)

Rohwürste werden aus zerkleinertem Fleisch und Speck unter Zusatz von Kochsalz, Umrötungsstoffen, Hilfsstoffen, Zucker und Gewürzen hergestellt. Es sind mikrobiell fermentierte (häufig Zusatz von Startern) streichfähige oder schnittfeste, geräucherte oder nur getrocknete Produkte.

Vorkommende Mikroorganismen in Abhängigkeit von der Reifezeit

Arten der Genera *Lactobacillus, Pediococcus, Leuconostoc, Enterococcus, Streptococcus, Micrococcus, Kocuria, Staphylococcus, Pseudomonas,* Vertreter der Familie *Enterobacteriaceae* sowie Hefen. Nach Abschluss einer Reifung setzen sich meist die Starter durch. Verschiedene Starterkulturen werden eingesetzt: *Staphylococcus carnosus, Staph. xylosus, Micrococcus varians* (= *Kocuria varians*), *Lactobacillus (L.) plantarum, L. pentosus, L. curvatus, L. sakei, Pediococcus (P.) acidilactici, P. pentosaceus, Debaryomyces hansenii, Candida famata, Penicillium (P.) nalgiovense, P. chrysogenum.* Eine gereifte Rohwurst enthält vorwiegend Milchsäurebakterien, Mikrokokken und Staphylokokken. Die Starter *Staph. xylosus* und *Staph. carnosus* reduzieren Nitrat und haben, im Gegensatz zu anderen Staphylokokken, wie *Staph. saprophyticus* und *Staph. hyicus,* eine geringe proteolytische und lipolytische Aktivität (MONTEL et al., 1996).

Verderbsorganismen

Meist Peroxid bildende Milchsäurebakterien, die zur Vergrauung und Vergrünung führen. Durch einen hohen Gehalt an Peroxidbildnern in den Rohstoffen (Fleisch, Speck) kann es zur Dominanz dieser Bakterien kommen, wenn die Katalaseaktiviät der Mikrokokken/Staphylokokken nicht ausreicht. Einen Schmierbelag auf der Oberfläche bilden Hefen und Mikrokokken. Schimmelpilze führen zu Hüllendefekten.

Pathogene und toxinogene Bakterien

Bedeutend sind Salmonellen, *Listeria monocytogenes und Staphylococcus aureus.* Bei Teewürsten und ähnlich gereiften Produkten muss aufgrund ihrer Säuretoleranz auch an enterovirulente *E. coli,* z.B. *E. coli* O157:H7, gedacht werden. Ein besonderes Problem können **frische Mettwürste** darstellen. Mettwürste, die ohne Starter hergestellt werden, sind aufgrund ihrer Zusammensetzung (a_W-Wert zwischen 0,96 und 0,98) besonders im Hinblick auf das Vorkommen und die Entwicklung von Salmonellen und *Staphylococcus aureus* risikoreicher. Aber auch mit Startern hergestellte Produkte sollten durch den Zusatz von Nitritpökelsalz (2,5 %) und Glucono-delta-Lacton (0,3 %) unterhalb von 7 °C gelagert werden.

2.7 Untersuchung

Die vorzunehmenden Untersuchungen dienen der Haltbarkeitskontrolle, dem Nachweis der mikrobiologischen Qualität und der Ermittlung von Krankheitserregern.

Tab. VII.2-1: Untersuchungen, die in der Regel für eine mikrobiologische Beurteilung von Fleisch und Fleischprodukten ausreichen

	Produkte											
Mikroorganismen	Frischfleisch, aerob	Frischfleisch, vakuumverpackt	Geflügel und Geflügelprodukte	Hackfleisch und Fleischzubereitungen	Frische Mettwurst	Brühwurst und Kochpökelerzeugnisse, Stückware	Kochwurst, Stückware	Brühwurst und Kochpökelerzeugnisse, Aufschnitt	Kochwurst, Aufschnitt	Kochschinken	Rohwurst und Rohpökelware	Erhitzte, verzehrsfertige Fleisch- und Geflügelprod.
Aerobe mesophile Koloniezahl	●	○	●	●	○	●	○	●	○	○	○	○
Entero-bacteriaceen	●	●	○		●	●		●			●	
Pseudomonaden	○	○	○									
Milchsäure-bakterien	○	○	○		○	●		●	○	○	●	
***Carnobacterium* spp.**	○	○	○	○				○				
Brochothrix thermosphacta		○										
Enterokokken										○		
Mikrokokken und Staphylokokken					○						○	
Koagulase-positive Staphylokokken			●	●	●					○	○	●
Bazillen und Clostridien		○				○	○					
Bacillus cereus												●
Hefen und Schimmelpilze											○	
Salmonellen	○	○	●	●	○							●
E. coli			●	●								●
Campylobacter jejuni			○									●
Listeria monocytogenes								●	●	●		●

○ Empfohlene Untersuchung ● Nachweis entspr. vorhandener Kriterien

2.7.1 Untersuchungskriterien

Durch die Art der Herstellung und aufgrund der unterschiedlichen Zusammensetzung und der verschiedenen Einflussfaktoren (pH-Wert, a_w-Wert, Lagerungstemperatur, Redoxpotenzial) sind die durchzuführenden Untersuchungen verschieden. Aufgeführt sind nur die Untersuchungen, die gewöhnlich zur Beurteilung ausreichen (Tab. VII.2-1).

2.7.2 Untersuchungsmethoden

2.7.2.1 Probenahme, Probenvorbereitung, Untersuchung und Bewertung

A. Schlachtkörper von Rind, Schwein, Schaf, Ziege und Pferd auf Schlachthöfen

(Anhang zur Entscheidung der Kommission vom 8. Juni 2001 über Vorschriften zur regelmäßigen Überwachung der allgemeinen Hygienebedingungen durch betriebseigene Kontrollen gemäß Richtlinie 64/433/EWG über die gesundheitlichen Bedingungen für die Gewinnung und das Inverkehrbringen von frischem Fleisch und Richtlinie 71/118/EWG zur Regelung gesundheitlicher Fragen beim Handelsverkehr mit frischem Geflügelfleisch.)
(Amtsblatt der Europäischen Gemeinschaften L 165/48 vom 21.6.2001, Anhang, Bundesanzeiger vom 8.12.2001)

Der vorliegende Leitfaden beschreibt die bakteriologische Untersuchung von Schlachtkörperoberflächen. Er behandelt die Probenahme, die Probenanalyse und die Darstellung der Ergebnisse.

PROBENAHMEVERFAHREN

Beim **destruktiven Verfahren** sollten vier Gewebeproben mit einer Gesamtfläche von 20 cm^2 nach dem Zurichten, aber vor dem Kühlen vom Schlachtkörper entnommen werden. Zur Entnahme von Gewebestücken kann ein steriler Korkbohrer (2,5 cm) benutzt werden, oder es wird ein 5 cm^2 großer Gewebestreifen mit einer maximalen Stärke von 5 mm mit einem sterilen Instrument vom Schlachtkörper abgeschnitten. Die Proben werden im Schlachthof unter keimfreien Bedingungen in einen Probenbehälter oder einen Verdünnungsflüssigkeit enthaltenden Plastikbeutel gegeben, zum Labor verbracht und dann homogenisiert (peristaltischer Stomacher oder Rotationsmischer (Homogenisator)).

Bei **nichtdestruktiven Verfahren** müssen die Tupfer vor der Probenahme angefeuchtet werden. Als sterile Lösung hierfür sollten 0,1 % Pepton + 0,85 % NaCl verwendet werden. Die Abstrichfläche sollte mindestens 100 cm^2 pro Probenahmestelle betragen. Der Tupfer sollte mindestens 5 Sekunden lang in der Lösung befeuchtet werden. Danach sollte die gesamte mithilfe einer Schablone abgegrenzte Probenahmefläche mit dem Tupfer mindestens 20 Sekunden lang zunächst vertikal, dann horizontal und dann diagonal mit möglichst großem Druck abgerieben werden. Nach der Benutzung des befeuchteten Tupfers sollte die gesamte Prozedur mit einem trockenen Tupfer wiederholt werden. Um vergleichbare Ergebnisse zu erhalten, sollte diese Technik bei den einzelnen Probenahmen, den einzelnen Schlachtkörpern und an den verschiedenen Probenahmetagen nach demselben Prozessmuster und mit derselben Sorgfalt ausgeführt werden.

PROBENAHMESTELLEN IN DER SCHLACHTKÖRPERUNTERSUCHUNG (siehe Abbildungen)

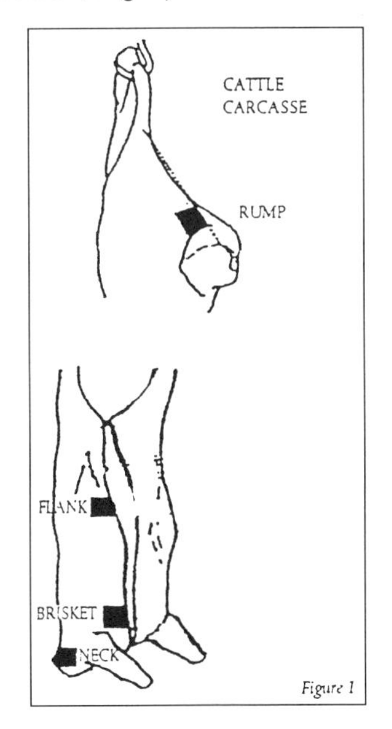

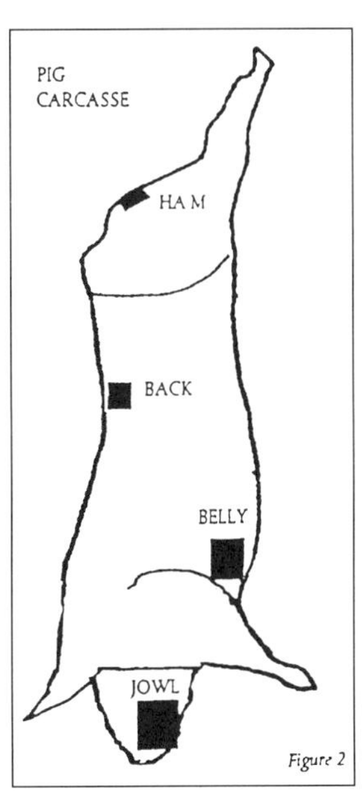

Cattle carcasse = Schlachtkörper Rind, rump = Keule, flank = Flanke, brisket = Unterbrust, neck = Kamm, figure = Abbildung

Pig carcasse = Schlachtkörper Schwein, ham = Schinken, back = Rücken, belly = Bauch, jowl = Backe, figure = Abbildung

Die folgenden Probenahmestellen sind normalerweise für die Prozesskontrolle geeignet:
Rind: Kamm, Unterbrust, Flanke und Keule (Abbildung 1)
Schaf, Ziege: Dünnung, Flanke, Unterbrust und Brust
Schwein: Rücken, Backe, Keule (Schinken) und Bauch (Abbildung 2)
Pferd: Flanke, Unterbrust, Rücken und Keule

Andere Probenahmestellen können mit dem Amtstierarzt vereinbart werden, wenn sich in einem Betrieb, bedingt durch die Schlachttechnik, gezeigt hat, dass andere Schlachtkörperpartien kontaminationsanfälliger sind. In diesem Fall können die entsprechenden Probenahmestellen gewählt werden.

PROBENAHMEVERFAHREN UND ANZAHL DER ENTNOMMENEN PROBEN

Im Zeitraum einer Woche sollten täglich zwischen 5 und 10 Schlachtkörper beprobt werden. Eine Verminderung der Probenahmehäufigkeit auf zweiwöchentliche Intervalle ist möglich, wenn die Analysenergebnisse während sechs aufeinander folgenden Wochen zufrieden stellend sind. Der Probenahmetag sollte wöchentlich geändert werden, um sicherzustellen, dass jeder Wochentag abgedeckt ist. Die Intervalle der Schlachtkörperuntersuchung in Betrieben mit niedriger Produktion gemäß Artikel 4 der Richtlinie 64/433/EWG und in Anlagen mit nicht durchgehendem Schlachtbetrieb sollten vom Amtstierarzt festgelegt werden, der sich dabei auf seine eigene Bewertung der Schlachthygiene in dem jeweiligen Betrieb stützt.

Nach Ablauf der Hälfte des Schlachttags sollten vor Beginn der Kühlung Proben von vier Partien jedes Schlachtkörpers entnommen werden. Für jede Probe sollte die Schlachtkörperkennzeichnung sowie das Datum und die Uhrzeit der Probenahme aufgezeichnet werden. Vor der Untersuchung sollten die von den verschiedenen Probenahmestellen entnommenen Proben des zu beprobenden Schlachtkörpers gepoolt werden (d.h. Proben von Keule, Flanke, Brust und Kamm). Entsprechen die Ergebnisse nicht den Anforderungen und führen Abhilfemaßnahmen nicht zu besseren Hygienebedingungen, dann sollten keine weiteren Proben gepoolt werden, bevor die Herrichtungsprobleme behoben sind.

MIKROBIOLOGISCHES VERFAHREN DER PROBENUNTERSUCHUNG

Nach dem destruktiven Verfahren entnommene Proben sowie nach dem nichtdestruktiven Verfahren entnommene Abstriche sollten bis zur Untersuchung bei einer Temperatur von 4 °C gekühlt gehalten werden. Die Proben sollten in einem Plastikbeutel unter folgenden Bedingungen homogenisiert werden: mindestens zwei Minuten lang in 100 ml Verdünnungsflüssigkeit (d.h. 0,1 % gepuffertes Peptonwasser, 0,9 % Natriumchloridlösung) bei etwa 250 Zyklen eines peristaltischen Stomacher oder mit einem Rotationsmischer (Homogenisator). Abstrichproben können auch in der Lösungsflüssigkeit kräftig geschüttelt werden. Die Proben sollten binnen 24 Stunden nach der Probenahme untersucht werden.

Die Verdünnung vor dem Ausstreichen sollte in Zehner-Verdünnungsschritten in 0,1 % Pepton + 0,85 % NaCl erfolgen. Die Abstrichsuspension und die homogenisierte Fleischsuspension im Stomacher-Beutel gelten nicht als Lösung, d.h. sie sind bei der Berechnung der 10^0-Verdünnung zu berücksichtigen.

Ermittelt werden sollten die Gesamtkeimzahl und die Enterobakterien. Die Zustimmung der zuständigen Behörde vorausgesetzt und nach Festlegung entsprechender Kriterien kann die Enterobakterien-Zählung ersetzt werden durch eine *E.-coli*-Zählung.

Neben den beschriebenen Verfahren können auch ISO-Verfahren zur Untersuchung der Proben herangezogen werden. Auch andere quantitative Verfahren zur Untersuchung auf die vorgenannten Bakterien sind zulässig, vorausgesetzt, sie wurden von der CEN oder einem anderen anerkannten wissenschaftlichen Gremium zugelassen und von der zuständigen Behörde genehmigt.

AUFZEICHNUNGEN

Alle Untersuchungsergebnisse sind in Form von Kolonien bildenden Einheiten (KBE)/cm^2 Oberfläche aufzuzeichnen. Um eine Bewertung der Ergebnisse zu ermöglichen, sind diese in Form von Prozesskontrolldiagrammen oder -tabellen darzustellen, die mindestens die Ergebnisse der letzten 13 wöchentlichen Untersuchungen in der richtigen Reihenfolge enthalten. Anzugeben sind hierbei die Art, die Herkunft und die Kennzeichnung der Probe, das Datum und die Uhrzeit der Probenahme, der Name des Probenehmers, der Name und die Anschrift des Labors, in dem die Probe analysiert wurde, das Datum der Probenanalyse im Labor sowie Verfahrensdaten, einschließlich: Beimpfung der unterschiedlichen Agars, Bebrütungstemperatur, Zeit und Ergebnisse in Form von KBE pro Platte zur Berechnung des Ergebnisses in KBE/cm^2 Oberfläche.

Ein Verantwortlicher aus dem Labor sollte die Aufzeichnungen unterzeichnen.

Die Unterlagen sollten in dem Betrieb mindestens 18 Monate lang aufbewahrt und dem Amtstierarzt auf Anforderung vorgelegt werden.

MIKROBIOLOGISCHE BEWERTUNG DER ERGEBNISSE DER UNTERSUCHUNG HERAUSGESCHNITTENER PROBEN

Die tagesdurchschnittlichen Log-Werte sollten zum Zweck der Überprüfung der Prozesskontrolle in eine von drei Kategorien eingeordnet werden: annehmbar, kritisch und unannehmbar. M und m bezeichnen die Obergrenze für die Kategorien „kritisch“ und „annehmbar“ bei nach dem destruktiven Verfahren entnommenen Proben.

Zum Zweck der Normung und um einen Bestand an möglichst abgesicherten Grunddaten zu erhalten, ist es zwingend erforderlich, stets das zuverlässigste verfügbare Verfahren anzuwenden. In diesem Zusammenhang ist es wichtig, darauf hinzuweisen, dass im Abstrichverfahren nur ein Teil (oft nur 20 % oder weniger) der Gesamtflora auf der Fleischoberfläche erfasst wird. Dieses Verfahren liefert demnach nur grobe Orientierungswerte zur Oberflächenhygiene.

Wo andere als destruktive Verfahren verwendet werden, müssen die mikrobiologischen Kriterien für jedes Verfahren gesondert festgelegt werden, damit sie mit dem destruktiven Verfahren in Beziehung gesetzt werden können. Die entsprechenden Kriterien müssen von der zuständigen Behörde genehmigt werden.

ÜBERPRÜFUNGSKRITERIEN

Die Untersuchungsergebnisse sollten in der Reihenfolge der Probenahme nach den jeweiligen mikrobiologischen Kriterien eingeordnet werden. Mit jedem neuen Kontrollergebnis werden die Überprüfungskriterien neu angewandt zur Bewertung der Prozesskontrolle in Bezug auf fäkale Kontamination und Hygiene. Ein unannehmbares oder nicht zufrieden stellendes Ergebnis im kritischen Bereich sollte Maßnahmen auslösen, die zum Ziel haben, die Prozesskontrolle zu verbessern, nach Möglichkeit die Ursache ausfindig zu machen und eine Wiederholung zu vermeiden.

FEEDBACK

Die Untersuchungsergebnisse müssen so rasch wie möglich den verantwortlichen Belegschaftsmitgliedern mitgeteilt werden. Sie sollten als Ansatzpunkt dienen zur Aufrechterhaltung bzw. Verbesserung des Schlachthygienestandards. Die möglichen Ursachen unbefriedigender Ergebnisse können mit der Schlachthofbelegschaft erörtert werden. Dabei könnten u.a. folgende Faktoren eine Rolle spielen: 1. unzureichende Arbeitsverfahren, 2. unzureichende Ausbildung und/oder Unterweisung, 3. Verwendung ungeeigneter Reinigungs- und/oder Desinfektionsmittel und -chemikalien, 4. unzureichende Wartung der Reinigungsgeräte und 5. unzureichende Aufsicht.

Tabelle 1:

Tagesdurchschnittliche Log-Werte für Ergebnisse im kritischen Bereich und unannehmbare Ergebnisse der bakteriellen Belastung (KBE/cm^2) in Schlachtbetrieben für die Rinder-, Schweine-, Schaf-, Ziegen- und Pferdeschlachtung bei destruktiver Probenahme

	Annehmbarer Bereich		Kritischer Bereich (> m aber ≤ M)	Unannehmbarer Bereich (> M)
	Rinder/Schafe/ Ziegen/Pferde	Schweine	Rinder/Schweine/ Schafe/Ziegen/Pferde	Rinder/Schweine/ Schafe/Ziegen/Pferde
Gesamtkeimgehalt (GKZ)	< 3,5 log	< 4,0 log	< 3,5 log (Schweine: < 4,0 log) – 5,0 log	> 5,0 log
Enterobakterien	< 1,5 log	< 2,0 log	1,5 log (Schweine: 2,0 log) – 2,5 log (Schweine: 3,0 log)	> 2,5 log (Schweine: > 3,0 log)

B. Überprüfung von Reinigung und Desinfektion in Schlachthöfen und Zerlegungsbetrieben

(Amtsblatt der Europäischen Gemeinschaften L 165/48 vom 21.6.2001)

Die beschriebene bakteriologische Probenahme sollte gemäß SSOP (sanitation standard operating procedures) durchgeführt werden unter Angabe der vor Schlachtbeginn auszuführenden gesundheitlichen Kontrollen in Bereichen, die unmittelbar Einfluss haben auf die Produkthygiene.

PROBENAHMEVERFAHREN

Der vorliegende Leitfaden beschreibt das Abklatschplattenverfahren und das Tupferverfahren. Beide Verfahren beschränken sich auf das Prüfen von Oberflächen, die gereinigt und desinfiziert, trocken, flach, verhältnismäßig groß und glatt sind.

Sie sollten stets vor Schlachtbeginn durchgeführt werden, niemals während des Schlachtbetriebs. Sind Verunreinigungen sichtbar, so ist die Reinigung ohne weitere mikrobiologische Bewertung als unzureichend anzusehen.

Dieses Verfahren ist nicht geeignet für Probenahmen an Fleisch oder Fleischprodukten.

Verfahren, die vergleichbare Garantien bieten, können nach Genehmigung durch die zuständige Behörde verwendet werden.

AGAR-ABKLATSCHPLATTENVERFAHREN

Beim Agarplattenverfahren werden mit Zählplatten-Agar (gemäß ISO, letztgültige Fassung) gefüllte kleine Plastikschalen mit Deckel (Innendurchmesser 5,0 cm) und mit VRBG-Agar (violet red bile glucose agar) (gemäß ISO, letztgültige Fassung) gefüllte Schalen auf die jeweiligen Probenahmestellen gepresst und anschließend bebrütet. Die Kontaktfläche jeder Platte beträgt 20 cm^2.

Nach der Zubereitung ist das Agar etwa drei Monate lang haltbar, wenn es bei 2–4 °C in geschlossenen Flaschen aufbewahrt wird. Kurz vor Herstellung der Platten muss das Agar bei 100 °C geschmolzen und anschließend auf 46–48 °C gekühlt werden. Die Platten sollten in einer Kammer mit laminarer Luftströmung so weit mit Agar gefüllt werden, dass eine konvexe Oberfläche entsteht. Die präparierten Platten sollten vor ihrer Verwendung über Nacht bei 37 °C durch Inkubation in umgedrehtem Zustand getrocknet werden. Dies ist auch eine nützliche Kontrolle auf Kontamination während der Herstellung. Platten mit sichtbaren Kolonien dürfen nicht verwendet werden.

Die Platten bei 2–4 °C haben eine Haltbarkeit von einer Woche, wenn sie in luftdicht verschlossenen Plastikbeuteln aufbewahrt werden.

TUPFERVERFAHREN

Die Proben sollten mit Wattetupfern entnommen werden, die mit 1 ml 0,1-%-NaCl-Pepton-Lösung befeuchtet wurden (8,5 g NaCl, 1 g Tripton-Casein-Pepton, 0,1 % Agar und 1000 ml destilliertes Wasser). Der Probenahmebereich sollte 20 cm^2 groß und mit einer sterilen Schablone abgegrenzt sein. Bei Probenahme nach Reinigung und Desinfektion sollten der Befeuchtungslösung für die Tupfer 30 g/l Tween 80 und 3 g/l Lecithin (oder andere Produkte mit ähnlicher Wirkung) zugegeben werden. Für nasse Bereiche können trockene Tupfer ausreichen.

Die zu beprobende Oberfläche muss mit den von einem sterilen Greifer gehaltenen Tupfern zehnmal von oben nach unten abgetupft werden; dabei sind die Tupfer fest anzupressen. Danach sollten die Tupfer in eine Flasche gegeben werden, die 40 ml gepuffertes Pepton mit 0,1-%-Agar-Salzlösung enthält. Bis zur weiteren Verarbeitung müssen die Tupferproben bei einer Temperatur von 4 °C aufbewahrt werden. Die Flasche sollte kräftig geschüttelt werden vor der Verdünnung in zehn Verdünnungsschritten in 40 ml 0,1-NaCl-Pepton-Lösung, die der mikrobiologischen Untersuchung (z.B. Tropfplattenverfahren) vorausgeht.

PROBENAHMEHÄUFIGKEIT

In einem Zeitraum von zwei Wochen sollten stets mindestens 10 Proben, bzw. 30 Proben in größeren Produktionsbetrieben, entnommen werden. Drei Proben sollten von größeren Objekten stammen. Sind die Ergebnisse über einen gewissen Zeitraum befriedigend, so kann die Probenahmehäufigkeit mit Zustimmung des Amtstierarztes reduziert werden. Besonders intensiv beprobt werden sollten diejenigen Flächen, die mit dem Produkt in Berührung kommen oder kommen können. Etwa zwei Drittel der Gesamtzahl der Proben sollten von Lebensmittelkontakt-Flächen entnommen werden.

Um sicherzustellen, dass alle Flächen im Verlauf eines Monats untersucht werden, sollte ein Probenahmeplan erstellt werden, der vorgibt, welche Oberflächen an welchen Tagen zu beproben sind. Die Ergebnisse sind aufzuzeichnen und darüber hinaus in Form von Balkendiagrammen darzustellen, damit die zeitliche Entwicklung erkennbar ist.

TRANSPORT

Die gebrauchten Kontaktplatten brauchen beim Transport und vor der Inkubation nicht gekühlt zu werden.

Tupferproben sind bis zur weiteren Verarbeitung bei 4 °C aufzubewahren.

BAKTERIOLOGISCHE VERFAHREN

Neben den beschriebenen Verfahren können auch ISO-Verfahren verwendet werden.

Die Bakterienkeimzahlen sollten wiedergegeben werden als Anzahl von Organismen pro cm^2 Oberfläche. Beimpfte Agar-Zählplatten und Agar-Abklatschplatten müssen zur Ermittlung der GKZ 24 Stunden lang bei 37 °C ± 1 °C unter aeroben Bedingungen bebrütet werden. Die Bebrütung muss binnen einer Stunde nach der Probenahme ausgeführt werden. Die Anzahl der Bakterienkolonien sollte ermittelt und aufgezeichnet werden.

Zur quantitativen Bestimmung von Enterobakterien ist VRBG-Agar zu verwenden. Die Bebrütung der beimpften Platten und Agar-Abklatschplatten muss binnen zwei Stunden nach Probenahme beginnen und unter aeroben Bedingungen stattfinden. Nach 24-stündiger Bebrütung bei 37 °C ± 1 °C sind die Platten auf Enterobakterien-Wachstum zu prüfen.

Zu ermitteln ist die Gesamtkeimzahl. Die Probenahme auf Enterobakterien ist fakultativ, sofern sie nicht vom Amtstierarzt angeordnet wird.

PROBENAHMESTELLEN

Zum Beispiel sollten folgende Stellen/Geräte beprobt werden: Sterilisationsgeräte für Messer, Messer (Verbindung zwischen Schneide und Griff), Entblutungs-Hohlmesser, Elastratoren, Brühkessel, Enddarm-Freischneid- und -Einsackvorrichtungen, Schlachtschragen (Schwein), Sägeblätter und sonstige Schneidgeräte, Rinder-Enthäutungsmaschinen, andere Schlachtkörper-Zurichtgeräte, Poliermaschinen, Transporthaken und -behälter, Förderbänder, Schürzen, Schneidetische, Pendeltüren, soweit sie von Schlachtkörpern berührt werden, Pansenrutschen, Teile der Verarbeitungslinie, die oft mit Schlachtkörpern in Kontakt kommen, und Überkopfstrukturen, von denen Feuchtigkeit abtropfen kann, usw.

BERECHNUNG DER ERGEBNISSE

Die Ergebnisse des Agar-Abklatschplattentests sowie die mit dem Tupferverfahren ermittelten GKZ- und die Enterobakterien-Zahlen sind in ein hierfür vorgesehenes Formular einzutragen. Für die Zwecke der Prozesskontrolle von Reinigung und Desinfektion sind lediglich zwei Kategorien für GKZ und Enterobakterien vorgegeben: annehmbarer und unannehmbarer Bereich. Der annehmbare Bereich für die Kolonienzahl auf Agar-Abklatschplatten und die Kolonienzahl für GKZ und Enterobakterien (Ergebnisse des Tupferversuchs) sind aus Tabelle 2 zu entnehmen.

Tabelle 2:
Mittelwerte der Kolonienzahl bei Oberflächentests

	annehmbar	nicht annehmbar
Gesamtkeimzahl (GKZ)	0–10/cm^2	> 10/cm^2
Enterobakterien	0–1/cm^2	> 1/cm^2

2.7.2.2 Art der Untersuchungen

Bei der **Bestimmung der Koloniezahl/g** sollten bei nicht homogenem Material mindestens 100 g entnommen und zerkleinert werden (sterile Schere und Pinzette). Aus der vorzerkleinerten Probe werden 10 g für die Untersuchung entnommen. Bei homogenem Material werden 10 g mit 90 ml Verdünnungsflüssigkeit homogenisiert.

Die Aufbewahrung der zerkleinerten Probe sollte bei ±0 bis +5 °C nicht länger als 1 h dauern.

A. Konventionelle Verfahren

Aerobe mesophile Koloniezahl

- Verfahren: Tropfplatten-, Spatel- oder Spiralplattenverfahren
- Medium/Temperatur/Zeit: Standard-I-Nähragar oder Plate-Count-Agar, 30 °C, 72 h
- Auswertung: Zählung aller Kolonien

Milchsäurebakterien, mesophil

- Verfahren: Tropfplatten- oder Spatelverfahren (anaerob) oder Gusskultur (aerob)
- Medium/Temperatur/Zeit: MRS-Agar, pH 5,7 (HCl), 30 °C, 72 h
- Auswertung: Mikroskopie; Milchsäurebakterien = grampositive Kokken, kokkoide Zellen und Stäbchen, Katalase-negativ

Milchsäurebakterien, psychrophil (KATO et al., 2000)

- Verfahren: Tropfplatten- oder Spatelverfahren (anaerob) oder Gusskultur (aerob)
- Medium/Temperatur/Zeit: MRS-Agar, pH 5,7, 25 °C, 48–72 h
- Auswertung: Mikroskopie, grampositive Stäbchen oder kokkoide Zellen
- Weitere Eigenschaften: Katalase-negativ, homofermentativ, keine Vermehrung bei 30 °C (z.B. *L. algidus*)

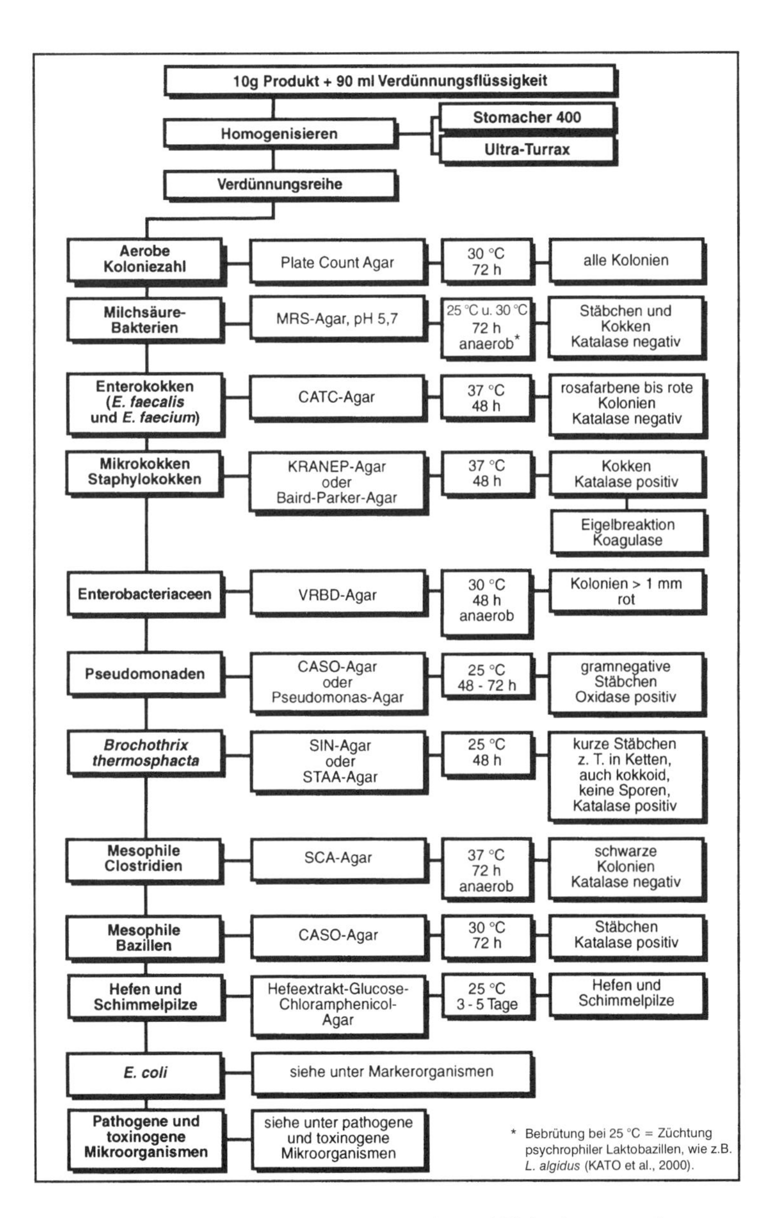

Abb. VII.2-1: Untersuchung von Fleisch und Fleischerzeugnissen

Carnobacterium spp.

- Verfahren: Spatelverfahren (anaerob) oder Gusskultur (aerob)
- Medium/Temperatur/Zeit: CASO-Agar + 0,3 % Hefeextrakt (pH-Wert 8,0), 25 °C, 48–72 h
- Auswertung: *C. divergens* und *C. piscicola* sind grampositive, heterofermentative Stäbchen oder kokkoide Zellen, die auf Acetat-Agar bei einem pH-Wert <6,0 gehemmt werden und auf Rogosa-Agar sicht nicht vermehren.

Enterokokken

- Verfahren: Tropfplatten-oder Spatelverfahren
- Medium/Temperatur/Zeit: CATC-Agar, 37 °C, 48–72 h
- Auswertung: Rote Kolonien, Kokken, Katalase-negativ = verdächtige Enterokokken (Bestätigungsreaktion: Siehe unter Enterokokken)

Brochothrix thermosphacta

- Verfahren: Tropfplatten- oder Spatelverfahren
- Medium/Temperatur/Zeit: STAA-Agar, 25 °C, 48 h, aerob
- Auswertung: Gramfärbung, da sich auch Pseudomonaden und psychrotrophe Enterobacteriaceen vermehren können (schleimige Kolonien) sowie Oxidasetest (Pseudomonaden positiv, *Brochothrix thermosphacta* negativ).

Staphylokokken und Mikrokokken

- Verfahren: Tropfplatten- oder Spatelverfahren
- Medium/Temperatur/Zeit: KRANEP-Agar oder Baird-Parker-Agar, 37 °C, 48 h
- Auswertung: Grampositive Kokken, Katalase-positiv. Die Katalase-Reaktion kann bei älteren Kulturen (Wasserverlust, Konzentrierung der Hemmstoffe) negativ ausfallen.

Mesophile Bazillen-Sporen

- Verfahren: Probe bzw. Verdünnungen auf 70 °C 10 min erhitzen, Spatelverfahren
- Medium/Temperatur/Zeit: Standard-I-Nähragar oder CASO-Agar, 30 °C, 72 h
- Auswertung: Mikroskopie, Katalase-Test (Bazillen = Katalase-positiv, grampositiv bis gramvariabel)

Mesophile Clostridien-Sporen

- Verfahren: Probe bzw. Verdünnungen auf 70 °C 10 min erhitzen, Gusskultur
- Medium/Temperatur/Zeit: Sulfit-Cycloserin-Azid-Agar (SCA-Agar) oder DRCM-Agar (WEENK et al., 1995), 37 °C, 24–48 h, anaerob

- Auswertung: Schwarze Kolonien, Katalase-negativ, grampositive bis gramvariable Stäbchen

Enterobacteriaceen

- Verfahren: Spatel- oder Tropfplattenverfahren (anaerob) oder Gusskultur mit Overlay (aerob)
- Medium/Temperatur/Zeit: VRBD-Agar, 30 °C, 48 h
- Auswertung: Bei anaerober Bebrütung können auch Pseudomonaden auftreten. Die Kolonien sind allerdings wesentlich kleiner (Durchmesser unter 1 mm).

Pseudomonaden

- Verfahren: Tropfplatten- oder Spatelverfahren
- Medium/Temperatur/Zeit: Caseinpepton-Sojamehlpepton-Agar, 25 °C, 72 h oder selektiv auf Cetrimid-Fucidin-Cephaloridin Agar (CFC-Agar), 25 °C, 48 h
- Auswertung: Überfluten mit Oxidase-Reagenz oder Auflegen eines mit Oxidase-Reagenz getränkten Filterpapiers oder Prüfung einzelner Kolonien auf einem Oxidase-Teststreifen (Pseudomonaden = Oxidase-positiv).

Hefen und Schimmelpilze

- Medium/Temperatur/Zeit: Hefeextrakt-Glucose-Chloramphenicol-Agar, 25 °C, 72 h
- Auswertung: Bei hohem Gehalt an gramnegativen Bakterien werden diese nicht vollständig gehemmt. Vor der Auszählung sollte deshalb eine mikroskopische Kontrolle erfolgen.

E. coli

Siehe unter Markerorganismen

Pathogene oder toxinogene Mikroorganismen

Siehe unter Nachweis dieser Mikroorganismen

B. Schnellnachweis des Oberflächenkeimgehaltes von Frischfleisch

Durch den Nachweis von Adenosintriphosphat (ATP) kann der Keimgehalt von Frischfleisch in 30–60 min bestimmt werden (MEIERJOHANN und BAUMGART, 1994, WERLEIN, 1996, WERLEIN und FRICKE, 1997, BAUTISTA et al., 1997). Die Nachweisgrenze lag für Schweineschlachttierkörper bei 5,0 x 10^2 KBE/cm^2 und bei Rinderschlachttierkörpern bei 1,0 x 10^2 KBE/cm^2 bei einer Probengröße von 25 cm^2 (WERLEIN, 1996). Dabei erfolgte die Probenahme mit einem Tupfer, der in 1 ml Verdünnungsflüssigkeit ausgeschüttelt wurde. Nach Filtration der Verdünnungsflüssigkeit mit einem Biofiltrationssystem der Fa. Lumac wurde die

ATP-Konzentration bestimmt. BAUTISTA et al. (1997) bestimmten dagegen den Oberflächenkeimgehalt von Rinderschlachtkörpern nach Entnahme der Probe mit einem destruktivem Verfahren (5 Proben à 5 cm^2 von verschiedenen Stellen) und nach Homogenisation der Probe mit dem Stomacher. Gute Übereinstimmung zum konventionellen Verfahren wurde hierbei erreicht, wenn der Keimgehalt oberhalb von $1{,}0 \times 10^4/cm^2$ lag. Diese Ergebnisse entsprechen denen von MEIERJOHANN und BAUMGART (1994).

C. Schnellnachweis von Salmonellen

Ein Nachweis von Salmonellen in Frischfleisch ist innerhalb von ca. 30 Std. mit der Impedanz-Methode möglich. Jede verdächtige oder positive Kurve bedarf allerdings einer Bestätigung. Als Schnellbestätigungs-Systeme eignen sich die Agglutination aus der Messzelle, der Einsatz einer Gensonde oder immunologische Verfahren (siehe auch Kap. III.4 und III.5).

Weitere schnellere Nachweisverfahren: MSRV-Medium mit immunologischer Bestätigung, Oxoid Salmonella Rapid Test (OSRT), Salmonella 1-2 Test, ELISA, PCR bzw. andere geeignete Verfahren (siehe unter Nachweis von Salmonellen).

2.8 Mikrobiologische Kriterien

2.8.1 Kriterien für Schlachttierkörper und Teilstücke

Tab. VII.2-2: Mikrobiologische Kriterien für Schweinefleisch (Centrale Marketinggesellschaft der Deutschen Agrarwirtschaft, CMA, April 1999)

Produkt	Aerobe Koloniezahl/cm^2	Entero-bacteriaceen/cm^2
Schwein/Tierkörper im Schlachtbetrieb	$m \leq 1{,}0 \times 10^4$ $M \leq 1{,}0 \times 10^5$	–
Schwein/Tierkörper im Zerlegebetrieb	$m \leq 1{,}0 \times 10^5$ $M \leq 5{,}0 \times 10^5$	$m \leq 5{,}0 \times 10^2$ $M \leq 2{,}5 \times 10^3$
Schwein, Teilstücke: Kamm, Kotelett, Dicke Rippe (neue Anschnitte)	$m \leq 5{,}0 \times 10^3$ $M \leq 2{,}5 \times 10^4$	$m \leq 5{,}0 \times 10^2$ $M \leq 2{,}5 \times 10^3$
Schwein, Teilstücke: Schinken, Schulter, Bauch (alte Oberflächen)	$m \leq 1{,}0 \times 10^5$ $M \leq 5{,}0 \times 10^5$	$m \leq 5{,}0 \times 10^2$ $M \leq 2{,}5 \times 10^3$

Anmerkungen: Probenlokalisation, Probenahmetechnik, Probenvorbereitung und Prüfverfahren werden angegeben.

2.8.2 Kriterien für die mikrobiologische Eigenkontrolle von Fleisch der Tierarten Rind, Schwein und Schaf

(Verfahrensentwurf für die mikrobiologische Kontrolle der allgemeinen Hygiene in Fleischlieferbetrieben gemäß Artikel 10 (2) der Richtlinie 64/433/EWG (ELLERBROEK, L., SNIJDERS, J., TAYLOR, D., HERMANSSEN, K. und WINTER, H., BgVV, Berlin, 1999)

Tab. VII.2-3: Vorgeschlagene Werte in KbE/cm^2

	akzeptabel		marginal (>m aber <M)	nicht akzeptabel (>M)
	Rind/Schaf	Schwein	Rind, Schwein, Schaf	Rind, Schwein, Schaf
Gesamtkeimzahl	< log 3,5	< log 4,0	log 3,5 (Schwein log 4,0) bis log 5,0	>log 5,0
Enterobacteriaceae	< log 1,5	< log 2,0	log 1,5 (Schwein log 2,0) bis log 2,5 (Schwein log 3,0)	>log 2,5 Schwein >log 3
Salmonellen	negativ	negativ		positiv
E. coli	< log 1	< log 1,5	log 1,0 (Schwein log 1,5) bis log 2,0	>log 2,0

Die Untersuchung auf das Vorkommen von Salmonellen und *E. coli* ist fakultativ.

2.8.3 Kriterien für zerkleinertes Fleisch

Tab. VII.2-4: Mikrobiologische Kriterien für Hackfleisch (Fleischhygiene-Verordnung vom 29.6.2001)

Keimart/ Keimgruppe	n	c	m	M
Aerober Keimgehalt (+30 °C)	5	2	5,0 x 10^5/g	5,0 x 10^6/g
Kolibakterien	5	2	50/g	5,0 x 10^2/g
Koagulase-positive Staphylokokken	5	2	10^2/g	10^3/g
Salmonellen	5	0	n.n. in 10 g	n.n. in 10 g

Legende: **n.n.** = nicht nachweisbar; **n**= Zahl der Proben einer Partie; **c** = Zahl der Proben einer Partie, die Werte zwischen m und M aufweisen dürfen; **m** = Richtwert, bis zu dem alle Ergebnisse als zufrieden stellend anzusehen sind. Für die Bewertung der Ergebnisse wird eine methodische Toleranz eingeräumt. Eine Richtwertüberschreitung liegt vor, wenn der Tabellenwert für m bei einer Keimzählung in festen Medien um das Dreifache, bei einer Keimzählung in flüssigen Medien um das Zehnfache überschritten wird. **M** = Grenzwert, der von keiner Probe überschritten werden darf. Darüber liegende Werte gelten als nicht zufrieden stellend. Für die Bewertung der Ergebnisse aus einer Keimzählung in flüssigen Medien wird eine methodische Toleranz eingeräumt. M = 10m bei einer Keimzählung in festen Medien (entspricht dem Tabellenwert), M= 30m bei einer Keimzahlung in flüssigen Medien (entspricht dem Dreifachen des Tabellenwertes).

Tab. VII.2-5: Kriterien für zerkleinertes Frischfleisch (TK, wie Gehacktes)

Art der Kriterien	Mikroorganismen	n	c	Log m	Log M
Indikatorkeime	KBE, aerob, mesophil	5	2	5,5	6,5
Indikatorkeime	Enterobacteriaceae	5	2	3	4
Indikatorkeime	Coliforme	5	2	3	4
Analytische Kriterien	*E. coli*	5	2	2	3
Analytische Kriterien	*Staph. aureus*	5	2	2	3
Obligatorische Kriterien	Salmonellen	5	0	n.n./25 g	n.n./25 g

Erklärungen

Obligatorische Kriterien
Pathogene Keime: Wenn diese Normen überschritten werden, muss das betroffene Los vom Verzehr und vom Markt ausgeschlossen werden.

Analytische Kriterien
Nachweiskeime für mangelnde Hygiene: Bei Überschreiten dieser Norm muss in jedem Fall die Durchführung der in dem Verarbeitungsbetrieb angewandten Überwachungs- und Kontrollverfahren für die kritischen Punkte überprüft werden. Werden Enterotoxin bildende *Staphylococcus-aureus*-Stämme oder vermutlich pathogene *Escherichia-coli*-Stämme festgestellt, so müssen alle beanstandeten Lose vom Verzehr und vom Markt ausgeschlossen werden.

Indikatorkeime
Richtwerte: Die Richtwerte sollen den Erzeugern dabei helfen, sich ein Urteil über die ordnungsgemäße Arbeit ihres Betriebes zu bilden und das System und das Verfahren der Eingangskontrolle ihrer Produktion zu praktizieren.

Quelle: Föderation der Schweiz. Nahrungsmittel-Industrie, 1996.

Anmerkungen

Da die coliformen Bakterien eine heterogene und taxonomisch schlecht definierte Gruppe darstellen, sollte auf den Nachweis verzichtet werden (s.a. Opinion of the Scientific Committee on Veterinary Measures relating to Public Health, European Commission Health and Consumer Protection, Directorate B, Unit B3, SC4, 23.9.1999).

2.8.4 Kriterien für Fleischzubereitungen

Tab. VII.2-6: Kriterien für Fleischzubereitungen (Fleischhygiene-Verordnung vom 29.6.2001)

Mikroorganismen	M	m
Kolibakterien n = 5, c = 2	5,0 x 10^3/g	5,0 x 10^2/g
Koagulase-positive Staphylokokken n = 5, c = 1	5,0 x 10^3/g	5,0 x 10^2/g
Salmonellen n = 5, c = 0	n.n. in 1 g	n.n. in 1 g

Tab. VII.2-7: Kriterien für Frischfleisch (TK, z.B. Ragout, Kotelett, Schnitzel u.a.)

Art der Kriterien	Mikroorganismen	n	c	Log m	Log M
Indikatorkeime	KBE, aerob, mesophil	5	2	4	5
Indikatorkeime	Enterobacteriaceae	5	2	2	3
Indikatorkeime	Coliforme	5	2	2	3
Analytische Kriterien	*E. coli*	5	2	1	2
Analytische Kriterien	*Staph. aureus*	5	2	2	3
Obligatorische Kriterien	Salmonellen	5	0	n.n./25 g	n.n./25 g

Quelle: Föderation der Schweiz. Nahrungsmittel-Industrie, 1996.

Anmerkungen

Da die coliformen Bakterien eine heterogene und taxonomisch schlecht definierte Gruppe darstellen, sollte auf den Nachweis verzichtet werden (s.a. Opinion of the Scientific Committee on Veterinary Measures relating to Public Health, European Commission Health and Consumer Protection, Directorate B, Unit B3, SC4, 23.9.1999).

2.8.5 Kriterien für erhitzte verzehrsfertige Fleischprodukte

Tab. VII.2-8: Mikrobiologische Kriterien für erhitzte verzehrsfertige Rindfleisch-, Schweinefleisch- und Geflügelprodukte (LFRA Microbiology Handbook, Meat products, Leatherhead Food RA, 1996)

Mikroorganismen	Einwandfrei	Grenze der Akzeptanz	Nicht mehr akzeptabel
E. coli	<20/g	20–<100/g	>100/g
Listeria spp.	n.n. in 25 g	pos. in 25 g–<200 g	>200/g
L. monocytogenes	n.n. in 25 g	pos. in 25 g–<200 g	>200/g
C. perfringens	<10/g	10–<100/g	>100/g
Staph. aureus	<20/g	20–<100/g	>100/g
B. cereus und *B. subtilis*	$<10^3$/g	10^3–$<10^4$/g	$>10^4$/g
E. coli O157 und andere Verotoxinbildner	n.n. in 25 g	–	–
Salmonellen, *Campylobacter*	n.n. in 25 g	–	–

2.8.6 Kriterien für Fleischerzeugnisse

Tab. VII.2-9: Mikrobiologische Toleranzwerte für Fleischerzeugnisse (Schweizerische Hygieneverordnung vom 26.6.1995)

Produkte	Aerobe Koloniezahl/g	Milchsäurebakterien/g	Enterobacteriaceen/g	*Cl. perfringens*/g	*Staph. aureus*/g
Rohwurst und Rohpökelwaren, ausgereift	–	–	100	100	1000
Streichfähige Rohwurst	–	–	10000	100	1000
Kochpökelwaren, Koch- und Brühwurst im Stück	100000	100000	100	–	–
Kochpökelwaren, Koch- und Brühwurstaufschnitt	1000000	1000000	1000	–	–
In der Packung pasteurisierte Produkte	10000	10000	10	–	–

In der Schweiz sind für genussfertige Lebensmittel folgende Grenzwerte festgelegt:

Bacillus cereus 10^4/g
Campylobacter jejuni n.n. in 25 g
Listeria monocytogenes n.n. in 25 g
Yersinia enterocolitica n.n. in 10 g

2.8.7 Kriterien für Geflügelprodukte

Tab. VII.2-10: Mikrobiologische Spezifikation für Geflügelprodukte (Food and Agriculture Organization of the United Nations, Rom, 1992)

Produkt	Test	n	c	m	M
Gefrorene Produkte, die vor dem Verzehr erhitzt werden	*Staph. aureus* Salmonellen	5 5	1 0	10^3/g 0	10^4/g –
Gekochte und gefrorene Produkte zum Verzehr	*Staph. aureus* Salmonellen	5 10	1 0	10^3/g 0	10^4/g –
Gepökelte oder geräucherte Produkte	*Staph. aureus* Salmonellen	10 10	1 0	10^3/g 0	10^4/g –
Geflügel frisch oder gefroren	Aerobe Koloniezahl	5	3	5 x 10^5/g	10^7/g

Tab. VII.2-11: Kriterien für Geflügelfleisch, roh, ohne Haut, nicht zerkleinert (TK-Produkt, z.B. Hähnchenkeule, Hähnchenbrustfilet u.a.)

Art der Kriterien	Mikroorganismen	n	c	Log m	Log M
Indikatorkeime	KBE, aerob, mesophil	5	2	5	6
Indikatorkeime	Enterobacteriaceae	5	2	3	4
Indikatorkeime	Coliforme	5	2	3	4
Analytische Kriterien	*E. coli*	5	2	2	3
Analytische Kriterien	*Staph. aureus*	5	2	2,5	3,5
Obligatorische Kriterien	Salmonellen	5	1	n.n./25 g	2

Quelle: Föderation der Schweiz. Nahrungsmittel-Industrie, 1996.

Anmerkungen

Da die coliformen Bakterien eine heterogene und taxonomisch schlecht definierte Gruppe darstellen, sollte auf den Nachweis verzichtet werden (s.a. Opinion of the Scientific Committee on Veterinary Measures relating to Public Health, European Commission Health and Consumer Protection, Directorate B, Unit B3, SC4, 23.9.1999).

Tab. VII.2-12: Kriterien für Geflügelfleisch, ohne Haut, mariniert, zerkleinert oder coated, nicht thermisiert (TK, z.B. Pouletbruststreifen mariniert und roh, Cordon bleu nicht vorgegart u.a.)

Art der Kriterien	Mikroorganismen	n	c	Log m	Log M
Indikatorkeime	KBE, aerob, mesophil	5	2	5,5	6,5
Indikatorkeime	Enterobacteriaceae	5	2	4	–
Indikatorkeime	Coliforme	5	2	4	–
Analytische Kriterien	*E. coli*	5	2	2,5	3,5
Analytische Kriterien	*Staph. aureus*	5	2	2,5	3,5
Obligatorische Kriterien	Salmonellen	5	1	n.n./25 g	2

Quelle: Empfehlung der FIAL (Föderation der Schweiz. Nahrungsmittel-Industrie, 1996).

Anmerkungen

Da die coliformen Bakterien eine heterogene und taxonomisch schlecht definierte Gruppe darstellen, sollte auf den Nachweis verzichtet werden (s.a. Opinion of the Scientific Committee on Veterinary Measures relating to Public Health, European Commission Health and Consumer Protection, Directorate B, Unit B3, SC4, 23.9.1999).

2.8.8 Kriterien für Separatorenfleisch

Tab. VII.2-13: Kriterien für Separatorenfleisch (Rotfleisch und Geflügelfleisch) (Arbeitsgruppe VI der EU-Kommission, 1999; NURMI und RING, 1999)

Produkt	Aerobe Koloniezahl pro Gramm		Enterokokken pro Gramm		Enterobacteriaceen pro Gramm	
	m	M	m	M	m	M
Separatorenfleisch aus						
Rotfleisch	5×10^5	5×10^6	5×10^3	5×10^4	5×10^3	5×10^4
Geflügelfleisch	5×10^5	5×10^6	5×10^3	5×10^4	5×10^4	5×10^5

2.8.9 Kriterien für Naturdärme

Tab. VII.2-14: Kriterien für Naturdärme (DGHM, 2000)

Untersuchungskriterien	Richtwert KbE*/g	Warnwert KbE*/g
Aerobe mesophile Keimzahl	10^5	–
Enterobacteriaceae	10^2	10^4
Koagulase-positive Staphylokokken	10^2	10^3
Sulfit reduzierende Clostridien	10^2	10^3
Salmonellen	–	nicht nachweisbar in 25 g

* KbE = Kolonie bildende Einheiten
Die Untersuchungsprobe ist eine Mischprobe aus möglichst drei verschiedenen Gebinden.
Probenvorbereitung: Anhaftendes Salz ohne Wasserzugabe entfernen; füllfertige Därme untersuchen.

Literatur

1. BAUTISTA, D.A.; KOZUB, G.; JERICHO, K.W.F.; GRIFFITHS, M.W.: Evaluation of adenosine triphosphate (ATP) bioluminescence for estimating bacteria on surfaces of beef carcasses, J. of Rapid Methods and Automation in Microbiology 5, 37-45, 1997
2. BELL, R.G.: Chilled and frozen raw meat, poultry and their products, in: Leatherhead Food RA, Meat products, Ringbuch, Leatherhead Food RA, Randalls Road, Leatherhead, Surrey KT 227RY
3. BORCH, E.; KANT-MUERMANS, M.-L; BLIXT, Y.: Bacterial spoilage of meat and cured meat products, Int. J. Food Microbiol. 33, 103-120, 1996
4. BÖHMER, L.; HILDEBRANDT, G.: Mikrobiologie der Kochpökelwaren, in: Mikrobiologie der Lebensmittel – Fleisch und Fleischerzeugnisse, Hrsg. H. Weber, Behr's Verlag, Hamburg, 249-281, 1996
5. BRODA, D.M.; SALIL, D.J.; LAWSON, P.A.; BELL, R.G.; MUSGRAVE, D.R.: *Clostridium gasigenes* sp. nov., a psychrophile causing spoilage of vacuum-packed meat, Int. J. Syst. Evol. Microbiol. 50, 107-118, 2000
6. BÜLTE, M.: Mikrobiologie des Hackfleisches, in: Mikrobiologie der Lebensmittel – Fleisch und Fleischerzeugnisse, Hrsg. H. Weber, Behr's Verlag, Hamburg, 119-171, 1996
7. Centrale Marketinggesellschaft der Deutschen Agrarwirtschaft (CMA) – Lastenheft für Deutsches Qualitätsfleisch aus kontrollierter Aufzucht, November 1996 und Mai 1997
8. DGHM (Deutsche Gesellschaft für Hygiene und Mikrobiologie, Fachgruppe Lebensmittelmikrobiologie und -hygiene): Richt- und Warnwerte für Naturdärme, Fleischw. 80, 68-69, 2000
9. DORSA, W.J.; CUTTER, C.N.; SIRAGUSA, G.R.: Evaluation of six sampling methods for recovery of bacteria from beef carcass surfaces, Letters in Appl. Microbiol. 22, 39-41, 1996
10. Food and Agriculture Organization of the United Nations, Manual of food control 4. Rev. 1., microbiological analysis, Rome 1992

11. FRIES, R.: Mikrobiologie erhitzter Erzeugnisse, in: Mikrobiologie der Lebensmittel – Fleisch und Fleischerzeugnisse, Hrsg. H. Weber, Behr's Verlag, Hamburg, 371-392, 1996
12. GEHLEN; K.H.: Mikrobiologie der Rohpökelstückwaren, in: Mikrobiologie der Lebensmittel – Fleisch und Fleischerzeugnisse, Hrsg. H. Weber, Behr's Verlag, Hamburg, 283-312, 1996
13. HOLZAPFEL, W.: Mikrobiologie verpackter Fleischerzeugnisse und verpackten Fleisches, in: Mikrobiologie der Lebensmittel – Fleisch und Fleischerzeugnisse, Hrsg. H. Weber, Behr's Verlag, Hamburg, 393-425, 1996
14. ICMSF (International Commission on Microbiological Specifications for Foods): Meat and meat products, in: Microorganisms in foods – 6 – Microbial ecology of food commodities, Blackie Academic & Professional, London, 1-74, 1998
15. JACKSON, T.C.; ACUFF, G.R.; DICKSON, J.S.: Meat, poultry, and seafood, in: Food Microbiology Fundamentals and Frontiers, ed. by M.P. Doyle, L.R. Beuchat, Th.J. Montville, ASM Press, Washington D.C., 1997, 83-100
16. KALINOWSKI, R.M.; TOMPKIN, R.B.: Psychrotrophic clostridia causing spoilage in cooked meat and poultry products, J. Food Protection 62, 766-772, 1999
17. KATO, Y.; SAKALA, R.M.; HAYASHIDANI, H.; KIUCHI, A.; KANEUCHI, C.; OGAWA, M.: *Lactobacillus algidus* sp. nov., a psychrophilic lactic acid bacterium isolated from vacuum-packaged refrigerated beef, Int. J. Syst. Evol. Microbiol. 50, 2000, 1143-1149
18. KNAUF, H.: Starterkulturen für fermentierte Fleischerzeugnisse, in: Mikrobiologie der Lebensmittel – Fleisch und Fleischerzeugnisse, Hrsg. H. Weber, Behr's Verlag, Hamburg, 339-369, 1996
19. KOTULA, K.L.; KOTULA, A.W.: Fresh red meats, in: The microbiological safety and quality of food, Vol. I, ed. by B.M. Lund, T.C. Baird-Parker, G.W. Gould, Aspen Publ., Inc., 2000, 361-388
20. LFRA Microbiology Handbook, Meat products, Leatherhead Food RA, Randalis Road, Leatherhead, Surrey KT 227RY, 1996
21. LÜCKE, F.-K.: Fermented meats, in: The microbiological safety and quality of food, Vol. I, ed. by B.M. Lund, T.C. Baird-Parker, G.W. Gould, Aspen Publ., Inc., 2000, 420-444
22. MEIERJOHANN, K.; BAUMGART, J.: Oberflächenkeimgehalt von Frischfleisch: Schnellnachweis durch ATP-Bestimmung mit einem neuen Test-Kit, Fleischw. 74, 1324, 1994
23. MONTEL, M.-C.; REITZ, J.; TALON, R.; BERDAGUE, J.-L.; ROUSSET-AKRIM, S.: Biochemical activities of Micrococcaceae and their effects on the aromatic profiles and odours of a dry sausage model, Food Microbiol. 13, 489-499, 1996
24. NURMI, E.; RING, Ch.: Gewinnung von hygienisch vertretbarem Separatorenfleisch, Fleischw. 79, 28-29, 1999
25. REUTER, G.: Mikrobiologie des Fleisches, in: Mikrobiologie der Lebensmittel – Fleisch und Fleischerzeugnisse, Hrsg. H. Weber, Behr's Verlag, Hamburg, 3-115, 1996
26. SAKALA, R.M.; HAYASHIDANI, H.; KATO, Y.; KANEUCHI, C.; OGAWA, M.: Isolation and characterization of *Lactococcus piscium* strains from vacuum-packaged refrigerated beef, J. Appl. Microbiol. 92, 173-179, 2002

27. VARNAM, A.H.; SUTHERLAND, J.P.: Meat and meat products – technology, chemistry and microbiology, Chapman & Hall, London, 1995
28. Verordnung über die hygienisch-mikrobiologischen Anforderungen an Lebensmittel, Gebrauchsgegenstände, Räume, Einrichtungen und Personal, Schweiz, 26.6.1995
29. WEBER, H.: Mikrobiologie der Rohwurst, in: Mikrobiologie der Lebensmittel – Fleisch und Fleischerzeugnisse, Hrsg. H. Weber, Behr's Verlag, Hamburg, 313-338, 1996
30. WEENK, G.H.; VAN DEN BRINK, J.A.; STRUIJK, C.B.; MOSSEL, D.A.A.: Modified methods for the enumeration of spores of mesophilic *Clostridium* species in dried food, Int. J. Food Microbiol. 27, 185-200, 1995
31. WEISE, E.: Mikrobiologie des Geflügels, in: Mikrobiologie der Lebensmittel – Fleisch und Fleischerzeugnisse, Hrsg. H. Weber, Behr's Verlag, Hamburg, 557-631, 1996
32. WERLEIN, H.D.: Bestimmung des Oberflächenkeimgehaltes von Rinder- und Schweineschlachttierkörpern mit der Biolumineszenzmethode, Fleischw. 76, 179-181, 1996
33. WERLEIN, H.-D.; FRICKE, R.: Applicability of the swab sampling technique in order to determine the microbial quality of poultry by means of ATP bioluminescence, Arch. Lebensmittelhyg. 48, 14-16, 1997

3 Fisch und Fischerzeugnisse, Weich- und Krebstiere

(DALGARD, 1995, GRAM und HUSS, 1996, PRIEBE, 1996, SAUPE, 1996, HUSS, 1997)

3.1 Frischfisch, gefrorener Fisch

Häufiger vorkommende Mikroorganismen

Enterobacteriaceen, *Shewanella putrefaciens,* Arten der Genera *Pseudomonas, Acinetobacter, Moraxella, Psychrobacter, Vibrio, Aeromonas, Alcaligenes, Achromobacter, Photobacterium, Flavobacterium, Cytophaga, Corynebacterium, Micrococcus, Staphylococcus, Lactobacillus* und *Bacillus*

Mikroorganismen, die überwiegend Ursache des Verderbs sind

- Fisch, nicht vakuumverpackt

  Shewanella putrefaciens (Bildung von Trimethylamin = TMA aus Trimethylaminoxid = TMAO, H_2S aus Cystein und Methylmercaptan aus Methionin), *Pseudomonas* spp. (Bildung von Methylmercaptan, Dimethylsulfid; Ketone, Ester, Aldehyde und Ammoniak aus Aminosäuren)

- Fisch, vakuumverpackt (CO_2 und N_2)

  Shewanella putrefaciens, Photobacterium phosphoreum (TMA), Enterobacteriaceen (TMA, teilweise H_2S), Milchsäurebakterien (aus Aminosäuren Ketone, Ester, Aldehyde, NH_3)

Pathogene und toxinogene Mikroorganismen

In Abhängigkeit von der Hygiene bei der Verarbeitung und den Behandlungsverfahren:

Salmonellen, Shigellen, *Yersinia enterocolitica, Aeromonas hydrophila, Plesiomonas shigelloides, Vibrio (V.) cholerae, V. parahaemolyticus, V. vulnificus* u.a., *Staphylococcus aureus, Listeria monocytogenes, Clostridium perfringens, Clostridium botulinum* Typ E und nicht proteolytische Stämme der Typen B und F

Hemmung pathogener und toxinogener Bakterien

Minimale Vermehrungstemperaturen

C. botulinum, nicht-proteolytisch (Typen B, E, F) 3,3 °C, Vibrionen 5 °C, *Aeromonas hydrophila* 0 °C, *Plesiomonas shigelloides* 8 °C, Salmonellen 7 °C, *Listeria monocytogenes* 1 °C, *Clostridium perfringens* 15 °C (HUSS, 1997)

3.2 Weich- und Krebstiere

Häufiger vorkommende Mikroorganismen sowie pathogene und toxinogene Bakterien

Siehe unter Frischfisch (Pkt. 3.1)

3.3 Fischerzeugnisse

Surimi, Kamaboko, Krabbenfleischimitationen

Surimi ist ein Fischprotein, das aus der Muskulatur von Seefischen (bes. Alaska Pollak) durch Waschen, Zerkleinern sowie durch Zusatz von Zucker und Phosphaten hergestellt und meist gefroren gelagert wird. Die Mikroflora entspricht der von Gefrierfisch. **Kamaboko** wird aus Surimi unter Zugabe von Gewürzen, Salz, Stärke und Eiklar hergestellt. **Krabbenfleischimitationen** aus Surimi unterliegen am Ende des Herstellungsprozesses einer thermischen Behandlung (ca. 15 min bei 88 °C), so dass der Keimgehalt unter 100/g liegt und nur aus Sporenbildnern besteht. Zur Abtötung nicht-proteolytischer Stämme von *C. botulinum* reicht eine Erhitzung von 90 °C für 10 min aus, wenn die Ware bei Temperaturen <5–8 °C für max. 3–6 Wochen gelagert wird (LUND und NOTERMANS, 1993).

Konserven

Fischerzeugnisse werden sterilisiert und pasteurisiert. Ein Verderb bei sterilisierten Erzeugnissen kann durch Bazillen und Clostridien auftreten. Bei pasteurisierten Erzeugnissen wird die Rohware gedämpft, gekocht oder gebraten, mit Aufgüssen versehen und dann unter 100 °C erhitzt. Eine Abtötung und Hemmung der Mikroorganismen erfolgt durch Säurezusatz (ca. 0,9 % Essigsäure) und Hitze. Verderb je nach Zusammensetzung der Produkte durch Bazillen, Clostridien, Laktobazillen, Hefen, Mikrokokken, Staphylokokken.

Marinaden

Marinaden sind Fischwaren, die durch ein Essig-Salz-Garbad (Essigsäure ca. 0,7–2,0 % im Fischfleisch, pH <4,8) oder durch Salzen kurzfristig haltbar gemacht werden und mit Tunken, Cremes, Aufgüssen usw. versehen werden. Ein Verderb kann durch Milchsäurebakterien, Hefen und Schimmelpilze auftreten. Teilweise werden Konservierungsstoffe (Sorbin-, Benzoesäure, PHB-Ester) zur Verlängerung der Haltbarkeit eingesetzt.

Salzfische

Bei der Hartsalzung (z.B. Salzhering) liegt der Salzgehalt über 20 g in 100 g Fischgewebswasser. Solche Produkte sind bei einer Lagerung <15 °C ca. 6 Monate haltbar und verderben nur durch halophile Mikroorganismen (z.B. *Halobacterium* spp., Hefen des Genus *Sporendonema*). Mild gesalzene Fische, die nur 6–20 g Kochsalz/100 g Fischgewebswasser enthalten (z. B. Matjes), können durch zahlreiche Bakterien verderben (Enterobacteriaceen, Arten der Genera *Moraxella, Acinetobacter, Micrococcus, Staphylococcus, Vibrio* sowie durch Hefen und Schimmelpilze). Im Fleisch von Matjes wurden Keimzahlen zwischen 10^3 und 10^7/g ermittelt.

Salzfischerzeugnisse

Zu dieser Gruppe zählen z. B. Seelachsschnitzel bzw. -scheiben. Diese Erzeugnisse sollten einen Kochsalzgehalt von >8 % in der wässrigen Phase haben. Zum Verderb führen besonders Mikrokokken.

Anchosen

Anchosen sind Erzeugnisse, die durch eine Salz-Zucker-Gewürz-Kräuter-Mischung haltbar gemacht werden. Das Fischfleisch sollte 8–14 % Kochsalz und 2–10 % Zucker enthalten. Teilweise werden proteolytische Enzyme eingesetzt. Bei Anchosen nach nordischer Art werden teilweise als Starter *Vibrio costicola* verwendet. Bei ausreichendem Salzgehalt kann es dennoch zur Schleimbildung durch Milchsäurebakterien, z. B. der Genera *Leuconostoc* oder *Weissella* kommen.

Räucherfischwaren

Fisch wird **kaltgeräuchert** mit Rauch unter 30 °C (z. B. Lachs) oder heißgeräuchert (z. B. Forelle, Aal, Makrele) bei Temperaturen zwischen 70 ° und 90 °C. Vielfach wird die Ware vakuumverpackt, teilweise mit Schutzgas.

Verderb

- Heißgeräucherte Ware (Verunreinigung nach dem Räuchern): Milchsäurebakterien (*Lb. curvatus, Lb. plantarum, Lb. sakè, Lb. bavaricus, Carnobacterium* spp., *Leuconostoc* spp.), Enterobacteriaceen, *Brochothrix thermosphacta,* Pseudomonaden, *Photobacterium phosphoreum,* Hefen (GRAM und HUSS, 1996).
- Kaltgeräucherte Ware: Gleiche Mikroorganismen wie bei heißgeräucherten Produkten und zusätzlich die Mikroorganismen des Frischfisches oder Gefrierproduktes.

Pathogene und toxinogene Bakterien

Bei der Heißräucherung überleben nur Sporen von *C. botulinum* und ggf. (Räuchertemperatur um 70 °C) auch Listerien. Die zur Abtötung von *L. monocytogenes* sonst ausreichende Temperatur von 70 °C für 0,3–2,0 min reicht für gesalzene Fischerzeugnisse nicht aus (HUSS, 1997), da die Hitzeresistenz bei erniedrigter Wasseraktivität steigt. Da auch die Räuchertemperatur Sporen von *C. botulinum* nicht abzutöten vermag, sollte der Kochsalzgehalt in der Wasserphase der Räucherfische mindestens 3 % betragen. Unter diesen Voraussetzungen kann die Ware bei einer Temperatur <10 °C mindestens 30 Tage gelagert werden (HUSS, 1997). Diese Bedingungen treffen natürlich auch auf die kaltgeräucherten Fischwaren zu. Wenn auch *Listeria monocytogenes* sich unter diesen Bedingungen noch vermehren kann, so tritt unter praktischen Verhältnissen bei vakuumverpackter Ware dennoch keine Vermehrung ein, da die Konkurrenzflora, besonders Milchsäurebakterien, eine Vermehrung verhindern. Das Vorkommen von *L. monocytogenes* in kaltgeräucherten Fischprodukten (z. B. Lachs) ist nicht zu verhindern, so dass Forderungen „negativ in 25 g" unrealistisch sind.

3.4 Untersuchung

3.4.1 Untersuchungskriterien

Die produktspezifischen Untersuchungskriterien, die in der Regel für eine Beurteilung ausreichen, sind in der Tabelle VII.3-1 aufgeführt. In Erkrankungsfällen, bei besonderer Fragestellung oder beim Vorliegen mikrobiologischer Kriterien sind weitere Untersuchungen erforderlich.

3.4.2 Untersuchungsmethoden

Probenahme

Sterilnahme der Probe mit Skalpell, Schere, Korkbohrer oder Bohrmaschine (Hohlbohrer).

Art der Untersuchung

Der Nachweis der aeroben Koloniezahl, von Enterobacteriaceen, Milchsäurebakterien, Pseudomonaden, Hefen und Schimmelpilzen, Bazillen und Clostridien sowie der Indikatororganismen und pathogenen Bakterien entspricht dem bei Fleischuntersuchungen (siehe Kapitel VII.2, S. 549ff.).

Nachweis von Photobakterien bei Frischfisch

- Verfahren: Spatelverfahren
- Medium/Temperatur/Zeit: *Photobacterium* Broth (Difco) + 1,5 % Agar, 20 °C, 72 h

Tab. VII.3-1: Untersuchungen, die in der Regel für eine mikrobiologische Beurteilung von Fisch und Fischerzeugnissen, Weich- und Krebstieren ausreichen

	Produkte		
Mikroorganismen	Frischfisch, gefrorener Fisch, Weich- und Krebstiere, Surimi, Kamaboko, Krabbenfleisch-imitationen	Räucherfisch*	Marinaden, Bratfischwaren, Fischerzeugnisse in Gelee, Anchosen
Aerobe mesophile Keimzahl	O	O	O
Enterobacteriaceen	O	O	
Milchsäurebakterien		O	O
Pseudomonaden		O	
Staphylococcus aureus	O	O	
E. coli	O		
Photobacterium spp.	O**		
Hefen und Schimmelpilze		O	O
Mesophile Bazillen			O
Mesophile Clostridien		O	O
Clostridium perfringens		O	
Salmonellen	O	O	
Listeria monocytogenes	O	O	

*) Besonders vakuumverpackt, mit und ohne Schutzgas
**) Nur bei Frischfisch und gefrorenem Fisch
O Empfohlene Untersuchungen

3.5 Mikrobiologische Kriterien

3.5.1 Lebende Muscheln (Mikrobiologische Kriterien für lebende Muscheln, Fischhygiene-VO vom 8. Juni 2000)

In einem 5-tube-3-Dilution-MPN-Test oder einem anderen bakteriologischen Verfahren mit entsprechender Genauigkeit, müssen weniger als 300 Fäkalcoliforme pro 100 g Muschelfleisch und Schalenflüssigkeit oder weniger als 230 *E. coli* pro 100 g Muschelfleisch und Schalenflüssigkeit nachgewiesen werden. In 25 g Muschelfleisch dürfen keine Salmonellen enthalten sein.

3.5.2 Gekochte Krebs- und Weichtiere (Entscheidung der Kommission Nr. 93/5 EWG, BAnz. Nr. 125 vom 7.7.1994, S. 6994)

a) Pathogene Bakterien

Salmonellen negativ in 25 g (n = 5, c = 0). Sonstige pathogene Keime und ihre Toxine dürfen nicht in gesundheitsschädlicher Menge vorhanden sein.

b) Indikatororganismen für Hygienemängel (Produkte ohne Schale)

Mikroorganismen	M	m
Staph. aureus n = 5, c = 2	1000/g	100/g
E. coli (auf festem Nährsubstrat) n = 5, c = 0	100/g	10/g

c) Indikatororganismen, Leitlinien

Aerobe, mesophile Bakterien (30 °C), n = 5, c = 2

Produkte	M	m
Ganze Erzeugnisse	10^5/g	10^4/g
Erzeugnisse ohne Panzer bzw. Schale, außer Krabbenfleisch	5,0 x 10^5/g	5,0 x 10^4/g
Krabbenfleisch	10^6/g	10^5/g

3.5.3 Empfehlungen für verzehrsfertige Shrimps (BUCHANAN, 1991)

Mikroorganismen	M	m
Coliforme Bakterien n = 5, c = 2	1000/g	100/g
Staph. aureus n = 5, c = 2	500/g	50/g
Listeria monocytogenes n = 5, c = 0	n.n. in 25 g	n.n. in 25 g
Salmonellen n = 30, c = 0	n.n. in 25 g	n.n. in 25 g

3.5.4 Empfehlungen für vakuumverpackten geräucherten Lachs und Graved Lachs

3.5.4.1 Richt- und Warnwerte für Räucherlachs[1] (DGHM, 2001)

Untersuchungskriterien	Richtwert KbE*/g	Warnwert KbE*/g
Aerobe mesophile Keimzahl	10^6	–
Enterobacteriaceae	10^4	10^5
Escherichia coli[2]	10^1	10^2
Koagulase-positive Staphylokokken	10^2	10^3
Salmonella spp.	–	nicht nachweisbar in 25 g
Listeria monocytogenes[3]	nicht nachweisbar in 1 g	10^2

* KbE = Kolonie bildende Einheiten
1 Die angegebenen Werte sind bis zum Mindesthaltbarkeitsdatum einzuhalten.
2 Beim Nachweis von *E. coli* ist der Kontaminationsquelle nachzugehen.
3 Hinsichtlich des Nachweises und der Bewertung von *L. monocytogenes* in Lebensmitteln im Rahmen der amtlichen Lebensmittelüberwachung siehe Empfehlung des BgVV (April 2000).

3.5.4.2 Richt- und Warnwerte für Graved Lachs[1] (DGHM, 2001)

Untersuchungskriterien	Richtwert KbE*/g	Warnwert KbE*/g
Aerobe mesophile Keimzahl[2]	10^6	–
Enterobacteriaceae	10^4	10^5
Escherichia coli	10^3	–
Koagulase-positive Staphylokokken	10^2	10^3
Salmonella spp.	–	nicht nachweisbar in 25 g
Listeria monocytogenes[3]	nicht nachweisbar in 1 g	10^2

* KbE = Kolonie bildende Einheiten
1 Die angegebenen Werte sind bis zum Mindesthaltbarkeitsdatum einzuhalten.
2 Mit Ausnahme von Milchsäurebakterien.
3 Hinsichtlich des Nachweises und der Bewertung von *L. monocytogenes* in Lebensmitteln im Rahmen der amtlichen Lebensmittelüberwachung siehe Empfehlung des BgVV (April 2000).

3.5.4.3 Mikrobiologische Kriterien für *Listeria monocytogenes* in Räucherlachs

Mikrobiologische Kriterien liegen hier nur für *L. monocytogenes* vor, wenn diese auch sehr unterschiedlich sind:

- Dänemark: n = 5, c = 2, m = 10/g, M = 100/g (QUIST, 1996)
- ICMSF (1994), VAN SCHOTHORST (1996): 2-Klassen-Plan, 10–20 Proben à 10 g, c = 0 und m = 100/g. Überschreitet eine Probe m, wird die Charge beanstandet.
- GILBERT (1992): Einwandfrei <100/g; unbefriedigend 10^2–10^3/g, potenziell gesundheitsschädigend >10^3/g.

Anmerkungen: Eine Null-Toleranz von *L. monocytogenes* in 25 g, wie sie teilweise gefordert wird, entspricht nicht den Gegebenheiten der Praxis. Entscheidender ist ein effektives HACCP-Konzept im Erzeuger-, Schlacht- und Verarbeitungsbetrieb, wobei darauf zu achten ist, dass der Kochsalzgehalt in der wässrigen Phase mindestens 3 % betragen sollte. Aufgrund einer Untersuchung von Handelsproben geben HILDEBRANDT und EROL (1988) folgende Empfehlungen: Aerobe Koloniezahl max. 10^7/g, Pseudomonaden und Enterobacteriaceen max. 10^5/g, Hefen und Enterokokken max. 10^4/g. Bei der innerbetrieblichen Kontrolle sollten die Zahlen 1–2 Zehnerpotenzen niedriger liegen.

Literatur

1. DGHM (Deutsche Gesellschaft für Hygiene und Mikrobiologie): Richt- und Warnwerte, Lebensmitteltechnik 33, 67-68, 2001
2. GILBERT, R.J.: Provisional microbiological guidelines for some ready-to-eat food samples at point of sale: Notes for PHLS food examiners, PHLS Microbiology Digest 9, 98-99, 1992
3. GRAM, L.; HUSS, H.H.: Microbiological spoilage of fish and fish products, Int. J. Food Microbiol. 33, 12-137, 1996
4. HILDEBRANDT, G.; EROL, I.: Sensorische und mikrobiologische Untersuchung an vakuumverpacktem Räucherlachs in Scheiben, Arch. Lebensmittelhyg. 39, 120-123, 1988
5. HUSS, H.H.: Control of indigenous pathogenic bacteria in seafood, Food Control 8, 91-98, 1997
6. HUSS, H.H.; BEN EMBAREK, P.K.; JEPPESEN, V.F.: Control of biological hazards in cold smoked salmon production, Food Control 6, 335-340, 1995
7. ICMSF (International Commission on Microbiological Specifications for Foods): Choice of sampling plan and criteria for Listeria monocytogenes, Int J. Food Microbiol. 22, 89-96, 1994
8. LUND, B.M.; NOTERMANS, S.H.W.: Potential hazards associated with REPFEDS, in: Clostridium botulinum, Ecology and Control in Foods, eds. A.H.W. Hauschild and K.L. Dodds, 279-304, Marcel Dekker Inc., New York, 1993

9. PRIEBE, K.: Mikrobiologie der Krebstiere Crustacea; Mikrobiologie der Weichtiere Mollusca, in: Mikrobiologie der Lebensmittel – Fleisch und Fleischerzeugnisse, Hrsg. H. Weber, Behr's Verlag, Hamburg, 1996, 761-800
10. QUIST, S.: The Danish government position on the control of Listeria monocytogenes in foods, Food Control 7, 249-252, 1996
11. SAUPE, Chr.: Mikrobiologie der Fische, Weich- und Krebstiere, in: Mikrobiologie der Lebensmittel – Fleisch und Fleischerzeugnisse, Hrsg. H. Weber, Behr's Verlag, Hamburg, 1996, 667-760
12. VAN SCHOTHORST, M.: Sampling plans for Listeria monocytogenes, Food Control 7, 203-208, 1996

4 Eiprodukte

(SPARKS, 1996, STROH, 1996)

Eiprodukte können flüssig, konzentriert, getrocknet, kristallisiert, gefroren, tiefgefroren oder fermentiert sein (Eiprodukte-VO, 1993).

4.1 Mikroorganismen in Eiprodukten

Häufiger vorkommende Mikroorganismen in frischen Eiprodukten

Bakterien der Genera *Micrococcus, Kocuria, Staphylococcus, Pseudomonas, Flavobacterium, Moraxella, Acinetobacter, Aeromonas, Streptococcus, Enterococcus, Bacillus* sowie zahlreiche Genera der Familie *Enterobacteriaceae*

Mikroorganismen, die vorwiegend Ursache des Verderbs sind

Bakterien der Familie *Enterobacteriaceae*, Pseudomonaden, Streptokokken, Enterokokken, Laktobazillen, Mikrokokken und Staphylokokken

Pathogene und toxinogene Mikroorganismen

Salmonellen, *Staphylococcus aureus, Campylobacter jejuni, Listeria monocytogenes, Yersinia enterocolitica*

4.2 Untersuchung

Folgende Untersuchungen werden empfohlen:

4.2.1 Aerobe Koloniezahl

- Verfahren: Spatel- oder Tropfplattenverfahren
- Verdünnungsflüssigkeit (Methode nach § 35 LMBG, 05.00-4, 1996)
  Zusammensetzung/l: Caseinpepton, trypt. 10,0 g; Natriumchlorid 5,0 g; di-Natrium-hydrogenphosphat x 12 H_2O 9,0 g; Kalium-dihydrogenphosphat 1,5 g; pH 7,0 bei 20 °C
- Medium/Temperatur/Zeit: Standard-I-Nähragar oder Plate-Count-Agar, 30 °C, 72 h

4.2.2 Enterobacteriaceen

- Verdünnungsflüssigkeit wie bei Bestimmung der aeroben Koloniezahl
- Verfahren: Gusskultur mit Overlay
- Medium/Temperatur/Zeit: VRBD-Agar, 37 °C, 24 h

4.2.3 Koagulase-positive Staphylokokken
(Methode nach § 35 LMBG, 05.00-8, 1996)

- Verfahren: Selektive Anreicherung: Je drei Kulturröhrchen (bei Einzelproben) werden mit 1 g oder 1 ml der Probe beimpft, bei chargenbezogenem Prüfplan Beimpfung von jeweils 5 Röhrchen oder Untersuchung einer Sammelprobe (5 g in 45 ml).
- Medium/Temperatur/Zeit: Baird-Parker-Bouillon (Oxoid), 37 °C (anaerob), 48 h, Subkultur auf Baird-Parker-Agar, aerobe Bebrütung, 37 °C, 48 h

4.2.4 Salmonellen

- Voranreicherung in gepuffertem Peptonwasser (Methode nach § 35 LMBG 05.00-4, 1996) – siehe Bestimmung der aeroben Koloniezahl
- Weiteres Verfahren siehe unter Nachweis von Salmonellen

4.3 Mikrobiologische Kriterien

Tab. VII.4-1: Anforderungen an die mikrobiologische Beschaffenheit von Eiprodukten (Eiprodukte-Verordnung, 1993)

Keimgruppen	n	c	m	M	Bezugsgröße
Aerobe mesophile Koloniezahl	5	2	10^4	10^5	1 g oder 1 ml
Enterobacteriaceen	5	2	10	10^2	1 g oder 1 ml
Salmonellen	10	0	0		25 g oder 25 ml
Staph. aureus	5	0	0		1 g oder 1 ml

Literatur

1. Methode nach § 35 LMBG: Allgemeine Hinweise für die mikrobiologische Untersuchung von Eiern und Eiprodukten, 05.00-4, Januar 1997, Bundesinstitut für gesundheitlichen Verbraucherschutz und Veterinärmedizin, Jan. 1997
2. SPARKS, N.H. CH.: Eggs, in: Microbiology Handbook – Meat, Leatherhead Food RA, Randalls Road, Leatherhead, Surrey KT 22 7RY, 1996
3. STROH, R.: Mikrobiologie von Eiern und Eiprodukten, in: Mikrobiologie der Lebensmittel – Fleisch und Fleischerzeugnisse, Hrsg. H. Weber, Behr's Verlag, Hamburg, 1996, 635–663
4. Verordnung über die hygienischen Anforderungen an Eiprodukte (Eiprodukte-Verordnung) vom 17.12.1993, Bundesgesetzblatt I, 2288–2302

5 Milch und Milcherzeugnisse

(HELLER, 1996, OTTE-SÜDI, 1996, RIEMELT et al., 1996, WEGNER, 1996, ZICKRICK, 1996, FRANK, 1997, ICMSF, 1998, GRIFFITHS, 2000, TEUBER, 2000)

5.1 Rohmilch

Vorkommende Mikroorganismen

Gramnegative Bakterien

Arten der Gattungen *Acinetobacter, Aeromonas, Alcaligenes, Alteromonas, Corynebacterium, Flavobacterium, Pseudomonas, Moraxella, Psychrobacter* und der Familie *Enterobacteriaceae*. Vorwiegend werden in der gekühlten Milch Pseudomonaden nachgewiesen.

Grampositive Bakterien

Arten der Gattungen *Arthrobacter, Bacillus, Brevibacterium, Corynebacterium, Lactobacillus, Lactococcus, Microbacterium, Micrococcus, Propionibacterium, Staphylococcus, Streptococcus, Enterococcus, Bacillus, Clostridium* u.a.

Hefen

Arten der Gattungen *Geotrichum, Candida, Kluyveromyces, Saccharomyces, Torulopsis, Trichosporon* u.a.

Schimmelpilze

Arten der Gattungen *Aureobasidium, Aspergillus, Cladosporium, Fusarium, Mucor, Penicillium, Rhizopus, Scopulariopsis* u.a.

Möglicherweise vorkommende pathogene Mikroorganismen

Bacillus cereus, Campylobacter jejuni, Campylobacter coli, Salmonellen, *Coxiella burnetii, Clostridium perfringens,* Enterovirulente *E. coli* (z.B. *E. coli* O157:H7, EHEC/VTEC), *Listeria monocytogenes, Staphylococcus aureus, Streptococcus agalactiae, Yersinia enterocolitica,* Cryptosporidien

5.2 Pasteurisierte Milch

Nach der Milch-Verordnung sind als Pasteurisierungsverfahren zugelassen:

- Dauererhitzung bei 62–65 °C mit einer Heißhaltezeit von 30–32 min
- Kurzzeiterhitzung bei 72–75 °C mit einer Heißhaltezeit von 15–30 sec
- Hocherhitzung auf mindestens 85 °C

Wenige Mikroorganismen überleben die Kurzzeiterhitzung. *Cryptosporidium*-Oocysten in Milch werden bei 71,7 °C/5 s zu 99,99 % inaktiviert. Nur hitzeresistente Mikroorganismen sind ggf. in der Trinkmilch nachweisbar, wie einige Species der Genera *Bacillus, Clostridium, Microbacterium, Enterococcus, Streptococcus, Lactococcus* sowie Ascosporen von Hefen und Konidien einiger Schimmelpilze. Die mikrobiologische Qualität der Trinkmilch ist von der Reinfektion nach der Erhitzung abhängig (Rohrleitungen, Tanks, Maschinenteile usw.). In der gekühlten Trinkmilch vermehren sich besonders psychrotrophe Mikroorganismen, wie z.B. Arten der Gattungen *Acinetobacter, Aeromonas, Alcaligenes, Pseudomonas, Psychrobacter* sowie zahlreiche Species der Familie *Enterobacteriaceae.*

Verderbserscheinungen bei pasteurisierter Trinkmilch

- Säuerung durch Milchsäurebakterien (Arten der Gattungen *Streptococcus, Lactobacillus, Lactococcus*)
- Lipolyse und Proteolyse bes. durch Pseudomonaden (bitterer Geschmack durch Peptidbildung), *Flavobacterium, Alcaligenes, Acinetobacter, Moraxella, Klebsiella oxytoca*. Je nach Keimzahl und abhängig von den Mikroorganismen, können die Geruchs- und Geschmacksabweichungen auch fruchtig, säuerlich, ranzig, faul oder „unsauber" sein (COUSIN, 1982).
- Süßgerinnung durch Proteasen der Pseudomonaden und Bazillen

5.3 Dauermilcherzeugnisse

5.3.1 Flüssige Dauermilcherzeugnisse

5.3.1.1 Sterilerzeugnisse

Zu dieser Gruppe gehören Milch, Sahne, Milchgetränke und Kondensmilch, die in luftdicht verschlossenen Behältnissen verpackt und anschließend in dieser Verpackung bei mindestens 110 °C sterilisiert wurden. Bei dieser Temperatur können nur einige Sporen der Bakterien überleben. Dagegen werden hitzestabile Enzyme (Proteinasen, Lipasen) der in der Rohmilch vorkommenden gramnegativen Bakterien nicht vollständig inaktiviert. Folgende D-Werte wurden für eine von *Pseudomonas fluorescens* gebildete Proteinase nachgewiesen (KROLL und KLOSTERMEYER, 1984): $D_{140\,°C}$ = 124 s; $D_{150\,°C}$ = 54 s.

5.3.1.2 UHT-Erzeugnisse

Bei der UHT-Erhitzung (H-Milch, Sahne, Kaffeesahne, Milchmischgetränke) erfolgt eine Erhitzung auf mind. 135 °C (Sterilisationswert von F_0 = 3,0). Vegetative

Mikroorganismen werden abgetötet und Sporen stark reduziert. Hoch hitzeresistente Sporen, wie *Bacillus sporothermodurans,* wurden aus der H-Milch isoliert (PETTERSSON et al., 1996).

5.3.1.3 Gezuckerte Kondensmilch

Die Haltbarmachung erfolgt durch Zusatz von Zucker (ca. 62,5–64,5 Gew.%) nach Vorerhitzung der Milch (einige Sekunden bei 110–120 °C). Ein Verderb durch Hefen und Schimmelpilze kommt vor.

5.3.2 Milcherzeugnisse in Pulverform

Produkte: Milch-, Sahne-, Buttermilch-, Molkenpulver sowie Caseine und Caseinate mit einem Wassergehalt von ca. 2,5 bis 5 %. Bei sprühgetrocknetem Pulver (Temperatur der Milchpartikel durch Verdunstungskälte bei der Wasserverdampfung ca. 65–75 °C) sind vorwiegend die aus der Rohmilch stammenden Sporen und hitzeresistenteren Mikroorganismen vorhanden, wie *Streptococcus salivarius* ssp. *thermophilus, Enterococcus faecium* und *Microbacterium lacticum* (TEUBER, 1983). Walzengetrocknetes Pulver (Temperatur ca. 150 °C) enthält i.d.R. weniger Mikroorganismen als sprühgetrocknete Produkte. Durch sekundäre Kontaminationen der Sprühtürme (Risse in der Umkleidung) sind Salmonellen in Sprühmagermilchpulver aufgetreten.

5.4 Sauermilcherzeugnisse

Sauermilcherzeugnisse sind Produkte, die durch Milchsäuregärung und weitere Stoffwechselvorgänge (u.a. leichte Proteolyse, Bildung von Aromastoffen, wie Acetaldehyd und Diacetyl) verschiedener Milchsäurebakterien, anderer Bakterien und Hefen entstehen. Zahlreiche Starterkulturen werden eingesetzt (Tab. VII.5-1), einige von ihnen werden als **probiotische Kulturen** besonders geschätzt (z.B. *Bifidobacterium* spp., Arten der *Lactobacillus acidophilus*- und *Lactobacillus casei*-Gruppe, wie *L. johnsonii, L. rhamnosus, L. acidophilus, L. paracasei* [SCHILLINGER, 1999]). Von den Milchsäurebakterien werden diejenigen, die L(+)-Milchsäure bilden, bevorzugt (= normaler Bestandteil im Muskelstoffwechsel), während die D(–)-Milchsäurebildner, wie *Lactobacillus delbrueckii* subsp. *bulgaricus*, ganz oder teilweise durch *Lactobacillus acidophilus* u.a. ersetzt werden.

Verderb von Sauermilcherzeugnissen

Hefen und Schimmelpilze vermehren sich bei Kühltemperaturen und pH-Werten $<4{,}5$ und führen zum Verderb. Durch einen verzögerten Säuerungsverlauf können sich auch pathogene Bakterien vermehren.

Verderbsorganismen und Art des Verderbs

Hefen, Schimmelpilze: Gärung, Deckenbildung, muffiger Geruch, Ranzigkeit. Wildstämme von Milchsäurebakterien: Unerwünschte Nachsäuerung.

Tab. VII.5-1: Starterkulturen für Sauermilcherzeugnisse

Produkte	Verwendete Mikroorganismen
Buttermilch	Mesophile Milchsäurebakterien: *Lactococcus (Lc.) lactis* subsp. *lactis; Lc. lactis* subsp. *cremoris; Lc. lactis* subsp. *lactis* var. *diacetylactis* (Bildung von L(+)-Milchsäure durch Species des Genus *Lactococcus*); Arten des Genus *Leuconostoc* (Bildung von D(–)-Milchsäure)
Joghurt	Thermophile Milchsäurebakterien: *Lactobacillus (L.) delbrueckii* subsp. *bulgaricus* (Bildung von D(–)-Milchsäure); *Streptococcus salivarius* subsp. *thermophilus* (Bildung von L(+)-Milchsäure)
Acidophiluserzeugnisse wie Acidophilusmilch oder Bioghurt	*Lactobacillus acidophilus*-Gruppe (Bildung von D,L-Milchsäure), fakultativ andere mesophile und thermophile Milchsäurebakterien und Hefen
Bifidus-Milcherzeugnisse wie Biogarde-Produkte	*Bifidobacterium* spp. und *L. casei*-Gruppe* (Bildung von L(+)-Milchsäure), andere Bifidobakterien, zusätzlich thermophile und mesophile Milchsäurebakterien
Kefir	Kefirkörner, darin: *Candida kefiri, Lactobacillus kefiri, Lactobacillus acidophilus, Lactococcus lactis*
Kumys (Asien), Ymer (Dänemark), Viili (Finnland), Langfil (Schweden), Taette (Norwegen)	Mesophile Milchsäurebakterien, Hefen

* *Lactobacillus casei*-Gruppe = *L. rhamnosus, L. paracasei, L. zeae* (ehemals *L. casei*)

5.5 Butter

Butter wird aus Rahm gewonnen. Sie enthält Butterfett, Wasser und fettfreie Trockensubstanz in Form einer homogenen Emulsion. Das Wasser (max. 16 %) ist in kleinen Tröpfchen von oft nur 10 μm Durchmesser verteilt. Durch den hohen Fettgehalt von mindestens 82 % ist Butter kein optimaler Nährboden für Mikroorganismen. Sauerrahmbutter enthält die Mikroorganismen aus der Kulturzugabe (*Lactococcus lactis* subsp. *cremoris, Lactococcus lactis* subsp. *lactis, Lactococcus lactis* subsp. *lactis* var. *diacetylactis, Leuconostoc mesenteroides* subsp. *cremoris*). Als Fremdorganismen können sich Hefen und Schimmelpilze vermehren und zum Verderb/Ranzidität der Butter führen. In Süßrahmbutter zählen alle nachgewiesenen Mikroorganismen zu den Fremdorganismen.

5.6 Käse

Käse sind frische oder gereifte Erzeugnisse aus dickgelegter Milch. Zur Herstellung von Käse dürfen auch Pilz- und Bakterienkulturen verwendet werden.

5.6.1 Hartkäse

Zu den Hartkäsen zählen Emmentaler, Bergkäse und Cheddar. Der klassische Emmentaler wird aus Rohmilch hergestellt. Als Säuerungskulturen werden *Streptococcus salivarius* subsp. *thermophilus, Lactobacillus delbrueckii* subsp. *lactis* und subsp. *helveticus* sowie Propionsäurebakterien (bevorzugt *Propionibacterium freudenreichii* subsp. *shermanii*) eingesetzt. Bergkäse enthält als Starter meist *Lactococcus lactis, Streptococcus salivarius* subsp. *thermophilus* und *Lactobacillus delbrueckii* subsp. *lactis,* während Cheddar, ein Käse ohne Lochung, vorwiegend *Lactococcus* spp. enthält.

Verderb: Frühblähung (meist *Enterobacter aerogenes*), Spätblähung (*Clostridium butyricum, Cl. tyrobutyricum* und *Cl. sporogenes*), Schimmelbildung.

5.6.2 Schnittkäse und halbfeste Schnittkäse

5.6.2.1 Gouda und Edamer

Diese Käse enthalten als Reifungskultur Laktokokken und Laktobazillen. Die Lochbildung wird durch *Lactococcus lactis* subsp. *lactis* var. *diacetylactis* und *Leuconostoc* spp. bewirkt. Die Oberflächenflora (Hefen, salztolerante Mikrokokken, *Brevibacterium linens,* Corynebakterien) ist auf trocken behandelten oder gewachsten Käsen ohne Bedeutung.

Ein Verderb (Flavourfehler) durch Enterokokken ist möglich.

5.6.2.2 Tilsiter

Tilsiter gehört zu den Schnittkäsen mit Schmierebildung. Als Reifungsflora spielen mesophile Laktobazillen und *Leuconostoc*-Arten eine Rolle. Der Geschmack wird vorwiegend durch die Oberflächenflora (*Brevibacterium linens,* Hefen, coryneformen Bakterien und Mikrokokken) bedingt.

Verderb: Frühblähung, Spätblähung, Schimmelbefall

5.6.3 Weichkäse mit Rotschmierebildung

Dazu gehören u. a. Limburger, Münster, Romadur, Vacherin und Esrom. Die dominierende Innenflora besteht aus Laktokokken, Enterokokken, Mikrokokken und mesophilen Laktobazillen. Auf der Käseoberfläche dominieren *Brevibacterium linens,* Mikrokokken, Hefen (z. B. Arten der Genera *Torulopsis* und *Kluyveromyces* sowie *Debaryomyces hansenii*) und *Geotrichum candidum. Listeria monocytogenes* wurde in Romadur, Münster und Limburger nachgewiesen.

5.6.4 Weichkäse mit Edelschimmel auf der Oberfläche (Weißschimmelkäse)

Zu dieser Gruppe gehören Brie und Camembert. Während die Säuerung der Milch durch Laktokokken hervorgerufen wird, führen Hefen und *Geotrichum candidum* in einer zweiten Reifungsphase zur Säurezehrung bevor in der 3. Phase sich *Penicillium camemberti* auf der Oberfläche entwickelt.

Die Mikroflora eines Camembert setzt sich zusammen aus Laktokokken, Laktobazillen, Mikrokokken und Enterokokken, Hefen und Schimmelpilzen. Mit der gegenwärtigen Technologie ist es sehr schwierig, Weichkäse frei von coliformen Bakterien herzustellen. Daher sind auch einige Salmonellenkontaminationen im Camembert zu erklären.

5.6.5 Käse mit Schimmelpilzflora im Inneren

Zu diesen Käsen gehören u. a. Roquefort, Blauschimmelkäse, Danablu, Gorgonzola und Stilton. Durch ein Pikieren (Anbringen von Luftkanälen) kann sich *Penicillium roqueforti* im Innern der Käsemasse entwickeln. *Listeria monocytogenes* wurde auch in Roquefort nachgewiesen.

5.6.6 Sauermilchkäse

5.6.6.1 Speisequark (Frischkäse)

Frischkäse (Quark) wird mit Säuerungskulturen oder zusätzlich noch mit Labzusatz hergestellt. Ein Verderb tritt meist durch Hefen (z. B.: *Kluyveromyces marxianus* var. *marxianus, Candida kefir, Candida lipolytica, Candida valida, Pichia membranaefaciens, Geotrichum candidum*) und Schimmelpilze auf.

5.6.6.2 Sauermilchkäse mit Schmierebildung („Gelbkäse“)

Hierzu gehören Harzer, Mainzer und Olmützer Quargel. Die Herstellung erfolgt aus Sauermilchquark, wobei während der Reifung auf der Oberfläche (Entsäuerung) sich Hefen (*Candida*-Arten und *Geotrichum candidum*) vermehren. Anschließend entwickelt sich besonders eine bakterielle Reifungsflora aus Brevibakterien und Mikrokokken.

5.6.6.3 Sauermilchkäse mit Edelschimmel

Zu dieser Gruppe gehört z. B. Handkäse, der mit *Penicillium camemberti* beimpft wird.

5.6.6.4 Schmelzkäse

Hierzu gehören Schmelzkäseecken und -scheiben. Durch den Erhitzungsprozess werden die vegetativen Keime abgetötet, so dass nur hitzeresistente Keime überleben können. Verderb tritt auf durch *Cl. tyrobutyricum* und *Cl. sporogenes* in Ecken; in Scheibenware kann es zu Bombagen durch hitzeresistente Laktobazillen kommen.

5.7 Untersuchung

5.7.1 Untersuchungskriterien

Zu untersuchen sind mindestens die in festgelegten Kriterien aufgeführten Mikroorganismen.

5.7.2 Untersuchungsmethoden

Probenahme und Probenvorbereitung

Die amtliche Sammlung von Untersuchungsverfahren nach § 35 LMBG enthält Bestimmungen zur Probenvorbereitung und Untersuchungsmethoden, die zu beachten sind.

Probenahme

Bei Milch 10 ml, bei Milchprodukten 100 g entnehmen. Verdünnungsflüssigkeit: 1/4 Ringerlösung (1 Volumenteil Ringerlösung + 3 Volumenteile Wasser) oder physiologische Kochsalz-Lösung.

Ringerlösung (Stammlösung)

9,0 g Natriumchlorid, 0,42 g Kaliumchlorid, 0,24 g Calciumchlorid, wasserfrei, 0,20 g Natriumhydrogencarbonat. Die einzelnen Bestandteile werden in Wasser gelöst. Die Lösung wird mit Wasser auf 1000 ml aufgefüllt und darf nicht sterilisiert werden. Die Ringerlösung kann auch aus handelsüblichen Tabletten hergestellt werden. Für schlecht suspendierbare Materialien (Käse) sind nach § 35 LMBG Citratlösung oder Phosphatlösung zugelassen.

Tab. VII.5-2: Mikrobiologische Untersuchung von Milch und Milchprodukten (Milchverordnung vom 24.4.1995)

	Art der Untersuchung								
Erzeugnis	Aerobe mesophile Koloniezahl	Coliforme Keime	*E. coli*	*Staphylococcus aureus*	*Listeria monocytogenes*	Salmonellen	Krankheitserreger	*Campylobacter jejuni*	EHEC
Rohmilch	●		○	●	○	●	●	○	○
Pasteurisierte Milch	●	●					●		
UHT-Milch und sterilisierte Milch	●*								
Erzeugnisse auf Milchbasis, allgemein					●	●	●		
Käse aus Rohmilch und thermisierter Milch			●	●	○				
Weichkäse aus wärmebehandelter Milch		●	●	●					
Frischkäse				●					
Milchpulver		●		●					
Flüssige Erzeugnisse auf Milchbasis		●							
Butter		●							
Wärmebehandelte, nicht fermentierte Erzeugnisse	●								

● Durchzuführende Untersuchungen
○ Empfohlene Untersuchungen
*) Nach Bebrütung bei 30 °C für 15 Tage, erforderlichenfalls auch Inkubationszeit von 7 Tagen bei 55 °C

Verdünnte Ringerlösung (= Verdünnungsflüssigkeit)

Ein Volumenteil Ringerlösung (Stammlösung) wird mit 3 Volumenteilen Wasser verdünnt und bei 121 °C 15 min sterilisiert (= 1/4 Ringerlösung).

Homogenisierung

Milch wird geschüttelt, bei Milchprodukten werden nach gründlicher Durchmischung 10 g in einen Stomacherbeutel eingewogen (oder Verwendung eines Diluter/Dispenser), der warme (40 °C) sterile 1/4 Ringerlösung enthält.

Probenaufbereitung bei der Butteruntersuchung

Von der im Wasserbad (ca. 45 °C) in einem sterilen Kolben geschmolzenen Probe werden mit einer sterilen, angewärmten Pipette (aus der Wasserphase) 1 ml entnommen und weitere Verdünnungen hergestellt. Die Verdünnungsflüssigkeit muss auf 40 °C erwärmt werden.

Art der Untersuchung

Es werden nur Nachweisverfahren aufgeführt, die spezifisch für die Produktgruppen sind, anderenfalls wird auf bereits beschriebene Verfahren verwiesen.

Aerobe mesophile Koloniezahl

- Verfahren: Gusskultur
- Medium/Temperatur/Zeit: Plate-Count-Agar + 0,1 % Magermilchpulver, hemmstofffrei, 30 °C, 72 h bzw. Elliker-Agar, 37 °C, 48 h, anaerob (GOAK und WOLKERSTORFER, 1998)

Thermophile Milchsäurebakterien

- Verfahren: Gusskultur
- Medium/Temperatur/Zeit: a) MRS-Agar (pH 5,7), 37 °C, 72 h, aerob
  b) YL-Agar (Yoghurt-Lactic-Agar nach MATALON und SANDINE, 1986), 37 °C, 48 h, aerob
- Auswertung: a) MRS-Agar: Stäbchen und Kokken, Katalase-negativ
  b) YL-Agar: *Lactobacillus delbrueckii* ssp. *bulgaricus* bildet große weiße Kolonien mit einem Hof, *Streptococcus salivanus* ssp. *thermophilus* kleine weiße Kolonien ohne Hof. Bestätigung: Stäbchen und Kokken, Katalase-negativ.

Mesophile Milchsäurebakterien

- Verfahren: Gusskultur
- Medium/Temperatur/Zeit: MRS-Agar (pH 5,7), 30 °C, 72 h, aerob

Bifidobakterien

- Verfahren: Spatelverfahren
- Medium/Temperatur/Zeit: Raffinose-Bifidobacterium (RB)-Agar (HARTEMINK et al., 1996) und BEERENS-Agar (SILVI et al., 1996), 37 °C, anaerob (6–10 % CO_2). Auf dem RB-Agar wachsen einige Stämme von *Bifidobacterium bifidum* schlecht oder gar nicht.

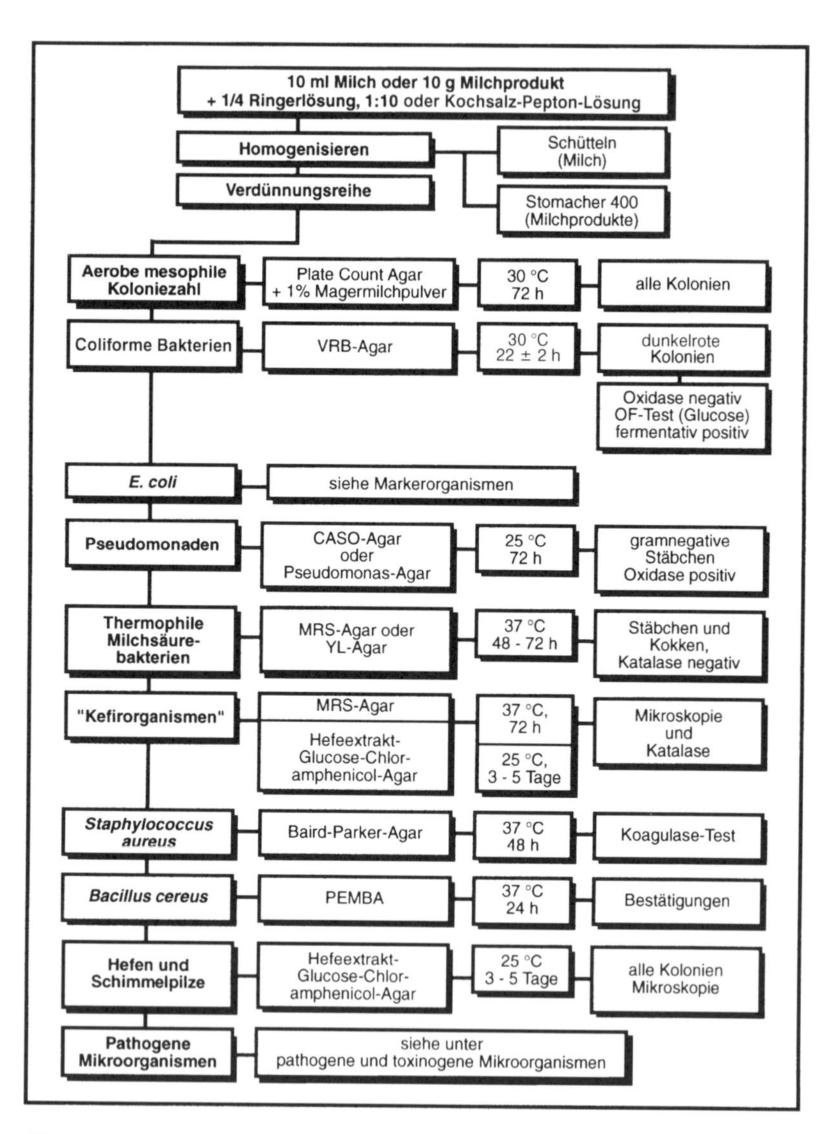

Abb. VII.5-1: Untersuchung von Milch und Milcherzeugnissen

Hoch hitzeresistente Sporenbildner – Bacillus sporothermodurans

- Verfahren: Spatelverfahren
- Medium/Temperatur/Zeit: Brain-Heart-Infusion-Agar (BHI), 37 °C, 72 h

Clostridien (*Clostridium butyricum* und *C. tyrobutyricum*)

- Verfahren: MPN- oder Titer-Verfahren
- Medium/Temperatur/Zeit: BB-Lactat-Medium (SENYK et al., 1989), jeweils 9 ml im Röhrchen, anaerob (Überschichtung mit 1,5 ml 3%igem Wasseragar), 32 °C, bis 10 Tage

Hefen und Schimmelpilze

Siehe unter Nachweis von Hefen und Schimmelpilzen (Kap. III.1).

Enterobacteriaceen, coliforme Bakterien, Escherichia coli

Siehe unter Nachweis dieser Mikroorganismen (Kap. III.2).

Ein Nachweis coliformer Bakterien ist auch mit dem Petrifilm-Verfahren möglich.

Staphylococcus aureus, Bacillus cereus, EHEC E. coli O157:H7, EHEC/VTEC, Listeria monocytogenes, Salmonellen, Campylobacter spp.

Siehe unter Nachweis von pathogenen und toxinogenen Mikroorganismen (Kap. III.3) sowie Cryptosporidien (Kap. III.6).

5.8 Mikrobiologische Kriterien

Tab. VII.5-3: Anforderungen an Milch und Milcherzeugnisse (Milchverordnung vom 20.7.2000)

Rohe Kuhmilch

Rohe Kuhmilch muss

1. zur Herstellung von wärmebehandelter Konsummilch, von Sauermilch-, Joghurt-, Kefir-, Sahne- und Milchmischerzeugnissen folgende Anforderungen erfüllen:

Keimzahl bei +30 °C (pro ml)	≤100 000

2. zur Herstellung von anderen als unter Nummer 1 aufgeführten Erzeugnissen auf Milchbasis folgende Anforderungen erfüllen:

	ab 1.1.1998
Keimzahl bei +30 °C (pro ml)	≤100 000

Tab. VII.5-3: Anforderungen an Milch und Milcherzeugnisse (Milchverordnung vom 20.7.2000) (Fortsetzung)

3. zur Herstellung von Rohmilcherzeugnissen
   – den Anforderungen in Nummer 1 genügen;
   – außerdem folgende Anforderungen erfüllen:

Staphylococcus aureus (pro ml)	n = 5 m = 500 M = 2 000 c = 2
Salmonellen in 25 ml	n = 5 m = 0 M = 0 c = 0

Sonstige Krankheitserreger und deren Toxine dürfen nicht in Mengen vorhanden sein, die die Gesundheit der Verbraucher gefährden können.

Tab. VII.5-4: Anforderungen an Milch und Milcherzeugnisse (Milchverordnung vom 20.7.2000)

Vorzugsmilch

	m	M	n	c
1. Keimzahl/ml bei +30 °C	30 000	50 000	5	2
2. Coliforme Keime/ml bei +30 °C	20	100	5	1
3. *Staphylococcus aureus*/ml	100	500	5	2
4. *Streptococcus agalactiae*/0,1 ml	0	10	5	2
5. Salmonellen in 25 ml	0	0	5	0

Sonstige Krankheitserreger und deren Toxine dürfen nicht in Mengen vorhanden sein, die die Gesundheit des Verbrauchers beeinträchtigen können.

Tab. VII.5-5: Anforderungen an frische pasteurisierte Milch der Molkerei (Milchverordnung vom 20.7.2000)

Krankheitserreger in 25 ml	n = 5 m = 0 M = 0 c = 0
Coliforme Bakterien (pro ml)	n = 5 m = 0 M = 5 c = 1
Keimgehalt bei +30 °C (pro ml)	≤ 30 000
Nach Inkubationszeit von 5 Tagen bei +6 °C: Keimgehalt bei 21 °C (pro ml)	n = 5 m = 5×10^4 M = 5×10^5 c = 1

Tab. VII.5-6: Anforderungen an UHT-Milch und sterilisierte Milch (Milchverordnung vom 20.7.2000)

Ultrahocherhitzte sowie sterilisierte Konsummilch müssen bei Stichprobenkontrollen im Be- und Verarbeitungsbetrieb die folgenden Anforderungen erfüllen:

nach der Inkubationszeit während 15 Tagen bei +30 °C:

1. Keimgehalt bei +30 °C (pro 0,1 ml) ≤ 10,
2. sensorische Kontrolle: keine nennenswerten Abweichungen;

erforderlichenfalls nach einer Inkubationszeit von 7 Tagen bei +55 °C:

1. Keimgehalt bei +30 °C (pro 0,1 ml) ≤ 10,
2. sensorische Kontrolle: keine nennenswerten Abweichungen.

Tab. VII.5-7: Anforderungen an Erzeugnisse auf Milchbasis (Milchverordnung vom 20.7.2000)

Obligatorische Kriterien: Pathogene Keime

Art der Keime	Erzeugnisse	Anforderungen
1. *Listeria monocytogenes*	– Käse, außer Hartkäse	neg. in 25 g, n = 5, c = 0
	– Sonstige Erzeugnisse	neg. in 1 g

Tab. VII.5-7: Anforderungen an Erzeugnisse auf Milchbasis (Milchverordnung vom 20.7.2000) (Fortsetzung)

Art der Keime	Erzeugnisse	Anforderungen
2. *Salmonella* spp.	– Sämtliche, außer Milchpulver	neg. in 25 g, n = 5, c = 0
	– Milchpulver	neg. in 25 g, n= 10, c = 0

Sonstige Krankheitserreger und deren Toxine dürfen nicht in Mengen vorhanden sein, die die Gesundheit der Verbraucher beeinträchtigen können.

Analytische Kriterien: Nachweiskeime für mangelnde Hygiene

Art der Keime	Erzeugnisse	Anforderungen (pro ml bzw. g)
4. *Staphylococcus aureus*	Käse aus Rohmilch und thermisierter Milch	m = 1000 M = 10 000 n = 5 c = 2
	Weichkäse (aus wärmebehandelter Milch)	m = 100 M = 1000 n = 5 c = 2
	Frischkäse Milchpulver Gefriererzeugnisse auf Milchbasis einschließlich Speiseeis im Sinne des § 2 Nr. 7 Buchstabe d der Milch-VO	m = 10 M = 100 n = 5 c = 2
5. *Escherichia coli*	Käse aus Rohmilch und thermisierter Milch	m = 10 000 M = 100 000 n = 5 c = 2
	Weichkäse (aus wärmebehandelter Milch)	m = 100 M = 1000 n = 5 c = 2

Tab. VII.5-7: Anforderungen an Erzeugnisse auf Milchbasis (Milchverordnung vom 20.7.2000) (Fortsetzung)

Indikatorkeime: Richtwerte

Art der Keime	Erzeugnisse	Anforderungen (pro ml bzw. g)
6. Coliforme Keime bei +30 °C	Flüssigerzeugnisse auf Milchbasis	m = 0 M = 5 n = 5 c = 2
	Butter	m = 0 M = 10 n = 5 c = 2
	Weichkäse (aus wärmebehandelter Milch)	m = 10 000 M = 100 000 n = 5 c = 2
	Pulverförmige Erzeugnisse auf Milchbasis	m = 0 M = 10 n = 5 c = 2
	Gefriererzeugnisse auf Milchbasis einschließlich Speiseeis im Sinne des § 2 Nr. 7 Buchstabe d der Milch-VO	m = 10 M = 100 n = 5 c = 2
7. Keimgehalt	wärmebehandelte, nicht fermentierte Flüssigerzeugnisse auf Milchbasis	m = 50 000 M = 100 000 n = 5 c = 2
	Gefriererzeugnisse auf Milchbasis einschließlich Speiseeis im Sinne von § 2 Nr. 7d (4)	m = 100 000 M = 500 000 n = 5 c = 2

Tab. VII.5-8: Mikrobiologische Kriterien für Milch und Milcherzeugnisse (Schweiz, VO vom 1.7.1987 i.d.F. vom 26.6.1995)

Erzeugnisse	Art der Keime	Norm (pro ml bzw. g)
Pasteurisierte Milch	Aerobe mesophile Keime	100 000
	Enterobacteriaceen	10
Sauermilch, Joghurt, Kefir mit und ohne Zutaten	Fremdkeime	100 000
	Enterobacteriaceen	10
	Hefen und Schimmelpilze (außer Kefir)	1 000
Rahm (pasteurisiert), flüssig	Aerobe mesophile Keime	100 000
	Enterobacteriaceen	10
	Staph. aureus	10
Rahm (pasteurisiert), geschlagen	Aerobe mesophile Keime	1 000 000
	E. coli	10
	Staph. aureus	100
Milchpulver	Aerobe mesophile Keime	50 000
	Enterobacteriaceen	10
	Staph. aureus	10
Hartkäse	*E. coli*	10
	Staph. aureus	100
	Schimmelpilze	1 000
Weichkäse inkl. essbarem Rindenanteil	Enterobacteriaceen	1 000 000
	Staph. aureus	1 000
Frischkäse	Fremdkeime	1 000 000
	Enterobacteriaceen	1 000
	Staph. aureus	100
	Schimmelpilze	1 000
Butter aus pasteurisiertem Rahm	Aerobe mesophile Keime*	100 000
	E. coli	n.n.
	Hefen	50 000
	Schimmelpilze	100

Erklärungen: Bei den angegebenen Werten handelt es sich um Toleranzwerte.
* Bei Sauerrahmbutter sind die Fremdkeime zu bestimmen.

Tab. VII.5-9: Empfehlungen für Joghurt (ROBERTS et al., 1995)

Listeria monocytogenes	neg. in 1 g	(n = 5, c = 0)
Salmonellen	neg. in 25 g	(n = 5, c = 0)

Tab. VII.5-10: Richt- und Warnwerte für aufgeschlagene Sahne (in KbE/g) (DGHM, 1998)

Untersuchungskriterien	Richtwert	Warnwert
Aerobe Keimzahl einschließlich Milchsäurebakterien	10^6	–
Enterobacteriaceae	10^3	10^5
Escherichia coli	10^1	10^2
Salmonella	–	n. n. in 25 g
Koagulase-positive Staphylokokken	10^2	–
Pseudomonas spp.	10^3	–

Bei Richtwertüberschreitungen sind Nachproben sowohl aus dem Flüssigsahnebehälter als auch aus der geschlagenen Sahne zu ziehen.

Tab. VII.5-11: Richt- und Warnwerte für Säuglingsnahrung auf Milchpulverbasis (in KbE*/g) (DGHM, 2002)

Untersuchungskriterien	Richtwert	Warnwert
Aerobe mesophile Keimzahl (30 °C) [a)]	10^3	10^4
Enterobacteriaceae, darunter	10^1	10^2
Escherichia coli	<3	10^1 [b)]
Bacillus cereus	10^2	10^3
Sulfit reduzierende Clostridien	10^1	10^2
Schimmelpilze	10^2	10^3
Koagulase-positive Staphylokokken	–	n. n. in 1 g
Salmonella spp.	–	n. n. in 25 g [c) d)]
Listeria monocytogenes	–	n. n. in 25 g [d) e)]

* Kolonie bildende Einheiten
a) Nicht berücksichtigt werden Mikroorganismen, die aufgrund ihrer probiotischen Potenz zugesetzt wurden.
b) Beim Nachweis von *E. coli* ist der Kontaminationsquelle nachzugehen.
c) Wenn mit 95%iger Wahrscheinlichkeit 1 KbE *Salmonella* pro 100 g Produkt ausgeschlossen werden soll, wird die Untersuchung von 10 x 25 g Probe empfohlen.
d) Die 25 g setzen sich aus 5 Probennahmen von je 5 g zusammen, die an unterschiedlichen Stellen derselben Probe erfolgen.
e) Hinsichtlich des Nachweises und der Bewertung von *L. monocytogenes* in Lebensmitteln im Rahmen der amtlichen Lebensmittelüberwachung siehe Empfehlung des BgVV (April 2000).

Literatur

1. COUSIN, M.A.: Presence and activity of psychrotrophic microorganisms in milk and dairy products: A review, J. Food Protection 45, 172-207, 1982
2. DGHM Fachgruppe Lebensmittelmikrobiologie und -hygiene: Richt- und Warnwerte für aufgeschlagene Sahne, Hygiene und Mikrobiologie 2, 31, 1998
3. FRANK, J.F.: Milk and dairy products, in: Food Microbiology Fundamentals and Frontiers, ed. by M.P. Doyle, L.R. Beuchat, Th. J. Montville, ASM Press, Washington D.C., 101-116, 1997
4. GOAK, M.; WOLKERSTORFER, W.: Produktspezifische lebende Keime in fermentierten Milchprodukten, Dtsch. Lebensmittel-Rdsch. 94, 179-181, 1998
5. GRIFFITHS, M.W.: Milk and unfermented milk products, in: The microbiological safety and quality of food, ed. by B.M. Lund, T.C. Baird-Parker, G.W. Gould, Aspen Publ. Inc., Gaithersburg, USA, Vol. 1, 507-534, 2000
6. HARTEMINK, R.; KOK, B.J.; WEENK, G.H.; ROMBOUTS, F.M.: Raffinose-Bifidobacterium (RB) agar, a new selective medium for bifidobacteria, J. Microbiological Methods 27, 33-43, 1996
7. HELLER, K. J.: Mikrobiologie der Dauermilcherzeugnisse, in: Mikrobiologie der Lebensmittel – Milch und Milchprodukte, Hrsg. H. Weber, Behr's Verlag, Hamburg, 355-374, 1996
8. ICMSF (International Commission on Microbiological Specifications for Foods): Milk and milk products, in: Microorganisms in foods – 6 – Microbial ecology of food commodities, publ. by Blackie Academic and Professional, London, 521-576, 1998
9. KROLL, S.; KLOSTERMEYER, H.: Heat inactivation of exogenuous proteinases from Pseudomonas fluorescens, Z. Lebensm. Unters. Forsch. 179, 288-295, 1984
10. MARSHALL, R.T.: Standard methods for the examination of dairy products, 16th ed., American Public Health Association, Washington D.C., 1992
11. MATALON, M.E.; SANDINE, W.E.: Improved media for differentiation of rods and cocci in yoghurt, J. Dairy Sci. 69, 2569-2576, 1986
12. Milchverordnung: „Verordnung über Hygiene- und Qualitätsanforderungen an Milch und Erzeugnisse auf Milchbasis“ vom 24.4.1995, Bundesgesetzblatt I, 544-576, 1995
13. OTTE-SÜDI, I.: Mikrobiologie der Rohmilch und Mikrobiologie der pasteurisierten Milch, in: Mikrobiologie der Lebensmittel – Milch und Milchprodukte, Hrsg. H. Weber, Behr's Verlag, Hamburg, 3-35 und 39-65, 1996
14. PETTERSSON, B.; LEMKE, F.; HAMMER, P.; STACKEBRANDT, E.; PRIEST, F.G.: Bacillus sporothermodurans, a new species producing highly heat-resistant endospores, Int. J. System. Bacteriol. 46, 759-764, 1996

15. RIEMELT, I.; BARTEL, B.; MALCZAN, M.: Milchwirtschaftliche Mikrobiologie, Behr's Verlag, Hamburg, 1996
16. ROBERTS, D.; HOOPER, W.; GREENWOOD, M.: Practical Food Microbiology, sec. ed., Public Health Laboratory Service, London, 1995
17. SCHILLINGER, U.: Isolation and identification of lactobacilli from novel-type probiotic and mild yoghurts and their stability during refrigerated storage, Int. J. Food Microbiol. 47, 79-87, 1999
18. SENYK, G.F.; SCHEIB, J.A.; BROWN, J.M.; LEOFORD, R.A.: Evaluation of methods for determination of spore-formers responsible for the late gas-blowing defect in cheese, J. Dairy Sci. 72, 360-366, 1989
19. SILVI, S.; RUMNEY, C.J.; ROWLAND, I.R.: An assessment of three selective media for bifidobacteria in faeces, J. appl. Bacteriol. 81, 561-564, 1996
20. TEUBER, M.: Grundriß der praktischen Mikrobiologie für das Molkereifach, Verlag Th. Mann, Gelsenkirchen-Buer, 1983
21. TEUBER, M.: Fermented milk products, in: The microbiological safety and quality of food, ed. by B.M. Lund, T.C. Baird-Parker, G.W. Gould, Aspen Publ. Inc., Gaithersburg, USA, Vol. 1, 535-589, 2000
22. WEGNER, K.: Mikrobiologie der Sauermilcherzeugnisse, in: Mikrobiologie der Lebensmittel – Milch und Milchprodukte, Hrsg. H. Weber, Behr's Verlag, Hamburg, 155-229, 1996
23. ZICKRICK, K.: Mikrobiologie der Käse, in: Mikrobiologie der Lebensmittel – Milch und Milchprodukte, Hrsg. H. Weber, Behr's Verlag, Hamburg, 257-351, 1996

6 Feinkosterzeugnisse, Mischsalate, Keimlinge

6.1 Mayonnaisen und Feinkostsalate, konserviert und unkonserviert

(BAUMGART, 1996, BIRZELE et al., 1997, ICMSF, 1998)

6.1.1 Verderbsorganismen

6.1.1.1 Hefen und Schimmelpilze

- Hefen, besonders Arten der Genera *Saccharomyces, Debaryomyces, Candida, Yarrowia, Pichia, Trichosporon* und *Torulaspora*
- Schimmelpilze, besonders Arten des Genus *Geotrichum* sowie *Moniliella acetoabutans, Monascus ruber, Penicillium glaucum* und *Penicillium roqueforti*

6.1.1.2 Bakterien

Bakterien, besonders Milchsäurebakterien der Genera *Lactobacillus* (z.B. *L. buchneri, L. brevis, L. fructivorans), Leuconostoc* (z.B. *Lc. mesenteroides, Lc. dextranicum), Weissella (W. confusus)* und *Pediococcus (P. damnosus)*

6.1.2 Pathogene und toxinogene Bakterien

Unter den pathogenen und toxinogenen Bakterien haben eine besondere Bedeutung:

Salmonellen, *Staphylococcus aureus*, *E. coli* O157:H7, *Listeria monocytogenes, Bacillus cereus, Clostridium perfringens* und *Clostridium botulinum.* Eine Vermehrung pathogener und toxinogener Bakterien unter Kühlbedingungen wird verhindert, wenn ein pH-Wert $< 4{,}6$ mit mindestens 0,2 % Essigsäure in der wässrigen Phase des Produktes eingestellt wird. Eine pH-Wert-Einstellung ist auch mit Weinsäure, Milch- oder Äpfelsäure möglich. Wichtig ist jedoch, dass mindestens 0,2 % Essigsäure in der wässrigen Phase des Produktes erreicht werden. Bei Produkten mit pH-Werten bis 5,0 muss der Essigsäureanteil mindestens 0,3 % betragen (Bundesverband der Deutschen Feinkostindustrie, 1997). In den USA wird ein pH-Wert von $\leq 4{,}4$ und ein Essigsäureanteil in der wässrigen Phase von 0,43 % empfohlen (SMITTLE, 2000). Die Essigsäurekonzentration führt allerdings niemals zum sofortigen Absterben der Bakterien. Vielfach überleben die Mikroorganismen in den sauren Erzeugnissen Tage und Wochen.

6.2 Ketchup und Tomatenmark

(BJORKROTH und KORKEALA, 1997, KOTZEKIDOU, 1997)

Verderbsorganismen: *Bacillus coagulans, Bacillus stearothermophilus, Paenibacillus macerans, Paenibacillus polymyxa, Clostridium pasteurianum, Lactobacillus fructivorans, Byssochlamys (B.) nivea, B. fulva, Neosartorya fischeri*

6.3 Feinkostsaucen, Dressings, Würzsaucen

Verderb nur bei technologischen Fehlern und Verunreinigungen während der Abfüllung durch säuretolerante Mikroorganismen (Milchsäurebakterien, Hefen, Schimmelpilze).

6.4 Pasteurisierte Feinkostsalate mit pH-Werten über 4,5

Verderb durch Clostridien *(Cl. felsineum, Cl. sporogenes, Cl. scatologenes, Cl. tyrobutyricum* u. a.) und Bazillen sowie Arten des Genus *Paenibacillus*.

6.5 Mischsalate (LACK et al., 1996, GARCIA-GIMENO, 1997)

Frische, verpackte Salate aus geschnittenen und gewaschenen Einzelkomponenten je nach Saison, wie z. B. Endivien, Frisée, Eisbergsalat, Radicchio, Weißkraut, Chinakohl, Karotten, Radieschen, Mais, Keimlinge

- Verderbsorganismen: Pseudomonaden, Enterobacteriaceen, Milchsäurebakterien und Hefen
- Pathogene Bakterien: Salmonellen, *Yersinia enterocolitica, Listeria monocytogenes*

6.6 Keimlinge

Besonders Soja- und Mungbohnensprossen erfreuen sich zunehmender Popularität. Fertigverpackte Sprossen sind als Vitamin und Ballaststoffspender beliebt.

Mikroorganismen: Arten der Familie Enterobacteriaceae und der Genera *Achromobacter, Aeromonas, Flavimonas, Chromobacterium* und Lactobazillen sowie Hefen und Schimmelpilze. Nachgewiesen wurden jedoch auch pathogene und toxinogene Bakterien, wie *Bacillus cereus, Listeria monocytogenes* und Salmonellen (BECKER und HOLZAPFEL, 1997, SCHILLINGER und BECKER, 1997).

6.7 Untersuchung

Die vorzunehmenden Untersuchungen dienen der Haltbarkeitskontrolle und in besonderen Fällen dem Nachweis von Indikatororganismen bzw. Krankheitserregern.

Tab. VII.6-1: Untersuchungskriterien für Feinkosterzeugnisse

	Produkte						
Mikroorganismen	Mayonnaisen	Salate	Mischsalate	Ketchup und Tomatenmark	Saucen, Dressings	Pasteurisierte Salate	Keimlinge
Aerobe Koloniezahl		●	●	○		○	○
Milchsäurebakterien	○	●	○	○	●	○	○
Staph. aureus		●					
Hefen und Schimmelpilze	○	○	○	○	●	○	○
Enterobacteriaceen			○				○
E. coli		●	●			○	
Pseudomonaden			○				○
Enterokokken			○				
Essigsäurebakterien				○*			
Bacillus cereus		●				○	○
Sulfitreduzierende Clostridien			○			●	
Salmonellen			●				○
Listeria monocytogenes							

○ Empfohlene Untersuchung ● Nachweis entspr. vorhandener Kriterien

*) Nur bei kalt hergestelltem Ketchup

6.7.1 Untersuchungskriterien

Die produktspezifischen Untersuchungskriterien, die üblicherweise für eine Beurteilung ausreichen, sind in der Tab. VII.6-1 aufgeführt. In Erkrankungsfällen, bei besonderen Fragestellungen oder beim Vorliegen mikrobiologischer Kriterien, sind weitere Untersuchungen erforderlich.

6.7.2 Untersuchungsmethoden

Probenahme und Probenvorbereitung

Bei Großgebinden Entnahme mit sterilen Löffeln, bei Flaschen Abflammen des Halses (Flambieren mit Spiritus). Plastikschalen sind mit 2%iger Peressigsäure (Inhalation und Kontakt mit Haut und Schleimhäuten vermeiden) zu sterilisieren und mittels steriler Schere zu öffnen.

Probenvorbereitung

Entnommen werden mindestens 10 g, besser 50 g. Die Probe wird mit 90 ml bzw. mit 450 ml Verdünnungsflüssigkeit (0,1 % Caseinpepton, trypt., 0,85 % NaCl, pH 7,0) 1 min geschüttelt oder im Stomacher zerkleinert. Die Standzeit sollte 20 min nicht überschreiten. Das Anlegen der Verdünnungsreihe erfolgt in Reagenzröhrchen, bei Dressings auch Ansatz mit gepufferter Verdünnungsflüssigkeit (pH-Wert 7,0).

Art der Untersuchung

Aerobe Koloniezahl

- Verfahren: Tropfplattenverfahren
- Medium/Temperatur/Zeit: Standard-I-Nähragar oder CASO-Agar, 30 °C, 72 h
- Auswertung: Zählung aller Kolonien

Milchsäurebakterien (Keimzahl über 10^2/g)

- Verfahren: Tropfplattenverfahren
- Medium/Temperatur/Zeit: MRS-Agar, pH 5,7, 30 °C, 72 h, anaerob
- Auswertung: Mikroskopie, Katalase-Test, Milchsäurebakterien = Grampositive Kokken oder Stäbchen, Katalase-negativ

Milchsäurebakterien, Hefen und Schimmelpilze (Keimzahl unter 100/g)

- Verfahren: Anreicherung von 20 g Probe in 60 ml MRS-Bouillon z. B. in 150-ml-Twist-off-Gläsern
- Medium/Temperatur/Zeit: MRS-Bouillon, pH 5,7, 30 °C, bis 5 Tage
- Auswertung: Kontrolle des pH-Wertes und mikroskopische Untersuchung

Heterofermentative (Gas bildende) Milchsäurebakterien

- Verfahren: MPN-Verfahren oder Titerverfahren
- Medium/Temperatur/Zeit: MRS-Bouillon (ohne Fleischextrakt und mit Zusatz von 2 % Glucose), pH 5,7, mit Durhamröhrchen, 30 °C, 72 h
- Ein Nachweis im Produkt sollte dann durchgeführt werden, wenn das Ergebnis in der MRS-Bouillon negativ oder nicht eindeutig ist. Das Produkt ist bei 30 °C bis zu 10 Tage zu bebrüten und danach kulturell zu untersuchen. So war z. B. in einer Worchestersauce mit leichter Gasbildung die bebrütete MRS-Bouillon negativ. Im bebrüteten Produkt konnten kulturell heterofermentative Milchsäurebakterien nach Subkultivierung in MRS-Bouillon mit Durhamröhrchen nachgewiesen werden.
- Auswertung: Mikroskopische Kontrolle der positiven Röhrchen und kultureller Nachweis

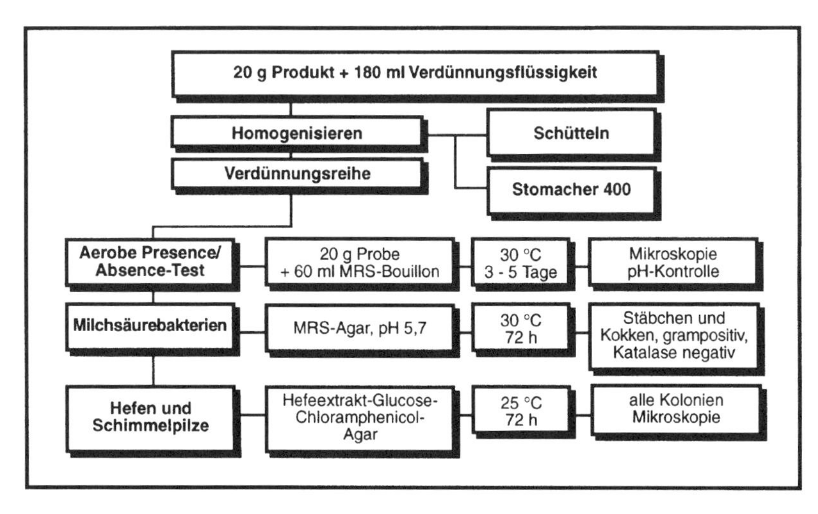

Abb. VII.6-1: Routineuntersuchung von Feinkosterzeugnissen im Erzeugerbetrieb

Hefen und Schimmelpilze

- Verfahren: Spatelverfahren
- Medium/Temperatur/Zeit: Hefeextrakt-Glucose-Chloramphenicol-Agar und Malzextrakt-Bouillon, 25 °C, 3–5 Tage
- Auswertung: Mikroskopie

Sollte trotz sichtbarer Gasbildung und positiven mikroskopischen Befundes (Methylenblaufärbung) ein Nachweis von Hefen auch durch Anreicherung in Malzextrakt-Bouillon negativ sein, so ist zum Nachweis CASO-Agar einzusetzen (Bebrütung bei 20 °C, 25 °C und 30 °C bis zu 5 Tagen).

Essigsäurebakterien (Keimzahl unter 100/g)

- Verfahren: Anreicherung von 20 g Probe in 60 ml Malzextrakt-Bouillon + 3 ml Ethanol (96%ig), Subkultur auf ACM- oder DSM-Agar, nach 10-tägiger Bebrütung bei 25 °C
- Medium/Temperatur/Zeit: Malzextrakt-Bouillon + Ethanol, ACM- oder DSM-Agar, 25 °C, 10 Tage
- Auswertung: Gramnegative Stäbchen, Katalase-positiv (siehe auch Nachweis von Essigsäurebakterien)

Essigsäurebakterien (Keimzahl über 10^2/g)

- Verfahren: Spatelverfahren
- Medium/Temperatur/Zeit: ACM- oder DSM-Agar, 25 °C, bis 10 Tage
- Auswertung: Gramnegative Stäbchen, Katalase-positiv, Oxidase schwach positiv (siehe Nachweis von Essigsäurebakterien)

Enterobacteriaceen

- Verfahren: Tropfplattenverfahren
- Medium/Temperatur/Zeit: VRBD-Agar, 30 °C, 48 h, anaerob
- Auswertung: Zählung aller Kolonien mit Durchmesser über 1 mm

Bei anaerober Bebrütung können sich auch Pseudomonaden vermehren (Durchmesser der Kolonie unter 1 mm).

Pseudomonaden

- Verfahren: Tropfplattenverfahren
- Medium/Temperatur/Zeit: CFC-Agar, 25 °C, 48 h
- Auswertung: Oxidasereaktion, Pseudomonaden sind Oxidase-positiv

Thermophile Bazillen

- Verfahren: Anreicherung von 20 g in 60 ml CASO-Bouillon, Subkultur auf CASO-Agar

- Medium/Temperatur/Zeit: CASO-Bouillon, 54 °C, 72 h, Subkultur (Ösenausstrich) auf CASO-Agar, 54 °C, 72 h
- Auswertung: Grampositive bis gramvariable Stäbchen, Katalase-positiv, Sporen

Sulfit reduzierende Clostridien

- Verfahren: Gusskultur
- Medium/Temperatur/Zeit: SCA-Agar, 37 °C, 3–5 Tage, anaerob
- Auswertung: Auszählen der schwarzen Kolonien, Stäbchen, Katalase-negativ

Pathogene Mikroorganismen und Markerorganismen

Siehe unter Nachweis pathogener Mikroorganismen und Markerorganismen.

6.8 Mikrobiologische Kriterien

Mischsalate

Richtwerte bei Abgabe an Verbraucher

Aerobe Koloniezahl (Bebrütungstemp. 25 °C)	5 x 10^7/g
Escherichia coli	10^3/g
Salmonellen und Shigellen	negativ in 25 g

Bei Mischsalaten soll das Mindesthaltbarkeitsdatum nicht mehr als 6 Tage betragen. Wenn die Ware den Herstellungsbetrieb verlassen hat, soll das Produkt unter Kühlung bis max. 6 °C gehalten werden (Hinweis auf der Verpackung).

(Deutsche Gesellschaft für Hygiene und Mikrobiologie, DGHM, 1990)

Anmerkung:
Vielfach wird von Handelsketten bei Mischsalaten der Nachweis coliformer Bakterien gefordert und Keimzahlen $>10^4$/g abgelehnt. Meines Erachtens sollte bei diesen Produkten auf den Nachweis coliformer Bakterien ganz verzichtet werden.

Blattgemüse ist vom Feld her an der Oberfläche mit einer großen Anzahl von Mikroorganismen kontaminiert. Die am häufigsten gefundenen Keime gehören den Gattungen *Alcaligenes, Flavobacterium, Lactobacillus, Pseudomonas, Klebsiella, Enterobacter* und *Micrococcus* an (Stellungnahme der Arbeitsgruppe der Deutschen Gesellschaft für Hygiene und Mikrobiologie (DGHM), Bundesgesundheitsblatt 33, 6–10, 1990). Unter den genannten Mikroorganismen gehören die Genera *Enterobacter* und *Klebsiella* zu den coliformen Bakterien und zur Gruppe der Enterobacteriaceen. Nach dem Putzen der Rohware beträgt der Anteil an coliformen Bakterien je nach Produkt etwa 10^3 bis 10^4/g (DGHM, 1990).

Dieser Gehalt änderte sich nur unwesentlich nach dem Schneiden, Waschen und Schleudern. Die kritische Phase der Vermehrung beginnt im Vertrieb, auch bei einer Temperatur von <7 °C. So vermehrten sich Enterobacteriaceen in Mischsalaten bei konstanter Kühllagerung innerhalb von 24 Stunden um eine Zehnerpotenz und in 48 Stunden um 2 Zehnerpotenzen (KLEPZIG et al., Arch. Lebensmittelhyg. 50, 95–104, 1999). Diese Ergebnisse zeigen, dass in Mischsalaten des Handels hohe Anzahlen an coliformen Bakterien durchaus auftreten können. So wurden in Salaten aus Kühltheken auch coliforme Bakterien bis über 10^6/g nachgewiesen (ALBRECHT et al., J. Food Protection 58, 683–685, 1995).

Der Gehalt an coliformen Bakterien gibt keinen Hinweis auf eine faekale Verunreinigung, noch zeigt er unhygienische Verhältnisse an. Das Genus *Enterobacter* (ein coliformes Bakterium) gehört z. B. zur normalen Flora von Pflanzen und ist keinesfalls als Verunreinigungskeim zu bewerten (BRACKETT et al., Food Microbiology 18, 299–308, 2001). Allein *Escherichia coli* ist ein Hygieneindikator. Dies ist auch der Grund, dass von der Arbeitsgruppe Lebensmittelmikrobiologie der Deutschen Gesellschaft für Hygiene und Mikrobiologie (DGHM, 1990) für Mischsalate coliforme Bakterien nicht in die Kriterien zur Bewertung aufgenommen wurden, sondern neben der aeroben Koloniezahl nur *E. coli* sowie die Abwesenheit von Salmonellen und Shigellen in 25 g.

Auch nach Meinung einer Expertenkommission der EU sind coliforme Bakterien taxonomisch so schlecht definiert, dass auf ihren Nachweis selbst bei Milch und Milchprodukten verzichtet werden sollte. Ein Nachweis der Enterobacteriaceen und *E. coli* würde ausreichen (Opinion of the Scientific Committee on Veterinary Measures relating to Public Health on The evaluation of microbiological criteria for food products of animal origin for human consumption, European Commission Health and Consumer Protection, Directorate B, Unit B3, SC4, 23.9.1999).

Feinkostsalate	Richtwert	Warnwert
Aerobe mesophile Koloniezahl	10^6/g*	–
Milchsäurebakterien	10^6/g*	–
Staphylococcus aureus	10^2/g**	10^3/g**
Bacillus cereus	10^3/g	10^4/g
Escherichia coli	10^2/g	10^3/g
Sulfit reduzierende Clostridien***	10^3/g	10^4/g
Salmonellen		n. n. in 25 g

* = Mikroorganismen, die als Starterkultur zugesetzt werden, bleiben unberücksichtigt

** = Bei Salaten aus Krebstieren Richtwert 10^3/g, Warnwert 10^4/g

*** = Gültigkeit nur für pasteurisierte Salate

(DGHM, 1992)

Tomatenprodukte

Nicht selten sind Tomaten, die zur Herstellung von Ketchup dienen, mit Schimmelpilzen verunreinigt, so dass auch in den Tomatenprodukten Teile der Pilze oder bereits gebildete Mykotoxine enthalten sein können. Zur Kontrolle der mikrobiologischen Qualität von Ketchup und Tomatenmark dient die Howard-Mould-Count-Methode (HMC), bei der Hyphen oder Teile von Hyphen mikroskopisch in einer speziellen Kammer ausgezählt werden. Diese Methode, die von HOWARD bereits 1911 empfohlen wurde, ist aufwändig und setzt Erfahrungen voraus (POTTS et al., 2000). Als Alternative zur HMC-Methode dient die Bestimmung von Ergosterol, das in der Cytoplasmamembran von Pilzen enthalten ist. Der Ergosterolgehalt soll bei Tomatenmark (zweifach konzentriert) 5,1 mg/kg nicht überschreiten. Dies entspricht einem Grenzwert von 17,5 mg/kg bezogen auf 100 % Tomatentrockenmasse (Bundesverband der Deutschen Feinkostindustrie, 20.10.1999). In den USA wird die Bestimmung von Lectin als Indikator einer Schimmelpilzbelastung empfohlen (POTTS et al., 2000).

Literatur

1. BAUMGART, J.: Mikrobiologie von Feinkosterzeugnissen, in: Mikrobiologie der Lebensmittel- Fleisch und Fleischerzeugnisse, herausgegeben von H. Weber, Behr's Verlag, Hamburg, 495-524, 1996
2. BECKER, B.; HOLZAPFEL, W.H: Mikrobiologisches Risiko von fertigverpackten Keimlingen und Maßnahmen zur Reduzierung ihrer mikrobiellen Belastung, Arch. Lebensmittelhyg. 48, 81-84, 1997
3. BIRZELE, B.; ORTH, R.; KRÄMER, J.; BECKER, B.: Einfluß psychrotropher Hefen auf den Verderb von Feinkostsalaten, Fleischw. 77, 331-333, 1997
4. BJORKROTH, K.; KORKEALA, H.J.: *Lactobacillus fructivorans* spoilage of tomato ketchup, J. Food Protection 60, 505-509, 1997
5. Bundesverband der Deutschen Feinkostindustrie, Hinweise zur Beherrschung des Auftretens von Krankheitserregern in der Feinkostindustrie, Bonn, 1997
6. Deutsche Gesellschaft für Hygiene und Mikrobiologie (DGHM): Mikrobiologische Richt- und Warnwerte für Mischsalate, Bundesgesundheitsblatt 33, 6-10, 1990
7. Deutsche Gesellschaft für Hygiene und Mikrobiologie (DGHM): Mikrobiologische Richt- und Warnwerte zur Beurteilung von Feinkost- Salaten, Lebensmitteltechnik 24, 12, 1992
8. GARCIA-GIMENO, R.M.; ZURERA-COSANO, G.: Determination of ready-to-eat vegetable salad shelf-life, Int. J. Food Microbiol. 36, 31-38, 1997
9. ICMSF (International Commission on Microbiological Specifications for Foods of the International Union of Biological Societies): Microorganisms in foods – 6 – Microbial ecology of food commodities, CHAPMAN & HALL, London, 1998
10. KOTZEKIDOU, P.: Heat resistance of *Byssochlamys nivea, Byssochlamys fulva* and *Neosartorya fischeri* isolated from canned tomato paste, J. Food Sci. 62, 410-412, 1997

11. LACK, W.K.; BECKER, B.; HOLZAPFEL, W.H.: Hygienischer Status frischer vorverpackter Mischsalate im Jahr 1995, Arch. Lebensmittelhyg. 47, 129-152, 1996
12. POTTS, S.J.; SLAUGHTER, D.C.; THOMPSON, J.F.: A fluorescent lectin test for mold in raw tomato juice, J. Food Sci. 65, 346-350, 2000
13. SCHILLINGER, U.; BECKER, B.: Frischsalate und Keimlinge, in: Mikrobiologie der Lebensmittel – Lebensmittel pflanzlicher Herkunft, Hrsg. G. Müller, W.H. Holzapfel, H. Weber, Behr's Verlag, Hamburg, 59-70, 1997
14. SMITTLE, R.B.: Microbiological safety of mayonnaise, salad dressings and sauces produced in the United States: A Review, J. Food Protection 63, 1144-1153, 2000

7 Getrocknete Lebensmittel

(ADAMS und MOSS, 1995, BOURGEOIS und LEVEAU, 1995, ICMSF, 1998, ROBERTS, HOOPER und GREENWOOD, 1995)

Bei der industriellen Trocknung (z.B. Umlufttrockenschrank, Kanaltrockner, Wirbelschicht- und Walzentrockner, Sprüh- und Gefriertrocknung) kommt es durch Wärmezufuhr zu einer Umwandlung der Gutsfeuchtigkeit in Dampfform. Der entstehende Dampf wird in geeigneter Weise abgeführt, die Wasseraktivität (a_W-Wert) des Gutes sinkt. So haben getrocknete Nudeln, Trockenfrüchte, Milch- und Kakaopulver, Trockensuppen und Gewürze a_W-Werte unterhalb von 0,65, (Trockenfrüchte 0,60–0,65; getrocknete Nudeln, Gewürze, Trockenkräuter, Tee, Milch- und Kakaopulver 0,20–0,60). Die Mikroorganismen der wasserreicheren Rohstoffe werden durch die Trocknung sowohl durch die Änderung der Wasseraktivität, als auch durch die Trocknungstemperatur beeinflusst. Ein Teil der Mikroorganismen stirbt ab, viele überleben, ohne sich im trockenen Produkt jedoch vermehren zu können. Nur dann, wenn die Umgebungsfeuchte steigt und dadurch die Wasseraktivität erhöht wird, setzt eine Vermehrung der Mikroorganismen ein, wobei die minimale Wasseraktivität der Mikroorganismen sehr unterschiedlich ist. Zahlreiche Mikroorganismen werden durch den Trocknungsprozess geschädigt. Diese subletal geschädigten Mikroorganismen werden bei den üblichen Nachweisverfahren nicht erfasst. Dies gilt besonders für *Escherichia coli* und Salmonellen sowie andere gramnegative Bakterien, aber auch für *Staphylococcus aureus*, Enterokokken u.a. aus dem grampositiven Bereich. Eine Regeneration (Resuscitation) der subletal geschädigten Zellen ist deshalb notwendig. Dies gilt besonders für den Nachweis pathogener und toxinogener Mikroorganismen (JAY, 1996).

Minimale Wasseraktivität von Mikroorganismen bei 25 °C (nach MOSSEL et al., 1995, JAY, 1996, DOYLE et al., 1997, PITT und HOCKING, 1997)

Mikroorganismen	Minimale a_W-Werte
Die meisten Bakterien	$\geq$ 0,98
Die meisten Hefen	0,88
Die meisten Schimmelpilze	0,80
Halophile Bakterien (halophile Archaea)	0,75
Osmotolerante Hefen (z.B. *Zygosaccharomyces* spp.)	0,62
Xerophile Schimmelpilze*	< 0,85–0,60

* Nach PITT und HOCKING (1997) vermehren sich xerophile Schimmelpilze bei einem a_W-Wert < 0,85, wobei aus praktischen Erwägungen alle Schimmelpilze als xerophil definiert werden, die innerhalb von 7 Tagen bei 25 °C auf einem 25 % Glycerol-Nitrat-Agar (G25-N-Agar) größere Kolonien bilden, als auf Czapek-Hefeextrakt-Agar (CYA) oder auf Malzextrakt-Agar (MEA).

Tab. VII.7-1: Untersuchungen, die in der Regel für eine Beurteilung getrockneter Lebensmittel ausreichen

Mikroorganismen	Produkte							
	Gewürze für Lebensmittel, die keinem keimreduzierenden Verfahren unterzogen werden	Gewürze für Lebensmittel, die pasteurisiert oder sterilisiert werden	Suppen und Soßen	Instantprodukte	Diätetische Lebensmittel	Erzeugnisse auf Milchbasis	Eiprodukte	Obst und Gemüse
Aerobe mesophile Koloniezahl	○	○	●	●	●	○	●	
Milchsäurebakterien	○							
Enterobacteriaceen	○						●	○
Coliforme Bakterien					●	●		
E. coli	●		●	●	●	○		
Salmonellen	●		●	●		●	●	○
Staph. aureus	●		●	●		●	●	○
Listeria monocytogenes						●		○
Aerobe Sporenbildner		○			●			
Bacillus cereus	●		●	●				○
Sulfitreduzierende Clostridien	●	○	●	●				
Clostridium perfringens			●					
Hefen	○							○
Schimmelpilze	●	○		●				○

○ Empfohlene Untersuchung ● Nachweis entspr. vorhandener Kriterien

7.1 Untersuchung

7.1.1 Untersuchungskriterien

Nachgewiesen werden sollen besonders diejenigen Mikroorganismen, die in den zubereiteten Erzeugnissen zum Verderb oder zur Erkrankung führen, und die Hygienemängel oder technologische Fehler bei der Herstellung anzeigen (Tab. VII.7-1).

7.1.2 Untersuchungsmethoden

Probenahme und Probenvorbereitung

10 g Probe zu 90 ml Verdünnungsflüssigkeit (0,1 % Caseinpepton, trypt., 0,85 % Kochsalz), Homogenisieren der Probe und Herstellung einer Verdünnungsreihe.

Art der Untersuchung

Aerobe mesophile Koloniezahl

- Verfahren: Tropfplatten- oder Spatelverfahren oder Gusskultur
- Medium/Temperatur/Zeit: Plate-Count-Agar, 30 °C, 72 h

Milchsäurebakterien

- Verfahren: Tropfplattenverfahren oder Gusskultur
- Medium/Temperatur/Zeit: MRS-Agar (pH 5,7), 30 °C, 72 h. Bebrütung: Tropfplattenverfahren anaerob, Gusskultur aerob

Enterobacteriaceen

- Verfahren: Tropfplattenverfahren
- Medium/Temperatur/Zeit: VRBD-Agar, 30 °C, 48 h, anaerob
- Auswertung: Alle Kolonien mit einem Durchmesser über 1 mm. Bei anaerober Bebrütung können sich auch Pseudomonaden vermehren (Durchmesser der Kolonien unter 1 mm).

Hefen und Schimmelpilze, allgemein

- Verfahren: Spatelverfahren
- Medium/Temperatur/Zeit: Malzextrakt-Hefeextrakt-Glucose-Agar (MY50G), 25 °C, 5 Tage
- Osmotolerante Hefen: Malzextrakt-Agar mit 50 % Glucose (MY50G), 25 °C, 14 Tage
- Xerophile Schimmelpilze: Glycerol-Nitrat-Agar (G25N-Agar), 25 °C, 7 Tage

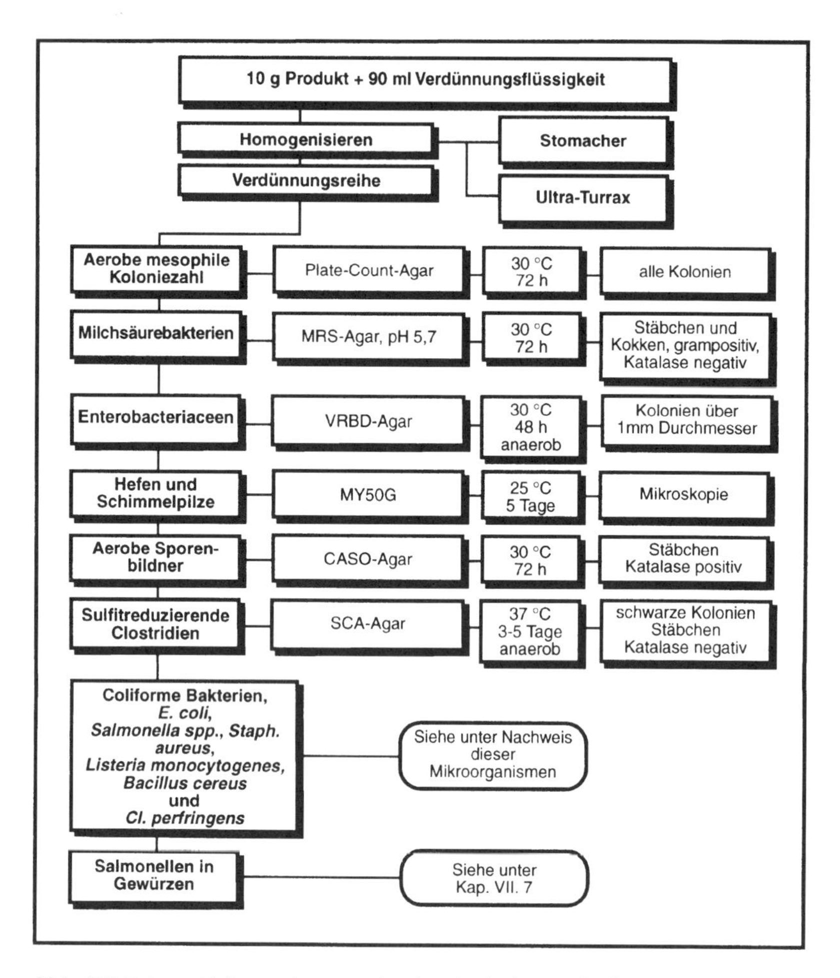

Abb. VII.7-1: Untersuchung getrockneter Lebensmittel

Aerobe Sporenbildner

- Verfahren: Spatelverfahren
- Medium/Temperatur/Zeit: CASO-Agar, 30 °C, 72 h
- Auswertung: Grampositive bis gramvariable Stäbchen, Katalase-positiv

Soll die Sporenzahl erfasst werden, ist die Verdünnungsreihe auf 70 °C für 10 min zu erhitzen.

Sulfit reduzierende Clostridien

- Medium/Temperatur/Zeit: SCA-Agar, 37 °C, 3–5 Tage, anaerob
- Auswertung: Schwarze Kolonien, Stäbchen, Katalase-negativ

Soll die Sporenzahl erfasst werden, ist die Verdünnungsreihe auf 70 °C 10 min zu erhitzen.

Nachweis von Salmonellen in Gewürzen

Voranreicherung

Da es durch den Trocknungsprozess und auch durch die Gewürzinhaltsstoffe zu einer subletalen Schädigung der Salmonellen kommen kann, wird folgende Veränderung der Voranreicherung empfohlen: Gepuffertes Peptonwasser + 50 ng/ml Ferrioxamin.

Nachweisverfahren: (siehe Nachweis von Salmonellen)

Schnellnachweis von Salmonellen: Impedanz-Methode (VOGT, BAUMGART, REISSBRODT, 1997)

7.2 Mikrobiologische Kriterien

Tab. VII.7-2: Mikrobiologische Kriterien für getrocknete Lebensmittel

Land/Quelle	Produkt	Mikroorganismen	Kriterien
Schweiz (Hygiene-VO, 1995)	Suppen, nicht genussfertig (vor dem Genuss zu kochen)	*E. coli* *Staph. aureus*	100 (T) 1 000 (T)
	Suppen genussfertig	Aerobe mesophile Keime *E. coli* *Staph. aureus*	100 000 (T) 10 (T) 100 (T)
Deutschland (Diät-VO, 1988)	Diätetische Lebensmittel, hergestellt unter Verwendung von Milch, Milcherzeugnissen oder Milchbestandteilen	Aerobe Keime *E. coli* und Coliforme Aerobe Sporenbildner (Werte für genussfertige Produkte)	< 10 000 (T) neg. in 0,1 ml < 150 in 1 ml

Tab. VII.7-2: Mikrobiologische Kriterien für getrocknete Lebensmittel (Forts.)

Land/Quelle	Produkt	Mikroorganismen	Kriterien	
			Richtwert	Warnwert
Deutschland, DGHM (1988)	Gewürze, Abgabe an Verbraucher oder Lebensmittel zugesetzt und keinem Keim reduzierenden Verfahren unterworfen	*Staph. aureus*	$1{,}0 \times 10^2$	$1{,}0 \times 10^3$
		Bac. cereus	$1{,}0 \times 10^4$	$1{,}0 \times 10^5$
		E. coli	$1{,}0 \times 10^4$	–
		Sulfit reduzierende Clostridien	$1{,}0 \times 10^4$	$1{,}0 \times 10^5$
		Schimmelpilze	$1{,}0 \times 10^5$	$1{,}0 \times 10^6$
		Salmonellen	–	neg. in 25 g
	Kochprodukte, Trockensuppen, Trockeneintöpfe, Trockensoßen	Aerobe Keimzahl	$1{,}0 \times 10^7$	–
		Staph. aureus	$1{,}0 \times 10^2$	$1{,}0 \times 10^3$
		Bac. cereus	$1{,}0 \times 10^4$	$1{,}0 \times 10^5$
		E. coli	$1{,}0 \times 10^3$	$1{,}0 \times 10^4$
		Sulfit reduzierende Clostridien	$1{,}0 \times 10^4$	$1{,}0 \times 10^5$
		Schimmelpilze	$1{,}0 \times 10^4$	$1{,}0 \times 10^5$
		Salmonellen	–	neg. in 25 g
FAO (1992)	Trockengemüse	*E. coli*	$n = 5, c = 2$ $m = 10^2, M = 10^3$	
Deutschland, DGHM (1988)	Instantprodukte	Aerobe Keimzahl	$1{,}0 \times 10^6$	–
		Staph. aureus	$1{,}0 \times 10^2$	$1{,}0 \times 10^3$
		Bac. cereus	$1{,}0 \times 10^4$	$1{,}0 \times 10^5$
		E. coli	$1{,}0 \times 10^2$	$1{,}0 \times 10^3$
		Sulfit reduzierende Clostridien	$1{,}0 \times 10^4$	$1{,}0 \times 10^5$
		Schimmelpilze	$1{,}0 \times 10^4$	$1{,}0 \times 10^5$
		Salmonellen	–	neg. in 25 g

Tab. VII.7-2: Mikrobiologische Kriterien für getrocknete Lebensmittel (Forts.)

Land/Quelle	Produkt	Mikroorganismen	Kriterien
Internationaler Suppenverband AIIBP (1992)	Trockensuppen und Bouillons, die gekocht oder durch Zusatz von kochendem Wasser zubereitet werden	*Cl. perfringens*	$n = 5, c = 3$ $m = 10^2, M = 10^4$
		Bac. cereus	$n = 5, c = 3$ $m = 10^3, M = 10^5$
		Staph. aureus	$n = 5, c = 2$ $m = 10^2, M = 10^3$
		Salmonellen	$n = 5, c = 0$ neg. in 25 g
Deutschland Eiprodukte-VO (1993)	Eiprodukte	Aerobe mesophile Keimzahl	$n = 5, c = 2$ $m = 10^4, M = 10^5$
		Entero-bacteriaceen	$n = 5, c = 2$ $m = 10, M = 10^2$
		Staph. aureus	$n = 5, c = 0$ $m = 0$
		Salmonellen in 25 g	$n = 5, c = 0$ $m = 0$
FAO (1992)	Trocken- und Instantprodukte, verzehrfertig nach Flüssigkeitszugabe	Aerobe mesophile Keime	$n = 5, c = 1$ $m = 10^4, M = 10^5$
		Coliforme Bakterien	$n = 5, c = 1$ $m = 10, M = 10^2$
		Salmonellen in 25 g	$n = 60, c = 0$ $m = 0$
FAO (1992)	Trockenprodukte, die vor dem Verzehr erhitzt werden (kochen)	Aerobe mesophile Keime	$n = 5, c = 3$ $m = 10^5, M = 10^6$
		Coliforme Bakterien	$n = 5, c = 3$ $m = 10, M = 10^2$
		Salmonellen	$n = 15, c = 0$ $m = 0$ neg. in 25 g
Milch-verordnung	Erzeugnisse auf Milchbasis außer Milchpulver	*Listeria monocytogenes*	neg. in 1 g
		Salmonellen	neg. in 25 g $n = 5, c = 0$
		Coliforme Bakterien	$n = 5, c = 0$ $m = 0, M = 10$

Tab. VII.7-2: Mikrobiologische Kriterien für getrocknete Lebensmittel (Forts.)

Land/Quelle	Produkt	Mikroorganismen	Kriterien
	Milchpulver	*Listeria monocytogenes*	neg. in 1 g
		Salmonellen	neg. in 25 g n = 10, c = 0
		Staph. aureus	n = 5, c = 2 m = 10, M = 100
		Coliforme Bakterien	n = 5, c = 2 m = 0, M = 10
Schweiz (VO 1995)	Säuglingsanfangsnahrung und Folgenahrung		
	– genussfertig	Aerobe mesophile Keimzahl	10 000 (T)
		Enterobacteriaceen	10 (T)
		Staph. aureus	10 (T)
	– nicht genussfertig	Aerobe mesophile Keimzahl	50 000 (T)
		Enterobacteriaceen	100 (T)
		Staph. aureus	100 (T)

Erklärung: T = Toleranzwert. Alle Werte beziehen sich auf 1 g oder 1 ml, bei Salmonellen auf 25 g, sofern keine anderen Bezugsgrößen angegeben sind.

Literatur

1. ADAMS, M.R., MOOS, M.O.: Food Microbiology, The Royal Soc. of Chemistry, Cambridge, 1995
2. AIIBP, Association Internationale de l'Industrie des Bouillons et Potages: New microbiological specifications for dry soups and bouillons, Alimenta 31, 62-65, 1992
3. BOURGEOIS, C.M., LEVEAU, J.Y.: Microbiological control for goods and agricultural products, VCH Verlagsges., Weinheim, 1995
4. Diätverordnung vom 25.08.1998 i.d.F. vom 24.6.1994, BGBl I, S. 1416, 1420, 1994
5. DGHM: Mikrobiologische Richt- und Warnwerte zur Beurteilung von Lebensmitteln: Eine Empfehlung der Arbeitsgruppe der Kommission Lebensmittel-Mikrobiologie und -Hygiene der Deutschen Gesellschaft für Hygiene und Mikrobiologie (DGHM), Bundesgesundheitsblatt 31 (Nr. 3), 93-94, 1988

6. DOYLE, M.P., BEUCHAT, L.R., MONTVILLE, T.J.: Food Microbiology Fundamentals and Frontiers, ASM Press, Washington D.C., 1997
7. FAO (Food and Agriculture Organisation of the United Nations): Manual of food quality control, 4 Rev. 1. Microbiological analysis, ed. by W. Andrews, Rom, 1992
8. ICMSF (International Commission on Microbiological Specifications for foods of the International Union of Biological Societies): Microorganisms in foods – 6 – Microbial ecology of food commodities, Chapman & Hall, London, 1998
9. JAY, M.J.: Modern Food Microbiology, 5th. ed., Chapman & Hall, London, 1996
10. MOSSEL, D.A.A., CORRY, J.E.L., STRUIJK, C.B., BAIRD, R. M.: Essentials of the Microbiology of Foods, a Textbook for Advanced Studies, John Wiley & Sons., Chichester, England, 1995
11. PITT, J.I., HOCKING, A.D.: Fungi and Food Spoilage, Chapman & Hall, London, 1997
12. ROBERTS, D., HOOPER, W., GREENWOOD, M.: Practical Food Microbiology, Public Health Laboratory Service, London, 1995
13. Verordnung über die hygienisch-mikrobiologischen Anforderungen an Lebensmittel, Bedarfsgegenstände, Räume, Einrichtungen und Personal, Schweiz, 26.6.1995
14. Verordnung über Hygiene- und Qualitätsanforderungen an Milch und Milcherzeugnisse auf Milchbasis (Milchverordnung) vom 24.4.1995, BGBl I S. 544, 1995
15. Verordnung über die hygienischen Anforderungen an Eiprodukte (Eiprodukte-Verordnung) vom 17.12.1993, BGBl I S. 2288, 1993
16. VOGT, N., BAUMGART, J., REISSBRODT, R.: Verbesserter Nachweis von Salmonellen in Gewürzen durch Supplementierung der Voranreicherung mit Ferrioxamin E, Vortrag auf dem Symposium „Schnellmethoden und Automatisierung in der Lebensmittel-Mikrobiologie“ vom 2.–4.7.1997 in Lemgo

8 Convenienceprodukte

8.1 Definition

Vielfältig ist der Bereich der Convenienceprodukte; er reicht von küchenfertigen Erzeugnissen (z. B. passierter Spinat) über garfertige Lebensmittel (z. B. Pommes frites), regenerierfertigen Produkten (fertig vorbereitete oder gegarte Produkte, die durch Erwärmen oder Erhitzen verzehrfertig werden, wie z. B. Fertiggerichte) bis zu den verzehrfertigen Speisen, die ohne weitere Behandlung gegessen werden (Baguettes, Sandwiches, Snackartikel, Desserts).

Als Convenienceprodukte werden in diesem Kapitel industriell oder gewerblich hergestellte be- oder verarbeitete Lebensmittel verstanden, die eine küchenmäßige Zubereitung verkürzen oder erleichtern sollen. Nach dem Grad der Herstellung zählen dazu Fertiggerichte, sterilisierte Produkte in starren und halbstarren Behältern oder Weichpackungen (z. B. Eintöpfe oder Menüs in Mehrkammerschalen), Tiefgefriergerichte (z. B. Pizza), fertige sterilisierte Teilgerichte (z. B. Gulasch) und fertige pasteurisierte Teil- oder Fertiggerichte (z. B. Produkte, die nach dem Nacka- oder Sous-Vide-Verfahren erhitzt worden sind). Bei den Fertiggerichten kann es sich auch um rohe oder teilgegarte Gerichte oder Teile davon handeln, die vor dem Verzehr gegart werden müssen oder es sind gegarte TK-Fertiggerichte bzw. Teile davon, die nur auf Verzehrtemperatur erhitzt werden. Zu den Convenienceprodukten zählen jedoch auch Baguettes und Sandwiches, Snackartikel und Desserts. Da zu den Convenienceprodukten Lebensmittel ganz unterschiedlicher Herkunft und Vorbehandlung gehören und so die mikrobiologischer Beschaffenheit sehr variiert, ist es nicht möglich, in diesem Kapitel auf jedes dieser Produkte einzugehen. Verwiesen sei auf die Ausführungen zu den verschiedenartigen Lebensmitteln im Kapitel VII sowie auf Anführungen in der Reihe „Mikrobiologie der Lebensmittel – Fleisch und Fleischerzeugnisse und Lebensmittel pflanzlicher Herkunft“ (RIETHMÜLLER, 1997, KRÄMER, 1997).

8.2 Untersuchung

Die durchzuführenden Untersuchungen dienen der Haltbarkeitskontrolle, einer Beurteilung der mikrobiologischen Qualität sowie dem Nachweis pathogener und toxinogener Mikroorganismen.

8.2.1 Untersuchungskriterien

Aufgeführt sind nur die Untersuchungen, die in der Regel zur Beurteilung ausreichen (Tab. VII.8-1).

Tab. VII.8-1: Untersuchungen, die in der Regel für eine Beurteilung von Convenience-Produkten ausreichen

	Produkte						
Mikroorganismen	Rohe oder teilgegarte TK-Fertiggerichte oder Teile davon, die vor dem Verzehr gegart werden müssen	Gegarte TK-Fertiggerichte oder Teile davon, die nur auf Verzehrtemperatur erhitzt werden müssen	Pizza, frisch oder tiefgefroren	Pasteurisierte Fertiggerichte oder Teile davon, gekühlt, auf Verzehrtemperatur zu erhitzen	Frische, gekühlte Fertiggerichte oder Teile davon, die vor dem Verzehr gegart werden müssen	Sterilisierte Fertiggerichte	Baguettes, Sandwiches
Aerobe Koloniezahl	○	●	○	○	○	○	○
Enterobacteriaceen	○	○	○	○	○		○
E. coli	●	●	○	○	○		○
Enterokokken	○	○	○				
Sulfitreduzierende Clostridien						○	
Bazillen						○	○
Hefen und Schimmelpilze			○				
Salmonellen	●	●	○	○	○		○
Campylobacter jejuni		○ 1)					○ 1)
Listeria monocytogenes	○	○	○	○	○		○
Staph. aureus	●	●	○	○	○		○
Bacillus cereus	●	●	○	○	○		
Vibrio parahaemolyticus			○ 2)				○ 2)
Clostridium perfringens	○	○	○	○	○		○

1) Nur bei Geflügel
2) Nur bei Meerestieren

○ Empfohlene Untersuchung ● Nachweis entspr. vorhandener Kriterien

8.2.2 Untersuchungsmethoden

Probenahme und Probenvorbereitung

Untersucht werden soweit möglich alle Einzelkomponenten oder ein Gemisch der Einzelkomponenten (Pizzabelag, Belag der Baguettes oder Sandwiches). Jeweils 10 g oder 50 g werden mit 90 bzw. 450 ml Verdünnungsflüssigkeit homogenisiert.

Art der Untersuchung

Die Art der Untersuchung ist produktabhängig (Erhitzung, TK, gekühltes Produkt, Snacks), so dass nicht in jedem Fall die aufgeführten Mikroorganismen vollständig zu bestimmen sind. In Behältnissen pasteurisierte oder sterilisierte Fertiggerichte werden wie Konserven behandelt.

Empfohlene Untersuchungen

Aerobe, mesophile Koloniezahl und Bazillen

- Verfahren: Spatelverfahren oder Gusskultur
- Medium/Temperatur/Zeit: Plate-Count-Agar, 30 °C, 72 h
- Auswertung: Alle Kolonien

Enterobacteriaceen

- Verfahren: Tropfplattenverfahren
- Medium/Temperatur/Zeit: VRBD-Agar, 30 °C, 48 h, anaerob
- Auswertung: Alle Kolonien mit einem Durchmesser über 1 mm. Bei anaerober Bebrütung können auch Pseudomonaden wachsen (Durchmesser der Kolonie unter 1 mm). Es wird empfohlen, eine *Pseudomonas*-Kultur als Kontrolle mitzuführen.

Escherichia coli

- Verfahren: Membranfilter-Verfahren (siehe unter III.2.1.2.2C = Methode nach § 35 LMBG), Spatelverfahren oder Petrifilm-Methode (Routine-Methoden)
- Medium/Temperatur Zeit:
  a) Membranfilter-Verfahren: Mineral-Modifizierter-Glutaminat-Agar, 37 °C, 4 h (Wiederbelebungsschritt = Ausspateln der Probe auf einer Cellulose-Acetat-Membran), danach Übertragen der Membran auf ECD-Agar = Escherichia-Coli-Direkt-Agar, 44 °C, 18–24 h

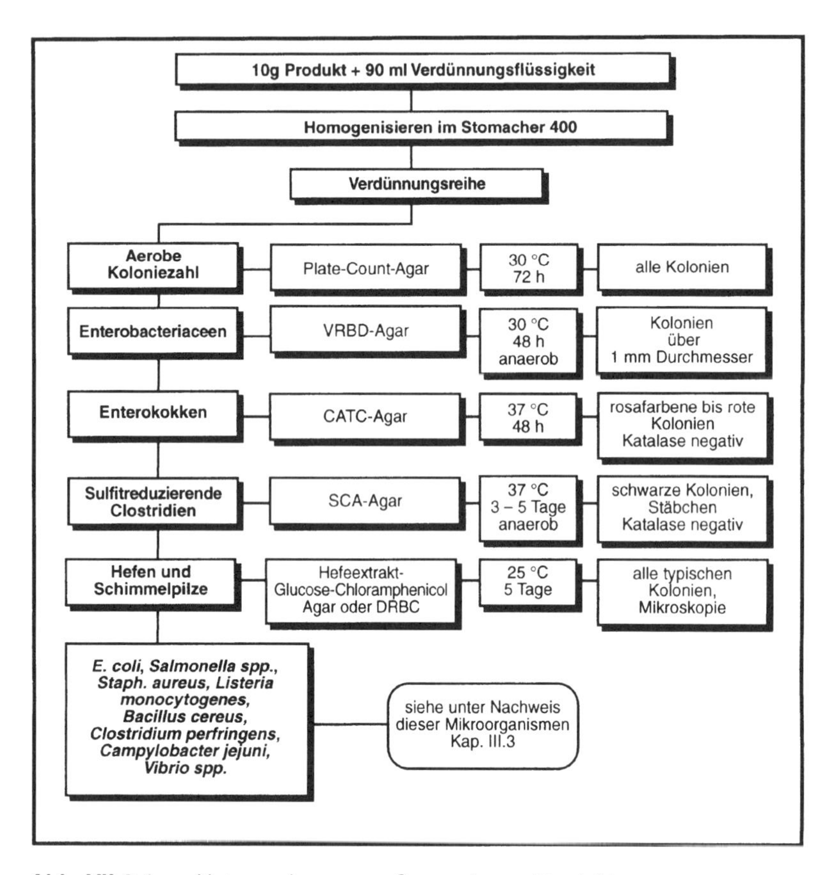

Abb. VII.8-1: Untersuchung von Convenience-Produkten

b) Spatelverfahren: Chromogene Medien, wie z.B. C-EC-Agar (Biolife): 44 °C, 18–24 h (Nachweis von *E. coli*) oder Coli ID-Medium (bioMérieux): 37 °C, 24–48 h (Nachweis coliformer Bakterien und Nachweis von *E. coli*) oder TBX-Medium (Oxoid): 30 °C, 4 h und 44 °C 18 h (Nachweis von *E. coli*) oder CHROMagar (Fa. Merck), 44 °C, 24–48 h

c) Petrifilm-Methode: E.-coli-Count-Plates, 44 °C, 24–48 h

- Auswertung:

a) Membranfilter-Verfahren: ß-D-Glucuronidase-positive Kolonien fluoreszieren bei 360–366 nm blau. Diese Kolonien werden gezählt und 5 Kolonien werden im Indol-Test bestätigt. Berechnung der Keimzahl siehe Methode nach § 35 LMBG.

b) Spatelverfahren: siehe Angaben der Firmen

Enterokokken

- Verfahren: Tropfplattenverfahren
- Medium/Temperatur/Zeit: CATC-Agar, 37 °C, 48–72 h
- Auswertung: Rote bis rosafarbene Kolonien, Kokken, Katalase-negativ
- Bestätigung (siehe Nachweis von Enterokokken, Kap. III.2.3)

Sulfit reduzierende Clostridien

- Verfahren: Gusskultur
- Medium/Temperatur/Zeit: SCA-Agar, 37 °C, 72 h, anaerob
- Auswertung: Auszählung der schwarzen Kolonien
- Bestätigung: Prüfung von Reinkulturen (Stäbchen, Katalase-negativ, Sporen)

Hefen und Schimmelpilze

- Verfahren: Spatelverfahren
- Medium/Temperatur/Zeit: Hefeextrakt-Glucose-Chloramphenicol-Agar oder MY50G (bei Produkten mit geringer Wasseraktivität), 25 °C, 3–5 Tage
- Auswertung: Auszählung aller Kolonien, mikroskopische Kontrolle

Bacillus cereus, Campylobacter jejuni, Clostridium perfringens, Listeria monocytogenes, Staphylococcus aureus und *Vibrio parahaemolyticus* siehe unter Nachweis von pathogenen und toxinogenen Mikroorganismen Kap. III.3.

8.3 Mikrobiologische Kriterien

Tab. VII.8-2: Mikrobiologische Kriterien für Fertiggerichte

Land/Quelle	Produkt	Mikroorganismen	Kriterien	
			Richtwert	Warnwert
Bundesrepublik Deutschland (DGHM 1992)	Rohe oder teilgegarte Tiefkühl-Fertiggerichte oder Teile davon, die vor dem Verzehr gegart werden müssen	*E. coli*	10^3/g	10^4/g
		Staph. aureus	10^2/g	10^3/g
		Bac. cereus	10^3/g	10^4/g
		Salmonellen	nicht nachweisbar in 25 g	

Tab. VII.8-2: Mikrobiologische Kriterien für Fertiggerichte (Forts.)

Land/Quelle	Produkt	Mikroorganismen	Kriterien	
			Richtwert	Warnwert
	Gegarte TK-Fertiggerichte bzw. Teile davon, die nur noch auf Verzehrstemperatur erhitzt werden müssen	Aerobe mesophile Keimzahl	10^6/g*	
		E. coli	10^2/g	10^3/g
		Staph. aureus	10^2/g	10^3/g
		Bac. cereus	10^3/g	10^4/g
		Salmonellen	nicht nachweisbar in 25 g	
			Grenzwert	
Frankreich (BOURGEOIS und LEVEAU, 1995)	Gekühlte oder tiefgefrorene Fertiggerichte	Aerobe mesophile Keimzahl	3,0 x 10^5/g	
		Coliforme Bakterien	10^3/g	
		Faekal-Coliforme	10/g	
		Staph. aureus	10^3/g	
		Sulfit reduzierende Clostridien	30/g	
		Salmonellen	nicht nachweisbar in 25 g	

* Anmerkung: Die Keimzahl kann überschritten werden, wenn rohe Produkte wie Käse, Petersilie etc. mitverarbeitet werden.

Tab. VII.8-3: Mikrobiologische Grenzwerte für genussfertige und nicht genussfertige Lebensmittel (KBE/g)

Mikroorganismen	Produkte	
	genussfertig	nicht genussfertig
Bacillus cereus	10^4	10^5
Campylobacter jejuni	n. n. in 25 g	10^5
Campylobacter coli	n. n. in 25 g	–
Clostridium perfringens	10^4	–
E. coli	10^4	–
Listeria monocytogenes	n. n. in 25 g	–
Pseudomonas aeruginosa	10^4	–

Tab. VII.8-3: Mikrobiologische Grenzwerte für genussfertige und nicht genussfertige Lebensmittel (KBE/g) (Forts.)

Mikroorganismen	Produkte	
	genussfertig	nicht genussfertig
Salmonellen	n. n. in 25 g	–
Shigella spp.	n. n. in 25 g	–
Staph. aureus	10^4	10^5
Vibrio cholerae	n. n. in 10 g	–
Yersinia enterocolitica (pathogene Serotypen)	n. n. in 25 g	–

Quelle: Verordnung über die hygienisch-mikrobiologischen Anforderungen an Lebensmittel, Gebrauchsgegenstände, Räume, Einrichtungen und Personal (Schweiz, 26.06.1995).
Erklärung: n. n. = nicht nachweisbar

Tab. VII.8-4: Mikrobiologische Kriterien für Sandwiches*

Mikroorganismen	Schweiz. HyV (1995) Toleranzwerte (T) Grenzwerte (G)	Guidelines (ROBERTS et al., 1995) nicht zu akzeptieren
Aerobe mesophile Koloniezahl	10^6/g (T)	–
E. coli	10/g (T)	$>10^4$/g
Staph. aureus	100/g (T)	$>10^4$/g
Salmonellen	n. n. in 25 g* (G)	pos. in 25 g
Clostridium perfringens	10^4/g* (G)	$>10^4$/g
Bacillus cereus u. a. Bazillen	10^4/g* (G)	$>10^5$/g
Listeria monocytogenes	n. n. in 25 g* (G)	$>10^3$/g
Campylobacter jejuni/ *Campylobacter coli*	n. n. in 25 g$^+$ (G)	–

Erklärungen:
* in schweizerischer HyV als belegte Brote bezeichnet
\+ Werte für genussfertige Lebensmittel
n. n. nicht nachweisbar

Tab. VII.8-5: Mikrobiologische Kriterien für Desserts (Puddings), gewöhnlich kalt verzehrt

Land	Mikroorganismen	Richtwerte
Niederlande	Aerobe Koloniezahl	$1{,}0 \times 10^{6}$/g
Neuseeland	Aerobe Koloniezahl	$1{,}0 \times 10^{5}$/g
Niederlande	Enterobacteriaceen	$1{,}0 \times 10^{3}$/g
Neuseeland	Enterobacteriaceen	20/g
Niederlande	*Staph. aureus*	$5{,}0 \times 10^{2}$/g
Neuseeland	*Staph. aureus*	$1{,}0 \times 10^{2}$/g
Neuseeland	*Clostridium perfringens*	$1{,}0 \times 10^{2}$/g
Neuseeland	*Bacillus cereus*	$1{,}0 \times 10^{2}$/g
Niederlande	Hefen und Schimmelpilze	$1{,}0 \times 10^{3}$/g

Die Werte in Neuseeland gelten für Instantprodukte.
Quelle: SHAPTON, D.A., SHAPTON, N.F., 1991

Tab. VII.8-6: Kriterien zur Beurteilung von Fertiggerichten und Rohstoffen im Hinblick auf das Vorkommen von Listeria monocytogenes

Land	Beurteilung	*Listeria monocytogenes*	Quelle
Kanada	Fertiggerichte, in denen sich *L. m.* vermehren kann und die bei Kühlung eine Haltbarkeit von >10 Tagen haben.	0 in 25 g	FARBER und HARWIG, 1996
	Fertiggerichte, in denen sich *L. m.* vermehren kann und die bei Kühlung eine Haltbarkeit von <10 Tagen haben und alle Produkte, in denen eine Vermehrung von *L. m.* nicht stattfindet ($a_w \leq 0{,}92$).	≤ 100/g	

Tab. VII.8-6: Kriterien zur Beurteilung von Fertiggerichten und Rohstoffen im Hinblick auf das Vorkommen von Listeria monocytogenes (Forts.)

Land	Beurteilung	*Listeria monocytogenes*	Quelle
England/ Wales	zufrieden stellend	0 in 25 g	MCLAUCHLIN, 1996
	noch einwandfrei	$<10^2$/g	
	unbefriedigend	10^2–10^3/g	
	mögliche Gesundheitsgefährdung, nicht zu akzeptieren	$>10^3$/g	
Frankreich	tolerierbar	<100/g	LAHELEC, 1996
Dänemark	Lebensmittel in der Packung erhitzt	n = 5, c = 0 m = 0/g	QUIST, 1996
	Räucherlachs und rohes Gemüse	n = 5, c = 2 m = 10/g, M = 100/g	
	Frischfleisch und Frischfisch	n = 5, c = 2 m = 10/g, M = 100/g	

Tab. VII.8-7: Mikrobiologische Kriterien für gekochten Reis (NICHOLS et al., 1999)

	Keimzahlen pro g		
Mikroorganismen	zufrieden stellend	noch akzeptabel	nicht akzeptabel, Gefahr einer Gesundheitsschädigung
Aerobe Koloniezahl	$<10^6$	10^6 bis $<10^7$	–
E. coli	<20	$<10^2$	10^4
Bacillus-subtilis-Gruppe[a]	$<10^3$	$<10^4$	10^5

[a] *Bac. subtilis, Bac. licheniformis, Bac. pumilus*

Tab. VII.8-8: Mikrobiologische Kriterien für Desserts, auch TK (z.B. Desserts mit Früchten, Tiramisu u.a.)

Art der Kriterien	Mikroorganismen	n	c	Log m	Log M
Indikatorkeime	KBE, aerob, mesophil	5	2	5	6
Indikatorkeime	Enterobacteriaceae	5	2	2	3
Indikatorkeime	Coliforme	5	2	2	3
Analytische Kriterien	*E. coli*	5	2	1	2
Analytische Kriterien	*Staph. aureus*	5	2	1	2
Indikatorkeime	Hefen	–	–	–	–
Indikatorkeime	Schimmel	–	–	–	–
Obligatorische Kriterien	Salmonellen	5	0	n.n./25 g	n.n./25 g
Obligatorische Kriterien	Listerien	5	0	n.n./25 g	n.n./25 g

Erklärungen

Obligatorische Kriterien

Pathogene Keime: Wenn diese Normen überschritten werden, muss das betroffene Los vom Verzehr und vom Markt ausgeschlossen werden.

Analytische Kriterien

Nachweiskeime für mangelnde Hygiene: Bei Überschreiten dieser Norm muss in jedem Fall die Durchführung der in dem Verarbeitungsbetrieb angewandten Überwachungs- und Kontrollverfahren für die kritischen Punkte überprüft werden. Werden Enterotoxin bildende *Staphylococcus-aureus*-Stämme oder vermutlich pathogene *Escherichia-coli*-Stämme festgestellt, so müssen alle beanstandeten Lose vom Verzehr und vom Markt ausgeschlossen werden.

Indikatorkeime

Richtwerte: Die Richtwerte sollen den Erzeugern dabei helfen, sich ein Urteil über die ordnungsgemäße Arbeit ihres Betriebes zu bilden und das System und das Verfahren der Eingangskontrolle ihrer Produktion zu praktizieren.

Quelle: Empfehlung der FIAL (Föderation der Schweiz. Nahrungsmittel-Industrie, 1996).

Tab. VII.8-9: Mikrobiologische Kriterien für TK-Erzeugnisse mit thermisierten Komponenten (Bsp.: Fertigmenüs, Nuggets, Bami Goreng u.a.)

Art der Kriterien	Mikroorganismen	n	c	Log m	Log M
Indikatorkeime	KBE, aerob, mesophil	5	2	5	6
Indikatorkeime	Enterobacteriaceae	5	2	2	3
Indikatorkeime	Coliforme	5	2	2	3
Analytische Kriterien	*E. coli*	5	2	1	2
Analytische Kriterien	*Staph. aureus*	5	2	1	2
Obligatorische Kriterien	Salmonellen	5	0	n.n./25 g	n.n./25 g

Erklärungen

Obligatorische Kriterien

Pathogene Keime: Wenn diese Normen überschritten werden, muss das betroffene Los vom Verzehr und vom Markt ausgeschlossen werden.

Analytische Kriterien

Nachweiskeime für mangelnde Hygiene: Bei Überschreiten dieser Norm muss in jedem Fall die Durchführung der in dem Verarbeitungsbetrieb angewandten Überwachungs- und Kontrollverfahren für die kritischen Punkte überprüft werden. Werden Enterotoxin bildende *Staphylococcus-aureus*-Stämme oder vermutlich pathogene *Escherichia-coli*-Stämme festgestellt, so müssen alle beanstandeten Lose vom Verzehr und vom Markt ausgeschlossen werden.

Indikatorkeime

Richtwerte: Die Richtwerte sollen den Erzeugern dabei helfen, sich ein Urteil über die ordnungsgemäße Arbeit ihres Betriebes zu bilden und das System und das Verfahren der Eingangskontrolle ihrer Produktion zu praktizieren.

Quelle: Empfehlung der FIAL (Föderation der Schweiz. Nahrungsmittel-Industrie, 1996).

Tab. VII.8-10: Mikrobiologische Kriterien für Fertiggerichte zum Zeitpunkt des Verkaufs in England und Irland (Guidelines published by the Public Health Laboratory Service, GILBERT et al., 2000)

		Mikrobiologische Qualität (KBE/g)			
Kategorie	Kriterien	zufrieden stellend	annehmbar	nicht befriedigend	nicht akzeptabel, gesundheitsgefährdend
	Aerobe Koloniezahl[1] bei 30 °C/48 h				
1		$<10^3$	10^3–$<10^4$	$\geq 10^4$	entfällt
2		$<10^4$	10^4–$<10^5$	$\geq 10^5$	entfällt
3		$<10^5$	10^5–$<10^6$	$\geq 10^6$	entfällt
4		$<10^6$	10^6–$<10^7$	$\geq 10^7$	entfällt
5		entfällt	entfällt	entfällt	entfällt
	Indikator-organismen				
1–5	Enterobacteriaceae[2]	<100	100–$<10^4$	$\geq 10^4$	entfällt
1–5	*E. coli*	<20	20–<100	≥100	entfällt
1–5	Listerien	<20	20–<100	≥100	entfällt
	Pathogene Bakterien				
1–5	Salmonellen	n.n. in 25 g			pos. in 25 g
1–5	*Campylobacter* spp.	n.n. in 25 g			pos. in 25 g
1–5	*E. coli* O157 und andere VTEC	n.n. in 25 g			pos. in 25 g
1–5	*V. cholerae*	n.n. in 25 g			pos. in 25 g
1–5	*V. parahaemolyticus*[3]	<20	20–<100	100–$<10^3$	$\geq 10^3$
1–5	*L. monocytogenes*	<20[4]	20–<100	entfällt	≥100
1–5	*S. aureus*	<20	20–<100	100–$<10^4$	$\geq 10^4$
1–5	*C. perfringens*	<20	20–<100	100–$<10^4$	$\geq 10^4$
1–5	*B. cereus u.a.* pathogene Bakterien[5]	$<10^3$	10^3–$<10^4$	10^4–$<10^5$	$\geq 10^5$

Bemerkungen:

[1] Gilt nicht für fermentierte Lebensmittel, wie z.B. Salami, Käse und unpasteurisierter Joghurt. Diese Produkte gehören in die Kategorie 5.

[2] Gilt nicht für frische Früchte, frisches Gemüse und frische pflanzliche Salate.

[3] Gilt nur für Meerestiere.

[4] Negativ für länger haltbare Produkte unter Kühlung.

[5] Bei einer nachgewiesenen Bazillenzahl von 10^4/g ist eine Identifizierung notwendig.

Tab. VII.8-11: Kategorien für verschiedene Fertigspeisen

Lebensmittel-Gruppe	Produkt	Kategorie
Fleischprodukte	Hamburger	1
	Leberkäse	2
	Rohschinken	5
	Kebab	2
	Fleischmischgerichte	2
	Pies	1
	Kochschinken, Zunge	4
	Geflügel, ganze Teile	2
	Salami und fermentierte Fleischprodukte	5
Meerestiere	Krustaceen	3
	Kochfisch	3
	Räucherfisch	4
Desserts	Desserts mit Rahm/Sahne	3
	Desserts ohne Rahm/Sahne	2
	Tarts, Pies	2
Gemüse/Früchte	Krautsalat	3
	Trockenfrüchte	3
	frische Früchte und frisches Gemüse	5
	Mischsalate	4
	gekochtes Gemüse	2
Milchprodukte	Käse	5
	Eiscreme, Eis-Lollies, Sorbet	2
Pasta/Pizza		2
Sandwiches	mit Salat	5
	ohne Salat	4
Verschiedene Produkte	Tsatsiki und andere Dips	4
	Mayonnaise und Dressings	2
	Paté	3
	Frühlingsrolle	3

Literatur

1. BOURGEOIS, C.M., LEVEAU, J.Y.: Microbiological control for foods and agricultural products, VCH Verlagsgesellschaft mbH, Weinheim, Bundesrepublik Deutschland, 1995
2. FARBER, J.M., HARWIG, J.: The Canadian position on ready-to-eat foods, Food Control 7, 253-258, 1996
3. GILBERT, R.J., LOUVOIS, J. de, DONOVAN, T., LITTLE, C., NYE, K., RIBEIRO, C.D., RICHARDS, J., ROBERTS, D., BOLTON, F.J.: Guidelines for the microbiological quality of some ready-to-eat foods sampled at the point of sale, Communicable Disease and Public Health 3, 163-167, 2000
4. KRÄMER, J.: Mikrobiologie von gekühlten fleischhaltigen Gerichten, in: Mikrobiologie der Lebensmittel, Fleisch und Fleischerzeugnisse, herausgegeben von H. Weber, Behr's Verlag, Hamburg, 443-482, 1996
5. LAHELEC, C.: *Listeria monocytogenes* in foods: The French position International Food Safety Conference. Listeria: The state of the science, 29–30 June 1995 – Rome, Italy, Food Control 7, 241-243, 1996
6. MCLAUCHLIN, J.: The role of the Public Health Laboratory Service in England and Wales in the investigation of human listerioses during the 1980s and 1999s, Food Control 7, 235-239, 1996
7. DGHM (Deutsche Gesellschaft für Hygiene und Mikrobiologie): Mikrobiologische Richt- und Warnwerte zur Beurteilung von rohen, teilgegarten und gegarten Tiefkühlfertiggerichten oder Teilen davon, Lebensmitteltechnik 24, 89, 1992
8. NICHOLS, G.L., LITTLE, C.L., MITHANI, V., LOUVOIS, J.D.: The microbiological quality of cooked rice from restaurants and take-away premises in the United Kingdom, J. Food Protection 62, 877-882, 1999
9. ROBERTS, D., HOOPER, W., GREENWOOD, M.: Practical food microbiology methods for the examination of food for microorganisms of public health significance, Public Health Laboratory for Service, London, sec. ed., 1995
10. RIETHMÜLLER, V.: Kartoffeln und Kartoffelerzeugnisse, in: Mikrobiologie der Lebensmittel, Lebensmittel pflanzlicher Herkunft, herausgegeben von G. Müller, W.H. Holzapfel, H. Weber, Behr's Verlag, Hamburg, 71-85, 1997
11. RIETHMÜLLER, V.: Tiefgefrorene Fertiggerichte und tiefgefrorene Convenienceprodukte, in: Mikrobiologie der Lebensmittel, Lebensmittel pflanzlicher Herkunft, herausgegeben von G. Müller, W.H. Holzapfel, H. Weber, Behr's Verlag, Hamburg, 167-178, 1997
12. QUIST, S.: The Danish government position of the control of *Listeria monocytogenes* in foods, Food Control 7, 249-252, 1996
13. SHAPTON, D.A., SHAPTON, N.F.: Principles and practices for the safe processing of foods, Butterworth – Heinemann Ltd., Oxford, 1991
14. Verordnung über die hygienischen Anforderungen an Lebensmittel, Gebrauchsgegenstände, Räume, Einrichtungen und Personal, Hygieneverordnung, Schweiz, (HyV) vom 26.06.1995

9 Kristall- und Flüssigzucker

Kristallzucker ist aufgrund der im Herstellungsprozess verwendeten Parameter – hoher pH-Wert und hohe Temperaturen während der Saftreinigung – und aufgrund des geringen Wassergehaltes ein keimarmes Lebensmittel. Daher gibt es auch keine gesetzlichen Bestimmungen für die Untersuchung von Kristallzucker.

Zuckerproduzenten und weiterverarbeitende Industrie haben jedoch Untersuchungsmethoden und Richtwerte erarbeitet, die als Grundlage zur Beurteilung der mikrobiologischen Qualität des Zuckers dienen.

Flüssigzucker wird durch Auflösen des Kristallzuckers in Trinkwasser mit eventuell anschließender Invertierung am Ionenaustauscher hergestellt. Sterilfiltration und Erhitzung garantieren die geringe Keimzahl.

9.1 Untersuchung

Da kristalliner Zucker durch Mikroorganismen nicht verdirbt, bezweckt die Untersuchung nur den Nachweis derjenigen Mikroorganismen, die in mit Zucker hergestellten Lebensmitteln zum Verderb führen könnten. Die Zuckerindustrie orientiert sich an den Methoden der ICUMSA (**I**nternational **C**ommission for **U**niform **M**ethods of **S**ugar **A**nalysis). Dieses Gremium hat eine weltweite Vereinheitlichung der Bestimmungsmethoden angestrebt. Zusätzliche Untersuchungsparameter können zwischen Lieferanten und Kunden vereinbart sein.

9.1.1 Untersuchungskriterien

In der Standarduntersuchung werden folgende Mikroorganismen bestimmt:

	Richtwerte in KBE (**K**olonie **b**ildende **E**inheiten)
mesophile, aerobe Gesamtkeimzahl	max. 200/10 g
Hefen	max. 10/10 g
Schimmelpilze	max. 10/10 g
thermophile, aerobe Sporenbildner	max. 100/10 g
Coliforme Bakterien/*E. coli*	nicht nachweisbar in 25 g

Von zusätzlichem Interesse können folgende Untersuchungen sein:

Zucker für Getränke	Milchsäurebakterien, besonders die Genera *Leuconostoc* und *Lactobacillus*, Essigsäurebakterien
Zucker für Feinkosterzeugnisse	Milchsäurebakterien
Zucker für schwach saure Konserven (pH-Wert über 4,5)	mesophile und thermophile Bazillensporen, mesophile und thermophile Clostridiensporen

9.1.2 Untersuchungsmethoden

Probenahme und Probenvorbereitung erfolgen unter keimarmen, möglichst sterilen Bedingungen. Aufgrund der geringen Keimzahlen arbeitet man im Allgemeinen mit Membranfiltration (0,45 μm Porengröße); das Plattengussverfahren ist in den ICUMSA-Methoden ebenfalls aufgeführt.

Im Folgenden ist die Untersuchung des Kristallzuckers beschrieben. Zunächst werden die entsprechenden ICUMSA-Methoden dargestellt, alternative Methoden werden ebenfalls genannt.

Bei der Analyse von Flüssigzucker ist entsprechend des Trockensubstanzgehaltes die Einwaage zu erhöhen.

Probenvorbereitung

Gem. ICUMSA: Einwaage von 10 g Zuckerprobe in ein 200 ml Gefäß, Zugabe von sterilem Wasser bis zur 100 ml Marke, Lösen bzw. Mixen des Zuckers durch intensives Schütteln.

Alternativ: 100 g Zuckerprobe werden zu 100 ml sterilem Wasser eingewogen und darin kalt unter Schütteln gelöst (15 ml entsprechen 10 g Zucker); zur Untersuchung von 25 g Probe werden zweimal 20 ml Zuckerlösung filtriert.

9.2 Vorbereitung zur Untersuchung auf Sporenbildner

Gem. ICUMSA: Thermophile, Sporen bildende Bakterien können selektiert werden, da ihre Endosporen hitzeresistent sind. Die vegetativen Zellen dieser Bakterien werden durch eine Erhitzung über 5 min auf 100 °C abgetötet, wohingegen das Wachstum der Endosporen stimuliert wird. Die vorbereiteten Proben werden im kochenden Wasserbad schnell auf 100 °C erhitzt. Diese Temperatur muss exakt 5 min gehalten werden (Kontrolle in einem Referenzgefäß). Danach werden sie rasch unter laufendem Wasser gekühlt.

Alternativ: ca. 50 ml der obigen Lösung werden pasteurisiert; hierzu wird die Lösung in ein steriles Gefäß (100 ml Schott-Duran-Flasche) überführt; ein Wasserbad wird zum Kochen gebracht; die Proben werden eingesetzt; nach Erreichen der Temperatur von 90 °C in einem Referenzgefäß mit gleich konzentrierter Zuckerlösung werden die Proben weiterhin 10 min im kochenden Wasserbad gehalten; nach Ablauf der Zeit werden sie in einem kalten Wasserbad mindestens 10 min abgekühlt.

9.2.1 Untersuchungsmethoden

Da Mikroorganismen auf den verschiedenen Nährböden unterschiedliche Wachstumsbedingungen geboten werden, ist beim Vergleich von Ergebnissen immer der Nährbodentyp zu beachten.

Mesophile, aerobe Gesamtkeimzahl

Geeignete Medien gem. ICUMSA:	Nutrient-Agar (z.B. Oxoid CM3), Plate-Count-Agar (z.B. Merck 5463, Oxoid 325), TTC-Standard-NKS (z.B. Sartorius SM 140 55)
Alternative Medien:	Standard-I-Agar (z.B. Merck 7881)
Temperatur/Zeit:	30 ± 1 °C/2 d, alternativ 2–3 d
Auswertung:	alle Kolonien

Hefen/Schimmelpilze

Geeignete Medien gem. ICUMSA:	Würze-Agar (z.B. Merck 5448, Oxoid CM 247), Würze-NKS (Sartorius SM 140 58, pH 4,4), Hefeextrakt-Glucose-Chloramphenicol-Agar (z.B. Merck 16000)
Temperatur/Zeit:	30 ± 1 °C/3 d, alternativ 3–4 d
Auswertung:	Differenzierung zwischen Hefen und Schimmelpilzen

Thermophile, aerobe Sporenbildner (Bazillen)

Geeignete Medien gem. ICUMSA: Glucose-Caseinpepton-Agar (z.B. Merck 10860, Oxoid CM75), Glucose-Trypton-NKS (z.B. Sartorius SM 140 66)

Temperatur/Zeit: 55 ± 1 °C/2–3 d

Auswertung: alle Kolonien, enthält der Nährboden Bromkresolpurpur als Indikator, so sind „flat-sour" d.h. Säure bildende Organismen an einem gelben Hof zu erkennen

Coliforme Bakterien/*E. coli* (keine ICUMSA-Methode ausgearbeitet)

Geeignete Medien: MacConkey-Agar (z.B. Merck 5465, Oxoid CM 115), ColiChrom-NKS (Dr. Möller & Schmelz, Göttingen, 1035-H)

Temperatur/Zeit: 37 ± 1 °C/2 d

Auswertung: alle Kolonien, verdächtige Kolonien werden weiter differenziert (z.B. API 20E, bioMérieux)

Zusätzliche Untersuchungen:

Mesophile Schleimbildner

Geeignete Medien gem. ICUMSA: Weman-Agar, Weman-NKS (z.B. Sartorius SM 14065, Dr. Möller & Schmelz), McClesky-Faville-Medium

Temperatur/Zeit: 30 ± 1 °C/2 d

Auswertung: schleimige, farblose Kolonien

Säuretolerante Bakterien (z.B. Milchsäure- oder Essigsäurebakterien)
(keine ICUMSA-Methode ausgearbeitet)

Geeignete Medien:	Orangenserum-Agar (z.B. Merck 10673, Oxoid CM 657), Orangenserum-NKS (z.B. Sartorius SM 140 62)
Temperatur/Zeit:	30 ± 1 °C/2–3 (7) d
Auswertung:	mikroskopische Kontrolle zur Unterscheidung zwischen Bakterien und Hefen

Mesophile, aerobe Sporenbildner (Bazillen)
(keine ICUMSA-Methode ausgearbeitet)

Geeignete Medien:	Glucose-Caseinpepton-Agar (z.B. Merck 10860, Oxoid CM75), Glucose-Trypton-NKS (z.B. Sartorius SM 140 66)
Temperatur/Zeit:	30 ± 1 °C/2–3 d
Auswertung:	alle Kolonien, enthält der Nährboden Bromkresolpurpur als Indikator, so sind „flat-sour" d.h. Säure bildende Organismen an einem gelben Hof zu erkennen

Mesophile/thermophile, anaerobe Sporenbildner (Clostridien)
(keine ICUMSA-Methode ausgearbeitet)

Geeignete Medien:	Eisensulfit-Agar (z.B. Oxoid CM79), Clostridien-Differenzierungs-Agar (z.B. Difco 0641-17) Filter umgekehrt auflegen und mit gleichem Agar überschichten
Temperatur/Zeit:	30 ± 1 °C/55 ± 1 °C/3–7 d (bis 4 Wochen), anaerobe Bebrütung
Auswertung:	schwarze Kolonien (Sulfitreduktion)

9.3 Mikrobiologische Kriterien

Die National Soft Drink Association, USA (Bottlers) und die National Canners Association, USA (Canners) haben folgende mikrobiologischen Standards für Kristallzucker festgelegt.

	Bottlers	Canners	
Mikroorganismen	(KBE/10 g)	Maximum in 5 Proben (KBE/10 g)	Durchschnittswert von 5 Proben (KBE/10 g)
mesophile Bakterien	200 100 (bei Flüssigzucker)		
Hefen	10		
Schimmel	10		
thermophile Sporen		150	125
„flat-sour"-Sporen		75	50
Sporen thermophiler Anaerobier		3 von 5 Proben	max. 4 der 6 angesetzten Röhrchen einer Probe positiv
Sporen thermophiler Sulfit reduzierender Clostridien		2 von 5 Proben	max. 5 Sporen pro 10 g

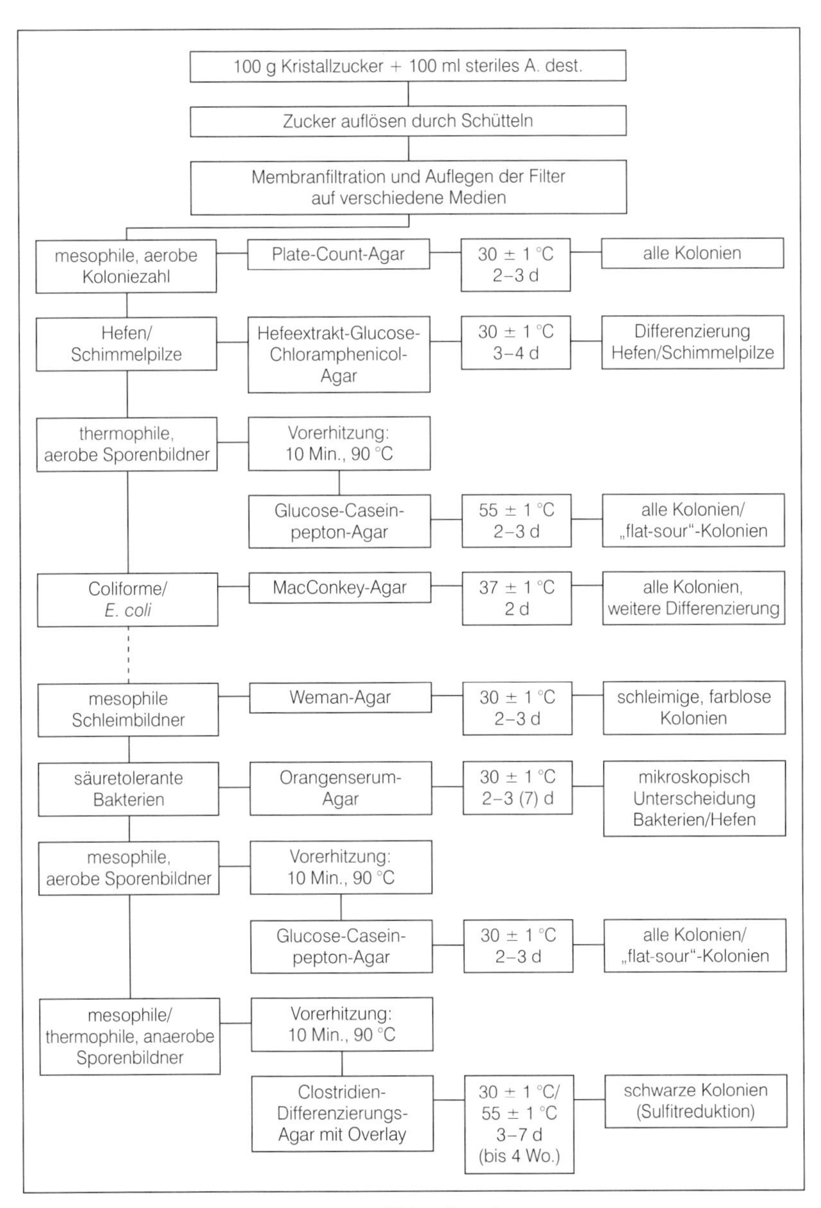

Abb. VII.9-1: Untersuchung von Kristallzucker

Literatur

1. KOTZAMANIDIS, Ch.Z. et al.: Implementation of hazard analysis critical control point (HACCP) to a production line of beet sugar, molasses and pulp: A case study, Zuckerindustrie 125, Nr. 12, 970-977, 2000
2. ICUMSA: Methods book, Cohrey, Norwich, England
3. Südzucker: Handbuch Erfrischungsgetränke, Teil 1, Südzucker AG, Mannheim/Ochsenfurt, Stand März 1998
4. MÜLLER, G.; HOLZAPFEL, W.; WEBER, H.: Lebensmittel pflanzlicher Herkunft, Behr's Verlag, Hamburg, 1997
5. POEL, P.W. v.d.; SCHIWECK, H.; SCHWARTZ, T.: Sugar Technology. Beet and Cane Sugar Manufacture, Verlag Dr. Albert Bartens KG, Berlin, 1998

10 Kakao, Schokolade, Zuckerwaren, Rohmassen, Honig

10.1 Vorkommende Mikroorganismen

Kakao

Hauptsächlich Bakterien des Genus *Bacillus (B. licheniformis, B. cereus, B. subtilis, B. megaterium, B. coagulans, B. stearothermophilus)* sowie Hefen und Schimmelpilze, Enterobacteriaceen, Milchsäurebakterien

Schokolade

Ein Großteil der Mikroorganismen, die in den Rohstoffen Kakao, Milchpulver, Zucker u.a. Zusätzen enthalten sein können, werden beim Conchieren (70 °–80 °C) abgetötet. Aufgrund der niedrigen Wasseraktivität der Schokoladenmasse ist die Hitzeresistenz der Mikroorganismen jedoch erhöht, so dass bei hoher Anfangskeimzahl auch Salmonellen überleben können (CRAVEN et al., 1975). Dabei ist zu berücksichtigen, dass die minimale infektiöse Dosis sehr gering sein kann. Sie lag bei Erkrankungen nach dem Genuss von Schokolade unter 10/g (D'AOUST und PIVNICK, 1976, HOCKIN et al., 1989, ICMSF, 1998).

Zuckerwaren

Zuckerwaren bestehen aus den verschiedenen Zuckerarten und zahlreichen Zusätzen wie z.B. Milch, Sahne, Eiern, Honig, Fett, Kakao, Früchten, Gelatine, Agar-Agar, Mandeln, Nüssen, Essenzen usw.

Je nach Rohstoffbelastung, Herstellungsart und Verunreinigung nach der Herstellung können auch die Endprodukte Mikroorganismen enthalten. Nur bei geringer Wasseraktivität ist bei einzelnen Erzeugnissen ein Verderb durch osmotolerante Hefen und Schimmelpilze möglich (Tab. VII.10-1).

Tab. VII.10-1: Wasseraktivität von Zuckerwaren (ICMSF, 1998)

Art des Produkts	a_w-Wert
Fondant	0,76
Rosinen	0,50–0,55
Marzipan	0,65–0,70
Nougat	0,40–0,70
Schokolade	0,40–0,50
Waffel-Biscuits	0,15–0,25

Rohmassen

Marzipanrohmassen können durch osmotolerante Hefen (*Zygosaccharomyces rouxii, Z. bailii*) und Schimmelpilze verderben.

Honig

Verderb

Ein Verderb von Honig ist möglich durch osmotolerante Hefen wie *Schizosaccharomyces pombe*, *Zygosaccharomyces* (*Z.*) *bailii*, *Z. rouxii* und *Z. mellis* (BOEKHOUT und ROBERT, 2003).

Pathogene bzw. toxinogene Bakterien

- *Clostridium botulinum*

  Sporen von *Cl. botulinum* A, B, E und F sowie solche von *Cl. baratii* und *Cl. butyricum* können nach Aufnahme über Honig oder Honig enthaltene Lebensmittel zum „Kinder-Botulismus" führen (DODDS, 1993). Bei Kleinkindern zwischen 2 Wochen und meist 6 Monaten kommt es im Darm nach Auskeimen der Sporen zur Bildung des Neurotoxins. Meist handelt es sich um *Cl. botulinum* Typ A und um proteolytische Stämme von *Cl. botulinum* Typ B, die durch die Bienen aus dem Erdboden oder verunreinigtem Zuckerwasser in den Honig kommen (NAKANO et al., 1994). Berichte aus den USA belegen 1,9 Fälle von „Kinder-Botulismus" unter 100 000 Geburten (NEVAS et al., 2002).

- *Paenibacillus* (*P.*) *larvae* ssp. *larvae*

  P. larvae ssp. *larvae* ist der Erreger der bösartigen Faulbrut der Bienen (nähere Angaben siehe unter III.3.2.4.3).

10.2 Untersuchung

10.2.1 Untersuchungskriterien

Schokolade, Schokoladenpulver und Kakaopulver

- Aerobe mesophile Koloniezahl
- Enterobacteriaceen
- Schimmelpilze
- *Staphylococcus aureus*
- Salmonellen

Zuckerwaren

- Hefen und Schimmelpilze

Rohmassen

- Osmotolerante Hefen
- Schimmelpilze

10.2.2 Untersuchungsmethoden

Probenahme und Probenvorbereitung

10 g Probe + 90 ml Verdünnungsflüssigkeit (45 °C)

Schokolade und Kuvertüre: Zur Vereinfachung der Einwaage 10 g auf 90 ml Verdünnungsflüssigkeit, die Schokolade oder Kuvertüre bei 45 °C für ca. 1 h im Wärmeschrank verflüssigen. Die Einwaage dann 10 min stehen lassen.

Kakaopulver: Verdünnung 1:10 schütteln, bei 45 °C 5 min stehen lassen und danach homogenisieren.

Honig: siehe unter Kap. III.3.2.4 und III.3.2.6.

Art der Untersuchung

Aerobe mesophile Keimzahl

- Verfahren: Gusskultur
- Medium/Temperatur/Zeit: Plate-Count-Agar, 30 °C, 3 Tage
- Auswertung: Alle Kolonien

Enterobacteriaceen

- Verfahren: Gusskultur mit Overlay oder Tropfplattenverfahren mit anaerober Bebrütung
- Medium/Temperatur/Zeit: VRBD-Agar, 30 °C, 20 ± 2 h
- Auswertung: Enterobacteriaceen bilden rote Kolonien. Zur Abgrenzung gegenüber Organismen wie *Pseudomonas*- und *Aeromonas*-Arten, ist eine repräsentative Anzahl von mindestens 10 Kolonien zu isolieren (Ausstrich auf CASO-Agar, 30 °C, 24 h). Überprüfung der Isolate auf Oxidase und fermentative Spaltung von Glucose (OF-Test). Oxidase-negative, Glucose fermentativ abbauende Kulturen gelten als Enterobacteriaceen. Eine weitere Differenzierung ist mithilfe des API-Systems möglich.

Thermophile Bazillen-Sporen

- Verfahren: Gusskultur, Probe vorher für 10 min auf 80 °C erhitzen
- Medium/Temperatur/Zeit: Hefeextrakt-Dextrose-Trypton-Stärke-Agar (HDTS-Agar), 55 °C, 72 h
- Auswertung: Grampositive bis gramvariable Stäbchen, Katalase-positiv

Hefen und Schimmelpilze

- Verfahren: Spatelverfahren
- Medium/Temperatur/Zeit: YGC-Agar, 25 °C, 5 Tage
- Auswertung: Alle Kolonien, mikroskopische Kontrolle

Osmotolerante Hefen

- Verfahren: Siehe unter Nachweis osmotoleranter Hefen (Kap. III.1)

Staphylococcus aureus

- Verfahren: Siehe unter Nachweis der pathogenen und toxinogenen Mikroorganismen (Kap. III.3)

Salmonellen (Schokolade, Kakao) – Routinekontrollen –

Probenahme

- Handelsproben: 25 g
- Verarbeitungsbetrieb: Entsprechend der Risikogruppe II der „Food and Drug Administration" (FDA, USA) werden 30 Einzelproben à 25 g = 750 g als Poolprobe untersucht (MAZIGH, 1994, ANDREWS und JUNE, 1995), auf Empfehlung der DGHM bei Kakao 250 g (DGHM, 1998).

Voranreicherung

Im Verhältnis 1:10 in steriler Magermilch (100 g Magermilchpulver, 1 l A. dest., 15 min 121 °C) oder H-Magermilch. Die Probe wird in der vorgewärmten Magermilch (40 °C) homogenisiert bzw. bei großer Einwaage gleichmäßig verrührt. Nach einer Standzeit von 60 min erfolgt der Zusatz einer Brillantgrünlösung (0,45 ml einer 1%igen wässrigen Lösung auf 225 ml Voranreicherung). Nach sorgfältiger Verteilung durch Schütteln wird die Voranreicherung 8 ± 0,5 Std. bei 37 °C bebrütet (DE SMEDT et al., 1994). Eine längere Bebrütung ist jedoch möglich – z. B. über Nacht (16 h).

Anreicherung

- Bei Voranreicherung von 25 g (DE SMEDT et al., 1994): Nachweis mit dem modifizierten halbfesten Rappaport-Vassiliadis-Medium (MSRV-Medium) – siehe Nachweis von Salmonellen (Kap. III.3).
- Bei Voranreicherung von 750 g: 0,1 ml der Voranreicherung zu 10 ml RV-Bouillon und 10 ml der Voranreicherung zu 100 ml Selenit-Cystin-Bouillon. Bebrütung und selektiver Nachweis siehe Kap. III.3.

Der Nachweis mit der MSRV-Methode war dem mit den Kulturmethoden der AOAC überlegen. Die Sensitivität lag bei 98,1 % (AOAC-Methode 94,9 %). Die Spezifität betrug bei beiden Methoden 100 % (DE SMEDT et al., 1994).

Weitere mögliche Nachweismethoden

- Immunologischer Nachweis, z.B. VIDAS (Fa. bioMérieux), „Salmonella Bio-Enzabead-Test“ (Fa. Organon-Teknika), „Tecra Salmonella Visual Immunoassay“ (Fa. Bioenterprises), „EIAFOSS“, Salmonella 1–2 Test (Biocontrol System)
- Impedanz-Verfahren (SY-LAB)
- PCR (mit käuflichen Test-Kits)
- *Paenibacillus larvae* ssp. *larvae* in Honig: siehe unter Kap. III.3.2.4
- *Clostridium botulinum* in Honig: siehe unter Kap. III.3.2.6

10.3 Mikrobiologische Kriterien

Schokolade ohne Füllungen, Schokoladenpulver, Kakaopulver
(VO Schweiz, 26.06.1995)

Toleranzwerte:

Aerobe mesophile Keime	100 000/g
Enterobacteriaceen	100/g
Staphylococcus aureus	100/g
Schimmelpilze	100/g
Hefen	1 000/g
Salmonellen	neg. in 25 g

Kakao und Schokolade (ICMSF, 1986)

Salmonellen	neg. in 25 g n = 10, c = 0, m = 0

Kakao, Schokolade, Süßwaren (ANDREWS, 1992)

Salmonellen	neg. in 1 g n = 10, c = 0, m = 0

Schokolade (MAZIGH, 1994)

Aerobe Koloniezahl	< 1 000/g
Hefen, Schimmelpilze	< 10/g
Enterobacteriaceen	0/g m = 0, n = 5, c= 0
Staphylokokken	0 in 0,01 g
Listeria monocytogenes	0 in 25 g
Salmonellen	0/g

Kakao (DGHM, 1999)

	Richtwert KBE/g	Warnwert KBE/g
Aerobe mesophile Koloniezahl einschließlich Milchsäurebakterien	10^4	–
Enterobacteriaceen	10^2	10^3
E. coli	$<10^1$	–
Salmonellen	–	n. n. in 250 g

Schokolade, hell und dunkel (DGHM, 1999)

	Richtwert KBE/g	Warnwert KBE/g
Aerobe mesophile Koloniezahl einschließlich Milchsäurebakterien	5×10^4	–
Enterobacteriaceen	10^2	10^3
E. coli	10^1	–
Salmonellen	–	n. n. in 250 g

Literatur

1. ANDREWS, W.H.: Manual of food quality control 4. Rev. 1 microbiological analysis, Food and Agriculture Organization of the United Nations, Rome, 1992
2. ANDREWS, W.H., JUNE, G.A.: Food sampling and preparation of sample homogenate, in: Bacteriological Analytical Manual, 8th ed., publ. by AOAC International, Gaithersburg, USA, 1995
3. ANDREWS, W.H., JUNE, G.A., SHERROD, P.S., HAMMACK, T.S., AMAGUANA, R.M.: *Salmonella*, in: Bacteriological Analytical Manual, 8th ed., publ. by AOAC International, Gaithersburg, USA, 1995
4. BOEKHOUT, T., ROBERT, V.: Yeasts in Food-Beneficial and Detrimental Aspects, Behr's Verlag, Hamburg, 2003
5. CRAVEN, P.C., MACKEL, D.C., BAINE, W.B., BARKER, W.H., GANGAROSA, W.H., GOLDFIELD, M., ROSENFELD, H., ALTMANN, R., LACHAPELLE, G., DAVIES, J.W., SWANSON, R.C.: International outbreak of *Salmonella* eastbourne infection traced to contaminated chocolade, Lancet i, 788–793, 1975
6. D'AOUST, J.-Y., PIVNICK, H.: Small infectious doses of *Salmonella*, Lancet i, 1196–1200, 1976
7. DE SMEDT, J.M., CHARTRON, S., CORDIER, J.L., GRAFF, E., HOEKSTRA, H., LECOUPEAU, J.P, LINDBLOM, M., MILAS, J., MORGAN, R.M., NOWACKI, R., O'DONOGHUE, D., VAN GESTEL, G., VARMEDAL, M.: Collaborative study of the international office of cocoa, chocolate and sugar confectionery on *Salmonella* detection from cocoa and chocolate processing environmental samples, Int. J. Food Microbiol. 13, 301–308, 1991

8. DE SMEDT, J.M., BOLDERDIJK, R., MILAS, J.: *Salmonella* detection in cocoa and chocolate by motility enrichment on modified semi-solid Rappaport-Vassiliadis-medium: Collaborative study, J. AOAC International 77, 365–373, 1994
9. DGHM (Deutsche Gesellschaft für Hygiene und Mikrobiologie): Mitteilungen der Fachgruppen, Hygiene und Mikrobiologie 2, 31, 1998
10. DIN-Norm 10134: Allgemeine verfahrensspezifische Anforderungen zum Nachweis von Mikroorganismen mit der Polymerase-Kettenreaktion (PCR) in Lebensmitteln, Beuth Verlag, Berlin, 1998
11. DIN-Norm 10135: Verfahren zum Nachweis von Salmonellen durch die Polymerase-Kettenreaktion, Beuth Verlag, Berlin, 1999
12. DODDS, K.L.: Worldwide incidence and ecology of infant botulism, in: *Clostridium botulinum*-Ecology and Control in Foods, ed. by A.H.W. HAUSCHILD, K.L. DODDS, Marcel Dekker Inc., 105-117, 1993
13. HOCKIN, J.C.J., D'AOUST, J.-Y., BOWERING, D., JESSOP, J.H., KHANNA, B., LIOR, H., MILLING, M.E.: An international outbreak of *Salmonella nima* from imported chocolate, J. Food Prot. 52, 51–54, 1989
14. ICMSF (International Commission on Microbiological Specifications for Foods of the International Union of Biological Societies): Microorganisms in foods – 6 – Microbial ecology of food commodities, Chapman & Hall, London, 1998
15. MAZIGH, D.: Microbiology of chocolate, International Food Ingredients 1/2, 34–37, 1994
16. NAKANO, H., KIZAKI, H., SAKAGUCHI, G.: Multiplication of *Clostridium botulinum* in dead honey-bees and bee pupae, a likely source of heavy contamination of honey, Int. J. Food Microbiol. 21, 247-252, 1994
17. NEVAS, M., HIELM, S., LINDSTRÖM, M., HORN, H., KOEVULEHTO, K., KORKEALA, H.: High prevalence of *Clostridium botulinum* types A and B in honey samples detected by polymerase chain reaction, Int. J. Food Microbiol. 72, 45-52, 2002
18. PIVNIVK, H.: Sugar, cocoa, chocolate and confectioneries, in: Microbiological ecology of foods, Vol. II, Academic Press, 778–821, 1980
19. Richt- und Warnwerte für Schokoladen und Kakaopulver der DGHM, Lebensmitteltechnik 31, 62–63, 1999
20. Verordnung über die hygienisch-mikrobiologischen Anforderungen an Lebensmittel, Gebrauchs- und Verbrauchsgegenstände, Schweiz, 26.06.1995

11 Hitzekonservierte Lebensmittel in starren und halbstarren Behältnissen sowie in Weichpackungen

DENNY und CORLETT, 1992, DRYER und DEIBEL, 1992, KAUTTER et al., 1992)

11.1 Vorkommende Mikroorganismen

Die vorhandene Mikroflora wird einerseits bestimmt durch die Hitzeresistenz der Mikroorganismen (D- und z-Werte) und durch die erzielten F-Werte im Produkt, andererseits durch die pH-Werte der Erzeugnisse (Tab. VII.11-1, VII.11-2).

Tab. VII.11-1: Mikrobiologische Einteilung von Fleischprodukten (nach LEISTNER, WIRTH und TAKACS, 1970, LEISTNER, 1979, STIEBING, 1985)

Bezeichnung und Lagerfähigkeit	Kerntemperatur Hitzeeffekt (F_C)	Durch die Erhitzung werden ausgeschaltet:
1. Frischware 6 Wochen bei <5 °C	65 °C bis 75 °C	vegetative Mikroorganismen
2. Kesselkonserven 1 Jahr bei <10 °C	1 Stunde >98 °C (F_C >0,4)	wie 1. und psychrotrophe Sporenbildner
3. Dreiviertelkonserven 1 Jahr bei <10 °C	F_C = 0,6 bis 0,8	wie 2. und Sporen mesophiler *Bacillus*-Arten
4. Vollkonserven 4 Jahre bei 25 °C	F_C = 4,0 bis 5,5	wie 3. und Sporen mesophiler *Clostridium*-Arten
5. Tropenkonserven 1 Jahr bei 40 °C	F_C = 12,0 bis 15,0	wie 4. und Sporen thermophiler *Bacillus*- und *Clostridium*-Arten

Tab. VII.11-2: D-Werte einiger für hitzekonservierte Lebensmittel wichtige Mikroorganismen

Lebensmittelgruppen mit wichtigen Mikroorganismen	Temp °C	D-Wert in min	z-Wert °C	Medium	Literaturquelle
1. Schwach saure Lebensmittel (pH über 4,5), z. B. Fleisch, Fisch, Geflügel, Gemüse					
a) Thermophile Sporenbildner					
Nicht Gas bildende, säuernde („flat-sour") Bakterien (*Bac. stearothermophilus*)	121 121 121	4,5 1,9–3,1 3,5	10,7 n.a. n.a	Bouillon Brühwurst (pH 5,2) Milch	11 24 42
Gas bildende, säuernde („flat-sour") Bakterien (*Bac. stearothermophilus*)	121	0,65	n.a.	Brechbohnen (pH 5,2)	3
Cl. thermosaccharolyticum (Gasbildung)	121	3–4	8,8–12,2	n.a.	40
Desulfotomaculum nigrificans (Bildung von H_2S)	121	3,3	9,1	Puffer, pH 7,2	9
b) Mesophile Sporenbildner					
Cl. sporogenes	115,6	2,96	9,5–12,0	Magermilch	14
Cl. sporogenes	121	1,0	9,2	Erbsbrei	7
Cl. botulinum A	110	3,21	n.a.	Puffer, pH 7,2	1
Cl. botulinum A	120	14,4	n.a.	Mineralöl	1
Cl. botulinum B, proteolytisch	112,8	1,18	10,7	Puffer, pH 7,0	36
Cl. botulinum B, nicht proteolytisch	82,2	1,5–32,3	6,5–9,7	Puffer, pH 7,0	36
Cl. botulinum E	82,2	0,33	8,7	Puffer, pH 7,0	36
Bac. cereus	100	5,28	n.a.	Puffer, pH 7,2	1
Bac. cereus	120	15,2	n.a.	Mineralöl	1
Bac. cereus	121	2,4	7,9	Puffer, pH 7,0	32
Bac. cereus (psychrotroph)	95	1,8	9,4	Milch	26

Fortsetzung der Tabelle nächste Seite

Tab. VII.11-2: D-Werte einiger für hitzekonservierte Lebensmittel wichtige Mikroorganismen (Fortsetzung)

Lebensmittelgruppen mit wichtigen Mikroorganismen	Temp °C	D-Wert in min	z-Wert °C	Medium	Literatur-quelle
Bac. subtilis	105	0,58	n.a.	Puffer, pH 7,2	33
Bac. subtilis	120	80,2	n.a.	Sojaöl (a_W 0,25)	33
Bac. subtilis	121	0,5	14	Puffer, pH 7,2	32
Bac. licheniformis	100	2,0–4,5	14,9	Tomatenpüree (pH 4,4)	28
Bac. megaterium	100	2,35	8,4	Milch	27
Bac. pumilus	100	0,87	7,5	Milch	27
c) Nicht Sporen bildende Bakterien					
Enterococcus faecium	74	2,57	9,6	Kochschinken	25
Staph. aureus	55	4,0	n.a.	Eigelb	41
Staph. aureus	60	0,34	8,2	Vollei	18
Laktobazillen	65	0,5–1,0	4,4–5,5	n.a.	40
Carnobacterium divergens	60	0,76	4,7	Bückling	5
Pseudomonas aeruginosa	60	0,25	7,1	Vollei	18
Salmonella Typhimurium	60	0,24	6,2	Vollei	18
Salmonella Senftenberg	60	8,13	4,7	Vollei	18
Acinetobacter, Moraxella	70	6,6	7,3–8,1	Zerkleinertes Frischfleisch	13
2. Saure Lebensmittel (pH 4,0–4,5), z.B. Tomatenerzeugnisse, Gemüseerzeugnisse, Fruchterzeugnisse					
a) Thermophile Sporenbildner					
Bac. coagulans	110	0,8–1,0	n.a.	Brühwurstemulsion (pH 4,2)	24
b) Mesophile Sporenbildner					
Bac. macerans, Bac. polymyxa	100	0,1–0,5	n.a.	n.a.	40
Cl. pasteurianum	100	0,1–0,5	n.a.	n.a.	40

Erklärung: n.a. = nicht angegeben

Fortsetzung der Tabelle nächste Seite

Tab. VII.11-2: D-Werte einiger für hitzekonservierte Lebensmittel wichtige Mikroorganismen (Fortsetzung)

Lebensmittelgruppen mit wichtigen Mikroorganismen	Temp °C	D-Wert in min	z-Wert °C	Medium	Literatur-quelle
3. Stark saure Lebensmittel (pH unter 4,0), z. B. einige Gemüse- und Fruchtprodukte, Fruchtsäfte, Konfitüren					
a) Schimmelpilze und Hefen					
Ascosporen von *Byssochlamys fulva*	90	1,0–12,0	6,0–7,0	n.a.	29
Ascosporen von *Neosartorya fischeri*	87,8	1,4	5,6	Apfelsaft (pH 3,6) 11,6° Brix	36
Ascosporen von *Talaromyces flavus*	90,6	2,2	5,2	Apfelsaft (pH 3,6) 11,6° Brix	36
Ascosporen von *Saccharomyces cerevisiae*	60	6,1	3,8	Apfelsaft (pH 3,6) 8,6° Brix	38
Zygosaccharomyces bailii (vegetative Zellen)	61	2,0	5,29	Bouillon (a_W 0,858)	36
b) Nicht Sporen bildende Bakterien, wie					
Genera *Lactobacillus, Leuconostoc, Pediococcus*, vegetative Hefen und Schimmelpilze	65	0,5–1,0	4,4–5,5	n.a.	36

11.2 Untersuchung

Bei der Untersuchung hitzekonservierter Lebensmittel sind folgende Nachweise zu führen (SINELL, 1974):

- Feststellung der gesundheitlichen Bedenklichkeit durch Nachweis von pathogenen oder toxinogenen Mikroorganismen oder deren Stoffwechselprodukten,
- Feststellung des Grades und der Art der mikrobiellen Verderbnis und deren Ursache,
- Feststellung des Frischezustandes, der Haltbarkeit und der weiteren Lagerfähigkeit. Der wesentliche Unterschied im methodischen Vorgehen bei der Feststellung der gesundheitlichen Bedenklichkeit, der Verderbnis und der Haltbarkeit besteht darin, dass bei Haltbarkeitsprüfungen eine Vorbebrütung als Belastungsprobe notwendig ist.

11.2.1 Vorbebrütung der Erzeugnisse zur Feststellung der Haltbarkeit

Erzeugnisse, die auf höhere Kerntemperaturen als 80 °C erhitzt werden, sollten 10 Tage bei 30 °C vorbebrütet werden. Tropenkonserven sind zusätzlich 5 Tage bei 55 °C zu bebrüten (BEAN, 1976). Die bebrüteten Behältnisse werden häufiger kontrolliert. Bei auftretenden Veränderungen (Trübung, Gasbildung) werden die Proben ohne weitere Bebrütung untersucht.

11.2.2 Öffnen der Behältnisse

Starre und halbstarre Behältnisse

Das Erzeugnis wird vor dem Öffnen auf Raum- bzw. Kühlschranktemperatur gebracht. Dadurch kann mikrobiell unverändertes Material wieder die normale Beschaffenheit annehmen. Äußerliche Verunreinigungen werden mit Wasser und Seife abgewaschen. Anschließend wird der Öffnungsbereich des Behältnisses desinfiziert. Das Desinfizieren geschieht durch Abflammen mit Spiritus (nicht bei Bombagen) und durch Desinfektion mit 2%iger Peressigsäure (Einwirkungszeit 2 min). Bei einer Desinfektion mit Peressigsäure sind Inhalation und Kontakt mit Haut und Schleimhäuten zu vermeiden. Die Essigsäure wird nach der Desinfektion mit sterilem Wasser abgespült und die Oberfläche mit einem sterilen Papiertuch getrocknet.

Geöffnet werden halbstarre Behälter mit steriler Schere und Pinzette (glatte Flächen, keine Riffelung), starre Behälter bei nachfolgender Dichtigkeitsprüfung mit einem speziellen Dosenöffner (Abb. VII.11-1). Das Öffnen nicht bombierter Behältnisse und die Untersuchung sollten in einer sterilen Werkbank oder zumindest im dichten Bereich des Bunsenbrenners erfolgen. Bombierte Behältnisse dürfen nicht in der sterilen Werkbank geöffnet werden. Bei Bombagen sollte durch Aufsetzen eines Trichters und Einschlagen eines sterilen Dorns zunächst vorsichtig ein Druckausgleich herbeigeführt werden. Auch empfiehlt es sich, Bombagen beim Öffnen in einen Topf oder in ein Metalltablett zu stellen, um ein Überschwemmen des Arbeitsplatzes mit Inhalt zu vermeiden und eine anschließende Sterilisation im Autoklaven zu ermöglichen.

Weichpackungen

Äußerlich unveränderte Weichpackungen werden in der sterilen Werkbank geöffnet (nicht jedoch Bombagen). Die Werkbank ist vorher mit einem Desinfektionsmittel zu desinfizieren. Die zum Öffnen der Packung und zur Probeentnahme erforderlichen Gerätschaften (Schere, Pinzette, Löffel, Spatel, Skalpell) müssen bei 121 °C für 20 min im Autoklaven sterilisiert werden. Benutzte Geräte sind in der Werkbank sofort in einen Becher mit Alkohol (60 Vol. %) zu stellen.

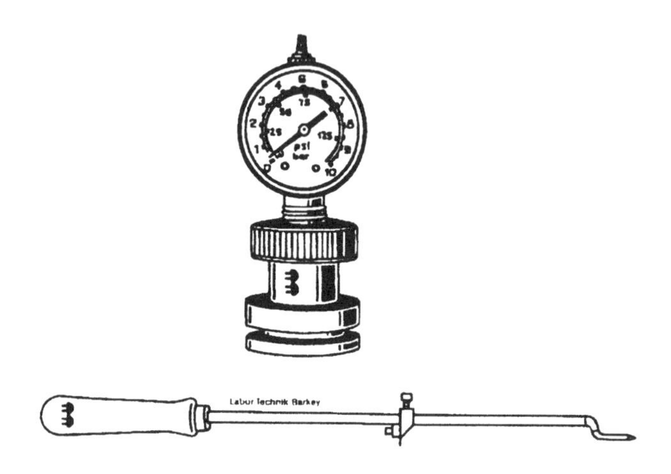

Abb. VII.11-1: Dosenöffner und Dichtigkeitsprüfgerät

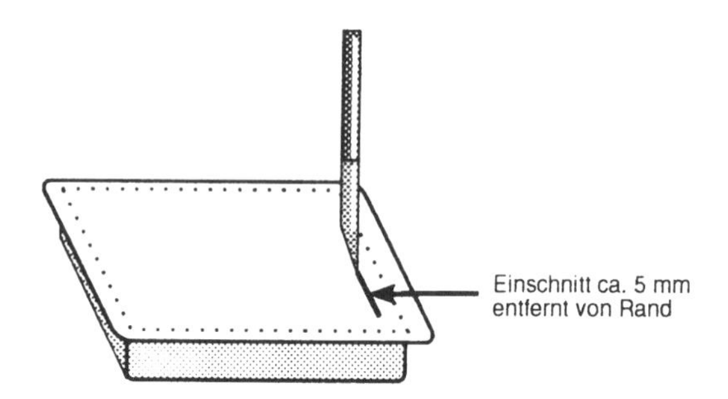

Abb. VII.11-2: Öffnen einer Weichpackung

Für die Untersuchung sind immer sterile Gerätschaften zu verwenden (121 °C, 20 min). Die Weichpackungen sind vor dem Öffnen in eine Na-hypochloridlösung (500 ppm aktives Chlor) für mindestens 20 min zu tauchen. Die der Hypochloridlösung entnommene Packung (abtropfen lassen) wird mit Alkohol abgerieben (Verwendung einer sterilen Pinzette und steriler Baumwolle). Mit einem sterilen Skalpell wird die trockene Packung aufgeschnitten (Abb. VII.11-2).

Repräsentative Proben werden entfernt von der Schnittstelle entnommen und untersucht. Die untersuchende Person darf keinen Handschmuck tragen, der Schutzkittel muss am Handgelenk geschlossen sein und die Hände müssen vor der Untersuchung gewaschen und desinfiziert werden.

11.2.3 Untersuchung des Inhalts

Aus dem geöffneten Behälter werden zunächst für notwendige Nachuntersuchungen oder Keimzahlbestimmungen ca. 50 g Material steril entnommen und unter Kühlung aufbewahrt. Falls thermophile Mikroorganismen zu erwarten sind, wird die Rückhalteprobe nicht gekühlt. Die Entnahme erfolgt bei Flüssigkeiten mit der Pipette, bei pastösem und festem Material mit dem sterilen Korkbohrer oder mit der Schere und Pinzette, die vorher in Spiritus getaucht und abgeflammt werden. Ein weiterer Teil wird für die Messung des pH-Wertes und für eine sensorische Beurteilung (Geruch, Aussehen, Konsistenz) steril entnommen. Beide Untersuchungen geben einen Hinweis auf Art und Ursache des Verderbs und für die Auswahl einzusetzender Medien. Weiterhin werden mikroskopische und kulturelle Untersuchungen durchgeführt, wobei die Entnahme steril aus der randnahen Partie (Deckelfalz, Seitennaht: Verdacht auf Undichtigkeit) vorgenommen wird.

Mikroskopische Untersuchung

Ausstrich bei Flüssigkeiten, Abdruck bei festem Material, Färbung mit Methylenblau.

Kulturelle Untersuchung

Beimpft werden flüssige und feste Medien im Doppelansatz. Bei pipettierbaren Produkten geschieht die Beimpfung flüssiger Medien mit der Pipette, wobei jeweils 1–2 ml Impfmaterial pro Röhrchen einzusetzen sind. Die festen Medien werden mit der Öse (0,02 ml) beimpft. Bei festen Produkten werden flüssige Medien mit mindestens 1 g beimpft, Agarplatten dagegen mit der Öse nach Vermischung des festen Materials mit steriler Kochsalzlösung. Art der Medien und die Bebrütung sind abhängig vom Produkt (siehe auch Tab. VII.11-3, VII.11-4).

Schwach saure Lebensmittel (pH-Wert über 4,5)

A. Nachweis mesophiler Mikroorganismen

Aerobe Mikroorganismen

- CASO-Agar oder Plate Count Agar oder Standard-I-Nähragar oder Tryptic Soy Agar
- Standard-I-Nährbouillon oder CASO-Bouillon
- Bebrütungstemperatur: 30 °C
- Bebrütungszeit: Flüssige Medien 3 bis 10 Tage
- Feste Medien 3 bis 5 Tage

Anaerobe Mikroorganismen

- SCA-Agar oder Reinforced Clostridial Agar (RCA)
- Cooked Meat Medium
- Die Bouillon ist vor der Beimpfung 5 min aufzukochen und schnell ohne zu schütteln abzukühlen. Nach der Beimpfung wird die Bouillon mit Paraffin/Vaseline oder mit 3%igem Wasseragar (A. dest. + 3 % Agar) überschichtet.

- Bebrütung: anaerob
- Bebrütungstemperatur: 30 °C
- Bebrütungszeit: Flüssige Medien 3 bis 10 Tage
- Feste Medien 3 bis 5 Tage
- Röhrchen und Platten werden alle 2 Tage kontrolliert. Wenn eine Vermehrung aufgetreten ist, wird die Bebrütung beendet. Röhrchen mit Trübung und/ oder Bodensatz bzw. Gasbildung werden nach aerober bzw. anaerober Bebrütung auf den jeweils angegebenen festen Medien ausgestrichen. Nach der Bebrütung werden die Kolonien ggf. nach Reinzüchtung identifiziert.

B. Nachweis thermophiler Mikroorganismen

Nur wenn die normale Lagerungstemperatur 40 °C übersteigt, bei Verdacht technologischer Fehler (fehlende oder zu langsame Auskühlung nach der Erhitzung), bei gesunkenem pH-Wert, bei sensorischen Veränderungen und negativem kulturellem Befund im mesophilen Bereich erfolgt eine Untersuchung auf thermophile Mikroorganismen.

Aerobe Mikroorganismen:
- Hefeextrakt-Dextrose-Trypton-Stärke-Agar (HDTS-Agar nach BROWN und GAZE, 1988) oder Tryptic Soy Agar
- Hefeextrakt-Dextrose-Trypton-Stärke-Bouillon (HDTS-Bouillon), Bebrütungstemperatur/-zeit: 55 °C, 3 bis 10 Tage

Anaerobe Mikroorganismen:
- Fleischbouillon (Cooked Meat Medium)
- Standard-I-Nähragar oder CASO-Agar
- Bebrütung: anaerob
- Bebrütungstemperatur/-zeit: 55 °C, 3 bis 10 Tage
- Röhrchen mit Trübung und/oder Bodensatz bzw. Gasbildung werden nach aerober bzw. anaerober Bebrütung auf den angegebenen festen Medien mit der Öse ausgestrichen. Nach der Bebrütung werden die Kolonien ggf. nach Reinzüchtung identifiziert.

Saure Lebensmittel (pH-Wert unter 4,5)
- Orangenserum-Agar oder MRS-Agar (pH 5,7)
- Orangenserum-Bouillon oder MRS-Bouillon (pH 5,7)
- Bebrütungstemperatur/-zeit: 30 °C, 3 bis 10 Tage
- Röhrchen mit Trübung oder Bodensatz werden auf dem festen Medium ausgestrichen. Nach der Bebrütung werden die Kolonien ggf. nach Reinzüchtung identifiziert.

Tab. VII.11-3: Mikrobiologische Untersuchung hitzekonservierter Lebensmittel: Nachweis mesophiler Mikroorganismen

	Schwach saure Lebensmittel (pH über 4,5)			Saure Lebensmittel (pH unter 4,5)		
Bebrütung	aerob		anaerob	aerob		anaerob
Medium	CASO-B 10 ml	CASO-A	Fleisch-B 10 ml	SCA-A	OS-B 10 ml	OS-A
Anzahl	2	2	2	2	2	2
Temp.	30 °C	30 °C	30 °C	30 °C	30 °C	30 °C
Zeit (Tage)	bis 10	bis 5	bis 10	bis 5	bis 10	bis 5

Erklärungen: B = Bouillon; A = Agar; OS = Orangenserum

Tab. VII.11-4: Mikrobiologische Untersuchung hitzekonservierter Lebensmittel: Nachweis thermophiler Mikroorganismen

Bebrütung	aerob		anaerob	
Medium	HDTS-B 10 ml	HDTS-A	Fleisch-B 10 ml	Standard-I-Nähragar
Anzahl	2	2	2	2
Temp.	55 °C	55 °C	55 °C	55 °C
Zeit (Tage)	bis 10	bis 10	bis 10	bis 10

Erklärungen: B = Bouillon; A = Agar

Tab. VII.11-5: Auswertung der bebrüteten Medien

Art der Medien	Bebrütung	Ergebnis	Weitere Untersuchungen
1. Schwach saure Lebensmittel			
a) Mesophile Mikroorganismen			
CASO-Bouillon	aerob 30 °C	Trübung	Ösenausstrich auf Standard-I-Nähragar, 30 °C, 72 h, → Identifizierung
CASO-Agar	aerob 30 °C	Kolonien	Gramverhalten, Katalase, Sporennachweis → Identifizierung
Cooked Meat Medium	anaerob 30 °C	Trübung u./o. Gas	Ösenausstrich auf Standard-I-Nähragar, aerobe und anaerobe Bebrütung, 30 °C, 72 h → Identifizierung
SCA-Agar	anaerob 30 °C	Kolonien	Gramverhalten, Katalase, Sporennachweis → Identifizierung
b) Thermophile Mikroorganismen			
HDTS-Bouillon	aerob 55 °C	Trübung	Ösenausstrich auf HDTS-Agar, 35 °C und 55 °C, 72 h, Gramverhalten, Katalase, Sporennachweis → Identifizierung
HDTS-Agar	aerob 55 °C	Kolonien	Gramverhalten, Katalase, Sporennachweis, Vermehrung bei 35 °C
Cooked Meat Medium	anaerob 55 °C	Trübung u./o. Gas	Ösenausstrich auf HDTS-Agar, aerobe und anaerobe Bebrütung 35 °C und 55 °C, 72 h → Identifizierung

Fortsetzung der Tabelle nächste Seite

Tab. VII.11-5: Auswertung der bebrüteten Medien (Fortsetzung)

Art der Medien	Bebrütung	Ergebnis	Weitere Untersuchungen
2. Saure Lebensmittel			
Orangenserum-Bouillon	aerob	Trübung	Ösenausstrich auf Orangenserum-Agar, 30 °C, 72 h → Identifizierung
Orangenserum-Agar	aerob 30 °C	Kolonien	Gramverhalten, Katalase → Identifizierung

11.2.4 Auswertung der Ergebnisse

Mikroskopischer Befund

Eine kulturelle Untersuchung und ein positiver mikroskopischer Befund (zahlreiche Mikroorganismen/Gesichtsfeld) weisen auf stark keimhaltiges Rohmaterial oder auf die Verarbeitung bereits verdorbenen Rohmaterials hin. Dies ist besonders dann der Fall, wenn sensorische Abweichungen nachgewiesen werden.

Kultureller Befund bei schwach sauren Lebensmitteln

Die alleinige Anwesenheit von Sporenbildnern ist ein Zeichen der Untererhitzung. Bei einer Mischkultur, besonders aus gramnegativen Bakterien und grampositiven Kokken und anderen Nichtsporenbildnern, ist eine Undichtigkeit wahrscheinlich.

Kultureller Befund bei sauren Lebensmitteln

Saure Lebensmittel verderben meist durch Bakterien der Genera *Lactobacillus, Leuconostoc* und *Pediococcus*, Hefen und Schimmelpilze (z. B. *Byssochlamys fulva, Neosartorya fischeri, Talaromyces flavus*). Zum Verderb durch *Bacillus coagulans* und *Bacillus stearothermophilus* kommt es besonders in Tomatenprodukten und Fruchterzeugnissen. Auch *Clostridium pasteurianum* und *Clostridium thermosaccharolyticum* können zum Verderb führen.

11.2.5 Nachweis der Dichtigkeit

Voraussetzung für eine Dichtigkeitsprüfung ist eine gute Reinigung des Behältnisses: Einlegen für 4 h in 60 °C heißes Wasser unter Zusatz eines Detergens, 1 h Ultraschallbad + Detergens, 12 h trocknen bei 50 °C.

Zahlreiche Verfahren zur Überprüfung der Dichtigkeit sind möglich (LIN et al., 1978, RHEA et al., 1984):

- Verwendung von Kriechflüssigkeiten (alkoholische Farblösungen mit niedriger Oberflächenspannung)

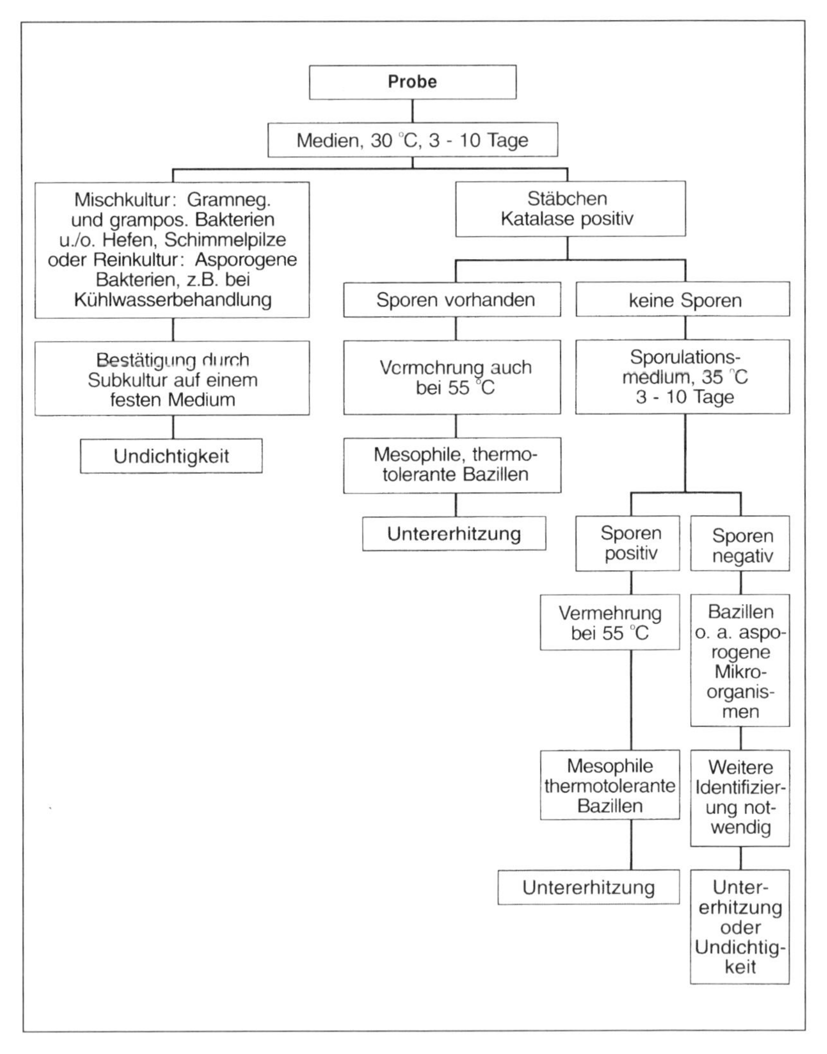

Abb. VII.11-3: Nachweis aerober mesophiler Mikroorganismen in schwach sauren Lebensmitteln

- Leitfähigkeitsmessungen
- Heliumtest
- Drucktest
- Vakuumtest
- Biotest bei Weichpackungen (ANEMA und MICHELS, 1976)
- Agarkochtest bei halbstarren Behältern (SCHMIDT-LORENZ, 1973)

Weiterhin sind durchzuführen: Schnittkontrollen zur Ermittlung der Falzhöhe und Falzbreite und besonders zur Überprüfung der Überlappung (REICHERT, 1985).

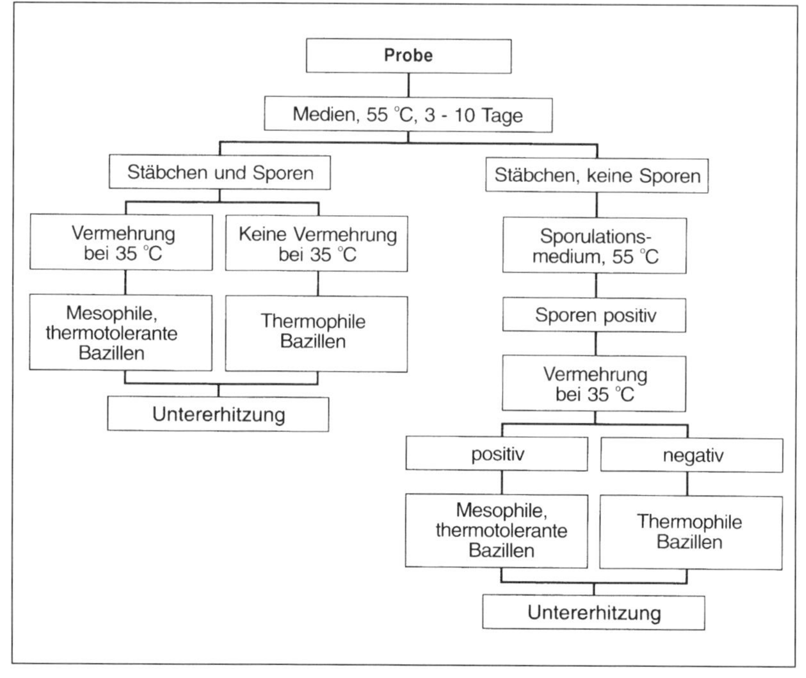

Abb. VII.11-4: Nachweis aerober thermophiler Mikroorganismen in schwach sauren Lebensmitteln

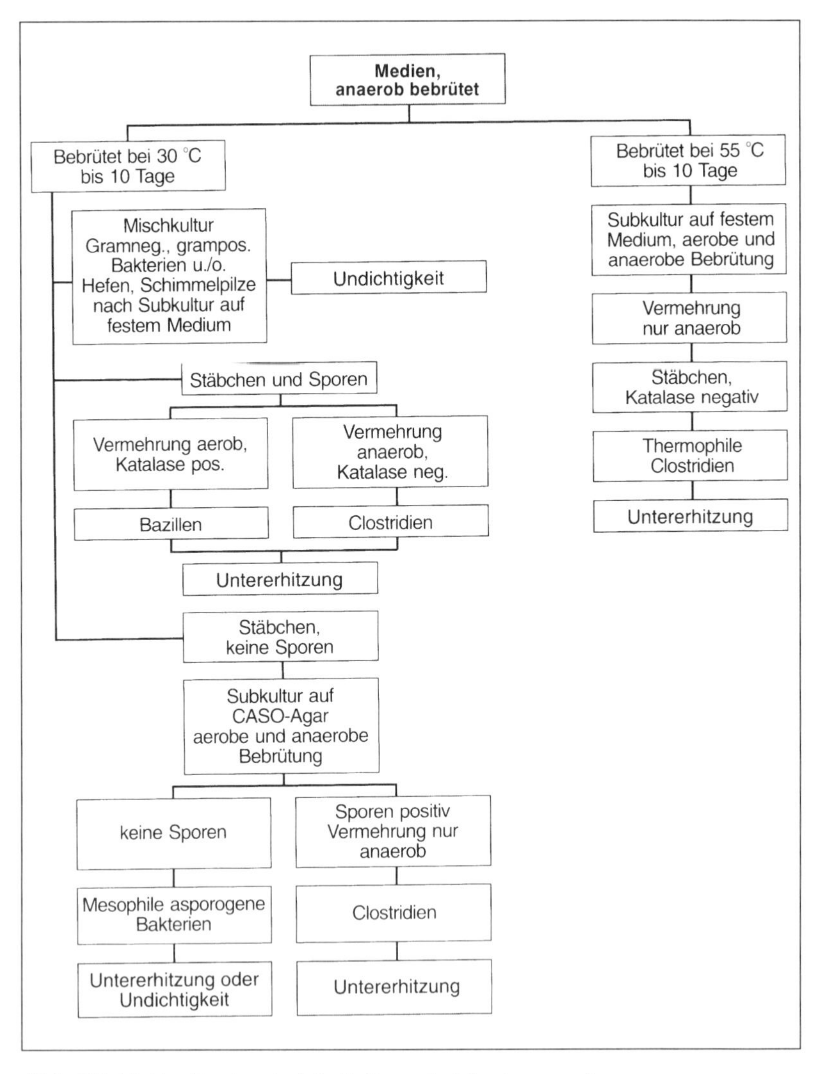

Abb. VII.11-5: Nachweis fakultativ und obligat anaerober Mikroorganismen in schwach sauren Konserven

11.3 Mikrobiologische Kriterien

Tab. VII.11-6: Mikrobiologische Kriterien für hitzekonservierte Lebensmittel

Produkt	Mikroorganismen	Norm	Quelle
In verschlossenen Packungen pasteurisierte Produkte (Fleischwaren)	Aerobe mesophile Keime Enterobacteriaceen Milchsäurebakterien	10 000/g 10/g 10 000/g	VO Schweiz 26.06.1995
Sterilisierte Produkte und Konserven	handelsüblich steril[1)]		VO Schweiz 26.06.1995

1) Die Zunahme der Keim- bzw. Sporenzahl darf nach einer 14–21-tägigen Bebrütung der verschlossenen Verpackung bei 25 ° bzw. 37 °C zwei Zehnerpotenzen nicht überschreiten. Pathogene und toxinogene Keime dürfen pro Gramm nicht nachweisbar sein.

Anmerkungen

Der Begriff der „handelsüblichen oder kommerziellen Sterilität" wird unterschiedlich interpretiert. Nach Meinung der English Dairy Federation liegt eine kommerzielle Sterilität dann vor, wenn die Unsterilitätsrate 0,1 % nicht überschreitet (LEMKE, 1988).

Die Food and Drug Administration (FDA) definiert den Begriff der kommerziellen Sterilität folgendermaßen (Food and Drug Administration, Code of Federal Regulations 21, § 113.3, 1977):

1. Abwesenheit lebender Keime, die sich unter Bedingungen der Lagerung und Distribution vermehren können
2. Abwesenheit pathogener Keime

Literatur

1. ABABOUCH, L., DIRKA, A., BUSTA, F.F.: Tailing of survivor curves of clostridial spores heated in edible oils, J. appl. Bacteriol. 62, 503-511, 1987
2. ANEMA, P.J., MICHELS, J.M.: Mikrobiologisch-hygienische Probleme bei neuen Behältertypen, Schriftenreihe der Schweiz. Ges. für Lebensmittelhyg. (SGLH), Heft 3, 35-40, 1976
3. BAUMGART, J., HINRICHS, M., WEBER, B., KÜPER, A.: Bombagen von Bohnenkonserven durch Bacillus stearothermophilus, Chem. Mikrobiol. Technol. Lebensm. 8, 7-10, 1983

4. BEAN, P.G.: Microbiological techniques in the examination of canned foods, Laboratory Practice 25, 303-305, 1976
5. BETTMER, H.: Vorkommen und Bedeutung von Lactobacillus divergens bei vakuumverpacktem Bückling, Diplomarbeit Fachbereich Lebensmitteltechnologie, Lemgo, 1987
6. BROWN, G.D., GAZE, J.E.: The evaluation of the recovery capacity of media for heat-treated Bacillus stearothermophilus spore strips, Int. J. Food Microbiol. 7, 109-114, 1988
7. CAMERON, M.S., LEONARD, S.J., BARRETT, E.L.: Effect of moderately acid pH on heat resistance of Clostridium sporogenes in phosphate buffer and in buffered pea puree, Appl. Environ. Microbiol. 39, 943-949, 1980
8. DENNY, C.B., CORLETT, D.A., Jr.: Canned foods-tests for cause of spoilage, in: Compendium of methods für the microbiological examination of foods, 3rd ed., ed. by Carl Vanderzant and D. F. Splittstoesser, American Public Health Ass., Washington D.C., 1051-1092, 1992
9. DONELLY, L.S., BUSTA, F.F.: Heat resistance of Desulfotomaculum nigrificans spores in soy protein instant formula preparations, Appl. Environ. Microbiol. 40, 721-725, 1980
10. DRYER, J.M., DEIBEL, K.E.: Canned foods-tests for commercial sterility, in: Compendium of Methods for the Microbiological Examination of Foods, ed. by Carl Vanderzant and Don F. Splittstoesser, American Public Health Ass., Washington D.C., 1037-1049, 1992
11. ETOA, F.-X., MICHELS, L.: Heat-induced resistance of Bacillus stearothermophilus spores, Letters in appl. Microbiol. 6, 43-45, 1988
12. FEIG, S., STERSKY, A.K.: Characterization of heat-resistant strains of Bacillus coagulans isolated from cream style canned corn, J. Food Sci. 46, 135-137, 1981
13. FIRSTENBERG-EDEN, R., ROWLEY, D.B., SHATTUCK, E.: Thermal inactivation and injury of Moraxella-Acinetobacter cells in ground beef, Appl. Environ. Microbiol. 39, 159-164, 1980
14. GOLDONI, J.S., KOJIMA, S., LEONARD, S., HEIL, J.R.: Growing spores of P.A. 3679 in formulations of beef heart infusion broth, J. Food Sci. 45, 67-475, 1980
15. HERSOM, A.C., HULLAND, E.D.: Canned Foods-Thermal Processing and Microbiology, 7th ed., Churchill Livingstone, Edinburgh, London, New York, 1980
16. HEISS, R., EICHNER, K.: Haltbarmachen von Lebensmitteln, Springer Verlag, Berlin, Heidelberg, 1990
17. JERMINI, M.F.G., SCHMIDT-LORENZ, W.: Heat resistance of vegetative cells and asci of two Zygosaccharomyces yeasts in broth at different water activity values, J. Food Protection 50, 835-841, 1987
18. JÄCKLE, M., GEIGES, O., SCHMIDT-LORENZ, W.: Hitzeaktivierung von Alpha-Amylase, Salmonella Typhimurium, Salmonella Senftenberg 775 W, Pseudomonas aeruginosa und Staphylococcus aureus in Vollei, Mitt. Gebiete Lebensm. Hyg. 78, 83-105, 1987
19. KAUTTER, D.A., LANDRY, W.L., SCHWAB, A.H., LANCETTE, G.: Examination of canned foods, in: Bacteriological Analytic Manual, 7th ed., Food and Drug Administration, publ. by AOAC International, Arlington, 259-271, 1992

20. LEISTNER, L.: Mikrobiologische Einteilung von Fleischkonserven, Fleischw. 59, 1452-1455, 1979
21. LEISTNER, L., WIRTH, F., TAKACS, J.: Einteilung der Fleischkonserven nach der Hitzebehandlung, Fleischw. 50, 216-217, 1970
22. LEMKE, F.W.: Die mikrobiologische Kontrolle aseptisch verpackter flüssiger Lebensmittel, Journal für Pharmatechnologie, Concept 9 (3), 46-52, 1988, Vortrag anläßlich des Concept-Symposiums 1. und 2.12.1987, Frankfurt/M.
23. LIN, R.C., KING, P.H., JOHNSTON, M.R.: Examination of containers for integrity, in: Bacteriological Analytical Manual, 7th ed. Food and Drug Administration, Washington D.C. 1992
24. LYNCH, D.J., POTTER, N.N.: Effects of organic acids on thermal inactivation of Bacillus stearothermophilus and Bacillus coagulans spores in frankfurter emulsion slurry, J. Food Protection 51, 475-480, 1980
25. MAGNUS, C.A., MCCURDY, A.R., INGLEDEW, W.M.: Further studies on the thermal resistance of Streptococcus faecium and Streptococcus faecalis in pasteurized ham, Can. Inst. Food Sci. Technol. 21, 209-212, 1988
26. MEER, R.R., BAKER, J., BODYFELT, F.W., GRIFFITHS, M.W.: Psychrotrophic Bacillus sp. in fluid milk products: A review, J. Food Protection 54, 969-979
27. MIKOLAJCIK, E.M.: Thermodestruction of Bacillus spores in milk, J. Food Technol. 33, 61-63, 1970
28. MONTVILLE, Th., SAPERS, J.: Thermal resistance of spores from pH elevation strains of Bacillus licheniformis, J. Food Sci. 46, 1710-1712, 1715, 1981
29. PITT, J.I., HOCKING, A.D.: Fungi and food spoilage, Academic Press, London, 1985
30. REICHERT, J.E.: Die Wärmebehandlung von Fleischwaren, Hans-Holzmann Verlag, Bad Wörrishofen, 1985
31. RHEA, U.S., GILCHRIST, J.E., PEELER, J.T. SHAH, D.B.: Comparison of helium leak test and vacuum leak test using canned foods: Collaborative study, J. Assoc. Off. Anal. Chem. 67, 942-945, 1984
32. RUSSEL, A.D., HUGO, W.B., AYLIFFE, G.A.J.: Desinfection, preservation and sterilization, sec. ed., Blackwell Scientific Publ., London, 1992
33. SENHAJI, A.F., LONCIN, M.: The protective effect of fat on the heat resistance of bacteria (I), J. Food Technol. 12, 202-26, 1977
34. SCHMIDT-LORENZ, W.: Untersuchungen zur Prüfung der Bakterien-Dichtigkeit von Heißsiegelnähten halbstarrer Leichtbehälter aus Aluminium-Kunststoff-Verbunden, Verpackungs-Rdsch. 24, 59-66, 1973
35. SCOTT, V.N., BERNARD, D.T.: Heat resistance of spores of non-proteolytic type B Clostridium botulinum, J. Food Protection 45, 909-912, 1982
36. SCOTT, V.N., BERNARD, D.T.: Heat resistance of Talaromyces flavus und Neosartorya fischeri isolated from commercial fruit juices, J. Food Protection 50, 18-20, 1987
37. SINELL, H.-J.: Zur Methodik der mikrobiologischen Untersuchung von Voll- und Halbkonserven, Fleischw. 54, 1642-1646, 1974
38. SPLITTSTOESSER, D.F., LEASOR, S.B., SWANSON, K.M.J.: Effect of food composition on the heat resistance of yeast ascospores, J. Food Sci. 51, 1265-1267, 1986
39. STIEBING, A.: Erhitzen und Haltbarkeit von Brühwurst, Fleischw. 65, 31-40, 1985
40. STUMBO, C.R.: Thermobacteriology in food processing, Academic Press, London, 1973

41. VERRIPS, T., RHEE, R.: Effects of egg yolk and salt on Micrococcaceae heat resistance, Appl. Environ. Microbiol. 42, 1-5, 1983
42. YILDIZ, F., WESTHOFF, D.C.: Sporulation and thermal resistance of Bacillus stearothermophilus spores in milk, Food Microbiology 6, 245-250, 1989
43. Verordnung über die hygienisch-mikrobiologischen Anforderungen an Lebensmittel, Gebrauchsgegenstände, Räume, Einrichtungen und Personal (HyV Schweiz), 26.06.1995

12 Speiseeis

(TAMMINGA et al., 1980, TIMM, 1981 u. 1985)

Bei der Herstellung von Speiseeis wird der Speiseeisansatz, der sog. Mix, pasteurisiert (für Eiskrem-Mix ist dies nach den Leitsätzen von Speiseeis und Speiseeishalberzeugnissen vom 27.4.1995 vorgeschrieben), darüber hinaus müssen die zur Herstellung verwendeten Rohstoffe wie Milch, Sahne oder Magermilch pasteurisiert sein. Die Keimzahlen sind bei industriell hergestelltem Speiseeis in der Regel sehr niedrig; das Gleiche gilt für Softeis aus pasteurisierfähigen Automaten. Lediglich Ingredienzien, die nach dem Pasteurisieren dem Mix zugegeben werden, sowie hygienisch nicht einwandfreie Verhältnisse bei der Herstellung oder Verteilung von losem Speiseeis können zu erhöhten Keimzahlen führen.

12.1 Untersuchung

Untersuchungskriterien

Die mikrobiologische Untersuchung von Speiseeis soll anzeigen, ob der Mix und damit das Speiseeis hygienisch einwandfrei hergestellt, behandelt und gelagert worden ist, und ob Krankheitserreger zu einer möglichen Gesundheitsgefährdung nach dem Verzehr führen können.

Folgende Untersuchungen werden nach der gültigen Milchverordnung vom 24.4.1995 empfohlen:

Obligatorische Kriterien = pathogene Keime

- Salmonellen
- *Listeria monocytogenes*

Analytische Kriterien = Nachweiskeime für mangelnde Hygiene

- *Staphylococcus aureus*

Indikatorkeime = Richtwerte

- aerobe mesophile Keimzahl
- coliforme Keime
- Hefen und Schimmelpilze (nur bei Speiseeis ohne Anteil an Milch oder Milcherzeugnissen nach Empfehlung des BGVV vom Juni 1997)

Probenahme und Probenvorbereitung

Probenahme

Bei abgepackten Einzelportionen unter 100 g wird die gesamte Probe entnommen, bei unverpackter Ware werden mindestens 100 g steril entnommen. Die

Proben müssen im ungeschmolzenen Zustand (–15 °C oder kälter) im Labor eintreffen, eine Temperatur von 0 °C sollte keinesfalls überschritten werden.

Probenvorbereitung

Mindestens 50 g Speiseeis werden in einem Wasserbad, dessen Temperatur ca. 30 °C (nicht über 35 °C) beträgt, aufgetaut. Die Auftauzeit darf 30 min nicht überschreiten.

10 g der geschmolzenen Probe werden mit 90 ml steriler Verdünnungsflüssigkeit (0,1 % Pepton, 0,85 % Kochsalz) durch kräftiges Schütteln in einem geeigneten Gefäß gemischt (Ausschütteln per Hand bzw. Homogenisieren im Ultra-Turrax oder Stomacher 400).

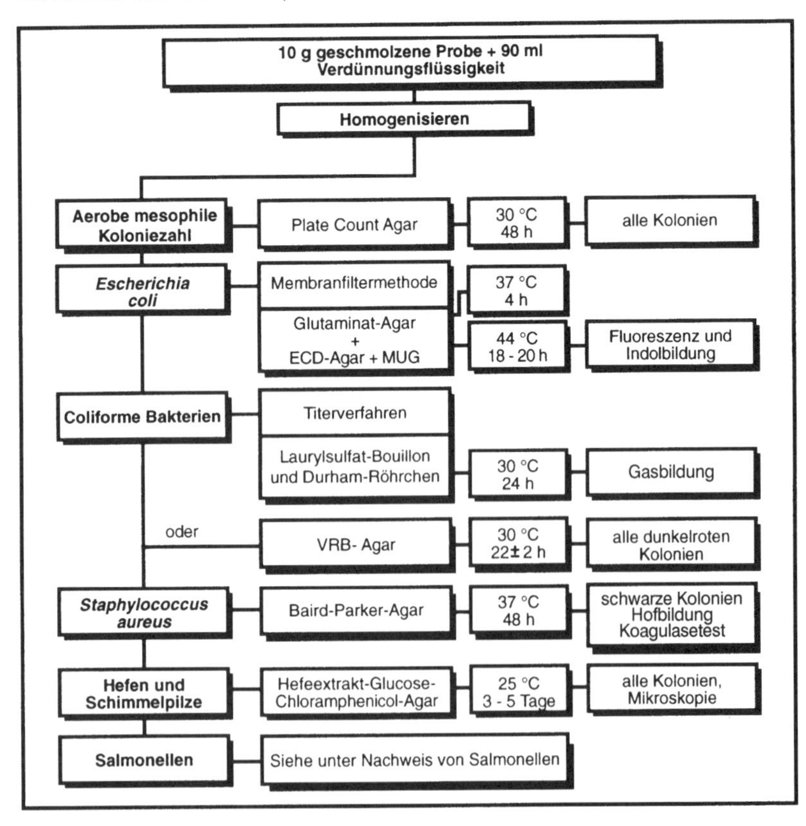

Abb. VII.12-1: Untersuchung von Speiseeis

Art der Untersuchung

Aerobe mesophile Keimzahl

- Verfahren: Gusskultur, Spatel- oder Tropfplattenverfahren
- Medium/Temperatur/Zeit: Plate-Count-Agar, 30 °C, 48 h
- Auswertung: Alle Kolonien

Escherichia coli

- Verfahren: Membranfiltermethode (siehe unter Nachweis von *E. coli*)
- Medium/Temperatur/Zeit: Glutaminat-Agar, 37 °C, 4 h und ECD-Agar mit MUG*, 44 °C, 18–20 h
- Auswertung: Fluoreszierende und Indol-positive Kolonien

Coliforme Bakterien

- Verfahren: Titerverfahren, Laurylsulfat-Bouillon mit 1,0 ml, 0,1 ml und 0,01 ml (= 1 ml der Verdünnung 10^{-3}) beimpfen
- Medium/Temperatur/Zeit: Laurylsulfat-Bouillon mit Durham-Röhrchen, 30 °C, 24 h
- Auswertung: Gasbildung

oder

- Verfahren: Gusskultur mit Overlayer
- Medium/Temperatur/Zeit: VRB-Agar, 30 °C, 22 ± 2 h
- Auswertung: Coliforme Keime bilden typische dunkelrote Kolonien

Staphylococcus aureus

- Verfahren: Spatel-, Tropfplatten- oder Titerverfahren
- Medium/Temperatur/Zeit: Baird-Parker-Agar, 37 °C oder Anreicherungsbouillon nach Baird, 37 °C, 48 h (siehe Nachweis von *Staphylococcus aureus*)
- Auswertung: Schwarze Kolonien mit Hofbildung (Eigelbspaltung) oder schwarze Röhrchen. Bestätigung siehe unter Nachweis von Staphylokokken

Hefen und Schimmelpilze

- Verfahren: Spatelverfahren oder Gussverfahren
- Medium/Temperatur/Zeit: Hefeextrakt-Glucose-Chloramphenicol-Agar, 25 °C, 3–5 Tage
- Auswertung: Alle Kolonien (Mikroskopie)

---

* MUG = 4-Methylumbelliferyl-ß-D-Glucuronid

Salmonellen

- Verfahren: Siehe unter Nachweis von Salmonellen

Listeria monocytogenes

- Verfahren: Siehe unter Nachweis von *Listeria monocytogenes*

12.2 Mikrobiologische Kriterien

A. Toleranzwerte in der Schweiz (Schweiz. VO, 1987)

Aerobe mesophile Keime	100 000/g
Enterobacteriaceen	100/g
Staphylococcus aureus	100/g

B. Grenzwerte für Eis und Eiskrem auf Milchbasis (Milch-VO vom 24.4.1995, Anlage 6)

Obligatorische Kriterien

Listeria monocytogenes	neg. in 1 g, n = 5, c = 0
Salmonellen	neg. in 25 g, n = 5, c = 0

Analytische Kriterien: Nachweis für mangelnde Hygiene

Staph. aureus	n = 5, c = 2, m = 10, M = 100

Indikatorkeime: Richtwerte

Coliforme Bakterien (30 °C)	n = 5, c = 2, m = 10, M = 100
Keimgehalt (30 °C)	n = 5, c = 2, m = 100 000, M = 500 000

C. BGVV-Empfehlungen für Speiseeis ohne Anteil an Milch oder Milcherzeugnissen (1999)

Tab. VII.12-1: Mikrobiologische Kriterien für Speiseeis ohne Anteile an Milch oder Erzeugnissen auf Milchbasis

	Keimgehalt pro ml oder g			
Keimart	m*	M*	n*	c*
Aerobe Gesamtkeimzahl (30 °C)	100000	500000	5	2
Coliforme Keime	10	100	5	2
Koagulase-positive Staphylokokken	10	100	5	2
Salmonellen spp.	nicht nachweisbar in 25 g		5	0
Listeria monocytogenes	nicht nachweisbar in 1 g		5	0

Darüber hinaus dürfen Krankheitserreger und ihre Toxine nicht in Mengen vorhanden sein, die die Gesundheit der Verbraucher beeinträchtigen können.

* **Definition für die Parameter „m, M, n, c“:**

m = Schwellenwert; das Ergebnis gilt als ausreichend, wenn die einzelnen Proben diesen Wert nicht überschreiten;

M = Höchstwert; das Ergebnis gilt als nicht ausreichend, wenn die Werte einer oder mehrerer Proben diesen Wert überschreiten;

n = Anzahl der zu untersuchenden Proben;

c = Anzahl der Proben mit Wert zwischen m und M; das Ergebnis gilt als akzeptabel, wenn die Werte der übrigen Proben höchstens den Wert m erreichen.

Literatur

1. N.N.: Mikrobiologie von Speiseeis. Empfehlungen zur mikrobiologischen Beurteilung von Speiseeis ohne Anteile an Milch oder Erzeugnissen auf Milchbasis, Der Lebensmittelbrief 10 (3+4), 75, 1999
2. TAMMINGA, S.K.; BEUMER, R.R.; KAMPELMACHER, E.H.: Bacteriological examination of ice-cream in the Netherlands: Comparative studies on methods, J. appl. Bact. 49, 239-253, 1980
3. TIMM, F.: Speiseeis und Halbfertigfabrikate, in: Sammlung von Vorschriften zur mikrobiologischen Untersuchung von Lebensmitteln, herausgegeben von W. Schmidt-Lorenz, 3. Lieferung, Verlag Chemie, Weinheim, 1981
4. TIMM, F.: Speiseeis, Verlag Paul Parey, Berlin und Hamburg, 1985
5. Verordnung über die hygienisch-mikrobiologischen Anforderungen an Lebensmittel, Gebrauchs- und Verbrauchsgegenstände, Schweiz, 1.7.1987

6. Richtlinie 92/46/EWG des Rates vom 16.6.1992 mit Hygienevorschriften für die Herstellung und Vermarktung von Rohmilch, wärmebehandelter Milch und Erzeugnissen auf Milchbasis, Amtsblatt der Europ. Gem. Nr. L 268/1-34, 1992, umgesetzt in nationales Recht als Milch-VO vom 24.4.1995, Bundesgesetzblatt Jahrgang 1995, Teil I

13 Gefrorene und tiefgefrorene Lebensmittel

(HALL, 1982, HARTMANN, 1979, KRAFT und REY, 1979, MACKEY et al., 1980, ROBINSON, 1985, SINELL und MEYER, 1996)

Eine Vermehrung von Mikroorganismen ist in gefrorenen Lebensmitteln (–10 °C oder tiefere Temperatur) und erst recht in tiefgefrorenen Lebensmitteln nicht möglich.

Die mikrobiologische Qualität gefrorener und tiefgefrorener Lebensmittel wird somit in erster Linie durch den Gehalt an Mikroorganismen vor dem Einfrieren bestimmt (SCHMIDT-LORENZ, 1976).

Beim Gefrieren und während der Gefrierlagerung wird ein Teil der Mikroorganismen abgetötet, ein anderer Teil wird lediglich geschädigt, so dass z.B. diese Keime gegen einige Hemmstoffe von Selektivnährböden empfindlich geworden sind (GOUNOT, 1991). Daher ist eine Wiederbelebungsstufe (Resuszitation) zur Erfassung subletal geschädigter Mikroorganismen vorgeschlagen worden (MOSSEL und CORRY, 1977, RAY, 1979).

Für Routineuntersuchungen von gefrorenen und tiefgefrorenen Lebensmitteln ist jedoch eine Wiederbelebungsstufe nicht erforderlich. Handelt es sich dagegen im Verdachtsfalle um die gezielte Suche nach pathogenen Keimen, wird folgendes Verfahren vorgeschlagen: Die mit der 9fachen Menge an Kochsalz-Pepton-Lösung versetzte Ausgangsverdünnung bleibt 1 h bei Zimmertemperatur stehen; danach wird entsprechend der jeweiligen Methode vorgegangen. Die Voranreicherung beim Salmonellen- oder Listerien-Nachweis stellt bereits eine Wiederbelebungsstufe dar, so dass die vorgenannte Prozedur nicht nötig ist.

13.1 Untersuchung

13.1.1 Untersuchungskriterien

Erzeugnisse aller Art

- Aerobe mesophile Koloniezahl
- Enterobacteriaceen (außer bei rohem Gemüse)
- *Escherichia coli*
- Koagulase-positive Staphylokokken
- *Listeria monocytogenes*
- *Bacillus cereus*

Vorgekochte Produkte mit Fleisch

- *Clostridium perfringens*

Rohes Fleisch, Wild, Geflügel, Eiprodukte

- Salmonellen

Roh zu verzehrendes Gemüse

- Salmonellen

Schalen- und Weichtiere, roh und gekocht

- Salmonellen
- *Vibrio parahaemolyticus*

Saure Produkte, Früchte, Joghurt, Desserts

- Hefen und Schimmelpilze

13.1.2 Untersuchungsmethoden

Probenahme und Probenvorbereitung

Entnahme der Probe

Auftauen von gefrorenen und tiefgefrorenen Lebensmittelproben bei Zimmertemperatur (maximal 2 h) oder im Kühlschrank bei etwa 4 °C bis maximal 18 h.

Die Probe kann auch aus dem noch gefrorenen Lebensmittel mittels sterilem Skalpell, Korkbohrer oder Bohrmaschine (Hohlbohrer) entnommen werden.

Homogenisierung und Verdünnungsreihe

20 g Material werden mit 180 ml Verdünnungsflüssigkeit (0,1 % Caseinpepton, trypt., 0,85 % Kochsalz) zerkleinert (Stomacher 400). Die Verdünnungsreihe wird in Reagenzröhrchen angelegt.

Art der Untersuchung

Aerobe mesophile Koloniezahl

- Verfahren: Spatelverfahren, Gusskultur oder Tropfplattenverfahren
- Medium/Temperatur/Zeit: Plate-Count-Agar, 30 °C, 48 h
- Auswertung: Alle Kolonien

Enterobacteriaceen

- Verfahren: Gussplattenmethode mit Overlayer
- Medium/Temperatur/Zeit: VRBD-Agar, 30 °C, 22 ± 2 h, aerob
- Auswertung: Alle dunkelroten Kolonien

Anmerkung: Neben dem Nachweis der aeroben Koloniezahl kann die Enterobacteriaceenzahl nützliche Informationen über die Hygiene der Prozesslinie ergeben.

Escherichia coli

- Verfahren: Membranfiltermethode (siehe unter Nachweis von *E. coli*)
- Medium/Temperatur/Zeit: Glutaminat-Agar, 37 °C, mindestens 2 h, bei aufpipettierter zuckerreicher Ausgangsverdünnung 4 h; danach ECD-Agar + MUG, 44 °C 18–20 h
- Auswertung: Alle fluoreszierenden Kolonien, die außerdem Indol-positiv sind

Koagulase-positive Staphylokokken

- Verfahren: Spatel- oder Tropfplattenverfahren bzw. Titerverfahren
- Medium/Temperatur/Zeit: Baird-Parker-Agar, 37 °C, 48 h bzw. Anreicherungsbouillon nach Baird, 37 °C, 48 h, die anschließend auf Baird-Parker-Agar ausgestrichen wird
- Auswertung: Schwarze Kolonien mit Hofbildung durch Lecithinasewirkung (Eigelbspaltung); Bestätigung der Koagulasebildung (siehe unter Nachweis Koagulase-positiver Staphylokokken) oder Clumping-Test

Clostridium perfringens

- Verfahren: Gusskultur
- Medium/Temperatur/Zeit: TSC-Agar, 37 °C, 24 h, anaerob
- Auswertung: Siehe unter Nachweis von *Clostridium perfringens*

Hefen und Schimmelpilze

- Verfahren: Spatelverfahren
- Medium/Temperatur/Zeit: Hefeextrakt-Glucose-Chloramphenicol-Agar oder Bengalrot-Chloramphenicol-Agar, 25 °C, 3–5 Tage
- Auswertung: Mikroskopie

Bacillus cereus

- Ein Nachweis erfolgt nur dann, wenn bei der Bestimmung der mesophilen Koloniezahl ein hoher Anteil aerober Sporenbildner vorhanden ist oder der Verdacht darauf besteht.
- Verfahren: Spatelverfahren (Polymyxin-Eigelb-Mannit-Bromthymolblau-Agar)
- Medium/Temperatur/Zeit: PEMBA, 30 °C, 24–48 h
- Auswertung: Siehe unter Nachweis von *Bacillus cereus*

Salmonellen

- Siehe unter Nachweis von Salmonellen

Listeria monocytogenes

- Siehe unter Nachweis von Listerien

Vibrio parahaemolyticus

- Der Nachweis erfolgt bei Fischen, Fischerzeugnissen, Crustaceen, jedoch nur bei speziellen Fragestellungen.
- Verfahren (RAY, 1979)
  50 g in 450 ml Tryptic Soy Broth homogenisieren und 2 h bei 35 °C bebrüten. Zugabe von Kochsalzlösung (20%ig) bis zur Endkonzentration von 3 %, Bebrütung über Nacht bei 35 °C
  10 ml der Voranreicherung zu 100 ml Glucose-Salt-Teepol Broth (GSTB) und Bebrütung bei 35 °C für 6 h, Ausstrich auf TCBS-Agar und Bebrütung bei 35 °C über Nacht. Identifizierung verdächtiger Kolonien (siehe auch Nachweis *Vibrio parahaemolyticus*)

13.2 Mikrobiologische Kriterien (s. a. unter übrigen Produkten) (DGHM, 1992)

A. Richt- und Warnwerte für rohe oder teilgegarte TK-Fertiggerichte bzw. Teile davon, die vor dem Verzehr gegart werden

	Richtwert	Warnwert
E. coli	10^3/g	10^4/g
Staph. aureus	10^2/g	10^3/g
Bac. cereus	10^3/g	10^4/g
Salmonellen	sollen in 25 g nicht nachweisbar sein	

(Bei Verwendung von rohem Fleisch, insbesondere Geflügel, können Salmonellen auch bei guter Betriebshygiene vorkommen. Bei positivem Befund ist der Verunreinigungsquelle nachzugehen und die Empfehlung auszusprechen, gegartes Fleisch einzusetzen).

B. Richt- und Warnwerte für gegarte TK-Fertiggerichte bzw. Teile davon, die nur noch auf Verzehrstemperatur erhitzt werden müssen

	Richtwert	Warnwert
Aerobe mesophile Keimzahl	10^6/g*	–
E. coli	10^2/g	10^3/g
Staph. aureus	10^2/g	10^3/g
Bac. cereus	10^3/g	10^4/g
Salmonellen	–	n.n. in 25 g

* Die Keimzahl kann überschritten werden, wenn rohe Produkte, wie Käse, Petersilie usw. verwendet werden.

C. Richt- und Warnwerte für blanchiertes Gemüse in Ungarn

(Mitt. Fa. Schöller Lebensmittel GmbH vom 20.07.1999)

Mikroorganismen	Richtwert	Warnwert
Coliforme Bakterien	10^2/g	10^3/g
Staph. aureus	10^2/g	10^3/g
Salmonellen	neg. in 25 g	

D. Kriterien für TK-Früchte, roh (Aprikosen, Erdbeeren, Himbeeren, Rhabarber u.a.)

Art der Kriterien	Mikroorganismen	n	c	Log m	Log M
Indikatorkeime	KBE, aerob, mesophil	–	–	–	–
Indikatorkeime	Enterobacteriaceae	5	2	4	5
Indikatorkeime	Coliforme	5	2	4	5
Analytische Kriterien	*E. coli*	5	2	2	3
Analytische Kriterien	*Staph. aureus*	–	–	–	–
Indikatorkeime	Hefen	5	2	4	5,5
Indikatorkeime	Schimmel	5	2	3	4,5
Obligatorische Kriterien	Salmonellen	5	0	n.n./25 g	n.n./25 g

Erklärungen

Obligatorische Kriterien

Pathogene Keime: Wenn diese Normen überschritten werden, muss das betroffene Los vom Verzehr und vom Markt ausgeschlossen werden.

Analytische Kriterien

Nachweiskeime für mangelnde Hygiene: Bei Überschreiten dieser Norm muss in jedem Fall die Durchführung der in dem Verarbeitungsbetrieb angewandten Überwachungs- und Kontrollverfahren für die kritischen Punkte überprüft werden. Werden Enterotoxin bildende *Staphylococcus-aureus*-Stämme oder vermutlich pathogene *Escherichia-coli*-Stämme festgestellt, so müssen alle beanstandeten Lose vom Verzehr und vom Markt ausgeschlossen werden.

Indikatorkeime

Richtwerte: Die Richtwerte sollen den Erzeugern dabei helfen, sich ein Urteil über die ordnungsgemäße Arbeit ihres Betriebes zu bilden und das System und das Verfahren der Eingangskontrolle ihrer Produktion zu praktizieren.

Quelle: FIAL (Föderation der Schweiz. Nahrungsmittel-Industrie, 1996).

Anmerkungen

Da die coliformen Bakterien eine heterogene und taxonomisch schlecht definierte Gruppe darstellen, sollte auf den Nachweis verzichtet werden (s.a. Empfehlung in: Opinion of the Scientific Committee on Veterinary Measures relating to Public Health, European Commission Health and Consumer Protection, Directorate B, Unit B3, SC4, 23.9.1999).

E. Kriterien für blanchiertes TK-Gemüse (Bsp.: Spinat, Spinatprodukte, Karotten, Erbsen, Bohnen, Blumenkohl, Gemüsezubereitungen)

Art der Kriterien	Mikroorganismen	n	c	Log m	Log M
Indikatorkeime	KBE, aerob, mesophil	5	2	5	6
Indikatorkeime	Enterobacteriaceae	5	2	2,5	3,5
Indikatorkeime	Coliforme	5	2	2,5	3,5
Analytische Kriterien	*E. coli*	5	2	1	2
Analytische Kriterien	*Staph. aureus*	5	2	2	3
Indikatorkeime	Hefen	–	–	–	–
Indikatorkeime	Schimmel	–	–	–	–
Obligatorische Kriterien	Salmonellen	5	0	n.n./25 g	n.n./25 g

Quelle: FIAL (Föderation der Schweiz. Nahrungsmittel-Industrie, 1996).

Anmerkungen

Da die coliformen Bakterien eine heterogene und taxonomisch schlecht definierte Gruppe darstellen, sollte auf den Nachweis verzichtet werden (s.a. Empfehlung in: Opinion of the Scientific Committee on Veterinary Measures relating to Public Health, European Commission Health and Consumer Protection, Directorate B, Unit B3, SC4, 23.9.1999).

F. Kriterien für rohes, gewaschenes und nicht blanchiertes TK-Gemüse

Art der Kriterien	Mikroorganismen	n	c	Log m	Log M
Indikatorkeime	KBE, aerob, mesophil	–	–	–	–
Indikatorkeime	Enterobacteriaceae	–	–	–	–
Indikatorkeime	Coliforme	–	–	–	–
Analytische Kriterien	*E. coli*	5	2	2	3
Analytische Kriterien	*Staph. aureus*	5	2	2	3
Indikatorkeime	Hefen	–	–	–	–
Indikatorkeime	Schimmel	–	–	–	–
Obligatorische Kriterien	Salmonellen	5	0	n.n./25 g	n.n./25 g

Quelle: FIAL (Föderation der Schweiz. Nahrungsmittel-Industrie, 1996).

Anmerkungen

Da die coliformen Bakterien eine heterogene und taxonomisch schlecht definierte Gruppe darstellen, sollte auf den Nachweis verzichtet werden (s.a. Empfehlung in: Opinion of the Scientific Committee on Veterinary Measures relating to Public Health, European Commission Health and Consumer Protection, Directorate B, Unit B3, SC4, 23.9.1999).

G. Kriterien für TK-Kartoffelprodukte

a) Kartoffelprodukte, vorfrittiert (Bsp.: Pommes Duchesses, Pommes frites)

Art der Kriterien	Mikroorganismen	n	c	Log m	Log M
Indikatorkeime	KBE, aerob, mesophil	5	2	4	5
Indikatorkeime	Enterobacteriaceae	5	2	2	3
Indikatorkeime	Coliforme	5	2	2	3
Analytische Kriterien	*E. coli*	5	2	1	2
Analytische Kriterien	*Staph. aureus*	5	2	1	2
Analytische Kriterien	B. cereus	–	–	–	–
Indikatorkeime	Hefen	–	–	–	–
Indikatorkeime	Schimmel	–	–	–	–
Obligatorische Kriterien	Salmonellen	5	0	n.n./25 g	n.n./25 g

Quelle: FIAL (Föderation der Schweiz. Nahrungsmittel-Industrie, 1996).

b) Kartoffelprodukte, blanchiert, nicht vorfrittiert (Bsp.: Rösti Späne, Rösti Kroketten)

Art der Kriterien	Mikroorganismen	n	c	Log m	Log M
Indikatorkeime	KBE, aerob, mesophil	5	2	5	6
Indikatorkeime	Enterobacteriaceae	5	2	2,5	3,5
Indikatorkeime	Coliforme	5	2	2,5	3,5
Analytische Kriterien	*E. coli*	5	2	1	2
Analytische Kriterien	*Staph. aureus*	5	2	2	3
Indikatorkeime	Hefen	–	–	–	–
Indikatorkeime	Schimmel	–	–	–	–
Obligatorische Kriterien	Salmonellen	5	0	n.n./25 g	n.n./25 g

Quelle: FIAL (Föderation der Schweiz. Nahrungsmittel-Industrie, 1996).

H. Kriterien für Kartoffelprodukte mit Füllungen (Käse, Fleisch, Gemüse) (Bsp.: Kroketten mit Füllungen, Rösti mit Füllungen)

Art der Kriterien	Mikroorganismen	n	c	Log m	Log M
Indikatorkeime	KBE, aerob, mesophil	–	–	–	–
Indikatorkeime	Enterobacteriaceae	5	2	3	4
Indikatorkeime	Coliforme	5	2	3	4
Analytische Kriterien	*E. coli*	5	2	2	3
Analytische Kriterien	*Staph. aureus*	5	2	2	3
Analytische Kriterien	B. cereus	–	–	–	–
Indikatorkeime	Hefen	–	–	–	–
Indikatorkeime	Schimmel	–	–	–	–
Obligatorische Kriterien	Salmonellen	5	0	n.n./25 g	n.n./25 g

Quelle: FIAL (Föderation der Schweiz. Nahrungsmittel-Industrie, 1996).

I. Kriterien für TK-Fische, roh, mit oder ohne Coating (Bsp.: Dorschfilets, Dorschfilets paniert, nicht vorfrittiert)

Art der Kriterien	Mikroorganismen	n	c	Log m	Log M
Indikatorkeime	KBE, aerob, mesophil	5	2	5,5	6,5
Indikatorkeime	Enterobacteriaceae	5	2	3	4
Indikatorkeime	Coliforme	5	2	3	4
Analytische Kriterien	*E. coli*	5	2	1	2
Analytische Kriterien	*Staph. aureus*	5	2	1	2
Obligatorische Kriterien	Salmonellen	5	0	n.n./25 g	n.n./25 g

Quelle: FIAL (Föderation der Schweiz. Nahrungsmittel-Industrie, 1996).

Anmerkungen

Da die coliformen Bakterien eine heterogene und taxonomisch schlecht definierte Gruppe darstellen, sollte auf den Nachweis verzichtet werden (s.a. Empfehlung in: Opinion of the Scientific Committee on Veterinary Measures relating to Public Health, European Commission Health and Consumer Protection, Directorate B, Unit B3, SC4, 23.9.1999).

J. Kriterien für TK-Meeresfrüchte, blanchiert/gekocht (Bsp.: Crevetten gekocht)

Art der Kriterien	Mikroorganismen	n	c	Log m	Log M
Indikatorkeime	KBE, aerob, mesophil	5	2	4	5
Indikatorkeime	Enterobacteriaceae	5	2	2	3
Indikatorkeime	Coliforme	5	2	2	3
Analytische Kriterien	*E. coli*	5	1	1	2
Analytische Kriterien	*Staph. aureus*	5	2	2	3
Obligatorische Kriterien	Salmonellen	5	0	abw./25 g	abw./25 g

Quelle: FIAL (Föderation der Schweiz. Nahrungsmittel-Industrie, 1996) entspricht der Entscheidung der EU vom Dezember 1992 (93/51/EEC).

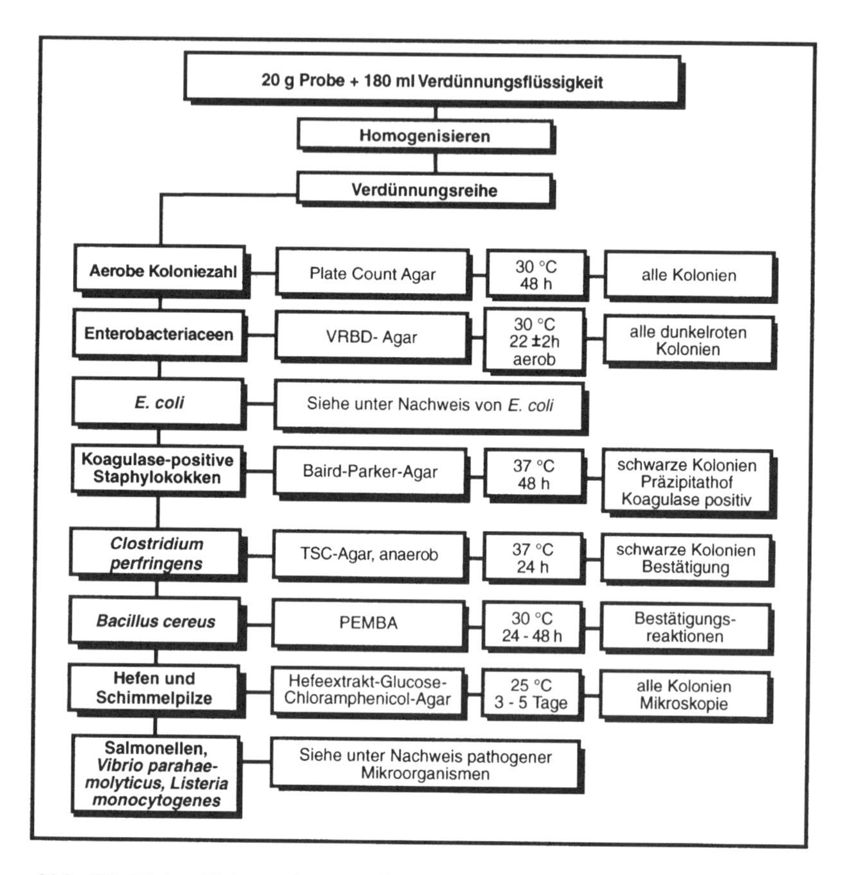

Abb. VII.13-1: Untersuchung gefrorener und tiefgefrorener Lebensmittel

Literatur

1. GOUNOT, A.-M.: Bacterial life at low temperature: physiological aspects and biotechnological implications, J. appl. Bact. 71, 386-397, 1991
2. HALL, L.P.: A manual of methods for the bacteriological examination of frozen foods, Chipping Campden, Gloucestershire, 1982
3. HARTMANN, P.A.: Modification of conventional methods for recovery of injured coliforms and salmonellae, J. Food Protection 42, 356-361, 1979
4. KRAFT, A.A.; REY, C.R.: Psychrotrophic bacteria in foods: an update, Food Technology 33, 66-71, 1979
5. MACKEY, B.M.; DERRICK, Ch.M.; THOMAS, J.A.: The recovery of sublethally injured Escherichia coli from frozen meat, J. appl. Bact. 48, 315-324, 1980

6. MOSSEL, D.A.A.; CORRY, J.E.L.: Detection and enumeration of sublethally injured pathogenic and index bacteria in foods and water processed for safety, Alimenta-Sonderausgabe, 19-34, 1977
7. RAY, B.: Methods to detect stressed microorganisms, J. Food Protection 42, 346-355, 1979
8. ROBINSON, R.K.: Microbiology of frozen foods, Elsevier Applied Science Publ. Ltd., 1985
9. SCHMIDT-LORENZ, W.: Über die Bedeutung der Anwesenheit von Mikroorganismen in gefrorenen und tiefgefrorenen Lebensmitteln, Lebensm.-Wiss. und Technol. 9, 263-273, 1976
10. DGHM: Mikrobiologische Richt- und Warnwerte zur Beurteilung von rohen, teilgegarten und gegarten Tiefkühl-Fertiggerichten oder Teilen davon, Lebensmittel-Technik 24, 89, 1992
11. SINELL, H.J.; MEYER, H.: HACCP in der Praxis, 1. Auflage 1996, Behr's Verlag Hamburg

14 Alkoholfreie Getränke (AfG): Säfte, Nektare, Erfrischungsgetränke, Trinkwasser, Tafelgetränke

14.1 Mikrobiologische Situation und Anfälligkeit

Säfte, Nektare und Erfrischungsgetränke sind normalerweise nähr- und wuchsstoffreiche, natürliche Substrate und damit ein idealer Nährboden für viele Mikroorganismen (Abb. VII.14-1). Mit Ausnahme verschiedener Gemüsesäfte weisen diese Getränke aber einen wirkungsvollen Eigenschutz auf, da sie meist hohe Konzentrationen an Fruchtsäuren enthalten und infolgedessen die pH-Werte sehr niedrig (im Bereich von 2,5 bis 4,5) liegen. Somit haben hier nur acidophile oder acidotolerante Mikroorganismen Vermehrungsmöglichkeiten, das sind im Wesentlichen Schimmelpilze, Hefen, Essigsäurebakterien und Milchsäurebakterien (Abb. VII.14-2).

Die karbonisierten Getränke verfügen wegen des weitgehend anaeroben Milieus noch über einen zusätzlichen, sehr wichtigen Schutzfaktor, so dass hier ausschließlich säuretolerante, anaerobe bzw. fakultativ anaerobe oder mikroaerophile Mikroorganismen von Bedeutung sind. Damit grenzt sich das Spektrum der potenziellen Getränkeschädlinge auf die beiden Organismengruppen gärfähiger Hefen und Milchsäurebakterien ein. Wegen dieser stark reduzierten Kontaminationsanfälligkeit werden solche Getränke normalerweise ohne weitere Entkeimungsmaßnahmen kalt abgefüllt. Eine biologische Haltbarkeit ist aber nur gewährleistet, wenn sich die eingesetzten Rohstoffe sowie Ausmisch- und Abfüllanlagen in einwandfreiem Zustand befinden.

Die stillen Getränke müssen zwar auf alle Fälle einer Hitzebehandlung unterzogen werden, wegen der tiefen pH-Werte können aber schonende Erhitzungsverfahren angewandt werden. Unter diesen Bedingungen werden die üblichen Getränkeschädlinge quantitativ abgetötet. Für Schimmelpilze (vegetative Zellen und Konidien) sowie Hefen, einschließlich Ascosporen, genügen beispielsweise bereits 78 °C bei 1 Minute Einwirkzeit, um einen quantitativen Abtötungseffekt zu erzielen.

Zu den wenigen Mikroorganismen, die hier unter Umständen noch überleben und anschließend Probleme (Primärkontaminationen) verursachen können, gehören *Alicyclobacillus* (*Bacillus*) *acidocaldarius* und *A. acidoterrestris*, *Bacillus coagulans*, *Clostridium acetobutylicum* und *C. butyricum* sowie die Schimmelpilze *Byssochlamys fulva*, *B. nivea*, *Neosartorya fischeri* und *Talaromyces flavus*.

Diese Arten treten jedoch in der Fruchtsaftindustrie nur relativ selten in Erscheinung, so dass wegen dieser potenziellen Getränkeschädlinge wohl kaum zusätzliche Sicherheitsaufschläge bei der Pasteurisation erforderlich sind. Außerdem tolerieren *B. coagulans*, *C. acetobutylicum* und *C. butyricum* gewöhnlich nur pH-Werte über 4,5.

A. acidocaldarius und *A. acidoterrestris* wachsen zwar selbst in extrem sauren Getränken mit pH-Werten um 3, benötigen aber als thermophile Keime Inkubationstemperaturen von über 30 °C. Die Arten haben normalerweise nur in tropischen Ländern eine Bedeutung, können aber auch bei uns Probleme hervorrufen, wenn Getränke beispielsweise nach der Heißabfüllung längere Zeit bei höheren Temperaturen (30–70 °C) verweilen (Hitzestau bei eingeschweißten Paletten). Von den Schimmelpilzen dürfte noch die größte Gefahr einer Primärkontamination ausgehen, da diese acidophilen Ascomyceten nicht selten auf Früchten vorkommen und sehr hitzeresistente Ascokarpien (Kleistothezien) ausbilden.

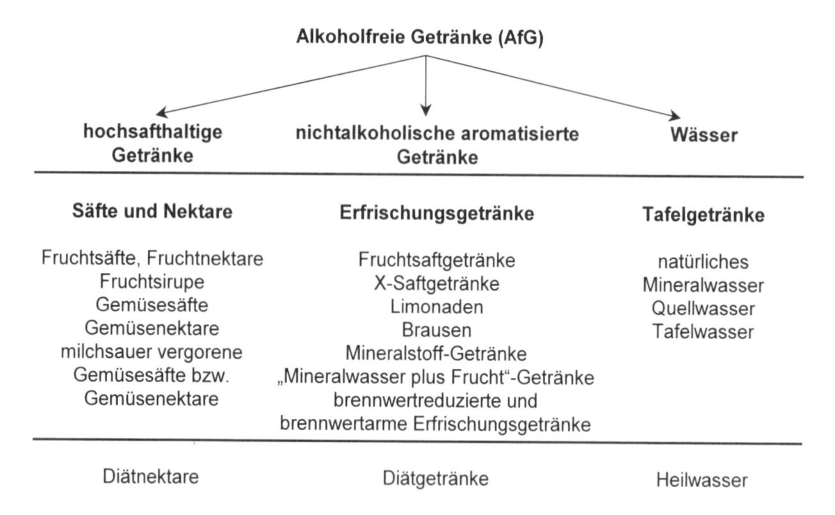

Abb. VII.14-1: Gattungsbegriffe bei alkoholfreien Getränken

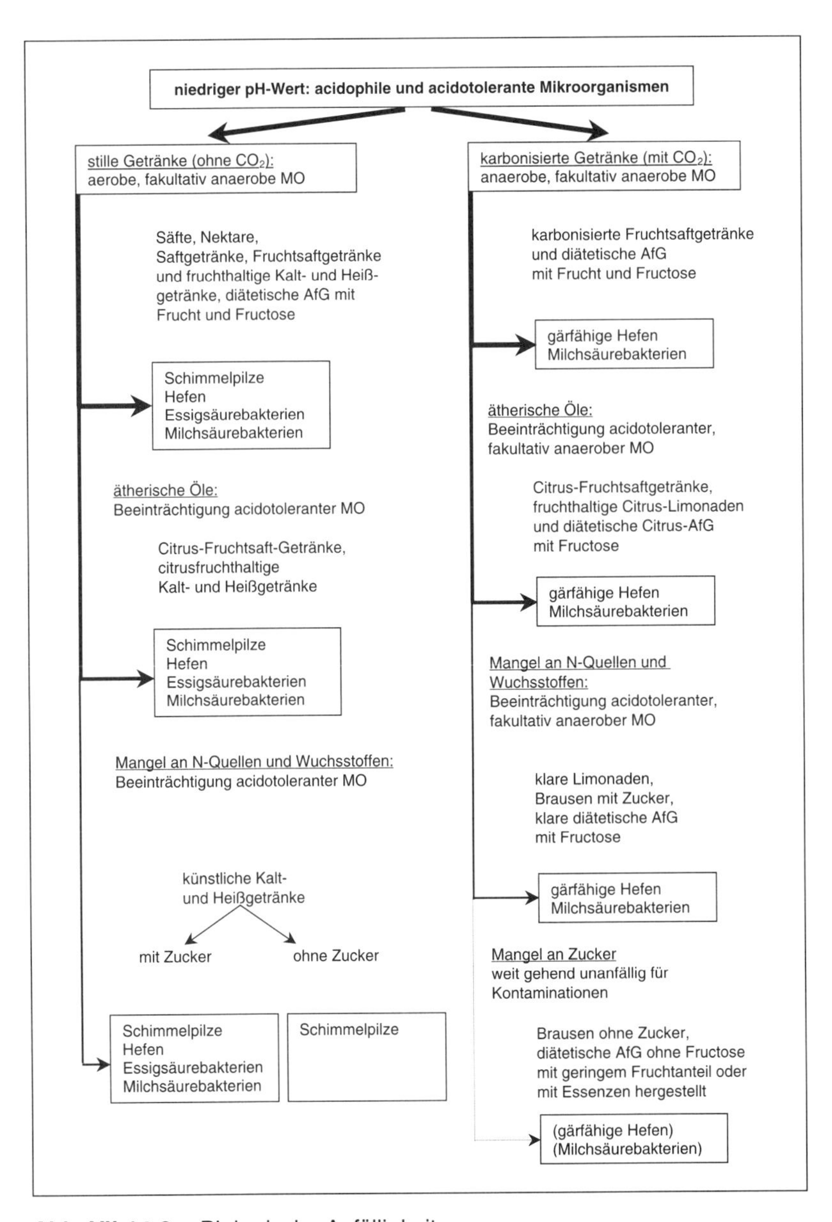

Abb. VII.14-2: Biologische Anfälligkeit

Wesentlich häufiger sind jedoch Kontaminationen im Abfüllbereich (so genannte „Sekundärkontaminationen"). Hier können sich vor allem Schimmelpilzkonidien, die gerade in den Sommermonaten sehr zahlreich in der Luft und an allen möglichen direkten oder indirekten Kontaktstellen (gereinigte Flaschen, Verschlüsse, Füller, Verschließer) vorhanden sind, unangenehm auswirken. Aber auch Essigsäurebakterien, Milchsäurebakterien und Hefen können über Luftströmungen oder über Schwitz-, Tropf- und Sprühwasser vor dem Verschließen der Flaschen in die Getränke gelangen und Sekundärkontaminationen auslösen. Bei Heißabfüllungen treten solche Probleme vor allem auf, wenn bei Störungen an der Abfüllanlage die Getränkeoberfläche zu stark abkühlt und somit der Effekt der Nachpasteurisation (z.B. Verschlüsse, Flaschenmündung) unzureichend ist.

14.2 Stufenkontrolle im AfG-Betrieb

Der biologische Zustand im Betrieb muss regelmäßig mit systematischen Stufenkontrollen überprüft werden. Im Fließschema (Abb. VII.14-3) sind die kontaminationsanfälligen Bereiche bei der AfG-Herstellung entsprechend markiert und in Tab. VII.14-1 werden die wichtigsten Probestellen in einem Stufenkontrollplan aufgelistet.

Tab. VII.14-1: Stufenkontrolle im AfG-Betrieb

I	Bereich Wasseraufbereitung	
	1	Rohwasser (nach Brunnenpumpe)
	2	Stadtwasser (nach Zähler)
	3	Aufbereitungsanlage (Ionenaustauscher, Belüftungseinrichtung, Kiesfilter)
	4	nach Kohlefilter
	5	EK-Filter-Auslauf (UV-/Ozon-Anlage)
	6	Pufferbehälter
	7	Wasserreserve
II	Bereich Sirupraum	
	8	Wasser-Blindprobe
	9	Zuckerlöser (SWP)
	10	Flüssigzucker (aus Tankzug)

Tab. VII.14-1: Stufenkontrolle im AfG-Betrieb (Forts.)

	11	Flüssigzucker (nach Sieb oder Filter)
	12	Zuckertank (Produkt oder SWP)
	13	Siruppumpe (Produkt oder SWP)
	14	Grundstoff (evtl. weitere Rohstoffe)
	15	Grundstoffleitung bzw. Pumpe (Produkt oder SWP)
	16	Vorlaufgefäß (Produkt oder SWP)
	17	Ansatzbehälter/Mischbehälter (Produkt oder SWP)
	18	Mixer Sirup
	19	Mixer Wasser
	20	Bran & Lübbe-Pumpe (Sperrwasser, Schmierwasser) (Sirupseite – Wasserseite)
	21	Mixer Auslauf (Produkt oder SWP)
	22	Ovalradzähler, Ringkolbenzähler (Produkt oder SWP)
	23	Imprägnierung
III	Bereich Füller	
	24	Füller Einlauf (Produkt oder SWP)
	25	Sterilflasche (steril verschlossen)
	26	Sterilflasche (mit Originalverschluss)
	27	Betriebsflasche (verschiedene Füllorgane)
	28	Füllventile (WP)
	29	Zentriertulpen, Steuerventile und andere Stellen mit Tropfwasser (WP)
	30	Abspritzwasser Füllorgane
	31	Mündungsdusche
	32	Verkleidung Innenseite (Füller und Verschließer) (WP)
	33	Einlauf- und Auslaufsterne (Füller und Verschließer) (WP)
	34	Anpresstulpe Verschließer (WP)
	35	Verschlüsse
IV	Bereich Waschmaschine (WM)	
	36	Warmwasser-Ausspritzung (Zusatz von Natriumthiosulfat zur Chlorinaktivierung)

Tab. VII.14-1: Stufenkontrolle im AfG-Betrieb (Forts.)

	37	Kaltwasser-Ausspritzung (Zusatz von Natriumthiosulfat zur Chlorinaktivierung)
	38	gereinigte Flaschen aus verschiedenen Körben
	39	durchgelaufene Sterilflaschen
	40	Laugenbäder
	41	Abstriche Flaschenabgabe (Tropf-, Spritzwasser) (WP)
	42	Bottle Inspector (WP)
V	Fertiggetränk	
	43	Füllbeginn
	44	Füllende
VI	Sonderuntersuchungen	
	45	Blindkappen, Blindstutzen, Probehähnchen, Dreiwegehähne, Dichtungen (vor allem Mischanlage und Produktweg bis zum Füller) (WP)
	46	Pumpen, Dosiereinrichtungen, Ventile (WP)
	47	Tankeinbauten (Deckel, Mannloch, Rührwerk, Füllstandsanzeigen) (WP)
	48	Messeinrichtungen, spezielle Armaturen (WP)
	49	Pressluft, Kohlensäure, Reinigungs- und Desinfektionsmittellösungen (CIP)
	50	Raumluft aus den Bereichen WM-Flaschenabgabe sowie Füller und Verschließer

WP = Wischprobe mit Steriltupfer
SWP = Spülwasserprobe

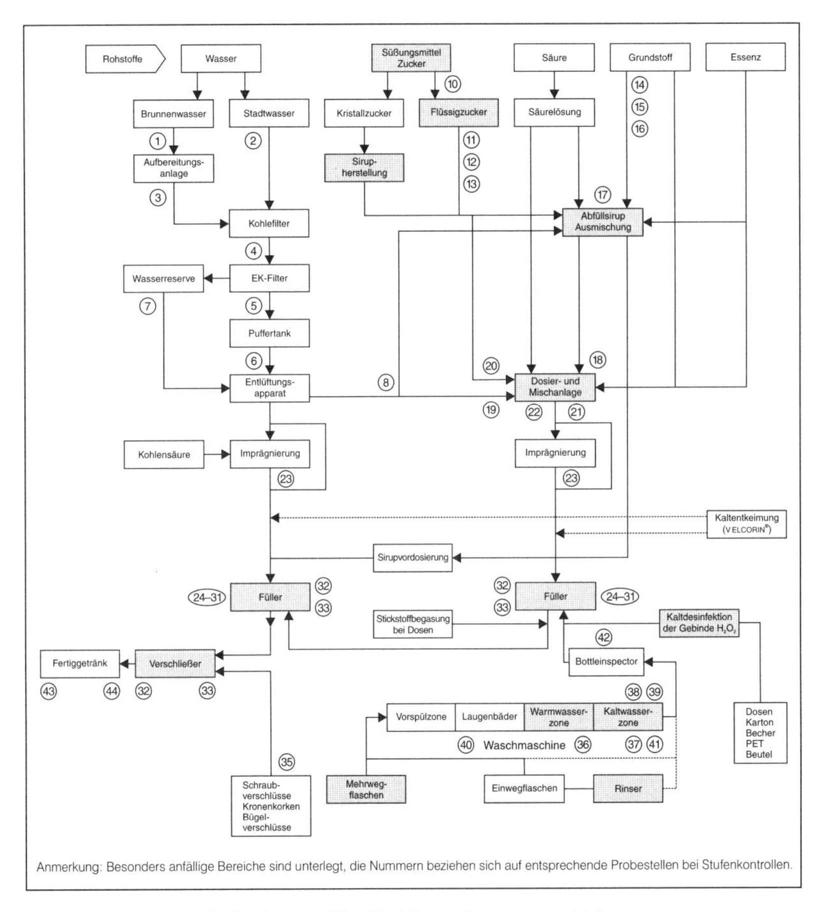

Abb. VII.14-3: Fließschema für die Herstellung von AfG

14.3 Getränkeschädlinge

14.3.1 *Saccharomyces cerevisiae*, der häufigste AfG-Schädling

Zu der Art *Saccharomyces cerevisiae* wurde nach neuen taxonomischen Erkenntnissen eine ganze Reihe von bisher eigenen Arten gestellt. Hierzu gehören nicht nur obergärige Brauereihefen, Wein-, Brennerei- und Backhefen, sondern auch die in alkoholfreien Getränken (vor allem in Fruchtsäften und fruchthaltigen Limonaden) auftretenden Stämme. *Saccharomyces cerevisiae* ist der mit Abstand häufigste Schädling sowohl bei stillen als auch bei karbonisierten alkoholfreien Getränken. Diese typische gärfähige Hefe verwertet die in AfG vorhandenen Zucker, insbesondere Saccharose, Glucose und Fructose, und kann sich in den meisten Getränkesorten vermehren. Dabei wird gewöhnlich ein fruchtesterartiges Gäraroma hervorgerufen, wobei Diacetyl, 2,3-Pentandion, Acetaldehyd, bestimmte Ester, Schwefelverbindungen und höhere Alkohole gebildet werden. Manchmal treten äußerst unangenehme Geschmacks- und Geruchsfehler auf. Bei starken Kontaminationen werden durch CO_2-Produktion hohe Drücke und Bombagen verursacht. Gleichzeitig werden auch höhere Konzentrationen an Äthanol produziert, so dass die Getränke definitionsgemäß nicht verkehrsfähig sind. Außerdem zeigen viele Stämme eine starke pektolytische Aktivität, wodurch es in fruchttrüben Getränken zu Ausklarungen und verstärkter Bodensatzbildung kommen kann.

14.3.2 Verbreitete AfG-Hefen

Neben *S. cerevisiae* können noch verschiedene Arten als potenzielle Getränkeschädlinge in Erscheinung treten. Die größte Gefahr geht von gärkräftigen Arten aus, während Atmungshefen meist nur latent in den Getränken vorliegen. Tabelle VII.14-2 gibt einen Überblick über die häufigsten Arten.

14.3.3 Typische osmophile Hefen in Fruchtkonzentraten

Zygosaccharomyces bailii ist die häufigste und gefährlichste Hefe in Fruchtkonzentraten. Die osmophile Art kann selbst bei Zuckerkonzentrationen von über 60 % noch wachsen. Am häufigsten wird sie in Citruskonzentraten oder konzentriertem Apfelsaft (bis 73° Brix) nachgewiesen. *Z. bailii* kommt aber auch in allen möglichen Fruchtsirupen, Fruchtzubereitungen, Pürees sowie in Fruchtmark vor. Dabei werden nicht nur niedrige Wasseraktivitäten (a_w-Werte 0,6–0,8) toleriert, sondern auch sehr hohe Konzentrationen an Fruchtsäuren (pH-Werte meist unter 3,5) und weitgehende Sauerstofffreiheit. Selbst vollkonservierte Fruchtkonzentrate und Grundstoffe (Benzoesäurekonzentration bis 1,2 g/kg) sind vor dieser robusten Hefe nicht geschützt. Die Vermehrung ist hier zwar sehr langsam, es werden aber dennoch meist unerwünschte Mengen an Alkohol und Kohlensäure sowie atypische Geruchs- und Geschmacksstoffe gebildet.

Tab. VII.14-2: Einstufung typischer AfG-Hefen entsprechend ihrer Gärfähigkeit

gärkräftig	gärfähig	gärschwach	Atmungshefe (nicht gärfähig)
Saccharomyces cerevisiae	*Saccharomyces kluyveri*	*Brettanomyces claussenii*	*Cryptococcus albidus*
S. cerevisiae var. *uvarum*	*Torulaspora delbrueckii*	*B. naardenensis*	*Pichia membranaefaciens*
Zygosaccharomyces bailii	*T. delbrueckii* var. *rosei*	*Candida boidinii*	*Rhodotorula glutinis*
Z. florentinus	*Zygosaccharomyces microellipsoides*	*C. intermedia*	die meisten Kahmhefen
	Z. rouxii	*C. parapsilosis*	
		Pichia (= *Hansenula*) *anomala*	
		Pichia minuta	

Der Nachweis und die Kultivierung von *Z. bailii* ist mit den üblichen Medien oft nicht möglich. Es müssen auf alle Fälle ausreichende Zuckerkonzentrationen (z. B. 20 % Glucose) vorhanden sein. Am besten geeignet ist das SSL-Verfahren, wobei aber dem OFS-Agar noch ca. 15 % Glucose zugesetzt werden müssen.

14.3.4 Bakterien

In der AfG-Industrie sind Milchsäurebakterien einerseits als nützliche Starterkulturen bei der „Laktofermentation" von Gemüsesäften, Fruchtsubstraten und Fruchtsäften von Bedeutung, andererseits treten sie nicht selten auch unangenehm als Getränkeschädlinge in Erscheinung.

Die Bakterien haben zwar im Vergleich zu den gärfähigen Hefen keine so große Bedeutung als Getränkeschädlinge, sie können aber gelegentlich ebenfalls Trübungen, Bodensätze sowie Geschmacks- und Geruchsfehler verursachen. Vereinzelt kommt es auch zur Schleimbildung und zu Farbveränderungen in bestimmten Getränken. Besonders anfällig sind Limonaden mit erhöhten pH-Werten (> 4,0).

Zu den häufigeren Kontaminanten, vor allem auch in karbonisierten Getränken, gehören die Milchsäurebakterien *Leuconostoc mesenteroides* und *Lactobacillus paracasei*. Beide können die gewöhnlich in hoher Konzentration (ca. 8 %) enthaltene Saccharose gut vergären und verursachen meist infolge von Diacetylbildung einen unangenehmen ranzigen oder käsigen Geruch und Geschmack.

Bei *L. mesenteroides* kommt als weiterer Nachteil noch die Schleimbildung (Dextran) aus Saccharose hinzu. Dadurch wird die Konsistenz der Getränke viskos, schleimig oder fadenziehend. Diese Probleme können sogar in den wuchsstoffarmen klaren Limonaden oder in gezuckerten Brausen auftreten. *L. mesenteroides* kommt nicht selten auch in der Unterart *dextranicum* vor, die sich vor allem durch die fehlende Arabinose-Vergärung von typischen *mesenteroides*-Stämmen unterscheidet. Weitere wichtige Merkmale dieser heterofermentativen Art sind noch die Produktion von D(–)-Lactat, CO_2, Ethanol und Essigsäure. *L. mesenteroides* bildet ovale Zellen (Durchmesser 0,5–0,9 μ), die häufig in längeren Ketten vorliegen.

Bei *Lactobacillus paracasei*, seltener *L. casei*, kommen vorwiegend regelmäßige Kurzstäbchen mit runden Enden und durchschnittlichen Größen von 0,9 × 2,0 μ vor. Die limonadenschädlichen Stämme liegen meist einzeln, in Paaren, seltener in kurzen Ketten vor. Charakteristische Merkmale von *L. casei* sind die Vergärung von Mannit, Melezitose und zahlreicher weiterer Zucker, jedoch nicht von Melibiose und Xylose, die L(+)-Lactat-Bildung sowie die Produktion von Gas aus Gluconat, nicht aber aus Glucose oder anderen Zuckern. Sehr ähnlich ist auch die Art *L. paracasei*, für die die Vergärung von Lactose und Ribose häufig charakteristisch ist.

Lactobacillus perolens ist eine weitere fakultativ heterofermentative Art, die in Limonaden ebenfalls nicht selten durch Wachstum und starke Diacetylbildung unangenehm in Erscheinung tritt. Charakteristische Merkmale sind vor allem die Vergärung von Melibiose und Melezitose, meist auch von Arabinose und gelegentlich von Xylose, nicht aber von Ribose und Mannit. Die Stäbchen sind gewöhnlich schlanker und länger als bei *L. casei* und liegen einzeln, in Paaren und kurzen Ketten vor.

Weitere Milchsäurebakterien, die gelegentlich als Getränkeschädlinge auftreten, sind *Lactobacillus brevis*, *L. buchneri*, *L. plantarum* und *Weissella confusa*.

Die in der Lebensmittelindustrie weit verbreitete GRAM-negative, Schleim bildende Art *Enterobacter cloacae* tritt in Gemüsesäften oder Getränken mit pH-Werten über 4,7 nicht selten als Kontaminant in Erscheinung. Neben Viskositätserhöhungen werden unangenehme Geruchs- und Geschmacksfehler hervorgerufen. Durch die Schleimkapseln sind die Stäbchen verhältnismäßig widerstandsfähig gegenüber Desinfektionsmaßnahmen und tolerieren auch etwas höhere Pasteurisations-Einheiten. Die kurzen, plumpen Zellen weisen an den Polen oft jeweils einen stark lichtbrechenden Punkt auf und liegen einzeln, in Paaren und kurzen Ketten vor. Bei jungen Kulturen sind die peritrich begeißelten Zellen meist stark beweglich.

Die beiden *Alicyclobacillus*-Arten, *A. acidocaldarius* und *A. acidoterrestris*, sind wegen ihrer Endosporenbildung hitzetolerant und können auch bei niedrigen pH-Werten in stillen Getränken wachsen. Die häufigere Art *A. acidoterrestris* vermehrt sich im Temperaturenbereich von 27–55 °C bei pH-Werten zwischen 2,5 und 5,8 (WISOTZKEY et al., 1992). In pasteurisierten Apfel- und Orangensäften kann es zu starken Geruchs- und Geschmacksfehlern kommen (BAUMGART et al., 1997). Prinzipiell treten diese Bakterien in Fruchtsaftkonzentraten, Säften und Nektaren auf.

14.3.5 Schimmelpilze

Wegen ihrer Sauerstoffbedürftigkeit können sich Schimmelpilze nur in stillen Getränken vermehren, während karbonisierte Getränke (CO_2-Gehalt >1 g/l) vor solchen Kontaminationen geschützt sind.

Das Wachstum der Schimmelpilze, vor allem in Säften, Nektaren und Fruchtsaftgetränken, findet meist an der Flüssigkeitsoberfläche sowie im Flaschenhals, im Mündungsbereich und in den Verschlüssen statt. Manche Arten können auch bei sehr niedrigen O_2-Konzentrationen noch deutlich wachsen (Oberfläche und submers).

Außer einer meist deutlich sichtbaren und oft unappetitlich erscheinenden Myzelentwicklung verursachen die Schimmelpilze im Getränk einen unangenehmen Muffton und oft auch einen deutlichen Bittergeschmack. Von einigen Arten (z. B. *Penicillium roqueforti*) werden Konservierungsmittel, wie Ameisensäure und Sorbinsäure, abgebaut, wobei aus Sorbinsäure 1,3-Pentadien entsteht (LÜCK, 1985). Verschiedene Pilze bilden bekanntlich Mycotoxine (z. B.

Patulin), die gewöhnlich als gesundheitsschädlich eingestuft werden. Als sehr unerwünschte Eigenschaft der Schimmelpilze ist noch die pektolytische Aktivität zu erwähnen. Durch die Abgabe von Pektinesterasen wird bei fruchttrüben Getränken das Pektingerüst abgebaut, so dass die Trübungsstabilität irreversibel verloren geht.

Probleme mit Schimmelpilzen entstehen meist sekundär durch Kontamination von gereinigten Flaschen oder Verschlüssen mit Konidien. Diese vegetativen Sporen gehören, besonders in den Sommermonaten, zu den häufigsten Luftkeimen, so dass ein Befall einzelner Flaschen fast unvermeidlich ist. Bei der Heißabfüllung muss daher gewährleistet sein, dass die Flasche im heißen Zustand randvoll gefüllt ist und dass das Getränk in der Flasche mindestens 78 °C aufweist. Da die Temperatur an der Flüssigkeitsoberfläche schnell absinkt, müssen bei längeren Störungen der Abfüllanlage (>1 min) die gefüllten Flaschen vor dem Verschließer ausgesondert oder unmittelbar nach dem Verschließen gestülpt werden.

Bei derartigen Schimmelpilzkontaminationen spielen vor allem *Penicillium*- und *Aspergillus*-Arten eine dominierende Rolle, wobei es sich bei grünen Myzelien gewöhnlich um *P. expansum* und bei schwarzen um *A. niger* handelt.

Neben diesen Sekundärkontaminationen durch Konidien treten in sehr seltenen Fällen noch Primärkontaminationen durch hitzeresistente Ascosporen bzw. Ascokarpien auf. Hierbei handelt es sich besonders um Arten der Gattungen *Byssochlamys*, *Neosartorya* und *Talaromyces*, die geschlossene Fruchtkörper, so genannte Kleistothezien, ausbilden und dadurch Temperaturen von teilweise über 100 °C tolerieren.

Tab. VII.14-3: Nachweis von Mikroorganismen in alkoholfreien Erfrischungsgetränken und Furchtsäften

Nachzuweisende Mikroorganismen	Medien	Verfahren
Aerobe mesophile Koloniezahl	Plate-Count-Agar	Gusskultur, Tropfplattenverfahren oder Membranfiltration, ca. 25 °C, bis 5 Tage
Aerobe mesophile Verderbsorganismen	OFS-Medium oder Orangenserumagar, modifiziert	Gusskultur, Tropfplattenverfahren oder Membranfiltration, ca. 25 °C, bis 5 Tage
Essigsäurebakterien	Hefeextrakt-Ethanol-Bromkresolgrün-Agar oder ACM-Agar	Spatelverfahren, Tropfplattenverfahren oder Membranfiltration, ca. 25 °C, aerob bis 5 Tage
Milchsäurebakterien	MRS-Agar, pH 5,7	Gusskultur, Tropfplattenverfahren oder Membranfiltration, ca. 25 °C, anaerob bis 5 Tage
Leuconostoc spp.	Saccharose-Agar	Gusskultur, Tropfplattenverfahren oder Membranfiltration, ca. 25 °C, aerob oder anaerob bis 5 Tage*)
Alicyclobacillus acidoterrestris	Potato-Dextrose-Bouillon und Potato-Dextrose-Agar	Presence-Absence-Test und Spatelverfahren siehe unter III.1.11.3
Hefen und Schimmelpilze	Hefeextrakt-Glucose-Chloramphenicol-Agar oder OGY-Agar	Gusskultur, Spatelverfahren oder Membranfiltration, 25 °C, bis 4 Tage
Osmotolerante Hefen	siehe unter Nachweis osmotoleranter Hefen	

*) Auf dem Saccharose-Agar vermehren sich auch Schleim bildende Bazillen (z. B. *Bacillus licheniformis*). Eine mikroskopische Prüfung und der Nachweis der Katalase sind deshalb erforderlich.

14.4 Nachweis und Kultivierung

14.4.1 Gussplattenverfahren zur Unterscheidung gärkräftiger und gärschwacher Hefen

Die Kultivierung von AfG-Hefen erfolgt am besten mit Orangenserum- bzw. Orangenfruchtsaft-Agar (OFS-Agar). Dieser Nährboden hat den Vorteil, dass er eine ähnliche Zusammensetzung wie die Getränkeproben aufweist. Durch den verhältnismäßig niedrigen pH-Wert (unter 5) und andere spezifische Inhaltsstoffe (z.B. ätherische Öle) ist eine gute Selektivität gewährleistet. So haben Getränkeschädlinge oft deutliche Wachstumsvorteile gegenüber der harmlosen Begleitflora. Insbesondere erfolgt keine Beeinträchtigung des Nachweises durch mesophile Bakterien wie Bazillen, Enterobacteriaceen oder Mikrokokken. Prinzipiell sind aber auch andere hefespezifische Nährmedien geeignet (z.B. Base Medium, Glucose-Bromkresolpurpur-Agar, Malzextrakt-Agar, Universalmedium für Hefen, Würze-Agar, YGC-Agar).

Zur Unterscheidung von Gär- und Atmungshefen wird häufig das Gussplattenverfahren mit OFS-Agar angewandt. Die Probe (1–3 ml bzw. 10–25 ml) wird zunächst in die leere Petrischale (∅ 9 bzw. 14 cm) gegeben. Anschließend wird verflüssigter, auf ca. 43 °C temperierter OFS-Agar in die Platte gegossen und durch leicht kreisende Bewegung mit der Probe gleichmäßig vermischt. Somit besteht die Möglichkeit, dass die Keime sowohl auf als auch im Nähragar wachsen. Typische gärkräftige Hefen vermehren sich in allen Schichten gleichermaßen, während Atmungs- und Kahmhefen nur auf der Oberfläche kräftiges Koloniewachstum zeigen.

Zwischen gärkräftigen und nicht gärfähigen Hefen gibt es aber alle möglichen Übergangsformen, wobei je nach Größenverhältnissen der submers gewachsenen Kolonien zu den Oberflächenkolonien entsprechende Einstufungen bezüglich der Gärfähigkeit möglich sind. Besonders bei dünnen Agarschichten in den Gussplatten können auch gärschwache Arten ein ausgeprägtes, sternförmiges Koloniewachstum zeigen.

14.4.2 Nachweis osmophiler und gärfähiger Hefen in Halbware (Konzentrat, Püree, Mark) mittels SSL-Verfahren

Der Nachweis osmophiler Hefen konnte mit dem SSL-Verfahren wesentlich verbessert werden. Der Vorteil dieser Methode liegt darin, dass die Hefezellen durch eine vorgezogene optimierte Flüssiganreicherung schneller in einen physiologisch aktiven Zustand versetzt werden, so dass die „lag-Phase" wesentlich abgekürzt wird. Nach 24–48 Stunden Inkubation wird in der Flüssiganreicherung selbst bei einer Spurenverkeimung eine ausreichende Zellvermehrung erzielt, so dass damit in der nachgeschalteten Gussplattenpassage eindeutige Befunde erzielt werden können.

Dieses kombinierte Verfahren ist sehr einfach und ohne Zeitaufwand zu handhaben, da außer sterilen Petrischalen und Probefläschchen keinerlei Geräte und Einrichtungen erforderlich sind. Die Methode hat außerdem den Vorteil, dass sowohl die Flüssiganreicherung als auch die Gussplatten eine sehr selektive Kultivierung erlauben. Das bedeutet, dass es sich bei Befunden fast ausnahmslos um Hefen handeln wird, die auch für die entsprechende Halbware gefährlich werden können, während harmlose Begleitorganismen unter diesen Bedingungen nicht oder nur sehr schwach anwachsen. Da die gärfähigen Hefen beim Gussplattenverfahren meist ein sehr charakteristisches Wachstum (kreuz- oder sternförmige Kolonien im Agar) zeigen, kann man bei etwas Erfahrung auch ohne mikroskopische Analyse bei der Auswertung erkennen, ob der Befund für die Produkte von Bedeutung ist.

Bei Vergleichsuntersuchungen über einen längeren Zeitraum hat sich gezeigt, dass das SSL-Verfahren auch für den Nachweis der üblichen getränkeschädlichen *Saccharomyces*-Hefen besonders gut geeignet ist. Da diese Hefen in der sehr saueren und konzentrierten Rohware vorwiegend in Form von Ascosporen vorliegen, muss das Wachstum zuerst aktiviert werden. Das Auskeimen dieser Ascosporen wird unter den günstigen Bedingungen im SSL-Bouillon beschleunigt.

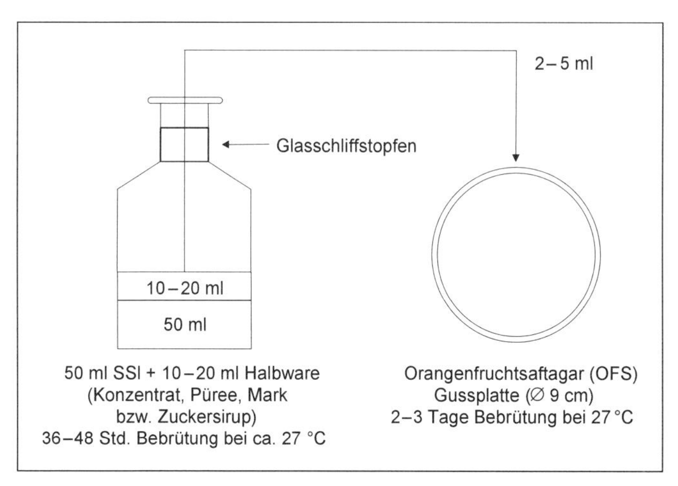

Abb. VII.14-4: SSL-Verfahren zum Nachweis von schädlichen Hefen in Fruchtsaftkonzentraten, Püree, Fruchtmark und Zuckersirup

14.4.3 Untersuchungsmethoden

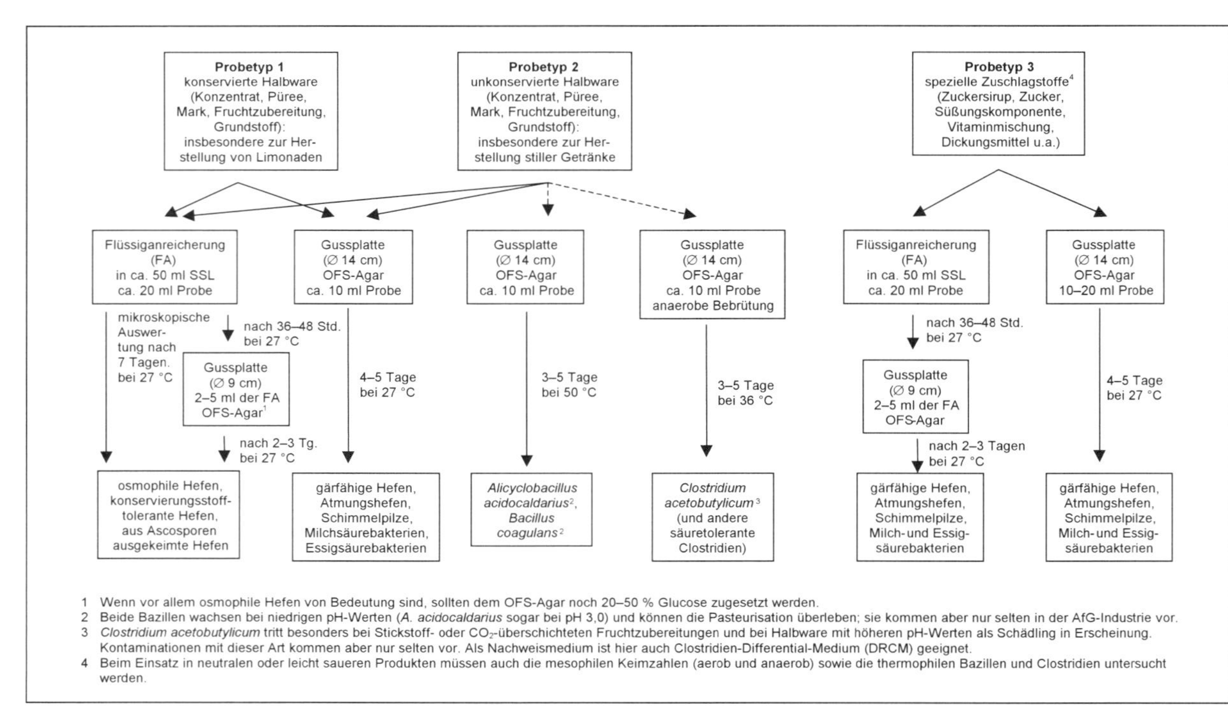

1 Wenn vor allem osmophile Hefen von Bedeutung sind, sollten dem OFS-Agar noch 20–50 % Glucose zugesetzt werden.
2 Beide Bazillen wachsen bei niedrigen pH-Werten (*A. acidocaldarius* sogar bei pH 3,0) und können die Pasteurisation überleben; sie kommen aber nur selten in der AfG-Industrie vor.
3 *Clostridium acetobutylicum* tritt besonders bei Stickstoff- oder CO_2-überschichteten Fruchtzubereitungen und bei Halbware mit höheren pH-Werten als Schädling in Erscheinung. Kontaminationen mit dieser Art kommen aber nur selten vor. Als Nachweismedium ist hier auch Clostridien-Differential-Medium (DRCM) geeignet.
4 Beim Einsatz in neutralen oder leicht saueren Produkten müssen auch die mesophilen Keimzahlen (aerob und anaerob) sowie die thermophilen Bazillen und Clostridien untersucht werden.

Abb. VII.14-5: Untersuchung wichtiger Rohstoffe für AfG

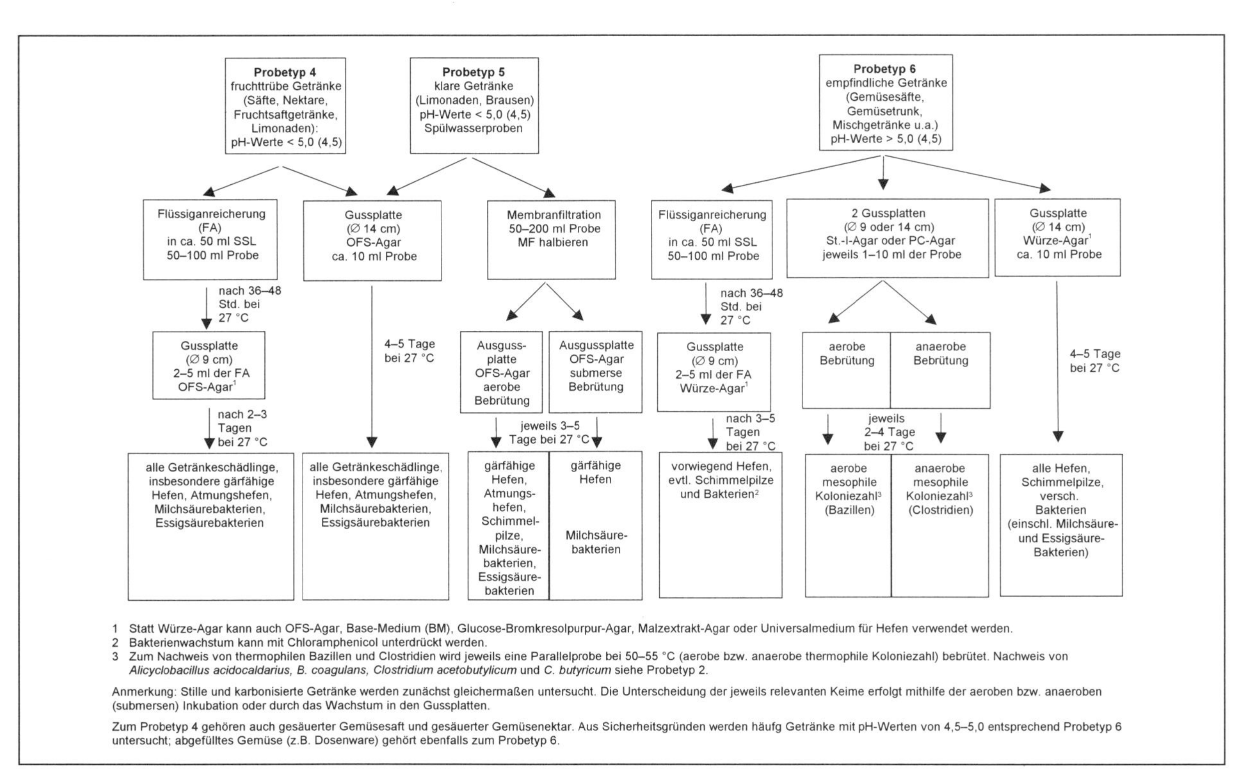

1 Statt Würze-Agar kann auch OFS-Agar, Base-Medium (BM), Glucose-Bromkresolpurpur-Agar, Malzextrakt-Agar oder Universalmedium für Hefen verwendet werden.
2 Bakterienwachstum kann mit Chloramphenicol unterdrückt werden.
3 Zum Nachweis von thermophilen Bazillen und Clostridien wird jeweils eine Parallelprobe bei 50–55 °C (aerobe bzw. anaerobe thermophile Koloniezahl) bebrütet. Nachweis von *Alicyclobacillus acidocaldarius, B. coagulans, Clostridium acetobutylicum* und *C. butyricum* siehe Probetyp 2.

Anmerkung: Stille und karbonisierte Getränke werden zunächst gleichermaßen untersucht. Die Unterscheidung der jeweils relevanten Keime erfolgt mithilfe der aeroben bzw. anaeroben (submersen) Inkubation oder durch das Wachstum in den Gussplatten.

Zum Probetyp 4 gehören auch gesäuerter Gemüsesaft und gesäuerter Gemüsenektar. Aus Sicherheitsgründen werden häufg Getränke mit pH-Werten von 4,5–5,0 entsprechend Probetyp 6 untersucht; abgefülltes Gemüse (z.B. Dosenware) gehört ebenfalls zum Probetyp 6.

Abb. VII.14-6: Untersuchung von Fertiggetränken (AfG)

Modifiziertes Nachweisverfahren für Getränkeschädlinge: TRANSFAST-Nährmedien

Das TRANSFAST-Nährbodenprogramm (Fa. Döhler, Darmstadt) wurde entwickelt, um den Nachweis von Hefen, Schimmelpilzen, Milch- und Essigsäurebakterien (z.B. in alkoholfreien Getränken, Reinigungsproben in Produktionsbereichen, Screening-Test) zu beschleunigen. Aufgrund der speziellen Zusammensetzung der Medien sind die Bebrütungszeiten verkürzt worden, so dass die Ergebnisse schneller vorliegen und schneller Maßnahmen ergriffen werden können. Für schlecht filtrierbare Proben besteht die Möglichkeit einer Voranreicherung mit TRANSFAST-Bouillon. Der Nachweis von getränkeschädlichen Mikroorganismen erfolgt dann in einem Gel in zylindrischen Bebrütungsgefäßen mit Schraubverschluss, die am besten erschütterungsfrei vor einer guten Lichtquelle aufgestellt werden. Die Einstellung eines pH-Wertes von 4,3–4,4 im Gel ermöglicht weitgehend nur das Wachstum von produktschädigenden Mikroorganismen. Gas bildende Mikroorganismen sind sehr gut erkennbar. Die Auswertung kann sowohl qualitativ als auch quantitativ erfolgen. Das Gel eignet sich auch zur Direktuntersuchung von Membranfiltern.

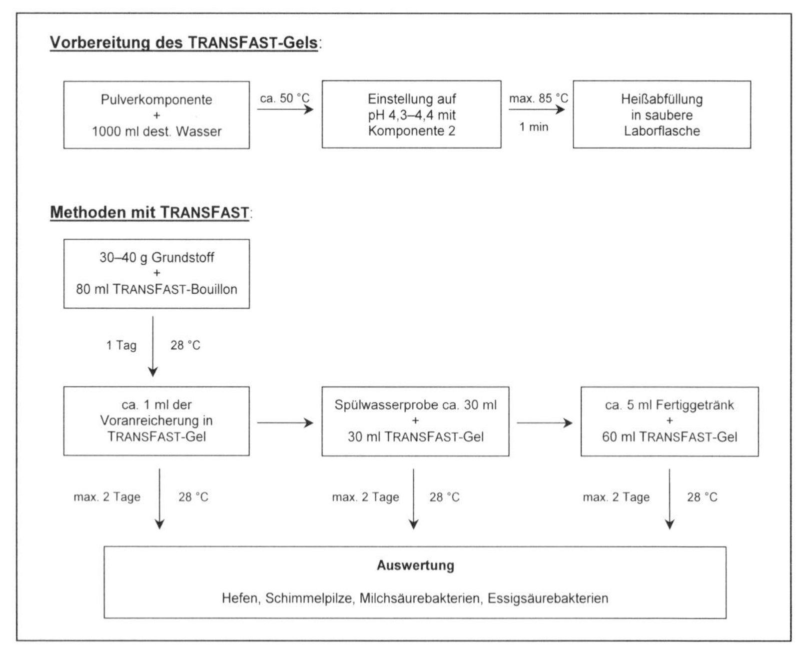

Abb. VII.14-7: Nachweis von Getränkeschädlingen mit TRANSFAST-Gel

14.4.4 Mikrobiologische Spezifikationen

Tab. VII.14-4: Mikrobiologische Spezifikationen für die AfG-Industrie (empfohlene Grenz- und Richtwerte, betriebsinterne Standards)

Proben / Keime mit Keimzahlen	Probetyp 1 konservierte Halbware (pH-Wert <5,0)	Probetyp 2 unkonservierte Halbware (pH-Wert <5,0)	Probetyp 3 spezielle Zuschlagstoffe insbesondere Zucker[3]	Probetyp 4 fruchttrübe Getränke (pH-Wert <5,0)		Probetyp 5 klare Getränke (pH-Wert <5,0)		Probetyp 6 empfindliche Getränke (ph-Wert >5,0)	Probetyp 7 Wasserproben
				ohne CO_2	mit CO_2	ohne CO_2	mit CO_2		
Aerobe mesophile Koloniezahl	max. 50 in 1 g/1 ml	max. 100 in 1 g/1 ml	max. 100 in 1 g/1 ml	X	X	X	X	negativ in 3 ml	max. 100 in 1 ml
Anaerobe mesophile Koloniezahl	X	X	max. 10 in 1 g/1 ml	X	X	X	X	negativ in 3 ml	X
Aerobe thermophile Koloniezahl	X	X	max. 5 in 1 g/1 ml	X	X	X	X	negativ in 3 ml	X
Anaerobe thermophile Koloniezahl	X	X	max. 5 in 1 g/1 ml	X	X	X	X	negativ in 3 ml	X
Bacillus cereus	X	negativ in 1 g/1 ml	negativ in 1 g/1 ml	X	X	X	X	negativ in 1 ml	X
Alicyclobacillus acidocaldarius, *Bacillus coagulans*	X	negativ in 10 g/10 ml	negativ in 10 g/10 ml	X	X	X	X	negativ in 3 ml	X
Clostridium acetobutylicum, *Clostridium butyricum* (Methode[2])	X	negativ in 10 g/10 ml	negativ in 10 g/10 ml	X	X	X	X	negativ in 3 ml	X
E. coli, Coliforme (Methode[1])	X	X	negativ in 10 g/10 ml	X	X	X	X	negativ in 10 ml	neg. in 250 ml
Essigsäurebakterien	X	max. 500 in 10 g/10 ml	max. 100 in 10 g/10 ml	negativ in 10 ml	X	negativ in 10 ml	X	negativ in 10 ml	max. 10 in 1 ml

Tab. VII.14-4: Mikrobiologische Spezifikationen für die AfG-Industrie (empfohlene Grenz- und Richtwerte, betriebsinterne Standards) (Forts.)

Keime mit Keimzahlen / Proben	Probetyp 1 konservierte Halbware (pH-Wert <5,0)	Probetyp 2 unkonservierte Halbware (pH-Wert <5,0)	Probetyp 3 spezielle Zuschlagstoffe insbesondere Zucker[3]	Probetyp 4 fruchttrübe Getränke (pH-Wert <5,0)		Probetyp 5 klare Getränke (pH-Wert <5,0)		Probetyp 6 empfindliche Getränke (ph-Wert >5,0)	Probetyp 7 Wasserproben
				ohne CO_2	mit CO_2	ohne CO_2	mit CO_2		
Milchsäurebakterien (*Leuconostoc, Lactobacillus*)	negativ in 10 g/10 ml	max. 500 in 10 g/10 ml	negativ in 50 g/50 ml	negativ in 10 ml	negativ in 10 ml	negativ in 10 ml	negativ in 10 ml	negativ in 10 ml	negativ in 3 ml
Hefen, gesamt	max. 10 in 10 g/10 ml	max. 1000 in 10 g/10 ml	max. 10 in 10 g/10 ml	negativ in 10 ml	max. 10 in 10 ml	negativ in 10 ml	max. 10 in 10 ml	negativ in 10 ml	negativ in 3 ml
Gärfähige Hefen	negativ in 10 g/10 ml	max. 500 in 10 g/10 ml	negativ in 50 g/50 ml	negativ in 50 ml	negativ in 50 ml	negativ in 50 ml	negativ in 50 ml	negativ in 50 ml	negativ in 3 ml
Osmophile Hefen	negativ in 10 g/10 ml	max. 500 in 10 g/10 ml	negativ in 50 g/50 ml	negativ in 10 ml	negativ in 10 ml	negativ in 10 ml	negativ in 10 ml	negativ in 10 ml	X
Schimmelpilze	negativ in 10 g/10 ml	max. 500 in 10 g/10 ml	max. 10 in 10 g/10 ml	negativ in 10 ml	max. 10 in 10 ml	negativ in 10 ml	max. 10 in 10 ml	negativ in 10 ml	max. 10 in 3 ml
Byssochlamys, Neosartorya, Talaromyces (Methode[2])	X	negativ in 10 g/10 ml	X	negativ in 10 ml	X	negativ in 10 ml	X	negativ in 10 ml	X

Zeichenerklärung: X keine Untersuchung erforderlich.

[1] Die Probe wird nach Lösung bzw. Verdünnung mit sterilem Wasser membranfiltriert und auf Engo-Agar bebrütet. Bewertet werden nur Cytochromoxidase-negative Kolonien (Teststreifen oder NADI-Reagenz). Zum qualitativen Nachweis kann die Probe auch mit doppelt konzentrierter Lactose-Bouillon im Verhältnis 1:1 versetzt werden.

[2] Zum selektiven Nachweis von hitzeresistenten Endo- und Ascoporen wird empfohlen, die Proben im Reagenzglas 10 Minuten auf 70 °C zu erhitzen und anschließend auf OFS-Ausgussplatten gleichmäßig zu verteilen.

[3] Ähnliche Spezifikationen wie für Zucker (entsprechend Probetyp 3) sollten auch für spezielle Zuschlagstoffe angewandt werden. In der AfG-Branche sind dies vor allem Süßungskomponenten, Vitaminmischungen, Antioxidantien, Farbstoffe, Ballaststoffe und andere Zusätze. Dieselben Anforderungen gelten auch für diverse Emulsionen, Dickungs- und Trübungsmittel (Gummi arabicum, Guarkernmehl, Pektin, Alginate, Carragen, Xanthan, Agar-Agar, Methylzellulose, Johannisbrotkernmehl u.a.).

Anmerkungen zu Tabelle VII.14-4

Grenzwerte: Bei Fertiggetränken (Probetypen 4, 5, 6) oder bei Halbware und Zuschlagstoffen (z. B. Zuckersirup) ohne anschließende entkeimende Behandlung handelt es sich bei den angegebenen Keimzahlen um Grenzwerte.

Richtwerte: Bei Halbware, Zuschlagstoffen und Wasser (Probetypen 1, 2, 3, 7) mit nachträglicher Entkeimung des Fertigproduktes verstehen sich die Keimzahlen als Richtwerte.

Warnwerte: Bei unkonservierter Halbware (auch gefroren oder gekühlt) können bei Essigsäurebakterien, Milchsäurebakterien, Hefen und Schimmelpilzen Keimzahlen von über 1000 pro Gramm als Warnwerte aufgefasst werden, da die Richtwerte für mikrobiellen Verderb bei Fruchtsäften (Ethanol max. 3 g/l, Essigsäure max. 0,4 g/l, Milchsäure max. 0,5 g/l) erreicht werden können. Außerdem kann bei Hefen und Schimmelpilzen durch Pektinesterasen-Aktivität eine Beeinträchtigung der Trübungsstabilität auftreten.

In Spülwasserproben (ca. 10 ml) aus Leitungen, Behältern, Produktions- und Abfüllanlagen dürfen keine Getränkeschädlinge vorhanden sein (OFS-Agar, Gussplatten).

In Wischproben von direkten und indirekten Kontaktstellen im Produktions- und Abfüllbereich (Tupfer-Reagenzgläser mit 3 ml sterilem H_2O → Gussplatten mit OFS-Agar) dürfen keine Getränkeschädlinge vorhanden sein.

In Kohlensäure und Druckluft (Einströmen in steriles H_2O → Gussplatten mit OFS-Agar) dürfen keine Getränkeschädlinge vorhanden sein.

Bei Raumluftproben im Abfüllbereich (Waschmaschine, Füller, Verschließer) wird mit dem RCS-Luftkeimsammelgerät von BIOTEST bei einer Laufzeit von 1 Minute (entspr. 40 Liter Luft) eine Gesamtkeimzahl (GK-A-Luftkeimindikatoren) von weniger als 20 angestrebt.

Milchsäurebakterien und Essigsäurebakterien (NBB-Luftkeimindikatoren): max. 5 Kolonien (gelbe Felder).

Hefen (Rosa-Bengal-, OFS-, Würzeagar-Luftkeimindikatoren): max. 3 Kolonien.

Schimmelpilze, insbesondere am Verschließer bei der Abfüllung stiller Getränke (Rosa-Bengal-Luftkeimindikator oder andere Luftkeimindikatoren): max. 3 Kolonien.

14.5 Trinkbare Wässer

Wasser ist wegen weitgehend fehlender Nähr-und Wuchsstoffe zwar mikrobiell nicht so anfällig wie andere Lebensmittel, es spielt aber als Keimträger eine außerordentlich wichtige Rolle in der Lebensmittelindustrie und kann nicht nur harmlose Ubiquisten, sondern auch Indikatorkeime und imageschädigende Keime oder sogar verderbniserregende Keime (Getränkeschädlinge) und Krankheitserreger in alle möglichen Betriebsbereiche und Produkte verschleppen. Im Wasser kann die Lebensfähigkeit bestimmter Keime bei niedrigen Temperaturen oft über Wochen, Monate, teilweise sogar über Jahre konserviert werden.

Dies gilt besonders für unbehandeltes Rohwasser, während in den karbonisierten Mineral-, Quell-, Tafel- und Heilwässern die meisten Keime wegen des hohen CO_2-Gehaltes und der dadurch bedingten pH-Absenkung mehr oder weniger schnell absterben. Hierzu gehören oft auch bestimmte coliforme Keime und andere unerwünschte Kontaminanten. Diesen Eigenschutz weisen sehr schwach karbonisierte (<2 g CO_2/l) oder gar stille Mineralwässer allerdings nicht auf, so dass hier besonders sorgfältig auf weitgehende Keimfreiheit bereits am Brunnenkopf geachtet werden muss. Solche Wässer sind auch außerordentlich anfällig für Sekundärkontaminationen vor allem am Füller und Verschließer.

14.5.1 Die Trinkwasserverordnung 2001 – Mikrobiologische Untersuchungen

Trinkwasser muss frei sein von Krankheitserregern. Diese Forderung gemäß § 1 der alten Trinkwasser-Verordnung beziehungsweise § 4 der novellierten TrinkwV basiert auf leidvollen Erfahrungen, wonach Trinkwasser als häufiger Überträger von Infektionen und Epidemien erkannt worden war (SCHINDLER, 2003).

Die mikrobiologischen Anforderungen für Trinkwasser nach der novellierten TrinkwV 2001 sind in Tab. VII.14-5 zusammengefasst.

Tab. VII.14-5: Vorgeschriebene obligatorische Untersuchungen (Routine- und periodische Untersuchung) und solche auf Anforderung von Trinkwasser

Routineuntersuchung:

Escherichia coli: negativ in 100 ml (Grenzwert)

Coliforme Keime: negativ in 100 ml (Grenzwert)

Koloniezahl (22 °C/72 h): ohne anormale Änderung (Grenzwert)
Bei Verwendung der bisherigen Methodik: **Koloniezahl (20 °C/44 h):**
maximal 20 in 1 ml bei desinfiziertem Wasser (Grenzwert)
maximal 100 in 1 ml bei üblichem Trinkwasser (Grenzwert)
maximal 1000 in 1 ml bei privaten Einzelwasserversorgungen unter 1000 m^3 Entnahme pro Jahr (Grenzwert)

Koloniezahl (36 °C/44 h): ohne anormale Änderung (Grenzwert)
Bei Verwendung der bisherigen Methodik: **Koloniezahl (36 °C/44 h):**
maximal 100 in 1 ml (Grenzwert)

Clostridium perfringens: negativ in 100 ml (Grenzwert)
(nur bei Oberflächenwassereinfluss)

Periodische Untersuchung:

Enterokokken: negativ in 100 ml (Grenzwert)

Legionellen: Beurteilung nach DVGW-Merkblatt 522
(Warmwasser der Hausinstallation mit Abgabe an die Öffentlichkeit)

Untersuchung auf Anforderung nach § 20 (1) 4a:

Andere Mikroorganismen: (insbesondere *Salmonella* spp., *Pseudomonas aeruginosa*, *Legionella* spp., *Campylobacter* spp., enteropathogene *E. coli*, *Cryptosporidium parvum*, *Giardia lamblia*, Coliphagen, enteropathogene Viren)

Hierbei sind folgende Methoden vorgeschrieben (Tabelle VII.14-6):

Tab. VII.14-6: Vorgeschriebene mikrobiologische Verfahren für amtliche Trinkwasserproben

Escherichia coli und coliforme Bakterien	**Referenzverfahren:** DIN EN ISO 9308-1 mit Lactose-TTC-Agar oder **Alternatives zugelassenes Verfahren:** Colilert®-18/Quanti-Tray®
Clostridium perfringens (einschließlich Sporen)	Mit mCP-Agar gemäß Verfahrenstext nach Anlage 5, Nr. 1 TrinkwV 2001
Enterokokken	DIN EN ISO 7899-2
Pseudomonas aeruginosa	DIN EN 12780
Koloniezahlen bei 22 °C und 36 °C	DIN EN ISO 6222 oder nach Anlage 1 Nr. 5 TrinkwV 1990
Legionellen	Empfehlung des UBA: Bundesgesundheitsbl. 2000, 43: 911–915

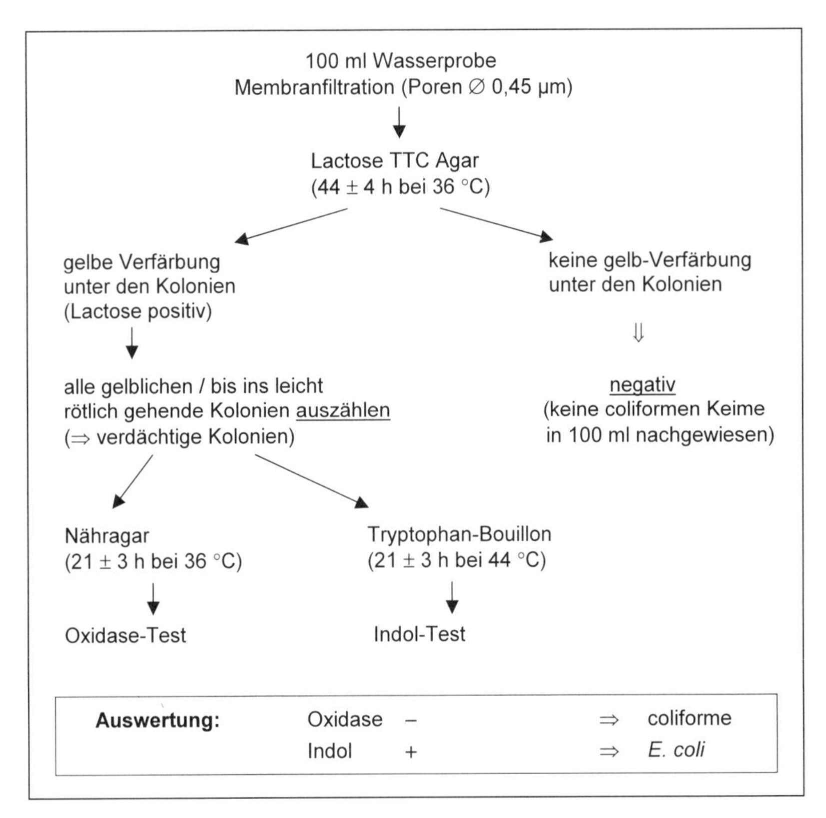

Abb. VII.14-8: Nachweis von *E. coli* und coliformen Keimen im Trinkwasser nach ISO 9308-1 (Standard-Test)

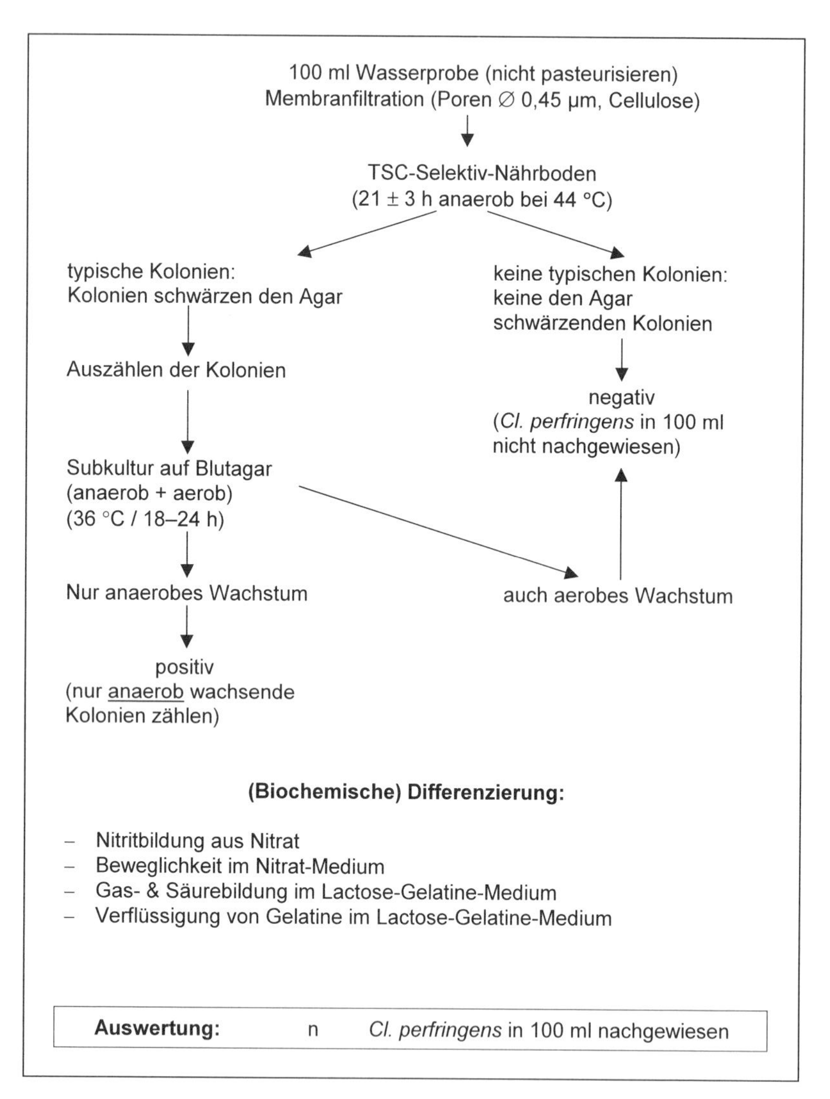

Abb. VII.14-9: Nachweis von *Cl. perfringens* im Trinkwasser ISO WD 6461-2 (TSC-Agar)

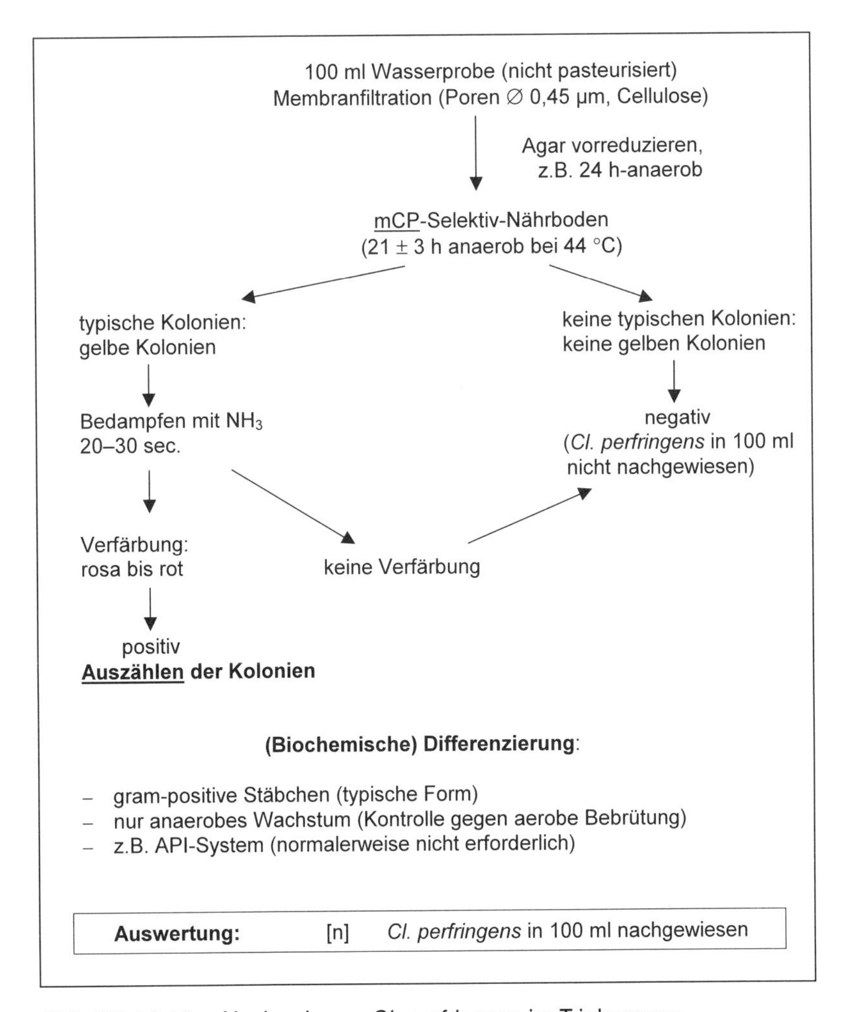

Abb. VII.14-10: Nachweis von *Cl. perfringens* im Trinkwasser
Membranfiltration und mCP-Agar (BISSON & CABELLI, 1979)

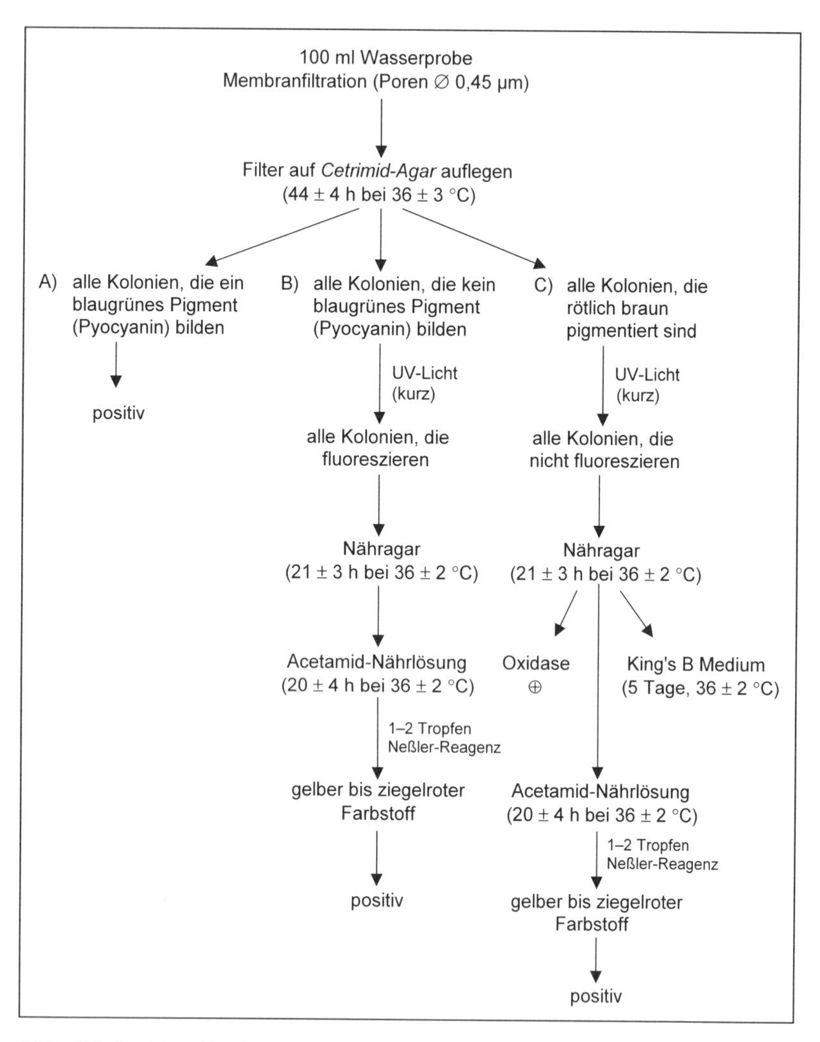

Abb. VII.14-11: Nachweis von *Pseudomonas aeruginosa* im Trinkwasser (vorläufige Vorschrift)

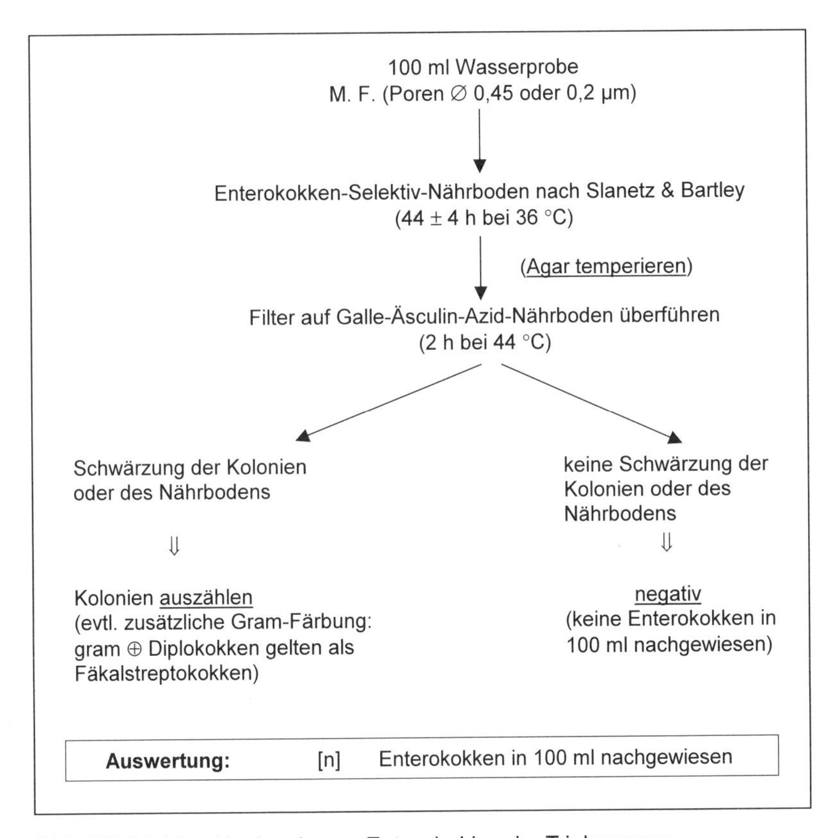

Abb. VII.14-12: Nachweis von Enterokokken im Trinkwasser ISO 7899-2

14.6 Mikrobiologische Untersuchungsvorschriften bei Mineral-, Quell- und Tafelwasser

Auszug aus der Verordnung über natürliches Mineralwasser, Quellwasser und Tafelwasser (Mineral- und Tafelwasser-Verordnung).

§ 1 Anwendungsbereich

Diese Verordnung gilt für das Herstellen, Behandeln und Inverkehrbringen von natürlichem Mineralwasser sowie von Quellwasser, Tafelwasser und sonstigem Trinkwasser, die in zur Abgabe an den Verbraucher bestimmte Fertigpackungen abgefüllt sind. Sie gilt nicht für Heilwässer.

§ 4 Mikrobiologische Anforderungen

(1) Natürliches Mineralwasser muss frei sein von Krankheitserregern. Dieses Erfordernis gilt als nicht erfüllt, wenn es in 250 Milliliter *Escherichia coli*, coliforme Keime, Fäkalstreptokokken oder *Pseudomonas aeruginosa* sowie in 50 Milliliter Sulfit reduzierende, Sporen bildende Anaerobier enthält. Die Koloniezahl darf bei einer Probe, die innerhalb von 12 Stunden nach der Abfüllung entnommen und untersucht wird, den Grenzwert von 100 je Milliliter bei einer Bebrütungstemperatur von 20 ± 2 °C und den Grenzwert von 20 je Milliliter bei einer Bebrütungstemperatur von 37 ± 1 °C nicht überschreiten.

(2) Bei natürlichem Mineralwasser soll außerdem die Koloniezahl am Quellaustritt den Richtwert von 20 je Milliliter bei einer Bebrütungstemperatur von 20 ± 2 °C und den Richtwert von 5 je Milliliter bei einer Bebrütungstemperatur von 37 ± 1 °C nicht überschreiten. Natürliches Mineralwasser darf nur solche vermehrungsfähigen Arten an Mikroorganismen enthalten, die keinen Hinweis auf eine Verunreinigung bei dem Gewinnen oder Abfüllen geben.

(3) Zur Feststellung, ob die Bestimmungen der Absätze 1 und 2 eingehalten werden, sind die in der Anlage 3 angegebenen Untersuchungsverfahren anzuwenden.

§ 13 Mikrobiologische Anforderungen

Für Quellwasser und Tafelwasser gilt § 4 Abs. 1, 2 Satz 2 und Abs. 3, für Quellwasser darüber hinaus § 4 Abs. 2 Satz 1 entsprechend.

Anlage 3 (zu § 4 Abs. 3) Mikrobiologische Untersuchungsverfahren[1)]

1. *Escherichia coli* und coliformen Keimen gemeinsam ist die Fähigkeit, bei einer Temperatur von 37 ± 1 °C Lactose innerhalb von 20 ± 4 Stunden unter Gas- und Säurebildung abzubauen.

1.1 Untersuchung auf *Escherichia coli* in mindestens 250 Milliliter (siehe Abb. VII.14-13)

1.2 Untersuchung auf coliforme Keime in mindestens 250 Milliliter (siehe Abb. VII.14-13)

2. Untersuchung auf Fäkalstreptokokken in mindestens 250 Milliliter (siehe Abb. VII.14-14)

3. Untersuchung auf *Pseudomonas aeruginosa* in mindestens 250 Milliliter (siehe Abb. VII.14-15)

4. Untersuchung auf Sulfit reduzierende, Sporen bildende Anaerobier in mindestens 50 Milliliter (siehe Abb. VII.14-16)

5. Bestimmung der Koloniezahl
Als Koloniezahl wird die Zahl der mit 6- bis 8facher Lupenvergrößerung sichtbaren Kolonien bezeichnet, die sich aus den in 1 ml des zu untersuchenden Wassers befindlichen Bakterien in Plattengusskulturen mit nährstoffreichen, peptonhaltigen Nährböden (1 % Fleischextrakt, 1 % Pepton) bei einer Bebrütungstemperatur von 20 ± 2 °C nach 44 ± 4 Stunden oder bei einer Bebrütungstemperatur von 37 ± 1 °C nach 20 ± 4 Stunden Bebrütungszeit bilden. Die verschiedenen bei der Bestimmung verwendeten Nährböden unterscheiden sich hauptsächlich durch das Verfestigungsmittel, so dass folgende Methoden möglich sind:

5.1 Gelatinenährboden, Bebrütungstemperatur 20 ± 2 °C;

5.2 Agarnährboden, Bebrütungstemperatur 20 ± 2 °C oder 37 ± 1 °C;

5.3 Kieselsäure-Phosphatbouillon-Nährboden, Bebrütungstemperatur 20 ± 2 °C oder 37 ± 1 °C. (Nach der Amtlichen Sammlung 59.00 (5) sind nur noch Agar-Nährböden zur Bestimmung der Koloniezahl bei 20 °C und 36 °C zulässig).

6. Werden bei den Untersuchungen nach Nummer 1.2 und 2 bis 5 Ergebnisse erzielt, die auf eine Überschreitung der festgelegten Grenzwerte hindeuten, so ist an mindestens 4 weiteren Proben festzustellen, dass die Grenzwerte im Wasser nicht überschritten werden.

[1)] In der Amtlichen Sammlung von Untersuchungsverfahren nach § 35 LMBG ist zum Nachweis der Koloniezahl im Gegensatz zur Verordnung über natürliches Mineralwasser, Quellwasser und Tafelwasser anstatt einer Bebrütungstemperatur von 20 ± 2 °C und 37 ± 1 °C eine Temperatur von 20 °C und 36 °C aufgeführt.

Anmerkung:

Beispiele für die Bewertung von Befunden.

Nachweis von coliformen Keimen in einer Probe, 4 Proben ohne Befund: Das Wasser ist verkehrsfähig, es ist jedoch eine ständige Überwachung erforderlich; wenn keine weiteren Befunde auftreten, dann kann wieder zur üblichen vierteljährlichen Kontrolle übergegangen werden.

Nachweis von coliformen Keimen in 2 Proben, 3 Proben ohne Befund: Verkehrsverbot.

Nachweis von *E. coli* in einer einzigen Probe: Verkehrsverbot (aus Sicherheitsgründen sollten aber Nachkontrollen erfolgen).

Nachweis von nicht coliformen Enterobacteriaceen (z. B. *Serratia* sp. oder *Citrobacter* sp.) bei allen 5 Proben oder einer auffällig hohen Probenzahl: Verkehrsverbot (hierbei handelt es sich meist um Sekundärkontaminationen bei der Abfüllung).

Anmerkung: Nachweis von *Escherichia coli* und coliformen Keimen vgl. auch DIN 38411, Teil 6. Coliforme Keime sind Bakterien der Familie *Enterobacteriaceae*, die bei 36 ± 1 °C Lactose unter Gasbildung vergären können; sie gehören überwiegend den Gattungen *Escherichia*, *Citrobacter*, *Enterobacter* und *Klebsiella* an.

Testmedien:

1. Peptonbouillon mit einem Zusatz von 1 % Lactose. DEV-Lactose-Pepton-Bouillon bzw. DEV-Lactose-Bouillon. Lactose-Bouillon.
2. DEV-Tryptophan-Bouillon. Standard II-Bouillon (St II-B).
3. DEV-Nähragar (NA). Plate-Count-Agar (PC) mit einem Zusatz von 1 % Pepton und 1 % Fleischextrakt. Standard I-Agar (St I-A) mit einem Zusatz von 1 % Fleischextrakt.
4. DEV-Simmons-Citrat-Agar.
5. Peptonbouillon mit einem Zusatz von 1 % Glucose bzw. 1 % Mannit. DEV-Lactose-Bouillon oder Lactose-Bouillon, jeweils mit einem Zusatz von 1 % D-Glucose (= Dextrose) bzw. 1 % Mannit statt Lactose.

Tab. VII.14-7: Identifizierungsschema für *E. coli* und coliforme Keime

Reaktionen	*Escherichia coli*	coliforme Keime
Oxidase	–	–
Lactose-Vergärung (Säure- und Gasbildung)	+	+
Glucose-Vergärung bei 44 °C	+	–
Citratverwertung	–	+ (–)[1]
Indolbildung	+	– (+)[2]

[1] negative Reaktion möglich [2] positive Reaktion möglich

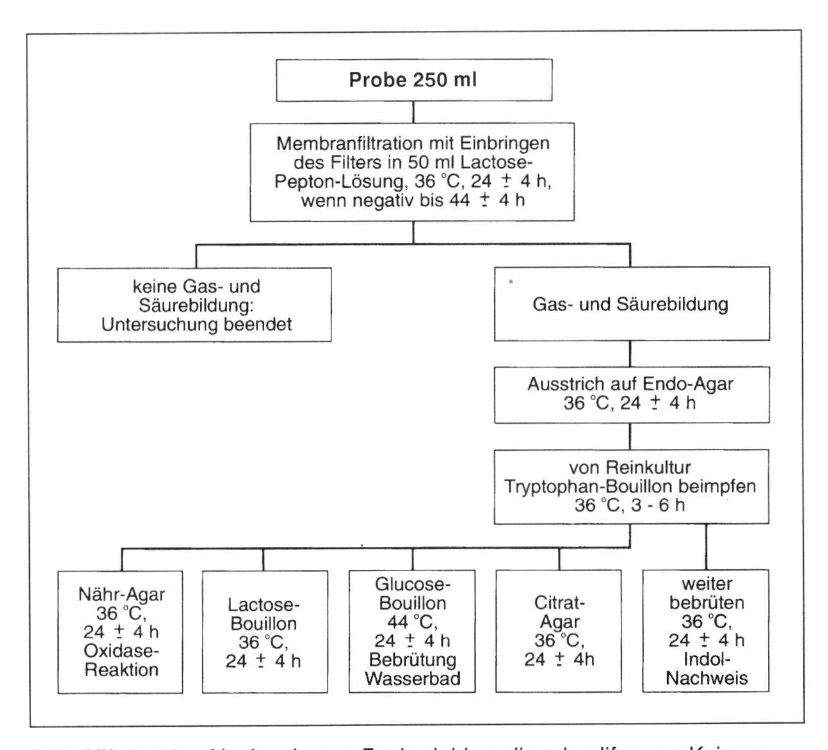

Abb. VII.14-13: Nachweis von *Escherichia coli* und coliformen Keimen

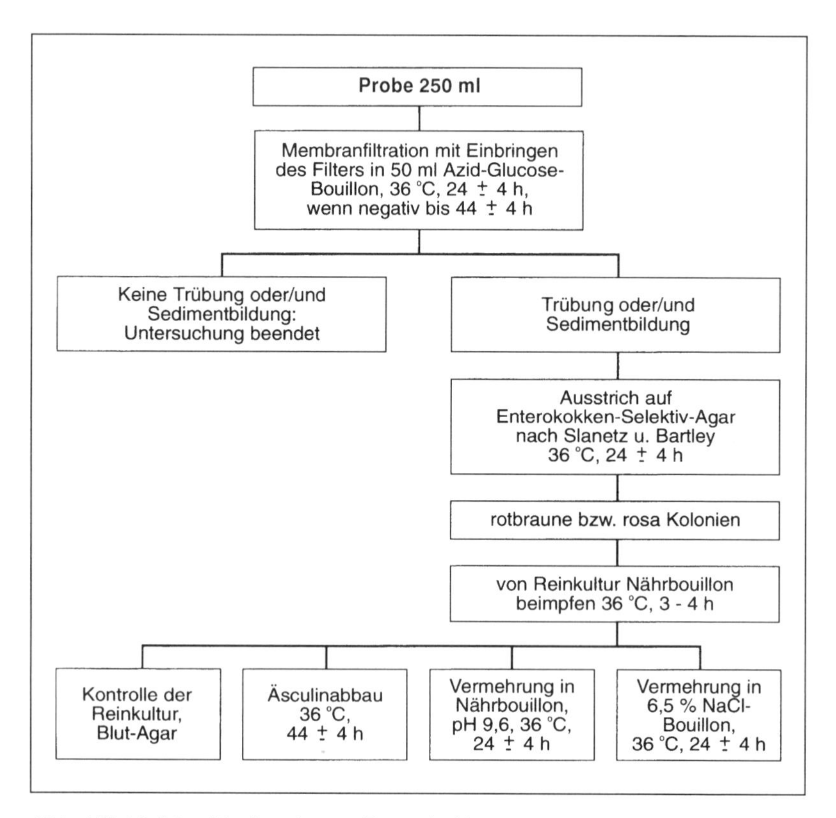

Abb. VII.14-14: Nachweis von Enterokokken

Fäkalstreptokokken sind bei positiven Äsculinabbau, Vermehrung in Nährbouillon pH 9,6 und Vermehrung in 6,5 % NaCl-Bouillon nachgewiesen. Der Äsculinabbau wird durch die Zugabe von frisch hergestellter, 7%iger wässriger Lösung von Eisen(II)-Chlorid zur Äsculinbouillon geprüft. Im positiven Fall entsteht eine braun-schwarze Farbe.

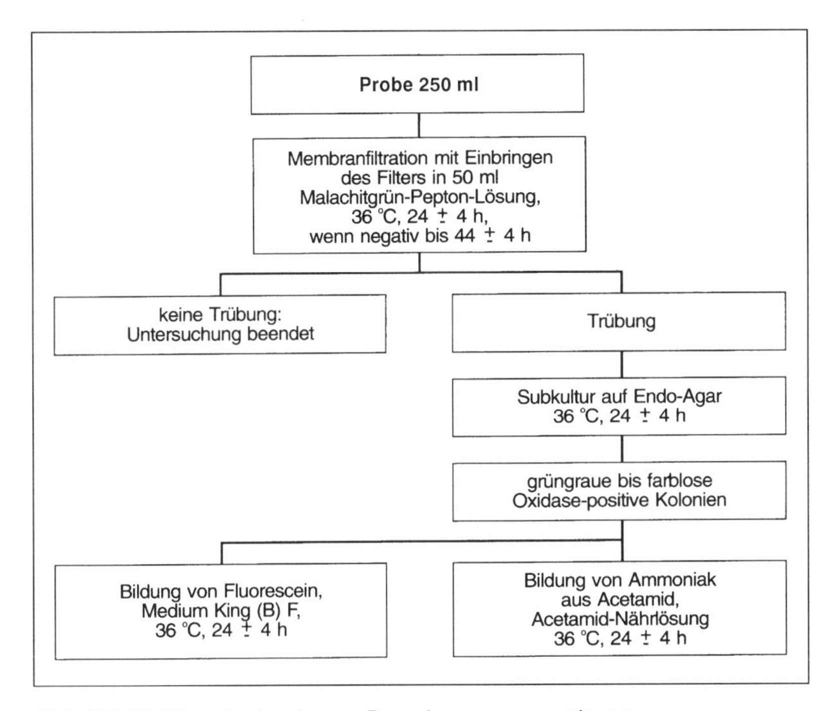

Abb. VII.14-15: Nachweis von *Pseudomonas aeruginosa*

Pseudomonas aeruginosa ist nachgewiesen, wenn Oxidase, Fluoresceinbildung und Ammoniakbildung positiv sind.

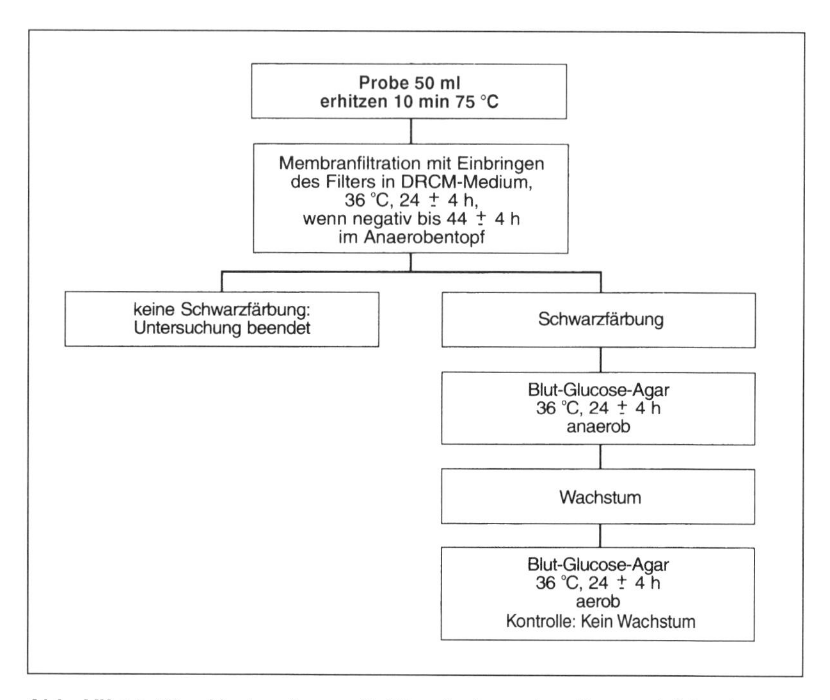

Abb. VII.14-16: Nachweis von Sulfit reduzierenden, Sporen bildenden Anaerobiern

Trinkwasser in verschlossenen Behältnissen: Nachweis wie bei natürlichem Mineralwasser, Quellwasser und Tafelwasser.

14.7 Mikrobiologische Untersuchungsvorschriften bei Heilwasser

Heilwasseranalysen müssen alle 10 Jahre und Kontrollanalysen alle 2 Jahre durchgeführt werden. Bei Heilbrunnenbetrieben muss alle 5 Jahre eine Heilwasseranalyse der Flaschenfüllung erfolgen. Hygienische Kontrolluntersuchungen müssen abfülltäglich durchgeführt werden (*E. coli*, coliforme Keime, Koloniezahl). Mikrobiologische Prüfungen sollen bei Dauerentnahme mindestens vierteljährlich, bei zeitweiliger Entnahme gegebenenfalls häufiger durchgeführt werden. Die mikrobiologische Untersuchung umfasst: *E. coli*, coliforme Bakterien, *Pseudomonas aeruginosa* und Fäkalstreptokokken, jeweils in 250 ml, Sulfit reduzierende Sporen bildende Anaerobier in 50 ml. Koloniezahl bei 20 °C in 1 ml nach 44 ± 4 Std., Koloniezahl bei 37 °C in 1 ml nach 20 ± 4 Std.

Die Untersuchungen erfolgen nach den Vorschriften der Mineral- und Tafelwasser-Verordnung.

Die hygienische Untersuchung aller Kureinrichtungen ist an Ort und Stelle vorzunehmen und besteht aus der hygienisch-chemischen und bakteriologischen Prüfung sowie der unerlässlichen Ortsbesichtigung. Dabei ist die hygienische Beschaffenheit der Gewinnung, Verarbeitung, Zuleitung und Verabreichung der Heilwässer (zugleich auch der Bade-, Inhalations- und Trinkräume) sowie der Gläser- und Flaschenspülung zu untersuchen. Die hygienische Untersuchung muss mindestens umfassen: Ortsbesichtigung; Bestimmung der Koloniezahl; Untersuchung auf *E. coli*, coliforme Bakterien und pathogene Pilze.

Auszug aus: Begriffsbestimmungen für Kurorte, Erholungsorte und Heilbrunnen, herausgegeben vom Deutschen Bäderverband e.V., 53113 Bonn, Schumannstraße 111 und vom Deutschen Fremdenverkehrsverband e.V., 53113 Bonn, Niebuhrstraße 16b. 10. Auflage, 16. März 1991.

Literatur

1. BACK, W.: Farbatlas und Handbuch der Getränkebiologie Teil I, 1994. Fachverlag Hans Carl, Nürnberg
2. BACK, W.: Farbatlas und Handbuch der Getränkebiologie Teil II, 2000. Fachverlag Hans Carl, Nürnberg
3. BACK, W.: Thermoresistente getränkeschädliche Bakterien. Der Weihenstephaner 58, 191-194, 1990
4. BAUMGART, J., HUSEMANN, M., SCHMIDT, C.: *Alicyclobacillus acidoterrestris*: Vorkommen, Bedeutung und Nachweis in Getränken und Getränkegrundstoffen. Flüssiges Obst 64, 178-180, 1997

5. BOHAK, I.: Überblick über die Getränkemikrobiologie (Wasser, AfG) einschließl. Schwachstellenanalyse und Problematik von Spureninfektionen. Vortrag gehalten im April 2003 in Weihenstephan
6. CERNY, G., HENNLICH, W., PORALLA, K.: Mikroorganismen, Fruchtsaftverderb durch Bacillen: Isolierung und Charakterisierung des Verderbserregers. Z. Lebens. Unters. Forsch. 179, 224-227, 1984
7. DARLAND, G., BROCK, T.D.: *Bacillus acidocaldarius* sp. nov., an acidophilic, thermophilic spore-forming bacterium. J. Gen. Microbiol. 67, 9-15, 1971
8. DITTRICH, H.H.: Mögliche Veränderungen von Frucht- und Gemüsesäften durch Mikroorganismen. Flüssiges Obst, Heft 6, 320-323, 1986
9. DITTRICH, H.H.: Mikrobiologie der Lebensmittel: Getränke. Behr's Verlag, Hamburg, 1993
10. FIRNHABER, J.: Alkoholfreie Erfrischungsgetränke. Mikrobiologische Untersuchung von Lebensmitteln, 17. Akt.-Lfg., Behr's Verlag, Hamburg, 2002
11. KREGER-van Rij, N.J.W.: The yeasts, a taxonomic study (S. 453), Elsevier Science Publishers B. V. Amsterdam 1984
12. KRÄMER, J:. Lebensmittel-Mikrobiologie. Verlag Eugen Ulmer, Stuttgart. 3. Auflage, 1997
13. LÜCK, E.: Chemische Lebensmittelkonservierung. Stoffe – Wirkungen – Methoden. 2. Auflage. Springer-Verlag, Berlin, Heidelberg, New York, Tokyo, 1985
14. SCHINDLER, P.: Die Trinkwasserverordnung 2001 – Mikrobiologische Untersuchungen. Vortrag gehalten im April 2003 in Weihenstephan
15. WISOTZKEY, J.D., JURTSHUK, P., FOX, G.E., DEINHARD, G., PORALLA, K.: Comparative sequence analyses of the 16S rRna (rDNA) of *Bacillus acidocaldarius*, *Bacillus acidoterrestris*, and *Bacillus cycloheptanicus* and proposal for creation of a new genus, *Alicyclobacillus* gen. nov. Int. J. Syst. Bacteriol. 42, 263-269, 1992
16. Verordnung über natürliches Mineralwasser, Quellwasser und Tafelwasser vom 1.8.1984, i. d. F. vom 5.12.1990
17. Verordnung über die Qualität von Wasser für den menschlichen Gebrauch (Trinkwasserverordnung vom 21. Mai 2001)
18. Nachweis von *Escherichia coli* und coliformen Keimen in natürlichem Mineralwasser, Quell- und Tafelwasser, Referenzverfahren, Amtliche Sammlung von Untersuchungsverfahren nach § 35 LMBG, 59.00. 1. Mai 1988, Beuth Verlag Berlin, Köln
19. Nachweis von Fäkalstreptokokken in natürlichem Mineralwasser, Quell- und Tafelwasser, Referenzverfahren, Amtliche Sammlung von Untersuchungsverfahren nach § 35 LMBG, 50.00. 2. Mai 1988
20. Nachweis von *Pseudomonas aeruginosa* in natürlichem Mineralwasser, Quell- und Tafelwasser, Referenzverfahren, Amtliche Sammlung von Untersuchungsverfahren nach § 35 LMBG, 59.00. 3. Mai 1988
21. Nachweis von Sulfit reduzierenden, Sporen bildenden Anaerobiern in natürlichem Mineralwasser, Quell- und Tafelwasser, Referenzverfahren, Amtliche Sammlung von Untersuchungsverfahren nach § 35 LMBG, 59.00. 4. Mai 1988
22. Bestimmung der Koloniezahl in natürlichem Mineralwasser, Quell- und Tafelwasser, Referenzverfahren, Amtliche Sammlung von Untersuchungsverfahren nach § 35 LMBG, 59.00. 5. Mai 1988

15 Bier

Bier ist in mikrobiologischer Hinsicht ein relativ stabiles Produkt, weil es aufgrund verschiedener limitierender Faktoren nur sehr wenigen Mikroorganismen Wachstumschancen bietet.

Limitierende Faktoren für das Keimwachstum im abgefüllten Bier sind:

- Anaerobe Verhältnisse: ordnungsgemäß abgefülltes Bier ist nahezu sauerstofffrei
- Niedriger pH-Wert: im Endprodukt meist unter pH 5,0
- Hopfenbitterstoffe: bakterizide Wirkung gegenüber grampositiven Bakterien
- Begrenztes Nährstoffangebot: das Kohlenstoff- bzw. Stickstoffangebot besteht nach der Gärung meist nur noch aus höhermolekularen Zuckern (Dextrine, Stärke) bzw. Polypeptiden
- Alkoholgehalt: je nach Biertyp sind

  <0,5 vol% Alkohol (alkoholarme bzw. alkoholfreie Biere)

  <3 vol% Alkohol (Leichtbiere)

  4–6 vol% Alkohol (Pilsner, Alt-, Weizenbiere)

  6 bis >10 vol% Alkohol (Bock-Biere) enthalten.

  Mit sinkendem Alkoholgehalt steigt das mikrobiologische Risiko für das Produkt.
- Karbonisierung: der Kohlensäuregehalt beträgt meist ca. 0,5 vol%
- Niedrige Temperatur: während der Bierreifung teilweise sehr niedrige Temperaturen (im Minusbereich); nach der Abfüllung kühle Lagerung

Demzufolge tragen Biere mit hohem Restsauerstoffgehalt, schwach gehopfte Biere, alkoholarme Biere oder Diätbiere sowie warm gelagerte Biere ein höheres mikrobielles Risiko. Bei den alkoholfreien Bieren sind insbesondere die durch verkürzte Gärung produzierten Biere gefährdet, die noch sehr viele einfach abbaubare Zucker besitzen, während hoch vergorene Biere, denen nach der Gärung physikalisch der Alkohol entzogen wurde, wesentlich unempfindlicher sind.

Im abgefüllten Bier können aufgrund der genannten limitierenden Faktoren nur wenige Mikroorganismen wachsen und das Bier dadurch sensorisch beeinträchtigen. Pathogene Keime sind nicht darunter, da sich diese in Bier nicht vermehren können (BACK, 1994; DONHAUSER, 1993).

15.1 Vorkommende Mikroorganismen

15.1.1 Obligat bierschädliche Mikroorganismen (Bierschädlichkeitskategorie I)

Mikroorganismen, die sich ohne längere Adaptationszeit im abgefüllten Bier vermehren können, werden als obligat bierschädlich bezeichnet. Die durch ihr Wachstum verursachte Trübung und/oder Bodensatzbildung sowie die Veränderungen in Geschmack, Geruch und Schaum führen zu sensorischen Beeinträchtigungen bis hin zum völligen Verderb.

15.1.2 Potenziell bierschädliche Keime (Bierschädlichkeitskategorie II)

Diese Mikroorganismen können sich ebenfalls im Bier vermehren, sind dazu jedoch nicht in allen Bieren befähigt. Es müssen bestimmte wachstumsfördernde Voraussetzungen, wie z.B. vorhandener Restsauerstoff, verringerter Alkoholgehalt, schwache Hopfung, erhöhtes Nährstoffangebot oder erhöhte Lagertemperaturen vorliegen. Unter diesen Gegebenheiten führen auch hier Trübungen und/oder Bodensatzbildung sowie die Veränderungen in Geschmack, Geruch und Schaum zu sensorischen Beeinträchtigungen.

15.1.3 Indirekt bierschädliche Mikroorganismen (Bierschädlichkeitskategorie III)

Diese Mikroorganismen können sich im abgefüllten Bier nicht vermehren, schädigen das Endprodukt jedoch bereits zu Beginn der Bierherstellung durch ihre Vermehrung auf den Rohstoffen, in der Bierwürze oder im gärenden Substrat. Durch die Bildung von Metaboliten oder Enzymen wie z.B. Phenolen, Dimethylsulfid oder Proteinasen resultieren sensorische und/oder physikalische Beeinträchtigungen (Geruch, Geschmack, Schaum, Stabilität).

Tab. VII.15-1: Mikrobielle Kontaminationen bei der Bierherstellung

Bierschädlichkeitskategorie I

Gattung	Beschreibung	Stoffwechselprodukte	Auswirkung in Bier/Wachstumsverhalten	Wichtige Übertragungswege	Häufige Vertreter
Lactobacillus	Obligat heterofermentative, Grampositive Stäbchen	Milchsäure, Ethanol, CO_2, Essigsäure, Diacetyl	Glänzende Trübung, Säuerung, unsauberer Geschmack und Geruch	Rückbier, Leergut, Rohstoffe, Luft, Hefe	*L. brevis, L. lindneri, L. brevisimilis, L. frigidus*
Lactobacillus	Homofermentative, Grampositive Stäbchen	Milchsäure, Diacetyl	Trübung, starke Säuerung, unsauberer Geschmack und Geruch	Rückbier, Leergut, Rohstoffe, Hefe	*L. casei, L. coryneformis*
Pediococcus	Homofermentative, Grampositive Kokken	Milchsäure, Diacetyl	Trübung, starke Säuerung, unsauberer Geschmack und Geruch	Rückbier, Leergut, Rohstoffe, Hefe	*P. damnosus*
Saccharomyces	Fremdhefen mit Amylase-Aktivität	Ethanol, CO_2, Ester, Isoamylacetat, Ethylacetat, Phenole	Trübung/Bodensatz, abweichender Geschmack und Geruch, „Gushing“[1]	Rückbier, Leergut, Hefe, Luft	*S. cerevisiae* ssp. *diastaticus*
Pectinatus	Obligat anaerobe, Gramnegative, bewegliche Stäbchen	Essigsäure, Propionsäure, H_2S	Trübung, unsauberer Geschmack, fauliger Geruch	Rückbier, Leergut	*P. cerevisiiphilus, P. frisingensis*
Megasphaera	Obligat anaerobe, Gramnegative Kokken	Buttersäure, Valeriansäure	Trübung, fauliger Geschmack, stinkender Geruch	Rückbier, Leergut	*M. cerevisiae*
Dekkera/ Brettanomyces	Sehr langsam wachsende Hefen	Ethanol, Säuren	Trübung, starke Säuerung, abweichender Geschmack und Geruch (Sherryaroma)	Rückbier, Leergut	*D. anomala, D. bruxellensis*

Tab. VII.15-1: Mikrobielle Kontaminationen bei der Bierherstellung (Forts.)

Bierschädlichkeitskategorie II

Gattung	Beschreibung	Stoffwechselprodukte	Auswirkung in Bier/Wachstumsverhalten	Wichtige Übertragungswege	Häufige Vertreter
Lactobacillus	Obligat heterofermentative, Grampositive Stäbchen	Milchsäure, Ethanol, CO_2, Essigsäure, Diacetyl	Leichte Trübung, Säuerung, unsauberer Geschmack, Wachstum nur in schwach gehopften Bieren (<15 EBC[2]-Bittereinheiten)	Rückbier, Leergut, Rohstoffe, Hefe, Luft	*L. plantarum*
Saccharomyces	Fremdhefen	Ethanol, CO_2, Ester, Isoamylacetat, Ethylacetat	Trübung/Bodensatz, abweichender Geschmack/Geruch	Rückbier, Leergut, Hefe, Luft	*S. cerevisiae* var. *pastorianus*, *S. exiguus*
Lactococcus, *Leuconostoc*	Grampositive Kokken	Diacetyl	Leichte Trübung, unsauberer Geschmack, Wachstum nur in schwach gehopften Bieren (<20 EBC[2]-Bittereinheiten)	Rückbier, Leergut, Luft	*L. lactis*, *L. mesenteroides*
Micrococcus	Grampositive Kokken	Diacetyl, Ester	Leichter Bodensatz, Aromaveränderungen, Wachstum bei pH >4,5, Temp. >15 °C, <25 EBC[2]-Bittereinheiten	Rückbier, Leergut, Luft, Wasser, Mensch	*M. kristinae*
Zymomonas	Gramnegative Stäbchen	Ethanol, CO_2, H_2S, Acetaldehyd	Unsauberer Geschmack	Rohstoffe	*Z. mobilis*
Torulaspora, *Saccharomycodes*, *Zygosaccharomyces*	Fremdhefen	Ethanol, CO_2, Ester, Säuren	Abweichender Geschmack/Geruch	Rückbier, Leergut, Hefe, Luft	*T. delbrueckii*, *S. ludwigii*, *Z. bailii*

Tab. VII.15-1: Mikrobielle Kontaminationen bei der Bierherstellung (Forts.)

Bierschädlichkeitskategorie III

Gattung	Beschreibung	Stoffwechselprodukte	Auswirkung in Bier/Wachstumsverhalten	Wichtige Übertragungswege	Häufige Vertreter
Saccharomyces, Pichia, Candida, Kloeckera	Fremdhefen	Ethanol, CO_2, Ester, Ethylacetat, Phenole („Phenolic off-flavour"), Säuren	Trübung/Bodensatz, abweichender Geschmack/Geruch	Rückbier, Leergut, Hefe, Luft	*S. cerevisiae, P. anomala, C. kefyr, K. apis*
Fusarium u.a.	Schimmelpilze auf Gerste	Mycotoxine, „Gushing-Faktoren"	Hohe Befallsrate der Gerste korreliert mit „Gushing"[1]-Neigung der Biere	Rohstoffe	*F. graminearum, F. oxysporum*
Pantoea	Gramnegative Stäbchen	Phenole, Dimethylsulfid, Acetoin, Proteasen	Abweichender Geschmack/Geruch, verringerte Schaumstabilität	Rohstoffe, Hefe, Luft, Wasser, Leergut, Mensch	*P. agglomerans*
Obesumbacterium	Gramnegative Stäbchen	H_2, CO_2, Ethanol, 2,3-Butandiol, Proteasen	Abweichender Geschmack/Geruch, verringerte Schaumstabilität, Wachstum bei pH >4,4	Hefe	*O. proteus*

Tab. VII.15-1: Mikrobielle Kontaminationen bei der Bierherstellung (Forts.)

Bierschädlichkeitskategorie IV

Gattung	Beschreibung	Stoffwechselprodukte	Auswirkung in Bier/Wachstumsverhalten	Wichtige Übertragungswege	Häufige Vertreter
Acetobacter, *Gluconobacter*	Obligat aerobe, gramnegative Stäbchen	CO_2 (*Acetobacter*), Essigsäure	Nur bei Anwesenheit von Sauerstoff: abweichender Geschmack/Geruch	Rohstoffe, Hefe, Luft, Wasser, Leergut, Mensch	*A. pasteurianus*, *G. oxydans*
Candida, *Cryptococcus*, *Debaryomyces*, *Pichia*, *Rhodotorula* u.a.	Nicht oder schwach gärfähige Fremdhefen	–	–	Hefe, Rohstoffe, Luft, Wasser, Leergut, Mensch	*C. guilliermondii*, *C. albidus*, *D. hansenii*, *P. membranaefaciens*, *R. mucilaginosa*
Enterobacter, *Citrobacter*, *Klebsiella*, *Bacillus*, *Clostridium* u.a.	Gramnegative bzw. grampositive Stäbchen	H_2, CO_2, Säuren, Dimethylsulfid	–	Rohstoffe, Luft, Wasser, Leergut, Mensch	*E. cloacae*, *C. freundii*, *K. pneumoniae*, *B. brevis*, *C. thermosaccharo-lyticum*,
Micrococcus, *Sarcina u.a.*	Grampositive Kokken	H_2, CO_2, Säuren	–	Rohstoffe, Luft, Wasser, Leergut, Mensch	*M. luteus*, *S. maxima*

[1] „Gushing“: Begriff für das spontane Überschäumen des Bieres nach dem Öffnen der Flasche. Die genauen Ursachen bzw. Mechanismen sind noch nicht bekannt.

[2] EBC = European Brewery Convention

15.1.4 „Latenzkeime" (Bierschädlichkeitskategorie IV)

Dies sind nicht produktschädliche Mikroorganismen, die bei der Bierherstellung vorkommen. Bei vermehrtem Auftreten besteht eine Indikation für mangelnde Betriebshygiene. Unter bestimmten Voraussetzungen, z.B. durch die Bildung von Biofilmen mit sauerstofffreien Zonen, können wachstumsfördernde Bedingungen für potenziell oder obligat bierschädliche Mikroorganismen, mit denen sie dann vergesellschaftet sind, entstehen.

Tab. VII.15-1 gibt einen Überblick über die wichtigsten mikrobiellen Kontaminationen bei der Bierherstellung. Die Mikroorganismen sind geordnet nach ihrer Bedeutung (Bierschädlichkeitskategorien I–IV), innerhalb der Kategorien jedoch nach der geschätzten Häufigkeit des Auftretens. So ist z.B. *Megasphaera cerevisiae* ein sehr unangenehmer Kontaminationskeim, der zum völligen Verderb des Bieres führt; Kontaminationen mit *Megasphaera* sind jedoch in der Praxis äußerst selten.

15.2 Mikrobiologische Stufenkontrolle bei der Bierherstellung

Die Untersuchung des Brau- und Betriebswassers erfolgt gemäß den Bestimmungen der Trinkwasserverordnung [21]. Zusätzlich wird mit Spezialmedien (s. VII.15.2.1) das Vorkommen bierschädlicher Mikroorganismen untersucht.

Untersucht werden weiterhin Würze, Anstellhefe, filtriertes und unfiltriertes Bier, Raumluft, Gase (Sterilluft/O_2, CO_2), gereinigte Gebinde, Spülwässer, Verschlüsse und Abstrichproben. Kontrolliert wird der gesamte Produktions- und Abfüllbereich mit Stichproben, die chargenweise oder in zeitlich definierten Intervallen genommen werden. An bestimmten Schnittstellen (Würzeeinlauf, Filtrationseinlauf, Filtrationsauslauf, Füllereinlauf) empfiehlt sich der Einsatz von automatischen Probenehmern, die inline Aliquots aus der Leitung entnehmen und zu einer Tages- oder Chargenprobe sammeln.

Nützlich bei Bierproben sind zudem Standproben, die für 4 Wochen oder länger anaerob bei 27 °C oder 30 °C inkubiert werden, weil so das konkrete Risiko für das Produkt getestet wird. Üblich sind Standproben beispielsweise bei den ersten Umdrehungen (Füllerrunde) der Füller, die erfahrungsgemäß ein höheres mikrobielles Risiko tragen als die nachfolgend abgefüllten Bierflaschen oder -dosen.

Nach dem zu erwartenden Keimspektrum (Tab. VII.15-1) erfolgt die Betriebskontrolle in erster Linie zur Erfassung produktschädlicher Bakterien und Hefen. Schimmelpilze spielen außer bei der Rohstoffkontrolle der verwendeten Malze auf Lagerschimmel (s. Kap. VII.16) keine entscheidende Rolle.

Da in der Regel ein Spurennachweis der bierschädlichen Mikroorganismen gefordert wird, werden vor allem für die Untersuchung von nicht oder schlecht filtrierbaren Proben (Hefe, unfiltriertes Bier, Würze) Flüssiganreicherungen angesetzt oder Spatelkulturen durchgeführt. Bei Flüssiganreicherungen werden die Probengefäße zur Erzielung anaerober Verhältnisse randvoll gefüllt. Bei Proben, bei denen mit starker Gasentwicklung zu rechnen ist, empfiehlt sich die Verwendung von Bügelverschlussflaschen. Filtrierbares Probenmaterial (Brau- und Betriebswasser bzw. Spülwässer, filtriertes Bier, physiologische Kochsalzlösung aus Gaswaschflaschen) wird meist über 0,45 μm Membranen filtriert. Dabei ist zu berücksichtigen, dass empfindliche Mikroorganismen, wie z.B. *Pectinatus* sp. (strikt anaerob) durch die Probenbearbeitung geschädigt werden, wenn nicht durch CO_2-Begasung oder andere geeignete Maßnahmen anaerobe Verhältnisse geschaffen werden können.

Auch zur nachfolgenden Kultivierung werden gemäß dem zu erwartenden Keimspektrum teilweise anaerobe Bedingungen gefordert, die durch verschiedene Anaerobiersysteme erreicht werden können.

Grundsätzlich werden bei den klassischen kulturellen Nachweismethoden in der Brauerei meist unterschiedliche Selektivmedien für Bakterien und Hefen eingesetzt.

15.2.1 Medien für den Nachweis von Bakterien

Für den Nachweis von bierschädlichen Bakterien gibt es verschiedene Spezialmedien. Hier eine Auswahl gebräuchlicher Produkte:

- Schwach gehopftes Bier (S-Bier; [5, 13])
- NBB (Fa. Döhler; [1])
- VLB-S7-Agar [1, 8]
- MRS-Agar (Fa. Difco; [12])
- Raka-Ray-Agar (Fa. Difco; [6])
- Universal Beer Agar (UBA [10])

Die Inkubation erfolgt anaerob bei 27 °C–30 °C für meist 5–7 Tage, bei Verwendung von NBB-Konzentrat bis maximal 10 Tage.

In Deutschland sind insbesondere die NBB-Produkte etabliert. Das Nachweismedium für bierschädliche Bakterien ist als gebrauchsfertige Boullion (NBB-B), als Konzentrat (NBB-C) und als Agar (NBB-A) erhältlich. In fast allen Fällen erfolgt die Inkubation anaerob, lediglich zum Hygiene-Monitoring erfolgt bei Abstrichproben eine aerobe Inkubation. Die Wattestäbchen werden dazu drei bis vier Tage in halb mit NBB-B gefüllten Röhrchen bei 25 °C–28 °C inkubiert. Bei der anschließenden Auswertung wird die Ausfallrate mit säuernden Keimen (Indikatorumschlag der Proben von rot nach gelb) erfasst. Eine Erhöhung der Befundrate um das Zehnfache im Vergleich zur gereinigten Anlage gilt als Warnwert [3].

Die Identifizierung bzw. Klassifizierung der in den o.a. Spezialmedien gewachsenen Bakterien erfolgt aufgrund morphologischer und physiologischer Merkmale (Beweglichkeit, Koloniefarbe, -form, Gasbildung, Indikatorumschlag), biochemischer Tests (Gramfärbung, Katalase-Test) und des Geruchs (verschiedene Säuren, Diacetyl, Dimethylsulfid, H_2S u.a.).

Zur Absicherung können zusätzlich Identifizierungskits (z.B.: API-System, Enterotube, RapID u.a.m.) oder DNS-gestützte Nachweisverfahren eingesetzt werden.

15.2.2 Medien für den Nachweis von Hefen im Filtratbereich

Universeller Hefenachweis im Filtratbereich

Üblich für den universellen Nachweis von Hefen aus filtrierbaren Proben ist Würze-Agar.

Die Inkubation der Membranfilter auf Würze-Agar erfolgt aerob bei 25 °C für 48–96 h. Erfasst wird die Gesamtzahl der Hefen, es wachsen ohne den Zusatz von Antibiotika allerdings auch Bakterien, die jedoch aufgrund ihrer Kolonieform und -farbe mit der nötigen Erfahrung meist recht gut von den Hefen unterschieden werden können.

Spezifischer Nachweis bierschädlicher Hefen im Filtratbereich

Für den spezifischen Nachweis bierschädlicher Hefen in filtrierbaren Proben eignet sich MBH-Agar [7]. Die Hefen werden dabei vorteilhaft in der Reihenfolge ihrer Bierschädlichkeit nachgewiesen. Die Inkubation der Membranfilter auf MBH-Agar erfolgt zunächst anaerob bei 27 °C. Die erste Auswertung nach 3 Tagen erfasst die obligat bierschädlichen Hefen der Gattung *Saccharomyces* (Bierschädlichkeitskategorie I). Nach weiteren 4 Tagen anaerober Inkubation werden die potenziell bzw. indirekt bierschädlichen Hefen der Bierschädlichkeitskategorien II und III sowie die sehr langsam wachsenden Hefen der Gattung *Dekkera* (Bierschädlichkeitsklasse I) erfasst. Die *Dekkera*-Hefen (und *Zygosaccharomyces*) können dabei durch ihre Säureproduktion erkannt werden (Indikatorumschlag von grün nach gelb). Nach der einwöchigen anaeroben Inkubation werden die MBH-Agarplatten noch weitere drei Tage aerob bei 27 °C inkubiert. Die letzte Auswertung nach insgesamt 10 Tagen dient dann der Erfassung der obligat aeroben Hefen der Bierschädlichkeitskategorie IV, die das Gros an Hefekontaminationen bei der Bierherstellung darstellen. Das Wachstum von Bakterien wird bei pH 4,5 durch den Zusatz von Tetracyclin HCL unterdrückt, so dass eine mikroskopische Auswertung meist nicht notwendig ist. Die Schichtdicke des MBH-Agars sollte 4–5 mm betragen, damit die Platten innerhalb der zehntägigen Untersuchung nicht austrocknen.

15.2.3 Medien für den Nachweis von Fremdhefen im Unfiltrat

Im unfiltrierten Bier und in der Anstellhefe muss zwischen der Kulturhefe und Fremdhefen differenziert werden. Bei den Fremdhefen wiederum wird zwischen *Saccharomyces*-Fremdhefen und Nicht-*Saccharomyces*-Fremdhefen unterschieden, die meist ein niedrigeres Gefährdungspotenzial besitzen (Tab. VII.15-1).

Lysin-Agar

Hefen, die nicht zur Gattung *Saccharomyces* gehören, können mit Lysin-Agar [14] nachgewiesen werden, der als einzige Stickstoffquelle Lysin enthält. Das Selektionsprinzip beruht auf der Tatsache, dass *Saccharomyces*-Hefen zwar die Aminosäure Lysin als Stickstoffquelle nutzen können, wenn sie im Gemisch mit anderen Aminosäuren angeboten wird, dass sie Lysin als alleinige Stickstoffquelle im Gegensatz zu den Nicht-*Saccharomyces*-Fremdhefen jedoch nicht ausreichend verwerten können (Ausnahme: *S. willianus*, *S. unisporus* und *S. cerevisiae* var. *chevalieri*).

Aus 0,2 ml der Hefeprobe oder dem unfiltrierten Bier (muss vor Verdünnung entkohlensäuert werden) werden durch Verdünnung Zellsuspensionen mit ca. 10^7 Zellen/ml hergestellt. Die Zellen müssen zur restlosen Entfernung etwaiger Stickstoffquellen 2–3-mal mit physiologischer Kochsalzlösung gewaschen werden. Im Spatelverfahren werden die Zellen dann ausplattiert auf Lysin-Agar und 48–72 h bei 25 °C inkubiert.

Kristallviolett-Agar

Kristallviolett-Agar [19] eignet sich zur Differenzierung zwischen *Saccharomyces*-Fremdhefen und den Kulturhefen, da die Bierhefe durch Kristallviolett im Wachstum stärker gehemmt wird als andere Hefen, insbesondere die der gleichen Gattung. Durch Zugabe von ethanolischer Kristallviolettlösung (Kristallviolett in wenig 95 % Ethanol lösen) zu flüssigem Würze-Agar werden Kristallviolett-Agarplatten hergestellt. Die Schichtdicke des Kristallviolett-Agars sollte mindestens 4–5 mm betragen. Gegossene Platten nicht kalt aufbewahren, da Kristallviolett dann auskristallisiert und nicht mehr in Lösung geht. Die minimale Konzentration an Kristallviolett für eine 100%ige Hemmung der eingesetzten Kulturhefe (MHK-Wert) sollte individuell überprüft werden, auch damit nicht durch eine unnötig hohe Dosierung andere Hefen in ihrem Wachstum gehemmt werden. In der Literatur [4, 11, 20] sind als Richtwert Konzentrationen von 18–20 µg/ml entsprechend 45–50 µM Kristallviolett angegeben. Auf Kristallviolett-Agar wachsen keine Kulturhefen, jedoch *Saccharomyces*-Fremdhefen (Ausnahme: *S. oviformis*, *S. bisporus* var. *mellis*) sowie auch einige Nicht-*Saccharomyces*-Fremdhefen (*Kloekkera apiculata*, *Rhodotorula* spec., *Pichia anomala*, *Saccharomycodes ludwigii*, *Schizosaccharomyces pombe*, *Cryptococcus terreus*, *Pichia quercum*, *Candida muscorum* und *Trigonopsis variabilis*). Kristallviolett-Agar wird daher meist in Kombination mit Lysin-Agar eingesetzt (Tab. VII.15-2).

Aus 0,2 ml der Hefeprobe oder dem unfiltrierten Bier (muss vor Verdünnung entkohlensäuert werden) werden durch Verdünnung Zellsuspensionen mit ca. 10^7 Zellen/ml hergestellt. Im Spatelverfahren werden die Zellen ausplattiert auf Kristallviolett-Agar und 48–72 h bei 25 °C inkubiert.

Tab. VII.15-2: Differenzierung von Kultur- und Fremdhefen

	Würze-Agar	Lysin-Agar	Kristallviolett-Agar
Brauerei-Kulturhefe	+	–	–
Saccharomyces-Fremdhefen	+	–	+
Nicht-*Saccharomyces*-Fremdhefen	+	+	(–)

37 °C-Test

Für Brauereien, die mit untergäriger Kulturhefe arbeiten, bietet der 37 °C-Test eine einfache Möglichkeit zur Erfassung von Fremdhefen [17]. Bei untergärigen Kulturhefen liegt das Temperaturmaximum für das Wachstum relativ niedrig bei

32–34 °C. Bei 37 °C sind sie nicht vermehrungsfähig, während die meisten *Saccharomyces*-Fremdhefen und Nicht-*Saccharomyces*-Fremdhefen hier noch wachsen können. Nicht nachweisbar mit dem 37 °C-Test waren nach BACK (1987) von 120 untersuchten Wildhefe-Stämmen aus der Brauerei, die 24 Arten zugeordnet wurden, nur *Saccharomycodes ludwigii*, *Zygosaccharomyces florentinus* und einige Stämme von *S. cerevisiae* var. *bayanus*. Mit dem 37 °C-Test kann demnach der Großteil der *Saccharomyces*-Fremdhefen (darunter alle Stämme von *S. cerevisiae* var. *diastaticus*; Bierschädlichkeitskategorie I) mit hoher Empfindlichkeit nachgewiesen werden.

Aus 0,2 ml der Hefeprobe oder dem unfiltrierten Bier (muss vor Verdünnung entkohlensäuert werden) werden durch Verdünnung Zellsuspensionen mit ca. 10^7 Zellen/ml hergestellt. Im Spatelverfahren werden die Zellen ausplattiert auf Würze-Agar und 48–72 h bei 37 °C inkubiert.

Nach RÖCKEN & SCHULTE (1986) ist die Unterdrückung der untergärigen Kulturhefe noch effektiver, wenn die verwendeten Würze-Agarplatten vor dem Testansatz 2–3 Stunden bei 37 °C vorinkubiert werden.

15.3 Schnellnachweismethoden in der Brauerei

In der Brauwirtschaft sind in den letzten Jahren verschiedene Schnellnachweismethoden für Mikroorganismen geprüft geworden, so z. B. die Membranfilter-Mikrokolonie-Fluoreszenz-Methode (MMCF-Methode [18], s. Kap. II.4.14.5), die direkte Epifluoreszenz Filtertechnik (DEFT [16], s. Kap. II.4.14.2), die Durchflusscytometrie ([9], s. Kap. II.4.14.8) und die Impedanz-Methode ([22], s. Kap. II.4.14.6). Diese Verfahren haben sich in der Routine aus verschiedenen Gründen jedoch nicht durchsetzen können. Etabliert ist bislang lediglich das Biolumineszenz-Verfahren zum Nachweis von ATP als Hygienekontrolle [15], obwohl auch dieses Verfahren einige Fehlerquellen aufweist (s. Kap. II.4.14.1).

Schnell und sehr spezifisch sind neue molekularbiologische Nachweisverfahren mittels PCR (Kap. III.5.2.2). Dabei werden isolierte DNA-Moleküle der Mikroorganismen durch hitzestabile Polymerasen *in vitro* vermehrt. Vielversprechend sind dabei insbesondere Systeme, die durch Erzeugung und Messung von Fluoreszenzsignalen ohne Gelelektrophorese der amplifizierten Produkte auskommen. Speziell für diese Lightcycler- und Taqman-Systeme sind bereits kommerzielle Nachweis- und Screening-Kits zur Detektion der wichtigsten bierschädlichen Bakterien erhältlich oder (für bierschädliche Hefen) in Entwicklung (z. B. „foodproof® Beer Screening“ von Biotecon Diagnostics, „First-Bier Magnetic“ von Genlal® und „LC Screening Kit“ von PIKA Weihenstephan). Zur

Lebend-Tot-Differenzierung sind jedoch zurzeit noch Voranreicherungen erforderlich, so dass der Geschwindigkeitsvorteil des Nachweises etwas relativiert wird.

Der Einsatz der PCR-Technik in der Qualitätssicherung der Bierproduktion wird auch von der Europäischen Union im Rahmen des 5th Framework (European Commission Quality of Life and Management of Living Resources) in einem kombinierten Forschungs- und Demonstrationsprojekt (BREWPROC) gefördert. Im Projekt werden zurzeit grundlegende Untersuchungen zum Nachweis bierschädlicher Bakterien und Hefen mittels online-Detektion und herkömmlicher PCR durchgeführt.

Ebenfalls ein Nukleinsäure-gestütztes Nachweissystem ist die Fluoreszenz-in situ-Hybridisierung (FISH) ribosomaler RNA. Die rRNA ist von Natur aus in hoher Kopienzahl in der Zelle vorhanden und braucht daher nicht, wie bei der PCR, amplifiziert zu werden. Sie kann durch Gensonden mit Fluoreszenz-Farbstoffen markiert werden und macht die Zellen dadurch in der Auflichtfluoreszenz sichtbar (Kap. III.5.2.1.3.4). Von der Vermicon AG wurden 2001 kommerzielle Kits zum Nachweis bierschädlicher Bakterien entwickelt („VIT®-Bier"). Ein Nachteil der Methode ist allerdings, dass auch hier Vorkulturen zum Nachweis von Spureninfektionen notwendig sind. Vorteilhaft ist jedoch die einfache Lebend-Tot-Differenzierung und die Möglichkeit zur mikroskopischen Visualisierung der Bakterien. Zurzeit sind Kits zum Nachweis von Lactobazillen und Pediokokken sowie von *Pectinatus* spp. und *Megasphaera* spp. erhältlich. Nachweiskits für bierschädliche Hefen fehlen noch.

Literatur

1. BACK, W.; DÜRR, P.; ANTHES, S.: Nährboden VLB-S7 und NBB. Monatsschr. Brauwiss. 37, 126-131, 1984
2. BACK, W.: Nachweis und Identifizierung von Fremdhefen in der Brauerei. Brauwelt 127, 735-737, 1987
3. BACK, W.: Mikrobiologische Qualitätskontrolle von Wässern, Alkoholfreien Getränken (AfG), Bier und Wein. In: DITTRICH, H.H. (Hrsgb.): Mikrobiologie der Lebensmittel. Getränke. BEHR'S Verlag, Hamburg, 1993
4. BACK, W.: Farbatlas und Handbuch der Getränkebiologie. Teil I. Hans Carl Verlag, Nürnberg, 1994
5. DRAWERT, F. (Hrsg.): Brautechnische Analysenmethoden. Band III. Methodensammlung der Mitteleuropäischen Brautechnischen Analysenkommission (MEBAK). Selbstverlag der MEBAK, Freising-Weihenstephan, 1982
6. EBC ANALYTICA MICROBIOLOGICA: PART II. J. Inst. Brew., 87, 303-321 (1981)

7. EIDTMANN, A.; GROMUS, J.; BELLMER, H.G.: Mikrobiologische Qualitätssicherung: Der spezifische Nachweis von bierschädlichen Hefen im hefefreien Bereich. Monatsschr. Brauwiss. 51, 141-148, 1998
8. EMEIS, C.C.: Methoden der brauereibiologischen Betriebskontrolle. III. VLB-S7-Agar zum Nachweis bierschädlicher Pediokokken. Monatsschr. Brauerei 22, 8-11, 1969
9. HUTTER, K.J.: Einsatz der Fluoreszenzserologie und der Durchflußzytometrie zum Nachweis von Infektionskeimen bei biotechnologischen Prozessen. Brauwiss., 44, 216-220, 1991
10. KOZULIS, J.A.; PAGE. H.E.: A new universal beer agar medium for the enumeration of wort and beer microorganisms. ASBC Proc., Congr. 52-58, 1968
11. LONGLEY, R.P.; DENNIS, R.R.; HEYER, M.S.; WREN, J.J.: Selective *Saccharomyces* media containing ergosterol and tween 80. J. Inst. Brew. 84, 341-345, 1978
12. MAN, J.C. De; ROGOSA, M.; SHARPE, M.E.: A medium for the cultivation of lactobacilli. J. Appl. Bact. 23, 130-135, 1960
13. MÄNDL, B.; SEIDEL, H.: Erfahrungen beim Nachweis von bierschädlichen Bakterien (Pediokokken und Laktobazillen) in Brauerei-Betriebshefen mit verschiedenen Nährböden. Brauwiss. 24, 105-109, 1971
14. MORRIS, E.; EDDY, M.A.: Method for the measurement of wild yeast infection in pitching yeast. J. Inst. Brew. 63, 35, 1957
15. NIEUWENHOF, F.F.J.: Hygienekontrolle der Reinigung und Desinfektion mittels Biolumineszenz: Neue schnelle Testsysteme. Symposium FH-Lippe, Lemgo 2.7.-4.7.1997
16. PETTIPHER, G.L.; KROLL, R.G.; FARR, L.J.; BETTS, R.P.: DEFT: Recent developments for foods and beverages. In: STANNARD, C.J.; PETITT, S.B.; SKINNER, F.A. (Eds.): Rapid microbiological methods for foods, beverages and pharmaceuticals. Blackwell Scientific Publications Ltd, Oxford, 1991
17. RÖCKEN, W.; SCHULTE, S.: Nachweis von Fremdhefen. Bringen der Kupfersulfat-Agar und der 37 °C-Test Fortschritte beim Nachweis von Fremdhefen? Brauwelt, 126, 192-1927, 1986
18. RUSCH, A.; BACK, W.; KRÄMER, J.: Anfärbung bierschädlicher Mikroorganismen mit Fluoreszenzfarbstoffen. Brauwiss., 43, 192-197, 1989
19. SEIDEL, H.: Differenzierung zwischen Brauerei-Kulturhefen und „wilden Hefen". Teil 1: Erfahrungen beim Nachweis von „wilden Hefen" auf Kristallviolettagar und Lysinagar. Brauwiss. 25, 384-389,1972
20. TAYLOR, G.T.; MARSH, A.S.: MYPG+ Copper, a medium that detects both *Saccharomyces* and Non-*Saccharomyces* wild yeast in the presence of culture yeast. J. Inst. Brew. 90, 134-145,1984
21. Verordnung über die Qualität von Wasser für den menschlichen Gebrauch (Trinkwasserverordnung, 2001)
22. VOGEL, N.; BOHAK, I.: Schnellnachweismethoden für schädliche Mikroorganismen in der Brauerei. Brauwelt, 4, 414-422, 1990

16 Getreide, Getreideerzeugnisse, Backwaren

16.1 Vorkommende Mikroorganismen

Getreide

Innere Mikroflora

Die „innere Mikroflora" besiedelt den Raum zwischen der Epidermis (Exocarp) und den Querzellen (Pericarp): *Alternaria* u. a.

Äußere Mikroflora

Bakterien: Auf erntefrischem Getreide insbesondere „Gelbkeime" (*Flavobacterium* sp., *Erwinia* sp.); auf Lagergetreide vornehmlich Vertreter der Gattungen *Pseudomonas, Xanthomonas, Acinetobacter, Alcaligenes, Escherichia, Citrobacter, Klebsiella, Enterobacter, Serratia, Hafnia, Proteus, Aeromonas, Micrococcus, Staphylococcus, Streptococcus, Leuconostoc, Sarcina, Bacillus, Clostridium, Lactobacillus, Corynebacterium, Brevibacterium, Propionibacterium, Streptomyces*

Hefen: Arten der Gattungen *Candida, Cryptococcus, Hansenula, Pichia, Saccharomyces, Trichosporon, Torulopsis, Rhodotorula, Sporobolomyces* u. a.

Schimmelpilze: „Feldpilze" (Species der Genera *Alternaria, Cladosporium, Fusarium, Helminthosporium* u. a.); „Intermediärflora" (Arten der Gattungen *Cladosporium, Aureobasidium, Hyalodendron* u.a.); „Lagerpilze" (Species der Genera *Aspergillus, Penicillium, Eurotium, Wallemia*)

Mahlerzeugnisse

Die mikrobiologische Verunreinigung von Mehlen und Grießen ist im Wesentlichen durch die Mikroflora des Getreides geprägt. Zudem wird sie sowohl durch die Reinigungs- und Vermahlungsvorgänge, als auch die hygienischen Verhältnisse in der Mühle beeinflusst. Hauptsächlich vorkommende Mikroorganismen: Siehe „Getreide".

Speisekleie

Bakterien

Arten der Gattungen *Pseudomonas, Acinetobacter, Flavobacterium, Escherichia, Citrobacter, Klebsiella, Enterobacter, Erwinia, Serratia, Hafnia, Micrococcus, Streptococcus, Bacillus, Clostridium, Streptomyces* u.a.

Schimmelpilze

Arten der Gattungen *Aspergillus, Penicillium, Eurotium, Wallemia* u.a.

Teigwaren

Bakterien

Arten der Gattungen *Alcaligenes, Escherichia, Salmonella, Citrobacter, Klebsiella, Hafnia, Aeromonas, Micrococcus, Staphylococcus, Streptococcus, Bacillus, Clostridium* u.a.

Schimmelpilze

Arten der Gattungen *Aspergillus, Penicillium, Eurotium, Wallemia* u.a.

Getreidevollkornerzeugnisse

Bakterien

Enterobacteriaceen, *Staphylococcus* spp., *Enterococcus* spp., *Bacillus* spp.

Filamentöse Pilze

Arten der Gattungen *Aspergillus, Penicillium, Eurotium, Wallemia* u.a.

Hefen

(Siehe „Getreide")

Backwaren

Pilze

Aus der Abteilung der Zygomycota: Gattungen der Familie Mucoraceae wie *Mucor* und *Rhizopus* sowie Thamnidiaceae wie *Thamnidium*; aus der Abteilung der Deuteromycota: hauptsächlich Arten der Gattungen *Aspergillus* und *Penicillium* bzw. deren Teleomorphe der Abteilung der Ascomycota.

Auffallend sind *Chrysonilia sitophila* („Roter Brotschimmel", teleomorph: *Neurospora sitophila*) und *Monascus ruber* (anamorph: *Basipetospora rubra*) aufgrund ihres rötlichen Erscheinungsbildes auf Broten sowie *Geotrichum candidum* („Milchschimmel", teleomorph: *Galactomyces geotrichum*) aufgrund seines weißen Myzels.

Verschiedene Hefen wie *Zygosaccharomyces bailii*, *Saccharomyces cerevisiae* und *Saccharomycopsis fibuligera*, seltener auch *Hyphopichia burtonii* (anamorph: *Candida chodatii*) und *Moniliella suaveolens* können als kreidig weißer Belag („Kreideschimmel") auf Broten auftreten.

Sporen bildende Bakterien

Einige *Bacillus-subtilis*-Stämme können in Hefegebäcken (Weizenbrot, ungesäuertes Weizenmischbrot, Hefe- und Backpulverkuchen), seltener auch in schwach gesäuerten Roggen- und Roggenmischbroten, das sog. „Fadenziehen" verursachen.

Sauerteigstarter

Milchsäurebakterien

Lactobacillus sanfranciscensis, L. plantarum, L. farciminis, L. acidophilus, L. fermentum, L. fructivorans, L. pontis, L. buchneri, L. reuteri u.a.

16.2 Untersuchung

Bakterien

Aerobe mesophile Bakterien

- Verfahren: Guss- oder Spatelkultur (ICC-Standard Nr. 125 bzw. Nr. 147)
- Medium/Temperatur/Zeit: Plate-Count-Agar, 30 °C, 48–96 h
- Auswertung: alle Kolonien

Laktobazillen

- Verfahren: Gusskultur (ICC-Standard Nr. 144)
- Medium/Temperatur/Zeit: MRS- bzw. Kleie-Agar, 30 °C, 48–120 h
- Auswertung: alle Kolonien
- Bestätigung: mikroskopisch (Stäbchen), Katalase negativ

Sporen

Aerobe mesophile Sporen

- Verfahren: Hitzebehandlung bei 80 °C für 10 min bei Getreideerzeugnissen, die vor dem Verzehr nicht weiter hitzebehandelt werden bzw. bei 100 °C für 5 min bei Getreideerzeugnissen, die vor dem Verzehr einer längeren Hitzebehandlung (Kochen, Backen, Sterilisieren) ausgesetzt werden; Gusskultur
- Medium/Temperatur/Zeit: Plate-Count-Agar, 30 °C, 48–72 h
- Auswertung: alle Kolonien
- Bestätigung: mikroskopisch (Stäbchen), Katalase positiv

Aerobe thermophile Sporen

- Verfahren: Hitzebehandlung bei 100 °C für 15 min; Gusskultur
- Medium/Temperatur/Zeit: Plate-Count-Agar, 55 °C, 48–72 h
- Auswertung: alle Kolonien
- Bestätigung: mikroskopisch (Stäbchen), Katalase positiv

Hygiene-Keime

Escherichia coli und coliforme Bakterien

- Verfahren: MPN-Verfahren
- Voranreicherung: Lactose-Pepton-Bouillon mit Durham-Röhrchen, 37 °C, 24–48 h
- positive Röhrchen (Gasbildung) = coliforme Bakterien
- Anreicherung aus positiven Röhrchen (Gasbildung) in Laurylsulfat-Bouillon + MUG, 44 °C, 24 h
- Auswertung: positive Röhrchen (Gasbildung, Fluoreszenz, Indolbildung) = *E. coli*, ggf. Bestätigungstest aus Ansätzen mit Fluoreszenz und Indolbildung

Enterokokken

- Verfahren: Guss- oder Spatelkultur
- Medium/Temperatur/Zeit: m-Enterococcus-Agar, 37 °C, 48 h
- Auswertung: rote Kolonien
- Bestätigung: siehe Enterokokken

Staphylococcus aureus

- Verfahren: MPN-Verfahren
- Anreicherung
  Medium/Temperatur/Zeit: Staphylokokken-Anreicherungsbouillon n. GIOLITTI u. CANTONI (Basis), 37 °C, 24–48 h
- Fraktionierter Ausstrich
  Medium/Temperatur/Zeit: Baird-Parker-Agar, 37 °C, 24–48 h
- Auswertung: schwarze Kolonien mit Hofbildung
- Bestätigung: Koagulase-Test

Bacillus cereus, Salmonellen

- Siehe Untersuchung pathogener Mikroorganismen

Pilze

- Verfahren: Guss- oder Spatelkultur (ICC-Standard Nr. 139 bzw. Nr. 146)
- Medium/Temperatur/Zeit: Bengalrot-Chloramphenicol-Agar (Nachweis xerophiler Pilze: DG 18-Agar), 25 °C, 3–7 Tage
- Auswertung: alle Kolonien, mikroskopische Kontrolle

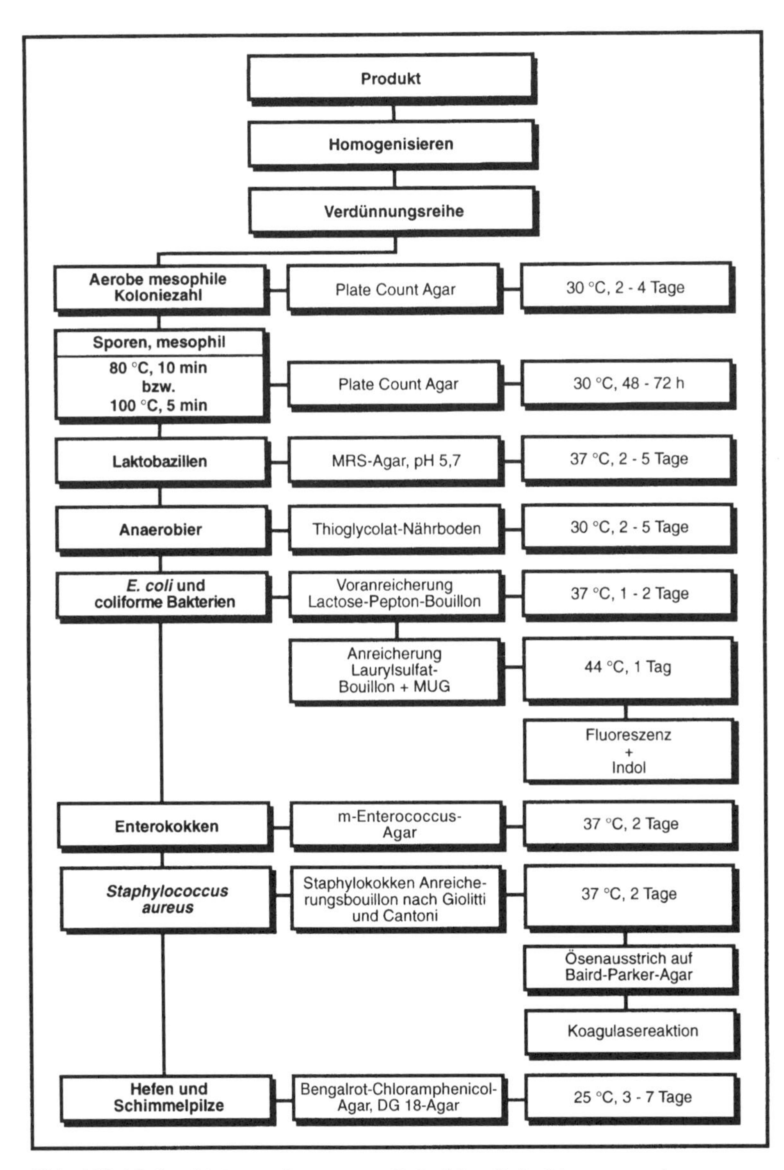

Abb. VII.16-1: Untersuchung von Getreide, Getreideerzeugnissen und Backwaren

16.3 Mikrobiologische Kriterien

Tab. VII.16-1: Mikrobiologische Kriterien für Getreide, Getreideerzeugnisse und Backwaren

Vorläufige Spezifikationen für Weizen und Roggen* [KBE/g]	
Sporen (mesophil)	10^2
Coliforme Bakterien	10^2
Escherichia coli	10^1
Enterokokken	10^1
Pilze	10^5

* abgeleitet aus 226 Proben der Jahre 1998/1999

Entsprechende Richt- und Warnwerte werden derzeit von der DGHM erarbeitet.

Vorläufige Spezifikationen für Weizen- und Roggenvollkornmehle sowie Mehle der Typen 550, 1050, 997, 1150* [KBE/g]	
Sporen (mesophil)	10^2
Coliforme Bakterien	10^3
Escherichia coli	10^2
Enterokokken	10^2
Pilze	10^4

* abgeleitet aus 159 Proben der Jahre 1998/1999

Entsprechende Richt- und Warnwerte werden derzeit von der DGHM erarbeitet.

Richt- und Warnwerte für rohe, getrocknete Teigwaren (DGHM, 1988) [KBE/g]		
	Richtwert	Warnwert
Salmonella spp.	–	n.n. in 25 g
Staphylococcus aureus	10^4	10^5
Bacillus cereus	10^4	10^5
Clostridium perfringens	10^4	10^5
Escherichia coli	10^3	–
Enterokokken	10^4	–
Schimmelpilze	10^4	10^5

Richt- und Warnwerte für feuchte, verpackte Teigwaren[1] (DGHM, 1996) [KBE/g]		
	Richtwert	Warnwert
Aerobe mesophile Koloniezahl (einschl. Milchsäurebakterien)	10^6	–
Enterobacteriaceae	10^2	10^4
Escherichia coli[2]	10^1	10^2
Salmonella spp.	–	n.n. in 25 g
Koagulase-positive Staphylokokken	10^2	10^3
Bacillus cereus	10^2	10^3

[1] Die angegebenen Werte sind bis zum Mindesthaltbarkeitsdatum einzuhalten.
[2] Beim Nachweis von *Escherichia coli* sollte der Kontaminationsquelle nachgegangen werden.

Die Produktgruppe enthält verpackte, gefüllte und ungefüllte Teigwaren, wie Tortelloni/Tortellini, Ravioli, Conchiglie, Agnolotti, Grantortelli, Maultaschen, Spätzle, Schupfnudeln etc.

Richt- und Warnwerte für offen angebotene feuchte Teigwaren (DGHM, 1996) [KBE/g]		
	Richtwert	Warnwert
Aerobe mesophile Koloniezahl (einschl. Milchsäurebakterien)	10^6	–
Enterobacteriaceae	10^4	10^5
Escherichia coli[1]	10^1	10^2
Salmonella spp.	–	n.n. in 25 g
Koagulase-positive Staphylokokken	10^2	10^3
Bacillus cereus	10^3	10^4

[1] Beim Nachweis von *Escherichia coli* sollte der Kontaminationsquelle nachgegangen werden.

Die Produktgruppe umfasst offen angebotene frische, feuchte Teigwaren (mit und ohne Füllung).

Richt- und Warnwerte für durchgebackene Tiefkühl-Backwaren mit und ohne Füllung (bestimmungsgemäß verzehrsfertig ohne Erhitzung) (DGHM, 1995) [KBE/g]

	Richtwert	Warnwert
Aerobe mesophile Koloniezahl	10^5	–
Salmonella spp.	–	n.n. in 25 g
Staphylococcus aureus	10^1	10^2
Bacillus cereus	10^3	10^4
Escherichia coli	10^1	10^2
Schimmelpilze	10^2	10^3

Die Produktgruppe umfasst Tiefkühl-Backwaren, bei denen alle Zutaten – auch Füllungen und/oder Überzüge – bei der Herstellung mitgebacken wurden, wie Brötchen, Croissants, ungefüllte Crepes und fertig gebackener Apfelstrudel.

Als Probe für die Untersuchung ist die kleinste Verkaufseinheit, mindestens aber 50 g einzusetzen.

Richt- und Warnwerte für rohe/teilgegarte Tiefkühl-Backwaren, die vor dem Verzehr einer Erhitzung unterzogen werden (DGHM, 1995) [KBE/g]

	Richtwert	Warnwert
Salmonella spp.	–	n.n. in 25 g
Staphylococcus aureus	10^2	10^3
Bacillus cereus	10^3	10^4
Escherichia coli	10^3	–
Schimmelpilze	10^4	10^5

Die Produktgruppe umfasst Tiefkühl-Backwaren wie Teige, Teiglinge, Obst- und Quarkbackwaren.

Als Probe für die Untersuchung ist die kleinste Verkaufseinheit, mindestens aber 50 g einzusetzen.

Richt- und Warnwerte für Tiefkühl-Patisseriewaren mit nicht durchgebackener Füllung (bestimmungsgemäß verzehrsfertig ohne Erhitzung) (DGHM, 1995) [KBE/g]		
	Richtwert	Warnwert
Aerobe mesophile Koloniezahl*	10^6	–
Salmonella spp.	–	n.n. in 25 g
Staphylococcus aureus	10^2	10^3
Bacillus cereus	10^3	10^4
Escherichia coli	10^2	10^3
Schimmelpilze	10^3	10^4

* Bei Verwendung von fermentierten Zutaten ist die Anzahl aerober mesophiler Fremdkeime zu bestimmen.

Die Produktgruppe umfasst Tiefkühl-Backwaren, die nach dem Backen und vor dem Tiefgefrieren gefüllt und/oder belegt und/oder überzogen werden einschließlich Obstkuchen, gefüllte Crepes und Sahne-/Creme-Produkte.

Als Probe für die Untersuchung ist die kleinste Verkaufseinheit, mindestens aber 50 g einzusetzen.

Richt- und Warnwerte für Backwaren mit nicht durchgebackener Füllung (DGHM, 1996) [KBE/g]		
	Richtwert	Warnwert
Aerobe mesophile Koloniezahl[1]	10^6	–
Salmonella spp.	–	n.n. in 25 g
Bacillus cereus	10^3	10^4
Enterobacteriaceae	10^3	10^5
Escherichia coli[2]	10^1	10^2
Schimmelpilze/Hefen	10^4	–
Koagulase-positive Staphylokokken	10^2	10^3

[1] Bei Verwendung von fermentierten Zutaten ist die Anzahl an aeroben mesophilen Fremdkeimen zu bestimmen.

[2] Beim Nachweis von *Escherichia coli* sollte der Kontaminationsquelle nachgegangen werden.

Als Probe für die Untersuchung ist die kleinste Verkaufseinheit, mindestens aber 50 g einzusetzen.

Tab. VII.16-2: Mikrobiologische Kriterien für zubereitete thermisierte TK-Backwaren „ready to eat“ (z.B. Berliner, Linzer Torte)

Art der Kriterien	Mikroorganismen	n	c	Log m	Log M
Indikatorkeime	KBE, aerob, mesophil	5	2	3	5
Indikatorkeime	Enterobacteriaceae	5	2	1	3
Indikatorkeime	Coliforme	5	2	1	3
Analytische Kriterien	*E. coli*	5	2	1	2
Analytische Kriterien	*Staph. aureus*	5	2	1	2
Indikatorkeime	Hefen	–	–	–	–
Indikatorkeime	Schimmel	–	–	–	–
Obligatorische Kriterien	Salmonellen	5	0	n.n./25 g	n.n./25 g
Obligatorische Kriterien	Listerien	5	0	n.n./25 g	n.n./25 g

Erklärungen

Obligatorische Kriterien

Pathogene Keime: Wenn diese Normen überschritten werden, muss das betroffene Los vom Verzehr und vom Markt ausgeschlossen werden.

Analytische Kriterien

Nachweiskeime für mangelnde Hygiene: Bei Überschreiten dieser Norm muss in jedem Fall die Durchführung der in dem Verarbeitungsbetrieb angewandten Überwachungs- und Kontrollverfahren für die kritischen Punkte überprüft werden. Werden Enterotoxin bildende *Staphylococcus-aureus*-Stämme oder vermutlich pathogene *Escherichia-coli*-Stämme festgestellt, so müssen alle beanstandeten Lose vom Verzehr und vom Markt ausgeschlossen werden.

Indikatorkeime

Richtwerte: Die Richtwerte sollen den Erzeugern dabei helfen, sich ein Urteil über die ordnungsgemäße Arbeit ihres Betriebes zu bilden und das System und das Verfahren der Eingangskontrolle ihrer Produktion zu praktizieren.

Quelle: Empfehlung der FIAL (Föderation der Schweiz. Nahrungsmittel-Industrie, 1996).

Tab. VII.16-3: Richt- und Warnwerte für Getreidemahlerzeugnisse[a)] (in KbE*/g) (DGHM, 2002, vorläufige Werte)

Untersuchungskriterien	Richtwert	Warnwert
Aerobe mesophile Keimzahl (30 °C)	10^6	–
Enterobacteriaceae	10^5	10^6
Escherichia coli [b)]	10^1	10^2
Koagulase-positive Staphylokokken	10^2	10^3
Bacillus cereus	10^2	10^3
Sporen Sulfit reduzierender Clostridien	10^2	10^3
Salmonella spp.	–	n. n. in 25 g
Hefen	10^3	–
Schimmelpilze	10^4	–

* Kolonie bildende Einheiten

a) Werte werden für Produkte empfohlen, die vor dem Verzehr keinem weiteren Verfahren zur Keimreduzierung unterzogen werden. Ausgenommen sind Getreideflocken, Müslis, Saaten, Samen, Kerne sowie Malzmehle.

b) Beim Nachweis von *E. coli* ist der Kontaminationsquelle nachzugehen.

Literatur

1. MAYOU, J.; MOBERG, L.: Cereal and cereal products, in: Compendium of methods for the microbiological examination of foods, 3rd ed., ed. by Carl Vanderzant and D.F. Splittstoesser, American Public Health Ass., Washington D.C., 995-1006, 1992
2. SPICHER, G.: Neue Gesichtspunkte bei der Klassifizierung der Bakterienflora des Getreides und der Getreideprodukte, Getreide u. Mehl 13, 109-116, 1963
3. SPICHER, G.: Studien zur Frage der Hygiene des Getreides, Zbl. f. Bakt. II. Abt. 127, 61-81, 1972
4. SPICHER, G.: Schimmelpilze und Hefen als Ursache des Verderbs von Backwaren, Schriftenreihe d. Schweizerischen Gesellschaft für Lebensmittelhygiene, Heft 6, 69-79, 1977
5. SPICHER, G.: Die Erreger der Schimmelbildung bei Backwaren 1. Mitt.: Die auf verpackten Schnittbroten auftretenden Schimmelpilze, Getreide, Mehl, Brot 38, 77-80, 1984
6. SPICHER, G.: Die Mikroflora des Sauerteiges, XVII. Mitt.: Weitere Untersuchungen über die Zusammensetzung und die Variabilität der Mikroflora handelsüblicher Sauerteig-Starter, Ztschr. Lebensm. Unters. Forschg. 178, 106-109, 1984
7. SPICHER, G.; MELLENTHIN, B.: Zur Frage der mikrobiologischen Qualität von Getreidevollkornerzeugnissen, 3. Mitt.: Die bei Speisegetreide und Mehlen auftretenden Hefen, Dtsch. Lebensm.-Rdsch. 79, 35-38, 1983

8. SPICHER, G.; STEPHAN, H.: Handbuch Sauerteig – Biologie, Biochemie, Technologie, 4. Aufl., Behr's Verlag, Hamburg, 1993
9. Mikrobiologische Richt- und Warnwerte für rohe, getrocknete Teigwaren. Eine Empfehlung der Kommission Lebensmittel-Mikrobiologie und -Hygiene der Deutschen Gesellschaft für Hygiene und Mikrobiologie, Bundesgesundheitsblatt 31, 93-94, 1988
10. Mikrobiologische Richt- und Warnwerte zur Beurteilung von Tiefkühl-Backwaren und Tiefkühl-Patisseriewaren. Eine Empfehlung der Kommission Lebensmittel-Mikrobiologie und -Hygiene der Deutschen Gesellschaft für Hygiene und Mikrobiologie, Lebensmitteltechnik 23, 162, 1991
11. Mikrobiologische Richt- und Warnwerte für Feine Backwaren mit nicht durchgebackenen Füllungen. Eine Empfehlung der Kommission Lebensmittel-Mikrobiologie und -Hygiene der Deutschen Gesellschaft für Hygiene und Mikrobiologie, Lebensmitteltechnik 6, 52, 1996
12. Mikrobiologische Richt- und Warnwerte für Teigwaren. Eine Empfehlung der Kommission Lebensmittel-Mikrobiologie und -Hygiene der Deutschen Gesellschaft für Hygiene und Mikrobiologie, Lebensmitteltechnik 7-8, 45-46, 1996
13. ICC Standards: Standard-Methoden der Internationalen Gesellschaft für Getreidechemie, Verlag Moritz Schäfer, Detmold, 7. Aufl., 1998

VIII Kosmetika und Bedarfsgegenstände

U. Eigener, Regina Zschaler

1 Kosmetika

Aufgrund ihrer Inhaltsstoffe sind Kosmetika durch eine mikrobielle Kontamination gefährdet. Bei nicht ausreichend geschützten Produkten kann es daher zu einer gesundheitlichen Gefährdung des Benutzers oder/und zum Verderb des Produktes kommen (21, 25, 34, 35). Während die Kausalität zwischen gesundheitlicher Gefährdung und Verkeimung von Kosmetika meist schwer belegbar ist, wird ein Verderb durch Einfluss von Mikroorganismen (z.B. Geruchsbeeinträchtigung, Phasentrennung) vielfach beschrieben.

1.1 In kosmetischen Mitteln häufig anzutreffende Mikroorganismen

Eine große Vielfalt von Mikroorganismen führt zu Verunreinigungen in Kosmetika. In der Mehrzahl handelt es sich hierbei um Bakterien, geringer ist der Anteil an Hefen und Schimmelpilzen (17).

Jedes Produkt stellt aufgrund der vorhandenen Inhaltsstoffe, die als Nährstoffe dienen können, des Konservierungssystems und anderer chemisch-physikalischer Eigenschaften ein selektives System dar.

Die häufigsten in Kosmetika anzutreffenden Keimgruppen sind:

- *Pseudomonas*-Arten wie *Ps. aeruginosa, Ps. putida, Ps. fluorescens*
- *Burkholderia cepacia*
- Enterobacteriaceen wie *Enterobacter* spec., *Klebsiella pneumoniae, Citrobacter* spec., *Serratia* spec.
- *Bacillus* spec.
- *Candida guilliermondii, Candida parapsilosis*
- *Aspergillus* spec.
- *Penicillium* spec.

Weitere Keimarten, die in Kosmetika gefunden wurden: *Acinetobacter* spec., *Alcaligenes* spec., *Pseudomonas stutzeri, Staphylococcus* spec., *Micrococcus* spec., *Enterococcus* spec., *Lactobacillus* spec., *Cephalosporium* spec., *Hormodendrum* sp.

1.2 Herkunft der Mikroorganismen

Eine Kontamination von Kosmetika ist zum einen während der gesamten Herstellung, zum anderen während der Benutzung möglich.

Im Herstellungsprozess muss der Vorverkeimung von Rohstoffen und Wasser, aber auch der Reinigung und Desinfektion von Herstellanlagen, Pumpen und Leitungen sowie von Lagerbehältern für Rohwaren und Bulkware besondere Beachtung geschenkt werden. Sowohl Luft und Personal als auch indirekt die weitere Umgebung der Herstellung können als Keimreservoir dienen.

Während der Benutzung werden Mikroorganismen in das Produkt eingebracht, sei es direkt (beispielsweise durch Hautkontakt), als auch indirekt durch Hilfsmittel wie Zahnbürste, Applikatoren, Pinsel. Auch bei der Anwendung ist eine Kontamination aus der Umgebung etwa durch Wasser oder Luft möglich.

1.3 Sicherstellung der mikrobiologischen Qualität

Die mikrobiologische Produktqualität eines Kosmetikums muss so beschaffen sein, dass für den Verwender bei der Benutzung kein gesundheitliches Risiko besteht. Diese Sicherheitsforderung lässt sich aus dem § 24 (Lebensmittel- und Bedarfsgegenstände-Gesetz: LMBG) ableiten. Forderungen zur mikrobiologischen Produktsicherheit sind in die 6. Änderung der EU-Kosmetik-Richtlinie (vom 14.6.93 im Artikel 7a) und in die Kosmetik-Verordnung (§§ 5a – 5d) aufgenommen worden. Die Bewertung der mikrobiologischen Produktsicherheit ist Teil der Sicherheitsbewertung, wie sie der aktuellen Gesetzgebung nach für jedes kosmetische Mittel durchzuführen ist.

Hieraus leiten sich zwei Anforderungen ab, die bei der Produktentwicklung, Herstellung und Kontrolle zu berücksichtigen sind:

- das Produkt muss eine ausreichende mikrobiologische Stabilität besitzen (s. 1.8 und 1.9), und
- das Produkt muss die gestellten Anforderungen mikrobiologischer Reinheit erfüllen (1.7).

Die Erfüllung dieser Anforderungen, die bei der Sicherheitsbewertung zu beurteilen sind, ist nur durch ein System absichernder Maßnahmen zu gewährleisten. Dieses System findet sich in dem mikrobiologischen Qualitätsmanagement-System wieder, wie es beispielsweise vom IKW (und auch der COLIPA) (23) oder auch der CTPA (10) als Empfehlung für die herstellende Industrie herausgegeben wird.

Im Wesentlichen basiert das System auf folgenden drei Säulen:

- Der Sicherstellung der mikrobiologischen Produktstabilität während der Entwicklung mit der Aussage von Belastungstests bzw. ergänzenden Tests und nachweislicher Übertragung dieser Eigenschaften in die Produktionsphase (up-scaling),
- einem sicheren, reproduzierbaren Produktionsprozess (GMP!) einschließlich betriebshygienischer Maßnahmen zur Verhinderung von Keimanreicherungen und Unterbrechung von Übertragungswegen (32), und
- prozessbegleitenden mikrobiologischen Kontrolluntersuchungen (z. B. Rohstoffuntersuchungen, Zwischen- und Endproduktuntersuchungen, betriebshygienische Kontrollen).

Darüber hinaus muss sichergestellt werden, dass Erfahrungen zu mikrobiologischen Problemen aus dem Herstellungsbereich aber auch aus dem Produktgebrauch (Reklamationen, Nachuntersuchungen) sinnvoll ausgewertet werden und benutzt werden, um bestehende Fehler zu eliminieren und ein Wiederauftauchen der Fehler zu vermeiden (Aufgaben des Qualitätsmanagement-Systems).

In die Sicherheitsbewertung sind einerseits die Einzelformel und ihre mikrobiologischen Eigenschaften, Inhaltsstoffe und Herstellverfahren einzubeziehen; andererseits müssen Ergebnisse von Kontrolluntersuchungen, grundsätzliche Bedingungen aus dem Umfeld der Herstellung bezogen auf einen bestimmten Herstellungsbetrieb aber auch im Rahmen einer Auftragsvergabe Berücksichtigung finden. Die Bewertung hat daher davon auszugehen, dass bei dem Hersteller ein ganzheitliches Qualitätssystem vorhanden ist.

Alle mikrobiologischen Untersuchungen, auf die bei der Sicherheitsbewertung Bezug genommen wird oder die im Rahmen der laufenden Qualitätssicherung durchzuführen sind, müssen ausreichend dokumentiert werden. Dies beinhaltet den klaren Bezug zu Anweisungen und Methoden als auch die angemessene Aufzeichnung von Untersuchungsschritten, Zwischenergebnissen und Endergebnissen. Schließlich müssen die Dokumente unterschrieben und datiert sein.

1.4 Produktuntersuchungen

Mikrobiologische Reinheitsuntersuchungen von Kosmetika werden bei der Endproduktkontrolle, aber auch mit anderen Zielsetzungen wie Bulkwarenkontrolle, Überprüfung der Lagerstabilität, Stufenkontrollen an Herstell- und Abfüllanlagen und Durchführung von Konservierungsbelastungstests verwendet.

Mit wenigen Ausnahmen beschränkt sich die mikrobiologische Untersuchung von Kosmetika auf mesophile aerobe Mikroorganismen. Sind in Ausnahmefällen weitergehende Untersuchungen sinnvoll, müssen spezielle Methoden herangezogen werden. Hier wird von den speziellen Untersuchungen lediglich die von Pudern/Pudergrundlagen auf Clostridien angesprochen.

Bei einer Reihe von täglichen Routineuntersuchungen wird bei guter Kenntnis des Betriebs und der Produkte eine Einschränkung des Untersuchungsumfangs möglich sein (z.B. bei Nachuntersuchungen bekannter Vorverkeimung). Ein Großteil der im Folgenden beschriebenen methodischen Abläufe kann direkt oder ggf. in leichter Abwandlung auch bei der Untersuchung von Rohstoffen verwendet werden (s. 1.5).

Die Vielzahl der Zielsetzungen von Untersuchungen macht es unmöglich, generelle Anhaltspunkte für Musterzahlen zu geben. Hier muss vom Fachmann vor Ort eine Entscheidung getroffen werden. Wichtig ist zu berücksichtigen, dass jede Probenahme begrenzt ist und statistisch der Untersuchung nur der Charakter einer punktuellen Kontrolle zukommt. Entsprechend müssen alle derartigen Einzelmaßnahmen in ihrer Bedeutung für das absichernde Gesamtsystem (im Sinne von GMP) verstanden werden.

Kosmetika enthalten in vielen Fällen Inhaltsstoffe mit einer antimikrobiellen Wirkung. Damit wird es notwendig, bei allen mikrobiologischen Reinheitsuntersuchungen stets auf eine ausreichende Neutralisierung zu achten, um falschnegative Ergebnisse zu vermeiden. Teilweise ist dies durch die übliche Verdünnung allein zu erreichen oder durch Spülung (Filtrationsverfahren s. u.). In anderen Fällen jedoch muss auf chemische Zusätze im Verdünnungsmedium oder dem Kulturmedium zurückgegriffen werden (36). Die Notwendigkeit solcher Maßnahmen ist durch Methodenvalidierung zu überprüfen (s. 1.6).

Die mikrobiologische Untersuchung von Kosmetika wird in der Regel durch Plattenkultur mit Standardnähragar bzw. zusätzliche Anreicherung in Standardnährbouillon durchgeführt. Bei vorhandenem Keimwachstum wird ggf. eine Identifizierung angeschlossen (23). Es werden nicht – wie bei Arzneimitteln üblich – grundsätzlich selektive Anreicherungen mitgeführt. Soweit dies in Einzelfällen bei der Untersuchung von Kosmetika sinnvoll erscheint, können die Methoden der Europ. Pharm. (12) übernommen werden.

Bei Endproduktuntersuchungen wird zunächst mit einem Mischmuster aus mehreren Packungen (z.B. Anfang – Mitte – Ende einer Batchabfüllung oder eines Abfülltages) gearbeitet. Soweit jedoch Nachuntersuchungen notwendig werden (z.B. bei positiven oder unklaren Befunden), empfiehlt sich die Prüfung von Einzelmustern.

Da es keine einheitlich vorgeschriebenen Untersuchungsmethoden für Kosmetika gibt, wird im Folgenden z.T. auf mögliche Alternativen verwiesen.

Probenvorbereitung und Produktentnahme

- Die Untersuchung erfolgt aus einem geeigneten Probengefäß (vorsterilisiert, Einfüllen des Produkts mit sterilen Geräten) oder aus der Endverpackung.
- Gefäß außen reinigen und im Bereich der Öffnung mit 70%igem Ethanol desinfizieren.
- Bei flüssigen Produkten vor Probenahme schütteln (zu starke Schaumbildung vermeiden!)
- Behältnis öffnen (sterile Schere für Tuben und Beutel; in solchem Fall: erhöhte Probenzahl vorsehen, da geöffnete Tuben und Beutel nicht nachuntersucht werden können)
- Probenmaterial mit sterilem Instrument wie Spatel, Pipette, Glasstab usw. entnehmen. Stifte und andere stückige Artikel werden bei der Entnahme zerkleinert. Direktes Ausgießen oder Ausschütten nur in Ausnahmefällen (Flaschen mit sehr kleiner Öffnung, Spraydosen u. Ä.).
- Probenmaterial in Behältnis übertragen, in dem der nächste Arbeitsschritt erfolgt (z. B. Erlenmeyer-Kolben mit Einsatz von Glasperlen bei schwer verteilbaren Produkten; Stomacher-Beutel).
- Auswiegen von 10 g Probenmaterial (für Mischmuster aus mehreren Behältnissen etwa gleiche Mengen je Behältnis verwenden).

Die Probenmenge (nicht identisch mit Untersuchungsmenge! s.u.) sollte aus statistischen Gründen möglichst groß gewählt werden; sie sollte auf keinen Fall geringer sein als 1 g oder ml.

Herstellung der Ausgangsverdünnung

Die direkte Überprüfung kosmetischer Proben (direkte Übertragung des Materials auf Platten oder in Bouillon, Eintauchnährböden usw.) erbringt häufig keine verlässliche Aussage (z. B. durch Keimeinschluss im Produkt, Hemmwirkung). Daher sollte immer über eine 1:10-Verdünnung gearbeitet werden.

Verdünnungsmedien

- Lösungen, die Nährsubstanzen und Neutralisierungszusätze enthalten, z. B. Caseinpepton-Lecithin-Polysorbat-Bouillon (Merck); NaCl-Pepton-Pufferlösung (12); Verdünnungsbouillon nach EG-Richtl. ENV/509/77-DE,
- physiolog. Kochsalzlösung (i.d.R. nur bei Filtrationsverfahren),
- zusätzliche Neutralisierungszusätze: erhöhte Mengen oder zusätzliche Arten von Neutralisierungszusätzen können erforderlich sein (Methodenvalidierung). Solche Zusätze können selbst wachstumshemmend bei einzelnen Keimarten wirken. Dies muss überprüft werden.

- nichtionogene Tenside (z.B. Tween) fördern neben dem Neutralisierungseffekt bei fetthaltigen Produkten die Verteilung (Hemmwirkung überprüfen).

Herstellung der Verdünnung

- zu 10 g Probenmaterial werden 90 g der Verdünnungslösung hinzugewogen. Die Verdünnungslösung sollte auf 40 °C vorgewärmt sein,
- Produkt in der Verdünnungslösung niemals längere Zeit stehen lassen (max. 30 min),
- geschlossenes Behältnis in Schüttelwasserbad für 10–15 min schütteln (entfällt bei leicht mischbaren Produkten),
- bei Verwendung des Stomachers: Taktzeit 30 s.

Alternative für schwer verteilbare Emulsionen (W/O-Typ), Fettstifte u.Ä.:

- zu 10 g Produkt direkt 10 g IPM (Isopropylmyristat; steril, auf Hemmstofffreiheit geprüft) hinzugegeben. Kurz schütteln. Kontaktzeit max. 30 s, da IPM eine antimikrobielle Wirkung besitzt,
- 80 g der Verdünnungslösung hinzuwiegen,
- weiter verfahren, wie oben beschrieben.
- Bei derartigen Produkten wird teilweise keine gleichmäßige Produktverteilung in der Verdünnung erreicht!

Anlegen der Kulturen

Aus der Ausgangsverdünnung (1:10) erfolgt nach gutem Verteilen durch Schütteln die Entnahme des Materials, mit dem das vorbereitete Nährmedium beimpft wird. Es gibt verschiedene Methoden-Alternativen:

Methode A: Oberflächenkultur (und Anreicherung)

- Portionen von jeweils 0,1 ml Ausgangsverdünnung (entspr. 0,01 g Produkt) auf die Oberfläche von 2 CASO-Agar-Petrischalen und 2 Sabouraud-Glucose-Agar-Petrischalen geben, mit jeweils einem sterilen Drigalski-Spatel verteilen.
- Zur Erhöhung der Methodenempfindlichkeit (Erhöhung der Untersuchungsmenge) jeweils 1 ml Ausgangsverdünnung (entspr. 0,1 g Produkt) in 9 ml CASO-Bouillon und 9 ml Sabouraud-Glucose-Bouillon übertragen. Teströhrchen verschließen und schütteln.

Methode B: Gussplattenmethode

- Jeweils 1 ml Ausgangsverdünnung (entspr. 0,1 g Produkt) in 4 leere Petrischalen geben.

- In 2 dieser Petrischalen 15–20 ml CASO-Agar (48 °C), in die anderen 2 Petrischalen Sabouraud-Glucose-Agar (48 °C) geben. Probenvolumina mit dem Nährboden vermischen.

Methode C: Filtrationsmethode

- Steriles Filtrationsgerät mit sterilem Membranfilter beschicken (z.B. grüner Cellulose-Nitrat-Filter mit Gitternetz, randhydrophob, Nennporenweite 0,45 μm). 50 ml phys. Kochsalz-Lösung in Filtertrichter vorlegen.
- 1–10 ml Ausgangsverdünnung (entspr. 0,1–1 g Produkt; Volumen je nach Keimgehalt und Filtrierbarkeit definieren) in den Filtertrichter überführen.
- Flüssigkeit absaugen und 2-mal mit 50–100 ml physiol. Kochsalzlösung bzw. Spüllösung nachspülen.
- Filter auf CASO-Agar auflegen.
- Vorgang wie oben beschrieben wiederholen, aber Filter auf Sabouraud-Glucose-Agar auflegen.

Die hier beschriebenen Methoden (A–C) sind geeignet für Keimzahlgehalte im Bereich der für Kosmetika zulässigen Grenzkeimzahlen. Bei deutlich höheren Keimzahlen sind beispielsweise weitere Verdünnungen zu untersuchen bzw. es kann die Spiral-Plater-Methode verwendet werden.

Wird eine höhere Untersuchungsempfindlichkeit gefordert (Ausschlussvolumen [= Untersuchungsvolumen] größer als 0,1 g oder ml) (s. Kap. VIII.1.7), sind die Methodenvorgaben wie folgt zu verändern:

- Methode A (Anreicherung):
  5 ml bzw. 10 ml der Ausgangsverdünnung (entspr. 0,5 g bzw. 1,0 g Produkt) in 45 ml bzw. 90 ml Nährbouillon geben und bebrüten. Auswerten wie in „Bebrütung und Auswertung" angegeben.
- Methode B:
  Die Plattenzahl ist so zu erhöhen, dass die summierte Produktmenge 0,5 g bzw. 1,0 g Produkt (5 bzw. 10 Platten je Medium) ergibt.
  Bei der Auswertung ist die Koloniezahl der ausgewerteten Platten zu summieren, um die Keimzahlaussage der gesamten untersuchten Produktmenge zu berücksichtigen.
- Methode C:
  Soweit technisch möglich, muss die Menge der Ausgangsverdünnung filtriert werden, die 0,5 g bzw. 1,0 g des Produktes entspricht. Ist dies nicht möglich, kann mit einer Summierung kleinerer Mengen gearbeitet werden oder es muss eine andere Methode gewählt werden.

Prüfung auf Anwesenheit von Clostridien

Im Falle der Untersuchung von Pudergrundlagen/Pudern, die als Babypuder Verwendung finden, wird empfohlen, eine Prüfung auf Anwesenheit von Clostridien durchzuführen:

- 10 ml der Ausgangsverdünnung (entspr. 1 g Produkt) in 90 ml DRCM-Medium geben,
- pasteurisieren: 30 min bei 75 °C im Wasserbad,
- Kulturgefäß zur Bebrütung in Anaerobentopf stellen oder Nährlösung mit Paraffin überschichten,
- zur Feststellung der Keimzahl MPN-Methode einsetzen.

Bebrütung und Auswertung

- CASO-Platten 72–96 h bei 36 °C bebrüten (Bebrütung bei 30–32 °C kann vorteilhaft sein, dann jedoch 96–120 h Bebrütung. Bei Gussplatten wird grundsätzlich Bebrütung von 120 h empfohlen),
- Sabouraud-Platten 96–120 h bei 27 °C bebrüten,
- Anreicherungen (Methode A) werden 48 h bebrütet (CASO-Bouillon bei 36 °C, Sabouraud-Glucose-Bouillon bei 27 °C). Dann auf CASO-Agar resp. Sabouraud-Glucose-Agar ausstreichen und erneut 48 h bei 36 °C resp. 27 °C bebrüten,
- nach angegebenen Bebrütungszeiten erfolgt die Ablesung der Platten. Eine Zwischenablesung ist empfehlenswert,
- Auswertung der Zählplatten durch Auszählen der Koloniezahlen (Werte von Parallelplatten mitteln),
- Anreicherungen auf Wachstum auswerten,
- festgestellte Keimmengen auf Produktmenge beziehen (i.d.R. auf 1 g Produkt),
- Clostridienprüfung: 7 Tage bei 30 °C bebrüten. Anschließend auf Schwarzfärbung prüfen.

Identifizierung von Mikroorganismen

Bei der Untersuchung von Kosmetika erfolgt eine Identifizierung meistens von den Kolonien, die auf den Keimzahlplatten gewachsen sind (Vorteil bei der Oberflächenkultur). Es können auch parallel mit den oben angegebenen Verfahren Kulturen auf Selektivmedien angelegt werden.

Der im Folgenden dargestellte Weg der Identifikation gibt lediglich einen grundsätzlichen Anhalt und bezieht sich auf taxonomische Gruppen, die für Kosmetika von besonderer Bedeutung sind. Weitere und genauere Identifizierungswege sollen der Literatur entnommen werden (z. B. IV: Identifizierung von Bakterien; 4).

Direkte Untersuchung von Kolonien

Schimmelpilze typische, „wattige" Kolonien, verschieden pigmentiert

Hefen Kolonien verschieden pigmentiert, Mikroskopie: typische Zellform, weitere Bestimmung über biochem. Reaktionen (z. B. API 20 C Aux), *C. albicans* auch über Selektivmedium, Blastosporenbildung (Reis-Agar), serologisch (z. B. *C. albicans* Antiserum, Difco)
Pilzmedien (nicht selektiv): Würze-Agar, Sabouraud-Glucose-Agar
Pilzmedien (selektiv): YGC-Agar

Bakterien

Gattung *Pseudomonas*

Kolonien: ohne Pigment oder gelb/grün bis rötlichbraun, Mikroskop: gramnegative Stäbchen, Oxidase-positiv (*Ps. mallei* und *Ps. cepacia* z.T. auch negativ), O/F-Test: oxidativ, Arten durch biochem. Tests (z. B. API 20 NE) bestimmen
Selektiv-Medien: z.B. Cetrimid-Agar, GSP-Agar

Gruppe „non-Fermenter"

Weitere Gattungen neben der Gattung *Pseudomonas* mit vergleichbaren Grundreaktionen (Gram-Färbung, Oxidase, O/F-Test), Gattungen und Arten durch biochem. Tests bestimmen (z. B. API 20 NE)

Familie der Enterobacteriaceen

Kolonien: meist unpigmentiert, Mikroskop: gramnegative Stäbchen, Oxidase-negativ, O/F-Test: fermentativ, Gattungen und Arten durch biochem. Tests bestimmen (z. B. API 20 E)
Selektiv-Medien: z. B. VRBD-Agar, Endo C-Agar, MacConkey-Agar

Staphylococcus aureus

Kolonien: häufig goldgelb, Mikroskop: grampositive Kokken, in unregelmäßigen Aggregaten, Oxidase-negativ, Katalase-positiv, mindestens eine der folgenden Reaktionen positiv: Plasma-

koagulase, thermostabile DNase, Protein A (z.B. Staphyslide, Oxoid),
Selektiv-Medien: z.B. Baird-Parker-Agar, Mannit-Kochsalz-Phenolrot-Agar, Vogel-Johnson-Agar

Gattung *Bacillus*

Kolonien: trocken und rau oder schleimig, häufig unregelmäßig, teilweise Ausbreitung über die ganze Platte. Mikroskop: grampositive Stäbchen (wichtig: während bestimmter Wachstumsphasen gramnegativ); Endosporen sind besonders in älteren Kulturen und nach Anzucht auf Mangan-Sulfat-Agar erkennbar (CASO-Agar mit Zusatz jeweils 0,01 % $MnCl_2$ und $MnSO_4$)

Bei der Verwendung von Selektivnährmedien sollte eine Bestätigung durch spezielle biochemische Reaktionen erfolgen (s.o.); hierfür ist in vielen Fällen eine Zwischenkultur auf einem nicht selektiven Medium (z.B. CASO-Agar) anzulegen.

Verwendung von „Schnellmethoden"

Bei der Reinheitsuntersuchung von Kosmetika werden bisher lediglich zwei der auf dem Markt angebotenen „Schnellmethoden" in nennenswertem Umfang eingesetzt: die ATP-Biolumineszenz-Methode (z.B. Fa. Celsis) und die konduktometrische Methode/Impedanzmessung (z.B. Fa. Malthus, Fa. SY-LAB). Andere Methoden sind z.Z. in der Entwicklung oder Erprobung (z.B. Durchflusscytometrie oder PCR).

Bei beiden Methoden wird mit der Anreicherungsmethode gearbeitet. Eine wirksame Neutralisierung ist unbedingt erforderlich, um eine sichere Aussage zu erhalten. Während die ATP-Biolumineszenz-Methode eine Endpunktmethode mit den entsprechenden Bewertungsnachteilen darstellt, wird bei der konduktometrischen Methode/Impedanzmessung der Wachstumsverlauf in Form einer Kurve dargestellt. Bei der letztgenannten Methode beeinflusst das verwendete Medium die Sensitivität erheblich, so dass eine sorgfältige Nährmedienauswahl erforderlich ist. Schwierigkeiten zeigen sich besonders bei Schimmelpilzen. Eine sorgsame Methodenvalidierung ist vor Einsatz angeraten.

Beide Methoden haben sich nur bedingt durchsetzen können, da bei der vorhandenen Fragestellung (Untersuchung auf nicht bekannte Zahl und Art von Mikroorganismen) weder eine quantitative Aussage zum Keimgehalt möglich ist, noch zur Erfassung des gesamten Keimspektrums eine Untersuchungszeit unter 2–3 Tagen empfehlenswert erscheint (15, 24, 26).

1.5 Untersuchung chemischer Rohstoffe

Chemische Rohstoffe sind ein wesentlicher kritischer Bestandteil bei der Kosmetikherstellung, wenn es um die Frage der mikrobiologischen Gefährdung geht (17, 27, 29, 30). Zwei Risikoaspekte sind hierbei zu beachten: Zum einen können Mikroorganismen direkt über den Rohstoff in das Endprodukt eingebracht werden, zum anderen kann durch die Einschleppung von Mikroorganismen in den Herstellbereich eine indirekte Verkeimungsgefahr resultieren. Eine sinnvolle mikrobiologische Kontrolle dieser Inhaltsstoffe und ein sorgsamer Umgang sind daher unbedingt angeraten.

1.5.1 Art der Rohstoffe und mikrobiologisches Risiko

Es ist davon auszugehen, dass chemische Rohstoffe auch Mikroorganismen enthalten (Bioburden), die aus Herstellung, Abfüllung, Verpackung und Transport stammen können. Zusätzlich ergibt sich eine Verkeimungsmöglichkeit beim Gebrauch (Lagerung, Entnahme, Anbruchgebinde, Anlagensysteme). Eine Tanklagerung mit entsprechenden zuleitenden und ableitenden Systemen stellt ein besonderes Risiko dar.

Ausschlaggebend für die Art/Menge der Verkeimung ist in vielen Fällen die Herkunft des Rohstoffes: Ist der Rohstoff natürlichen Ursprungs (tierisch, pflanzlich, mineralisch), sind hohe Keimbelastungen eher zu erwarten als bei Rohstoffen, die aus einer chemischen Synthese stammen.

Weiterhin ist für das Verkeimungsrisiko sehr wesentlich, ob der Rohstoff ein mikrobielles Wachstum zulässt oder nicht. So sind wasserfreie Systeme aus synthetischen Prozessen (beispielsweise Mineralöle, Emulgatoren) als mikrobiologisch praktisch unbedenklich einzustufen, wenn sie vor einer Verschmutzung ausreichend geschützt sind. Weitere wesentliche Verkeimungsrisiken von Rohstoffen ergeben sich durch den Stoffcharakter bzw. die Zubereitung im Hinblick auf chemisch-physikalische Eigenschaften wie pH-Wert und Wasseraktivität.

Besondere Vorsicht ist bei allen wasserverdünnten Rohstoffen (z.B. Tensidlösungen, wässrige Extrakte pflanzlicher Stoffe) geboten. In der Regel muss in solchen Fällen eine Vorkonservierung gefordert werden. Dessen ungeachtet sind gerade in solchen Fällen Fehler anzutreffen (z.B. unzureichende Konservierung, Instabilität des Konservierungsmittels), so dass eine regelmäßige Kontrolle sinnvoll ist. Mikrobiologisch unproblematisch sind dagegen in der Regel Rohstoffverdünnungen in Alkoholen oder Polyolen hoher Konzentration.

1.5.2 Klassifizierung der Rohstoffe als Basis der mikrobiologischen Kontrollen

Eine mikrobiologische Kontrolle von Rohstoffen (Eingangskontrolle und ggf. Lagerkontrolle) sollte in einem sinnvollen Umfang stattfinden. Hierzu sollten die oben genannten Stoff-Kriterien herangezogen werden, aber auch Informationen zur Art der Anlieferung und Lagerung sind zu berücksichtigen. Hiernach sind entsprechende Spezifikationsvorgaben für die Rohstoffuntersuchung zu erstellen.

Tab. VIII.1-1: Beispielhafte Kriterienzusammenstellung für mikrobiologische Risikobewertung chemischer Rohstoffe

Kriterium	Risiko gering	Risiko erhöht
Herkunft	aus chemischer Synthese	natürlichen Ursprungs
Wachstumsunterstützung	wasserfreie Systeme, antimikrobiell wirksam	wässrige Lösungen
Konservierung	stabil wegen chem.-physik. Charakter des Stoffes	konserviertes System
Anlieferung, Lagerung	kleine Gebinde, ohne Restmengen	große Gebinde, Tanklagerung

Zunächst sind Keimzahlgrenzwerte festzulegen, wobei mit zunehmendem mikrobiologischen Risiko eine Verschärfung der Anforderungen einhergehen sollte. Es sind ferner geeignete Untersuchungsmethoden zu definieren, die selbstverständlich mit den Grenzwertanforderungen zusammenpassen müssen. Schließlich ist der Untersuchungsumfang zu bestimmen (Probenzahlen und Untersuchungsintervalle). In eine solche Klassifizierung sind alle Rohstoffe einzuordnen.

Keimzahlgrenzwerte

Keimzahlgrenzwerte/Richtwerte für Rohstoffe sind aus der Literatur nur in sehr begrenztem Rahmen zu erhalten. Lediglich für eine kleine Zahl von Rohstoffen ist in den Pharmakopoeen eine Aussage zur Mikrobiologie zu finden, die als Anhaltspunkt für den kosmetischen Bereich übernommen werden kann. Darüber hinaus sind Literaturdaten und Erfahrungen zur Festlegung der Grenzwerte heranzuziehen (27, 38). Üblicherweise werden für Rohstoffe im kosmetischen Bereich Gesamtkeimzahlwerte von 100 KBE/g bis 1000 KBE/g verwendet.

Wesentlich ist letztendlich, die mikrobiologische Rohstoff-Qualität so festzulegen, dass eine Gefährdung des Endproduktes über diesen Weg ausgeschlossen wird. Daher sind für die Festlegung auch die Grenzkeimzahlanforderungen für kosmetische Mittel (z.B. SCCNFP (31)) heranzuziehen.

Selbstverständlich spielt nicht nur die Quantität der mikrobiellen Rohstoffbelastungen eine Rolle, sondern auch die qualitative Seite. Während beispielsweise in vielen Fällen eine begrenzte Zahl von Sporenbildnern als unproblematisch anzusehen ist, muss die Zahl spezifischer Mikroorganismen (z.B. gewisse Enterobakterien und Pseudomonaden) sehr viel kritischer betrachtet werden, da unter ihnen spezifische Keime zu finden sind, die bei Kontamination des Endproduktes eine Freigabe nicht zulassen würden. Folgerichtig wird auch bei Rohstoffen die Anwesenheit von spezifischen Keimen in einem bestimmten Produktvolumen ausgeschlossen. Gerade bei Rohstoffen sollten aber darüber hinaus nach Stoffart und Erfahrungswerten weitere spezifische Keime ausgeschlossen werden, die zu Problemen auch bei der Gesamtkeimzahl führen oder sich als kritisch für die Haltbarkeit des Endproduktes erweisen könnten.

Abgeraten werden muss von der Einbeziehung der Einsatzmengen des Rohstoffs und des Herstellprozesses in die mikrobiologische Klassifizierung. Diese Kriterien können jedoch bei einer Einzelfallbetrachtung von Bedeutung sein. Risiken ergeben sich, wenn Rohstoffe in mehreren Produkten eingesetzt werden und somit auch bei Veränderungen der Formel und des Prozesses ggf. Anforderungen an den Rohstoff zu überarbeiten sind.

Untersuchungsmethoden

Ebenso wie bei der mikrobiologischen Prüfung von kosmetischen Produkten eine sachgerechte methodische Versuchsdurchführung erforderlich ist, um zu verlässlichen Ergebnissen zu kommen, ist dies auch bei Rohstoffen der Fall. Hier ergeben sich durch die Art des Rohstoffes (Aufarbeitung) und die Tatsache, dass es sich um einen „konzentrierten" Stoff handelt (Hemmwirkung!), häufig noch größere Probleme bei der Untersuchung. Daher ist bei der Rohstoff-Untersuchung im besonderen Maß eine Methoden-Validierung (1.6) erforderlich.

Methodisch können für Rohstoffe grundsätzlich die gleichen Verfahren zur Untersuchung herangezogen werden wie sie im Rahmen der Produktkontrolle aufgeführt worden sind (1.4). Die Untersuchungsmethode wird weitgehend von dem Stoffcharakter des Rohstoffes abhängig sein. In der Regel sollte auch die Rohstoffuntersuchung mit einer Verdünnung beginnen (leichtere Verarbeitbarkeit, gleichmäßigere Verteilung von Mikroorganismen und Reduzierung von Hemmeffekten). Die Kultivierung zur Keimzahlbestimmung wird nach Filtration, Oberflächenverfahren, Gussplattenverfahren usw. vorgenommen. Bei schlecht wasserlöslichen pulvrigen Rohstoffen ist am besten mit einer Gussplatte ohne Vorverdünnung zu arbeiten, wobei auf eine möglichst gleichmäßige Verteilung in dem Nährmedium zu achten ist. Bisweilen ist bei voluminösen Pulvern (z.B. Quellstoffe, Verdicker) die Verwendung von großen Platten (Ø 14 cm) angeraten.

Untersuchungsumfang

Neben der Frage der Validierung und sachgerechter Durchführung der Untersuchung selbst ist auch die Frage des Musterzugs und der Probenmenge zu berücksichtigen: Es sind Sekundärverkeimungen beim Musterzug zu vermeiden (korrekte Probenzugtechnik, Einweisung des Personals) und es ist eine mögliche Ungleichverteilung (z.B. aufgrund der Rohstoff-Abfüllung, Verpackungsgegebenheiten) in Betracht zu ziehen. Beispielsweise kann durch Kondenswasserbildung (auf der Flüssigkeitsoberfläche oder im Randbereich von Trockenmaterialien, die zu warm in Kunststoffbeutel gefüllt worden sind), durch unsaubere Behältnisse, durch sporadisch abgegebene Keimmengen beim Umpumpen des Rohstoffes usw. eine mikrobiologische Kontamination eintreten.

Neben der Festlegung der Keimzahl-Richtwerte ist es erforderlich, die Untersuchungsfrequenz für Rohstoffe zu definieren. Während bei einigen Rohstoffen, die keinerlei Risiko der Verkeimung bieten (Emulgatoren, Fette) eine mikrobiologische Eingangskontrolle unterbleiben kann, wenn der Rohstoff in unbeschädigten Behältnissen eintrifft, empfiehlt es sich bei kritischen/empfindlichen Rohstoffen (konservierte Lösungen, einige Rohstoffe natürlichen Ursprungs) alle Eingänge sorgfältig zu überprüfen. Es versteht sich von selbst, dass im Fall von bekannt gewordenen Verkeimungsrisiken zusätzliche Prüfungen eingebaut und ggf. auch über die Lagerzeit vor Einsatz durchgeführt werden müssen.

1.6 Methodenvalidierung

Die Methodenvalidierung soll belegen, dass die gewählte Untersuchungsmethode geeignet ist, im zu untersuchenden Produkt oder anderem Material (Rohstoffe, Produktphasen, Zwischenprodukt o.Ä.) vorhandene Mikroorganismen zu detektieren. Aber auch bei anderen Untersuchungen als Produkt- oder Materialuntersuchungen können Methodenvalidierungen erforderlich sein (z.B. Oberflächenabdruck-Methode, Luftkeimzahl-Untersuchungen). Bei der Untersuchung von Kosmetika und Rohstoffen steht im Vordergrund der Validierung der Ausschluss einer hemmenden Nachwirkung vorhandener antimikrobiell wirksamer Bestandteile (z.B. Konservierungsstoffe) oder auch bestimme andere Einflüsse (z.B. pH-Wert). Diese Hemmeinflüsse führen dann dazu, dass ein „falsch-negatives" Ergebnis erhalten wird. Als Beispiel sei die Eingangskontrolle eines Tensid-Rohstoffes genannt: wird hier die mikrobiologische Untersuchung durch direkten Auftrag des Rohstoffes oder die Verwendung eines Eintauchnährbodens vorgenommen, so ist die auf der Nährbodenoberfläche vorhandene Rohstoffmenge u. U. in der Lage, das Anwachsen der Keime derart zu unterdrücken, dass sie gar nicht erkennbar sind oder nur als kleinste Kolonien mit zeitlicher Verzögerung erkennbar werden.

Es ist daher heute als Stand des technischen Wissens anzusehen, dass auch im Bereich der mikrobiologischen Untersuchung von Kosmetika oder hiermit zusammenhängenden Kontrolluntersuchungen validierte Untersuchungsmethoden verwendet werden. Die Validierung der Untersuchungsmethode wird als quantitativer Test derart vorgenommen, dass das zu untersuchende Material (bzw. eine Aufarbeitungsstufe wie die 1:10 Verdünnung) mit Testkeimen künstlich kontaminiert wird. Hierbei sollte die Keimzahl so gewählt werden, dass auf der auszuwertenden Platte eine gut zählbare Zahl von Kolonien zu erwarten ist. In dem unter 1.4 aufgeführten Untersuchungsgang für die Oberflächenmethode sollte beispielsweise die Beimpfung der 1:10 Verdünnung so erfolgen, dass eine Keimdichte von 10^3–10^4/ml vorliegt. Bzgl. der Auswahl der Testkeime kann beispielsweise auf die Untersuchungsvalidierung für Arzneimittel verwiesen werden (12), wo folgende Keimarten verwendet werden:

- *Staphylococcus aureus*
- *Bacillus subtilis*
- *Escherichia coli*
- *Candida albicans*
- *Aspergillus niger*

Ggf. sind spezielle „Problemkeime" in die Untersuchung einzubeziehen.

Die Untersuchung wird dann wie im Untersuchungsablauf vorgesehen durchgeführt. Ein entsprechender Ansatz wird neben dem zu untersuchenden Material mit einem „neutralen" Material (z. B. physiologische Kochsalzlösung, Puffer) durchgeführt (Kontrollansatz). Das Kulturergebnis muss am Ende den Testkeim in quantitativ ausreichendem Umfang im Verhältnis zum Kontrollansatz nachweisen lassen (in der Regel darf die gefundene Zahl um den Faktor 5 vom Kontrollansatz abweichen). Der Kontrollansatz muss selbstverständlich dem „theoretischen" Ansatz entsprechen. Ist dies nicht möglich, muss die Methode so verändert werden, dass ein entsprechender Nachweis gelingt (z. B. Einsatz geeigneter Neutralisierungszusätze (36)). Die Validierungsdurchführung ist zu dokumentieren.

Die Validierung ist für jedes zu untersuchende Material durchzuführen. Bei vorhandener Erfahrung ist selbstverständlich ein Analogieschluss zulässig. Darüber hinaus können bzw. sollten Stichprobenkontrollen durchgeführt werden.

Dies kann beispielsweise mit einer Ausstrichkontrolle erfolgen (6): hierbei wird die Kulturplatte, die kein Wachstum bei der Auswertung der Ergebnisse aufweist (oder in einer Verdünnungsreihe die Platte mit der geringsten Verdünnung, die kein Wachstum aufweist) mit einem Impfstrich beimpft. Im Parallelansatz wird eine Nährbodenplatte ohne Produktausstrich ebenfalls mit einem Impfstrich der gleichen Keimsuspension beimpft. Nach der Bebrütung müssen beide Kulturen eine vergleichbare Koloniedichte aufweisen. Bei deutlich schwächerem Wachstum aus der Platte mit untersuchtem Material kann davon ausgegangen werden, dass ein Hemmeffekt vorhanden ist. Geeignete Enthemmungsschritte sind in die Methode einzubauen.

Eine Hemmwirkung ist darüber hinaus im Untersuchungsgang beispielsweise daran erkennbar, dass bei Plattierungen höherer Verdünnung zunehmende Koloniezahlen festgestellt werden.

1.7 Reinheitsanforderungen für Kosmetika

In der deutschen und europäischen Gesetzgebung sind z.Z. keine detaillierten Anforderungen bezüglich der mikrobiologischen Reinheitsanforderungen für Kosmetika vorhanden (21). Auch die 1993 in Kraft getretene 6. Änderung der EU-Kosmetik-Richtlinie erwähnt zwar ausdrücklich die mikrobiologischen Anforderungen im Zusammenhang mit der Produktsicherheit, gibt darüber hinaus aber keine Kriterien für die Bewertung an (18). Empfehlungen wurden aber beispielsweise vom SCCNFP veröffentlicht (31).

Angesichts dieser Situation kommen in der Praxis verschiedene Reinheitskriterien zur Anwendung, die entweder aus dem Arzneimittelbereich übernommen wurden oder von der herstellenden Industrie empfohlen werden (7, 13, 18).

Mikrobiologische Anforderungen an Kosmetika

Gesamtkeimzahl

Kosmetika zum allgemeinen Gebrauch	≤ 1000/g oder ml (CTFA, SCCNFP)
Kosmetika zum Gebrauch um das Auge und für Babys (SCCNFP: auch Produkte für den Schleimhautbereich)	≤ 500/g oder ml (CTFA) ≤ 100/g oder ml (SCCNFP)
Arzneimittel zur topischen Anwendung	≤ 100/g oder ml (EurPharm)

Spezifische Keime

Pseudomonas (Ps.) aeruginosa, Staph. aureus, Candida (C.) albicans	negativ in 0,1 g oder ml (Produkt zum allgemeinen Gebrauch) und negativ in 0,5 g oder ml (Produkt

	zum Gebrauch um das Auge, für Babys und an Schleimhäuten) (SCCNFP)
Ps. aeruginosa, Staph. aureus und Enterobakterien und andere gramnegative Bakterien	negativ in 1,0 g oder ml und ≤ 10/g oder ml (EurPharm)
Ps. aeruginosa, Staph. aureus, E. coli	negativ in 0,1 g (Nachweis mit Plattenmethode) (CTFA)

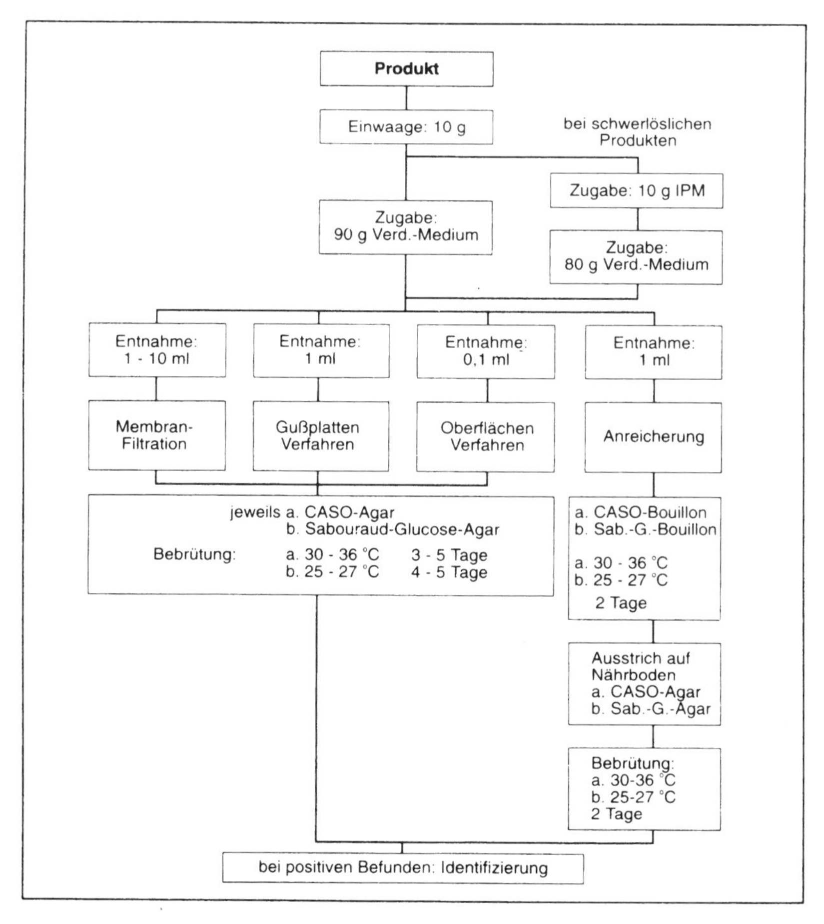

Abb. VIII.1-1: Untersuchungsschema: Kosmetika

Die Festlegung, welche Keimarten als „spezifische" auszuschließen sind, wird in der Literatur nicht eindeutig beantwortet (18). Zusätzlich zu den Grenzkeimzahlen ist zu fordern, dass vorhandene Mikroorganismen sich nicht im Produkt vermehren können (Absicherung durch Konservierungsbelastungstest bzw. Zusatzuntersuchungen).

1.8 Konservierungsbelastungstest

Die Prüfung der mikrobiologischen Stabilität von Kosmetika wird im Konservierungsbelastungstest durchgeführt. Methodisch kann dieser Test jedoch sehr verschieden durchgeführt werden (16, 17, 19). Es ist daher nicht möglich, eine allgemein gültige Untersuchungsmethode zu nennen. Als „Standardmethode" wird hier eine Methode für wasserlösliche und wassermischbare Produkte aufgeführt, die auf den Tests nach Europ. Pharm. (14), USP (37) und CTFA (8) basiert. Methodisch problematisch – wohl aber auch nur bedingt sinnvoll – ist ein Konservierungsbelastungstest bei wasserfreien Formelsystemen (Methodenansätze sind bei CTFA (9) aufgeführt). Bezüglich möglicher Variationen einzelner Versuchsparameter beim Konservierungsbelastungstest sowie gänzlich anderer Versuchsmodelle wird auf die Literatur verwiesen.

Testkeime

Staph. aureus, E. coli, Pseudomonas aeruginosa, Candida albicans, Aspergillus niger. Weitere relevante Keimarten (Literatur, eigene Erfahrungen) sollten ergänzt werden.

Anzucht und Beimpfungssuspension

- Keime unter definierten Bedingungen voranzüchten (Bakterien: CASO-Agar, 24 h/36 °C; *C. albicans*: Sabouraud-Glucose-Agar, 48 h/27 °C; *Asp. niger*: Sabouraud-Glucose-Agar, 7–21 Tage/27 °C (bis zu guter Versporung),
- Abschwemmung mit physiolog. Kochsalzlösung,
- Einstellung (z.B. mit Photometer) auf geeigneten Keimgehalt, so dass gewünschte Ausgangskonzentration im Produkt (s.u.) erreicht wird.

Beimpfung

- Produkt in Versuchsgefäß (Erlenmeyer-Kolben oder Schraubglas; falls möglich in Endverpackung) einwiegen (30–50 g),
- Impfsuspension (Volumen: 1 % der Produktmenge; bei schwer wasserlöslichen Produkten auch 0,1 %) zum Produkt geben und gleichmäßig einmischen (Verfahren definieren),
- Ausgangskeimgehalte sollten für Bakterien bei 10^5–10^6 KBE/g oder ml, für Pilze bei 10^4–10^5 KBE/g oder ml liegen.

Bestimmung der Keimzahl

- Die beimpften Proben möglichst bei definierter Temperatur lagern (20–25 °C),
- Probenahme (1 g-Muster) und Keimzahlbestimmung: direkt nach Eingabe, nach 1, 2, 7, 14, 21 und 28 Tagen,
- Untersuchung analog den oben beschriebenen Methoden (Pkt. 1.4) (Neutralisierung beachten).

Auswertung

Über die Testzeit soll eine deutliche Abnahme der Ausgangskeimgehalte erfolgen (zu keiner Zeit ein Anstieg). Die geforderte Abtötungskinetik kann unterschiedlich sein (Beispiel s. Tabelle) und sollte fachgerecht vom Hersteller im Rahmen der üblichen Anforderungen festgelegt werden.

	CTFA (8)	**USP 23** (37)	**EurPharm** (14) (topische Anwendung)	
Bakterien		**Reduktion**	**A:**	**B:**
nach 2 Tagen			≥90 %	
nach 7 Tagen	≥99,9 %		≥99,9 %	
nach 14 Tagen		≥99,9 %		≥99,9 %
nach 28 Tagen	kein Anstieg	kein Anstieg		
Pilze				
nach 7 Tagen	≥90 %		≥99 %	
nach 14 Tagen		kein Anstieg		≥90 %
nach 28 Tagen	kein Anstieg	kein Anstieg		

1.9 Zusätzliche Untersuchungen zur Prüfung der mikrobiologischen Produktstabilität

Neben der Durchführung des Konservierungsbelastungstests, wie er im Grundschema im Abschnitt 1.8 vorgestellt wurde, sind weitere Methoden in der Literatur zu finden, nach denen eine Prüfung und Bewertung der Produktstabilität vorgenommen wird. Hierbei handelt es sich zum einen um methodische Varianten des Konservierungsbelastungstests. Diese werden einerseits angewendet, um der Praxisanwendung noch näher zu kommen und mögliche zusätzliche Erschwernisse für das Produkt bei der Verwendung abzubilden, oder andererseits, um schneller zu einer Stabilitätsaussage zu kommen. Zum anderen ist neben diesen Belastungstest-Alternativen der Gebrauchstest anzuführen, der zur Überprüfung der Stabilitätseigenschaften während der Verwendung herangezogen werden kann. Die hier erwähnten Testansätze werden meist als Ergänzung zum üblichen Standardbelastungstest verwendet, teilweise ersetzen sie ihn – allerdings i.d.R. nur dann, wenn der Standardtest aus methodischen Gründen nicht sinnvoll einzusetzen ist.

1.9.1 Belastungstests mit repetitiver Beimpfung

Es sind hier Versuchsmodelle anzusprechen, bei denen die Wiederbeimpfung zur Austestung einer Belastungskapazität verwendet wird. Repetitive Belastungstests sollen durch die mehrmalige Beimpfung die Praxissituation besser erfassen, in der in der Regel ebenfalls nicht nur eine einmalige Kontamination eintritt. Zusätzlich kann aus solch einem Versuch eine Abschätzung der Belastungskapazität erfolgen. Versuche dieser Art werden beispielsweise von DIEHL (11) und SINGH-VERMA (33) beschrieben. Beide Methoden arbeiten nicht mit einer quantitativen Absterbekinetik, sondern fordern die Abtötung aller Testkeime eines Beimpfungszyklus. Während DIEHL einen regelmäßigen Impfzyklus im Wochenabstand beschreibt, wird bei SINGH-VERMA die Beimpfung jeweils in Abhängigkeit von dem Abtötungserfolg gegenüber den vorher eingeimpften Testkeimen vorgenommen. Spätestens soll die Neubeimpfung nach einer Woche erfolgen, so dass bei dem Versuch von SINGH-VERMA innerhalb der 28-tägigen Gesamtversuchszeit eine dreimalige Beimpfung erfolgen kann. Zum Teil kann der Versuch auf 42 Tage ausgedehnt werden. Bei DIEHL wird eine sechswöchige Versuchszeit gefordert und entsprechend auch eine sechsmalige Neubeimpfung. Es muss davon ausgegangen werden, dass solche Tests grundsätzlich eine Erschwernis der Belastungsbedingungen erbringen. Dies trifft insbesondere zu, da beide Autoren in jedem Schritt der Wiederbeimpfung mit einer Keimdichte von 10^6 bis 10^7 KBE/g Keimen beginnen und entsprechend diese Keime dann in längstens einer Woche abgetötet sein sollen.

Es wird immer wieder diskutiert, ob die mehrmalige Beimpfung im Testzeitraum wirklich einer Praxissituation angemessenere Ergebnisse liefert, oder ob nicht unverhältnismäßig hohe Anforderungen auf diese Weise aufgestellt werden. Denn auch bei dem Standard-Test sind ja bereits Sicherheitsspielräume bei der Schaffung der Testparameter zugrunde gelegt (z. B. Ausgangskeimzahl). So sind es bei den repetitiven Tests insbesondere die Keimzahl, aber auch der durch die mehrmalige Belastung entstehende Verdünnungseffekt, die als überzogen kritisiert werden. Gerade bei dem letztgenannten Aspekt muss beachtet werden, dass die Art der Kontamination – nämlich als wässrige Keimsuspension – ohnehin nahezu für alle Produkttypen einen unrealistischen, praxisfremden Kontaminationsweg darstellt und durch die mehrmalige Belastung die Situation noch extremer gestaltet wird.

1.9.2 Belastungstests mit kurzer Bewertungszeit

Unter dem Gesichtspunkt, möglichst schnell eine Aussage über die Belastbarkeit eines Produktes zu erhalten und auch Vergleichsreihen mit geringem Aufwand zu ermöglichen, wurden Versuche entwickelt, die bereits nach Prüfung über einen Tag eine Aussage über die mikrobiologische Stabilität erbringen sollen. Solche Testsysteme wurden von ORTH (28) und CHAN und BRUCE (5) veröffentlicht. ORTH ermittelt eine Kinetik der Keimabtötung über 24 Stunden. Aus der sich hierbei ergebenden Regressionsgeraden wird der D-Wert ermittelt, der ein Steigungsmaß darstellt und die Zeit angibt, die benötigt wird, um die vorhandene Keimpopulation um 1 Zehnerpotenz zu reduzieren. In der Versuchsanordnung nach CHAN und BRUCE wird mit einer Verdünnungsreihe gearbeitet (bereits erste Verdünnungsstufe 1:5) und es wird ermittelt, welche Konzentration noch in der Lage ist, innerhalb von 24 Stunden die zugefügte Keimbelastung abzutöten.

Beide Versuchsmethoden sind nur als orientierende Versuche zu sehen und können für Vergleichsbetrachtungen herangezogen werden (CHAN und BRUCE: „preventive challenge test"). Beide Testanordnungen und -anforderungen setzen schnell wirkende Konservierungssysteme voraus, die aber nach unserem Verständnis einer optimalen Korrelation von Verträglichkeit und Wirkung teilweise überzogen sind. Kritik ist insbesondere auch deshalb geübt worden, weil in der Regel Absterbekurven von Mikroorganismen nicht geradlinig verlaufen und daher nicht ohne weiteres über die hier kurze Testzeit von 24 Stunden hinaus zu extrapolieren sind. Es sind durchaus Absterbekinetiken ausreichend, wo Keime nicht in geradlinigem Verlauf und deutlich langsamer in ihrer Zahl reduziert werden.

1.9.3 Belastungstests mit verdünntem Produkt

Hierbei werden Belastungstests mit Produktverdünnungen durchgeführt (selbstverständlich nur für wasserverdünnbare Produkte anzuwenden). Es wird davon ausgegangen, dass ein Produkt eine ausreichende Wirkungskapazität aufweist, wenn es in einer relativ starken Verdünnung noch die Testkeime abtötet. Zwei Versuchssysteme dieser Art werden in der Literatur erwähnt: die bereits erwähnte Testanordnung von (5) und eine weitere von BRANNAN et al. (2).

Im letztgenannten Fall wird das zu untersuchende Produkt konzentriert 70%ig, 50%ig und 30%ig im üblichen Konservierungsbelastungstest überprüft. Der Versuch läuft entsprechend – entgegen dem Kurzzeitversuch (5) – über eine Zeit von 28 Tagen. Entsprechend dem Erfolg des Belastungstests bei den verschiedenen Verdünnungsstufen wird die Konservierungspotenz klassifiziert.

Es bleibt bei diesen Versuchsanordnungen sicherlich die Frage offen, wie weit realistische, praxisbezogene Aussagen erhalten werden können, da in beiden Fällen mit erheblichen Produktverdünnungen gearbeitet wird. Zur Abschätzung einer Wirkungskapazität, aber auch möglicherweise zur Konservierungsüberprüfung bei bestimmten Produktanwendungen, sind solche Versuchsansätze gegebenenfalls zu verwenden, weniger jedoch als Routineprüfung.

1.9.4 Belastungstests für wasserfreie Systeme

Wasserfreie Systeme sind von ihrer Art her an sich stabil gegenüber einem mikrobiologischen Verderb. Dennoch können zum Teil bei der Kontamination Bedingungen geschaffen werden, die selbst auf solchen Produkten zu einer Keimvermehrung führen (in der Regel nur auf der Oberfläche). In Ölen beispielsweise kann bereits eine geringe Verunreinigung durch Wasser eine Veränderung der Keimanfälligkeit – mindestens punktuell – bedingen.

Aufgrund der üblichen Testanordnung beim Konservierungsbelastungstest, wo die Keime in wässrigem System suspendiert und so zur Kontamination benutzt werden, ergibt sich unweigerlich in den meisten Fällen bei wasserfreien Produkten ein völlig unrealistisches Bild der Überlebensmöglichkeiten. Dies ist auch schon bei W/O-Emulsionen der Fall, wo ja die Wasserverfügbarkeit durch den Emulsionstyp deutlich eingeschränkt ist. Es ist daher unbedingt notwendig, bei wasserfreien Systemen im Vorwege zu überlegen, wieweit ein Belastungstest überhaupt sinnvoll und aussagekräftig ist.

Verschiedene Testmodelle sind herangezogen worden, ohne jedoch ein allgemein anerkanntes System zu schaffen. Es wurde versucht, Keime in „trockener" Form bzw. auf Keimträgern mit dem Produkt in Kontakt zu bringen. Zweifelhaft hierbei ist, ob überhaupt eine Wirkstoffpenetration ohne Anwesenheit von Wasser zu erwarten ist. Es wird aber darüber hinaus auch keine ernst zu nehmende Keimvermehrung eintreten, bestenfalls ein „Überdauern". Bei Stiftmassen und ähnlichen Materialien wird zum Teil mit einer oberflächlichen Kontamination gearbeitet (9). Hierzu sind wiederum erhebliche Flüssigkeitsmengen erforderlich, die aber sicher praxisfremd sind. Darüber hinaus sind entsprechende Versuche durchführungstechnisch sehr schwierig (gleichmäßiges Aufbringen von Keimsuspensionen, reproduzierbare Rückgewinnung).

Eine besondere Methode für die Prüfung wasserfreier Systeme wurde von AHEARN et al. (1) entwickelt: die Double-membrane-Methode. Hierbei werden die Keime nicht direkt in oder auf das Produkt aufgebracht, sondern auf einen Filter übertragen und dieses wird zusammen mit einem zweiten Filter auf die Produktoberfläche aufgelegt. Es wird dann das Absterben bzw. die Wachstumshemmung der Keime auf der Filteroberfläche verfolgt. Es handelt sich damit um einen „Diffusionstest", so dass nur dann ein Effekt zu erwarten ist, wenn Wirkstoffe vorhanden sind, die auch durch die Filter diffundieren. Dieser Versuchsaufbau ist kompliziert, so dass ebenso andere Diffusionstest-Systeme gewählt werden können (beispielsweise KWI-Test oder direkte Inkorporation des Prüfstoffes in dem Nährmedium, s. u.).

1.9.5 Durchführung von Diffusionstests zur Ermittlung einer antimikrobiellen Wirkung

Zwar ermöglichen die hier beschriebenen Tests keine Bewertung der Konservierungsstärke wie der Belastungstest, dennoch stellen sie gerade für wasserunlösliche Produkte (oder auch Inhaltsstoffe) eine Möglichkeit dar, qualitative bzw. halbquantitative Aussagen zur antimikrobiellen Wirkung zu erhalten. So können beispielsweise unterschiedliche Wirkungsspektren erkannt und relative Vergleiche der Wirksamkeit eingesetzter Konzentrationen angestellt werden. Eine absolute Bewertung hinsichtlich der mikrobiologischen Produktstabilität unter Praxisbedingungen ist hingegen in der Regel nicht möglich.

Die Ermittlung des „Kontakt-Wachstums-Index" (KWI) (ursprünglich beschrieben in (22)), erfolgt folgendermaßen:

- Eine steriles Papierfilterblatt (Ø 5 cm) wird mit dem zu prüfenden Produkt getränkt (eventuell Schmelze verwenden).
- In eine dünn gegossene Nähragarplatte (8–12 ml in 9 cm-Platte) wird mit einem Korkbohrer (Ø 5 cm) mittig unter sterilen Bedingungen ein Loch gestanzt.
- In das Loch wird das Papierfilterblatt mit einer sterilen Pinzette eingelegt und dieses wird mit wenig verflüssigtem Nähragar überschichtet. Hierbei soll das Stanzloch gefüllt werden und es soll sich mit dem umgebenden Nähragar eine ebene Oberfläche bilden.
- Nach Erstarren des eingegossenen Nähragars wird mit einer Testkeimsuspension beimpft, und zwar als dicker Impfstrich (Öse) beginnend in der Mitte des Filters radial nach außen über den Filterrand bis auf den äußeren Nähragar (Verwendung mehrerer Testkeime für eine Platte möglich).
- Bewertet wird nach der Wachstumsdichte im Impfstrich (kein Wachstum bis Wachstum wie Kontrolle). Zusätzlich kann bewertet werden, ob die Wachstumshemmung lediglich über dem Filter vorhanden ist oder auch noch auf den umgebenden Nähragarbereich übergreift.
- Die Ablesung und Bewertung kann nach individuell fesgelegtem Muster erfolgen (halbquantitative Auswertung).

Das Prinzip dieser Testanordnung besteht darin, dass der Diffusionsweg möglichst kurz gehalten werden soll, da es sich i.d.R. um die Prüfung schlecht oder gar nicht wasserlöslicher Wirksubstanzen handelt. Entsprechend sollte die Nährbodenschicht, mit der der Filter überdeckt wird, so dünn wie möglich gehalten werden.

Analog kann selbstverständlich auch ohne Filterscheibe gearbeitet werden. Hierbei wird ein Produkt (z.B. Teil eines Stiftes) in dem Nähragar inkorporiert, wobei wiederum die zu beimpfende Oberschicht möglichst dünn sein sollte. Hierbei empfiehlt sich eine großflächige Beimpfung (nicht Impfstrich) und es sollte dann die Hemmzone vermessen bzw. die Koloniedichte ermittelt werden.

Methodische Probleme tauchen bei diesen Versuchsansätzen ggf. bei Puderprodukten auf, da diese aufschwimmen können und damit eine gleichmäßige Verteilung nicht gegeben ist. In Abhängigkeit von dem Puder besteht dann häufig die Möglichkeit, das Puder in verflüssigtem Nähragar durch Rühren gleichmäßig zu verteilen (Vortex-Mischer) und in einer Platte auszugießen. Nach Verfestigung des Nähragars wird die Plattenoberfläche mit einer Testkeimsuspension gleichmäßig beimpft (Keimdichte so wählen, dass in der Kontrolle ein Auszählen noch möglich ist!). Nach entsprechender Bebrütung kann dann die Zahl der Kolonien ausgezählt werden und Hemmeffekte sind durch verringertes Wachstum abgestuft zu ermitteln.

1.9.6 Gebrauchstest

Während die vorgenannten Methoden Laborversuche sind, soll hier auf die Möglichkeit eines Gebrauchstests hingewiesen werden. Hierunter ist ein Test zu verstehen, bei dem das Produkt wie vorgesehen vom Verwender über eine festgelegte Periode benutzt wird und dann mikrobiologisch auf vorhandene Kontamination untersucht wird. Solche Untersuchungen sind beispielsweise in der Lage, den Einfluss der Verpackung zu überprüfen (3), was im Belastungstest nicht möglich ist. In anderen Fällen wurde mit solchen Versuchen die Validität von Belastungstests und ihrer Bewertung überprüft. Schließlich kann er in Fällen zweifelhafter Belastungstestergebnisse zur Absicherung herangezogen werden oder auch in Fällen eingesetzt werden, wo der Belastungstest aus methodischen Gründen nicht anwendbar ist. Abgesehen von dem letztgenannten Fall wird aber üblicherweise der Gebrauchstest als Ergänzungstest zum Belastungstest angesehen und nicht als Ersatz einer solchen Versuchsanordnung.

Der Gebrauchstest ist sehr aufwändig. Es muss eine ausreichend große Probandengruppe aufgestellt werden, die nach genauen Vorgaben das Produkt anwendet. Die Verwendungszeit sollte ausreichend lange sein (entsprechend der späteren Benutzungszeit), aber es ist darauf zu achten, dass bei Rückgabe genügend Produkt vorhanden ist, um die erforderlichen Reinheitsuntersuchungen durchführen zu können (beispielhafte Probandenzahlen und Verbrauchsmengen bei (19)). Die Reinheitsuntersuchung der zurückgegebenen Produkte erfolgt nach den bekannten Methoden, die auch sonst für die Produktuntersuchung angewendet werden. Soweit positive Befunde vorhanden sind, ist eine Nachuntersuchung sinnvoll.

Es gibt keine klaren Vorgaben weder über die Durchführung solcher Gebrauchstests noch über die Bewertung resultierender Ergebnisse. Entsprechend ist vom Untersucher ein eigenes Schema festzulegen. Bei der Bewertung empfiehlt es sich, die üblichen Reinheitskriterien für kosmetische Mittel zugrunde zu legen. Da jedoch während des Gebrauchs nicht eine sofortige Abtötung eingebrachter Mikroorganismen erwartet werden kann oder als erforderlich anzusehen ist, sollten bei positiven Befunden zeitlich gestaffelte Nachuntersuchungen stattfinden. So kann das Absterbeverhalten kontrolliert werden. Es muss sicherlich gefordert werden, dass vorhandene Keime sich in dem Produkt nicht vermehren, sondern in einem akzeptablen Zeitintervall abgetötet werden bzw. nach dieser Zeit die geforderte Produktreinheit erreicht wird.

Literatur

1. AHEARN, D.G.; SANGHVI, J.; HALLER, G.J.; WILSON, L.A.: Mascara contamination: in use and laboratory studies. J. Soc. Cosm. Chem. 29, 127-131 (1978)
2. BRANNAN, D.K.; DILLE, J.C.; KAUFMANN, D.J.: Correlation of in vitro challenge testing with consumer use testing for cosmetic products. Appl. Environm. Microbiol. 53, 1827-1832 (1987)
3. BRANNAN, D.K.; DILLE, J.C.: Type of closure prevents prevents microbial contamination of cosmetics during consumer use. Appl. Environm. Microbiol. 56, 1476-1479 (1990)
4. BÜRGER, H; HUSSAIN, Z.: Tabellen und Methoden zur medizinisch-bakteriologischen Laborpraxis. Verlag Kirchheim, Mainz, 1984
5. CHAN, M.; BRUCE, H.N.: A rapid screening test for ranking preservative efficacy. Drug and Cosmetic Ind. Dec 1981, 34-37/80-82
6. CTFA: Determination of the microbial content of cosmetic products methods. In: CTFA Technical guidelines (1985)
7. CTFA: Microbiological limit guideline for cosmetics and toiletries. In: CTFA Technical guidelines (1985)
8. CTFA: Determination of preservation adequacy of cosmetic formulations. In: CTFA Technical guidelines (1993)
9. CTFA: Testing anhydrous products for preservative adequacy. In: Microtopics (CTFA ed.), Allured Publishing, Wheaton (Ill.), USA, 1986
10. CTPA: Microbial quality management – CTPA limits and guidelines (1990)

11. DIEHL, K.H.: Vergleichende Untersuchungen zur antimikrobiellen Wirksamkeit von chemischen Konservierungsmitteln in kosmetischen Formulierungen. SÖFW 1985/ Heft 8, 222-227

12. Europ. Pharm. (Nachtrag 2001): Mikrobiologische Prüfung nicht steriler Produkte: 2.6.12 Zählung der gesamten vermehrungsfähigen Keime, 2.6.13 Nachweis spezifizierter Mikroorganismen

13. Europ. Pharm. (Nachtrag 2001): 5.1.4 Mikrobiologische Qualität pharmazeutischer Zubereitungen

14. Europ. Pharm. (Nachtrag 2001): 5.1.3 Prüfung auf ausreichende Konservierung

15. EIGENER, U.: Erfahrungen mit der ATP-Lumineszenz-Methode bei der mikrobiologischen Reinheitsprüfung von Kosmetika. Seifen-Öle-Fette-Wachse 119, 501-506 (1991)

16. EIGENER, U.: Methoden zur Bewertung der Konservierung kosmetischer Mittel. In: Mikrobiologische Qualität kosmetischer Mittel (M. Heinzel ed.), Behr's Verlag, Hamburg, 1993

17. EIGENER, U.: Mikrobielle Kontamination von Kosmetika. In: Mikrobielle Materialzerstörung und Materialschutz (H. Brill ed.), Gustav Fischer, Jena, 1995

18. EIGENER, U.: Auf das Sicherheitskonzept abstimmen – Mikrobiologische Endproduktkontrolle kosmetischer Mittel. Parf. u. Kosm. 80, 41–45 (1999a)

19. EIGENER, U.: Produktstabilität auf dem Prüfstand – Konservierungsbelastungstests für kosmetische Mittel. Parf. u. Kosm. 80, 36–40 (1999b)

20. FARRINGTON, J.K. et al.: Ability of laboratory methods to predict in use-efficacy of antimicrobial preservatives in an experimental cosmetic. Appl. Envir. Microbiol. 60, 4553-4558 (1994)

21. HEINZEL, M.: Hersteller bleiben in der Pflicht – Zur Bewertung der mikrobiologischen Sicherheit kosmetischer Mittel. Parf. u. Kosm. 80, 26–30 (1999)

22. HEISS, F.: Antibakterielle Substanzen und deren Prüfung in Aerosol-Körperpflegemitteln. Aerosol report 12, 540-553 (1973)

23. IKW: Leitfaden für mikrobiologisches Qualitätsmanagement (MQM) kosmetischer Mittel, (Industrieverband Körperpflege und Waschmittel e.V., Frankfurt/Main), Januar 1998

24. MEYER, B.: Mikrobiologische Qualitätskontrolle von Kosmetika und Reinigungsmitteln mit Hilfe der Impedanzmessung. Seifen-Öle-Fette-Wachse 116, 762-764, 1990

25. MEYER, B.: Mikrobiell bedingter Verderb und mikrobiell bedingte Gesundheitsrisiken kosmetischer Mittel. In: Mikrobiologische Qualität kosmetischer Mittel (M. Heinzel ed.), Behr's Verlag, Hamburg, 1993

26. MUSCATIELLO, M.J.; PENICNAK, A.J.: Evaluation of impedance microbiology. Cosm. Toil. 102, 41-46 (1987)

27. OCHS, D.: Rohstoffe unter der Lupe – Mikrobiologische Aspekte bei der Sicherheitsbewertung kosmetischer Produkte. Parf. u. Kosm. 80, 31–35 (1999)

28. ORTH, D.S.: Linear regression method for rapid determination of cosmetic preservative efficacy. J. Soc. Cosm. Chem. 30, 321-332 (1979)

29. ORTH, D.S.: Microorganisms in raw materials, the manufacturing environment and cosmetic products. In: Handbook of cosmetic microbiology. Marcel Dekker, New York, 1993

30. RUSSEL, M.: Microbiological control of raw materials. In: Microbial quality assurance in cosmetics, toiletries and non-sterile pharmaceuticals (ed. Baird, Bloomfield), Tailor and Francis, London, 1996
31. SCCNFP: Microbiological quality of the finished cosmetic product (Annex 8). In: Notes of guidance for testing of cosmetic ingredients for their safety evaluation, (Scientific Committee on Cosmetology of the European Commission), June 1999
32. SCHOLTYSSEK, R.: Schwerpunkt Prozessoptimierung – Beispiel eines Hygienekonzepts nach GMP. Parf. u. Kosm. 80, 46–50 (1999)
33. SINGH-VERMA, S.B.: Ein repetitiver Belastungstest zur Biovalidierung einer ausreichenden Konservierung von Kosmetika und pharmazeutischen Externa. Parf. u. Kosmetik 68, 414-421 (1987)
34. SMART, R.; SPOONER, D.F.: Microbiological spoilage in pharmaceuticals and cosmetics. J. Soc. Cosmet. Chem. 23, 721-737 (1972)
35. SPOONER, D.F.: Hazards associated with the microbiological contamination of non-sterile pharmaceuticals, cosmetics and toiletries. In: Microbial quality assurance in pharmaceuticals, cosmetics and toiletries (S.F. Bloomfield, R. Baird, R.E. Leak und R. Leech ed.), Ellis Horwood Ltd., Chichester, 1988
36. SINGER, S.: The use of preservative neutralizers in diluents and plating media. Cosm. Toil. 102, 58-60, 1987
37. USP: USP 23. 51 Antimicrobial preservatives effectiveness (1994)
38. WALLHÄUßER, K.H.: 2.2.11 Keimeinschleppung durch das Ausgangsmaterial (Rohstoffe). In „Praxis der Sterilisation, Desinfektion – Konservierung, Keimidentifizierung – Betriebshygiene“, G. Thieme Verlag, Stuttgart / New York, 1984

2 Packmittel

Aufgeführt werden die üblichen Methoden der Untersuchung von Packmitteln, vorrangig festgelegt in Merkblättern, herausgegeben vom Fraunhofer-Institut für Lebensmitteltechnologie und Verpackung.

2.1 Flaschen und Becher

Flaschen (Merkblatt 19)

Methode zur Bestimmung der Gesamtkoloniezahl von Hefen und Schimmelpilzen sowie coliformer Bakterien in Flaschen und enghalsigen Behältern (Abb. VIII.2-1).

Auf 40 °C erwärmte Spülflüssigkeit (0,1 % Pepton, 0,85 % NaCl) wird steril in die Behälter gegeben (pro Entnahmeeinheit und Keimart 10 Stück). Diese werden mit Originalverschluss verschlossen und in einer Schüttelapparatur 10 min geschüttelt. Bei Verpackungen von 150–1000 ml sollte die Spülflüssigkeitsmenge 150 ml betragen.

Nach dem Schütteln werden jeweils 50 ml Spülflüssigkeit den Flaschen entnommen und über ein Filtrationsgerät durch einen sterilen Membranfilter (0,45 μm) gesaugt. Nachgespült wird mit 5–10 ml steriler Spülflüssigkeit. Der Membranfilter wird mithilfe einer sterilen Pinzette mit der Unterseite in eine mit Nährboden beschichtete Petrischale gelegt. Dabei soll die Bildung von Luftblasen zwischen Filter und Nährboden vermieden werden.

Bebrütung und Auswertung sind abhängig vom jeweiligen Nährboden.

Angabe der KBE pro 100 ml Verpackungsinhalt, Mittelwert aus 10 Untersuchungen.

Gesamtkoloniezahl: Nähragar, 3 Tage, 25 °C

Hefen und Schimmelpilze: Sabouraud-Agar (mod.), 3–5 Tage, 25 °C

Coliforme Keime: VRB-Agar, 20 ±2 h, 30 °C

Bei besonderer Fragestellung, z.B. bei Nachweis von säuretoleranten Mikroorganismen, wird der Membranfilter auf einen Orangenserum-Agar gelegt. (Bebrütung 30 °C, 3–5 Tage).

Becher (Merkblatt 15)

In die zu prüfenden Becher werden etwa 5 ml sterile Verdünnungsflüssigkeit pipettiert. Die Becher werden mit steriler Aluminiumfolie verschlossen. Entweder werden die Mikroorganismen durch Schwenken des Bechers abgeschwemmt, oder es wird ein steriles Abstrichröhrchen zum Abwischen verwendet.

Untersuchung der Spülflüssigkeit

- Verfahren: Gusskultur in großen Platten (Ø 14 cm) mit 5 ml Suspension
- Kulturbedingungen: je nach Füllmaterial und Fragestellung
  Einsatz unterschiedlicher Medien, wie z. B. für
  aerobe Koloniezahl: Plate-Count-Agar, 30 °C, 3 Tage
  Hefen und Schimmelpilze: Hefeextrakt-Glucose-Chloramphenicol-Agar, 25 °C, 3–5 Tage
  Coliforme Bakterien: VRB-Agar, 30 °C, 20 ±2 h
  Säuretolerante Bakterien: Orangenserum-Agar, 30 °C, 3 Tage
- Auswertung: Bei Ansatz der gesamten 5 ml auf einem Nährboden Angabe Keimzahl/Becher

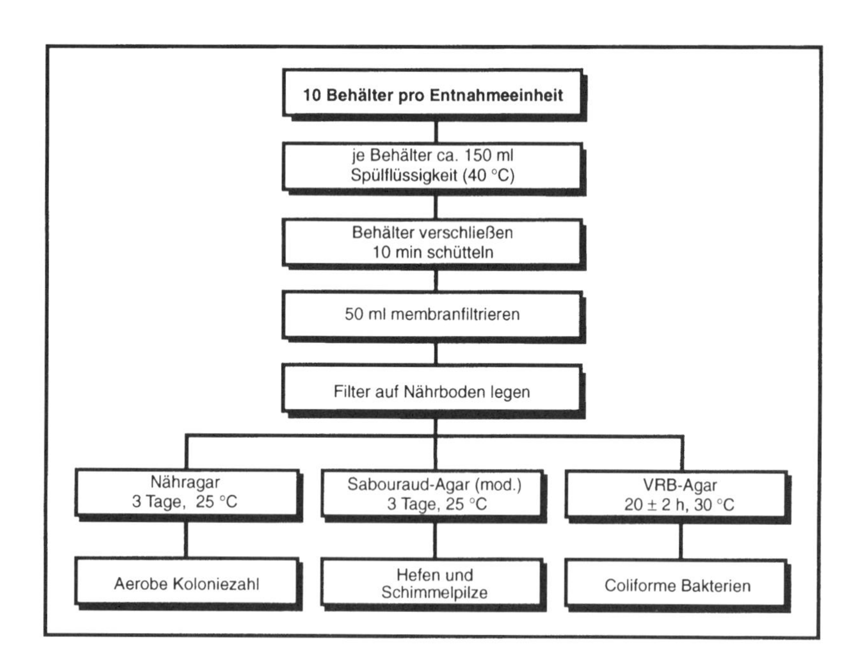

Abb. VIII.2-1: Bestimmung der Gesamtkoloniezahl sowie Nachweis von Hefen, Schimmelpilzen und coliformen Keimen in Flaschen und enghalsigen Behältern

2.2 Kronenkorken, Bügel- und Hebelverschlüsse

Mit einem sterilen Einwegwattetupfer mit 1 ml Befeuchtungsflüssigkeit wird die Innenfläche abgestrichen. Der Tupfer wird in 9 ml steriler Verdünnungsflüssigkeit ausgeschüttelt und direkt auf einem Medium ausgestrichen bzw. mit je 1 ml auf verschiedenen Nährböden angesetzt.

Medium: Orangenserum-Agar, Bebrütung: 30 °C, 3 Tage
MRS-Agar mit 2 % Kreide, Bebrütung: 30 °C, 3 Tage

2.3 Weinkorken

(Merkblatt 34)

Prüfung auf Sterilität (Abb. VIII.2-2)

Pro Entnahmeeinheit sind 20 Korken zu prüfen.

Die einzelnen Korken werden in eigens dafür vorgesehene Glasbehälter gegeben und mit einer Drahtklammer fixiert. Jeder Korken wird unter sterilen Bedingungen mit 25 ml Orangenserum-Bouillon übergossen, der Behälter wird steril abgedeckt und in einen Exsikkator gegeben. Dieser wird verschlossen und über einen Dreiwegehahn mithilfe einer Wasserstrahlpumpe 2 x 30 min evakuiert. Zwischendurch ist auf Normaldruck zu belüften. (Wattebausch oder Membranfilter!) Nach 14-tägiger Bebrütung bei 25 °C werden 0,1 ml der Orangenserum-Bouillon im Doppelansatz auf Orangenserum-Agar ausgespatelt.

Röhrchen, die innerhalb von 14 Tagen bereits Trübung bzw. Keimwachstum aufweisen, werden als „nicht steril“ beurteilt und verworfen.

Bebrütung der Platten: 25 °C, 3 Tage

Auswertung: Angabe Bakterien-, Hefen- bzw. Schimmelpilze-Wachstum/Verschluss

2.4 Hilfsmittel für die Lebensmittelindustrie

Holzlöffelstiele, Eiscremelöffel, Schaschlikspieße (Merkblatt 37)

Bestimmung der Gesamtkoloniezahl, Nachweis von Hefen und Schimmelpilzen sowie coliformer Bakterien auf Oberflächen von Hilfsmitteln für die Lebensmittelindustrie.

Probestücke, welche größer sind als der Durchmesser einer Petrischale (9 cm), werden einzeln mit einer sterilen Pinzette in je einen Polybeutel gegeben und nach Verschließen des Beutels auf das gewünschte Maß gebrochen.

Pro Nährboden sind 10 Proben zu prüfen.

In mit Nährböden vorgegossene Petrischalen (ca. 10 ml Nährboden/Platte) werden die Versuchsstücke steril auf den festen, aber noch feuchten Nährboden gelegt und mit einer sterilen Pinzette angedrückt.

Pro Petrischale nur Einzelstücke einer Probe einlegen.

Anschließend werden die Probestücke mit 45 °C warmem Nährboden ca. 2 mm hoch überschichtet.

Bebrütung und Auswertung dem jeweiligen Nährboden entsprechend. Angabe der KBE pro Einzelprobestück, Mittelwert aus 10 Untersuchungen, Bewuchs an Bruchflächen gesondert zählen.

Gesamtkoloniezahl: Nähragar, 3 Tage, 25 °C

Hefen und Schimmelpilze: Sabouraud-Agar (mod.), 3–5 Tage, 25 °C

Enterobacteriaceen: VRBD-Agar, 20 ±2 h, 30 °C

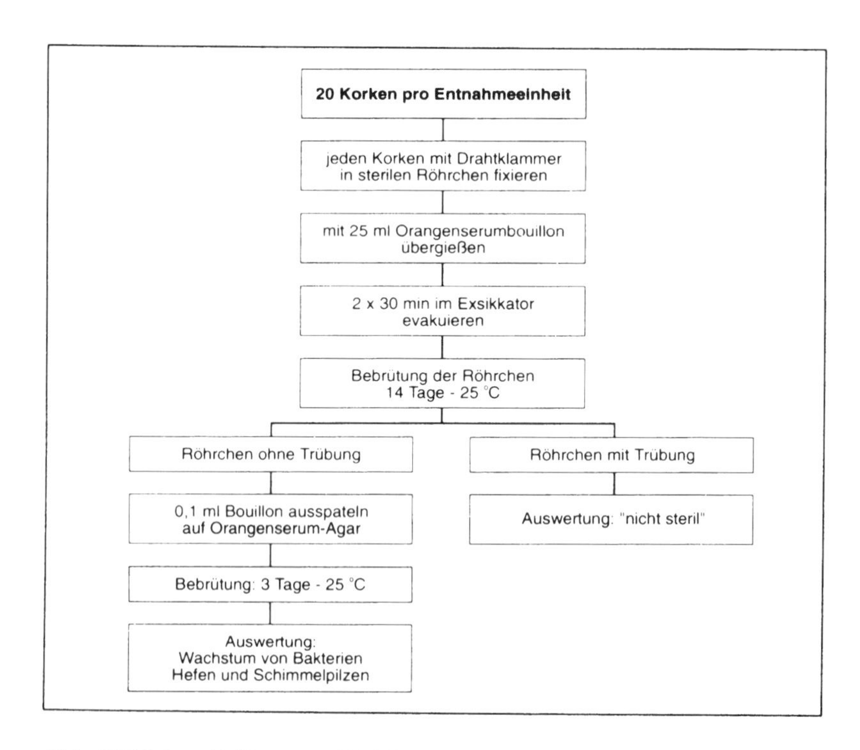

Abb. VIII.2-2: Prüfung von Weinkorken auf Sterilität

2.5 Papier-, Kunststoff- und Aluminiumfolie bzw. Karton und Pappe

Oberflächenkoloniezahl (Abb. VIII.2-3) (nach DIN 54378)

Hierzu werden von jeder Probenahmeeinheit 10 steril ausgeschnittene Abschnitte (Schere oder Kreisschneider) von 100 cm^2 in sterile Petrischalen (Ø 140 mm) gelegt oder 7 x 7 cm Stücke in Petrischalen mit 9 mm Ø, welche zuvor mit einer dünnen Schicht Nährboden ausgegossen wurden. Der Abschnitt wird mit einer ca. 2 mm hohen Schicht verflüssigtem Medium (45 °C) übergossen.

Aerobe mesophile Koloniezahl: Plate-Count-Agar, 3 Tage, 30 °C

Hefen und Schimmelpilze: Sabouraud-Glucose-Maltose-Agar, 3–5 Tage, 25 °C oder Oxytetracyclin-Glucose-Hefeextrakt-Agar (OGY-Agar), 3–5 Tage, 25 °C*

Enterobacteriaceen: VRBD-Agar, 20 ±2 h, 30 °C

Säuretolerante Bakterien: Orangenserum-Agar, 3 Tage, 30 °C

Angabe der Keimzahl pro 100 cm^2 (DIN-Methode 54378)

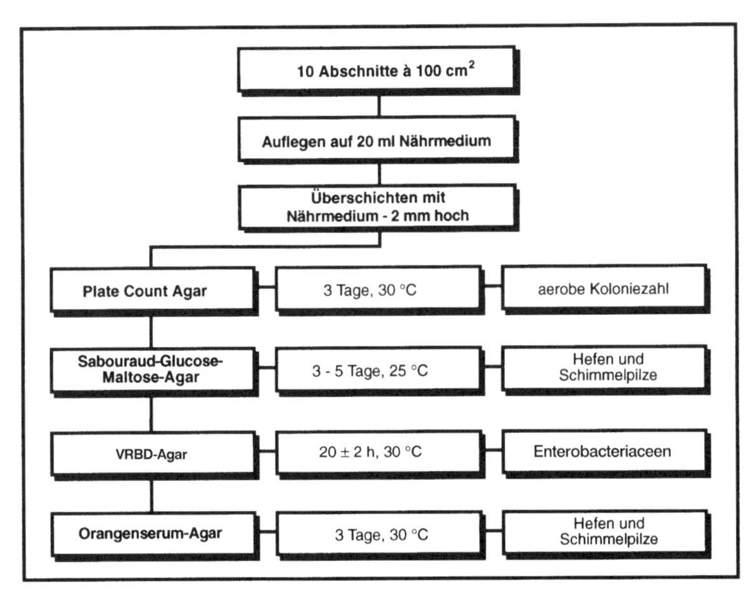

Abb. VIII.2-3: Oberflächenkeimzahlbestimmung bei Papier, Karton und Pappe

*** Anmerkung:** Nur der Nährboden zur Bestimmung der Hefen- und Schimmelbelastung ist Bestandteil der oben angeführten Norm.

Gesamtkoloniezahl, Clostridiensporen und Schleimbildner in Kartonmaterial (Abb. VIII.2-4)

Gesamtkoloniezahl

- Pro Entnahmeeinheit 10 Abschnitte testen und diese mit Schere oder Korkbohrer steril in Abschnitte von ca. 1,5 g ausschneiden. Je 1 g in 99 ml Ringerlösung überführen und mit dem Ultra-Turrax zerfasern (1 min). Die so erhaltenen 10 Basissuspensionen in getrennten Verdünnungsreihen in Petrischalen pipettieren und mit Nähragar beschicken.
- Bebrütung: 3 Tage, 25 °C

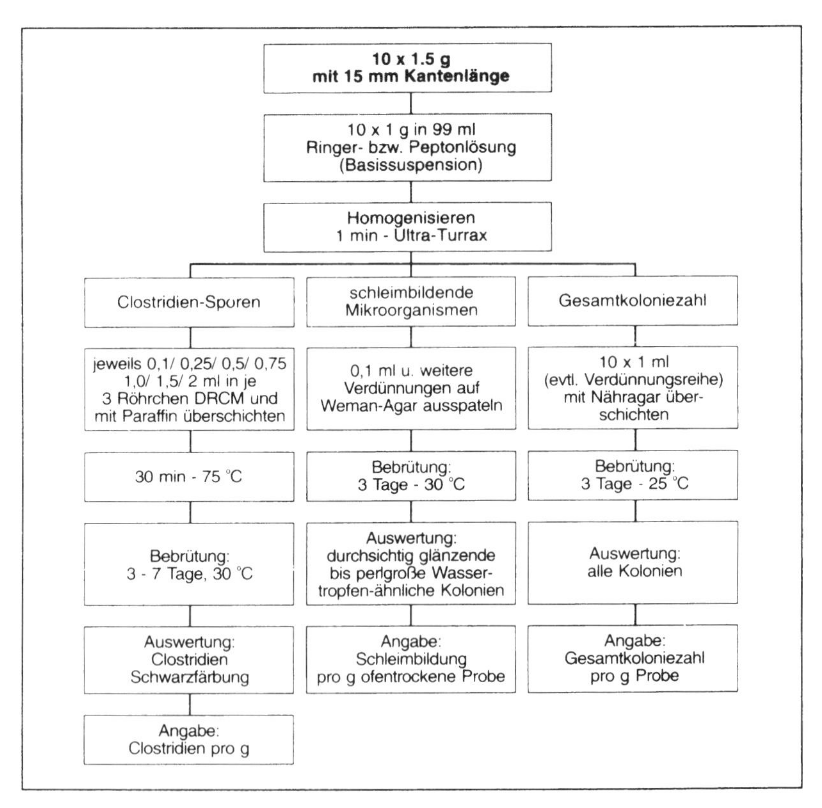

Abb. VIII.2-4: Bestimmung der Gesamtkoloniezahl sowie Nachweis von Clostridiensporen und Schleimbildnern auf Papier, Karton und Vollpapier

- Angabe des Mittelwertes aus 10 Verdünnungsreihen, umgerechnet auf 1 g ofentrockene Probe (DIN-Methode 54379)

Clostridiensporen

- Aufbereitung der Proben analog der Gesamtkoloniezahl bis zum Erhalt von jeweils 100 ml Basissuspension (Peptonlösung). Davon Verdünnungen von 0,1/0,25/0,5/0,75/1,0/1,5/2,0 ml in je 3 Röhrchen DRCM-Bouillon geben (MPN-Methode), mit Paraffin (steril) verschließen, 30 min bei 75 °C erhitzen und dann 3–7 Tage bei 30 °C bebrüten
- Auswertung: Schwarzfärbung, Berechnung auf 1 g absolut trockene Pappe (DIN-Methode 54383)

Schleim bildende Bakterien (Merkblatt 47)

- Aufbereitung der Proben analog der Gesamtkoloniezahl bis zum Erhalt von jeweils 100 ml Basissuspension. Petrischalen mit Weman-Agar ausgießen, nach dem Erstarren möglichst vortrocknen, um ein Ausschwärmen von Kolonien zu vermeiden. Je 0,1 ml Basissuspension bzw. weitere Verdünnungsreihen auf den Nährboden aufbringen und mit einem Drigalski-Spatel gleichmäßig verteilen.
- Bebrütung: 3 Tage, 30 °C
- Auswertung: Nur Schleimbildner (stecknadelkopf- bis perlgroß, halbkugelige, durchsichtige, farblose Kolonien; geleeweich, Aussehen wie Wassertropfen). Angabe des Mittelwerts aus 10 Verdünnungsreihen, umgerechnet auf 1 g ofentrockene Probe.

Bestimmung des Übergangs antimikrobieller Bestandteile aus Papier und Pappe vorgesehen für den Kontakt mit Lebensmitteln (Abb. VIII.2-5) (DIN EN 1104)

Testkeime *Aspergillus niger* ATCC 6275

Bacillus subtilis ATCC 6633 bzw. *Bacillus subtilis*-Sporensuspension (Merck 10649)

Herstellung der Impfsuspensionen

Bacillus subtilis

Vorzugsweise Verwendung der fertigen Sporensuspension *Bac. subtilis* (Merck), Ampullen à 2 ml

Aspergillus niger

Eine Reinkultur auf Schrägröhrchen wird mit Impföse auf eine Petrischale mit Sabouraud-Agar überimpft. Nach guter Versporung (3 Wochen, 25 °C) werden die Konidien mit einer befeuchteten Impföse in 10 ml Kochsalzlösung + Tween 80 überführt. Lösung vor Gebrauch gut durchschütteln.

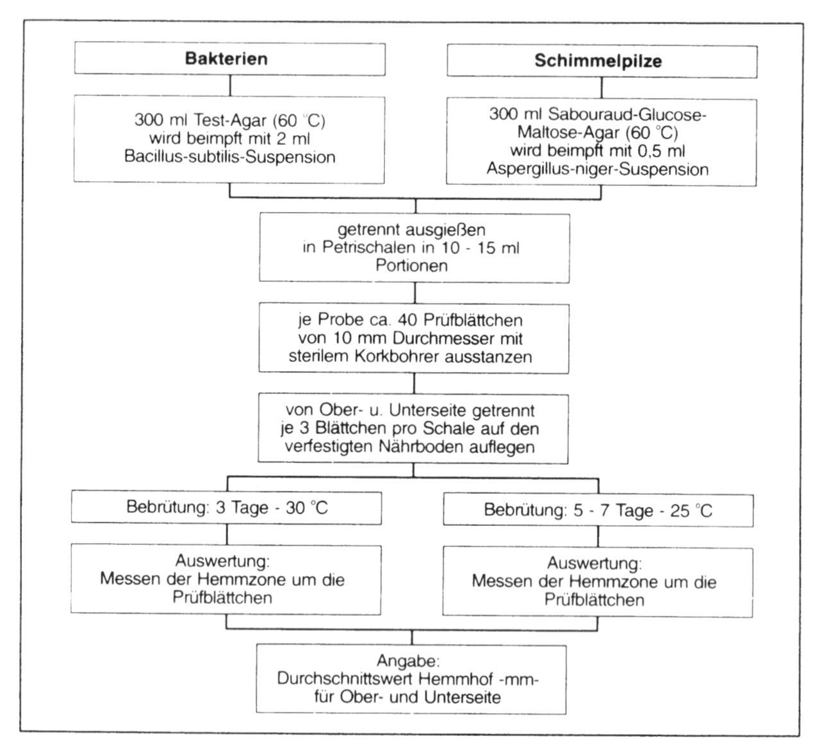

Abb. VIII.2-5: Prüfung der Verpackung auf antimikrobielle Bestandteile

Methode

Ausstanzen von 10 mm Prüfblättchen mithilfe eines sterilen Korkbohrers. Pro Testkeim mindestens 20 Versuchsblättchen. Für den Test mit Bakterien werden 300 ml verflüssigter, 60 °C warmer Test-Agar mit 2 ml *Bacillus subtilis*-Sporensuspension versetzt und nach gutem Durchmischen in Petrischalen ausgegossen (ca. 10–15 ml Nährboden/Platte)*. Kurz vor dem Erstarren mit steriler Pinzette je 3 Prüfblättchen auf eine Platte legen und leicht andrücken, dabei Luftpolster unter den Blättchen vermeiden. Es wird Ober- und Unterseite der Probe getestet, und zwar jeweils in 3 Petrischalen.
Bebrütung: 3 Tage, 30 °C, ggf. länger

* Die Sporendichte sollte im Agar bei *Bacillus subtilis* 10^4 Sporen je ml Testagar betragen.

Die Prüfung auf Fungizidie mit *Aspergillus niger* erfolgt wie bei den Bakterien, nur dass hier 300 ml Sabouraud-Glucose-Maltose-Agar mit 0,5 ml der *Aspergillus niger*-Suspension beimpft werden. Die Sporendichte sollte bei *Aspergillus niger* 10^5 Konidien je ml Testagar betragen.
Bebrütung: 3 Tage, 30 °C, ggf. länger

Es sind Kontroll-Petrischalen mit beimpftem Medium ohne Auflegen von Prüfblättchen anzufertigen, um das Wachstum der Teststämme zu kontrollieren.

Auswertung: Angabe Durchschnittswert des Hemmhofes in mm, getrennt für Ober- und Unterseite (DIN-Methode 54380)

2.6 Mikrobiologische Kriterien

Interne Spezifikation der Abnehmer-Industrie entsprechend den vorgestellten Methoden.

Tab. VIII.2-1: Mikrobiologische Kriterien für Packstoffe

Packstofftyp	Grenzwerte	
	Bakterien + Hefen	Schimmelpilze
1) Margarineeinwickler* Deckblätter, Kunststoff- und Alufolien	≤6/100 cm²	≤2/100 cm²
2) Vorgefertigtes Verpackungsmaterial bis 1-l-Becher, Schalen, z.B. für Joghurt, Quark, Margarine etc.	≤10/100 g Inhalt	≤2/100 g Inhalt
Für jedes zusätzliche kg Inhalt	≤20/kg	≤5/kg
Deckel	≤6/100 cm²	≤2/100 cm²
3) Umverpackungsmaterial Voll- und Wellpappe, Faltschachteln aus Karton		≤20/100 cm²

* Papierhaltige Wickler (Pergamentpapier, Ersatzpergament) müssen frei von Stockflecken sein. Bei der Verwendung von antimikrobiellen Bestandteilen ist die Empfehlung 36 (BGA) zu berücksichtigen.

Literatur

1. PETERMANN, E.: Bedarfsgegenstände: Packstoffe und Behälter, in: Sammlung von Vorschriften zur mikrobiologischen Untersuchung von Lebensmitteln, herausgegeben von W. SCHMIDT-LORENZ, Verlag, Weinheim, 1981

2. Merkblatt VIII/3/68: Bestimmung der Anzahl von Schimmelpilzen auf der Oberfläche von Karton, Vollpappe u. Wellpappenrohpapieren (Oberflächenkeimzahl, OKZ_S), Verein der Zellstoff- und Papier-Chemiker und -Ingenieure, März 1988
3. Bestimmung der Oberflächenkeimzahl (OKZ_S) nach DIN 54378 (April 1993)
4. Merkblatt VIII/4/68: Bestimmung der Gesamtkeimzahl (GKZ) in Papier, Karton und Vollpappe, DIN 54379, August 1978
5. Merkblatt 9: Prüfung von Wellpappe – Bestimmung der Anzahl von Schimmelpilzen auf der Oberfläche von Wellpappe und auf Wellpapieren aus fertiger Wellpappe, Verp.-Rdsch. 22 (1971) Nr. 8, Techn.-wiss. Beilage, 70-72
6. Merkblatt 15: Bestimmung der Gesamtkeimzahl, der Anzahl an Schimmelpilzen und Hefen und der Anzahl an coliformen Keimen vorgefertigter Verpackungen. Verp.-Rdsch. 23 (1972) Nr. 11, Techn.-wiss. Beilage, 89-92
7. Merkblatt 18: Prüfung auf antimikrobielle Bestandteile in Packstoffen, Verp.-Rdsch. 25 (1974) Nr. 1 Techn.-wiss. Beilage, 5-8
8. Bestimmung des Übergangs antimikrobieller Bestandteile DIN EN 1104 (November 1995)
9. Merkblatt 19: Bestimmung der Gesamtkeimzahl, der Anzahl an Schimmelpilzen und Hefen und der Anzahl an coliformen Keimen in Flaschen und vergleichbaren enghalsigen Behältern, Verp.-Rdsch. 25 (1974) Nr. 6, 569-575
10. Merkblatt 28: Bestimmung von Clostridiensporen in Papier, Vollpappe und Wellpappe, Verp.-Rdsch. 27, (1976) Nr. 10, Techn.-wiss. Beilage, 82-84
11. Merkblatt 34: Prüfung von Weinkorken auf Sterilität, Verp.-Rdsch. 29 (1978) Nr. 7, Techn.-wiss. Beilage, 55-56
12. Merkblatt 37: Bestimmung der Gesamtkoloniezahl, der Anzahl an Schimmelpilzen und Hefen und der Anzahl an Gesamt-Enterobakterien auf der Oberfläche vorgefertigter Hilfsmittel für die Lebensmittelindustrie, wie Holzlöffelstiele und Löffel für Eiscreme, Schaschlikspieße und dergl., Verp.-Rdsch. 30 (1979) Nr. 8, Techn.-wiss. Beilage, 58-59
13. Merkblatt 39: Bestimmung von Bakteriensporen in Papier, Karton, Vollpappe und Wellpappe, Verp.-Rdsch. 30, (1979) Nr. 12, Techn.-wiss. Beilage, 91-93
14. Merkblatt 43: Bereitstellung von Stamm- und Gebrauchskulturen von Pilzen für mikrobiologische Prüfverfahren, Verp.-Rdsch. 32 (1981) Nr. 11, Techn.-wiss. Beilage, 89-90
15. Merkblatt 44: Bereitstellung von Stamm- und Gebrauchskulturen von Bakterien für mikrobiologische Prüfverfahren, Verp.-Rdsch. 32 (1981), Nr. 11, Techn.-wiss. Beilage, 89-90
16. Merkblatt 46: Prüfung von Packstoffoberflächen auf fungistatisch wirkende Verbindungen, Verp.-Rdsch. 34 (1983) Nr. 11, Techn.-wiss. Beilage, 84-86
17. Merkblatt 47: Prüfung von Papier, Karton und Pappe auf schleimbildenden Mikroorganismen, Verp.-Rdsch. 35, (1984) Nr. 11, Techn.-wiss. Beilage, 78-79
18. Merkblatt 50: Prüfung von Lebensmittelpackungen auf Dichtigkeit gegenüber Schimmelsporen in Luft, Verp.-Rdsch. 37 (1986) Nr. 4, Techn.-wiss. Beilage, 31-32

Allgemeine Anmerkung:

Alle Merkblätter sind in einem Ringbuch „Mikrobiologische Prüfmethoden von Packstoffen“, Keppler Verlag, Heusenstamm, 1. Ausgabe 1988, erschienen.

3 Spielzeug

Im Amtsblatt der Europäischen Gemeinschaften Nr. L 187 aus dem Jahr 1988 wird gefordert, dass in den Verkehr gebrachtes Spielzeug die Sicherheit und/oder Gesundheit von Kindern und anderen Personen nicht gefährden darf. Im Anhang zu diesem Vorschlag ist festgelegt, dass Spielzeug so zu gestalten und herzustellen ist, dass die Hygiene und Reinheitsvorschriften erfüllt werden, damit Infektions-, Krankheits- und Ansteckungsgefahren ausgeschlossen werden.

Für die Untersuchung von Spielzeug gibt es in Deutschland bisher keine vorgeschriebenen Methoden. Die FDA hat jedoch für die USA eine Methode und Anforderungen mikrobiologischer Art festgestellt, die in Einzelfällen auch in Deutschland angewendet werden.

Das zu untersuchende Spielzeug (Kleinteile) wird in steriler Phosphat-Pufferlösung (100 ml) ausgeschüttelt. Die gleiche Pufferlösung wird verwendet, um insgesamt 10 Prüfstücke abzuspülen (möglichst unter aseptischen Bedingungen). Anschließend wird diese Lösung für folgende Bestimmungen verwendet:

- Gesamtkoloniezahl: Plate-Count-Agar, 3 Tage, 25 °C
- *Staphylococcus aureus*: Baird-Parker-Agar, 48 h, 37 °C
- *E. coli*: Trypton-Bile-Agar, 20 h, 44 °C
- *Pseudomonas aeruginosa*: Cetrimid-Agar, 48 h, 42 °C
- Salmonellen: Hier wird der Rest der gepufferten Peptonlösung bei 37 °C für 18 h bebrütet und weiter nach dem üblichen Selektiv-Anreicherungsverfahren behandelt.

Die Anforderungen, die an die Spielzeuge gestellt werden, beziehen sich auf alle o. a. Parameter. Das Limit für den Gesamtkoloniegehalt beträgt 1000–10 000 Keime/Spielzeug. Für alle anderen Mikroorganismen muss der Befund negativ sein.

Sind die zu testenden Spielzeuge noch von einer Kunststoffhülle oder -kapsel umgeben und werden so in ein Lebensmittel verarbeitet, so empfiehlt es sich, 10 Prüfteile in einen sterilen Kunststoffbeutel einzubringen, mit 100 ml Spülflüssigkeit zu benetzen und die Kapseln erst in diesem Beutel zu öffnen (hiermit wird die Gefahr der sekundären Kontamination deutlich vermindert).

In einzelnen Laboratorien wird zusätzlich zum *E. coli*-Nachweis auch der Nachweis auf Enterobacteriaceen (VRBD-Agar, 20 ±2 h, 30 °C) durchgeführt. Die Keimzahlgrenze wird dann auf 100/Spielzeug festgelegt. Außerdem kann auf Hefen und Schimmelpilze (YGC-Agar 3–5 Tage, 25 °C) geprüft werden. Die tolerierbare Keimzahl für Hefen und Schimmelpilze wird ebenfalls mit 100/Spielzeug festgelegt.

Literatur

1. FDA: Bacteriological Analytic Manual for Foods, 4th Edition, 1976
2. EN 71 Teil 1-3, DK 688.72:614.8:620.1, Ausgabe 3
3. Amtsblatt der Europäischen Gemeinschaften Nr. L 187, 1-13, vom 16.7.1988, Richtlinie des Rates vom 3. Mai 1988 zur Angleichung der Rechtsvorschriften der Mitgliedstaaten über die Sicherheit von Spielzeug (88/378/EWG)

IX Methoden zur Kontrolle der Betriebshygiene

Regina Zschaler

Vorbemerkung

Die Betriebshygiene sollte die Kontrolle der Luft, der Desinfektionsmittel, des Nachspülwassers, der Produktionslinien, inklusive Maschinen sowie die des Personals umfassen.

1 Luft

1.1 Allgemeines

Für zahlreiche Betriebe ist die Luftuntersuchung ein wichtiger Teil der Betriebshygiene. Diese Aussage gilt besonders dann, wenn die angewandte Technologie sich eines offenen Verfahrens bedient. Die Mikroorganismen der Luft haften an Staubpartikeln oder an feinen Wassertröpfchen. Ihre Überlebensdauer hängt u.a. von der Luftfeuchtigkeit und der Beschaffenheit der Trägerpartikel ab.

1.2 Untersuchung

Die sicherste Erfassung der Mikroorganismen in der Luft wird durch Filtration erreicht. Dieses Verfahren ist jedoch sehr aufwändig, so dass für die Praxis eigentlich nur zwei Verfahren in Frage kommen.

Sedimentationsmethode

Es werden Petrischalen, z.B. mit Plate-Count-Agar oder Hefeextrakt-Glucose-Chloramphenicol-Agar, für beispielsweise 30 min in der Fabrik aufgestellt und danach bebrütet. Ein Nachteil der Methode besteht darin, dass je nach Luftbewegung nur eine sehr kleine Luftmenge erfasst wird.

Impactionsverfahren

Ein bestimmtes, am Gerät einstellbares Luftvolumen (für Industriebetriebe häufig 50 l/1 min) wird angesaugt, beschleunigt und auf einen festen Nährbodenstreifen geschleudert (Impaction). Der Nährboden wird in einer mitgelieferten Brutkammer direkt bebrütet. Beim Einsatz der Medien ist darauf zu achten, dass diese genügend feucht sind, da sonst die Partikel und Mikroorganismen abprallen. Es empfiehlt sich, je nach Fragestellung, das Gerät entweder mit einem

CASO-Nährboden für die Gesamtkeimzahl (Luftkeimindikator TC) oder für Hefen und Schimmelpilzbelastung (Luftkeimindikator YM-Rosa-Bengal-Streptomycin-Agar) zu beschicken. Das Gerät ist unter der Bezeichnung RCS Plus von der Firma Biotest, Frankfurt, zu beziehen, ebenso die Biotest Hycon Luftkeimindikatoren.*

Vorteile des Gerätes: Es ist leicht und handlich, arbeitet netzunabhängig, hat einen schnell auswechselbaren Akku und ist justierbar. Die Ablesung der gefundenen Keime ist sehr einfach, sie erfolgt direkt entsprechend dem gewählten Sammelvolumen. Soll das Ergebnis auf 1 m^3 bezogen werden, ist die gefundene Keimzahl mit 20 zu multiplizieren.

Abb. IX.1-1: RCS Plus

* Inzwischen hat die Fa. Biotest, um die Wiederfindungsraten bei der „Gesamtkeimzahlbestimmung" zu erhöhen, ein neues Nährmedium entwickelt, auf dem auch subletal geschädigte und andere anspruchsvolle Mikroorganismen gut wachsen.

Eine Variation des Verfahrens der Impaction ist die Verwendung einer RODAC-Platte oder einer Petrischale (90 mm Ø) anstelle des Nährbodenstreifens. Die RODAC-Platte oder Petrischale (MAS-100, Fa. Merck) liegt unter einer Siebplatte in einer Halterung. Erfahrungsgemäß kann jedoch mit der Verwendung einer Siebplatte (Lochplatte) der Nachteil einher gehen, dass Keime übereinander liegen können.

2 Desinfektionsmittel und Nachspülwasser

2.1 Allgemeines

Für die meisten Lebensmittelbetriebe ist der Einsatz von Desinfektionsmitteln notwendig, um die an Gegenständen und Händen haftenden Keime abzutöten. Für die Prüfung der Effizienz von Desinfektionsmitteln gibt es zahlreiche Testmethoden, die insbesondere die Abtötung pathogener Keime umfassen. Ob die empfohlene Konzentration, die vorgegebene Zeit und Temperatur ausreichen, um die im Betrieb vorherrschende Keimflora (= Verderbsflora) abzutöten, sollte jedoch in einfachen Labortesten (= Suspensionstesten) geprüft werden, ebenso die Qualität des für das Nachspülen verwendeten Wassers.

2.2 Prüfung von Desinfektionsmitteln

Sowohl die DGHM (Deutsche Gesellschaft für Hygiene und Medizin) als auch die DVG (Deutsche Veterinärmed. Gesellschaft) haben Prüfvorschriften für Desinfektionsmittel entwickelt. Für die Prüfung von Händedesinfektionsmitteln für den Einsatz im Lebensmittelbetrieb wurde eine spezielle Prüfung von der DGHM entwickelt. Die so gelisteten Präparate werden als Händedekontaminationsmittel bezeichnet.

Auf dem Markt befindliche Präparate werden auch mit reinigender Wirkung neben der desinfizierenden angeboten. Um eine Harmonisierung in der EG und einheitliche Normen zu erzielen, wurden beim „Technischen Komitee CEN/TC 216" drei Working Groups errichtet. In der Working Group 3 wird der Einsatzbereich Lebensmittel erarbeitet. Der Stand der Arbeiten ist zurzeit wie folgt:

Phase 1 = Basistest (= Bakterizide Basiswirkung DIN EN 1040 [1993])

Dieser quantitative Suspensionstest mit 2 Prüfstämmen, *Staphylococcus aureus* und *Pseudomonas aeruginosa*, wird bei 20 °C durchgeführt. Die zu erfüllende Forderung für eine Aussage, ob ein Produkt ein Desinfektionsmittel ist, lautet: Innerhalb 60 min bei 20 °C muss eine log Reduktion >5 für die Teststämme erzielt werden.

Zusätzlich zu diesem Test gibt es eine weitere Variation des Basistests: die Prüfung auf Fungizide Basiswirkung. Die 2 Prüfstämme sind hier *Candida albicans* und *Aspergillus niger.* Dieser Test ist als DIN-Norm 1275 im Jahre 1994 veröffentlicht worden. Darüber hinaus ist eine Sporozidieprüfung unter Eingabe von *Bacillus subtilis* in Bearbeitung.

Phase 2 beinhaltet 2 Stufen

1. Stufe Test unter praktischen Bedingungen. Es handelt sich um einen quantitativen Suspensionstest zur Bewertung der bakteriziden Aktivität von Desinfektionsmitteln (DIN EN 1276 = Bakterien [August 97], DIN EN 1650 = Pilze [Februar 98]). Geprüft wird mit *Staph. aureus* ATCC 6538, *Pseudomonas aeruginosa* ATCC 15442, *E. coli* ATCC 10536, *Enterococcus hirae* ATCC 10541 bzw. *Candida albicans* ATCC 10231 und *Aspergillus niger* ATCC 16404, für Brauereien zusätzlich *Saccharomyces cerevisiae* ATCC 9763 (DSM 1333) oder *S. cerevisiae* var. *diastaticum* DSM 70487, unter Belastung mit Hartwasser, 0,03 % und 0,3 % Rinderalbumin.

Die Anforderung lautet:

Innerhalb von 5–60 min bei 20 °C (oder bei Ergänzungstest auch bei 4, 10 und 40 °C) muss eine Verminderung um mindestens 10^5 der Anzahl der lebenden vegetativen Mikroorganismen für die Referenzstämme festgestellt werden.
Vorgesehen sind evtl. auch ergänzende Tests durch Einbringen weiterer Testmikroorganismen und evtl. anderer Belastungen für spezielle Einsatzgebiete (Kosmetik, Brauereien, Zuckerfabriken). Diese Tests befinden sich derzeit in praktischer Überprüfung.

2. Stufe Keimträgerteste: Hier ist noch keine Einigung über die zu verwendenden Keimträger und die Methode erzielt worden. Zur Diskussion stehen Glas-KT, V2A-KT, Kunststoff-KT (KT = Keimträger).

Phase 3 = Feld-Versuche

Die Arbeit ist noch nicht begonnen worden.

Für die Überprüfung von Händedesinfektionsmitteln wurde ebenfalls eine DIN-Norm entwickelt: DIN EN 1499 (desinfizierende Händewaschung, Juni 1997), die auf Basisteste zurückgreift und die hygienische Händedesinfektion nach Standardeinreibeverfahren beschreibt. Als Teststamm für diese Teste wird *Escherichia coli* ATCC 10538 vorgeschrieben. Die Anforderungen sind genau festgelegt und beziehen auch eine statistische Bewertung ein, wobei mit einem Referenzverfahren verglichen wird.

2.3 Untersuchung von Nachspülwasser

Nachspülwasser wird wie Trinkwasser untersucht, jedoch sollte die Untersuchungstechnik darauf abgestellt sein, die „Betriebs-Problem-Keime“ zu erfassen. Es können z. B. 100 ml filtriert und der Filter auf GSP-Agar zum Erfassen der Pseudomonaden angezüchtet werden (wichtig für die Kosmetikindustrie). Es können, wenn kein Filtrationsgerät zur Verfügung steht, jedoch auch jeweils 10 ml in 10 großen Petrischalen (Ø 14 cm) mit dem entsprechenden Nährboden beschickt werden. Entsprechend wird bei anderen Problemkeimen verfahren. Die mikrobiologischen Anforderungen an das ablaufende Spülwasser entsprechen den Werten für Trinkwasser, d. h. Keimzahl <100/ml und in 100 ml keine coliformen Keime oder *E. coli.*

3 Personal und Produktion

3.1 Allgemeines

Die Sicherung der mikrobiologischen Qualität eines Produktes, die eine Verhinderung von Verderb und Auftreten von Krankheitserregern bezweckt, ist nicht allein durch eine Endproduktkontrolle erreichbar, sondern nur durch konsequente betriebshygienische Maßnahmen und eine gezielte Prozesskontrolle unter Berücksichtigung des HACCP-Konzeptes (Temperatur, Zeit, Wasseraktivität, eventuell Einsatz von Konservierungsmitteln usw.). Die Betriebshygiene muss u.a. das Personal, die Roh- und Zusatzstoffe, die Maschinenteile und Gerätschaften, das Verpackungsmaterial, die Raumluft und das Wasser erfassen. Eine Endproduktkontrolle kann abschließend nur den Erfolg der Betriebshygiene bestätigen.

3.2 Allgemeine Untersuchungsverfahren

Die Methodenauswahl wird durch das zu prüfende Material, den zu vertretenden Zeitaufwand, die Kosten sowie die erforderliche Genauigkeit für die Problemlösung bestimmt. Von den zahlreich beschriebenen Verfahren sind für die Untersuchung im Betrieb zu empfehlen:

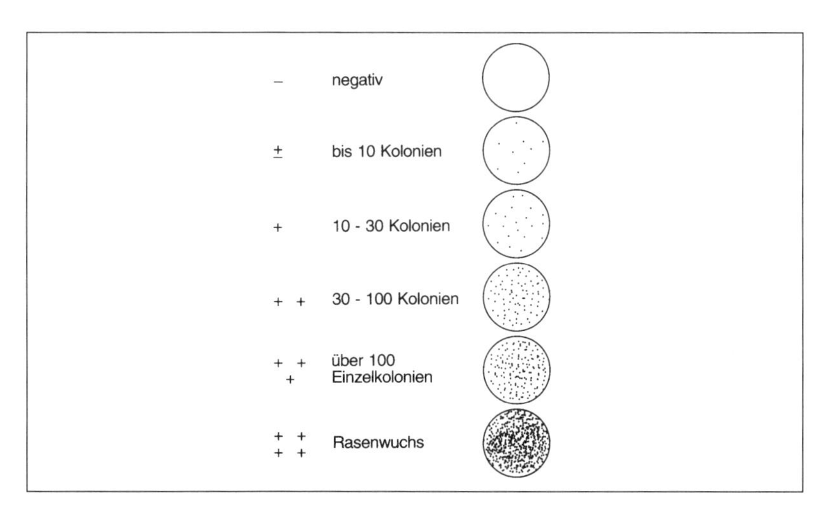

Abb. IX.3-1: Bewertungsschema für Agar-Kontaktverfahren

Abklatsch- oder Kontaktverfahren

Diese Verfahren z. B. mit RODAC-Platten sind bei der Überprüfung glatter Flächen mit geringen Rautiefen und zur Kontrolle des Personals geeignet. Bei sehr nassen Flächen ist das Verfahren nicht empfehlenswert (Verschmieren der Kolonien). Die Auswertung der Agar-Kontaktverfahren erfolgt bei Verwendung von Plate-Count-Agar halbquantitativ (Abb. IX.3-1).

Die DIN 10113-3 „Bestimmung des Oberflächenkeimgehaltes auf Einrichtungs- und Bedarfsgegenständen" gibt für die mit Nährboden beschichteten Entnahmevorrichtungen (neben RODAC-Platten auch sog. Nährbodenträger mit doppelseitiger Verwendung, Typ = Hygicult®, u. a. von Fa. Schülke & Mayr zu beziehen) ein etwas anderes Auswert- bzw. Bewertungsschema an.

Tab. IX.3-1: Auswertschema für mesophile aerobe Keimzahlen

Anzahl der gezählten Kolonien	Schlüssel	Kategorie
kein Wachstum	–	0
1 bis 3 Kolonien	(+)	1
4 bis 10 Kolonien	+	2
11 bis 30 Kolonien	++	3
31 bis 60 Kolonien	+++	4
> 60 Kolonien, aber nicht konfluierend	++++	5
Rasenwachstum, konfluierend	R	6

Wichtig ist, dass bei Prüfung einer frisch desinfizierten Anlage den Nährböden für die Abklatsch- oder Kontaktverfahren eine Inaktivierungssubstanz eingegeben wird (z. B. 3 % Saponin oder 3 % Tween 80 oder 0,5 % Thiosulfat), um die Nachwirkung des Desinfektionsmittels auf der Platte zu verhindern.

Beurteilung

Wird eine Prüfung auf Enterobacteriaceen oder Staphylokokken mithilfe von RODAC-Platten nach Reinigung und Desinfektion vorgenommen, so sollten die Kontrollen negative Werte erbringen.

Neben den RODAC-Platten und „Hygicult" sind auch flexible Keimindikatoren als Contact Slides im Markt erhältlich. Sie bestehen aus einem mit Nährmedium beschichteten flexiblen Folientableau. Der Nährbodenträger ist in einer Klarsichtfolie eingeschweißt, die nach dem Abklatschen als wieder verschließbares Transportbehältnis und Inkubationskammer dient. Die Contact Slides sind in vier

Varianten erhältlich: zur Erfassung der Gesamtkeimzahl, zum Nachweis anspruchsvoller Keime sowie zum selektiven Nachweis von Hefen und Schimmelpilzen oder coliformer Bakterien (Lieferfirma: Biotest).

Vorteile der Contact Slides:

- Die Flexibilität des Nährbodenträgers ermöglicht das Abklatschen auch an problematischen Stellen.
- Größere Nährbodenfläche als die herkömmliche RODAC-Platte oder Hygicult (25 cm^2).

Abstrich- und Tupfermethode

Diese Methode ist, z. B. bei der Kontrolle der Effizienz von Reinigungs- und Desinfektionsmaßnahmen von Maschinenteilen, Blindstutzen, Bögen, T-Stücken, Senkschrauben, Rohrwandungen, Dichtungen, Pumpenteilen, Kolben usw. zu bevorzugen.

Mit einem sterilen Tupfer (Abb. IX.3-2) aus Baumwollwatte wird die Prüffläche unter Drehen des Tupfers abgestrichen. Es sollten hierbei möglichst in der Fläche gleiche Abmessungen abgestrichen werden.

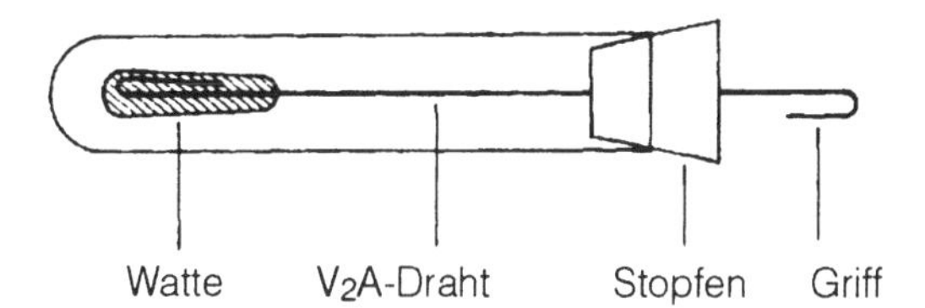

Abb. IX.3-2: Trockenes Wischerröhrchen (Eigenanfertigung)

Bei feuchtem Prüfmaterial wird ein trockener Tupfer, bei trockenem Prüfmaterial ein feuchter Tupfer (anfeuchten mit phys. Kochsalzlösung) verwendet. Der Tupfer kann in steriler Verdünnungsflüssigkeit ausgeschüttelt oder auf einem festen Medium unter Drehen ausgestrichen werden. Die hier beschriebene Methode entspricht weitgehend der DIN-Methode 10113-2 „Semiquantitatives Tupferverfahren", wohingegen das in der DIN 10113-1 angegebene „Quantitative Tupferverfahren" (Referenzverfahren) als sehr aufwändig bezeichnet werden muss (Abb. IX.3-3).

Der Vorteil der Wischermethode besteht darin, dass die Verdünnungsflüssigkeit mit je 1 ml bzw. 10 ml angesetzt werden kann, so dass bei einer Kontrolle eine Aussage über verschiedene Keimarten bei Verwendung verschiedener Nährböden gemacht werden kann.

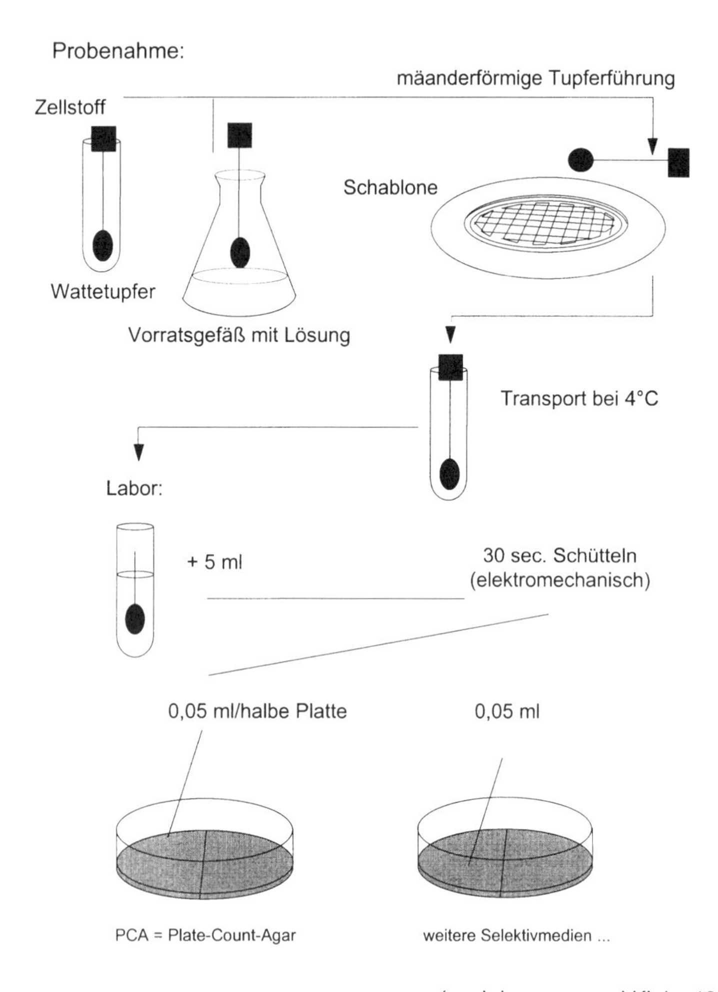

(nach Louwers und Klein, 1994)

Abb. IX.3-3: Einfaches Tupferverfahren (ET)

Der Nachteil der einfachen Wischermethode ist die semi-quantitative Aussage, da sich der erhaltene Wert nur auf die abgestrichene Fläche beziehen kann.

Die Auswahl der Medien hängt von den nachzuweisenden Mikroorganismen ab. Baumwolltupfer können im Labor selbst hergestellt oder im Handel als sterile Einwegtupfer bezogen werden (z. B. Fa. Greiner).

Die Agarkontakt- und Wischer-Verfahren sind von 12 Laboratorien in Finnland validiert worden (SALO et al., 2000). Die Kontaktplatten-Methode ergab ähnliche Ergebnisse wie das Wischer- oder Tupferverfahren.

Die mit den bisher vorgestellten Prüfverfahren erhaltenen Ergebnisse sind jedoch retrospektiver Natur, denn sie beruhen auf der Vermehrung von Mikroorganismen, die hierfür einige Zeit benötigen. Das Ergebnis kommt als Entscheidungskriterium für das weitere Vorgehen bei Reinigungs- und Desinfektionsmaßnahmen oft zu spät. Daher ist die Forderung nach Schnellverfahren verständlich, um den Hygienestatus von Anlagen ermitteln zu können.

Mithilfe der Biolumineszenztechnologie wurde ein solches Schnellverfahren entwickelt, welches sich in einigen Betrieben inzwischen bewährt hat (BAUMGART, 1996, ORTH und STEIGERT, 1996, POGGEMANN und BAUMGART, 1996).

Der Test basiert auf der Bestimmung von ATP (Adenosin-5-triphosphat), einem Nukleotid, das in allen lebenden Zellen, jedoch auch in anderem organischen Material (wie z.B. Produktresten), vorkommt. Geringe Mengen von ATP können z.B. mithilfe des Lumac Hygiene Monitoring QM Kit gemessen werden. Es wird mit speziellen sterilen Wattetupfern im Abstrichverfahren gearbeitet und der Wattetupfer mit mitgelieferten Präparaten und Geräten aufgearbeitet. Weist die abgestrichene Stelle der Oberfläche mehr als das Dreifache des „Relativ-Light-Units“ (RLU)-Wertes auf, wird die getestete Oberfläche als „unsauber“ angegeben, wobei zwischen bakterieller oder Schmutz-ATP nicht unterschieden werden kann. Das Ergebnis liegt in Minuten vor und sollte stets mit einem Kontrollwert (negative Kontrolle eines nicht benutzten Tupfers) verglichen werden.

Für den eigenen Betrieb müssten jeweils eigene Standards bzw. Limits festgelegt werden. Ein gewisser Nachteil des Verfahrens liegt darin, dass aufgrund des Messprinzips nicht auf die Anwesenheit einer bestimmten Keimgruppe geschlossen werden kann. Diese Möglichkeit bietet nur das klassische Verfahren.

Geräte, die für die Biolumineszensmessung eingesetzt werden können, liefern u.a. die Firmen Lumac, Rabbit, Celsis, Merck, Henkel, IDEXX, ConCell.

3.3 Berufsbekleidungshygiene

Im Juli 2003 wurde ein DIN-Entwurf mit der Bezeichnung 10 524 herausgegeben, der die Anforderungen an Arbeitsbekleidungen in Lebensmittelbetrieben vorstellt. Die Norm gibt Anleitungen zur Herstellung, Auswahl, Nutzung und Wiederaufbereitung von Arbeitsbekleidung in Lebensmittelbetrieben, wobei die speziellen Anforderungen an den jeweiligen Arbeitsplatz zu berücksichtigen sind. Zweck der Norm ist die Vermeidung einer nachteiligen Beeinflussung der Lebensmittel, wie sie § 3 der bundeseinheitlichen Hygieneverordnung fordert.

Wie in einer Norm üblich, behandelt das Kapitel 3 die Begriffe, wobei auf die gute Wäschereipraxis hingewiesen wird und darunter die sachgerechte Wäscheaufbereitung nach dem Stand der Technik zu verstehen ist. Dabei wird auch auf das RAL-Gütezeichen „sachgemäße Wäschepflege von Wäsche aus Lebensmittelbetrieben" hingewiesen. Dieses Zeichen wurde vom deutschen Institut für Gütesicherung und -Kennzeichnung e.V. mit den einschlägigen Verkehrskreisen abgestimmt. Auch das System RABC (Risk Analysis and Biocontermination Control) wird erwähnt.

Den Anforderungen an die Arbeitskleidung für Lebensmittelbetriebe ist das Kapitel 4 gewidmet. Die Arbeitsbekleidung kann je nach Art der durchzuführenden Arbeiten folgende Elemente umfassen: Für den Bereich von Rumpf, Armen und Beinen, Kopfbedeckung, spezielle Schutzelemente wie Bart-, Mund- und Nasenschutz, Handbedeckung, Fußbedeckung, Schürze. Auch auf die besonderen Anforderungen des Arbeitsplatzes, die spezielle Schutzausrüstungen notwendig machen, wie z.B. lange, flüssigkeitsdichte Schürzen beim Schlachten und Ausnehmen von Warm- und Kaltblütern oder beim Arbeiten in Tiefkühlräumen so genannte Thermokleidung, wird eingegangen. Für hygienisch sensible Bereiche, insbesondere im offenen Arbeitsbereich, wie die Gewinnung, Herstellung, Zubereitung, Be- und Verarbeitung sowie dem Verpacken von sensiblen Produkten, ist einer hellen bzw. weißen Arbeitsbekleidung der Vorzug zu geben. Besätze können farbig sein, eine mögliche Ausnahme kann das Wartungspersonal, d.h. die Handwerker darstellen.

Die DIN-Norm nimmt eine Eingruppierung in Risikoklassen vor, wobei die Produktherstellung die Risikoklasse darstellt. Es erfolgt eine Dreiteilung. Ein geringes Hygienerisiko (RK 1), ein hohes Hygienerisiko (RK 2) und höchstes Hygienerisiko (RK 3).

In der Risikoklasse 1, bei der ein geringes Hygienerisiko beim Umgang mit nicht leicht verderblichen Lebensmitteln Voraussetzung ist, kann die Schutzfunktion der Arbeitskleidung dem Lebensmittel gegenüber relativ gering sein, wenn dieses durch die Verpackung hinreichend geschützt ist.

Bei der RK 2 und dem Vorliegen eines hohen Risikos, d.h. dem Umgang mit unverpackten, leicht verderblichen Lebensmitteln oder -Komponenten, muss die Schutzfunktion hoch sein, insbesondere dann, wenn die Lebensmittel nicht weiter verarbeitet werden und Mikroorganismen sich darin oder daran vermehren können, z.B. bei der Abgabe unverpackter Lebensmittel. Zu dieser Gruppe zählen auch Tätigkeiten, bei denen Lebensmittel technologisch handwerklich bearbeitet werden und im Rahmen dieser Maßnahme eine gezielte Beeinflussung der vorhandenen Keimflora erfolgt.

Das höchste Hygienerisiko (RK 3) liegt vor beim Umgang mit unverpackten, verzehrsfähigen, sehr leicht verderblichen Lebensmitteln. Es muss eine sehr hohe Schutzfunktion gewährleistet werden, da die Lebensmittel technologisch nicht stabilisiert werden und Mikroorganismen einschließlich Krankheitserreger sich ggf. vermehren können.

Die allgemeinen Anforderungen an die Arbeitsbekleidung beziehen sich auf die Trageeigenschaften, auf die Auswahl des Oberstoffes, wobei etwas über den Tragekomfort, die Maßbeständigkeit, das Pillverhalten, Selbstglättungsverhalten und Scheuerbeständigkeit ausgesagt wird. Dazu werden Angaben über Waschechtheit, Hyperchlorid-Bleichechtheit, Wasserechtheit und Lichtechtheit gefordert. Wichtig sind auch die Angaben über Konfektionen, Taschen, Ärmellänge und Verschlüsse. Die Bekleidung in Bereichen mit hohem und höchstem Risiko darf keine außen liegenden Taschen haben und falls diese doch notwendig sind, müssen diese mit einer Platte verschließbar sein. Die Ärmellänge: Empfehlenswert sind lange Ärmel, kurze Ärmel werden jedoch nicht ausgeschlossen. Vorzugsweise sollte der Ärmelabschluss mit verstellbarer Ärmelweite sowie Druckknöpfen versehen sein und keine Stretchbündchen enthalten.

Verschlüsse

Als Verschluss ist eine verdeckte Druckknopfleiste geeignet. Kragen sollten vorzugsweise hochgeschlossen sein. Die Länge der Mäntel sollte bis zum Knie reichen, außen liegende Knöpfe sollten wegen der Gefahr der Fremdkörperbildung vermieden werden.

Kopfbedeckung

Sofern eine Kopfbedeckung notwendig ist bzw. laut Hygiene-VO gefordert wird (Milch, Fleisch, etc.), soll die Kopfbedeckung die Haare weitgehend bedecken, ggf. müssen Bart-, Mund- und Nasenschutz getragen werden.

Handschuhe

Auch über Handschuhe wird eine Aussage gemacht. Durch das Tragen von Handschuhen wird ein unmittelbarer Kontakt zwischen dem Lebensmittel und den Händen vermieden. Eine ausreichende Barrierewirkung muss jedoch gewährleistet sein. Deshalb müssen Handschuhe flüssigkeitsdicht und die notwendige Festigkeit besitzen. Die Fußbedeckung muss leicht zu reinigen und je nach Arbeitsplatz können es Schuhe, Klocks oder Stiefel sein. Auf arbeitsrechtliche Bestimmungen des Trocknens des Stiefels wird hingewiesen. Auch die Schürzen aus textilen Flächengebilden müssen besondere Anforderungen erfüllen. Wenn Schürzen wieder verwendbar sind, müssen sie leicht zu reinigen und zu waschen sein und eventuell sogar desinfizierbar. Andere flüssigkeitsdichte Schürzen und andere arbeitsrelevante Kleidungsstücke wie Kettenschürzen im Fleischereigewerbe und ähnliche Teile müssen der hygienegerechten Reinigung und ggf. Desinfektion und Aufbewahrung bereitgestellt werden. Hierfür gibt es spezielle Waschmaschinen.

Die Handhabung der Arbeitskleidung deckt das Kapitel 4.4. der DIN-Norm ab. Dem Wechsel der Arbeitskleidung ist ein separates Kapitel gewidmet. Die Arbeitskleidung, heißt es dort, ist in Abhängigkeit von den durchgeführten Tätigkeiten zu wechseln. Sie muss vor Betreten der Arbeitsbereiche angelegt und nach dem Verlassen an festgelegten Stellen abgelegt werden sowie eine Regelung für den Pausenbereich getroffen werden. Einweg-Artikel wie Handschuhe, Mundschutz und Bartbinde dürfen nicht länger als während eines Arbeitsganges getragen werden. Bei Pausen, Wechsel des Arbeitsplatzes oder bei einem Toilettengang sind sie zu ersetzen. Auf den Boden gefallene Artikel sind zu verwerfen und ungebrauchte sind anzulegen. Der Wechsel der Arbeitskleidung im Bereich des geringen Hygienerisikos ist mit einem wöchentlichen Wechsel angegeben. Bei dem Bereich mit hohem Hygienerisiko kann es die Regel sein, dass man täglich wechselt, vorausgesetzt, es ist keine Verschmutzung eingetreten. Bei dem höchsten Hygienerisiko ist die Bekleidung mindestens täglich und bei Verschmutzung auch zwischendurch zu wechseln.

Wenn die Wäsche wieder aufbereitet wird, sind mikrobiologische Prüfungen für diese wieder aufbereitete Wäsche zu empfehlen. Diese mikrobiologischen Prüfungen der Arbeitskleidung nach Wiederaufbereitung sind normativ im Anhang A der DIN-Norm aufgeführt. Die Überprüfung der Keimarmut erfolgt durch Abklatschuntersuchungen, z.B. durch Rodacplatten. Die Platten sollen einen Casein-Soja-Pepton-Agar mit Enthemmer enthalten und nach dem Abdrücken für 72 Stunden bei 30 °C bebrütet werden. Für die Anforderung gilt, bei neun von zehn Proben sollte eine Keimzahl nicht größer als 10 Kolonien/Platte sein.

Im Anhang B wird etwas über das Tragen der Arbeitskleidung ausgesagt. Die Mäntel sind geschlossen zu tragen, Verschlüsse sind zu schließen und geschlossen zu halten. Die Kopfbedeckung soll das Haar abdecken, Bart-, Mund- und Nasenschutz müssen im Bedarfsfall angelegt werden und wirklich Nase und Mund abdecken. Hinsichtlich der Handschuhe wird ausgesagt, dass schadhafte Handschuhe auszutauschen und an einem vorgesehen Ort zu entsorgen sind. Bei Pausen- und Toilettenbesuchen sind die Handschuhe abzunehmen. Das Anlegen von Handschuhen enthebt den Mitarbeiter aber nicht von der Reinigung bzw. Desinfektion der Hände vor Tragen und Anziehen der Handschuhe. Schürzen dürfen niemals auf dem Fußboden gereinigt werden. Aus Gründen der Arbeitssicherheit und der Gefahr der Produktberührung dürfen Schürzenbänder nicht vorn geschlossen werden.

In der DIN-Norm erfolgt auch ein Hinweis auf die Aufbewahrung der Arbeitskleidung im Betrieb, auf die man ebenfalls Einfluss nehmen soll, da die saubere textile Arbeitskleidung immer in einer dafür vorgesehen gekennzeichneten, ggf. verschließbaren Ablage wie in einem Schrank verschmutzungssicher und trocken aufzubewahren ist. Automatische Kleiderausgabesysteme, die sich ebenfalls in einem abgeschlossen Raum befinden müssen, wären in großen Betrieben besonders geeignet. Die Aufteilung der Bekleidungselemente für die Mitarbeiter zwischen z.B. Kittel und Hosen kann nach dem Arbeitsplatz, der Konfektionsgröße, personengebunden oder nach anderen Kriterien erfolgen. Weiterhin muss die verschmutze Arbeitskleidung in einer für diesen Zweck vorgesehen Sammelvorrichtung abgelegt werden, so dass keine nachteilige Beeinflussung auf die Betriebshygiene zu befürchten ist. Die Zwischenlagerung anderer Bekleidungssysteme, die üblicherweise längerfristig getragen werden, wie Stiefel, Klocks oder spezielle Schürzen, wie z.B. auch Stechschutzschürzen und Ringflechtschutzhandschuhe, sind nach der Reinigung und ggf. Desinfektion an besonderen Stellen zwischenzulagern. Hat sich der Betrieb auf ein bestimmtes Bekleidungssystem festgelegt, so ist dieses Thema in der notwendigen Schulung der Hygiene entsprechend der DIN 10514 ebenfalls zu schulen.

3.4 Maschinenhygiene/Hygienic Design

Die Definition von Hygienic Design kann wie folgt gegeben werden:

- Vermehrung von Mikroorganismen verhindern, in dem keine toten Anlagenteile, die nicht durchströmt werden und in denen sich Mikroorganismen anreichern können, vorhanden sind.
- Geschützt vor Kontamination von außen, d.h. so gut wie möglich nach außen geschlossen.
- Leicht zu reinigen und dekontaminieren: Keine toten verwinkelten Räume im Inneren und glatte Oberflächen.

Darüber hinaus ergeben sich folgende Merksätze für die verschiedenen Produktionsanlagen:

- Eine hygienische Produktionsanlage ist eine Anlage, in der sich keine relevanten Mikroorganismen vermehren können und die auch ohne Demontage einfach zu reinigen ist.
- Eine aseptische Produktionsanlage, siehe auch Kap. 3.4.1.2, ist eine Anlage, in der zusätzlich relevante Mikroorganismen entfernt werden können und die kein Eindringen von Mikroorganismen aus der äußeren Umgebung zulässt, d.h. also, in der Produkte, die zuvor sterilisiert worden sind, steril gehalten und abgepackt werden können.

Die Ziele von Hygienic Design sind:

- Produktionssicherheit zu erhöhen und damit indirekt Hygienekosten zu reduzieren. Voraussetzung dafür ist eine geeignete Konstruktion der Anlagen und ein rationeller Einsatz von Hygienemaßnahmen. Hinsichtlich Hygienic Design gibt es eine Maxime: Ein Produkt darf in einer Anlage nur so lange verbleiben, dass keine Vermehrung von Mikroorganismen eintritt, d.h. die Verweilzeit soll kleiner sein als die Generationszeit.

Hinsichtlich der allgemeinen Gestaltungsleitsätze sind Details den Hygieneanforderungen der deutschen Fassung der prEN 1672, 2003 bzw. DIN 1672/2 vom April 2003 zu entnehmen. Hier sind genaue Gestaltungsvorgaben vorgegeben, wobei diese europäische Norm die allgemeinen Hygieneanforderungen an Maschinen festlegt, die zur Vorbereitung und Verarbeitung von Lebensmitteln für den menschlichen Verzehr und, wo zutreffend, zur Verarbeitung von Tiernahrung verwendet werden, um das Risiko von Infektionen, Erkrankung, Ansteckung oder Verletzung, das vom Lebensmittel ausgehen kann, auszuschließen oder auf ein Mindestmaß herabzusetzen. Sie zeigt die Gefährdung, die bei der Verwendung solcher Nahrungsmittelmaschinen typisch sind, beschreibt Gestaltungsverfahren und gibt Benutzerinformationen zur Ausschaltung und Verminderung dieser Risiken. Wobei durch technische Zeichnung ein Unterschied zwischen falsch und richtig gegeben wird und sehr genau aufgeführt wird, wie die Anlage verbesserungswürdig zu gestalten ist.

Die Konzeption einer Anlage auf Basis des Hygienic Designs ist kostspielig, jedoch werden die Kosten durch die Einsparung an Hygienemaßnahmen wieder wettgemacht. Ob eine Anlage tote Winkel, nicht durchströmte Anlagenteile enthält, kann auf einfachste Weise durch visuelle Inspektion der Anlagen erfolgen. Bei immer wieder auftretenden mikrobiologischen Problemen sollte in jedem Fall eine solche Inspektion der Anlage gemeinsam mit einem Technologen bzw. einem Ingenieur erfolgen.

3.4.1 Aseptische Maschinen

Der Verband der deutschen Maschinen- und Anlagenbauer hat in einem Merkblatt die hygienischen Abfüllmaschinen für flüssige und pasteurisierte Nahrungsmittel kategorisiert und typische Anwendungsfelder für diese Maschinen gegeben. Die Maschinenklasse 5 fasst die typischen Produktbeispiele für die vollaseptischen Maschinen zusammen. Hier handelt es sich um die Abfüllung von H-Sahne, UHT-Milch, Kondensmilch, stillem Mineralwasser, Milchkaffee, UHT-Pudding, Soßen und Suppen. Der mikrobiologische Zustand der Produkte bei der Abfüllung ist keimarm bzw. keimfrei, der pH-Wert der Produkte im neutralen Bereich. Der Vertriebsweg der Produkte erfolgt meist ungekühlt oder nur aus sensorischen Gründen gekühlt. Die Mindesthaltbarkeit der Produkte ist über mehrere Monate festzuhalten. Für diese neutralen Produkte, insbesondere Milchprodukte, ist also die Verwendung einer aseptischen Maschine zur Abfüllung notwendig. Vom VDMA wurde eine Checkliste „Qualitätssicherung und Wartung für aseptische Verpackungsmaschinen für die Nahrungsmittelindustrie“ entwickelt [2], die neben den allgemeinen Anforderungen an das Aufstellungsumfeld die Prüfung vor Inbetriebnahme, qualitätserhaltende Maßnahmen und Prüfungen vor der Produktion, qualitätserhaltende Maßnahmen und Prüfungen während der Produktion, qualitätserhaltende Maßnahmen und Prüfungen nach Produktionsende, Überprüfung der eigentlichen Produktionsergebnisse, qualitätserhaltende Maßnahmen bei Betriebsstörungen, Maßnahmen zur Instandhaltung, Reinigung und Sterilisation, Dokumentation, die notwendigen Schulungen der Mitarbeiter enthält. Diese Checkliste wurde 1997 veröffentlicht. In einem zweiten Teil wurden dann die Gefährdungspotenziale in physikalische, chemische, mikrobiologische, die Handhabungsanweisung für den Störfall und weitere Themen wie Dokumentation und vertiefende Schulung aufgenommen. In einem VDMA-Einheitsblatt Nr. 8742 vom Oktober 1996 wurden die Anforderungen hinsichtlich der Verpackungssterilisation einer solchen Maschine aufgeführt. So steht im Anhang A1 des Einheitsblattes als mikrobiologische Anforderung, dass die Maschine eine logarithmische Reduktion von *Bacillus subtilis* haben muss von ≥ 4.

3.4.2 Überprüfung der Effizienz der Verpackungssterilisation

In einem Merkblatt Nr. 6/2002 vom Juli 2002 mit der Bezeichnung „Prüfung von Aseptikanlagen mit Packmittelentkeimungsvorrichtung auf deren Wirkungsgrad“ wird das genaue Vorgehen zur Überprüfung der Verpackungssterilisation beschrieben. Die Einleitung bringt einen Hinweis, dass die Entkeimungsleistung einer aseptischen Abfüllmaschine abhängig ist von einer Vielzahl von Maschinenparametern, wie z.B. Konzentration und Temperatur des Wasserstoffperoxids, Feuchtigkeitsgehalt und Temperatur des Dampfes, Verweilzeit der Folie im H_2O_2-Bad, Form des zu entkeimenden Behältnisses und vielen anderen mehr. Daher müssen bei einer solchen Maschinenprüfung alle diese Parameter mit festgehalten werden. Die Durchführung der Überprüfung ist auch nur von Sachkundigen durchzuführen. Bei der Entkeimung mittels Wasserstoffperoxids empfiehlt sich eine Prüfung mit Sporen von *Bacillus subtilis*, SA 22, identisch mit DSMZ 4184. Wird mit Wasserdampf entkeimt, so ist *Bacillus stearothermophilus* NCA1518, identisch mit DSMZ 5934 zu empfehlen. Zum Suspendieren der Sporen ist eine Ethanol-Lösung (70 %) oder destilliertes Wasser vorgegeben. Es können auch fertige Sporen-Suspensionen von verschiedenen Lieferanten verwendet werden. Für die Testung selber gibt es zwei verschiedene Vorgehensweisen:

- den Keimreduktionstest (Count reduction test) oder
- den Endpunkttest (Endpoint test)

Beide Tests unterscheiden sich voneinander sehr deutlich. Beim Keimreduktionstest durchlaufen die mit dem Testkeim künstlich verkeimten Packmittel die Aseptikanlage. Dabei wird die Anzahl der lebensfähigen Sporen vor und nach dem Passieren der Entkeimungsvorrichtung bestimmt und aus der Differenz der Keimzahl die Abtötungsrate ermittelt. Beim Endpunkttest werden die Packmittel zwar ähnlich wie beim Keimreduktionstest mit Testkeimen künstlich beimpft, allerdings aber in drei abgestuften Keimbelastungen, die sich jeweils um eine Zehnerpotenz unterscheiden. Der Hauptunterschied zum Keimreduktionstest liegt darin, dass beim Endpunkttest die künstlich verkeimten Verpackungen mit einem auf den Testkeim abgestimmten sterilen Nährmedium gefüllt und nach einer Bebrütungsphase nur die Anzahl unsteriler Packmitteleinheiten ermittelt wird. Der Endpunkttest liefert über den Wirkungsgrad der Packstoffsterilisation hinaus Aussagen über den gesamten Prozess von der Produkt-Zuführung und Abfüllung bis hin zum rekontaminationsfreien Verschließen der Verpackung.

Für den Keimreduktionstest empfiehlt es sich, mindestens 25 Packmitteleinheiten pro Bahn mit einer Ausgangskeimzahl von mindestens 10^5 Sporen des Testkeims zu beaufschlagen. Zur Bestimmung der Ausgangskeimzahl werden fünf künstlich verkeimte Packmitteleinheiten angesetzt. Das Einbringen der verkeimten Packmitteleinheiten in die Abfüllmaschinen bei einer mehrbahnigen Maschine auf alle zu prüfenden Bahnen ergibt dann die Möglichkeit, auch einen Unterschied zwischen den einzelnen Packstraßen zu erhalten. Bei der Durchführung des Testlaufes sollten die beimpften Packmittel mit 25 % der Nennfüllmenge oder weniger mit steriler, auf Raumtemperatur abgekühlter Magermilch oder einer sterilen, pipettierbaren, filtrierbaren Flüssigkeit befüllt werden. Falls beim Testlauf eine sterile Abfüllung nicht möglich ist, so müssen unmittelbar beim Verlassen der Maschine die Becher der mikrobiologischen Untersuchung unterzogen werden. Durch Kalkulation der logarithmierten Ausgangskeimzahl, von der die logarithmierte Endkeimzahl abgezogen wird, ergibt sich der so genannte Reduktionsfaktor, der, wie vorher gesagt, bei 10^4 log liegen sollte. Im Endpunkttest werden 100 für den Versuch ausgewählte Packmitteleinheiten mit einer Keimzahl von 10^2, 10^3 und 10^4 bereitgestellt, wobei die Aufbringung der Sporen durch Tropfen erfolgt. Auch hier kann die Ausgangskeimzahl mit der erzielten Endreduktionszahl in Relation gesetzt werden und dadurch die Effizienz der Maschinen geprüft werden. Durch die Erstellung eines ausführlichen Prüfberichtes, der die Maschinenparameter, die Taktzahl der Maschinen, das verwendete Sterilisationsmittel für die Packmittelbehandlung enthält, können Aussagen über die Effizienz der Maschine gemacht werden.

3.4.3 Prüfung von Aseptikanlagen/Entkeimung des Sterilbereiches des Maschineninnenraumes

Mit einem Merkblatt Nr. 8 vom Juli 2003 wurde zur Prüfung des Maschineninnenraumes eine Arbeitsanweisung erarbeitet. Gegenstand des Merkblattes ist die Überprüfung des mikrobiologischen Wirkungsgrades von Vorrichtungen zur Entkeimung des Sterilbereiches des Maschineninnenraumes einer aseptisch arbeitenden Abfüllmaschine. Es handelt sich hierbei um einen so genannten Challengetest, der die künstliche Verkeimung des Sterilbereiches des Maschineninnenraumes beinhaltet. Ausgangspunkt der Prüfung ist die erfolgreich durchgeführte Reinigung der Maschine. Nach Erfolg der künstlichen Verkeimung des Sterilbereiches des Maschineninnenraumes wird das Entkeimungsprogramm der Abfüllmaschine gestartet und nach dessen Abschluss die Anzahl der überlebenden Keime bestimmt. Auch hier wird die Entkeimungsleistung in so genannten Keimreduktionsraten angegeben. Unter dem Sterilbereich des Maschineninnenraumes wird derjenige Bereich der Maschine verstanden, der nach erfolgter Entkeimung keimfrei gehalten werden muss, um eine Rekontamination des sterilen Produktes während der Abfüllung zu verhindern. Als Testkeim für die Überprüfung von Entkeimungsvorrichtungen empfiehlt sich auch hier *Bacillus subtilis*. Die Kontamination bzw. künstliche Verkeimung eines Keimträgers, z.B. Aluminiumstreifen, erfolgt durch Auftropfen mit *Bacillus subtilis* SA 22 bei Verwendung von Peroxid als Entkeimungsmittel oder *Bacillus stearothermophilus*, wenn es sich um Entkeimung mit Wasserdampf handelt. Auch bei Entkeimung mittels Peressigsäure empfiehlt sich *Bacillus subtilis* oder *Aspergillus niger*. Beides müssen ATCC-Stämme sein. Das Prüfverfahren ist eine Prüfung durch Einkleben von Keimträgern in den Sterilbereich der Maschinen, und zwar an relevanten Stellen. Dabei können es fünf Produktionsstellen sein, aber auch vierzig Stück, wobei unterschieden wird, ob man auf einem Keimträger drei verschiedene Keimdichten aufbringt (10^5, 10^4, 10^3) oder hierfür einzelne Keimträger einsetzt. Nach erfolgter Entkeimung der Maschine werden die Teststreifen steril aus der Maschine entnommen und in eine Nährbouillon auf überlebende Keime geprüft. Das Prüfergebnis gibt dann wieder, bei welcher Keimdichte Sterilität erzielt wurde oder nicht.

3.4.4 Überprüfung des Peroxidgehaltes

Auch hierzu wurde ein Merkblatt des VDMAs 1/2000 vom 19.09.2000 entwickelt. Es gibt zwei einfache Methoden:

Entweder wird mithilfe eines Teststäbchens der Fa. Merck mit der Bezeichnung Merckoquant 10011 gearbeitet. Die Prüfprozedur gestaltet sich wie folgt: In einem von der Maschine versiegelten Leerbecher werden 10 ml destilliertes

Wasser durch Anheben der Platine hineingegeben, dann gut geschüttelt, das Teststäbchen eine Sekunde in diese Flüssigkeit eingetaucht und nach 15 Sekunden mit der mitgelieferten Farbskala verglichen. Angabe des Wertes als ppm/H_2O_2 in der Prüflösung, in diesem Fall 10 ml.

Die andere Methode arbeitet mit den CHEMets Peroxidtestcards 5510. Die Firma ist eine amerikanische Firma, die ein Testgrundset liefert, bestehend aus einer Farbskala von 0–1 ppm oder 1–10 ppm, inklusive Messzylinder für 25 ml und Einmal-Ampullen. Die Prüfprozedur gestaltet sich wie folgt:

25 ml destilliertes Wasser wird in jeden versiegelten leeren Becher durch Anheben der Platine hineingegeben. Becher gut durchschütteln, anschließend das Wasser in den Messbecher des Testkits umfüllen. Verschlossene Reaktionsampulle in eine der Vertiefungen am Boden des Messbechers einfüllen und die Ampulle durch Seitwärtsbewegung öffnen. Ampulle füllt sich selbstständig mit Flüssigkeit. Ampulle mehrmals stürzen und anschließend Ampulle unverzüglich mit einer der mitgelieferten Farbskalen vergleichen und den Wert ablesen. Angabe des Wertes als ppm/H_2O_2 in 25 ml Lösung. Durch Umrechnen auf das Gesamtvolumen des Bechers oder der Flasche kann dann der Gesamtgehalt an Peroxid pro Flasche angegeben werden.

Literatur

1. SALO, S.; LAINE, A.; ALANKO, T.; SJÖBERG, A.M.; WIRTANEN, G.: Validation of the microbiological methods Hygicult Dipslide contact plate and swabbing in surface hygiene control: A nordic collaborative study, J. AOAC Int. 38, 1357-1365, 2000
2. Checkliste „Qualitätssicherung und Wartung für aseptische Verpackungsmaschinen für die Nahrungsmittelindustrie“: Verpackungsrundschau 7 + 9, 38-42 und 52-55, 1997

4 Beurteilungskriterien

Einige Kriterien für die Beurteilung sind in der nachfolgenden Tabelle enthalten.

Tab. IX.4-1: Mikrobiologisches Beurteilungsschema für Kontrollen in einem Lebensmittelbetrieb

A. Abstrichkontrolle: Beurteilung nach erfolgter Reinigung und Desinfektion

Angabe der Anzahl bestimmter Mikroorganismen auf Nährböden					
Probenbezeichnung	Plate-Count-Agar 3 Tage, 25 °C	Hefeextrakt-Glucose-Chloramphenicol-Agar 3 Tage, 25 °C		VRBD-Agar 20 h, 30 °C	Befund
	Keimgehalt*	Hefen*	Schimmel*	Enterobacteriaceen*	
Reinigungskontrolle der apparativen Einrichtungen (Wischermethode)	1–50	0	1–10	0	gut
	51–200	1–30	11–30	0	ausreichend
Letztes Spülwasser von apparativen Einrichtungen nach Reinigung und Desinfektion	1–50	1–2	1–2	0	gut
	51–100	3–5	3–5	0	ausreichend
Desinfektionsmittellösung zum Aufbewahren best. Utensilien	0	0	0	0	gut
	0	0	1–10	0	ausreichend

* pro abgestrichener Fläche bzw. pro Abstrich

In der Regel wird das Ergebnis auf die gesamte abgestrichene Fläche bezogen. Häufig sind dies 20 cm^2; aber es kann auch ein ganzes Hahnküken sein oder ein Dichtungsring.
Bewährt hat sich folgendes Verfahren: Aufnahme und Ausschütteln des Wischers oder Tupfers in 10 ml Pepton-Kochsalzlösung. Von dieser Suspension werden jeweils 1 ml als Gusskultur mit Plate-Count-Agar, VRBD-Agar und YGC-Agar vermischt und bei optimaler Temperatur bebrütet. Die gefundenen Keimzahlen werden mit 10 multipliziert und das Ergebnis pro Abstrich angegeben.

B. Luftplatten

Angabe der Anzahl Kolonien auf den mit Nährboden beschickten Sedimentations-Platten				
Probenbezeichnung	Plate-Count-Agar-3 Tage, 25 °C	Hefeextrakt-Glucose-Chloramphenicol-Agar 3 Tage, 25 °C		Befund
	Keimgehalt	Hefen	Schimmel	
Luftgehalt der Fabrikationsräume	1–50	1–2	1–4	gut
	51–100	3–6	5–10	ausreichend

Anmerkungen zu Tab. IX.4-1:

Für die bakteriologische Beurteilung sämtlicher Proben gelten allgemein die Bezeichnungen sehr gut; gut; ausreichend; zu beanstanden; schlecht.

Im Beurteilungsschema sind die Bezeichnungen wie „sehr gut" (für Proben mit 0 Keimen auf den einzelnen Nährböden), „zu beanstanden" (für Proben, die die festgelegten Keimzahlgrenzen der einzelnen Nährböden für die Beurteilung „ausreichend" überschreiten) und „schlecht" (für Proben, bei denen über 500 Hefen und Schimmel nachgewiesen wurden) nicht aufgeführt.

Literatur

1. ABDOU, M.: Luftkeimsammler RCS, Pharm. Ind. 42, 3, 291-296, 1980
2. AUMANN, K.: Diplomarbeit Kiel 1992, Beurteilung des Reinigungserfolges von Zirkulations- und Kochenwasserreinigung
3. BAUMGART, J.: Empfehlenswerte mikrobiologische Methoden zur Überwachung der Betriebshygiene, Schriftenreihe Schweizerische Gesellschaft für Lebensmittelhygiene (SGLH) Heft 5, S. 13-20, 1976
4. BAUMGART, J.: Möglichkeiten und Grenzen moderner Schnellverfahren zur Prozeßkontrolle von Reinigungs- und Desinfektionsverfahren, Zbl. Hyg. 199, 366-375, 1996
5. COLE, E.C.; RUTALA, W.A.: Desinfectant testing using a modified use – dilution method: Collaborative Study, J. Assoc. Off. Anal. chem. 71, 1187-1194, 1988
6. DIN 10113-1-3: Bestimmung des Oberflächenkeimgehaltes auf Einrichtungs- und Bedarfsgegenständen, 1996
7. DÜRR, P.: Luftkeimindikation bierschädlicher Bakterien, Brauwelt 123, 39, 1652-1659, 1983
8. EXNER, M.; KRIZEK, L.: Die Erfassung von luftgetragenen Mikroorganismen in Räumen mit hohen Anforderungen an die Keimarmut, Ärztl. Lab. 27, 79-86, 1981
9. GIQUEL, G.: Hygiene monitoring, Bios vol. 20 n°, 12, 1989
10. HECKER et al.: Bestimmung der Luftkeimzahl im Produktionsbereich mit neueren Geräten, Pharm. Ind. 53, 5, 496-503
11. HÖRGER, G.: Schnelle Hygienekontrolle, Deutsche Milchwirtschaft 18, 569-571, 1992

12. Hygiene Monitoring Workshop, 1. Nov. 1991, Lumac BV
13. LINDHOLM, I.M.: Comparison of methods for quantitative determination of airborne bacteria and evaluation of total viable counts, Appl. Environ. Microbiol. 44, 179-183, 1982
14. LOUWERS, J.; KLEIN, G.: Eignung von Probeentnahmemethoden zur Umgebungsuntersuchung in fleischgewinnenden und -verarbeitenden Betrieben mit EU-Zulassung, Berl. Münch. Tierärztl. Wschr. 107, 367-373, 1994
15. ORTH, R.; STEIGERT, M.: Hygienekontrolle – Praxiserfahrung mit der ATP-Biolumineszenzmethode zur Kontrolle des Hygiene-Zustandes nach Reinigung in einem Fleischzerlegebetrieb, Fleischw. 76, 40-41, 1996
16. PITTEN, F.A.; WACHEROW, R.; KRAMER, A.: Vergleich des Abscheidevermögens von zwei Impaktions-Luftkeimsammelgeräten und Schlußfolgerungen für die Anwendungsbreite, Hyg Med 22. Jahrg. 1997, Heft 10
17. PITZURRA, M.; SAVINO, A.; PASQUARELLA, C.; POLETTI, L.: A new method to study the microbial contamination on surfaces, Hyg Med 22, 77-92, 1997
18. POGGEMANN, H.-M.; BAUMGART, J.: Hygienemonitoring durch ATP-Bestimmung mit dem System HY-LITE^{TM}, Fleischw. 76, 132-133, 1996
19. REISS, J.: Der Einsatz des Luftkeimsammlers RCS bei lebensmittelhygienischen Untersuchungen, Archiv für Lebensmittelhygiene 32, 2, 50-51, 1981
20. SCOTT, E.; BLOOMFELD, S.F.; BARLOW, C.G.: A comparison of contact plate calcium alginate swab techniques for quantitative assessment of bacteriological contamination of environmental surfaces, J. appl. Bact. 56, 317-320, 1984
21. SNIJDERS, J.M.A.; JANSSEN, M.H.W.; GERATS, G.E.; CORSTIAENSEN, G.P.: A comparative study of sampling techniques for monitoring carcass contamination. Int. J. Food Microbiol. 1, 229-236, 1984
22. ZSCHALER, R.: Die Praxis der Hygiene fester Oberfläche in Industrie und Haushalt, Tenside Detergens 4, 190-192, 1979

X Medien/Sammlungsstätten für Mikroorganismenkulturen

1 Medien

1.1 Lieferfirmen

Die Medien sind in alphabetischer Reihenfolge aufgeführt. Soweit keine Veränderungen in der Zusammensetzung gegenüber Handelsprodukten erfolgten, werden nur die Handelsnamen aufgeführt. Auf die Angabe der Lieferfirmen wird weitgehend verzichtet. Die angegebenen Handelsprodukte sind z. B. bei folgenden Firmen erhältlich, wobei nicht jede Firma alle Medien anbietet:

Fa. AES Laboratoire
Fa. Becton Dickinson (BBL)
Fa. Biolife
Fa. bioMérieux
Fa. Bio-Rad
Fa. Biotest
Fa. Difco
Fa. Dr. Möller & Schmelz
Fa. Gibco
Fa. Mast Diagnostica
Fa. Merck
Fa. Oxoid
Fa. Sartorius

Medien, die als Fertigprodukte unter der angegebenen Bezeichnung im Handel erhältlich sind, werden nicht nochmals aufgeführt. Vermerkt sind nur solche Medien, die bei verschiedenen Herstellern unter unterschiedlichen Bezeichnungen angeboten werden. Verwiesen sei auf Handbücher und Produktangaben der Medienlieferanten sowie besonders auf ausführliche Zusammenstellungen bewährter und beschriebener Medien (ATLAS, 1995, CORRY et al. 1995).

1.2 Medienkontrolle: Aufbewahrung von Trockenmedien, Verarbeitung, Lagerung, Wachstumskontrolle

Im Rahmen einer Qualitätssicherung ist eine interne Qualitätskontrolle notwendig (CORRY, 1998). Die Kontrolle der Nährstoffe, Substrate und Trockenmedien übernehmen die Hersteller. Hierfür gelten Pharmakopoen (1987, 1989, 1993). Aus Einzelsubstanzen hergestellte Medien sind häufiger mit Fehlermöglichkeiten belastet als solche aus Trockenmedien. Es sollte die Regel gelten, dass keine Trockennährmedien und kein aus Einzelsubstanzen hergestelltes Medium verwendet wird, das nicht kontrolliert ist. Die Kontrolle der Medien mit geeigneten Kontrollstämmen ist zu protokollieren (POTUZNIK et al., 1987, WEENK et al., 1992, CORRY et al., 1992).

Routine-Qualitätskontrolle von Medien

Zu überprüfen ist jede Charge (= eine Einheit, deren Herkunft zurückverfolgt werden kann) und jeder Ansatz aus einem Trockenmedium, bei dem Zusätze erfolgen (z. B. Eigelbemulsion, Antibiotica, Kohlenhydrate). Eine Wiederholung der Chargenprüfung empfiehlt sich am Ende der Haltbarkeitsdauer.

Prüfkriterien

- Schichtdicke
- Farbe, Klarheit, Homogenität
- Gelstabilität
- Aussehen
- pH-Wert
- Wachstumskontrolle

Aufbewahrung von Trockenmedien

Beim Erhalt von Trockenmedien sollten der Verschluss und das Aussehen des Inhalts kontrolliert und die Haltbarkeitsdauer in den Unterlagen notiert werden. Alle Trockenmedien sind in trockenen Räumen (nicht im Kühlschrank) aufzubewahren und vor starken Temperaturschwankungen, Lichteinwirkung und Eindringen von Feuchtigkeit zu schützen.

Wenn ein Behälter erstmals geöffnet wird, ist das Datum zu notieren. Medien, bei denen während der Lagerung Verfärbungen oder Verklumpungen auftreten, sind zu verwerfen.

Verarbeitung von Trockenmedien

Der genau abgewogenen Menge des Mediums (das Abwiegen des Trockenmediums sollte mit Mund-Nasenschutz erfolgen, besonders wenn toxische Substanzen enthalten sind) wird zur Hälfte die erforderliche Wassermenge zugesetzt (Verwendung von A. dest. oder Wasser gleicher Güte). Erfolgt die Wassergewinnung über Ionenaustauscher, so sollte der Mikroorganismengehalt kontrolliert werden. Die Aufbewahrung des Wassers erfolgt in Behältern aus inertem Material (Glas oder Polyethylen). Die benutzten Erlenmeyerkolben müssen so groß sein, dass das Medium gut umgeschüttelt werden kann. Das Volumen sollte etwa 2,5-mal so groß sein wie der Ansatz selbst. Erst nachdem die Mediensuspension durch Schütteln gut gemischt ist und die Innenwände des Kolbens abgespült sind, wird die restliche Wassermenge zugegeben. Agarhaltige Medien sollten erst 15–20 min quellen, bevor man sie bis zum vollständigen Auflösen erhitzt. Die vollständige Auflösung der Partikel ist daran zu erkennen, dass beim Umschütteln keine Partikel an der Innenseite des Kolbens haften. Die Kontrolle des pH-Wertes und eine eventuelle Korrektur sollten vor dem Sterilisieren erfolgen, so dass der erforderliche Wert (±0,2) nach dem Ausgießen des sterilisierten Mediums in Platten bei 25 °C erreicht wird (Kontrollmessung des Mediums in der Petrischale bei 25 °C). Die Einstellung des pH-Wertes erfolgt mit NaOH (ca. 40 g/≅ 1 mol/l) oder HCl (ca. 36,5 g ≅ 1 mol/l). Die Sterilisation erfolgt normalerweise im Autoklaven bei 121 °C. Eine Temperaturkontrolle im Autoklaven wird mit Indikatorpapier vorgenommen. Das sterilisierte Medium wird im Wasserbad auf 47 °C ±2 °C abgekühlt und in Platten ausgegossen (bei Gusskulturen muss das Medium auf 45 °C ± 1 °C abgekühlt werden). Die Agarschicht sollte in der Schale mindestens 2 mm betragen (für Schalen mit einem Durchmesser von 90 mm sind etwa 15 ml Medium erforderlich). Wird das Medium in Flaschen aufbewahrt und soll es verflüssigt werden, so erfolgt dies im kochenden Wasserbad. Nährmedien für mikroaerophile und anaerobe Züchtungen sollten immer frisch zubereitet werden. Ist eine Aufbewahrung von Medien für die anaerobe oder mikroaerophile Züchtung erforderlich, so hat dies in der erforderlichen Gasatmosphäre zu erfolgen.

Lagerung zubereiteter Medien

Die Lagerung soll dunkel und kühl erfolgen. Die mit dem Herstellungsdatum codierten Medien können bis zu 7 Tage aufbewahrt werden, wenn sie in einem Kunststoffbeutel verpackt werden. Um Kondenswasserbildung zu verhindern, sollten die Schalen vor dem Verschließen der Kunststoffbeutel gekühlt werden. Im Kühlraum aufbewahrte Medien sind vor dem Gebrauch mindestens auf Raumtemperatur zu bringen bzw. bei einer Temperatur zwischen 25 °C und 50 °C kurz vorzutrocknen (Deckel abnehmen, mit Agarfläche nach unten), bis die Tropfen auf der Oberfläche verdunstet sind. Spezifische Lagerzeiten für zubereitete Medien werden von den Herstellern angegeben.

Bebrüten der Medien

Möglichst nicht mehr als 6 Petrischalen übereinander stellen. Größere Volumina flüssiger Medien, wie Voranreicherungen und Anreicherungen, sollten vor der Beimpfung auf die erforderliche Bebrütungstemperatur erwärmt werden.

Wachstumskontrolle

Von jeder Charge (= eine Einheit, deren Herkunft zurückverfolgt werden kann) und von jeder Kochung (bei Zusätzen von Eigelb, Antibiotica usw.) ist eine Routine-Qualitätskontrolle durchzuführen. Diese kann halbquantitativ mit einer Gebrauchskultur erfolgen oder direkt mit dem Referenzstamm. Praktikabel sind z.B. Culti-Loop's (Oxoid), an Plastikösen adsorbierte Referenzkulturen (ATCC- oder DSM-Stämme) bzw. MAST QC-Sticks™ (Merck Eurolab).

Definitionen

(Mikrobiologie der Lebens- und Futtermittel – Richtlinie für die Qualitätssicherung und Leistungsprüfung von Nährmedien – Teil 1: Allgemeine Richtlinien für die Qualitätssicherung von Nährmedien in Laboratorien [prENV ISO 11133-1, Schlussentwurf März 1999])

- Referenzstamm: Mikroorganismen mit beschriebenen und katalogisierten Eigenschaften (z.B. ATCC, DSM)
- Referenz-Stammkultur: Eine Charge von Behältern mit Keimen, die durch eine einzige Vermehrung von einem Referenzstamm gewonnen wurden
- Stammkultur: Aufbewahrte Subkultur einer Referenz-Stammkultur (Lagerung auf Glas- oder Keramikperlen, Aufbewahrung bei –70 °C bis –80 °C oder als Lyophilisate)
- Gebrauchskultur: Subkultur einer Stammkultur (Entnahme von 1–2 Glas-/Keramikperlen der tiefgefrorenen Mikroorganismen mit einem sterilen Instrument)

Gebrauchskulturen und Subkulturen einer Gebrauchskultur dürfen für Wachstumskontrollen nur einmal verwendet werden.

Kontrolle fester Medien

Auf festen Medien wird mit einer Öse die Reinkultur (DSM- oder ATCC-Stamm), die über Nacht angezüchtet wurde, ausgestrichen (halbquantitative Technik in 4 Quadranten einer Petrischale nach MOSSEL et al., 1983 und WEENK, 1992) oder es wird ein quantitativer Vergleich mit der Spiralplatten-Methode durchgeführt.

Eine Validierung kann auch mittels definierter Keimzahlen erfolgen, z.B.: QUANTI-CULT, Fa. Oxoid oder Creatogen Biosciences.

Beim Einsatz von Fertigplatten wird der Aufwand einer Überprüfung wesentlich reduziert.

Kontrolle flüssiger Medien

Ziel der Kontrolle sind die Überprüfung einer optimalen Förderung von Mikroorganismen oder ein Nachweis der Selektivität.

Gut geeignet sind nach Beimpfungen mit einer Reinkultur Trübungsmessungen oder Messungen der elektrischen Leitfähigkeit. In der Praxis kann die „Übernachtkultur" auch in der zu überprüfenden Bouillon verdünnt werden (bis ca. 10^{-12}). Der Titer, d.h. die höchste positive Verdünnung, wird notiert. Vielfach ergibt allein die Trübungsbeurteilung mit dem Auge ausreichende Bewertungsgrundlagen (WEENK, 1992).

Literatur

1. ATLAS, R.M.: Handbook of microbiological media for the examination of food, CRC Press, Inc., Boca Raton, Florida, USA, 1995
2. CORRY, J.E.L., CURTIS, G.D.W., BAIRD, R.M.: Culture media for food microbiology, Elsevier Verlag, Amsterdam, 1995
3. CORRY, J.E.L.: Laboratory quality assurance and validation of methods in food microbiology, Int. J. Food Microbiology 45, 1-84, 1998 (Special issue ed. by Janet E.L. Corry)
4. MOSSEL, D.A.A., BONANTS-VAN LAARHOVEN, T.M.G., LICHTENBERG-MERKUS, A.M.T., WERDLER, M.E.B.: Quality assurance of selective culture media for bacteria, moulds and yeasts: an attempt at standardisation at the international level, J. appl. Bact. 54, 313-327, 1983
5. POTUZNIK, V., REISSBRODT, R., SZÍTA, J.: Bakteriologische Nährmedien für die Medizinische Mikrobiologie, VEB Gustav Fischer Verlag, Jena, 1987
6. WEENK, G.H.: Microbiological assessment of cultur media: comparison and statistical evaluation of methods, Int. J. Food Microbiol. 17, 159-181, 1992
7. WEENK, G.H., V. D. BRINK, J., MEEUWISSEN, J., VAN OUDENALLEN, A., VAN SCHIE, M., VAN RIJN, R.: A standard protocol for the quality control of microbiological media, Int. J. Food Microbiol. 17, 183-198, 1992
8. N.N.: Pharmacopoeia of Culture Media for Food Microbiology, Int. J. Food Microbiol. 5 (3), 1987
9. N.N.: Pharmacopoeia of Culture Media for Food Microbiology – Additional Monographs, Int. J. Food Microbiol. 9 (2), 1989
10. N.N.: Pharmacopoeia of Culture Media for Food Microbiology – Additional Monographs (II), Int. J. Food Microbiol. 17 (3), 1993
11. N.N.: Microbiology of food and animal feeding stuffs – Guidelines on quality assurance and performance testing of culture media – Part 1: Quality assurance of culture media in the laboratory, CEN/TC 275/WG 6, 1997
12. N.N.: Kulturmedien für die Mikrobiologie – Leistungskriterien für Kulturmedien, Entwurf DIN 12322, Mai 1996

2 Sammlungsstätten für Mikroorganismen-kulturen

American Type Culture Collection (ATCC), 12301 Parklawn Drive, Rockville/Md. 20852 (USA): Lieferbar, z.T. als verbilligte „Preceptol"-Stämme, sind Kulturen zahlreicher Arten von Bakterien, Bakteriophagen, Viren, Pilzen, Protozoen und Algen. Vertrieb in Europa: LGC, Reference Materials, Queens Road, Teddington, Middlesex TW 11 OL4, UK, E-mail: atcc@lgc.co.uk

Centraalbureau voor Schimmelcultures, 3508 AD Utrecht (Niederlande): Sammlung von Schimmelpilzstämmen und Identifizierung von Schimmelpilzen und Hefen.

Centraalbureau voor Schimmelcultures (Hefeabteilung), Julianalaan 67a, Delft (Niederlande).

Centre International de Distribution de Souches et d'Information sur les Types Microbiens, Rue César Roux 19, CH 1000 Lausanne (Schweiz).

Collection de l'Institut Pasteur Paris, 25 Rue du Docteur Roux, 75724 Paris, Cedex 15: Sammlung von Bakterienstämmen.

Deutsche Sammlung von Mikroorganismen und Zellkulturen GmbH (DSMZ), Mascheroder Weg 1b, 38124 Braunschweig: Sammlung von Bakterien, Pilzen und Hefen.

Forschungsinstitut für Mikrobiologie im Institut für Gärungsgewerbe und Biotechnologie Berlin, Seestr. 13, 13353 Berlin: Sammlung von Hefen und Hyphenpilzen.

Institut für Experimentelle Epidermiologie Wernigerode, Burgstr. 37, 38855 Wernigerode (Harz): Sammlung für

- S. aureus (verschiedene Lysotypen und Standortvarietäten)
- S. sonnei, S. flexneri, S. Typhi, S. Paratyphi B, S. Typhimurium
- Enterobacteriaceae (meist E. coli) mit Referenzplasmiden für die verschiedenen Inkompatibilitätsgruppen, Resistenz- und Virulenzfunktionen sowie für Molekulargrößen.

Institut für Hygiene der Bundesanstalt für Milchforschung Kiel, Hermann-Weigmann-Str. 1, 24103 Kiel: Sammlung von Streptokokkenstämmen.

Institut für Medizinische Mikrobiologie und Immunologie der Universität Bonn, Sigmund-Freud-Str. 25, 53127 Bonn: Sammlung von Lysotypstämmen von

- S. aureus
- S. Typhi, S. Paratyphi B und S. Typhimurium

National Collection of Type Cultures (NCTC) im Central Public Health Laboratory, 61 Colindale Avenue, London NW9 5HT (England): Sammlung von Bakterienstämmen.

Nationale Salmonella-Zentrale am Robert-Koch-Institut Berlin, Nordufer 20, 13353 Berlin: Sammlung von Salmonellen, Shigellen u.a. Enterobacteriaceen.

Statens Seruminstitut Kopenhagen, Amager Boulevard 80, DK-2300 Kopenhagen S (Dänemark): Sammlung von Enterobacteriaceae

WHO Collaborating Center for Virus Reference and Research, Statens Seruminstitut, DK-3200 Kopenhagen S.

Nationales Referenz-Labor für Clostridien, Northäuser Str. 74, 99089 Erfurt.

XI Glossar

A

Abklatschverfahren/Agarkontaktverfahren

Methode zur Feststellung der Oberflächenbesiedlung von Lebensmitteln oder Bedarfsgegenständen oder zur Beurteilung des Reinigungs- und Desinfektionserfolges, aber auch zur Hygieneüberwachung des Personals.

Abstrichverfahren/Wischerverfahren/Tupfermethode

Aus der Medizin übernommene Methode zur Prüfung der Keimbelastung an schwer zugänglichen Stellen, z. B. bei Maschinenteilen, Verschraubungen von Rohrleitungen, Rohrinnenwänden, Dichtungen usw.

Adhärenz

Die Fähigkeit von Bakterien, sich an Oberflächen anzuheften.

Aerobier

Mikroorganismus, dessen Stoffwechsel Luftsauerstoff benötigt und zwar immer und unbedingt oder nur unter bestimmten Bedingungen (obligate bzw. fakultative Aerobier).

Aerosol

In luftgetragenen Wassertröpfchen suspendierte Partikel.

Aerotolerant

Bezeichnung für Anaerobier, die durch O_2 nicht gehemmt werden.

Agar(-Agar)

Schwefelhaltiges Polysaccharid (Pflanzenschleim) ostasiatischer Rotalgen (*Euchema, Gelidium, Gracilaria* u. a.), das seit ROBERT KOCH als Geliermittel für Nährböden in der Mikrobiologie verwendet wird. Im Gegensatz zu Gelatine wird es von auf dem Festland vorkommenden Mikroorganismen nicht rasch abgebaut (verflüssigt). Zur Verfestigung wird 1,5–3 % Agar den Nährlösungen zugesetzt. Beim Autoklavieren „schmilzt" die Substanz (etwa ab 95 °C) und beim Abkühlen geliert sie etwa ab 43 °C wieder. In handelsüblichen Fertignährböden ist Agar bereits enthalten. Hochgereinigter Agar ist praktisch stickstofffrei, was für manche Untersuchungen wichtig ist.

Agarblockmethode

Mikrokulturmethode, die Einsatz findet bei der Identifizierung von Pilzen. Ein quadratisches Blöckchen Nähragar, 6 × 6 mm und ~2 mm dick, wird ausgeschnitten, unter sterilen Bedingungen auf einen Objektträger gelegt und auf den vier Seiten beimpft. Der Block wird mit einem Deckglas abgedeckt und in einer Petrischale mit etwas Wasser (feuchter Kammer) auf 2 Glasstäbchen bebrütet. Von Zeit zu Zeit wird der Objektträger entnommen und mikroskopisch die Ausbildung typischer Organe (Konidiophoren usw.) beobachtet und vermessen.

Agglutination

Reaktion zwischen einem Antikörper und einem an ein Partikel (z. B. Latex) gebundenen Antigen, die zu einer sichtbaren Verklumpung der Partikel führt.

Amtliche Methoden

Das „Bundesgesundheitsamt" veröffentlicht seit 1975 amtliche Prüfmethoden für Lebensmittel, wozu es laut § 35 LMBG verpflichtet wurde. Diese „Amtliche Sammlung von Untersuchungsverfahren nach § 35 LMBG" wird laufend ergänzt und um neue Methoden erweitert, die sich in Ringversuchen bewährt haben.

Anabolismus

Aufbau von Körpersubstanz unter Verbrauch von beim Katabolismus gewonnener Energie. Kata- und Anabolismus machen zusammen den Metabolismus aus.

Anaerobier

Mikroorganismus, dem eine Substanz wie SO_2^- oder NO_3^- anstelle von O_2 als terminaler Elektronenakzeptor dient und dessen Wachstum durch Sauerstoff gehemmt werden kann.

Anlauf- oder Lag-Phase

Zeitraum vor dem exponentiellen Wachstum, in dem Zellen zwar Stoffwechsel betreiben, aber noch nicht wachsen.

Anreicherungsverfahren

Gesuchte Mikroorganismen, z. B. Lebensmittelvergifter, sind meist nur in geringer Zahl zwischen einer mannigfaltigen, zahlenmäßig weit überlegenen Begleitflora enthalten. Durch Auswahl geeigneter, meist flüssiger Selektivmedien gelingt es u. U., die gesuchten Mikroorganismen zu „begünstigen" und die Begleitorganismen zu hemmen, so dass es zu einer Anreicherung der ursprünglich unterlegenen Art, Gattung oder Gruppe kommt. Sie kann dann mithilfe eines spezifischen Differenzialnährbodens nachgewiesen werden.

Antibiotika

Niedermolekulare (relative Molekülmasse unter 2.000) Stoffwechselprodukte von Mikroorganismen produziert, die in geringer Konzentration (< 200 µg pro ml) andere Mikroorganismen (Bakterien) in ihrem Wachstum hemmen oder abtöten.

Antibiotikaresistenz

Fähigkeit von Mikroorganismen, durch Synthese von bestimmten Stoffen die Wirkung von Antibiotika aufzuheben (z.B. das Enzym Penicillinase spaltet Penicillin und macht es damit unwirksam). Antibiotikaresistenzgene werden häufig als selektive Marker für den Nachweis von Vektoren verwendet.

Antigen

Körperfremde Moleküle, welche die Bildung von Antikörpern im Organismus induzieren können. Jedes Antigen kann mehrere verschiedene Epitope (Antigendeterminanten) oder auch mehrere identische Epitope besitzen.

Antikörper

Körpereigene Proteine (Immunglobuline), die im Verlauf einer Immunantwort von den B-Lymphozyten gebildet werden. Sie erkennen in den Körper eingedrungene Fremdstoffe (z.B. Bakterien) und machen diese unschädlich.

Antimikrobielles Agens

Eine Chemikalie, die Mikroorganismen tötet oder ihr Wachstum hemmt.

Antiserum

Zellfreie, flüssige Phase des geronnenen Blutes, die Antikörper verschiedener Spezifität und andere Serumproteine enthält.

Antitoxin

Ein Antikörper, der spezifisch mit einem Toxin reagiert und es neutralisiert.

Archaea (früher Archaebakterien, Singular: Archaeon)

Eine Gruppe verwandter Prokaryonten, die sich von den Bacteria unterscheiden.

Art (Spezies)

Im mikrobiologischen Sinn eine Anzahl von Organismen, die wichtige Eigenschaften gemeinsam haben, sich aber in einer oder mehreren Eigenschaften unterscheiden.

Ascosporen

Meiosporen (Gonosporen) der Schlauchpilze (Ascomyceten) entstehen nach einer Reduktionsteilung im Ascus (Sporenschlauch) und dienen der Vermehrung;

meist werden 8, seltener 4, 16 oder mehr Ascosporen im Ascus ausgebildet. Sie können sich artspezifisch unterschiedlich entwickeln und sind außerordentlich vielgestaltig. Unterscheidungsmerkmale sind Form, Größe, Färbung, eine Ausbildung von Schleimhüllen, schleimigen Anhängseln oder Wandmustern auf den Ascosporen.

Aseptische Technik

Methoden, um sterile Kulturmedien und andere sterile Objekte während des Gebrauchs frei von mikrobieller Kontamination zu halten. Auch spezielle Lebensmittel oder Pharmaprodukte werden unter aseptischen Bedingungen hergestellt.

Atmung

Prozess, bei dem eine Verbindung oxidiert wird und O_2 oder ein O_2-Ersatz als terminaler Elektronenakzeptor dient; meist wird er von ATP-Synthese durch oxidative Phosphorylierung begleitet.

ATP

Adenosintriphosphat, das wichtigste energiespeichernde Molekül der Zelle.

Ausbruch

Auftreten einer großen Zahl von Krankheitsfällen innerhalb einer kurzen Zeit.

Autoklav

Dampfdrucksterilisator. Ein in Labor und Industrie verwendetes, luft- und dampfdicht verschließbares, starkwandiges Metalldruckgefäß mit eingebautem Thermometer. Laborgeräte, Instrumente und Nährmedien werden vor der Nutzung bei 121 °C für 15–20 min sterilisiert. Die Sterilisationszeit hängt von der Art und Menge der Kulturflüssigkeit, dem Vorhandensein von Sporen, der Behältergröße und der Konsistenz des Sterilisiergutes ab. Die Sterilisationswirkung eines Autoklaven muss regelmäßig mit Endosporen von *Bacillus stearothermophilus* (Ampullen oder Papierstreifen) überprüft werden.

Autotroph

Fähigkeit bestimmter Organismen, mithilfe von Licht oder aber anorganischer Substrate als Energiequelle körpereigene, organische Substanz aufzubauen. Autotroph durch Photosynthese ernähren sich alle grünen Pflanzen und Blaualgen und photo- und chemosynthesefähige Bakterien.

Auxotroph

Bezeichnung für einen Mikroorganismus, der häufig aufgrund einer Mutation einen ganz bestimmten Nährstoff zum Wachsen braucht.

a_w-Wert

Maß an ungebundenem und somit frei verfügbarem Wasser, das für viele von Enzymen katalysierte Reaktionen und vor allem für das Wachstum von Mikroorganismen von entscheidender Bedeutung ist. Es ist definiert durch das Verhältnis des Wasserdampfdruckes über einem Lebensmittel zum Sättigungsdruck über destilliertem Wasser bei einer gegebenen Temperatur. Lebensmittelinhaltstoffe wie Zucker, Salz, Stärke, Eiweiß u.a. binden Wasser in unterschiedlicher Menge, so dass es für Mikroorganismen nicht mehr verfügbar ist. Mit steigender Konzentration der genannten Stoffe sinkt der Wasserdampfdruck und damit der a_w-Wert, was verfahrenstechnisch eine Haltbarkeitsverlängerung bedingen kann.

B

Bacteria (früher Eubakterien = echte Bakterien)

Eine Gruppe verwandter Prokaryonten, die sich von den Archaea unterscheiden. Zu ihnen zählen alle in Lebensmitteln und Kosmetika vorkommenden Bakterien.

Bakterienfilter

Filter, die so enge Poren haben, dass Bakterien nicht durchgelassen werden. Sie sind wieder verwendbar nach Ausglühen oder Kochen in Chromschwefelsäure, wenn sie aus Kieselgur (Berkefeld-Filter), Porzellan (Chamberland-Filter) oder gesintertem Glasmehl (Fritten) hergestellt wurden. Systeme dieser Art oder Asbestfilter werden häufig im technischen Maßstab eingesetzt. Einwegfilter für das Labor aus verschiedenen Materialien (Membranfilter), strahlensterilisiert, und geeignete Halterungen für Druck- oder Vakuumfiltration sind im Handel. Die Porengröße muss zwischen 0,22 und 0,45 µm liegen, um rasches Verstopfen zu vermeiden und alle Bakterien sicher zurückzuhalten.

Bakterienkolonie

Mit bloßem Auge oder Lupenvergrößerung sichtbare Ansammlungen von Bakterien auf oder im Nähragar. In flüssigen Medien werden keine Kolonien gebildet. Farbe (durchsichtig, opaleszierend, weiß, creme usw.), Oberflächenbeschaffenheit (glänzend, matt, faltig), Randausbildung (glatt, rau, wellig, gelappt, fransig), Profil (flach, halb kugelig, eingesenkt) sind artspezifisch; unter standardisierten Kulturbedingungen auch in manchen Fällen der Durchmesser. Sehr kleine, gerade noch sichtbare Kolonien nennt man „pin points". Arten mit Kapseln bilden schleimige, durchschimmernde Kolonien; bewegliche Arten wie *Proteus vulgaris* sog. Laufkolonien, die in 24 h einen Teil der Platte überziehen und die Auszählung u.U. unmöglich machen.

Bakterientoxine

Giftstoffe, die von Bakterien gebildet werden und bei Tieren und/oder Menschen Krankheiten hervorrufen. Hier interessieren vor allem die sog. Enterotoxine, die nach oraler Aufnahme des Giftes oder der Bakterien Gastroenteritiden verursachen. Handelt es sich um Ausscheidungen der Zellen (*Cl. botulinum, Staph. aureus*), spricht man von Exotoxinen. Wird das Toxin erst bei der Verdauung der Zellen im Darm frei (*Cl. perfringens, Salmonella*) handelt es sich um Endotoxine.

Bakteriocine

Von Bakterien ausgeschiedene Stoffe, die nur Stämme der gleichen Art oder verwandte Arten abtöten oder hemmen, z.B. Nisin. Die meisten Bakteriocine sind Proteine (relative Molekülmasse 50.000–80.000), einige möglicherweise Teile von Bakteriophagen. Sie binden an bestimmte Rezeptoren der Zelloberfläche empfindlicher Zellen. Verschiedene Bakteriocine können unterschiedliche Angriffsorte haben. Sie spalten ribosomale RNA, hemmen die DNA-Synthese und bilden Poren in der Cytoplasmamembran.

Bakteriophage

Ein Virus, das Bakterien infiziert.

Bakteriostatisch

Hemmung des Bakterienwachstums.

Bakterizid

Abtötung von Bakterien.

Batch-Verfahren

Diskontinuierliches Kulturverfahren auf festen oder in flüssigen Nährmedien zur Herstellung von Stoffwechselprodukten (z.B. Säuren, Vitamine, Enzyme), Biomasse oder fermentierten Lebensmitteln mithilfe von Bakterien, Hefen oder Pilzen. Der Abschluss einer Kultur erfolgt entweder durch Verbrauch eines essenziellen Nährstoffes, Erreichen einer gewünschten Konzentration oder Selbstvergiftung durch Stoffwechselprodukte (Überfüllungsfaktor).

Biofilm

Ansiedlung von Mikroorganismen (meist Bakterien) auf Oberflächen in einer ausgedehnten, überwiegend schleimartigen Matrix aus extrazellulärem, polymerem Material, meist Exopolysacchariden, aber auch Proteinen. Die gallertartige Schleimschicht ist von feinen Kanälen durchzogen, die Stoffaustausch, Substrataufnahme und Ableitung von Stoffwechselprodukten fördern.

Biolumineszenz

Emission sichtbaren Lichtes, die sich aus der Oxidation organischer, als Luciferin bezeichneter Stoffe durch Einwirkung des als Luciferase bezeichneten Enzyms ergibt (z.B. bei Leuchtbakterien, dem Leuchtkäfer oder Muschelkrebsen). Das Biolumineszenzverfahren ist Grundlage des ATP-Messverfahrens (ATP kommt in somatischen und Bakterien-Zellen vor), das u.a. im Rahmen von Hygienekontrollen verbreitet Einsatz findet.

Blättchentest

Labormethode zur Feststellung antibiotischer Aktivitäten z.B. in Milch oder Enzympräparaten. Filterpapierblättchen mit konstanter Dicke und Struktur und meist 9 mm Durchmesser (z. B. von Schleicher & Schüll, Dassel) werden in die zu untersuchende Flüssigkeit oder eine Verdünnungsreihe davon eingetaucht und nach dem Abtropfen auf eine Platte mit ausgespatelten Testorganismen gelegt. Nach der Bebrütung erscheint der ursprünglich durchsichtige Nährboden aufgrund des Bakterienwachstums trüb. Um die Blättchen mit wirksamen Konzentrationen des Hemmstoffes sind klare Höfe sichtbar, deren Radius ausgemessen wird und mithilfe einer Eichkurve quantitative Aussagen, etwa in Penicillin-Äquivalenten, ermöglicht.

Blutagar

Zur Isolierung und Kultur verschiedener anspruchsvoller, meist pathogener Bakterien und zur Bestimmung der Hämolyse-Formen. Blut wird in bestimmter Konzentration (z.B. 5–7 %) in den handwarmen, agarhaltigen Nährboden eingemischt.

Bunte Reihe

Eine Serie flüssiger Nährsubstrate, die verschiedene Kohlenhydrate (Poly-, Di- und Monosaccharide), niedere Alkohole (Glycerin, Sorbit, Mannit u.a.) und Glykoside (Äskulin) sowie Indikatorfarbstoffe enthalten. Eine Reinkultur wird in die Nährsubstrate der „Bunten Reihe" eingeimpft. Nach der Bebrütung können die Stoffwechseleigenschaften des Keimes anhand der Indikatorreaktionen (Farbreaktionen) abgelesen werden. Anwendung im Rahmen der kulturellen Differenzierungsdiagnostik von z.B. *Enterobacteriaceae* anhand des Vergärungsmusters.

C

Capsid

Proteinhülle eines Virus.

Capsomer

Einzelne Proteinuntereinheit des Viruscapsids.

Carcinogen

Krebs erzeugendes Agens, z. B. chemischer Stoff oder physikalischer Faktor (v. a. ionisierende Strahlung, α-, β-, γ-Strahlen, Röntgenstrahlen, bestimmte Anteile der UV-Strahlung).

Chemolithotropher Mikroorganismus

Mikroorganismus, bei dem anorganische Verbindungen oder Ionen die Reduktionsäquivalente (Wasserstoff, Elektronen) für den Energiegewinn (ATP-Bildung) liefern. Unter sauerstofffreien Bedingungen mit einer anaeroben Atmung wachsender Organismus, bei dem z. B. Nitrat, Sulfat, Schwefel und Carbonat als Wasserstoffakzeptoren dienen.

Chromogen

Vorstufe eines Farbstoffes, die erst nach Umwandlungsreaktion zum Farbstoff wird.

Chronisch

Langfristige Infektion.

Coenzym

Kleines Molekül, das an der katalytischen Aktivität eines Enzyms beteiligt, aber kein Protein ist.

Coliforme

Eine heterogene Bakteriengruppe, die nicht durch taxonomische Parameter definiert ist, sondern durch Nachweisverfahren. Es handelt sich um gramnegative, fakultativ anaerobe, stäbchenförmige Bakterien, die Lactose unter Gas- und Säurebildung innerhalb von 24–48 Stunden bei Temperaturen zwischen 30 und 37 °C fermentieren. Zu den Coliformen zählen folgende Genera der Familie *Enterobacteriaceae*: *Escherichia*, *Enterobacter*, *Citrobacter*, *Klebsiella*. Coliforme, die bei 44 °C bzw. bei 45,5 °C Gas aus Lactose bilden, werden als Fäkal-Coliforme, thermotrophe Coliforme oder präsumtive *E. coli* bezeichnet.

Coli-Titer

Methode zum quantitativen Nachweis von Coliformen in Nährlösung mit DURHAM-Röhrchen zum Auffangen des gebildeten Gases. Die Methode ist nicht mehr unumstritten, weil die Bedeutung der Coliformen als Indikatororganismen für fäkale Verunreinigungen fraglich ist. Da aber für Milch, Milchprodukte und

Trinkwasser der Gehalt an Coliformen per Verordnung limitiert ist, kommt dem Verfahren nach wie vor Bedeutung zu.

Cytochrom

Eisenhaltiger Porphyrin-Protein-Komplex, der im Elektronentransportsystem als Elektronencarrier dient.

D

Dampftopf

Laborgerät für eine Erhitzung auf Siedetemperatur in einem drucklos arbeitenden Behälter. Kulturmedien, deren Inhaltsstoffe durch Temperaturen über 100 °C geschädigt werden (z. B. Vitamine), werden im Dampftopf „schonend" erhitzt.

Darmbakterien (Enterobakterien)

Eine große Gruppe gramnegativer, stäbchenförmiger Bakterien, die sich durch einen fakultativ anaeroben Stoffwechsel auszeichnen.

Definiertes Medium

Kulturmedium, dessen genaue chemische Zusammensetzung bekannt ist.

Dekontamination

Biologisch, chemisch oder radioaktiv verunreinigte Objekte/Produkte in einen unbedenklichen Zustand bringen. Im mikrobiologischen Sinne eine starke Verminderung des Keimgehaltes, insbesondere an pathogenen und toxigenen Keimen sowie an potenziellen Verderbsorganismen. Teilweise synonym gebraucht zu Desinfektion oder Sanitation als Maßnahmen, von denen keine Sterilisation erwartet wird. Vergleichbare Keimgehaltsreduktionen werden durch Pasteurisieren erreicht.

Demeterpipette

Auslaufpipette mit 1- oder 2-mal 1-ml-Raum oberhalb der Spitze und darüber 1- oder 2-mal 0,1 ml. Benannt nach dem Mikrobiologen DEMETER. Zeit- und arbeitssparende Laborpipette, vor allem in der Milchüberwachung gebraucht, zum Beimpfen der Platten für die kulturelle Keimzählung. Als Verdünnungsreihe werden nur Stufen 1:100 benötigt.

Desinfektion

Maßnahme zur gezielten, partiellen Verminderung der Keimzahl, vorzugsweise an Oberflächen, wobei es in erster Linie um die Eliminierung von Krankheitserregern geht. Desinfektion bewirkt die Abtötung bzw. irreversible Inaktivierung von krankheitserregenden Keimen an und in kontaminierten Objekten sowie die Unterbrechung der Infektionskette. Es werden physikalische (z.B. Kochen, Autoklavieren, Dampf, UV-Strahlen) und chemische (z.B. Ethylenoxid, Formaldehyd, Chlor, Ozon) Verfahren eingesetzt.

Differenzialnährboden

Im Gegensatz zu den Selektivnährmedien wachsen auf diesen Nährböden viele verschiedene Arten oder auch Gruppen von Bakterien. Die gesuchten Mikroorganismen verändern aber wegen der Nährbodenzusätze wie pH-Indikatoren, Blut, Eigelb, Eisen(III)-Ionen u.a. das Aussehen des Mediums um die Kolonie herum oder sie nehmen bestimmte Zusätze auf und erhalten hierdurch ein charakteristisches Aussehen, z.B. eine bestimmte Farbe oder einen Metallglanz.

Diffusionstest

Auf Agarplatten oder in Röhrchen durchgeführte Prüfung auf Stoffe, die wasserlöslich sind und diffundieren können. Antibiotika und andere Hemmstoffe, etwa Desinfektionsmittel oder Konservierungsstoffe, werden im Blättchentest, Lochtest oder Zylindertest auf ihre Anwesenheit und/oder Wirksamkeit geprüft.

DNA

Desoxyribonucleinsäure, das Erbmaterial von eukaryontischen und prokaryontischen Zellen sowie von einigen Viren.

DNA-Polymerase

Enzym, das einen neuen DNA-Strang in 5' $\rightarrow$ 3'-Richtung aus Nucleotiden synthetisiert, wobei ihm ein antiparalleler DNA-Strang als Matrize dient.

DRIGALSKI-Spatel

Dreieckig abgewinkelter Glasstab zur gleichmäßigen Verteilung von Impfmaterial auf der Agaroberfläche.

Durchflusszytometrie

FACS: Fluorescence-Activated Cell Sorting. Detektion, Messung und Analyse von Signalen, die von einzelnen Zellen erhalten werden, wenn sie in einem Flüssigkeitsstrom durch einen Laserstrahl treten. Der Durchflusszytometer misst wie Zellen das Licht absorbieren und reflektieren und welche Fluoreszenz sie emittieren. Eine Hauptanwendung besteht darin, mithilfe von Fluoreszenzfarbstoff-markierten Proben (Antikörper, Rezeptoren, Streptavidin usw.) bestimmte Eigenschaften von Zellen oder Zellpopulationen auf Einzelzellebene zu dokumentieren. Die Einzelimpulse werden verarbeitet und zu einer Verteilungskurve oder zu einem mehrdimensionalen Verteilungsbild zusammengesetzt.

DURHAM-Röhrchen

Gärröhrchen (~5 mm zu 30 mm), das mit der Öffnung nach unten in einem Kulturröhrchen mit Bouillon autoklaviert wird. Nach Beimpfung und Wachstum von Bakterien die Gas bilden, sammelt sich ein Teil des Gases im DURHAM-Röhrchen.

D-Wert

Dezimale Reduktionszeit (die gewöhnlich in Minuten angegeben wird) ist die Zeit, die nötig ist, um bei der Sterilisation die Zahl der vermehrungsfähigen Zellen oder ihrer Sporen um eine Zehnerpotenz (90 %) zu vermindern. Die für diese Verminderung erforderliche Temperatur in °C wird in Tiefstellung (D_{100}) angegeben. Bezugsgröße ist der D-Wert bei 121,1 °C = 250 °F, als D_r-Wert bezeichnet. Der vom pH-Wert abhängige D-Wert ist ein gutes Maß für die Hitzeresistenz von Mikroorganismen.

E

ELISA

Engl.: Enzyme Linked Immuno Sorbent Assay. Serologische Methode (Antigen-Antikörper-Reaktion) z.B. zum spezifischen Nachweis von mikrobiellen Toxinen und Mikroorganismen.

Endospore

Äußerst hitzeresistente, Dipicolinsäure enthaltende, dickwandige, ausdifferenzierte Zelle bestimmter grampositiver Bakterien.

Endotoxine

Bakterielle Toxine, die im Allgemeinen erst bei Autolyse oder artifizieller Zerstörung der Bakterienzelle freigesetzt werden. Das „klassische" Endotoxin ist der hitzestabile Lipopolysaccharid-Protein-Komplex (Lipopolysaccharid) der äußeren Membran der Zellwand gramnegativer Bakterien, der auch für die somatische (O)-Antigen-Reaktion der Bakterienzelle verantwortlich ist. Endotoxine sind für die meisten Säuger toxisch.

Enterotoxin

Ein Protein, das von einem sich vermehrenden Mikroorganismus freigesetzt wird (Exotoxin) und im Dünndarm wirkt.

Enzym

Protein, das eine bestimmte chemische Reaktion beschleunigen (katalysieren) kann.

Epidemie

Das häufige gleichzeitige Auftreten einer Krankheit in einem begrenzten Gebiet.

Epidemiologie

Wissenschaft, die sich mit dem Auftreten, der Verbreitung und der Verhinderung von Infektionskrankheiten beschäftigt.

Escherichia coli O157:H7

Enterotoxigener *E. coli*-Stamm, der sich über die Verunreinigung durch Fäkalien menschlichen oder tierischen Ursprungs in Nahrungsmitteln oder Wasser verbreitet.

Eukaryont

Zelle, bei der der Kern (Nucleus) von einer Membran umgeben ist (z.B. Hefen, Schimmelpilze).

Exotoxine

Giftstoffe von Bakterien und Pilzen, die oft erst nach der exponentiellen Wachstumsphase gebildet werden und dann aus den Zellen in das umgebende Medium (Lebensmittel) ausgeschieden werden.

Exponentielles Wachstum

Verdopplung der Zellzahl innerhalb einer bestimmten Zeit.

F

Fakultativ anaerob

Mikroorganismen, die sich mit und ohne Sauerstoff vermehren.

Familie

Ebene der taxonomischen Hierarchie bei der biologischen Klassifikation (z.B. *Enterobacteriaceae*). Eine Familie enthält mehrere Gattungen (z.B. *Salmonella*, *Escherichia* usw.), die jeweils aus einer oder mehreren Arten bestehen.

Färbeverfahren

Die Anfärbung von Bakterien ist notwendig, um morphologische Merkmale (Kokken, Kurzstäbchen, Langstäbchen, Kettenbildung, Tetradenbildung usw.) unter dem Mikroskop im Hellfeld sichtbar zu machen, wenn keine Phasenkontrast- oder Interferenzkontrast-Einrichtung zur Verfügung steht. Für die Feststellung der GRAM-Gruppe ist die GRAM-Färbung (Kristallviolett, Jodlösung, Safranin oder Karbolfuchsin) in jedem Fall erforderlich. Der sichere Nachweis von Endosporen ist nur mit der Sporenfärbung (Malachitgrün, Safranin) möglich. Säurefeste Bakterien, z. B. *Mycobacterium* oder *Nocardia*, werden mit Karbolfuchsinlösung nach ZIEHL-NEELSEN gefärbt. Für die Erstellung von Übersichtsbildern eignet sich Methylenblaulösung nach LOEFFLER. Für die Pilz-Mikroskopie empfiehlt sich Methylenblaulösung oder Lactophenolblaulösung, vor allem, wenn die Präparate für Vergleichszwecke einige Zeit aufbewahrt werden sollen.

Fermentation

Ursprünglich die Vergärung von organischen Kohlenstoff-Verbindungen durch Mikroorganismen unter Ausschluss von Sauerstoff (anaerob). Heute wird der Begriff für alle mikrobiellen biotechnischen Produktionsprozesse verwendet.

Fermenter

Bioreaktor, Gärbehälter für die submerse oder emerse Kultur von Mikroorganismen in einem Nährmedium zur Gewinnung von Biomasse und/oder Stoffwechselprodukten.

Filter

Durchlaufapparate zur Abtrennung von Mikroorganismen und Schwebstoffen.

Filth-Test

Mikroskopische Prüfung auf Verunreinigungen, die auf mangelhafte Rohware oder grobe Fehler bei der Verarbeitung hindeuten und einen Hinweis auf ein potenzielles Gesundheitsrisiko darstellen.

Beispiele: Haare, Kotpartikel von Nagetieren oder Vögeln, Fragmente von Insekten, Teile von Federn, Stücke von Verbandsmaterial.

Fimbrien

Ähneln in ihrer Struktur Geißeln, ohne jedoch zur Beweglichkeit beizutragen. Fimbrien sind kürzer als Geißeln und zahlreicher auf der Zelloberfläche angeordnet. Sie bestehen aus Proteinen und spielen eine Rolle bei der Anheftung an Oberflächen.

FISH

In-situ-Fluoreszenzhybridisierung (engl.: Fluorescence in situ hybridization). Molekularbiologischer Nachweis von Mikroorganismen. Hybridisierte Zellen leuchten im Auflichtfluoreszenz-Mikroskop und werden so nachgewiesen.

F-Wert

F ist abgeleitet von F_0 (Fahrenheit). F_0 ist die Zeit in Minuten bei 250 °F (121,1 °C), nach der alle Mikroorganismen einschließlich ihrer Sporen in einer wässrigen Suspension abgetötet sind. Bezogen auf die nach Anfangskeimzahl und Resistenz maßgebliche Keimart ergibt sich so als Erhitzungsbedarf $F = n \times D_r$. Bei der Sterilisation von Konserven sind Zahl, Art und Resistenz der Bakteriensporen zu Beginn des Prozesses nicht bekannt. Um Botulismus auf alle Fälle zu verhindern, bezieht man F_0 üblicherweise auf 12 D_r-Werte von *Cl. botulinum* unter Annahme eines z-Wertes von 10 °C. Bei 121,1 °C und einem pH über 4,5 ist der D-Wert von *Cl. botulinum* 0,21 min, der F_0-Wert also $12 \times 0,21 = 2,52$ min.

G

Gärung

Siehe Fermentation.

Gattung

Ebene der taxonomischen Hierarchie. Sammlung verschiedener Arten, die eine oder mehrere (meistens zahlreiche) wichtige Eigenschaften gemeinsam haben.

Geißel

Helikal gewundene Fäden bestehend aus einem spezifischen Protein, dem Flagellin. Bei den meisten aktiv beweglichen, schwimmenden Bakterien wird die Bewegung durch Rotation der Geißeln bewirkt.

Gensonde

Ein DNA- oder RNA-Fragment, das entsprechend radioaktiv oder nichtradioaktiv markiert ist und die Erkennung eines komplementären Ziel-Sequenzbereiches innerhalb einer Vielzahl anderer Sequenzen durch molekulare Hybridisierung ermöglicht.

Sie werden z.B. bei der Genlokalisation, bei verschiedenen Blotting-Techniken (Southern- und Northern-Technik) sowie bei der Suche nach bestimmten Genen oder Klonen aus Genbibliotheken eingesetzt.

Gesamtkeimzahl = Kolonie bildende Einheiten = KbE

Summe der auf einem nährstoffreichen Labormedium gebildeten Bakterien- und/oder Pilz-Kolonien.

GRAM-Färbung

1884 von dem dänischen Arzt GRAM entwickelte Färbemethode zur Differenzierung von Bakterien. Grampositiv (blau) sind z. B. Milchsäurebakterien, gramnegativ (rot) z. B. Salmonellen. Die Bakterien werden nach dem Fixieren mit einer Anilinfarbe (Kristallviolett, Gentianaviolett) angefärbt, die bei nachfolgender Jodeinwirkung in der Mureinschicht der Zellwand als blauvioletter Farblack gebunden wird. Dieser kann bei grampositiven Mikroorganismen mit Ethanol nicht mehr aus der Zelle gelöst werden, bei gramnegativen geht er jedoch in Lösung. Diese nun ungefärbten Zellen werden mit Safranin oder Karbolfuchsin rosa bis rot „gegengefärbt". Der Mureinanteil der grampositiven Mikroorganismen macht 30–50 % der Trockenmasse in der Zellwand aus, bei gramnegativen Mikroorganismen nur etwa 10 %.

Gramnegativ (nach GRAM-Färbung rot gefärbt)

Eigenschaft einer Bakterienzelle, deren Zellwand aus wenig Peptidoglykan (Murein) besteht und eine äußere Membran aus Lipopolysacchariden, Lipoproteinen und anderen komplexen Makromolekülen besitzt.

Grampositiv (nach GRAM-Färbung blau gefärbt)

Eigenschaft einer Bakterienzelle, deren Zellwand hauptsächlich aus Peptidoglykan (Murein) besteht und über keine äußere Membran verfügt.

Gusskultur

KOCH'sches Platten-Gussverfahren zur kulturellen Zählung von Bakterien und Pilzen. 1 ml des auf Mikroorganismen zu untersuchenden flüssigen Lebensmittels bzw. die Verdünnungen des Lebensmittels werden mit einem geschmolzenen Nährboden (temperiert auf ca. 47 °C) vermischt.

H

Halophile Mikroorganismen

Zellen, die Kochsalz für ihre Vermehrung benötigen (z. B. *Halobacterium, Halococcus*).

Halotolerant

Fähigkeit, sich in Anwesenheit von Kochsalz zu vermehren.

Hämolyse

Auflösung roter Blutkörperchen (Erythrozyten).

Hämolysine

Bakterielle Gifte (Toxine), die rote Blutkörperchen auflösen.

Hefen

Hefepilze, Sprosspilze, mikroskopisch kleine, saprophytische oder parasitische Pilze, die vorwiegend einzellig vorkommen und deren vegetative Vermehrung durch Knospung/Sprossung erfolgt (Ausnahme: *Sterigmatomyces* und *Schizosaccharomyces*).

Hemmhof

Auf Kulturplatten um aufgelegte Hemmstoffproben (z. B. Fleisch mit Antibiotika) herum auftretende Hemmzonen, die durch Unterdrückung der Mikroorganismen-Vermehrung zustande kommen. Der Durchmesser der Hemmhöfe ist konzentrationsabhängig und kann zur Quantifizierung des Hemmstoffes benutzt werden.

Hemmreihe

Auch als Reihenverdünnungstest bezeichnete Prüfmethode zur quantitativen Bestimmung einer inhibitiven Wirkung gegen Mikroorganismen, wobei in einer Verdünnungsreihe die Grenzkonzentration der Hemmwirkung auf Testorganismen bestimmt wird.

Heterofermentativ

In Bezug auf Milchsäurebakterien die Eigenschaft, mehr als ein Gärungsprodukt zu bilden, z. B. Milchsäure und Essigsäure.

Homofermentativ

In Bezug auf Milchsäurebakterien die Eigenschaft, nur Milchsäure als Gärungsprodukt zu bilden.

HOWARD-Pilzzählung

Zählung von Pilzfragmenten unter dem Mikroskop, vor allem bei Tomatenprodukten u. Ä. in der gemahlenen Rohware und zur Endproduktkontrolle. Überprüfung zur Feststellung, ob verschimmelte Früchte verarbeitet wurden. Gegenwärtig vorzugsweise bei der innerbetrieblichen Kontrolle eingesetzt, da für die amtliche Überwachung zu große Fehlerbreite.

Hürden-Konzept

Kombination verschiedener konservierender Maßnahmen. Hierdurch können oft Einzelmaßnahmen, z. B. Hitze bei temperaturempfindlichen Produkten, reduziert werden, was eine Schonung der Produkteigenschaften zur Folge hat. Jeder Einzelfaktor – Temperatur, a_w-Wert, pH-Wert, Eh-Wert, Konservierungsstoff, Salz,

Gewürze – ist für alle Mikroorganismen oder bestimmte Gruppen ein Stress; durch geschickte Kombination dieser technologischen Maßnahmen kann man die Hemmung, evtl. sogar die Abtötung der Mikroorganismen optimieren und durch Niedrighalten der einzelnen „Hürden" die Veränderungen der Guteigenschaften minimieren.

Hybridisierung

Zusammenlagerung künstlich getrennter Nucleinsäuremoleküle über Wasserstoffbrücken zwischen den komplementären Basen (Guanin – Cytosin, Adenin – Thymin).

Hyphen

Fädige Vegetationsorgane (Zellfäden), die für die überwiegende Anzahl der Pilze (Fungi) und pilzähnlichen Protisten charakteristisch sind; die Gesamtheit der Hyphen wird Mycel genannt. Hyphen können unverzweigt oder verzweigt, septiert oder unseptiert sein.

I

Identifizierung

Feststellung der Familien-, Gattungs- oder Art-Zugehörigkeit eines Mikroorganismus.

Immunfluoreszenz-Technik

Fluoreszenz-Antikörper-Technik. Serologisches Untersuchungsverfahren mit fluoreszenzmarkierten Antikörpern, das in der Mikrobiologie zum Nachweis von Mikroorganismen eingesetzt wird.

IMVEC-Test

Abkürzung für fünf biochemische Tests zur Identifizierung von fäkalen *E. coli*. I = Indolbildung, 44 °C, +; M = Methylrot, +; V = Voges-Proskauer, –; E = Eijkman-Test, Lactose 37 und 44 °C, +; C = Citratverwertung, –.

IMViC-Test

Abkürzung für vier biochemische Tests zur Differenzierung von *E. coli* und *Enterobacter aerogenes*. I = Indolbildung, M = Methylrottest, V = Voges-Proskauer-Test, C = Citratverwertung.

Indikatororganismen

Alle Lebensmittel haben eine mehr oder weniger charakteristische Mikroflora. Einfach und schnell quantitativ nachweisbare Mikroorganismen, die Hinweise auf gesundheitsgefährdende Kontaminationen geben können, werden Indikatororganismen genannt, weil der Nachweis von Pathogenen schwierig ist und i.A. mehrere Tage erfordert. Darmbakterien (*E. coli*) sind hierfür besonders geeignet, weil sie auf fäkale Verunreinigungen hinweisen.

Infektion

Eine Infektion ist der Befall eines Lebewesens durch Mikroorganismen oder auch mehrzellige Erreger. Je nach Immunität und Abwehrkraft des befallenen Organismus unterscheidet man eine stumme Infektion, bei der es nicht zum Ausbruch der Krankheit kommt, abortive Infektion, mit leichten Krankheitserscheinungen, sowie manifeste Infektion, mit deutlichem Ausbruch der Infektionskrankheit. Nach dem Erregertyp unterscheidet man: Pilzinfektionen, parasitäre Infektionen, bakterielle Infektionen und virale Infektionen.

Inhibition

Hemmung des mikrobiellen Wachstums durch Verkleinerung der Zahl der vorhandenen Mikroorganismen oder durch Veränderungen in der mikrobiellen Umwelt.

Inkubation

Einbringen und Belassen (Bebrüten) eines biologischen Untersuchungsobjektes in einem Brutschrank oder im Wasserbad.

Inoculum

Zellmaterial, das zur Anzucht in ein Nährmedium eingebracht wird.

Inzidenz

Zahl der Krankheitsfälle in einer Population.

In-situ-Hybridisierung

Anwendung der molekularen Hybridisierung, bei der die Zusammenlagerung von komplementären Nucleinsäuresträngen in geeignet fixierten Schnitten von Geweben oder Zellen durchgeführt wird und somit eine Lokalisation von Chromosomen und Genen möglich ist.

Isolat

Bezeichnung für einen Mikroorganismus-Stamm, der aus einer Mischpopulation, etwa aus einem Lebensmittel, isoliert wurde, sowie dessen Abimpfungen (Subkulturen) für die Stammsammlung oder zur Differenzierung.

Isolieren

Abtrennen eines Mikroorganismus aus einer Mischpopulation zur Identifizierung oder zum Anlegen einer Reinkultur.

K

Kapsel

Eine dichte Polysaccharid- oder Proteinschicht, die eine Bakterienzelle umschließt.

Katabolismus

Biochemische (Abbau-)Reaktionen in der Zelle, bei denen für anabolische Vorgänge verwendbare Energie (in der Regel ATP) erzeugt wird.

KBE oder KbE

Kolonie bildende Einheiten, engl.: cfu = colony forming units. Bezeichnung für Keimzahl. Einzelzellen und Aggregate von Einzelzellen wachsen in oder auf agarhaltigen Medien (Kulturplatten) zu Kolonien heran, die ausgezählt werden können.

Keimtiter

Mikrobiologisches Kultivierungsverfahren, das dazu dient, festzustellen, ob ein bestimmtes Volumen (0,1; 1; 10 ml) frei von Indikatororganismen oder Pathogenen ist. Bei größeren Volumina ist die Membranfilterkultur vorzuziehen. Bei kleineren Mengen muss eine Verdünnungsreihe angelegt werden.

Kolonie

Makroskopisch sichtbare, auf festen Medien wachsende Zellpopulation, die aus einer einzigen Zelle oder einem Aggregat von Zellen entstanden ist.

Komplexes Medium

Ein Kulturmedium aus Hydrolysaten chemisch undefinierter Substanzen wie Hefe- und Fleischextrakten.

Konidien

Charakteristische, ungeschlechtlich gebildete Ausbreitungsorgane höherer Pilze, die stets Zellwände besitzen und sich ein- oder mehrzellig in vielfältiger Form und Färbung entwickeln. Sie können durch Sprossung (Blastokonidien) oder Zergliederung von Hyphen entstehen. Form und Art der Konidienbildung sind wichtige Merkmale zur Pilzbestimmung.

Kulturmedium

Wässrige Lösung verschiedener Nährstoffe, die für die Vermehrung von Mikroorganismen geeignet ist.

L

Limulus-Test

LAL-Test. Schnellnachweis (1–2 h) von lebenden oder toten gramnegativen Bakterien, vor allem bei der Herstellung von H-Milch. Die Lipopolysaccharide der Zellwand, die bei einer Hitzebehandlung nicht zerstört werden, reagieren mit den Blutzellen des Pfeilschwanzkrebses *Limulus polyphemus* unter Gelbildung. Einsatz der Methode vor allem bei verarbeiteten Lebensmitteln zur Feststellung der mikrobiellen Kontamination des Rohmaterials oder der Zwischenprodukte, in der Pharmazie zur Prüfung auf Pyrogenfreiheit bei Injektionslösungen u. a.

Lipid

Glycerinmolekül, das mit Fettsäuren sowie anderen Gruppen wie Phosphat verestert ist.

Lipopolysaccharid (LPS)

Lipide in Verbindungen mit Polysacchariden und Proteinen. Sie machen den Hauptteil der Zellwand gramnegativer Bakterien aus.

Lochtest

Methode zum Nachweis inhibitiver antimikrobieller Eigenschaften einer Probe über Vermehrungshemmung im Nährboden eingeimpfter Testorganismen um das für die Probe eingestanzte Loch. Durchmesser des Hemmhofes zeigt Menge und Diffusionsfähigkeit des vorliegenden Wirkstoffes an.

LUGOL'sche Lösung

Wässrige Jod-Jodkalium-Lösung für die GRAM-Färbung. 1 g Jod, 2 g Kaliumjodid in 100 ml Wasser. Nach dem französischen Arzt J. G. A. LUGOL benannt.

M

Membranfilterkultur

Bevorzugte Methode zur kulturellen Keimzählung in Wasser und gut filtrierbaren Getränken mit geringem Keimbesatz an Bakterien und/oder Hefen. Sterile Membranfilter mit 0,22–0,45 µm Poren, Halterungen für Saug- oder Druckfiltration, Nährkartonscheiben mit den wichtigsten Nährlösungen imprägniert u. a. Zubehör sind im Handel. Der Vorteil der Methode liegt in der Untersuchungsmöglichkeit großer Probenvolumina (bis 1 l und mehr) sowie in der einfachen Handhabung. Nach Filtration der Probe wird die Membran auf eine angefeuchtete Nährkartonscheibe oder auf einen Nährboden in eine Petrischale gelegt, bebrütet und wie bei Spatelkulturen ausgezählt.

Mesophiler Mikroorganismus

Mikroorganismus, dessen Wachstumsoptimum zwischen 20 und 45 °C liegt.

MID

Minimale Infektiöse Dosis. Minimale Anzahl von Mikroorganismen, die eine Infektion verursachen.

Mikroaerophiler Mikroorganismus

Aerober Mikroorganismus, der nur wachsen kann, wenn der Sauerstoffpartialdruck niedriger ist als in der Luft.

Mikroorganismen

Mikroskopisch kleine Zellen, einschließlich der nichtzellulären Viren.

Mikroskopische Zellzählung

Direktes Verfahren zur Keimzählung. Hefen lassen sich mikroskopisch in einer Objektträger-Kammer mit bekanntem Volumen (meist 0,16 mm^3 bei 0,2 mm Tiefe) und einer Einteilung der Beobachtungsfläche in Groß- und Kleinquadrate auszählen. Das verbreitetste Gerät ist die THOMA-Kammer, die für die Medizin zur Blutuntersuchung entwickelt wurde und in der Mikrobiologie zur Zählung von Hefen eingesetzt wird. Für Bakterien, die wesentlich kleiner sind, wurden Zählkammern mit 0,02 mm Tiefe hergestellt, z.B. nach BÜRKER-TÜRK, HELBER oder PETROFF-HAUSER. Die Auszählung muss hier wegen des geringeren Brechungsindexes der Bakterien unter dem Phasenkontrast-Mikroskop erfolgen.

Monoklonaler Antikörper

Ein Antikörper, der das Produkt eines einzigen B-Zell-Klons ist.

Monotrich

Organismus/Bakterium, besitzt eine einzelne polare Geißel.

MPN-Zählung

Engl.: Most Probable Number. Keimzählmethode, bei der aus einer Verdünnungsstufe mehrere Röhrchen mit Nährmedium beimpft werden. Aus den Ergebnissen in den Parallelen der Anreicherungsröhrchen, die nur „ja"- oder „nein"-Antworten ermöglichen, lässt sich die wahrscheinlichste Keimzahl aus Tabellen ablesen.

Multiplex PCR

Amplifikation, bei der zwei oder mehr Zielmoleküle in einem Reaktionsansatz gleichzeitig mittels verschiedener Zielsequenzen vervielfältigt werden.

Mycotoxine

Sekundäre Metabolite von Schimmelpilzen, die auf Mensch und Tier toxisch wirken und eine starke Hitzeresistenz aufweisen. Beispiel: Aflatoxin, gebildet von *Aspergillus flavus*, besitzt cancerogene Eigenschaften.

N

Nährboden

Steriles, gelartiges Nährsubstrat mit Agar-Agar für die Kultur von Mikroorganismen im Labor.

Nährbouillon

Nährlösung. Flüssiges Substrat für die Kultur von Mikroorganismen im Labor.

Nährkarton

Kartonscheiben in der Größe von Membranfiltern für die Keimzählung in Wasser und anderen Flüssigkeiten. Der sterile Karton ist mit Nährlösung getränkt und getrocknet. Er wird angefeuchtet und dient als Träger und Nährstofflieferant für die auf dem Filter zurückgehaltenen Mikroorganismen.

Nahrungsmittelinfektion

Infektion durch Aufnahme kontaminierter Nahrungsmittel.

Nahrungsmittelverderb

Jede Veränderung eines Nahrungsmittels, die es für den Konsumenten ungenießbar macht.

Nahrungsmittelvergiftung

Krankheit, die durch Aufnahme eines bakteriellen Exotoxins verursacht wird, das sich in einem kontaminierten Nahrungsmittel befindet.

NASBA

Engl.: Nucleic Acid Sequence Based Amplification. Amplifikation von RNA, bei der RNA oder DNA als Ausgangsmolekül dienen.

Nested PCR

Ineinander geschachtelte PCR, bei der nach der PCR-Reaktion eine weitere Amplifikation der entstandenen Amplifikate erfolgt und eine höhere Sensitivität erreicht wird. Es werden Primer verwendet, die komplementär zum Amplifikat der vorausgegangenen PCR sind.

O

Oberflächenkultur

Emerskultur. Bei der kulturellen Keimzählung vielfach angewendete Kulturmethode auf der Oberfläche eines Nährbodens. In der Biotechnologie: Kultur von Mikroorganismen auf Flüssigkeiten oder Feststoffen. So wurden früher Penicillin und Zitronensäure hergestellt. Camembert und Romadur haben Oberflächenkulturen. Gegensatz: Submerskultur.

Overlay

(engl.) Überschichtung von beimpften Nährböden in der Petrischale nach dem Erstarren des Agars mit dem gleichen, geschmolzenen Nährmedium (45 °C), z.B. um Laufkolonien zu unterdrücken oder zum Nachweis von *Enterobacteriaceae*. Zur Resuscitation überschichten nach 1 h Bebrütung.

Oxidation

Vorgang, bei dem eine Verbindung Elektronen (oder H-Atome) abgibt und oxidiert wird.

Oxidations-Reduktions-(Redox-)Reaktion

Ein Reaktionspaar, in dem eine Verbindung oxidiert wird, während die andere eine Reduktion erfährt und die bei der Oxidation freigesetzten Elektronen aufnimmt.

P

Parasit

Ein Mikroorganismus, der auf oder in einem Wirt wächst.

Pasteurisation

Erhitzungsverfahren, benannt nach dem französischen Forscher LOUIS PASTEUR (1822–1895), vorzugsweise für flüssige oder pastöse Produkte unter 100 °C, mit dem Ziel, alle pathogenen vegetativen Bakterien und viele Kontaminanten abzutöten sowie gleichzeitig einen Teil der produkteigenen Enzyme zu inaktivieren. Die Pasteurisation wird unter anderem bei Milch und Fruchtsäften verwendet. Bei einer Erhitzung auf 63–65 °C während 30–32 min oder 72–75 °C während 15–30 sec oder 85 °C während mindestens 4 sec wird die Keimzahl reduziert und die übertragbaren Krankheitserreger werden abgetötet oder inaktiviert. Da es jedoch zahlreiche hitzeresistente Mikroorganismen (vor allem auch Sporen) gibt, die die Pasteurisation überleben, sind pasteurisierte Lebensmittel nicht keimfrei und müssen im Kühlschrank gelagert werden.

Pathogen
Mikroorganismus, der eine Krankheit verursacht.

Pathogenität
Fähigkeit eines Erregers, bei einem spezifischen Wirt eine Krankheit auszulösen.

Peritrich
Art der Begeißelung. Die Geißeln sind an zahlreichen Stellen auf der gesamten Zelloberfläche angeordnet.

Petrischale
Im Laborjargon Platte oder Schale. Nach dem Bakteriologen R. J. PETRI (1852–1921), einem Mitarbeiter von ROBERT KOCH, benanntes Kulturgefäß für Mikroorganismen. Sie besteht aus zwei übereinander greifenden, runden Glas- oder Kunststoffschalen unterschiedlichen Durchmessers (meist 9 cm), in die der Nährboden gegossen wird, der dann erstarrt. Kunststoffplatten (Einwegplatten) schließen am Deckel relativ dicht, wodurch es zur Kondenswasserbildung kommen kann und rasch anaerobe bzw. mikroaerophile Verhältnisse eintreten können. Deshalb werden Kunststoffplatten häufig mit Noppen (im Deckel der Platte angeordnet) angeboten, die einen ungehinderten Gasaustausch ermöglichen.

Phage
Siehe Bakteriophage.

Phänotyp
Die äußerlichen Charakteristika eines Organismus.

pH-Wert
Maß für die „Acidität" bzw. „Basizität" eines wasserhaltigen Produktes, angegeben als negativer Logarithmus der Wasserstoffionenkonzentration. Nicht identisch mit Sr°, °SH oder titrierbarer Säure! Der pH-Wert hat erheblichen Einfluss auf die Vermehrungsgeschwindigkeit und/oder Vermehrungsfähigkeit von Mikroorganismen sowie auf das Auskeimen von Sporen. Lebensmittel werden daher i. A. in drei Gruppen eingeteilt, was bereits Aussagen über die Verderbsgeschwindigkeit zulässt:

a) schwach saure bis neutrale Produkte, pH 7–4,5: Fleisch, Geflügel, Fisch, Milch, Eier, Erbsen, Bohnen, Karotten, Kartoffeln;
b) saure Produkte, pH 4,5–3,5: Äpfel, Birnen, Orangen, Tomaten, Fruchtsäfte, Tomatensaft, Tomatenmark;
c) stark saure Produkte, pH < 3,5: Zitronen, Rhabarber, Beerenobst, viele Fruchtsäfte, Sauerkraut, Wein, Essig.

pH-Wachstums- und Vermehrungsbereiche: Schimmelpilze, pH 1,5–9; Hefen pH 1,5–8; Bazillen, pH 4,5–8,5; Milchsäurebakterien, pH 3–7; Essigsäurebakterien, pH 2,8–7,5. Die Art der vorherrschenden Säure spielt dabei auch eine Rolle. Beispiele: *Staph. aureus* wird gehemmt bei pH 4,6 durch Essigsäure, bei pH 4,3 durch Milchsäure, bei pH 4,1 durch Zitronensäure und bei pH 3,9 durch Weinsäure. Durch Einstellen eines pH-Wertes, möglichst in Kombination mit anderen Faktoren (a_w, Konservierungsstoffe u. a.), lässt sich eine Haltbarkeitsverlängerung erreichen.

Pilze

Nichtphotosynthetische eukaryontische Mikroorganismen mit starren Zellwänden.

Pilzkeimzahl (PKZ)

Die kulturelle Bestimmung der PKZ ist außerordentlich ungenau und hat in den meisten Fällen wenig Aussagekraft. Schwankungen von zwei Zehnerpotenzen zwischen verschiedenen Labors oder Untersuchungspersonen sind normal, wenn nicht nach einem detaillierten Plan von der Probenahme bis zum Ausplattieren gearbeitet wird. Ursachen: 1. Extrem ungleichmäßige Verteilung im Produkt (viel Mycel und wenig Konidien oder umgekehrt). 2. Zerkleinerung der Probe mit einem Schneidwerkzeug (Ultra Turrax, Waring Blendor) erzeugt, abhängig von der Schärfe der Messer und der Drehzahl bzw. Zeit, längere oder kürzere Hyphenstücke, die wachstumsfähig oder zu kurz sind und dann absterben. Mit dem Stomacher werden Konidien gut verteilt, aber das Mycel nur wenig zerkleinert. 3. Der Nährboden muss praktisch immer Hemmstoffe gegen Bakterien enthalten, die für die einzelnen Pilzarten auch unterschiedlich wachstumsverzögernd wirken können.

Plaque

Eine Zone von Zelllyse oder Zellhemmung, die durch Virusinfektion in einem dafür empfindlichen Zellrasen hervorgerufen wird.

Plasmid

Ein autonom replizierendes extrachromosomales genetisches Element.

Polare Begeißelung

Geißeln, die an einem (monopolar) oder beiden Polen (bipolar) der Zelle befestigt sind.

Polymerasekettenreaktion (PCR)

Engl.: Polymerase Chain Reaction. Methode zur in-vitro-Amplifikation (Vermehrung) spezifischer DNA-Fragmente. Durch Hitze wird die doppelsträngige DNA getrennt (Denaturierung). Eine Temperaturerniedrigung auf ca. 50 °C führt zur

Hybridisierung der zwei chemisch synthetisierten Oligodesoxynucleotide (primer), die von der TaqPolymerase bei geeigneten Temperaturbedingungen mit dNTPs (2'-Desoxyribonucleosid-5'-triphosphate) verlängert werden (Elongation).

Polyvalentes Antiserum

Serum, das Antikörper von vielen verschiedenen B-Zell-Klonen enthält und bei jeder normalen Immunantwort gebildet wird.

Präzipitation

Reaktion zwischen einem Antikörper und einem löslichen Antigen, bei der es zu einer Verklumpung kommt.

Primer

Oligonucleotid, an das die DNA-Polymerase bei der DNA-Vervielfältigung das erste Desoxyribonucleotid binden kann.

Prokaryont

Zelle, bei der der Kern nicht von einer Membran umschlossen ist.

Psychrophiler Mikroorganismus

Mikroorganismus, der eine optimale Vermehrungstemperatur unter 15 °C besitzt und eine maximale von unter 20 °C.

Psychrotoleranter Mikroorganismus

Mikroorganismus, der bei niedrigen Temperaturen wachsen kann. Seine optimale Wachstumstemperatur liegt über 20 °C.

R

Reduktion

Vorgang, bei dem eine Verbindung Elektronen aufnimmt und reduziert wird.

Reinkultur

Kultur, die nur eine einzige Art von Mikroorganismen enthält.

Restriktionsenzym

Enzym, das spezifische DNA-Sequenzen erkennt und dort Doppelstrangbrüche einführt.

Ribotyping

Eine Methode, mit der durch Analyse von Restriktionsfragmenten von Genen ein Nachweis erfolgt, wobei 16S-rRNA codiert wird.

RNA

Ribonucleinsäure.

16S-rRNA

Ribosomale Ribonucleinsäure. Kleine Untereinheit der prokaryontischen Ribosomen bestehend aus 1541 Nucleotiden. Sie trägt ähnlich wie die tRNA keine genetische Information, sondern ist am Aufbau des Ribosoms beteiligt und erfüllt dort auch eine Stoffwechselfunktion.

S

Säurefestigkeit

Eine Eigenschaft von Mycobakterien, die nach Anfärbung mit dem Farbstoff Fuchsin gegen eine Entfärbung mit saurem Alkohol resistent sind.

Schrägagar

Laborjargon für Kulturröhrchen, die mit 7 ml Nähragar gefüllt und zum Erstarren des Mediums schräg gelegt werden. Hierdurch wird die freie, d.h. luftzugängliche Oberfläche des Nährbodens stark vergrößert. Sie dienen zur Aufbewahrung von Stammkulturen.

Selektivnährboden

Selektivmedium, gelegentlich auch fälschlicherweise als Differenzialnährboden bezeichnet. Nähragar oder Nährlösung, die aufgrund ihrer Zusammensetzung aus einem unbekannten Gemisch von Mikroorganismen nur eine erwünschte Gruppe, Gattung oder im Idealfall nur eine Art zur Vermehrung kommen lässt. Dafür werden zwei Prinzipien einzeln oder kombiniert angewandt: Zusatz von Hemmstoffen, welche die gewünschte Gruppe nicht oder nur wenig „bremsen“ oder eine Nährstoffkombination, die nur der gewünschten Gruppe die Vermehrung ermöglicht.

Sensitivität

Bei immunologischen Testverfahren (Assays) die kleinste Menge Antigen, die sich noch nachweisen lässt.

Southern-Blot

Hybridisierung eines einzelnen Nucleinsäurestranges (DNA oder RNA) mit DNA-Fragmenten, die auf einem Filter immobilisiert sind.

Spatelkultur

Zur kulturellen Keimzählung von Bakterien und Pilzen häufig benutztes Verfahren. Von der Probe bzw. von der Verdünnung werden 0,1 ml auf der Oberfläche eines festen Nährbodens mittels DRIGALSKI-Spatel aufgebracht.

Spiralplatten-Methode

Teilautomatisierte Methode zur kulturellen Keimzählung. Eine definierte Probenmenge (Flüssigkeit bzw. Erstverdünnung) wird in Form einer Archimedesspirale auf einem rotierenden Nährboden aufgebracht. Die Keimzahl wird mithilfe einer Schablone, einem Laser-Counter oder einem Bildanalysegerät ausgewertet.

Spore

Eine gegen thermische, chemische und andere Einflüsse besonders widerstandsfähige Form eines Bakteriums sowie eine widerstandsfähige Fortpflanzungszelle, die geschlechtlich durch die **Meiose** (Meiospore) oder ungeschlechtlich durch die **Mitose** (Mitospore) entsteht.

Stamm

Keine systematische Einheit, sondern ein Isolat eines Mikroorganismus, von dem die Herkunft und bestimmte physiologische Eigenschaften bekannt sind. Meist im Labor mehr oder weniger lang weiterkultiviert und bei der Identifizierung unbekannter Organismen zur Bestätigung als Referenz verwendet.

Starterkulturen

Aufgrund spezifischer Eigenschaften selektierte, definierte und vermehrungsfähige Mikroorganismen in Reinkultur oder kontrollierter Mischkultur. Man setzt sie meist mit mehr als 10^6 KbE/g Lebensmitteln zu, in der Absicht, dieses in Aussehen, Geruch, Geschmack und/oder Haltbarkeit zu verbessern. Starterkulturen sind als Suspension oder gefriergetrocknete Pulver im Handel und werden beim Anwender direkt eingesetzt oder unter hohen Sicherheitsvorkehrungen gegen Kontamination betriebsintern auf die erforderliche Impfmenge vermehrt oder auch weiterkultiviert. Meist werden Milchsäurebakterien oder Hefen, aber auch Mischungen beider Gruppen (Sauerteig, Kefir) verwendet.

Steril

Frei von vermehrungsfähigen Mikroorganismen.

Sterilisation

Abtötung aller in einem Produkt oder auf einem Gebrauchsgegenstand befindlichen Mikroorganismen einschließlich der Endosporen von Bakterien.

Sterilitätskontrolle

Sehr schwierige Aufgabe für das mikrobiologische Labor, da auch ein 0-Wert nur für das untersuchte Volumen und das angewandte Kulturverfahren gilt. Gewöhnlich richtiger daher die Angabe: n.n. in x ml = nicht nachweisbar in der geprüften Menge.

Stichkultur

Beimpfung eines festen oder halbfesten Mediums im Reagenzglas mit einer Impfnadel, z.B. Beweglichkeitskontrolle.

Suspensionstest

Verfahren zur Bestimmung der mikrobiziden Wirkung unter gut standardisierbaren Laborbedingungen über die Reduktionsrate der in Desinfektionslösungen suspendierten Mikroorganismen. Aus den Abtötungsergebnissen können Anwendungsbedingungen (Konzentration, Temperatur, Einwirkungszeit) abgeleitet werden. Zur Annäherung an Praxisbedingungen werden Modellverschmutzungen zugesetzt.

T

Taxonomie

Die Wissenschaft der Identifizierung, Klassifizierung und Namensgebung von Organismen.

Thermonuklease

Zu den Nukleasen gehörendes Enzym, das RNA oder DNA abbaut und dessen Bildung eine konstante Eigenschaft von Koagulase-positiven Stämmen ist, die als Differenzierungsmerkmal gilt.

Thermophiler Mikroorganismus

Mikroorganismus, dessen optimale Vermehrungstemperatur zwischen 45 °C und 80 °C liegt.

Thermostat

Gerät zur Aufrechterhaltung einer vorgegebenen Temperatur über längere Zeit. Im Labor speziell Bezeichnung für den Brutschrank. Die Temperaturregelung sollte hier 0,5 °C Schwankung nach oben oder unten nicht überschreiten.

Titer

Vorkommen von Mikroorganismen in der höchsten Verdünnung (z.B. Coli-Titer).

Toxin

Wasserlöslicher Giftstoff, Protein oder Lipopolysaccharid mit genetisch fixierter Bildung. Im Gegensatz zum chemisch definierten **Gift** besitzt das Toxin eine bestimmte Latenzzeit, spezifische Wirkung und unterschiedliche Antigenität.

Toxisches Schocksyndrom

Akuter Schock eines Wirtes aufgrund eines von *Staphylococcus aureus* gebildeten Exotoxins.

Toxizität

Pathogenität aufgrund von Toxinen, die von Pathogenen erzeugt wird.

Trockennährböden

Standardisierte Nährmedien für praktisch alle Zwecke der Lebensmittelmikrobiologie, die in pulverisierter oder granulierter Form angeboten werden.

Tropfkultur

Tropfplatten-Verfahren. Nach DIN werden 0,05 ml, möglich sind auch 0,1 ml, der zu untersuchenden Flüssigkeit bzw. Verdünnung auf einen festen Nährboden tropfenförmig aufgebracht. Methode für die kulturelle Keimzählung von Bakterien mit relativ geringem Materialaufwand, da auf eine Nährmedienplatte bis zu sechs Verdünnungen in abgeteilten Segmenten aufgebracht werden können. Nur diejenigen Sektoren der Platte werden ausgewertet, die 1–50 klar voneinander trennbare Kolonien aufweisen.

Trübungsmessung

Mikroorganismen, die sich in klaren Nährlösungen entwickeln, trüben die Flüssigkeit durch Lichtstreuung an der Grenzfläche Wasser: Zelloberfläche. Die Messung kann mit einem Photometer als Differenz zwischen einfallendem Licht und gemessenem Licht (Schatten) durchgeführt werden. Planparallele Küvetten bringen reproduzierbarere Ergebnisse als Röhrchen. Auch die Messung des Streulichts (TYNDALL-Effekt) im rechten Winkel zum einfallenden Licht in einem Turbidometer liefert gute Ergebnisse.

Tyndallisation

Fraktionierte Sterilisation. Nach dem englischen Physiker JOHN TYNDALL benannt. Abtötung vermehrungsfähiger Dauerformen von Mikroorganismen durch 3-malige Erhitzung auf ca. 100 °C in Abständen von 24 h. Endosporen erhalten dabei einen Hitzeschock, wodurch sie rascher als bei gleich bleibender Temperatur auskeimen und die entstehenden oder entstandenen vegetativen Zellen werden bei der nächsten Hitzebehandlung abgetötet.

V

Verdünnungsausstrich

Wichtiges Verfahren zur Gewinnung von Reinkulturen. Auf einer Platte wird eine kleine Menge einer Kolonie mit der Öse oder der Impfnadel ausgestrichen, ohne die Nährbodenoberfläche zu verletzen. Der Ausstrich soll in der Form erfolgen, dass Einzelkolonien erzeugt werden. Es empfiehlt sich, die Platten vor der Beimpfung zu trocknen.

Verdünnungsreihe

Für das Gussplatten-, Spatel- und Tropfplatten-Verfahren zur kulturellen Keimzählung wird die Erstverdünnung mit der zerkleinerten und gut durchmischten Probe in Schritten 1:10 soweit verdünnt, dass auf jeden Fall Platten mit auswertbaren Koloniezahlen entstehen.

Virulenz

Grad der durch pathogene Mikroorganismen bewirkten Pathogenität.

Virus

RNA **oder** DNA enthaltende, proteinumhüllte Partikel, die sich in lebenden Zellen (Wirtszellen) vermehren.

W

Wachstum

Zunahme der Zellzahl.

Wasseraktivität (a_w)

Siehe a_w-Wert.

Wirt

Ein Organismus, der einen Parasiten beherbergt.

X

Xerophile Mikroorganismen

Zellen, die sich in sehr trockenen Lebensmitteln vermehren.

Z

Zelle

Grundeinheit aller Lebewesen. Die einzelne Zelle ist die kleinste für sich lebens- und vermehrungsfähige Einheit.

Zoonose

Eine Krankheit, bei welcher der Erreger vor allem bei Tieren vorkommt, aber auf Menschen übertragen werden kann.

z-Wert

Steigerung der Prozesstemperatur in °C, um mit 1/10 der Behandlungszeit eine Abtötungsrate um eine Zehnerpotenz zu erreichen. Je flacher die Abtötungs-Temperatur-Kurve ist, desto größer ist der z-Wert (D-Wert gegen Temperatur aufgetragen). Vegetative Bakterien haben z-Werte um 5 °C, Endosporen von *Cl. botulinum* 8,3–9 °C, *Cl. perfringens* und *B. cereus* 9,7 °C und *Cl. sporogenes* 9–11 °C. Es ist zu beachten, dass D- und z-Werte stark produktabhängig sind, da sowohl der pH-Wert als auch Fett, Eiweiß und Kohlenhydrate die Funktion von Schutzkolloiden haben können.

Stichwortverzeichnis

A

B

C

D

E

F

G

H

J

K

L

M

N

Q

R

U

V

W

X

Y

Z

Notizen